“十二五”普通高等教育本科国家级规划教材

采　矿　学

（第 2 版）

主　编　王　青　任凤玉
副主编　顾晓薇　陈庆凯　屠晓利

北　京
冶　金　工　业　出　版　社
2021

内容提要

本书讲述金属矿床开采的采矿方法、工艺、技术以及相关知识。全书共分4篇23章。第1篇包括对于地下和露天开采均适用的共性内容，如矿床的品位与矿量计算、矿床模型、岩石的力学性质、爆破基础知识、技术经济基础；第2篇为地下开采，讲述矿床开拓、矿山总平面图布置、井巷设计和崩落、空场、充填三大类采矿方法；第3篇是露天开采，包括最终境界设计、开采程序、生产计划、露天矿开拓以及穿孔、爆破、铲装、运输、排土等开采工艺；第4篇讲述矿山土地复垦、矿山生产的生态压力与生态成本。本书的编写宗旨是，满足当代科学技术发展对采矿工程专业本科生的专业知识的需求，在内容上既涵盖仍然被广泛应用的传统采矿知识，又尽可能体现本学科较为成熟的最新研究成果。

图书在版编目(CIP)数据

采矿学/王青，任凤玉主编. —2版.—北京：冶金工业出版社，2011.4（2021.8重印）

“十二五”普通高等教育本科国家级规划教材

ISBN 978-7-5024-5490-6

Ⅰ.①采…　Ⅱ.①王…　②任…　Ⅲ.①矿山开采—高等学校—教材　Ⅳ.①TD8

中国版本图书馆CIP数据核字(2011)第050315号

出 版 人　苏长永
地　　址　北京市东城区嵩祝院北巷39号　邮编　100009　电话　(010)64027926
网　　址　www.cnmip.com.cn　电子信箱　yjcbs@cnmip.com.cn
责任编辑　杨　敏　宋　良　美术编辑　吕欣童　版式设计　孙跃红
责任校对　王贺兰　责任印制　禹　蕊
ISBN 978-7-5024-5490-6
冶金工业出版社出版发行；各地新华书店经销；三河市双峰印刷装订有限公司印刷
2001年1月第1版，2011年4月第2版，2021年8月第10次印刷
787mm×1092mm　1/16；34印张；823千字；521页
58.00元

冶金工业出版社　投稿电话　(010)64027932　投稿信箱　tougao@cnmip.com.cn
冶金工业出版社营销中心　电话　(010)64044283　传真　(010)64027893
冶金工业出版社天猫旗舰店　yjgycbs.tmall.com

第 2 版前言

从《采矿学》出版到现在已整整十年，这是我国经济高速发展的十年，也是我国采矿业蓬勃发展的十年。《采矿学》作为金属矿床开采的专业课教材和采矿从业人员的参考用书，也在这一不平凡的时期逐步得到广大读者的认可，十年中共印刷 9 次，总印数达 25000 册。根据十年来的教学实践、采矿技术的发展和各方面的反馈，本次再版在内容和结构上有较大的改动，主要体现在以下几个方面。

增加了新内容。第 2 版增加了第 4 篇中的"矿山土地复垦"、"矿山生产的生态压力"、"矿山生产的生态成本"三章以及第 2 篇中的"矿山总平面布置"一章。

充实了原有内容。在边界品位的确定中增加了动态规划法；在矿床模型中增加了标高模型和定性模型；"爆破基础知识"一章比原来"炸药与起爆方法"一章的内容更为详细；在地下矿床开拓中增加了斜坡道开拓、溜井、地下破碎设施及粉矿回收、主副井布置方式等；崩落采矿法中增加了覆岩下放矿的基本规律和地压显现规律；充填采矿法中增加了进路充填采矿法和空场嗣后充填法；在露天开采境界设计中，增加了正锥排除优化算法和应用实例；露天矿生产计划中增加了全境界开采的采剥计划与生产能力同时优化及应用实例、分期境界优化及应用实例等；在露天矿采装与运输作业中增加了自动化调度系统；同时，大部分原有其他内容在论述上也有不同程度的充实。

更新。根据能获得的资料和现场调研，尽可能对工艺技术参数、实例等进行了更新。

内容删减。删除了"凿岩及其机具"一章，部分内容融合到相应采矿方法和工艺之中；删除了井巷施工，因为原有内容太简单，且井巷工程一般设置为单独课程；删除了没有实质性内容的地下矿开拓方案和采矿方法选择的专家系统，开拓方案和采矿方法选择的相关内容融合到相应章节；删除了矿山投资与生产成本，原有的内容比较简单（主要是成本构成），容易在实践中了解，而且我国的相关税费、矿业权和财务等政策法规还处于不断调整之中，需要在实践中追踪和了解；删除了矿床模型建立中已经过时的多边形法、三角形法和最近样品法。

结构调整。把对于地下和露天开采均适用的内容都归入到第一篇"采矿基础知识"。第 1 版露天开采篇中的边界品位的确定和价值模型、地下开采篇中的矿石损失贫化、矿山技术经济篇中的技术经济基础和投资项目评价,被移到第1篇的相应章节;矿床模型在内容充实后单独列为一章;第1版采矿基础篇中的井巷设计移到了地下开采篇;第1版“露天开采程序”一章中的台阶要素、帮坡形式、一般开采过程等内容,充实后单独列为一章——露天开采基本概念;第1版第18章的露天开采工艺,在内容充实后被分为三章。调整后的结构更具逻辑性和系统性。

另外,本书还附赠光盘一张,内含王青教授开发的具有全部自主知识产权的露天开采境界和生产计划的优化设计软件——MetalMiner(教育版)及矿床模型数据库,以及郑贵平老师指导学生制作的一些采矿工艺环节的三维动画短片,供读者参考。

总之,在本次修订中,编者努力使《采矿学》在内容和结构上既体现采矿工程的特点和规律,又体现采矿工艺技术的现状和发展趋势,使之满足当今和今后一个时期的教学要求。

修订后的《采矿学》共分4篇23章,编写人员和分工如下:

王青:统稿并编写绪论、第1、2和13章;

任凤玉:第6~8、10~12章;

顾晓薇:第5、14、16、21~23章;

屠晓利:第3、4、9章;

陈庆凯:第15和17~20章;

孙效玉:第19章19.7节。

参与资料收集和整理的人员有:赵兴东、李楠、胥效川、唐鑫、王润等。

由于编者的水平有限,难免存在不足之处,真诚希望广大读者提出宝贵意见。

编　者

2010年11月

于东北大学

第1版前言

当前,科学技术的进步日新月异,学科间的交叉日益增大,信息时代已经到来,市场全球化的进程在加快,这一切使采矿工业的生存、竞争和发展环境发生了巨大变化。21世纪的采矿工作者不但需要更新的知识,而且需要与以往不同的知识结构;不但需要掌握矿床开采方法、工艺和技术,而且需要掌握矿山资源开发的经济规律和科学决策手段。直到近年,我国金属矿床开采的教学内容体系一直沿用前苏联的模式,在结构上课程划分过细,重复较多,整体性较差;在内容上几十年来没有什么变化,新的理论、方法和技术没有得到充分的体现,已明显不能适应新时代的要求。因此,对采矿工程专业的课程内容体系实施改革势在必行。

《采矿学》就是在这种改革大潮中应运而生的。它以金属矿床开采为研究对象,内容涵盖了原《金属矿床地下开采》、《金属矿床露天开采》、《矿山机械》、《凿岩爆破》、《井巷掘进》及《矿山企业设计基础》等书。

《采矿学》初稿于1996年末完成,经过了东北大学采矿工程专业本科的三届教学实践,并经过了数位热爱采矿事业的、有丰富教学与科研经验的教授的审阅和指点,几易其稿后形成了现在这样的结构形式与内容体系。

本书的编写力求做到以下几点:

1. 内容系统化。在内容上不是上述几部教材的简单综合,而是依据采矿工程的特点和开采规律,力求各方面内容有机地融会贯通。

2. 主次得当。以原理、方法、手段及其在分析、解决问题中的应用为主,将细致的设计和计算过程放在相对次要的位置。这样做的目的是使读者能在较高的层次上以较宽的视野理解采矿,为其分析、解决矿床开采中的大问题提供知识基础;而不是注重提供采矿技能。基于这一思想,精简了以往教材中的一些详细的技术性设计和计算,如公路设计、铁路路基设计和设备牵引计算等。这些内容具有较固定的程式,原理和计算简单且实践性强,更适于在课程设计和毕业设计中体现,即使不予涉及,在实践中也很容易掌握。

3. 内容新。力求反映近几十年来较为成型的新成果,如方案选择专家系统、最终境界优化和地质统计学品位估算等。由于露天开采的特点及其在金属矿床开采中占有较大比重,新的概念和系统理论与方法在露天开采中应用较多,这一点在露天开采篇中有较充分的体现。

4. 同时考虑我国国情及其与市场经济和国际接轨。具有决策性的内容注重以经济效益为目标,以自然和技术条件为约束,适应市场经济的要求;引入国际上广泛采用的新概念和新方法,实现一定程度上的与国际接轨,如块状矿床模型、露天分期开采计划编制等。

全书分四篇二十二章。绪论对矿产资源和采矿工业在社会经济发展中的作用、采矿技术的发展以及采矿学的研究内容作了较详细的阐述;基础篇阐述矿床开采中具有共性的基础知识;地下开采篇阐述了矿床地下开拓与地下采矿方法;露天开采篇阐述露天开采境界确定、生产计划以及开采程序与工艺;技术经济篇阐述技术经济基本理论以及矿山项目的投资、成本分析与评价。

全书由王青、史维祥主编。王青编著绪论、第一、十四、十五、十六、十九、二十、二十一、二十二章;史维祥编著第六、七、八章;任凤玉编著第九、十、十一、十二、十三章;屠晓利编著第二、三、四、五章;王智静编著第十七、十八章以及第八章第二节和第十三章第四节。

本书主要作为高等学校采矿工程专业本科教学用书,建议讲授学时为90～120。本书也可作为矿山工程技术人员、管理人员和研究人员的参考用书。

在全书的编著过程中,得到了各级领导的大力支持。云庆夏教授、刘兴国教授和孙豁然教授对书稿进行了认真细致的评审,提出了许多宝贵意见和建议。苏宏志教授和付长怀教授也为书稿的改进提出了宝贵意见,在此表示衷心的感谢。

由于编者水平有限,难免存在不当和错误之处,真诚希望矿业界读者们提出改进意见。

谨以此书献给热爱采矿科学的人们。

编　者

2000年8月

于东北大学

目　　录

第2篇 地下开采

第3篇　露天开采

第4篇　矿山生态经济与复垦

绪　　论

0.1　矿产资源、采矿及其在社会经济发展中的地位

0.1.1　矿产资源与采矿

自然资源是人类可以直接或间接利用的存在于自然界的物质或环境，与人类生存直接相关的自然资源有土地资源、水资源、气象资源、森林资源、海洋资源和矿产资源。矿产资源则是由存在于地壳中的矿物组成的可利用物质。人类已发现并命名的105种元素的绝大部分存在于地壳中，他们组成了约3000种已命名的矿物。严格地讲，地壳的每一个部位都或多或少含有某种或多种矿物，但矿物的存在不一定就成为矿产资源。“可利用”和“潜在可利用”是成为矿产资源的前提条件，它具有两层含义：一是矿物的存在形式、存在环境及其富集程度与数量，能够使人类在现有的和潜在的技术条件下将其从地层中挖掘出来，并从中提取出有用的矿产品，即可获取性；二是从地壳中获取的矿产品，在现有的或潜在的经济环境中可为获取者带来盈利，即可盈利性。在正常的市场经济条件下，矿产资源必须同时具有可获取性和可盈利性；而在非正常环境中，如战争时期或受贸易封锁时期，为了生存和发展，矿产品的获取可以不计代价，矿产资源只需具有可获取性。可见，矿产资源是个动态的概念，随着开采、提取和利用技术及经济环境的变化而变化。

矿产资源依其在地壳中富集的物质形态的不同，可分为气态矿产（如天然气）、液态矿产（如石油）和固态矿产（如煤、铁等）三大类。固态矿产依其用途可分为能源矿产（如煤、铀）和非能源矿产（如铁、铜等）两大类。固态非能源矿产依其特性又可分为金属矿产（如铁、铜等）和非金属矿产（如石灰石、磷、金刚石等）。表0-1是美国地质调查署（U. S. Geological Survey，USGS）列出的现代经济系统中常见的矿产品。

表0-1　现代经济系统中常见的矿产品

英文名	中文名	英文名	中文名
Aluminum	铝	Bromine	溴
Antimony	锑	Cadmium	镉
Arsenic	砷	Cement	水泥
Asbestos	石棉	Cesium	铯
Barite	重晶石	Chromium	铬
Bauxite and Alumina	铝土矿和氧化铝	Clays	黏土
Beryllium	铍	Cobalt	钴
Bismuth	铋	Columbium(Niobium)	钶(铌)
Boron	硼	Copper	铜

续表 0-1

英 文 名	中 文 名	英 文 名	中 文 名
Diamond(industrial)	金刚石(工业用)	Phosphate rock	磷酸盐岩
Diatomite	硅藻土	Platinum-group metals	铂、铂族金属
Feldspar	长 石	Potash	钾 碱
Fluorspar	萤 石	Pumice、pumicite	浮 石
Gallium	镓	Quartz crystal(industrial)	硅晶(工业用)
Garnet(industrial)	石榴石(工业用)	Rare earths	稀 土
Gemstones	宝 石	Rhenium	铼
Germanium	锗	Rubidium	铷
Gold	黄 金	Rutile	金红石
Graphite(Natural)	石墨(天然)	Salt	盐
Gypsum	石 膏	Sand & gravel(construction)	砂砾石(建筑用)
Helium	氦	Sand & gravel(industrial)	砂砾石(工业用)
Ilmenite	钛铁矿	Scandium	钪
Indium	铟	Selenium	硒
Iodine	碘	Silicon	硅
Iron ore	铁矿石	Silver	银
Iron & steel	钢 铁	Soda ash	纯碱(苏打灰)
Iron & steel scrap	废钢铁	Sodium Sulfate	硫酸钠
Iron & steel slag	渣钢铁	Stone(crushed)	碎 石
Kyanite & related minerals	蓝晶石及相关矿物	Stone(dimension)	石 材
Lead	铅	Strontium	锶
Lime	石 灰	Sulfur	硫
Lithium	锂	Talc & Pyrophyllite	滑石和叶蜡石
Magnesium compound	化合镁	Tantalum	钽
Magnesium metal	金属镁	Tellurium	碲
Manganese	锰	Thallium	铊
Manufactured abrasives	硬质磨料	Thorium	钍
Mercury	汞	Tin	锡
Mica scrap&flake	碎云母	Titanium & Titanium dioxide	钛和二氧化钛
Mica sheet	片云母	Tungsten	钨
Molybdenum	钼	Vanadium	钒
Nickel	镍	Vermiculite	蛭 石
Nitrogen(fixed)、Ammonia	固氮、氨	Yttrium	钇
Peat	泥 煤	Zinc	锌
Perlite	珍珠岩	Zirconium & Hafnium	锆和铪

注:表中矿产品不是以化学元素划分的,而是以能在市场上独立参与交易的产品划分的,如钢铁和废钢铁虽然元素相同,但由于它们作为两种独立商品参与贸易,故列为两种矿产品。

资料来源:美国地质调查署《Mineral Commodity Summaries》。

地壳中矿物富集的区域称为矿化区域,矿化区域中的矿物富集到足够的程度且埋藏条件允许开采并值得开采时就形成矿产。对固态矿产而言,矿体是矿物富集形成的几何体,一个矿床一般包含有多个(条)矿体,也可以说矿床是由矿体组成的。

采矿是从地壳中将可利用矿物开采出来并运输到矿物加工地点或使用地点的行为、过程或工作。矿山是采矿作业的场所,包括开采形成的开挖体、运输通道和辅助设施等,开挖体暴露在地表的矿山称为露天矿;开挖体在地下的矿山称为地下矿。

0.1.2 采矿在社会经济发展中的地位

采矿是除农业耕作外人类从事的最早生产活动。从约 45 万年前旧石器时代人类为获取工具而采集石块开始,人类历史发展的每一个里程碑无不与采矿有关,实质上人类文明发展史的各个阶段就是以矿物的利用划分的:石器时代(公元前 4000 年以前)、铜器时代(公元前 4000 年 ~ 公元前 1500 年)、铁器时代(公元前 1500 年 ~ 公元 1780 年)、钢时代(公元 1780 年 ~ 1945 年)和原子时代(1945 年后)。表 0-2 是 Hartman(1987)给出的从史前到上世纪初机械化大规模采矿开始的采矿及矿物利用发展史简表。

表 0-2 采矿发展史简表[①]

年 代	事 件
公元前 450000	旧石器时代人类为获取石头器具进行地表开采
40000	在非洲 Swaziland(斯威士兰)地表开采发展到地下开采
30000	在捷克斯洛伐克首先使用黏土烧制的器皿
18000	人类开始使用自然金和铜作为装饰品[②]
5000	埃及人用火法破碎岩石
4000	加工金属的最早使用,铜器时代开始
3400	埃及人开采绿松石,最早有记录的采矿
3000	中国人用煤炼铜[②],埃及人最早使用铁器
2000	在秘鲁出现黄金制品,黄金制品在新大陆的最早使用
1000	希腊人使用钢铁
公元 100	罗马采矿业兴旺发展
122	罗马人在大不列颠使用煤
1185	Trent 的大主教颁布法令,使矿工获得法律和社会的权利
1524	西班牙人在古巴采矿,新大陆最早有记录的采矿
1550	捷克斯洛伐克最早使用提升泵
1556	第一部采矿著作(De Re Metallica,作者 Georgius Agricola)在德国出版
1585	北美洲发现铁矿(美国北卡罗来纳州)
1600s	铁、煤、铅、金开采在美国东部开始
1627	炸药最早用于欧洲匈牙利矿山(在中国可能更早)
1646	北美第一座鼓风炉在美国麻省建成
1716	第一所采矿学校在捷克斯洛伐克建立
1780	工业革命开始,现代化机器最早用于矿山

续表 0-2

年 代	事 件
1800s	美国采矿业蓬勃发展，淘金热打开西部大门
1815	Humphrey Davy 在英国发明矿工安全灯
1855	贝氏(Bessemer)转炉炼钢法首先在英国使用
1867	诺贝尔发明的代那买特炸药用于采矿
1903	第一座低品位斑岩铜矿在尤他建成，机械化大规模开采时代在美国拉开序幕

① 在我国采矿发展史上，某些开采活动和矿物利用的发生时间也许比表中所列的更早，《采矿手册》第一卷(冶金工业出版社，1988)有较完整的论述。

② 可能的发生时间。

显然，采矿活动与矿物利用推动了人类历史的进步。每一个历史阶段，人类的生活水平和生产力都较前一个阶段有了很大的提高，一个主要原因就是新的、性能更优越的矿物的开采和利用，为人类提供了效能更高的工具和燃料。18 世纪末的工业革命使人类开始步入工业文明，也揭开了人类大规模开发、利用矿产资源的新纪元。工业革命以来短短的 200 多年间，科学技术的飞速进步、生产力的大幅提高和人类财富的快速积累，均是以矿产资源的大规模开发和创造性利用为基础的。采矿业在现代工业经济中的地位可从以下两个方面加以说明。

首先，采矿工业是许多工业的基础，为许多工业和农业提供原材料和辅助材料。表 0-3 列出了主要工业部门及农业利用的主要矿产品。没有采矿业，许多工业(特别是金属冶炼和加工工业)就成为无米之炊。

表 0-3　现代经济中主要工业及农业部门利用的主要矿产品

部 门	主要矿产品
冶炼及加工工业	钢铁、铅、铜、锌、锰、镍、铬、钼、钴、钨、钒、钛、铌、钽、石灰石、白云岩、硅石、萤石、黏土等
建筑业	石灰石、黏土、石膏、高岭土、花岗石、大理石、钢铁、铅、铜、锌等
化学工业	磷、钾、硫、硼、纯碱、重晶石、石灰石、砷、明矾、铅、铂族金属、钛、钨、汞、镁、锌、硒等
石油工业	重晶石、铼、稀土金属、天然碱、钾、铂族金属、铅等
运输业	钢铁、铅、铜、锌、钛等
电子工业	铜、纯金、锌、银、铍、镉、铯、钛、锂、锗、硅、云母、稀土金属、铕、钆、铊、硒等
核工业	铀、钍、硼、镉、铪、稀土金属、石墨、铍、锆、铅、镁、镍、钛、铌、钒等
航天工业	铍、钛、锆、锂、碘、铯、银、钨、钼、镍、铬、铂、铋、钽、铼等
轻工业	砂岩、硅砂、长石、硒、硼、钛、镉、锌、锑、铅、钴、锂、稀土金属、萤石、重晶石、锡等
农业	磷、钾、硫、白云石、砷、锌、铜、萤石、汞、钴、镭等
医药业	石膏、辰砂、磁石、明矾、金、铂、镍、铬、钴、钼、钛、镭等

其次，国民经济的发展和人类生活水平的提高与矿产开发和利用有着密切的正比关系。以铁矿为例，我国消费的铁矿由国产矿和进口矿组成，国产原矿的平均品位约 30%，进口矿全部为成品矿；按 87% 的选矿回收率和 66% 的精矿品位计算，约需要 2.5 吨原矿生产 1 吨精矿；按此比例把国产原矿量折算为成品矿量，再加上进口矿量，得到成品矿消费总量；以 1978 年为 100 计算铁矿消费量指数，该指数与我国同期的 GDP 指数的比较如图 0-1 所示。从中可以看出国民经济的发展与铁矿石消费量之间的高度正相关关系。

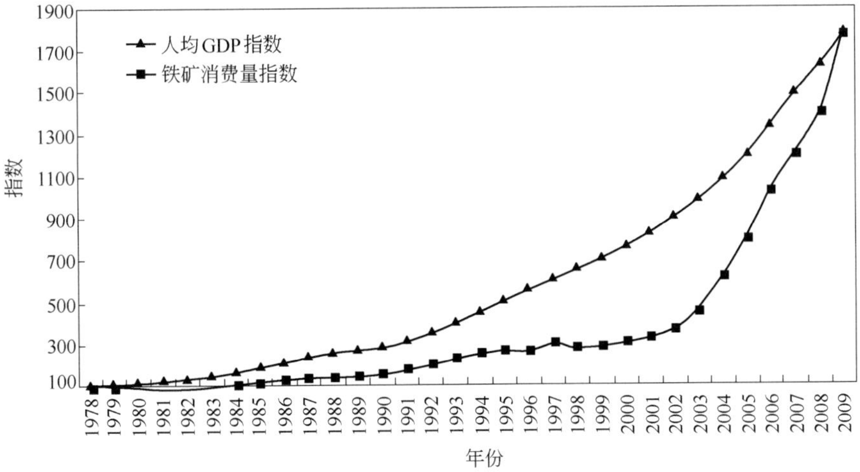

图 0-1 我国 1978 ~2009 年 GDP 指数与铁矿消费量指数

矿产资源的消费强度和消费特征取决于一个国家所处的经济发展阶段。根据矿产资源消费生命周期理论,在工业化初期,矿产资源消耗强度快速增长;在工业化全面发展时期,矿产资源的消费强度继续增长,进入矿产资源的高消费阶段;在后工业化时期,矿产资源消耗强度呈下降趋势。这一由增长到成熟再到衰落的过程,形成了矿产资源消费生命周期的倒"U"形,如图 0-2 所示(参见文献[10])。

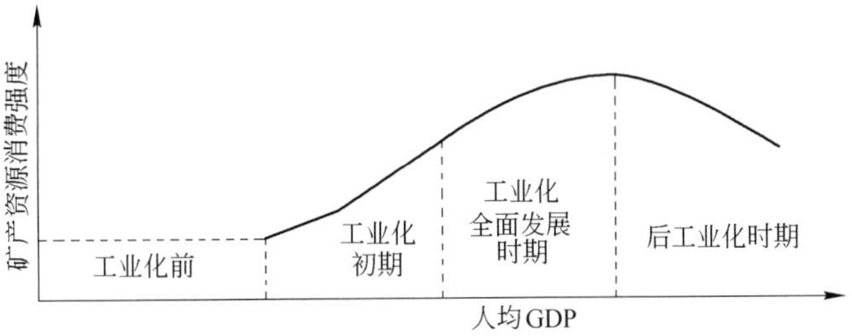

图 0-2 矿产资源消费生命周期示意图

如果将矿产资源划分为三种类型,即传统型(主导矿种有铁、铜、铅、锌、锡、煤等)、现代型(主导矿种有铝、铬、锰、镍、钒、石油,天然气等)和新兴型(主导矿种有钴、锗、铂、稀土、钛、铀等),则传统矿种是工业化初期阶段的主导矿产资源;现代矿种是进入工业化成熟期及技术较发达阶段后广泛使用的矿产资源;新兴矿种则是在经济结构多样化及技术先进的发达国家(处于后工业化时期)得到初步应用的矿产资源。矿产资源消耗生命周期的结构特征如图 0-3 所示(参见文献[10])。

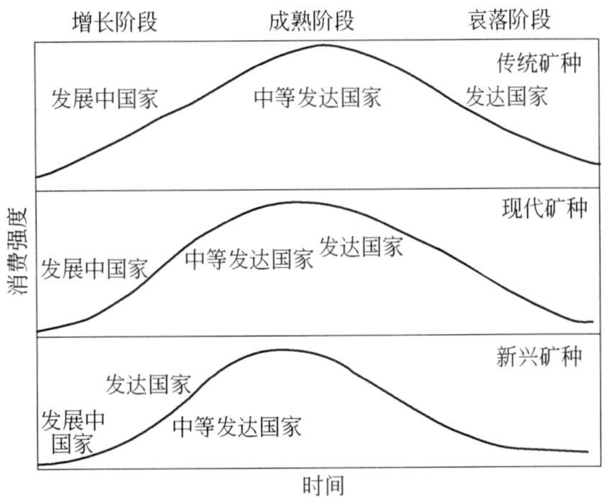

图 0-3 矿产资源消耗生命周期的结构特征

以美国为例,在1900～2008年间,其传统矿种中的铁矿的表观消费量如图0-4所示。这一变化趋势基本符合上述矿产资源消费的生命周期特征。

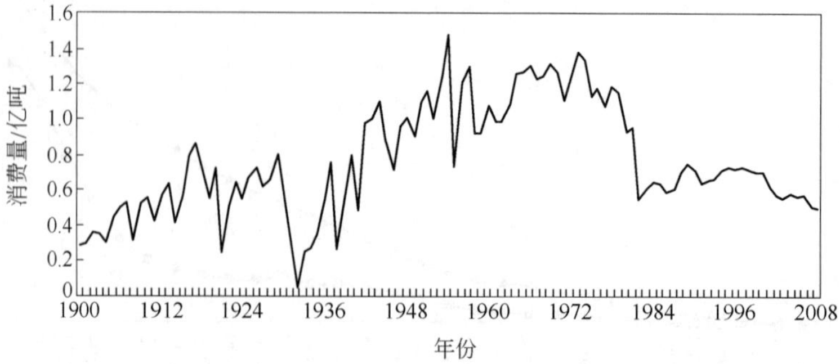

图0-4 美国1900～2008年铁矿石表观消费量

我国是发展中国家,社会经济正处于工业化全面发展时期,也是矿产资源的高消费时期。以铁矿石为例,2009年铁矿石产量约8.8亿吨(原矿),进口约6.28亿吨(成品矿),同年全球产量约23亿吨(其中,中国产量为原矿,其他国家产量为成品矿)。

0.2 采矿技术的发展

0.2.1 古、近代采矿技术发展简述

贯穿于采矿技术发展历史的主线是采矿方法的演变和采矿手段的进步。石器时代的原始采矿者们用自己的双手和简单的木制、骨制和石制工具在地表砸取岩石,采矿的主要目的是获取制造工具的原料。约公元前30000年～公元前20000年,人类开始开采黏土,用于制造器皿;公元前15000年～公元前5000年,出现了在矿体的露头开采自然铜;从砂砾矿床开采自然金开始于公元前10000年之前。在漫长的采矿实践中,采矿工具不断改进,木锤、木楔和金属器具被用于挖掘;篮子和畜力被用于搬运矿石。随着挖掘能力的提高,采矿由地表走向地下,出现了以巷道形式开采的地下矿山。古埃及的地下宝石矿已达240m深,开采规模达到400名矿工同时作业。约在公元前5000年出现的火法破岩(火和水交替使用),可以说是人类在采矿技术上的首次突破。

17世纪初,黑火药在采矿中的应用使开采工艺发生了重大变化。18世纪的工业革命空前地提高了人类对矿产品的需求,同时也为采矿技术的飞跃提供了革命性的工具——机器。蒸汽机的出现为采矿提供了全新的运输方式;空气压缩机的出现则导致了19世纪风动凿岩机的发明,动力机械凿岩开始代替手工凿岩;1867年,诺贝尔发明的比黑火药威力更大的代那买特炸药被用于爆破岩石。采矿技术在20世纪初进入了一个全新的时代——机械化大规模开采时代。

0.2.2 现代采矿技术发展概述

就固态矿物而言,主要的开采方式是露天开采和地下开采。下面就现代露天和地下开采技术的发展作一概述。

0.2.2.1　现代露天开采技术的发展

露天开采有两种基本方法，即台阶式开采（open-pit mining）和条带剥离式开采（strip minig），前者主要用于开采金属矿床以及其他硬岩矿床；后者主要用于开采埋藏较浅的煤炭。这两种基本露天开采方法几十年来没有根本性的变化。露天开采工艺的改进主要体现在陡工作帮和分期开采，以及不同运输方式（铁路、汽车和间断-连续运输）的应用。

A　生产规模

露天开采自20世纪50年代开始腾飞，其技术发展的一个重要标志是生产规模不断扩大，劳动生产率不断提高。例如，前苏联铁矿石年产总量2.5亿吨的82.5%来自19座露天矿，平均生产规模超过1000万吨/年（原矿）；近几年美国约每年5200～5500万吨铁精矿几乎全部产自8个露天矿，铁矿开采业平均劳动生产率（按采、选和烧结生产工人数算）约为每人每年11800t精矿。据统计，1980年代全世界共有年产1000万吨以上矿石的各类露天矿80多座，其中年产矿石4000万吨、采剥总量8000万吨以上的特大型露天矿20多座，最大的露天矿的年矿石生产能力超过5000万吨、采剥总量超亿吨；最深的露天矿超过850m。我国目前最大的露天铁矿的年矿石生产能力达到1500万吨，年采剥总量达到6000万吨以上；露天煤矿的年采煤能力达到2000万吨以上。

B　主要生产设备

现代露天矿能够达到如此大的开采规模和如此高的劳动生产率，其技术基础是采矿设备的快速发展，包括设备大型化及其性能的不断改进。

a　穿爆设备

露天矿钻孔设备经历了活塞冲击钻、钢绳冲击钻、潜孔钻到牙轮钻的发展历程。国际上牙轮钻机的研制在1950年前已开始，60年代牙轮钻在露天矿得到广泛应用；进入70年代，美国露天矿90%的生产钻孔量由牙轮钻完成。西方国家使用最广的牙轮钻机是美国产的60R、45R、61R钻机。潜孔钻在西方国家的露天矿已很少使用，主要用于辅助工程。

牙轮钻机的发展主要体现在以下几个方面：

轴压和孔径不断加大。美国60R钻机的轴压达57～60t、德国的HBM-550钻机轴压达60～70t。轴压的加大提高了钻进速度。美国钻机的钻进速度在坚硬岩石中达9～15m/h；中硬和软岩中达15～30m/h。加大孔径是为了增加单位孔长的爆破量。露天矿最常用的孔径是200、250、310和330mm，最大孔径达445mm。钻进速度和孔径的加大使穿孔效率提高、单位爆破量的穿孔费用下降。

改进钻头设计和钻齿材料，提高钻岩能力和钻头寿命。钻头形式经历了拖齿钻头、二轮钻头和三轮钻头的演变，钻岩硬度和钻进效率不断提高。现代钻机全用三轮钻头。钻齿材料有钢和碳化钨，前者用于软岩穿孔，后者用于所有硬岩穿孔。钻齿材料和加工技术的改进使钻头寿命不断增加。现代牙轮钻机的钻头寿命在坚硬岩石中可达500～1000m，在中硬岩石中可达1000～3000m。

增加钻杆长度和改进除尘装置。增加钻杆长度以适应高台阶开采，使用布袋脉冲除尘装置以减少粉尘污染。

我国在20世纪50年代主要采用钢绳冲击钻，60年代以孔径100～200mm的潜孔钻为主，70年代开始从美国引进牙轮钻机。现在大型露天矿以牙轮钻机为主，小型矿山仍以潜孔钻为主。

爆破技术的发展主要体现在炸药与爆破器材的不断改进上。炸药有甘油炸药、铵油炸药、浆状炸药、乳胶炸药等，性能（如威力、装药密度和抗水性）不断提高。引爆器材经历了从火雷管到电雷管、毫秒延时雷管再到导爆索和导爆管的发展历程，使爆破作业越来越安全可靠，并实现了机械化。微差和压渣爆破是爆破方式发展的代表性技术。

b 采装设备

露天矿采装作业的主要设备是电铲。世界上最早的动力铲出现于1835年，此后经历了从小到大、由蒸汽机驱动到内燃机驱动再到电力驱动的发展历程。早期的动力铲在铁轨上行走，主要用于铁路建筑。20世纪初，动力铲开始被用于露天矿山，第一台真正意义上的剥离铲于1911年问世，其斗容为2.73m^3、铲臂长19.8m、斗杆长12.2m，为蒸汽机驱动、轨道行走。到1927年，轨道行走式的动力铲消失，被履带式全方位回转铲取代。电铲的快速大型化始于50年代末，60年代初Marion Power Shovel电铲公司制造出了两台291M型电铲，斗容达19～26.8m^3；1982年P&H的M5700型电铲问世，斗容为45.9m^3。世界上最大的电铲是用于条带式露天煤矿的剥离电铲，其斗容为138m^3、自重14000t、驱动功率37300kW。现代大型露天金属矿采装作业最常用的电铲斗容为9～25m^3；用于大型露天煤矿的剥离电铲斗容更大。1980年代以来，电铲技术的进步主要集中在改进其驱动系统，增加提升和行走动力，改进前端结构，采用双驱动及模块化设计等方面。

用于条带式露天煤矿剥离作业的另一种大型设备是索斗铲。索斗铲最早出现于20世纪初，行走式索斗铲出现于20世纪30年代。1900～1940年间，索斗铲斗容从1.5m^3发展到11.5m^3；1940～1960年间又发展到26.8m^3。1960年代开始出现“超级”索斗铲。1960年末，斗容为30.6m^3、悬臂长为83.8m的Marion7900问世；1969年，世界上最大的索斗铲BE4250诞生，其斗容为168.2m^3、悬臂长94.5m。1970年代以后，索斗铲的技术发展主要集中在行走系统、控制系统及悬臂设计的改进上，以提高设备工作效率和可靠性。用于露天煤矿剥离作业的还有斗轮挖掘机（BWE）。大型BWE的斗轮直径超过20m，装有18个6326L的铲斗，整机自重达12900t，驱动功率达15000kW。

我国露天矿在20世纪50年代至60年代一直以仿苏3m^3铲为主；1960年代中期开始生产4～4.6m^3的WK-4系列电铲；1985年研制出10～14m^3电铲；1986年与美国合作制造出23m^3电铲。现已能生产多种规格的大中型电铲。索斗铲目前在我国露天矿应用很少。

c 运输设备

露天矿运输方式主要有铁路运输、汽车运输和间断-连续运输。西方国家在二次大战前，铁路运输在露天矿占主导地位。铁路运输最适用于采场范围大、服务年限长、地表较平缓、运输距离长的大型露天矿，其单位运输费用低于其他运输方式。然而，由于爬坡能力小和转弯半径大，铁路运输灵活性低，致使开采延伸速度低，开采工作线布置和开采顺序的选择受到很大的限制。因此，西方国家大约从20世纪60年代初开始，铁路运输逐步被汽车运输代替，目前采用单一铁路运输的矿山已为数不多。现代露天矿的铁路运输设备主要是120～150t电机车和60～100t的翻斗矿车（最大的达到180t）。

1980年代以来，国外各类金属露天矿约80%的矿岩量由汽车运输完成，因此汽车是露天矿生产的主要运输设备。非高速公路（off-highway）汽车于1930年代中期应用于露天矿山，最早的矿用汽车载重量约为14t。到1950年代中期，载重量为23t和27t的矿用汽车已很普遍，最大达到54t。1950年代后期，单后轴驱动车问世。1960年代矿用汽车大型化开始高速发展。1970 年代中期，载重量为 318t 的矿用汽车诞生。

矿用汽车有两种传动方式，即机械传动和电力传动（通称电动轮汽车）。1980 年代前，载重 85t 以下的多用机械传动，85t 以上的几乎全部用电力传动。电动轮汽车由 1970 年代初期的 90～108t 为主，中期的 136～154t 为主发展到以后的 200t 以上。机械传动矿用汽车的大型化是进入 1980 年代以来矿用汽车的一个发展方向，机械传动在大型矿用汽车中占的比例不断升高。1999 年 Catpillar 公司推出了载重量 326t、设计总重量 558t、总功率 2537kW 的机械传动矿用汽车 CAT797。如今载重量 300t 以上的汽车被用于许多大型露天矿山。

我国露天矿 20 世纪 60 年代和 70 年代以 12～32t 汽车为主，大多从前苏联进口；1970 年代末引进 100t 和 108t 电动轮汽车；1980 年代引进 154t 电动轮汽车。国产 108t 电动轮汽车在 1980 年代初投入使用，与美国合作制造的 154t 电动轮汽车于 1985 年生产成功。随着矿山开采规模的扩大，越来越多的大型汽车被用于我国露天矿山。

胶带运输机是现代露天矿采用的另一种运输设备，在国外于 1950 年代开始在一些露天矿得到应用，主要用于松软矿岩和表土运输。1960 年代开始扩大到中硬岩运输。固定式、半固定式和可移动式破碎站的相继问世，大大扩大了胶带运输机的应用范围，它们与胶带运输机相配合，形成了间断-连续运输工艺。从 1980 年代初开始，这一工艺得到较快的推广应用，美国、加拿大的一些大型露天矿纷纷改用“汽车-可移动式破碎机-胶带运输机”运输系统，破碎机达到 1.5m×2.3m，带宽达到 2.4m。间断-连续运输技术的发展主要集中在可移动式破碎机的性能提高和适应各种运输条件的胶带运输机的研制，如履带行走胶带机、可伸缩式胶带机、可移动式胶带机、可水平转弯胶带机和陡角度胶带机等。

在我国，间断-连续运输工艺在一些露天煤矿得到应用，在露天金属矿主要用于采场外的岩石运输。

0.2.2.2　现代地下开采技术的发展

世界上金属矿产以地下开采为主的国家主要是瑞典、法国、德国和南非等。西方国家 1970 年代后期地下开采量约占金属矿石产量的 35%。1970 年代以后，地下开采比重有所缩小，如美国现在的铁矿石几乎全部由露天开采。但随着开采深度的增加，一些露天矿开始转为地下开采，从长远看，地下开采的比重将会上升。为了适应不同的矿床赋存条件、矿石和围岩性质及开采环境，地下矿开拓和开采方法随着开采技术的进步不断演变，逐步形成了以竖井、斜井、平硐和斜坡道开拓为基本方式的约十种矿床开拓方法，以及空场法、充填法和崩落法三大类共二十余种典型采矿方法。应用较为广泛的采矿方法有十几种。

地下采矿方法演进的主要特点是：木材消耗量大、工效低的采矿方法的使用比重（如支柱充填和分层崩落等）逐渐下降，如今在现代化矿山已基本消失；采用大孔径深孔落矿的高效采矿方法逐渐推广，1970 年代出现的大直径深孔法、VCR 法（垂直后退式大直径深孔法）和分段空场法，可以说是采矿方法的一大进展；随着采深的增加，充填法应用比重有增长趋势，充填法与空场法联合工艺——深孔落矿嗣后充填扩大了充填法的使用范围；地下采矿方法结构逐步简化，结构参数增大。

A　生产规模

开采规模的大型化和劳动生产率的提高是地下开采技术发展的综合体现。进入 1970 年代以来，国外地下金属矿山生产规模不断扩大，劳动生产率显著增加。西方国家 1980 年代后期约有大型地下矿山 645 座，其中年产量 100～300 万吨的矿山有 150 座，占 23%；年产量300万吨以上的62座,占9.6%;年产量500~1000万吨的20多座;还有几座1000万吨以上的矿山。瑞典马尔姆贝律耶特铁矿年产1400万吨矿石,井下工人劳动生产率为28000t/(人·a);美国克莱马克斯钼矿的产量为42000t/d,采矿工人劳动生产率为200t/(工·班);加拿大克莱顿镍矿的产量为14000t/d,采矿工人劳动生产率为117t/(工·班);智利的伊尔·萨尔瓦多铜矿产量为26000t/d,伊尔·特尼兰铜矿产量为37000~40000t/d。前苏联100~700万吨的地下矿山约占地下矿山总数的70%。大型地下金属矿的年生产能力达到2000万吨以上在技术上是完全可行的。

B 主要生产设备

地下开采能够应用高效、高开采强度的采矿方法,能够使开采规模和劳动生产率大幅度提高的技术保障,是地下开采设备的快速发展,尤其是地下凿岩设备、井巷掘进设备和装运设备的进步。

a 凿岩设备

法国1861年掘进的Mont Cenis隧道被认为是机械凿岩的诞生地,从1870年到19、20世纪之交的凿岩机为活塞式凿岩机。1897年,美国的G. Leyner发明了钢管冲水凿岩机,具有自动转杆、自动润滑和封闭气门控制,是早期凿岩机技术的一大进展。20世纪20年代和30年代,自动推进等技术的出现为现代风动凿岩机奠定了基础。之后凿岩机的技术进展主要集中于产品设计和冶金技术的改进,使凿岩机更快、更轻、更可靠。从机械凿岩机的诞生到1975年的100多年间,凿岩机的凿岩速度从不到1mm/s提高到28mm/s。

现代风动凿岩机有手持式(一般带有支腿,如气腿)和支架式两种,前者重量轻(一般在45kg以下),靠人力手持对位和支腿产生推力,孔径一般为19~44mm,孔深为0.3~3.7m;后者重量大,需要支架支撑,支架形式有液压臂、柱支架和履带车架,孔径为32~57mm,孔深为1.2~30.5m。凿岩台车的出现大大提高了凿岩效率,减轻了劳动强度。凿岩台车有单机和多机、履带行走和轮胎行走等种类。行走驱动有风动、电动和柴油机驱动。现代凿岩台车还可以装备消声罩和自动控制装置。凿岩台车的大小可以根据其用途设计。1957年出现了天井掘进钻架,它由导轨、升降驱动装置、工作平台、载人笼、保护顶和凿岩机组成,由于其灵活性高,成本低,掘进速度快,很快成为使用很广的天井掘进设备。

为了增加爆破量,提高开采强度,降低开采成本,需要能够钻凿更大孔径和更深的炮孔。1970年代初,用于露天穿孔的潜孔钻机被引入地下矿山。地下潜孔钻机的主要技术难度是结构的改进,以适应地下矿有限的作业空间。地下潜孔钻钻孔孔径为100~230mm,深度可达150m。它的诞生使大孔径深孔落矿得以实现。同一时期,开始了地下矿牙轮钻机的研制,1980年代初投入使用。

液压凿岩机是凿岩技术的一个重要发展,1971年投入使用后迅速推广应用于巷道掘进和回采凿岩,到1980年代初,西方国家已有17个厂家生产48种型号的液压凿岩设备。液压凿岩机的优点主要有:凿岩效率高,比同规格的风动凿岩机高50%以上;动力消耗低,是风动凿岩机的2/3~3/4;噪声低,油雾和水雾小;不需要压风设备和风管系统。其主要缺点是价格高;设备复杂,对操作和维修人员素质要求高。

我国在1950年代后期开始仿制前苏联手持式、气腿式、支架式和上向式风动凿岩机,1970年代研制了独立回转式凿岩机、凿岩台车和天井钻架等,1980年代研制出大孔径潜孔钻机,并开始研制和试验液压凿岩机。

b 井巷掘进设备

天井钻机是地下掘进技术发展的一大成就,1960 年代初期投入使用,1980 年代已成为西方国家天井掘进的标准方法。到 1981 年,估计有 300 台天井钻机在 25 个国家使用。天井钻机有标准型、反向型和无引孔型(盲孔型)三种,应用最多的是标准型。天井钻机可钻直径为 0.9 ~3.7m、高度为 90 ~910m 的天井,钻进速度为 1 ~3m/h,总功率 75 ~300kW,为液压或电力驱动。我国 1970 年代初开始研制天井钻机,1974 年研制成功直径为 0.5m 的钻机,到 1980 年代末已有 16 台直径为 0.5 ~2m(常用的为 1m)的天井钻机在 14 个矿山使用,最大钻井深度 140m。

平巷钻机也是地下掘进技术的一大成就,其应用开始于 1950 年代。平巷钻机可以钻进的巷道直径为 1.75 ~11.0m 以上。平巷钻机在地下矿山主要用于掘进开拓、运输大巷和较长的横穿巷道,直径一般为 1.75 ~6.0m。虽然有不同类型,但全断面旋转式平巷钻机应用最为广泛。平巷钻机对岩石特性的适应性较差。

c 搬运设备

采场矿石搬运、装运设备的装备水平在很大程度上决定着整个地下矿的生产能力和效率。地下开采中使用的主要搬运、装运设备有电耙绞车、装岩机和铲运机。

电耙绞车的原型是 20 世纪初的风动单卷扬耙斗。1920 年,改进为两个单筒卷扬机,一个用于重耙耙矿,一个用于空耙返回,提高了耙矿效率。1923 年,第一台电力驱动电耙绞车出现。20 世纪 20 和 30 年代是电耙绞车改进和推广应用最快的时期。之后的发展主要是功率越来越大(由 1920 年代初的 4.8kW 到 1950 年代初的 110kW)和可靠性不断提高。后来又出现了遥控电耙绞车。

装岩机最早出现于 1930 年代初期,为轨道行走,斗容 0.14 ~0.59m^3。后来出现了履带和轮胎装岩机。不同行走方式适用于不同巷道底板状况。大多数装岩机为压气驱动。在理想条件下,小型装岩机(0.14m^3)的生产效率为 25 ~30m^3/h;大型(0.59m^3)可达到 110 ~120m^3/h。

无轨装运设备的应用在地下开采技术发展中占有重要地位。西方国家从 1950 年代早期开始试验无轨装运设备,最初的努力是改造柴油驱动的地表装运设备,收效有限。到 1960 年代中期,装运卸(LHD)设备(铲运机)成型,并成为所谓“无轨”采矿新概念的基本要素。其高度灵活性、机动性和适应性为地下矿开采和开拓翻开了新的一页,应用迅速推广。许多老矿山被重新设计以便使用铲运机;新建矿山纷纷选用这种设备。1965 年,西方国家使用铲运机的地下矿有 20 个,1969 年上升到 60 个,1973 年上升到 119 个,1980 年上升到 145 个。铲运机适用于多种地下采矿方法。1980 年,西方国家采用铲运机的 145 个矿山中,房柱法矿山占 28.3%;阶段矿房法占 26.2%;VCR 法占 4.8%;分层充填法占 15.2%;矿块崩落法占 3.5%;其他占 22.0%。到 1977 年,已有美国、西德、法国、芬兰和瑞典等几个国家生产各种型号、规格的铲运机。大型铲运机载重量达 25t。铲运机的经济运距受到一定的限制。

地下矿较长距离的无轨运输设备是地下自卸汽车。西方国家地下自卸汽车的应用早于铲运机。1950 年代后期到 1970 年代早期,地下自卸汽车受到铲运机的挑战,在很大程度上被铲运机代替。1975 年,地下自卸汽车的应用又开始回升。地下自卸汽车载重一般为 4.5 ~45t,有尾卸式、伸缩式和推板卸矿式三个基本种类。主要运输水平使用的汽车载重达 120t。

在我国,1966 年以前电耙绞车是地下矿山唯一的机械出矿设备。1954 年开始仿制前苏联制电耙绞车;1960 年后自行设计制造;1982 年后开始标准化。我国从 1966 年开始生产风动装运机,由于存在许多缺点,没有得到大的发展,随着铲运机的应用逐步被淘汰。铲运机从 1975 年开始引进,1980 年代初开始自行研制。1983 年,国产柴油铲运机投入使用;1986 年,国产电动铲运机投入使用。到 1990 年,全国有 40 多个地下金属矿山使用铲运机共 549 台。

0.2.3 自动化与计算机技术的应用

如果说 20 世纪 80 年代之前采矿技术的发展主要是采矿工艺与设备的不断进步的话,那么进入 20 世纪 80 年代之后的发展,主要是自动化技术和计算机及以计算机为核心的信息技术在矿山的推广应用。这些新技术的应用使采矿业开始从机械化时代步入又一个新的时代——信息时代。

0.2.3.1 矿山自动化技术

自动化技术在矿业的应用可以归纳为单台设备自动化、过程控制自动化和系统自动化。早期的自动化主要是基于传感和控制器件的单台设备部分功能自动化,如提升机运行中的深度自动控制;凿岩机自动停机、退回和断水;钻机的轴压、转速等自动控制;装药车的自动计量;等等。随着自动控制、计算机和通讯技术的发展,单台设备自动化的深度和广度不断增加,例如设备各种运行和作业的数据采集、故障诊断、作业参数优化控制、远程操作、无人驾驶等等。过程控制自动化主要用于矿物加工。系统自动化主要有运输自动调度系统。矿山自动化技术是控制技术、计算机技术(包括软件)和通讯技术的有机结合,形成了由检测、采样、操作控制、数据分析处理、参数优化以及图文信息显示和输出等多功能组成的集成系统。

在过程控制自动化方面,美国希宾铁燧岩公司的矿物加工过程控制自动化系统具有一定的代表性。与设备相连的过程输入和控制功能都由可编程控制器(PLC)完成,如电动机的启动和停机、限位开关、电动机电流、轴承温度、风扇振动等。过程控制操作界面和系统综合由分布式控制系统(DCS)完成,如流量、温度、压力的过程监控;给料机、闸门和闸板执行机构的调节等;公共操作界面和所有来自过程单元的信息显示;等等。专家系统通过高速数据链(实时过程数据库)从 DCS 采集过程信息,进行监督和控制策略等高级控制。相关软件系统可用于矿物加工设备优化配置、流程回路模拟、设计优化以及破碎和筛分过程的流量计算、颗粒组分调节和化学分析与平衡结果评价。

在远程操作方面,地下矿的主要单体设备和某些系统,如凿岩台车、铲运机、锚杆机等,都已实现远程操作。操作人员在操作硐室就可通过屏幕显示和操作盘控制设备的作业,如同操纵游戏机一样。

在无人驾驶运输方面,美国 Modular Mining Systems(模块采矿系统)公司研制的自主式汽车控制系统,由 GPS(全球卫星定位系统)和先进的矿山管理软件确定汽车位置;由测距雷达探测障碍物;需要时可在 PC 机上在线实时地修正作业循环,一套系统可同时控制数百辆汽车的驾驶。地下矿的运输设备配以导航系统也实现了无人驾驶。

美国模块采矿系统公司开发的 Dispatch 露天矿汽车运输自动调度系统,是矿山系统控制的典型,集 GPS、计算机、无线数据传输和优化为一体。GPS 系统实时地跟踪设备位置;车载计算机实时采集相关信息,通过无线数据传输至中央计算机;计算机通过监测和优化,及时动态地发出信息和调度指令。自动调度系统可以提高装运系统的整体效率,降低运营成本，国外已有200多座露天矿采用。我国1998年从美国引进了Dispatch系统，用于德兴露天铜矿。我国从1990年代开始研发露天矿汽车运输自动调度系统，现已在少数矿山得到应用；越来越多的国内露天矿山计划安装该系统。

0.2.3.2　计算机技术

1960年代初计算机最早在国外矿山得到应用，最初只是用于简单的数据计算。随着计算机速度、容量、图形能力和相应软件的快速发展，计算机在矿山的应用越来越广。到1980年代中期，计算机辅助设计（CAD）、计算机优化设计和管理信息系统在西方国家的矿山得到广泛应用。计算机在矿山生产中的作用主要体现于：

（1）计算机使优化理论走出书本，在矿山生产中发挥着越来越重要的作用。例如，地质统计学被广泛用于建立矿床模型；基于图论和动态规划等的算法被用来优化露天矿的最终开采境界；基于动态规划和整数规划的境界与台阶排序算法被用于优化中长期开采计划；线性规划、动态规划、随机模拟等用于运输调度；种种优化算法被用于备品备件存量、设备更新时间和边界品位、配矿等参数的优化。优化实质上是在矿山企业的这一微观层次上为管理和工程技术人员提供科学的决策支持和生产方案优选，可产生巨大的经济效益。

（2）计算机使矿山地质、开采及经营管理数据在存储、显示和通信方面发生了革命性的变化。矿区的所有地质地貌特征、采场现状、巷道及总体布置等均可在计算机上建模，实现二维、三维显示。日常生产与管理的所有图文数据均通过计算机进行存储、调用、显示和输出。功能强大的计算机信息网络在发达国家已成为矿山公司生产经营的神经和脉络。

（3）计算机与优化使矿山设计和计划从方法到手段发生了质的飞跃。矿床模型、优化开采、矿石品位控制、设备控制与调度等组成一个有机的整体，矿山建模、规划、设计、计划与管理工作均在计算机系统上完成。

（4）如前所述，计算机是矿山生产中各类自动化的神经中枢。

我国计算机在矿山的应用始于1980年代中期，取得了不小的进展，主要用于辅助设计、建模、管理、调度、监测等方面。但在应用的深度上与国际先进水平还有一定的差距，优化与决策上的应用仍十分有限。

0.3　采矿学的研究内容

采矿学是一门综合应用性工程技术科学，其基本任务是揭示安全、经济、充分和无害地开采有用矿物的客观规律，阐述有关矿床评价、规划设计和矿床开采的理论、方法、工艺及管理知识。

矿床开采的工作对象是岩体，开采过程是两个目的相反且相互矛盾的行为，即破坏与反破坏的矛盾统一：一个是对岩石原始平衡状态的破坏；另一个是对形成的开挖体的稳定性的维护。要想把有用矿物从地壳中开采出来，这两个行为缺一不可。解决这对矛盾的学科分支是岩体力学，它是开拓、采矿方法选择和各种设计参数选取的基础，是采矿学的重要基础之一。

矿体的绝大部分（或全部）埋藏在地下，人们对矿体的了解只局限于非常有限的探矿资料。为了制定技术上可行、经济上最佳的开采方案，必须首先利用有限的探矿数据对矿床的整体状况进行估计。因此，矿床中矿物品位的估算、矿体圈定和矿量计算是采矿学的一个重要研究内容。

地壳中经过亿万年地质过程形成的矿产资源,对人类文明的短暂历史而言,是不可再生的。所以,开采是一次性的。开采活动没有像工厂生产那样的固定场所,而是必须随着矿产的存在不停地移动。另一方面,开采活动在空间上受到自然条件(如矿体赋存形态和矿岩稳定性)的限制,必须不断地“准备”出新的开采储量,才能保证矿物开采的连续进行。因此,矿床开采不同于其他生产过程的一个最大特点,是必须始终保持一定的动态时空发展顺序。这一顺序决定了矿床开采的各道工序及工艺。矿床开采程序和工艺是采矿学的核心研究内容之一。

从发现矿床(勘探完毕)到采出其中所有可采矿物,是一个周期很长的过程,矿床的开采寿命长达数年、数十年乃至上百年,需要消耗巨额的初始投资和生产经营费用,是公认的高风险投资项目。在市场经济条件下,矿产品和其他产品一样参与市场竞争,为了做出正确的投资决策,得到应有的投资回报,采矿工作者在掌握开采方法与工艺、技术的同时,还必须掌握科学评价投资项目的有关经济知识。因此,技术经济也是采矿学的一个重要内容。

从矿物品位和矿量估算,到开采方式与开拓、采矿方法的选择,再到开采程序和工艺的确立及设备选择,以及这一系列工作中需要确定的大量参数,再加上开采条件的复杂多变和众多不确定性因素,决定了矿床开采是一个充满挑战的多层次、多环节的复杂系统。必须从系统观点应用系统工程领域的优化与决策理论和方法,才能得到最佳的矿床开采方案。因此,采矿学必须有机地融合矿山系统工程的一些重要研究成果,即优化方法。

采矿业为现代工业文明做出了不可替代的贡献,也对生态环境造成严重损害。在可持续发展的大背景下,采矿业必须注重与自然的和谐,尽可能降低对生态环境的冲击。一是通过土地复垦重建被破坏的生态系统,二是在矿产开发项目的规划设计中就考虑矿山生产对生态环境的冲击问题,把“为环境设计”的新理念贯穿于技术经济决策之中。因此,矿山土地复垦和生态经济是当代采矿学必须纳入的内容。

概括说来,采矿学的主要研究内容有:矿床评价、矿床开拓、采矿方法、开采程序、开采工艺、技术经济基础、优化方法、矿山土地复垦与矿山生态经济等。

第1篇　采矿基础知识

本篇讲述对于金属矿床地下和露天开采均适用的相关基础知识，包括：基于探矿取样的品位与储量的分析计算、边界品位的确定、块状矿床模型的建立、岩石的力学性质与分级、炸药与爆破、技术经济基础等。这些内容在采矿项目评价和矿山设计及其方案优化中占有重要地位。

1　品位与储量计算

欲投资一个矿床开采项目，首先必须估算其品位和储量。一个矿床的矿量、品位及其空间分布，是对矿床进行技术经济评价、可行性研究、矿山规划设计以及开采计划优化的基础，是矿山投资决策的重要依据。因此，品位估算、矿体圈定和储量计算是一项影响深远的工作，其质量直接影响到投资决策的正确性和矿山规划设计及开采计划的优劣。从一个市场经济条件下的矿业投资者的角度看，这一工作做不好可能导致两种对投资者不利的决策：

(1) 矿体圈定与品位、矿量估算结果比实际情况乐观，估计的矿床开采价值在较大程度上高于实际可能实现的最高价值，致使投资者投资于利润远低于期望值，甚至带来严重亏损的项目。

(2) 与第一种情况相反，矿床的矿量与品位的估算值在较大程度上低于实际值，使投资者错误地认为在现有技术经济条件下，矿床的开采不能带来可以接受的最低利润，从而放弃了一个好的投资机会。

然而，准确地估算出一个矿床的矿量、品位绝非易事。大部分矿体被深深地埋于地下，即使有露头，也只能提供靠近地表的局部信息。进行矿体圈定和矿量、品位估算的已知数据主要来源于极其有限的钻孔岩心取样。已知数据量相对于被估算的量往往是一比几十万乃至几百万的关系，即对一吨岩心进行取样化验的结果，可能要用来推算几十万乃至几百万吨的矿量及其品位。因此，矿体圈定与矿量、品位估算不仅是一项十分重要的工作，而且是一项极具挑战性的工作。做好这一工作要求掌握现代理论知识与手段，并应用它们对有限的已知数据进行各种详细、深入的定量、定性分析；同时也要求从事这一工作的地质与采矿工程师具有科学的态度和求实精神。

本章将较详细地介绍当今世界上常用的矿量、品位估算方法，包括探矿数据的分析、处理、边界品位的确定、矿体圈定等，为读者提供矿床评价所需的基础知识和基本方法。

1.1　探矿数据及其预处理

金属矿床的探矿工程主要有钻探、槽探和坑探。钻探是获取地质信息的主要手段，用于矿体圈定与矿量、品位估算的数据主要来源于探矿钻孔的岩心取样。因此，这里只介绍钻探和钻孔数据。

1.1.1　探矿钻孔及其取样数据

探矿钻孔一般按照一定的网度布置在一些叫做勘探线的直线上或附近，如图 1-1 所示。图中，每一个圆圈表示一个钻孔，实心圈为见矿孔，空心圈为未见矿孔；ZK22 等是钻孔编号。直线是勘探线，曲线是地形等高线。

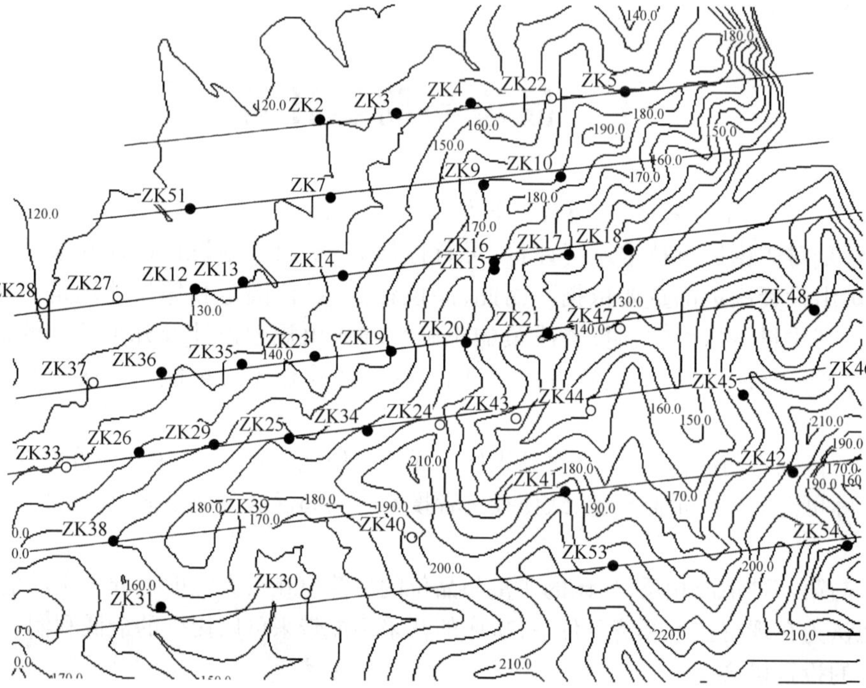

图 1-1　钻孔与勘探线

在钻孔过程中，每钻一定深度（一般在 3m 左右）将岩心取出，做好标记后按顺序放在箱中供搬运、贮存和化验。地质人员对取出的岩心进行定性观察和简单的测试，以确定每一段岩心的主要物理特性，如岩心长度、岩性、颜色、硬度等，并记录下来，形成对钻孔穿过地段的地质特性的定性描述。表 1-1 是一个钻孔的岩心观测结果的部分记录表示例。

金属矿的许多探矿钻孔不是垂直的，即倾角（孔轴线与水平面的夹角）不是 90°，而且不同标高段的倾角一般也不相等（图 1-2）；有的是因为钻孔穿越岩层的结构和力学性质的变化引起钻孔偏转，更多的是有目的地使钻孔向垂直于矿体倾斜面方向倾斜，以便获得更好的矿体

表 1-1　钻孔岩心信息记录

钻孔号:ZK10;　孔口坐标:6086. 21E,6821. 68N,170. 01;
设计深度:135m;　实际深度:143. 26m;　开孔方位角:　开孔倾角:90°;
开孔日期:1994 年 10 月 12 日;　终孔日期:1994 年 10 月 23 日

换层深度/m 自	至	共计	每层提取岩心长度/m	每层岩心采取率/%	岩石矿石描述
0. 00	13. 93	13. 93			第四纪层
13. 93	30. 69	16. 76	1. 6	9. 5	云母石英岩:黄绿色,片状结构,主要组成矿物为石英(约 25% ~ 30%),云母(约 40%)和角闪石(约 25%),其次有些磁铁矿
30. 69	43. 03	12. 34	9. 7	78. 61	阳起磁铁石英岩:钢灰色 ~ 灰白色,细粒结构,主要组成矿物为石英(约 40% ~45%),磁铁矿(约 30% ~ 35%),阳起石(约 15% ~20%)
⋮	⋮	⋮	⋮	⋮	⋮

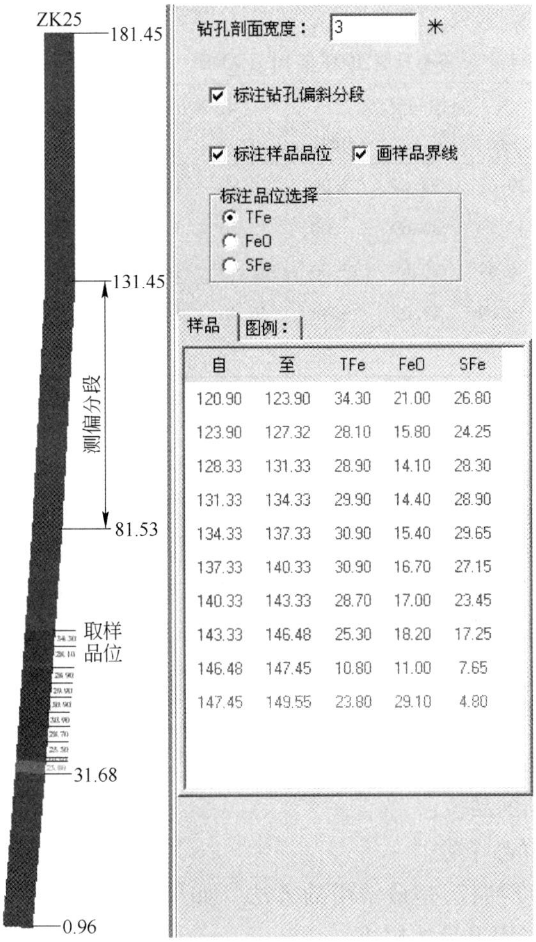

图 1-2　钻孔取样柱状图及其品位

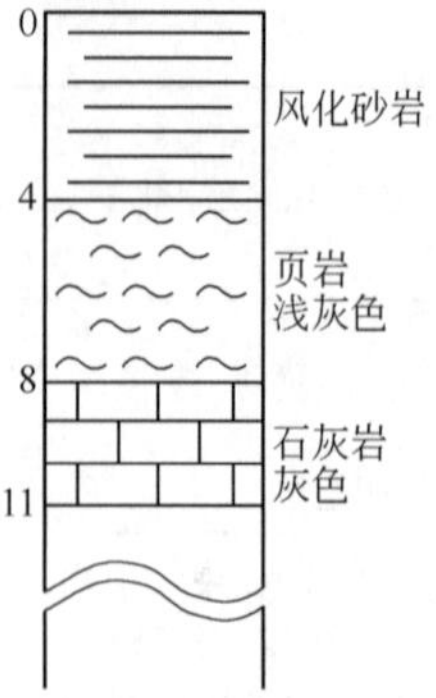

图1-3 钻孔柱状图

信息。这种情况下需要进行测孔,分段测出钻孔的倾角和倾斜方向方位角。

为直观起见,常常把表中的数据和文字描述绘成钻孔柱状图(图1-3)。为了确定岩心的化学成分和品位,将岩心的一半送往化验室进行化验,另一半保存下来备用。样品的化验结果记录在如表1-2所示的表中。手工记录时常将表1-1和表1-2合并为一个表,称为钻孔地质资料记录表。对所有钻孔的定性描述和取样化验结果构成了勘探区域的基本地质数据,这些取样化验数据是进行矿体圈定和矿量、品位估算的依据。

现在广泛应用计算机把上述钻孔信息形成电子文件(文档或数据库)。一些软件可依据钻孔信息自动形成钻孔柱状图,并列出取样化验结果。图1-2就是计算机生成的钻孔取样柱状图(图中未标岩性)和取样品位列表。

在矿量和品位计算前,一般需要对取样数据进行预处理,包括样品组合处理和"极值"样品的处理。

表1-2 钻孔岩心取样化验结果记录

钻孔号:ZK10; 孔口坐标:6086.21E,6821.68N,170.01Z;
设计深度:135m; 实际深度:143.26m; 开孔方位角: 开孔倾角:90°;
开孔日期:1994年10月12日; 终孔日期:1994年10月23日

试样号	采样间隔/m			化学分析结果/%			备注
	自	至	共计	TFe	Fe	SFe	
1083	30.69	33.69	3.00	29.80	16.60	22.50	
1084	33.69	36.69	3.00	32.20	15.60	25.10	
1085	36.69	39.69	3.00	32.95	16.00	28.00	
1086	39.69	43.03	3.34	26.40	14.00	21.00	
⋮	⋮	⋮	⋮	⋮	⋮	⋮	

1.1.2 样品组合处理

样品组合处理就是将几个相邻样品组合成为一个组合样品,并求出组合样品的品位。当矿岩界线分明,且在矿石段内垂直方向上品位变化不大时,常常将矿石段内(即上下矿岩界线之间)的样品组合成一个组合样品,如图1-4所示,这种组合称为矿段组合。组合样品的品位是组合段内各样品品位的加权平均值,即

$$\bar{g} = \sum_{i=1}^{n} l_i g_i \Big/ \sum_{i=1}^{n} l_i \tag{1-1}$$

式中 l_i——第 i 个样品的长度;

g_i——第 i 个样品的品位;

n——组合段内样品个数。

式1-1中用的是长度加权,是最常用的方法。如果不同样品的比重相差较大,可以采用重量加权法。

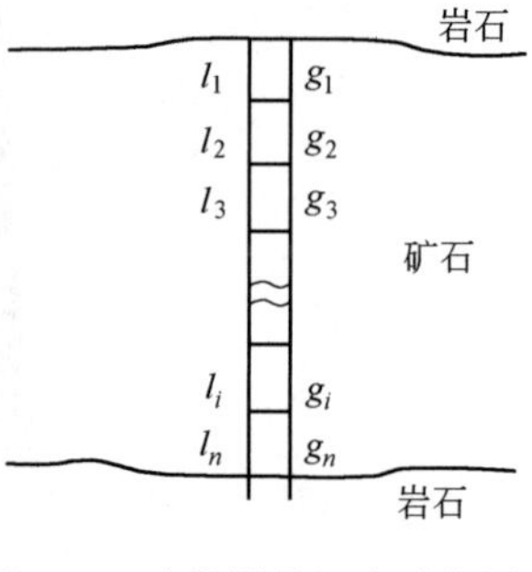

图1-4 矿段样品组合示意图

对于拟用露天开采的矿床,更具实际意义的样品组合处理是

台阶样品组合，即把一个台阶高度内的样品组合成一个组合样品，如图 1-5 所示。组合样品的品位为：

$$\bar{g} = \sum_{i=1}^{n} l_i g_i \Big/ H \qquad (1\text{-}2)$$

式中　H——台阶高度。

当一个样品跨越台阶分界线时（如图 1-5 中第一和第五个样品），在计算中样品的长度取落入本台阶的那部分长度（即图 1-5 中的 l'_1 和 l'_5），样品的品位不变。

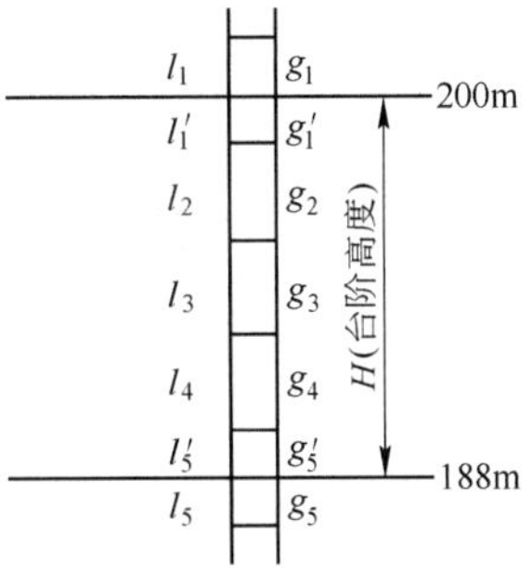

图 1-5　台阶样品组合示意图

对钻孔取样进行台阶样品组合处理的意义在于：

（1）对取样数据进行统计学、地质统计学分析，以及利用取样值进行品位估值时，只有当每个样品具有相同的支持体，即每个样品的体积相同时，分析计算结果才有意义。

（2）露天开采在垂直方向上是以台阶为开采单元的，一旦台阶的参考标高和台阶高度被确定，沿台阶高度无论品位如何变化，也无法进行选别开采。因此，在一个台阶高度内采用不同的取样品位是毫无意义的。

（3）组合样品的品位较原样品品位变化小，在一定程度上减轻了“极值”品位对分析计算的影响，也使样品的统计分布曲线和半变异函数曲线（这些概念将在以后几节讲述）趋于规则。

（4）样品组合处理减少了样品总数，节省了计算机内存和计算时间。

1.1.3　极值样品处理

极值样品（Outlier）是指那些品位值比绝大多数样品的品位（或样品平均品位）高出许多的样品，它们在贵重金属矿床较为常见。例如，在一个金矿床取样 1000 个，经化验，这些样品的平均品位为 10g/t，其中有 10 个样品的品位在 100g/t 以上，这 10 个样品就可以被看成是极值样品。究竟品位比均值高出多少的样品算是极值样品，没有统一的、现成的标准，需视具体情况而定。极值样品虽然数量少，但对金属量影响大，为使品位的分析计算结果不至过分乐观，常常在实践中采用以下处理方法：

（1）限值处理。即将极值样品的品位降至某一上限值。比如在上述例子中，将所有高于 100g/t 的样品的品位降至 100g/t。

（2）删除处理。即将极值样品从样本空间中删去，不参与分析计算。

使用上述处理方法时，应特别谨慎。虽然极值样品在数量上占样品总数的比例很小，但由于其品位很高，对矿石的总体品位和金属量的贡献值都很大。因此，不加分析地进行降值或删除处理，可能会严重歪曲矿床的实际品位和金属含量，人为地降低矿床的开采价值。这一点可用下面的例子说明。

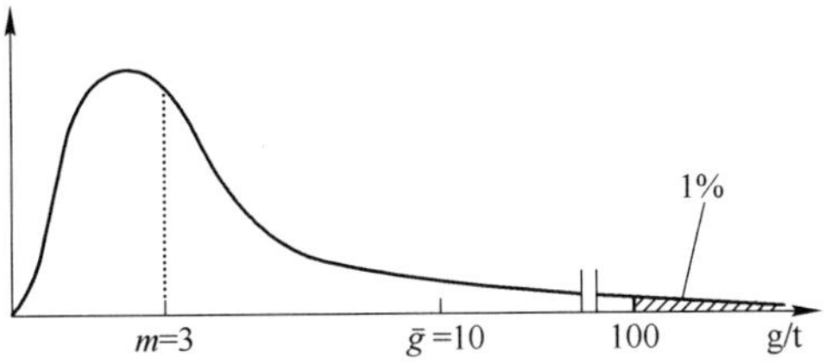

图 1-6　金矿取样品位对数正态分布示意图

假设对一金矿床进行钻探取样后得知，品位值服从对数正态分布，如图 1-6 所示。所有样品的平均品位 $\bar{g} = 10$g/t，中值 $m = 3$g/t（即高于 3g/t 和低于 3g/t 的样品各占 50%）；有 1%

的样品品位高于100g/t。若将这1%的极值样品取出,单独计算其平均值,得190g/t。那么这1%的样品对矿床总金属量的贡献为(190×1%)/$\bar{g}$=1.9/10=19%。也就是说,1%的数据量代表的是19%的金属量。假如取边界品位为3g/t(高于3g/t为矿石,否则为废石),矿石的平均品位(即高于3g/t的那部分样品的平均品位)经计算为16g/t。如果把极值样品从样品空间删除,矿石的平均品位变为(16×50% -190×1%)/(50% -1%)=12.45g/t,也就是说,矿石品位被低估了22%。如果将极值样品进行限值处理,将其品位值降到100g/t,矿石的平均品位变为(12.45×49% +100×1%)/50% =14.2g/t,也就是说,将矿石品位低估了11%。

在正常、稳定的经济环境中,采矿的收益率一般在15%以下。因此,不加分析地将极值样品进行删除或限值处理,很可能将本来能够获取正常利润的矿床人为地变为没有开采价值,从而导致错误的投资决策。这对于一个在市场经济条件下,以盈利为主要目的的矿业投资者来说,无疑是一个重大的决策失误。

这里必须澄清的是,极值样品是实实在在存在的有效样品,并不是指那些由于化验或数据录入错误造成的、具有"错误品位值"的样品。如果有根据认为某些样品的品位是错误的,将这些样品从样本空间中删除,不仅是合理的,而且是必要的。

对极值样品的最理想的处理方法是,经过对探矿区域的地质构造和成矿机理进行深入分析,将这些样品的发生区域(或构造)划分出来,在进行品位与矿量的分析计算时,这些样品只参与其发生区域的品位与矿量计算,而不把它们外推到发生区域之外。但是在大多数情况下,由于钻孔间距大,已知的地质信息满足不了这种区域划分的要求。这时,可以将矿床看成是由两种不同的矿化作用形成的:样品中占绝大多数的"正常样品"可以看作是由主体矿化作用产生的样本空间;极值样品是由次矿化作用产生的样本空间。然后利用统计学方法,计算出空间任一点属于每一类矿化作用的概率,再根据这些概率计算矿床的品位与矿量。这一方法超出了本书的范畴,有兴趣的读者可参阅Journel(1988)和Parker等人(1979)的论文。

1.2 矿床品位的统计学分析

对取样数据进行上述的预处理以后,做一些统计学分析,可以提供不少有关矿床的有用信息。因此,统计学分析常常是取样数据分析的第一步。对数据进行统计学分析的主要目的是确定:

(1) 品位的统计分布规律及其特征值;

(2) 品位变化程度;

(3) 样品是否属于不同的样本空间;

(4) 根据样品的分布特征,初步估计矿床的平均品位以及对于给定边界品位的矿量和矿石平均品位。

1.2.1 取样品位的统计分布规律

为了确定取样品位的统计分布规律,首先将取样品位值绘成如图1-7所示的直方图。图中横轴为品位,竖轴为落入每一品位段的样品数占样品总数的百分比。从直方图的轮廓线形状,可以看出品位大体上属于何种分布;从直方图在横轴方向的分散程度,可看出取样品位的变化程度。

图 1-7 给出的是几种常见的品位分布情况。图 1-7a 是一品位变化程度中等的正态分布,这样的分布在矿体厚大的层状或块状的硫化类矿床(如铜矿)中最为常见;图 1-7b 是一品位变化小的正态分布,常见于铁、镁等矿床;图 1-7c 是一对数正态分布(即品位的对数值服从正态分布),品位变化大,此类分布常见于钼、锡、钨以及贵重金属(如金、铂)矿床;图 1-7d 是一"双态"分布,即分布曲线是由两个不同分布组成的,说明样品来源于不同的样本空间。双态分布表明在矿床中很可能存在不同类型的矿石,或在不同区域呈现不同的成矿特征。如果出现图 1-7d 所示的情况,就需要对矿床地质和成矿机理进行深入分析,尽可能找出对应于不同分布的区域,然后对矿床进行区域划分,把来源于每一区域的样品进行分离,并做单独分析计算。

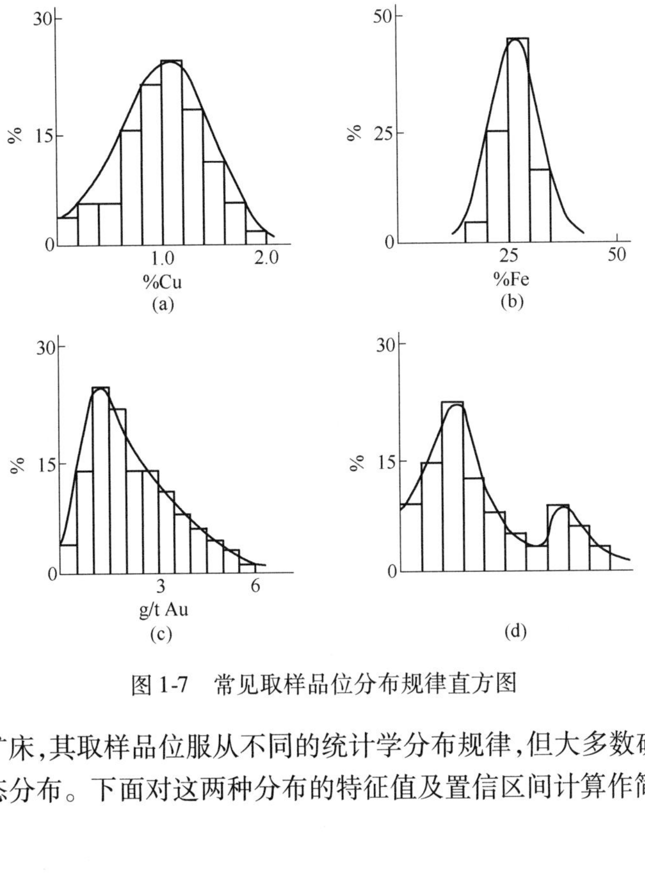

图 1-7　常见取样品位分布规律直方图

不同类型的矿床,其取样品位服从不同的统计学分布规律,但大多数矿床的品位服从正态分布或对数正态分布。下面对这两种分布的特征值及置信区间计算作简要介绍。

1.2.2　正态分布

检验样品值是否服从正态分布的一个简单方法,是将样品的累计发生频率(即小于某一品位的样品数占样品总数的百分比)与品位绘在正态概率纸上(图 1-8)。图中横坐标为累计概率,纵坐标为品位。如果数据点基本落在一条直线上,那么就可以将样品的分布看成是正态分布。

正态分布的特征值有均值 μ 和方差 σ^2。μ 和 σ^2 的真值是未知的。当我们获得 n 个样品,每个样品的值为 x_i($i=1,2,\cdots,n$)时,μ 和 σ^2 的估计值 $\hat{\mu}$ 和 $\hat{\sigma}^2$ 可分别用下面的

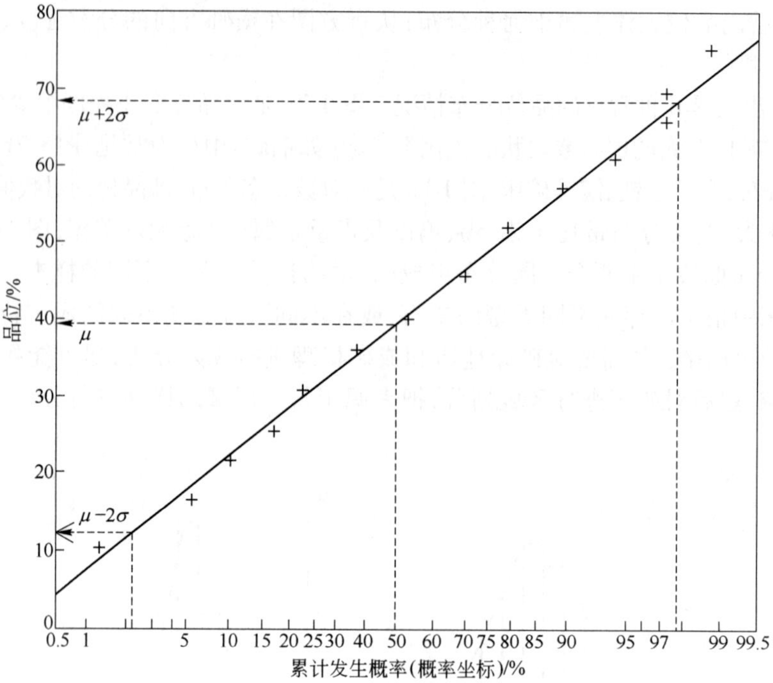

图 1-8 正态分布概率图

式子计算：

$$\hat{\mu} = \bar{x} = \frac{1}{n}\sum_{i=1}^{n} x_i \tag{1-3}$$

$$\hat{\sigma}^2 = S^2 = \frac{1}{n-1}\sum_{i=1}^{n}(x_i - \bar{x})^2 \tag{1-4}$$

或

$$S^2 = \frac{1}{n-1}\left(\sum_{i=1}^{n} x_i^2 - n\bar{x}^2\right) \tag{1-5}$$

S^2的平方根 S 是样本空间均方差 σ 的估计值。从统计学理论可知，一个正态样本空间的均值 μ 的估计量 $\hat{\mu}$ 也服从正态分布，其均值为 μ，方差为：

$$S_{\hat{\mu}}^2 = \frac{S^2}{n} \tag{1-6}$$

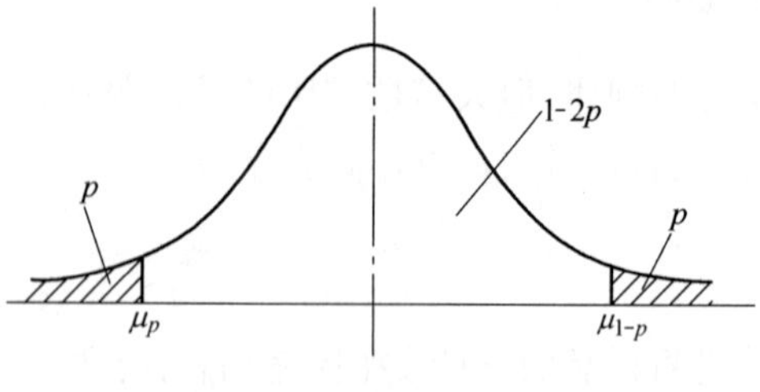

图 1-9 置信区间示意图

设均值 μ 小于 μ_p 的概率为 p，大于 μ_{1-p} 的概率也为 p，那么 μ 落在 μ_p 与 μ_{1-p} 之间的概率为 $1-2p$（图 1-9）。我们称 $[\mu_p, \mu_{1-p}]$ 为均值在置信度为 $1-2p$ 时的置信区间。当样品数 $n \geqslant 25$ 时，均值的 68% 和 95%（即 p 为 16% 和 2.5%）置信区间可用下面的式子计算：

68% 置信区间：

$$[\mu_p, \mu_{1-p}] = \left[\bar{x} - \frac{S}{\sqrt{n}}, \bar{x} + \frac{S}{\sqrt{n}}\right] \tag{1-7}$$

95% 置信区间：

$$[\mu_p, \mu_{1-p}] = \left[\bar{x} - 2\frac{S}{\sqrt{n}}, \bar{x} + 2\frac{S}{\sqrt{n}}\right] \tag{1-8}$$

当 $n<25$ 时,计算任意置信度的置信区间的一般公式如下:

$$[\mu_p,\mu_{1-p}]=\left[\bar{x}-t_{1-p}\frac{S}{\sqrt{n}},\bar{x}+t_{1-p}\frac{S}{\sqrt{n}}\right] \tag{1-9}$$

式中,t_{1-p}是学生分布(也称为 t 分布)表中自由度为 $n-1$ 时,$t<t_{1-p}$的概率为 $1-p$ 时的 t 值,t 分布表见附表 1-1。例如,当 $n=10$,$p=5\%$,即 $1-p=95\%$ 时,从表中可查得 $t_{1-p}=1.833$。如果样品的平均品位为 $\bar{x}=20\%$,均方差 $S=10$。那么置信度为 $1-2p=90\%$ 的置信区间为:

$$\left[20-1.833\frac{10}{\sqrt{10}},20+1.833\frac{10}{\sqrt{10}}\right]=[14.20,25.80]$$

也就是说,平均品位的真值 μ 有 90% 的可能性是在 14.2% 和 25.8% 之间。

1.2.3 对数正态分布

当一个随机变量 X 的对数 $\ln(X)$ 服从正态分布时,X 就服从对数正态分布。检验样品是否服从对数正态分布的方法与检验正态分布的方法相似。将图 1-8 中纵坐标由算术坐标变为对数坐标,可得图 1-10。如果绘于图 1-10 的数据点基本落在一条直线上,就可认为样品服从对数正态分布。

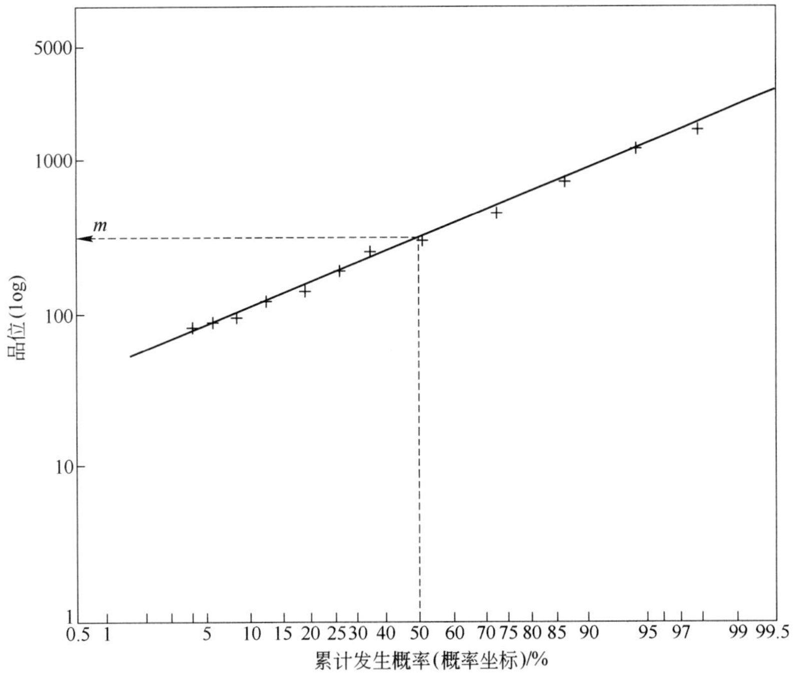

图 1-10 对数正态分布概率图

对数正态分布有二参数与三参数之分。当 $\ln(X)$ 是正态分布时,X 服从二参数对数正态分布。在某些情况下,$\ln(X)$ 不是正态分布,而当 X 加上一常数 β 时,$\ln(X+\beta)$ 是正态分布,这时我们说 X 服从三参数对数正态分布。

三参数对数正态分布有三个特征值:即加数 β,$(X+\beta)$ 的对数均值和 $(X+\beta)$ 的对数方差。当我们有 n 个样品时,就可以对这三个参数进行估值。

如果样品数目足够大,β 可用下式估计:

$$\beta = \frac{m^2 - f_1 f_2}{f_1 f_2 - 2m} \tag{1-10}$$

式中 m——对应于50%累计概率的取样值,也被称为几何均值或中值;

f_1, f_2——对应于累计概率 p 和 $1-p$ 的取样值。

从理论上讲,p 可以取任意值,但 p 取5%~20%之间时得到的结果最佳。

令 y_i 为 $(x_i+\beta)$ 的自然对数,即

$$y_i = \ln(x_i + \beta) \tag{1-11}$$

那么 $(X+\beta)$ 的对数均值 $\bar{y}$ 用下式估计:

$$\bar{y} = \frac{1}{n}\sum_{i=1}^{n} y_i \tag{1-12}$$

$(X+\beta)$ 的几何均值 m 的估计值为:

$$\hat{m} = e^{\bar{y}} \tag{1-13}$$

对数方差 σ_e^2 的估计值为:

$$S_e^2 = \frac{1}{n}\sum_{i=1}^{n}(y_i - \bar{y})^2 \tag{1-14}$$

或

$$S_e^2 = \frac{1}{n}\sum_{i=1}^{n} y_i^2 - \bar{y}^2 \tag{1-15}$$

三参数对数正态分布的均值 μ,几何均值 m 与对数方差 σ_e^2 之间存在以下关系:

$$\mu = m e^{\sigma_e^2/2} - \beta \tag{1-16}$$

当利用上面的公式从样品值计算出对数正态分布的特征值的估计值 β、$\hat{m}$ 和 S_e^2 以后,就可以获得均值 μ 的估计值 $\hat{\mu}$:

$$\hat{\mu} = \hat{m}\gamma - \beta \tag{1-17}$$

式中,γ 为从附表1-2中根据 n 和 S_e^2 查得的系数,例如当 $n=10$,$S_e^2=1.4$ 时,γ 为1.936。当 $n>1000$ 时,γ 可用下式计算:

$$\gamma_\infty = e^{S_e^2/2} \tag{1-18}$$

置信度为 $1-2p$ 的均值置信区间计算公式为:

区间上限:
$$\mu_{1-p} = (\hat{\mu} + \beta)\psi_{1-p} - \beta \tag{1-19}$$

区间下限:
$$\mu_p = (\hat{\mu} + \beta)\psi_p - \beta \tag{1-20}$$

式中,ψ_p 为从附表1-3中根据 n 和 S_e^2 查出的系数。附表1-3a列出的是当 $p=0.95$ 时的 ψ 值,附表1-3b列出的是当 $p=0.05$ 时的 ψ 值。更为完整的表可以在有关概率统计的书中找到。

当 n 很大(大于1000)时,ψ_p 可用下式计算:

$$\psi_p = e^{(\sigma_t^2/2 + t_p \sigma_t)} \tag{1-21}$$

式中,$\sigma_t^2 = \frac{S_e^2}{n}\left(1 + \frac{S_e^2}{2}\right)$;$t_p$ 是从 t 分布表(附表1-1)中查得的值。

例1-1 设从一金矿床取样10个,取样品位服从二参数对数正态分布,即 $\beta=0$。应用式

(1-12)～式(1-14)计算,得对数均值 $\bar{y}=0.600$,几何均值 $\hat{m}=1.822$,对数方差 $S_e^2=0.050$。试估计矿体的平均品位和90%置信区间。

解:从附表1-2中查得:当 $S_e^2=0.04$ 和 $n=10$ 时,$\gamma=1.020$;当 $S_e^2=0.06$ 和 $n=10$ 时,$\gamma=1.030$。因此,对于 $S_e^2=0.05$ 和 $n=10$,线性插值得 $\gamma=1.025$。应用公式(1-17),算得平均品位的估计值为:

$$\hat{\mu}=1.822\times1.025=1.868$$

置信度为90%(即0.9)时,$p=0.05$,$1-p=0.95$。从附表1-3a和附表1-3b中分别查得:$\psi_{0.95}=1.194$;$\psi_{0.05}=0.897$,因此,置信区间为:

上限:　$\mu_{0.95}=\hat{\mu}\psi_{0.95}=1.868\times1.194=2.230$

下限:　$\mu_{0.05}=\hat{\mu}\psi_{0.05}=1.868\times0.897=1.676$

也就是说,有90%的可能性,平均品位的真值 μ 是在1.676和2.230之间。

1.3　边界品位与矿量

简单讲,边界品位是用于区分矿石与废石的临界品位值,矿床中高于边界品位的部分是矿石,低于边界品位的是废石。很显然,边界品位定得越高,矿石量也就越小。因此,边界品位是一个重要的参数,它的取值将通过矿石量及其空间分布影响矿山的生产规模、开采寿命和矿山开采规划。在一定的技术经济条件下,就一给定矿床而言,存在着一个使整个矿山的总经济效益达到最大的最佳边界品位。边界品位的确定是矿业界的重要科研课题之一。

将一系列边界品位和与之相对应的矿石量绘成曲线,就形成所谓的品位-矿量曲线(图1-11)。由上面对边界品位的定义可知,品位-矿量曲线是一条递减曲线。由于品位-矿量曲线指明了任一给定边界品位条件下的矿石量,它是对矿床进行初步技术经济评价的一个重要依据。

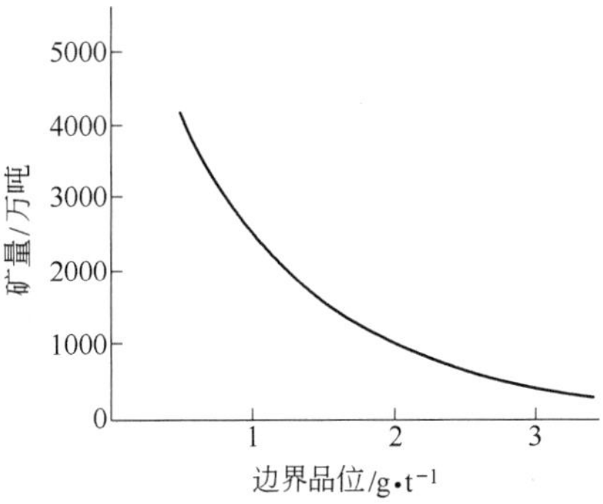

图1-11　品位-矿量曲线示意图

当品位服从均值为 μ 和方差为 σ^2 的正态分布时,品位-矿量曲线上的每一点可由下式求得:

$$T_c=T\varphi(u_c) \tag{1-22}$$

式中,T 为总矿岩量,即边界品位为零的"矿量"。对于一给定矿床或矿床中的一给定区域,T 是已知的。$\varphi(u_c)$ 是高斯函数,即标准正态分布从 u_c 到 ∞ 的积分:

$$\varphi(u_c)=\frac{1}{\sqrt{2\pi}}\int_{u_c}^{\infty}e^{-t^2/2}dt \tag{1-23}$$

式中,u_c 是边界品位 g_c 的标准正态变量,即

$$u_c=\frac{g_c-\mu}{\sigma} \tag{1-24}$$

T_c 中含有的金属量 Q_c 可由下式计算:

$$Q_c = T\mu\varphi(u_c) + T\frac{\sigma}{\sqrt{2\pi}}e^{-u_c^2/2} \tag{1-25}$$

矿石中含有的金属量 Q_c 与边界品位 g_c 之间的关系曲线称为**品位-金属量曲线**，它也是一条递减曲线。

对应于边界品位 g_c 的矿石平均品位，即品位高于边界品位 g_c 的那部分物料的平均品位为：

$$G_c = \frac{Q_c}{T_c} \tag{1-26}$$

当品位服从三参数对数正态分布时，可用下面的公式计算品位-矿量曲线：

$$T_c = T\varphi(u_{c1}) \tag{1-27}$$

式中，φ 和 T 与正态分布条件下的定义相同；u_{c1} 为：

$$u_{c1} = \frac{1}{\sigma_e}\ln\frac{g_c + \beta}{\mu + \beta} + \frac{\sigma_e}{2} \tag{1-28}$$

T_c 中的金属含量 Q_c 为：

$$Q_c = T\mu\varphi(u_{c2}) + \beta[\varphi(u_{c2}) - \varphi(u_{c1})] \tag{1-29}$$

式中，u_{c2} 由下式算得：

$$u_{c2} = u_{c1} - \sigma_e \tag{1-30}$$

应用品位-矿量曲线进行品位、矿量分析时，必须注意以下几点：

(1) 品位分布是从样品值的分布得出的，分布的特征值 μ，σ 或 σ_e 是未知的，计算中只能用它们的估计值 $\hat{\mu}$，S 或 S_e。

(2) 露天开采时，矿石不是以几公斤大小的样品为单位采出的。对于选定的开采设备（电铲）和台阶高度，存在所谓的最小选别单元（SMU），矿床中的矿石是以 SMU 为单元采出的。SMU 在体积上要比样品大得多，如果把整个矿床分为体积为 SMU 的小块（称为单元体），那么这些小块的品位分布较样品品位分布更为集中（即方差更小）。因此，根据样品分布计算得出的品位-矿量曲线，并不能用来预报将被采出的品位-矿量关系。

(3) 单元体的真实品位是未知的。单元体是否是矿石，不是根据其真实品位确定的，而是根据对单元体的品位的估计值确定的。由于估计有误差，根据估计值得出的品位-矿量曲线与实际采出的品位-矿量关系有一定的差别。

1.4 合理边界品位的确定

边界品位是区分矿石与废石（或称岩石）的临界品位，矿床中高于边界品位的块段为矿石，低于边界品位的块段为废石。从上一节中介绍的品位-矿量和品位-金属量曲线可知，边界品位的选择直接影响到可采矿石储量及其金属含量，进而影响矿山的生产规模、最终开采境界、设备选型和矿山生产寿命。因此，边界品位是一个对矿山总体经济效益有重大影响的技术经济参数。

国内矿山多采用“双指标”边界品位，即“地质边界品位”和“最小工业品位”，前者小于后者。品位大于等于最小工业品位的块段有工业开采价值，是开采加工的对象，称为**表内矿**；品位介于两者之间的矿段称为**表外矿**；品位低于地质边界品位的块段为废石。国际上通用的是“单指标”边界品位,没有表内矿和表外矿之分。单指标边界品位相当于双指标边界品位中的最低工业品位,但又不完全等同。

实际上,边界品位的作用是在两种不同的情况下做出合理的选择:即采还是不采;采出后是送往选厂还是送往排土场。由于在市场经济条件下,矿业投资者的主要经营目的是获取利润,因此进行决策选择的基本准则是经济准则,即在两种选择中选取经济效益最好者。没有开采价值的块段不会增加矿山企业的收益,或不予开采,或采出后作为废石送往排土场。当为了满足短期矿量需求将部分表外矿作为矿石送往选厂时,实质上是等于将单指标边界品位临时降低了。故在任何时候,只要将某一块段采出并送往选厂,该块段就是矿石,否则就是废石。采用双指标边界品位将矿石划分为表内、表外矿意义不大。本节讨论的边界品位是单指标边界品位。

1.4.1 盈亏平衡品位计算

一个给定块段的品位越高,其开采价值就越大。只要块段中所含矿物的价值高于其开采与加工等费用,将其作为矿石开采加工就可以使矿山企业的总盈利增加。使矿物的价值等于其开采加工等费用的品位称为**盈亏平衡品位**。当对一个矿段的处理存在两种选择时,应对两种选择进行比较,取最有利者(盈利最大或亏损最小者)。使两种选择的经济效益相等的品位称为**两种选择之间的盈亏平衡品位**。实践中常将盈亏平衡品位作为边界品位,在两种选择之间进行决策。

1.4.1.1 价值与成本计算

令 M_c 为 1t 矿石的开采与加工成本;M_v 为 1t 品位为 1 的矿石被加工成最终产品能够带来的经济收入。当最终产品为金属时

$$M_c = C_m + C_p + C'_r \tag{1-31}$$

式中 C_m, C_p, C'_r——1t 原矿的采矿成本、选矿成本和冶炼成本。C_m 和 C_p 是按每吨原矿计算的,而冶炼成本一般按每吨精矿计算:

$$C'_r = \frac{g r_p}{g_p} C_r \tag{1-32}$$

式中 g——原矿品位;

r_p——选矿回收率;

g_p——精矿品位;

C_r——每吨精矿的冶炼成本。故

$$M_c = C_m + C_p + \frac{g r_p}{g_p} C_r \tag{1-33}$$

若金属的售价为 P_r,冶炼回收率为 r_r,M_v 可用下式计算:

$$M_v = r_p r_r P_r \tag{1-34}$$

当最终产品为精矿时:

$$M_c = C_m + C_p \tag{1-35}$$

$$M_v = \frac{r_p}{g_p} P_p \tag{1-36}$$

式中 P_p——每吨精矿售价。

1.4.1.2 可以不采的已揭露块段的盈亏平衡品位

设某一块段已被揭露,这一块段可以采也可以不采。这时需要做的决策是采与不采,这两种选择间的盈亏平衡品位 g_c 应满足以下条件:

开采盈利 = 不开采盈利

因为该块段可以不采,所以要开采就是作为矿石开采,故

$$\text{开采盈利} = g_c M_v - M_c$$

若不予开采,盈利为零。所以有:

$$g_c M_v - M_c = 0$$

$$g_c = \frac{M_c}{M_v} \tag{1-37}$$

当最终产品为金属时,将式(1-33)和式(1-34)代入上式,得:

$$g_c = \frac{C_m + C_p}{r_p r_r P_r - \dfrac{r_p}{g_p} C_r} \tag{1-38}$$

当最终产品为精矿时,将式(1-35)和式(1-36)代入式(1-37),得:

$$g_c = \frac{C_m + C_p}{r_p P_p} g_p \tag{1-39}$$

因此,当被揭露的块段的品位大于 g_c 时,应将其作为矿石开采,否则不予开采。

1.4.1.3 必采块段的盈亏平衡品位

如果某一块段必须被开采(如为了揭露其下面的矿石),那么对该块段的决策选择有:作为矿石开采后送往选厂,或作为废石采出后送往排土场。这两种选择间的盈亏平衡品位 g_c 应满足以下条件:

作为矿石处理的盈利 = 作为废石处理的盈利

作为矿石处理时的盈利 $= g_c M_v - M_c$

作为废石处理时的盈利 $= -W_c$(即1t废石的剥离和排土成本)

故有

$$g_c M_v - M_c = -W_c$$

即

$$g_c = \frac{M_c - W_c}{M_v} \tag{1-40}$$

当最终产品为金属时:

$$g_c = \frac{C_m + C_p - W_c}{r_p r_r P_r - \dfrac{r_p}{g_p} C_r} \tag{1-41}$$

当最终产品为精矿时:

$$g_c = \frac{(C_m + C_p - W_c) g_p}{r_p P_p} \tag{1-42}$$

因此,当块段品位高于 g_c 时,将其作为矿石送往选厂要比作为废石送往排土场更为有利。值得注意的是,当块段的品位刚刚高于 g_c 时,将其作为矿石并不能获得盈利,然而既

然块段必须采出，将其作为矿石处理的亏损小于作为废石处理的成本，故仍然将其划为矿石。

1.4.1.4 分期扩帮盈亏平衡品位

露天矿采用分期开采时，从一个分期境界到下一个分期境界之间的区域称为**分期扩帮区域**。是否进行下一期扩帮，取决于开采分期扩帮区域是否能带来盈利。进行这一决策的盈亏平衡品位应满足以下条件：

$$扩帮盈利 = 不扩帮盈利$$

当分期扩帮区域内矿石的平均品位为 g_c，平均剥采比（岩石量：矿石量）为 R 时，

$$扩帮盈利 = g_c M_v - M_c - RW_c$$

$$不扩帮盈利 = 0$$

故

$$g_c M_v - M_c - RW_c = 0$$

即

$$g_c = \frac{M_c + RW_c}{M_v} \tag{1-43}$$

当最终产品为金属时：

$$g_c = \frac{C_m + C_p + RW_c}{r_p r_r P_r - \dfrac{r_p}{g_p} C_r} \tag{1-44}$$

当最终产品为精矿时：

$$g_c = \frac{(C_m + C_p + RW_c) g_p}{r_p P_p} \tag{1-45}$$

式中，g_c称为分期扩帮盈亏平衡品位。如果分期扩帮区域内矿石的平均品位高于 g_c，将其开采比不采更为有利。

必须注意的是，上面公式中用到剥采比 R。要计算分期扩帮区域的平均剥采比 R，就必须知道该区域内的矿石量和岩石量，这意味着在计算分期扩帮盈亏平衡品位前，已经在该区域中进行了矿岩划分，而矿岩划分需要用到边界品位。因此，首先假设决定开采分区扩帮区域，该区域变为必采区域，按上述必采块段的盈亏平衡品位计算方法计算边界品位，将该区域内每一块段按这一边界品位进行矿岩划分，得出区域内的矿石量、岩石量和剥采比 R，再按照式(1-44)或式(1-45)计算分期扩帮盈亏平衡品位。如果分期扩帮区域的矿石的平均品位高于分期扩帮盈亏平衡品位，开采分期扩帮区域比不予开采更为有利。这里需要强调的是，计算分期扩帮盈亏平衡品位的目的不是为了区分矿岩，而是为了决定是否开采整个分期扩帮区域。

1.4.2 最大现值法（Lane 法）确定边界品位

以盈亏平衡品位作为边界品位进行矿岩划分时，只要开采与加工一个单元地段能带来盈利，就将其作为矿石开采。这样划分的结果是使总盈利达到最大。因此，盈亏平衡品位的计算实质上是从静态经济观点进行经济评价的。由于资金的时间价值（即同样数额的盈利在当前和几年后具有不同的经济效益），一般用的是动态经济评价指标，即现值指标。所谓现值，就是将各年的现金流用一给定的折现率折现到项目零点的和，即

$$PV = \sum_{i=1}^{n} \frac{V_i}{(1+d)^i} \tag{1-46}$$

式中 PV——现值；

n——项目寿命，a；

V_i——从项目零点算起第 i 年末的现金流；

d——折现率。

确定边界品位的最大现值法就是以矿山生产寿命期各年现金流的总现值最大为目标，求每年应该采用的边界品位。由于这一方法是 Lane 在 1964 年首先发表的，故也称为 Lane 法。

1.4.2.1 盈利及现值计算

这里假设矿山企业是以金属为最终产品的联合企业，包括开采、选矿和冶炼三个阶段，每一阶段具有自己的最大生产能力和单位生产成本。为叙述方便，定义以下符号：

M：采场最大生产能力，即每年能够采出的最大矿、岩总量；

m：单位开采成本，即开采单位物料的成本，包括穿孔、爆破、采装、运输、取样化验等成本，设矿石和岩石的开采成本相同；

C：选厂最大生产能力，即选厂每年能够处理的矿石（原矿）量；

c：单位选矿成本，即选厂处理单位矿石（原矿）的成本，包括破碎、磨矿、浮选（磁选或其他流程）、取样化验等成本；

R：冶炼厂最大生产能力，为方便起见，冶炼厂的生产能力以每年能够生产的最终产品（金属）表示，并假设送入冶炼厂的精矿品位是常数；

r：单位冶炼成本，即生产单位金属的冶炼成本，包括冶炼、精炼（有的金属不需要精炼）、包装、运输、保险、销售等成本；

f：不变成本，即在一定的产量范围内与产量无关的成本，包括管理费用、道路和建筑物的维修费用、租金等，但不包括设备折旧，不变成本的单位是元/a；

s：最终产品单位售价；

y：综合回收率，即选矿回收率和冶炼回收率的乘积。

设从现在起的一段时间增量内，考虑开采的矿、岩总量为 Q_m，这一时间增量为一年或几个月。那么，发生的开采费用为 mQ_m。Q_m 的一部分为矿石，虽然在边界品位未知的情况下无法确定 Q_m 中含有的矿石量，但可设 Q_m 中的矿石量为 Q_c，故选矿费用为 cQ_c。设 Q_c 吨矿石经选冶后得到的最终产品量为 Q_r，那么冶炼费用为 rQ_r。若开采 Q_m 并将矿石加工成最终产品的时间跨度为 T（即上面提到的时间增量），则不变费用为 fT（T 应该是开采时间、选矿时间和冶炼时间中的最大者）。这样，开采 Q_m 的盈利 P 为：

$$P = (s - r)Q_r - cQ_c - mQ_m - fT \tag{1-47}$$

上式是计算盈利的基本公式。然而，我们的决策目标不是总盈利最大，而是现值最大。所以，需要构造一个开采 Q_m 可以带来的现值增量（即开采 Q_m 对总现值的贡献量）的表达式。

设折现率为 d，从当前时间算起一直到矿山开采结束的未来盈利，折现到当前的最大现值为 V；从开采完 Q_m（即时间 T）算起一直到矿山开采结束的未来盈利折现到 T 的最大现值为 W。那么有：

$$V = W/(1+d)^T + P/(1+d)^T$$

或

$$W + P = V(1+d)^T$$

由于 d 较小(一般为 0.1 左右),$(1+d)^T$ 可用泰勒级数的一次项近似,即

$$(1+d)^T \approx 1 + Td$$

所以有

$$W + P = V(1 + Td)$$

或

$$V - W = P - VTd$$

$V - W$ 即为开采 Q_m 产生的现值增量,记为 ΔV,则有

$$\Delta V = P - VTd$$

将式(1-47)代入上式,得:

$$\Delta V = (s-r)Q_r - cQ_c - mQ_m - (f + Vd)T \tag{1-48}$$

上式是现值增量的基本表达式。求作用于 Q_m 的最佳边界品位,就是求使 ΔV 最大的边界品位。由于 Q_m 是在当前时点考虑的下一个时间增量 T(如下一年)的开采量,那么将当前时点逐步(逐年)向后移,每开采一个 Q_m 对总现值的贡献值最大,意味着总现值最大。因此,ΔV 最大与总现值最大是一致的。

1.4.2.2 生产能力约束下的最佳边界品位

由于企业生产由采、选、冶三个阶段组成,每一阶段有其自己的最大生产能力,当不同阶段成为整个生产过程的瓶颈,即其生产能力制约着整个企业的生产能力时,最佳边界品位也不同。

A 采场生产能力约束下的最佳边界品位

当采场的生产能力制约着整个企业的生产能力时,时间 T 是由开采时间决定的,即 $T = Q_m/M$。这时的现值增量记为 ΔV_m,式(1-48)变为:

$$\Delta V_m = (s-r)Q_r - cQ_c - \left(m + \frac{f + Vd}{M}\right)Q_m \tag{1-49}$$

由于 Q_m 为矿岩总量,不随边界品位变化。故使 ΔV_m 最大的边界品位是使 $(s-r)Q_r - cQ_c$ 最大的边界品位。最终产品量 Q_r 为:

$$Q_r = gyQ_c \tag{1-50}$$

式中 g——Q_c 的平均品位(即矿石的平均品位)。

因此,使 ΔV_m 最大的边界品位,等同于确定一个满足下式的边界品位:

$$\max\{[(s-r)gy - c]Q_c\} \tag{1-51}$$

用微分的概念,把矿岩量 Q_m 分为许多很小的单元块,每个单元块的量为 ΔQ,如果一个单元块的品位 g 能使 $(s-r)gy - c > 0$,开采该单元块的利润

$$[(s-r)gy - c]\Delta Q > 0$$

那么,将该单元块作为矿石开采(即作为 Q_c 的组成部分),对式(1-51)的贡献为正;否则就不作为 Q_c 的组成部分。所以,满足式(1-51)的边界品位,记为 g_m,应满足

$$(s-r)g_m y - c = 0$$

即

$$g_m = \frac{c}{(s-r)y} \tag{1-52}$$

g_m 就是采场生产能力约束下的最佳边界品位。

B 选厂生产能力约束下的最佳边界品位

当选厂生产能力制约着整个企业的生产能力时，时间 T 是由选矿时间决定的，即 $T=Q_c/C$。这时的现值增量记为 ΔV_c，式(1-48)变为：

$$\Delta V_c = (s-r)Q_r - \left(c + \frac{f+Vd}{C}\right)Q_c - mQ_m \tag{1-53}$$

通过与上面同样的分析，使 ΔV_c 最大的边界品位为：

$$g_c = \frac{c + \dfrac{f+Vd}{C}}{(s-r)y} \tag{1-54}$$

C 冶炼厂生产能力约束下的最佳边界品位

当冶炼生产能力制约着整个企业的生产能力时，时间 T 由冶炼时间给出，即 $T=Q_r/R$。这时的现值增量记为 ΔV_r，式(1-48)变为：

$$\Delta V_r = \left(s - r - \frac{f+Vd}{R}\right)Q_r - cQ_c - mQ_m \tag{1-55}$$

使 ΔV_r 最大的边界品位为：

$$g_r = \frac{c}{\left(s - r - \dfrac{f+Vd}{R}\right)y} \tag{1-56}$$

1.4.2.3 生产能力平衡条件下的边界品位

矿石量和金属产量是边界品位的函数。对于不同的边界品位，可由品位的统计分布求出对应的矿石量和金属量，得出品位-矿量和品位-金属量曲线（见本章1.3节）。使矿岩总量与矿石量之比等于最大采场生产能力与选厂生产能力之比的边界品位，称为采选平衡边界品位，记为 g_{mc}。g_{mc} 应满足下列条件：

$$\frac{Q_c}{Q_m} = \frac{C}{M} \tag{1-57}$$

也就是说，当采场与选厂均以最大生产能力满负荷运行时，在采场开采 Q_m 所需的时间里，选厂能够处理的矿石恰好是以 g_{mc} 为边界品位得到的矿量 Q_c。

同理，满足以下等式的边界品位称为采冶平衡边界品位，记为 g_{mr}。

$$\frac{Q_r}{Q_m} = \frac{R}{M} \tag{1-58}$$

满足以下等式的边界品位称为选冶平衡边界品位，记为 g_{cr}。

$$\frac{Q_r}{Q_c} = \frac{R}{C} \tag{1-59}$$

1.4.2.4 最佳边界品位

从上面的讨论中得到六个边界品位，即分别以采、选、冶中一个阶段的生产能力为约束的边界品位 g_m、g_c 和 g_r 以及使每两个阶段生产能力达到平衡的三个边界品位 g_{mc}、g_{mr} 和 g_{cr}。最佳边界品位是这六个边界品位之一。

首先考虑只有采场和选厂的情形。当边界品位变化时，Q_c 与 Q_r 随之变化。因此，以采场生产能力为约束的现值增量 ΔV_m 和以选厂生产能力为约束的现值增量 ΔV_c 也随之变化。当边界品位较低时，$\Delta V_m > \Delta V_c$；随着边界品位的增加，二者逐渐靠近；当边界品位等于 g_{mc} 时，$\Delta V_m = \Delta V_c$，之后 $\Delta V_m < \Delta V_c$。这一变化过程可用图 1-12 表示。

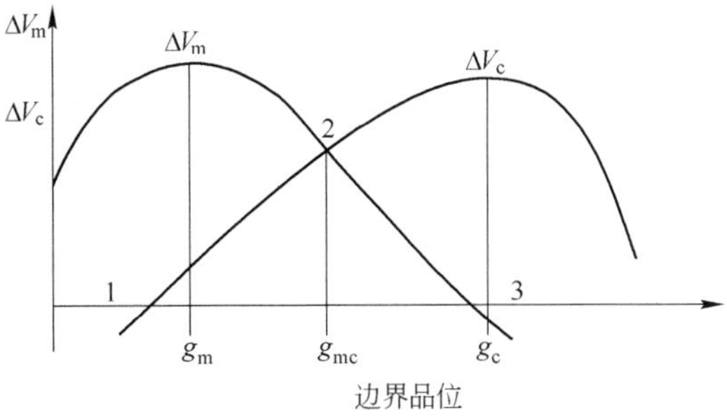

图 1-12 ΔV_m与 ΔV_c随边界品位变化示意图（情形 Ⅰ）

当同时考虑采、选双重约束时，在任一边界品位处可获得的最大现值增量是 ΔV_m 和 ΔV_c中的较小者，即图 1-12 中 1-2-3 部分。这种情形下，最佳边界品位是 1-2-3 区域的最高点 2 处的边界品位，即 g_{mc}。

还可能出现图 1-13 和图 1-14 所示的两种情形。在图 1-13 所示的情形中，最佳边界品位为 g_m；在图 1-14 所示的情形中，最佳边界品位为 g_c。

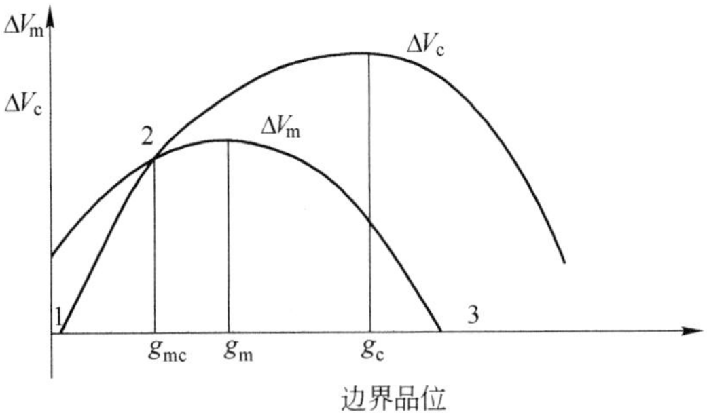

图 1-13 ΔV_m与 ΔV_c随边界品位变化示意图（情形 Ⅱ）

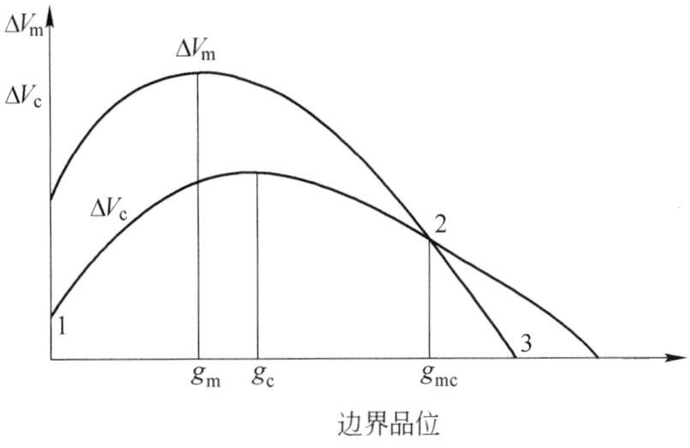

图 1-14 ΔV_m与 ΔV_c随边界品位变化示意图（情形 Ⅲ）

总结上述讨论，当同时考虑采场与选厂时，最佳边界品位 G_{mc}可用下式求得：

$$\left.\begin{aligned} G_{mc} &= g_m, \quad \text{如果} \quad g_{mc} \leqslant g_m \\ G_{mc} &= g_c, \quad \text{如果} \quad g_{mc} \geqslant g_c \\ G_{mc} &= g_{mc}, \quad \text{如果} \quad g_m < g_{mc} < g_c \end{aligned}\right\} \tag{1-60}$$

用同样的分析，可以得出同时考虑采场与冶炼厂时的最佳边界品位 G_{mr}：

$$\left.\begin{aligned} G_{mr} &= g_m, \quad \text{如果} \quad g_{mr} \leqslant g_m \\ G_{mr} &= g_r, \quad \text{如果} \quad g_{mr} \geqslant g_r \\ G_{mr} &= g_{mr}, \quad \text{如果} \quad g_m < g_{mr} < g_r \end{aligned}\right\} \tag{1-61}$$

同时考虑选厂与冶炼厂时的最佳边界品位 G_{cr}为：

$$\left.\begin{aligned} G_{cr} &= g_r, \quad \text{如果} \quad g_{cr} \leqslant g_r \\ G_{cr} &= g_c, \quad \text{如果} \quad g_{cr} \geqslant g_c \\ G_{cr} &= g_{cr}, \quad \text{如果} \quad g_r < g_{cr} < g_c \end{aligned}\right\} \tag{1-62}$$

当同时考虑采、选、冶三个阶段的约束时，在任一边界品位处，企业可能获得的最大现值增量为 ΔV_m、ΔV_c和 ΔV_r中的最小者，如图 1-15 所示。因此，整体最佳边界品位 G 是图 1-15 中 1-2-3-4 上的最高点所对应的边界品位。可以证明，最佳边界品位总是 G_{mc}、G_{mr}和 G_{cr}三者

中大小为中间者，即

$$G = 中值(G_{mc}, G_{mr}, G_{cr}) \tag{1-63}$$

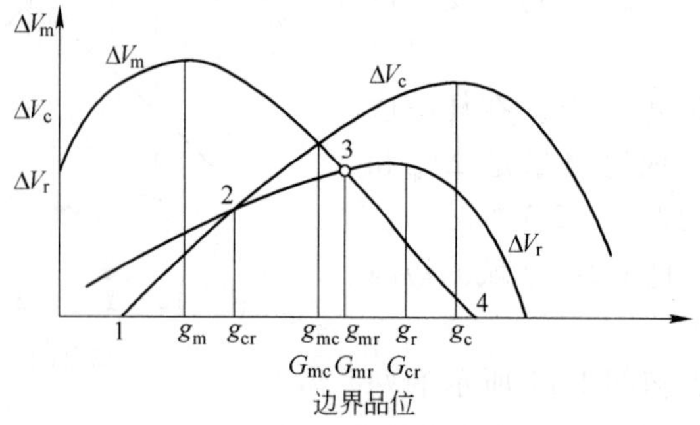

图1-15 ΔV_m、ΔV_c和ΔV_r随边界品位变化示意图

1.4.2.5 算法与算例

计算g_c和g_r时需要用到现值V，而现值V在确定边界品位前是未知的。因此，求最佳边界品位需要进行迭代运算。具体步骤如下：

第一步：根据采、选、冶最大生产能力计算生产能力平衡品位g_{mc}、g_{mr}和g_{cr}。由于最大生产能力不变，它们是固定值。

第二步：计算以采场生产能力为约束的边界品位g_m。由于g_m与V无关，g_m也是固定值。

第三步：令$V=0$。

第四步：计算g_c和g_r，并确定最佳边界品位G。根据品位分布计算边界品位为G时矿床的总矿量Q_{ct}和总金属量Q_{rt}。

第五步：计算当边界品位为G时，采、选、冶各阶段满负荷运行时所需的时间，需要时间最长的阶段即为瓶颈阶段（即制约整个企业生产能力的阶段）。

第六步：计算使瓶颈阶段满负荷运行时其他阶段的年产量，这一产量小于对应阶段的最大生产能力。

第七步：根据各阶段的产量计算年盈利P，并计算现值V_1。

第八步：令$V=V_1$，返回到第四步求得最佳边界品位G。若新的G与上一次迭代得到的G不同，继续迭代；否则，停止迭代。迭代结果是第一年的最佳边界品位以及对应的开采量。

第九步：将第一年的开采量从总储量中去掉，得到第一年末（第二年初）的储量。假设品位分布不变。重复上述第三～第八步，即可求得第二年的最佳边界品位。以此类推，直至总储量被采完，就得到了各年的最佳边界品位。

以Lane方法计算边界品位，用到一个基本假设：矿床中品位的统计学分布处处相同，即矿床内不同区域的品位分布相同，且等于整个矿床的品位分布。

例1-2 采场最大生产能力$M=100$万吨/年（矿岩），单位开采成本$m=1$元/t（矿岩），选厂最大生产能力$C=50$万吨/年（原矿），单位选矿成本$c=2$元/t（原矿），冶炼厂最大生产能力$R=40$万千克/年（金属），单位冶炼成本$r=5$元/kg（金属），金属售价$s=25$元/kg，综合回收率$y=100\%$，不变成本$f=300$万元/年，总储量$Q_{mt}=1000$万吨，折现率$d=15\%$。为简便起见，假设矿床品位服从如表1-3所示的均匀分布。试用Lane法计算边界品位。

表 1-3 矿床品位的统计学分布

品位段/kg·t^{-1}	储量/万吨	品位段/kg·t^{-1}	储量/万吨
0.0～0.1	100	0.6～0.7	100
0.1～0.2	100	0.7～0.8	100
0.2～0.3	100	0.8～0.9	100
0.3～0.4	100	0.9～1.0	100
0.4～0.5	100	总计	1000
0.5～0.6	100		

解:首先计算品位-矿量曲线和品位-金属量曲线。计算结果列入表 1-4 中。

g_{mc}是使 $Q_c/Q_m = C/M = 50/100 = 0.5$ 的边界品位,由于无论 Q_m等于多少,它是总储量 Q_{mt}的一部分,根据上述假设,Q_m中品位的分布与 Q_{mt}中品位的分布相同,因此 $Q_c/Q_m = Q_{ct}/Q_{mt} = 0.5$,即 $Q_{ct} = 0.5 \times Q_{mt} = 500$。从表 1-4 可知,$Q_{ct} = 500$ 时的边界品位为 0.5,故 $g_{mc} = 0.5$。

表 1-4 不同边界品位下的矿量与金属量

边界品位 G/kg·t^{-1}	矿量 Q_{ct}/万吨	金属量 Q_{rt}/万千克	边界品位 G/kg·t^{-1}	矿量 Q_{ct}/万吨	金属量 Q_{rt}/万千克
0.0	1000	500	0.5	500	375
0.1	900	495	0.6	400	320
0.2	800	480	0.7	300	255
0.3	700	455	0.8	200	180
0.4	600	420	0.9	100	95

g_{mr}是使 $Q_r/Q_m = R/M = 40/100 = 0.4$ 的边界品位。与上面理由相同,$Q_{rt}/Q_{mt} = 0.4$,$Q_{rt} = 0.4 \times 1000 = 400$。从表 1-4 可知,$g_{mr}$介于 0.4 与 0.5 之间,利用线性插值得 $g_{mr} = 0.444$。

g_{cr}是使 $Q_r/Q_c = R/C = 40/50 = 0.8$ 的边界品位,也是使 $Q_{rt}/Q_{ct} = 0.8$ 的边界品位。从表 1-4 可知,当边界品位为 0.6 时,$Q_{rt} = 320$,$Q_{ct} = 400$,二者之比为 0.8,故 $g_{cr} = 0.6$。

$$g_m = \frac{c}{(s-r)y} = \frac{2}{(25-5)\times 1} = 0.1$$

令 $V = 0$,有

$$g_c = \frac{c + \dfrac{f+Vd}{C}}{(s-r)y} = \frac{2 + \dfrac{300}{50}}{(25-5)\times 1} = 0.4$$

$$g_r = \frac{c}{\left(s - r - \dfrac{f+Vd}{R}\right)y} = \frac{2}{\left(25 - 5 - \dfrac{300}{40}\right)\times 1} = 0.16$$

由于 $g_{mc} > g_c$,$G_{mc} = g_c = 0.4$;$g_{mr} > g_r$,$G_{mr} = g_r = 0.16$;$g_{cr} > g_c$,$G_{cr} = g_c = 0.4$ 取 G_{mc}、G_{mr}和 G_{cr}三者中大小为中间者,得 $G = 0.4$。

从表 1-4 可知,当边界品位 $G = 0.4$ 时,矿量 $Q_{ct} = 600$,金属量 $Q_{rt} = 420$。按最大生产能力计算三个阶段所需时间:采场的采剥时间 $T_m = 1000/100 = 10$a,选厂的选矿时间 $T_c = 600/50 = 12$a,冶炼厂的冶炼时间 $T_r = 420/40 = 10.5$a。所以,选厂是瓶颈。实际上,$G = g_c$意味着整个企业的生产能力受选厂生产能力的约束,不用计算时间也可以从 G 的选择上确定瓶颈阶段。

由于边界品位 G 是受选厂生产能力约束的边界品位,所以选厂满负荷运行,年产量 $Q_c =$

$C=50$万吨。从表1-4可知，当边界品位为0.4时，总矿量$Q_{ct}=600$万吨。因此，按所选定的边界品位开采，为选厂提供50万吨矿石所要求的采场的年矿岩产量为$Q_m=50\times1000/600=83.3$万吨。当边界品位为0.4时，600万吨矿石含有的金属量为420万千克。故50万吨矿石产量所对应的金属产量为$Q_r=50\times420/600=35$万千克。

年盈利为：

$$
\begin{aligned}
P &= (s-r)Q_r - cQ_c - mQ_m - fT \\
&= (25-5)\times35 - 2\times50 - 1\times83.3 - 300\times1 \\
&= 216.7\text{ 万元}
\end{aligned}
$$

将储量开采完需要12年。每年盈利为P，12年的现值为：

$$V=\sum_{i=1}^{12}\frac{P}{(1+d)^i}=1174.6\text{ 万元}$$

基于这一新的V值，计算新的g_c和g_r，得$g_c=0.576$，$g_r=0.247$。其他品位不变，即$g_m=0.1$，$g_{mc}=0.5$，$g_{mr}=0.444$，$g_{cr}=0.6$。

依据最佳品位确定原则得$G=0.5$。由于$G=g_{mc}$，所以采场与选厂均以满负荷运行，达到生产能力平衡。故$Q_c=50$，$Q_m=100$。从表1-4查得：当边界品位为0.5时，总矿量为500万吨，总金属量为375万千克。所以金属年产量$Q_r=50\times375/500=37.5$万千克。年盈利为$P=250$万元。生产年限为10年，现值为$V=1254.7$万元。

以$V=1254.7$重复以上计算，得到的最佳边界品位为$G=0.5$，与上次迭代结果相同。因此第一年的最佳边界品位为0.5，采场、选厂和冶炼厂的产量分别为100万吨，50万吨和37.5万千克。

经过第一年的开采，总矿岩量变为900万吨，这900万吨的矿岩在各品位段的分布密度保持不变，表1-3变为表1-5。以表1-5为新的品位分布，计算不同边界品位(0.1~0.9)下的矿量与金属量，以$V=0$为初始现值，重复第一年的步骤，可求得第二年的最佳边界品位和采、选、冶三个阶段的产量。这样逐年计算，最后结果列于表1-6。从此表可以看出，前七年中，采场与选厂以满负荷运行(二者的生产能力达到平衡)，此后，选厂变为瓶颈。

表1-5 第一年末储量品位分布表

品位段/kg·t^{-1}	储量/万吨	品位段/kg·t^{-1}	储量/万吨
0~0.1	90	0.6~0.7	90
0.1~0.2	90	0.7~0.8	90
0.2~0.3	90	0.8~0.9	90
0.3~0.4	90	0.9~1.0	90
0.4~0.5	90	总计	900
0.5~0.6	90		

表1-6 最佳边界品位的计算结果

年	边界品位/kg·t^{-1}	矿岩产量/万吨	矿石产量/万吨	金属产量/万千克	年盈利/万元
1	0.5	100	50	37.5	250
2	0.5	100	50	37.5	250
3	0.5	100	50	37.5	250

续表 1-6

年	边界品位/kg·t⁻¹	矿岩产量/万吨	矿石产量/万吨	金属产量/万千克	年盈利/万元
4	0.5	100	50	37.5	250
5	0.5	100	50	37.5	250
6	0.5	100	50	37.5	250
7	0.5	100	50	37.5	250
8	0.49	97	50	37.1	245
9	0.46	93	50	36.5	238
10	0.44	89	50	35.9	229
11	0.41	21	13	8.8	55

1.4.3 动态规划法确定边界品位

为了使矿床开采的总体动态经济效益最大(即净现值 NPV 最大),边界品位的确定必须考虑两个方面:一是边界品位在时间上的动态特征;二是在空间上的动态特征。换言之,最佳边界品位既随时间变化,又随开采地点变化,而且二者是相互联系的。

在时间上的动态特征已经在上述 Lane 方法中得以考虑,能够确定每一开采时段的边界品位。然而,用 Lane 方法计算边界品位的一个基本假设是:矿床中品位的统计学分布处处相同,即矿床内不同区域的品位分布相同,且等于整个矿床的品位分布。基于这一假设,以 NPV 最大为目标计算的边界品位随时间降低。这一假设和计算结果不符合大多数矿床的实际情况:

(1) 大多数矿床的品位的统计学分布在不同区域有不同的特征,有高品位区和低品位区(即品位的均值随区位变化),不同区域内品位的变化程度也不同,有的区域内品位较为稳定,有的区域内品位变化较大(即品位的方差随区位变化),这种变化在贵重金属和有色金属矿床尤为突出。

(2) 在某些矿床采用逐渐降低的边界品位是不合理的。例如,在一个浅部品位低、深部品位高的矿床,开始若干年用较高的边界品位、往后用较低的边界品位,显然是不合理的,因为矿床开采一般是从浅部向深部发展,在开始若干年的低品位区用高的边界品位,会造成重大经济损失。

因此,边界品位的确定必须考虑空间上的动态特征,即不同区域的品位的变化。下面介绍的动态规划法就考虑了这一特征。

1.4.3.1 决策单元

由于要考虑品位在空间上的动态特征,对不同时段的边界品位进行决策时,必须考虑各个时段所开采的区域,基于各区域内品位的统计学分布特征进行决策。进行边界品位决策的每一开采区段称为一个决策单元。

决策单元的划分与采矿方法、品位的分布特征、取样数据密度有关。对于地下开采,矿床在垂直方向上被划分为阶段(或分段),每一阶段(或分段)又一般划分为矿块,矿块是地下开采的最小单元。如果品位变化较大且取样间距小(密度高),一个决策单元可以是一个矿块。有的采矿方法(如分段崩落法)没有明确的矿块划分,决策单元可以是一个分段的一个较短的开采区段。如果品位的空间分布较为稳定,决策单元就可大些,如把几个矿块合并作为一个决策单元,或是取一个较长的开采区段作为一个决策单元。当勘探程度不够,取样稀少时,小的决策单元中样品太少,无法得出其品位的统计分布。这种情况下,一种方法是采用大决策单元;更好的方法是用较小的单元,用几个相邻单元的联合体内的样品求品位分布,联合体内的每个决策单元都使用这一品位分布。

对于露天开采,如果矿床品位变化较大且取样间距小,可以把长期采剥计划中每年开采的区域作为决策单元;如果品位的空间分布较为稳定或取样间距大,可把采剥计划中相邻几年的开采区域作为决策单元。

决策单元划分的原则是,一个决策单元中的品位统计分布与其相邻单元有明显不同,且决策单元中有足够的样品体现其品位-矿量和品位-金属量关系。不同决策单元的大小和形态一般是不同的。

参照矿床的长期开采计划,把拟开采的整个区域划分出决策单元后,依据决策单元中的样品品位,计算每个决策单元的品位-矿量和品位-金属量曲线(或列表)。

1.4.3.2 动态规划模型

把拟开采的整个区域划分出决策单元后,我们要解决的问题就是确定开采每个决策单元时应该使用的边界品位,以使总净现值最大。

解决这一问题,不能把一个决策单元的边界品位看做与其他决策单元无关而单独计算,因为一个决策单元的边界品位决策会影响后续决策单元的边界品位。因此,这一问题必须以动态决策方式解决。动态规划适合于求解此类相互关联的动态决策问题。

A 阶段与状态

在动态规划中,把所给问题的过程恰当地分为相互联系的阶段,描述阶段的变量称为阶段变量;把每一阶段所处的状况或条件称为状态,描述状态的变量称为状态变量。一般每个阶段有多个可能的状态。

对于边界品位决策问题,一个决策单元为一个阶段,阶段数等于决策单元数。决策单元具有时间属性,即生产中决策单元是按照开采计划按顺序开采的,每个决策单元有其开采时间。必须按开采先后顺序对决策单元排序,与阶段对应,即第一阶段对应于第一个(最先开采的)决策单元,第二阶段对应于第二个决策单元,依此类推。

状态定义为累计矿量,即一个阶段的某个状态是从开始开采到该阶段末的这一状态所开采的矿石总量。

每一阶段的状态数取决于本阶段及之前各阶段所对应的决策单元的品位分布,以及要求的计算分辨率。以铜矿床为例,假设考虑的最低和最高边界品位分别为0.5%和1.2%。第一个决策单元对应于边界品位0.5%和1.2%的矿量可以从该单元的品位-矿量关系计算得出,假设分别为200万吨和100万吨。第一阶段的累计矿量是第一个决策单元可能采出的矿石量,即100~200万吨,若以5万吨为步长(分辨率),第一阶段共有21个状态:第一个状态为100万吨,第二个状态为105万吨,…,第21个状态为200万吨。假设从第二个决策单元的品位-矿量关系计算的对应于最低边界品位0.5%和最高边界品位1.2%的矿量分别为80万吨和50万吨,那么头两个阶段(头两个决策单元)的累计矿量在150~280万吨之间,以同样的步长,第二阶段共有27个状态:第一个状态为150万吨,第二个状态为155万吨,…,第27个状态为280万吨。以此类推,可确定所有阶段的所有状态。不难看出,如此定义的状态变量隐含了每个决策单元的品位的统计学分布和边界品位:一个阶段上的不同状态实质上代表了在该阶段及之前各阶段所对应的各个决策单元的品位分布条件下的边界品位。

B 数学模型

确定了阶段和状态后，就可把它们置于如图 1-16 所示的顺序动态规划网络图中，横轴代表阶段，竖轴代表状态。如上所述，阶段的顺序与开采计划中对应的决策单元的开采顺序相同，即第一阶段对应于最先开采的单元，第二阶段对应于第二个开采的单元，以此类推。每一阶段的状态按累计矿量从小到大排序，如图中的圆圈所示。图中每一箭线代表一个可能的状态转移。为了清晰起见，图中没有把全部箭线画出。由于累计矿量不可能减小，所以一个阶段的某个状态只能从前一阶段上矿量比该状态小的那些状态“转移而来”。如果图中表示状态的圆圈的相对大小代表累计矿量的相对大小，那么，状态转移箭线只能从小圈指向大圈。

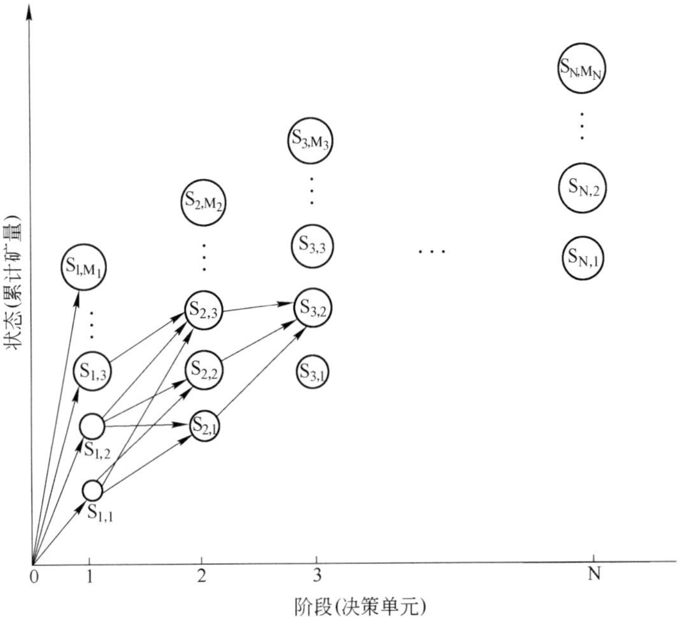

图 1-16 边界品位优化的动态规划网络图

以下以地下开采为例，并假设矿山企业的最终产品为精矿，建立数学模型。为叙述方便，定义以下变量：

N：阶段数；

i：阶段序号，$i=1,2,\cdots,N$；

$S_{i,j}$：阶段 i 的状态 j，$j=1,2,\cdots,M_i$；M_i 为阶段 i 上的状态数；

$Q_{i,j}$：状态 $S_{i,j}$ 对应的累计矿量，$Q_{i,j}$ 的计算如上所述；

$T_{i,j}$：从开始沿最佳路径到达 $S_{i,j}$ 需要的时间长度；

$NPV_{i,j}$：沿最佳路径到达状态 $S_{i,j}$ 时获得的累计 NPV；

$g_{i,j}$：对应于状态 $S_{i,j}$ 的最佳边界品位；

d：折现率；

m_i：阶段 i（开采决策单元 i 时）的计划采矿能力，是每年送入选厂的原矿量，可以是常数；

C_m：单位开采成本；

C_p：单位选矿成本；

R_m：回采率；

R_p：选矿金属回收率；

Y：废石混入率；

G_p：精矿品位；

P_i：阶段 i 的精矿售价，可以是常数。

考虑阶段 i 的状态 $S_{i,j}$。当 $S_{i,j}$ 是从前一阶段 $(i-1)$ 的状态 $S_{i-1,k}$ 到达时，这一状态转移中在阶段 i 对应的决策单元 i 内开采的矿量 $q_{i,j}(i-1,k)$ 为：

$$q_{i,j}(i-1,k) = Q_{i,j} - Q_{i-1,k} \tag{1-64}$$

该方程建立了相邻阶段上状态之间的联系，称为状态转移方程。

对应于矿量 $q_{i,j}(i-1,k)$ 的边界品位 $g_{i,j}(i-1,k)$ 可以从决策单元 i 的品位 - 矿量关系求得，即 $g_{i,j}(i-1,k)$ 是满足下式的边界品位：

$$q_{i,j}(i-1,k) = Q\int_{g_{i,j}(i-1,k)}^{\infty} f_i(g)\mathrm{d}g \tag{1-65}$$

式中 Q——决策单元 i 对应于边界品位 0 的总量；

$f_i(g)$——决策单元 i 内矿物品位的分布密度函数，该函数依据落入该单元的样品求得。如果不好求得品位分布密度函数的数学表达式，可根据决策单元内的样品品位计算出不同边界品位的矿量表，查得矿量 $q_{i,j}(i-1,k)$ 对应的边界品位。

在这一状态转移中，按边界品位 $g_{i,j}(i-1,k)$ 开采的矿量 $q_{i,j}(i-1,k)$ 里含有的金属量记为 $M_{i,j}(i-1,k)$，由下式计算：

$$M_{i,j}(i-1,k) = Q\int_{g_{i,j}(i-1,k)}^{\infty} gf_i(g)\mathrm{d}g \tag{1-66}$$

$M_{i,j}(i-1,k)$ 也可以从品位-金属量表中查得。

所以，当状态 $S_{i,j}$ 是从前一阶段 $(i-1)$ 的状态 $S_{i-1,k}$ 到达时，精矿销售获得的利润 $P_{i,j}(i-1,k)$ 可以简单计算如下：

$$P_{i,j}(i-1,k) = \frac{M_{i,j}(i-1,k)R_m R_p}{G_p}P_i - q_{i,j}(i-1,k)R_m(1+Y)(C_m+C_p) \tag{1-67}$$

在决策单元 i 内开采矿量 $q_{i,j}(i-1,k)$ 需要的时间 $t_{i,j}(i-1,k)$ 是

$$t_{i,j}(i-1,k) = \frac{q_{i,j}(i-1,k)R_m(1+Y)}{m_i} \tag{1-68}$$

当状态 $S_{i,j}$ 是从状态 $S_{i-1,k}$ 到达时，从开始到状态 $S_{i,j}$ 需要的累计时间记为 $T_{i,j}(i-1,k)$，用下式计算：

$$T_{i,j}(i-1,k) = T_{i-1,k} + t_{i,j}(i-1,k) \tag{1-69}$$

这样，通过状态 $S_{i-1,k}$ 到 $S_{i,j}$ 的转移，$S_{i,j}$ 处实现的累计净现值 $NPV_{i,j}(i-1,k)$ 为：

$$NPV_{i,j}(i-1,k) = NPV_{i-1,k} + \frac{P_{i,j}(i-1,k)}{(1+d)^{T_{i,j}(i-1,k)}} \tag{1-70}$$

如图 1-16 所示，状态 $S_{i,j}$ 可以从前一阶段的不同状态转移而来。不难理解，当状态 $S_{i,j}$ 来

自阶段 $i-1$ 的不同状态（即取不同的 k）时，在阶段 i 开采的矿量（式 1-64）不同，对应的边界品位、开采时间和金属量也都不同。那么，状态 $S_{i,j}$ 处实现的累计 *NPV* 也不同。因而，对于一个状态 $S_{i,j}$，每一个状态转移（图 1-16 中指向 $S_{i,j}$ 的每一条箭线）有一个边界品位和累计净现值。那么，对应于最大 *NPV* 的那个转移是最佳转移，其对应的边界品位是状态 $S_{i,j}$ 的最佳边界品位，即 $g_{i,j}$。如此，动态规划的递归函数为：

$$NPV_{i,j} = \max_{k \in K_{i,j}} \{NPV_{i,j}(i-1,k)\} = \max_{k \in K_{i,j}} \left\{ NPV_{i-1,k} + \frac{P_{i,j}(i-1,k)}{(1+d)^{T_{i,j}(i-1,k)}} \right\} \tag{1-71}$$

式中　$K_{i,j}$——阶段 $i-1$ 上可以转移到阶段 i 上状态 $S_{i,j}$ 的状态数。

上述公式（1-64）~式（1-69）把边界品位与利润 $P_{i,j}(i-1,k)$ 和时间 $T_{i,j}(i-1,k)$ 相联系，所以式（1-71）隐含着最佳边界品位 $g_{i,j}$ 的选择。

初始条件为：

$$\left.\begin{aligned} Q_{0,0} &= 0 \\ T_{0,0} &= 0 \\ NPV_{0,0} &= 0 \end{aligned}\right\} \tag{1-72}$$

应用以上各式，从第一阶段开始，逐阶段对状态进行评价，直到完成图 1-16 中所有阶段上的所有状态，就得到了每一阶段上每一状态的最佳状态转移及其对应的最佳边界品位和 *NPV*。然后，从最后那个阶段上具有最大 *NPV* 的那个状态开始，逆向追踪出各阶段的最佳状态转移，直到第一阶段，就得到了最佳路径，即动态规划的最佳策略。这一最佳策略给出了开采每一决策单元时应该使用的最佳边界品位、对应的矿量和经济收益。

1.5　矿体圈定与储量计算

1.5.1　矿体圈定

有了边界品位，就可进行矿体圈定。在我国矿体圈定通常是在剖面上进行，即把勘探线上（或近处）的钻孔投影到沿勘探线的垂直剖面上，并标明每个取样的位置和品位，如图 1-17 所示，然后依据取样品位和边界品位进行矿体圈定。

简单地讲，矿体圈定的过程就是将相邻钻孔上大于和等于边界品位的样品点相连的过程。当一条矿体被一个钻孔穿越，而在相邻的钻孔消失时，一般将矿体延伸到两钻孔的中点；或是根据矿体的自然尖灭趋势，在两钻孔之间实行自然尖灭。在矿体圈定过程中，要充分考虑矿床的地质构造（如断层和岩性）和成矿规律。图 1-18 是当边界品位等于 25% 时根据图 1-17 中的取样品位圈定的矿体示意图。

有时，除边界品位外，还考虑圈入矿体的钻孔上的样品的最低平均品位。如在某铜矿，矿体圈定中的边界品位为 1.0%，圈入矿体的每个钻孔上的样品的最低平均品位为 1.2%。

1.5.2　矿量计算

矿体圈定完成后，根据每个剖面上的矿体面积，就可以进行矿量计算。如果存在多条（层）矿体，按矿层分别计算其矿量。

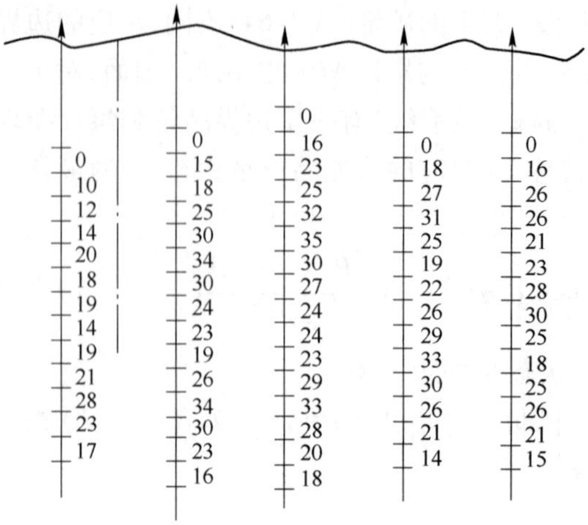

图 1-17 标有取样品位的剖面图

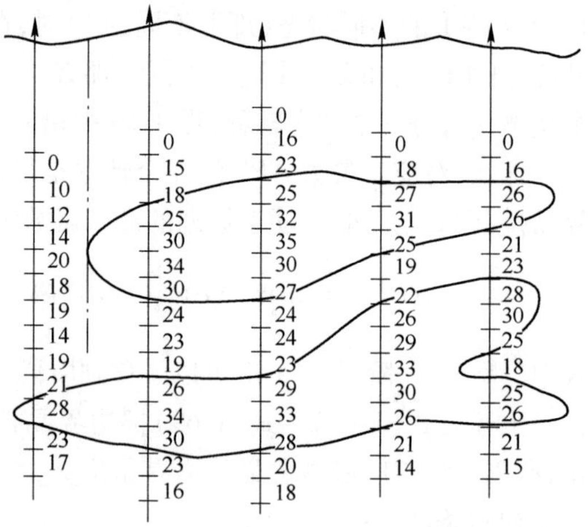

图 1-18 边界品位为25%时矿体圈定示意图

最简单的矿量算法是把两剖面间的一条矿体看做柱体计算其体积。考虑到矿体形态的变化,也可分为以下三种形式计算:

(1) 当一条矿体在两个相邻剖面上的面积(S_1和S_2)相差小于等于40%时,把两剖面之间的该条矿体看做柱体,体积用下式计算:

$$V = \frac{S_1 + S_2}{2}L \tag{1-73}$$

式中 L——剖面间距。

(2) 当一条矿体在两个相邻剖面上的面积相差大于40%时,把两剖面之间的该条矿体看做台体,体积用下式计算:

$$V = \frac{S_1 + S_2 + \sqrt{S_1 S_2}}{3}L \tag{1-74}$$

(3) 当一条矿体在两个相邻剖面间尖灭时,把两剖面之间的该条矿体看做锥体,体积用下式计算:

$$V = \frac{S}{3}L \tag{1-75}$$

计算出相邻两剖面间矿体块段的体积后,该块段的矿量 T 为:

$$T = V\gamma \tag{1-76}$$

式中 γ——本块段矿石容重。

然后将所有块段的矿量相加,得出一条矿体的总矿量。把各条矿体的矿量相加,得出矿床的总矿量。

1.5.3 矿体平均品位计算

按上述方法圈定的某条矿体的平均品位可按以下方法计算:

(1) 对穿越该条矿体的每一钻孔的样品进行"矿段样品组合",求出组合样品的品位。

(2) 求出每一组合样品的影响面积。该面积是以钻孔为中线向两侧各外推二分之一钻孔间距得到的矿体面积。

(3) 对组合样品品位以其影响面积为权值进行加权平均,求出该条矿体在剖面上的平均品位。

(4) 计算该条矿体在相邻两剖面间的块段的平均品位,即该条矿体在这两个剖面上的平均品位的面积加权平均值。

(5) 一条矿体的总平均品位是该条矿体各个块段的平均品位,以块段矿量为权值的加权平均值。

上述方法是矿体圈定与矿量、品位计算的传统方法,在我国许多地质部门和矿山仍在使用。随着计算机的应用,出现了更科学的矿体圈定与矿量、品位计算方法——模型法,在国外得到广泛应用。下一章介绍常用的模型法。

1.6 矿石损失贫化指标及其计算

1.6.1 矿石损失与贫化概念

在矿床开采过程中,由于某些原因造成一部分有利用价值的储量(即工业储量)不能采出或采下的矿石未能完全运出地表而损失在地下。凡在开采过程中造成矿石在数量上的减少,叫做矿石损失。在开采过程中损失的工业储量占总工业储量的百分比,叫做矿石损失率。而采出的纯矿石量占工业储量的百分比叫做矿石回采率。

在开采过程中,不仅有矿石损失,还会造成矿石质量的降低,叫做矿石贫化。它有两种表示方法:其一是混入矿石中的废石量占采出矿石量的百分比,叫废石混入率;其二是矿石品位降低的百分数,叫做矿石贫化率。在开采过程中,废石的混入和高品位粉矿的流失等都会造成矿石贫化,但废石混入是主要原因。

有时还用到另外一个指标——金属回收率。金属回收率是采出矿石中含有的金属量占工业储量中所含金属量的百分比。

矿石损失率与贫化率是评价矿床开采的主要指标,分别表示地下资源的利用情况和采出矿石的质量情况。在金属矿床开采中,降低矿石损失率、废石混入率和贫化率具有重大意义。如开采一个储量1亿吨的金属矿床,矿石损失率从15%降到10%,就可以多回收500万吨矿石。这对充分利用矿产资源,延长矿山生产寿命,都有重要意义。同时,矿石的损失必然使采出的矿石量减少,进而导致分摊到每吨采出矿石的基建费用增加,并引起采出矿石成本的提高。此外,在开采高硫矿床时,损失在地下的高硫矿石,可能引起地下火灾。再如,一个年产100万吨铜矿石的矿山,若采出的铜矿石品位为1%时,忽略加工过程的损失,每年可产10000t金属铜。当采出矿石品位降低0.1%时,每年就要少生产1000t金属铜。废石混入率的增加,必然增加矿石运输、提升和加工费用。同时,矿石品位降低会导致选矿流程的金属实收率和最终产品质量的降低。因此,矿石贫化所造成的经济损失是巨大的。

另一方面,资源损失还对矿区及其外围环境带来严重的污染。损失在地下的矿石,其中大量金属被溶析于排出地表的矿坑水中,地表废石场废石含有的金属被雨水冲洗溶析,以及选矿厂尾矿水等,都直接威胁周围农田作物及河、湖、池塘鱼类的生长,污染工业与民用水源。所以,降低矿石损失与贫化,是提高矿山经济及社会效益的重要环节。

我们应当把降低矿石损失、贫化作为改进矿山工作及提高经济效益的重要环节，努力从采用先进开采技术和加强科学管理两个方面，寻求降低矿石损失和贫化的有效措施。

1.6.2 矿石损失的原因

按矿石损失的类别，可将矿石损失的原因大体归纳如下：

- 矿石损失
  - 开采损失
    - 采下损失
      - (1) 遗留在采场充填料中的损失
      - (2) 遗留在采场内放不出来的损失
      - (3) 运输途中的损失
    - 未采下损失
      - (1) 设计应当开采而未采下的损失
      - (2) 留下各种矿体不能采出的损失
  - 非开采损失
    - 由地质条件及水文地质条件而产生的损失
      - (1) 在断层及褶皱带等地质结构内，由于矿床受到破坏而不能全部采出的损失
      - (2) 由于矿体边缘复杂，不能全部采出的损失
      - (3) 由于地下大量涌水，致使个别矿体或其一部分不能采出所造成的损失
    - 留永久矿柱造成的损失——为保护井筒、地面建筑物、铁路、河床及村庄等需要留保安矿柱而不能回采的损失

1.6.3 矿石损失贫化指标计算

1.6.3.1 矿石损失贫化过程及其计算公式

定义以下量：

Q——矿体(矿块)的工业储量，t；

Q_s——开采过程中损失的工业储量，t；

Q_y——混入采出矿石中的废石量，t；

Q_c——采出矿石量，t；

C——工业储量矿石的原地品位，%；

C_c——采出矿石(包括混入的废石)的品位，%；

C_y——混入废石的品位，%。

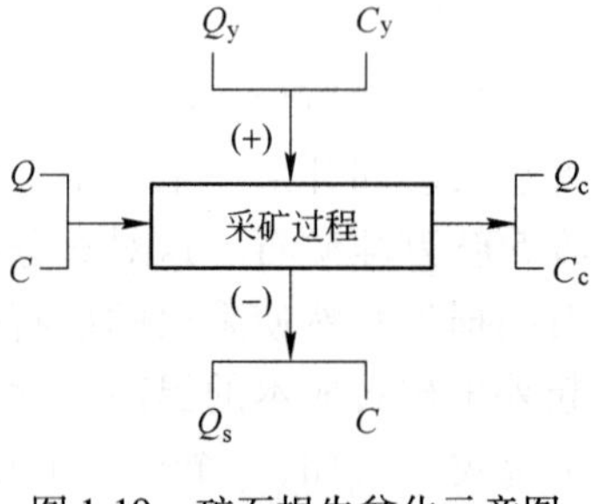

图1-19 矿石损失贫化示意图

这七个量之间的关系如图1-19所示。可写出以下平衡方程式：

矿石量平衡式：
$$Q_c = Q - Q_s + Q_y \tag{1-77}$$

金属量平衡式：
$$Q_c C_c = (Q - Q_s)C + Q_y C_y \tag{1-78}$$

按定义，矿石损失贫化的计算式为：

矿石损失率：
$$S = \frac{Q_s}{Q} \times 100 \tag{1-79}$$

矿石贫化率：
$$P = \frac{C - C_c}{C} \times 100 \tag{1-80}$$

废石混入率：
$$Y=\frac{Q_y}{Q_c}\times 100 \tag{1-81}$$

矿石回采率：
$$H_k=\frac{Q-Q_s}{Q}\times 100 \tag{1-82}$$

利用式(1-77)与式(1-78)可得：

$$S=\left[1-\frac{(C_c-C_y)Q_c}{(C-C_y)Q}\right]\times 100 \tag{1-83}$$

$$Y=\frac{C-C_c}{C-C_y}\times 100 \tag{1-84}$$

$$H_k=100-S \tag{1-85}$$

或
$$H_k=\frac{Q_c}{Q}(100-Y) \tag{1-86}$$

按照定义和式(1-80)，金属回收率 H_j 为：

$$H_j=\frac{Q_cC_c}{QC}\times 100=\frac{Q_c}{Q}(100-P) \tag{1-87}$$

为了区分废石混入率和矿石贫化率的概念，需将这两个指标作进一步解释。确切地说，废石混入率是反映回采过程中废石混入的程度；而矿石贫化率是反映回采过程中矿石品位降低的程度，故矿石贫化率又可称为矿石品位降低率。按混入废石是否含有品位，可进一步剖析二者在数量上的关系。

当混入废石不含品位($C_y=0$)时，废石混入率和矿石贫化率在数值上相等，即 $P=Y$；但这仅仅是在数值上的相等，在概念上，二者是表示在开采过程中矿石质量降低的两个不同的指标。当混入废石含有品位时，由式(1-80)与式(1-84)可知，矿石贫化率小于废石混入率，即 $P<Y$。

1.6.3.2 *矿石损失与贫化的计算程序*

(1) 直接法。如果采用的采矿方法允许地质测量人员进入采场实地观测，可通过直接测量得出工业储量 Q、工业储量损失量 Q_s 和废石混入量 Q_y，采出矿量 Q_c 可用矿石称量法或装运设备计数法统计出来；工业储量的原地品位 C 和采出矿石的品位 C_c 可通过取样化验求得。这种情况下可直接按式(1-79)～式(1-81)分别计算矿石损失率、矿石贫化率和废石混入率。

(2) 间接法。如果采用的采矿方法不允许地质测量人员进入采场进行实地观测，就无法直接测得工业储量 Q、工业储量损失量 Q_s 和废石混入量 Q_y。但根据地质取样化验资料可以估算工业储量矿石的原地品位 C 和混入废石的品位 C_y，按矿块所圈入的矿体形态可估算工业储量 Q，用从装运设备内采集样品的化验数据可统计计算采出矿石的品位 C_c，按矿石称量法或装运设备计数法可统计出采出矿量 Q_c。这样，可利用这些量间接计算损失贫化指标：

1) 废石混入率按式(1-84)计算；

2) 矿石回采率按式(1-86)计算，再按式(1-85)计算矿石损失率；

3) 矿石贫化率按式(1-80)计算。

对于单个矿块(矿段),一般只计算废石混入率、矿石回采率、矿石贫化率三项指标。计算多矿块(矿段)总的矿石损失贫化指标时,除计算这三项指标外,一般还要计算金属回收率。用 i 表示矿块(矿段)序号,n 为计算的矿块(矿段)数,多矿块(矿段)的总的损失贫化指标按下列公式计算。

废石混入率:
$$Y = \frac{\sum_{i=1}^{n} Q_{yi}}{\sum_{i=1}^{n} Q_{ci}} \times 100 \tag{1-88}$$

矿石回采率:
$$H_k = \frac{\sum_{i=1}^{n} Q_i - \sum_{i=1}^{n} Q_{si}}{\sum_{i=1}^{n} Q_i} \times 100 = \frac{\sum_{i=1}^{n} Q_{ci}}{\sum_{i=1}^{n} Q_i}(100 - Y) \tag{1-89}$$

工业储量的原地平均品位:
$$C = \frac{\sum_{i=1}^{n} Q_i C_i}{\sum_{i=1}^{n} Q_i} \tag{1-90}$$

采出矿石的平均品位:
$$C_c = \frac{\sum_{i=1}^{n} Q_{ci} C_{ci}}{\sum_{i=1}^{n} Q_{ci}} \tag{1-91}$$

矿石贫化率:
$$P = \frac{C - C_c}{C} \times 100 \tag{1-92}$$

金属回收率:
$$H_j = \frac{\sum_{i=1}^{n} Q_{ci} C_{ci}}{\sum_{i=1}^{n} Q_i C_i} \times 100 = \frac{\sum_{i=1}^{n} Q_{ci}}{\sum_{i=1}^{n} Q_i}(100 - P) \tag{1-93}$$

当 $C_y = 0$(即混入废石不含品位)时,对比矿石回采率 H_k 与金属回收率 H_j:当 $H_j < H_k$ 时,表明高品位矿块(矿段)的矿石的损失率大于低品位矿块(矿段);当 $H_j > H_k$ 时,情况相反。在生产中力求 $H_j > H_k$。

当 $C_y > 0$(即混入废石含有品位)时,为了从矿石回采率 H_k 与金属回收率 H_j 的对比中分析高品位矿石的损失状况,需从金属回收总量中减去废石中的金属量后计算 H_j,再对比 H_j 与 H_k。此时 H_j 按下式计算:

$$H_j = \frac{\sum_{i=1}^{n} Q_{ci} C_{ci} - \sum_{i=1}^{n} Q_{yi} C_{yi}}{\sum_{i=1}^{n} Q_i C_i} \times 100 \tag{1-94}$$

例 1-3　开采某铁矿床,已知:矿块工业储量 $Q = 84000\text{t}$;矿块工业储量的品位 $C = 60\%$;从该矿块采出的矿石量 $Q_c = 80000\text{t}$;采出矿石的品位 $C_c = 57\%$;混入废石的品位 $C_y = 15\%$。试求:废石混入率、矿石回采率、矿石贫化率、金属回收率。

解:废石混入率由公式(1-84)得:

$$Y = \frac{C - C_c}{C - C_y} \times 100 = \frac{60 - 57}{60 - 15} \times 100 = 6.67\%$$

矿石回采率由式(1-86)得：

$$H_k = \frac{Q_c}{Q}(100 - Y) = \frac{80000}{84000}(100 - 6.67) = 88.88\%$$

矿石贫化率由式(1-80)得：

$$P = \frac{C - C_c}{C} \times 100 = \frac{60 - 57}{60} \times 100 = 5.00\%$$

金属回收率由公式(1-87)得：

$$H_j = \frac{Q_c}{Q}(100 - P) = \frac{80000}{84000}(100 - 5) = 90.48\%$$

附表 1-1　t 分布表

$$P\{t(n)<t_p(n)\}=p$$

n	$p=0.75$	0.90	0.95	0.975	0.99	0.995
1	1.0000	3.0777	6.3138	12.7062	31.8207	63.6574
2	0.8165	1.8856	2.9200	4.3027	6.9646	9.9248
3	0.7649	1.6377	2.3534	3.1824	4.5407	5.8409
4	0.7407	1.5332	2.1318	2.7764	3.7469	4.6041
5	0.7267	1.4759	2.0150	2.5706	3.3649	4.0322
6	0.7176	1.4398	1.9432	2.4469	3.1427	3.7074
7	0.7111	1.4149	1.8946	2.3646	2.9980	3.4995
8	0.7064	1.3968	1.8595	2.3060	2.8965	3.3554
9	0.7027	1.3830	1.8331	2.2622	2.8214	3.2498
10	0.6998	1.3722	1.8125	2.2281	2.7638	3.1693
11	0.6974	1.3634	1.7959	2.2010	2.7181	3.1058
12	0.6955	1.3562	1.7823	2.1788	2.6810	3.0545
13	0.6938	1.3502	1.7709	2.1604	2.6503	3.0123
14	0.6924	1.3450	1.7613	2.1448	2.6245	2.9768
15	0.6912	1.3406	1.7531	2.1315	2.6025	2.9467
16	0.6901	1.3368	1.7459	2.1199	2.5835	2.9208
17	0.6892	1.3334	1.7396	2.1098	2.5669	2.8982
18	0.6884	1.3304	1.7341	2.1009	2.5524	2.8784
19	0.6876	1.3277	1.7291	2.0930	2.5395	2.8609
20	0.6870	1.3253	1.7247	2.0860	2.5280	2.8453
21	0.6864	1.3232	1.7207	2.0796	2.5177	2.8314
22	0.6858	1.3212	1.7171	2.0739	2.5083	2.8188
23	0.6853	1.3195	1.7139	2.0687	2.4999	2.8073
24	0.6848	1.3178	1.7109	2.0639	2.4922	2.7969
25	0.6844	1.3163	1.7081	2.0595	2.4851	2.7874
26	0.6840	1.3150	1.7056	2.0555	2.4786	2.7787
27	0.6837	1.3137	1.7033	2.0518	2.4727	2.7707
28	0.6834	1.3125	1.7011	2.0484	2.4671	2.7633
29	0.6830	1.3114	1.6991	2.0452	2.4620	2.7564
30	0.6828	1.3104	1.6973	2.0423	2.4573	2.7500
31	0.6825	1.3095	1.6955	2.0395	2.4528	2.7440
32	0.6822	1.3086	1.6939	2.0369	2.4487	2.7385
33	0.6820	1.3077	1.6924	2.0345	2.4448	2.7333
34	0.6818	1.3070	1.6909	2.0322	2.4411	2.7284
35	0.6818	1.3062	1.6896	2.0301	2.4377	2.7238
36	0.6814	1.3055	1.6883	2.0281	2.4345	2.7195
37	0.6812	1.3049	1.6871	2.0262	2.4314	2.7154
38	0.6810	1.3042	1.6860	2.0244	2.4286	2.7116
39	0.6808	1.3036	1.6849	2.0227	2.4258	2.7079
40	0.6807	1.3031	1.6839	2.0211	2.4233	2.7045
41	0.6805	1.3025	1.6829	2.0195	2.4208	2.7012
42	0.6804	1.3020	1.6820	2.0181	2.4185	2.6981
43	0.6802	1.3016	1.6811	2.0167	2.4163	2.6951
44	0.6801	1.3011	1.6802	2.0154	2.4141	2.6923
45	0.6800	1.3006	1.6794	2.0141	2.4121	2.6896

附表 1-2 估算对数正态分布均值中的 γ 值

S_e^2 \ n	2	3	4	5	6	7	8	9	10	12	14	16	18	20	50	100	1000
0.00	1.000	1.000	1.000	1.000	1.000	1.000	1.000	1.000	1.000	1.000	1.000	1.000	1.000	1.000	1.000	1.000	1.000
0.02	1.010	1.010	1.010	1.010	1.010	1.010	1.010	1.010	1.010	1.010	1.010	1.010	1.010	1.010	1.010	1.010	1.010
0.04	1.020	1.020	1.020	1.020	1.020	1.020	1.020	1.020	1.020	1.020	1.020	1.020	1.020	1.020	1.020	1.020	1.020
0.06	1.030	1.030	1.030	1.030	1.030	1.030	1.030	1.030	1.030	1.030	1.030	1.030	1.030	1.030	1.030	1.030	1.030
0.08	1.040	1.040	1.040	1.040	1.040	1.041	1.041	1.041	1.041	1.041	1.041	1.041	1.041	1.041	1.041	1.041	1.041
0.10	1.050	1.051	1.051	1.051	1.051	1.051	1.051	1.051	1.051	1.051	1.051	1.051	1.051	1.051	1.051	1.051	1.051
0.12	1.061	1.061	1.061	1.061	1.061	1.061	1.061	1.061	1.061	1.062	1.062	1.062	1.062	1.062	1.062	1.062	1.062
0.14	1.071	1.071	1.071	1.072	1.072	1.072	1.072	1.072	1.072	1.072	1.072	1.072	1.072	1.072	1.072	1.072	1.072
0.16	1.081	1.082	1.082	1.082	1.082	1.082	1.082	1.083	1.083	1.083	1.083	1.083	1.083	1.083	1.083	1.083	1.083
0.18	1.091	1.092	1.092	1.093	1.093	1.093	1.093	1.093	1.093	1.094	1.094	1.094	1.094	1.094	1.094	1.094	1.094
0.20	1.102	1.102	1.103	1.103	1.104	1.104	1.104	1.104	1.104	1.104	1.104	1.104	1.104	1.105	1.105	1.105	1.105
0.3	1.154	1.156	1.157	1.158	1.158	1.159	1.159	1.159	1.160	1.160	1.160	1.160	1.160	1.161	1..161	1.162	1.162
0.4	1.207	1.210	1.212	1.214	1.215	1.216	1.216	1.217	1.217	1.218	1.218	1.219	1.219	1.219	1.220	1.221	1.221
0.5	1.260	1.266	1.269	1.272	1.273	1.275	1.276	1.276	1.277	1.278	1.279	1.279	1.280	1.280	1.282	1.283	1.284
0.6	1.315	1.323	1.328	1.332	1.334	1.336	1.337	1.338	1.339	1.341	1.342	1.343	1.344	1.344	1.348	1.349	1.350
0.7	1.371	1.382	1.389	1.393	1.397	1.399	1.401	1.403	1.404	1.406	1.408	1.409	1.410	1.411	1.416	1.417	1.419
0.8	1.427	1.442	1.451	1.457	1.462	1.465	1.468	1.470	1.472	1.475	1.477	1.478	1.480	1.481	1.487	1.490	1.492
0.9	1.485	1.503	1.515	1.523	1.529	1.533	1.537	1.540	1.542	1.546	1.549	1.551	1.552	1.554	1.562	1.565	1.568
1.0	1.543	1.566	1.580	1.591	1.598	1.604	1.608	1.612	1.615	1.620	1.623	1.626	1.628	1.630	1.641	1.645	1.649

续附表1-2

S_e^2 \ n	2	3	4	5	6	7	8	9	10	12	14	16	18	20	50	100	1000
1.1	1.602	1.630	1.648	1.661	1.670	1.677	1.682	1.687	1.691	1.697	1.701	1.705	1.708	1.710	1.723	1.728	1.733
1.2	1.662	1.696	1.718	1.733	1.744	1.752	1.759	1.765	1.770	1.777	1.782	1.787	1.790	1.793	1.810	1.816	1.822
1.3	1.724	1.764	1.789	1.807	1.820	1.831	1.839	1.846	1.851	1.860	1.867	1.872	1.876	1.880	1.900	1.908	1.916
1.4	1.786	1.832	1.862	1.884	1.900	1.912	1.922	1.930	1.936	1.947	1.955	1.961	1.966	1.971	1.995	2.004	2.014
1.5	1.848	1.903	1.938	1.963	1.981	1.996	2.007	2.017	2.025	2.037	2.047	2.054	2.060	2.065	2.095	2.106	2.117
1.6	1.912	1.975	2.015	2.044	2.066	2.082	2.096	2.107	2.116	2.131	2.142	2.151	2.158	2.164	2.199	2.212	2.226
1.7	1.977	2.049	2.095	2.128	2.153	2.172	2.188	2.021	2.212	2.229	2.242	2.252	2.260	2.267	2.308	2.323	2.340
1.8	2.043	2.124	2.177	2.214	2.243	2.265	2.283	2.298	2.310	2.330	2.345	2.357	2.367	2.375	2.422	2.440	2.460
1.9	2.110	2.201	2.260	2.303	2.336	2.361	2.382	2.399	2.413	2.436	2.453	2.467	2.478	2.487	2.542	2.563	2.586
2.0	2.178	2.280	2.347	2.395	2.431	2.460	2.484	2.503	2.519	2.545	2.565	2.581	2.594	2.604	2.668	2.692	2.718
2.1	2.247	2.360	2.435	2.489	2.530	2.563	2.589	2.611	2.630	2.659	2.682	2.700	2.714	2.726	2.800	2.827	2.858
2.2	2.317	2.442	2.526	2.586	2.632	2.669	2.698	2.723	2.744	2.778	2.803	2.824	2.840	2.854	2.937	2.969	3.004
2.3	2.388	2.526	2.618	2.686	2.737	2.778	2.811	2.839	2.863	2.900	2.929	2.952	2.971	2.987	3.082	3.118	3.158
2.4	2.460	2.612	2.714	2.788	2.846	2.891	2.928	2.959	2.986	3.028	3.060	3.086	3.108	3.125	3.233	3.244	3.320
2.5	2.533	2.699	2.812	2.894	2.957	3.008	3.049	3.084	2.113	3.160	3.197	3.226	3.250	3.270	3.391	3.438	3.490
2.6	2.607	2.789	2.912	3.003	3.073	3.128	3.174	3.213	3.245	3.298	3.339	3.371	3.398	3.420	3.557	3.610	3.669
2.7	2.682	2.880	3.015	3.114	3.191	3.253	3.304	3.346	3.382	3.441	3.486	3.522	3.552	3.577	3.730	3.791	3.857
2.8	2.759	2.973	3.120	3.229	3.314	3.382	3.437	3.484	3.524	3.589	3.639	3.680	3.713	3.740	3.912	3.980	4.055
2.9	2.836	3.068	3.228	3.347	3.440	3.514	3.576	3.627	3.671	3.743	3.799	3.843	3.880	3.911	4.102	4.178	4.263
3.0	2.914	3.166	3.339	3.469	3.570	3.651	3.718	3.775	3.824	3.902	3.964	4.013	4.054	4.088	4.301	4.387	4.482

附表 1-3a 对数正态分布95%置信区间上限 $\psi_{0.95}$值

S_e^2 \ n	5	10	15	20	50	100	1000
0. 01	1. 000	1. 000	1. 000	1. 000	1. 000	1. 000	1. 000
0. 02	1. 241	1. 117	1. 084	1. 067	1. 038	1. 026	1. 007
0. 04	1. 362	1. 171	1. 122	1. 099	1. 055	1. 037	1. 011
0. 06	1. 466	1. 216	1. 154	1. 124	1. 069	1. 046	1. 013
0. 08	1. 561	1. 256	1. 181	1. 146	1. 080	1. 053	1. 015
0. 10	1. 652	1. 293	1. 207	1. 166	1. 091	1. 060	1. 017
0. 12	1. 740	1. 327	1. 230	1. 184	1. 100	1. 066	1. 019
0. 14	1. 827	1. 361	1. 253	1. 202	1. 109	1. 072	1. 020
0. 16	1. 914	1. 393	1. 274	1. 219	1. 118	1. 078	1. 022
0. 18	1. 999	1. 425	1. 295	1. 236	1. 126	1. 084	1. 023
0. 20	2. 087	1. 455	1. 316	1. 252	1. 135	1. 089	1. 025
0. 30	2. 532	1. 606	1. 415	1. 328	1. 172	1. 113	1. 031
0. 40	3. 019	1. 756	1. 509	1. 399	1. 207	1. 135	1. 037
0. 50	3. 563	1. 910	1. 603	1. 470	1. 240	1. 156	1. 042
0. 60	4. 176	2. 070	1. 682	1. 541	1. 273	1. 175	1. 047
0. 70	4. 870	2. 237	1. 798	1. 614	1. 306	1. 196	1. 052
0. 80	5. 663	2. 415	1. 901	1. 688	1. 338	1. 215	1. 057
0. 90	6. 570	2. 604	2. 006	1. 763	1. 371	1. 235	1. 062
1. 00	7. 605	2. 805	2. 117	1. 842	1. 404	1. 254	1. 067
1. 10	8. 795	3. 019	2. 233	1. 924	1. 437	1. 274	1. 071
1. 20	10. 155	3. 250	2. 355	2. 008	1. 471	1. 294	1. 076
1. 30	11. 718	3. 497	2. 483	2. 096	1. 506	1. 314	1. 080
1. 40	13. 513	3. 761	2. 617	2. 187	1. 540	1. 334	1. 085
1. 50	15. 569	4. 045	2. 758	2. 282	1. 576	1. 354	1. 089
1. 60	17. 928	4. 351	2. 907	2. 380	1. 613	1. 374	1. 094
1. 70	20. 639	4. 680	3. 064	2. 484	1. 650	1. 395	1. 098
1. 80	23. 749	5. 034	3. 229	2. 592	1. 688	1. 416	1. 103
1. 90	27. 318	5. 414	3. 403	2. 704	1. 728	1. 438	1. 107
2. 00	31. 398	5. 825	3. 588	2. 822	1. 767	1. 459	1. 112
2. 10	36. 079	6. 268	3. 783	2. 945	1. 808	1. 481	1. 116
2. 20	41. 444	6. 745	3. 989	3. 074	1. 850	1. 504	1. 121
2. 30	47. 586	7. 260	4. 208	3. 209	1. 893	1. 526	1. 125
2. 40	54. 611	7. 815	4. 438	3. 351	1. 937	1. 549	1. 130
2. 50	62. 661	7. 415	4. 683	3. 498	1. 982	1. 572	1. 134
2. 60	71. 861	9. 061	4. 941	3. 670	2. 029	1. 596	1. 139
2. 70	82. 366	9. 759	5. 214	3. 816	2. 076	1. 620	1. 144
2. 80	94. 377	10. 512	5. 504	3. 986	2. 125	1. 645	1. 148
2. 90	108. 115	11. 326	5. 811	4. 164	2. 175	1. 670	1. 153
3. 00	123. 750	12. 206	6. 137	4. 351	2. 226	1. 695	1. 158

附表 1-3b　对数正态分布 95%置信区间下限 $\psi_{0.05}$ 值

S_e^2 \ n	5	10	15	20	50	100	1000
0. 01	1. 0000	1. 0000	1. 0000	1. 0000	1. 0000	1. 0000	1. 0000
0. 02	0. 8978	0. 9333	0. 9458	0. 9540	0. 9697	0. 9782	0. 9927
0. 04	0. 8589	0. 9071	0. 9246	0. 9344	0. 9573	0. 9692	0. 9895
0. 06	0. 8302	0. 8874	0. 9079	0. 9200	0. 9478	0. 9622	0. 9872
0. 08	0. 8070	0. 8708	0. 8943	0. 9077	0. 9398	0. 9564	0. 9852
0. 10	0. 7870	0. 8563	0. 8821	0. 8972	0. 9328	0. 9512	0. 9833
0. 12	0. 7693	0. 8439	0. 8716	0. 8878	0. 9264	0. 9464	0. 9817
0. 14	0. 7535	0. 8323	0. 8617	0. 8790	0. 9204	0. 9420	0. 9801
0. 16	0. 7389	0. 8216	0. 8527	0. 8709	0. 9149	0. 9380	0. 9787
0. 18	0. 7255	0. 8116	0. 8442	0. 8632	0. 9097	0. 9341	0. 9773
0. 20	0. 7129	0. 8023	0. 8360	0. 8558	0. 9048	0. 9304	0. 9760
0. 30	0. 6605	0. 7618	0. 8008	0. 8243	0. 8828	0. 9139	0. 9701
0. 40	0. 6187	0. 7284	0. 7717	0. 7981	0. 8639	0. 8996	0. 9648
0. 50	0. 5838	0. 6995	0. 7462	0. 7744	0. 8470	0. 8867	0. 9600
0. 60	0. 5538	0. 6739	0. 7270	0. 7534	0. 8313	0. 8741	0. 9554
0. 70	0. 5277	0. 6508	0. 7020	0. 7338	0. 8168	0. 8632	0. 9511
0. 80	0. 5044	0. 6297	0. 6825	0. 7156	0. 8030	0. 8525	0. 9470
0. 90	0. 4836	0. 6103	0. 6646	0. 6987	0. 7899	0. 8421	0. 9429
1. 00	0. 4650	0. 5923	0. 6476	0. 6826	0. 7774	0. 8322	0. 9389
1. 10	0. 4481	0. 5756	0. 6317	0. 6674	0. 7654	0. 8226	0. 9351
1. 20	0. 4328	0. 5599	0. 6165	0. 6530	0. 7538	0. 8133	0. 9313
1. 30	0. 4189	0. 5452	0. 6023	0. 6393	0. 7426	0. 8042	0. 9276
1. 40	0. 4062	0. 5315	0. 5888	0. 6262	0. 7318	0. 7954	0. 9240
1. 50	0. 3946	0. 5186	0. 5760	0. 6137	0. 7214	0. 7868	0. 9203
1. 60	0. 3840	0. 5065	0. 5637	0. 6018	0. 7112	0. 7784	0. 9168
1. 70	0. 3743	0. 4950	0. 5521	0. 5904	0. 7014	0. 7702	0. 9133
1. 80	0. 3655	0. 4842	0. 5410	0. 5794	0. 6918	0. 7622	0. 9098
1. 90	0. 3574	0. 4740	0. 5305	0. 5688	0. 6825	0. 7544	0. 9064
2. 00	0. 3501	0. 4644	0. 5203	0. 5587	0. 6734	0. 7466	0. 9030
2. 10	0. 3433	0. 4552	0. 5106	0. 5489	0. 6646	0. 7391	0. 8996
2. 20	0. 3372	0. 4466	0. 5014	0. 5395	0. 6560	0. 7317	0. 8962
2. 30	0. 3316	0. 4385	0. 4925	0. 5304	0. 6476	0. 7245	0. 8929
2. 40	0. 3266	0. 4308	0. 4840	0. 5217	0. 6394	0. 7173	0. 8896
2. 50	0. 3220	0. 4234	0. 4759	0. 5133	0. 6314	0. 7104	0. 8864
2. 60	0. 3179	0. 4166	0. 4681	0. 5044	0. 6236	0. 7035	0. 8831
2. 70	0. 3142	0. 4100	0. 4606	0. 4974	0. 6160	0. 6967	0. 8799
2. 80	0. 3110	0. 4039	0. 4535	0. 4899	0. 6085	0. 6901	0. 8767
2. 90	0. 3081	0. 3981	0. 4467	0. 4826	0. 6012	0. 6836	0. 8736
3. 00	0. 3055	0. 3926	0. 4401	0. 4756	0. 5941	0. 6772	0. 8704

2 矿床数值模型

2.1 矿床模型概述

矿床数值模型是指将矿床的空间范围划分为单元块形成的离散模型，也称为矿床块状模型，模型中的单元块称为模块。根据模块的形态，矿床模型可分为不规则模型和规则模型两大类，不规则模型中的模块的形状或大小不同，或二者皆不相同，如三角形模型和多边形模型；规则模型中模块的形状和大小相同，一般为立方体。由于规则模型便于计算机处理，现今应用的绝大多数矿床模型为规则模型。矿床模型中每一个模块被赋予一个或数个特征值（也称为属性）。建立矿床模型的目的是为更科学地估算模块的某一或多个特征值的数值，描述特征值的空间分布。

根据需要，矿床模型可以是三维的，也可以是二维的。三维块状模型是把矿床的三维空间范围划分为三维模块形成的离散模型，如图 2-1 所示。模块的特征值为品位或开采价值的模型是最常用的三维块状模型，前者有时称为品位模型或地质模型，后者称为价值模型。

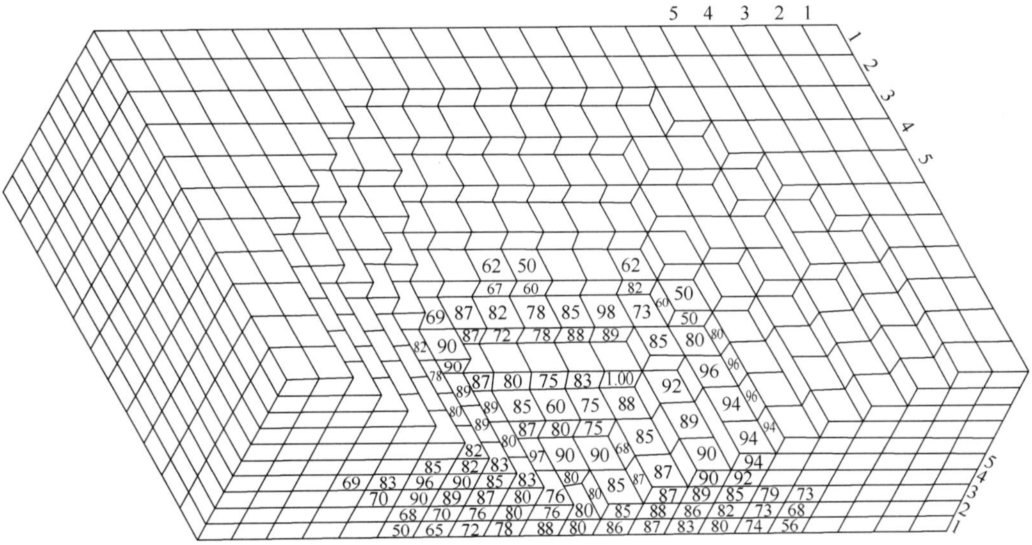

图 2-1　三维块状模型示意图

最常用的二维块状模型是标高模型，它是把矿床在水平面的范围划分为二维模块形成的离散模型，模块的特征值是模块中心处的标高。标高模型通常用来描述地表地形、露天采场形态等；在矿体为近水平的矿床中，标高模型可用来描述每层矿体的顶板标高和地板标高。

块状模型中，模块在水平方向一般取正方形，其边长视具体情况而定，一般为10～25m；模块的高度对于露天开采的矿床等于露天矿台阶高度，对于地下开采的矿床可取分段高度。

将矿床分为模块后，需要应用某种方法依据已知数据（一般为钻孔取样）对每个模块的特征值进行估算。估值后，特征值在模型范围内每一位置变为已知，便于统计计算。例如，对品位模型中每个模块的品位进行估算后，相当于模型范围内每一位置的品位变为已知，可以方便地圈定矿体，进行矿量和品位计算。

本章着重介绍两种常用的模块估值方法——地质统计学法和距离反比法，并对价值模型、标高模型等的建立作简要介绍。

2.2 地质统计学概论

地质统计学（geostatistics）是20世纪60年代初期出现的一个新兴应用数学分支，其基本思想是由南非的Danie Krige在金矿的品位估算实践中提出来的，后来由法国的Georges Matheron经过数学加工，形成一套完整的理论体系。在过去的50年中，地质统计学不仅在理论上得到发展与完善，而且在实践中得到日益广泛的应用。如今，地质统计学在国际上除被用于矿床的品位估算外，也被用于其他领域中研究与位置有关的参数变化规律和参数估计。如农业中农作物的收成、环保中污染物的分布等等。本节将从矿床的品位估算的角度，简要介绍地质统计学的基本概念、原理和方法。

2.2.1 基本概念与函数

应用传统统计学（“传统”二字是相对于地质统计学而言的）可以对矿床的取样数据进行各种分析，并估计矿床的平均品位及其置信区间。在给定边界品位时，传统统计学也可用于初步估算矿石量和矿石平均品位。然而，传统统计学的分析计算均基于一个假设，即样品是从一个未知的样品空间随机选取的，而且是相互独立的。根据这一假设，样品在矿床中的空间位置是无关紧要的，从相隔上千米的矿床两端获取的两个样品与从相隔几米的两点获取的两个样品从理论上讲是没有区别的，它们都是一个样本空间的两个随机取样而已。

但是在实践中，相互独立性是几乎不存在的，钻孔的位置（即样品的选取）在绝大多数情况下也不是随机的。当两个样品在空间的距离很小时，样品间会存在较强的相似性，而当距离很大时，相似性就会减弱或不存在。也就是说，样品之间存在着某种联系，这种联系的强弱是与样品的相对位置有关的。这样就引出了“区域化变量”的概念。

2.2.1.1 区域化变量与协变异函数

如果以空间一点为中心获取一个样品，样品的特征值$X(z)$是该点的空间位置z的函数，那么变量X即为一区域化变量。

显然，矿床的品位是一个区域化变量，而控制这一区域化变量之变化规律的是地质构造和矿化作用。区域化变量的概念是整个地质统计学理论体系的核心，用于描述区域化变量变化规律的基本函数是协变异函数和半变异函数。

设有两个随机变量X_1与X_2，如果X_1与X_2之间存在某种相关性，那么从传统统计学可知，这种相关关系由X_1与X_2的协方差$\sigma(X_1,X_2)$表示：

$$\sigma(X_1,X_2) = E[(X_1 - E[X_1])(X_2 - E[X_2])] \tag{2-1}$$

让 $\sigma_{X_1}^2$ 和 $\sigma_{X_2}^2$ 分别表示 X_1 和 X_2 的方差，则：

$$\sigma_{X_1}^2 = E[(X_1 - E[X_1])^2] \tag{2-2}$$

$$\sigma_{X_2}^2 = E[(X_2 - E[X_2])^2] \tag{2-3}$$

式中 $E[\ *\ ]$——随机变量[*]的数学期望。

X_1 与 X_2 之间的相关系数为：

$$\rho_{X_1,X_2} = \frac{\sigma(X_1, X_2)}{\sigma_{X_1}\sigma_{X_2}} \tag{2-4}$$

当 X_1 与 X_2 互相独立时，即二者之间不存在任何相关性时，协方差与相关系数均为零。当 X_1 与 X_2 “完全相关”时，相关系数为 1.0（或 -1.0）。

如果 X_1 和 X_2 不是一般的随机变量，而是区域化变量 X 在矿体 Ω 中的取值，即：

X_1 代表 $X(z)$：区域化变量 X 在矿体 Ω 中 z 点的取值，

X_2 代表 $X(z+h)$：区域化变量 X 在矿体 Ω 中距 z 点 h 处的取值，

那么，由式(2-1)可计算 $X(z)$ 与 $X(z+h)$ 在矿体 Ω 中的协方差：

$$\begin{aligned}\sigma(X(z), X(z+h)) &= \sigma(h) \\ &= E[(X(z) - E[X(z)])(X(z+h) - E[X(z+h)])]\end{aligned} \tag{2-5}$$

$\sigma(h)$ 称为区域化变量 X 在 Ω 中的协变异函数（covariogram）。

让 σ_1^2 和 σ_2^2 分别表示 $X(z)$ 与 $X(z+h)$ 在矿体 Ω 中的方差，则：

$$\sigma_1^2 = E[(X(z) - E[X(z)])^2] \tag{2-6}$$

$$\sigma_2^2 = E[(X(z+h) - E[X(z+h)])^2] \tag{2-7}$$

那么 $X(z)$ 与 $X(z+h)$ 之间的相关系数为：

$$\rho(h) = \frac{\sigma(h)}{\sigma_1\sigma_2} \tag{2-8}$$

$\rho(h)$ 称为区域化变量 X 在 Ω 中的相关函数（correlogram）。

对于任何矿床，都可能估算出其协变异函数 $\sigma(h)$。但在利用 $\sigma(h)$ 对矿床中模块的品位进行估值时，需满足二阶稳定性条件。

二阶稳定性条件（second order stationarity conditions）：

(1) $X(z)$ 的数学期望与空间位置 z 无关，即对任意位置 z_0，有：

$$E[X(z_0)] = \mu \tag{2-9}$$

(2) 协变异函数与空间位置无关，只与距离 h 有关，即对于任何位置 z_0，有：

$$E[(X(z_0) - \mu)(X(z_0 + h) - \mu)] = \sigma(h) \tag{2-10}$$

当式(2-10)成立时，$X(z)$ 与 $X(z+h)$ 的方差相等，即：$\sigma_1^2 = \sigma_2^2 = \sigma^2$，相关函数（式 2-8）变为：

$$\rho(h) = \frac{\sigma(h)}{\sigma^2} \tag{2-11}$$

2.2.1.2 半变异函数

用于描述区域化变量变化规律的另一个更具实用性的函数是半变异函数（semivariogram）。半变异函数的定义为：

$$\gamma(h) = \frac{1}{2}E[(X(z) - X(z+h))^2] \tag{2-12}$$

如果满足二阶稳定性条件,半变异函数与协变异函数之间存在以下关系:

$$\gamma(h) = \sigma^2 - \sigma(h) \tag{2-13}$$

证明:

$$\begin{aligned}
\gamma(h) &= \frac{1}{2}E[(X(z) - X(z+h))^2] \\
&= \frac{1}{2}E[((X(z) - \mu) - (X(z+h) - \mu))^2] \\
&= \frac{1}{2}E[(X(z) - \mu)^2] + \frac{1}{2}E[(X(z+h) - \mu)^2] - E[(X(z) - \mu)(X(z+h) - \mu)] \\
&= \frac{1}{2}\sigma_1^2 + \frac{1}{2}\sigma_2^2 - \sigma(h) \\
&= \sigma^2 - \sigma(h)
\end{aligned}$$

图2-2是关系式(2-13)的示意图。

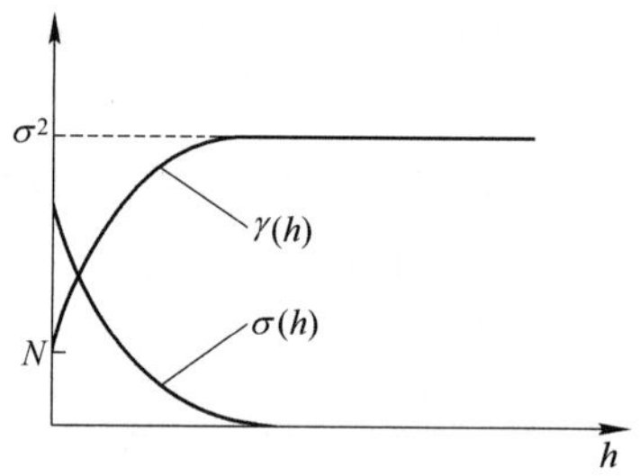

图2-2　半变异函数与协变异函数的关系示意图

当 $h=0$ 时,点 z 和 $z+h$ 变为一点,区域化变量 X 的取值 $X(z)$ 与 $X(z+h)$ 应变为同一取值。从以上各式可以看出 $\sigma(0)=\sigma^2$,$\gamma(0)=0$。实际上,在同一位置获得两个完全相同的样品几乎是不可能的。如果我们从紧挨着的两点($h=0$)取两个样品,由于取样过程中的误差和微观矿化作用的变化,两个样品不会完全相同;即使是把同一个样品化验两次,由于化验过程中的误差,化验结果也难以完全相同。因此,在许多情况下半变异函数在原点附近不等于零,这种现象称为块金效应。块金效应的大小用块金值 N 表示:

$$N = \underset{h\to 0}{\mathrm{limit}}\gamma(h) = \sigma^2 - \underset{h\to 0}{\mathrm{limit}}[\sigma(h)] \tag{2-14}$$

应用半变异函数进行估值时,需满足内蕴假设。

内蕴假设(Intrinsic Hypothesis):

(1)区域化变量 X 的增量的数学期望与位置无关,即对于区域 Ω 内的任意位置 z_0,有:

$$E[X(z_0) - X(z_0+h)] = m(h) \tag{2-15}$$

(2)半变异函数与位置无关,即对于区域 Ω 内的任意位置 z_0,有:

$$\frac{1}{2}E[(X(z_0) - X(z_0+h))^2] = \gamma(h) \tag{2-16}$$

内蕴假设的内涵是:区域化变量的增量在给定区域 Ω 内的所有位置上具有相同的概率分布。内蕴假设要求的条件要比二阶稳定性条件宽松得多,当满足后者时,前者自然得到满足。

2.2.2　实验半变异函数及其计算

像普通随机变量的概率分布特征值一样,半变异函数对任一给定矿床 Ω 是未知的,需要通过取样值对之进行估计。

设从矿床 Ω 中获得一组样品，相距 h 的样品对数为 $n(h)$，那么半变异函数 $\gamma(h)$ 可以用下式估计：

$$\gamma(h) = \frac{1}{2n(h)} \sum_{i=1}^{n(h)} [x(z_i) - x(z_i + h)]^2 \tag{2-17}$$

式中 $x(z_i)$——在 z_i 处的样品值；

$x(z_i + h)$——在与 z_i 相距 h 处的样品值。

由式(2-17)计算的半变异函数称为实验半变异函数。下面举例说明实验半变异函数的计算过程。

例 2-1 在一条直线上取得 10 个样品，其位置如图 2-3 所示，试计算实验半变异函数。

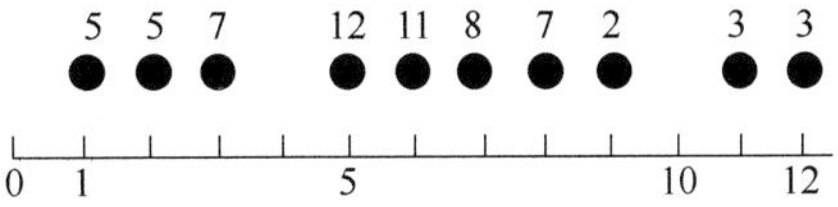

图 2-3 一维取样分布

解：样品是一个离散集，因此我们只能对几个离散 h 值计算 $\gamma(h)$。应用公式(2-17)计算的结果列于表 2-1 中并绘于图 2-4。以 $h=3$ 为例，计算过程列于表 2-2 中。

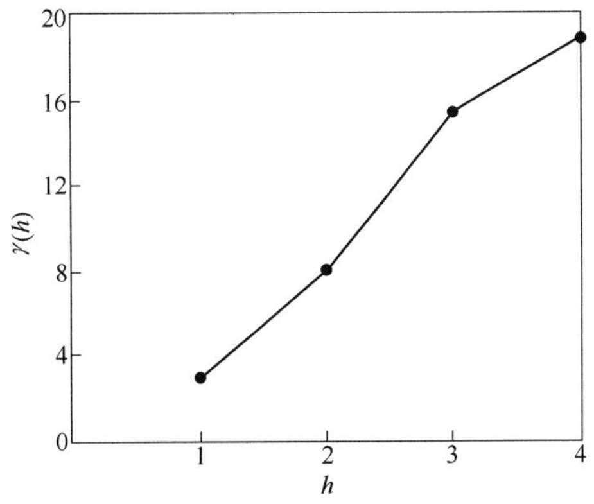

图 2-4 实验半变异函数

表 2-1 基于图 2-3 中数据的半变异函数计算结果

间距 h	1	2	3	4
样品对数 $n(h)$	7	6	6	6
$\gamma(h)$	2.857	8.167	15.667	18.917

表 2-2 $h=3$ 时 $\gamma(h)$ 的计算过程

样品对		计算	
$x(z)$	$x(z+3)$	$x(z)-x(z+3)$	$[x(z)-x(z+3)]^2$
5	12	-7	49
7	11	-4	16
12	7	5	25
11	2	9	81
7	3	4	16
2	3	-1	+1
$\gamma(3)=188/12=15.667$			$\Sigma=188$

上例中，样品落于一直线上，是一个在一维空间计算实验半变异函数的问题。在二维或

三维空间，半变异函数是具有方向性的，即在不同的方向上，半变异函数可能不一样。下面是一个在二维空间求半变异函数的算例。

例 2-2 如图 2-5 所示，在矿床的某一台阶取样 31 个，样品位于间距为 1 的规则网格点上，各样品的品位如图中的数字所示。试求在 4 个方向上的实验半变异函数。

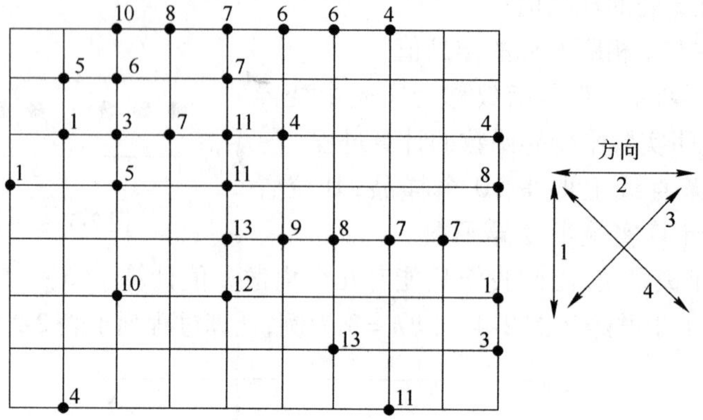

图 2-5 二维取样分布

解：在任一方向上，计算过程与例 2-1 相同。只是在一给定方向上选取间距为 h 的样品对时，只能在该方向上选取。在方向 1 和 2 上的实验半变异函数计算结果列于表 2-3 中，在方向 3 和 4 上的计算结果列于表 2-4 中。

表 2-3 例 2-2 中在方向 1 和 2 上的实验半变异函数计算结果

方 向	$h=1$		$h=2$		$h=3$	
	$n(h)$	$\gamma(h)$	$n(h)$	$\gamma(h)$	$n(h)$	$\gamma(h)$
1	11	3.91	12	9.00	8	11.06
2	14	4.07	14	7.64	9	15.22

表 2-4 例 2-2 中在方向 3 和 4 上的实验半变异函数计算结果

方 向	$h=\sqrt{2}$		$h=2\sqrt{2}$		$h=3\sqrt{2}$	
	$n(h)$	$\gamma(h)$	$n(h)$	$\gamma(h)$	$n(h)$	$\gamma(h)$
3	10	5.90	11	12.09	6	20.08
4	9	5.06	12	12.92	6	16.83

若将平面上所有方向上相距为 h 的样品对用于计算 $\gamma(h)$，得到的实验半变异函数称为该平面上的平均实验半变异函数。本例中的平均实验半变异函数计算结果列于表 2-5。所有 4 个方向上的实验半变异函数与平均半变异函数计算结果绘于图 2-6。

表 2-5 例 2-2 中平均实验半变异函数计算结果

h	1	$\sqrt{2}$	2	$2\sqrt{2}$	3	$3\sqrt{2}$
$n(h)$	25	19	26	23	17	12
$\gamma(h)$	4.00	5.50	8.27	12.52	13.26	18.46

在实践中，样品在平面上的分布可能很不规则，不可能所有样品都位于规则的网格点上，样品间的距离也不会是一个基数的整数倍，而且往往需要计算任意方向的实验半变异函数。因此，恰好落在某一给定方向的方向线上和间距恰好等于某一给定 h 的样品对很少（或几乎不存在）。所以，如图 2-7 所示，在计算实验半变异函数时，需要确定一个最大方向角偏差 $\Delta\alpha$ 和距离偏差 Δh。如果一对样品 $x(z_i)$ 和 $x(z_j)$ 所在的位置所组成的向量 $z_i \to z_j$ 的方向落于 $\alpha - \Delta\alpha$ 和 $\alpha + \Delta\alpha$ 之间，那么就可以认为 $x(z_i)$ 和 $x(z_j)$ 是在方向 α 上的一个样品对；如果样品 $x(z_i)$ 和 $x(z_j)$ 之间的距离落于 $h - \Delta h$ 和 $h + \Delta h$ 之间，就可认为这两个样品是相距 h 的一个样品对。$2\Delta\alpha$ 称为窗口（window）。在实际计算中，往往以 $2\Delta h$ 作为 h 的增量，以 Δh 作为最小 h 值（即偏移量Offset）。例如，当 $2\Delta h = 10$m 时，h 取 5m，15m，25m…。

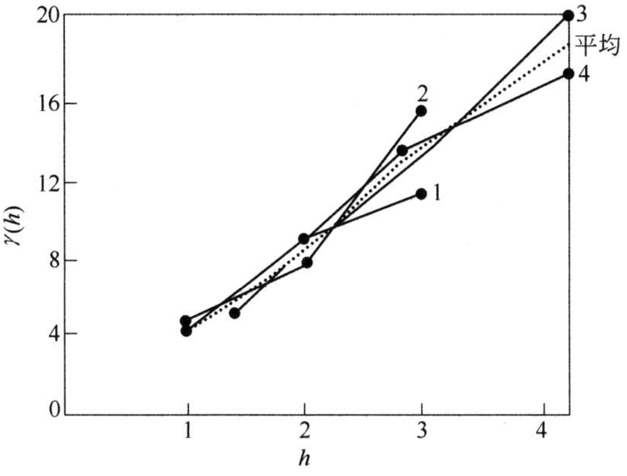

图 2-6 不同方向上的实验半变异函数

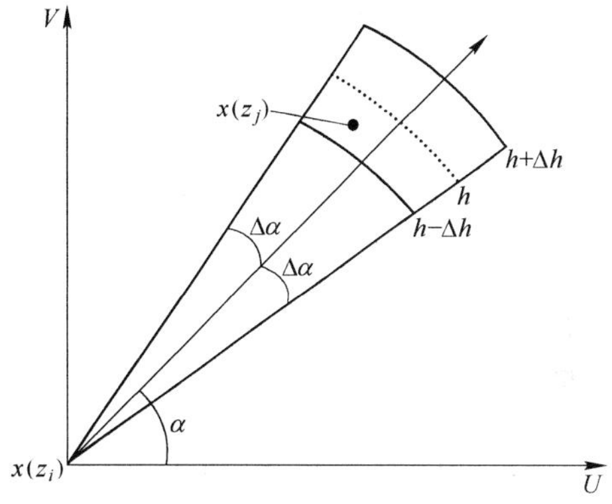

图 2-7 二维半变异函数的实用计算方法

在三维空间，图 2-7 中的扇形变为图 2-8 中的锥体，空间的某一方向由方位角 φ 与倾角 ψ 表示。另外，在三维空间，一个样品不是一个二维点，而是具有一定长度的三维体，所以在计算半变异函数前，需要将样品进行组合处理，形成等长度的组合样品。在实验半变异函数的实际计算中，首先要对所有样品对进行矢量运算，找出落于方向与间距最大偏差范围内的样品对，然后对这些样品对应用公式（2-17）进行计算，获得半变异函数 $\gamma(h)$ 曲线上的一个点。需要说明的是，距离 h 是所有这些样品对的距离的平均值。

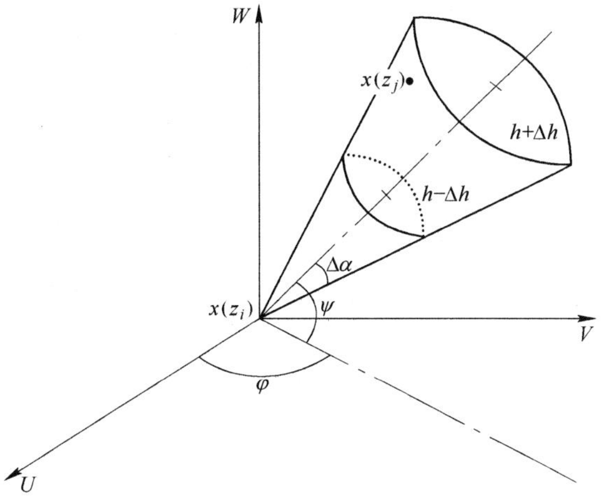

图 2-8 三维半变异函数的实用计算方法

2.2.3 半变异函数的数学模型

实验半变异函数由一组离散点组成，在实际应用时很不方便，因此常常将实验半变异函数拟合为一个可以用数学解析式表达的数学模型。常见的半变异函数的数学模型有以下几种：

（1）球状模型（spherical model）。实验半变异函数在大多数情况下可以拟合成球状模型。因此，球状模型是应用最广的一种半变异函数模型，其数学表达式为：

$$\gamma(h) = \begin{cases} C\left(\dfrac{3h}{2a} - \dfrac{h^3}{2a^3}\right) & h \leqslant a \\ C & h > a \end{cases} \tag{2-18}$$

式中，C 称为槛值或台基值（sill），一般情况下可以认为 $C = \sigma^2$（σ^2 为样品的方差），a 称为变程（range）。

图 2-9 是球状模型的图示。从图中可以看出，$\gamma(h)$ 随 h 的增加而增加，当 h 达到变程时，$\gamma(h)$ 达到槛值 C；之后 $\gamma(h)$ 便保持常值 C。这种特征的物理意义是：当样品之间的距离小于变程时，样品是相互关联的，关联程度随间距的增加而减小，或者说，变异程度随间距的增加而增大；当间距达到一定值（变程）时，样品之间的关联性消失，变为完全随机，这时 $\gamma(h)$ 即为样品的方差。因此，变程实际上代表样品的影响范围。

（2）随机模型（random model）。当区域化变量 X 的取值是完全随机的，即样品之间的协方差 $\sigma(h)$ 对于所有 h 都等于 0 时，半变异函数是一常量：

$$\gamma(h) = C \tag{2-19}$$

这一模型称为随机模型，其图示为一水平直线（图 2-10）。随机模型表明，区域化变量 X 的取值与位置无关，样品之间没有关联性。随机模型有时也被称为纯块金效应模型（pure nugget effect model）。

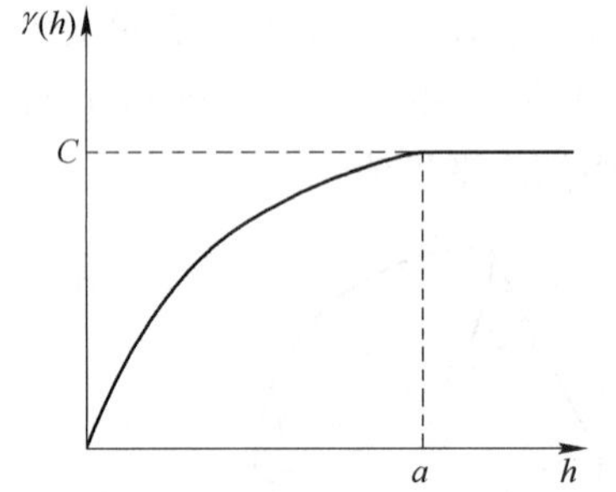

图 2-9 球状模型

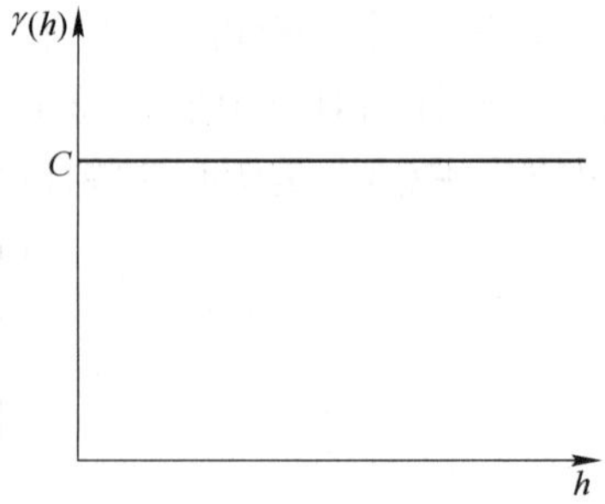

图 2-10 随机模型

（3）指数模型（exponential model）。指数模型的数学表达式为：

$$\gamma(h) = C(1 - e^{-h/a}) \tag{2-20}$$

指数模型的特征与球状模型相似（图 2-11），变异速率较小。式（2-20）中的 a 是原点处的切线达到 C 时的 h 值。

（4）高斯模型（gaussian model）。高斯模型的数学表达式为：

$$\gamma(h) = C(1 - e^{-h^2/a^2}) \tag{2-21}$$

如图 2-12 所示,高斯模型在原点的切线为水平线,表明 $\gamma(h)$ 在短距离内变异很小。

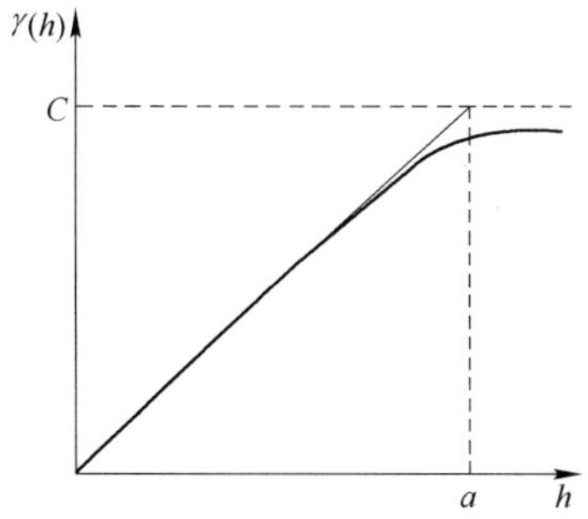

图 2-11　指数模型

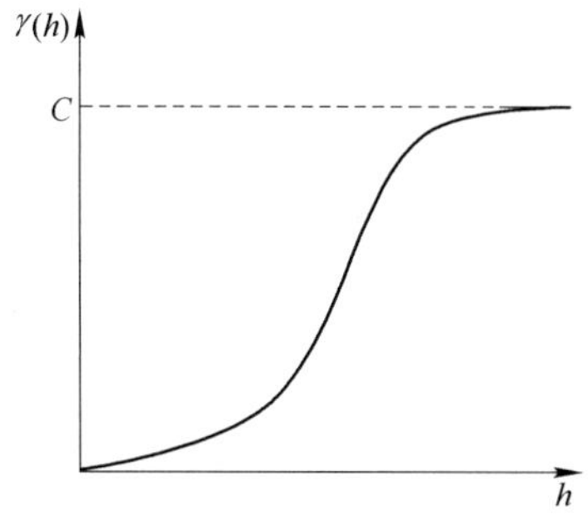

图 2-12　高斯模型

(5) 线性模型(linear model)。线性模型的数学表达式为一线性方程,即:

$$\gamma(h) = \frac{p^2}{2}h \tag{2-22}$$

式中,p^2 为一常量,且

$$p^2 = E[(X(z_{i+1}) - X(z_i))^2] \tag{2-23}$$

如图 2-13 所示,线性模型没有槛值,$\gamma(h)$ 随 h 无限增加。

(6) 对数模型(logarithmic model)。对数模型的表达式为:

$$\gamma(h) = 3\alpha\ln(h) \tag{2-24}$$

式中,α 为常量。当 h 取对数坐标时,对数模型为一条直线(图 2-14)。对数模型没有槛值。当 $h<1$ 时,$\gamma(h)$ 为负数,由半变异函数的定义(式 2-12)可知,$\gamma(h)$ 不可能为负数。所以对数模型不能用于描述 $h<1$ 时的区域化变量特性。

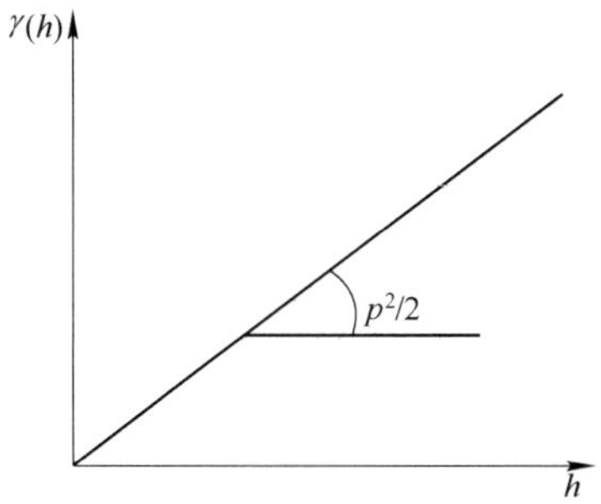

图 2-13　线性模型

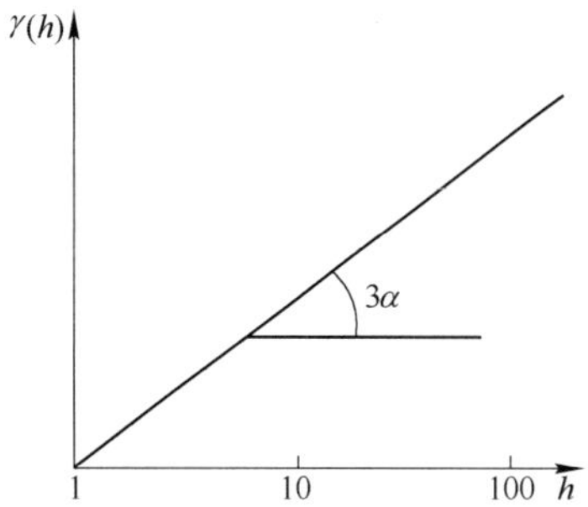

图 2-14　对数模型

(7) 嵌套结构(nested structures)。除对数模型和随机模型外,均有 $\gamma(0)=0$。但由于取样、化验误差和矿化作用在短距离内(小于最小取样间距)的变化,在绝大多数情况下半变异函数在原点不等于零,即存在块金效应。因此,在实践中应用最广的模型是具有块金效应的球状模型,其数学表达式为:

$$\gamma(h) = \begin{cases} N + C\left(\dfrac{3h}{2a} - \dfrac{h^3}{2a^3}\right) & h \leqslant a \\ N + C & h > a \end{cases} \tag{2-25}$$

式中,N 为块金效应;C 为球模型的槛值。

上式实质上就是由两个结构组成的:一个是纯块金效应结构(或随机结构),另一个是球形结构。由多个半变异函数组成的结构称为嵌套结构。

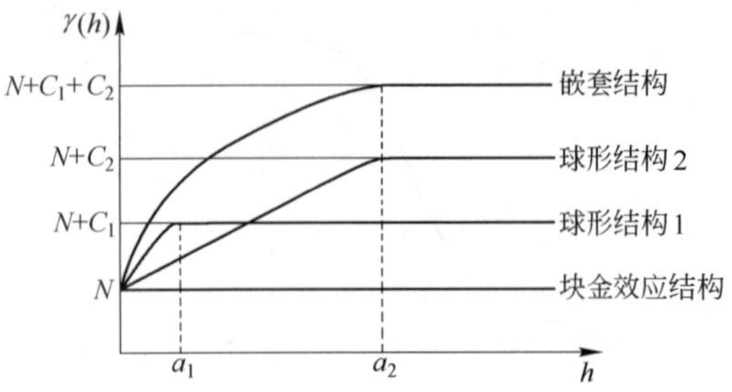

图2-15 球模型的嵌套结构示意图

在某些情况下,区域化变量的结构特性较复杂,难以用单一结构的数学模型描述。这时,往往采用几个结构的数学组合来描述较复杂的嵌套结构。实践中较常见的嵌套结构由块金效应与两个球模型组成,即:

$$\gamma(h) = N + \gamma_1(h) + \gamma_2(h) \quad (2\text{-}26)$$

式中,$\gamma_1(h)$和$\gamma_2(h)$为具有不同的a和C值的球模型。图2-15是这一嵌套结构的示意图。

2.2.4 半变异函数的拟合

实践中,半变异函数是根据有限数目的地质取样建立的,而通过取样我们只能得到由一些离散点组成的实验半变异函数。为使用方便,需要对实验半变异函数进行加工获得实验半变异函数的数学模型。将实验半变异函数加工成数学模型的过程称为半变异函数的拟合。这里只讲球模型的拟合。

图2-16是从一组样品得到的实验半变异函数。虽然数据点的分布不很规则,但仍可看出$\gamma(h)$随h首先增加,然后趋于稳定的特点。因此,其数学模型应为具有块金效应的球模型。如果能确定块金效应N,球模型的槛值C和变程a,拟合也就完成了。

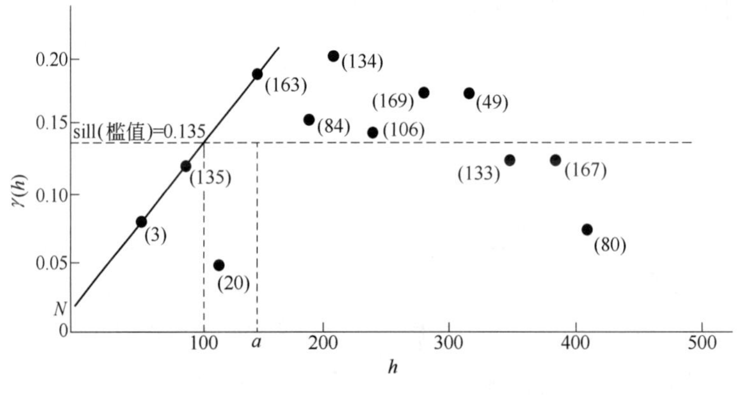

图2-16 实验半变异函数的球模型拟合

首先确定$C+N$。从数据点的分布很难看出$\gamma(h)$稳定在何值,但从理论上讲,可以认为其最大值等于样品的方差σ^2。因此,在实际拟合时,往往取σ^2为$C+N$。本例中$\sigma^2=0.135$,故$C+N=0.135$。

其次确定块金效应。根据槛值以下靠近原点的数据点变化趋势,作一条斜线,斜线与纵轴的截距即为块金效应N。从图中可以看出$N\approx0.02$。这样$C=0.135-0.02=0.115$。

最后确定变程。根据球模型的数学表达式可知,$\gamma(h)$在$h=0$处的切线斜率为$C/(2a/3)$。所以,上面求块金效应时所作的斜线与等于最大值的水平线的交点之横

坐标为 $2a/3$。从图中可以看出，$2a/3$ 约为 100m，所以变程约为 150m。

利用实际数据进行半变异函数的拟合通常是个十分复杂的过程，需要对地质特征有较好的了解和拟合经验。当取样间距较大时，变程以内的数据点很少，很难确定半变异函数在该范围内的变化趋势，而恰恰这部分曲线是半变异函数最重要的组成部分。在这种情况下，常常求助于“沿钻孔实验半变异函数”（down-hole variogram），即沿钻孔方向建立的实验半变异函数。因为沿钻孔取样间距小，沿钻孔半变异函数可以捕捉短距离内的结构特征，帮助确定半变异函数的块金效应和变化趋势。但必须注意，当存在各向异性时，沿钻孔半变异函数只代表区域化变量沿钻孔方向的变化特征，并不能完全代表其他方向上半变异函数在短距离的变化特征。

2.2.5 各向异性

当区域化变量在不同方向呈现不同特征时，半变异函数在不同方向也具有不同的特性。这种现象称为各向异性（anisotropy）。常见的各向异性有两种。

几何各向异性（geometric anisotropy）的特点是半变异函数的槛值不变，变程随方向变化。如果求出任一平面内所有方向上的半变异函数，半变异函数在平面上的等值线是一组椭圆（图 2-17）。椭圆的短轴和长轴称为主方向（principal directions）。对应于半变异函数最大值 σ^2 的等值线上的每一点 r 到原点的距离是在 $O\rightarrow r$ 方向上半变异函数的变程。对应于 σ^2 的等值线椭圆称为各向异性椭圆，它是影响范围的一种表达。若平面为水平面，各向异性椭圆的长轴方向一般与矿体的走向重合（或非常接近）。因此即使矿体的产状是未知的，通过半变异函数的各向异性分析也可以看出矿体的走向。

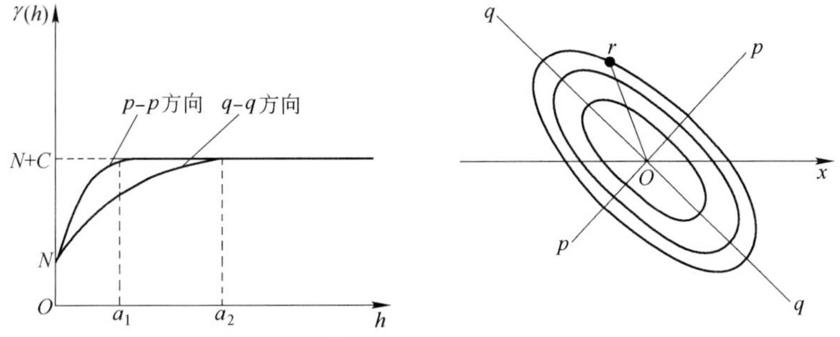

图 2-17　几何各向异性示意图

区域各向异性的特点是半变异函数的槛值与变程均随方向变化，如图 2-18 所示。

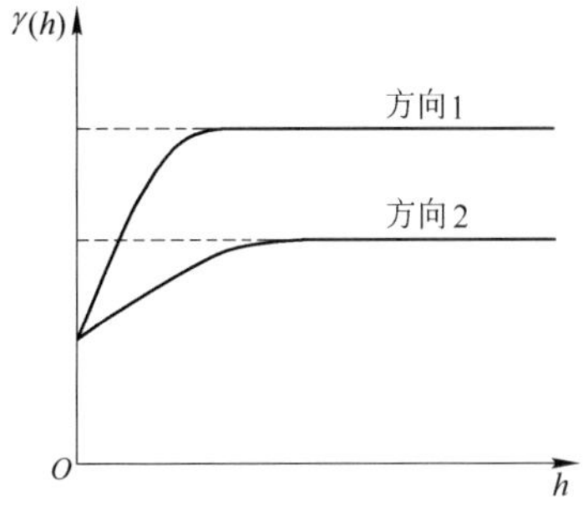

图 2-18　区域各向异性示意图

在三维空间，各向异性椭圆变为椭球体，并有三个主方向。确定三个主方向的一般步骤如下：

（1）在水平面上的几个方向上计算半变异函数，得到水平面上的各向异性椭圆，其长轴方向为走向，如图 2-19 所示。

（2）在垂直于走向的剖面上，计算不同方向上的半变异函数，得到该剖面上的各向异性椭圆，其长轴方向为倾向，其短轴方向为主方向 3（变程最小的方向），如图 2-20 所示。

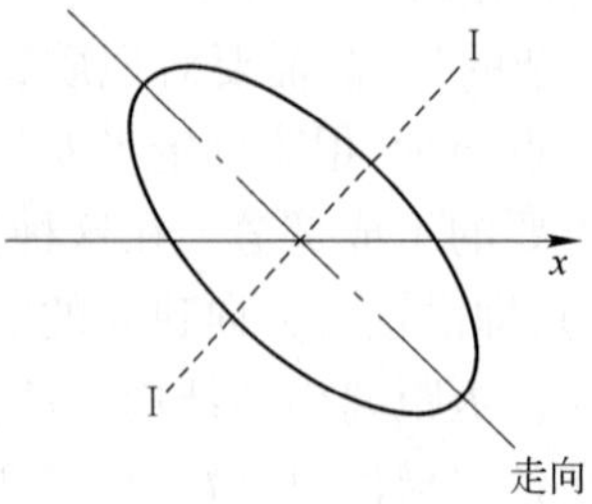

图 2-19 水平面上的各向异性椭圆

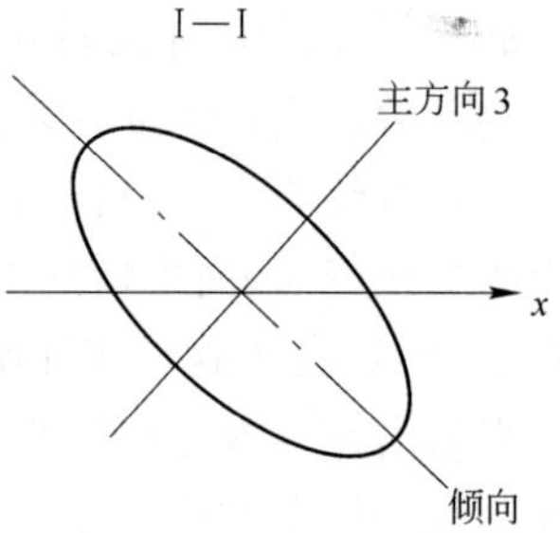

图 2-20 剖面Ⅰ—Ⅰ上的各向异性椭圆

(3)在倾向面(即走向线与倾向线所在的空间平面)上,计算不同方向上的半变异函数,得到该面上的各向异性椭圆,其长轴方向即为主方向1(变程最大的方向),短轴方向为主方向2,如图2-21所示。

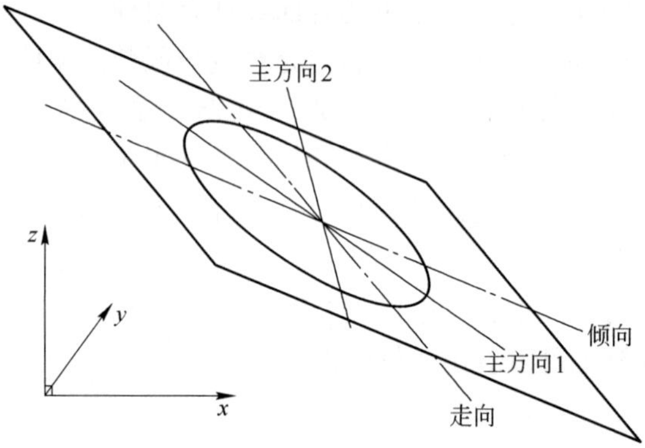

图 2-21 倾向面上的各向异性椭圆

在实际应用中,各向异性椭圆不会像图中那样规整,确定椭圆的长轴和短轴方向时应注意二者是相互垂直的关系,最后确定的三个主方向也是相互垂直的。

2.2.6 半变异函数平均值的计算

应用地质统计学方法进行估值时,需要计算半变异函数在两个几何体之间或在一个几何体内的平均值。设在区域 Ω 中有两个几何体 V 和 W,如果在 V 中任取一点 z,在 W 中任取一点 z',z 与 z'之间的距离为 h,那么半变异函数在两点上的值为 $\gamma(h)$,也可记为 $\gamma(z,z')$。半变异函数在 V 和 W 之间的平均值就是当 z 取 V 中所有点、z'取 W 中所有点时,$\gamma(z,z')$的平均值,即:

$$\bar{\gamma}(V,W) = \frac{1}{VW}\int_{z\ \mathrm{in}\ V}\int_{z'\ \mathrm{in}\ w}\gamma(z,z')\,\mathrm{d}z\mathrm{d}z' \tag{2-27}$$

上式积分可以用数值方法计算。将 V 划分为 n 个大小相等的子体,每个子体的中心位于 $z_i(i=1,2,\cdots,n)$;同理,将 W 划分为 n'个子体,每个子体的中心位于 $z_j'(j=1,2,\cdots,n')$。这样,上面的积分可用下式逼近:

$$\bar{\gamma}(V,W) = \frac{1}{nn'}\sum_{i=1}^{n}\sum_{j=1}^{n'}\gamma(z_i,z_j') \tag{2-28}$$

当 V 和 W 是同一几何体时,$\bar{\gamma}(V,V)$ 即为半变异函数在几何体 V 内的平均值:

$$\bar{\gamma}(V,V)=\frac{1}{n^2}\sum_{i=1}^{n}\sum_{j=1}^{n}\gamma(z_i,z_j) \tag{2-29}$$

式中,z_i和 z_j都是 V 中的子体中心位置。

根据半变异函数的定义,$\gamma(z_i,z_j')=E[(x_i-x_j')^2]/2$,$x_i$和 x_j'分别为区域化变量 X 在 z_i 和 z_j'处的取值。这样,式(2-28)和式(2-29)也可分别改写为以下的形式:

$$\bar{\gamma}(V,W)=\frac{1}{nn'}\sum_{i=1}^{n}\sum_{j=1}^{n'}\frac{1}{2}E[(x_i-x_j')^2] \tag{2-30}$$

$$\bar{\gamma}(V,V)=\frac{1}{n^2}\sum_{i=1}^{n}\sum_{j=1}^{n}\frac{1}{2}E[(x_i-x_j)^2] \tag{2-31}$$

如果几何体 W 代表的是一个取样,用 ω 表示,取样的中心位于 z_0,取样的值为 x_0,而且取样 ω 的体积很小,不再划分为子体,即 $n'=1$,那么式(2-28)变为:

$$\bar{\gamma}(\omega,V)=\frac{1}{n}\sum_{i=1}^{n}\gamma(z_0,z_i) \tag{2-32}$$

式(2-30)变为:

$$\bar{\gamma}(\omega,V)=\frac{1}{n}\sum_{i=1}^{n}\frac{1}{2}E[(x_0-x_i)^2] \tag{2-33}$$

式中,$\bar{\gamma}(\omega,V)$称为半变异函数在取样 ω 与几何体 V 之间的平均值。

如果 V 也代表一个取样 ω',ω'的中心位于 z_0',ω'的取值为 x_0',ω'的体积很小,不再划分为子体($n=1$),那么式(2-32)和式(2-33)分别变为:

$$\bar{\gamma}(\omega,\omega')=\gamma(z_0,z_0') \tag{2-34}$$

$$\bar{\gamma}(\omega,\omega')=\frac{1}{2}E[(x_0-x_0')^2] \tag{2-35}$$

式中,$\bar{\gamma}(\omega,\omega')$称为半变异函数在两个样品之间的“平均值”。

当然,如果取样的体积较大,需要把取样也划分为子体时,半变异函数在取样与几何体之间、取样与取样之间的平均值,和半变异函数在两个几何体之间的平均值是一回事。因此,式(2-28)或式(2-30)是计算半变异函数平均值的一般公式,其他公式都是这两个公式的特例。值得注意的是,当把取样也划分为离散点进行计算时,意味着半变异函数不是由具有一定体积的取样数值得来的,而是从无限小的点值得到的,这样的半变异函数称为点半变异函数(point semivariogram)。但在实践中点半变异函数是未知的,半变异函数是通过具有一定体积的取样数据建立的。因此,在实际计算中,一般把取样看作是“不可再分”的。

2.2.7 克里金法

由于地质统计学法的基本思想是由 Danie Krige(丹尼 · 克里金)提出的,所以应用地质统计学进行估值的方法被命名为克里金法(Kriging),有时也翻译成克里格法。克里金估值是在一定条件下具有无偏性和最佳性的线性估值。所谓无偏性,就是对参数(特征值)的估值 $\hat{\mu}_V$ 与其真值 μ_V 之间的偏差的数学期望为零,即:

$$E[\hat{\mu}_V-\mu_V]=0 \tag{2-36}$$

所谓最佳性，是指估计值与真值之间偏差的平方的数学期望达到最小，即：

$$E[(\hat{\mu}_V - \mu_V)^2] = \min \tag{2-37}$$

$E[(\hat{\mu}_V - \mu_V)^2]$也称为估计方差（estimation variance），用 σ_E^2 表示；用克里金法进行估值的估计方差称为克里金方差（Kriging variance）或克里金误差（Kriging error），用 σ_K^2 表示。

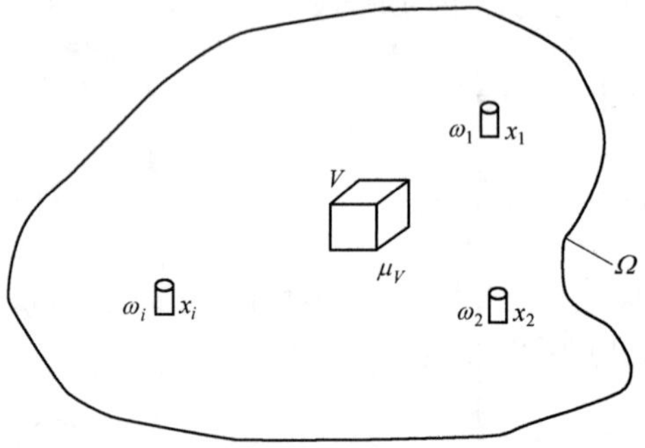

图 2-22 克里金法示意图

所谓线性估值，是指未知量 μ_V 的估计量 $\hat{\mu}_V$ 是若干个已知取样值 x_i的线性组合，即：

$$\hat{\mu}_V = \sum_{i=1}^{n} b_i x_i \tag{2-38}$$

式中，b_i为常数。

设从区域 Ω 中取样 n 个，样品 ω_i 的值为 $x_i(i=1,2,\cdots,n)$；Ω 中的一个单元体 V 的未知真值为 μ_V（图 2-22）。那么，用这 n 个样品对 μ_V 的克里金估值即为式（2-38）。

根据无偏性要求 $E[\hat{\mu}_V - \mu_V]=0$，有：

$$E\left[\sum_{i=1}^{n} b_i x_i - \mu_V\right] = \sum_{i=1}^{n} b_i E[x_i] - E[\mu_V] = 0$$

如果在区域 Ω 内，区域化变量满足内蕴假设且"无漂移"，$E[x_i]=E[\mu_V]=\mu$（μ 为参数在 Ω 的平均值），上式变为：

$$\sum_{i=1}^{n} b_i \mu - \mu = 0$$

消去 μ，得：

$$\sum_{i=1}^{n} b_i = 1 \quad 或 \quad \sum_{i=1}^{n} b_i - 1 = 0 \tag{2-39}$$

因此，估值具有无偏性的充要条件是取样值的权值之和为 1。

将几何体 V 看作是由 m 个相同的子体组成，每个子体的值为 v_k，那么 μ_V等于子体值的平均值，即：

$$\mu_V = \frac{1}{m}\sum_{k=1}^{m} v_k$$

这样，克里金方差为：

$$\sigma_K^2 = E[(\hat{\mu}_V - \mu_V)^2] = E\left[\left(\sum_{i=1}^{n} b_i x_i - \frac{1}{m}\sum_{k=1}^{m} v_k\right)^2\right]$$

令 x_j表示另一个样品 ω_j的值（当 $j=i$ 时，$x_j=x_i$）；v_l表示 V 中的另一个子体的值（当 $l=k$ 时，$v_l=v_k$）。那么当 $\sum_{i=1}^{n} b_i=1$ 时，上式可以改写为：

$$\sigma_K^2 = E\left[-\sum_{i=1}^{n}\sum_{j=1}^{n}\frac{1}{2}b_i b_j (x_i - x_j)^2 - \frac{1}{m^2}\sum_{k=1}^{m}\sum_{l=1}^{m}\frac{1}{2}(v_k - v_l)^2 + \sum_{i=1}^{n} b_i\left(\frac{1}{m}\sum_{k=1}^{m}(x_i - v_k)^2\right)\right]$$

$$= -\sum_{i=1}^{n}\sum_{j=1}^{n}\frac{1}{2}b_i b_j E[(x_i - x_j)^2] - \frac{1}{m^2}\sum_{k=1}^{m}\sum_{l=1}^{m}\frac{1}{2}E[(v_k - v_l)^2] +$$

$$2\sum_{i=1}^{n} b_i\left(\frac{1}{m}\sum_{k=1}^{m}\frac{1}{2}E[(x_i-v_k)^2]\right) \tag{2-40}$$

从公式(2-35)可知：

$$\frac{1}{2}E[(x_i-x_j)^2]=\bar{\gamma}(\omega_i,\omega_j)$$

即半变异函数在样品 ω_i 和 ω_j 间的平均值；从公式(2-31)可知：

$$\frac{1}{m^2}\sum_{k=1}^{m}\sum_{l=1}^{m}\frac{1}{2}E[(v_k-v_l)^2]=\bar{\gamma}(V,V)$$

即半变异函数在几何体 V 内的平均值；从公式(2-33)可知：

$$\frac{1}{m}\sum_{k=1}^{m}\frac{1}{2}E[(x_i-v_k)^2]=\bar{\gamma}(\omega_i,V)$$

即半变异函数在取样 ω_i 和 V 之间的平均值。将这些等式代入式(2-40)，得：

$$\sigma_K^2=-\sum_{i=1}^{n}\sum_{j=1}^{n}b_ib_j\bar{\gamma}(\omega_i,\omega_j)-\bar{\gamma}(V,V)+2\sum_{i=1}^{n}b_i\bar{\gamma}(\omega_i,V) \tag{2-41}$$

这样，最佳估值就是在式(2-39)的条件下求 σ_K^2 达到最小值时的权值 $b_i(i=1,2,\cdots,n)$。应用拉格朗日乘子法，得拉格朗日函数：

$$L(b_1,b_2,\cdots,b_n,\lambda)=\sigma_K^2-2\lambda\left(\sum_{i=1}^{n}b_i-1\right) \tag{2-42}$$

式中，2λ 为拉格朗日乘子。在式(2-39)的条件下求 σ_K^2 达到最小的条件是拉格朗日函数对 $b_i(i=1,2,\cdots,n)$ 和 λ 的一阶偏微分为零，即：

$$\left.\begin{aligned}&\frac{\partial L}{\partial b_i}=0 \quad 对\ i=1,2,\cdots,n\\&\frac{\partial L}{\partial \lambda}=0\end{aligned}\right\} \tag{2-43}$$

将式(2-41)代入式(2-42)中并求导，得式(2-43)的具体形式为：

$$\left.\begin{aligned}&\sum_{j=1}^{n}b_j\bar{\gamma}(\omega_i,\omega_j)+\lambda=\bar{\gamma}(\omega_i,V) \qquad i=1,2,\cdots,n\\&\sum_{j=1}^{n}b_j=1\end{aligned}\right\} \tag{2-44}$$

将式(2-44)展开，得：

$$\left.\begin{array}{l}b_1\bar{\gamma}(\omega_1,\omega_1)+b_2\bar{\gamma}(\omega_1,\omega_2)+\cdots+b_n\bar{\gamma}(\omega_1,\omega_n)+\lambda=\bar{\gamma}(\omega_1,V)\\b_1\bar{\gamma}(\omega_2,\omega_1)+b_2\bar{\gamma}(\omega_2,\omega_2)+\cdots+b_n\bar{\gamma}(\omega_2,\omega_n)+\lambda=\bar{\gamma}(\omega_2,V)\\\quad\vdots\qquad\qquad\quad\vdots\qquad\qquad\qquad\qquad\vdots\qquad\quad\vdots\qquad\vdots\\b_1\bar{\gamma}(\omega_n,\omega_1)+b_2\bar{\gamma}(\omega_n,\omega_2)+\cdots+b_n\bar{\gamma}(\omega_n,\omega_n)+\lambda=\bar{\gamma}(\omega_n,V)\\b_1\qquad\qquad\quad+b_2\qquad\qquad\quad+\cdots+b_n\qquad\qquad\quad+0=1\end{array}\right\} \tag{2-45}$$

式(2-45)是由 $n+1$ 个方程组成的线性方程组，称为克里金方程组。解这个方程组，就可求出 $n+1$ 个未知数($b_1,b_2,\cdots,b_n,\lambda$)。将求得的 $b_1,b_2,\cdots,b_n$ 代入式(2-38)，即得到 μ_V 的无偏、最佳、线性估值 $\hat{\mu}_V$。

式(2-45)也可用矩阵形式表示，令：

$$A=\begin{bmatrix}\bar{\gamma}(\omega_1,\omega_1) & \bar{\gamma}(\omega_1,\omega_2) & \cdots & \bar{\gamma}(\omega_1,\omega_n) & 1\\ \bar{\gamma}(\omega_2,\omega_1) & \bar{\gamma}(\omega_2,\omega_2) & \cdots & \bar{\gamma}(\omega_2,\omega_n) & 1\\ \vdots & \vdots & \vdots & \vdots & \vdots\\ \bar{\gamma}(\omega_n,\omega_1) & \bar{\gamma}(\omega_n,\omega_2) & \cdots & \bar{\gamma}(\omega_n,\omega_n) & 1\\ 1 & 1 & \cdots & 1 & 0\end{bmatrix}$$

$$B=\begin{bmatrix}b_1\\ b_2\\ \vdots\\ b_n\\ \lambda\end{bmatrix}\qquad C=\begin{bmatrix}\bar{\gamma}(\omega_1,V)\\ \bar{\gamma}(\omega_2,V)\\ \vdots\\ \bar{\gamma}(\omega_n,V)\\ 1\end{bmatrix}$$

式(2-45)可改写为:

$$AB=C \tag{2-46}$$

上式的解为:

$$B=A^{-1}C \tag{2-47}$$

如果区域化变量在 Ω 中满足二阶稳定性假设,有 $\gamma(h)=\sigma^2-\sigma(h)$。因此,克里金方程组也可用协变异函数表示,这时:

$$A=\begin{bmatrix}\bar{\sigma}(\omega_1,\omega_1) & \bar{\sigma}(\omega_1,\omega_2) & \cdots & \bar{\sigma}(\omega_1,\omega_n) & 1\\ \bar{\sigma}(\omega_2,\omega_1) & \bar{\sigma}(\omega_2,\omega_2) & \cdots & \bar{\sigma}(\omega_2,\omega_n) & 1\\ \vdots & \vdots & \vdots & \vdots & \vdots\\ \bar{\sigma}(\omega_n,\omega_1) & \bar{\sigma}(\omega_n,\omega_2) & \cdots & \bar{\sigma}(\omega_n,\omega_n) & 1\\ 1 & 1 & \cdots & 1 & 0\end{bmatrix}$$

$$B=\begin{bmatrix}b_1\\ b_2\\ \vdots\\ b_n\\ -\lambda\end{bmatrix}\qquad C=\begin{bmatrix}\bar{\sigma}(\omega_1,V)\\ \bar{\sigma}(\omega_2,V)\\ \vdots\\ \bar{\sigma}(\omega_n,V)\\ 1\end{bmatrix}$$

式中,$\bar{\sigma}(\omega_i,\omega_j)$为协变异函数在两个取样间的平均值;$\bar{\sigma}(\omega_i,V)$为协变异函数在取样 ω_i 和几何体 V 之间的平均值。$\bar{\sigma}(\omega_i,\omega_j)$和 $\bar{\sigma}(\omega_i,V)$的计算公式与 $\bar{\gamma}(\omega_i,\omega_j)$和 $\bar{\gamma}(\omega_i,V)$的计算公式在形式上相同。

例 2-3 如图 2-23 所示,矿床 Ω 中有一个方块,其边长为 3,一个样品 ω_1 位于方块的中心,其品位为 $x_1=1.2\%$;另一个样品 ω_2 位于方块的一角,其品位为 $x_2=0.5\%$。半变异函数的方程为:

$$\begin{cases}\gamma(h)=0.5h & h<2\\ \gamma(h)=1.0 & h\geqslant 2\end{cases}$$

假设品位在矿床中满足内蕴假设且无漂移,试用克里金法估计方块 V 的品位。

解:

(1)计算 $\bar{\gamma}(\omega_i,\omega_j)$

ω_1 与 ω_2 之间的距离为 $1.5\sqrt{2}=2.121$,ω_1 和 ω_2 到自身的距离为 0。根据公式(2-34),有:

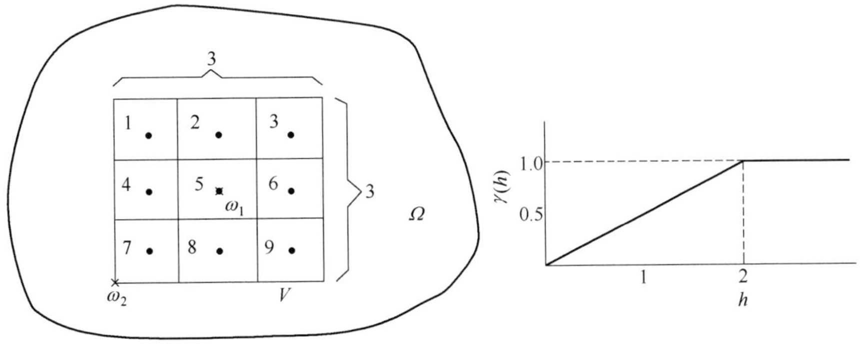

图 2-23 例 2-3 中方块与样品相对位置及半变异函数示意图

$$\bar{\gamma}(\omega_1,\omega_2)=\bar{\gamma}(\omega_2,\omega_1)=\gamma(2.121)=1.0$$

$$\bar{\gamma}(\omega_1,\omega_1)=\bar{\gamma}(\omega_2,\omega_2)=\gamma(0)=0.0$$

(2) 计算 $\bar{\gamma}(\omega_1,V)$ 和 $\bar{\gamma}(\omega_2,V)$

将 V 等分为如图所示的 9 个小块，根据公式(2-32)，有：

$$\bar{\gamma}(\omega_1,V)=\frac{1}{9}\sum_{i=1}^{9}\gamma(z_0,z_i)$$

式中，z_0 为 ω_1 的位置；z_i 为第 i 个小块的中心位置。当 $i=2$ 时，样品 ω_1 距第二小块的距离为 1，因此 $\gamma(z_0,z_2)=\gamma(1)=0.5$。类似地可以求出任意 i 的 $\gamma(z_0,z_i)$：

$$\begin{aligned}
\gamma(z_0,z_1)&=0.707\\
\gamma(z_0,z_2)&=0.500\\
\gamma(z_0,z_3)&=0.707\\
\gamma(z_0,z_4)&=0.500\\
\gamma(z_0,z_5)&=0.000\\
\gamma(z_0,z_6)&=0.500\\
\gamma(z_0,z_7)&=0.707\\
\gamma(z_0,z_8)&=0.500\\
+\ \gamma(z_0,z_9)&=0.707\\
\hline
\sum\quad & 4.282
\end{aligned}$$

$$\bar{\gamma}(\omega_1,V)=4.282/9=0.536$$

仿照上述做法，求得：$\bar{\gamma}(\omega_2,V)=0.882$

(3) 建立克里金方程组并求解

将上面求得的 $\bar{\gamma}(\omega_i,\omega_j)$ 和 $\bar{\gamma}(\omega_i,V)$ 代入式(2-45)，有：

$$\begin{cases}
0.0b_1+1.0b_2+\lambda=0.536\\
1.0b_1+0.0b_2+\lambda=0.882\\
b_1+b_2=1.0
\end{cases}$$

解上面的方程组得：$b_1=0.673$，$b_2=0.327$，$\lambda=0.209$。

(4) 求方块 V 的品位

方块 V 的品位的估值为：

$$\hat{\mu}_V = b_1x_1 + b_2x_2 = 0.673 \times 1.2 + 0.327 \times 0.5 = 0.971\%$$

（5）计算方块品位估值的克里金方差

计算克里金方差 σ_K^2 需要计算 $\bar{\gamma}(V,V)$，根据式(2-29)有：

$$\bar{\gamma}(V,V) = \frac{1}{81}\sum_{i=1}^{9}\sum_{j=1}^{9}\gamma(z_i,z_j)$$

式中，z_i 和 z_j 为两个小方块的位置，对于每一对 z_i 和 z_j，$\gamma(z_i,z_j)$ 的算法与上述第（2）步 $\gamma(z_0,z_i)$ 的算法相同。计算结果为：

$$\bar{\gamma}(V,V) = 0.683$$

将有关数值代入式(2-41)得：

$$\sigma_K^2 = 0.175$$

2.2.8 影响范围

当对块状模型中每一模块的品位或其他特征值进行估值时，需要确定由哪些取样参与估值运算。一般地，对被估模块有影响的取样都应参与估值运算。

在地质统计学中品位是区域化变量，而且用半变异函数描述品位在矿床中的相互关联特征。因此，地质统计学为帮助确定合理影响范围提供了理论依据。如前所述，在大多数情况下，品位的半变异函数的数学模型为球模型。球模型的特点是：半变异函数 $\gamma(h)$ 随距离 h 的增加而增加，当 h 增加到变程 a 时，$\gamma(h)$ 达到最大值。由于最大值为样品的方差，这表明当 $h \geqslant a$ 时，取样值变为完全随机，取样之间失去了相互影响。因此，半变异函数的变程 a 可以作为影响距离的一种度量。

影响范围是这样一个几何体，从其中心到其表面上任意一点的距离等于在这一方向的影响距离。在各向同性条件下，影响范围在二维空间是一圆，在三维空间是一球体；当存在各向异性时，影响范围在二维空间是一椭圆，在三维空间是一椭球体。确定合理的影响范围首先要建立各个方向的半变异函数，进行各向异性分析。

应用地质统计学对一个模块的特征值进行估值时，落入以被估模块的中心为中心的影响范围内的那些取样参与估值运算，即上述式(2-38)中的 n 个取样。

在实际应用中，椭球体使用起来很不方便，常常把它简化为长方体。长方体的三条边的方向分别对应于各向异性的三个主方向，三条边的边长等于或略大于三个主方向半变异函数的变程的两倍。各向异性的三个主方向的确定见前面 2.2.5 节。在应用地质统计学对一个模块的特征值进行估值时，以模块的中心为中心点，在三个主方向上进行取样搜索，在这三个方向上距离中心点的距离小于等于对应方向上的影响距离的取样，参与该模块的估值运算。

影响范围在品位、矿量计算中起着相当重要的作用，在某些情况下，所选取的影响范围不同，矿量计算结果会有很大的差别。然而，确定合理影响范围是一件不容易的事，需要对矿床的成矿特征和地质构造有深入的了解，同时也需要丰富的实践经验。地质统计学可以帮助确定合理的影响范围，但并不意味着各向异性椭球体（在各向同性情况下为球体）就是最合理的影响范围，最后决策应是综合考虑各种因素（包括经验）的结果。

2.2.9 克里金法建立品位模型的一般步骤

用克里金法建立三维块状模型，就是依据已知特征值的地质取样，应用克里金法估计出

模型中所有模块的特征值,这是一项复杂而耗时的工作。一般步骤如下:

(1)合理划分区域。采矿和地质人员一起仔细分析矿床的地质构造和成矿特征,结合探矿取样品位的统计学分布特征和半变异函数特征,确定是否矿床的不同区域具有不同的特征。如果出现较明显的区域性特征变化,把矿床划分为若干个区域,使每个区域内没有较明显的特征变化。这是一个烦琐的试错过程。

(2)各向异性分析。在每个区域进行前面 2.2.5 节所述的各向异性分析,确定每个区域的三个主方向和三个主方向上的半变异函数。完成这项工作需要在水平面、垂直于走向的垂直剖面和倾向面上分别计算不同方向上的半变异函数,且在计算中需要空间坐标转换。

(3)确定影响距离。以三个主方向上的半变异函数的变程为依据,确定这三个方向上的影响距离。影响距离一般取半变异函数的变程的 1.0 到 1.25 倍。如果进行了区域划分,需要对每个区域分别确定影响距离。

(4)克里金估值。以模型中每个模块的中心为中点,利用三个主方向上的影响距离进行取样搜索,找到落入影响范围的取样,用这些取样的品位对模块的品位进行克里金估值。如果进行了区域划分,对于不同区域内的模块要用相应区域的三个主方向上的影响距离进行取样搜索,并用相应区域的三个主方向上的半变异函数进行克里金估值。

如果不加分析,囫囵吞枣地用所有取样得到一个半变异函数,把这个平均半变异函数应用于所有模块,建立的模型是误差很大的很差的模型(除非矿床极其简单:没有构造控制、各向同性、特征处处相同)。

2.3 距离反比法

克里金估值具有显著优点:可以量化估值的方差,且估值方差最小。但当取样间距较大时,难以建立半变异函数模型,特别是变程以内的半变异函数变化特征。这种情况下,常用较简单的方法建立矿床模型。一个比较常用的方法是距离反比法(inverse distance method)。

距离反比法中,参与估值的一个取样的权值 b_i 等于取样到被估模块中心的距离 d 的 N 次方的倒数,即 $b_i = 1/d_i^N$。这意味着,离模块越远的取样其权值越小。这在定性上与克里金法类似,但权值会随距离的增加不断减小,而且不是使估值方差最小的权值。

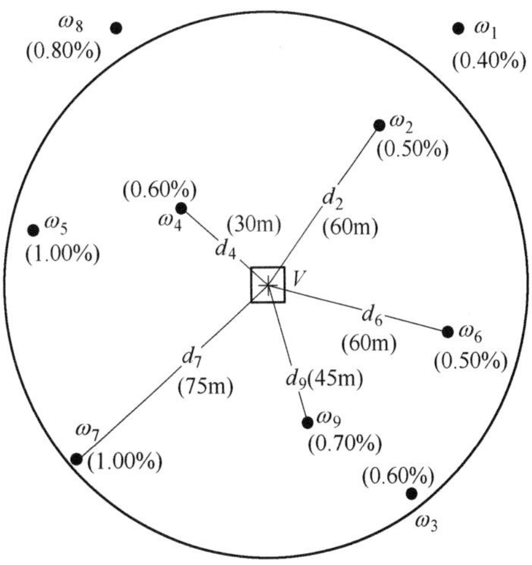

图 2-24 距离反比法示意图

图 2-24 是二维空间的距离反比法示意图。参照该图,距离反比法的一般步骤如下:

(1)以被估模块的中心为中心,以影响距离确定影响范围。在二维空间,影响范围为圆(各向同性)或椭圆(各向异性);在三维空间,影响范围为球体(各向同性)或椭球体(各向异性)。实际应用中,常常在矿体走向、倾向和垂直于矿体倾向面的三个方向上，分别确定影响距离，以长方体作为影响范围；走向上的影响距离最大，垂直于矿体倾向面方向上的影响距离最小，倾向上的影响距离介于前两者之间。图中假设各向同性，影响距离为 R，影响范围为以 R 为半径的圆。

（2）计算每一取样与被估模块中心的距离，确定落入影响范围的样品。

（3）利用下式计算模块的品位 x_V：

$$x_V = \frac{\sum_{i=1}^{n} \frac{x_i}{d_i^N}}{\sum_{i=1}^{n} \frac{1}{d_i^N}} \tag{2-48}$$

式中 x_i——落入影响范围的第 i 个取样 ω_i 的品位；

d_i——第 i 个取样到模块中心的距离。

在实际应用中，有时采用所谓的角度排除，即当一个取样与被估模块中心的连线与另一个取样与被估模块中心的连线之间的夹角小于某一给定值 α 时，距模块较远的样品将不参与模块的估值运算（如图 2-24 中的 ω_3 与 ω_5）。α 值一般在 15°左右。如果没有取样落入影响范围之内，模块的品位为零。

式（2-48）中的指数 N 对于不同的矿床取值不同。假设有两个矿床，第一个矿床的品位变化程度较第二个矿床的品位变化程度大，即第二个矿床的品位较第一个矿床连续性好，那么在离模块同等距离的条件下，第一个矿床中取样对模块品位的影响应比第二个矿床小。因此，在估算某一模块的品位时，第一个矿床中取样的权值，在同等距离条件下，应比第二个矿床中取样的权值小。也就是说，在品位变化小的矿床，N 取值较小；在品位变化大的矿床，N 取值较大。在铁、镁等品位变化较小的矿床中，N 一般取 2；在贵重和某些有色金属（如黄金）矿床中，N 的取值一般大于 2，有时高达 4 或 5。如果有区域异性存在，不同区域中品位的变化不同，则需要在不同区域取不同的 N 值。同时，一个区域的取样一般不参与另一区域的模块品位的估值运算。以图 2-24 中的数据为例，若 $N=2$，则被估模块的品位为 0.628%。

2.4 价值模型

在计算机优化设计中（如露天矿的最终开采境界和采剥计划优化），常常用到价值模型。价值模型中每一模块的特征值是假设将其采出并处理后能够带来的经济净价值。模块的净价值是根据块中所含可利用矿物的品位、开采与处理中各道工序的成本及产品价格计算的。其中，模块的品位取自品位模型，所以建立价值模型首先需要建立品位模型，或者说，价值模型是由品位模型“转换”而来的。

矿床所含矿物的种类不同，矿山企业经营体制和成本管理制度不同，计算模块价值所用到的技术参数就不同。对于一个以纯金属为最终产品的采、选、冶联合企业，用于计算模块价值的一般性参数列于表 2-6 中。采、选、冶各工序的管理费用一般分摊到每吨矿石或每吨岩石。由于许多管理工作覆盖整个企业，共用部分需分摊到每吨矿石和岩石；有的金属（如黄金）需要精冶，精冶一般是在企业外部进行的，所以只计算精冶厂的收费和粗冶产品运至精冶地点的运输费用。

表 2-6　计算金属矿床模块净价值的一般参数

矿物参数	可利用矿物地质品位	%或 g/t
	采矿回收率	%
	选矿回收率	%
	粗冶回收率	%
	精冶回收率	%
成本参数	开采成本：	
	穿孔	元/t 矿或岩
	爆破	元/t 矿或岩
	装载	元/t 矿或岩
	运输	元/t(或 t·km)
	排土	元/t 岩石
	排水	元/t 矿或岩
	与开采有关的管理费用	元/t 矿和岩
	选矿成本：	
	矿石二次装运	元/t 矿石
	选矿	元/t 矿石
	精矿运输	元/t 精矿
	与选矿有关的管理费用	元/t 矿石
	冶炼成本：	
	粗冶	元/t 精矿
	与粗冶有关的管理费用	元/t 矿石
	粗冶产品运输	元/t 粗冶金属
	精冶	元/t 粗冶金属或精冶金属
	销售成本	元/t 精冶金属
市场参数	金属售价	元/t 或元/g

表 2-6 中的技术经济参数种类繁多，为建立价值模型时使用方便，需要对各项成本进行分析归纳和单位换算，并标明归纳后每项成本的作用对象（矿或岩）。表 2-7 是根据表 2-6 中的参数归纳后的结果。

对于岩石模块，只有成本没有收入，所以其净价值 NV_w 为负数。

$$NV_w = -T_w C_w \tag{2-49}$$

式中，T_w 为岩石模块重量；C_w 为表 2-7 中作用于岩石的所有单位成本之和。

对于矿石模块，其净价值 NV_o 为收入与成本之差，一般为正数，简化的计算公式为：

$$NV_o = T_o grp - T_o C_o \tag{2-50}$$

式中，T_o 为矿石模块的重量；g，r 和 p 分别为矿石模块品位、综合金属回收率和金属售价；C_o 为表 2-7 中所有作用于矿石并换算成吨矿成本的单位成本之和。

从以上的讨论可以看出，矿床价值模型是地质、成本与市场信息的综合反映。

表2-7 用于建立价值模型的成本归类及作用对象

成本项	岩石块	矿石块
开采成本(元/t)	$aH+b$	$cH+d$
选矿成本:		
选矿(元/t)		X
运输(元/t)		X
管理成本:		
元/t 矿石		X
元/t 岩石	X	
元/t 金属		X
精冶成本(元/t 或 g)最终产品		X
销售成本(元/t 或 g)最终产品		X

注:1. 由于每一模块的开采成本与深度有关,所以开采成本一般用深度 H 的线性函数表示,a、b、c、d 为常数;
2. "X"表示该项成本的作用对象。

2.5 标高模型

标高模型是二维块状模型,它是把矿床在水平面的范围划分为二维模块形成的离散模型,模块的特征值是模块中心处的标高。标高模型通常用来描述地表地形、露天采场形态等;在矿体为近水平的矿床中,标高模型可用来描述每层矿体的顶板标高和地板标高。在露天矿的最终开采境界和采剥计划优化中,一般需要建立地表标高模型。

建立标高模型就是依据已知点的标高数据估算每一模块中心处的标高。建立标高模型依据的数据一般有两类:一是点数据,如探矿钻孔的孔口标高或对矿区进行测量得到的测点标高;另一类是等高线数据,即在矿区已经有标高等高线图。

对于第一类数据,可以用本章2.2和2.3节讲述的方法进行估值(标高的估值是在水平面内的二维估值)。如果数据点间距较大,这样建立的模型的准确度较低。即使数据点间距较小,也很难控制突变性的地貌变化,如已被露天开采的台阶、洪水冲出的陡峭沟壑等。

基于等高线数据建立标高模型,如果算法得当,可以获得较高的准确度,而且对突变性的地貌变化有较好的控制。下面简要介绍一个基于等高线数据建立标高模型的插值算法。

图2-25是某矿地表地形等高线。图2-26为模块标高插值算法示意图,其中的等高线为图2-25中虚线框内等高线的放大,方块 V 为被估模块。参照图2-26,算法步骤如下:

(1) 在选定的一个起始方向上作一条通过模块中心的足够长的直线,称为扫描线。

(2) 把扫描线以模块中心为界分为两段,分别求每一段扫描线与所有等高线的交点,找出每一段扫描线与等高线的交点中距离模块中心最近的点,记录这两个交点。扫描线位于图中实线位置时,这两点为点 u 和点 v。计算并记录这两点间的距离,称为交点距离。

(3) 把扫描线以模块中心为轴心按逆时针(或顺时针)方向旋转一个角度 $\Delta\alpha$,重复第(2)步,获得另外一对交点,把该对交点间的距离与记录中的交点距离进行比较,保留相距近的一对交点及其距离。

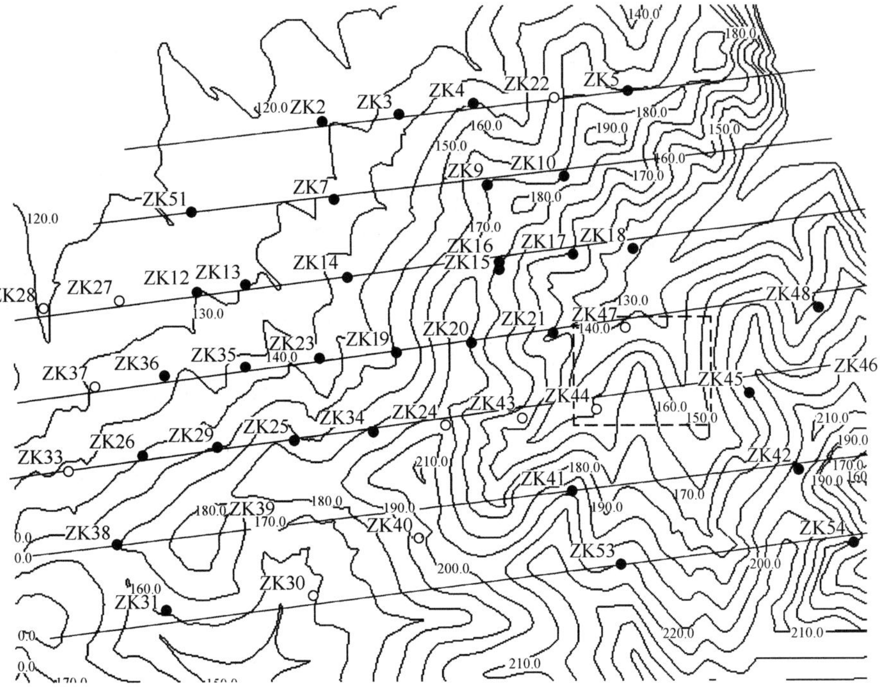

图 2-25 地表标高等高线实例

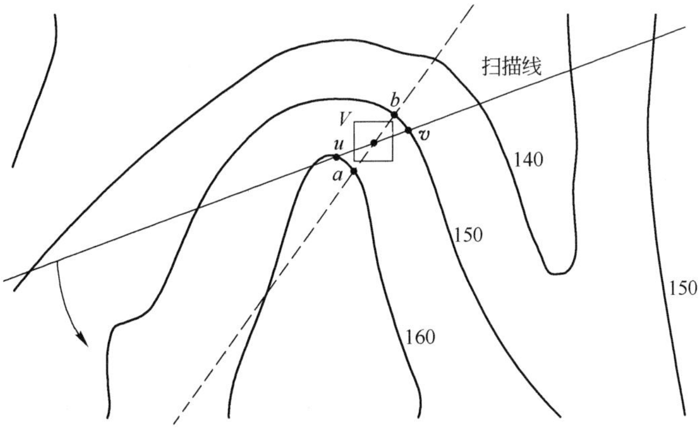

图 2-26 模块标高插值示意图

(4)以 $\Delta\alpha$ 为步长,继续绕模块中心按相同方向旋转扫描线,每旋转一次,重复上两步,直到旋转的累计角度等于(或大于)180°。这样,通过180°扫描,在某个方向上的模块的两侧找到了相距最近的两个交点,称为最近交点对。图中的最近交点对为点 a 和点 b。

(5)利用最近交点对 a 和 b 的标高进行线性插值,得出模块 V 中心处标高的估计值 z_V:

$$z_V = z_a + \frac{d_{aV}(z_b - z_a)}{d_{ab}} \tag{2-51}$$

式中 z_a, z_b——分别为点 a 和点 b 所在等高线的标高;

d_{ab}——a、b 两点间的水平距离;

d_{aV}——点 a 到模块中心的水平距离。

图 2-27 地表标高模型的三维透视显示

(6)对模型中的每一模块,重复以上各步,得到所有模块的标高估值。标高模型建立完毕。

上述算法中,角度步长 $\Delta\alpha$ 越小,估值精度越高,但运算量越大。模块边长越小,标高模型的分辨率越高,但运算量越大。

图 2-27 是基于图 2-25 中等高线,用上述算法建立的地表标高模型的三维透视图。建模中模块取边长为 5m 的正方形,角度步长 $\Delta\alpha=5°$。对比图 2-27 和图 2-25 可以定性地看出,标高模型较好地描绘出等高线所表达的地形。

图 2-28 是图 2-26 中间部分的再次放大。图中每一模块中的数值为该模块中心处的标高估值。对比标高估值与等高线标高可以看出,上述算法的估值精度较高。

129.59	129.98	130.84	131.96	132.95	133.78	134.66	135.33	135.61	135.16	134.30	133.38	132.34	131.35	130.44	130.95	131.92
130.78	131.65	132.51	133.52	134.48	135.28	136.04	136.64	136.73	136.38	135.91	135.09	134.22	133.29	132.75	132.49	132.86
132.38	133.29	134.19	135.12	136.15	136.89	137.51	138.07	138.03	138.01	137.70	136.98	136.12	135.48	134.99	134.08	131.92
133.84	134.88	135.82	136.77	137.80	138.56	139.17	139.72	140.13	139.99	139.67	138.93	138.23	137.78	136.88	135.29	134.07
135.30	136.41	137.40	138.38	139.41	140.72	141.85	142.89	143.37	143.31	142.64	141.60	140.82	140.14	138.69	136.90	135.57
136.77	137.85	138.93	139.96	142.06	143.92	145.32	146.33	146.65	146.63	145.86	144.91	143.84	142.43	140.59	138.58	136.72
138.24	139.32	140.81	143.12	145.42	147.17	148.69	149.96	149.96	149.91	149.16	147.76	146.40	144.56	142.44	140.30	138.03
139.71	141.47	143.63	145.96	148.47	150.58	151.98	153.42	153.43	153.07	152.32	150.39	148.53	146.19	144.03	141.97	139.53
142.06	144.07	146.26	148.62	150.93	153.07	154.93	156.71	156.90	156.24	154.49	152.45	149.93	147.61	145.42	143.13	140.83
144.13	146.31	148.71	150.89	152.94	155.02	157.26	159.54	160.84	158.55	156.34	153.86	151.29	148.89	146.61	144.25	141.96
145.86	148.08	150.45	152.53	154.46	156.59	159.08	160.41	160.57	160.41	157.67	155.07	152.51	149.85	147.44	145.16	142.81

图 2-28 地表标高模型模块的标高估值与等高线对比

该算法虽然简单,但适用于控制突变性的地貌变化,如露天矿的台阶坡面和道路、洪水冲出的陡峭沟壑等。图 2-29 是某露天铁矿采场端帮的台阶线,实线为台阶坡顶线,虚线为台阶坡底线,二者之间为台阶坡面,还有运输坡道。

由于台阶坡面很陡,台阶坡顶线与阶坡底线之间的水平距离小,所有用边长为 2m 的小模块建立标高模型。角度步长 $\Delta\alpha=7.5°$。建模所得标高模型的三维透视图如图 2-30 所示。可以看出,标高模型很好地描绘了台阶坡面和运输坡道。如果用测点进行估值,即使测点较密,也会使这类地貌发生较大程度的扭曲。

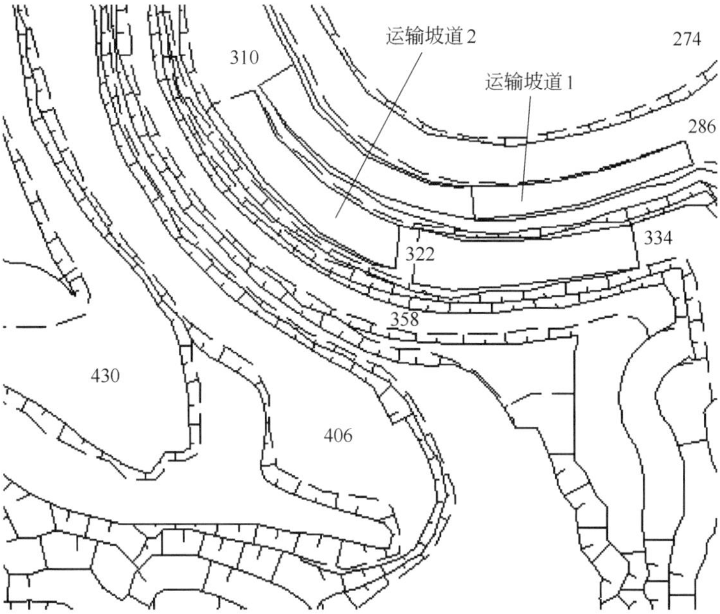

图 2-29 某露天矿采场台阶线局部

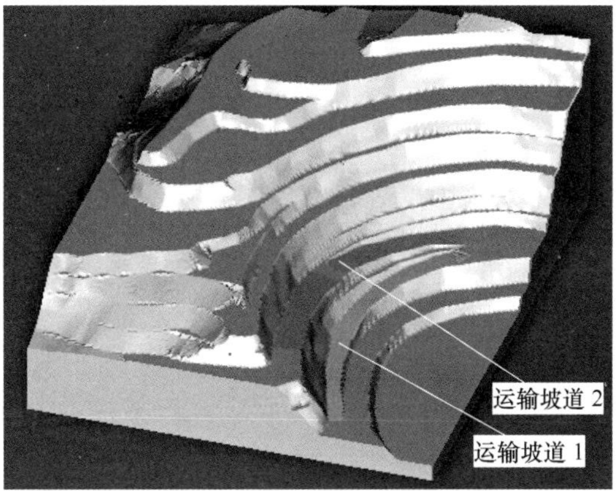

图 2-30 图 2-29 中采场标高模型三维透视显示

2.6 定性模型

上述品位模型、价值模型和标高模型都为定量模型,其模块的特征值是定量的量。在一些应用中,如在建立品位模型和露天矿的优化设计中,为计算机处理方便,经常建立一些定性模型。定性模型中模块的特征值是一定性的量,如模块所处的不同区域、模块的岩性等。在定性模型中,一般用一个整数特征值来代表定性量,整数的不同取值代表不同的性质,如 1、2、3 分别表示分区 1、分区 2、分区 3;也可分别代表石英岩、碳酸岩、砂岩等。

定性模型的建立一般是基于划分不同性质的闭合线数据,即首先需要圈定不同性质的区域,然后给落入不同区域的模块赋予表示相应区域内某一性质的整数值。

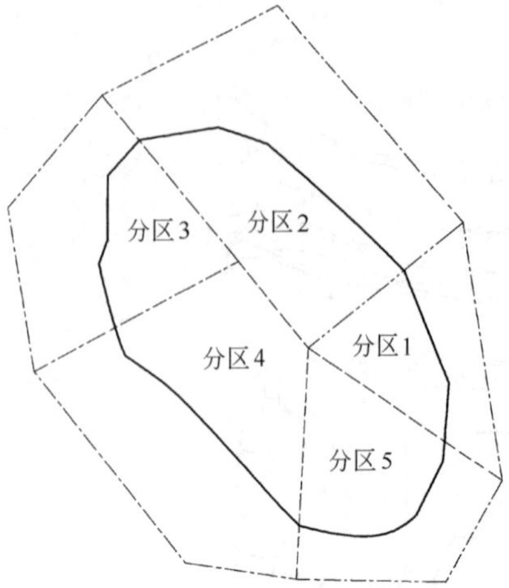

图 2-31 某个水平面上的分区示意图

例如，应用克里金法建立品位模型前，根据各种分析把矿床划分为5个不同的区域，并在模型的每一模块层所在的水平面上用闭合线圈出了5个分区。图2-31所示是模型某一模块层所在的水平面上的区域划分。如果该模块层的一个模块的中心落入第 $i(i=1,2,3,4,5)$ 个分区，该模块的特征值取 i。需要的唯一运算是判别模块中心点落入哪个分区多边形内。有了这样一个区域划分模型，应用克里金法建立品位模型时，只要从该模型读取模块的特征值就知道了该模块所在的区域，继而用该区域的影响距离和半变异函数进行克里金估值运算。

有些情况下可以把定性模型和定量模型合为一个模型。例如，在上述的品位模型数据结构中增加一个整数变量用于记录模块所在区域，在克里金估值前先依据分区的圈定给所有模块的这一变量赋值，然后在克里金估值中应用这一变量值即可。如果一个定性模型被用于多种用途，单独建立和储存定性模型更便于应用。

3 岩石的力学性质与分级

3.1 岩石的力学性质

岩石(包括矿石)的物理力学性质与凿岩、爆破、装运、地压管理等的关系十分密切。岩石的物理力学性质主要有强度、弹性、塑性、脆性、硬度、磨蚀性等。

3.1.1 强度

岩石承受载荷的能力称为岩石的强度,在数值上等于在载荷的作用下岩石开始破坏时的应力值。根据载荷类别,岩石的强度有抗压强度、抗剪强度、抗拉强度等;根据加载的方向,岩石的抗压强度有单向抗压强度、二向抗压强度和三向抗压强度。抗剪和抗拉强度一般只用到单向强度。

岩石在压力载荷作用下发生破坏时的压应力称为岩石的抗压强度,岩石的单向抗压强度一般介于 20 ~ 300MPa 之间;岩石在剪力载荷作用下发生破坏时的剪应力称为岩石的抗剪强度,抗剪强度一般只有抗压强度的 1/12 ~ 1/8;岩石在拉力载荷作用下发生破坏时的拉应力称为岩石的抗拉强度,抗拉强度一般只有抗压强度的 1/50 ~ 1/15。岩石的各种强度的大小顺序是:单向抗拉强度 < 单向抗剪强度 < 单向抗压强度 < 二向抗压强度 < 三向抗压强度。因此,要使岩石破坏,应尽可能使其处于拉伸、剪切的状态;要使岩石不容易破坏,应该使其处于受压状态。

岩石的强度对于同种岩石而言也并非定值。它与岩石存在的位置、本身的结构和环境有关。所以,在研究强度时,必须研究影响岩石强度的各种因素。岩石内存在节理等构造时,其强度降低;岩石的各向异性会造成强度随加载方向而变化;对于火成岩,其矿物颗粒有的是晶体,有的是非晶体,晶体的形状和颗粒大小对强度都有影响,强度与颗粒之间的胶结物性质也有关系。此外,岩石的湿度、温度及岩石的风化程度等对其强度也有影响。

3.1.2 弹性、塑性和脆性

岩石在除去外力后恢复其原来形状和体积的性能称为岩石的弹性。弹性大的岩石,在凿岩、爆破等冲击载荷下不易破坏。在破坏前具有明显残余变形的岩石称为塑性岩石,几乎没有残余变形的岩石叫脆性岩石。金属矿山经常遇到的岩石大多数属于脆性岩石。

岩石的变形性质不仅与岩石种类有关,而且与受力条件有关。在三向受压或高温条件下,塑性会显著增加,在常态下呈脆性的岩石,在上述条件下也可能呈塑性。在冲击载荷作用下,岩石脆性会显著增加,如岩石在凿岩、爆破等冲击载荷作用下,大多数呈脆性破坏。

3.1.3 硬度与磨蚀性

岩石抵抗工具侵入的能力称为岩石的硬度。凡是用刃具切削或挤压的方法凿岩,首先必须使工具侵入岩石才能达到钻进的目的。因此,岩石硬度在采矿中是一个具有重要意义的指标。岩石的硬度取决于岩石的组成,即矿物颗粒的硬度、形状、大小、晶体结构以及颗粒间胶结物的性质等。

磨蚀性一般是指岩石表面与工具作用过程中,岩石对工具的磨损程度。磨蚀性越大,对工具的损耗越大,对凿岩工作越不利。影响磨蚀性的主要因素有:

(1)岩石成分。岩石中石英的含量及其粒度的大小及分布对磨蚀性影响很大。一般来说,石英的含量越高,磨蚀性越大。

(2)岩石的结构。主要表现为岩石的不均匀性,它对岩石磨蚀性有明显的影响。由于不同矿物可能在岩石中形成软硬相间的不均匀状态,造成局部应力集中,使其磨蚀性增大。

(3)岩石的强度。岩石的强度越高,磨蚀性也越强。

3.2 岩石的分级

破碎岩石和防止岩体破坏是采矿工程的一对基本矛盾。在凿岩、井巷掘进和开采中,一方面,我们希望岩石易于破坏,以提高作业效率和降低能耗;另一方面,又希望留在原地的岩石不易破坏,提高工程成功率、降低支护成本并保障作业安全。

因此,针对各类工程及其工艺要求将岩石进行特性分级,对设计、施工和管理具有重要实用价值,可为各种工程的工艺提供方法选择和设计上的依据,从而制定合理的技术措施,实现安全、高效开采。岩石的类型多且结构复杂,同种岩石的性质变化也很大,再加上地下工程受力复杂,科学的岩石分级是一个十分重要又非常复杂的问题。

岩石分级的原则之一,是按不同工程技术、工艺过程的要求进行分级。例如,从有效破碎岩石的角度出发,首先要考虑岩石破碎的难易程度,按此定出合理的分级指标;从防止岩体破坏的角度出发,则必须考虑岩体的稳定性,首先要看岩体的完整性如何,据此制定出分级的指标。其二,是按上述两方面的技术要求综合分级。已有的岩石分级,有的是属于第一种按单项工艺要求的分级,如:可钻性分级、稳定性分级、可爆性分级等;有的是综合分级,如坚固性分级。

3.2.1 岩石的坚固性分级

岩石的坚固性分级是矿山广泛应用的一种分级方法。这种分级方法认为,岩石破碎的难易程度和岩体的稳定性这两个方面趋于一致,也就是说,难以破碎的岩石也较为稳定。这一分级方法是由前苏联学者普罗特基雅柯诺夫按当时采掘工业水平提出的要求,对岩石依上述原则进行定量分级的,称为普氏分级。根据岩石坚固性的不同,岩石被划分为十级,如表3-1所示。

普氏分级的指标为坚固性系数f,也称为普氏系数,是由岩石在当时各种采掘工艺中的坚固性表现指标综合起来确定的。目前f值是按岩石单向抗压强度σ_c来确定的,即:

表 3-1　普氏岩石分级

等　级	坚 固 程 度	代表性岩石	普氏系数 f
Ⅰ	最坚固的岩石	最坚固、最致密和韧性的玄武岩石及石英岩;其他各种特别坚固的岩石	20
Ⅱ	很坚固的岩石	很坚固的花岗岩、石英斑岩、硅质片岩、某些石英岩、最坚固的砂岩和石灰岩	15
Ⅲ	坚固的岩石	致密的花岗岩及花岗质岩石、很坚固的砂岩和石灰岩、石英质矿脉、坚固的砾岩、很坚固的铁矿石	10
Ⅲa	坚固的岩石	坚固的石灰岩、不坚固的花岗岩、坚固的砂岩、坚固的大理岩、白云岩、黄铁矿	8
Ⅳ	相当坚固的岩石	一般的砂岩、铁矿石	6
Ⅳa	相当坚固的岩石	硅质页岩、页岩质砂岩	5
Ⅴ	中等坚固的岩石	坚固的黏土质岩石、不坚固的砂岩和石灰岩	4
Ⅴa	中等坚固的岩石	各种不坚固的页岩、致密泥质岩	3
Ⅵ	相当软弱的岩石	软的页岩、很软的石灰岩、白垩、岩盐、石膏、冻土、无烟煤、普通泥灰岩、裂缝发育的砂岩、胶结砾石、岩质土壤	2
Ⅵa	相当软弱的岩石	碎石质土壤、裂缝发育的灰岩、凝结成块的砾石和碎石、坚固的软硬化黏土	1.5
Ⅶ	软弱的岩石	致密的黏土、软弱的烟煤、坚固的冲积-黏土质土壤	1.0
Ⅶa	软弱的岩石	轻砂质黏土、黄土、砾石	0.8
Ⅷ	土质岩石	腐殖土、泥煤、轻砂质土壤、湿砂	0.6
Ⅸ	松散的岩石	砂、山坡堆积、细砾石、松土、采出的煤	0.5
Ⅹ	砂土类	流砂、沼泽土壤、含水黄土及含水土壤	0.3

$$f = \frac{\sigma_c}{100} \tag{3-1}$$

式中　σ_c——岩石的单向抗压强度,kg/cm^2。

普氏分级的最大优点是简单,但实际应用中,会有较大误差,因为岩体的稳定性或岩石的破碎难易程度与岩石的单向抗压强度不能一一对应,单向抗压强度高的岩石不一定稳定性就高、就不易破碎。

3.2.2　岩石的可钻性分级

这种分级方法是单项分级,采用两个指标。其一是破碎比功,即凿碎单位体积岩石所需要的功,用来表示岩石钻凿的难易程度;其二是钎刃磨钝宽度,反映岩石的磨蚀性。

根据岩石凿碎比功的大小将岩石分为七级,按钎刃的磨钝宽度分为三级,分别见表 3-2 和表 3-3。这一分级方法由东北大学提出。大量矿山实践证明,这种分级与凿岩难易程度的相关性较高。

表3-2 岩石可钻性分级

等级	软硬程度	凿碎比功(能)范围/J·cm^{-3}	等级	软硬程度	凿碎比功(能)范围/J·cm^{-3}
Ⅰ	极软	<20	Ⅴ	较硬	50~<60
Ⅱ	软	20~<30	Ⅵ	硬	60~<70
Ⅲ	较软	30~<40	Ⅶ	极硬	≥70
Ⅳ	中硬	40~<50			

表3-3 岩石磨蚀性分级

等级	磨蚀性	钎刃磨钝宽度/mm	等级	磨蚀性	钎刃磨钝宽度/mm
Ⅰ	弱	<0.2	Ⅲ	强	>0.8
Ⅱ	中	0.3~0.6			

3.2.3 岩体稳定性分级

岩体稳定性分级方法由东北大学提出。以岩石的点载荷强度、弹性波速度、巷道围岩位移的稳定时间、岩体结构指标等四项指标,作为岩石稳定性分级的判据,采用聚类分析法对围岩的稳定性进行分级。

对要定级的巷道围岩进行上述四个指标的测试工作,获得原始数据;并对数据作标准化处理;找出最佳的分级数目及分级界限;按最近距离的原则将各巷道围岩划入最近的类;以所有样本距离各自所属类重心的距离之和为分类函数,反复调整各巷道围岩的所属类别,直到分类函数值最小为止,所得结果即该样本总体的分级。

表3-4是根据全部试点矿山测试数据综合分类的参考分类表。其中,块尺寸模数是统计的岩块平均尺寸,即各结构面组的平均间距。当结构面组数为三组,且各组结构面的间距为 d_1、d_2、d_3时,有:

$$\text{块尺寸模数} = \frac{d_1 + d_2 + d_3}{3} \tag{3-2}$$

表3-4 岩体稳定性分为七级时的参考分类

等级	指标				巷道围岩稳定性	预测的支护形式
	点载荷强度/MPa	声波速度/m·s^{-1}	位移稳定时间/d	块尺寸模数/m		
Ⅰ	15.5	5700	12	1.3	极稳定	不必支护
Ⅱ	10.0	5300	12	1.3	稳　定	不必支护
Ⅲ	9.0	4800	12.5	0.5	稳定性较好	基本不支护
Ⅳ	7.4	3600	18.0	0.4	中等稳定	局部支护
Ⅴ	4.8	3200	24.0	0.3	稳定性较差	喷射混凝土支护
Ⅵ	2.5	2700	80.0	0.1	不稳定	喷锚或喷锚网支护
Ⅶ	1.1	2000	180.0	0.04	极不稳定	喷锚网、钢筋混凝土或金属支护

4 爆破基础知识

4.1 爆炸现象与爆炸类型

4.1.1 爆炸现象与黑火药

爆炸是物质的潜能(化学、物理和核能)瞬间转换的过程。爆炸具有极其强大的做功能力,从而使周围介质毁坏,发出巨大的声响,产生大量的烟尘,并伴有强光发出。

自然界有多种原因引起爆炸,如雷电、火山爆发、地震、陨石撞地等自然界的爆炸现象,都是人类出现之前就有而且现在还在发生的,应该说人类对这些爆炸现象并不陌生,早就有一定的认识。又如锅炉、高压气瓶、充气的气球、高压锅等的爆炸,炸药、煤尘、瓦斯、粉尘爆炸和核爆炸都是耳闻目睹的现象。直观地讲,爆炸现象是一种突发的、伴随巨大声响、对周围介质产生严重破坏作用的物理或化学现象。所以爆炸不是炸药所特有的,人类最早发现爆炸现象也不是从炸药爆炸开始。最早有文字记载的爆炸出现于公元 2 世纪东汉魏伯阳的《参同契》,记述了炼丹过程中的爆炸现象。

人类最早发明的炸药是黑火药,是中国的四大发明之一。黑火药最早发明的准确时间没有考证,对黑火药的最早文字记载是公元 850 年唐朝的《真元妙道要略》,它记述了中国人制造火药的配方,唐朝末年黑火药已被用于军事。

黑火药是硝酸钾(硝石)、硫黄、木炭三种固体粉末的混合物。这种混合物着火易燃,且燃烧相当激烈。燃烧时发生的主要反应是:

$$2KNO_3 + S + 3C \xlongequal{} N_2\uparrow + 3CO_2\uparrow + K_2S \tag{4-1}$$

将火药局部点燃后,由于以上氧化还原反应迅猛进行,短时间内放出的热量使产生的大量气体迅速膨胀,如果反应发生在密闭的容器中,就会发生爆炸。黑火药的颜色呈黑色而且燃烧时有 K_2S 固体产生,往往有很多浓烟冒出,而且主要成分中硝石和硫黄都是古代重要的中药材,这些药材混合在一起,自然被称为药,即使后来火药发明以后,也被《本草纲目》列为治疮癣、杀虫、辟湿气、瘟疫病的中药,这就是黑火药名称的由来。

早期黑火药在中国主要用作爆竹和烟火,军事上则用于火箭和霹雳炮、震天雷。在以后的战争中,黑火药被大量用于各种兵器。在 20 世纪 30 年代以前,世界大战和各类战争中黑火药都充当了重要角色。中国何时将黑火药用于工业爆破没有文字记载,国外有记载的是 1627 年匈牙利 Ober-Biberstollen 舍姆尼茨皇家矿山首先将黑火药用于矿山爆破。

4.1.2 爆炸类型

从爆炸的原因可以将爆炸分为三大类:

（1）物理爆炸。物理爆炸的特征表现在爆炸前后的物质没有改变，只是物态发生变化，引发物理爆炸的主要原因是物质的弹性压缩能瞬间释放。如锅炉或高压锅爆炸，是由于锅炉或高压锅内的部分水过热而转变为蒸汽，产生过高的压力，锅炉或高压锅的材料承受不了其压力时就会发生爆炸。爆炸前后水和水蒸气的化学成分没有改变，只是由水转变为水蒸气。气瓶、轮胎等气体高压容器的爆炸，是由于高压容器的材料承受不了其内气体的高压而发生爆炸破裂。高速撞击、强放电等引发的爆炸也属于物理爆炸。

（2）化学爆炸。化学爆炸是快速化学反应过程，其特点是爆炸前后物质发生了变化。如粉尘、煤尘、瓦斯爆炸和炸药爆炸都是典型的化学爆炸。各种炸药爆炸反应的传播速度约为1500～10000m/s，炸药附近的压力能达到几万兆帕，而反应时间不到一毫秒。

（3）核爆炸。由核裂变或聚变引发的爆炸称为核爆炸。其过程既不是物理过程也不是化学反应，而是原子本身的变化。其特点是威力极大、爆炸过程难以控制，在工业爆破中还没有应用。人类能制造的威力最大的爆炸就是核爆炸。

人类对爆炸的认识还远远不够，自然界可能还有威力更大、作用原理更加复杂的爆炸现象，如星系里发生的爆炸，我们了解甚少。

4.2 炸药爆炸

炸药是一种能在特定条件下发生爆炸的工业产品。炸药成分中一般都含C、H、O、N几种元素，尤其含NO类基团居多。如梯恩梯炸药$C_6H_2(NO_2)CH_3$、硝酸铵炸药NH_4NO_3、黑火药（KNO_3、S和C的固体混合物）等。空气中的O和H往往还会参加炸药的爆炸反应，但不是必须的。炸药是一种相对不稳定的化学物质，炸药的爆炸反应过程从本质上讲是一个氧化过程，即炸药中的氧对其中的C、H等元素的氧化，使之成为较稳定的氧化物。炸药不像煤、汽油等一般燃料需要从空气中吸取氧气才能发生氧化反应，而是爆炸过程中所需的氧存在于炸药成分之中，这就保证了该过程不受外界是否存在氧或氧的多少的影响，可独立地进行。如乙二醇二硝酸酯爆炸反应的方程式为：

$$C_2H_4(ONO_2)_2 = 2CO_2 + 2H_2O + N_2 \tag{4-2}$$

炸药分子中的C和H完全氧化所需的氧完全来自于炸药本身。

在混合炸药中，必定有一种或一种以上的成分要能分解出氧，以氧化其他成分中的碳、氢等元素。例如，硝酸铵与柴油的混合炸药，爆炸时硝酸铵分解出多余的氧原子，使碳、氢氧化成碳的氧化物和水。梯恩梯与铝粉混合炸药的爆炸，尽管梯恩梯本身分子中的氧不足以氧化自身分子中的碳和氢，但是铝夺去了梯恩梯分解出来的氧原子，生成铝的氧化物。

炸药爆炸的威力是一般动力难以达到的，1kg炸药爆炸的功率可达到几十万千瓦。

4.2.1 炸药爆炸的基本条件

炸药只有在爆炸条件下才是炸药，否则可能用作其他用途。如硝酸铵也可单独用作炸药，但在农业上则是普遍使用的化肥；黑火药作为炸药是利用其爆炸性能，用在起爆器材导火索是利用它的燃烧性能，而在中药中则被《本草纲目》列为药品。使炸药发生爆炸化学反应的基本条件如下：

(1) 爆炸反应必须是放热反应。化学反应放出热量是反应加速进行的必要条件,只有放热反应才能为反应继续加速进行提供能量。炸药爆炸时其核心温度可能达几千至几万度。如果炸药的化学反应放出的热量不足以加速或维持反应速度,则反应会减缓直到终止,这是某些爆破中断的根本原因。单位质量的炸药爆炸所放出的热量和单位质量的普通燃料放出的热量比较,燃料优于炸药,但燃料燃烧时需要大量的空气,并将热量散发到空气中,若将燃料和空气的体积加到一起和炸药比较,则炸药占绝对优势。因此炸药在能量方面的特点是能量密度高,做功能力强。

(2) 爆炸反应必须生成大量气体。气体具有可压缩性,固体或液体的压缩性都非常小,只有生成大量气体炸药才可能发生爆炸。爆炸气体的体积在常压下是原炸药体积的几万倍或几十万倍,瞬间压力达到同样倍数的常压,因而具有膨胀破坏做功的能力。炸药爆炸时其核心压力可能达几千至几万兆帕。有些物质反应生成物虽是固体,但很容易爆炸,乙炔银就是如此,其分解反应 $Ag_2C \longrightarrow Ag + C$ 不产生气体,爆炸的原因是银在反应温度下发生气化和周围空气被迅速加热并膨胀的结果。

(3) 爆炸反应必须高速进行。某些燃料燃烧产生的热量和生成气体的体积比一般炸药爆炸产生的热量和生成的气体体积大,但并不发生爆炸反应,其主要原因是其反应速度远比炸药低。化学反应生成的气体量和放出的热量相当于做功的量,同样的做功量,反应速度代表了功率。10km 范围内的燃料需几十小时或几天才能燃烧完,而 10km 内的炸药则可在 1s 左右完成爆炸。相比之下炸药的做功效率是极高的。

炸药的爆炸可以描述为:以极短的时间、在极小的空间内,将生成的大量气体加热到极高的温度、并达到极高的压力,从而对周围的介质做功。在做功量和能量利用率方面,炸药爆炸反应都不是很高,因此炸药不是高能物质,但炸药爆炸是高效反应。

4.2.2 炸药的化学变化形式

爆炸并不是炸药唯一的化学反应形式。由于环境和引起化学变化的条件不同,一种炸药可能有三种不同的化学变化:热分解、燃烧和爆炸。这三种形式以不同的速度进行并产生不同的产物和热效应。

(1) 热分解。炸药在常温下也会缓慢分解,温度愈高,分解愈显著。炸药的热分解可能吸热,也可能放热,从而导致化学结构改变或放出热量,放热反应可能使环境温度进一步升高,引发其他形式化学反应。热分解往往是环境因素引起的、在炸药内部全面、均匀、缓慢进行的化学反应方式。炸药的热分解化学反应不是我们利用炸药的化学反应方式,其结果可能转化为燃烧或使炸药性质改变。在炸药的生产、贮存、运输和使用中都需要避免其发生热分解反应。

(2) 燃烧。炸药本身具有燃料的性质,而且许多炸药本身就含有燃料成分。所以在一定条件下炸药可以燃烧,燃烧的速度从每秒几毫米到每秒几米,取决于如温度、压力、装药密度等环境条件。炸药在密闭空间的燃烧可能转化为爆炸。炸药的燃烧不同于一般燃料的燃烧,炸药燃烧时不需要外界提供氧,自身就可以燃烧。烟火剂和推进剂就是利用炸药的燃烧化学反应。在以爆炸为目的的应用中,炸药的燃烧化学反应是有害的,其结果可能转化为意外爆炸或衰减为热分解。在炸药的生产、贮存和运输过程中若发生燃烧现象,就可能发生意外爆炸事故;在炸药爆破使用中发生燃烧就达不到爆破的目的,属于拒爆事故。

(3) 爆炸。在足够外能(热、机械、电火花或爆炸能)作用下,炸药以每秒数百米到近万米的速度进行高速化学反应,发生爆炸。炸药燃烧速度主要取决于炸药本身的化学性质和内外界物理条件,同种炸药在不同物理条件下的化学反应速度可能相差很大。在以爆炸为目的的应用中,一般希望其爆炸化学反应的速度越高越好,说明炸药释放的能量多。爆炸化学反应也可能因不利条件而转化为燃烧,如炸药受潮、装药密度太低、药卷直径太小等。当炸药的爆炸反应速度达到相应条件下的最高值时,称其为爆轰。

燃烧和爆炸的区别:

1) 传播方式不同。燃烧是通过热传导、热辐射和燃烧产物的扩散作用向未反应区传播;爆炸是靠反应区前面的冲击波来激发未反应的炸药。

2) 传播速度不同。燃烧时反应区的传播速度(燃速)低于未反应炸药中的声速;爆炸过程中反应区的传播速度(爆速)总是高于未反应炸药中的声速。

3) 受外界影响不同。燃烧过程易受外界条件(尤其是环境压力)影响,在密闭容器中的燃烧和在自由空间的燃烧的燃速和压力相差很大;爆炸过程受环境因素的影响较小,大量炸药燃烧时基本不受外界影响。

4) 质点运动方向不同。燃烧反应区内生成物质点的运动方向与燃烧传播方向相反,所以燃烧反应区内的压力较低;爆炸时反应区内生成物质点的运动方向与爆炸传播方向相同,因而爆炸反应区内的压力极高。

4.3 炸药的分类

炸药一般按其构成和用途分类。

4.3.1 按炸药的构成分类

按炸药的构成划分,有单质炸药和混合炸药两大类。

(1) 单质炸药。只含有一种化学物质(一般是化合物)的炸药称为单质炸药或单体炸药。如军事上大量使用的TNT炸药(黄色炸药),其分子式为:$C_7H_6(NO_2)_3$(三硝基甲苯)。作为单质炸药的化合物一般都含有某些特定的原子团,不是所有的化合物都能成为炸药。军事上和起爆器材多用单质炸药,除硝酸铵外,单质炸药的敏感度和各项爆炸指标都比较高。

(2) 混合炸药。含有两种以上化学物质的炸药称为混合炸药,混合炸药的各组分是物理混合物。构成混合炸药的各种物质在炸药中可能起到爆炸、改善爆炸化学性质、物理力学性能、安全性能或抗高低温性能的作用,如防水剂、疏松成分、燃料等。黑火药就是混合炸药,其成分为硝酸钾、硫黄和木炭,这三种成分单独都不是炸药,只有按一定比例混合后才成为炸药。工业炸药多为混合炸药。

4.3.2 按炸药的用途分类

按炸药的用途划分,主要有以下五种:

(1) 起爆药。其突出特点是敏感度很高,其他性能指标也较高。起爆药在非常小的外能(热能、机械能、爆炸能)作用下就会引起爆炸,所以危险性很高。起爆药主要用于雷管等起爆器材,用量非常少。如雷汞、氮化铅和二硝基重氮酚等。矿用起爆器材中的起爆药都是单质炸药。

(2) 猛炸药。从名称上可知其爆炸威力比较大,其敏感度比起爆药低。猛炸药可以单独应用,终端用户可以用雷管起爆,可以在军事或工程领域作为主要炸药。如TNT、黑索金、泰安等。由于这类炸药爆炸时会产生大量有毒有害气体,成本较高,且应用的安全性也没有工业炸药好,所以在工程爆破中应用很少。这类炸药以单质炸药为多,种类也很多,固体、液体都有。

(3) 工业炸药。工业炸药是为了满足工程上安全性高、成本低、爆炸后产生的有毒有害气体少等要求而生产的炸药。工业炸药的敏感度和爆炸威力都比前两类炸药低,一般的外能不能使其爆炸,需要用雷管甚至起爆药包来起爆。这类炸药都是混合炸药,通过调整其中的各种成分的比例使爆炸反应的各项指标合理,适合工程爆破的特定要求。如2号岩石炸药、乳化炸药、铵油炸药等。工程上大量使用的工业炸药的种类并不是很多,目前主要是硝酸铵类工业炸药。

(4) 发射药与推进剂。其用途主要是子弹、炮弹、火箭等的装药,用于提供发射的推力。黑火药是最早应用的推进剂。这类炸药对火焰的敏感度很高,其他方面的敏感度也比工业炸药高,使用时应格外小心。另外,发射药的化学反应方式与装药和环境条件密切相关,燃烧可能转化为爆燃进而发生爆炸。发射药一般是混合炸药。

(5) 烟火剂。其用途主要是制造烟花爆竹,利用其快速燃烧所产生的各种烟火效应。尽管我们利用的是烟火剂的燃烧功能,但它们在适当的条件下也会产生爆炸,其敏感度比工业炸药要高得多,尤其对火焰、机械作用和静电非常敏感。

4.3.3 其他分类

工业炸药还可以根据适用条件分为防水炸药和非防水炸药。防水炸药可以适用于有水的环境,其密度一般比水大,在有水的炮孔中装药不至于浮在水面,短期在水中不至于影响其性能;非防水炸药用于有水环境就比较困难,必须采取适当的措施才能勉强使用。

按照炸药的物态还可以将炸药分为固体炸药、浆状炸药、液体炸药和气态炸药。按照应用领域还可以分为军用炸药、工业炸药和民用炸药(烟火剂等)。

4.4 炸药的起爆与敏感度

4.4.1 炸药的起爆能

炸药属于不稳定的化学体系,如果没有任何外部能量的作用,炸药保持它原来的平衡状态;当受到足够的外能作用时会迅速发生分解(单质炸药或混合炸药的爆炸成分)、重新组合的化学反应而生成新的物质,同时释放出大量的能量,炸药的起爆就是为炸药提供促使这样的化学反应所需要的外能——起爆能。起爆能一般指下列的能量形式:

(1) 热能。热能可分为火焰、火星、电热等形式,热能起爆一般用在起爆敏感度很高的起爆药,如导火索的火焰起爆火雷管,电阻丝的电热起爆电雷管都是采用热能起爆,工业炸药和猛炸药用小的火星、火焰不能可靠起爆,所以一般不用热能起爆,工业炸药因受热而起爆则是工程爆破的不安全因素。

(2) 机械能。通过撞击、摩擦、针刺等机械能作用可以起爆炸药,在各种武器中大量使用机械能起爆炸药,如枪、炮的撞针。在工程爆破中不用机械能起爆炸药。

(3) 爆炸能。用炸药爆炸释放出的爆炸能来起爆炸药是最强的起爆方式,常用来起爆高威力猛炸药和工业炸药。当单个起爆点装药量不大(如几公斤)、主装药为高威力猛炸药或敏感度稍高的工业炸药时,一般用雷管的爆炸能(起爆能较小)起爆;当起爆量大(几十公斤到几百吨)、主装药(一般是工业炸药)的敏感度较低(安全)时,需要强大的起爆能才能起爆,常用雷管起爆起爆药包(几百克到几公斤),再由起爆药包起爆主装药,如图4-1所示。

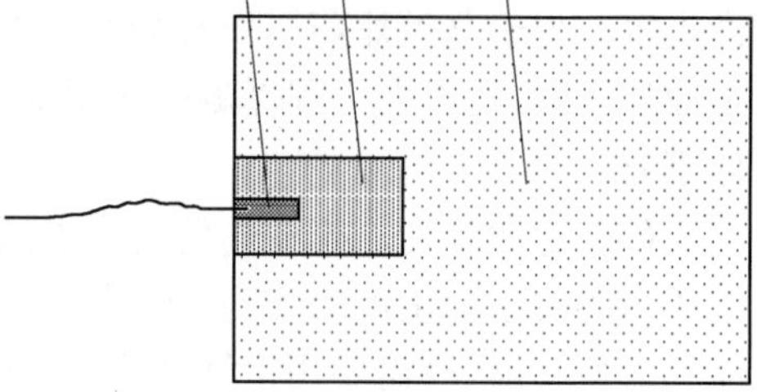

图4-1 起爆示意图

炸药爆炸是高速化学反应过程,起爆炸药就是激发此化学反应。从化学反应的角度看,机械能起爆是由于炸药局部受机械能作用产生热,并集中在极少数的炸药分子上,产生高温而首先引发爆炸反应;爆炸能起爆则是由于起爆药的爆炸能使紧邻的炸药分子受热而发生化学反应。所以机械能和爆炸能实质上都是热能的作用。

4.4.2 炸药的敏感度及其测定

促使炸药爆炸所需起爆能的多少称为炸药的敏感度或感度。如果在较小的某种外能作用下就能使炸药爆炸,则炸药对该种能量的敏感度就高,反之敏感度就低。不同种类的炸药具有不同的敏感度,一般而言,高敏感度的炸药对各种能量的敏感度都比较高,比如起爆药类炸药对各种能量的敏感度一般比猛炸药类的敏感度高,高威力的单质猛炸药比工业炸药的敏感度高。但在同类炸药中,这一结论不成立,炸药对机械作用的敏感度高不能说明其热敏感度也高。炸药的敏感度和使用安全性相逆,敏感度高说明安全性差。

炸药的敏感度是炸药最重要的性能指标之一,它可能决定炸药的用途和用量。如:起爆药类炸药的敏感度非常高,在很小的外能作用下就可能爆炸,使用极不安全,那么这类炸药就不能在工业上大量使用,而是用作起爆其他炸药。起爆药的用量非常少(以毫克计量),且采取了严密的安全措施。硝酸铵类工业炸药的敏感度低,用一般的机械或加热方法不能引起爆炸,必须用雷管或炸药来起爆,因此起爆难度较大,也正因为其敏感度低,安全性高,所以非常适合于大量用于工业爆破。

炸药的敏感度对炸药的生产、贮存、运输和使用都有决定性影响,敏感度高的炸药可能给以上各环节增加不安全因素,因此影响生产工艺、贮运方式和起爆方法。敏感度过低的炸药可能给起爆带来困难,增加起爆成本,如果不能可靠起爆,会发生拒爆,则是爆破工程的最严重事故,因为处理拒爆是爆破工程最危险的工作。生产或使用适当敏感度的炸药是厂家和用户的首要任务。与炸药有关的专业技术人员应该对炸药的敏感度有精确的认识,严格区分炸药对不同外能的敏感度,准确掌握安全和可靠的界限,做到不该爆炸的不爆炸,该爆炸的必须爆炸。

4.4.2.1 热敏感度

炸药受热而引爆的难易程度称为炸药的热敏感度。工业上通常分别用爆发点和火焰感度两个实验指标来衡量炸药的热敏感度。

A 爆发点

炸药爆发点测定器的主体是一个带温度计的电热保温浴锅,浴锅内盛装低温合金(常用伍德合金,其熔点为65℃),先将浴锅加热到估计的炸药爆发点温度,这时浴锅内的合金已处于熔解状态,然后将装有少量被测炸药的铜管放入浴锅,炸药在规定时间(5min 或 5s)之前或之后引爆,须重新调整浴锅内的温度,直到炸药正好在规定时间引爆,则此时浴锅内的温度就是该被测炸药的爆发点。试验所得温度低,说明炸药的热敏感度高,反之热敏感度低。

炸药的爆发点试验所反映的是炸药在均匀受热的情况下的引爆难易程度,与炸药的生产和贮存条件相差甚远,与炸药应用中起爆的原理也不同,没有多大的参考价值,只是互相比较而已。

B 火焰感度

炸药在明火作用下引发爆炸的难易程度称为炸药的火焰感度。最早的炸药黑火药就是用火焰点燃(爆)的。炸药的火焰敏感度对某些起爆器材的起(传)爆(火)的可靠性或起爆药被火焰引爆的敏感性很重要。但目前的工业炸药不是采用火焰引爆,所以工业炸药的火焰敏感度只是对衡量工业炸药对火焰的安全性有参考价值。

测定炸药火焰感度时,被测炸药放在一个火帽壳内,火源由导火索产生。调整导火索头与被测炸药间的距离,当此距离大于或等于某距离时,被测炸药100%不能被引爆,则此距离称为上限距离;当此距离小于或等于某距离时,被测炸药100%被引爆,此距离称为下限距离。上限距离反映了被测炸药的安全性,下限距离反映了该被测炸药对火焰起爆的可靠性。由于炸药的火焰感度是特定条件下的实验结果,所以只有相对比较的意义,实用价值不大。

4.4.2.2 机械感度

炸药在撞击、摩擦等作用下引发爆炸的难易程度称为炸药的机械感度,分别用撞击感度和摩擦感度来衡量。采用机械撞击或摩擦的方法可以很方便地起爆某些炸药,是一种非常有效的起爆方法。枪、炮都是采用机械撞击的方法起爆子弹和炮弹的。同时,炸药的机械敏感度对炸药的生产、运输、贮存和使用的安全性影响很大,高机械敏感度的炸药会给以上环节带来额外的危险,甚至限制了其应用。例如,硝化甘油炸药由于其撞击感度高而逐渐退出工业炸药的行列,梯恩梯炸药也是由于其机械感度较高而限制了它在工程爆破中用量。

A 撞击感度

炸药在机械撞击作用下发生爆炸的难易程度称为炸药的撞击感度,常用立式落锤测定。测定的原理是:重锤以自由落体方式垂直落下,砸在放于击砧上的炸药上,看炸药是否被引爆。炸药的撞击感度有三种表示方法:

(1) 百分数表示法。撞击试验25~50次,记录爆炸的次数和没有爆炸的次数,求出爆炸次数占总实验次数的百分数,作为该炸药的撞击感度。如果百分之百爆炸,可以换用重量较小的重锤,重新试验。爆炸百分数越高的炸药,撞击感度越高。

(2) 上、下限法。以百分之百爆炸的最小落高为上限,以百分之百不爆炸的最大落高为下限。上限越小说明炸药的撞击感度越高,下限越大说明炸药的撞击感度越低。上限用来比较炸药用撞击方法来起爆的可靠性,下限用来比较炸药受撞击而不爆炸的安全性。

(3) 用正好50%次爆炸的高度作为炸药的撞击感度。

炸药的撞击感度不是绝对指标,是相互比较的相对指标。

B 摩擦感度

炸药在机械摩擦作用下起爆的难易程度称为炸药的摩擦感度,通常用摆式摩擦仪来测定。测定的原理是:在上下击柱间放置0.01~0.03g被测炸药,上下击柱上施加一定压力,摆锤落下并撞击在上击柱上,使上下击柱相对移动产生摩擦力,可能引起击柱间的炸药爆炸。同样的试验进行25次,不一定每次都能使炸药爆炸,算出爆炸次数的百分数,即为此种炸药的摩擦感度,该值越高说明该炸药的摩擦感度越高。炸药的摩擦感度不是绝对指标,只有相互比较才有意义。

4.4.2.3 爆轰感度

炸药在附近发生的爆炸作用下被引爆的难易程度称为炸药的爆轰感度,通常用极限起爆药量和殉爆距离来测定。

A 极限起爆药量

极限起爆药量一般用来测定敏感度较高的单质猛炸药的爆轰敏感度。极限起爆药量的测定原理是:以被测炸药为加强药制成火雷管,将该雷管的聚能穴朝下放在铅板上,用导火索起爆雷管,雷管爆炸穿透铅板,如果穿孔直径不小于雷管的直径,则认为雷管中的被测炸药完全起爆,如果穿孔直径小于雷管直径,则应增加雷管中的起爆药的药量。能够使被测炸药完全起爆的最小起爆药量即为该炸药的极限起爆药量。

B 殉爆距离

由于工业炸药的敏感度较低,少量起爆药难以起爆,所以不能用极限起爆药量的方法来测定其爆轰感度;另外,这种方法测定的结果对工业炸药的实际应用也没有直接指导意义。工业炸药的爆轰感度通常用殉爆距离测定。殉爆距离测定方法如图4-2所示,在地面挖一直径略大于药卷直径的半圆直槽,槽的长度大于两个药卷长度加上中间的间隔,主爆药卷和从爆药卷被放置于槽中,两药卷纵轴线在同一水平线上,相距间隔 L_0 用8号雷管起爆主爆药卷,当两个药卷间隔不大于某一值 L_0 时,从爆药卷能够被主爆药卷的爆炸作用完全引爆,大于这个间隔时,从爆药卷则不能被引爆或不能完全引爆,这个间隔 L_0 就是被测炸药的殉爆距离,单位是厘米。本试验须反复进行才能确定炸药的殉爆距离。

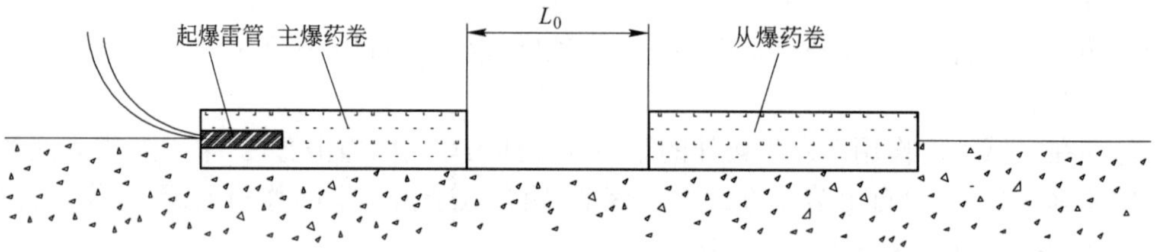

图4-2 炸药殉爆距离测定示意图

4.4.3 影响炸药敏感度的因素

炸药的敏感度是由它的化学和物理性质决定的,主要有以下几方面:

(1)化学性质。对于单质炸药,其化学性质决定了炸药的敏感度。炸药分子中原子间结合牢固,为了破坏这种结构需要的外能就多,敏感度则低,反之敏感度就高。如:同类炸药中含—ONO_2基团的炸药比含—NO_2基团的炸药的敏感度高。混合炸药的敏感度与其中敏感度高的爆炸成分的化学性质和含量密切相关。

(2) 相态。熔融状态的炸药比同种固体炸药的敏感度高,液态比同种炸药的固态敏感度高。如固态的梯恩梯炸药比液态的梯恩梯炸药敏感度低;胶化的硝化棉比压制的硝化棉敏感度低。

(3) 粒度。对于高威力单质猛炸药,粒度越小,敏感度越高;高敏感度的起爆药则相反。

(4) 装药密度。粉状炸药的装药密度超过一定值时,随密度的增大,敏感度降低。如散装的梯恩梯炸药可以用 8 号雷管起爆,铸压的梯恩梯则不能用 8 号雷管起爆。

(5) 掺合物。炸药中掺入其他物质对其敏感度影响很大。如:在含水炸药中掺入微气泡可以明显提高其敏感度;在炸药中掺入高熔点、高硬度的颗粒如石英砂、碎玻璃等能提高炸药的敏感度;在炸药中加入石蜡、石墨等柔软物质会降低炸药的敏感度。

影响炸药敏感度的因素很多,而且非常复杂,很难绝对下结论。在衡量炸药的敏感度时,要充分考虑引起炸药化学反应的机理、炸药本身的构成和应用环境。可靠的是通过实验来确定,不能盲目地下结论。

4.5 炸药的氧平衡与爆炸有害产物

大多数炸药成分中都含 C、H、O、N 几种元素,由于炸药爆炸瞬间只有其自身的化学元素发生反应,没有外界物质介入,其产物可能有 CO_2、CO、H_2O、NO、NO_2、O_2、N_2、C、H_2 等物质。其中氮的氧化物(NO_n)和一氧化碳(CO)都是有毒物质,碳(C)可燃,氧气(O_2)具有氧化碳和氮的能力,这些产物都是炸药爆炸所不希望产生的。因此,我们希望炸药中的氧含量正好将炸药中的 C 和 H 氧化,生成二氧化碳和水。这样就没有多余的氧与氮反应,也不会因氧含量不够而生成 CO 和 C。如果能实现这样的目的,则炸药爆炸产物就没有毒害副作用,能量利用率也高。这就是炸药氧平衡的概念。炸药的氧平衡表示炸药实际含氧量与使炸药中碳、氢等可燃元素完全氧化所需氧量相比,多余或不足的程度。氧平衡可分为三类:

(1) 正氧平衡:炸药中的氧含量足够将碳、氢元素完全氧化,且有剩余;

(2) 零氧平衡:炸药中的氧恰好够将碳、氢元素完全氧化,不多不少;

(3) 负氧平衡:炸药中的氧不足以将碳、氢元素完全氧化。

炸药爆炸反应产物的毒害性与炸药的氧平衡值有密切的关系,零氧平衡炸药可以在理论上做到在爆炸瞬间不会产生有毒有害产物。单质炸药的爆炸反应产物不能人为控制,由其自身分子组成决定;混合炸药的氧平衡可以在理论计算上达到零氧平衡,控制爆炸产物的毒害性。

实际上,即使是零氧平衡炸药,在爆炸时仍会不同程度地产生有毒有害物质,其根源在于:

(1) 结合的不确定性。在氧平衡计算时,人为地假定炸药中氧首先与炸药中的碳、氢发生反应生成二氧化碳和水,然后才有多余的氧和氮反应生成氮氧化合物。实际上在爆炸反应瞬间,各元素相互结合具有化学反应的选择性和随机性,可能出现炸药中的氧还没有将碳和氢完全氧化就与氮发生反应生成氮氧化物,从而使爆炸产物中既有氮的氧化物,也有一氧化碳、碳元素和氢气。

(2) 反应不完全。炸药各组分的配比是按反应完全的情况确定的,但实际爆炸往往出现部分反应不完全,这样就会从原理上产生有毒有害产物。比如炸药的颗粒较大,而爆炸反应的时间又非常短,有的成分没来得及反应。另外炸药中的各成分在反应中的敏感程度不同,也会产生这种现象。所以在炸药中掺入某些钝感成分,也会影响炸药爆炸反应的完全性。

(3) 后续产物。如果炸药爆炸按照预想的反应方式进行,零氧平衡炸药的产物都是二氧化碳、水和氮气。爆炸反应结束的瞬间,这些产物都是高温高压气体,很容易热分解或与外界的物质发生二次反应而生成有毒有害物质。如硫与氧、氢的化合物、氮氧化物等。这种情况在实际生产中容易发生,很难控制。

4.6 炸药爆轰概述

4.6.1 冲击波

炸药爆炸是以爆轰波的形式进行的,爆轰波是一种特殊形式的冲击波。为了研究爆轰波,必须首先了解冲击波。

冲击波是一种特殊的压缩波。一般的压缩波是压力连续变化的,而冲击波的压力则是跃升的,具有不连续的陡峭波阵面。炸药在空气中爆炸和飞机在空气中超声速飞行都是产生冲击波的典型例子。参照图4-3,用活塞在充气长管中加速运动形成冲击波来描述冲击波的形成原理及特征。

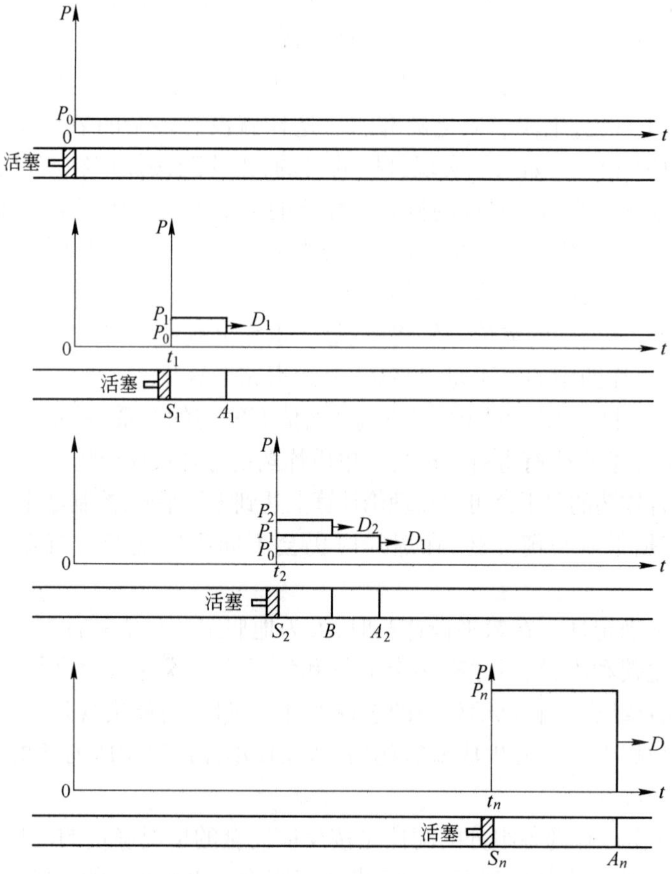

图4-3 冲击波形成示意图

时间 $t=0$ 时，活塞处于静止状态，气缸中的气体未受扰动，压力、密度、温度、质点运动速度分别为 P_0、ρ_0、T_0，u_0，然后活塞开始加速运动。$t=t_1$ 时，活塞加速运动到 S_1，S_1-A_1 段气体受到扰动，扰动区与未扰动区之间的界面 A_1 称为波阵面，波阵面向前移动速度为 D_1，称为波速，扰动区气体状态为 P_1、ρ_1、T_1，u_1，未扰动区的气体状态仍为 P_0、ρ_0、T_0，u_0。

$t=t_2$ 时，活塞加速运动到 S_2，波阵面 A_1 移到 A_2，A_2-B 段气体状态为 P_1、ρ_1、T_1，u_1；S_2-B 段形成第二个压缩波，其波阵面为 B，S_2-B 段的气体状态为 P_2、ρ_2、T_2，u_2，波阵面 B 的移动速度为 D_2，由于活塞在加速运动，$D_2>D_1$。

活塞继续加速运动，后面形成的波总比前面的波的速度高，总会存在一个 t_n 时刻，此刻若干个波阵面会在某一点相遇，产生波的叠加，形成陡峭的波阵面，形成冲击波。当然，按照波的传播与叠加原理，形成冲击波的子波在此瞬间过后还会各自按照原来的规律继续传播，各自分手。

冲击波有以下特性：

（1）冲击波具有陡峭的波阵面，在波阵面上介质状态发生突跃变化。因此，其波阵面可看作是介质中状态参数不连续的间断面。

（2）冲击波以脉冲形式传播，没有周期性。介质的质点沿波传播方向移动，冲击波过后，介质的质点占据空间一个新位置。

（3）冲击波传播速度永远大于音波速度。它引起介质状态变化的强度比音波大得多。

（4）冲击波传播速度同波的强度有关。

4.6.2 爆轰波

炸药被起爆发生爆炸反应，放出热量，产生大量高温高压气体，在周围介质中激发冲击波，冲击波所到之处，炸药分子活化发生爆炸反应，放出能量的一部分用来补充冲击波传播过程中的能量损失，使冲击波以稳定的爆速向前传播，其后跟着化学反应区。这种伴随着化学反应，在炸药中传播的特殊形式的冲击波叫做爆轰波，这个过程称为爆轰过程，爆轰传播的速度称为爆速。

爆轰波的结构如图 4-4 所示，由冲击波压缩区和爆炸反应区构成。

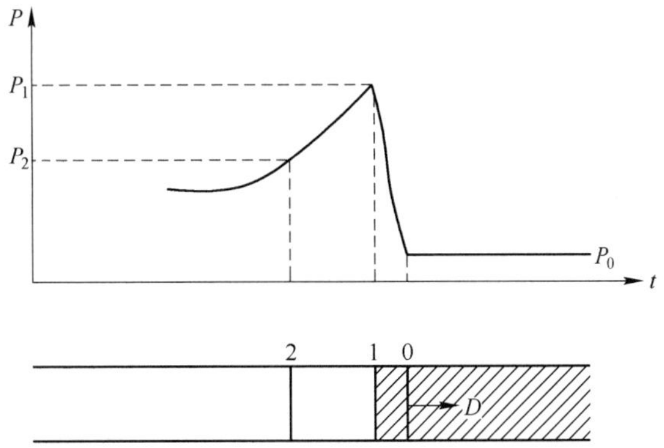

图 4-4 爆轰波的结构示意图

冲击波压缩区(0-1):该区炸药受到相邻先爆炸药层产生的冲击波强烈压缩,状态参数突跃式升高,压力升高到 P_1,但还未参加化学反应,随着爆轰波的传播,即将开始化学反应。0-1 区的厚度仅为0.1μm 左右。

爆炸反应区(1-2):该区炸药已由压缩状态转入爆炸化学反应阶段,压力下降,反应终了截面2,称为 C-J 面,此时压力为 P_2,称为爆轰压力。1-2 区的厚度约为0.1~2.5cm。

0-2 区统称为爆轰波的波阵面。

在一定的爆炸条件下,爆轰波的结构保持稳定,即稳定爆轰,条件是反应终了气体的流速与音速之和必须等于爆速,即:

$$u + c = D \tag{4-3}$$

式中 u——爆轰产物质点速度;

c——声速;

D——爆速。

如果 $u + c > D$,稀疏波就会侵入反应区,使反应区宽度减小,影响爆炸反应的进行,进而减少对冲击波波头的能量补充,爆速也会相应地降低;如果 $u + c < D$,反应区的结构也会受到影响,使反应区释放的能量不可能及时地送到冲击波头上,爆速也会因之降低。只有 $u + c = D$,才是实现稳定传爆的必要条件,称为稳定爆轰的 C-J 条件。

4.6.3 影响炸药爆轰的因素

炸药的组成、结构、聚集状态、装药尺寸和形状等对爆轰过程有很大影响,研究这些影响因素对合理有效地使用炸药有重要意义。

爆速是爆轰波的一个重要参数,通常用它来分析炸药爆轰的传播过程。一方面是因为爆轰波的传播要靠反应区释放的能量来维持,爆速的变化直接反映了反应区结构以及能量释放的多少和释放速度的快慢;另一方面是因为爆速是比较容易准确测定的一个爆轰参数。

4.6.3.1 药包直径

药包直径对爆速的影响可以用图4-5 来描述。存在一个极限药包直径 d_1和一个临界药包直径 d_s。当药包直径 $d \geq d_1$时,爆速变化不明显,趋于稳定,达到该条件下的最大爆速,称为理想爆轰,该区域称为理想爆轰区;当药包直径 $d \leq d_s$时,爆轰中断,称为不稳定爆轰,该区域称为不稳定爆轰区;当药包直径界于 d_1和 d_s之间时,爆轰能以小于最大爆速的定常速度传播,称为稳定爆轰,该区域称为稳定爆轰区。稳定爆轰区和不稳定爆轰区合称为非理想爆轰区。

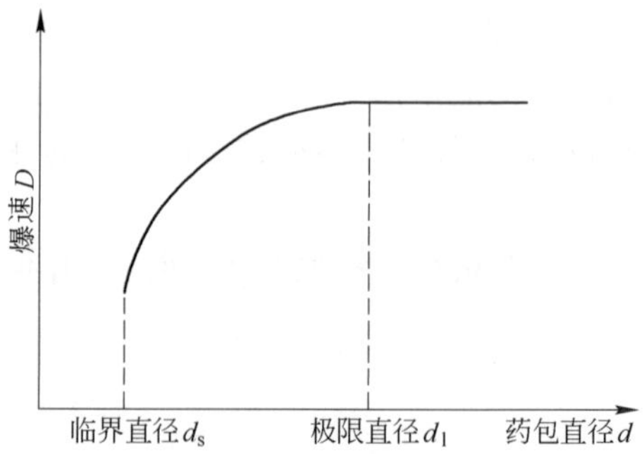

4-5 炸药爆速随直径变化

药包直径对爆速的影响机理可以用能量的侧向扩散来解释。冲击波阵面抵达之处炸药薄层受到强烈压缩而产生急剧化学反应,形成化学反应区。化学反应生成的高温高压气体产物,以及来不及发生反应或反应不完全的炸药颗粒和其他中间产物,自反应区侧面向外扩散。由于这些炸药颗粒的逸散,化学反应的热效应降低而造成能量的损失。侧向扩散现象愈严重,爆轰放出的能量就愈少,反应区的能量密度减小,波阵面的强度降低,这必然要影响到爆轰波的传播，造成爆速和爆轰压力等参数值减小，甚至导致爆轰中断。

图4-6表示侧向扩散对化学反应区的影响。扩散自药包周边向中心发展。反应未受侧向扩散影响的部分称为有效反应区。爆轰波的传播实际上是靠有效反应区释放出来的能量来维持的。

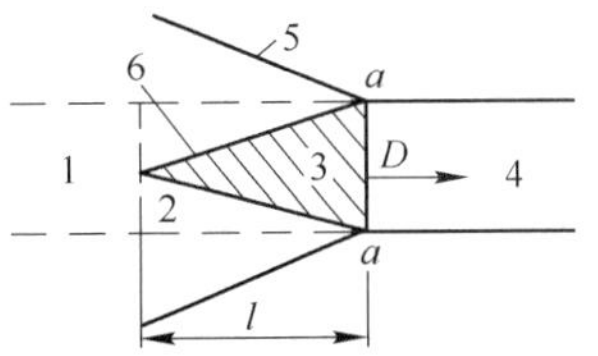

图4-6　侧向扩散对化学反应区的影响

1—爆轰产物区；2—侧向扩散影响区；3—有效反应区；4—未反应区；5—扩散物前锋位置；6—稀疏波波阵面；a—a—冲击波阵面；l—反应区宽度

设产物颗粒自药包周边至轴线扩散过程所经历的时间为 t_1，炸药颗粒反应开始到反应终了所需要的时间为 t_2，则可以认为，当 $t_1 \geqslant t_2$ 时，药包中心部分炸药的化学反应过程并未受到侧向扩散的影响，有效反应区宽度大于或等于炸药固有的反应区宽度。这时爆轰波在传播过程中能得到足够的能量补充，使爆速达到最大值成为理想爆轰。如果 $t_2 > t_1$，则侧向扩散将影响药包中心部分，造成有效反应区宽度缩小。由于有更多的未及反应或反应未终了的气体和炸药颗粒的逸散，能量损失增大，反应区释放出的能量减少，爆速和波阵面压力也下降。但是，如果这时波阵面压力还足以激起其前沿炸药薄层发生化学反应，并为爆轰波的稳定传播提供足够的能量，那么，尽管爆速低于最大值，仍然属于稳定传爆。当 $t_2 \gg t_1$ 时，则由于侧向扩散的严重影响，有效反应区宽度大大缩小，能量损失很大，爆轰波的传播因得不到足够的能量补充而迅速衰减直至爆轰中断，导致不稳定爆轰。

图4-7说明在不同药包直径条件下，侧向扩散对反应区结构的影响。就同一种炸药而言，随着药包直径的减小，有效反应区宽度也相应缩小。如图4-7a所示，药包直径 $d \leqslant$ 临界直径 d_s 时，侧向扩散影响严重，有效反应区大大缩小，成为不稳定爆轰。图4-7b表示药包直径 d 介于临界直径 d_s 与极限直径 d_l 之间时，侧向扩散仍有明显影响，有效反应区宽度比炸药固有化学反应区宽度略小，不过这时有效反应区内释放出的能量还足够维持爆轰波以定常速度传播，成为非理想稳定爆轰。图4-7c表示药包直径 $d \geqslant$ 极限直径 d_l 时，药包中心部分不受侧向扩散影响，爆轰波以最大速度传播，为理想爆轰。

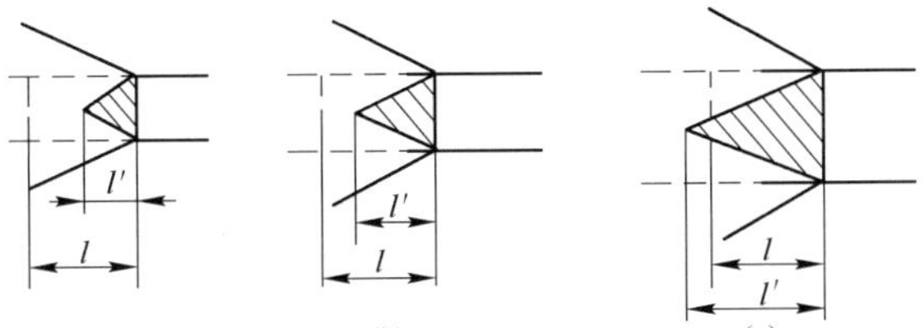

(a)　(b)　(c)

图4-7　不同药包直径条件下侧向扩散对反应区结构的影响示意图

（a）不稳定爆轰；（b）非理想稳定爆轰；（c）理想爆轰

l—反应区宽度；l'—有效反应区宽度

总结上述分析可以看出，药包爆轰时是否能达到稳定爆轰甚至理想爆轰，取决于产物颗粒自药包周边扩散至轴线所经历的时间为 t_1 与炸药颗粒反应开始到终了所需要的时间为 t_2 之间的相对关系。炸药爆轰反应速度高，反应终了所需时间 t_2 小，则 t_1 值可以相应减小，即可以采用较小的药包直径。

反应时间 t_2 的大小首先取决于炸药化学结构的牢固程度。结构愈牢固，t_2 愈大。例如黑索金同氮化铅相比,前者的反应时间比后者大几十倍,硝酸铵的反应时间较黑索金大约300倍。此外,炸药物理性质对反应时间影响也很大,尤其是对低感度的工业炸药。颗粒愈细,混合愈均匀,反应速度愈大,t_2值愈小。

扩散时间t_1的大小,主要是受药包直径大小和药包外壳坚固程度等因素的影响。药包直径愈大,外壳愈坚固,则在其他条件相同时,t_1愈大。

通常实际使用的药柱直径都是有限的,因此总是存在着产物的径向膨胀及因此引起的能量损失。这样,化学反应区所释放出的能量只有一小部分被用来支持爆轰波的传播,从而引起爆轰波阵面压力的下降和爆速的减小。硝酸铵及以它为主要成分的低感度混合炸药的极限直径都很大,有的达到300mm以上。而这类炸药又是各类工程爆破的主要炸药,在使用时要注意其装药直径的影响,不宜装在直径过小的炮孔,以免发生拒爆现象。

一些炸药的临界直径和极限直径参考值见表4-1和表4-2,这些值将随测定条件不同而变化。

表4-1 一些炸药的临界直径

炸药名称	临界直径/mm	炸药名称	临界直径/mm
氮化铅	0.01~0.02	2号岩石硝铵炸药	15
泰 安	1.0~1.5	梯恩梯	6
黑索金	1.0~1.5	硝酸铵	100

表4-2 一些炸药的极限直径

炸药名称	装药密度/g·cm^{-3}	极限直径/mm	炸药名称	装药密度/g·cm^{-3}	极限直径/mm
熔铸梯恩梯	—	50	黑索金	1.0	3~4
梯恩梯	1.6	10	熔铸铵梯(铵/梯=50/50)	—	120
梯恩梯	0.85	30			

4.6.3.2 装药密度

单体猛炸药和工业混合炸药的装药密度,对传爆过程有不同的影响。单体猛炸药的爆速随装药密度的增大而增大,如图4-8所示。工业混合炸药会存在一个密度值,当密度小于此密度时,爆速随密度增大而增大,当密度超过此值时,爆速反而会降低,甚至发生拒爆现象,如图4-9所示。

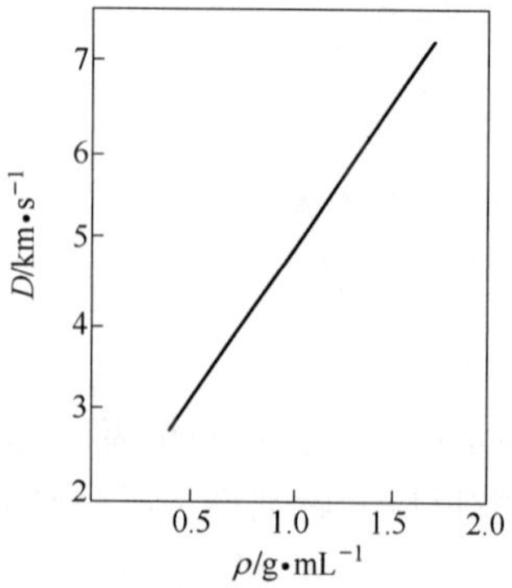

图4-8 TNT装药密度ρ对爆速D的影响

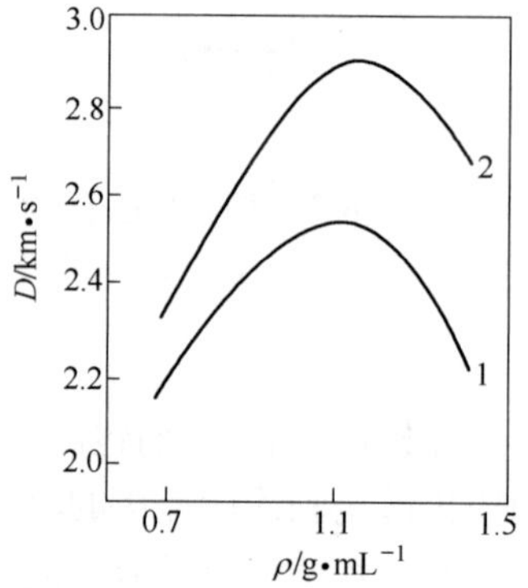

图4-9 混合炸药装药密度ρ对爆速D的影响

1—药包直径20mm;2—药包直径40mm

4.6.3.3　径向间隙

径向间隙指药包与炮孔壁间的空隙。对于敏感度和爆速高的单质猛炸药,径向间隙的影响不大;对于低敏感度、低爆速的工业混合炸药,受径向间隙影响较大,径向间隙的存在可能影响稳定传爆。经验表明,小直径炮孔爆破时,径向间隙约为 10 ~ 15mm 时,对传爆稳定性的影响显著。

4.6.3.4　炸药粒度

混合炸药的粒度愈细,爆炸反应的速度愈高,反应区的宽度愈小,能量损失愈少,有利于稳定传爆。混合炸药中,高敏感度炸药成分的颗粒粗、低敏感度炸药成分的颗粒细有利于各组分的充分爆炸反应。

4.6.3.5　药包外壳

坚固的外壳有利于炸药的爆炸反应。坚固的外壳可能使炸药的临界直径减小。尤其对于低感度的工业炸药,坚固的外壳有利于炸药的稳定传爆。当药卷的直径大于极限直径时,外壳的影响不明显。总之,药包的外壳坚固些对炸药的爆炸反应有利无害。

4.7　炸药的爆炸性能

衡量炸药爆炸性能的指标有爆速、爆热、爆容、爆压、爆炸功、猛度、爆力、爆破漏斗等。通过实验测定或理论计算可确定这些指标值。

4.7.1　爆速

如前所述,爆速 D 是爆轰波的传播速度,它是研究爆轰过程的重要参数,而且其测量技术成熟、测定结果精度较高。测量爆速常用导爆索、电测和高速摄影三类方法。

4.7.1.1　导爆索法

导爆索法测定爆速是最简单而且是最早的方法,适合于精度要求不太高的一般性测定,在生产应用中广泛地采用。导爆索法的基本原理是用已知爆速的导爆索与未知爆速的炸药进行比较,求出被测炸药的爆速。

测定方法如图 4-10 所示。被测炸药的药卷长 300 ~ 500mm、直径 30 ~ 40mm,导爆索长度 L 约 1.5m,导爆索的两端插入药卷中相距 l 的 A、B 两点,导爆索中点固定在铅板(厚 3 ~ 5mm)上的 E 点,并在铅板上刻上一条线做标记。药卷起爆后的爆轰波沿药卷传播,首先在 A 点起爆导爆索,然后在 B 点起爆导爆索,先后在 A、B 两点被起爆的同一导爆索的两端的爆轰波从两个方向相向传播,相遇于 F 点,由于爆轰波的叠加作用,在沿板上打下一个明显的痕迹。测出 E、F 间的距离 Δh,用已知的导爆索爆速 D_0 和 l、Δh 就可以计算出药卷炸药的爆速 D。

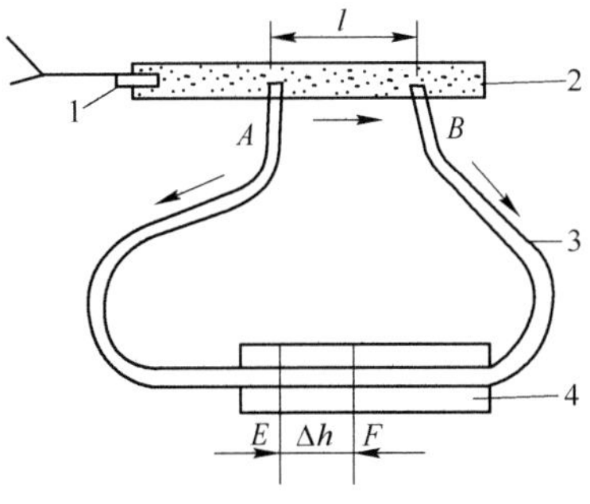

图 4-10　导爆索法测定爆速示意图
1—雷管;2—炸药卷;3—导爆索;4—铅板

设爆轰波从 A 点经 E 点到 F 点的时间为 t_1,从 A 点经 B 点到达 F 点的时间为 t_2。由于 E 点是导爆索的中点,有 $AE = L/2$,$BF + \Delta h = L/2$,因此有:

$$t_1 = \frac{\frac{L}{2} + \Delta h}{D_0} \qquad t_2 = \frac{l}{D} + \frac{\frac{L}{2} - \Delta h}{D_0}$$

由于 F 点是两个方向爆轰波的相遇点,故 $t_1 = t_2$,即:

$$\frac{\frac{L}{2} + \Delta h}{D_0} = \frac{l}{D} + \frac{\frac{L}{2} - \Delta h}{D_0}$$

求解上式中的爆速 D,得:

$$D = \frac{lD_0}{2\Delta h} \tag{4-4}$$

因为装药密度对爆速有明显的影响,所以在测定爆速同时,应测出试验时的装药密度,所测的爆速为该装药密度下的爆速。

4.7.1.2 电测法

电测法测量爆速在目前应用很广,其原理是用电子爆速仪测定爆轰波通过两点的时间来计算炸药的爆速。电子爆速仪实际上就是一台电子计时器,有单段的和多段的,多段的可同时测定多段的爆速。

如图 4-11 所示,在待测炸药药卷上相隔距离 l 的 1、2 两点插入两根常开(或常闭)探针传感器,当爆轰波传到测点 1 时,爆轰波的电离特性使探针 1 短路(常开探针接通,常闭探针断开),测速仪开始计时;当爆轰波传到探针 2 时,使其短路,计时器停止计时。测速仪所计时间即为爆轰波通过 1、2 两点的时间。用 1、2 两点的长度除以所用时间即为被测炸药的爆速。

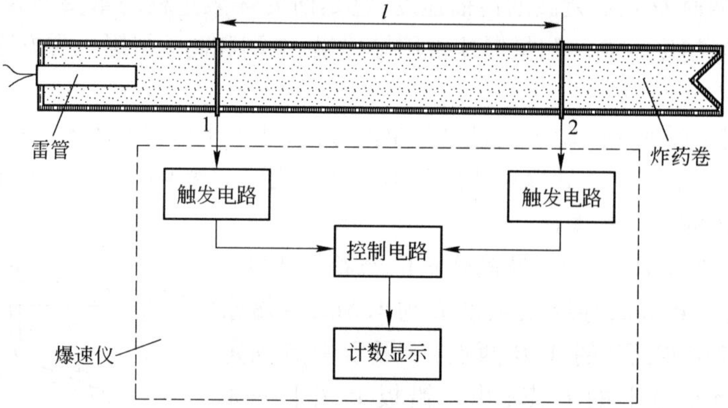

图 4-11 电测法测定炸药爆速示意图

电子爆速仪使用方便,精度高,多段爆速仪可同时测定多点间爆速。

4.7.1.3 高速摄影法

高速摄影法利用爆轰波阵面传播时伴有的发光现象,用高速摄影机将爆轰波阵面沿药柱移动的光迹拍摄记录在胶片上,得到爆轰波传播的时间—距离曲线,然后测量曲线上各点的瞬间传播速度。

此方法的原理比较简单,仪器结构复杂,各方面要求很高,现时应用并不多。随着数码高速摄像技术的快速发展,此方法更加方便。

4.7.2 爆热

单位质量的炸药爆轰时放出的热量称为爆热。是衡量炸药爆炸过程中释放出能量多少的重要指标。

4.7.2.1 爆热的实验测定

爆热可用量热弹测定，量热弹相当于一个坚固的保温瓶（图4-12），炸药在其内部爆炸，放出的热量加热水，用水温的变化可以计算出炸药的爆热。试验药量 50 ~ 100g，药包直径 30 ~ 40mm。试验装置是主体由优质合金钢制成的量热弹，直径 270mm、高 400mm、容积 5.8L、重量 137.5kg。量热装置分为三层。外层是木桶，中层为内壁抛光镀铬的钢板制成的保温桶，最内层为不锈钢制成的量热桶。木桶和保温桶之间填充泡沫塑料，以隔绝与外界的热交换。

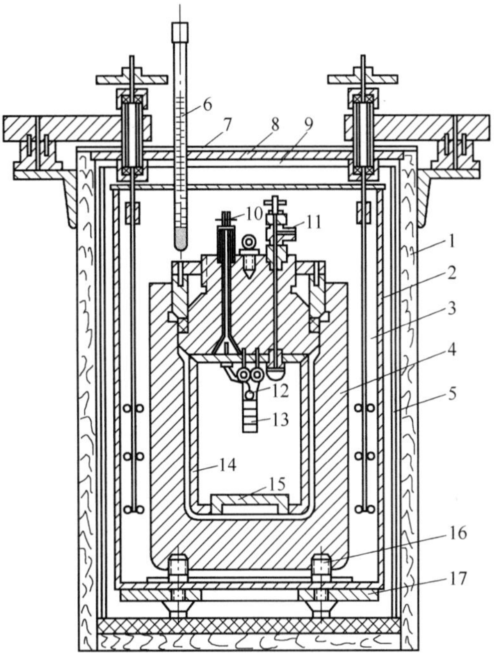

图4-12 爆热测定装置

1—水桶；2—量热桶；3—搅拌桨；4—量热弹体；5—保温桶；6—贝克曼温度计；7，8，9—盖；10—电极接线柱；11—抽气口；12—电雷管；13—药柱；14—内衬桶；15—垫块；16—支撑螺旋；17—底托

测定时将装有雷管的炸药试样挂在弹盖上，盖好弹盖。由抽气口抽出弹内空气，再用氮气转换弹内剩余空气，再次抽成真空；将弹体放入量热桶中，加蒸馏水直至淹没弹体为止，记下水的质量 M_w，恒温一小时，记下此时的水温 T_0，引爆炸药，水温会不断升高，记下最高温度 T。

炸药和雷管放出的热量为：

$$Q = C(M_w - M_m)(T - T_0) \qquad (4\text{-}5)$$

式中 C——水的比热容，kJ/(kg·℃)；

M_m——仪器的水当量，kg，此值可由标定获得。

所测炸药的爆热为：

$$Q_v = \frac{Q - q}{m} \qquad (4\text{-}6)$$

式中 Q_v——炸药爆热，kJ/kg；

q——雷管爆炸放出的热量，kJ，由实验测得；

m——炸药的质量，kg。

实验测定方法主要用于感度较高的炸药，对于感度较低的工业混合炸药，较小的试验药量往往爆炸反应不完全，不能释放出炸药的固有能量，因而达不到测定炸药实际爆热的目的，采用理论计算的方法更合适。

4.7.2.2 爆热的理论计算

爆热的计算需要知道炸药的化学组成、爆炸反应方程式和化学反应方程式中各种化合物的生成热，然后用盖斯定律计算。

由单质生成1mol 化合物时所吸收或放出的热量称为该化合物的生成热。单位是kJ/mol。

生成热有定容生成热 Q_v 和定压生成热 Q_p，这里所指为定容生成热 Q_v。生成热一般都是根据盖斯定律从化合物的燃烧热等数据来计算。目前对于化合物燃烧热的测定已达到较高的精度。常用炸药化合物和常见物质的生成热，可以查阅有关资料获得。

盖斯定律指出："化学反应的热效应与反应进行的途径无关，只与系统的最初状态和最终状态有关"。也就是说，如果用同样物质经过不同途径得到同一种最终产品时，则在这些途径中放出或吸收的热量总和是相等的。

为了利用盖斯定律计算爆热，可以将爆炸产物视为化学反应的最终产物，炸药化合物是中间产物，最初状态是炸药中包含的各种元素。由最初状态到最终状态可以有许多种途径，这里只考虑其中的两种途径，一种是由各种元素直接生成各种爆炸产物，其热效应为 Q_{1-3}；另一途径是由元素生成炸药化合物，然后经过爆炸反应生成爆炸产物，其热效应分别为 Q_{1-2} 和 Q_{2-3}，Q_{2-3} 就是爆炸反应放出的热量。根据盖斯定律可知 $Q_{1-3} = Q_{1-2} + Q_{2-3}$，得：

$$Q_{2-3} = Q_{1-3} - Q_{1-2} \tag{4-7}$$

例如，硝化甘油炸药 $C_3H_5(ONO_2)_3$ 的爆炸反应方程式为：

$$2C_3H_5(ONO_2)_3 = 6CO_2 + 5H_2O + 3N_2 + \frac{1}{2}O_2$$

相关化合物生成热可以查阅有关资料获得。硝化甘油炸药的生成热为350.2kJ，CO_2 的生成热为395.4kJ，H_2O 的生成热为282.4kJ。所以，炸药化合物的热效应 $Q_{1-2} = 2 \times 350.2 = 700.4$kJ，爆炸产物的热效应 $Q_{1-3} = 6 \times 395.4 + 5 \times 282.4 = 3784.4$kJ。该爆炸反应放出的热量为 $Q_{2-3} = 3784.4 - 700.4 = 3084.0$kJ。硝化甘油炸药的爆热为 $Q_v = 3084/2 = 1542$kJ/mol。

用盖斯定律计算爆热应注意：

(1) Q_{1-3}、Q_{1-2} 和 Q_{2-3} 都应是同等条件（定容或定压）下的生成热；

(2)化学反应无论是一步还是分步完成，其最终产物的摩尔数和聚集态都必须相同。

4.7.3 爆容

单位质量的炸药爆炸产生的气体产物在标准状态下的体积称为炸药的爆容，常用单位为L/kg。因为爆炸产物中的固体所占体积相当少，可以忽略，所以爆容实际上是衡量炸药爆炸产物体积的指标。爆容可以精确计算。

1mol气体在标准状态下的体积为22.4L，如果爆炸反应方程已知，则爆容的计算就很容易。设爆炸反应方程式为：

$$a_1M_1 + a_2M_2 + \cdots + a_mM_m = b_1X_1 + b_2X_2 + \cdots + b_nX_n + c_1Y_1 + c_2Y_2 + \cdots + c_kY_k$$

式中 $a_1,\cdots,a_m$——炸药各组分的物质的量；

$M_1,\cdots,M_m$——炸药各组分的分子量；

$b_1,\cdots,b_n$——爆炸产物中各气体产物的物质的量；

$X_1,\cdots,X_n$——爆炸产物中的气体组分的分子量；

$c_1,\cdots,c_k$——爆炸产物中固体产物的物质的量；

$Y_1,\cdots,Y_k$——爆炸产物中固体组分的分子量。

那么该炸药的爆容 v_0（单位为L/kg）为：

$$v_0 = \frac{22.4 \times \sum_{i=1}^{n} b_i}{\sum_{i=1}^{m} a_i M_i} \times 1000 \tag{4-8}$$

炸药爆容的计算是以炸药按理想反应方程式完全反应为条件的，由于炸药的爆炸反应不完全、不完全按反应方程式进行等原因，实际爆容会与计算值有差异。

4.7.4　爆压

爆压也称爆炸压力。在爆轰过程中，产物内的压力分布不均匀，随时间变化，爆压是指爆轰结束后时，爆炸产物在炸药初始体积内达到平衡后的流体静压强。

假设理想气体状态成立，则按理想气体状态方程有：

$$P = \frac{n \cdot M \cdot R \cdot T}{V} \tag{4-9}$$

式中　P——爆压，Pa；

n——单位质量的炸药生成气体的物质的量，mol/kg；

R——气体常数，为 8.314J/(mol · K)；

T——爆温，K；

M——炸药的质量，kg；

V——装药体积，m^3。

对于一定的炸药，nRT 为常数，称为炸药力(或比能)，用 f 表示，即 $f = nRT$，单位是 J/kg；M/V 是单位容积内炸药的质量，称为炸药的装药密度，用 ρ_0 表示，单位是 kg/m^3。将 f 和 ρ_0 代入上式得：

$$P = f\rho_0 \tag{4-10}$$

用上述理想气体状态方程求得的爆压一般偏低。这是因为在标准状态下，气体分子间的距离比分子直径大得多，气体的体积是指气体分子距离构成的体积。在炸药爆轰状态下，气体分子的密度较大，气体分子本身所占有的体积(一般称余容)就不能忽略，可供气体分子运动的自由空间相对较小。用阿贝尔方程对这一点进行修正得：

$$P = \frac{\rho_0 f}{1 - \alpha\rho_0} \tag{4-11}$$

式中，α 为余容，约等于标准状况下所占体积的 0.001。

4.7.5　爆炸功

炸药爆炸做功的能量转化过程类似于一个特殊的“热机”，其化学能在爆炸反应中转化为热能，在爆炸气体产物的膨胀过程中，热能转化为机械功——爆炸功。

根据热力学第一定律和绝热过程方程可推导出爆炸功 A 的理论计算式：

$$A = Q_v\left(1 - \left(\frac{V_1}{V_2}\right)^{K-1}\right) \tag{4-12}$$

或

$$A = Q_v\left(1 - \left(\frac{P_2}{P_1}\right)^{\frac{K-1}{K}}\right) \tag{4-13}$$

式中　Q_v——爆热；

V_1——爆炸气体膨胀前的体积，即原装药体积；

V_2——爆炸气体膨胀到常温常压时的体积，约等于炸药的比体积；

P_1——爆炸气体膨胀前的压力，即爆压；

P_2——爆炸气体膨胀后的压力；

K——爆炸气体的绝热指数。

从以上公式可知，炸药的最大做功能力与爆热成正比，爆热愈大的炸药，其做功能力愈大。炸药的理想做功效率则与爆压、比容及绝热指数等有关。

炸药的理论爆炸功是根据理想条件求得的理论数据，它只能作为比较各种炸药理想做功能力的相对指标，对实际做功能力仅起参考作用。因为在任何实际爆破中由于化学能损失、热能损失、无效机械功等，炸药的爆炸功都不可能达到其理想值。

常见炸药的爆炸功见表4-3。

表4-3　常见炸药的爆炸功

炸药名称	爆炸功/$J \cdot kg^{-1}$	炸药名称	爆炸功/$J \cdot kg^{-1}$
硝化甘油	6.2×10^6	雷　汞	1.7×10^6
泰　安	5.9×10^6	叠氮铅	1.6×10^6
黑索金	6.3×10^6	硝酸铵	1.4×10^6
特屈儿	4.6×10^6	2号岩石铵梯炸药	3.7×10^6
梯恩梯	4.2×10^6	2号煤矿铵梯炸药	3.3×10^6

提高炸药能量利用率，通常采取的措施有：

（1）保证炸药稳定爆轰，如增大装药直径、选取合理的装药密度、给予足够的起爆能及防止炸药变质等，以减少化学能损失。

（2）使爆炸气体在逸散到大气之前，得以充分膨胀的机会。如提高装药的密封性、合理确定爆破的最小抵抗线等，以减少爆炸的热损失。

（3）根据不同的爆破目的要求及爆破条件，选择合理的炸药参数及爆破参数，降低无效功消耗。例如，通过改变装药密度、调整炸药爆速的方法，可以改变炸药爆炸功的分布状况，以使炸药的爆炸作用尽可能符合爆破作业的要求。

4.7.6　猛度

炸药爆炸对其邻近介质所产生的局部压缩、粉碎或击穿作用的程度称为炸药的猛度。猛度反映了爆轰所产生的冲击波对周围介质动效应的强度，所以猛度的大小主要取决于爆轰波波阵面参数。炸药的爆轰压力或爆轰速度愈高，其猛度愈大，对邻近介质的压缩或击碎作用也就愈强烈。因此，在理论上，猛度可用爆轰压力来表示，即 $B=\rho D^2/4$（B 为炸药的猛度，ρ 为装药密度，D 为爆速），作为估量炸药爆轰瞬间最初阶段局部做功能力的相对指标。

在工程上，通常采用铅柱压缩法测定炸药的猛度。如图4-13所示。将直径40mm，高60mm的铅柱置于厚约20mm、直径约200mm的钢板座上。在铅柱上放一厚度10±0.2mm、直径41±0.2mm的圆钢片。称取要测定的炸药50g(精确到0.1g)装入内径40mm的纸筒内(筒壁厚0.15~0.2mm),然后将炸药压成中心有孔(直径7.5mm、深15mm)、装药密度为1g/cm^{3}的药柱,其上面盖中心穿孔的圆形纸板(厚1.3~2mm,直径39mm),插入8号工业雷管。将已装好的药柱置于钢片上,并用细绳扎好固定于钢板的小钩上,注意保持药柱、钢片及铅柱的中心在同一轴线上。炸药爆炸后,铅柱被压缩成蘑菇形,爆炸前后铅柱的高差即为被测炸药的猛度,精度为0.1mm。

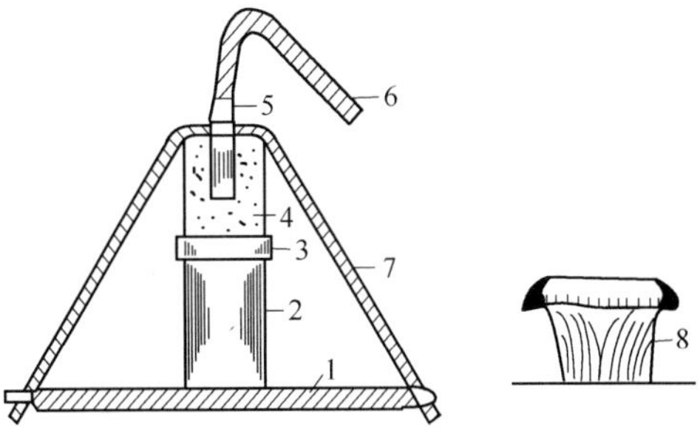

图4-13 铅柱压缩法测定炸药猛度示意图
1—钢板座;2—铅柱;3—圆钢片;4—药柱;5—雷管;6—导火索;7—细绳;8—爆炸压缩后的铅柱

一些炸药的猛度值见表4-4。

表4-4 一些炸药的猛度值

炸药名称	密度/g·cm^{-3}	猛度/mm	炸药名称	密度/g·cm^{-3}	猛度/mm
梯恩梯	1.0	16~17	泰安	1.7	23~25
梯恩梯	1.2	18.8	二号岩石铵梯	0.9~1.0	12~14
苦味酸	1.2	19.2	二号煤矿铵梯	0.9~1.0	10~12
黑索金	1.5	21.2	铵油炸药	0.9~1.0	9~12
特屈儿	1.0	18~19	铵沥蜡炸药	0.9~1.0	8~9

4.7.7 爆力

爆力是估量炸药在介质内部爆炸时总的做功能力的相对指标,它表示炸药爆炸对周围介质整体的压缩、破坏和抛移等作用的威力。爆力反映了爆炸冲击波(应力波)在介质中的动作用和爆炸气体膨胀静作用的联合总效果。爆力的大小主要取决于炸药的爆热、爆温和爆炸生成气体量。爆热大、爆温高、爆生气体量多的炸药,其爆力大,对爆破对象的破坏作用就大。在工程爆破中,爆力大的炸药对岩土的破坏和抛掷作用强。

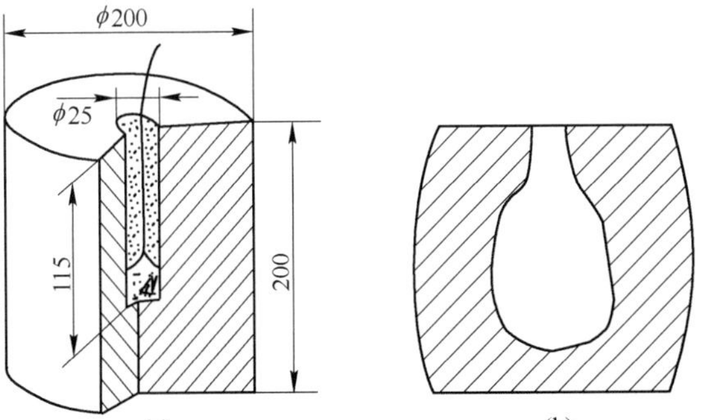

图4-14 铅柱扩孔法测定炸药爆力示意图
(a)爆炸前;(b)爆炸后

炸药爆力测定通常采用铅柱扩孔法,如图4-14所示。试验采用圆柱状不含杂质的铅柱体,中心有一圆柱状装药孔。测定时,称取炸药10g,装入直径24mm的锡箔纸或牛皮纸筒内,将炸药压制成密度1g/cm^{3}并带有插雷管的小孔的药柱,在小孔中插入8号雷管,插深15mm。然后将装配好的药柱放入铅柱体的装药孔中,再用粒度0.42~0.7mm的石英砂填满药柱上部空隙(石英砂自由倒入,不要振动或捣固)。炸药起爆后,铅柱装药孔扩大成类似梨形的内腔。将铅柱倒置,清除内腔的残留物,最后用量筒向内注水测其体积,从中减去爆炸前装药孔原有体积和8号雷管扩孔体积(即8号雷管的爆力),所剩值即表示该炸药的爆力(单位mL)。有的测定方法计算时不减雷管的爆力。

爆力试验每份试验平行做2个测定,取其平均值,精确到1mL。平行测定误差不超过20mL。试验要求在15℃条件下进行,若不在该温度下试验,因铅的可塑性受温度的影响,所测得的爆力值应按表4-5中的修正量进行修正。一些炸药的爆力值见表4-6。

表4-5 爆力测定温度修正值

温度/℃	-30	-25	-20	-15	-10	-5	0	+5	+8	+10	+15	+20	+25	+30
修正量/%	+18	+16	+14	+12	+10	+7	+5	+3.5	+2.5	+2.0	0	-2	-4	-6

表4-6 一些炸药的爆力值

炸药名称	爆力/mL	炸药名称	爆力/mL
硝化甘油	600	雷汞、叠氮化铅	110
泰　安	580	2号岩石铵油	320
黑索金	520	92-4-4铵油	300
梯恩梯	300	2号煤矿铵梯	250

在实际爆破施工中,炸药的爆力是选择炸药品种和确定爆破所需炸药量的重要依据之一。一般来说,岩石愈坚固,或要求加强抛掷时,宜选用爆力大的炸药。炸药的爆力愈大,炸药消耗量相应降低。

4.7.8 爆破漏斗

以上各种确定炸药爆炸能或爆炸能力的理论计算或实测方法在工程爆破中主要起参考作用,不能直接应用。爆破漏斗是一个实用指标。

爆破漏斗就是埋在拟爆破介质中的炸药爆炸后形成的漏斗状坑体的体积,依此衡量炸药的爆炸威力。用爆破漏斗对不同炸药的爆炸威力进行比较时,需要把不同炸药埋在同等条件的介质中进行测定。爆破漏斗测定方法目前还没有规定的统一标准。对于具体的爆破工程,现场的爆破漏斗试验结果具有实用性,比任何其他方法都可靠,但其结果不能直接用于不同条件下的爆破。

爆破漏斗测定如图4-15所示。在均质土或砂中钻一炮孔,将一定量炸药做成药包放入炮孔,然后充填起爆。炸药爆炸后在地面上形成一爆破漏斗坑,测量其可见深度为H,坑口平均直径为D,将爆破漏斗当作圆锥体计算出其体积V:

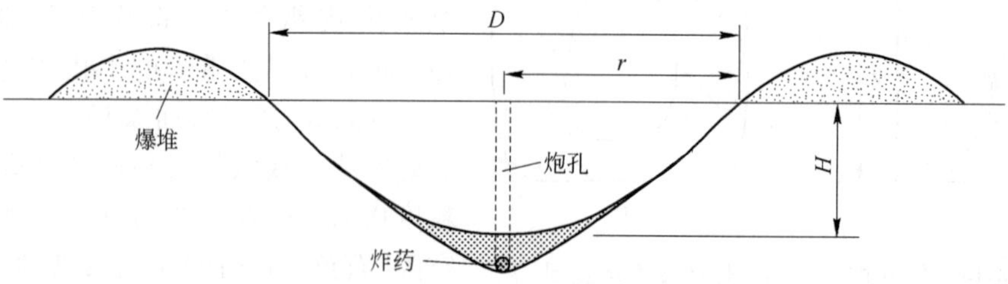

图4-15 爆破漏斗示意图

$$V = \frac{1}{12}\pi D^2 H$$

爆破漏斗体积大,说明炸药的爆破能力强。爆破漏斗测定对于岩土类爆破较为恰当,对于其他介质的爆破不一定合适。

4.8 常用单质炸药

只含有一种化学物质(一般是化合物)的炸药称为单质炸药。单质炸药主要有起爆药、单质猛炸药和单质弱炸药。

4.8.1 起爆药

起爆药用来引发其他炸药爆炸。起爆药主要用于起爆器材,是任何爆破的最初爆炸或点燃的炸药。起爆药的特点是能在较小的外能如针刺、撞击、摩擦、火焰、电信号激发下爆炸。起爆药的威力比高威力猛炸药稍低,用量非常少,但对爆破的可靠性起至关重要的作用。了解起爆药的类型和性能特点有利于起爆器材的正确使用。起爆药应满足下列基本要求:

(1) 起爆药必须具有适当的敏感度。它既要准确适时地被预定作用如火焰或热引燃或引爆,以保证后续炸药的可靠爆炸,又必须保证在制造、运输、贮存、使用过程中的安全。

(2) 起爆药必须有足够的起爆能力。以便足以使它下一级的炸药爆炸。起爆药的起爆能力愈大,引爆同一爆炸物所需的起爆药量就愈少,为起爆器材的制造、运输、贮存、使用提供有利条件,也提高了起爆器材的安全性。

(3) 起爆药必须有很好的物理安定性、化学安定性及对相接触材料的相容性。保证在制造、储存、使用中不会发生化学或物理性质变化。

(4) 要求制造起爆药的原材料来源广泛,生产工艺简单易行,操作安全且重现性好。

起爆药的品种非常多,制造工艺也不完全相同,不同国家不同厂家的产品的性能也有区别,这里仅介绍几种常见的起爆药及其基本性能。

4.8.1.1 雷汞

雷汞的分子式为 $Hg(CNO)_2$,为白色或灰白色的微细晶体,密度 4.3 ~ 4.4g/cm^3,不溶于水。如果其内含有 10% 的水分,点燃后只燃烧不爆炸;含有 30% 水分时就不能点燃,因此雷汞可以安全地存放于水中。雷汞与硫代硫酸钠作用生成无爆炸性的化合物,利用此性质可以销毁少量废雷汞。雷汞会与铝发生较强烈的化学反应而生成极易爆炸的雷酸盐,所以用雷汞为起爆药的起爆器材的外壳不能是铝。雷汞的爆发点约为 170℃,雷汞具有良好的火焰感度,对针刺和撞击的感度适中。雷汞有毒,皮肤接触会发生湿疹或皮炎。由于雷汞耐压性不好、热安定性差、有毒性、产物有腐蚀性等缺点,在起爆器材中逐渐被其他起爆药代替。

4.8.1.2 叠氮化铅

叠氮化铅的分子式为 $Pb(N_3)_2$,通常为白色针状晶体,不溶于水。与雷汞不同,在潮湿状态下,甚至含水 30% 也不失去爆炸能力。叠氮化铅易与铜发生反应而生成敏感的叠氮化铜,所以用叠氮化铅为起爆药的起爆器材不用铜做外壳。叠氮化铅有良好的热安定性,50℃下存放 3 ~ 5 年其性能几乎无变化,即使在 200℃ 下几小时也不失去其爆炸能力,故常用于耐高温雷管的起爆药。叠氮化铅的爆发点为 327 ~ 360℃,密度 3.8g/cm^3 和 4.6g/cm^3 时爆速分别为4500m/s和5300m/s。叠氮化铅的撞击感度和热感度都不高，比雷汞低，需添加其他成分以提高其火焰感度。叠氮化铅的起爆能力高于雷汞。叠氮化铅有毒，其分解产生的氮氢酸毒性更大。

4.8.1.3 二硝基重氮酚

二硝基重氮酚（简称DDNP）的分子式为$C_6H_2(NO_2)_2NO$，是目前生产量最大的起爆药。干燥的二硝基重氮酚的爆发点为170～175℃，纯二硝基重氮酚为黄色针状晶体，表观密度为0.23～0.75g/cm^3。二硝基重氮酚的撞击感度和摩擦感度都比雷汞和叠氮化铅低，起爆能力比雷汞大一倍，热感度介于雷汞和叠氮化铅之间。二硝基重氮酚的安定性好，在常温下长期贮存于水中仍不降低其爆炸性能。二硝基重氮酚是目前工业雷管的主要用药。

上述三种起爆药的主要性能见表4-7。

表4-7 常用起爆药的性能

爆炸性能	起爆药名称		
	雷汞	叠氮化铅	二硝基重氮酚
爆发点/℃	170～180	330～340	170～175
爆容/$m^3 \cdot kg^{-1}$	300	308	553
爆热/$kJ \cdot kg^{-1}$	1.72×10^6	1.59×10^6	1.84×10^6
爆温/℃	4350	5300	4650
爆速/$m \cdot s^{-1}$	5400	5300	5400
爆力/mL	110	115	230
水中爆炸性	含水30%时拒爆	水中能爆炸	水中能爆炸

4.8.2 单质猛炸药

4.8.2.1 梯恩梯

梯恩梯（缩写TNT）的分子式为$C_6H_2(NO_2)_3CH_3$，学名三硝基甲苯。梯恩梯是甲苯经三段硝化制成，为黄色晶体，所以也称黄色炸药，晶体密度为1.654g/cm^3（21℃，单斜晶体）。梯恩梯的吸湿性很小，几乎不溶于水，可用于有水炮孔中装药，是应用广泛、性能良好的防水炸药。梯恩梯的热安定性好，常温下不自行分解，在180℃以上才显著分解；但遇火能燃烧，大量燃烧或在密闭条件下燃烧时，可转为爆炸。梯恩梯的机械敏感度较低，但混入硬质掺合物时易爆炸，故在制造、运输和使用时应加以注意。

梯恩梯大量用于军事，工业炸药中用作敏化剂和加强剂，也常用作雷管的加强药和起爆弹的装药，也可以单独作为工程爆破的主装药，但成本比工业炸药高，安全性不如工业炸药。

4.8.2.2 黑索金

黑索金（缩写RDX）的分子式为$C_3H_6N_3(NO_2)_3$，学名环三亚甲基三硝胺。黑索金由乌洛托平经硝化制成，为白色晶体，密度1.799g/cm^3（22.8℃）。黑索金不溶于水，含水不失去爆炸作用，不与金属作用，是爆炸性能优于梯恩梯的防水炸药，但生产成本也比梯恩梯高。黑索金的热安定性好，机械敏感度比梯恩梯高，加工时应采取钝化措施。

黑索金大量用于军事、导爆索的药芯、雷管的加强药和起爆弹的装药，也可以单独用作主爆炸药。由于成本和安全问题，在工程爆破中很少大量使用。

4.8.2.3 泰安

泰安（缩写PETN）的分子式为$C(CH_2ONO_2)_4$，学名季戊四醇四硝酸酯。泰安由季戊四醇与浓硝酸硝化制成，为白色晶体，密度 1.778g/cm³（22℃）。泰安不吸湿、不溶于水，可溶于丙酮等有机溶剂。用途和黑索金相同，综合性能优于黑索金。

4.8.2.4 硝化甘油

硝化甘油（缩写 NG）的分子式为 $C_3H_3(ONO_2)_3$，学名丙三醇三硝酸酯。硝化甘油由丙三醇经硝化制成，为无色或淡黄色油状液体，有毒，密度 1.591g/cm³（25℃）。硝化甘油不溶于水，在水中不失去爆炸性能，是一种敏感度很高、防水性能很好的防水炸药。硝化甘油对撞击、摩擦、振动和热都很敏感，在 13.2℃凝固，此时极为敏感。

由于其极高的敏感度，不能单独使用，必须与其他物质（如黏土、锯末、硝酸铵等）混合降低其敏感度才能使用。硝化甘油炸药虽然爆炸性能好，但由于其安全性差，目前工业上使用较少。长期处于硝化甘油炸药环境容易产生头痛病。

4.8.2.5 特屈儿

特屈儿（缩写 CE）的分子式为 $C_6H_2(NO_2)_4NCH_3$，为白色晶体，工业品为淡黄色，密度 1.74g/cm³（21℃），是一种高性能的炸药。特屈儿难溶于水，不吸湿，易溶于苯、二氯乙烷和丙酮等，与硝酸铵强烈反应放出热量可能导致爆炸。

特屈儿的用途和黑索金、泰安相同。由于其毒性较大，逐渐由黑索金、泰安代替，现已很少使用。

4.8.2.6 奥克托金

奥克托金（缩写 HMX）的分子式为 $(CH_2NNO_2)_4$，学名环四亚甲基四硝胺。奥克托金由环六亚甲基四胺与浓硝酸、醋酐、醋酸、硝酸铵等作用而制成，为无色晶体，密度为 1.9g/cm³，熔点 278.5 ~ 280℃，爆速 9110m/s，是一种热安定性、密度和爆炸性能都比黑索金高，综合性能优良的单质炸药。奥克托金不溶于水，在二甲基亚砜、二甲基甲酰胺中有较大的溶解度。

奥克托金可以单独使用，或在混合炸药中作为主要爆炸成分；可以代替黑索金用于导弹、核武器和其他高威力炮弹装药，以及工业起爆器材的用药。但目前奥克托金的制造成本比黑索金还高，使其在工程爆破的应用受到限制。

4.8.2.7 苦味酸

苦味酸（缩写 PA）的分子式为 $C_6H_3N_3O_7$，学名三硝基苯酚。苦味酸由苯酚经磺化和硝化而成，为黄色晶体，味苦有毒，晶体密度 1.763g/cm³，难溶于冷水，较易溶于热水、乙醇、乙醚，易与多种金属（除锡外）作用而生成更敏感的苦味酸盐，摩擦、撞击敏感度高。苦味酸的爆速为 7350m/s（密度 1.763g/cm³时），爆热 4395kJ/kg。尽管其爆速、威力和猛度都比梯恩梯高，但综合性能不如梯恩梯，所以第一次世界大战以后逐渐由梯恩梯代替，但用苦味酸可以制成苦味酸铵和二硝基重氮酚（起爆药）。

4.8.2.8 六硝基芪

耐热炸药六硝基芪（缩写 HNS）的分子式为 $C_{14}H_6N_6O_{12}$，学名六硝基二苯乙烯、六硝基联苄。六硝基芪由梯恩梯在四氢呋喃-甲醇溶液中与次氯酸钠反应制成，为黄色晶体，密度为 1.74g/cm³，熔点 313 ~ 315℃，爆速 7000m/s（密度 1.70g/cm³时）。

六硝基芪具有良好的热稳定性，机械感度低，对静电火花不敏感，并具有良好的抗辐射性，是一种良好的耐热、低感度炸药，可制成高聚物黏结炸药。常用于火箭、导弹等武器战斗部的爆炸药，曾制成软导爆索用于宇航飞行器上。利用六硝基芪的耐热、低感度的特性，可以在温度较高的环境下使用，但其成本较高，限制了它的广泛应用。

4.8.2.9 三氨基三硝基苯

耐热炸药三氨基三硝基苯（缩写 TATB）的分子式为 $C_6H_6N_6O_6$，由均三氯三硝基苯与氨在甲苯中反应而制成，为黄色粉状晶体，在太阳光或紫外线照射下变为绿色，密度 1.937g/cm^3，熔点 350℃（伴随分解），差热分析放热反应温度 347℃。除能溶于浓硫酸外，几乎不溶于所有的有机溶剂。爆速 7606m/s（密度 1.875g/cm^{3}时），撞击感度 320cm，摩擦感度为零，氧平衡 -55.8%。

三氨基三硝基苯是一种性能优良的耐热、低感度炸药，具有润滑性，易于压装成型，可制成高聚物黏结炸药。其应用情况与六硝基芪相同。

4.8.2.10 硝基胍

耐热高能炸药硝基胍（缩写 NQ）的分子式为 $CH_4N_4O_2$，又称橄苦岩。用浓硫酸将硝酸胍硝化而制成，为无色晶体，密度 1.77g/cm^3，熔点 232℃（伴随分解），爆发点 275℃（5s），爆速 7650m/s（密度 1.55g/cm^{3}时）。难溶于水，溶于二甲基亚砜和二甲基甲酰胺。硝基胍的撞击、摩擦、爆炸感度都很低，压装密度过高也不易起爆，是一种耐热高能炸药。

硝基胍和其他炸药混合可以制成耐高温的高能炸药，广泛应用于各种弹体装药，也可以在环境温度高的特种爆破中应用。

4.8.2.11 622 炸药

662 炸药的分子式为 $C_3H_4N_6O_7$，由乌洛托平、尿素和硝酸合成制得，为白色晶体，理论密度 1.940g/cm^3，熔点 183℃。爆速 9182m/s（密度 1.895g/cm^{3}时）。662 炸药的冲击感度较低，燃烧时易转为爆炸，水解安定性较差。其性能与奥克托金相当。

622 炸药是一种成本较低的高能炸药。以 622 炸药为主体制成的混合炸药爆炸能量高、撞击感度低、物理化学安定性好，并具有良好的成型性和力学性能。适合于装填破甲弹等武器，也可以在特定的控制爆破中使用。

4.8.3 单质弱性炸药——硝酸铵

硝酸铵的分子式为 NH_4NO_3，是一种价格低廉、敏感度低、爆炸威力较低、安全性好的单质炸药，由氨和硝酸反应制成。硝酸铵是目前工业炸药的主要成分，含量占一般工业炸药的 80% 以上。硝酸铵的性能对工业炸药的生产、贮存、使用影响很大，所以有必要对硝酸铵进行较详细介绍。

4.8.3.1 物理性质

硝酸铵的相对密度 1.725(25℃)，堆集密度 0.85 ~ 0.95g/cm^3（粉状）和 0.75 ~ 0.85g/cm^3（多孔粒状）；熔点 169.6℃，且随水分含量增加而降低；极易溶于水，溶解时吸收大量的热(26.9kJ/mol)，溶于甲醇、乙醇、丙酮和液氨，不溶于醚。

硝酸铵呈现多晶性，不同温度下呈现不同形态的晶系。

硝酸铵炸药的结块性给使用和贮存带来许多不便，其结块的原因主要是由于：

(1) 重结晶作用。从空气中吸收的水分吸附在硝酸铵的表面上，使颗粒表面层溶解形成饱和溶液膜。在表面张力和毛细作用下，饱和溶液在颗粒间搭成“液桥”；当温度下降或湿度降低到低于吸湿点时，硝酸铵的溶解度减小或饱和溶液中水分蒸发，液桥中被溶解的硝酸铵就会部分地或全部地重结晶，使相邻颗粒牢固地黏结在一起，成为致密的硬块，影响其性能。

（2）硝酸铵在不同温度时的晶形改变会带来体积和热的变化，进而引起结块。

（3）外力挤压也会使硝酸铵黏结成块。

4.8.3.2 化学性质

硝酸铵是一种氧化剂，能够和还原剂发生氧化还原反应，所以硝酸铵能够和某些金属（如：Pb、Ni、Zn、Cu、Cd）发生反应，有水存在时反应加快，尤其和 Cu、Cd 的作用最为明显，反应生成易爆炸的亚硝酸盐。硝酸铵不易与 Al、Sn 反应，所以硝酸铵的生产中多用铝制品。由于硝酸铵的氧化性，当其黏附于纸片、布、麻袋等纤维性物质时，在一定温度下就可能产生加速的氧化还原反应而引起自燃。

硝酸铵在温度达到或超过 110℃时，才发生比较明显的热分解反应：

$$NH_4NO_3 = NH_3 + HNO_3$$

$$5NH_3 + 3HNO_3 = 9H_2O + 4N_2$$

185 ~ 200℃时的分解反应为：

$$NH_4NO_3 = NO_2 + 2H_2O$$

200 ~ 280℃时的分解反应为：

$$2NH_4NO_3 = 2N_2 + O_2 + 4H_2O$$

400℃以上发生爆炸反应：

$$8NH_4NO_3 = 2NO_2 + 4NO + 5N_2 + 16H_2O$$

4.8.3.3 爆炸性质

硝酸铵是一种低威力钝感弱爆炸药，其机械感度和热感度均很低，这也正是硝酸铵大量用于工业炸药的重要原因之一。硝酸铵不单独用作炸药，常作为混合炸药的主要成分。硝酸铵的爆炸性能见表 4-8。

表 4-8 硝酸铵的爆炸性能

爆热/kJ · kg^{-1}	爆温/℃	爆容/L · kg^{-1}	爆速/m · s^{-1}	爆力/mL	猛度/mm	氧平衡/%
1440	1230	980	1100 ~ 2700	180 ~ 220	1.5 ~ 2.0	+20

4.8.3.4 吸湿结块的预防

以硝酸铵为主要成分的混合炸药都存在吸湿结块问题。吸湿、结块会极大地影响混合炸药的爆炸性能，并给硝酸铵类炸药的贮存、运输、使用带来不便，所以对这类炸药需采取必要的防吸湿结块措施。

（1）添加防潮剂。防潮剂有两类，一类是憎水物质，如松香、石蜡、沥青、凡士林等，它们均匀地包覆在硝酸铵颗粒表面上，使其与空气隔离，起到防水作用；另一类是表面活性剂，如硬脂酸钙、硬脂酸锌等，这类物质的分子结构由体积很大的憎水集团（如硬脂酸根）和体积很小的亲水集团（如钙、锌）组成，亲水集团包裹在硝酸铵颗粒的外表，憎水集团朝外，在硝酸铵颗粒外表形成一层憎水膜，起到隔离液桥的作用，从而增强了抗水性，防止结块。

（2）添加晶形改变剂。常用酸性品红作为晶形改变剂，它可以溶解于硝酸铵颗粒间的溶液中，当硝酸铵重结晶时，品红的分子吸附于硝酸铵晶体的表面，抑制了晶体的正常发育，形成松散的树枝状结晶，起到防止结块的作用。

（3）添加隔离剂。常用白云石粉、明矾粉、铝粉等无机粉状物，它们可以使硝酸铵颗粒互相隔离或吸收其表面水分,达到良好的松散性。

(4) 生产抗水硝酸铵。在硝酸铵生产过程中加入硫酸高铁铵(0.39%)、硼酸和石蜡(0.3%～0.35%),使硝酸铵具有良好的抗水性。

(5) 合理的加工工艺。在硝酸铵的生产过程中,采用合理的加工工艺,严格控制水分、空气湿度、温度,采用防潮包装,对防止吸湿结块都是必要的措施。

4.9 工业炸药

工业炸药主要用于采矿、地质、交通、水利水电、石油、建筑、城市改造、机械加工等工业部门的爆破,是和平年代常用炸药,用量最大,也称民用炸药。工业炸药对其生产、贮存、运输和使用的安全性和成本都有较高要求,这是和军用炸药的明显区别。由于工业炸药的特定应用条件,要求工业炸药有良好的爆炸性能,具有足够的威力和必要的敏感度;制造、运输、贮存和使用安全可靠,爆炸后生成的有毒气体少;理化性能稳定,在规定的贮存期内不变质失效;原料来源广、加工容易、制造成本低。

目前国内外大量应用的工业炸药都是混合炸药,主要是以硝酸铵为主要成分的硝铵类混合炸药。主要原因是硝酸铵的生产原材料来源广、工艺简单、价格低廉;机械和热敏感度都低,因而安全性好;具有足够的爆炸威力。

当遇到炸药用量不是很大、水中爆破、高温爆破、爆破对象强度高或其他特殊要求时,采用某些单质猛炸药会达到事半功倍的效果。

4.9.1 黑火药

黑火药由硝酸钾、木炭和硫黄机械混合而成;硝酸钾是氧化剂,木炭是可燃剂,硫既是可燃剂,又能使碳和硝酸钾只进行生成二氧化碳的反应,阻碍一氧化碳的生成,改善黑火药的点火性能,而且还起到碳和硝酸钾间的黏合作用,有利于黑火药的造粒,降低黑火药的发火点。还有用硝酸钠、硝酸铵、硝酸钡、氯酸钾及过氯酸钾等作氧化剂,以煤粉作可燃剂的黑火药。各成分在黑火药中的性质、作用以及不同用途的黑火药的配方见表4-9。

表4-9 黑火药组分的性质及其用途和配比 (配比单位:%)

组分名称 性 质 作 用		硝酸钾 氧化剂 供 氧	硫 燃烧剂 黏合、燃烧	木 炭 还原剂 燃 烧
用 途	导火索	60～70	20～30	10～15
	爆破药	70～75	10～12	15～18
	发射药	74～78	8～10	12～16
	点火药	80		20

黑火药有黑色粉状和黑色粒状,粒状药具有金属光泽,密度1.6～1.9g/cm^3,表观密度0.8～1.0g/cm^3,发火点400℃(5s),爆容280L/kg,爆热2500～3000kJ/kg,爆温2500K。黑火药可以燃烧、爆燃和爆炸,取决于反应条件。黑火药极易燃烧,燃速取决于环境压力和密度,密度低时只燃烧,密度加大时,可由燃烧转化为爆燃,在密闭空间,则转为爆炸。作为起爆器材的导火索是用黑火药为药芯,正常应该是燃烧,一米燃烧约2min,如果发生爆燃,速度会成百倍增加,发生爆破事故。黑火药对撞击、摩擦和火焰都很敏感,增加了制造、贮存、运输和

使用的隐患。

目前黑火药仍然大量被用于烟花爆竹、石材开采、起爆器材。

4.9.2　铵梯类炸药

铵梯炸药也称硝铵炸药，主要成分是硝酸铵(80%以上)和梯恩梯(10%左右)，还有少量木粉、石蜡、沥青等。其中硝酸铵是主要爆炸成分，也是氧化剂；梯恩梯是敏化剂，也是还原剂；木粉起疏松作用，也是燃料；为了使炸药具有一定的防水能力，必要时加入少量石蜡、松香、沥青或凡士林等成分。煤矿用铵梯炸药还加入10%～20%食盐作消焰剂，以防瓦斯、煤尘爆炸。铵梯炸药并不是指某一种炸药，而是以硝酸铵和梯恩梯为主要成分的一类炸药，如常用的2号岩石炸药就是典型的铵梯炸药。

铵梯炸药敏感度比较合适，可以用8号工业雷管(常用)起爆；爆破威力比较大；防水品种虽不是真正的防水炸药，但在一般潮湿环境可以使用；价格比较适中。铵梯炸药是目前工业炸药中用途最广的工业炸药。

由于铵梯炸药中硝酸铵的比例在80%以上，尽管加入了防潮剂和疏松剂，但仍然会出现吸湿结块现象，给使用带来不便，也影响炸药的性能。卷装铵梯炸药的密度小于$1.0g/cm^3$，比水轻，所以在下向水孔中不能直接装药，必须采取必要措施才可以勉强使用，既复杂效果也不好。若大量进行水孔爆破，应该选用防水性能好的炸药品种。铵梯炸药也不是耐高温炸药，不要在温度较高的环境使用。

一些露天铵梯炸药的组分和技术规格见表4-10，一些岩石铵梯炸药的组分及技术规格见表4-11。

表4-10　露天铵梯炸药的组分和性能

组分与性能		1号露天硝铵炸药	2号露天硝铵炸药	3号露天硝铵炸药	1号抗水露天硝铵炸药	2号抗水露天硝铵炸药
组分/%	硝酸铵	82±2	86±2	88±2	84±2	86±0.2
	梯恩梯	10±1	5±1	3±0.5	10±1	5±1
	木　粉	8±1	9±1	9±1	5±1	8.2±1
	沥　青				0.5±0.1	0.4±0.1
	石　蜡				0.5±0.1	0.4±0.1
性能	密度/$g \cdot cm^{-3}$	0.85～1.1	0.85～1.1	0.85～1.1	0.85～1.1	0.8～0.9
	猛度/mm≥	11	8	5	11	8
	殉爆距离/cm	4	3	2	4	3
	爆力/mL	300	250	230	300	250
	爆速/$m \cdot s^{-1}$	3600	3525	3455	3000	3525
	氧平衡值/%	-2.04	+1.08	+2.96	-0.61	+0.30
	爆容/$L \cdot kg^{-1}$	932	935	944	927	936
	爆热/$kJ \cdot kg^{-1}$	3858	3729	3465	3971	3846
	爆温/K	2578	2496	2474	2628	2545
	爆压/MPa	3306	3170	3045	3306	3169

表 4-11 岩石铵梯炸药的组分和性能

组分与性能		1号岩石硝铵炸药	2号岩石硝铵炸药	2号抗水岩石硝铵炸药	3号抗水岩石硝铵炸药	4号抗水岩石硝铵炸药
组分/%	硝酸铵	82 ±1.5	85 ±1.5	84 ±1.5	86 ±1.5	81.2 ±1.5
	梯恩梯	14 ±1.0	11 ±1.0	11 ±1.0	7 ±1.0	18 ±1.0
	木 粉	4 ±0.5	4 ±0.5	4.2 ±0.5	6 ±0.5	
	沥 青			0.4 ±0.1	0.5 ±0.1	0.4 ±0.1
	石 蜡			0.4 ±0.1	0.5 ±0.1	0.4 ±0.1
性能	密度/g · cm^{-3}	0.95 ~1.1	0.95 ~1.1	0.95 ~1.1	0.9 ~1.0	0.95 ~1.1
	猛度/mm ≥	13	12	12	10	14
	殉爆距离/cm	6	5	5	4	8
	爆力/mL	350	320	320	280	360
	爆速/m · s^{-1}		3600	3750		
	氧平衡值/%	+0.56	+3.38	+0.37	+0.71	+0.03
	爆容/L · kg^{-1}	912	924	921	931	902
	爆热/kJ · kg^{-1}	4078	3688	3512	3877	4216
	爆温/K	2700	2514	2654	2560	2788
	爆压/MPa		3306	3587		

4.9.3 铵油炸药

铵油炸药(国外称 ANFO)以硝酸铵和柴油为主要成分,还有木粉。其中硝酸铵是主要爆炸成分,也是氧化剂;柴油是热值很高的燃料,可以提高铵油炸药的爆热,同时柴油的加入也有利于炸药生产过程中搅拌均匀;木粉也是燃料,更主要起疏松作用。铵油炸药各成分的配比以零氧平衡为依据,以减少炸药爆炸所产生的有毒有害气体。铵油炸药的成分与配比非常简单,可以根据需要对配比进行必要的调整,因此出现了许多变种。

铵油炸药是所有炸药中原料来源最广、生产工艺最简单、成本最低、安全性较好的工业炸药,也是目前工业炸药中用量较大的炸药。铵油炸药大量应用于各类大型露天工程爆破,尤其是大孔径炮孔和硐室爆破。铵油炸药的威力和敏感度都比铵梯类炸药稍低,原则上细粉状铵油炸药可以用8号工业雷管起爆,但大型爆破往往不直接用雷管起爆,常用起爆药包起爆;铵油炸药不是防水炸药,散装密度比水小,且硝酸铵遇水溶解,不能直接用于水孔爆破;铵油炸药容易吸湿结块而影响其性能,不应该长期保存,但比铵梯炸药稍好;铵油炸药易燃,且起燃后不易扑灭。

采用多孔粒状硝酸铵而生产的多孔粒状铵油炸药,使铵油炸药的机械化装药和结块性都有改善。在多孔粒状铵油炸药中加入乳胶基质制成的重铵油炸药,改善了铵油炸药的防水性能,并增大了铵油炸药的装药密度,使得铵油炸药可以在大直径露天水孔爆破。但是,它们的贮存稳定性比较差,宜于“现混现用”或“短期存放”。所以,多孔粒状铵油炸药和重铵油炸药一般采用连续机械化现场混制和装药,即制即装。一些铵油炸药的成分配比和性能见表4-12。

表 4-12 铵油炸药的组分和性能

组分与性能		细粉状铵油炸药	粗粉状铵油炸药	露天细粉状铵油炸药	露天粗粉状铵油炸药
组分/%	硝酸铵	92	91.7	89.5 ±1.5	94.2
	柴 油	4	1.9	2 ±0.2	5.8
	木 粉	4	6.4	8.5 ±0.5	
性能	爆速/$m \cdot s^{-1}$	3600	3300	3100	
	爆力/mL	280 ~310		240 ~280	
	猛度/mm	9 ~13	8 ~11	8 ~10	≥7
	殉爆距离/cm	4 ~7	3 ~6	≥3	≥2

4.9.4 铵松蜡和铵沥蜡炸药

铵松蜡炸药以硝酸铵、松香和石蜡为主要成分,铵沥蜡炸药以硝酸铵、沥青和石蜡为主要成分。其中硝酸铵是主要爆炸成分,也是氧化剂,松香、沥青和石蜡是防水剂,也是还原剂。松香、沥青和石蜡都是憎水物质,包覆在硝酸铵颗粒表面能起到憎水层的作用,赋予铵松蜡和铵沥蜡炸药抗水和防结块性能。一些铵松蜡和铵沥蜡炸药的成分和性能见表 4-13。

表 4-13 铵松蜡和铵沥蜡炸药的组分和性能

组分与性能			1 号铵松蜡炸药	2 号铵松蜡炸药	岩石铵沥蜡炸药	1 号煤矿铵沥蜡炸药	2 号煤矿铵沥蜡炸药	3 号煤矿铵沥蜡炸药
组分/%	硝酸铵		91 ±1.5	91 ±1.5	90	81	76.5	72
	松 香		1.7 ±0.3	1.7 ±0.3				
	石 蜡		0.8 ±0.2	0.8 ±0.2	1.0	0.9	0.85	0.8
	沥 青				1.0	0.9	0.85	0.8
	木 粉		6.5 ±1.0	5.0 ±0.5	8	7.2	6.8	6.4
	柴 油			1.5 ±0.5				
	食 盐					10	15	20
性能	殉爆距离/cm	浸水前	7 ~9	5 ~7	1	1		
		浸水后	7 ~9	5 ~7				
	猛度/mm	浸水前	13 ~15	13 ~16	9	8		
		浸水后	12.5 ~14.5	12 ~15				
	爆力/mL	浸水前	310 ~320	310 ~330	240	230		
		浸水后	310 ~320	310 ~330				

铵松蜡和铵沥蜡炸药是具有一定防水能力的硝铵类炸药。比起铵梯炸药和铵油炸药,铵松蜡和铵沥蜡炸药的防水性能要好;但又比真正的防水炸药的成本低、材料来源广、制造工艺简单、安全性好。所以铵松蜡和铵沥蜡炸药在防水要求不太高的条件下得到大量应用。

4.9.5 硝化甘油炸药

硝化甘油炸药由硝化甘油、硝化棉、硝酸铵(或硝酸钾、硝酸钠)、少量木粉组成。其中硝化甘油为主要爆炸成分,硝化棉为吸收剂,硝酸铵(或硝酸钾、硝酸钠)为氧化剂。硝化甘油炸药分为胶质与粉状两类，爆炸威力与硝化甘油的含量成正比，硝化甘油含量越高，爆炸性能越高，安全性越差。胶质硝化甘油含硝化棉，粉状不含硝化棉。国内外硝化甘油炸药的配方很多，基本原理相同，硝化甘油都是主要爆炸成分，其他成分起钝化作用。国产胶质硝化甘油炸药的组成与性能见表4-14。

表4-14 国产硝化甘油炸药的组分和性能

组分与性能		40%硝化甘油炸药		60%硝化甘油炸药	
		普　通	耐　冻	普　通	耐　冻
组分/%	丙三醇硝酸酯	40 ±1.0		62 ±1.0	
	丙三醇硝酸酯 + 硝化乙二醇		40 ±1.0		62 ±1.0
	硝化棉	1.7 ±0.3	1.7 ±0.3	3.0 ±0.3	3.5 ±0.3
	硝酸铵	52.3 ±1.5	52.3 ±1.5		
	硝酸钾或硝酸钠			27 ±1.0	26 ±1.0
	木　粉	3.0 ±0.5	3.0 ±0.5	8.0 ±0.5	8.5 ±0.5
	淀　粉	3.0 ±0.5	3.0 ±0.5		
性能	密度/$g \cdot cm^{-3}$	1.4	1.4	1.4 ~ 1.45	1.4 ~ 1.45
	爆速/$m \cdot s^{-1}$			6000	6000
	猛度/mm	15	15	16	16
	爆力/mL	360	360	380	380
	殉爆距离/cm	5	5	8	8

硝化甘油炸药是工业炸药中防水性能最好的防水炸药，而且爆破威力强大，曾经是防水炸药的首选。主要的缺点是撞击和摩擦敏感度都比较高，安全性差，成本也比其他防水炸药高，工业上已经逐渐不用，生产厂家也较少。当需要威力高，防水性能好的炸药时，可以选用前面介绍的某些高威力的单质猛炸药，其安全性也比硝化甘油炸药好。

4.9.6 浆状炸药和水胶炸药

浆状炸药和水胶炸药都是含水类防水炸药。主要组分为：

（1）氧化剂水溶液。主要采用硝酸铵，有时加入少量硝酸钾或硝酸钠，制成饱和水溶液，是浆状和水胶炸药的主要爆炸成分。

（2）敏化剂。氧化剂的几种成分本身的敏感度就比较低，其水溶液的敏感度更低，所以必须再加入敏化剂，才能达到要求的感度。浆状炸药的敏化剂有：猛炸药如梯恩梯、黑索金、硝化甘油等；金属粉如铝粉、镁粉等；可燃物如柴油、煤粉或硫黄等；发泡剂如亚硝酸钠等。水胶炸药的敏化剂采用具有爆炸性和水溶性的甲基胺硝酸盐水溶液。可见浆状炸药的敏化剂都是不溶于水的固体物质，而水胶炸药的敏化剂则是水溶性的水溶液。水胶炸药的敏感度一般比浆状炸药高。

（3）黏胶剂。其作用是将氧化剂水溶液和敏化剂成分紧密地胶黏在一起，保持必要的理化性质和流变特性。

部分国产浆状和水胶炸药的组分和性能分别如表4-15和表4-16所示。

表 4-15 部分国产浆状炸药的组分和性能

组分与性能		4 号浆状炸药	5 号浆状炸药	6 号浆状炸药	槐 1 号浆状炸药	槐 2 号浆状炸药	白云 1 号抗冻浆状炸药
组分/%	硝酸铵	60.2	70.2～71.5	73～75	67.9	54	45
	硝酸钠/硝酸钾				(Na)10	(K)10	(Na)13
	梯恩梯	17.5	5.0			10.0	17.3
	水	16.0	15.0	15.0	9.0	14.0	15.0
	柴油		4.0	4.0～5.5	3.5	2.5	
	胶结剂	白芷 2.0	白芷 2.4	白芷 2.4	槐豆胶 0.6	槐豆胶 0.5	皂角胶 0.7
	其他	4.3	3.4	3.4	9.0	9.0	9.0
性能	密度/$g \cdot cm^{-3}$	1.4～1.5	1.15～1.24	1.27	1.1～1.2	1.1～1.2	1.17～1.27
	爆速/$km \cdot s^{-1}$	4.4～5.6	4.5～5.6	5.1	3.2～3.5	3.9～4.6	5.65
	临界直径/mm	96	≤45	≤45			≤78

表 4-16 国产部分水胶炸药的组分和性能

组分与性能		SHU-K 型水胶炸药	W-20 型水胶炸药	1 号水胶炸药	3 号水胶炸药
组分/%	硝酸铵/钠	53～58	71～75	55～75	48～63
	水	11～12	5～6.5	8～12	8～12
	硝酸甲胺	25～30	12.9～13.5	30～40	25～30
	铝粉/柴油	铝粉 3～4	柴油 2.5～3		
	胶凝剂	2	0.6～0.7		0.8～1.2
	交联剂	2	0.03～0.09		0.05～0.1
	密度控制剂		0.3～0.5	0.4～0.8	0.1～0.2
	其他		氯酸钾 3～4		延时剂 0.02～0.06,稳定剂 0.1～0.4
性能	爆速/$km \cdot s^{-1}$	3.5～3.9	4.1～4.6	3.5～4.6	3.6～4.4
	猛度/mm	>15	16～18	14～15	12～20
	殉爆距离/cm	>8	6～9	7	12～25
	临界直径/mm		12～16	12	
	爆力/mL	>340	350		330
	爆热/$kJ \cdot kg^{-1}$	1100	1192	1121	
	贮存期/月	6	3	12	12

浆状炸药和水胶炸药都具有良好的防水性能,密度大于水,适合于水孔爆破;爆破威力较高;成本比硝化甘油炸药低;敏感度都比较低,尤其是浆状炸药,一般不能用 8 号雷管起爆,需要用起爆药包起爆,所以有的国家不将浆状炸药当作炸药,而称为爆破剂。

4.9.7 乳化炸药

乳化炸药由氧化剂水溶液、燃料油、乳化剂和敏化剂四种基本成分组成。氧化剂通常是硝酸铵和硝酸钠的过饱和水溶液,重量约占80% ~95%,同时也是主要的爆炸成分;还原剂采用柴油同石蜡或凡士林的混合物,与氧化剂配成零氧平衡,也是乳化炸药的油相成分;前两种油相和水相成分是不相容的,但在乳化剂的作用下,它们可以互相紧密吸附,形成油包水型防水结构;敏化剂的作用是提高乳化炸药的起爆敏感度,常用爆炸物成分梯恩梯或黑索金、镁铝金属粉、发泡剂或空心微珠作敏化剂;为了改善乳化炸药的性能,还加入密度调整剂等成分。

乳化炸药的防水原理与浆状和水胶炸药的防水机制不同:浆状和水胶炸药的连续介质是水相,分散介质是固体或油相;乳化炸药的连续介质是油相,分散介质是水相。乳化炸药的防水性能一般比浆状和水胶炸药更好,接近硝化甘油炸药。部分国产乳化炸药的组分和性能见表4-17。

表4-17 国产乳化炸药的组分和性能

组分与性能		EL系列	CLH系列	SB系列	BME系列	RJ系列	WR系列	岩石型	煤矿许用型
组分/%	硝酸铵	65 ~75	63 ~80	67 ~80	36 ~51	58 ~85	78 ~80	65 ~86	65 ~80
	水	8 ~12	5 ~11	8 ~13	6 ~9	8 ~15	10 ~13	8 ~13	8 ~13
	乳化剂	1 ~2	1 ~2	1 ~2	1 ~1.5	1 ~3	0.8 ~2	0.8 ~1.2	0.8 ~1.2
	油相材料	3 ~5	3 ~5	3.5 ~6	2 ~3.5	2 ~5	3 ~5	4 ~6	3 ~5
	铝粉	2 ~4	2		1 ~2				1 ~5
	添加剂	2.1 ~2.2	10 ~15	6 ~9	1 ~1.5	0.5 ~2	5 ~5.6	1 ~3	5 ~10
	密度调整剂	0.3 ~0.5		1.5 ~3		0.2 ~1			消焰剂
	其他				铵油 15 ~40	硝酸钾胺 8 ~10			
性能	爆速/km·s^{-1}	4 ~5	4.5 ~5.5	4 ~4.5	3.1 ~3.5	4.5 ~5.4	4.7 ~5.8	3.9	3.9
	猛度/mm	16 ~19		15 ~18		16 ~18	18 ~20	12 ~17	12 ~17
	殉爆距离/cm	8 ~12		7 ~12		>8	5 ~10	6 ~8	6 ~8
	临界直径/mm	12 ~16	40	12 ~16	40	13	12 ~18	20 ~25	20 ~25
	储存期/月	6	>8	>6	2 ~3	3	3	3 ~4	3 ~4

乳化炸药的密度可调,可以在水孔中使用;起爆敏感度比浆状和水胶炸药高,可以用雷管起爆;爆炸威力的实验值比较高,但实际使用中发现其爆炸威力不高;成本比浆状和水胶炸药低。近些年来,乳化炸药新品种不断出现,性能得到改善,逐渐代替浆状和水胶炸药作防水炸药。乳化炸药有胶质状和粉状。

4.10 工业炸药起爆技术

工业炸药的起爆技术包括确定起爆方法、选用起爆器材、敷设起爆网路等。目前常用的起爆方法按所用起爆器材不同分为:火雷管起爆法、塑料导爆管起爆法、导爆索起爆法、电雷管起爆法和其他起爆方法。各种起爆方法可以独立使用,也可以根据爆破工程的特定要求,充分利用各种起爆方法的优点,联合使用。

由于目前工业上常用炸药的敏感度不一致,所以起爆时可根据炸药的敏感度和爆破工程的重要性和经济指标，选用一级或多级起爆。

4.10.1 火雷管起爆法

火雷管起爆法是利用火花（外能）点燃导火索，导火索将火花传递给火雷管，引起火雷管爆炸，进而引爆炸药的起爆方法，是一种造价最低的起爆方法。火雷管起爆所用起爆器材有导火索、火雷管和点火器等。

4.10.1.1 火雷管

火雷管由底部冲压成聚能穴的管壳、加强药、加强帽和起爆药组成。如图4-16所示。管壳常由纸、塑料、铜、铝等制成圆管状，使雷管的各部分联成一个整体，开口一端用来插入导火索。管壳要有一定的强度，以使起爆药和加强药不受外能的作用。雷管的外径因材质不同而不同，一般为6～7mm。

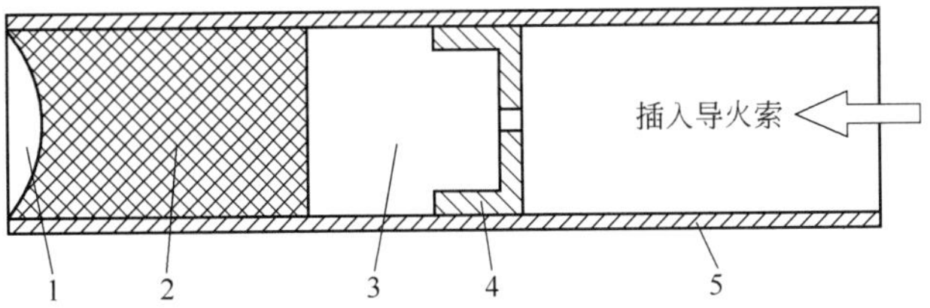

图4-16 火雷管的结构示意图

1—聚能穴；2—加强药；3—起爆药；4—加强帽；5—管壳

起爆药具有良好的火焰敏感度，在火焰的作用下能迅速引爆，前面介绍的起爆药就用于此。起爆药量一般为几百毫克，不能直接起爆工业炸药，但可以引爆敏感度较高的猛炸药，如黑索金、TNT等。

加强药的爆炸威力比起爆药大，敏感度比起爆药低，加强药可以由起爆药的爆炸能引爆。加强药的爆炸可以引爆大多数工业炸药。雷管的起爆能力主要取决于加强药性能和药量。工业雷管按起爆能力分为10个等级，排号愈大起爆能力愈大，8号雷管最常用。

加强帽是中心带有直径约2mm小孔的金属罩，常用厚度0.2mm的铜片冲制而成。为了防止杂物掉入，常在孔下加一层绢垫。加强帽的作用是加强起爆药爆轰的约束条件，增强雷管的起爆能力，同时还可以起到减小起爆药受外力影响和密封的作用。

聚能穴是指雷管底部的圆锥形或半球形凹穴。利用聚能效应在雷管轴向形成聚能流，提高雷管的起爆能力。

4.10.1.2 导火索

导火索是以黑火药做药芯，外面覆以各种包裹层而制成的索状起爆器材，其结构如图4-17所示。点燃后，通过黑火药传递火焰去起爆火雷管。

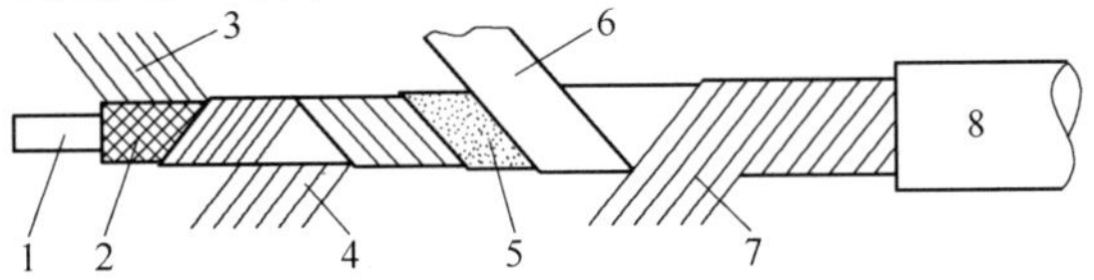

图4-17 导火索结构示意图

1—撑线；2—药芯；3—内线层；4—中线层；5—防潮层；6—纸条层；7—外线层；8—涂料层

导火索是火雷管起爆的关键点火器材，所以对导火索的质量要求很高，燃速过快或过慢都不合格，必须保证稳定的燃速，国产导火索的燃速为100～120s/m（约2min/m）；导火索燃烧时不能有断火（燃烧中断）、透火（火星从导火索壳中喷出）、爆燃（处于爆炸与燃烧之间的状态，速度比燃烧快得多）或外壳燃烧现象。导火索燃烧过后外壳应保持完好。

4.10.1.3 起爆方法

起爆方法如下：

（1）加工起爆雷管。按起爆延时长短截取必要长度的导火索，插入火雷管的开口端，再用胶布固定就成为起爆雷管。因为起爆雷管已构成最小的爆破系统，导火索遇火就可能使雷管起爆，所以这项工作应在专门的房间内进行。

（2）加工起爆药包。将起爆雷管插入炸药卷并加固就成为起爆药包。起爆药包已具有巨大的威力，所以此项工作应在爆破作业面附近的安全地方或专门地点进行，而且加工量不要超过本次爆破所需用量。

（3）点火起爆。火雷管起爆法的点火是人工操作，可用导火索段、点火棒、点火线或点火筒等点火器材。安全点火是火雷管起爆法的关键。点火前应将点火顺序安排好，准确计算各点火点之间的时间，实现一次点火，不要点回头炮。

火雷管起爆法主要用于小型浅孔爆破，要求较高的爆破工程一般不用。由于火雷管起爆法操作简单和成本低，在小规模爆破中得到广泛应用。其缺点是点火作业危险性大；无法预测爆破效果；导火索燃烧时有火花喷出，并产生有毒气体，不能在有瓦斯等可燃物的环境中使用。

4.10.2 导爆索起爆法

导爆索起爆法是利用雷管爆炸引爆导爆索，再由导爆索引起药包爆炸的起爆方法。

4.10.2.1 导爆索

导爆索（也称导爆线）是一种传递爆轰并可起爆雷管和炸药的索状起爆器材，外部颜色是红色，以区别于导火索。导爆索的结构与导火索类似，不同之处在于导爆索的药芯为黑索金或泰安等猛炸药而不是黑火药。导爆索的作用是传递爆轰波而不是燃烧，导爆索的爆速为6000～7000m/s。

导爆索分为普通、安全、低能、高能、防水导爆索和震源导爆索等多种。普通导爆索是目前生产和使用最多的导爆索，它的威力比雷管大，所以起爆时终端不需要再放雷管，本身就可以起爆炸药。

国产普通导爆索的爆速规定不低于6500m/s，药芯若为黑索金，其药量为12～14g/m；装药密度为1.2g/cm^{3}左右时，爆速为6700m/s左右。国产导爆索标准还规定，导爆索在0.5m深的水中浸泡24h，在50±3℃条件下保温6h，在－40±3℃条件下冷冻2h，其敏感度、外观和传爆性能都应合格。

低能导爆索的装药量约为普通导爆索装药量的1/3，爆速不低于6000m/s，用于起爆导爆管和部分无雷管感度的炸药。

震源导爆索装药量约为普通导爆索的3倍，起爆能力比普通导爆索强，用于地质、煤田、石油勘探的震源。

安全导爆索中加入了消焰剂（食盐），爆炸时不会产生明火，因而可以用在有瓦斯或矿尘爆炸危险的矿井。

不能单用导爆索构成起爆网路，导爆索需要由雷管或起爆药包来起爆。火雷管、电雷管、塑料导爆管雷管或炸药均可起爆导爆索。

4.10.2.2　继爆管

继爆管是专门用于导爆索起爆系统中的延时器件，其延时精度可以达到毫秒。继爆管分为单向和双向两种，如图4-18所示。

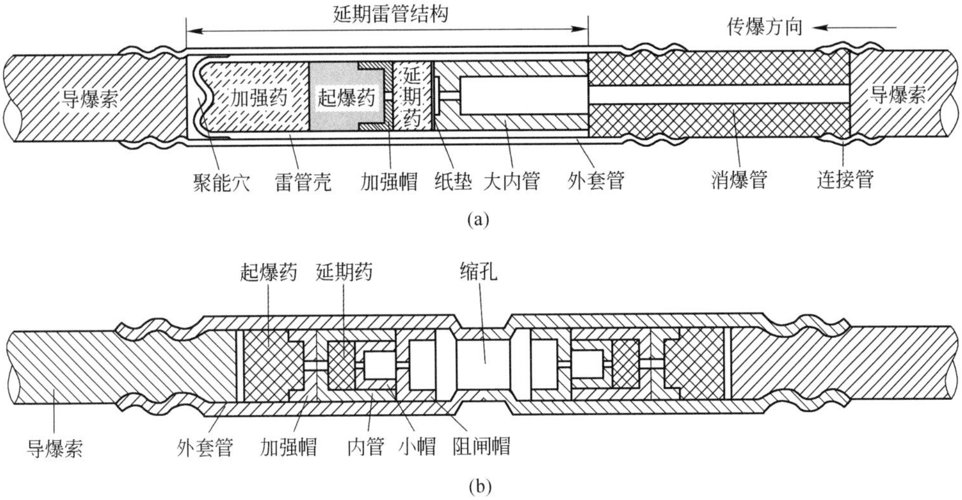

图4-18　继爆管的结构

（a）单向继爆管；（b）双向继爆管

从单向继爆管的结构可见，从右侧导爆索传递过来的爆轰波经消爆管、大内管后，其爆轰波的强度大为减弱，其能量仅能点燃前方的延期药，延期药被点燃后，燃烧预定时间（延时作用），点燃前方的起爆药，起爆药引爆加强药，加强药起爆左侧的导爆索，这样就完成了继爆管的延时作用。

国产延期药多用硅铁 FeSi（还原剂）和铅丹 Pb_3O_4（氧化剂）的机械混合物（两者比例为6:2），并掺入适量硫化锑 Sb_3S_3（缓燃剂），含量0.5%～4%，以调整药剂的燃速。通过改变延期药的成分、配比、药量及装药密度等来控制延期时间。

单向继爆管只能在单一方向完成延时作用，如果方向接反，则不能起到延时作用或者发生拒爆。

双向继爆管等于将两个单向继爆管对接在一起，形成对称结构，无论以什么方向连接，都有一侧会起到延时作用。所以双向继爆管没有方向的限制，但双向继爆管的成本较高。

部分国产继爆管段别与延期时间见表4-18。

表4-18　部分国产继爆管段别与延期时间

段　别	延期时间/ms		段　别	延期时间/ms	
	单向	双向		单向	双向
1	15±6	10±3	6	125±10	60±4
2	30±10	20±3	7	155±15	70±4
3	50±10	30±3	8		80±4
4	75±15	40±4	9		90±4
5	100±10	50±4	10		100±4

4.10.2.3 导爆索的联接

导爆索与雷管、导爆索与导爆索的联接如图4-19所示。应注意联接部位的长度应不小于100mm。雷管和导爆索连接时应注意雷管的聚能穴应朝向传爆方向。

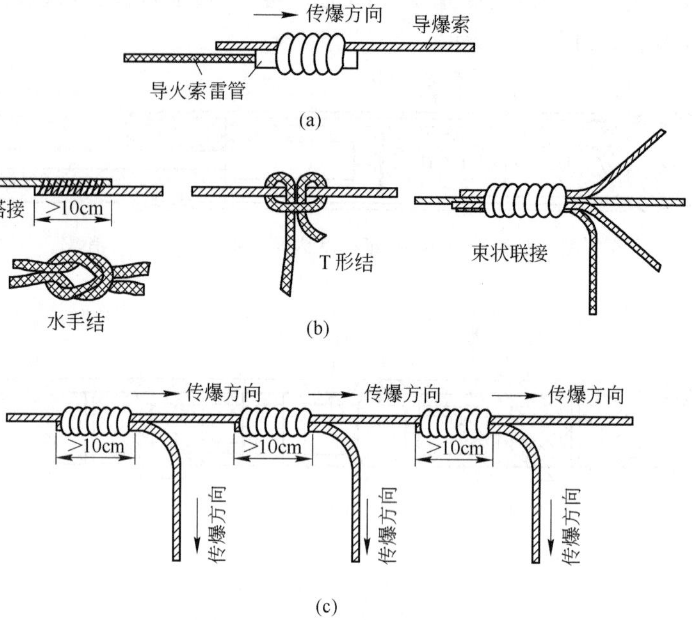

图4-19 导爆索的联接方法示意图

(a)雷管与导爆索联接;(b)导爆索与导爆索联接;(c)导爆索的分枝联接

导爆索与继爆管的联接如图4-20所示。单向继爆管应保证传爆方向不能接错,否则将会发生拒爆或无延时作用。

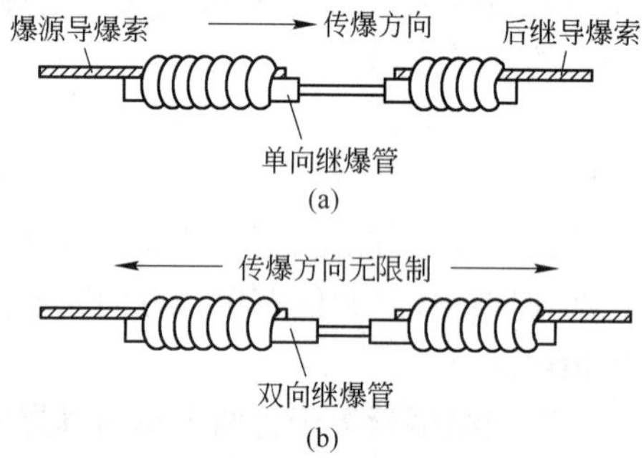

图4-20 继爆管与导爆索联接方法

(a)单向继爆管与导爆索联接;

(b)双向继爆管与导爆索联接

4.10.2.4 导爆索起爆网路

导爆索起爆网主要有分枝、束状或两者混合形式。

分枝起爆网路如图4-21a所示,一个个分枝串联在主干网上,如果在分枝之间接入继爆管,可实现微差延时起爆。如果分枝间没有继爆管,而且分枝间距离较小,导爆索的传爆速度高达6000m/s以上,就可忽略各分枝间的距离,认为分枝间没有时间差,就可以当成束状起爆网路。如果分枝间距离较大,导爆索传爆的延时已经较明显,则要考虑其延时效应。

图4-21b所示的束状起爆网路为地下矿山一排扇形炮孔起爆网,是典型的束状起爆网路。导爆索通到炮孔孔底,在孔外捆扎到一起,用雷管或其他爆源起爆。同一扇面的炮孔不延时,同段起爆。

由于导爆索在传爆过程中对周边有破坏作用,所以在敷设爆破网路时,应该注意保持与相邻起爆网或保护对象有一定的安全距离,以免造成短路、断路或其他形式的损坏。

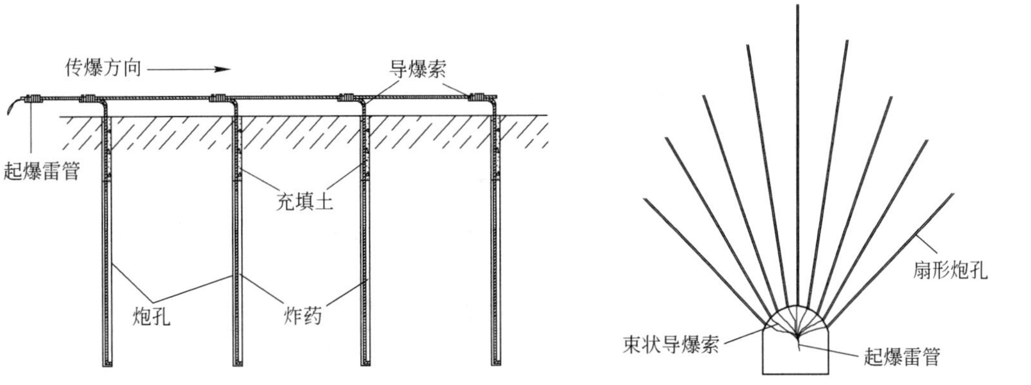

(a) (b)

图 4-21 导爆索起爆网示意图

(a)分枝联接示例;(b)束状联接示例

导爆索起爆法操作技术简单、可靠性和安全性高,并可用于有水的环境。由于其爆速高,所以在深孔爆破时可以减少孔内的传爆时间,实现整孔同时起爆。尽管其成本较高,但还是在各种工程爆破中得到广泛应用。

4.10.3 非电塑料导爆管起爆法

在有杂散电流、静电、射频或雷电干扰存在的地区使用电雷管起爆法可能会发生意外爆炸事故。

非电塑料导爆管起爆法(简称导爆管起爆法)是 20 世纪 70 年代出现的一种新型非电起爆法,发展很快,在各类爆破中得到广泛地应用,几乎取代了其他起爆方法。

典型的导爆管起爆系统由激发元件、联接元件和雷管组成。

4.10.3.1 塑料导爆管

塑料导爆管是该起爆方法的关键器材,它是一根内径 1.5mm、外径 3mm 的空心塑料圆管,其内壁涂上一层很薄的以单质猛炸药(如黑索金)为主要成分的粉状混合炸药,药量为 16 ~20mg/m,约为导爆索药量的千分之一。如此小的装药量不可能实现稳定爆轰,但是利用冲击波传播的管道效应,却实现了这种条件下冲击波的低爆速传播。外能在管中激发的冲击波使薄层炸药发生爆炸反应,释放出的能量补充冲击波传播中的能量损失,使冲击波以大约 2000m/s 的速度传播。导爆管在传播爆轰过程中,声、光、振动和破坏作用都极弱,用过的导爆管和未使用的导爆管在外观上无明显区别,所以它的能量有效利用率很高,极少量炸药的爆炸能主要用于补充冲击波传播中的衰减量。

导爆管的作用是传递爆轰波,但它所传播的爆轰波比导爆索所传播的爆轰波弱得多,不能用来起爆炸药或导爆索,只能用来起爆雷管中的起爆药,通过雷管去起爆炸药。

由于传统导爆管的外观颜色在使用前后没有明显的区别,起爆后很难直观地判断塑料导爆管是否发生拒爆,给起爆效果分析带来不便,因此近年来许多厂家都生产出变颜色的塑料导爆管,爆轰波从导爆管传过后,导爆管的外观颜色会改变,解决了导爆管传爆判读问题。

常用的塑料导爆管的机械强度可以满足一般爆破工程的要求,但在爆破实践中,也会出现因起爆网路敷设过程中的机械损伤而致使导爆管拒爆现象,高强度、高精度塑料导爆管应运而生,以保证塑料导爆管起爆网的意外损伤。

4.10.3.2　导爆管雷管

塑料导爆管雷管分为瞬发和延期雷管两种。瞬发雷管的结构和火雷管基本相同,延期雷管的结构与导爆索起爆的继爆管中的延期雷管结构(图4-18)部分类似,如图4-22a 所示。

导爆管雷管的段别比较全,有瞬发、毫秒延期、半秒延期和秒延期雷管,部分国产导爆管延期雷管的段别参见表4-19。在爆破工程中应用较多的是毫秒延期和瞬发雷管。

表4-19　导爆管雷管的延期时间

段　别	毫秒延期/ms		半秒延期/s	秒延期/s
1	<13	25	0	1.0
2	25 ±10	50	0.5	2.0
3	50 ±10	75	1.0	3.0
4	75^{+15}_{-10}	100	1.5	4.0
5	110 ±15	125	2.0	5.0
6	150 ±20	150	2.5	6.0
7	200^{+20}_{-25}	175	3.0	7.0
8	250 ±25	200	3.5	8.0
9	310 ±30	225	4.0	9.0
10	380 ±35	250	4.5	
11	460 ±40	275		
12	550 ±45	300		
13	650 ±50	325		
14	760 ±55	350		
15	880 ±60	375		
16	1020 ±70	400		
17	1200 ±90	425		
18	1400 ±100	450		
19	1700 ±130	475		
20	2000 ±150	500		

4.10.3.3　网路联接

导爆管雷管如图4-22a 所示,导爆管和雷管之间的联接用卡口塞,如图4-22b 所示。成品的导爆管雷管的导爆管、卡口塞和雷管三件是装配好的,所带导爆管的长度可以根据需要选购或定制。

导爆管与导爆管之间不能像导爆索那样直接连接,因为导爆管传爆只在管内进行,所以需要中继雷管(传爆雷管),是一种专用的雷管,装药量仅为普通雷管的1/7,带有中继雷管的联接件称为联接块,如图4-22c 所示。联接块不但可以起联接作用,还可以起分枝作用,即用一发中继雷管引爆多根导爆管。联接块的优点是起爆能力大,可靠性高;但当地表起爆网路复杂、互相交叉时,联接块容易炸断尚未传爆的导爆管,引起误爆。

除了用联接块进行分枝起爆外，还有如图4-22d和图4-22e所示的分路器和套管联接件，它们都不需要中继雷管，而利用主发导爆管传来的爆轰波直接引爆被发导爆管。如果要将导爆管延长，可以采用专用的连接件，相当于一支分路器。

上述联接器件在工程爆破中得到广泛的应用，实现了导爆管起爆网路联接的标准化。在某些工程爆破现场，也可以不用专用联接器件，直接将被发导爆管紧贴在传爆雷管的周围，用胶布缠紧，用雷管起爆；一支8号雷管可以起爆40~50根导爆管。用雷管起爆导爆管与联接块的作用基本相同。

导爆管起爆网路和导爆索类似，区别在于在分枝的部位不能直接绑在一起，需要联接件或雷管。连接块、分路器和塑料套管连接件都相当于导爆索的束状联接。导爆管起爆的网路形式有束状、分枝和混合三种，如图4-23所示。

4.10.4 电雷管起爆法

电雷管起爆法是利用电能引爆电雷管进而引爆药包的起爆方法。

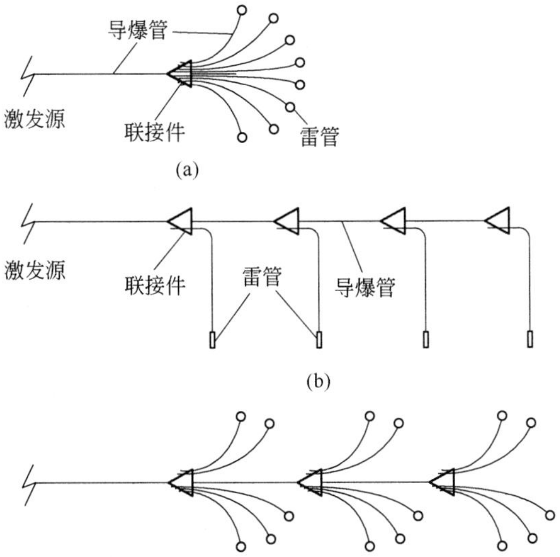

图4-23 导爆管起爆网路示意图
(a)束状联接；(b)分枝联接；(c)混合联接

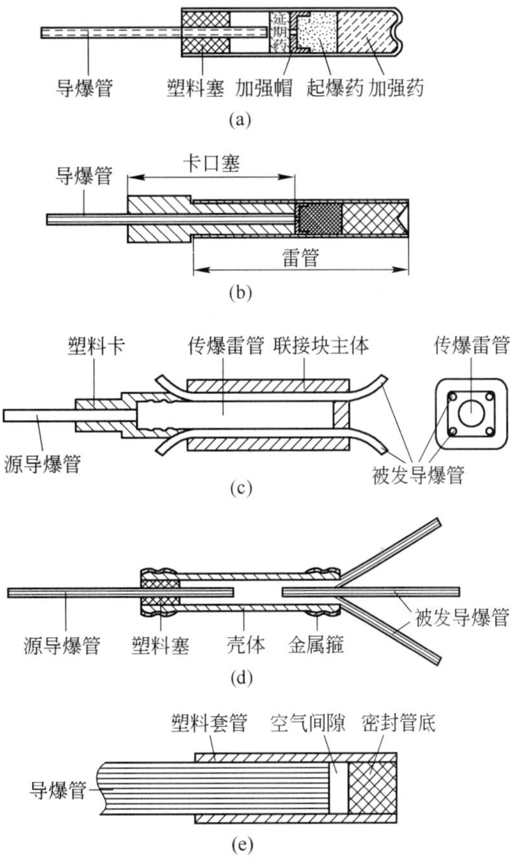

图4-22 导爆管联接器件
(a)导爆管雷管；(b)卡口塞；(c)联接块；
(d)分路器；(e)塑料套管联接件

4.10.4.1 电雷管结构

电雷管有瞬发、毫秒延期、半秒延期、秒延期和抗杂等类型。瞬发电雷管当通以必要的电能后立即爆炸；延期电雷管当通以必要的电能后，不立即爆炸，而是延至预定时间时爆炸；抗杂电雷管则可以用在有杂散电流危险的爆破环境。

瞬发电雷管和延期电雷管的结构分别如图4-24和图4-25所示。从图中可见，延期药、加强帽、起爆药、加强药和管壳几部分都和导爆管雷管的同类结构相同，只是点火部分是电点火头。

电雷管的点火利用了电热转换的原理，桥丝是高电阻的发热电阻丝，将由脚线输入

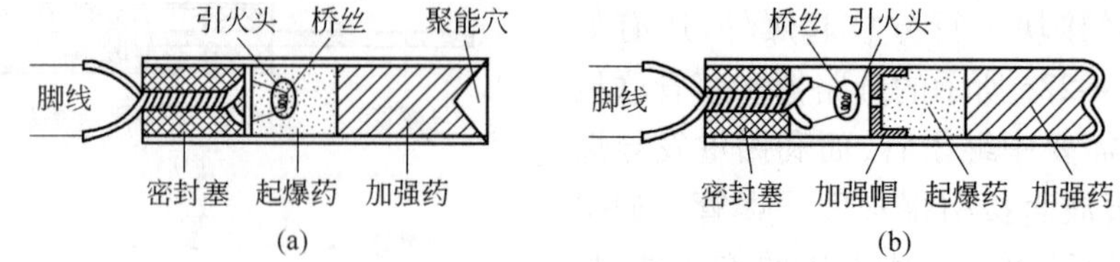

图4-24 瞬发电雷管的结构

(a)直插式;(b)直填式

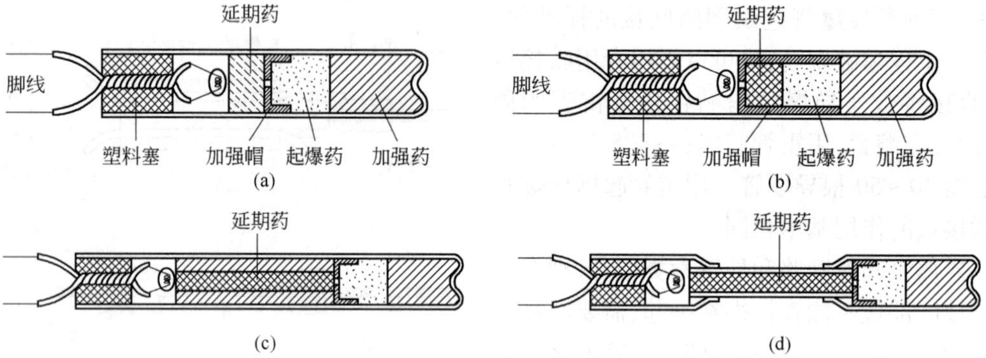

图4-25 延期电雷管的结构

(a)直填式毫秒延期;(b)装配式毫秒延期;(c)整体管壳式秒延期;(d)两段管壳式秒延期

的电流通过桥丝转变为热能,来点燃后面的火雷管结构。

4.10.4.2 电雷管主要参数

(1) 全电阻。桥丝电阻和脚线电阻之和称为电雷管的全电阻。国产电雷管的电阻丝材料有康铜和镍铬两类,康铜电阻丝的电阻较小,为0.7~1.0Ω;镍铬电阻丝的电阻较大,为2.5~3.0Ω。脚线长度一般为2m,分为铁脚线和铜脚线两种,铜脚线比铁脚线电阻小。国产电雷管全电阻值见表4-20。电雷管全电阻的误差范围的大小是衡量电雷管质量的重要指标之一,决定了电雷管在电雷管起爆网中的电性能,也是电雷管起爆网电路设计的主要参数。

(2) 最低准爆电流。能使电雷管必定点燃的最小直流电流称为最低准爆电流。它反映了电雷管起爆的可靠性。国产电雷管的最低准爆电流不大于0.7A。

(3) 最高安全电流。在较长时间作用下不致引燃电雷管的最大直流电流称为最高安全电流。它反映电雷管的安全性,是设计爆破专用仪表的依据。国产电雷管的最高安全电流康铜桥丝为0.3~0.55A,镍铬桥丝为0.125A。各种爆破专用仪表的电流不超过0.05A。

表4-20 国产电雷管的电阻

桥丝材料	桥丝电阻/Ω	脚线长度/m	脚线材料	全电阻/Ω
康 铜	0.7~1.0	2	铁 铜	2.5~4.0 1.0~1.5
镍 铬	2.5~3.0	2	铁 铜	5.6~6.3 2.8~3.8

(4) 点燃和传导时间。电雷管从通电到引火头点燃的时间称为点燃时间 t_B。点燃时间的意义在于,在通电时间达到点燃时间后断电,雷管也能引爆。从引火头点燃到雷管爆炸的时间称为传导时间 θ。点燃时间和传导时间之和称为反应时间 τ。这两个参数对串联电雷管可靠起爆非常重要。

(5) 延时。延时电雷管在点燃后会延迟预定时间后爆炸,为现代微差控制爆破提供了必要条件。电雷管具有最全的延时系列。部分国产电雷管的延期时间见表4-21。

表4-21　国产电雷管的延期时间

段　别	毫秒延期/ms		半秒延期/s	秒延期/s
	30段型	25ms等间隔		
1	0	25	0	1.0
2	25	50	0.5	2.0
3	45	75	1.0	3.0
4	65	100	1.5	4.0
5	85	125	2.0	5.0
6	105	150	2.5	6.0
7	125	175	3.0	7.0
8	145	200	3.5	8.0
9	165	225	4.0	9.0
10	185	250	4.5	
11	205	275		
12	225	300		
13	250	325		
14	275	350		
15	300	375		
16	330	400		
17	360	425		
18	395	450		
19	430	475		
20	470	500		
21	510			
22	550			
23	590			
24	630			
25	670			
26	710			
27	750			
28	800			
29	850			
30	900			

4.10.4.3 起爆电源和电缆

电雷管必须用电源起爆，主要有起爆器和工频电源两类。选择起爆电源主要考虑所起爆雷管的数量和爆破作业的环境。

起爆器有发电机式、电容式和微差起爆器三类。发电机起爆器就是一台小型手摇发电机，由于其起爆能力较小，目前应用较少。

电容式起爆器通常是将电池的直流电变为交流电，经升压、整流后对电容器充电，然后由电容器放电来起爆电雷管。这类起爆器一般都需要充电、起爆、短路三步操作。起爆时按下起爆按钮，电容器向起爆电路放电，使电雷管起爆；起爆电路在雷管爆炸后中断，这时起爆器电容内可能还会贮存一定的电量，必须将其释放，否则下次起爆器接入电路时会发生意外起爆，所以这类起爆器上都会设置一个放电开关位或按钮来完成放电。电容式起爆器是目前野外工程爆破的主要起爆电源，应用广泛。

微差起爆器由电容式起爆器和电子延时器合二为一，本身具有延时作用，可以为瞬发和延时电雷管提供延时作用，而且延时精度高，控制灵活。这类起爆器在实验室应用较多，工程现场较少使用。

动力或照明用工频交流电，除有瓦斯或矿尘爆炸危险的矿井外，其他场合的电起爆网路都可采用。其特点是容量大，一次可以起爆较多的成组电雷管。在使用交流电源起爆时，考虑到交流电周期性变化对起爆电流值的影响，为确保雷管起爆，必须将准爆电流值提高。

当起爆量较小时，也可以直接用电池起爆。

起爆网路中的电线通常采用绝缘良好的铜线。铜导线导电能力强，柔软而易于联接，应用较广。铝导线导电能力强、价格便宜，但易折断和氧化。大量爆破时，使用的电线数量巨大，在网路的不同部分可以采用不同规格的导线，端线、连接线、区域线和主线可根据计算的电流大小选用不同规格的导线。在电爆网路中，如果连接电线较多，且长度大，就必须把连接电线的电阻计算在内。

4.10.4.4 电爆网路的联接

电雷管在电路中就是一个电阻，接线方法和普通的灯泡相同。基本的联接方法有并联和串联，在大的起爆网中还会出现串、并联混合电路，要求保证通过每个电雷管的电流超过其准爆电流。

A 串联起爆网

如图4-26a所示，串联起爆网适用于起爆点（如炮孔）成排布置的情形，起爆点间连接方便，总起爆连线短。串联的总电流等于每个雷管的电流，比较小，但总电压要求高。用下式计算的电流必须不小于电雷管的最小准爆电流，否则会发生拒爆。串联起爆网中不能有任何一发电雷管断路，一旦发生雷管断路，整个起爆网就断路，但串联起爆网可以在起爆前通过仪表检测避免断路。

$$i_{雷管} = I_{总} = \frac{V}{n \cdot r + R_{线}} \tag{4-14}$$

式中 $i_{雷管}$——通过每个雷管的电流；

$I_{总}$——总线电流；

n——雷管个数；

r——每个雷管的电阻；

$R_{线}$——连线电阻；

V——总线电压(起爆总电压)。

B　并联起爆网

如图4-26b所示，适用于起爆点比较集中的情形，如同排扇形炮孔的孔口集中，便于连接。并联网路中通过每个电雷管的电流为总线电流的$1/n$(n为并联雷管数)，必须不小于电雷管的最小准爆电流。并联起爆电路中任何一发电雷管漏接或拒爆不会影响其他雷管的起爆；但当并联起爆电路中有个别雷管没联接上时，用仪表难以检查出来。并联起爆电路的总线电流较大，要求用较粗的电线，但要求的电压较低。

C　混合起爆网

图4-26c所示为先串联后并联的混合联接，图4-26d所示为先并联后串联的混合联接。在实际的大起爆网中，还可能需要更多层的串、并复合联接方式。如果有多个比较集中的爆区，且爆区间相距较远，爆区内采用串联或并联，爆区间再通过并联或串联连接，从而形成复杂的大起爆网。

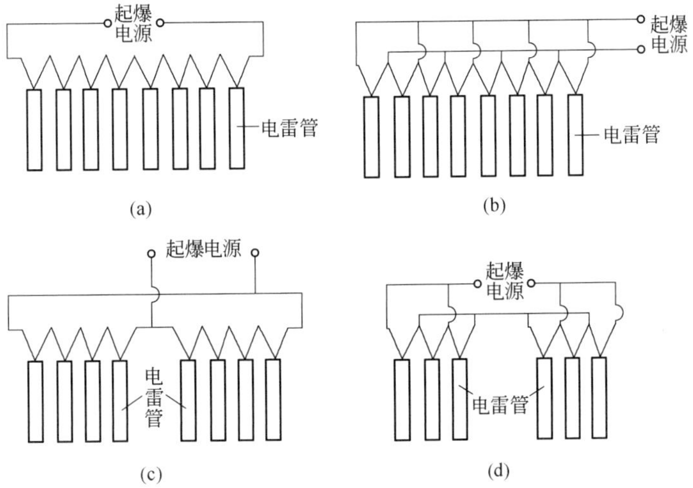

图4-26　电雷管起爆网的联接方式示意图

(a)串联；(b)并联；(c)先串联后并联；(d)先并联后串联

4.10.4.5　起爆作业

电雷管起爆法的起爆效果与作业的安全性取决于起爆作业的质量。

A　准备工作

包括对电源、导电线和雷管进行检测，以及仪表、胶布、工具等器材的准备。对电雷管必须逐个导通并测量电阻，根据电阻大小将电雷管编组，同组电雷管的电阻差符合规定要求，电阻不符合者暂不使用；导电线外皮绝缘不受损伤，保持干燥不受潮；电源完好。

B　起爆药包的加工

起爆药包的加工要领与火雷管起爆法相同。但电雷管装入起爆药包后，通常是利用雷管脚线在药包上捆绑扎结，以免雷管在装药过程中脱出药包。另外，在起爆药包接入起爆网前，电雷管两根脚线端应短接。

C 起爆网的敷设、联接与导通

低劣的网路敷设可使网路总电阻急剧增大,或使输入网路的电流经由导线接头处或是短路返回,或是外漏损失,使进入雷管的电流锐减,造成拒爆。因此,导线的敷设与联接必须达到敷设牢固、连线紧密、绝缘严密、导电良好,符合设计要求。

连线时,先将导线接头部分的绝缘外皮剥去,用砂纸擦净金属线芯,使其无氧化物或油污而露出表面,然后将欲联接的金属导线拧在一起,并用胶布缠紧。为安全起见,只准由爆破工由工作面向电源方向联接,各段导线和电雷管在联接前必须短路。

5 技术经济基础

在工程实践中，需要做大大小小的决策，决策过程实际上就是在有限的可利用资源（如资金、时间等）条件下，从多个可供选择的方案中选出最佳方案。技术经济学（也称工程经济学，Engineering Economics）的研究内容就是从经济角度定量地分析不同方案的优劣，为决策者提供决策支持。技术经济学应用最广的领域是对工程项目的投资效益评价。本章简要介绍技术经济学中资金的时间价值和项目评价方法，为矿山设计者和经营管理者进行科学决策，也为本书一些优化模型中的经济评价，提供理论和方法基础。

5.1 利息与利率

资金像其他物品和服务一样，可以拥有也可以借用。借用时，资金的借出者（贷方）通常期望从借款人（借方）得到补偿。因此，借贷双方一般要商定一个补偿费额，即钱的“租金”。利息即是在一定时间内使用贷款的租金。借款额也称为本金，在一给定时期终了时借方付与贷方的利息与该时期开始时借款额的比值称为利息率（简称利率）。借方付贷方利息的时间间隔称为计息期。影响利率的主要因素有：

（1）贷款风险。即借款方能够按期、如数偿还本金和利息的可能性。风险越高，利率也越高。

（2）资金供需关系。当市场对资金的需求增加而可用于贷款的资金保持一定或增加较小时，利率就会上升；反之利率会下降。例如，80 年代初美国的高利率之部分原因，就是美国政府大量借款来填补每年高达 2000 亿美元的预算赤字，使资金需求增加。

（3）业务成本。即对贷款进行记账、管理中所发生的所有费用。

（4）贷款期限。长期贷款的利率一般低于短期贷款的利率。

（5）政府的金融政策。即政府出于对国民经济进行宏观调控的目的对利率实行的各种有关政策。例如，中央银行可能为抑制通货膨胀而提高利率，或为刺激经济发展而降低利率。

根据计息方式的不同，利率有简单利率和复合利率之分。如果对于给定的本金来说，无论到期的利息是否取走，每一计息期的利息不变，换言之，如果利息本身不带来利息，这时的利率为简单利率，或者说是按简单利率计息的。如果到期的利息不取走时，利息与本金一起参与未来各计息期的利息计算，换言之，如果利息本身带来利息，这时的利率为复合利率，或者说是按复合利率计息的。

例如，1000 元的本金按年利率 10% 贷出，贷款期限为两年，每年计一次利息，那么按简单利率计息，每年的利息为 100 元，两年终了时的本利总额为 1200 元。如果按复合利率计息，第一年末利息为 100 元，第二年末的利息为 110 元[即(1000 + 100) × 10%]，两年终了时的本利总额为1210元。

5.2 资金的时间价值及其计算

由于利息的存在,资金具有了时间价值。也就是说,不同时间的等额花费与收入具有不同的经济效果;而不同金额的花费与收入,由于其发生的时间不同可能具有等价的经济效果。例如,现时的1000元收入与一年后的1000元收入是不等价的,因为现时的1000元可以存入银行(或投资),在一年后挣得利息(或投资回报)。如果将现时的1000元存入银行且年利率为10%,则这1000元相当于一年后的1100元。资金的时间价值体现于现值、终值、年金之间的等价换算关系上。现定义以下术语和符号。

现值P:现值是指现时的货币量,或是将来货币量折算到现时的价值(即相当于现时的价值)。现时一般为n个时段(一个时段通常为一年)中第一个时段的起点,即所研究问题的零时点。

终值F:终值是指资金经过n个时段后的价值,或发生在距现时n个时段的货币量。

等额金A:等额金是指每一时段末发生的等额货币量。当一个时段为一年时,等额金称为年金。

利率i:即每一计息期的利息率。

如无特别指出,以下叙述中每一时段均为一年,利率均指年利率,且均按复合利率计息。

5.2.1 单笔资金的现值与终值

5.2.1.1 单笔资金的终值

已知现值为P,利率为i,第一年末的价值为:

$$P + Pi = P(1 + i)$$

第二年末的价值为:

$$P(1 + i) + P(1 + i)i = P(1 + i)^2,$$

以此类推,第n年末P的终值为:

$$F = P(1 + i)^n \tag{5-1}$$

令

$$(F/P,i,n) = (1 + i)^n$$

则

$$F = P(F/P,i,n) \tag{5-2}$$

$(F/P,i,n)$称为单笔资金复率系数或简称终值系数,这一符号的意义是已知现值P,在给定利率i和时间n的条件下求终值F。

5.2.1.2 单笔资金的现值

已知n年末的终值为F,利率为i,从式(5-1)可求得现值P为:

$$P = \frac{F}{(1 + i)^n} \tag{5-3}$$

已知终值求现值,可从两个角度理解,即现值P为多少时经过n年的复利计算才能得到终值F;或者说n年后的货币量F相当于现时的货币量P是多少。令

$$(P/F,i,n) = \frac{1}{(1 + i)^n}$$

则

$$P = F(P/F,i,n) \tag{5-4}$$

$(P/F,i,n)$称为单笔资金现值系数或折现系数。

5.2.2 年金与终值和现值

5.2.2.1 年金的终值

n年中每年末发生的等额资金为A(即年金为A)、利率为i时,这一系列资金在n年末的终值是多少呢?第j年末距第n年末为$n-j$年,根据单笔资金的终值计算公式(5-1),第j年末发生的资金A在第n年末的终值为$A(1+i)^{n-j}$,故年金的终值为:

$$F = A\sum_{j=1}^{n}(1+i)^{n-j}$$

利用等比级数求和公式,得:

$$F = A\frac{(1+i)^n - 1}{i} \tag{5-5}$$

令
$$(F/A,i,n) = \frac{(1+i)^n - 1}{i}$$

则
$$F = A(F/A,i,n) \tag{5-6}$$

$(F/A,i,n)$称为等额资金系列复率终值系数或年金终值系数。

5.2.2.2 资金存储系数

已知要在n年末获得资金F,每年末存入的等量金额为多少时才能达到目的?这是一个已知终值求年金的问题,从式(5-5)直接解得:

$$A = F\frac{i}{(1+i)^n - 1} \tag{5-7}$$

令
$$(A/F,i,n) = \frac{i}{(1+i)^n - 1}$$

则
$$A = F(A/F,i,n) \tag{5-8}$$

$(A/F,i,n)$称为等额资金系列存储系数或资金存储系数。

5.2.2.3 年金的现值

在n年中每年末发生的资金为A(即年金为A),这一年金系列的现值是多少?年金的终值可用式(5-5)求得,求得终值后,再利用式(5-3)求终值的现值,所以有:

$$P = A\frac{(1+i)^n - 1}{i(1+i)^n} \tag{5-9}$$

令
$$(P/A,i,n) = \frac{(1+i)^n - 1}{i(1+i)^n}$$

则
$$P = A(P/A,i,n) \tag{5-10}$$

$(P/A,i,n)$称为等额资金系列现值系数或年金现值系数。

5.2.2.4 资金回收系数

已知现时贷款额为P,在n年内分期偿还且利率为i时,每年应付的等额金为多少?或从贷方的角度讲,每年应回收的等额金为多少时才能在n年内将本利全部收回?这是一个已知现值求年金的问题,可从式(5-9)直接解得:

$$A = P\frac{i(1+i)^n}{(1+i)^n - 1} \tag{5-11}$$

令
$$(A/P,i,n) = \frac{i(1+i)^n}{(1+i)^n - 1}$$

则
$$A = P(A/P,i,n) \tag{5-12}$$

$(A/P,i,n)$称为资金回收系数。

5.2.3 现金流量图

在求解与资金的时间价值有关的问题时，将现金的流入和流出及其发生时间作成现金流量图，有助于清晰地表达问题的实质，选用正确的解题步骤和计算公式。简言之，现金流是资金在给定时间的流入与流出。例如，当购买商品时，现金从购买者流到销售者，对购买者来说是现金流出，而对销售者来说是现金流入。当然，资金不一定只限于现金，可以是支票、银行转账或者一切其他可以转变为现金的支付方式。

现金流量图由代表时间的横线和代表现金流的带箭头的竖线组成。现金流入为正，由位于横线上方的上向箭线表示；现金流出为负，由位于横线下方的下向箭线表示。箭线的长短代表现金流量的大小。一般地，箭线的长度并不根据现金流量按严格的比例画出，只是定性地表示现金流量的相对大小。例如，某公司贷款 20000 元，在 36 个月内还清，月利息为 1%，求每月还款额。这是一个已知现值 P 求年金 A 的问题，其现金流量如图 5-1 所示。

例 5-1 某项目可以在未来五年的头三年带来 1000 万元/a 的净收益，在后两年带来 600 万元/a 的净收益。若年利率为 12%，该项目的收益现值为多少？

解：这一问题的现金流量图如图 5-2 所示。最直接(但较繁琐)的求解方法是应用单项资金的现值公式求每年收益额的现值，然后相加。然而，将现金流量图进行分解，可使计算更简便。一种分解方法如图 5-3 所示。根据这一分解，现值 P 的计算如下：

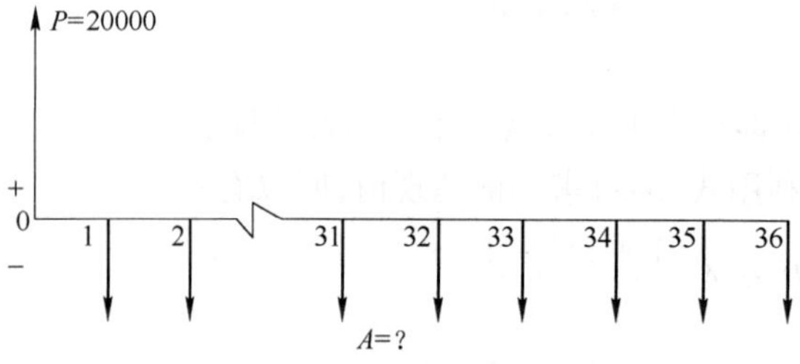

图 5-1 现金流量示意图

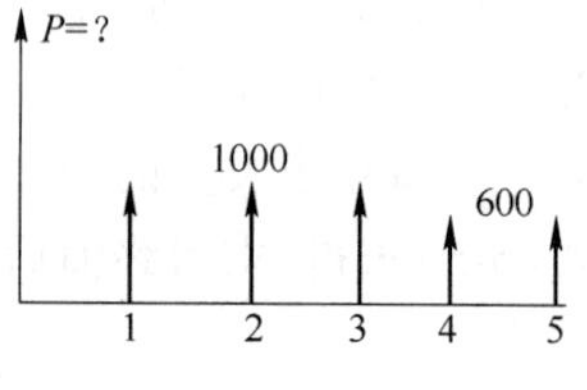

图 5-2 例 5-1 的现金流量图

$$\begin{aligned} P &= P_1 + P_2 = 600(P/A,0.12,5) + 400(P/A,0.12,3) \\ &= 2162.87 + 960.73 = 3123.60 \end{aligned}$$

另一种分解方法如图 5-4 所示，现值 P 的计算如下：

$$\begin{aligned} P &= P_1 + P_2 = 1000(P/A,0.12,3) + 600(P/A,0.12,2)(P/F,0.12,3) \\ &= 2401.83 + 721.77 = 3123.60 \end{aligned}$$

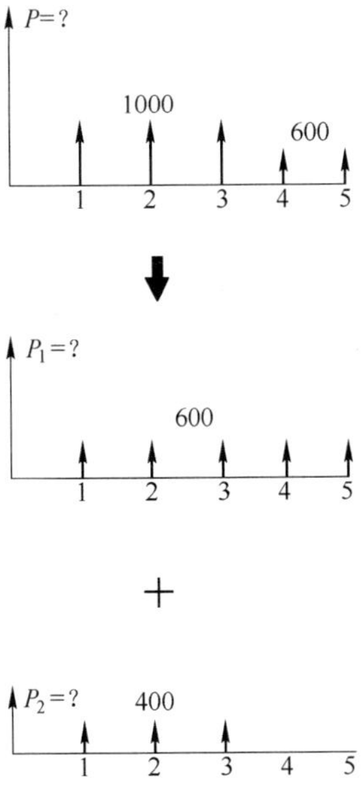

图 5-3 现金流量图分解Ⅰ

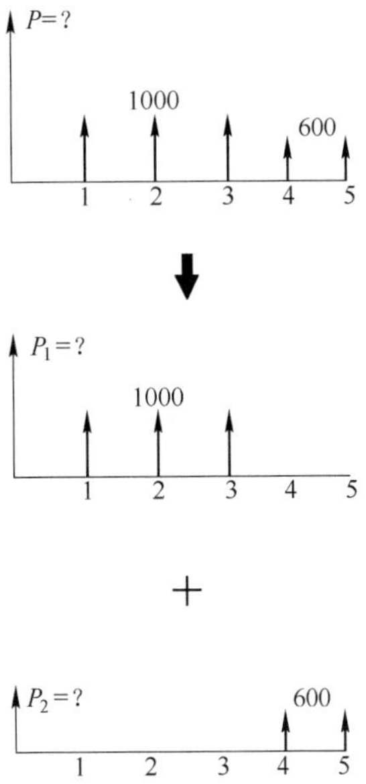

图 5-4 现金流量图分解Ⅱ

5.3 等 价 性

不同投资方案虽然产生的现金流量大小及时间可能不同，但当考虑资金的时间价值时，这些方案很可能是“等价”的。如果在给定利率条件下不同投资方案具有相等的现值，就称这些方案在给定的利率条件下是等价的，或者说它们具有等价性(equivalence)。从纯经济角度讲，具有等价性的方案对投资者具有同等的吸引力。

表 5-1 列出了四个投资方案的现金流。如果不考虑资金的时间价值，这些方案具有不同的价值。方案 D 的总现金流量最大，应该是最好的方案。然而，如果考虑资金的时间价值且利率为 10%，这四个方案的现值均为 10000，故是等价的。若不考虑其他因素，从纯经济角度出发，选择哪个方案都是一样的。

表 5-1 四个不同投资方案的现金流及现值

时 间	方案 A	方案 B	方案 C	方案 D
第 1 年	1000	3500	3154. 71	0. 0
第 2 年	1000	3250	3154. 71	0. 0
第 3 年	1000	3000	3154. 71	0. 0
第 4 年	11000	2750	3154. 71	14641
合 计	14000	12500	12618. 84	14641
$i=10\%$ 现值	10000	10000	10000	10000

5.4 投资项目经济评价方法

当一个投资者面临多个可供选择的投资项目时，就需要对每个项目的优劣从经济角度进行评价，为决策者提供定量的决策支持。经济评价结果应提供：

（1）项目是否能带来可接受的最低收益；

（2）可选项目的优劣排序；

（3）投资风险分析。

从纯经济角度出发，任何评价标准应遵循的原则为：盈利较高的项目优于盈利较低的项目；获利早的项目优于获利晚的项目。必须强调的是，评价标准本身不能作为投资决策，只能通过定量的经济分析为决策者提供决策支持。最终决策必须由决策者综合考虑和衡量所有定量的和定性的信息后做出。

投资项目经济评价方法可分为两大类，即静态评价法和动态评价法。

5.4.1 静态评价法

静态评价法，顾名思义就是不考虑资金的时间价值的评价方法，主要有投资返本期法和投资差额返本期法。静态评价法已经很少使用。

5.4.1.1 投资返本期法

投资返本期法（也称投资回收期法）曾经是投资项目评价中的主要评价标准，如今该法有时作为辅助性方法与其他方法（主要是动态评价法）一起使用。所谓投资返本期，是指项目投产后的净现金收入的累加额能够收回项目投资额所需的年数。表5-2列出了5个投资额相等但净现金收入和项目寿命不同的虚拟项目。

表5-2 投资返本期举例

项　目	*A*	*B*	*C*	*D*	*E*
投　资	10000	10000	10000	10000	10000
	净现金收入				
1	2000	7000	1000	6000	6000
2	2000	2000	2000	2000	2000
3	2000	1000	7000	2000	2000
4	2000	2000	2000	0	3000
5	2000			0	4000
6	2000			0	1000
7	2000			0	1000
8				0	500
投资返本期/a	5	3	3	3	3

投资返本期的计算十分简单，将净现金收入（净现金流）逐年相加，累加额等于投资额的年数，即为投资返本期。表5-2中项目*A*需要5年，其余项目均需3年时间将投资回收（即返本）。

应用该方法进行投资项目评价时，如果计算所得投资返本期小于可接受的某一最大值，则该项目是可取的；否则，该项目是不可取的。多个项目比较时，投资返本期短的项目优于投资返本期长的项目。

投资返本期法有几个明显的不足之处：

(1) 该方法对返本期以后的现金流不予考虑,不能真实反映项目的实际盈利能力。例如,表 5-2 中项目 D 和 E 具有相同的投资返本期,但项目 D 根本不能盈利(只能回收投资),项目 E 却在返本后继续带来净收入,项目 E 显然优于项目 D。

(2) 该方法不考虑现金流发生的时间,只考虑回收投资所需的时间长度。例如,项目 B 和 C 具有相同的投资返本期和相等的盈利额,但项目 B 早期净收入大于项目 C,根据前述经济评价标准应遵循的准则,项目 B 优于项目 C。

(3) 应用该方法确定某一项目是否可取时,需要首先确定一个可接受的最长投资返本期,而最长投资返本期的确定具有很强的主观性。

5.4.1.2 投资差额返本期法

对投资项目做经济比较时,经常遇到的问题是不同项目的投资与经营费用各有优劣:投资大的项目往往由于装备水平高、工艺先进等原因,其经营费用低;投资小的项目由于相反的原因,其经营费用高。这时,可用投资差额返本期法确定项目的优劣。

投资差额返本期的实质是:两个项目比较时,计算用节约下来的经营费用回收多花费的投资,如果能在额定的年数(即可接受的最长时间)内回收,则投资大、经营费用低的项目优于投资小、经营费用高的项目;反之,投资小、经营费用高的项目优于投资大、经营费用低的项目。

投资差额返本期的计算如下:

$$T = \frac{I_1 - I_2}{C_2 - C_1} \tag{5-13}$$

式中 I_1, C_1——投资大、经营费用低的项目(项目 1)的投资和年经营费用;

I_2, C_2——投资小、经营费用高的项目(项目 2)的投资和年经营费用。

若 T 小于或等于可接受的最长返本期 T_0,则项目 1 优于项目 2;反之项目 2 优于项目 1。$1/T$ 称为投资效果系数。

当比较多于两个项目时,最佳项目是满足下式者:

$$I_i + T_0 C_i = \text{最小} \tag{5-14}$$

5.4.2 动态评价法

动态评价法是考虑资金的时间价值的投资项目评价方法,应用最广的有净现值法和内部收益率法。

5.4.2.1 净现金流

净现金流是现金流入与现金流出的代数差。由于税收及会计法则的不同,不同国度(甚至同一国的不同行业)的净现金流的计算有差别。项目寿命期某一年的净现金流的一般计算如下:

销售收入
+其他收入(如固定资产残值、流动资金回收)
-年经营费用
-固定资产折旧
=税前盈利(税基)
-所得税(税基×所得税率)

=税后盈利

+固定资产折旧

=经营现金流

-投资

=净现金流

5.4.2.2 折现率

计算未来某时点(或若干个时期)发生的现金流的现值称为折现。折现中使用的利率也称为折现率。但在用净现值法进行项目评价时,折现率一般不等于利率。一方面,在资本市场发达的市场经济条件下,项目投资所需的大部分资金是通过某些渠道在资本市场上融资获得(如贷款、债券、股票等),使用不属于自己的资金是要有代价的(如贷款就得还本付息),这一代价称为资本成本(cost of capital)。对项目的期望回报率(即收益)的最低线是资本成本,如果一个项目不能带来高于资本成本的回报率,则从纯经济角度讲,该项目不能增加投资者的财富,故是不可取的。因此,投资评价中使用的折现率一般都高于利率。另一方面,当一个投资者决定投资于一个项目时,用于投资的资金(无论是自己拥有的还是从资本市场获得的)就不能用于别的项目的投资,这就等于失去了从替代项目获得回报的机会,所以替代项目的可能收益率称为机会成本。只有当被评价项目的回报率高于机会成本时,被评价项目才是可取的,否则就应把资金投到替代项目。因此,项目评价中用的折现率应不低于机会成本。折现率应该是可接受的最低回报率,在数值上应等于资本成本,或机会成本加上业务成本及风险附加值。

折现率的选取对于正确评价投资项目十分重要。折现率过高,会低估项目的价值,使好的项目失去吸引力;折现率过低,会高估项目的价值,可能导致投资于回报率低于可接受的最低值的项目。了解折现率的构成,对于选用适当的折现率很有帮助。折现率由四个主要要素构成:

(1)基本机会成本。如前所述,机会成本是替代项目的可能回报率,它被看做折现率的基本要素,其他要素被作为附加值累加到机会成本之上,故而称之为基本机会成本。

(2)业务成本。业务成本包括经纪费用、投资银行费用、创办和发行费用等。

(3)风险附加值。根据项目的投资风险而适当上调的数值。

(4)通货膨胀调节值。如果项目评价中的每一现金流都按其发生时的价格(即当时价格)计算,说明现金流中包含通货膨胀,那么折现率也应包含通货膨胀率。一般来说,当在资本市场上筹集资金时,由资本市场确定的资本成本已包含了资金提供者对未来通货膨胀的考虑。因此,如果项目评价中的现金流是按不变价格计算的(即不包含通货膨胀),而折现率是取之于资本市场的资本成本,那么就应将折现率下调,下调幅度一般等于通货膨胀率。

依据资本成本或各构成要素确定的折现率是可接受的最低收益率,也称为基准收益率。

5.4.2.3 净现值法

投资项目的净现值 NPV(net present value),是按选定的折现率(即基准收益率),将项目寿命期(包括基建期)发生的所有净现金流折现到项目时间零点的代数和。即:

$$NPV = \sum_{j=0}^{n} \frac{NCF_j}{(1+d)^j} \tag{5-15}$$

式中 NCF_j——第j年末发生的净现金流量;

d——折现率；

n——项目寿命。

净现值法就是依据投资项目的净现值评价项目是否可取，或对多个项目进行优劣排序的方法。当 $NPV>0$ 时，被评价项目的收益率高于基准收益率，说明投资于该项目可以增加投资者的财富，故项目是可取的。若 $NPV<0$，项目是不可取的。NPV 大的项目优于 NPV 小的项目。

例 5-2 某项目的初始投资和各年的现金流如图 5-5 所示，试计算基准收益率为 12% 和 15% 时的净现值，并评价项目是否可取。

解：项目的净现金流如图 5-6 所示。

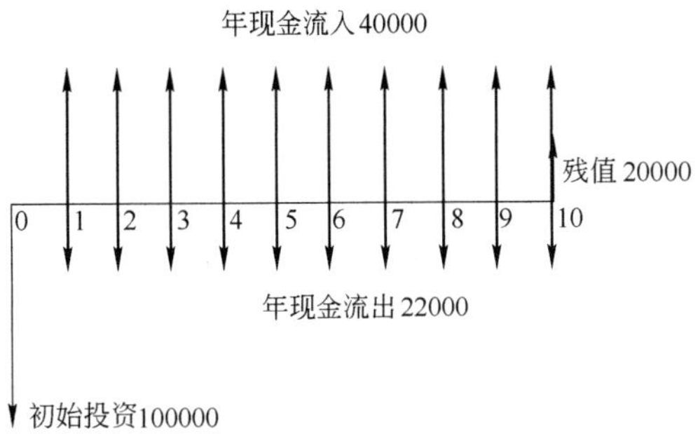

图 5-5 项目现金流量图

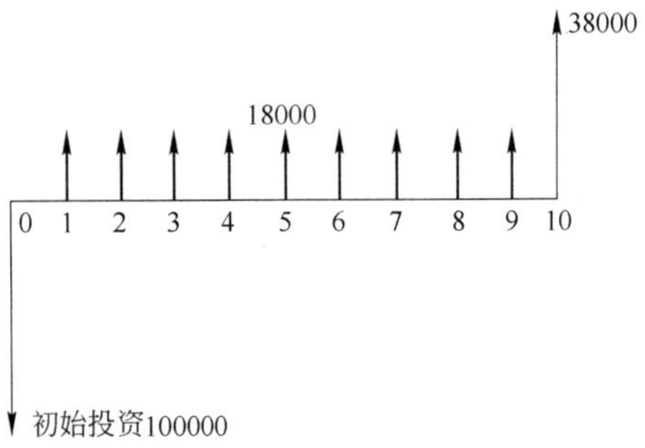

图 5-6 净现金流量图

当 $d=12\%$ 时：

$$NPV=-100000+18000\frac{(1+0.12)^9-1}{0.12\times(1+0.12)^9}+\frac{38000}{(1+0.12)^{10}}=8143$$

当 $d=15\%$ 时：

$$NPV=-100000+18000\frac{(1+0.15)^9-1}{0.15\times(1+0.15)^9}+\frac{38000}{(1+0.15)^{10}}=-4718$$

因此，当折现率为 12% 时，项目是可取的；当折现率为 15% 时，项目是不可取的。

5.4.2.4 内部收益率法

投资项目的内部收益率 IRR(internal rate of return)是指使净现值为零的收益率，即满足下式的 d 值：

$$NPV=\sum_{j=0}^{n}\frac{NCF_j}{(1+d)^j}=0 \tag{5-16}$$

如果计算所得的内部收益率 IRR 大于基准收益率，则项目是可取的；如果 IRR 小于基准收益率，则项目是不可取的。对多个项目进行优劣评价时，IRR 大的项目优于 IRR 小的项目。IRR 的计算一般需要试算若干次。内部收益率法又称为贴现法。

例 5-3 计算例 5-2 的内部收益率。

解：从例 5-2 的计算可知，当折现率为 12% 时，$NPV>0$；折现率为 15% 时，$NPV<0$。所以 IRR 在 12% ~15% 之间，取 $d=14\%$，得 $NPV=-715$。因此 IRR 在 12% ~14% 之间，通过几次试算，得 $IRR=13.83\%$。因此，当基准收益率为 12% 时，内部收益率大于基准收益率，

项目是可取的；当基准收益率为15%时，项目是不可取的。

应用内部收益率法对项目的可行性评价和优劣排序结论与净现值法相同。

5.5 投资风险分析

投资风险是指在经济评价时，对投资项目的现金流的估计值（或预期值），由于未来因素的不确定性，与项目实际发生的现金流出现不可预见的偏差。在市场经济条件下，任何项目都具有其特有的投资风险，只是风险大小不同而已。矿山项目是公认的投资风险较大的投资项目，其投资风险主要来源于：矿石储量及品位的估算误差较大；未来生产成本及产品价格的不确定性；基建时间长和基建投资大。

前面介绍的项目经济评价属于确定型评价。在确定型评价中，对现金流计算所涉及的各个参数只作点估计，即每一参数只有一个估计值。点估计常常代表评价者对被估参数的最佳估计。确定型评价结果体现于评价标准（如*NPV*或*IRR*）的单一数值。由于经济评价中各种参数的不确定性，确定型分析只能反映实际可能出现的一种结果。而这一结果往往与项目的实际运营结果有一定（有时是较大）的偏差。例如，有的项目在实施时所需的基建投资额比经济评价时估计的投资额高出50%，甚至100%。因此，分析项目风险，对正确的投资决策是十分重要的。

不确定性分析是投资风险分析的常用方法。分析中对各有关参数的估值不再是点估计，而是估计其取值的概率分布。概率分布可能是离散的，也可能是连续的。分析结果也不再是评价标准的单一值，而是评价标准的概率分布。从这一概率分布可以看出各种结果的可能性，计算评价标准的数学期望，从而对投资风险作出较可靠的判断。下面用一算例对不确定性分析加以说明。

例5-4 某铜矿正在考虑扩建，矿石生产能力由原来的3.15Mt/a扩大到4.2Mt/a，矿山扩建后的剩余寿命为10年。

（1）有关参数的点估计值如下：

矿石平均品位：	0.8%；
金属回收率：	90%；
生产成本：	3.5×10^6 \$/a；
扩建投资：	13.5×10^6 \$；
铜价格：	1000 \$/t。

（2）扩建投资额、矿石平均品位和金属回收率的离散分布为：

扩建投资额：	13.0	13.5	16.0
概率 *P*：	0.05	0.55	0.40
矿石平均品位：	0.75%	0.80%	0.85%
概率 *P*：	0.40	0.50	0.10
金属回收率：	90%	85%	
概率 *P*：	0.60	0.40	

假设其他参数为确定型，其取值仍为点估计值。试对该扩建项目用*IRR*法进行确定型评价并进行不确定性分析。

解:(1)确定型评价

根据参数的点估计值,扩建项目的年净现金流量为:

$$NCF = (4.2 - 3.15)\frac{0.8}{100} \times 0.9 \times 1000 - 3.5 = 4.06 \times 10^6 \ \$$$

扩建项目的净现金流量如图 5-7 所示。

经过几次试算,得扩建项目的内部收益率:$IRR = 27.4\%$。

(2)不确定性分析

基于投资额、矿石平均品位和金属回收率的可能取值,共有 $3 \times 3 \times 2 = 18$ 种可能的 IRR 值。图 5-8 给出了每种可能结果的概率。对于每一种可能性,其 IRR 的计算与确定型相同。例如,当投资额为 13.0×10^6 \$,矿石平均品位为 0.75%,金属回收率为 90% 时,年净现金流量为

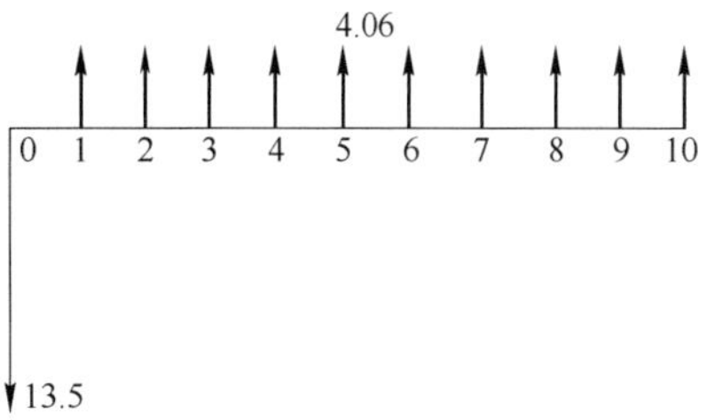

图 5-7 扩建项目净现金流量图

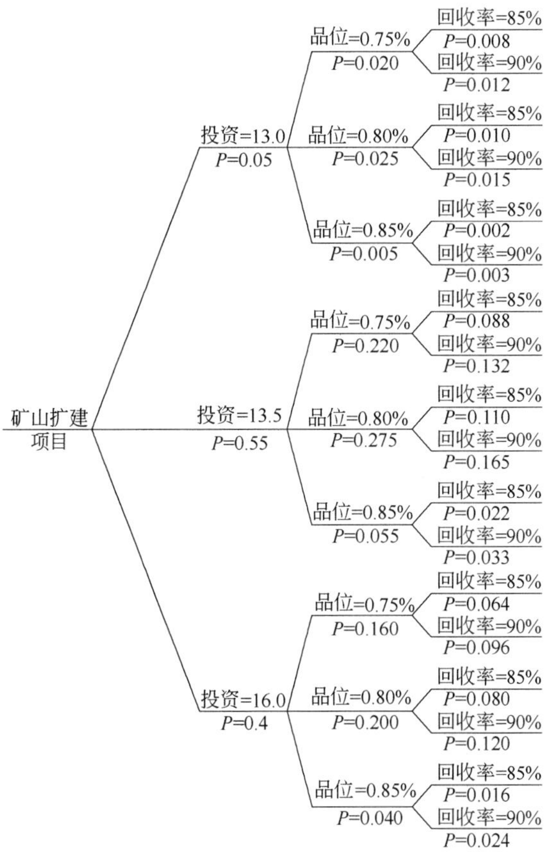

图 5-8 项目可能结果及其概率图示

$$NCF = (4.2 - 3.15)\frac{0.75}{100} \times 0.9 \times 1000 - 3.5 = 3.588 \times 10^6 \ \$$$

由

$$-13.0 + 3.588(P/A, IRR, 10) = 0$$

求得 $IRR=24.5\%$。

从图 5-8 可知,扩建项目获得 24.5% 的内部收益率的概率为 0.012 或 1.2%,通过类似计算,求得全部可能结果并列入表 5-3。依据表 5-3 中的 *IRR* 值及相应的概率值,可形成概率直方图(图 5-9)和累积概率直方图(图 5-10)。

表 5-3 不确定性分析计算结果

投资额/10^6 $	品位/%	回收率/%	*IRR*/%	概率 *P*
13.0	0.75	85	20.9	0.008
13.0	0.80	85	25.0	0.010
13.0	0.85	85	29.0	0.002
13.0	0.75	90	24.5	0.012
13.0	0.80	90	28.7	0.015
13.0	0.85	90	32.8	0.003
13.5	0.75	85	19.8	0.088
13.5	0.80	85	23.8	0.110
13.5	0.85	85	27.6	0.022
13.5	0.75	90	23.3	0.132
13.5	0.80	90	27.4	0.165
13.5	0.85	90	31.4	0.033
16.0	0.75	85	15.0	0.064
16.0	0.80	85	18.6	0.080
16.0	0.85	85	22.1	0.016
16.0	0.75	90	18.2	0.096
16.0	0.80	90	21.9	0.120
16.0	0.85	90	25.4	0.024

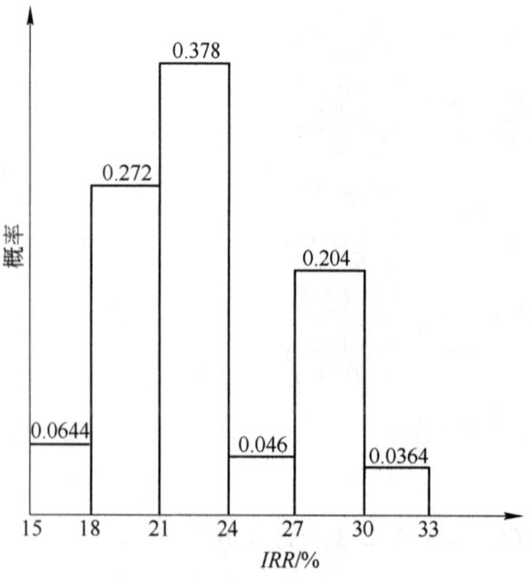

图 5-9 评价结果概率直方图

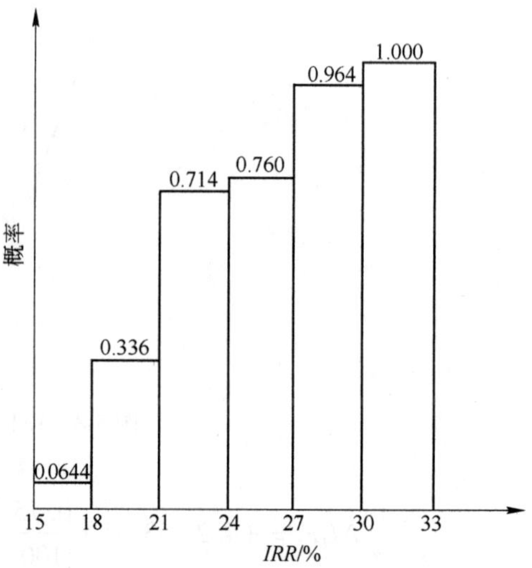

图 5-10 评价结果累积概率直方图

IRR 的数学期望(即平均值)为:

$$IRR_{a} = \sum_{i=1}^{18} IRR_{i} \cdot P_{i} = 22.7\%$$

从图 5-10 可以看出,有 76% 的可能性扩建项目的内部收益率小于 27%,也就是说项目的实际收益率低于确定型评价所得收益率(27.4%)的可能性是很高的。

上例只是一个简单的风险分析算例,只考虑了三个参数的概率分布。实质上,产品价格和生产成本等参数都具有不确定性。对项目进行投资风险分析,应根据可利用信息对尽可能多的参数的概率分布进行估计,以使分析结果尽可能全面地反映可能出现的各种投资后果。另外,上例中用的是离散分布,若有足够的数据,可得出有关参数的连续分布密度函数,利用连续分布进行风险分析,在计算方法与步骤上与离散分布相似。当然,不确定性分析也可用其他评价标准(如 *NPV*),但 *IRR* 是最常用的评价标准。

第2篇　地 下 开 采

采用地下开采的矿床通常有两种情况:一是埋藏较深的盲矿体,即矿体的上端距地表的垂直距离较大;二是矿体上端虽然较浅甚至有露头,但延伸到较大的深度。第一种情况下一般采用单一地下开采,第二种情况下一般浅部采用露天开采,深部采用地下开采。本篇针对金属矿山,系统介绍地下开采的矿床开拓、矿山总平面图布置、井巷掘进与支护、典型采矿方法与工艺。

6　地下开采基本概念

6.1　地下开采一般结构

在金属矿床地下开采中,首先把井田(或称矿田)在垂直方向上划分为阶段,然后再把阶段在水平和垂直方向上划分为矿块(或采区)。矿块(或采区)是独立的回采单元。在垂直方向上,地下开采一般结构如图6-1所示。

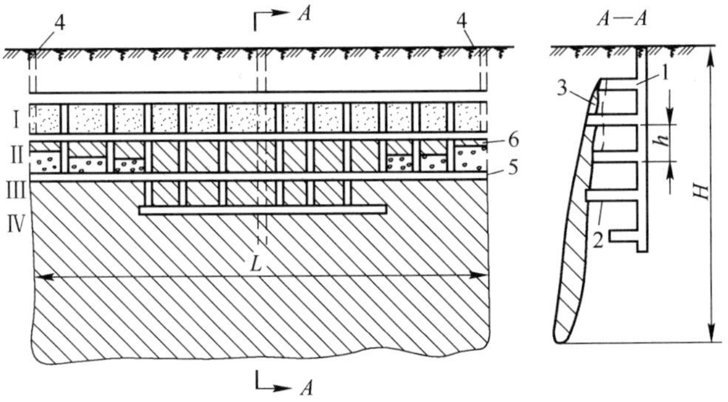

图6-1　地下开采一般结构示意图

Ⅰ~Ⅳ—不同的开采阶段;H—矿体垂直埋藏深度;h—阶段高度;L—矿体的走向长度

1—主井;2—石门;3—天井;4—排风井;5—阶段运输巷道;6—矿块

矿块结构随采矿方法而异,一般由矿房和矿柱构成,并在水平方向上依据其与矿体的走向之间的关系有不同的布置方式,如图6-2所示。

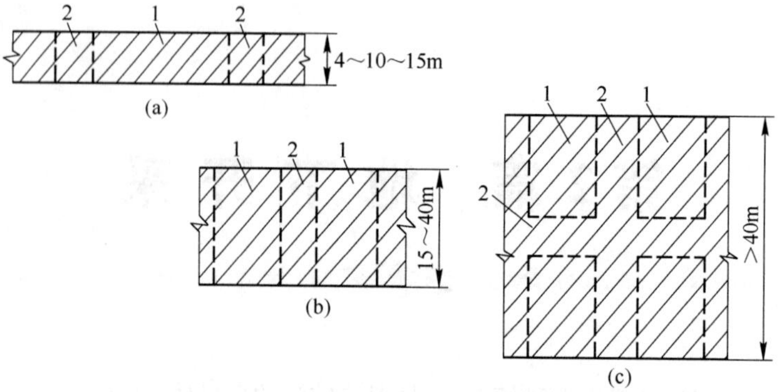

图6-2 矿块及其布置方式示意图
(a) 沿走向布置;(b) 垂直走向布置;(c) 垂直走向布置且留走向矿柱
1—矿房;2—矿柱

6.2 矿床分类

矿体的形状、厚度和倾角是金属矿床地下开采设计的主要依据,直接影响开拓、采矿方法选择、采矿工程的结构及其布置。因此,金属矿床一般按这三个因素进行分类。

6.2.1 按矿体形状分类

按矿体形状划分,有以下三种类型:

(1) 层状矿床。这类矿床多为沉积或沉积变质矿床,其特点是矿床规模较大,赋存条件(倾角、厚度等)稳定,有用矿物成分组成稳定,含量较均匀。多见于黑色金属矿床。

(2) 脉状矿床。这类矿床主要是由于热液和气化作用,矿物质充填于地壳的裂隙中生成的矿床,其特点是矿床与围岩接触处有蚀变现象,矿床赋存条件不稳定,有用成分含量不均匀。有色金属、稀有金属及贵重金属矿床多属此类。

(3) 块状矿床。这类矿床主要是充填、接触交代、分离和汽化作用形成的矿床,其特点是矿体大小不一,形状呈不规则的透镜状、矿巢状、矿株状等,矿体与围岩的界线不明显。一些有色金属矿床(如铜、铅、锌等)属于此类。

在开采脉状和块状矿床时,需要加强探矿工作,以充分回收矿产资源。

6.2.2 按矿体倾角分类

按矿体倾角可分为以下四种类型:

(1) 水平和微倾斜矿床。倾角小于5°。

(2) 缓倾斜矿床。倾角为5°~30°。

(3) 倾斜矿床。倾角为30°~55°。

(4) 急倾斜矿床。倾角大于55°。

矿体的倾角与采场的运搬方式有密切关系。在开采水平矿床和微倾斜矿床时,各种有轨或无轨运搬设备可以直接进入采场;在缓倾斜矿床中运搬矿石,可采用人力或电耙、输送机等机械设备;在倾斜矿床中,可借助溜槽、溜板或爆力抛掷等方法,自重运搬矿石;在急倾斜矿床中,可利用矿石自重的重力运搬矿石。

应该指出,随着无轨设备和其他机械设备的推广应用,按矿体倾角分类的界线也在发生变化。有些情况下,虽然具有利用矿石自重运搬的条件,但也应用机械设备装运。

6.2.3 按矿体厚度分类

矿体的厚度是指矿体上盘与下盘之间的垂直距离或水平距离,如图 6-3 所示。前者称为垂直厚度或真厚度(图中 a),后者称为水平厚度(图中 b)。开采急倾斜矿床时,常用水平厚度;开采倾斜矿床与缓倾斜矿床时,常用垂直厚度。

垂直厚度与水平厚度之间关系为:

$$a = b\sin\alpha \tag{6-1}$$

式中 a——矿体的垂直厚度,m;

b——矿体的水平厚度,m;

α——矿体的倾角。

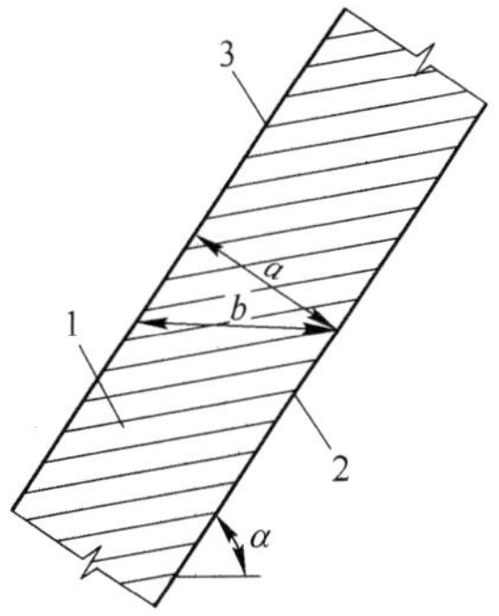

图 6-3 矿体的水平厚度和垂直厚度

1—矿体;2—矿体下盘;3—矿体上盘

矿体按厚度通常划分为 5 类:

(1) 极薄矿体。厚度在 0.8m 以下。

(2) 薄矿体。厚度为 0.8 ~4m 之间。

(3) 中厚矿体。厚度为 4 ~15m。

(4) 厚矿体。厚度 10 ~40m。

(5) 极厚矿体。厚度大于 40m。

开采极薄矿体时,掘进巷道和采矿都需开掘部分围岩,方能创造正常的工作空间。开采薄矿体时,在缓倾斜条件下,可用单分层进行回采,其厚度为人工支柱的最大允许厚度;在倾斜和急倾斜条件下,回采时不需要采掘围岩。回采中厚矿体时,可沿矿体走向布置矿块。开采厚矿体时,垂直走向布置矿块。开采极厚矿体时,矿块垂直走向布置且往往需留走向矿柱。矿块的一般布置方式如图 6-2 所示。

6.3 地下开采一般步骤

金属矿床地下开采一般可分为开拓、采准、切割和回采四个步骤。

(1) 矿床开拓。矿床开拓就是通过掘进一系列井巷工程,建立地表与矿体之间的联系,构成一个完整的提升、运输、通风、排水和供风、供水、动力供应系统,以便把地下将要采出的矿石和废石运至地面;把新鲜空气送入地下,并把地下污浊空气排出地表;把矿坑水排出地表;把人员、材料和设备等送入地下和运出地表。为此目的而掘进的井巷,称为开拓巷道。矿床开拓的详细阐述见第 7 章。

(2) 矿块采准。采准是指在矿床已开拓完毕的部分,掘进采准和切割巷道,将阶段划分成矿块作为回采的独立单元,并在矿块内形成行人、凿岩、放矿、通风等条件。

衡量采准工程量的大小,常用采准系数和采准工作比重两项指标。采准系数 K_1,是每千吨采出矿石量所需掘进的采准和切割巷道的米数,可用下式计算:

$$K_1 = \frac{\sum L}{T} \tag{6-2}$$

式中 $\sum L$——一个矿块中采准巷道和切割巷道的总长度,m;

T——矿块的采出矿石量,kt。

采准工作比重 K_2 是矿块中采准、切割巷道的采出矿石量 T' 与矿块采出矿石总量 T 之比。

采准系数只反映矿块的采准切割巷道的长度,而不反映这些巷道的断面大小(即体积大小);采准工作比重只反映脉内采准切割巷道的掘进量,而未包括脉外的采准切割巷道的掘进。因此,要根据具体情况,应用某个采准工作量指标,或者两项指标配合使用,互相补充,以便较全面地反映出矿块的采准工作量。

(3) 切割工作。切割工作是指在已采准完毕的矿块里,为大规模回采矿石开辟自由面和自由空间(通常是拉底或切割槽),有时还需要把漏斗颈扩大成漏斗形状(称为辟漏),为以后大规模采矿创造良好的爆破和放矿条件。

(4) 回采工作。切割工作完成之后,就可以进行大量的采矿(有时切割工作和大量采矿同时进行),称为回采工作。它包括落矿、采场运搬、出矿和采场地压管理三项主要作业。

落矿是以切割空间为自由面,以爆破崩落矿石。一般根据矿床的赋存条件、所采用的采矿方法及凿岩设备,选用浅孔、中深孔、深孔或硐室等落矿方法。

采场运搬是指在矿块内把崩下的矿石运搬到底部结构。运搬方法主要有两种:重力运搬和机械运搬。有时单独采用一种运搬方法,有时两种运搬方法联合使用,需根据矿床的赋存条件、所选用的采矿方法和运搬机械来确定。

出矿是把集于底部结构或出矿巷道内的矿石,转运到阶段运输巷道,并装入矿车。这项作业通常用机械设备(电耙、装运机、铲运机等)来实现,少数情况下(如急倾斜薄矿脉等),靠重力实现。

采场地压管理是指矿石采出后在地下形成采空区,经过一段时间,矿柱和上下盘围岩出现变形、破坏、移动等地压现象,为保证开采工作的安全,针对这种地压现象采取必要的技术措施,以控制地压和管理地压,消除地压所产生的不良影响。地压管理方法通常有三种:留矿柱支撑采空区、充填采空区和崩落采空区。

开拓、采准、切割和回采是按编定的采掘计划进行的。在矿山生产初期,上述各步骤在空间上是依次进行的;在正常生产时期,三者在不同的阶段内同时进行,如下阶段的开拓、上阶段的采准与再上阶段的切割和回采同时进行。

为了保证矿山持续均衡地生产,避免出现生产停顿或产量下降等现象,应保证开拓超前于采准,采准超前于切割,切割超前于回采。

6.4 采矿方法分类

采矿方法就是矿块的开采方法,它包括采准、切割和回采三项工作。若采准和切割工作在数量上和质量上不能满足回采工作的要求,则必然影响回采。因此,在矿块中进行的采准、切割与回采工作总称为采矿。

由于金属矿床赋存条件复杂,矿石与围岩性质多变,开采技术的不断完善和进步,在生产实践中应用了种类繁多的采矿方法。为了便于使用、研究和寻求新的采矿方法,应对现有的采矿方法进行科学的分类。

采矿方法的分类有多种，本书采用的采矿方法分类是按回采时的地压管理方法划分的。地压管理方法是以围岩的物理力学性质为依据，同时又与采矿方法的使用条件、结构和参数、回采工艺等密切相关，并且最终将影响到开采的安全性、效率和经济效果等。如表 6-1 所示，依此将采矿方法划分为 3 大类，进而根据各自特点可分为 13 个组别和 21 种典型方法。

表 6-1　金属矿床地下采矿方法分类

类　别	组　别	典型采矿方法
1. 空场采矿法	(1)全面采矿法 (2)房柱采矿法 (3)留矿采矿法 (4)分段矿房法 (5)阶段矿房法	1)全面采矿法 2)房柱采矿法 3)留矿采矿法 4)分段矿房法 5)水平深孔落矿阶段矿房法 6)垂直深孔落矿阶段矿房法 7)垂直深孔球状药包落矿阶段矿房法
2. 充填采矿法	(6)单层充填采矿法 (7)分层充填采矿法 (8)分采充填采矿法 (9)支架充填采矿法	8)壁式充填采矿法 9)上向水平分层充填采矿法 10)上向倾斜分层充填采矿法 11)下向分层充填采矿法 12)分采充填采矿法 13)方框支架充填采矿法
3. 崩落采矿法	(10)单层崩落法 (11)分层崩落法 (12)分段崩落法 (13)阶段崩落法	14)长壁式崩落法 15)短壁式崩落法 16)进路式崩落法 17)分层崩落法 18)有底柱分段崩落法 19)无底柱分段崩落法 20)阶段强制崩落法 21)阶段自然崩落法

在空场采矿法中，矿块划分为矿房和矿柱，先采矿房后采矿柱（分两步开采）。回采矿房时所形成的采空区，靠矿柱和矿岩本身的强度支撑。因此，矿石和围岩均稳固，是使用本类采矿法的理想条件。

充填采矿法类别中的大部分具体方法，也是分矿房和矿柱两步回采。回采矿房时，随回采工作面的推进，逐步用充填料充填采空区，防止围岩片落，即用充填采空区的方法管理地压。个别条件下，用支架和充填料配合维护采空区，进行地压管理。因此，不论矿石和围岩稳固或不稳固，均可应用本类采矿方法。

崩落采矿法为一个步骤回采，随回采工作面的推进，同时崩落围岩充满采空区，从而达到管理和控制地压的目的。因此，崩落围岩充满采空区，是应用本类采矿方法的必要前提。

上述三类采矿法中，还可以按方法结构特点、工作面的形式、落矿方式等进一步细分。

7 矿床开拓

为了开采埋藏在地下的矿床，首先需要进行开拓。开拓就是通过掘进竖井、斜井、平硐和巷道、硐室等工程，建立地表与矿体之间的联系，构成一个完整的提升、运输、通风、排水和供风、供水、动力供应系统。本章系统介绍开拓方法和开拓工程的布置。

7.1 矿床开拓方法

7.1.1 开拓巷道

为了开拓矿床而掘进的巷道，称为开拓巷道。按开拓巷道在矿床开采中所起的作用，可分为主要开拓巷道和辅助开拓巷道两类。

运输矿石的主平硐和主斜坡道，提升矿石的井筒（如竖井、斜井）均有直通地表的出口，属主要开拓巷道；作为提升矿石的盲竖井、盲斜井、虽无出口直通地表，因它们与上列井、巷一样起主要开拓作用，故也属于主要开拓巷道。

其他开拓巷道，如通风井、溜矿井、充填井等，在开采矿床中只起辅助作用，故称为辅助开拓巷道。

7.1.2 开拓方法分类及选择依据

矿床开拓方法可分为单一开拓和联合开拓两大类。凡用某一种主要开拓巷道开拓整个矿床的开拓方法，叫做单一开拓法；有的矿体埋藏较深，或矿体深部倾角发生变化，矿床的上部用某种主要开拓巷道开拓，而下部则根据需要改用另一种开拓巷道开拓，这种方法叫做联合开拓法。单一开拓法又可按主要开拓巷道与矿体的位置关系分为各种典型的开拓法；联合开拓法可按主要开拓巷道的组合方式分为各种典型方案。常用的开拓方法见表7-1。

表7-1 开拓方法分类表

开拓方法		主要开拓巷道的形式和位置
单一开拓法	平硐开拓	（1）平硐沿矿体走向；（2）平硐与矿体走向相交
	竖井开拓	（1）竖井穿过矿体；（2）竖井在矿体上盘； （3）竖井在矿体下盘；（4）竖井在矿体侧翼
	斜井开拓	（1）斜井在矿体下盘；（2）斜井在矿体内
	斜坡道开拓法	（1）螺旋式斜坡道开拓法；（2）折返式斜坡道开拓法
联合开拓法	平硐盲竖井开拓	矿体上部为平硐、深部为盲竖井
	平硐盲斜井开拓	矿体上部为平硐、深部为盲斜井
	竖井盲竖井开拓	矿体上部为竖井、深部为盲竖井
	竖井盲斜井开拓	矿体上部为竖井、深部为盲斜井
	斜井盲竖井开拓	矿体上部为斜井、深部为盲竖井
	斜井盲斜井开拓	矿体上部为斜井、深部为盲斜井

主要开拓巷道是决定一个矿床开拓方法的核心,其选择在矿山设计中至关重要。主要开拓巷道类型的选择依据主要有:

(1) 地表地形。不仅要考虑矿石从井下(或硐口)运出后,通往选矿厂或外运装车地点的运输距离和运输条件,同时要考虑附近是否有容积较充分的废石排放场地,否则会造成废石的远距离运输,增加成本。此外,还需考虑地表永久设施(如铁路)、河流等。

(2) 矿床赋存条件。如矿体的倾角、侧伏角等产状要素,是矿山选择开拓方法的主要依据。

(3) 矿岩性质。为减少因矿岩稳固程度差或成巷后地压活动的影响而增加的工程维护费用,在选择开拓方法时,必须考虑矿体和围岩的稳固性。

(4) 生产能力。不同的开拓方法因其主要开拓巷道与巷道装备不同,其生产能力(提升或运输能力)也不同。一般而言,平硐开拓方法的运输能力最大,竖井的提升能力高于斜井。

另外,开拓巷道施工的难易程度、工程量、工程造价和工期长短等,虽然不能作为确定开拓方案的重要依据,但决不可忽视。尤其是小型矿山,往往存在施工力量不足和技术素质较差、施工管理跟不上等情况。因此,在巷道类型的选择上也应考虑施工力量和技术管理水平。

7.1.3 平硐开拓法

平硐开拓法以平硐为主要开拓巷道,是一种最方便、最安全、最经济的开拓方法。但只有在地形允许的情况下,才能发挥其优点,即只有矿床赋存于山岭地区,埋藏在周围平地的地平面以上才能使用。

采用平硐开拓方法,平硐以上各阶段采下的矿石,一般用矿车中转,经溜矿井(或辅助盲竖井)下放到平硐水平,再由矿车经平硐运出地表,如图 7-1 所示。上部阶段废石可经专设的废石溜井再经平硐运出地表(入废石场),或平硐以上各阶段均有地表出口时,从各阶段直接排往地表。

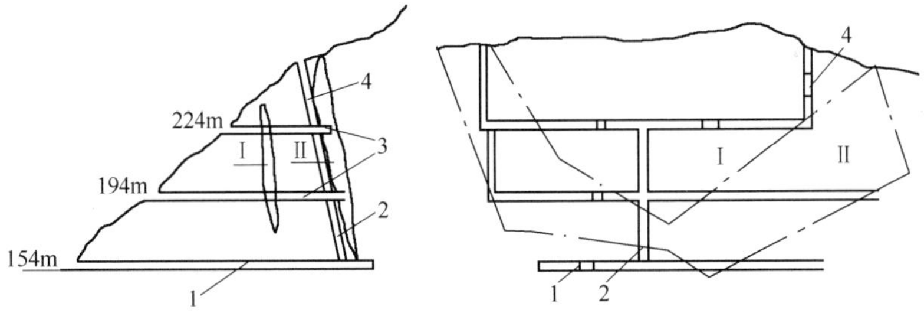

图 7-1　下盘平硐开拓法示意图

Ⅰ,Ⅱ—矿体编号;1—主平硐;2—溜井;3—上部阶段平巷;4—回风井

图 7-1 中的 154m 阶段为主要运输阶段,主平硐 1 设在该阶段。上部各生产阶段的废石经 224m 和 194m 巷道直接运出地表,生产矿石经由溜矿井 2,放到 154m 水平,再经主平硐 1 运出。

平硐开拓方法又有几种不同的方案。

7.1.3.1　与矿体相交的平硐开拓方案

这种开拓方案又有上盘平硐和下盘平硐两种形式。图 7-1 所示是下盘平硐开拓。上盘平硐开拓如图 7-2 所示,这种方案的矿石运输方式与图 7-1 相同,只是因上部阶段无地表出口(如条件适合,也可直通地表),人员、设备、材料等从 380m 阶段由辅助盲竖井 4 提升到上部各阶段。为通风需要,在 490m 水平设回风平硐与地表相通。

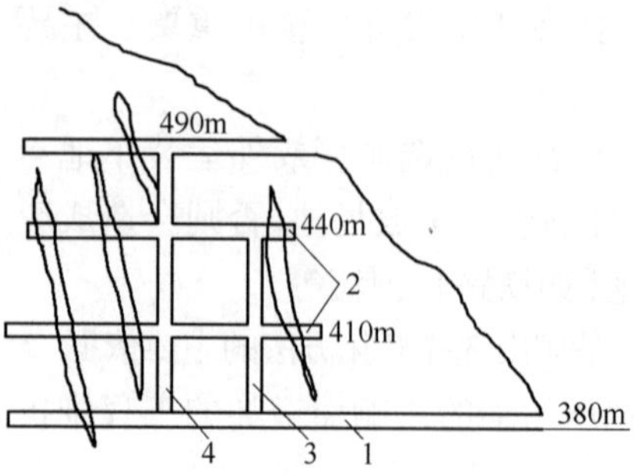

图7-2 上盘平硐开拓示意图
1—主平硐;2—阶段平巷;
3—溜井;4—辅助盲竖井

在图7-1和图7-2中,如果各阶段通往矿体的平巷工程量不大,该方案的优点就较为突出,各阶段可同时施工,特别是为上下阶段的溜井等工程施工创造了有利条件(如用吊罐法施工天井等工程),达到压缩工期、缩短基建周期的目的;同时,掘进过程中通风等作业条件也比较好。在选择方案时,理想的方案通常是平硐与矿体走向正交,使平硐最短。然而,现场条件往往不是如此。如有以下情况者,就需要考虑平硐与矿体斜交的方案:与矿体走向正交时,由于地势不利而加长了平硐长度;与矿体正交时,平硐口与外界交通十分不便,尤其是没有足够的排废石场地和外部运输条件;使平硐与矿体走向正交需要通过破碎带。一般情况下,都不得不采用平硐与矿体斜交的方案。

7.1.3.2 沿矿体走向的平硐开拓方案

当矿体的一端沿山坡露出或距山坡表面很近,工业场地也位于同一端,与矿体走向相交的平硐开拓方案又不合理时,可采用这种开拓方案。该方案有两种常见的形式。

一种形式是平硐位于矿体下盘。当矿体厚度很大且矿石不够稳固时常用这种方法。从矿床勘探类型来看,适用于矿体产状在走向上较稳定的矿体,或者矿体勘探工程较密,对走向上的矿体产状控制程度较高。否则,会因矿体走向产状不够清楚,而造成穿脉工程大。

在图7-3所表示的下盘沿脉平硐开拓方案中,由上部阶段采下的矿石经溜井4放至主平硐1,再由主平硐运至地表,形成完整的运输系统。人员、设备、材料等由85m平巷和45m主平硐送至各作业地点。

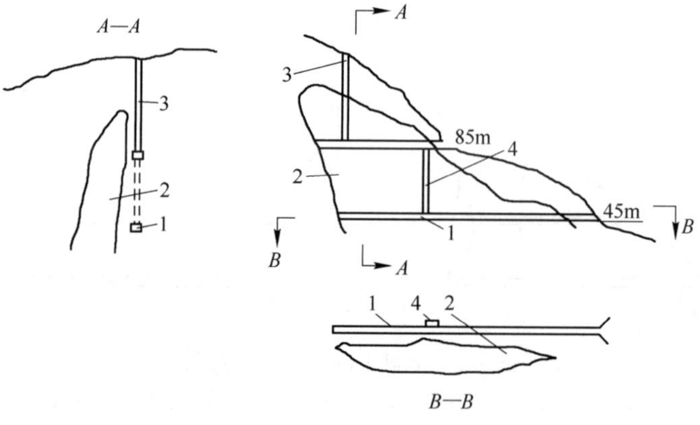

图7-3 沿走向平硐开拓示意图
1—主平硐;2—矿体;3—风井;4—溜井

另一种形式是平硐位于矿体内。当围岩很不稳固或矿体厚度较小时采用这种方法,其优点是平硐施工中顺便采出部分矿石,可抵偿部分基建费用,还可补充勘探。缺点是容易增大矿石损失与通风条件较差。

7.1.4 竖井开拓法

竖井开拓法以竖井为主要开拓巷道。它主要用来开采急倾斜矿体(矿体倾角大于45°)

和埋藏较深的水平和缓倾斜矿体(矿体倾角小于20°)。这种方法便于管理,生产能力较高,在金属矿山使用较普遍。

矿体倾角等是选择竖井开拓的重要因素,但是,同其他开拓方法的方案选择一样,也受到地表地形的约束。由于各种条件的不同,竖井与矿体的相对位置也会有所不同,因而这种方法又可分为穿过矿体的竖井开拓、上盘竖井开拓、下盘竖井开拓和侧翼竖井开拓四种开拓方案。

7.1.4.1 穿过矿体的竖井开拓方案

竖井穿过矿体的开拓方案如图7-4所示。这种方法的优点是石门长度较短,基建时三级矿量提交较快;缺点是为了维护竖井,必须留有保安矿柱。这种方案在稀有金属和贵重金属矿床中应用较少,因为井筒保安矿柱的矿量往往是相当可观的。在生产过程中,编制采掘计划和统计三级矿量时,这部分矿量一般被扣除。虽然保安矿柱的矿量有可能在矿井生产末期进行回采,但需要采取特殊措施,这样不仅增加了采矿成本,而且回采率极低。因此,该方案的应用受到限制,只有在矿体倾角较小(一般在20°左右)、厚度不大且分布较广或矿石价值较低时方可使用。

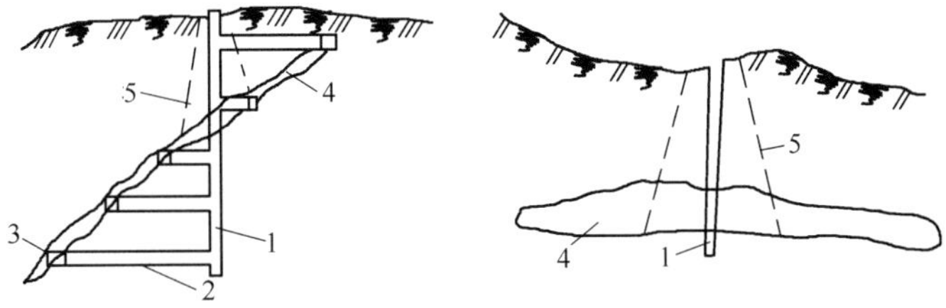

图7-4 穿过矿体的竖井开拓示意图

1—竖井;2—石门;3—平巷;4—矿体;5—移动界线

7.1.4.2 下盘竖井开拓方案

下盘竖井开拓是开采急倾斜矿体常用的方法。竖井布置在矿体下盘的移动界线以外(同时要保留安全距离),从竖井掘进若干石门与矿体连通,如图7-5a所示。此方案的优点是井筒维护条件好,又不需要留保安矿柱;缺点是深部石门较长,尤其是矿体倾角变小时,石门长度随开采深度的增加而急剧增加。一般而言,矿体倾角60°以上采用该方案最为有利,但矿体倾角在55°左右,作为小矿山亦可采用这种方法。因小矿山提升设备小,为开采深部矿体可采用盲竖井(二级提升)来减少石门长度(见图7-5b)。

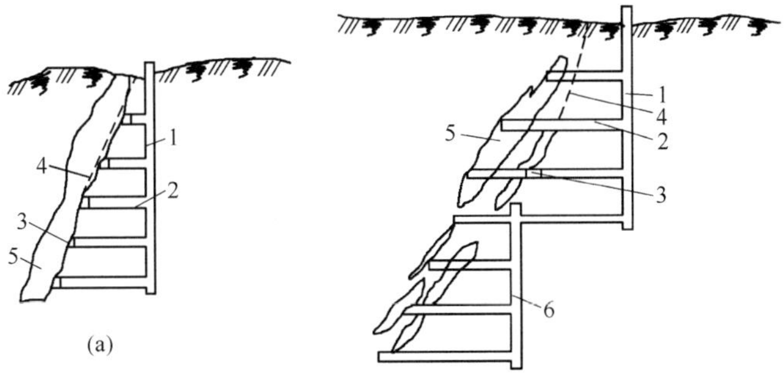

图7-5 下盘竖井开拓方案

(a) 典型方案;(b) 二级提升方案

1—竖井;2—石门;3—平巷;4—移动界线;5—矿体;6—盲竖井

7.1.4.3 上盘竖井开拓方案

竖井布置在矿体上盘移动带范围之外(需留有规定的安全距离),掘进石门使之与矿体连通。这种开拓方案适用于:

(1) 从技术上看,不可能在矿体下盘掘进竖井(如下盘岩层含水或较破碎,地表有其他永久性建筑物等);

(2) 上盘开拓比下盘开拓在经济上更为合理(如矿床下盘为高山,无工业场地,地面运输困难且费用高),图 7-6 所示即为这种情况。

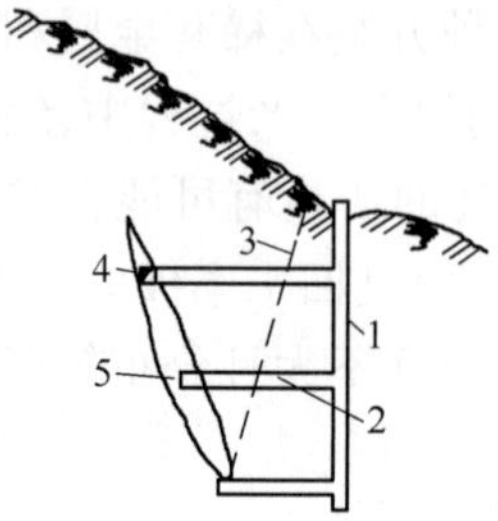

图 7-6 上盘竖井开拓方案
1—上盘竖井;2—阶段石门;3—移动界线;4—阶段脉内平巷;5—矿体

上盘竖井开拓与下盘竖井开拓相比,有明显的缺点:上部阶段的石门较长,初期的基建工程量大,基建时间长,初期基建投资也相应增加。由于这些缺点,一般不采用这种开拓方案。

7.1.4.4 侧翼竖井开拓方案

侧翼竖井开拓方案是将主竖井布置在矿体走向一端的移动范围以外(需留有规定的安全距离),如图 7-7 所示。

凡采用侧翼竖井的开拓系统,其通风系统均为对角式,从而简化了通风系统,风量分配及通风管理也比较方便。小型矿山凡适用竖井开拓条件的,大都采用了侧翼竖井开拓方案。

如山东省某金矿,矿体倾角 40°、厚度 8 ~ 14m、走向长度 400m。上部采用了下盘斜井开拓方案,设计深度为 +5 ~ −120m。后期发现深部矿石品位高,且矿体普遍变厚,地质储量增加。因此在二期工程中,设计能力由原来的 150t/d 增加到 250t/d,阶段高度由原来的 25m 增加到 30m,改用侧翼竖井开拓方案和对角式通风,由原来的两侧回风井(图 7-8 中的 9、7)改为一条回风井 8。这样,节省了主回风井,使工期安排更为合理。

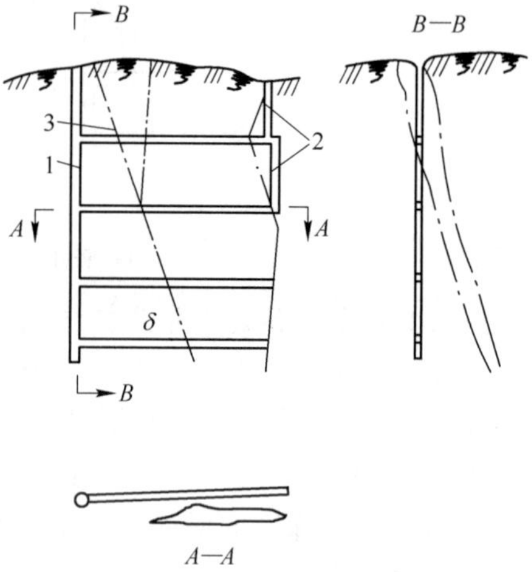

图 7-7 侧翼竖井开拓方案
1—竖井;2—回风井;3—移动界线

在金属矿床的竖井开拓中,应用最多的是下盘竖井开拓方案,其次是侧翼竖井开拓方案。与下盘竖井开拓方案相比,侧翼竖井开拓方案存在以下缺点:由于竖井布置在矿体侧翼,井下运输只能是单向的,因而运输功大;巷道掘进与回采顺序也是单向的,掘进速度和回采强度受到限制。

侧翼竖井开拓方案的一般适用条件为:

(1) 矿体走向长度较短,有利于对角式通风,对于中小矿山,当矿体走向长度小于 500m 时,选用这种方案比较合理。

(2) 矿体为急倾斜,无侧伏或侧伏角不大时,该方案较上、下盘竖井开拓方案的石门短,如图 7-7 和图 7-8 所示。

(3) 矿体上下盘的地形和围岩条件不利于布置井筒,且矿体侧翼有较合适的工业场地,

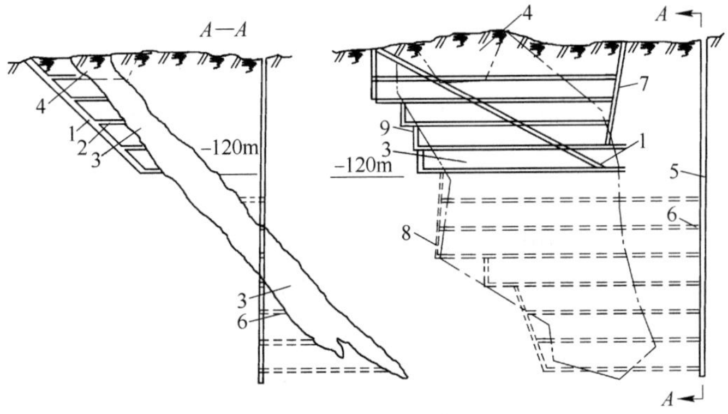

图 7-8　某金矿扩建后的侧翼竖井开拓方案

1—斜井;2—石门;3—矿体;4—上部小露天;5—竖井;6—石门;7～9—回风井

这时的选厂布置在同侧为宜,这样可使矿石的地下运输方向与地表方向一致。

(4) 矿体比较厚,或矿体为缓倾斜而面积较大的薄矿体。见图 7-9。

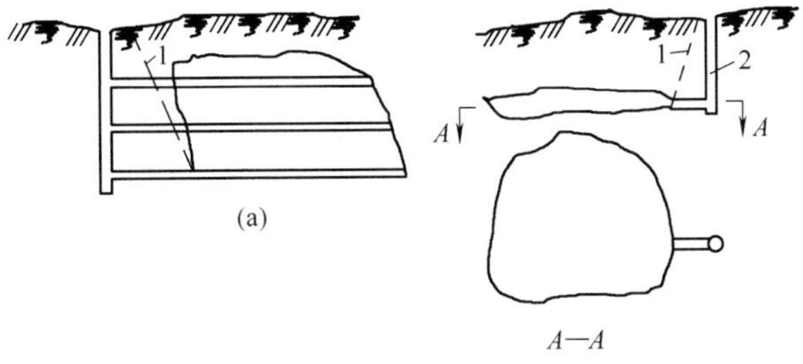

图 7-9　侧翼竖井开拓方案

(a) 厚度较大矿体;(b) 缓倾斜薄矿体;

1—移动界线;2—竖井

7.1.5　斜井开拓法

斜井开拓法以斜井为主要开拓巷道,适用于开采缓倾斜矿体,特别适用于开采矿体埋藏不太深而且矿体倾角为 20°～40°的矿床。这种方法的特点是施工简便、阶段石门短、基建工程量少、基建期短、见效快,但斜井生产能力低。因此更适用于中小型金属矿山,尤其是小型矿山。

根据斜井与矿体的相对位置,可分为下盘斜井开拓方案和脉内斜井开拓方案,分别如图 7-10 和图 7-11 所示。

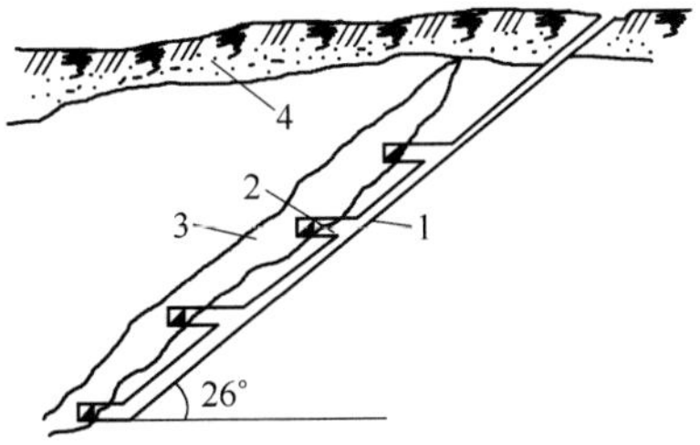

图 7-10　下盘斜井开拓方案

1—斜井;2—阶段石门;3—矿体;4—覆土层

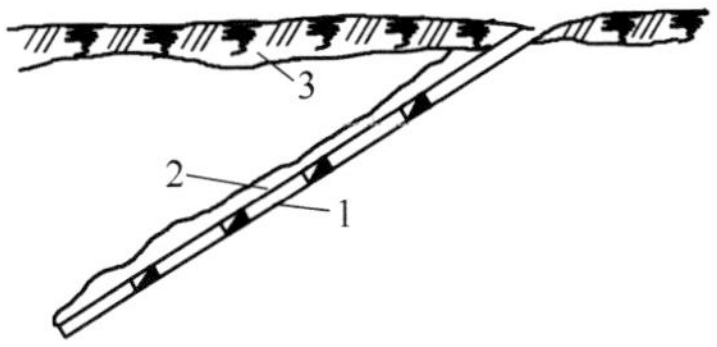

图 7-11　脉内斜井开拓方案

1—斜井;2—矿体;3—覆土层

7.1.5.1 下盘斜井开拓方案

如图7-10所示，这种方案是斜井布置在矿体下盘围岩中，掘进若干个石门使之与矿体相通，在矿体中(或沿矿岩接触部位)掘进阶段平巷。这种开拓方法的最大优点是不需要保安矿柱，井筒维护条件也比较好。此方案在小型金属矿山应用较多，如在山东省招-掖断裂带和招-平断裂带的矿床，其生产能力在300t/d以下的十几个金属矿山大都采用该方案。斜井的倾角最好与矿体倾角大致相同，上述地区的矿体倾角均在35°~42°左右，故大部分采用的斜井倾角为25°~28°。斜井的水平投影与矿体走向夹角β为：

$$\beta = \sin^{-1}\frac{\tan\gamma}{\tan\alpha} \tag{7-1}$$

式中 γ——已确定的斜井倾角(24°~28°)；

α——矿体倾角。

在确定斜井开拓方案之前，必须搞清楚矿体倾斜角度，即在设计前，除了要了解矿体有关产状等资料外，要准确掌握矿体(尤其下盘)倾角，否则，不管是下盘斜井方案或是脉内斜井方案，都会使工程出现问题。如某金矿的下盘斜井开拓方案，因钻探控制程度较低，只是上部矿体倾角较清楚，设计时按上部资料为准，没有预料到-30m以下矿体倾角的变化。因此在施工中，当斜井掘进到-25m时，斜井插入矿体(图7-12)，不得不为保护斜井留下保安矿柱，结果因地质资料不清楚而造成工程上的失误。要防止上述情况的发生，唯一的办法是按规程网度提交地质资料(这是起码的要求)，同时要做调查工作，充分了解和掌握本地区的矿床和矿体赋存规律。而一些中小型矿山，特别是地方小矿山，矿山设计工作在地质资料尚不足或不十分充分的情况下就开始，这时设计者要充分注意矿体深部(或局部)倾角发生的变化(尤其是倾角变陡)。如果在地质资料不充分的情况下采用斜井，可考虑斜井口距矿体远些，以防矿体倾角发生变化而造成工程上的失误。

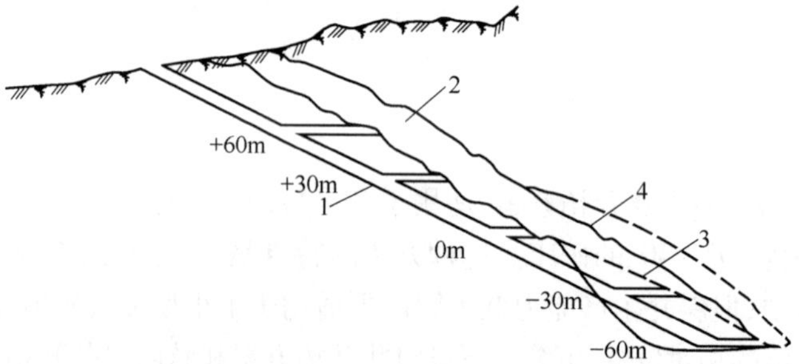

图7-12 某金矿下盘斜井开拓方案

1—斜井，倾角26°；2—上部矿体界线，倾角27°；3—下部原预计矿体界线，倾角27°；4—下部矿体实际界线，倾角35°

7.1.5.2 脉内斜井开拓方案

如图7-11所示，采用脉内斜井开拓方案时，斜井布置在矿体内，斜井靠近矿体下盘的位置，其倾角最好与矿体倾角相同(或相接近)。这种开拓方案的优点是：不需掘进石门，开拓时间短，投产快；在整个开拓工程中，同时采出矿石，抵消部分掘进费用；脉内斜井掘进有助于进一步探矿。其缺点是：矿体倾斜不规则，尤其是矿体下盘不规则时，井筒难于保持平直，不利于提升和维护；为维护斜井安全，要留有保安矿柱。因此在有色金属矿山或贵重金属矿山，此种方案应用不多。只有那些储量较丰富且矿石价值不高的矿山，才可考虑使用。

7.1.6 斜坡道开拓法

随着采、装、运、卸无轨设备的投入使用，需要开掘可供无轨设备通行的斜坡道。以斜坡道为主开拓巷道的矿床开拓称为斜坡道开拓法。

当不设其他提升井筒时，连通地表的主斜坡道主要用于运输矿岩，并兼作无轨设备出入、通风和运送设备材料之用；当设提升井筒时，斜坡道主要是供无轨设备出入，并兼作通风和辅助运输之用，此时的斜坡道变为辅助开拓巷道。

对采用无轨设备的矿山来说，阶段间的辅助斜坡道几乎是必不可少的。它不仅可以转移铲运机等无轨设备，同时也是行人、运料和通风的通道。

斜坡道根据其形式可分为螺旋式和折返式，如图 7-13 所示。

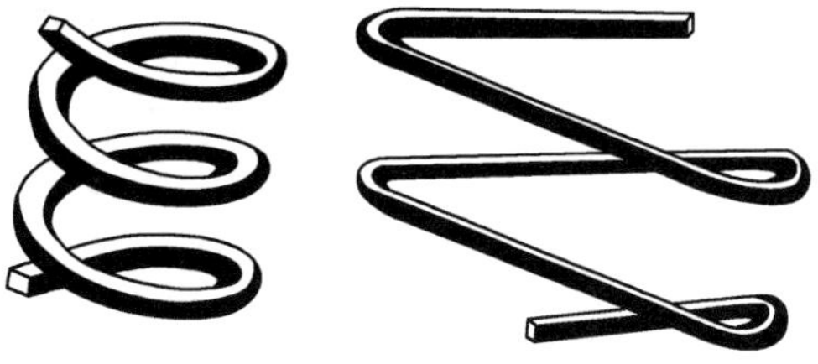

图 7-13　斜坡道类型
(a) 螺旋式；(b) 折返式

7.1.6.1 螺旋式斜坡道开拓法

如图 7-13a 所示，它的几何形式一般是圆柱螺旋线或圆锥螺旋线，根据具体条件可以设计为规则螺旋线或不规则螺旋线。不规则螺旋线斜坡道的曲率半径和坡度在整个线路中是变化的。螺旋线斜坡道的坡度一般为 10% ~30%。

图 7-14 所示是日本某矿的螺旋式斜坡道开拓方案。在矿体侧翼由 +200m 至 0m 阶段掘进螺旋式斜坡道，断面 4m×3m，最小曲率半径 15m，平均坡度 21%（12°），总长 2000m。开拓工程完成后，无轨设备可从地面进入地下各个采矿阶段和开出地面，不管哪个阶段需要，随时可以调去工作。

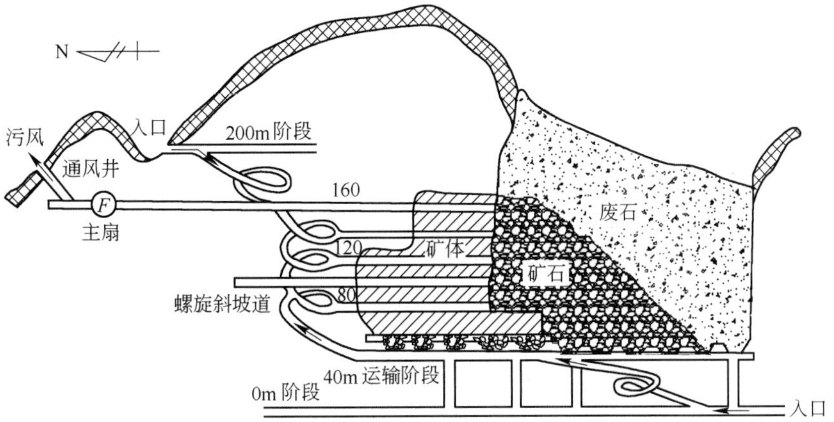

图 7-14　螺旋式斜坡道开拓方案

使用的无轨设备有：瓦格纳 ST-2B 铲运机 4 台、加德纳·丹佛掘进台车 2 台、加德纳·丹佛采矿台车 1 台、瓦格纳载人车 1 台、吉普车 3 台。

7.1.6.2 折返式斜坡道开拓法

如图 7-13b 所示，它由直线段和曲线段（或称折返段）联合组成，直线段变换高程，曲线段变化方向，便于无轨设备转弯；曲线段的坡度变缓或近似水平，直线段的坡度一般不大于

15%。在整个线路中,直线段长而曲线段短。

图7-15所示是典型的折返式斜坡道开拓法。折返式斜坡道设在矿体下盘岩层移动界线以外。当斜坡道1通达某一阶段水平时即进行折返,并在每一阶段水平折返处掘石门2(或称斜坡道联络道)通达阶段运输巷道3。无轨设备可由地面经斜坡道进入各个阶段,各阶段采出的矿石则用无轨卡车运往地面。

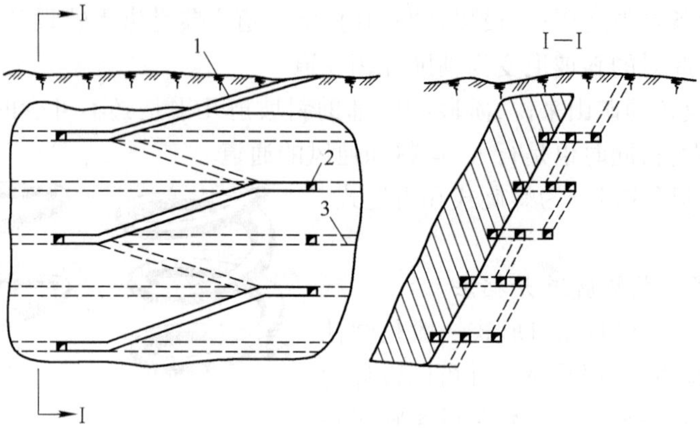

图7-15 折返式斜坡道开拓法

1—斜坡道;2—石门;3—阶段运输巷道

目前单独用斜坡道开拓的地下矿山尚少。国内外许多矿山,在采用竖井开拓法时,都另设连通地表的辅助斜坡道,或各阶段运输巷道间用辅助斜坡道联通,以便无轨设备由地表进入地下各个阶段或由一个阶段转移至另一阶段工作。

图7-16是加拿大某镍矿所采用的下盘竖井并辅以斜坡道的典型开拓方案示意图。图中1是主井,选厂8设在主井口,斜井2原为副井,后又开掘螺旋式斜坡道3,由地表往地下一直回旋到深部。斜坡道断面为5m×3.5m,转弯半径为7m,斜坡道底板铺混凝土,顶板用杆柱和金属网支护。无轨设备可由地面经斜坡道开往地下,用分段巷道联通全部矿块,深部用斜坡道开拓,不需延深斜井,斜井改为回风井和备用人行井。

矿石从装卸点用无轨设备运至主溜井,运距150m,生产率150t/h(用ST-4型铲运机)。矿石经破碎后由胶带运至装载硐室,再由竖井箕斗提至井口选厂。

7.1.6.3 螺旋式与折返式斜坡道的对比与选择

螺旋式斜坡道的优点有:由于没有折返式那么多的缓坡段,故在同等高程间,螺旋式比折返式的线路短,开拓工程量小;与溜井等垂直井巷配合施工时,通风和出渣较方便;适合圆柱矿体的开拓。

螺旋式斜坡道的缺点:掘进施工要求高(改变方向、外侧超高等);司机能见距离较小,故安全性较差;车辆轮胎和差速器磨损增加;道路维护工作量较大。

折返式斜坡道的优点:施工较易;司机能见距离大,行车较安全;行车速度较螺旋式大,排出有害气体量较少;线路便于与矿体保持固定距离;道路易于维护。

折返式斜坡道的缺点:比螺旋道开拓工程量大;掘进时需要有通风和出渣用的垂直井巷配合。

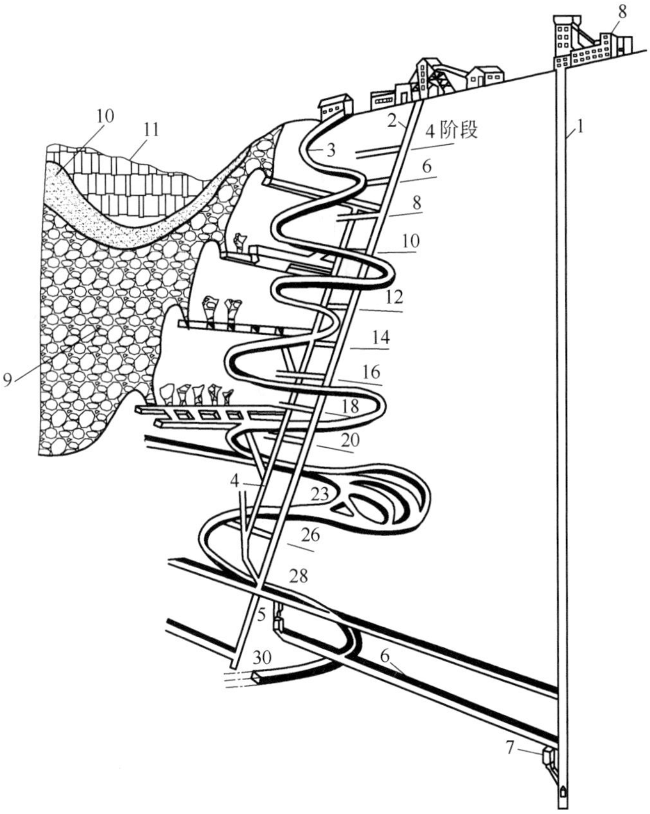

图 7-16 加拿大某镍矿斜坡道开拓方案示意图

1—主井;2—斜井;3—斜坡道;4—主溜井;5—破碎硐室和矿仓;6—胶带运输机;
7—装载矿仓;8—选厂;9—崩落矿石;10—崩落的地表;11—远处的地表

一般来说,折返式的优点较多。但如能解决掘进倾斜曲线段的施工困难,则亦可设计成螺旋式,螺旋式斜坡道的总掘进量比折返式约可减少25%。

斜坡道的类型选择与下列因素有关:

(1) 斜坡道的用途。如果主斜坡道用于运输矿岩,且运输量较大,则以折返式斜坡道为宜;辅助斜坡道可用螺旋式斜坡道。

(2) 使用年限。使用年限较长的以折返式斜坡道为好。

(3) 开拓工程量。除斜坡道本身的工程量外,还应考虑掘进时的辅助井巷工程(如通风天井、钻孔等)和各分段的联络巷道工程量。

(4) 通风条件。斜坡道一般都兼作通风用,螺旋式斜坡道单位长度的通风阻力较大,但其线路较短。

(5) 斜坡道与分段的开口位置。螺旋式斜坡道的上、下分段开口位置应布置在同一剖面内,折返式斜坡道的开口位置可错开较远。

7.1.7 联合开拓法

由两种或两种以上主要开拓巷道来开拓一个矿床的方法称为联合开拓法。采用联合开拓法主要是因为矿床深部开采或矿体深部产状(尤其是倾角)发生变化而需要两种以上单一开拓法的联合使用，即矿床上部用一种主要开拓巷道，而深部用另一种主要开拓巷道补充开拓，形成统一的开拓系统。

由于地形条件、矿床赋存情况、埋藏深度等情况的多变性，联合开拓法有很多方案（见表7-1）。这里介绍常用的几种联合开拓方案。

7.1.7.1 上部平硐下部盲竖井开拓方案

当矿体上部赋存在地平面以上山地、下部赋存于地平面以下时，为开拓方便和更加经济合理，矿体上部可用平硐开拓，下部可采用盲竖井开拓，如图7-17和图7-18所示。

在图7-17中，在平硐接近矿体处（321m平面图）考虑盲竖井的位置时（其影响因素与单一开拓方案中的下盘竖井方案相同），应使各阶段石门较短。矿石（或废石）可经盲竖井提升到321m阶段，矿车在车场编组后用电机车经平硐运出。

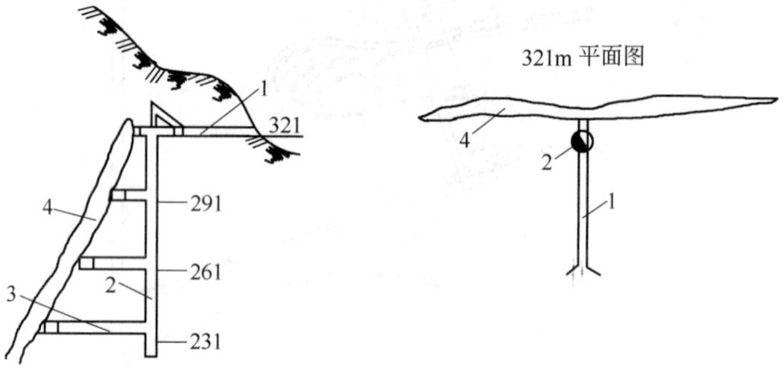

图7-17 平硐-竖井联合开拓方案

1—平硐；2—盲竖井；3—石门；4—矿体

这种方案的特点是需要在321m平硐增掘井下车场和卷扬机硐室等工程。如果矿体上部离地表不远，平硐口又缺乏排弃废石的场地时（或为了压缩废石场占用农田面积时），可采用平硐竖井通地表的联合开拓方案（图7-18），这时卷扬机安设在地表，井下废石提升到井口。然后排往井口废石场，而各阶段矿石经竖井提升到平硐水平，经平硐运出。在具体选择方案时必须考虑多方面因素，确定最合理的方案。

7.1.7.2 上部平硐下部盲斜井开拓方案

这种方案的适用条件为：地表地形为山岭地区，矿体上方无理想的工业场地；矿体倾角为中等（即倾角在45°～55°之间），为盲矿体且赋存于地平面以下；地平面以上有矿体，但上部矿体已开采结束，且形成许多老硐者。

这种方法的优点是可以减少上部无矿段或已采段的开拓工程量，缩短斜井长度，从而达到增加斜井生产能力的目的，同时石门长度可尽量压缩，缩短基建时间。

该方案的运输系统如图7-19所示，矿石或废石经各阶段石门，由盲斜井提到323平硐的井下车场，然后经平硐运出。

7.1.7.3 上部竖井下部盲竖井开拓方案

这种开拓方案如图7-20所示，一般适用于矿体或矿体群倾角较陡，矿体一直向深部延伸，地质储量较丰富的矿山。另外，因竖井或盲竖井的生产能力较大，所以中型或偏大型矿山多用这种方法。

竖井-盲竖井开拓方案的优点是：井下的各阶段石门都较短，尤其基建初期石门较短，因

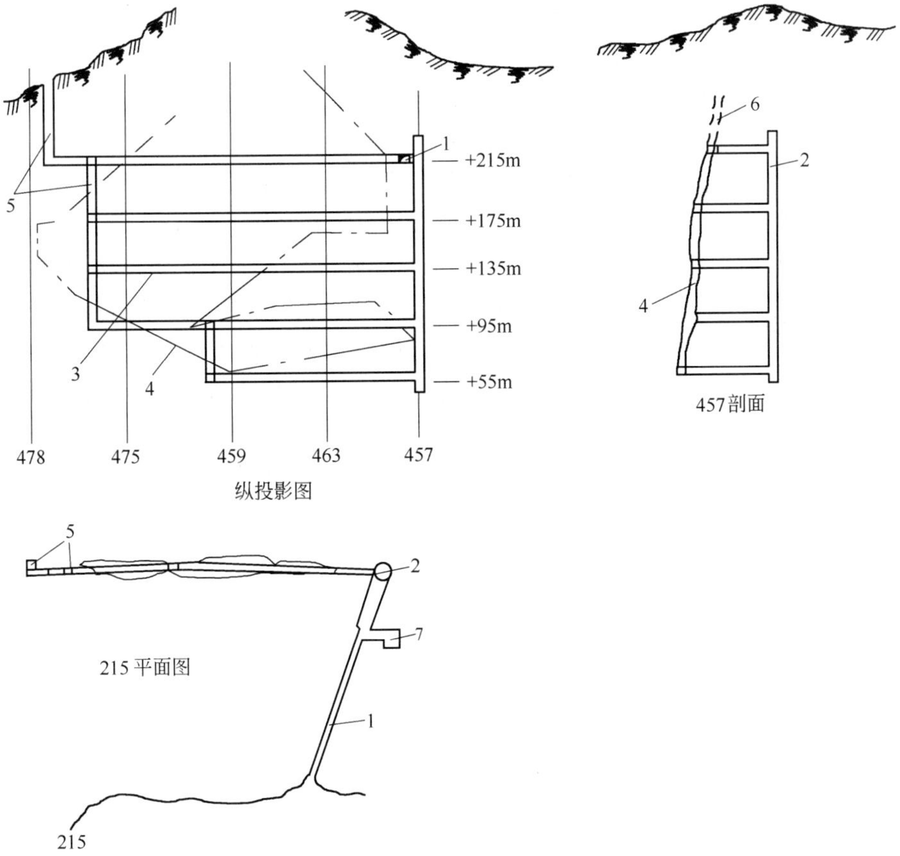

图 7-18 某贵金属矿平硐-盲竖井开拓系统

1—平硐;2—盲竖井;3—平巷;4—矿体投影;5—接力回风井;6—上部已开采区;7—硐室

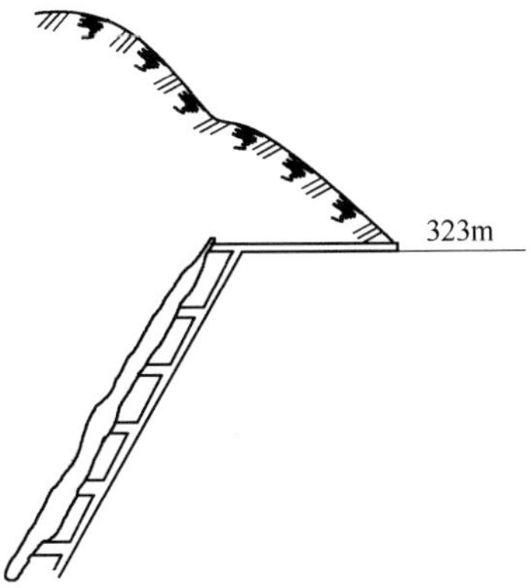

图 7-19 平硐-盲斜井开拓方案

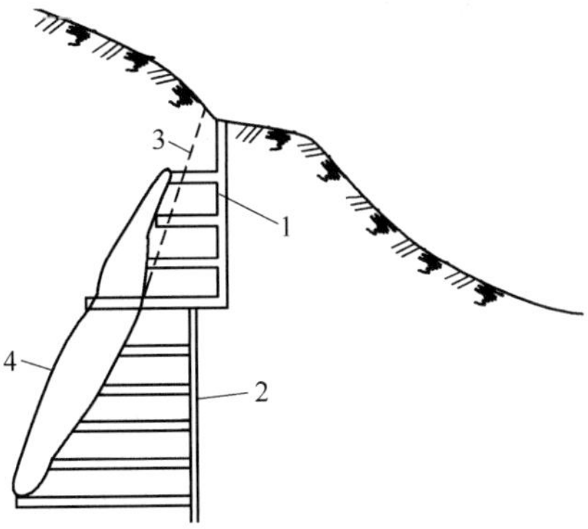

图 7-20 竖井-盲竖井开拓方案

1—竖井(或明竖井);2—盲竖井;3—移动界线;4—矿体

此可节省初期基建投资,缩短基建期;在深部地质资料不清的情况下,建设上部竖井,当深部地质资料搞清后,且矿体倾角不变时,可开掘盲竖井;两段提升能力适当,能使矿山保持较长时间的稳定生产。

7.1.7.4 上部竖井下部盲斜井开拓方案

如前所述，当上部地质资料清楚且矿体产状为急倾斜，上部采用竖井开拓是合理的。一旦得到深部较完善的地质资料，且深部矿体倾角变缓，则深部可采用盲斜井开拓方案，如图7-21所示。这样可使一期工程（上部竖井部分）和深部开拓工程（下部盲斜井部分）的工程量得到最大限度压缩，缩短建设时间，使开拓方案在经济上更为合理。

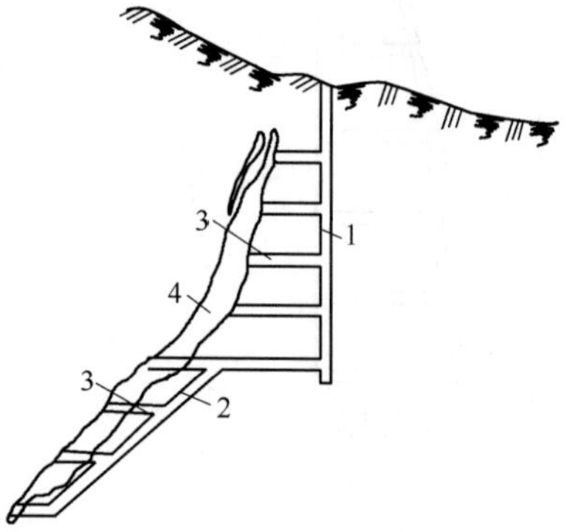

图7-21 竖井-盲斜井开拓方案
1—竖井；2—盲斜井；3—石门；4—矿体

7.1.7.5 上部斜井下部盲竖井开拓方案

这种开拓方案一般适用于矿体倾角较缓，且沿倾斜方向延伸较长，或地质储量不大以及生产能力也不大的矿山。在小型矿山，由于各方面条件的限制，矿山设备（包括矿井提升设备）的规格宜小不宜大，这就给开采深部矿体带来不便。若矿体倾角变缓，其深部开拓可采用与上部同样的斜井，往深部形成“之”字形折返下降。实际上这种做法在经济上是不合理的：其一，斜井的维护费用较高，提升能力却较低；其二，这样会形成多段（节）提升，将增加不少辅助生产人员，使井下车间管理费增加，从而增加了成本；同时，因为设备多，生产环节多，设备事故发生率也高，这又增加了生产管理中的难度。如某金矿就是因上述原因才决定深部采用盲竖井的联合开拓方案。

7.1.8 主要开拓方法比较

选择技术上可行、经济上合理的开拓方法至关重要。由于开拓方法是由主要开拓巷道形式决定的，这里就各种主要开拓巷道从掘进费用、掘进速度、投资额、生产能力、运输成本以及其他因素进行比较。

7.1.8.1 平硐与竖井比较

平硐开拓的单位工程费用低。每米平硐的掘进费用比竖井低得多，且维护费用低；平硐内安装设施简单，不像竖井那样要设钢（木）梁、罐道、声光信号等设施，也不需要专设人行间以及相应的行人设施。在生产能力相等的情况下，每米平硐总费用（包括掘、砌和安装费用）还不到竖井的一半。

平硐开拓的基建工程量小。平硐不像竖井那样需要复杂的井底车场以及复杂的辅助设施（如摇台或托台、上罐器等）；平硐口设置也简单，不需要井架和卷扬机房，也不需要卷扬设备等。

平硐设施管理方便，施工条件好。平硐掘砌速度要比竖井快得多。尤其在掘进机械化水平进步较快的今天，如使用凿岩台车、立爪式装岩机等，可极大地改善掘进工作的施工条件和成巷速度，即使是大断面的平硐掘进，其速度也是竖井所不能比的，在同等条件下，平硐的成巷速度是竖井建井速度的2~3倍。因此，用平硐开拓的矿山，基建时间短，可以做到早投产，早见效。

平硐排水费用低。平硐排水是靠平硐排水沟自流，而竖井需要设专门的排水设施，大大地减少了矿井的排水费用。

平硐运输设备投资和运输成本低。就$\phi 2000$双筒卷扬机价格来说，其费用为同等运输能力平硐设备的 2 ~3 倍。单位长度平硐的吨矿石的运输费用比竖井低得多，一般仅为竖井提升的 1/3 左右。

平硐通风容易(如单一平硐开拓的小型矿山，通常情况下自然通风便可以满足生产需要)，而且简单。平硐的通风费用(每吨矿石分摊的通风费用)比竖井开拓低。

平硐生产安全可靠，运输能力远远大于竖井的运输能力，且方便管理，不像竖井提升可能发生坠罐、矿车坠井等事故。

由于平硐开拓具有较为显著的优点，因此在条件允许的情况下，应尽量采用。

7.1.8.2 竖井与斜井比较

就基建工程而言，开拓同样深度，斜井比竖井长得多；但斜井开拓时，一般倾角均小于矿体最终移动角，因此斜井开拓比竖井的石门长度短得多。尤其是当矿体为缓倾斜时，上述两点更为突出。斜井开拓的井底车场比竖井开拓的车场简单，工程量少且辅助设施少。

在提升方面，竖井提升速度快，提升能力大且提升费用低。斜井不具备这一优点，且提升钢绳磨损较大。

在地压管理和工程支护方面，斜井承受的地压较大，尤其在岩石不够稳固，服务年限较长，或矿井较深的条件下，因地压问题突出，常用竖井开拓，这时竖井断面常用圆形。

在施工方面，竖井比斜井容易实现机械化，但施工设备和辅助设备较多，工作条件差，且要求技术管理水平较高。斜井施工较简单，需要的设备和装备少，一般说来，斜井掘进速度比竖井快。

从井筒装备来看，斜井较简单，造价较低。

在安全方面，竖井提升事故比斜井少，如斜井矿车容易因脱轨、脱钩而造成跑车事故。由于斜井在安全、提升能力和机械化水平等方面的缺点，一些本来可以用斜井开拓的矿山因此放弃而采用竖井。

7.2 主副井布置方式

任何一个地下矿山，必须要有两个以上的独立出口通达地面，便于通风和作为安全出口。因此除主井或平硐外，还应有副井或通风平硐等。副井除用作通风和安全出口外，有时还用于上下设备、材料、人员，并提升废石或一部分矿石。

选择副井位置时，应考虑到专门用途。当主井为罐笼井时，可兼作入风井，则另布置一个副井为通风井，它与罐笼井构成一个完整的通风系统；当主井为箕斗井时，因箕斗在井口卸矿产生粉尘，故不能作入风井，此时应另设一个提升副井，作为上下人员、设备、材料并兼作入风井，再另掘通风井与提升副井构成一个完整的通风系统。

按主井和副井的相关位置，其布置方式有中央并列式、中央对角式和侧翼对角式。

7.2.1 中央并列式

如图 7-22 所示，主井和副井均布置在矿体中央，两井相距不得小于 30m；如井上建筑物采用防火材料，也不得小于 20m。此时主井作入风井，副井作排风井。因主井和副井均布置在矿体中央，故称为中央并列式。

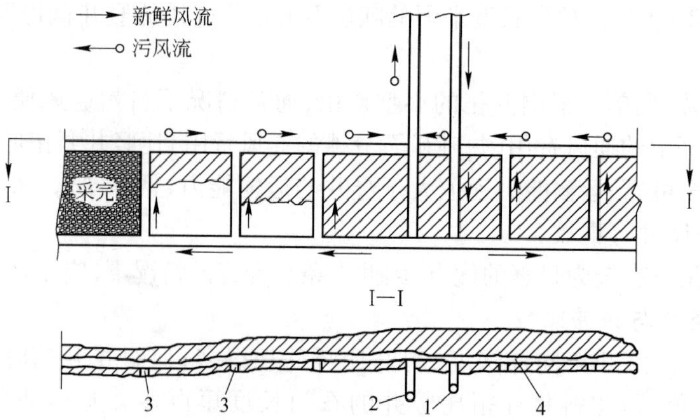

图 7-22 中央并列式

1—主井;2—副井;3—天井;4—沿脉平巷

7.2.2 中央对角式

按主井提升盛器类型的不同,又可分以下两种情况:

(1) 当主井为罐笼井时,主井布置在矿体中央,可兼作入风井,在矿体两翼各布置一个副井,作为排风井,如图 7-23 所示。副井可布置在两翼的下盘,也可布置在两翼的侧端,如图中虚线位置。副井可以是竖井,也可以是斜井,依地形地质条件及矿体赋存条件而定。这种把主井布置在矿体的中央,副井布置在两翼对角的布置方式,称为中央对角式。

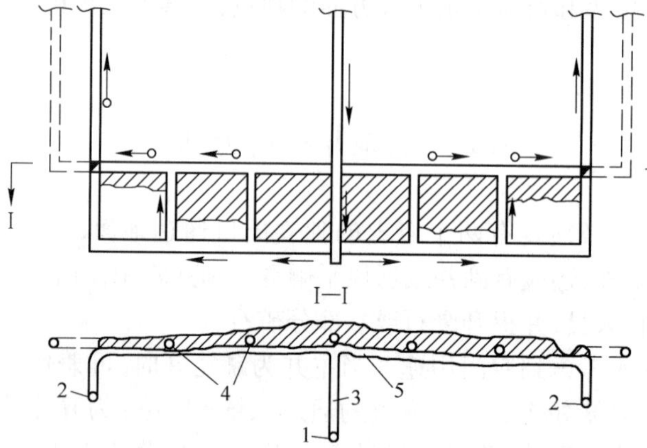

图 7-23 中央对角式 I

1—主井;2—副井;3—石门;4—天井;5—沿脉平巷

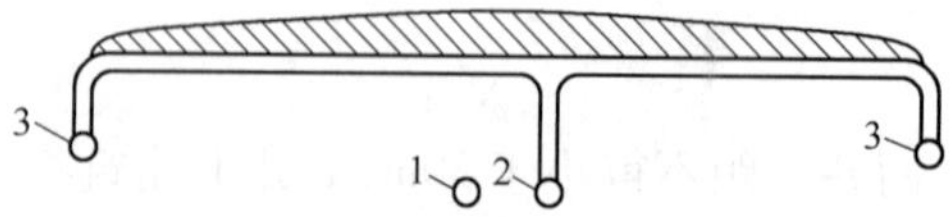

图 7-24 中央对角式Ⅱ

1—主井;2—副井;3—风井

(2) 当主井为箕斗井时,就不能作入风井,故主井布置在矿体中央,应在主井附近另布置一个罐笼井,作为提升副井,并在矿体两翼布置通风井,如图 7-24 所示。此时由布置在矿体中央的罐笼井进风,由两翼通风井排风形成中央对角式。

7.2.3 侧翼对角式

如图7-25所示,主井布置在矿体的一翼,副井布置在矿体的另一翼,由主井进风,副井排风,形成侧翼对角式。

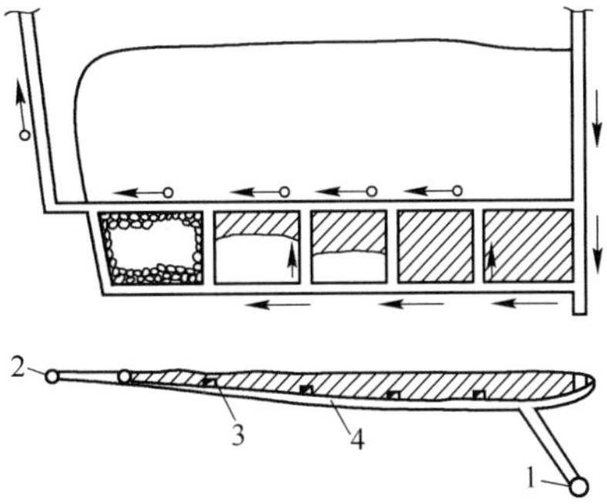

图7-25 侧翼对角式
1—主井;2—副井;3—天井;4—沿脉平巷

7.2.4 中央式与对角式的对比

中央式的优点:地面构筑物的布置集中;主井和副井布置在岩石移动带内时,可只留一个保安矿柱;主井和副井掘完以后,可很快连通,因此很快地开始回采;副井可用作辅助提升;井筒延深方便,可先掘副井,利用副井自下而上反掘主井。

中央式的缺点:通风风路长,扇风机的负压大,而且负压随回采工作的掘进不断变化;当用前进式回采时,风流容易短路,造成大量漏风;如无其他安全出口,当地下发生事故时,危险性大;副井在勘探方面的作用很小。

对角式的优点:负压较小而且稳定,漏风量较小,通风简单可靠而且费用低廉;副井可起勘探作用;当地下发生火灾、塌落事故时,地下工作人员较安全;如在井田两翼各布置一个通风副井,一个发生故障时,可利用另一个维持通风。

对角式的缺点:井筒的联络平巷很长,这些联络平巷要在回采工作开始之前掘好,故回采工作开始较迟;掘两个副井时,掘进和维持费用较大。

在金属矿中,大型矿山可考虑采用中央式布置,即在矿体中央布置主井和副井,以便利用副井作辅助提升。有时除了在矿体中央布置主井和副井外,还在矿体两翼各布置一个通风副井,以形成对角式通风系统。

在中小型金属矿中,一般常用对角式。因矿体沿走向的长度不大,对角式的缺点不突出,而对角式通风对生产有利。同时由于金属矿矿体一般产状复杂,有时需要在矿体的两翼掘探井,在生产期间就可利用它作通风副井。

7.3 主要开拓巷道位置的选择

主要开拓巷道是矿山生产的咽喉,是联系井下与地面运输的枢纽,是通风、排水、压气及其他动力设施由地面导入地下的通路。井口附近也是多种生产和辅助设施的布置场地。因此,主要开拓巷道位置的选择是否合适,对矿山生产有着深远影响。此外,主要开拓巷道位置直接影响基建工程量和施工条件,从而影响基建投资和基建时间。因此,正确选择主要开拓巷道位置是矿山企业设计中的一个关键问题。

7.3.1 影响主要开拓巷道位置选择的主要因素

选择主要开拓巷道位置的基本准则是:基建与生产费用小;不留或少留保安矿柱;有方便、安全和布局合理的工业场地;掘进条件良好等。在具体选择时应考虑以下因素和要求:

(1) 矿区地形、地质构造和矿床埋藏条件。

（2）矿山生产能力及井巷服务年限。

（3）矿床的勘探程度、储量及其远景。

（4）矿山岩石性质及水文地质条件。井巷位置应避免开凿在含水层、受断层破坏和不稳固的岩层中，特别是岩溶发育的岩层和流砂层中。对井筒和长溜井，一般均应钻检查孔，查明地质情况。对平硐，应绘制平硐所通过地段的地质地形纵剖面图，查明地质和构造情况，以便更好地确定平硐的位置、方向和支护形式。

（5）井巷位置应考虑地表和地下运输联系方便，运输功最小，开拓工程量最小。如果选矿厂或冶炼厂位于矿区内，选择井筒位置时，必须沿最短及最方便的路线向选矿厂或冶炼厂运送矿石。

（6）应保证井巷出口位置及有关构筑物不受山坡滚石、山崩和雪崩等危害，这在高山地区非常重要。

（7）井巷出口的标高应在历年最高洪水位3m以上，以免被洪水淹没。同时也应根据运输的要求，稍高于选矿厂储矿仓卸矿口的地面水平，使重车下坡运行。

（8）井筒（或平硐）位置应避免压矿，并位于开采移动带以外，距移动带的最小距离应大于20m，否则应留保安矿柱。

（9）井巷出口位置应有足够的工业场地，以便布置各种建筑物、构筑物、调车场、堆放场地和废石场等。但同时应考虑不占农田（特别是高产良田）和少占农田的要求。

（10）改建或扩建矿山应考虑原有井巷和有关建筑物、构筑物的充分利用。

7.3.2 根据最小运输功确定主要开拓巷道的位置

主要开拓巷道位置的选择，包括沿矿体走向位置的选择和垂直矿体走向位置的选择。

沿矿体走向位置的选择，在地形条件允许的情况下，主要从地下运输费用来考虑，而地下运输费用的大小决定于运输功的大小。运输功是矿石重量（t）与运输距离（km）的乘积，用吨公里表示。如果一吨公里的费用为常数，则运输功最小的井筒位置，其运输费用也最小。

7.3.2.1 *矿石集中进入阶段运输巷道时主要开拓巷道的位置*

如图7-26所示，各个矿块的矿石通过穿脉巷道3运到下盘沿脉巷道2，矿石被集中到穿脉巷道和下盘沿脉巷道的各个交点，各个矿块的矿石都由该点经沿脉巷道运到石门1，再运到井筒。

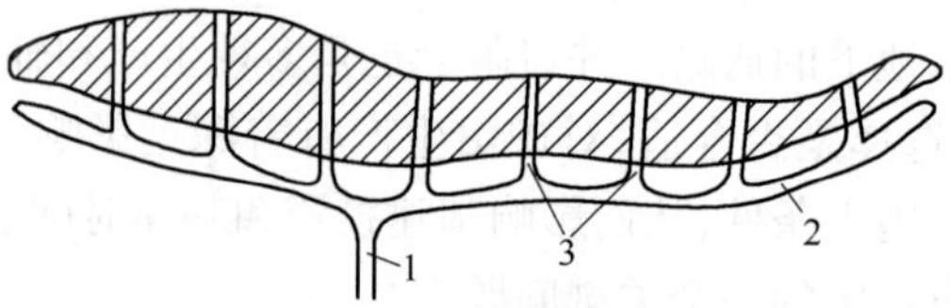

图7-26 用下盘沿脉巷道和穿脉巷道进行阶段开拓

1—石门；2—下盘沿脉巷道；3—穿脉巷道

将矿石（$Q_1, Q_2, \cdots, Q_n$）集中点投在一条直线上，这条直线表示沿矿体走向的主要运输巷道，如图7-27。按最小运输功条件，井筒位置应设在这样一个矿石集中出矿点上，此点的

矿石量 Q_n 加其右边矿石量的总和 $\sum Q_{右}$，大于其左边矿石量的总和，而加其左边矿石量的总和 $\sum Q_{左}$，则大于其右边矿石量的总和，即：

$$\sum Q_{右} + Q_n > \sum Q_{左}$$
$$\sum Q_{左} + Q_n > \sum Q_{右} \tag{7-2}$$

出矿点 n 就是最有利的井筒位置，符合最小运输功要求。

上列公式证明如下：

如图 7-27 所示，将各矿块的矿石量集中点投放到一条水平直线上，从这条直线运往井筒的矿石量 Q_1、Q_2、Q_3、…、Q_m 集中于 1、2、3、…、m 各点上，各点间之距离为 l_1、l_2、l_3、…、l_{m-1}。

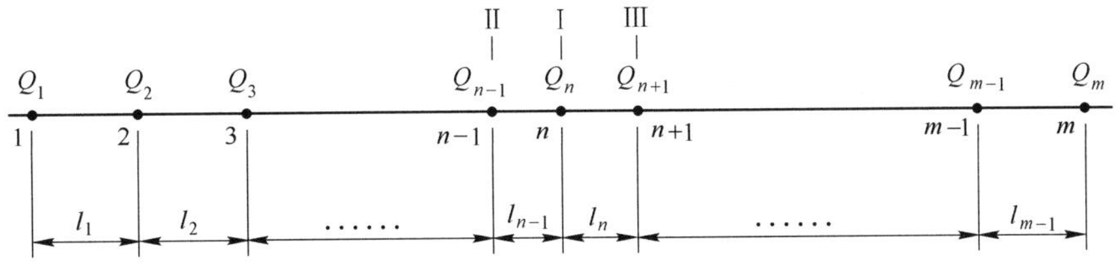

图 7-27　求最小运输功的点

设符合式(7-2)的井筒位置在点 n（位置Ⅰ），并设左边所有的矿石量 $\sum Q_{左}$ 运到点 n 的运输功为 A，右边所有矿石量运到点 n 的运输功为 B，则全部矿石量运到点 n 的运输功 E_n 为：

$$E_n = A + B \tag{7-3}$$

如把井筒位置向左移至相邻的点 $n-1$（位置Ⅱ）上，则全部矿石量运到该点的总运输功为：

$$E_{n-1} = A - \sum Q_{左} l_{n-1} + B + \sum Q_{右} l_{n-1} + Q_n l_{n-1} \tag{7-4}$$

如把井筒位置向右移至相邻的点 $n+1$（位置Ⅲ）上，则全部矿石量运到该点的总运输功为：

$$E_{n+1} = A + \sum Q_{左} l_n + Q_n l_n + B - \sum Q_{右} l_n \tag{7-5}$$

E_{n-1} 与 E_n 之间的差为：

$$E_{n-1} - E_n = \left(\sum Q_{右} + Q_n - \sum Q_{左}\right) l_{n-1} \tag{7-6}$$

从式(7-2)可知，$E_{n-1} - E_n > 0$，即 $E_{n-1} > E_n$。

E_{n+1} 与 E_n 之间的差为：

$$E_{n+1} - E_n = \left(\sum Q_{左} + Q_n - \sum Q_{右}\right) l_n \tag{7-7}$$

从式(7-2)可知，$E_{n+1} - E_n > 0$，即 $E_{n+1} > E_n$。

因此，E_n 是最小运输功，即点 n 处为符合最小运输功的井筒位置。

7.3.2.2　矿石分散进入阶段运输巷道时主要开拓巷道的位置

如图 7-28，矿石由许多逐渐移动的点分散运到主运输巷道，这些点自井田边界或由各个块段向井筒逐渐移动。在这种情况下，根据上述原理不难知道，运输功最小的井筒位置应在矿量的等分线上，即

$$Q_{右} = Q_{左} \tag{7-8}$$

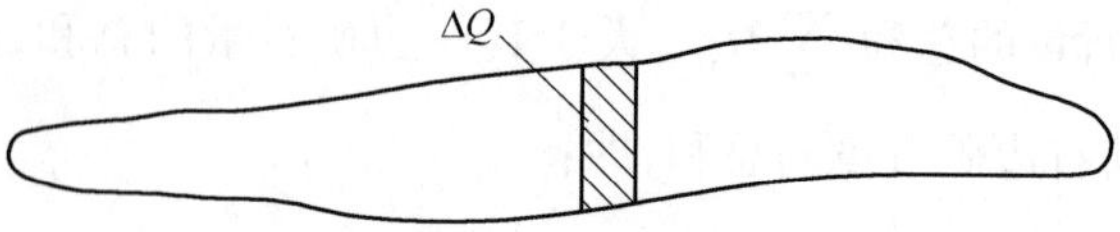

图7-28 求最小运输功的点

上述按最小运输功来求合理的井筒位置的方法，也适合于平硐开拓的情况。例如采用平硐相交于矿体走向方案，要选定它相交的合理位置。

例7-1 如图7-29所示，设两个矿体用一个下盘竖井开拓，求竖井在沿走向方向的位置，此位置应使沿脉巷道的地下运输功最小。

四个阶段共有22个矿块，设每个矿块的矿量集中在矿块中央运到运输巷道，各矿块以千吨表示的储量为Q_1、Q_2、Q_3、…、Q_{22}：

$Q_1 = 84$ $Q_2 = 120$ $Q_3 = 100$ $Q_4 = 160$ $Q_5 = 110$

$Q_6 = 90$ $Q_7 = 140$ $Q_8 = 80$ $Q_9 = 70$ $Q_{10} = 40$

$Q_{11} = 30$ $Q_{12} = 35$ $Q_{13} = 50$ $Q_{14} = 45$ $Q_{15} = 30$

$Q_{16} = 25$ $Q_{17} = 35$ $Q_{18} = 20$ $Q_{19} = 30$ $Q_{20} = 40$

$Q_{21} = 35$ $Q_{22} = 20$

设最小运输功的出矿点为Q_n。画一条水平线表示沿走向的主要运输巷道，将各矿块矿量投射到这条直线上，然后分别自两端向中间依次相加。

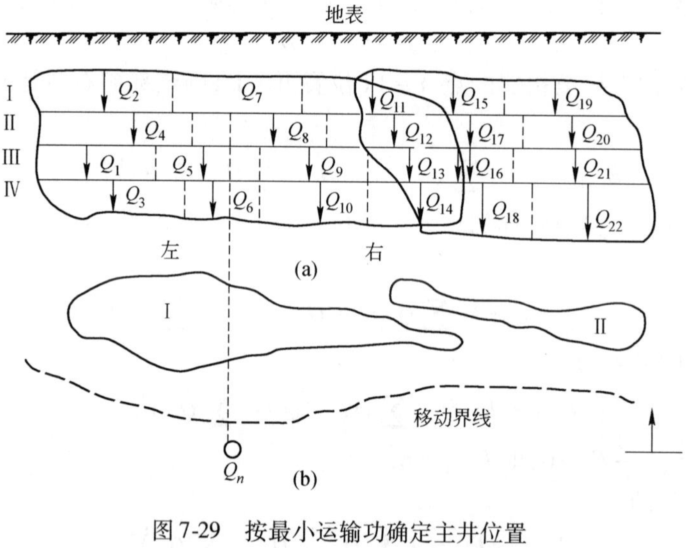

图7-29 按最小运输功确定主井位置

(a) 纵剖面图；(b) 平面图

Ⅰ~Ⅳ—分别为第一、第二、第三和第四阶段

自左向右相加(到Q_6)

$$\sum Q_{左} = 84 + 120 + 100 + 160 + 110 + 90 = 664$$

自右向左相加(到Q_8)

$$\sum Q_{右} = 20 + 35 + 40 + 30 + 20 + 35 + 25 + 30 + 45 + 50 + 35 + 30 + 40 + 70 + 80 = 585$$

而

$$664(\sum Q_{左}) + 140(Q_7) = 804 > 585(\sum Q_{右})$$

$$585(\sum Q_{右}) + 140(Q_7) = 725 > 664(\sum Q_{左})$$

所以，Q_7中点为最小运输功的出矿点，即是最有利的井筒位置。

以上按最小运输功所求的井筒位置，也同时符合运输材料、巷道维护和通风等费用最小的要求。

最后应当指出，在选择井筒沿走向位置时，不仅仅需要考虑地下运输功最小，还需要考虑地面运输方向。例如当选厂在矿体一翼时，从地下及地表总的运输费用看来，井筒设在靠选厂的矿体一侧，可能使总的运输费用最小。总之，应按地面运输费用与地下运输费用总和为最小的原则来确定井筒的最优位置。

7.3.3 根据不受陷落破坏确定主要开拓巷道的位置

井筒在垂直矿体走向方向的位置，应布置在移动带界限以外20m以远的地方，以保证井筒不受破坏。若是井筒布置在移动带时，必须留保安矿柱。

7.3.3.1 地表移动带的圈定

地下采矿的结果形成采空区，由于采空区周围岩层失去平衡，引起了采空区周围岩层变形和破坏，以致大规模移动，使地表发生变形和塌落。

按照地表出现变形和塌落的状态分为陷落带和移动带。地表出现裂缝的范围称为陷落带。陷落带的外围，即由陷落带边界起至未出现变形的地点止，称之为移动带，移动带的岩层移动（下沉）比较均匀，地表没有破裂。

从地表陷落带的边界至采空区最低边界的连线与水平面所成的倾角，称为陷落角。同样，从地表移动带的边界至采空区最低边界的连线与水平面所成的倾角，称为移动角。在矿山设计中经常使用的是移动带和移动角。

对岩石移动角的影响因素很多，主要的是地质构造、矿体厚度、倾角与赋存深度，以及使用的采矿方法等。设计时可参照条件类似的矿山数据选取。详细内容见有关资料。一般来讲，上盘移动角β小于下盘移动角γ，而走向端部的移动角δ最大。各种岩石移动角的概略数字列于表7-2。

表7-2 岩石移动角

岩石名称	垂直矿体走向的岩石移动角/(°)		沿矿体走向的岩石移动角δ/(°)
	上盘β	下盘γ	
第四纪表土	45	45	45
含水中等稳固片岩	45	55	65
稳固片岩	55	60	70
中等稳固致密岩石	60	65	75
稳固致密岩石	65	70	75

移动带的圈定，是根据若干垂直矿体走向的地质横剖面和沿矿体走向的地质纵剖面，从最低一个开采水平起（或有时从最凸出部分），按所选取的各种岩层的移动角往上画，一直画到地表，得到移动界线和地表的两个交点，再将这些交点转绘在地形图上，在地形图上将这些点用均滑曲线联结起来，便是所圈定的地表移动带。

图7-30绘出了矿体横剖面及沿走向剖面的陷落带和移动带。地表移动带内的整个区

域为危险区，在这个区域内布置井筒或其他建筑物、构筑物有危险。为确保安全，避免因地表移动而带来损失，应将主要开拓巷道和其他需要保护的建(构)筑物布置在移动范围之外，并与地表移动带边界保持一定安全距离。安全距离与建(构)筑物保护等级有关，按规定Ⅰ级保护建(构)筑物的安全距离为20m，Ⅱ级保护建(构)筑物的安全距离为10m。矿山各种建(构)筑物的保护等级见表7-3。

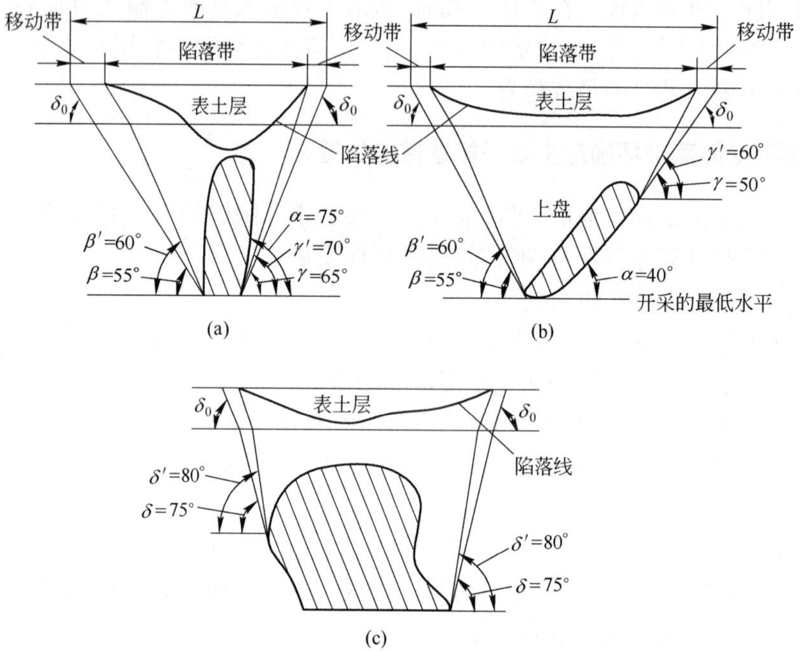

图7-30 陷落带及移动带界线

(a) 垂直走向剖面 $\alpha>\gamma$ 及 γ' 情况；(b) 垂直走向剖面 $\alpha<\gamma$ 及 γ' 情况；(c) 沿走向剖面

表7-3 地表建(构)筑物保护等级

保护等级Ⅰ	保护等级Ⅱ
设有提升装置的矿井井筒、井架、卷扬机房；中央变电所；中央机修厂；中央空压机房；索道装载站；锅炉房发电厂；铁路干线路基；车站建筑物；无法排除或泄水的天然水池和人工水池；多层住房；多层公用建筑物(戏院、医院、学校等)	未设提升装置的井筒(充填井、通风井等次要井筒)；架空索道支架；高压线塔；矿山专用线路；最重要的排水构筑物、上下水道、水塔、小水池和小河床；矿山行政福利建筑；单层和双层住宅及公用建筑；公路等

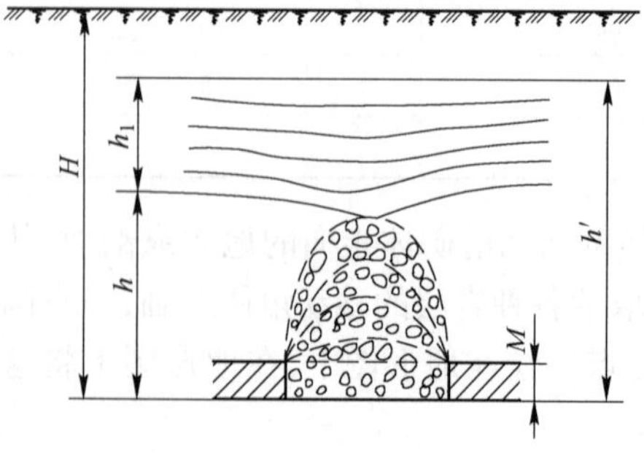

图7-31 安全深度

7.3.3.2 安全深度的确定

矿体被采出后，采空区上部岩石由于失去支撑，产生崩落。由于崩落的岩石体积膨胀而充满了采空区，使上部岩石又受到支撑而停止冒落。如图7-31所示，在采空区上面有一定厚度(h)的崩落带，在崩落带之上又有一定厚度(h_1)的下沉(移动)带，二者之和为h'。当矿体赋存深度大于h'时，地表就不会发生变形和破坏，这个深度叫做安全深度。崩落带高度和下沉带高度可分别由下式估算：

$$h = \frac{\omega \cdot M}{\omega - 1} \tag{7-9}$$

$$h_1 = (0.04 \sim 0.05)h \tag{7-10}$$

式中 ω——崩落岩石的松散系数；

M——矿体厚度，m。

松散系数 ω 难以准确测得和选用，它与采空区的地压状态、岩石性质和崩落条件有关，近似取 $\omega = 1.002 \sim 1.01$。

当取 $\omega = 1.002$ 时，$h = \frac{\omega \cdot M}{\omega - 1} = \frac{1.002M}{1.002 - 1} = 500M$

当取 $\omega = 1.01$ 时，$h = \frac{\omega \cdot M}{\omega - 1} = \frac{1.01M}{1.01 - 1} = 100M$

所以，崩落带高度约为矿体厚度的 100 ~ 500 倍。

一般地，当采空区不充填时，安全深度 $h' \geqslant 200M$；当干式充填时，$h' \geqslant 80M$；用湿式充填时，$h' \geqslant 30M$。

7.3.3.3 保安矿柱的圈定

当受一些条件所限，井筒和建筑物等不能布置在移动带以外，需要布置在移动带以内时，必须留足够的矿柱加以保护，此矿柱称为保安矿柱。

保安矿柱只有在矿井开采的结束阶段才可能回采，而且回采安全性差，矿石损失大，劳动生产率低，甚至可能无法回采，成为永久损失。所以，在确定井筒位置时，应尽一切办法避免留保安矿柱。

保安矿柱边界的圈定，是根据建筑物、构筑物的保护等级所要求的保护带宽度，沿其周边画出保护区范围，以保护区周边为起点，按所选取的岩层移动角向下画移动边界线，此移动边界线所截矿体范围就是保安矿柱。图 7-32 表示一个较规则的层状矿体保安矿柱的圈定方法。

（1）首先在井口平面图上画出安全区范围（井筒一侧自井筒边起距离 20m，另一侧自卷扬机房起距离 20m）。

（2）在这个平面图上井筒中心线作一垂直走向剖面Ⅰ—Ⅰ，在该剖面井筒左侧依下盘岩石移动角 γ 画移动线，在井筒右侧依上盘岩石移动角 β 画移动线。井筒左侧和右侧移动线所截矿层的顶板和底板的点就是井筒保安矿柱沿矿层倾斜方向在此剖面上的边界点，即点 A_1'、B_1'、A_1、B_1。

（3）根据垂直走向剖面Ⅰ—Ⅰ所画岩层移动线所截矿层的顶板界点 A_1' 和 A_1，底板界点 B_1' 和 B_1，投射在平面图Ⅰ—Ⅰ剖面线上得 B_1'、A_1'、A_1、B_1 各点，这便是保安矿柱在这个剖面倾斜方向上的边界点。用同样方法可求得Ⅰ′—Ⅰ′剖面线上的边界点 B_2'、A_2'、A_2、B_2，及剖面线上Ⅰ″—Ⅰ″的边界点 B_3'、A_3'、A_3、B_3。分别连接顶底板边界点便得相应的界线。

（4）同理，根据平行走向剖面Ⅱ—Ⅱ画岩层移动线所截矿体的顶板界点 c_1 和 c_1'、底板界点 d_1 和 d_1'，将这些点转绘在平面图的Ⅱ—Ⅱ剖面线上得 d_1'、c_1'、c_1、d_1 各点，这便是保安矿柱在这个剖面走向方向上的边界点。用同样方法还可求得Ⅱ′—Ⅱ′剖面的边界点 d_2'、c_2'、c_2、d_2，Ⅱ″—Ⅱ″剖面的边界点 d_3'、c_3'、c_3、d_3。分别连接顶底板界点便得相应的界线。

（5）将倾斜方向矿柱顶底板界线和走向方向矿柱顶底板界线延长、相交，或在垂直走向

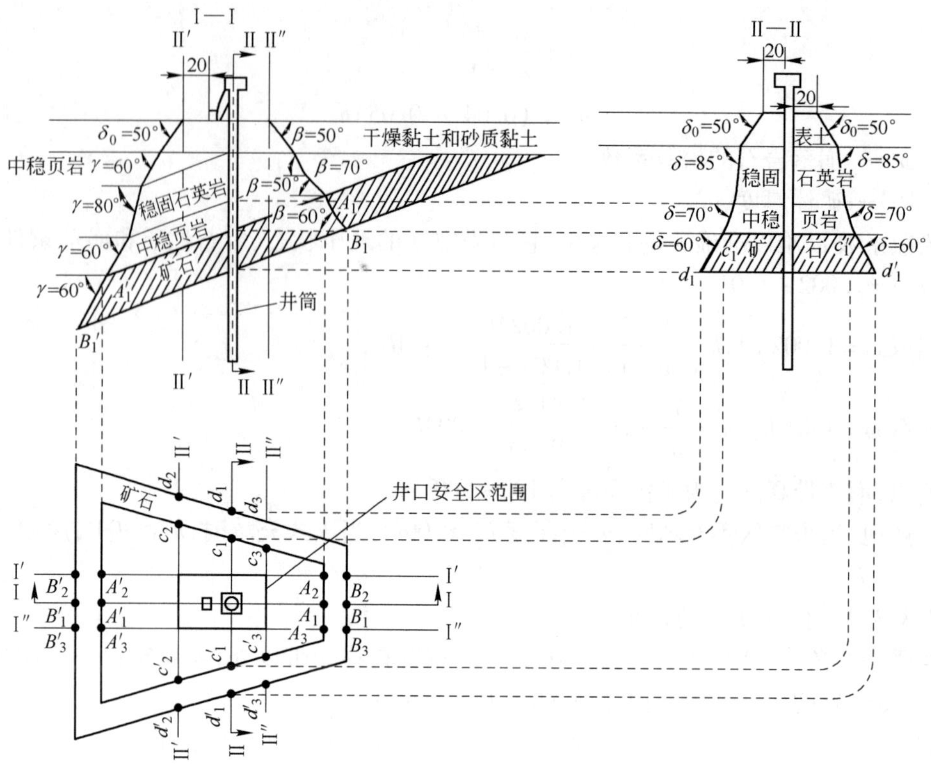

图 7-32 保安矿柱圈定方法

方向和平行走向方向多作几个剖面,照上法求得顶底板界点和界线。连接起来,便得整个保安矿柱的界线。

7.4 井底车场

井底车场连接着井下运输与井筒提升,提升矿石、废石和下放材料、设备等,都要经由井底车场转运。因此,要在井筒附近设置储车线、调车线和绕道等。此外,井底车场也为升降人员、排水以及通风等工作服务,所以相应地还要在井筒附近设置一些硐室,例如水泵房与水仓、井下变电所等。井底车场就是这些巷道和硐室的总称。

井底车场根据开拓方法不同,可分为竖井井底车场和斜井井底车场两大类。

7.4.1 竖井井底车场

7.4.1.1 井底车场的线路和硐室

组成竖井井底车场的线路和硐室如图 7-33 所示。主、副井均设在井田中央,主井为箕斗井,副井为罐笼井,两者共同构成一个双环形的井底车场。

井底车场线路(巷道)包括储车线和行车线。储车线路包括主副井的重车线与空车线以及停放材料车的材料支线。行车线路即调度空、重车辆的行车线路,如连接主、副井的空、重车线的绕道,调车场支线。供矿车出进罐笼的马头门线路,也属于行车线路。

井底车场的硐室根据提升、运输、排水和升降人员等项工作的需要设置,硐室的布置主

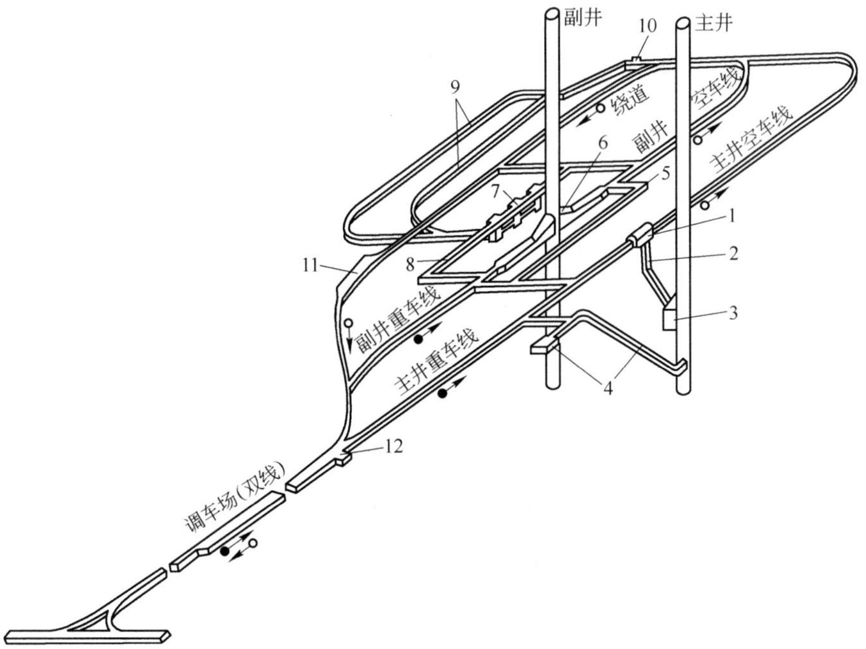

图 7-33 井底车场结构示意图

1—卸矿硐室;2—溜井;3—箕斗装载硐室;4—回收撒落碎矿的小斜井;5—候罐室;6—马头门;7—水泵房;8—变电整流站;9—水仓;10—清淤绞车硐室;11—机车修理库;12—调度室

要取决于硐室的用途和使用上的方便。如图 7-33 所示,与主井提升有关的各种硐室,如卸矿硐室、贮矿仓、箕斗装载硐室、清理撒矿硐室和斜巷等,须设在主井附近的适当位置上,构成主井系统的硐室。副井系统的硐室一般有马头门、水泵房、变电所、水仓及候罐室等。此外,还有一些硐室,如设在车场进口附近的调度室、设在便于进出车地点的电机车库及机车修理硐室等。

7.4.1.2 井底车场形式

井底车场按使用的提升设备分为罐笼井底车场、箕斗井底车场、罐笼 – 箕斗混合井井底车场和以输送机运输为主的井底车场;按服务的井筒数目分为单一井筒的井底车场和多井筒(如主井、副井)的井底车场;按矿车运行系统分为尽头式井底车场、折返式井底车场和环形井底车场,如图 7-34 所示。

尽头式井底车场如图 7-34a 所示,用于罐笼提升。其特点是井筒单侧进、出车,空、重车的储车线和调车场均设在井筒一侧,从罐笼拉出来空车后,再推进重车。这种车场的通过能力小,主要用于小型矿井或副井。

折返式井底车场如图 7-34b 所示。其特点是井筒或卸车设备(如翻车机)的两侧均铺设线路。一侧过重车,另一侧出空车。空车经过另外铺设的平行线路或从原线路变头(改变矿车首尾方向)返回。折返式井底车场的主要优点是:提高了井底车场的生产能力;由于折返式线路比环形线路短且弯道少,因此车辆在井底车场逗留时间显著减少,加快了车辆周转;开拓工程量较小。由于运输巷道多数与矿井运输平巷或主要石门合一,弯道和交叉点大大减少,简化了线路结构;运输方便、可靠,操作人员减少,为实现运输自动化创造了条件。列车主要在直线段运行,不仅运行速度高,而且运行安全。

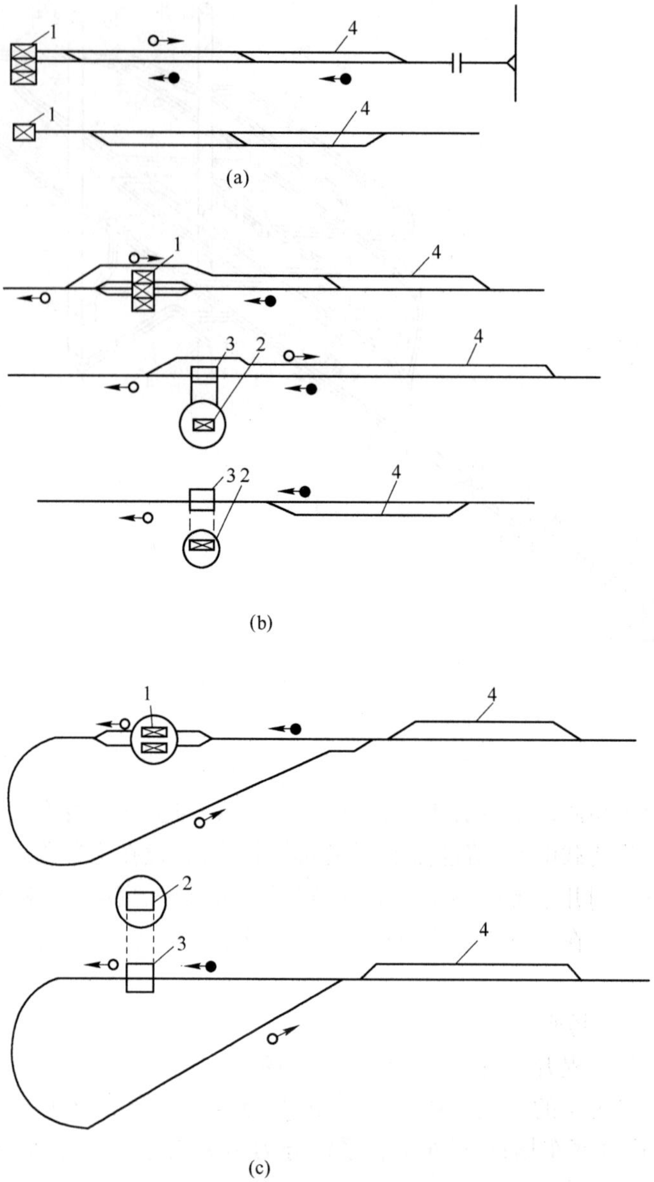

图7-34 井底车场形式示意图
(a) 尽头式;(b) 折返式;(c) 环形
1—罐笼;2—箕斗;3—翻车机;4—调车线路

环形井底车场如图7-34c所示。它与折返式相同,也是一侧进重车,另一侧出空车,但其特点是由井筒或卸载设备出来的空车经由储车线和绕道不变头(矿车首尾方向不变)返回。

双井筒和混合井井底车场线路布置如图7-35所示。图7-35b是双井筒的井底车场,主井为箕斗井,副井为罐笼井。主、副井的运行线路均为环形,构成双环形的井底车场。

为了减少井筒工程量及简化管理,在生产能力允许的条件下,也有用混合井代替双井筒,即用箕斗提升矿石,用罐笼提升废石并运送人员和材料、设备。此时线路布置与采用双井筒时的要求相同。图7-35c为双箕斗单罐笼的混合井井底车场线路布置。箕斗提升采用

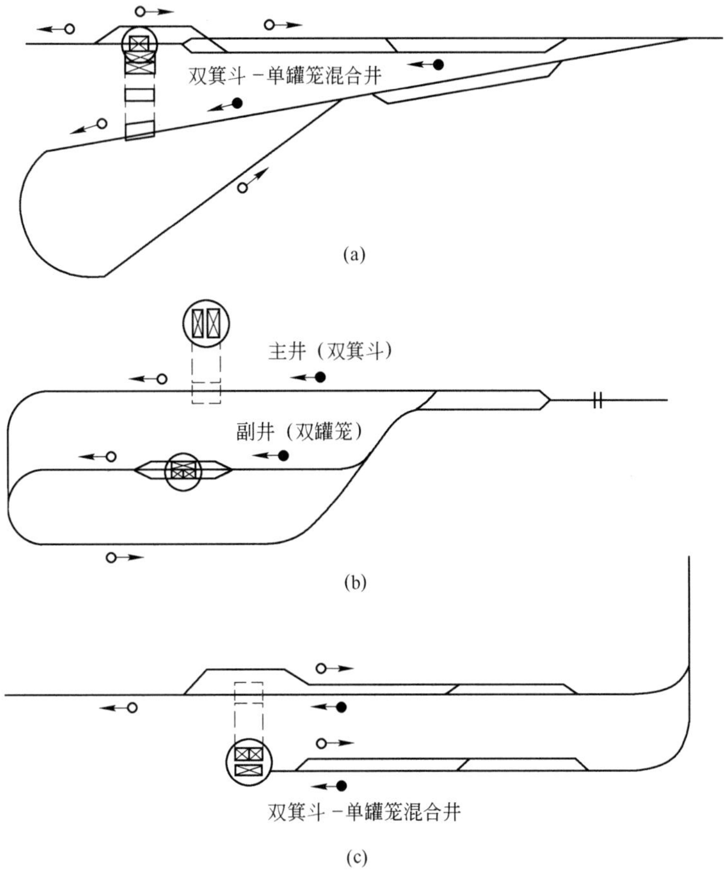

图 7-35　两个井筒或混合井的井底车场

（a）双箕斗单罐笼混合井，环形-折返式井底车场；（b）主井双箕斗，副井双罐笼，双环形井底车场；（c）双箕斗单罐笼混合井，折返-尽头式井底车场

折返式车场，罐笼提升采用尽头式车场。图 7-35a 也是混合井井底车场的线路布置，箕斗线路为环形车场，罐笼线路为折返式车场，通过能力比图 7-35c 中的车场形式大。

7.4.1.3　竖井井底车场的选择

选择合理的井底车场形式和线路结构，是井底车场设计中的首要问题。影响井底车场选择的因素很多，如生产能力、提升容器类型、运输设备和调车方式、井筒数量、各种主要硐室及其布置要求、地面生产系统要求、岩石稳定性以及井筒与运输巷道的相对位置等。因此，必须全面考虑各种相关因素。但在金属矿山，一般情况下主要考虑前面四项。

生产能力大的选择通过能力大的形式。年产量在 50 万吨以上的可采用环形车场，10 ~ 50 万吨的可采用折返式车场，10 万吨以下可采用尽头式车场。

当采用箕斗提升时，固定式矿车用翻车机卸载。产量较小时，可用电机车推顶矿石列车进翻车机卸载，卸载后立即拉走，亦即采用经原进车线返回的折返式车场。在阶段产量较大并用多台电机车运输时，翻车机前可设置推车机或采用自溜坡，此时可采用另设返回线的折返式车场。

当罐笼井同时用于主、副提升时，一般可用环形车场。当产量小时，也可用折返式车场。

副井采用罐笼提升时，根据罐笼的数量和提升量确定车场形式。如系单罐且提升量不大时，可采用尽头式井底车场。

当采用箕斗-罐笼混合井或者一主一副两个井筒时，采用双井筒的井底车场。在线路布置上须使主、副提升的两组线路相互结合，在调车线路的布置上应考虑线路共用问题。又如当主提升箕斗井底车场为环形时，副提升罐笼井底车场在工程量增加不大的条件下，可使罐笼井空车线路与主井线路连接，构成双环形的井底车场。

总之，选择井底车场形式时，在满足生产能力要求的条件下，尽量使结构简单，节省工程量，管理方便，生产操作安全可靠，并且易于施工与维护。车场通过能力要大于设计生产能力的30% ~50%。

7.4.2　斜井井底车场

斜井井底车场按矿车运行系统可分为折返式车场和环形车场两种形式。环形车场一般适于用箕斗或胶带提升的大、中型斜井。金属矿山，特别是中、小型矿山的斜井多用串车提升，串车提升的车场均为折返式。

串车斜井井筒与车场的连接方式有三种：第一种是旁甩式（图7-36a），即由井筒一侧（或两侧）开掘甩车道，串车经甩车道由斜变平后进入车场；第二种是斜井顶板方向出车，经吊桥变平后进入车场（图7-36b）；第三种，当斜井不再延深时，由斜井井筒直接过渡到车场，即所谓的平车场（图7-36c）。

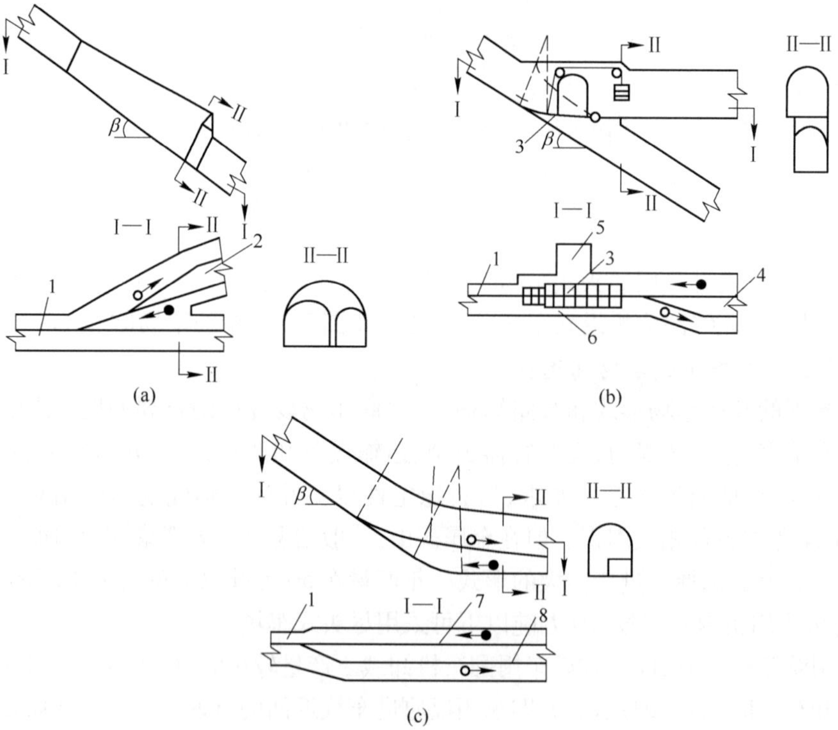

图7-36　串车提升斜井与车场的连接方式

（a）甩车道；（b）吊桥；（c）平车场

1—斜井；2—甩车道；3—吊桥；4—吊桥车场；5—信号硐室；6—人行口；7—重车道；8—空车道

7.4.2.1 斜井甩车道与平车场

图 7-37a 为斜井甩车道车场线路示意图。如果从左翼运输巷道来车,在调车场线路 1 调转电机车头,将重车推进主井重车线 2,再去主井空车线 3 牵引空车;空车拉至调车场线路 4,调转车头将空车拉向左翼运输巷道。若从右翼来车,在调车场掉头后,将重车推进主井重车线,再去空车线将空车直接拉走。副井调车与主井调车相同。

图 7-37b 为主井平车场,斜井为双钩提升。如果从左翼来车,在左翼重车调车场支线 1 调车后,推进重车线 2,电机车经绕道 4 进入空车线 3,将空车拉到右翼空车调车场 5,在支线 6 进行调头后,经空车线拉回左翼运输巷道。

由上述可知,串车斜井井底车场由下列各部分组成:

(1) 斜井甩车道(或吊桥)。用它将斜井与车场连接起来,并使矿车由斜变平。一般在变平处摘空车和挂重车(摘挂钩段)。

(2) 储车场。储车场紧接摘挂段,内设空、重车储车线(图 7-37 中 2、3)。

(3) 调车场。电机车在此处调头,以便将重车推进重车线,以及改变牵引空车的运行方向。图 7-37b 设两个调车场、左翼为重车调车场;右翼为空车调车场。

(4) 绕道与各种连接线路。

(5) 井筒附近的各种硐室。

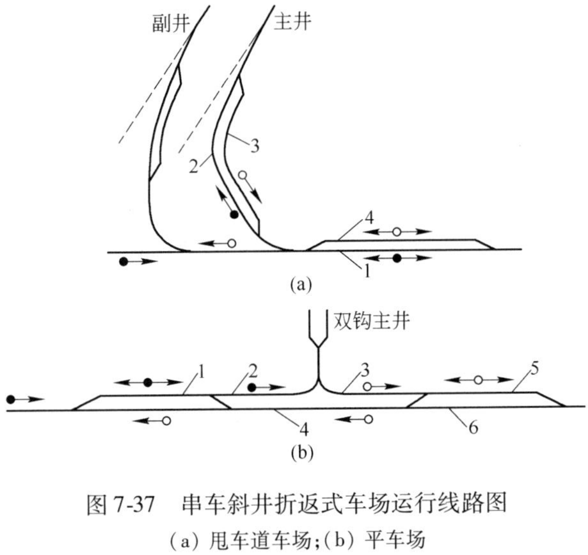

图 7-37 串车斜井折返式车场运行线路图
(a) 甩车道车场;(b) 平车场

7.4.2.2 斜井吊桥

从斜井顶板出车的平车场同甩车场相比,具有很多优点,如钢丝绳磨损小,矿车很少掉道,提升效率高,巷道工程量小,交岔处的宽度小,易于维护等。但是这种平车场仅能用于斜井最末的一个阶段。

在矿山生产实践中创造的斜井吊桥,既具有平车场的优点,又解决了平车场不能多阶段作业的问题。吊桥连接与平车场一样,也从斜井顶板出车,矿车经过吊桥来往于斜井与阶段井底车场之间。当起升吊桥时,矿车可通过本阶段而沿斜井上下。

吊桥类型如图 7-38 所示。图 7-38a 为普通吊桥,它的工程量最小,结构简单,但由于空、重车线摘挂钩在同一条线路上，增加了推车距离和提升休止时间，并且难以实现矿车自动滚行。此外，在斜井与车场线路的连接上，由斜变平比较陡急，下放长材料比较困难，有时需在斜井中卸车，再用人力搬运到水平巷道。为此，有的矿山改为吊桥式甩车道，如图7-38b所示。此时重车通过吊桥上提，空车经过设在斜井一侧的甩车道进入储车室。与前面讲过的甩车道相比，这种调车方式既消除了甩车道的缺点，又保留了甩车道的优点，既可实现矿车自动滚行，又可解决长材料下放问题。在双钩提升的斜井中，有的矿山使用高低差吊桥，如图7-38c所示。这时采用两个单独吊桥，除了重车线吊桥之外，空车线也设吊桥，并且均按矿车自动滚行设置。

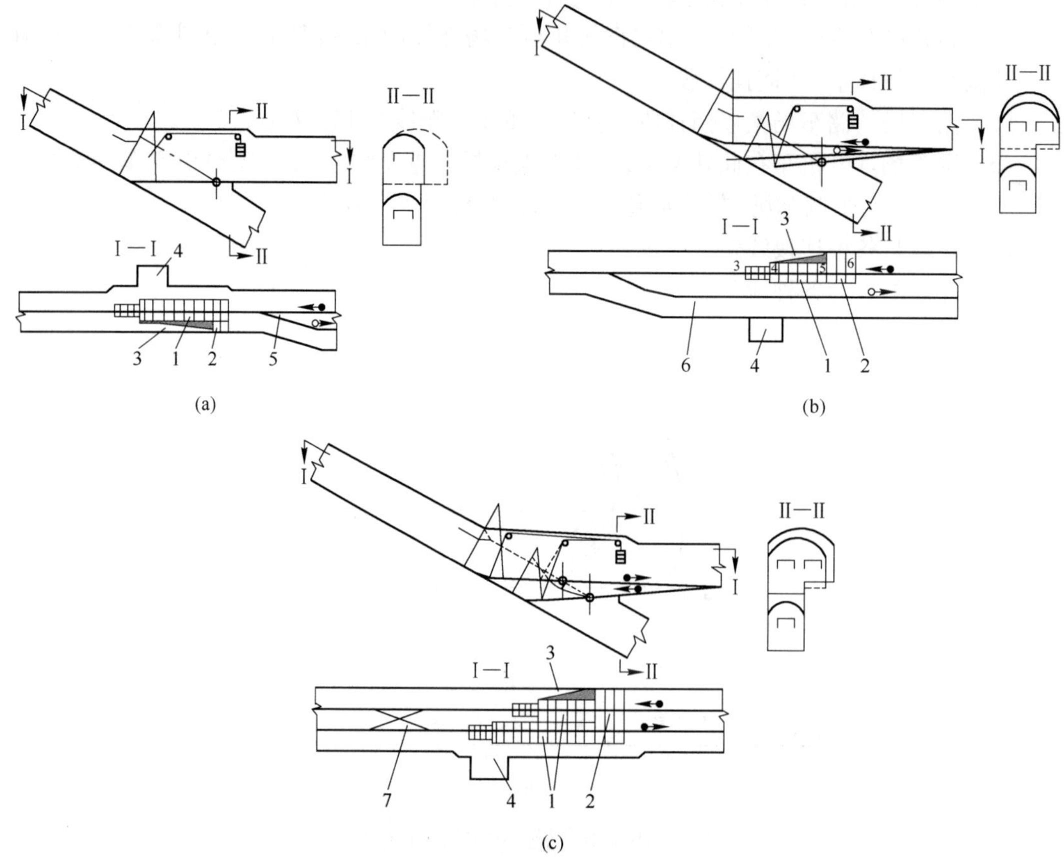

图7-38　斜井吊桥类型

(a) 普通吊桥；(b) 吊桥式甩车道；(c) 高低差吊桥

1—吊桥；2—固定桥；3—人行口；4—把钩房(信号硐室)；5—车场道岔；6—甩车道；7—渡线道岔

从斜井进入吊桥之前，需铺设渡线道岔或两个单开道岔，以便重车进入斜井中任一条线路和空车进入吊桥。

采用吊桥时，斜井倾角不能太小；否则，吊桥长、重力大，安装和使用均不方便，同时井筒与车场之间的岩柱也不易维护。根据实际经验，当斜井倾角大于20°时，使用吊桥较好。吊桥上常有人行走，所以在吊桥上要铺设木板(或铁板)。因此，当吊桥升起时就会影响上阶段的通风，下放时又会影响下阶段通风，需采取适当措施，以保证正常通风要求。

7.5 阶段运输巷道

阶段运输巷道的布置或称阶段平面开拓设计，是矿床开拓的一部分。如从开拓巷道的空间位置来看，可将矿床开拓分为立面开拓和平面开拓两个部分。立面开拓主要是确定竖井、斜井、通风井、溜井和充填井的位置、数目、断面形状及大小以及与它们相连接的矿石破碎系统和转运系统等。阶段平面开拓主要是确定阶段开拓巷道的位置（包括井底车场和硐室）。

7.5.1 主运输阶段和副阶段

阶段平面分为主运输阶段和副阶段。主运输阶段需开掘一系列巷道如井底车场、石门、运输巷道及硐室等，将矿块和井筒等开拓巷道连接起来，从而形成完整的运输、通风和排水系统，以保证将矿块中采出来的矿石运出地表；将材料、设备运送至工作面；从入风井进来的新鲜空气顺利地流到各工作面，创造良好的作业环境；将地下水及时排至地表以保证作业的安全。

主运输阶段巷道以解决矿石运输为主，并满足探矿、通风和排水等要求。因此，主阶段运输巷道布置是否合理，直接影响到地下工作人员的安全和工作条件、开拓工作量的大小、运输能力及矿块的生产能力等。为此，正确的选择和设计主阶段运输巷道十分重要。

副阶段是在主阶段之间增设的中间阶段，一般是因主阶段过高致使回采产生困难或因地质和矿床赋存条件发生变化而加设的阶段。副阶段一般不联通井筒。副阶段只掘部分运输巷道并用天井、溜井与其下主阶段贯通。

7.5.2 影响阶段运输巷道布置的因素

阶段运输巷道的布置需考虑下述因素：

（1）阶段运输能力。阶段运输巷道的布置，首先要满足阶段生产能力的要求，亦即应保证能将矿石运至井底车场。其次，阶段运输能力应留有一定余地，以满足生产发展的需要。

（2）矿体厚度和矿岩的稳固性。矿体厚度小于4～15m，采用一条沿脉巷道；厚度在15～30m，多采用一条（或两条）下盘沿脉巷道加穿脉巷道，或两条下盘沿脉加联络巷道；极厚矿体多采用环形运输。阶段运输巷道应布置在稳固的围岩中，以利于巷道维护、矿柱回采和掘进比较平直的巷道。

（3）探矿需要。阶段运输巷道的布置，既要满足运输要求，又要满足探矿的需要。

（4）所采用的采矿方法（包括矿柱回采方法）。例如崩落法一般需布置脉外巷道，并且要布置在下阶段的移动界线之外，以保证下阶段开采时作回风巷道。有些采矿方法不一定要布置脉外巷道。此外，矿块沿走向或垂直走向布置以及底部结构形式等，决定矿块装矿点的位置、数目及装矿方式。

（5）通风要求。阶段巷道的布置应有明确的进风和回风路线，尽量减少转弯，避免巷道断面突然扩大或缩小，以减少通风阻力，并要在一定时间内保留阶段回风巷道。

（6）工程量。要尽量使系统简单，工程量小，开拓时间短。这就要求巷道平直，布置紧凑，一巷多用。

（7）其他。如果涌水量大且矿石中含泥较多，则放矿溜井装矿口应尽量布置在穿脉内，以避免主要运输巷道被泥浆污染。

7.5.3 阶段运输巷道的布置形式

根据不同条件和要求，阶段运输巷道有多种布置形式。

7.5.3.1 单一沿脉巷道布置

按线路布置形式又分为单线会让式和双线渡线式。单线会让式如图7-39a所示，除会让站外运输巷道皆为单线，重车通过，空车待避，或相反。因此，通过能力小，多用于薄或中厚矿体。

如果阶段生产能力较大，采用单线会让式难以达到生产能力，应采用双线渡线式布置，如图7-39b所示。即在运输巷道中设双线路，在适当位置用渡线连接起来。这种布置形式可用于年产量20~60万吨的矿山。

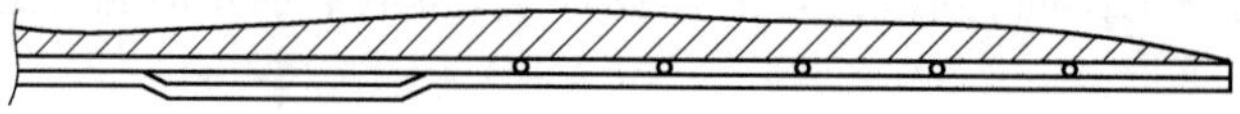

(a)

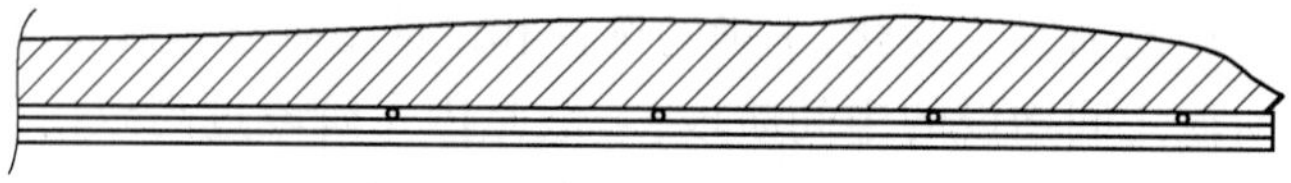

(b)

图7-39 单一沿脉平巷布置

（a）单线会让式；（b）双线渡线式

按巷道与矿脉的关系可分为脉内布置和脉外布置。在矿体中掘进巷道的优点是能起探矿作用和装矿方便，并能顺便采出矿石。但矿体沿走向变化较大时，巷道弯曲多，对运输不利。因此，脉内布置适用于规则的中厚矿体，且产量不大，矿床勘探不足，矿石品位低，不需回收矿柱。

如果矿石稳固性差、品位高而围岩稳固时，采用脉外布置有利于巷道维护，并能减少矿柱损失。

对于极薄矿脉，应使矿脉位于巷道断面中央，以利于掘进适应矿脉的变化。如果矿脉形态稳定，则将巷道布置在围岩稳固的一侧。

7.5.3.2 下盘双巷加联络道布置

这种布置如图7-40所示，沿走向下盘布置两条平巷，一条为装车巷道，一条为行车巷道，每隔一定距离用联络道联结起来（环形联结或折返式联结）。这种布置是从双线渡线式演变来的。其优点是行车巷道平直利于行车，装车巷道掘在矿体中或矿体下盘围岩中，巷道方向随矿体走向而变化，利于装车和探矿。装车线和行车线分别布置在两条巷道中，安全、方便，巷道断面小有利于维护。缺点是掘进量大。这种布置多用于中厚和厚矿体中。

7.5.3.3 脉外平巷加穿脉布置

这种布置如图7-41所示。一般多采用下盘脉外巷道和若干穿脉配合。从线路布置上讲,采用双线交叉式,即在沿脉巷道中铺设双线,穿脉巷道中铺设单线。沿脉巷道中双线用渡线联结,沿脉和穿脉用单开道岔联结。

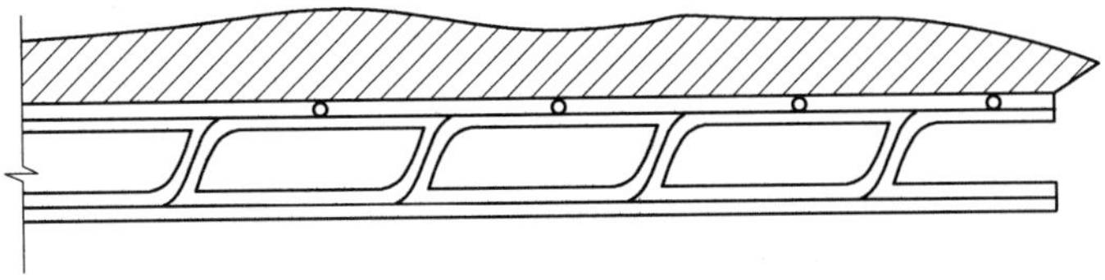

图 7-40 下盘沿脉双巷加联络道布置

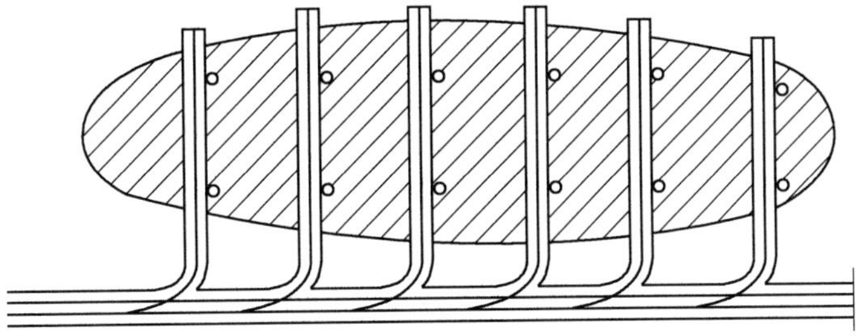

图 7-41 脉外平巷加穿脉布置

这种布置的优点是阶段运输能力大,穿脉巷道装矿安全、方便、可靠,还可起探矿作用。缺点是掘进工程量大,但比环形布置工程量小。这种布置多用于厚矿体,阶段生产能力在 $(60\sim150)\times10^4$ t/a。

7.5.3.4 上下盘沿脉巷道加穿脉的环形布置

这种布置如图 7-42 所示。设有重车线、空车线和环形线,形成环形布置。环行线既是装车线,又是空、重车线的联络线。从卸车站驶出的空车,经空车线到达装矿点装车后,由重车线驶回卸车站。环形运输的最大优点是生产能力大。此外,穿脉装车安全方便,也可起探矿作用。缺点是掘进量很大。这种布置能力可达 $(150\sim300)\times10^4$ t/a,所以多用在规模大的厚和极厚矿体中,也可用于几组互相平行的矿体中。

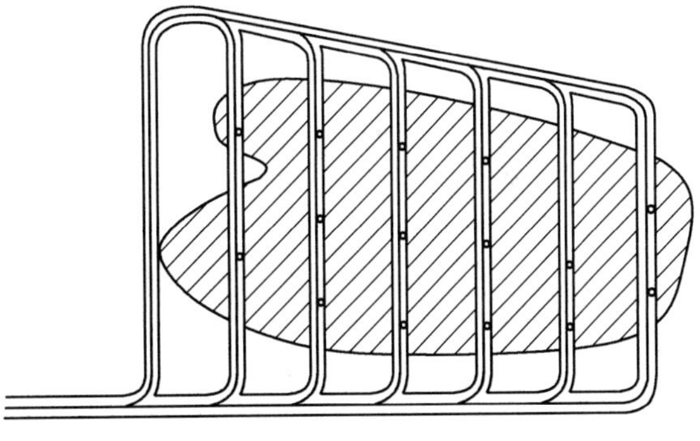

图 7-42 环形运输布置

当开采规模很大时,也可采用双线环形布置。

7.5.3.5 平底装车布置

如图 7-43 所示,这种布置方式是由于平底装车结构和无轨装运设备的出现发展起来的。矿石装运一般有两种方式:一是由装岩机将矿石装入运输巷道的矿车中,再由电机车拉走;二是由铲运机在装运巷道中铲装矿石,运至附近的溜井卸载。

以上所述是阶段运输的一些基本布置形式。由于矿体形态、厚度和分布等往往是复杂多变的,实际布置形式应按生产要求,灵活运用。

7.6 溜　　井

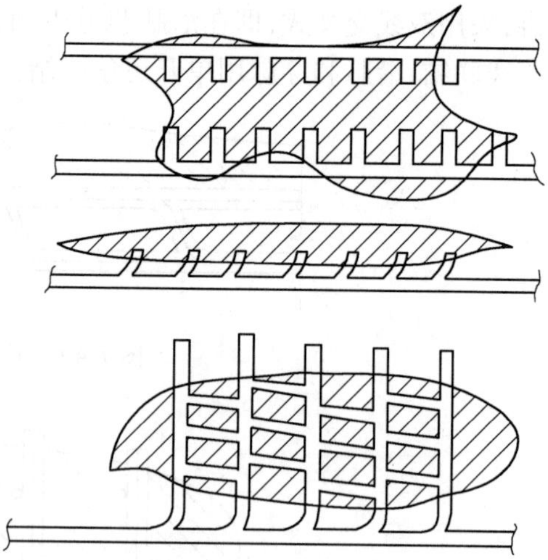

图7-43 平底装车布置

在我国许多地下开采的金属矿山中，普遍采用溜井放矿。溜井的应用范围和溜井系统大致可分为两种：

（1）平硐溜井出矿系统。采用平硐开拓时，主平硐以上各个阶段采出的矿石，均经溜井放至主平硐水平，然后再运至地面选矿厂，形成完整的开拓运输系统。

（2）竖井箕斗提升的集中出矿系统。采用竖井开拓时，也可采用溜井放矿集中出矿的运输系统。如竖井采用箕斗提升时，常将几个阶段采下的矿石经溜井放至下面的某一阶段，有时还在这个阶段的竖井旁侧设置地下破碎站，矿石经破碎后，装入箕斗提至地面。

7.6.1 溜井位置的选择

选择溜井位置应注意以下几点基本原则：

（1）根据矿体赋存条件使上下阶段运输距离最短，开拓工程量小，施工方便，安全可靠，避免矿石反向运输；

（2）溜井应布置在岩层稳固、整体性好、岩层节理不发育的地带，尽量避开断层、破碎带、流沙层、岩溶及涌水较大和构造发育的地带；

（3）溜井一般布置在矿体下盘围岩中，以免留保安矿柱和影响生产。当围岩破碎而矿体稳固时，则可布置在矿体中，有时可利用采区天井放矿；

（4）溜井装卸口的位置应尽量避免放在主要运输巷道内，以减少对运输干扰和矿尘对空气的污染。

为保证矿山正常生产，在下列情况下要考虑设置备用溜井。备用溜井的数目按矿山的具体条件确定，一般备用数为1～2个。

（1）大中型矿山，一般均设备用溜井；

（2）当溜井穿过的岩层不够稳固或溜井容易发生堵塞现象时，应考虑备用溜井；

（3）当矿山有可能在短期内扩大规模时，应考虑备用溜井及其设置位置。

7.6.2 溜井放矿能力

溜井放矿能力的波动范围很大。它主要取决于卸矿口的卸矿能力、放矿口的装矿能力及巷道的运输能力。为了使溜井能持续出矿，保证矿山正常生产，溜井中必须贮存一定数量的矿石。此外，应使卸矿口的卸矿能力大于放矿口的放矿能力。放矿口的装矿能力主要取决于下部巷道的运输能力；卸矿口的卸矿能力主要取决于上部水平的运输能力和采场出矿能力。因此，溜井放矿生产能力主要取决于上、下阶段的运输能力。

溜井放矿生产能力，可按下式估算：

$$W = 3600 \frac{\lambda F \alpha \gamma v \eta}{K} \tag{7-11}$$

式中 W——溜井放矿生产能力,t/h;

λ——闸门完善程度系数,一般为 0.7 ~0.8;

F——放矿口的断面积,m^2;

α——矿流收缩系数,一般为 0.5 ~0.7;

γ——矿石实体重,t/m^3;

v——矿流速度,通常取 0.2 ~0.4m/s;

η——考虑到堵塞停歇时间等因素的放矿效率,通常取 0.75 ~0.8;

K——矿石松散系数,一般为 1.4 ~1.6。

国内矿山生产实践证明,当溜井中贮备一定数量的矿石,各运输水平的运输能力能满足放矿口及卸矿口的能力时,则溜井的生产能力是很大的。正常情况下,每条溜井每天可放矿 3000 ~5000t。

7.6.3 溜井的形式

国内金属矿山的主溜井,按其总的外形特征与转运设施,可分为几种主要形式:

(1) 垂直式。这种溜井从上到下是垂直的,如图 7-44a 所示。各阶段的矿石由分支斜道放入溜井。这种溜井具有结构简单,不易堵塞,使用方便,开掘比较容易等优点,故在国内金属矿山应用比较广泛。其缺点是贮存能力有限,放矿冲击力大,矿石容易粉碎,对井壁的冲击磨损大。因此,使用这种溜井时,要求岩石坚硬、稳固、整体性好,矿石坚硬不易粉碎;同时溜井内应保留一定数量的矿石作为缓冲层。

(2) 倾斜式。这种溜井从上到下是倾斜的,如图 7-44b 所示。这种溜井长度较大,可缓和矿石滚动速度,减小对溜井底部的冲击力。只要矿石坚硬不结块,也不易发生堵塞现象。溜井一般沿岩层倾斜布置可缩短运输巷道长度,减少巷道掘进工程量。但是倾斜式溜井中的矿石对溜井底板、两帮和溜井贮存矿段顶板、两帮冲击磨损较严重。因此,其位置应选择在坚硬、稳固、整体性好的岩层或矿体内。为了有利于放矿,溜井倾角应大于 60°。

(3) 分段垂直式。当矿山多阶段同时生产且溜井穿过的围岩不够稳固时,为了降低矿石在溜井中的落差,减轻矿石对井壁的冲击磨损与夯实溜井中的矿石,将各阶段的溜井的上下口错开一定距离。其布置形式又分为瀑布式和接力式两种,见图 7-44c 和图 7-44d。瀑布式溜井的特点是上阶段溜井与下阶段溜井用斜溜道相连,从上阶段溜井溜下的矿石经其下部斜溜道转放到下阶段溜井,矿石如此逐段转放下落,形若瀑布。接力式溜井的特点是上阶段溜井中的矿石经溜口闸门转放到下阶段溜井,用闸门控制各阶段矿石的流放。因此当某一阶段溜井发生事故时不致影响其他阶段的生产;但每段溜井下部均要设溜口闸门,使生产管理、维护检修较复杂。

(4) 阶梯垂直式。如图 7-44e 所示,这种溜井的特点是上段溜井与下段溜井之间水平距离较大,故中间需要转运。仅用于岩层条件较复杂的矿山,例如为避开不稳固岩层,或在缓倾斜矿体条件下为减少运输巷道,而将溜井设为阶梯式。

7.6.4 溜井的结构参数

为了保证溜井持续、可靠、安全地溜放矿石,需正确选择溜井的结构参数。图 7-45 是溜

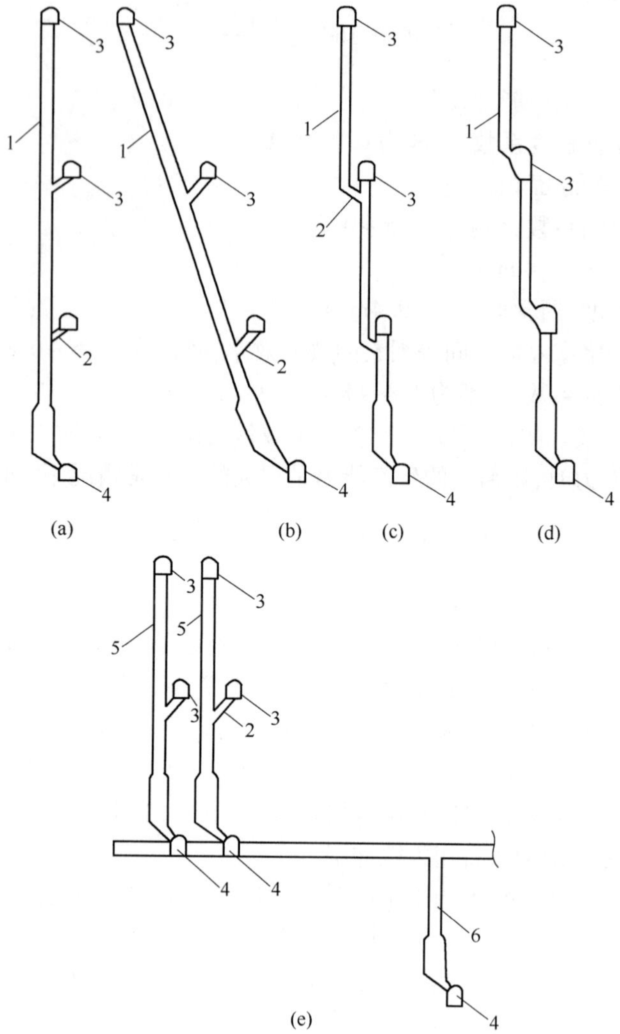

图7-44 溜井形式示意图

(a) 垂直式;(b) 倾斜式;(c) 瀑布垂直式;(d) 接力垂直式;(e) 阶梯垂直式

1—主溜井;2—斜溜道;3—卸矿硐室;4—放矿闸门硐室;5—第一阶段溜井;6—转运溜井

井的结构系统示意图,它包括卸矿硐室、卸矿口、溜井井筒、贮矿仓、溜口(装放矿闸门)、中间阶段硐室和斜溜道、检查天井和检查平巷等。

垂直式溜井的断面形状有圆形、方形及矩形等。由于圆形断面利用率高,稳固性和受力状况较好,矿石对溜井磨损程度小且均匀,故生产中使用较多。

斜溜井的断面形状有拱形、梯形、矩形、方形、圆形等。因拱形、矩形断面施工方便,稳固性较好,故使用较多。

溜井的断面尺寸主要取决于溜放矿石的最大块度,并考虑矿石的黏结性、湿度及含粉矿量等因素。

溜井的断面直径(或最小边长)D=通过系数$n\times$最大块度d。通过系数一般取5~8为宜。对于黏结性大、粉矿多且湿度大的矿石,为减少堵塞次数,溜井断面尺寸应适当加大。

溜井的长度依地质条件、矿床赋存条件、矿石和围岩的物理机械性质、开掘方法及开拓

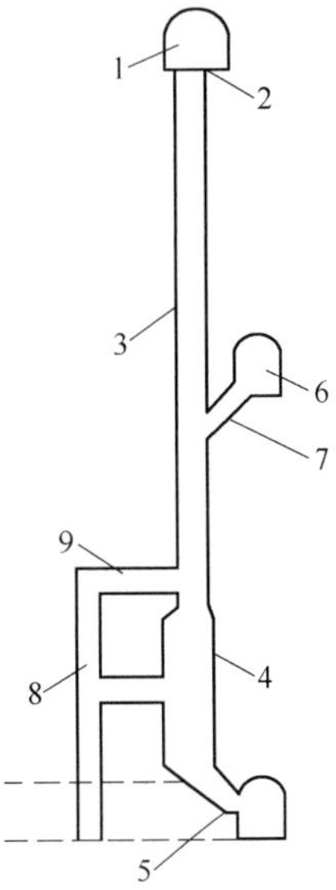

图 7-45 溜井结构系统图
1—卸矿硐室；2—卸矿口；3—溜井井筒；4—贮矿仓；5—溜口（装放矿闸门）；6—中间阶段硐室；7—斜溜道；8—检查天井；9—检查平巷

运输系统等来决定。当溜井不贮存矿石时，溜井愈深，则矿石对溜井冲击磨损愈严重，在这种情况下，溜井不宜太长。若溜井贮存矿石（一般贮矿长度为总长度的70%左右），则可适当增加溜井的长度。目前垂直式溜井国外最大长度达600多米，国内达350m左右，斜溜井长度目前国内一般在100～250m，个别矿山达330m。

当溜井通过的岩石坚硬、稳固、整体性好，断面尺寸选择合理，溜井允许贮满矿石，采用振动放矿时，溜井长度不受严格限制。

垂直溜井中，矿石对溜井冲击磨损均匀，在贮矿的情况下，具有比斜溜井堵塞的可能性小、稳固性好等优点，故主溜井多采用垂直式溜井，采用倾斜式溜井的较少。为了保证矿石在溜井中顺利流动，不致堵塞，倾斜式溜井的溜矿段倾角应大于矿石自然安息角，一般应大于55°；贮矿段应等于或大于所溜放矿石的粉矿堆积角，通常不小于65°～75°。溜井的分支斜溜道不作贮矿用，而且长度不大，溜道底板倾角可以采用大于矿石的自然安息角，可在45°～55°之间。

溜井上口即为卸矿口。卸矿口的结构形状分有喇叭式与无喇叭式两种。

在溜井最上一个卸矿口，一般是矿石从矿车中直接卸入溜井。为防止超过允许块度的大块矿石进入井筒造成堵塞，在卸矿口装设格筛，格筛的网格大小按允许落入溜井的最大块度而定。格筛通常采用钢轨、钢管、锰钢条等加工而成。格筛的安装倾角一般为15°～20°。在溜井的中间阶段卸矿，一般均设有斜溜道，矿石经斜溜道溜入溜井。

溜井上口的卸矿方式主要取决于矿车类型。翻转车厢式矿车可用风动绞车带动钢丝绳，而钢丝绳端系有铁钩、用铁钩钩住车厢翻车或设置自动卸车架翻车。侧卸式和底卸式矿车用曲轨卸矿。固定式矿车用翻车机卸矿。

7.7 地下破碎设施及粉矿回收

随着采矿业的发展，已广泛采用深孔落矿的采矿方法。由于矿石破碎不均匀，大块矿石产出率高，显著地增加了放矿的二次破碎量，从而严重地影响着劳动生产率和采场生产能力的提高。

降低二次破碎工作量有两种方法：一种是正确选择落矿的爆破参数，使大块产出率降低，但靠这种方法降低大块的产出是有限的。另一种是增大出矿的允许块度，设置地下破碎站，将采下矿石运到地下破碎站，用破碎机进行破碎。

7.7.1 地下破碎的优缺点及适用条件

地下破碎的主要优点有：

(1) 减少二次破碎工作量，节省了爆破材料，提高了放矿劳动生产率和采场生产能力；

(2) 减少了放矿巷道中由于二次爆破所产生的炮烟及烟尘，改善了劳动条件，提高了工作的安全性；

（3）矿石经地下破碎机破碎后，块度较小，增加了箕斗的有效载重，减轻了卸矿时的冲击力和对设备的冲击磨损，增加了生产的可靠性，有利于实现提升设备自动化，提高矿井的提升能力。

地下破碎的主要缺点有：

（1）必须设地下破碎硐室，破碎机上部需设长溜井（贮矿仓），下部需设粗破碎仓，增加了基建工程量和投资；

（2）地下破碎硐室的通风防尘较困难，需采取专门的措施解决；

（3）地下破碎机的管理和维修不如地面方便；

（4）地下采、装、运设备均需与破碎机相配套，才能充分发挥地下破碎机的作用。

根据以上优缺点，在下列条件下采用地下破碎是比较合理的：

（1）有较大的阶段储量的大型矿山适于设置地下破碎站，下降速度大的中小型矿山不宜设置；

（2）采用大量落矿的采矿方法或矿石坚硬大块产出率高；

（3）采用箕斗提升，地面用索道运输。

7.7.2 地下破碎站的布置形式

地下破碎站的布置形式一般为：旁侧式和矿体下盘集中式，旁侧式可分散或集中布置。

7.7.2.1 旁侧式布置

旁侧式布置如图7-46所示，破碎站在箕斗井的旁侧。矿石经溜井进入破碎硐室，破碎后装入箕斗经竖井提升到地面。

图7-46a所示是分散旁侧式布置，每个开采阶段都独立设置破碎站，随着开采阶段的下降，破碎站也随之迁至下部阶段。其优点是第一期井筒及溜井工程量小，建设投产快。缺点是一个破碎站只能处理一个阶段的矿石，每下降一个阶段都要新掘破碎硐室，总的硐室工程量大，总投资较高。分散旁侧式只适用于开采极厚矿体或缓倾斜矿体，阶段储量很大和生产期限很长的矿山。

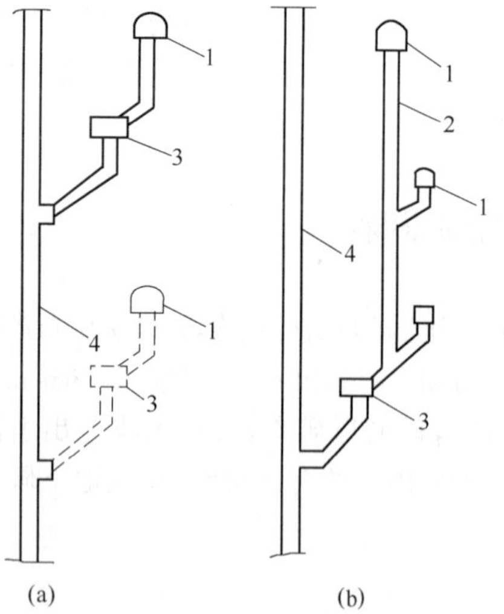

图7-46 地下旁侧式破碎站的布置形式
（a）分散旁侧式破碎站；（b）集中旁侧式破碎站
1—运输阶段卸矿车场；2—主溜井；
3—破碎硐室；4—箕斗井

图7-46b所示是集中旁侧式布置，将几个阶段的矿石通过主溜井放到下部阶段箕斗井旁侧的破碎站，进行集中破碎。其优点是破碎硐室工程量较小，总投资较少。缺点是矿石都集中到最下一个阶段，第一期井筒和溜井工程量较大，并增加了矿石的提升费用。集中旁侧式适用于多阶段同时出矿，国内矿山采用较多。

7.7.2.2 矿体下盘集中式布置

这种布置如图7-47所示。各阶段矿石经矿体下盘分支溜井溜放到主溜井下的破碎硐室，破碎后的矿石经皮带运输机运至箕斗井旁侧的贮矿仓，然后再由箕斗井提升至地表；当采用平硐溜井开拓时，破碎后的矿石即由皮带运输机直接运至地表。

这种布置的优点是省掉了各阶段的运输设备和设施；缺点是分支溜井较多，容易产生堵塞事故。该布置形式对于矿体比较集中、走向长度不大、多阶段同时出矿的矿山较适合。

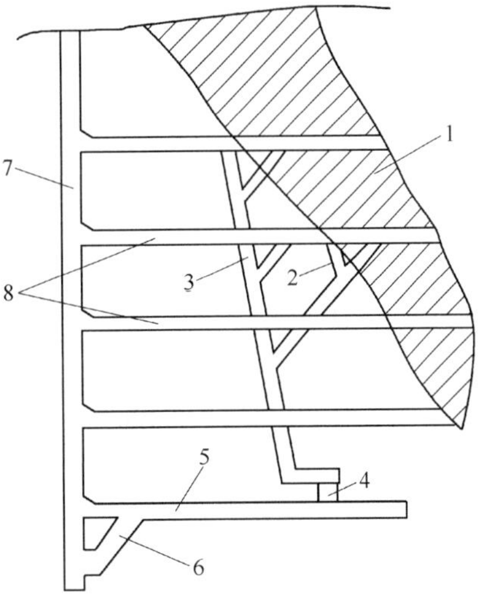

图 7-47 矿体下盘集中式破碎站

1—矿体；2—分支溜井；3—主溜井；4—破碎站；5—转运平巷；6—贮矿仓；7—箕斗井；8—阶段平巷

7.7.3 粉矿回收

采用箕斗提升的井筒，在装载过程中以及地下水流入井底水窝时，都有不同程度的粉矿落入井底，需要经常清理回收这些粉矿。否则，不仅损失矿石，而且会影响生产的正常进行。因此，凡采用箕斗提升的矿井，必须设置粉矿回收设施。

7.7.3.1 利用副井回收粉矿

这种粉矿回收方式如图 7-48 所示。粉矿落入粉矿仓，待积蓄到一定的数量后，通过粉矿仓漏斗放入装矿硐室的矿车中，从粉矿运输平巷推入副井罐笼中提升至地表。这种方式的主要优点是粉矿回收巷道工程量小，使用和管理方便；缺点是副井井底水窝清理需要单独进行。该方式适合于主、副井之间距离较短(50m 左右)，副井超前主井延深一个阶段，副井采用罐笼提升，副井需要延深等情况。

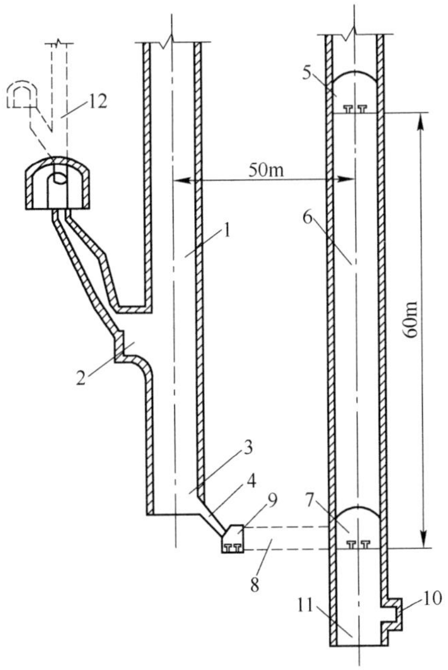

图 7-48 利用副井回收粉矿布置图

1—主井；2—装矿硐室；3—粉矿仓；4—粉矿仓漏斗；5—卸矿水平；6—副井；7—阶段水平；8—粉矿运输平巷；9—粉矿装车硐室；10—井底水泵硐室；11—井底水窝；12—溜井

7.7.3.2 利用主井回收粉矿

这种粉矿回收方式如图 7-49 所示。粉矿落入矿仓，待积蓄一定数量后，经粉矿仓闸门，装入矿车中，矿车从粉矿回收绕道推入主井的罐笼中提升至地表或至上一阶段水平，再经卸矿硐室、矿仓及装载硐室装入箕斗提升至地表。

这种方式的主要优点是粉矿回收设施的工程量小，简化了井底水窝的清理工作。其缺点是箕斗尾绳和罐道钢丝绳要通过粉矿仓。用混合井提升时，在罐笼提升深度超前箕斗提升深度的情况下，适合采用这种回收粉矿设施。

7.7.3.3 利用小竖井回收粉矿

这种粉矿回收方式如图 7-50 所示。粉矿落入粉矿仓，待积蓄一定数量后，粉矿经粉矿仓漏斗装入矿车，经平巷推入小竖井的罐笼中提升至卸矿水平，再经卸矿硐室卸入矿仓，经装矿硐室装入箕斗提升至地表。

这种方式的主要优点是不影响主副井的提升能力，对下阶段掘进有利。其主要缺点是开拓工程量大，多一套提升设备，管理也不方便。但避免了箕斗尾绳和罐道钢丝绳要通过粉矿仓的缺点。这种方式适用于主、副井相距较远或主井超前副井和副井采用双罐笼提升等情况。

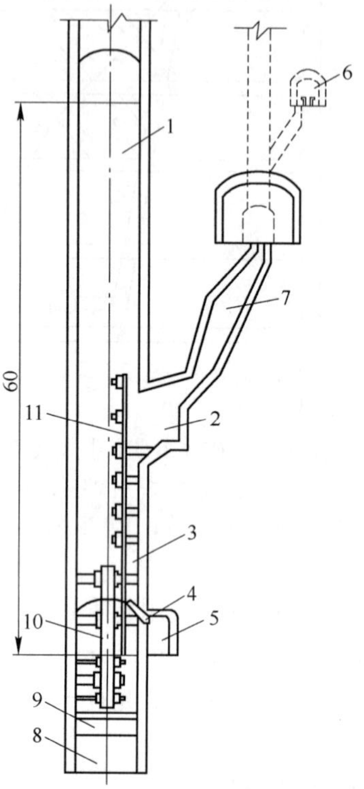

图 7-49 利用主井回收粉矿布置图

1—混合井;2—装载硐室;3—粉矿仓;4—粉矿仓闸门;
5—粉矿回收绕道;6—卸矿硐室;7—矿仓;
8—井底水窝;9—水泵及重锤检修台;
10—重锤;11—罐道

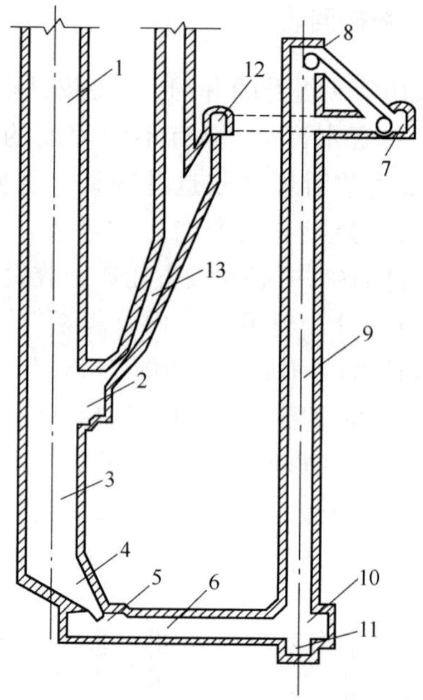

图 7-50 利用小竖井回收粉矿布置图

1—主井;2—装矿硐室;3—粉矿仓;
4—粉矿仓漏斗;5—粉矿仓闸门硐室;6—平巷;
7—卷扬机硐室;8—天轮硐室;9—小竖井;
10—井底水泵硐室;11—井底水窝;
12—卸矿硐室;13—矿仓

7.8 矿床开拓方案选择

在矿山设计中,选择矿床开拓方案是总体设计中十分重要的内容,包括确定主要开拓巷道和辅助巷道的类型、位置、数目等,涉及矿山总平面布置、提升运输、通风、排水等一系列问题。矿床开拓方案一经选定并施工后,很难改变。本节对矿床开拓方案选择的基本要求、影响因素和步骤作简要说明。

7.8.1 选择开拓方案的基本要求和影响因素

选择矿床开拓方案需满足下列基本要求:

(1) 确保工作安全,创造良好的地面与地下劳动卫生条件,具有良好的提升、运输、通风、排水等功能;

(2) 技术上可靠,并有足够的生产能力,以保证矿山的均衡生产;

(3) 基建工程量最少,尽量减少基本建设投资和生产经营费用;

(4) 确保在规定时间内投产,在生产期间能及时准备出新水平;

(5) 不留和少留保安矿柱,以减少矿石损失;

(6) 与开拓方案密切关联的地面总布置,尽量少占或不占农田。

影响矿床开拓方案选择的因素主要有:

(1) 矿体赋存条件,如矿体的厚度、倾角、偏角、走向长度和埋藏深度等;

(2) 地质构造,如断层、破裂带等;

(3) 矿石和围岩的物理力学性质,如坚固性、稳固性等;

(4) 矿区水文地质条件,如地表水(河流、湖泊等)、地下水、溶洞的分布情况;

(5) 地表地形条件,如地面运输条件、地面工业场地布置、地面岩体崩落和移动范围,外部交通条件、农田分布情况等;

(6) 矿石工业储量、矿石价值、矿床勘探程度及远景储量等;

(7) 选用的采矿方法;

(8) 水、电供应条件;

(9) 原有井巷工程存在状态;

(10) 选场和尾矿库可能建设的地点。

7.8.2 选择开拓方案的方法和步骤

对于一个矿山,往往有几个技术上可行而在经济上不易区分的开拓方案,矿床开拓设计是从中选出最优方案。由于矿床开拓设计内容广泛,涉及井田划分、选场和尾矿库的相关位置以及地面总平面布置等一系列问题,往往不容易判断方案的优劣。因此,必须综合分析比较才能选出最优方案。用综合分析方法选择矿床开拓方案的步骤如下:

(1) 开拓方案初选。在全面了解设计基础资料和对矿床开拓有关的问题进行深入调查研究的基础上,根据国家技术经济政策和设计任务书,充分考虑影响因素,提出在技术上可行的若干方案。对各个方案拟定出开拓运输系统和通风系统,确定主要开拓巷道类型、位置和断面尺寸,绘出开拓方案草图,从其中初选出 3 ~ 5 个可能列入初步分析比较的开拓方案。在方案初选中,既不要遗漏技术上可行的方案,又不必将有明显缺陷的方案列入比较。

(2) 开拓方案的初步分析比较。对初选出的开拓方案,进行技术、经济、建设时间等方面的初步分析比较,删去某些无突出优点和难于实现的开拓方案,从中选出 2 ~ 3 个在技术经济上难于区分的开拓方案,列为进行技术经济比较的开拓方案。

(3) 开拓方案的技术经济比较。对初步分析比较选出的 2 ~ 3 个开拓方案,进行详细的技术经济计算,综合分析评价,从中选出最优的开拓方案。在技术经济比较中,通过对一系列相关技术经济指标的计算,衡量矿床开采的技术经济效益,估算出矿床开采的盈利指标。计算和对比技术经济指标一般包括:

1) 基建工程量、基建投资总额和投资回收期;

2) 年生产经营费用、产品成本;

3) 基本建设期限、投产和达产时间;

4）设备与材料（钢材、木材、水泥）用量；
5）采出的矿石量、矿产资源利用程度、留保安矿柱的经济损失；
6）占用农田和土地的面积；
7）安全与劳动卫生条件；
8）其他值得参与技术经济评价的项目。

8 矿山总平面布置

在矿山企业设计中,把地表的工业生产技术设施和行政管理、生活及福利设施,按照地表地形特征和矿床赋存条件,根据矿石地面加工和运输的要求,合理布置在平面图上,并布置运输线路将其联结在一起,形成一个有机的整体,称之为矿山总平面布置。

矿山总平面布置,是矿山企业设计中的一个重要组成部分,一旦形成,在生产过程中是不易改变的。如果布置不当,将使生产工艺流程长期不合理。因此,矿山总平面布置必须符合矿山企业建设和生产要求,节约劳动力,便利施工,加快建设速度;在投产以后,能以最合理的流程、最少的劳动,取得最大的工效,达到高效率、低成本生产的目的。

8.1 矿山总平面布置的设计内容

矿山总平面布置通常包括矿区规划图和工业场地平面布置图。

矿区规划图(也有称为矿区区域位置图),是根据矿床赋存条件、地形条件、人文条件等,对矿山企业的各个组成部分作出全面规划。这个规划要经过正确的厂址选择及多方案比较之后才能确定。规划通常在1:5000~1:10000的地形图上进行。

矿区规划图中应标明:原有的地形地物、规划的矿山企业场地、矿体界线及采矿移动带、采选工业场地、生活区位置、区域供排水及供热和供电线路、矿区内部运输及其与外部运输的联系、主要和辅助开拓巷道的位置、废石场地、炸药总库位置、选矿厂及尾矿排出地点等。

工业场地平面布置图是在更小范围内更细致的规划,它根据矿区规划图确定的布置原则,在1:1000~1:2000的地形图上进行初步设计,在1:500~1:1000的地形图上进行施工设计。采矿工业场地包括:机修车间、锻钎房、卷扬机房、压气机房、通风机房、矿仓、废石场、材料仓库、油料仓库、木材加工场、堆木场及行政福利设施等。行政福利设施有矿井办公室、浴室、保健站和食堂等。

采矿工业场地的平面布置图中应标明:矿床开采至最大深度时的地表移动带、洪水淹没范围、井筒(或平硐口)的位置及标高。此外,不但要标明场地内各个建筑物、构筑物、运输线路及各种管线的平面配置关系,还要标明它们的竖向关系,换句话说,工业场地平面布置是平面设计与竖向设计的综合。

选矿工业场地包括:破碎、筛分、选矿车间、尾矿设施及砂泵站等。

如果企业的各个组成部分比较集中,可以把矿区规划图和工业场地平面布置图合在一个图上布置。

8.2 工业场地的选择及其平面布置

8.2.1 影响工业场地选择的因素

选择工业场地需考虑以下因素:

（1）场地的面积需求。要有足够的场地面积布置所有的建筑物、构筑物、道路、管线等。适当考虑企业发展用地的要求（当有扩建可能时），但不可过多预留备用地。尽量少占或不占农田，并应根据实际需要分期征购土地。为了减少用地面积，有条件时可采取建筑物的联合。

（2）地表地形。要注重利用地形，以减少土石方工程量，或尽量使挖、填方平衡，以节约投资及劳动力，并方便地面水的排出。

（3）开拓井巷的布置。由于围绕井口要布置一系列的采矿生产设施、矿石的部分地面加工设施和机械加工修理设施，采场工业场地与开拓方案密切相关并互相制约。在地形条件允许时，工业场地的选择要有利于开拓井巷的布置；同样，在考虑开拓井巷位置时，亦必须考虑工业场地问题。

（4）选矿工艺。选矿工业场地的选择需考虑选矿工艺，当用重选时，选矿工业场地最好设置在坡度15°~20°的山坡地带，以便矿浆自流，而且土方工程量亦较小。如用浮选，5°~10°的坡度也可以。选矿工业场地尽可能靠近采矿工业场地，以缩短地面运输距离；条件允许时，可与采矿工业场地合并，使地面运输大为简化（例如，矿石用箕斗提升时，提升上来的矿石最好能直接卸入选厂矿仓）。应尽量使选厂贮矿仓的顶部标高低于井口（或平硐口）标高，以便重车下行，降低运输能耗。产生粉尘的破碎车间，不仅应与入风井有一定距离（大于300m），而且要注意主导风向，应在风向下风侧，以避免粉尘进入坑内。选厂应设在供水、供电、排堆尾矿方便的地方。尾矿库最好选择在靠近选厂的天然沟堑、枯河、峡谷等地方，既要有足够的容量，又不侵占农田，同时力求避免尾矿水排入农田和直接排入河流，以免影响农业生产，引起水体污染。尾矿库应尽可能低于选厂标高，以便尾矿自流和避免设置砂泵等设备。

（5）地表移动和塌陷。工业场地应在采矿可能引起的地表移动范围及爆破影响范围以外，要避免受山坡崩塌及山洪危害，要有必要的排洪措施，以保证安全。

（6）工程与水文地质。必须注意工程地质和水文地质条件，如土质及潜水位置，以减少建筑物及构筑物的地基费。

（7）运输条件。要有较好的地面运输条件，且便于与外部铁路、公路联接。

8.2.2 工业场地平面布置的基本原则

工业场地上各项建筑物、构筑物，要根据生产过程来布置。与矿井井筒或平硐相联系的地面建筑物和构筑物的位置，实际已为井筒或平硐的位置决定，如卷扬机房、通风机房、压气机房应设在井口附近。其他工程或者建在井口附近，或者布置在其他场地。例如，选矿厂、中央机修厂、总仓库等，在井口附近场地面积不足或地形复杂的条件下，可布置在铁路的终点站附近。如果主井与副井相距较远，要分为两个场地来布置：在主井附近布置与出矿和矿石装运有关的构筑物；在副井附近布置福利建筑物、锻钎厂、坑木场、材料库和机修厂等。

一切建筑物的布置，应按照生产过程的最大方便、安全以及建设最经济的要求来考虑。既不要过度分散，又不要过度集中。建筑物的过度分散，将引起基本建设投资的增加，以及在整个厂区地面布置上的额外开支，如一些管线长度的增加，材料等运送距离的增加等；过度集中，对预防火灾不利，例如润滑材料及燃料库要与其他建筑物有一定距离。

在采矿工业场地内，贮矿仓、破碎筛分设备、装车矿仓等矿石工艺设施占有重要地位。

从布置系统上来看，可以分成垂直布置、水平布置及混合布置三种，如图 8-1 所示。

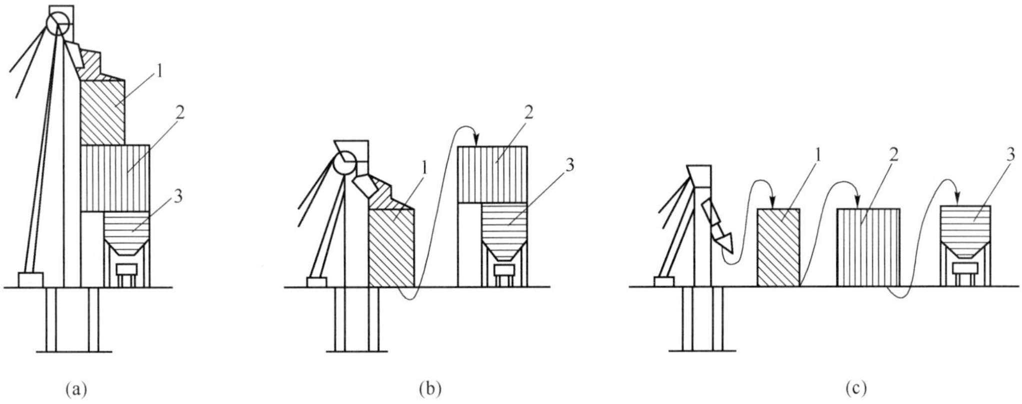

图 8-1　矿石工艺设施的布置系统示意图
（a）垂直式；（b）混合式；（c）水平式
1—贮矿仓；2—破碎筛分设备；3—装车矿仓

垂直布置系统使用较广，一般在箕斗提升条件下使用。这种布置的优点是：地面矿石工艺流程的运输（破碎、筛分和手选以前往装车仓的运输），完全靠自重完成，且井口建筑物占地面积小；缺点是：需要较高的井架，常达 50～60m，因而造价高，技术复杂。

水平布置与垂直布置相反，矿石靠动力运输（皮带运输机），占地面积大；但不需要结构复杂的高大井架。采用平硐开拓时，一般用水平布置方式。

混合布置的优缺点，居于上述两者之间。

在选择布置方式时，可根据产量、地形、提升方式及开拓方法等而定。

8.2.3　采矿工业场地主要设施布置

卷扬机房的布置取决于提升系统，因此，该房的位置实际上是固定的。卷扬机房与竖井中心水平距离一般为 20～40m（采用多绳卷扬机提升时除外）。

通风机房应靠近井口布置。当采用压入式通风时，须与产生有害气体或产生尘埃的车间有一定距离，且在上风侧。

机修厂和品材库（成品、材料库）常设在一起，在一个大的建筑物内（称联合机修厂），并应接近井口。这样，修理时可从品材库中拿到品材，修好后又可存放于品材库，也便于向井下和自井下运送材料与设备。

压气机房应设在井（硐）口附近，尽量靠近引入压风管道的井（硐）口的通风良好的地段。由于压气机开动时的振动与噪声大，应距办公室和卷扬机房远一些（大于 30m）。压气缸入气口应与产生尘埃的车间和废石场等有一定距离（大于 150m）。储气缸（风包）应设在背阴面，以利散热。

锻钎厂应设在井（硐）口附近，与井（硐）口的铁路连接，同在一个水平，以免重物上坡。有时锻钎是附设在机修厂内，作为其中一个车间。它们应离化验室和卷扬机房远些，而且接近压气机房。

变电所一般应设在电负荷的中心，并易于引入外部电源的地方。主要用户用电量比例：

坑内20%～40%，卷扬机房20%～40%，压气机房20%～30%。

材料仓库、油料仓库及堆木场应设在离铁路或公路15～20m的地方，以便于运输。为防火需要，应距井口50m以外，而木材加工场等加工设施应离仓库30～50m左右。

矿仓和贮矿场（露天临时贮矿场）与专用线有密切联系，与外部运输相连接。在总体布置中，应避免用主要运矿线路联通各建筑物。

废石场应设在提升废石的井口附近，有足够的空间存放在全部生产年限内所出的废石。当场地不足时，也可以考虑两个废石场。要使井口到废石场的运输方便，重车尽可能下行；应位于主导风向的下风侧，尤其应注意位于生活区、入风井口和其他厂房的下风侧。尽量利用地形，使废石场设于山谷、洼地之中，少占或不占农田。

用矿井组开采矿床时（即几个井田同时开采），应建筑中央机修厂和锻钎厂，供几个矿井使用。矿井组共用的建筑物如中央机修厂、总仓库、机车库布置在一个中央广场上，与各个矿井间来往都方便。

当矿山企业生产能力较大、服务年限长、矿床埋藏集中、开拓巷道采用中央式布置时，如果在开拓巷道附近有面积较大的平坦地段，可以采取集中的联合布置。这时，将采矿工业场地内的85%～90%的构筑物和建筑物合并成三个大型联合建筑物，即主井联合建筑物，副井联合建筑物和行政福利联合大楼。如图8-2所示。

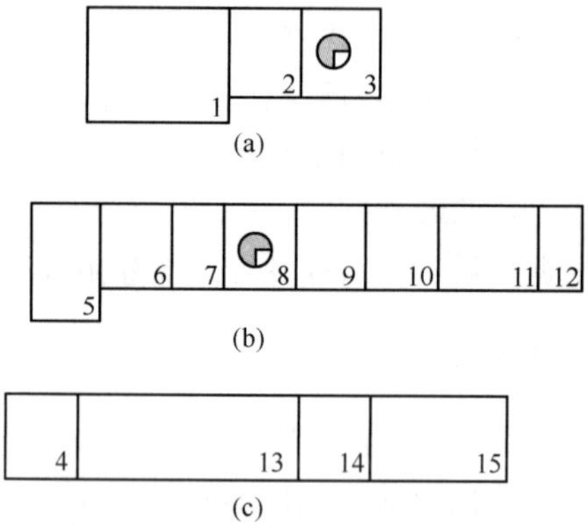

图8-2 各种联合建筑物示意图

（a）主井联合建筑物；（b）副井联合建筑物；（c）行政福利联合大楼

1—主井箕斗提升机房；2—配电室；3—主井井口房；4—锅炉房；5—副井罐笼提升机房；6—辅助间；7—空气加热室；8—副井井口房；9—压气机房；10—制钎车间；11—机修厂；12—材料仓库；13—浴室；14—辅助间；15—生产管理间

采场工业场地布置实例见图8-3和图8-4。

8.2.4 炸药总库位置的选择

炸药总库的位置应远离居民区、农田、森林、工业场地及运输线路和输电线路，以保证安全。最好设置在有天然屏障的山沟中，但要运输方便，通风条件好，地质坚固干燥，同时要避免山洪威胁。

在炸药总库周围50m内，应消除一切易燃物。

此外，应尽量不占农田，不拆迁民房或减少拆迁数量。

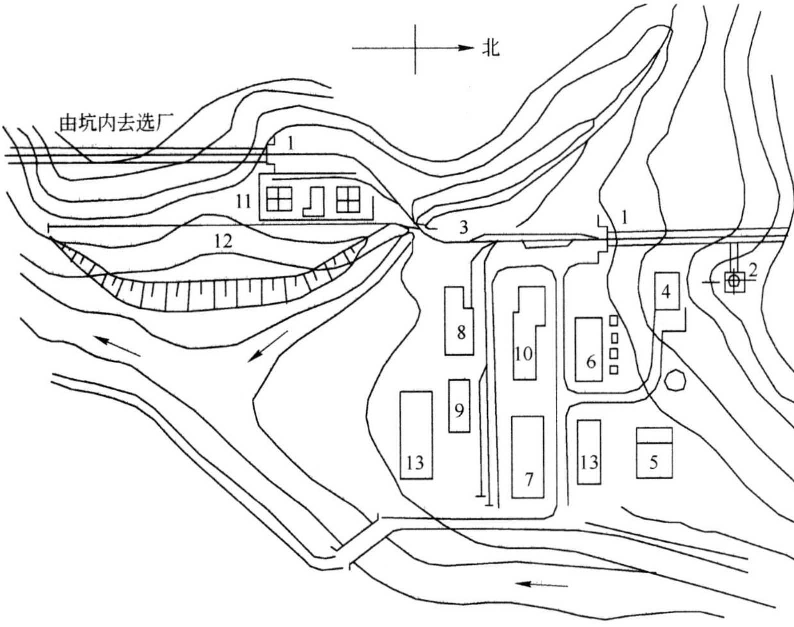

图 8-3 平硐与竖井开拓的大型矿山的采矿工业场地布置

1—平硐;2—竖井;3—铁路;4—卷扬机房;5—变电所;6—压气机房;7—机修厂;8—电机车;9—锻钎房;10—办公及生活室;11—木材加工及堆场;12—废石场;13—仓库及堆场

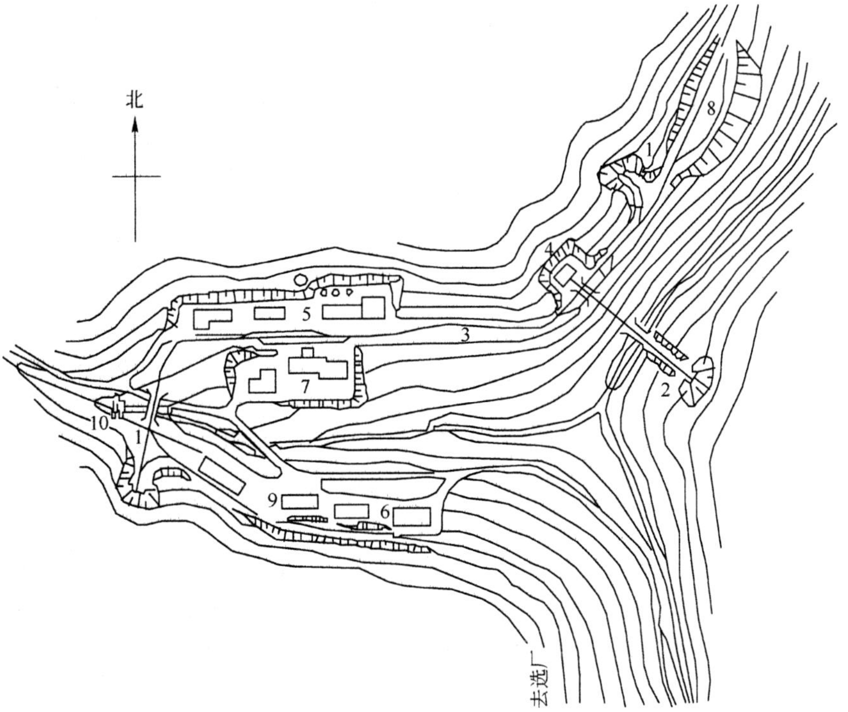

图 8-4 多平硐和斜井开拓的大型矿山的采矿工业场地布置

1—平硐;2—斜井;3—铁路;4—斜坡卷扬;5—压气机房;6—机修房、仓库;7—行政生活用室、锅炉房;8—废石场;9—木材加工房及堆场;10—水源地

8.3 生活区位置的选择

生活区尽可能接近工业场地，并有方便的运输条件，以利工人上下班和与外部联系；应有较好的水电供应条件；应设在主导风向的上风侧，保证不使产生毒气、尘埃车间污染生活区的空气。

生活区和工业场地之间，应尽量避免有铁路线相隔，以免工人上下班穿过铁路。当不可避免时，可采用立体交叉等办法解决。

生活区应尽量不占农田，可设在较平缓的山坡和荒地上。在北方寒冷地区，因采暖关系应采取集中布置宿舍；在南方地区，当无大片平整土地时，可考虑分散布置，分别靠近采、选工业场地。

在露天开采的矿山，生活区应设在露天开采界线以外0.5km，但也不宜超过2km；在地下开采的矿山，应设在地表移动带以外，且应注意防爆、卫生等安全距离要求。

8.4 地面运输方式的选择

确定矿山地面运输方式和系统，是矿山总平面布置的重要内容之一。矿山地面运输分为内部运输和外部运输。

矿山内部运输包括两部分：

（1）主运输。从井口或平硐口采出矿石运往破碎厂、贮矿场或选矿厂；将废石从井口运往废石场；将尾矿从选厂运往尾矿库等。

（2）辅助运输。从工业场地往破碎厂、选矿厂、烧结厂等运送材料、设备，以及工业场地各车间与仓库间运输材料；从炸药库运出或运入爆破器材；职工通勤运送等。

外部运输包括由矿山向外部用户运送产品（矿石或精矿），以及从外部向矿山运入生产材料、燃料和设备等。

8.4.1 内部运输方式的选择

内部运输方式一般有窄轨铁路、皮带运输、架空索道、钢绳运输和汽车运输等。选择矿山内部运输方式取决于下列因素。

（1）矿山生产能力。矿山生产能力决定着矿石、废石、材料、设备等的运输量，而运输量的大小，对于选择运输方式有很大影响。例如，运输量大，可以用电机车运输；运输量小，可以采用汽车运输。

（2）运输距离和运输区段地形条件。运输距离和地形条件决定运输线路长短、线路曲直和坡度，对于运输设计有重大影响。运输线路长而地形平缓时，可用电机车运输；运输线路短时可用钢绳运输；线路坡度大时，可用钢绳或汽车运输；地形起伏变化大时，可用架空索道运输。

（3）井口附近地形。井口附近的地形决定着废石场的位置，从而决定着废石运输距离和运输方式。

（4）矿石工艺流程。如果矿石采出后，不经任何加工，直接运到冶炼厂，则内部运输非常简单，同时内部运输总的运距缩短。如果矿石分品级运出或经选厂选后运出精矿，矿石的地面运输系统较复杂，有时要经几次运转和需要几种设备。

（5）主、副井开拓巷道布置方式。如果开拓巷道是采取中央式布置，运输线路就比较集中，便于实现机械化运输和管理，运输距离也大大缩短。如果采用对角式布置开拓巷道，由于地面设施布置分散，地面运输线路较复杂，运输距离增加，管理也不方便。

内部运输方式和系统必须与矿石地面加工工艺过程和地面总布置相适应。所以，地面运输的设计必须和各工业场地的选择、地面各项设施的布置、开拓巷道的位置等问题综合起来考虑，统一解决。

8.4.2 外部运输方式的选择

常见的外部运输方式有准轨运输、窄轨铁路、汽车运输、架空索道运输和水路运输等。

选择矿山外部运输方式时，应了解当地原有运输线路与国家铁路、公路干线的联系，尽量利用原有线路，减少自建专用线和土石方工程，节约基建投资。选择时应考虑下列因素：

（1）地形条件。地形平坦、坡度平缓有利于铁路运输。汽车运输能适应坡度较大和复杂的地形。在山区，地形复杂而高差较大时，如果运输量和运距不太大，可以采用架空索道运输。

（2）矿山的规模和生产年限。矿山的规模决定矿山企业外部运输的运出、运入货运量。货运量大和生产年限长的矿山，可以考虑采用铁路运输，反之，可以考虑用汽车或架空索道运输。

（3）地理和交通条件。矿区距铁路干线比较近时，可以考虑修筑准轨铁路与干线连接。如果矿山位于偏僻山区，距铁路干线远，生产规模不大，地形又不利于修筑铁路时，可利用汽车运输。矿区附近有水路可供利用时，可修筑码头，利用水运方式进行外部运输。

一般来说，平原和丘陵地区的矿山，单向年运输量大于 12 万吨，矿山生产年限在 15 年以上时，外部运输采用铁路是合理的。生产年限小于 15 年，或单向年运输量在平原丘陵地区的矿山小于 6 万吨、山岭地区的矿山小于 12 万吨，应以公路运输为主。

我国有色金属矿山多分布在较偏僻的山区，交通不便，离国家铁路线较远，中型矿山占多数，生产年限多在 20 年以内，单向年运输量一般只有几万吨，因此大多采用公路运输。

最后应指出，在进行内部运输和外部运输设计时，要尽量简化运输系统，减少转运次数，并实现机械化装卸。同时，应保证生产安全、方便和可靠。要尽量减少地面工人数，减少基建投资和生产费用。

9 井巷设计概论

井巷工程在地下开采中占有十分重要的位置，井巷设计是否合理直接影响矿山生产的安全性、生产能力、建设投资和运营成本。金属矿床地下开采涉及很多种类的井巷工程，如竖井、斜井、平巷、天井、井底车场、硐室等。本章以竖井和平巷为例，介绍井巷设计的最基本内容与主要参数的选择及计算。

9.1 竖井井筒类型与装备

在设计竖井井筒前，应收集有关井筒所在位置的地面地下水文及地质条件，井筒内的设备配置情况，井筒的服务年限、生产能力和通过风量等资料。

9.1.1 井筒类型

竖井按用途可以分为提升井和通风井（风井）。提升矿石的为主井，提放人员、设备和材料的为副井，二者兼顾的称为混合井；提升设备为箕斗的为箕斗井（只能提升矿石和岩石），提升设备为罐笼的为罐笼井（可以提升矿石，提放人员、设备和材料）。井筒断面形状一般为圆形，方形和矩形较少。圆形断面有利于施工、维护，但断面利用率较低。各种井筒的用途及设备配置情况见表9-1和图9-1。

表9-1 井筒用途及设备配置

井筒类型	用途	井内装设情况	示例
主井（箕斗或罐笼井）	提升矿石	箕斗或罐笼，有时设管路间、梯子间	图9-1a
副井（罐笼井）	提升废石，提放人员、材料、设备	罐笼、梯子间、管路间	图9-1b、c
混合井	提升矿石、废石，提放人员、材料、设备	箕斗、罐笼、梯子间、管路间	图9-1d
风井	通风，兼作安全出口	井深小于300m时，设梯子间；井深大于300m时，设紧急提升设备	
盲井	无直接通达地表的出口，一般作提升井用	根据生产需要装设	

9.1.2 井筒内装备

竖井的主要装备是罐笼或箕斗。罐道、罐道梁、井底支承结构、过卷装置、托罐梁等都是为罐笼或箕斗的稳定、安全、高速运行而设，梯子间是为井内设备的安装和维修、提供辅助安全通道而设。由于竖井是整个矿山的主要通道，所以风、水、电等管缆也都通过竖井抵达地下。

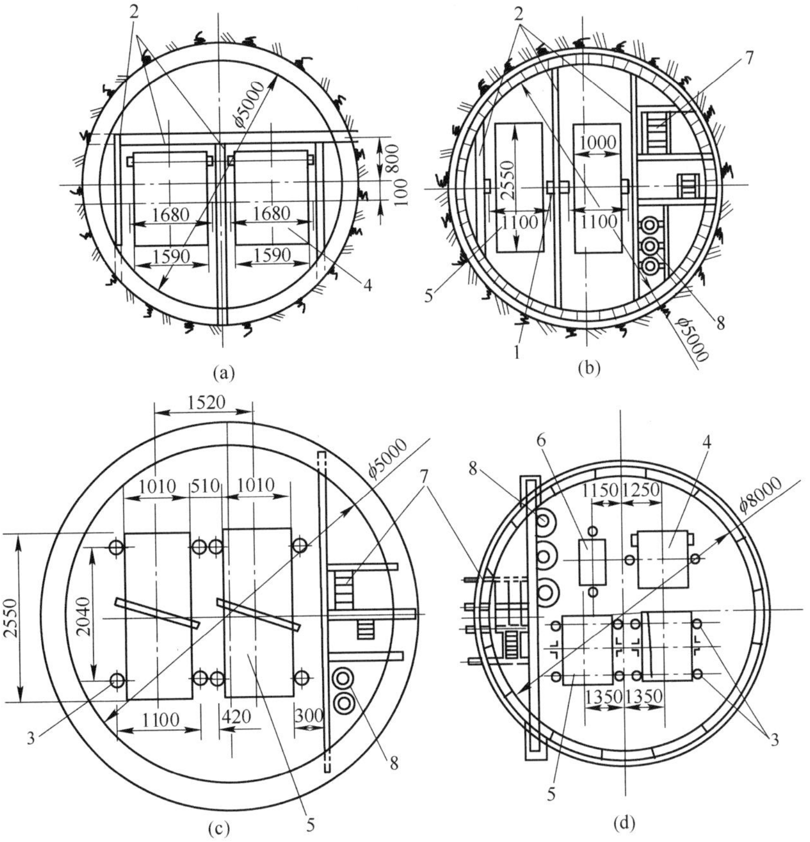

图 9-1　井筒内装设情况示例

(a) 箕斗井;(b),(c) 罐笼井;(d) 混合井

1—刚性罐道;2—罐道梁;3—柔性(钢丝绳)罐道;4—箕斗;

5—罐笼;6—平衡锤;7—梯子间;8—管路

9.1.2.1　提升容器

按照竖井的用途选择提升容器。竖井提升容器有罐笼和箕斗。选择提升容器的主要依据是用途和生产能力。罐笼是多用途提升容器,可以提升矿石、废石,提放设备、人员和材料,但罐笼的生产能力较低,一般用作副井或混合井的提升容器。箕斗只用来提升矿石和废石,运行速度高,生产能力大,用于产量高的主井或混合井。

主井生产能力大的用箕斗,生产能力小的用罐笼。罐笼有单层、多层,每层又有单车、多车之分,罐笼的规格视矿车而定。提升容器的数量有单容器和多容器,根据生产能力确定。

9.1.2.2　罐道

罐道是约束提升容器上、下运行的轨道,罐道分刚性罐道和柔性罐道两类。刚性罐道和罐道梁与提升容器的相对位置有多种方式,可以布置在提升容器的两侧、两端、单侧、对角或其他位置,原则是保证提升容器的稳定运行并尽量提高竖井断面的利用率。刚性罐道和罐道梁的选择计算,可以按照静载荷乘以一定的倍数,或按动载应力计算;无论用哪种方式计算,选择的余地并不大,一般在常用的几种类型中选择。刚性罐道的类型与性能见表 9-2。

表9-2 刚性罐道的类型与性能

罐道类型	规格	材料特点	适用条件	适用罐梁层距
木罐道	矩形断面，160mm×180mm左右，每根长6m	易腐蚀，使用寿命较短，宜先行防腐处理	井筒内有侵蚀性水，中小型金属矿山	2m
钢轨罐道	常用规格为38kg/m、33kg/m或43kg/m，标准长度4.168m	强度大，使用寿命长	多用于箕斗井或罐笼井	4.168m
型钢组合罐道	由槽钢或角钢焊接而成的空心钢罐道	抵抗侧向弯曲和扭转能力强，罐道刚性大	配合弹性胶轮滚动罐耳，运行平稳且磨损小，用于提升终端荷载大和提升速度高的井中	
整体轧制罐道	方形钢管罐道	具有型钢组合罐道的优点，且性能更优越，自重小，寿命长	用于提升终端荷载大和提升速度高的井中	

柔性罐道即钢绳罐道，不用罐道梁。在钢绳罐道的一端有固定装置，另一端有拉紧装置，以保证提升容器的稳定运行。柔性罐道结构简单，安装、维修方便，运行性能好。不足之处是井架的载荷大，要求安全间隙大（增大井筒直径）。柔性罐道的布置方式与刚性罐道类似，有单侧、双侧和对角布置，在提升容器每一侧可以布置单绳或双绳。柔性罐道设计时需计算、选择钢绳的直径、拉紧力和拉紧方式。钢绳直径可先参照表9-3中的经验数据选取，然后按式（9-1）验算。

表9-3 罐道绳直径选取经验数据

井深/m	终端荷重/t	提升速度/m·s⁻¹	罐道绳直径/mm	罐道绳类型
<150	<3	2~3	20.5~25	6×7+1普通钢丝绳
150~200	3~5	3~5	25~32	6×7+1普通钢丝绳，密封或半密封钢丝绳
200~300	5~8	5~6	30.5~35.5	密封或半密封钢丝绳
300~400	6~12	6~8	35.5~40.5	密封或半密封钢丝绳
>400	8~12或更大	>8	40.5~50	密封或半密封钢丝绳

$$m = \frac{Q_1}{Q_0 + qL} \geqslant 6 \tag{9-1}$$

式中 Q_1——罐道绳全部钢丝拉断力的总和，kg；

Q_0——罐道绳下端的拉紧力，kg；

q——罐道绳的单位长度重量，kg/m；

L——罐道绳的悬垂长度，m，L = 井深 +（20~50）m。

罐道绳的拉紧方式参照表9-4选取，拉紧力按式（9-2）计算：

$$Q_0 = \frac{qL}{e^{\frac{4q}{K_{\min}}} - 1} \tag{9-2}$$

式中 $K_{\min}$——罐道绳最小刚性系数，$K_{\min}$ = 45~65kg/m，一般取50kg/m；对终端荷载和提升速度较大的大型井或深井，$K_{\min}$应选取大些，反之取小些；其他符号同式（9-1）。

表 9-4 罐道绳拉紧方式

拉紧方式	罐道绳上端	罐道绳下端	特点及适用条件
螺杆拉紧	在井架上设螺杆拉紧装置，以此拉紧螺杆固定罐道绳	用绳夹板固定在井底钢梁上	拧紧螺杆，罐道绳产生张力；拉紧力有限，一般用于浅井中
重锤拉紧	固定在井架上	在井底用重锤拉紧，拉紧力不变，无须调绳检修	因有重锤及井底固定装置，要求井筒底部较深并设有排水清扫设施；拉力大，适用于中、深井中
液压螺杆拉紧	在井架上，以此液压螺杆拉紧装置拉紧罐道绳	用倒置固定装置固定在井底专设的钢梁上	利用液压油缸调整罐道绳拉紧力，调绳方便省力，但安装和换绳较复杂；此方式适用范围较广

9.1.2.3 梯子间与管缆间

兼作安全出口的竖井必须设梯子间。梯子间除用作安全出口外，平时用于竖井内各种设备检修。梯子间一般布置在罐笼井中，箕斗井中可不设梯子间。梯子间通常布置在井筒的一侧，并用隔板与提升间、管缆间隔开。梯子间中梯子的布置方式，按上下两层梯子安设的相对位置可分为并列、交错、顺列三种形式，见图 9-2（S_x为梯子间断面尺寸）。梯子倾角不大于 80°，相邻两层间距与罐梁间距一致，梯子口尺寸不小于 0.6m×0.7m，梯子上端应伸出平台 1m，梯子宽度不小于 0.4m，脚踏板间距不大于 0.4m。梯子的材质可以是金属或木质。

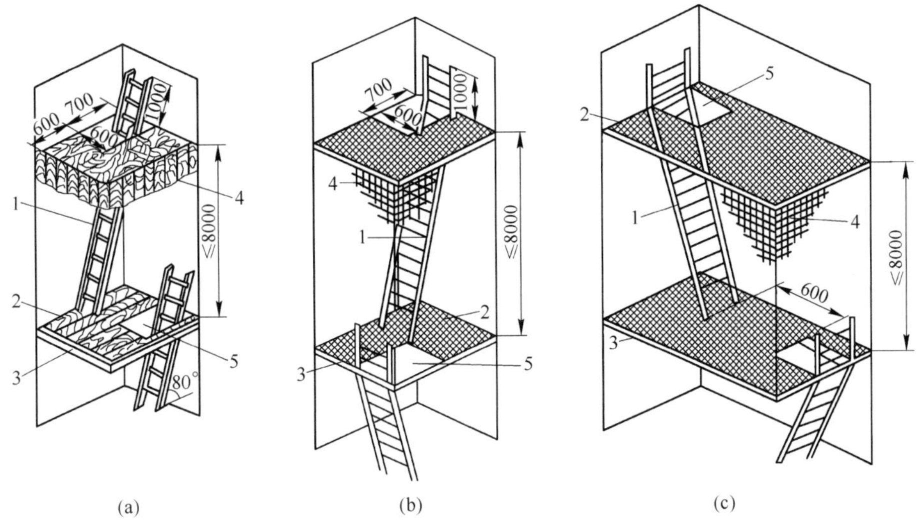

图 9-2 梯子间中梯子的布置形式

（a）并列布置，S_x = 1.3m×1.2m；（b）交错布置，S_x = 1.3m×1.4m；（c）顺列布置，S_x = 1m×2m

1—梯子；2—梯子平台；3—梯子梁；4—隔板（网）；5—梯子口

管缆间用于布置排水管、压风管、供水管、下料管等各种管路和动力、通讯、信号等各种缆线。管缆间通常设在副井中，并靠近梯子间布置。动力电缆和通信、信号缆线间要有大于 0.7m 的间距，以免相互干扰。

9.1.2.4 提升容器四周的间隙

提升容器是竖井中的运动装置，必须与其他装置间保持必要的间隙以保证提升容器的安全运行。绳罐道运行时的摆动量较大，所以间隙应大些。提升容器与刚性罐道的罐耳间的间隙不能太大，钢轨罐道的罐耳与提升容器间的间隙不大于5mm，木罐道的罐耳与提升容器间的间隙不大于10mm，组合罐道的附加罐耳每侧间隙为10～15mm。钢绳罐道的滑套直径不大于钢绳直径5mm。冶金矿山提升容器与井内装置间的间隙参见表9-5。

表9-5 提升容器与井内装置间的最小间隙/mm

罐道和罐梁布置方式		容器和井壁间	容器和容器间	容器和罐梁间	容器和井梁间	备注
罐道在容器一侧		150	200	40	150	罐耳和罐道卡之间为200mm
罐道在容器两侧	木罐道	200		50	200	有卸载滑轮的容器，滑轮和罐梁间隙增加25mm
	钢轨罐道	150		40	150	
罐道在容器正面	木罐道	200	200	50	200	
	钢轨罐道	150	200	40	150	
钢绳罐道		350	450		350	①

①设防撞绳时，容器之间的最小间隙为250mm，当提升高度和终端载荷很大时，提升容器之间的间隙可达700mm。

9.2 竖井断面布置形式

竖井断面布置形式指竖井内的提升容器、罐道、罐梁、梯子间、管缆间、延深间等设施在井筒断面的平面布置方式。决定竖井断面布置方式的因素很多，如竖井的用途、提升容器数量和类型以及井内其他设施的类型和数量等。所以，竖井断面布置方式变化较大，也比较灵活。图9-3和表9-6所示是一些典型的布置形式，图9-4和表9-7所示为几个实例。

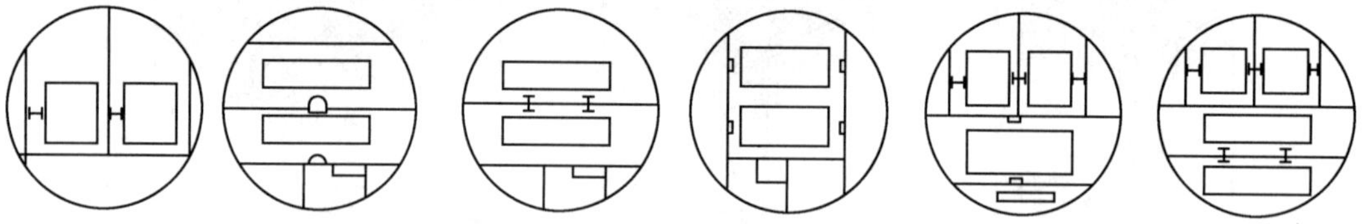

(a) (b) (c) (d) (e) (f)

图9-3 竖井断面典型布置形式示意图

表9-6 竖井断面典型布置形式

示意图	提升容器	井筒设备	备注
图9-3a	一对箕斗	金属罐道，罐道梁双侧布置，设梯子间或延深间	箕斗主井最常用形式
图9-3b	一对罐笼	金属罐道梁，双侧木罐道，设梯子间、管子间	罐笼副井常用形式
图9-3c	一对罐笼	金属罐道梁，单侧钢轨罐道，设梯子间	罐笼副井常用形式
图9-3d	一对罐笼	金属罐道梁，木或金属罐道端面布置，设梯子间、管子间	
图9-3e	一对箕斗和一个带平衡锤的罐笼	箕斗提升为双侧金属罐道，罐笼提升为双侧钢轨罐道或双侧木罐道，平衡锤可用钢丝绳罐道	
图9-3f	一对箕斗和一对罐笼	箕斗提升为双侧金属罐道，罐笼提升为单侧钢轨罐道	

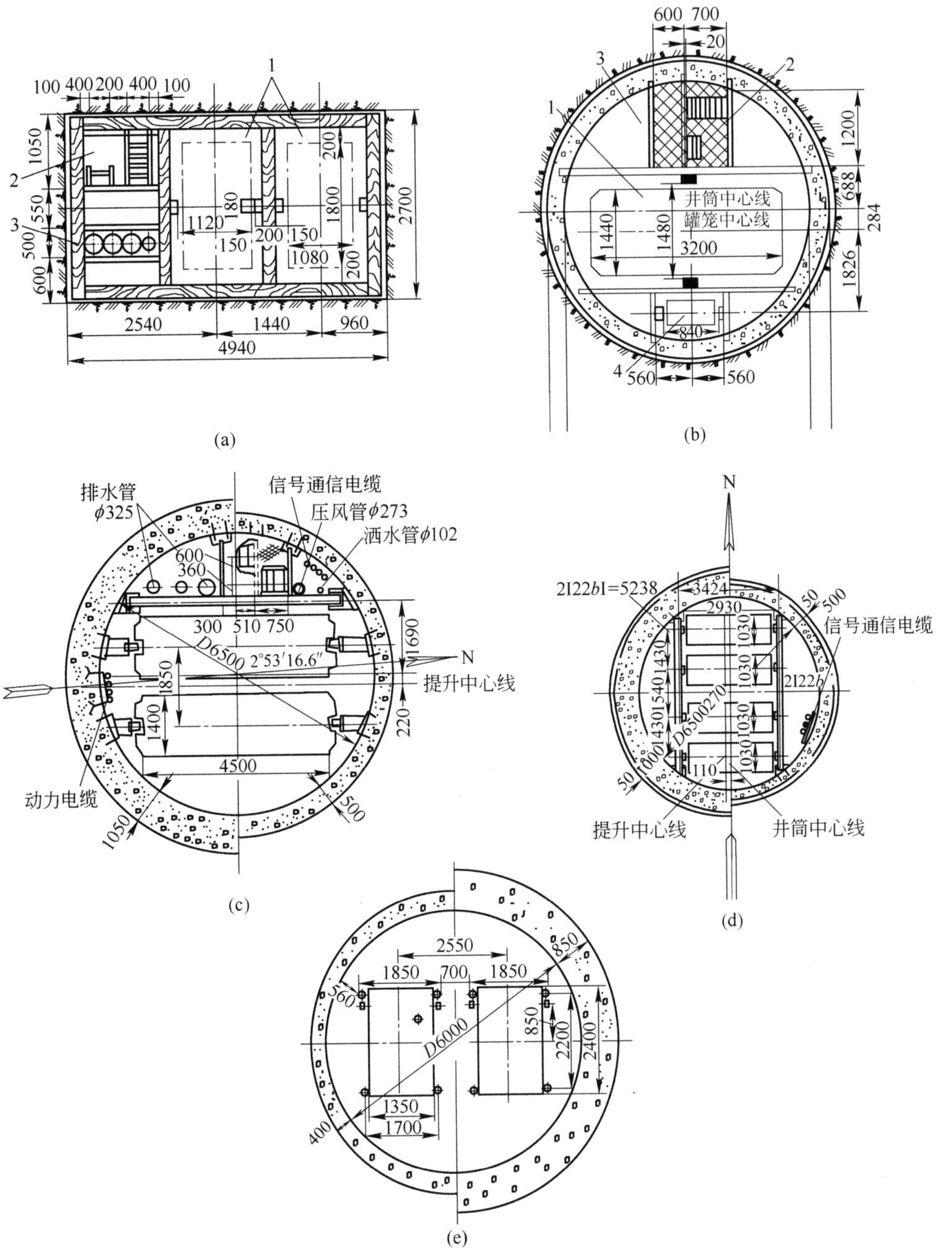

图 9-4 竖井断面布置实例

1—提升间;2—梯子间;3—管缆间;4—平衡锤间

表 9-7 竖井断面布置实例

实 例 图	断面尺寸/m	提 升 容 器	井 筒 设 备	附 注
图 9-4a	4.94×2.7	单层单车双罐笼 1080mm×1800mm	木井框、木罐道、木罐梁	罐梁层间距 1.5m
图 9-4b	ϕ4.0	一个 5a 型罐笼配平衡锤 3200mm×1440mm×2385mm	双侧木罐道,槽钢罐梁,金属梯子间	罐梁层间距 2m

续表 9-7

实例图	断面尺寸/m	提升容器	井筒设备	附注
图 9-4c	ϕ6.5	一对1t矿车双层四车加宽罐笼	悬臂罐梁树脂锚杆固定,球扁钢罐道,端面布置,金属梯子间,管缆间	150万吨/a副井
图 9-4d	ϕ6.5	两对12t箕斗,多绳提升	两根组合罐梁树脂锚杆固定,球扁钢罐道,端面布置	300万吨/a主井
图 9-4e	ϕ6.0	一对16t箕斗,多绳提升	钢丝绳罐道,四角布置	180万吨/a主井

9.3 竖井断面尺寸

竖井断面规格包括井筒净断面尺寸、支护材料厚度、井壁壁座尺寸等。

9.3.1 净断面尺寸

竖井的净断面尺寸一般按以下步骤确定:

(1) 选择提升容器的类型、规格、数量;

(2) 计算井筒的近似直径;

(3) 选择井内其他设施;

(4) 按通风要求核算井筒断面尺寸。

下面以图 9-5 所示的一个普通罐笼井为例,介绍竖井断面尺寸计算的步骤和方法。

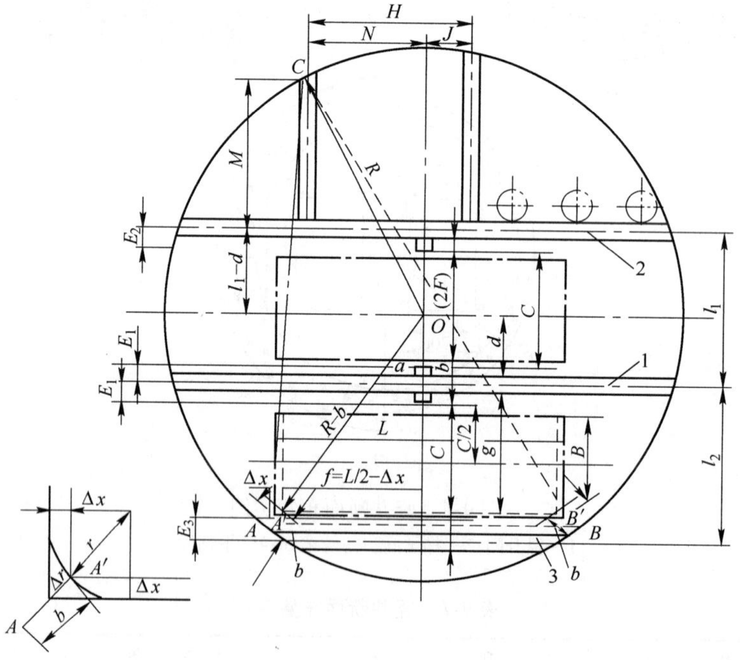

图 9-5 普通罐笼井井筒断面参数

(1) 罐道梁中心线间距。按下式计算:

$$l_1 = C + E_1 + E_2 \tag{9-3}$$

$$l_2 = C + E_1 + E_3 \tag{9-4}$$

式中 l_1——1、2 号罐道梁中心线距离,mm;

l_2——1、3 号罐道梁中心线距离,mm;

C——两侧罐道间的距离,mm;

E_1,E_2,E_3——1、2、3 号罐道梁与罐道连接部分尺寸,由初选的罐道、罐道梁类型及其连接部分尺寸决定。

(2) 梯子间尺寸。梯子间尺寸 M、H、J 由以下方法确定:

$$M = 2t_w + s + a_2 \tag{9-5}$$

式中 t_w——一个梯子孔的宽度,一般为 600mm;

s——梯子孔边至 2 号罐梁的壁板厚度,一般木梯子间 $s=77$mm;

a_2——2 号罐梁宽度的一半,mm。

$$H = 2(t_1 + t_f) \tag{9-6}$$

式中 t_1——梯子孔长度,一般为 700mm;

t_f——梯子梁宽度,一般为 100mm。

因此,H 一般为 1600mm。

如图 9-5 所示,左侧布置梯子间,右侧布置管缆间,一般取 $J=300\sim400$mm。因此,$N=H-J=1200\sim1300$mm。

(3) 图解法求竖井近似净直径。竖井断面的近似直径可用图解法或解析法求出。图解法比解析法简单。其步骤如下:

1) 用已求出的参数绘梯子间和罐笼提升间的断面布置图。

2) 由罐笼靠近井壁的两个拐角点 A' 和 B',沿对角平分线方向即图中 R 方向,向外量距离 b(即罐笼与井壁间的安全间隙),可得井壁上 A、B 两点。

3) 由 A、B、C 三点可求出井筒的圆心(O)和半径 $R=OA=OB=OC$,同时量取井筒圆中心线和 1 号罐道梁中心线间的间距 d。求出 R 和 d 后,以 0.2m 进级,即可确定井筒的近似净直径。

4) 验算罐笼与井壁间的安全间隙 b 及梯子间尺寸 M,直到满足设计要求为止。

$$b = R - \sqrt{(g + d)^2 + f^2} \geqslant 150 \tag{9-7}$$

$$M = \sqrt{R^2 - N^2} - (l_1 - d) \geqslant 2t_w + s + a_2 \tag{9-8}$$

式中 g——1 号罐梁中心线至罐笼端部距离,mm;

f——罐笼纵轴中心线至罐笼端部距离,$f=L$(罐笼长)$/2-\Delta x$;

Δx——罐笼拐角收缩尺寸,$\Delta x = r - r\cos45° = 0.293r$,$r$ 一般为 130mm。

5) 风速验算。按上述方法确定的井筒净直径,还需满足最高风速要求;如不满足,加大井筒直径,直至满足风速要求为止。

$$v = \frac{Q}{S_0} \leqslant v_{max} \tag{9-9}$$

式中 v——通过井筒的风速,m/s;

Q——通过井筒的风量,m^3/s;

S_0——井筒有效通风断面积,m^2,一般取 $S_0=(0.6\sim0.8)S$;

S——井筒净断面积，m^2；

v_{max}——井巷允许通过的最大风速，根据GB 16423—2006的规定，冶金矿山井巷中允许通过的最大风速参见表9-8。

表9-8 井巷中允许通过的最大风速

井巷类型	允许通过的最大风速/$m \cdot s^{-1}$	附注
专用风井，专用总进、回风巷	15	设梯子间的井筒风速不超过8m/s；修理井筒时，风速不得超过8m/s
专用物料提升井	12	
风桥	10	
升降人员及物料的井筒	8	
主要进、回风巷、斜坡道	8	
运输巷道、采区进风巷	6	
采场、采准巷道	4	

钢绳罐道竖井尺寸的确定方法与上述刚性罐道竖井断面尺寸的确定方法基本相同。应针对绳罐道的特点，考虑以下几点：

（1）为减少提升容器的摆动和扭转，罐道绳应尽量远离提升容器的回转中心，且相对于提升容器对称布置；一般设4根罐道绳，井较深时可设6根，浅井可设3根或2根。

（2）适当增大提升容器与井壁及其他装置间的间隙。

（3）当提升容器间的间隙较小、井筒较深时，为防止提升容器间发生碰撞，应在两容器间设防撞钢丝绳。防撞绳一般为2根，提升任务繁重时可设4根。防撞绳间距约为提升容器长度的3/5～4/5。

（4）对于单绳提升，绳罐道以对角布置为好；多绳提升，以单侧布置为好。单侧布置时容器运转平稳，且有利于增大两容器间的间隙。

9.3.2 井壁厚度

影响井壁厚度的主要因素是地压，还要考虑井的形状、大小以及井内、井口各种设备或建筑物施加到井壁的压力。井筒地压的计算在理论上还不完善，故井壁厚度的估算只能起参考作用。通常采用工程类比法确定井壁厚度。

9.3.2.1 整体混凝土井壁厚度

（1）当井壁地压小于0.1MPa时，可采用最小构造厚度$h=20\sim30$cm；

（2）当井壁地压为0.1～0.15MPa时，井壁厚度h可用经验公式估算：

$$h = 0.007\sqrt{DH} + 14 \tag{9-10}$$

式中 h——最小构造厚度，cm；

D——井筒净直径，cm；

H——井筒全深，cm。

（3）当井壁地压大于0.15MPa时，用厚壁筒理论（即拉麦公式）计算：

$$h = R\left(\sqrt{\frac{[\sigma]}{[\sigma] - 2P_{max}}} - 1\right) \tag{9-11}$$

式中 R——井筒净半径,cm;

P_{max}——作用在井壁上的最大地压值,MPa;

$[\sigma]$——井壁材料抗压允许应力,对现浇混凝土,$[\sigma]=R_a/k$,MPa,k 为安全系数,一般可取 1.55 ~2.25;

R_a——混凝土轴心受压设计强度,MPa,参见表 9-9。

表 9-9 混凝土轴心受压设计强度

混凝土标号	C10	C15	C20	C25	C30	C40	C50	C60
轴心受压 R_a/MPa	5.5	8.5	11.0	14.5	17.5	23.0	28.5	32.5

(4) 对稳定岩层,井壁厚度可参考表 9-10 中的经验数据选取。

表 9-10 稳定岩层井壁厚度参考数据

井筒净直径/m	井壁厚度/mm		
	混凝土	混凝土砖	料 石
3.0 ~4.0	250	300	300
4.5 ~5.0	300	350	300
5.5 ~6.0	350	400	350
6.5 ~7.0	400	450	400
7.5 ~8.0	500	550	500

9.3.2.2 喷射混凝土井壁厚度

岩层稳定时,厚度可取 50 ~100mm;地质条件稍差,岩层节理发育,但地压不大、岩层较稳定的地段,井壁厚度可取 100 ~150mm;地质条件较差,岩层较破碎地段,应采用锚、喷、网联合支护,支护厚度 100 ~150mm。在马头门处的喷射混凝土应适当加厚或加锚杆。

9.3.2.3 验算

初选井壁厚度后,还要对井壁圆环的横向稳定性进行验算,如不能满足稳定性要求,就要调整井壁厚度。为了保证井壁的横向稳定性,要求横向长细比满足下列条件:

$$\left.\begin{array}{ll}\text{混凝土井壁} & L_0/h \leqslant 24 \\ \text{钢筋混凝土井壁} & L_0/h \leqslant 30\end{array}\right\} \tag{9-12}$$

式中 L_0——井壁圆环的横向换算长度,$L_0=1.814R$。

井壁在均匀载荷下,其横向稳定性可按下式验算:

$$K=\frac{Eb_g h^3}{4R_0^3 P(1-\mu)} \geqslant 2.5 \tag{9-13}$$

式中 E——井壁材料受压时的弹性模量,MPa;

b_g——井壁圆环计算高度,通常取 100cm;

h——井壁厚度,cm;

R_0——井壁截面中心至井筒中心的距离,cm;

P——井壁单位面积上所受侧压力值,MPa;

μ——井壁材料的泊松系数,对混凝土取 $\mu=0.15$。

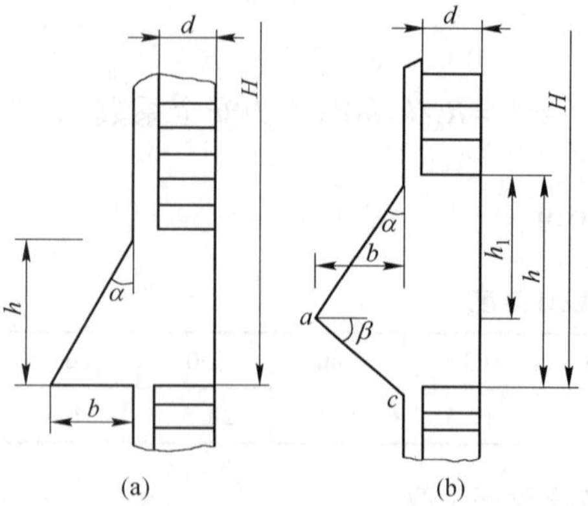

图9-6　井壁壁座形式
(a) 单锥形;(b) 双锥形

9.3.3　井壁壁座尺寸

井壁壁座是加强井壁强度的措施之一,在井颈的上部、厚表土层的下部、马头门上部等部位,一般都设有井壁壁座,以加强井壁的支承能力。壁座有单锥形和双锥形两种形式,如图9-6所示。双锥形壁座承载能力大,适合于井壁载荷较大的部位,单锥形壁座承载能力较小,适用于较坚硬的岩层中。

壁座的尺寸可根据实践经验确定。一般壁座高度不小于壁厚的2.5倍,宽度不小于壁厚的1.5倍。通常壁座高度 h 为1～1.5m,宽度 b 为0.4～1.2m,圆锥角 α 为40°左右。双锥形壁座的 β 角必须小于壁座与围岩间的静摩擦角(20°～30°),以保证壁座不向井内滑动。

9.4　巷道断面基本形状与坡度

巷道断面的形状有梯形、拱形、多角形、圆形、马蹄形和椭圆形等,如图9-7所示。由于拱形断面具有稳定性好、断面利用率高等优点,是使用最多的断面形状,拱形断面通常为圆形拱或三心拱。

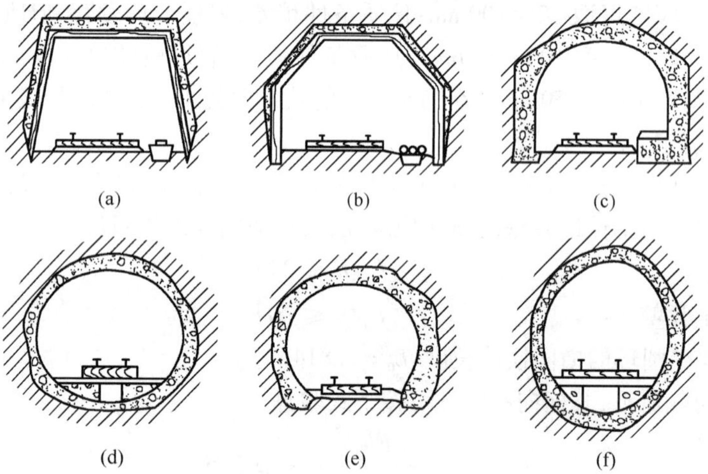

图9-7　巷道断面形状示意图
(a) 梯形;(b) 多角形;(c) 拱形;(d) 圆形;(e) 马蹄形;(f) 椭圆形

选择巷道断面形状时需要综合考虑以下因素:

(1) 地压大小。地压小时采用简单的断面形状,如梯形或矩形断面;地压大时采用复杂的断面形状,如拱形、圆形或者椭圆形等。

(2) 用途和服务年限。服务年限长(数十年)的巷道采用复杂形状断面(通常为拱形),

并配以适当的支护形式(通常为混凝土衬砌或喷锚);服务年限较短(10 年左右)的巷道多采用拱形断面和喷锚支护;服务年限很短的回采巷道,由于有动压,多采用圆弧拱或三心拱形断面和可缩性支架或锚喷网支护。

(3) 支护材料和方式。简单断面形状(如梯形或矩形)可采用液压支架、木支护或预制的钢筋混凝土板(梁)支护;复杂断面形状的巷道可用喷射混凝土、钢筋混凝土、砖石支护;锚杆和金属支架可用于各种断面形状的巷道支护。

(4) 施工方法。普通凿岩爆破方法可以开挖任何断面形状的巷道,但施工过程中对巷道围岩的破坏严重;光面爆破法和普通凿岩爆破法一样,可以掘进各种断面形状的巷道,但对围岩破坏较小;全断面掘进机只能掘进圆形断面的巷道,对周围围岩基本没有破坏。

巷道里一般都设有排水构。因此巷道应设计有一定的纵向坡度,以利于水的流动。这一坡度通常为 3‰~5‰。

9.5 巷道断面尺寸计算

巷道的断面尺寸取决于巷道的用途。不同用途的巷道内布置的设施不同,要求巷道断面的尺寸不同。运输巷道要满足运输设备安全运行的需要;通风巷道要满足风速、风量的要求。另外,需要考虑人行道、管缆、水沟的布置和各种安全间隙等。一般设计部门已有巷道标准断面设计可供参考。下面以拱形运输巷道为例介绍计算巷道断面尺寸的方法。

9.5.1 巷道净宽度

巷道的净宽度对不同形状的巷道含义不同。矩形巷道的净宽度是巷道高度 1/2 处的宽度;拱形巷道的净宽度是下部直线部分的宽度。拱形巷道的净宽度参照图 9-8 按下式计算:

$$B_0 = 2b + b_1 + b_2 + m \quad 或 \quad B_0 = A + F + C \tag{9-14}$$

式中 b——运输设备的宽度,如矿车、机车的宽度(见表 9-11),mm;

b_1——运输设备到支护的间距(见表 9-12),mm;

b_2——人行道宽度(见表 9-13),mm,如不设人行道,无此项,但需要设躲避硐室;

m——两列车间距(见表 9-12),mm;

F——双线运输线路中心线间距,mm;

A——非人行侧线路中心线到支护的距离,mm;

C——人行道侧线路中心线到支护的距离,mm;如无人行道,$C = A$。

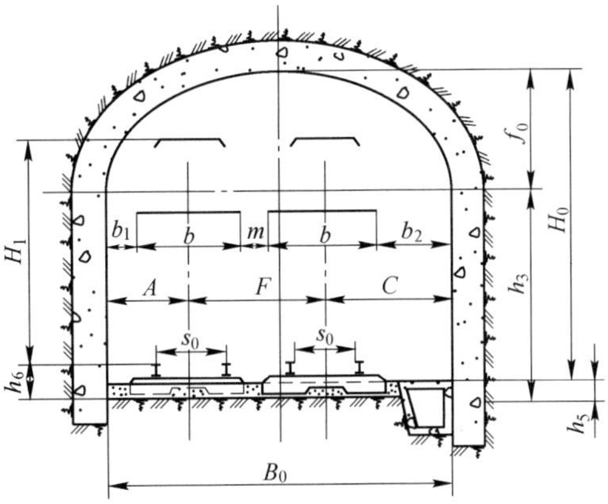

图 9-8 巷道净断面尺寸示意图

设计曲线巷道时,按上式计算后再适当加宽,加宽值见表 9-14。加宽后的巷道宽度以 50mm 为单位化整(只增不减)。

表 9-11 金属矿山井下运输设备类型及规格尺寸 (mm)

运输设备类型			设备外形尺寸			轨距 S_0	架线高度 H_1	线路中心距 F
			长 l	宽 b	高 h			
电机车	架线式	ZK1.5－6/100 ZK1.5－7/100	2100	920 1040	1550	600 762	1600～2000	1200 1300
		ZK3－6/250 ZK3－7/250	2700	1250	1550	600 762	1700～2100	1500
		ZK7－6/250 ZK7－7/250	4500	1060 1360	1550	600 762	1800～2200	1300 1600
		ZK7－6/550 ZK7－7/550	4500	1060 1360	1550	600 762	1800～2200	1300 1600
		ZK10－6/250 ZK10－7/250	4500	1060 1360	1550	600 762	1800～2200	1300 1600
		ZK10－6/550 ZK10－7/550	4500	1060 1360	1550	600 762	1800～2200	1300 1600
		ZK14－7/250 ZK14－9/250	4900	1360	1600	762 900	1800～2200	1600
		ZK14－7/550 ZK14－9/550	4900	1355	1550	762 900	1800～2209	1600
		ZK20－7/550 ZK20－9/550	7390	1700	1800	762 900	2230～3400	2000
	蓄电池式	XK2.5/48	2100	950	1550	600		1200
		XK2.5/48A	2100	950 1050	1550	762		1200 1300
		XK6/100	4430	1063	1550	900		1300
矿车	固定式车厢	YGC0.5(6)	1200	850	1000	600		1100
		YGC0.7(6)	1500	850	1050	600		1100
		YGC1.2(6) YGC1.2(7)	1900	1050	1200	600 762		1300
		YGC2(6) YGC2(7)	3000	1200	1200	600 762		1500
		YGC4(7) YGC4(9)	3700	1330	1550	762 900		1900
		YGC10(7) YGC10(9)	7200	1500	1550	762 900		2100
	翻转式车厢	YFC0.5(6)	1500	850	1050	600		1200
		YFC0.7(6) YFC0.7(7)	1650	980	1200	600 762		1300
	单侧曲轨侧卸式	YCC0.7(6)	1650	980	1050	600		1300
		YCC1.2(6)	1900	1050	1250	600		1300
		YCC2(6) YCC2(7)	3000	1250	1300	600 762		1500
		YCC4(7) YCC4(9)	3900	1400	1600	762 900		1700
	底卸式	YDC4(7)	3900	1600	1650	762		1900

表 9-12　各种安全间隙　(mm)

运输设备	运输设备之间	设备与支护之间
有轨运输	≥300	≥300
无轨运输		≥600
皮　带	≥400	≥400

表 9-13　人行道宽度　(mm)

电　机　车		无轨运输	皮　带	人车停车处的巷道两侧	矿车摘挂钩处两侧
<14t	≥14t				
≥800	>800	≥1200	≥800	≥1000	≥1000

表 9-14　曲线巷道加宽值及直线加宽段长度　(mm)

运输方式	内侧加宽	外侧加宽	线路中心距加宽	直线加宽段长度
电机车	100	200	200	300

9.5.2　巷道净高度

巷道净高度指从道碴面到拱顶的高度，即图 9-8 中的 H_0。

$$H_0 = f_0 + h_3 - h_5 \tag{9-15}$$

式中　f_0——拱形巷道拱高，mm；

h_3——拱形巷道墙高，mm；

h_5——道碴高度，mm。

巷道的最小净高度应符合《金属非金属矿山安全规程》要求。人行道处的净高要求不小于 1.9m，运行架线式电机车的巷道最小净高要满足所选机车架线高度和有关安全距离的要求。

9.5.2.1　拱高 f_0

拱高 f_0 是拱基线到拱顶的距离，常用拱高与巷道净宽度之比（高跨比）来表示。对于半圆拱（拱弧是以巷道净宽为直径的圆的一半），拱高是巷道净宽度的一半；圆弧拱（拱弧是直径大于巷道净宽的圆的一部分）的拱参数见表 9-15；三心拱（拱弧由中间一段大直径弧和两端两段小直径弧组成）的拱参数见表 9-16。

巷道围岩稳固性好时，取较小的高跨比；稳固性差时，取较大的高跨比。

表 9-15　圆弧拱有关参数

几何形状	f_0/B_0	参　数			
		$f_0(B_0)$	$R(B_0)$	α	拱弧长 $P_x(B_0)$
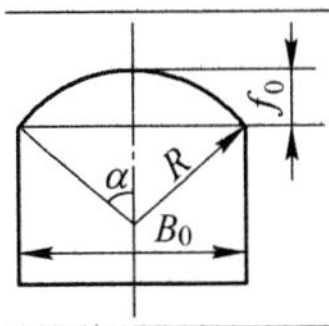	1/3	0.3333	0.5417	67°23′	1.2740
	1/4	0.2500	0.6250	53°8′	1.1591
	1/5	0.2000	0.7250	43°36′	1.1033

表 9-16　三心拱有关参数

几何形状	f_0/B_0	参数						
		$f_0(B_0)$	$R(B_0)$	$r(B_0)$	β	α	拱弧长 $P_x(B_0)$	拱面积 $S_g(B_0^2)$
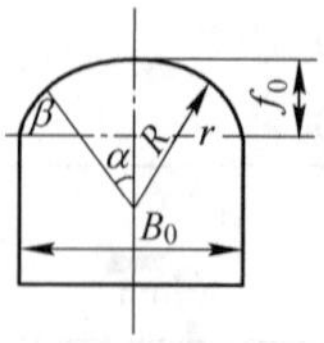	1/3	0.3333	0.6920	0.2620	56°19′	33°41′	1.3287	0.2620
	1/4	0.2500	0.9044	0.1727	63°26′	26°34′	1.2111	0.2000
	1/5	0.2000	1.1290	0.1285	68°12′	21°48′	1.1650	0.1600

9.5.2.2　拱形巷道墙高 h_3

拱形巷道墙高 h_3 是巷道底板至拱基线的距离。墙高按满足电机车架线、人行和管道架设的要求计算，取最大值；然后验算风速（风速不高于安全规程的规定，见表9-8），做必要的调整，最终确定巷道的墙高。

A　按电机车架线要求计算

电机车架线弓子外侧最突出部位与巷道壁间最小安全距离不应小于250mm。参照图9-9，拱形巷道墙高的计算如下：

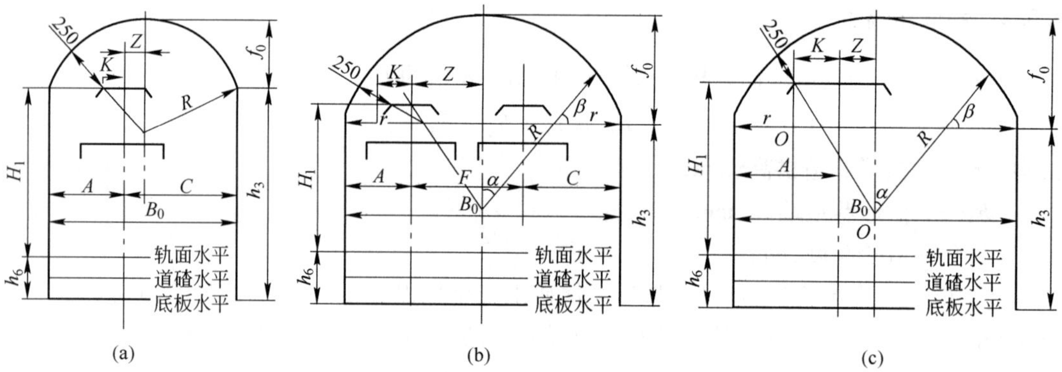

图 9-9　架线电机车巷道墙高计算

（a）圆弧拱；（b）三心拱（导电弓进入小圆弧）；（c）三心拱（导电弓进入大圆弧）

（1）圆弧拱。如图9-9a所示，拱形巷道的墙高为：

$$h_3 = H_1 + h_6 - \sqrt{(R-250)^2 - (K+Z)^2} + \sqrt{R^2 - \left(\frac{B_0}{2}\right)^2} \tag{9-16}$$

式中　H_1——巷道轨面至导电弓子高度，即电机车架线高度（见表9-11），mm；在有人行道的巷道、车场内及人行道与运输巷道的交叉点的地方，H_1 不小于2000mm；在井底车场内，从井筒到人车停车地点，H_1 不小于2200mm；

h_6——巷道底板至轨面高度，mm；

K——电机车导电弓子宽度的一半，一般为400mm；

Z——轨道中心线至巷道中心线间距，mm；

250——导电弓子外侧最突出部位与巷道壁间的安全距离，mm；

B_0——巷道净宽度，mm；

R——拱圆半径，mm。

（2）半圆拱。拱形为半圆时，拱圆半径等于巷道净宽度的一半，即 $R=B_0/2$。因此有：

$$h_3 = H_1 + h_6 - \sqrt{(R-250)^2-(K+Z)^2} \tag{9-17}$$

（3）三心拱。当导电弓子进入巷道断面的小圆弧内时（如图 9-9b 所示），即$\frac{r-A+K}{r-250}\geqslant\cos\beta$时（$\beta$ 见表 9-16），拱形巷道的墙高为：

$$h_3 = H_1 + h_6 - \sqrt{(r-250)^2-(r-A+K)^2} \tag{9-18}$$

式中　r——小圆弧半径，mm；

A——轨道中心线到巷道壁的距离，mm。

当导电弓子进入巷道断面的大圆弧内时（如图 9-9c 所示），即$\frac{r-A+K}{r-250}<\cos\beta$时，拱形巷道的墙高为：

$$h_3 = H_1 + h_6 - \sqrt{(R-250)^2-(K+Z)^2} + R - f_0 \tag{9-19}$$

式中　f_0——拱高，mm。

B　按人行道和管路安装要求确定巷道墙高

按行人要求，距离巷道壁 100mm 处的巷道有效净高不小于 1900mm（图 9-10）。

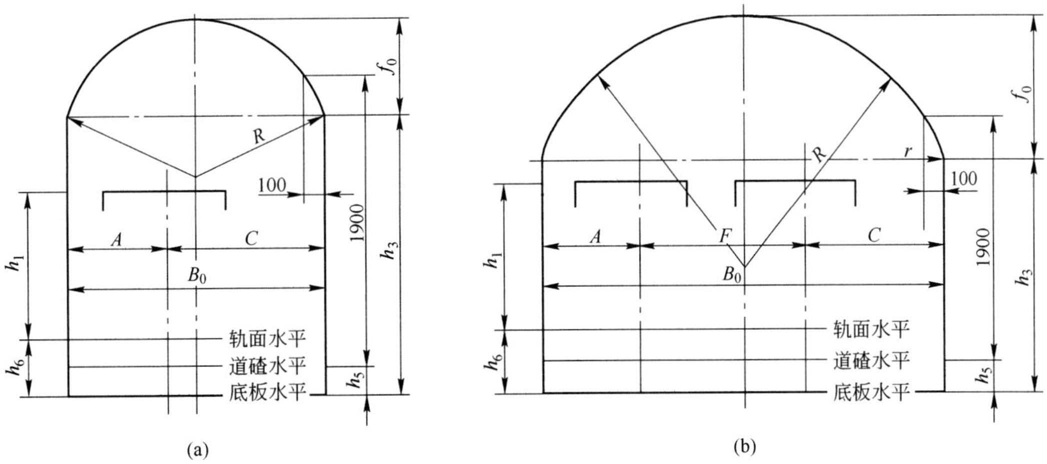

图 9-10　按行人要求的墙高计算

（a）圆弧拱；（b）三心拱

圆弧拱：

$$h_3 = 1900 + h_5 + \left[R - \sqrt{R^2-\left(\frac{B_0}{2}-100\right)^2}\right] - f_0 \tag{9-20}$$

半圆拱：

$$h_3 = 1900 + h_5 - \sqrt{R^2-(R-100)^2} \tag{9-21}$$

三心拱：

$$h_3 = 1900 + h_5 - \sqrt{r^2-(r-100)^2} \tag{9-22}$$

如果巷道内安装有各种风、水管路，则要求导电弓子到管路的距离不小于300mm，管路下边有1900mm高的人行道。

9.5.2.3 轨道与道床尺寸

道床包括轨道、轨枕和道碴，其结构如图9-11所示。

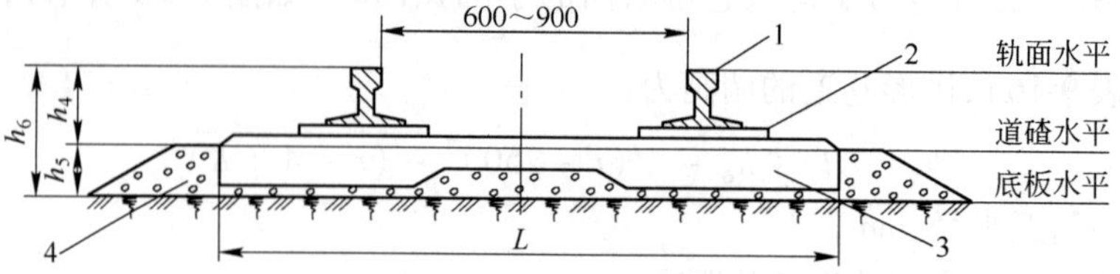

图9-11 矿用道床结构

1—钢轨；2—垫板；3—轨枕；4—道碴

巷道运输主要采用轻轨，年产200万吨以上的大型矿山一般采用重轨。我国生产的轻轨主要有9、12、15、22、24、30kg/m等型号。轨道型号按巷道运输量、电机车重量、矿车容量选择，表9-17是这些参数之间的经验关系。

表9-17 巷道运输量与机车、矿车及轨道型号规格之间的关系

运输量/万吨·a^{-1}	机车重量/t	矿车容量/m^3	轨距/mm	轨道型号/kg·m^{-1}
8~15	1.5~3	0.6~1.2	600	12~15
15~30	3~7	0.7~1.2	600	15~22
30~60	7~10	1.2~2.0	600	22~30
60~100	10~14	2.0~4.0	600,762	22~30
100~200	14,10双牵引	4.0~6.0	762,900	30~38
200~400	14~20单、双牵引	6.0~10.0	762,900	38~43
>400	40~50,20双牵引	>10.0	900	43,43以上

轨道和道床尺寸（h_6、h_5）与轨道型号之间的关系见表9-18。

表9-18 轨道道床结构尺寸与轨道型号之间的关系

轨道型号/kg·m^{-1}	钢筋混凝土轨枕		木轨枕	
	h_6/mm	h_5/mm	h_6/mm	h_5/mm
8,9	320(260)	160(100)	300(250)	140(100)
11,12	320(270)	160(100)	320(260)	140(100)
15	350	200	320	160
18	350	200	320	160
22,24,30	400	250	350	200
33	420	250	360	220

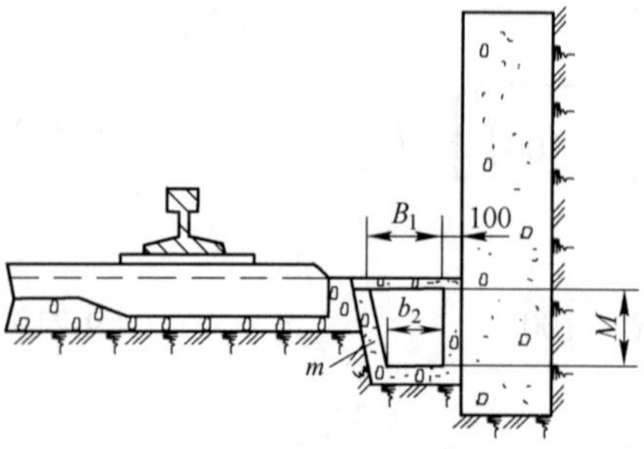

图9-12 水沟断面示意图

9.5.3 水沟断面尺寸

水沟一般设在人行道一侧或空车线一侧。水沟断面一般为梯形或半梯形。典型的水沟布置及其断面参数如图9-12所示。水沟的坡度与巷道坡度相同，一般为3‰~5‰。水沟净断面尺寸主要根据水量设计，水的最大流速采用混凝土支护的不大于5~10m/s，采用木支护的不大于6.5m/s，不支护的不大于3～4.5m/s。表9-19列出了不同流量和支护方式条件下,水沟断面尺寸参考值。

表9-19 水沟断面规格尺寸

水沟支护材料	水量/$m^3 \cdot h^{-1}$		断面净尺寸/mm			断面积/m^2	
	$i=3‰$	$i=5‰$	上宽	下宽	深度	净	掘
混凝土	0～100	0～120	310	280	200	0.059	0.132
	101～150	121～180	330	280	250	0.073	0.161
	151～200	181～260	350	310	300	0.099	0.192
	201～300	261～340	400	360	350	0.133	0.238
钢筋混凝土	0～100	0～160	360	340	200	0.070	0.101
	101～150	161～230	360	340	250	0.088	0.122
	151～200	231～270	360	340	300	0.105	0.143
	201～300	271～400	400	380	350	0.137	0.181
木 材	0～100	0～120	310	280	200	0.059	0.082
	101～150	121～180	330	290	250	0.078	0.103
	151～200	181～260	350	310	300	0.099	0.129
	201～300	261～400	400	360	350	0.133	0.167
无支护	0～100	0～120	380	230	280	0.085	0.085

9.6 巷道主要支护形式及主要参数

为保证巷道在其服务年限内的稳定性,一般都需要对巷道进行支护。随着科学技术的进步,支护方法与形式在不断发展。支护形式的选择主要取决于围岩的稳定性和服务年限。服务年限较短的巷道,采用临时支护,如临时金属支架、喷锚、喷射混凝土等;服务年限长的巷道,采用永久支护,如整体混凝土、锚杆、棚式支架等。下面分别对整体混凝土、锚杆、棚式支架和喷射混凝土支护作简单介绍。

9.6.1 整体混凝土支护

整体混凝土支护具有强度高、承压能力大、阻水、防火、通风阻力小和材料来源广等优点,适用于松软破碎、节理裂隙发育、有渗水的岩体中井巷的支护,特别是服务年限较长的重要巷道,是矿山井巷支护的主要形式。

混凝土是由水泥、骨料和水按适当配比搅拌混合后,经过硬化得到的材料。通过调整混凝土的材料配比,可以调整其物理力学性质,以满足不同工程的需要。混凝土具有较高的抗压强度和较低的抗拉强度,类似石材。如需提高混凝土的抗拉强度,可以在混凝土中铺设钢筋,形成钢筋混凝土。

水泥是混凝土中的胶结材料,与适量的水混合后能逐渐硬化,具有一定的强度。井巷支护中常用普通硅酸盐水泥、火山灰质硅酸盐水泥和矿渣硅酸盐水泥。

骨料分细骨料和粗骨料。细骨料是粒径为0.15～5.00mm的砂子,可以是河砂、海砂或山谷砂,也可以是人工砂。由于河砂容易得到,所以大多采用河砂。粗骨料为卵石与碎石,粒径大于5mm。粗细骨料又细分为许多级，在选用中应根据需要和经验选取适当的级配。

确定混凝土各成分的配比是控制混凝土性能的主要途径，包括水灰比、砂率和单位用水量三个指标。水灰比是水与水泥的比值，是混凝土最重要的指标，直接影响混凝土的强度和耐久性。水灰比越小，混凝土的强度和耐久性越高，原则上是在保证强度和耐久性的前提下，尽可能选择较大的水灰比以节约水泥。砂率是指细砂用量在砂石总量中所占的百分比，影响混凝土的流动性特别是黏聚性：砂率太大时，粗骨料含量太低，混凝土强度降低；砂率太小时，混凝土的黏聚性降低，强度也会明显降低。单位用水量是指每立方米混凝土的用水量，确定用水量的原则是在保证混凝土的水灰比的前提下，使混凝土拌合物的流动性达到要求。混凝土中水泥、水、粗、细骨料的配比可以参考有关设计手册选取，对于重要的工程，须进行必要的试验来确定。另外，混凝土的搅拌、养护对混凝土的强度也有明显影响。

混凝土的强度用标准试件在标准试验条件下的抗压强度表示，其标号为“Cx”，x为以MPa为单位的抗压强度。井巷支护中常用标号为C15～C20的混凝土。

整体混凝土支护的支护厚度主要依据巷道围岩的稳定性和巷道净跨度确定。表9-20是支护厚度的经验数据。

表9-20 整体混凝土支护厚度 (mm)

巷道净宽	$f=3$		$f=4\sim6$		$f=7\sim10$	
	拱	壁	拱	壁	拱	壁
<2000	170	250	170	200		
2100～2300	170	250	170	250		
2400～2700	200	300	170	250		
2800～3000	200	300	200	250		
3100～3300	200	300	200	300		
3400～3700	230	350	230	300		
3800～4000	230	350	230	300		
4100～4300	250	350	250	350		
4400～4700	270	415	250	350		
4800～5000	300	415	270	350	230	300
5100～5300	300	465	270	415	230	300
5400～5700	330	465	300	415	250	300
5800～6000	350	515	300	415	250	350
6100～6300	370	515	330	465	270	350
6400～6700	400	565	330	465	270	350
6800～7000	400	565	350	515	270	350

注：混凝土标号为C10～C15（抗压强度10～15MPa）。

f为岩石普氏系数。

9.6.2 锚杆支护

锚杆支护是向巷道围岩钻孔，通过在孔内安装和锚固由金属、木材等制成的杆件，在巷道周围形成一个稳定的岩石带，达到加固围岩的目的。但锚杆不能防止岩石风化，不能防止锚杆间裂隙岩石的剥落，因此，必要时配以其他措施，如挂金属网、喷水泥砂浆、喷射混凝土等，称为锚网、喷锚或喷锚网支护。

锚杆的种类很多。按其对岩体的锚固方式可分为端部固定式、全长固定式及混合式三大类。楔缝式、涨壳式、头部胶结式等均属于端部固定式，其特点是，通过眼底端的锚头和另一端的紧固部分，使杆体受拉，从而对围岩施加压力。全长固定式锚杆，如砂浆锚杆、树脂锚杆，则是通过黏结剂将杆体和围岩黏结在一起，因锚杆和围岩弹模不一致，在共同变形的过程中，锚杆对围岩施加压力；摩擦式锚杆是用机械方法使锚杆压入围岩，使杆体和围岩间产生摩擦力，靠摩擦力将杆体与围岩联系起来，并对围岩施加压力。锚杆分类及主要形式见表 9-21。

表 9-21　锚杆分类及主要形式

锚固方式	锚固原理	锚杆形式	
		基本型	实用型
端部固定方式	机械锚固	楔缝型	楔缝型 倒楔型 楔缝－胀壳混合型
		胀壳型	胀壳型 双胀壳型 异型胀壳型
	胶结剂锚固	头胶结型	环氧树脂胶结 聚合酯树脂胶结
全长固定方式	化学剂或水泥浆锚固	全钻孔充填型	混凝土胶结 水泥浆胶结 水泥砂浆胶结
		全面胶结型	环氧树脂胶结 聚合酯树脂胶结
	挤压孔壁产生摩擦力锚固	全钻孔摩擦型	开缝式钢管型

金属楔缝型和倒楔型锚杆分别如图 9-13 和图 9-14 所示，钢丝绳、钢筋砂浆锚杆如图 9-15 所示，树脂锚杆如图 9-16 所示，摩擦式锚杆如图 9-17 所示。

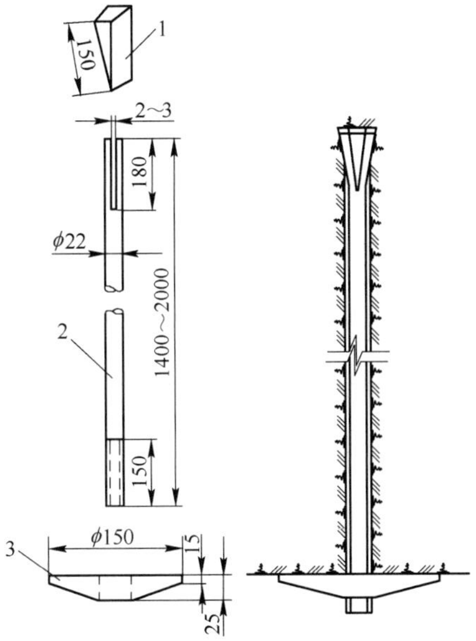

图 9-13　金属楔缝式锚杆

1—楔子；2—杆体；3—垫板

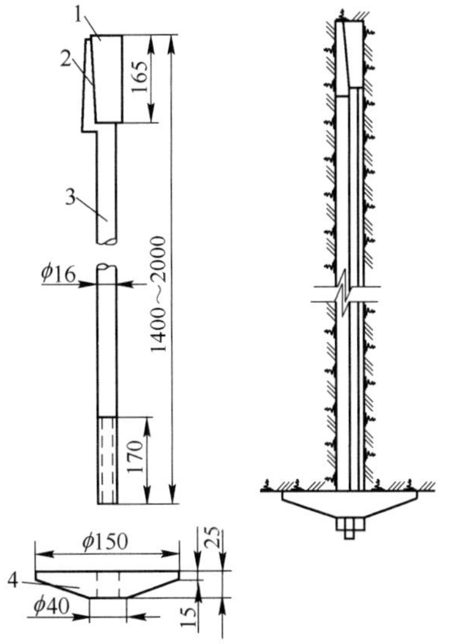

图 9-14　金属倒楔式锚杆

1—固定楔；2—活动倒楔；3—杆体；4—垫板

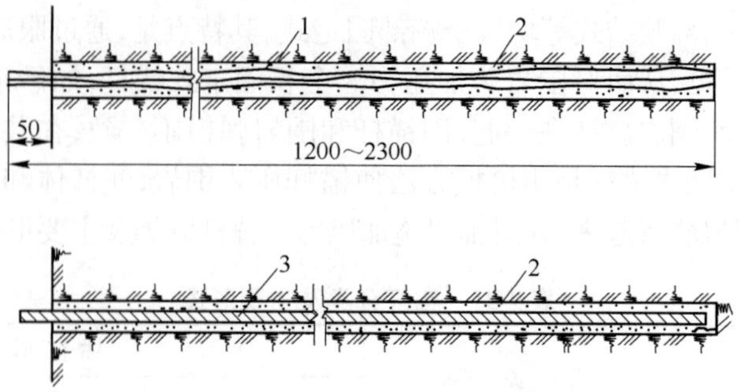

图 9-15　钢丝绳、钢筋砂浆锚杆

1—钢丝绳；2—砂浆；3—钢筋

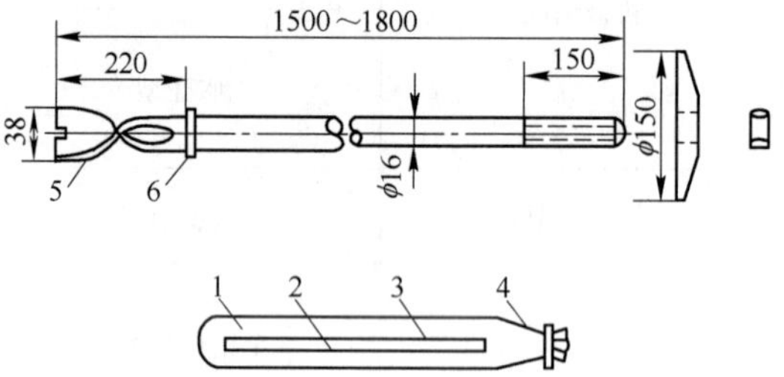

图 9-16　树脂锚杆及锚固剂

1—树脂、促进剂与填料；2—固化剂；3—玻璃管；
4—聚酯薄膜袋；5—锚杆的麻花部分；6—挡圈

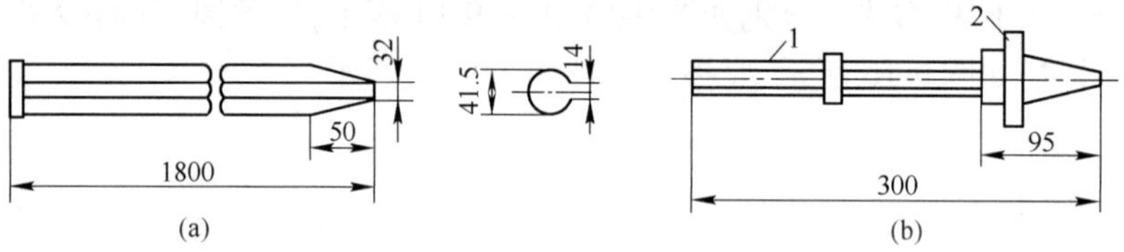

图 9-17　摩擦式锚杆和联接器

(a)摩擦式锚杆；(b)联接器

1—钎尾；2—联接器

不同的巷道围岩稳定性条件下，锚杆基本支护形式与主要参数参考值见表 9-22。

表 9-22　巷道锚杆基本支护形式与主要参数

巷道类型	围岩稳定状况	基本支护形式	主要支护参数
Ⅰ	非常稳定	整体砂岩、石灰岩岩层：不支护； 其他岩层：单体锚杆	端锚，杆体直径 16mm，杆体长度 1.6 ~ 1.8m，间、排距 0.8 ~ 1.2m，设计锚固力 64 ~ 80kN
Ⅱ	稳　定	顶板较完整：单体锚杆； 顶板较破碎：锚杆 + 网	端锚，杆体直径 16 ~ 18mm，杆体长度 1.6 ~ 2.0m，间、排距 0.8 ~ 1.0m，设计锚固力 64 ~ 80kN

续表 9-22

巷道类型	围岩稳定状况	基本支护形式	主要支护参数
Ⅲ	中等稳定	顶板较完整:锚杆＋钢筋梁;顶板破碎:锚杆＋W 钢带(或钢筋网)＋网,或增加锚索桁架,或增加锚索	端锚,杆体直径 16～18mm,杆体长度 1.6～2.0m,间、排距 0.8～1.0m,设计锚固力 64～80kN
Ⅳ	不稳定	锚杆＋W 钢带＋网,或增加锚索桁架＋网,或增加锚索	全长锚固,杆体直径 18～22mm,杆体长度 1.8～2.4m,间、排距 0.6～1.0m
Ⅴ	极不稳定	顶板较完整:锚杆＋金属可缩支架,或增加锚索; 顶板较破碎:锚杆＋网＋金属可缩支架,或增加锚索;	全长锚固,杆体直径 18～24mm,杆体长度 2.0～2.6m,间、排距 0.6～1.0m

9.6.3　棚式支护

在围岩十分破碎不稳定,不适宜锚喷支护,且巷道服务年限不很长(8～10 年)、砌护不经济的情况下,可考虑采用棚式支架支护。棚式支架有木支架、金属支架、装配式钢筋混凝土预制支架等。

9.6.3.1　金属支架

金属支架强度高、体积小,坚固、耐久、防火,构造灵活,维修量小并可回收使用,但不适于有酸性水的情况。金属支架有梯形和拱形两种。

梯形金属支架常用 18～24kg/m 的钢轨或 16～20 号工字钢或矿用工字钢制作,由两腿一梁构成,如图 9-18 所示。型钢棚腿的下端焊一块钢板,以防陷入底板。

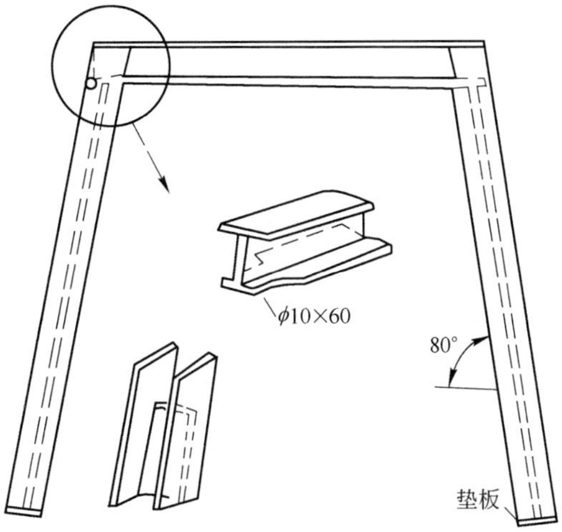

图 9-18　梯形金属支架

对于动压影响大、围岩变形量大的巷道,拱形可缩性金属支架更为适用。如图 9-19 所示,这种支架常采用矿用特殊型钢制成,由三节(或四节)曲线形构件组成,接头处重叠搭接 0.3～0.4m,并用螺栓箍紧(箍紧力用螺栓调节)。在顶压较大的情况下,顶部构件的曲率半

径 r 小于两帮棚腿的曲率半径 R。在地压作用下,顶部构件曲率半径逐渐增大,当其和棚腿的曲率半径 R 相等,并且沿搭接处作用的轴向力等于螺栓箍紧所产生的摩擦力时,构件之间便相对滑动,棚子即产生可缩性。这时,围岩压力得到暂时卸除,支架构件在弹性力作用下,又恢复到 r 小于 R 的状态,直到围岩压力继续增加至一定值时,再次产生可缩现象,如此周而复始。这种棚子的可缩量可达0.2~0.4m,承载力可达180~200kN。

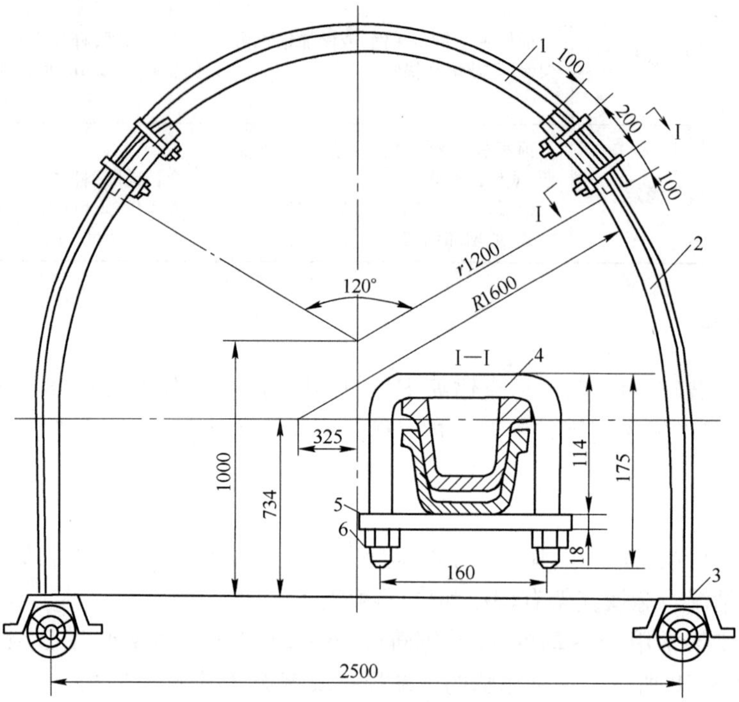

图9-19 拱形可缩性金属支架

1—顶架;2—棚腿;3—底座;4—U形卡子;5—垫板;6—螺母

9.6.3.2 木支架

如图9-20所示,木支架通常为梯形棚架,由一根顶梁、两根棚腿以及背板、木楔等组成。顶梁是木支架支承顶板压力的受弯构件;棚腿是顶梁的支点,并支承侧压。棚腿与底板的夹角一般为80°,并应插到坚实底板岩石上;背板通常可用板皮、次木材或柴束,其作用是使地压均匀地分布到顶梁和棚腿上,并防止碎石下落,根据围岩的坚固程度,背板可密集布置或间隔放置。

木支架具有重量轻、加工容易、架设方便等优点,但强度有限,不防火,易腐蚀,使用年限短,坑木消耗量大,现已不推荐使用。

9.6.4 喷射混凝土支护

喷射混凝土是将一定配比的水泥、砂、石的拌合料通过混凝土喷射机,用压缩空气做动力沿着管路压送到喷嘴处与水混合,以较高的速度喷射到岩壁面上,凝结硬化后形成与岩面紧密黏结的混凝土层,起到支护作用。

混凝土以较高的速度从喷头喷向岩面,使水泥颗粒受到重复冲击,混凝土喷层得到连续

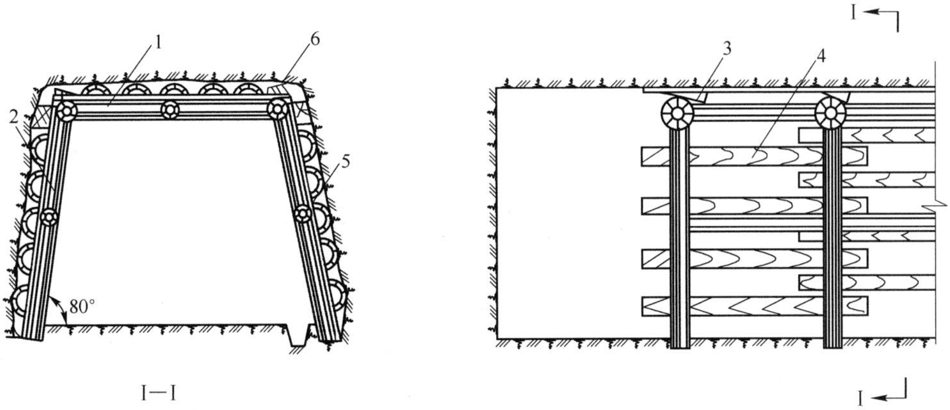

图 9-20 木支架结构示意图

1—顶梁;2—棚腿;3—木楔;4—背板;5—撑柱;6—楔子

冲击和压密。同时,喷射混凝土的水灰比较小(0.45 左右),故混凝土能牢固地和岩壁黏结在一起,有良好的物理力学性能。喷射混凝土能随着巷道掘进及时施工,且加入速凝剂后使其早期强度成倍增加,能够很快地控制围岩冒落。由于喷层较薄,具有较好的柔性,可以同围岩共同变形,产生较大的径向、切向位移。

喷射混凝土分为干喷和湿喷两种。干喷是指干拌料通过压缩空气送至喷嘴处与水混合,再喷向岩壁;湿喷是指将拌好的混凝土通过压浆泵送至喷嘴,再用压缩空气喷向岩壁。前者粉尘大,后者易堵管。

喷射混凝土具有较高的强度、黏结力和耐久性,施工机械化程度高、速度快,材料省、成本低。是一种使用广泛的临时支护方式。但需要解决好混凝土回弹、粉尘、围岩渗水、喷层收缩裂缝等问题。

喷射混凝土支护厚度参考值如表 9-23 所示。

表 9-23 喷射混凝土支护厚度 (mm)

巷道净宽/mm	$f=3$	$f=4\sim6$	$f=6\sim8$	$f=8\sim10$
3000	50	50		
4000	100	100		
5000	150	100		
6000	150	100	100	
8000		150	100	
10000		200	150	100

10 崩落采矿法

崩落采矿法为一步回采，随回采工作面的推进，崩落围岩充满采空区，达到管理和控制地压的目的。根据垂直方向上崩落单元的划分，崩落采矿法有单层崩落、分层崩落、分段崩落和阶段崩落四种基本形式；根据矿块的结构特征，单层崩落法可进而分为长壁式、短壁式和进路式，分段崩落法可进而分为有底柱和无底柱两种形式；根据崩落围岩的方式，阶段崩落法可进而分为强制崩落和自然崩落两种形式。本章对这些方法作系统介绍。

崩落采矿法的基本特征之一是在覆岩下放矿，掌握覆岩下放矿的基本规律是高效应用崩落采矿法的基础。因此，本章首先阐述覆岩下放矿的有关规律和相关概念。

10.1 覆岩下放矿的基本规律

覆岩下放矿的基本规律即放矿过程中崩落矿岩的移动规律。只有掌握了这一规律，才能结合矿体赋存条件（矿体倾角、厚度、规整程度等），设计出最合理的崩落法采矿方案，确定合理的结构参数，编制完善的放矿制度，最大程度地降低矿石的损失与贫化，取得最好的经济效果。

10.1.1 基本概念

矿石崩落后成为松散介质，堆于采场。打开漏口闸门后，采场内崩落的矿岩藉助重力向漏口下移，并从漏口流出，如图10-1所示。设从漏口放出散体 Q，散体 Q 在原矿岩堆里占据的位置所构成的形体称为放出体。在 Q 的放出过程中，由近及远引起一定范围的散体向放出口方向移动。散体在移动过程中发生二次松散，使其体积增大。当由二次松散增大的体积量与放出量 Q 相等时，散体堆的内部移动暂时停止。这时发生移动的范围所构成的形体称为瞬时松动体。在放矿过程中，随着放出量 Q 的增大，瞬时松动体不断扩大；停止放矿后，随着时间的推移和受各种机械挠动的影响，松动体边界仍不断扩大，最终形成移动带（图10-2）。当移动带内散体密度大体上恢复到固有密度时，散体移动（沉实）最终停止，达到稳定状态。

在松动范围内，每一水平层面上，靠近漏口轴线的部位散体颗粒移动速度较快，离轴线越远移动速度越慢。因此，原来位于同一水平层面的颗粒，移动后形成漏斗状凹坑（图10-1），称之为放出漏斗。放出漏斗形状随形成它的层面高度而变化，当层面高度小于放出体高度时，漏斗最低点颗粒已被放出，称为破裂漏斗；当层面高度等于放出体高度时，漏斗最低点颗粒刚好到达放出口，称为降落漏斗；当层面高度大于放出体高度时，放出漏斗处于整体移动过程中，称之为移动漏斗。

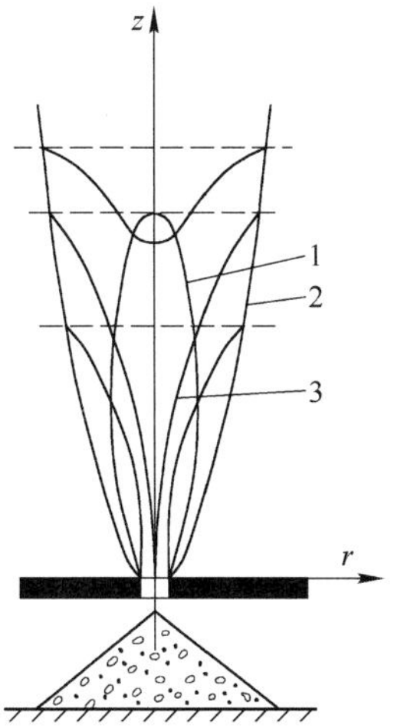

图 10-1　散体移动过程示意图

1—放出体;2—松动范围;3—放出漏斗

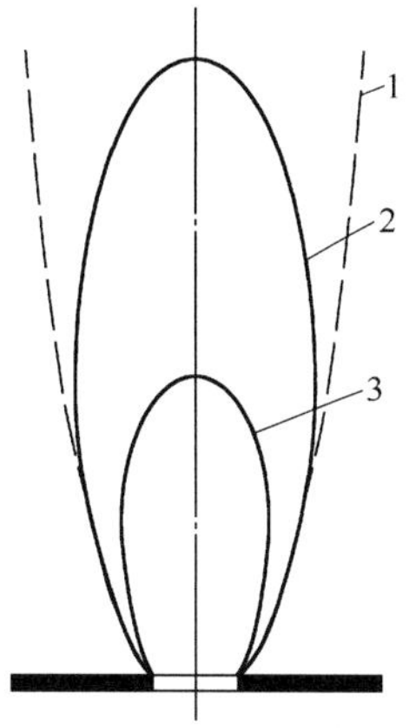

图 10-2　移动带形成过程

1—移动界线;2—瞬时松动体;3—放出体

10.1.2　单孔放矿时崩落矿岩移动规律

10.1.2.1　崩落矿岩移动概率方程

崩落矿岩是一种结构复杂的多空隙散体,遇有适宜的空间条件便籍助重力作用发生移动,忽略移动中瞬时松散的影响,可将其简化为连续流动的随机介质。在此条件下,假设某段时间从漏口放出单位体积的散体,则在每一水平层面上,散体下移的总量均为单位体积。根据图 10-1 所示的放出漏斗的形状,每一层面上每一位置的颗粒移动概率可简化为服从正态分布,概率密度函数为:

$$P(r,z)=\frac{1}{2\pi\sigma^2}\exp\left(-\frac{r^2}{2\sigma^2}\right)$$

由实验测得:$\sigma^2=\frac{1}{2}\beta z^\alpha$,代入上式,得出散体移动概率密度方程:

$$P(r,z)=\frac{1}{\pi\beta z^\alpha}\exp\left(-\frac{r^2}{\beta z^\alpha}\right) \tag{10-1}$$

式中　α,β——散体流动参数;

z,r——垂直坐标与水平径向坐标。

10.1.2.2　崩落矿岩移动规律方程

A　散体移动速度方程

设从漏口单位时间放出 q 散体(q 为常数),在高为 z 的层面上,散体颗粒铅直下移速度为

$$v_z=-qP(r,z)=-\frac{q}{\pi\beta z^\alpha}\exp\left(-\frac{r^2}{\beta z^\alpha}\right)$$

按管形场(无源无汇)连续流动条件,可推得径向移动速度 v_r,由此得出速度场方程:

$$\left.\begin{aligned}v_z&=-\frac{q}{\pi\beta z^\alpha}\exp\left(-\frac{r^2}{\beta z^\alpha}\right)\\v_r&=-\frac{\alpha qr}{2\pi\beta z^{\alpha+1}}\exp\left(-\frac{r^2}{\beta z^\alpha}\right)\end{aligned}\right\} \tag{10-2}$$

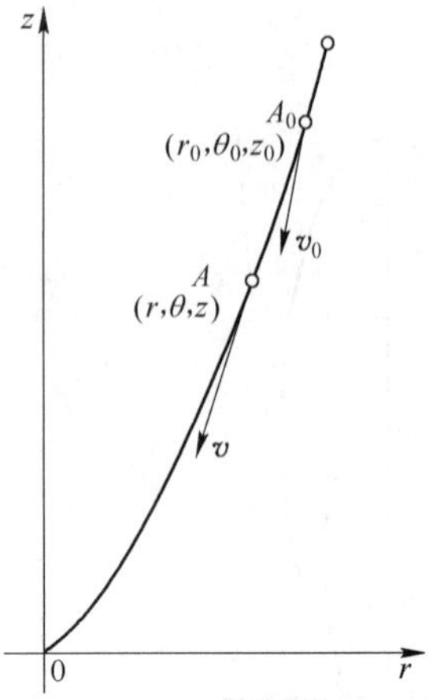

图 10-3 移动迹线与移动方向关系

B 颗粒移动迹线方程

由物理学可知，在颗粒移动迹线上，任意一点(r,θ,z)的切线与颗粒在该点的移动速度方向共线（图 10-3），故有$\frac{\mathrm{d}z}{\mathrm{d}r}=\frac{v_z}{v_r}$。代入式(10-2)积分，得颗粒移动迹线方程：

$$\frac{r^2}{z^\alpha}=\text{const} \quad 或 \quad \frac{r^2}{z^\alpha}=\frac{r_0^2}{z_0^\alpha} \tag{10-3}$$

由式(10-3)可见，迹线线形取决于α值，当$\alpha=1$时为抛物线；当$\alpha=2$时为直线。一般地，$1<\alpha<2$，故迹线通常介于抛物线与直线之间。

C 放出漏斗方程

考查z_0层面上$A_0(r_0,\theta_0,z_0)$点颗粒的移动过程，式(10-2)已给出下移速度v_z，沿迹线积分得：

$$z^{\alpha+1}=z_0^{\alpha+1}-\frac{\alpha+1}{\pi\beta}Q\exp\left(-\frac{r_0^2}{\beta z_0^\alpha}\right)$$

式中 Q——漏口放出量，$Q=qt$。

代入上式，整理得放出漏斗方程：

$$r^2=\beta z^\alpha\ln\frac{(\alpha+1)Q}{\pi\beta(z_0^{\alpha+1}-z^{\alpha+1})} \tag{10-4}$$

令$r=0$得放出漏斗最低点高度：

$$z_{\min}=\sqrt[\alpha+1]{z_0^{\alpha+1}-\frac{(\alpha+1)Q}{\pi\beta}} \tag{10-5}$$

可见，随着放出量的增加，漏斗最低点高度不断降低。当$Q=\frac{\beta\pi z_0^{\alpha+1}}{\alpha+1}$时，$z_{\min}=0$，放出漏斗最低点到达漏孔。此时再增大$Q$，漏斗最低点不存在（已被放出）。$z_{\min}>0$时的放出漏斗即为降落漏斗；而最低点被放出的放出漏斗即为破裂漏斗。如果z_0层面是矿岩接触界面，则降落漏斗的出现标志着纯矿石回收的结束；再继续放出，则岩石混入矿石，进入贫化矿回收阶段。

D 放出体方程

设K为某一时刻的放出体表面，则按定义K所包围的散体体积应等于漏口放出量Q，K曲面上所有的颗粒点刚好到达漏口$(z_{\min}=0)$处。因此，令$z_{\min}=0$，代入式(10-5)，再去掉r_0、z_0脚标并整理，得K曲面方程：

$$r^2=\beta z^\alpha\ln\frac{(\alpha+1)Q}{\pi\beta z^{\alpha+1}} \tag{10-6}$$

设放出体长轴为H，则当$z=H$时$r=0$。代入上式得放出量与放出高度关系式：

$$Q=\frac{\beta}{\alpha+1}\pi H^{\alpha+1} \tag{10-7}$$

将式(10-7)代入式(10-6)得放出体方程：

$$r^2=(\alpha+1)\beta z^\alpha\ln\frac{H}{z} \tag{10-8}$$

10.1.2.3　岩石混入过程与混入量

放矿过程中的废石混入是矿石贫化的主要原因，而混入废石的来源既取决于矿岩接触面条件，又取决于放出体形态。如图10-4所示，在放出体与矿岩接触面相切时，纯矿石放出量达到最大值；此时再继续放出，放出体伸入废石堆，进入贫化矿放出阶段。贫化矿中混入的废石量，等于放出体伸入废石堆里的体积。假定放出体和顶面、侧面两个矿岩接触面同时相切，由式(10-8)积分可得来自顶面的废石量：

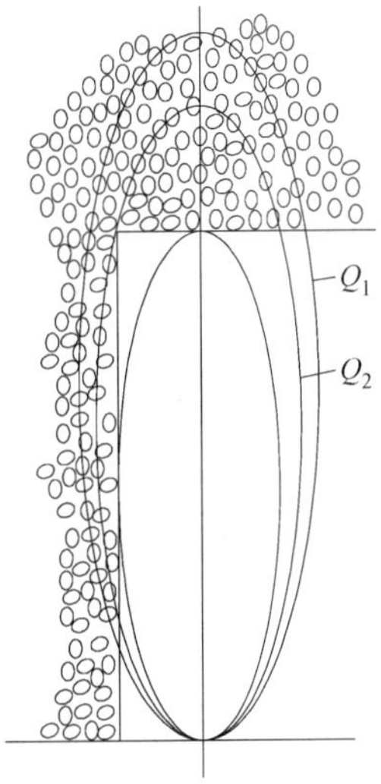

图10-4　废石的来源

$$Q_{yd} = \frac{\beta}{\alpha+1}\pi(H^{\alpha+1} - h^{\alpha+1}) - \pi\beta h^{\alpha+1}\ln\frac{H}{h} \tag{10-9}$$

来自侧面的废石量为：

$$Q_{yc} = \int_{Z_M}^{Z_D} K(z)\left(\frac{\pi}{2} - \arcsin t - t\sqrt{1-t^2}\right)dz \tag{10-10}$$

式中　H——放出体高度；

h——矿石层高度；$K(z) = (\alpha+1)\beta z^{\alpha}\ln\dfrac{H}{z}$；$t = \dfrac{D}{\sqrt{K(z)}}$，$D$为漏口到侧面矿岩接触面的距离；

Z_D, Z_M——放出体与侧面矿岩接触面的上、下切点的高度，其中$Z_D < h$。

放出体内的废石总体积为$Q_y = Q_{yd} + Q_{yc}$，则体积岩石混入率为

$$y = \frac{Q_y}{Q} \times 100\%$$

式中　Q——放出体体积。

若继续放出，使放出体由Q_1增大至Q_2时，此段时间的放出量$\Delta Q = Q_2 - Q_1$，称为当次放出量；Q_1与Q_2之间的废石体积量ΔQ_y称为当次放出的废石量，$y_d = \dfrac{\Delta Q_y}{\Delta Q} \times 100\%$称为当次体积废石混入率。

当矿岩接触面为其他形状时，也可用类似的方法查找混入废石的来源与求算体积废石混入率。

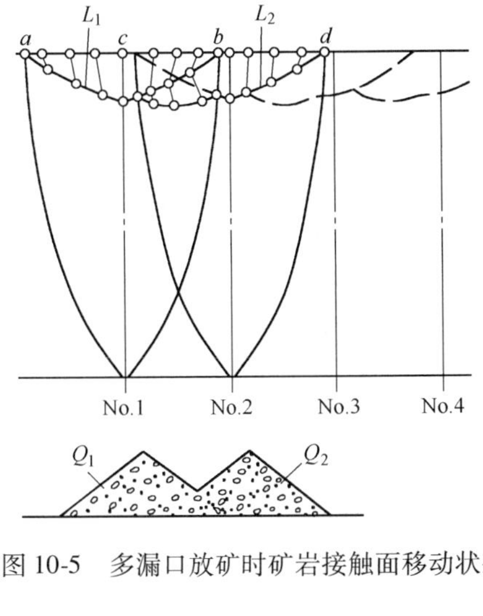

图10-5　多漏口放矿时矿岩接触面移动状态

10.1.3　多漏孔放矿时崩落矿岩移动规律

10.1.3.1　多漏孔放矿问题

多漏口放出时矿岩接触面的移动受到相邻漏口的放矿影响。如图10-5所示，先从No.1漏口放出矿石Q_1，矿岩接触面形成放出漏斗L_1后，再从相邻No.2漏口放出Q_2。若No.1漏口未放出，No.2漏口上方也形成放出漏斗L_2，可实际上No.2漏口是在No.1漏口放矿完毕并已形成放出漏斗L_1后放出的，所以矿岩接触面cb部分的移

动产生叠加，使两漏口之间矿岩接触面平缓下降。

依此类推，多漏口均匀放出时（图 10-6），放矿初期矿岩接触面保持平缓下移；下移到某一高度（H_g）后，开始出现凹凸不平。随着矿岩界面下降，凹凸不平现象越来越明显。当矿岩界面到达漏口水平时，在漏口间形成脊部残留，此时脊部残留高度为岩石开始混入高度（H_p）。此后进入贫化矿放出，一直放到截止品位（或截止体积岩石混入率）时停止放矿。停止放矿时的脊部残留高度（H_c）小于岩石开始混入高度。脊部残留体的最高位置出现在四孔之间（图 10-6）。

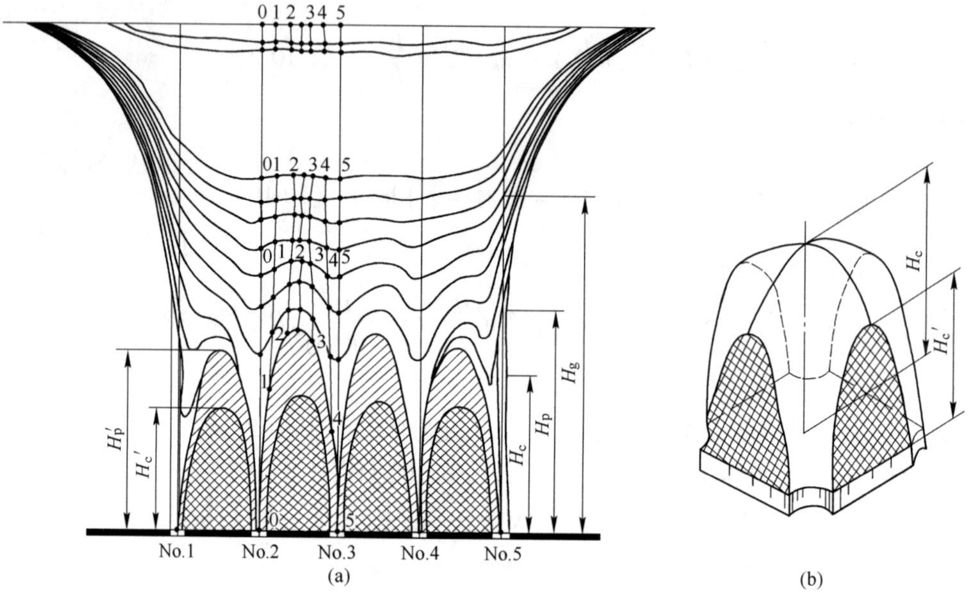

图 10-6 多漏口均匀放矿时矿岩接触面的移动过程

（a）矿岩接触面移动过程；（b）脊部残留体形态

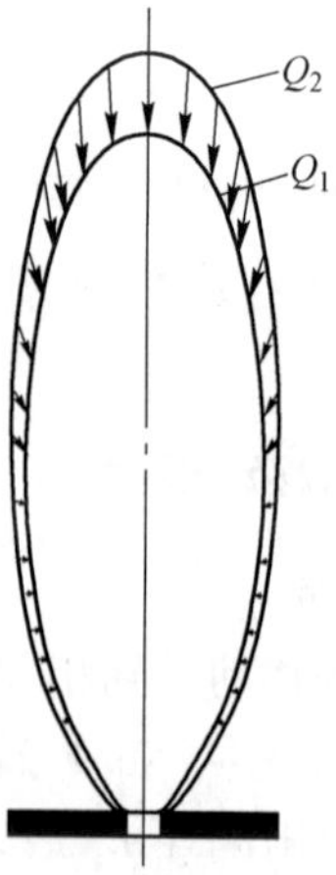

图 10-7 移动体过渡

综上所述，多漏孔放矿包括三个基本问题：

（1）矿岩界面移动过程，其中包括岩石混入过程；

（2）矿石残留体，即漏口之间矿石残留的空间位置、形态和数量。

（3）矿石放出体，即从各漏口放出的矿石在原采场矿石堆中所占的空间位置和形状。

10.1.3.2 矿岩界面移动过程与矿石残留体的计算

A 颗粒移动方程

在统计意义上，放出体表面颗粒同时到达漏口。因此，不计散体在移动过程中的密度变化，若 Q_1 大小的放出体经时间 t 放出，Q_2 经 $t+\Delta t$ 时间放出，则在 Δt 时间内，位于 Q_2 表面上的颗粒点，应全部移到 Q_1 曲面上（图 10-7）。将 Q_1、Q_2 这类散体移动中所经历的放出体称之为移动体，则移动体表面上的颗粒点存在过渡关系。

在直角坐标系下，放出体方程式（10-8）可改写为：

$$x^2 + y^2 = (\alpha + 1)\beta z^{\alpha} \ln \frac{H}{z} \tag{10-11}$$

由此得移动体高度和移动体体积：

$$H = z\exp\left(\frac{x^2 + y^2}{(\alpha + 1)\beta z^\alpha}\right) \tag{10-12}$$

$$Q = \frac{\beta}{\alpha + 1}\pi H^{\alpha+1} = \frac{\beta}{\alpha + 1}\pi z^{\alpha+1}\exp\left(\frac{x^2 + y^2}{\beta z^\alpha}\right) \tag{10-13}$$

在直角坐标系下，移动迹线方程(10-3)变为：

$$\left.\begin{aligned} x &= \left(\frac{z}{z_0}\right)^{\frac{\alpha}{2}} x_0 \\ y &= \left(\frac{z}{z_0}\right)^{\frac{\alpha}{2}} y_0 \end{aligned}\right\} \tag{10-14}$$

在移动带内任取一点 $A_0(x_0, y_0, z_0)$，设通过 A_0 点的移动体体积为 Q_0，当从漏孔放出散体量 Q_f 时，A_0 点上的颗粒移到 $A(x, y, z)$ 点位置，若通过 A 点的移动体体积为 Q（图 10-8），根据移动体的过渡关系，应有：

$$Q_0 - Q_f = Q$$

两边同除 Q_0，并代入式(10-13)与式(10-14)关系，得：

$$1 - \frac{Q_f}{Q_0} = \frac{Q}{Q_0} = \left(\frac{z}{z_0}\right)^{\alpha+1}$$

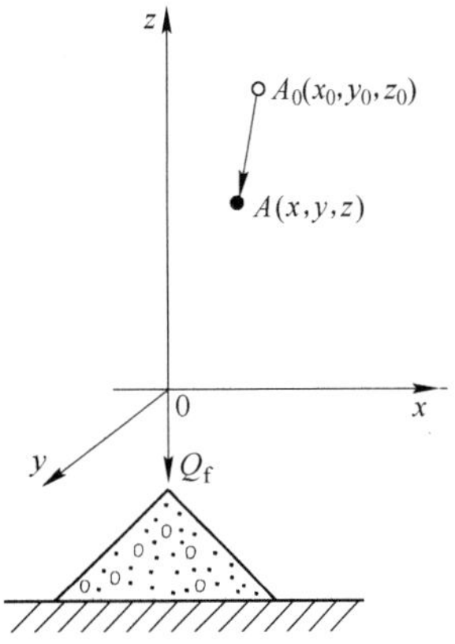

图 10-8　颗粒点移动示意图

代入式(10-14)整理，得颗粒点移动方程：

$$\left.\begin{aligned} z &= \left(1 - \frac{Q_f}{Q_0}\right)^{\frac{1}{\alpha+1}} z_0 \\ x &= \left(1 - \frac{Q_f}{Q_0}\right)^{\frac{\alpha}{2(\alpha+1)}} x_0 \\ y &= \left(1 - \frac{Q_f}{Q_0}\right)^{\frac{\alpha}{2(\alpha+1)}} y_0 \end{aligned}\right\} \tag{10-15}$$

式中　Q_f——漏孔放出量，m^3；

Q_0——表面过点 $A_0(x_0, y_0, z_0)$ 位置的移动体体积，m^3，亦称为 A_0 点达孔量，由下式计算：

$$Q_0 = \frac{\beta}{\alpha + 1}\pi z_0^{\alpha+1}\exp\left(\frac{x_0^2 + y_0^2}{\beta z_0^\alpha}\right)$$

B　矿岩接触面移动过程的计算方法

利用式(10-15)容易计算矿岩接触面的移动过程。方法是在矿岩接触面上设置一系列计算点，根据每个漏孔的当次放出量，先用移动方程计算出移动范围内各点移动后的新位置，再根据各点的新位置圈定绘出矿岩接触面在当次放出后的移动情况。每次放出都如此计算，便可绘出矿岩接触面在放矿过程中的整个移动过程。由于矿岩接触面的最终位置构成矿石残留体的外表面，因此由上述计算即可得出矿石脊部残留体形态，如图 10-9 所示。

10.1.3.3　多漏口放矿时的放出体

若已知颗粒移动后的位置和出矿口出矿量，利用颗粒移动方程还可逆向求出颗粒移动前的原始位置，为此将式(10-15)改写为：

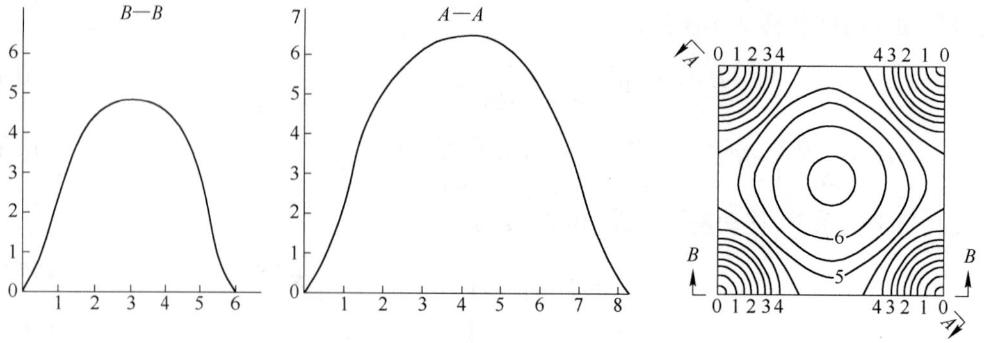

图 10-9 用移动方程计算的矿石残留体形态

$$\left.\begin{aligned} z_0 &= \left(1+\frac{Q_f}{Q}\right)^{\frac{1}{\alpha+1}} z \\ x_0 &= \left(1+\frac{Q_f}{Q}\right)^{\frac{\alpha}{2(\alpha+1)}} x \\ y_0 &= \left(1+\frac{Q_f}{Q}\right)^{\frac{\alpha}{2(\alpha+1)}} y \end{aligned}\right\} \tag{10-16}$$

该式称为逆移动方程。

由移动方程与逆移动方程便可计算出多孔放矿时的放出体。方法是,在采场中规则地设置计算颗粒点,用移动方程计算这些颗粒点的移动与被放出过程,记录每一漏口放出颗粒的编号,根据放出颗粒点的原始位置,就可确定出每一漏口的放出体形态。这种计算方法不受漏口轮流放出次数的限制,适用于各种放矿方法,但计算工作量较大,需借助计算机完成。

当漏口轮流放出次数不是很多时,可用逆移动方程计算放出体形态。用逆移动方程计算是根据颗粒点移动后的位置求算移动前的位置,漏口轮流放出次数越少优点越突出,尤其是依次全量放矿时,用逆移动方程不仅简便而且准确。图 10-10 所示是用逆移动方程圈绘放出体的例子。设先从 No. 1 漏口放出矿石,放出体为 Q_1,移动范围为 Q_s;接着从 No. 2 漏口放出 Q_2(Q_2 为最大的纯矿石放出量),考查当前放出体 Q_2 表面上 0、1、2、3、4、…、13 各点,其中 No. 1 漏口移动带 Q_s 范围内的计算点,6、5、4、3、2、1、0、13、…、10,并不是采场放矿前的位置,而是经 No. 1 孔放矿移动后的位置。用逆移动方程求出这些点在 No. 1 漏口放矿前的原始位置 6′、5′、4′、3′、2′、1′、0′、13′、…、10′。把这些原始位置连接起来得出 Q'_2,Q'_2即为 No. 2 漏口的放出体。

此外,在图 10-10 中,位于放出体 Q_1、Q'_2 之内的矿石已被放出,而位于 Q_1 与 Q'_2 之间的矿石,则移动到 No. 1 漏口与 No. 2 漏口之间,残留于采场而形成脊部残留体。从图中残留体与放出体的关系可见,采场内漏口之间残留的矿量由两部分组成:一部分为就地存留,另一部分为搬迁存留,后者往往构成残留体的主要部分。

10.1.4 受边界条件影响的崩落矿岩移动方程

上述研究是在无限边界条件下进行的,因此得出的结论与结果只适用于无限边界条件。例如矿体倾角较小(<50°)的上盘破碎矿体,采用有底柱崩落法,此时的放矿就可以归属为无限边界条件下的放矿。在生产实际中,绝大多数采场的放矿受到边界条件的影响,主要有半无限(端壁)边界条件和倾斜壁边界条件。

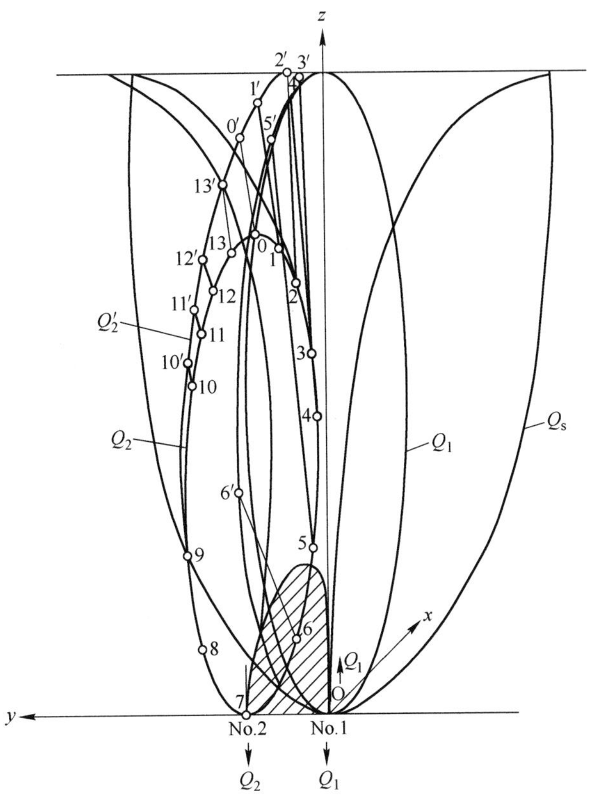

图 10-10 多孔放出时放出体形态圈绘方法

10.1.4.1 半无限边界条件

半无限边界条件的典型例子是无底柱分段崩落端部放矿。此时沿进路方向的移动概率密度方程为：

$$P(x,z)=\frac{1}{A\sqrt{\pi\beta z^{\alpha}}}\exp\left\{-\frac{[x-g(z)]^{2}}{\beta z^{\alpha}}\right\} \tag{10-17}$$

垂直进路方向的移动概率密度方程为：

$$P(y,z)=\frac{1}{\sqrt{\pi\beta_1 z^{\alpha_1}}}\exp\left(-\frac{y^{2}}{\beta_1 z^{\alpha_1}}\right) \tag{10-18}$$

式中 A—— 端壁切余系数，$A=\frac{1}{2}+\frac{1}{\sqrt{\pi}}\int_{0}^{\frac{K}{\sqrt{\beta}}}\exp(-u^{2})\mathrm{d}u$；

α,β——沿进路方向散体流动参数；$g(z)=Kz^{\frac{\alpha}{2}}$；

α_1,β_1——垂直进路方向散体流动参数。

放出体体积 Q_f 可用下式计算：

$$Q_f=\frac{\sqrt{\beta\beta_1}A\pi}{\omega+1}z_H^{\omega+1} \tag{10-19}$$

式中，z_H 为放出高度（铅直高度）；$\omega=(\alpha+\alpha_1)/2$。

颗粒移动方程为：

$$\left.\begin{aligned} z &= \left(1 - \frac{Q_f}{Q_0}\right)^{\frac{1}{\omega+1}} z_0 \\ x &= \left(1 - \frac{Q_f}{Q_0}\right)^{\frac{\alpha}{2(\omega+1)}} x_0 \\ y &= \left(1 - \frac{Q_f}{Q_0}\right)^{\frac{\alpha_1}{2(\omega+1)}} y_0 \end{aligned}\right\} \tag{10-20}$$

式中 Q_0——点(x_0,y_0,z_0)的达孔量，由下式计算：

$$Q_0 = \frac{\sqrt{\beta\beta_1}A\pi}{\omega+1} z_0^{\omega+1} \exp\left\{\frac{y_0^2}{\beta_1 z_0^{\alpha_1}} + \frac{[x_0 - g(z_0)]^2}{\beta z^\alpha}\right\}$$

Q_f——出矿口出矿量。

用这个方程组可以模拟无底柱分段崩落法多分段、多回采巷道、多步距的放矿过程，据此对采场结构参数与放矿制度进行优化。

10.1.4.2 倾斜壁边界条件

在崩落法采矿中，当矿体倾角大于崩落矿岩的自然安息角而小于90°时，崩落矿岩的移动受到倾斜边壁的影响。这类边界条件为倾斜壁边界条件。

根据斜壁对下降速度分布曲线的切割程度，分三个区段分别称为无影响区、过渡区与受斜壁控制区，如图10-11所示。

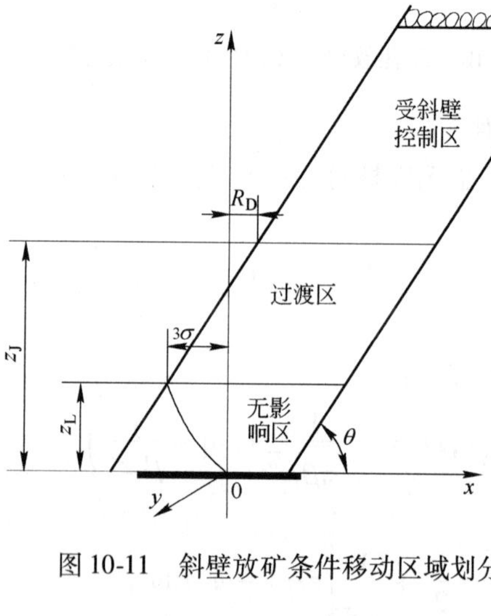

图10-11 斜壁放矿条件移动区域划分

斜壁边界散体移动概率密度方程为：

$$P(x,y,z) = \left.\begin{cases} \dfrac{1}{\pi\beta z^\alpha}\exp\left(-\dfrac{x^2+y^2}{\beta z^\alpha}\right) & z \leqslant z_L \\ \dfrac{1}{\pi\sqrt{\beta\beta_1}A_1 z^{\omega_1}}\exp\left[-\dfrac{y^2}{\beta_1 z^\alpha} - \dfrac{(x-g)^2}{\beta_1 z^{\alpha_1}}\right] & z_L \leqslant z \leqslant z_J \\ \dfrac{1}{\pi\sqrt{\beta\beta_2}A_2 z^{\omega_2}}\exp\left[-\dfrac{y^2}{\beta_2 z^\alpha} - \dfrac{(x-u)^2}{\beta_2 z^{\alpha_2}}\right] & z > z_J \end{cases}\right\} \tag{10-21}$$

式中

$$\omega_1 = \frac{\alpha + \alpha_1}{2};\omega_2 = \frac{\alpha + \alpha_2}{2}$$

$$g = \frac{R_D + R_g}{(z_J - z_L)^{\alpha}}(z - z_L)^{\alpha}$$

$$u = R_D + R_g + (z - z_J)\cot\theta$$

θ——斜壁倾角；

A_1,A_2——斜壁切余系数，

$$A_1 = \frac{1}{2} + \frac{1}{\sqrt{\pi}}\int_0^{\phi_1}\exp(-u^2)\mathrm{d}u$$

$$\phi_1 = \frac{x_D - z\cot\theta + g}{\sqrt{\beta_1 z^{\alpha_1}}}$$

$$A_2 = \frac{1}{2} + \frac{1}{\sqrt{\pi}}\int_0^{\phi_2}\exp(-u^2)\mathrm{d}u, \phi_2 = \frac{R_g}{\sqrt{\beta_2 z^{\alpha_2}}}$$

R_D——斜壁面影响参数；

R_g——斜壁面影响参数，等于层面移动概率最大值点（简称流轴）到斜壁面的距离；

$\alpha,\beta,\alpha_1,\beta_1,\alpha_2,\beta_2$——三个区段的散体流动参数。

颗粒移动迹线方程可写成：

$$\left.\begin{aligned} \frac{y^2}{z^{\alpha}} &= \frac{y_0^2}{z_0^{\alpha}} \\ x &= x_0 + \int_{z_0}^{z}\Omega_x \mathrm{d}z \end{aligned}\right\} \tag{10-22}$$

式中，x_0,y_0,z_0 为颗粒原始位置坐标；Ω_x 由下式计算：

$$\Omega_x = \begin{cases} \dfrac{\alpha x}{2z} & z \leqslant z_L \\ \dfrac{\alpha_1(x-g)}{2z} + g' + \left[c - g' + \dfrac{\alpha_1}{2z}(x_D - zc + g)\right](1-\eta_1)e^{\phi_1} & z_L \leqslant z \leqslant z_J \\ \dfrac{\alpha_2(x-u)}{2z} + c + \dfrac{\alpha_2 R_g}{2z}(1-\eta_2)e^{\phi_2} & z > z_J \end{cases}$$

$$g' = \alpha\frac{R_D + R_g}{(z_J - z_L)^{\alpha}}(z - z_L)^{\alpha-1}$$

$$c = \mathrm{ctg}\theta(\theta\text{ 为斜壁倾角})$$

$$\eta_1 = \frac{1}{A_1\sqrt{\pi\beta_1 z^{\alpha_1}}}\int_{-x_D+zc}^{x}\exp\left[-\frac{(x-g)^2}{\beta_1 z^{\alpha_1}}\right]\mathrm{d}x$$

$$\eta_2 = \frac{1}{A_2\sqrt{\pi\beta_2 z^{\alpha_2}}}\int_{-x_D+zc}^{x}\exp\left[-\frac{(x-u)^2}{\beta_2 z^{\alpha_2}}\right]\mathrm{d}x$$

$$\phi_1 = \frac{(x-g)^2 - (x_D - zc + g)^2}{\beta_1 z^{\alpha_1}}$$

$$\phi_2 = \frac{(x-u)^2 - R_g^2}{\beta_2 z^{\alpha_2}}$$

放出漏斗方程为：

$$\left.\begin{aligned} Q_f &= -\int_{z_0}^{z} \frac{1}{P(x,y,z)} dz \\ y &= \left(\frac{z}{z_0}\right)^{\frac{\alpha}{2}} y_0, x = x_0 + \int_{z_0}^{z} \Omega_x dz \end{aligned}\right\} \tag{10-23}$$

式中 Q_f——放出量，$Q_f = qt$；

t——放出时间；

x,y,z——颗粒移动后新位置坐标值。

放出体方程为：

$$\left.\begin{aligned} &x^2 + y^2 = \beta z^{\alpha} \ln \frac{(\alpha+1)Q_f}{\pi\beta z^{\alpha+1}} \quad z \leqslant z_L \\ &\int_{z_L}^{z} A_1 z^{\omega_1} \exp\left[\frac{(x-g)^2}{\beta_1 z^{\alpha_1}}\right] dz = (Q_f - Q_L) \frac{1}{\pi\sqrt{\beta\beta_1}} \exp\left(-\frac{y_L^2}{\beta z_L^{\alpha}}\right) \quad z_L < z \leqslant z_J \\ &\left(x = x_L + \int_{z_L}^{z} \Omega_x dz\right) \\ &\int_{z_J}^{z} A_2 z^{\omega_2} \exp\left[\frac{(x-u)^2}{\beta_2 z^{\alpha_2}}\right] dz = (Q_f - Q_J) \frac{1}{\pi\sqrt{\beta\beta_2}} \exp\left(-\frac{y_J^2}{\beta z_J^{\alpha}}\right) \quad z > z_J \\ &\left(x = x_J + \int_{z_J}^{z} \Omega_x dz\right) \end{aligned}\right\} \tag{10-24}$$

达孔量方程为：

$$Q_0 = Q_L - \pi\sqrt{\beta\beta_1} \exp\left(\frac{y_0^2}{\beta z_0^{\alpha}}\right) \int_{z_0}^{z_L} A_1 z^{\omega_1} \exp\left[\frac{(x-g)^2}{\beta_1 z^{\alpha_1}}\right] dz \qquad z_L < z \leqslant z_J$$

$$Q_0 = Q_J - \pi\sqrt{\beta\beta_2} \exp\left(\frac{y_0^2}{\beta z_0^{\alpha}}\right) \int_{z_0}^{z_J} A_2 z^{\omega_2} \exp\left[\frac{(x-u)^2}{\beta_2 z^{\alpha_2}}\right] dz \qquad z > z_J$$

式中 Q_L, Q_J——A_0 点移到 $z = z_L$ 和 $z = z_J$ 层面时的达孔量。

以放出漏斗方程计算矿岩接触面的位置变化，可给出废石漏斗的形态及其在采场中的空间位置。在放矿结束时，废石漏斗的边界即为矿石残留体的外表面，从废石漏斗的最终形态便可看出矿石残留于采场的部位及其残留量。采场残留的矿石并非全是原地停留，其中大部分只是未移到放矿口。为判断放出矿石与残留矿石的原始位置，可由放出体方程按放出量计算放出体边界，据放出体在崩落矿岩堆体里的位置与形态分析放出与未被放出矿、岩的原始位置，进入放出体内的矿石全被放出，之外的矿石留于采场。此外，放矿过程中放出体与废石漏斗同时增大，当放出体与放矿前的矿岩接触面相切时，废石漏斗到达放出口，此时放出体的体积等于纯矿石放出量。若再继续放出，废石漏斗被漏口平面切割，矿石混着废石放出。这时计算放出体体积在废石堆里的扩展速率与其整个体积扩展速率之比值，就可得出废石混入的强度。总之，放出体与颗粒移动方程配合，不仅可为认识斜壁条件下崩落矿岩移动规律提供直观图像，而且可用以查明混入废石的来源、放出矿石的原始位置、矿岩接触面的移动过程与矿石残留体形态等，从而帮助人们分析矿石损失贫化过程和估计损失贫化数值，进而分析采场结构与崩落矿岩移动规律的适应性。

10.1.5　矿石损失贫化的控制方法

10.1.5.1　矿石损失贫化的形式

矿石损失形式主要有两种：一种为脊部残留，另一种为下盘残留（图 10-12）。根据矿体倾角（α）、水平厚度（B）与矿石层高度（H）等的不同，脊部残留的一部分或大部分可在下分段（或阶段）有再次回收的机会，当放矿条件好时可有多次回收机会。下盘损失是永久损失，没有再次回收的可能。同时未被放出的脊部残留进入下盘残留区后，最终也将转变为下盘永久损失。因此，下盘损失是矿石损失的基本形式。所以，减少矿石损失的措施主要是减少下盘损失。

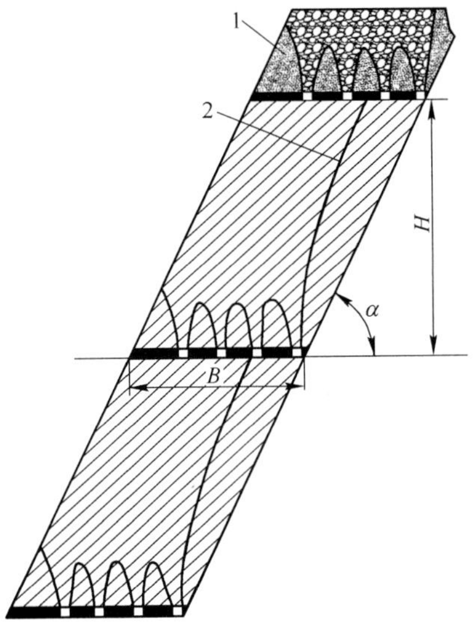

图 10-12　崩落法放矿时的矿石损失形式
1—脊部残留；2—下盘残留（损失）

10.1.5.2　贫化前下盘矿石损失量估算

矿石损失与贫化过程及其数量关系常常是不可分割的。例如，如果存在覆盖岩石大量混入条件，由于放出矿石量受截止品位的限制，此时也将导致矿石损失增大。在放矿过程中矿石贫化受截止品位的限制，其数值变化范围是有限的。而矿石损失值的变化范围却很大。就崩落法放矿，在符合截止品位要求的前提下，应力求提高矿石的回采率。

如图 10-13 所示，下盘残留量可分为两种情况（图中 a 和 b）估算。

当$\dfrac{H}{B}\leqslant\tan\alpha$时，下盘残留矿量 V_1 为：

$$V_1 = \frac{HS}{2}\left(\frac{H}{\tan\alpha} + 2r\right) - \frac{Q_f}{2} \tag{10-25}$$

式中　S——沿走向方向的漏口间距；

r——放矿口半径；

Q_f——放出体体积，$Q_f = \dfrac{\beta}{\alpha+1}\pi H_f^{\alpha+1}$；

其他符号见图 10-13。

当$\dfrac{H}{B}>\tan\alpha$时，下盘残留矿量 V_2 为：

$$V_2 = V'_1 + (H-h)(B-R)S \tag{10-26}$$

式中　V'_1——高度为 h 范围内的矿石残留体积，计算方法同 V_1；

R——对应高度 h 的放出（降落）漏斗半径，R 值可用放出漏斗方程估算。

由上面计算式可知，贫化前下盘残留量主要取决于矿体下盘倾角 α，矿体厚度 B 和矿层高度 H 等。由实验得出的下盘残留量与 α、B、H 的关系见图 10-14。

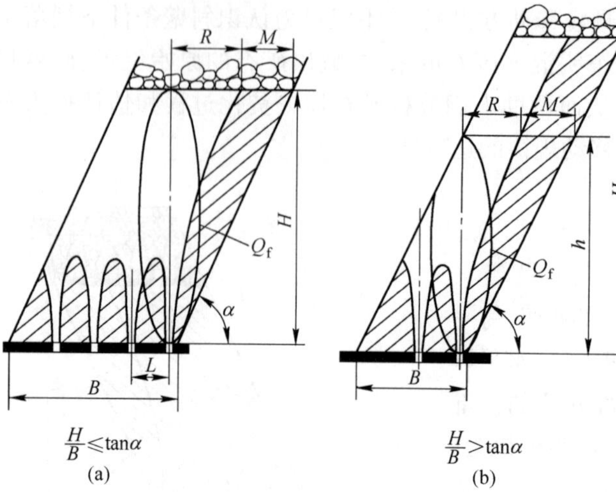

图 10-13　贫化前下盘损失量估算图

R—降落漏斗半径；M—下盘残留宽度

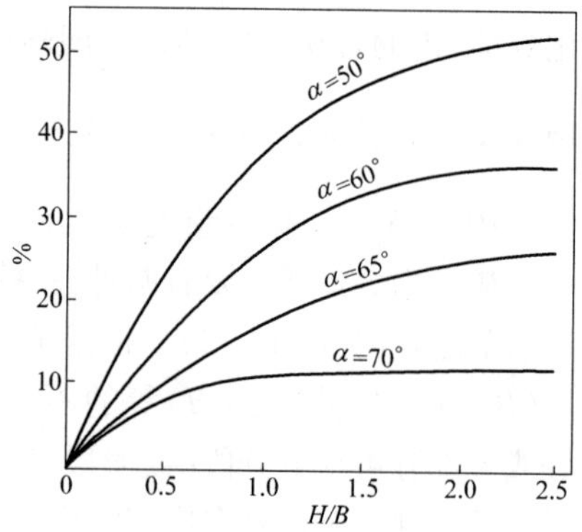

图 10-14　下盘残留量与有关参数的关系

10.1.5.3　减少矿石损失的常用技术措施

（1）开掘下盘岩石。紧靠下盘的漏斗中心线尽量移向下盘，甚至将整个漏斗布置在岩石中，开掘一部分岩石，在经济上也是合理的。由图 10-15 看出，随着放出漏口中心移向下盘，可以多回收很多矿石。但开掘单位工程所多回收的矿石量逐渐减少，因此要根据最大盈利原则，结合具体条件确定合理的下盘漏斗开掘位置。

（2）在下盘岩石中布置漏斗。如图 10-16 所示，当下盘面倾角 $\alpha \leqslant 45°$ 时，采用密集式下盘漏斗；$\alpha = 45° \sim 65°$ 时，采用间隔式下盘漏斗，可根据矿体下盘倾角与阶段高度布置 1～3 列。

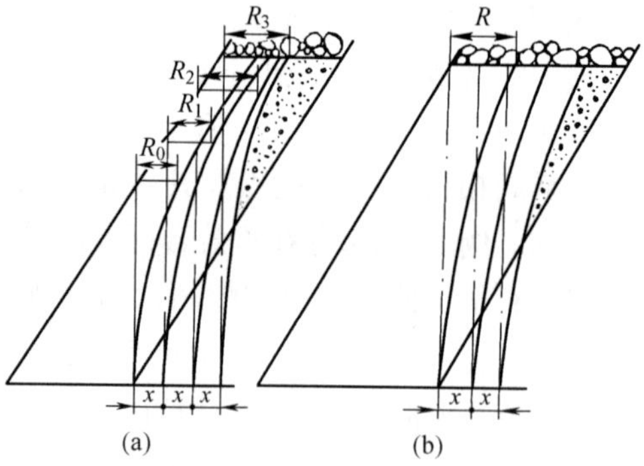

图 10-15　开掘下盘岩石

（a）$\frac{H}{B} \leqslant \tan\alpha$；（b）$\frac{H}{B} > \tan\alpha$

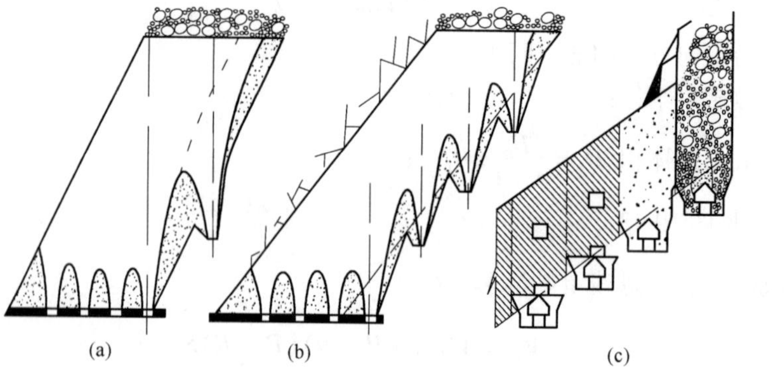

图 10-16　下盘漏斗布置形式

（a）间隔式下盘漏斗；（b）密集式下盘漏斗；（c）矿体倾角较小时漏斗全部布置在下盘岩石中

(3) 选择合理结构参数。当矿体倾角与厚度一定时,矿石下盘损失主要取决于分段(或阶段)高度 H 与出矿口间距 S。一般地,减少 H 与 S 值,可以降低矿石损失率,但开掘工程量增大,同时当出矿截止品位一定时,矿石贫化率可能略有增加。因此须要依据矿石损失贫化和工程开掘费用,按最大盈利额原则确定合理的结构参数。

在矿体下盘倾角很陡(无下盘损失或下盘损失很小)的情况下,在放矿条件允许时,应力求增大放矿的矿石层高度,减少产生矿石贫化的次数。矿石隔离层下放矿就是基于这一见解提出的。所谓矿石隔离层就是在新崩落的分段(或阶段)之上保留一定厚度的矿石层不放,使每个出矿口可以在无矿石贫化的情况下放出所负担的全部矿石,待放到最后一个分段(或阶段)时再放出隔离层矿石。矿石隔离层高度应等于或稍小于邻近漏口相切放出体高度。

10.1.5.4 崩落法放矿时矿石损失贫化计算

崩落法在崩矿与放矿中都有矿石损失贫化发生,回采时的损失贫化称为一次矿石损失贫化,放矿时的损失贫化称为二次矿石损失贫化。因此应分别计算矿石损失贫化值,以利于矿石损失贫化的分析。

由于二次矿石损失贫化是在一次矿石损失贫化发生之后出现的,一次损失贫化之后的矿石量与品位是二次损失贫化前的原始矿石量与品位。故一次、二次与总的矿石损失贫化三者之间的数量关系是:

$$\left.\begin{aligned} P &= P_1 + P_2 - P_1P_2 \\ Y &= Y_1 + Y_2 - Y_1Y_2 \\ H_k &= H_{k1}H_{k2} \end{aligned}\right\} \tag{10-27}$$

式中 P,P_1,P_2——总的、一次、二次矿石贫化率;

Y,Y_1,Y_2——总的、一次、二次岩石混入率;

H_k,H_{k1},H_{k2}——总的、一次、二次矿石回采率。

在一般情况下,P_1、Y_1、H_{k1} 根据崩矿设计计算,P、Y、H_k 根据出矿统计确定。放矿过程中产生的二次矿石损失贫化参数(P_2、Y_2、H_{k2})可根据已知总的与一次矿石损失贫化值计算。

10.1.5.5 放矿截止品位的确定方法

崩落法的放矿过程一般经历两个阶段。首先是纯矿石回收阶段,纯矿石放出一定数量后,便开始有岩石混入,放出矿石的品位下降,进入贫化矿石回收阶段。在贫化矿石回收阶段的后期,随着放出矿石量的增加,在放出单位矿石中混入的岩石量急剧增大,放出矿石品位也就随之急剧下降。在当次放出矿石品位下降到一定数值时,由瞬时放出量可获得的盈利恰好等于相关生产费用总和,此时的当次放出矿石品位称为截止品位。截止品位的计算式为:

$$C_d = \frac{FC_J}{H_XL_J} \tag{10-28}$$

式中 C_d——放矿截止品位;

F——每吨采出矿石的放矿、运输-提升和选矿等项费用;

H_X——选矿金属回收率;

L_J——每吨精矿卖价;

C_J——精矿品位。

10.1.5.6 低贫化放矿方式

截止品位放矿方式以允许较大的废石混入为代价，来追求暂时的单个出矿口的矿石放出量最大，这对于其下没有接受条件的出矿口来说是有益的，但对于矿石移动空间条件好的矿体、且有良好接收条件的出矿口来说，实际上等于将那些本可以在下分段得到较好回收的残留矿量以较大的贫化率为代价提前回收，其结果是在放出的矿石中混入大量的废石。因此，对于移动空间条件好的矿体，废石漏斗一旦破裂就停止放出，将遗留于采场内的矿石转移到下一分段（或阶段）回收，则可大大减少废石的混入量，从而大幅度降低矿石贫化率。这种放到见废石漏斗为止的放矿方式称为低贫化放矿方式。

低贫化放矿方式限制了废石漏斗的破裂，从而消除了废石的大量混入源，与目前实行的截止品位放矿方式相比，可大幅度降低崩落法矿石贫化率，而且一旦辨认出废石漏斗已到达出矿口便停止放出，出矿管理简单，是一种较好的放矿方式。

10.2 单层崩落法

单层崩落法主要用来开采顶板岩石不稳固，厚度一般小于3m的缓倾斜矿层，如铁矿、锰矿、铝土矿和黏土矿等。将阶段间矿层划分成矿块，矿块回采按矿体全厚沿走向推进。当回采工作面推进一定距离后，除保留回采工作所需的空间外，有计划地回收支柱并崩落采空区的顶板，用崩落顶板岩石充填采空区，借以控制顶板压力。

10.2.1 长壁式崩落法

该种采矿法的工作面是壁式的，工作面的长度等于整个矿块的斜长，所以称为长壁式崩落法。现结合庞家堡铁矿的开采设计，介绍这种采矿法。

10.2.1.1 开采条件

该矿为浅海沉积赤铁矿床，矿层走向长8600m，倾角25°~35°。矿床由三个矿层组成，由上而下，第一层矿体厚度为1~3.5m，第二、第三层矿体较薄，平均厚度都在1.0m左右，矿石稳固，$f=8\sim10$。

第一层和第二层矿体之间有一层硅质板岩，平均厚度1.2m。第二、第三层矿体之间也夹有一层硅质板岩，平均厚度0.8m。硅质板岩片理发育，不稳固，容易片落。

第一层矿体的顶板为黑色页岩，厚度为6.5~8.0m，不稳固，$f=4\sim6$。页岩上部为砂岩，厚度为2~3m，砂岩上部是几十米厚的页岩。

第三层矿体的底板为小白石英岩，$f=12\sim18$。石英岩下部为黏板岩，$f=10$；黏板岩下部为大白石英岩，均稳固。

矿层基本连续，局部被断层切断，断层对采矿的影响较大。地表为山地，允许崩落。

10.2.1.2 矿块结构参数及采准布置

矿块的采准布置如图10-17所示。

阶段高度：阶段高度取决于允许的工作面长度，而工作面长度主要受顶板岩石稳固性和电耙有效运距的限制。在岩石稳定性好，且能保证矿石产量情况下，希望加大工作面长度，这样可以减少采准工程量。工作面长度一般在40~60m。

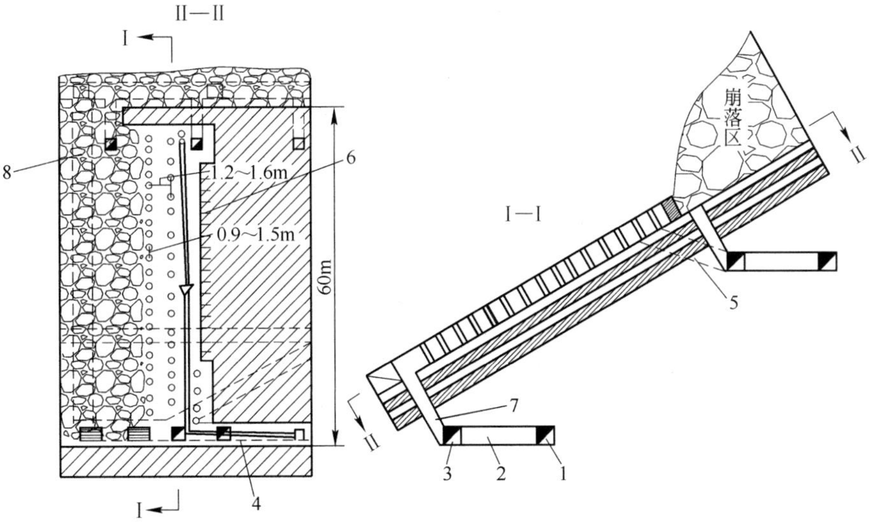

图 10-17 庞家堡铁矿长壁式崩落法

1—阶段沿脉运输巷道;2—联络巷道;3—沿脉装矿巷道;4—切割巷道;
5—安全道;6—炮孔;7—矿石溜井;8—切割上山

矿块长度:长壁工作面是连续推进的,对矿块沿走向的长度没有严格要求。加大矿块长度可减少切割上山的工程量,因此,矿块长度一般是以地质构造(如断层)为划分界限,同时考虑为满足产量要求在阶段内所需要的同时回采矿块数目来确定。其变化范围较大,一般为 50 ~ 100m,最大可达 200 ~ 300m。

阶段沿脉运输巷道:该巷道可以布置在矿层中或底板岩石中。当矿层底板起伏不平或者由于断层多和地压大,以及同时开采几层矿层时,为了保证运输巷道的平直、巷道的稳固性和减少矿柱损失等,经常将运输巷道布置在底板岩石中。

庞家堡铁矿运输巷道为单线双巷,装车巷道布置在稳固性较好的小白石英岩内,可同时为三层矿体服务(庞家堡矿先采第一层矿体,后采第二和第三层矿体);矿石溜井起一定的贮矿作用,缓解采场运搬与巷道装车的矛盾。同时,巷道稳固性好,支护与维护工程量小。

矿石溜井:沿装车巷道每隔 5 ~ 6m,向上掘进一条矿石溜井,并与采场下部切割巷道贯通,断面为 1.5m × 1.5m。暂时不用的矿石溜井,可作临时通风道和人行道。

安全道:采场每隔 10m 左右掘一条安全道,并与上部阶段巷道联通,它是上部行人、通风和运料的通道,断面一般为 1.5m × 1.8m。为了保证工作面推进到任何位置,都能有一个安全出口,安全道之间的距离不应大于最大悬顶距。

10.2.1.3 切割工作

切割工作包括掘进切割巷道和切割上山。

切割巷道:切割巷道既作为崩落自由面,同时也是安放电耙绞车和行人、通风的通道。它位于采场下部边界的矿体中沿走向掘进,并与各个矿石溜井贯通,宽度为 2m,高度为矿层的厚度。

切割上山:切割上山一般位于矿块的一侧,联通下部矿石溜井与上部安全道,宽度应保证开始回采所必需的工作空间,一般为 2 ~ 2.4m,高度为矿层厚度。

庞家堡铁矿顶板页岩比较破碎、稳定性很差,切割巷道和切割上山在采准期间留0.3～0.5m的护顶矿,待回采时挑落。

10.2.1.4 回采工作

A 回采工作面形式

常见的回采工作面形式有直线式和阶梯式两种,如图10-18所示。

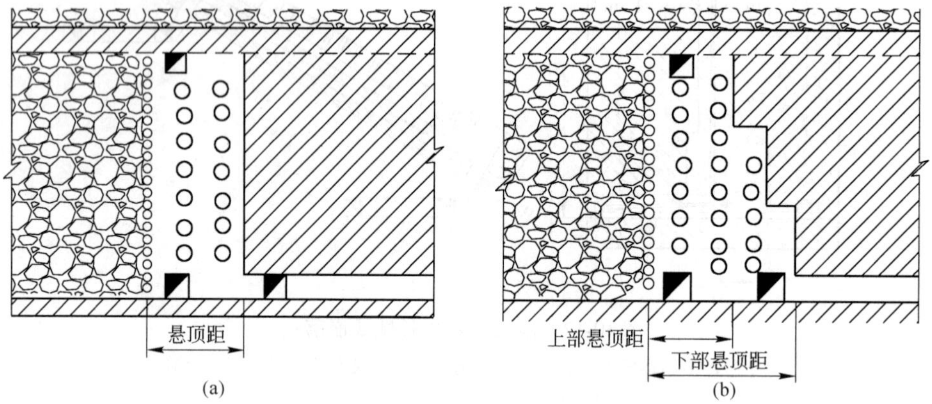

图10-18 回采工作面的形式
(a)直线式;(b)阶梯式

直线工作面上下悬顶距离相等,有利于顶板管理。但在工作面只有一条运矿线,当采用凿岩爆破崩矿时,回采的各项工作不能平行作业,故采场生产能力较低。如果用风镐落矿和输送机运矿(如黏土矿),采用直线式工作面最为合适。

阶梯式工作面可分为二阶梯与三阶梯,以三阶梯工作面为多。下阶梯一般超前于上阶梯1.5m(即工作面一次推进距离)。阶梯式工作面的优点是落矿、出矿和支护分别在不同阶梯上平行作业,可缩短回采工作的循环时间,提高矿块的生产能力。缺点是下部悬顶距大,并且根据实际经验,采场最大压力常常在工作面长度的三分之一处(从下面算起)出现,从而增大了管理顶板的困难。

B 落矿

采用轻型气腿式凿岩机凿孔、浅孔爆破。根据矿层厚度、矿石硬度以及工作循环的要求,选取凿岩爆破参数。在布置炮孔时应注意不要破坏顶、底板和崩倒支柱,也不应使爆堆过于分散以保证安全生产、减小损失贫化和有利于电耙出矿。

根据矿层的厚度不同,分别选用“一字形”、“之字形”或“梅花形”炮孔排列。炮孔深度为1.2～1.8m,稍大于工作面的一次推进距离。推进距离应与支柱排距相适应,以便在顶板压力大时能按设计及时进行支护。此外,孔深还应考虑工作循环的要求。最小抵抗线为0.6～1.0m,矿石坚硬时取小值。

金属矿山多采用导火线雷管起爆。当炮孔较多时,为了保证爆破安全和准确的起爆顺序,应采用束把点火或带有若干三通的导火母线点火。有的矿山采用导爆管起爆。

C 出矿

大多数矿山的回采工作面采用电耙出矿。电耙绞车的功率为14kW或30kW,耙斗容积为0.2～0.3m^3。电耙绞车安设在切割巷道或硐室中,随回采工作面的推进,逐渐移动电耙绞车。

当电耙绞车的安装位置使电耙司机无法观察工作面的耙运情况时，应由专人用信号指挥电耙绞车司机操作，或者直接由电耙司机在工作面根据耙运情况，远距离控制电耙绞车。

D 顶板管理

在长壁法中顶板管理是一个十分重要的问题，它不仅关系安全生产，而且也在很大程度上影响劳动生产率、支柱消耗量和回采成本等。

随长壁工作面的推进，顶板暴露面积逐渐增大，顶板压力也随之增大，如不及时处理，可能出现支柱被压坏，甚至引起采空区全部冒落，被迫停产。为了减少工作面空间的压力，保证回采工作的正常进行，当工作面推进一定距离后，除了保证正常回采所需要的工作空间用支柱支护外，应将其余采空区中的支柱全部（或一部分）撤除，使顶板崩落下来，用崩落下来的岩石充填采空区。顶板岩石崩落后，采空区暴露面积减少，因此工作空间顶压也随之减小，形成一个压力降低区，如图 10-19 所示。这种有计划地撤除支柱、崩落顶板充填采空区的工作称为放顶。

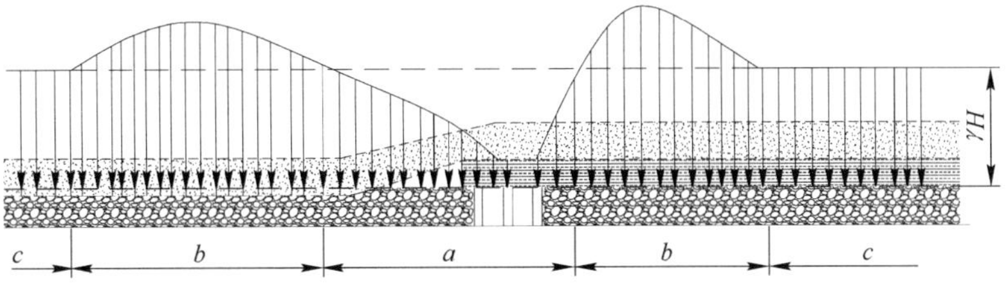

图 10-19 工作面压力分布示意图

a—应力降低区；*b*—应力升高区；*c*—应力稳定区

每次放顶的宽度称为放顶距。放顶后所保留的能维持正常开采工作的最小宽度称为控顶距，一般为 2 ~ 3 排的支柱距离。顶板暴露的宽度称为悬顶距，放顶时悬顶距为最大悬顶距，等于放顶距与控顶距之和，最小的悬顶距等于控顶距（见图 10-20）。

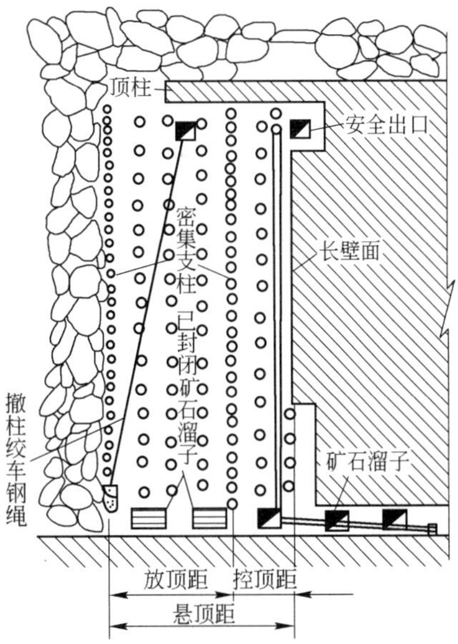

图 10-20 放顶工作示意图

放顶距及控顶距根据岩石稳固性、支柱类型及工作组织等条件确定。放顶距变化范围较大，为一排到五排的支柱间距。合理的放顶距应在保证安全的前提下，使支护工作量及支柱消耗量最小，使工作面采矿强度及劳动生产率最大，因此，要加强顶板管理工作。此外，必须注意总结与掌握采场地压分布状态和活动规律，以便更好地确定顶板管理中的有关参数。

工作面支护的作用主要是延缓顶板下沉，防止顶板局部冒落，以保证回采工作正常进行。因此，支护应具有一定的刚性和可缩性。就是说支护应既有一定的承载能力，又可在压力过大时有一定的可缩量，避免损坏。

木支护一般是用削尖柱脚和加柱帽的方法获得一定的可缩量；金属支护则是利用摩擦力或液压装置来获得一定的可缩量。为了防止顶板冒落应及时支护。此外，必须保证支架的架设质量，使所有支架受力均匀。

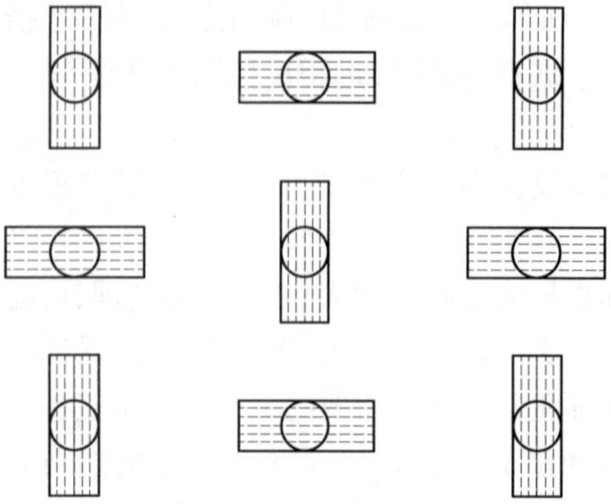

图10-21 柱帽架设方式

工作面支护形式有如下几种：

(1) 木支护。当顶板完整性较好时，采用带柱帽或不带柱帽的立柱或丛柱。柱帽交错排列，如图10-21所示。支柱直径一般为180～200mm，排距0.8～1.6m，间距0.8～1.2m。当顶板岩石破碎时，采用棚子支护；顶板很破碎时，还应在棚子上加背板。

(2) 金属支护。金属支护支撑能力比木支护大，并能多次重复使用，但重量大，使用不便。在矿层顶底板形态稳定和厚度变化不大时，还可以使用液压掩护式支架。

(3) 其他支护形式。除木支护和金属支护外，还有锚杆、木垛和矿柱等支护形式。锚杆一般与木支护配合使用，可增大支柱间距，减少木材消耗量。木垛具有较大的支撑面积和支承能力，一般用在暴露面积比较大的矿石溜井口和安全道口的两侧。

当回采工作面推进到规定的悬顶距时，暂时停止回采，并按下列步骤进行放顶：

(1) 加密控顶距和放顶距的交界线上的支柱。将控顶距和放顶距的交界线上的一排支柱加密，形成单排或双排的不带柱帽的密集支柱，称为切顶密集支柱排。采场地压大时用双排密集支柱；反之，用单排支柱。

(2) 回收放顶区支柱。如图10-20所示，一般采用安装在上部阶段巷道的回柱绞车回收放顶区内的支柱，绞车功率为15～20kW，钢绳直径为20～30mm，平均牵引速度8～10mm/s。回收顺序是沿倾斜方向自下而上，沿走向方向先远后近(相对工作面而言)。如果由于顶板条件很坏或地压很大或其他原因，不能回收支柱或不能全部回收时，将残留在采空区的支柱钻一小孔装入炸药，或直接在支柱上捆上炸药将支柱崩倒。

(3) 必要时强制崩落顶板。在一般情况下，放顶区回柱后，顶板以切顶支柱排为界自然冒落。如顶板不能及时自然冒落，则应预先在切顶密集支柱外0.5m处，逆推进方向打一排倾角约60°、孔深1.6～1.8m的炮孔进行爆破，强制顶板崩落。

矿块开始回采的第一次放顶与以后各次放顶的情况是不同的。第一次放顶的条件比较困难，因为这时顶板类似两端固定的梁，压力显现比较缓慢，不容易全放下来。而以后各次放顶，顶板类似一端固定的悬臂梁，容易放顶。因此，第一次放顶的悬顶距大，约为常规放顶距的1.5～2倍。尤其是当直接顶板比较好时，常产生顶板下不来或冒落高度不够的现象，造成下一次放顶前压力很大，致使工作面冒落。在第一次放顶时，应认真作好准备，如加强切顶支柱，必要时采用双排密集支柱切顶，同时加强控顶区的维护；当顶板不易冒落时，可用爆破进行强制放顶。

放顶时能及时冒落下来的岩层称为直接顶板。直接顶板上部的比较稳固的岩层，经过多次放顶后，达到一定的暴露面积才发生冒落，这层顶板称为老顶，如图10-22所示。老顶大面积冒落前，会使工作面压力急剧增加，如果管理不妥，甚至会将整个工作面压垮。老顶冒落引起长壁工作面地压激烈增长的现象，称为二次顶压。二次顶压的显现情况与直接顶板的岩性和厚薄有关。当直接顶板比较厚时，放顶后直接顶板所冒落的岩石能支撑老顶，则二次顶压的现象就不太明显；相反，直接顶板较薄，则二次顶压就大，这时应特别注意加强顶板管理，掌握二次顶压的来压规律（时间和距离），采取相应措施，如加强切顶支柱和工作面支柱，及时放顶等。

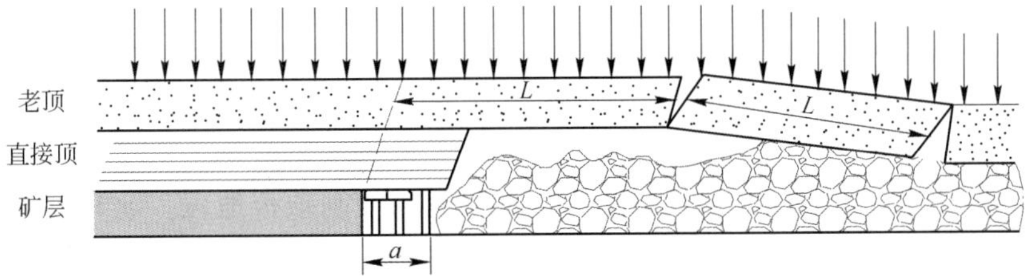

图 10-22　直接顶与老顶

有时在矿层和直接顶板之间，有一层薄而松软的岩石，随着回采工作面的推进而自行冒落，这层岩石称为伪顶。伪顶的存在不仅增加矿石的贫化，并且影响支柱的质量，对生产不利。所以，如有伪顶存在，要注意加强顶板管理工作，保证生产安全。

在顶板管理中，除做好支护和放顶工作外，还应努力提高工作面的推进速度，因为影响地压活动的诸因素中，除地质条件外，时间因素也是很重要的。实践证明，推进速度快，顶板下沉量小，支柱承受的压力也小，支柱的消耗量也相应减小，这对安全和生产都极为有利。

E　通风

长壁工作面的通风条件较好，新鲜风流由下部阶段运输巷道经行人井、切割巷道进入工作面。清洗工作面后的污风经上部安全道排至上部阶段巷道。走向长度大时，应考虑分区通风。

10.2.1.5　开采顺序

多阶段同时回采时，上阶段应超前下阶段，其超前距离应以上部放顶区的地压已稳定为原则，一般不小于 50m。阶段回采一般多采用后退式。在矿块中工作面的推进方向通常与阶段的回采顺序一致，但矿块中如有断层时，应使工作面与断层面成一定的交角，尽量避免两者平行。此外，工作面应由断层的上盘向下盘推进，如图 10-23a 所示，以便工作面推进到断层时，由矿层和岩石托住断层上盘岩体。如推进方向相反，则断层下的岩体作用在支柱上，容易压坏支柱造成冒顶事故，如图 10-23b 所示。

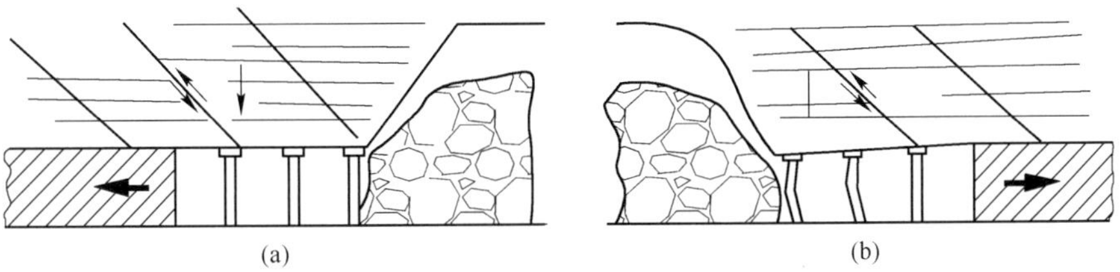

图 10-23　工作面推进方向与地压的关系
（a）压力小；（b）压力大

当开采多层矿时，上层矿的回采应超前于下层矿；待上层矿体采空区地压稳定后，才能回采下一层矿体。庞家堡铁矿的经验是，下层矿体比上层矿体推后三个月采准，推后六个月回采。

10.2.1.6　劳动组织

由于长壁法要求工作面及时支护，为了提高矿块的生产能力，加快推进速度，必须保证落矿、出矿和支护三大作业之间很好配合，在同一个班内常需同时进行各种作业，故一般采用综合工作队的劳动组织，由 20～40 人组成。

阶梯工作面的落矿、出矿和支护三项作业分别在不同阶梯上平行进行。工作面的作业循环，多采用一昼夜一循环的组织形式，即工作面的每一阶梯上每昼夜各完成一次落矿、出矿和支护作业。

10. 2. 2 短壁式崩落法

矿层的顶板稳固性较差时，采用长壁工作面不容易控制顶板地压。此时，可在上下阶段巷道之间，沿矿层的走向掘进分段巷道，用分段巷道划分工作面，将工作面长度缩小，形成短壁，以利于顶板管理。工作面长度多在 20～25m 以下，这样布置工作面的壁式崩落法称为短壁式崩落法。

图 10-24 是短壁式崩落法的示意图，其回采作业与长壁法基本相同。上部短壁工作面超前于下部，上部短壁工作面采下的矿石经过分段巷道和上山运到阶段运输巷道，装车运走。采场采用电耙运搬，分段巷道和上山多用电耙，也可采用矿车转运。

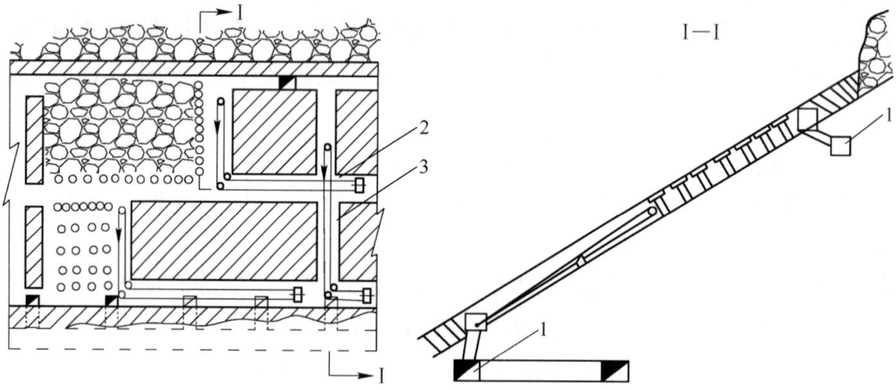

图 10-24 短壁式崩落法示意图

1—阶段运输巷道；2—分段巷道；3—上山

10. 2. 3 进路式崩落法

如果矿层稳定性很差，不允许采用短壁工作面回采时，则可采用进路式崩落法。如图 10-25所示，进路式崩落法的特点是将矿块用分段巷道或上山划分成沿走向的小分段或沿倾斜的条带，从分段巷道或上山向两侧（或一侧）用进路进行回采。

进路的宽窄视顶板岩石稳固性而定。顶板岩石很不稳固时，采用宽度为 2. 0～2. 5m 的窄进路；顶板条件稍好时，可将进路加宽到 5～7m，以提高工作面的生产能力。进路采完后放顶。有时为了降低贫化及改善进路的支护条件，在进路靠已采区的一侧留有宽为 1. 0～1. 5m 的临时矿柱，矿柱在放顶前回收。

10. 2. 4 单层崩落法评价

单层崩落法是开采顶板岩石不稳固、厚度小于 3m、倾角小于 30°的层状矿体的有效采矿方法。应用这种方法时，地表必须允许崩落。

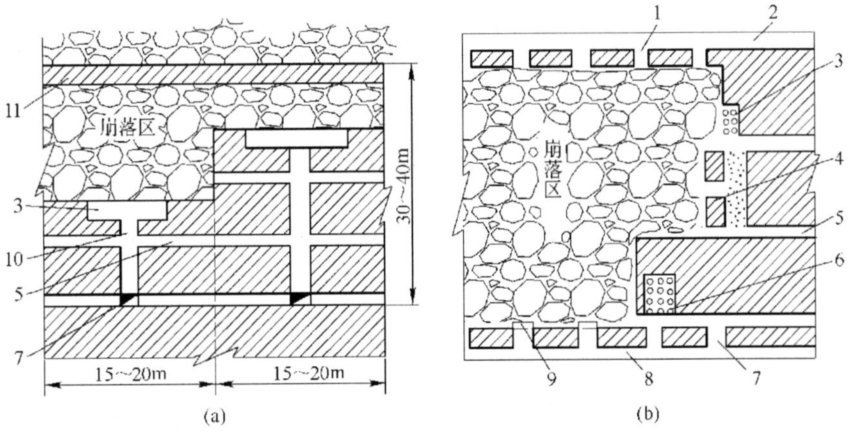

图 10-25 进路式崩落法示意图

(a)自上山向两侧开掘回采进路;(b)自分段巷道开掘回采进路

1—安全口;2—回风巷道;3—窄进路;4—临时矿柱;5—分段巷道;6—宽进路;7—矿石溜井;8—阶段运输巷道;9—隔板;10—上山;11—顶柱

长壁崩落法的采准工作和工作面布置比较简单,因此,同其他在相同条件下可用的采矿方法比,它是一种生产能力大、劳动效率高、损失贫化小、通风条件好的采矿方法。这种方法在国内外金属和非金属矿得到比较广泛的应用。其缺点是目前支护材料仍以木材为主,坑木消耗量大(每千吨矿石消耗量常常大于 $10m^3$),支护工作劳动强度大,顶板管理复杂。

短壁崩落法工作面短小,灵活性大,但矿块的生产能力和劳动生产率均低于长壁法。此法适用于地质条件复杂、地压较大的条件。如果地质条件复杂和地压过大,采用短壁崩落法也不可能时,可用进路式崩落法回采。

该方法的改进方向主要在于:研究和掌握地压活动规律,改进顶板管理工作,研究坑木代用,尤其是应用机械化的金属支架,如液压自行掩护支架,以减轻体力劳动,提高安全程度和工作面的推进速度;应研制新型工作面运搬机械,特别是能用于底板起伏不平的运搬机械,改进现有的运搬机械,如采用多耙头串式电耙,以提高工作面的运搬能力。

单层崩落法的主要技术经济指标列于表 10-1。

表 10-1 我国矿山应用单层崩落法的主要技术经济指标

项 目	矿 山					
	庞家堡铁矿	焦作黏土矿	王村铝土矿	湘潭锰矿	湖田铝土矿	明水黏土矿
采矿方法	长壁式	长壁式	长壁式	短壁式	短壁式	长壁式
采切工作量/$m \cdot kt^{-1}$	30~40	—	9.51	—	28.5~41.3	10
矿块生产能力/$t \cdot d^{-1}$	100~150	120	200	—	100(两个短壁面)	200~230
采矿工效率/t·(工班)$^{-1}$	5.8	5.5	5.4~5.7	2.55~3.0	4.0	4.6
坑木消耗/$m^3 \cdot kt^{-1}$	10~11	12	8.34	21	12.6	8.6
炸药消耗/$kg \cdot t^{-1}$	0.3	0.02~0.03	0.196	0.34	0.72	—
损失率/%	22~30	17	15	10	20.4	15
贫化率/%	4.6~5.5	—	5.0	—	8.0	5
矿石成本/元·t^{-1}	13.20	3.28	—	21.5	8.5(工作面作业成本)	—
坑木回收率/%	34.6	80	90	—	—	65
坑木复用率/%	24.5	60	—	—	80	55

10.3 有底柱分段崩落法

有底柱分段崩落法也称为有底部结构的分段崩落法。该方法的主要特征是，由上而下逐个分段进行回采，每个分段下部设有出矿专用的底部结构（底柱）。

有底柱分段崩落法大都采用挤压爆破。应用这种方法开采中厚矿体的典型方案，如图10-26所示。

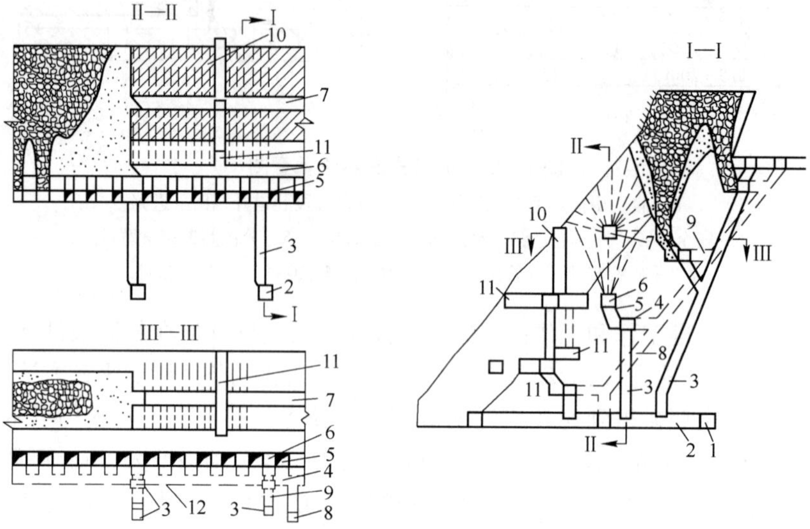

(a)

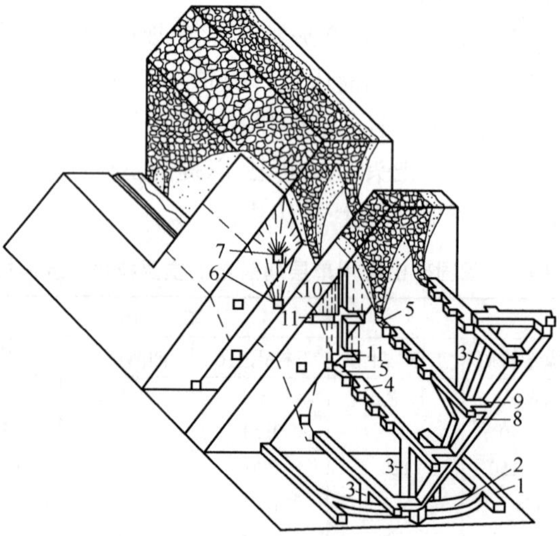

(b)

图10-26 有底柱分段崩落采矿法

(a)三面投影图；(b)立体图

1—阶段沿脉运输巷道；2—阶段穿脉运输巷道；3—矿石溜井；4—电耙巷道；5—斗颈；6—堑沟巷道；7—凿岩巷道；8—行人通风天井；9—联络道；10—切割井；11—切割横巷；12—电耙道与高溜井的联络道（通风用）

10.3.1 矿块结构参数

阶段高度主要取决于矿体倾角、厚度和形状规整程度，一般为 50 ~ 60m；分段高 10 ~ 25m，分段底柱高 6 ~ 8m；矿块尺寸常以电耙道为单元进行划分，矿块长 25 ~ 30m、宽10 ~ 15m。

10.3.2 采准工作

出矿、行人、通风和运送材料等采准工程都布置于下盘脉外。阶段运输为穿脉装车的环形运输系统。电耙道也布置于下盘脉外，采用单侧堑沟式漏斗。下两个分段采用独立垂直放矿溜井，上两个分段采用倾斜分支放矿溜井。每 2 ~ 3 个矿块设置一个行人进风天井，用联络道与各分段电耙道贯通，作为行人、通风、运送材料和敷设管缆之用。每个矿块的高溜井都与上阶段脉外运输巷道相通，且以联络道与各分段电耙道相连，作为各分段电耙道的回风井。

10.3.3 切割工作

切割工作包括开掘堑沟和切割立槽。如图 10-27 所示，在堑沟巷道内钻凿垂直上向中深孔，与落矿同次分段爆破形成堑沟。堑沟炮孔爆破的夹制性较大，所以常常把扇形两侧的炮孔适当加密。在电耙道一侧边孔的倾角通常不小于 55°。为了减少堵塞次数和降低堵塞高度，在耙道的另一侧钻凿 1 ~ 2 个短炮孔，短炮孔倾斜角控制在 20°左右。

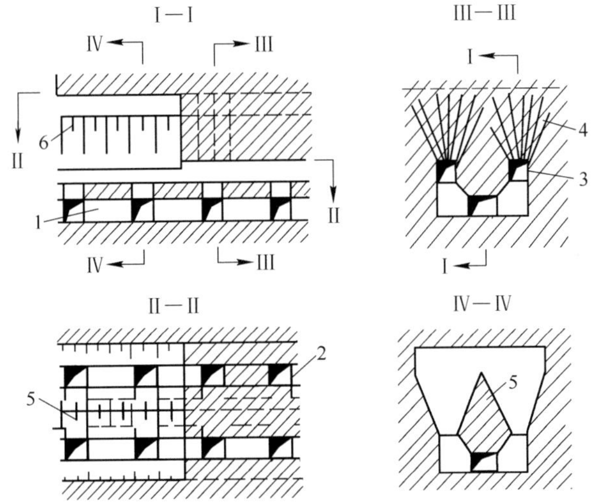

图 10-27 堑沟结构

1—电耙道；2—放矿口；3—堑沟巷道；4—中深孔；5—桃形矿柱；6—堑沟坡面

堑沟切割有工艺简单、工作安全、效率高且容易保证质量等优点，所以应用比较普遍。但堑沟对底柱切割较大，以及堑沟爆破对底柱的破坏作用大，故底部结构稳固性受到一定影响。

开凿切割立槽是为了给落矿和堑沟开掘自由面和提供补偿空间。根据切割井和切割巷道的相互位置不同，切割立槽的开掘方法可分为“八”字形拉槽法、“丁”字形拉槽法两种。

(1) “八”字形拉槽法。如图 10-28a 所示，多用于中厚以上的倾斜矿体。从堑沟按预定的切割槽轮廓，掘进两条方向相反的倾斜天井，两井组成一个倒“八”字形。紧靠下盘的天井用作凿岩，另一条天井作为爆破的自由面和补偿空间。自凿岩天井钻凿平行于另一条天井

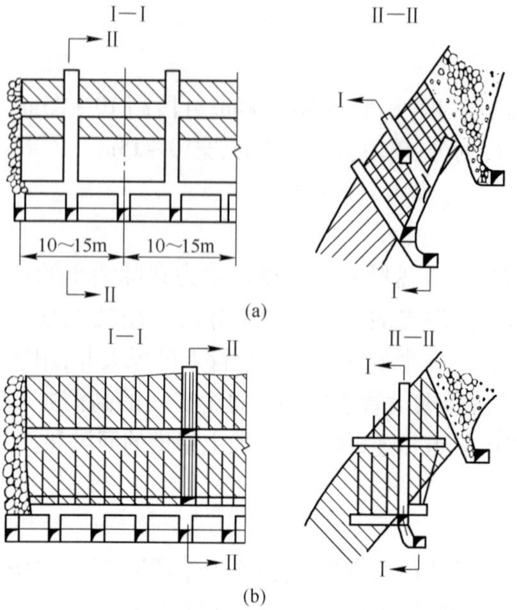

图 10-28 切割立槽的开掘方法

(a)“八”字形拉槽法;(b)“丁”字形拉槽法

的中深孔,爆破这些炮孔后便形成切割槽。

这种切割方法具有工程量少,炮孔利用率高,废石切割量小等优点,但凿岩工作条件不好,工效较低。

(2)“丁”字形拉槽法。如图 10-28b 所示,掘进切割横巷和切割井,切割横巷与切割井组成一个倒“丁”字形。自切割横巷钻凿平行于切割井的上向垂直平行中深孔。以切割井为自由面和补偿空间,爆破这些炮孔则形成切割立槽。

切割巷道的断面通常取决于所使用的凿岩设备,其长度取决于切割槽的范围。切割井位置通常根据矿石的稳固性、出矿条件、天井两侧炮孔排数等因素确定。“丁”字形拉槽法可用于各种厚度和各种倾角的矿体,比“八”字形拉槽法凿岩条件好,操作方便,在实际工作中应用较多。

切割槽的形成步骤有两种:

(1) 形成切割槽之后进行落矿。优点是能直接观察切割槽的形成质量,并能及时弥补其缺陷。缺点是对矿岩稳固性要求高,也容易造成因补偿空间过于集中,不能很好发挥挤压爆破的作用,在实践中使用不多。

(2) 形成切割槽与落矿同次分段爆破。优缺点恰与前者相反,为当前大多数矿山所采用。切割槽应垂直于矿体走向,布置在爆破区段的适中位置,使补偿空间尽量分布均匀。此外应布置在矿体肥大或转折和稳固性较好的部位。

10.3.4 回采工作

回采一般用中深孔或深孔落矿。中深孔一般用钻凿台架钻凿,深孔一般用潜孔钻机钻凿。中深孔落矿方法使用广泛。

为了减少采准工程量,可把图 10-26 的凿岩巷道和堑沟巷道合为一条,如图 10-29 所示。把前面方案的菱形崩矿分间改为矩形崩矿分间,崩下的矿石很大一部分暂留,由下分段放出。在上向垂直扇形中深孔落矿的有底柱分段崩落法中,广泛使用挤压爆破。按崩落矿石获得补偿空间的条件,可分为小补偿空间挤压爆破和向崩落矿岩挤压爆破两种回采方法。

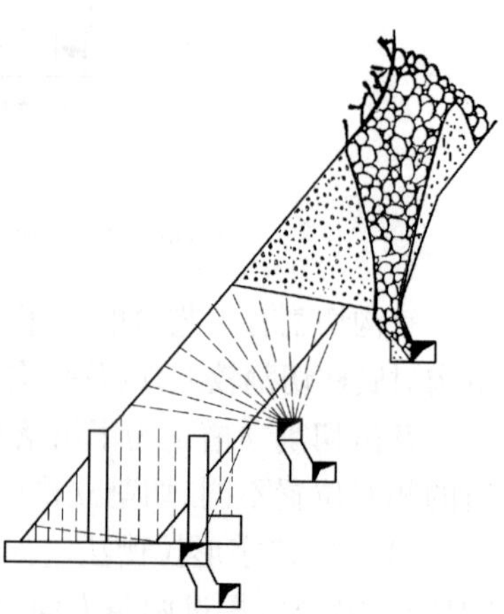

图 10-29 矩形崩矿分间

10.3.4.1 小补偿空间挤压爆破方案

如图 10-30 所示,崩落矿石所需要的补偿空间由崩落矿体中的井巷空间所提供。常用的补偿空间系数为 15% ~ 20%。若过大,不但增加了采准工程量,而且还能降低挤压爆破的效果;若过小,容易出现过挤压甚至出现“呛炮”现象。在设计时,可参考下列情况选取补偿空间系数的数值:

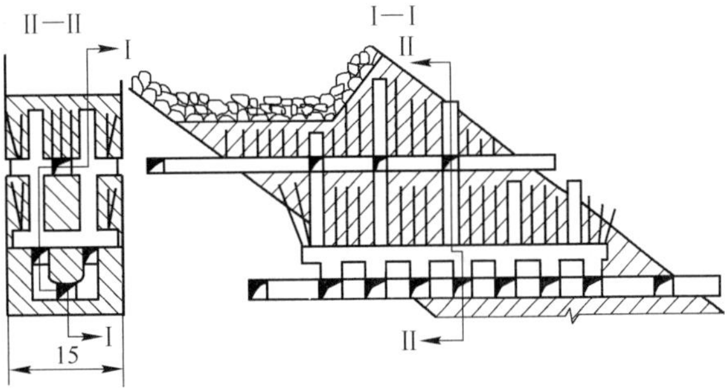

图 10-30 小补偿空间挤压爆破方案

（1）矿石较坚硬和桃形矿柱稳固性差或补偿空间分布不均匀、落矿边界不整齐时，可取较大的数值。

（2）矿石破碎或有较大的构造破坏、相邻矿块都已崩落，或电耙巷道稳固且补偿空间分布均匀、落矿边界整齐时，可取较小的数值。

矿块的补偿空间系数确定后，可进行矿块采准切割工程的具体布置，使其分布于落矿范围内的堑沟巷道、分段凿岩巷道、切割巷道、切割天井等工程的体积与落矿体积之比符合确定的数值。当出现补偿空间与要求数量不一致时，常以变动切割槽的宽度、增加切割天井的数目、调整切割槽间距等办法求得一致。

一般过宽的切割槽施工是比较困难的，且因其空间集中，影响挤压爆破效果。切割天井数目的可调范围也不大。所以常常以调整切割槽的间距，即用增减切割槽的数目来适应确定的补偿空间系数。

小补偿空间挤压爆破回采方案的优点有：

（1）灵活性大，适应性强，一般不受矿体形态变化、相邻崩落矿岩的状态、一次爆破范围的大小、矿岩稳固性等条件的限制；

（2）对相邻矿块的工程和炮孔的破坏较小；

（3）补偿空间分布比较均匀，且能按空间分布情况调整矿量，故落矿质量一般都较好，而且比较可靠。

该方案的缺点有：

（1）采准切割工程量大，一般都在 15 ~ 20m/kt，比向崩落矿岩方向挤压爆破的方案大 3 ~ 5m/kt；

（2）采场结构复杂，施工机械化程度低，施工条件差；

（3）落矿的边界不甚整齐。

小补偿空间挤压爆破回采方案适用于以下条件：

（1）各分段的第一矿块或相邻部位无崩落矿岩；

（2）矿石较破碎或需降低对相邻矿块的破坏影响；

（3）为生产衔接的需要，要求一次崩落较大范围。

10.3.4.2 向崩落矿岩方向挤压爆破方案

如图 10-31 所示，矿块的下部是用小补偿空间挤压爆破形成堑沟切割，上部为向相邻崩落矿岩挤压爆破，这一方案有时也称为侧向挤压爆破。

实施向相邻崩落矿岩挤压爆破时，在爆破前，需要对前次崩落的矿石进行松动放矿，其目的是将爆破后压实的矿石松散到正常状态，以便本次爆破时借助爆破冲击力挤压已松散的矿石来获得补偿空间。如此逐次进行，直至崩落全部矿石。

该方法不需要开掘专用的补偿空间，但邻接崩落矿岩的数量及其松散状态对爆破矿石数量及破碎情况具有决定性的影响，所以本法不如小补偿空间挤压爆破灵活和适应性大。此外，采用该种挤压爆破时，大量矿石被抛入巷道中，需人工清理，工作繁重并且劳动条件不好。

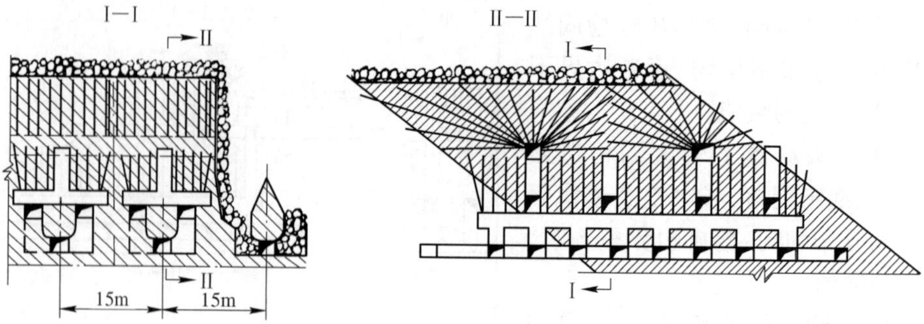

图10-31 向崩落矿岩挤压爆破回采方案

有底柱分段崩落法大都使用电耙出矿，绞车功率多为30kW，耙斗容量0.25～0.3m^3，耙运距离30～50m。有的矿山使用55kW电耙绞车，耙斗容量0.5m^3。

10.3.5 放矿管理

在覆岩下放矿，当矿石层高度较大时需要良好的放矿管理。放矿管理包括选择放矿方案、编制放矿计划以及实施放矿控制与调整三项工作。

10.3.5.1 *放矿方案*

根据放矿过程中矿岩接触面的形状及其变化过程，可将放矿方案分为下列三种形式，如图10-32所示。

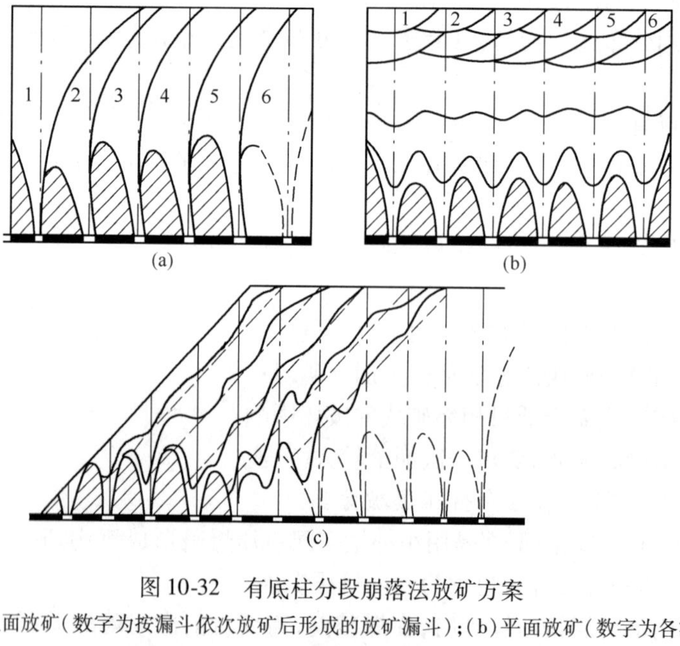

图10-32 有底柱分段崩落法放矿方案

(a)立面放矿（数字为按漏斗依次放矿后形成的放矿漏斗）；(b)平面放矿（数字为各漏斗按顺序每次放矿后矿岩接触面下降情况）；(c)斜面放矿

(1) 平面放矿。放矿过程中矿岩接触面保持近似水平下移，根据平面移动要求控制各漏口放出矿量和放矿顺序。该放矿方案在放矿过程中的矿岩接触面积最小，有利于减少损失贫化。

(2) 立面放矿。立面放矿即依次全量放矿。其特点是各漏孔依次放出，并且每个漏孔一直放到截止品位为止，然后关闭漏孔。由于这种放矿方案的矿岩接触面以陡立的斜面向前移动，故称之为立面放矿。该方案在放矿过程中矿岩接触面较大，不利于矿石的回收。和平面放矿比较，立面放矿的纯矿石放出量少，损失、贫化均较大，底部残留高度也大。该方案的优点是放矿过程的管理简单。矿石层高度大时不宜采用这种放矿方案。只有当矿石层高度不大，亦即相邻放矿口的相互作用不大时，可以采用立面放矿方案。

（3）斜面放矿。该方案的特点是放矿过程中矿岩接触面保持倾斜面向前移动，可按45°左右的矿岩斜面确定进入放矿带的放出漏孔数。斜面放矿方案多用于连续回采的崩落法中。

在生产实践中，可选用一种方案或两种方案联合使用，亦可将某个方案作某些改变，成为一种变形方案。总之，要结合崩落矿块和矿山放矿管理的具体情况，确定放矿方案。

10.3.5.2 *放矿计划的编制*

放矿方案确定后，根据崩落矿岩堆体和出矿巷道的布置，编制放矿计划。下面以平面放矿方案为例，简述放矿计划的编制方法。

（1）确定每漏孔放出总量。每个漏孔应放出的总量等于每个漏孔负担平面之上的矿石柱体积减去底柱残留体积。对靠近下盘漏孔的矿石柱，还需要减去下盘损失数量。

（2）确定每漏孔的一轮放出量。每个漏孔每轮的放出矿石量，根据该孔当时的负担面积乘以下降高度计算。每轮矿岩接触面下降高度一般可取2m左右。

（3）编绘放矿图表。根据上面所得数据编绘出放矿计划图表，标明各漏孔每次放出量和矿岩接触面相应的下降高度。

（4）确定放矿步骤。有的矿山按四步编制放矿计划。第一步为松动放矿，使全部漏孔之上的矿石松散，在挤压爆破条件下放出崩落矿量的15%左右；第二步为削高峰放矿，放出崩落矿石堆超高部分；第三步为均匀放矿，按平面下降要求确定各孔每次的放出量，每个漏孔如此放到开始有岩石混入为止；第四步改用依次全量放矿，各漏孔可以一直放到截止品位后，关闭漏孔。

10.3.5.3 *放矿控制*

放矿控制就是控制每个漏孔放出矿石的数量和质量。如果按放矿计划控制放矿量，而在生产中出现实际放矿量与计划不一致时，要在下次放矿时进行调整。有的矿山为此在整个放矿高度上规定出2~3个调整线，要求到达调整线时各漏孔的放出量符合计划要求。

质量控制就是按规定的截止品位来控制截止放矿点，防止过早与过晚封闭漏孔。

放矿控制是放矿管理中的基本工作。放矿时准确控制和计量各孔放出量以及及时化验品位，是改进这项工作的关键环节。

在井下设矿石品位化验站，使用X射线荧光分析仪测定品位，可以满足及时化验品位的要求。但放矿量的控制和计量的准确性尚有待改进。

放矿方案选择、放矿计划编制和调整等工作可借助计算机仿真来实现。按优化原则拟定多种放矿计划，用计算机仿真预测每种计划实施后的矿石损失与贫化，根据矿石损失贫化值从中选出最优计划。在放矿中出现漏孔放出量与计划有较大出入时，用计算机仿真按最小的矿石损失贫化要求重新调整放矿计划，再按新计划放矿。同时，计算机仿真能够给出放矿过程中采场内部矿岩移动情况，以及各漏孔放出的矿石原来的空间位置等，这对分析矿石损失贫化过程很有帮助。

10.3.6 评价

有底柱分段崩落法在我国地下金属矿山应用比较普遍，特别是在有色金属矿山得到广泛应用，且有增加的趋势。

10.3.6.1 适用条件

有底柱分段崩落法一般适用于以下条件：

(1) 地表允许崩落。但若地表表土在岩层崩落后遇水可能形成大量泥浆涌入井下时，需要采取预防措施。

(2) 矿体厚度和矿体倾角。急倾斜矿体厚度不小于5m，倾斜矿体不小于10m，当矿体厚度超过20m时，倾角不限。最适用于厚度为15～20m以上的急倾斜矿体。

(3) 岩石稳固性。上盘岩石稳固性不限，岩石破碎不稳固时，采用有底柱分段崩落法比其他采矿法更为合适。由于采准工程常布置在下盘岩石中，所以下盘岩石稳固性以不低于中等稳固为好。

(4) 矿石稳固性。矿石稳固性应允许在矿体中布置采准和切割工程，出矿巷道经过适当支护后，应能保持出矿期间不遭破坏，故矿石稳固性应不低于中等稳固。

(5) 矿石价值。除非是在特殊有利条件（倾角大于75°～78°，厚度大于15～20m，矿体形态比较规整）下，此法的矿石损失贫化较大，故适于开采矿石价值不高的矿体。

(6) 夹岩厚度和矿石性能。由于该法不能分采分出，以矿体中不含较厚的岩石夹层为好。在矿体倾角大、回采分段高的情况下，矿石必须无自燃性和结块性。

10.3.6.2 主要优缺点

有底柱分段崩落法的主要优点有：

(1) 由于该法具有多种回采方案，可以用于开采各种不同条件的矿体，故使用灵活，适用范围广；

(2) 生产能力较大，年下降深度可达20～23m，矿体单位面积产量达75～100t/(m^2·a)；

(3) 采矿与出矿的设备简单，使用和维修都很方便；

(4) 与其他崩落采矿法相比，通风条件较好，有贯通风流，当采用新鲜风流直接进入电耙巷道的通风系统时，可保证风速不小于0.5m/s。

有底柱分段崩落法的主要缺点有：

(1) 采准切割工程量大，施工机械化程度低，底部结构复杂，其工程量约占整个采准切割工程的一半；

(2) 矿石损失贫化较大，在矿体不陡、厚度不大的情况下更为严重。一般矿石损失率为15%～20%、贫化率为20%～30%。

10.3.6.3 改进途径

根据我国矿床地质条件和采矿设备条件，有底柱分段崩落法近期仍是主要采矿方法之一，使用范围可能还会增大。该方法今后的改进有下列几项：

(1) 实施集中作业，强化开采，推广强掘、强采、强出，在矿石破碎地压较大的条件下尤为必要。

(2) 简化采场结构，特别是简化底部结构。

(3) 采用高效率的出矿设备和凿岩设备。目前普遍采用电耙出矿，出矿能力限制了采场生产能力，今后一方面要增大耙矿绞车能力和耙斗容积，另一方面推广铲运机出矿；进一步研制深孔凿岩设备，增加有效凿岩深度，较大幅度地减少采准工程量。

(4) 振动出矿机是一种有前景的出矿设备，它应用于漏孔负担出矿量较大的有底柱崩落法中，不仅可以大幅度提高采场出矿能力，而且有利于放矿管理，应积极进行试验与推广。

(5) 加强放矿管理，改进控制放矿量和封斗、计量、快速化验分析等方面的技术工作，降低矿石损失、贫化。

(6) 重视对地压和回采顺序的研究，掌握有底柱分段崩落法的地压活动规律。

10.3.6.4 技术指标

我国矿山应用有底柱分段崩落法实际取得的主要技术指标列于表 10-2。

表 10-2 我国有底柱分段崩落法主要技术指标

矿山名称	采准工程量 /m·kt^{-1}	劳动消耗/工班·kt^{-1}				采场生产能力 /t·d^{-1}	损失率 /%	贫化率 /%	主要材料消耗			
									炸药/kg·t^{-1}		坑木 /m^3·t^{-1}	水泥 /kg·t^{-1}
		采切	落矿	出矿	合计				落矿	二次破碎		
篦子沟	14	77	40	48	165	250	15.50	22.56	0.51	0.162	0.000125	2.365
易门狮山坑	21.3	66	15	28	109	254	10.4	25.3	0.2	0.665	0.0105	—
胡家峪	15	94	83	40	217	300	19.63	26.03	0.0479	0.260	0.00024	2.15
因民	22.9	73.5	51	14.2	138.7	160 ~ 170	18.2	22.6	0.445	0.061	0.001	
松树脚	27 ~ 34.4	99.1	23.5	73.2	195.8	150 ~ 200	25	10 ~ 15	0.27	0.125	0.004	3.5
易门凤山坑	22	58	18	25	101	150 ~ 180	20 ~ 22	32	0.35 ~ 0.4	0.065	0.0305	—

10.4 无底柱分段崩落法

无底柱分段崩落法自 20 世纪 60 年代中期在我国开始使用以来，在金属矿山获得迅速推广，特别是在铁矿山的应用更为广泛，目前已占地下铁矿山矿石总产量的 80% 左右。

同有底柱分段崩落法比较，该法的基本特征是，分段下部不设由专门出矿巷道所构成的底部结构，分段的凿岩、崩矿和出矿等工作均在回采巷道中进行，因此，大大简化了采场结构，给使用无轨自行设备创造了有利条件，并可保证工人在安全条件下作业。

10.4.1 矿块布置及结构参数

无底柱分段崩落采矿法典型方案见图 10-33。一般以一个出矿溜井服务的范围划分为一个矿块，根据矿体厚度和出矿设备的有效运距确定矿块布置形式。一般情况下，矿体厚度小于 15 ~ 20m 时，矿块沿走向布置；否则，垂直走向布置。

在有自燃和泥水下灌危害的矿山，可将厚矿体划分成具有独立系统的分区进行回采，以减少事故的影响范围；当矿体水平面积很大时，为了增加工作点，也要划为分区回采。

无底柱分段崩落法的阶段高度一般为 60 ~ 120m，当矿体倾角较缓，赋存形态不规整及矿岩不稳固时，阶段高度可取低一些。分段高度和进路间距是主要结构参数。为了减少采准工作量和降低矿石成本，在凿岩能力允许和不降低回采率的条件下，可加大分段高度和进路间距。我国矿山采用的分段高度一般为 10 ~ 15m；进路间距一般略小于分段高度，常用 8 ~ 15m。依据放矿理论，分段高度与进路间距、进路宽度以及崩矿步距之间关系密切，必须根据矿山具体情况进行结构参数的优化设计。

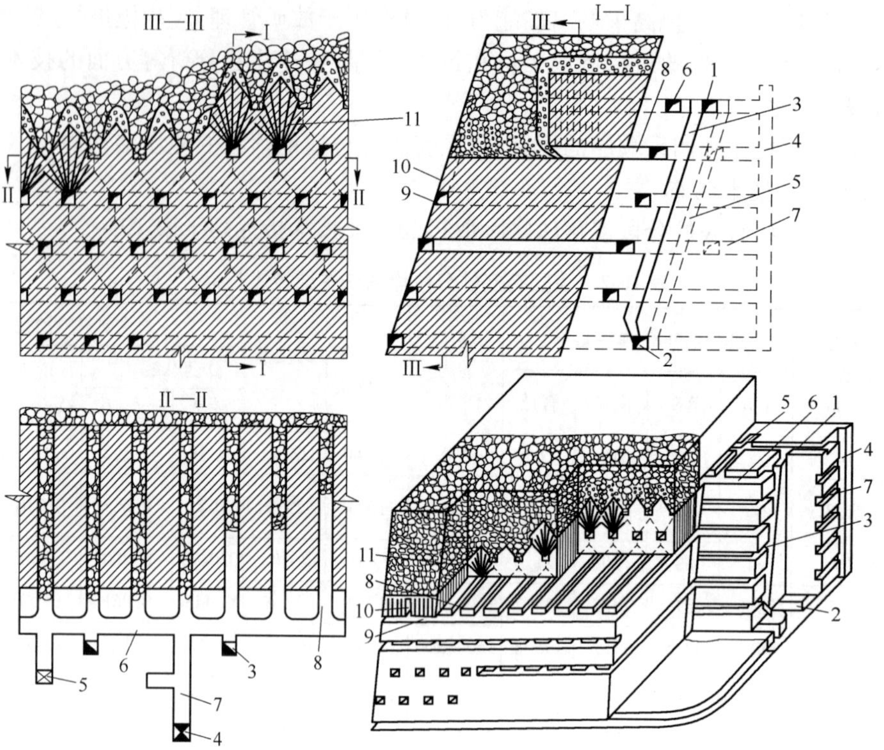

图 10-33 无底柱分段崩落采矿法典型方案

1,2—上下阶段沿脉运输巷道;3—矿石溜井;4—设备井;5—通风行人天井;
6—分段运输平巷;7—设备井联络道;8—回采巷道;9—分段切割平巷;
10—切割天井;11—上向扇形炮孔

放矿溜井的间距主要取决于出矿设备的类型。使用小型铲运机(铲斗容积≤$1.5m^3$)时,合理运距不超过80~100m;当矿块垂直矿体走向布置时,溜井间距一般为60~80m;沿走向布置时,一般为80~100m;当采用大型铲运机(铲斗容积≥$4.0m^3$)出矿时,溜井间距可增大到90~150m。溜井间距也与溜井的通过矿量有关,要避免因一个溜井承担矿量过大而磨损过大,导致提前报废而影响生产。

10.4.2 采准切割布置

10.4.2.1 阶段运输沿脉平巷布置

阶段运输沿脉平巷一般布置在下盘岩石中,在其下阶段矿体回采错动范围之外。当下盘岩石不稳固而上盘岩石稳固时,也可布置在上盘岩石中。

10.4.2.2 溜井布置

原则上每个矿块只布置一个溜井。当有多种矿石产品时,需布置多个溜井;当矿体中有较多的夹石需要剔除或脉外掘进量大时,可以每1~2个矿块设一个废石溜井。当采用装运机出矿而矿体厚度大于50~70m,或采用铲运机出矿而矿体厚度大于100~150m时,需在矿体内布置溜井,在回采过程中,应做好各分段的降段封井工作。

溜井一般布置在脉外,这样生产上灵活、方便。溜井受矿口的位置应与最近的装矿点保留一定的距离，以保证装运设备有效运行。

溜井应尽量避免与卸矿巷道相通（见图 10-34a）。可用小的分支溜井与巷道相通，如图 10-34b所示，这样在上下分段同时卸矿时，互相干扰小，也有利于风流管理。

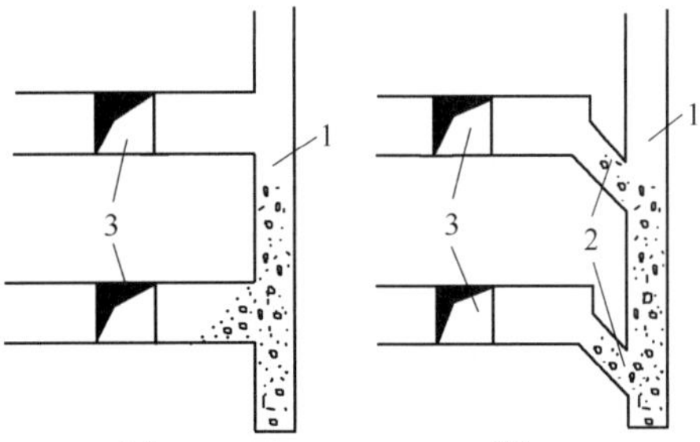

图 10-34　卸矿巷道与溜井的结构
（a）卸矿巷道与溜井直接相通；
（b）卸矿巷道通过小分支溜井与溜井相通
1—主溜井；2—分支溜井；3—分段运输联络道

当开采厚大矿体时，大部分溜井都布置在矿体内。当回采工作后退到溜井附近，本分段不再使用此溜井时，应将溜井口封闭，以防止上部崩落下来的覆盖岩石冲入溜井。封闭时，溜井口要扩大出一个平台以托住封井用的材料，使其经受外力作用后不致产生移动。封闭最下层用钢轨装成格筛状，上面铺几层圆木，最上面覆盖上 1 ~ 2m 厚的岩碴。有的矿山为了节省钢材和木材，以及改善溜井处的矿石回采条件，改用矿石混凝土充填法封闭溜井。首先将封闭段溜井内矿石放到要封闭的水平，然后再用混凝土充填一段（1m），最后用混凝土加矿石全段充填。封井工作要求保证质量，否则一旦因爆破冲击使封井的材料及上部的岩碴一起塌入溜井中，将会给生产带来严重的影响。因此，在条件允许情况下，溜井应尽量布置在脉外，以减小封井工作。当脉外溜井位于崩落带内时，开采下部分段也要注意溜井的封闭。

当矿体倾角较缓时，应尽量采用倾斜溜井，以减小脉外运输联络道的长度，也避免因下部分段运输距离加大而降低装运设备的生产能力。

方形溜井断面尺寸一般为 2m × 2m，圆形溜井断面直径一般为 2m。

10.4.2.3　设备井和斜坡道布置

为了运送设备、人员和材料，一般采用设备井和斜坡道两种运送方案。

A　设备井

设备井目前有两种装备方法，一种是在同一设备井中安装两套提升设备。当运送人员或不大的材料时，用电梯轿厢；当运送设备时，用慢动绞车，并将轿厢钢绳靠在设备井的一侧，轿厢停在最下分段水平；另一种是分别设置设备井和电梯井，设备井安装大功率绞车运送整体设备。前种方法适用于设备运送量不大的矿山；对设备运送频繁的大型矿山，可采用后一种方法。而矿量不大的小型矿山和大型矿山中某些孤立的小矿体，可装备简易设备井，解决设备、人员和材料的运送问题。

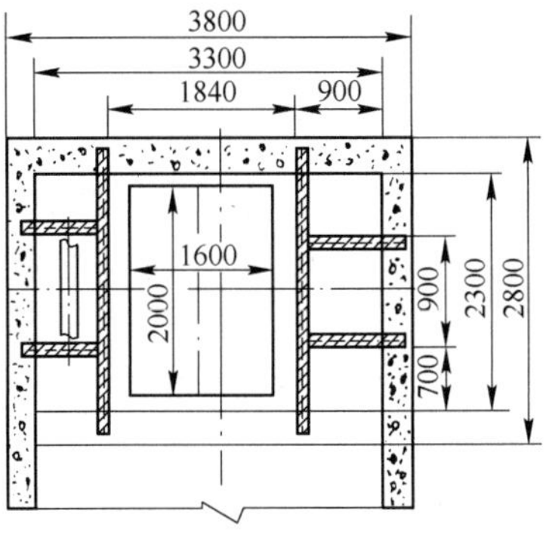

图 10-35　电梯设备井断面布置

设备井应布置在本阶段的崩落界线以外，一般布置在下盘围岩中。只有在矿体倾角大、下盘围岩不稳固而上盘围岩稳固以及为了便于与主要巷道联络时，才将设备井布置在上盘围岩中。当矿体走向长度很大时，根据需要沿走向每 300m 布置一条设备井。

设备井的断面应根据运送设备的需要确定。大庙铁矿设备井的断面布置如图 10-35 所示。设备井通常兼作入风井。

B　斜坡道

在无底柱分段崩落法中，随着铲运机的应用，分段与阶

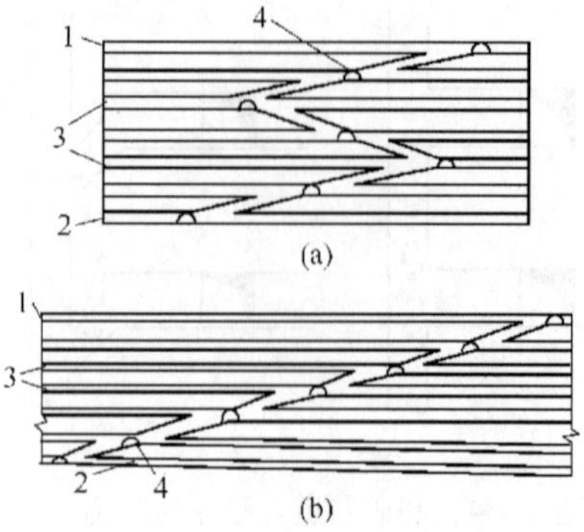

图 10-36 折返式斜坡道示意图
(a)几个分段折返;(b)阶段折返
1,2—阶段运输巷道;
3—分段运输巷道;4—联络道

段运输水平常用斜坡道连通。斜坡道一般采用折返式，如图 10-36 所示。

根据进入分段的开口位置不同，分为图 10-36a 与图 10-36b 两种方式。a 种方式斜坡道进口沿走向变动范围小，有利于双侧退采；但折返次数多，开掘工作复杂。

斜坡道的间距为 250 ~ 500m，坡度根据用途不同取 10% ~15%。仅用于联络通行和运送材料等可取较大坡度(15% ~25%)。路面可用混凝土、沥青或碎石铺设。

斜坡道断面尺寸主要根据无轨设备(铲运机)外形尺寸和通风量确定。巷道宽度等于设备宽度加 0.9 ~ 1.2m；巷道高度等于设备高度加 0.6 ~0.75m。丰山铜矿掘成地表折返式主斜坡道，坡度为 14% ~17%，分段支斜坡道坡度为 20%，断面为 3.2m ×4.2m(适应 LK-1 型铲运机)。

10.4.2.4 回采巷道的布置

回采巷道的间距对矿石的损失贫化、采准工作量和回采巷道的稳固性都有一定的影响。在一般条件下，回采巷道间距主要根据充分回收矿石要求确定，目前国内多采用 8 ~15m。如果崩落矿石粉矿多、温度大和流动性差，此时流动带宽度小，可采用较小的间距。

回采巷道的断面主要取决于回采设备的作业尺寸、矿石的稳固性及掘进施工技术水平等。当采用 YGZ-90 型凿岩机凿岩和小型铲运机出矿时，回采巷道的最小宽度为 3m，最小高度为 2.8m；当采用液压凿岩设备和大型铲运机时，宽度多为 3.6 ~4.5m，高度多为 3.0 ~ 3.8m。在矿石稳固性允许的情况下，适当加大回采巷道的宽度，有利于设备的操作和运行，还有利于提高矿石的流动性，并可减少矿石堵塞，提高出矿能力；如果沿巷道全宽均匀装矿，则可扩大矿石流动带，改善矿石的回收条件。在保证设备运行方便的条件下，回采巷道的高度小一些好，有利于减少端部(正面)矿石残留。

回采巷道的断面形状以矩形为好，有利于在全宽上均匀出矿。拱形巷道不利于巷道边部矿石流动，使矿石的流动面变窄，并易发生堵塞，增大矿石损失。如果矿石的稳固性差，需要采用拱形时，应适当减小回采巷道间距。

为了使重载下坡和便于排水，回采巷道应有 3‰的坡度。

回采巷道布置是否合理，将直接影响损失贫化。上下分段回采巷道应严格交错布置，如图 10-37b 所示，使回采分间成菱形，以便将上分段回采巷道间的脊部残留矿石尽量回收。如果上下分段的回采巷道正对布置，如图 10-37a 所示，纯矿石放出体的高度很小，亦即纯矿石的放出量大大降低。在同一分段内，回采巷道之间应相互平行。

当矿体厚度大于 15 ~20m 时，回采巷道一般垂直走向布置。垂直走向布置回采巷道，对控制矿体边界、探采结合、多工作面作业、提高回采强度等均为有利。

当矿体厚度小于 15 ~20m 时，回采巷道一般沿走向布置，如图 10-38 所示。

根据放矿理论，放出漏斗的边壁倾角一般都大于 70°。因此，回采巷道两侧小于 70°范

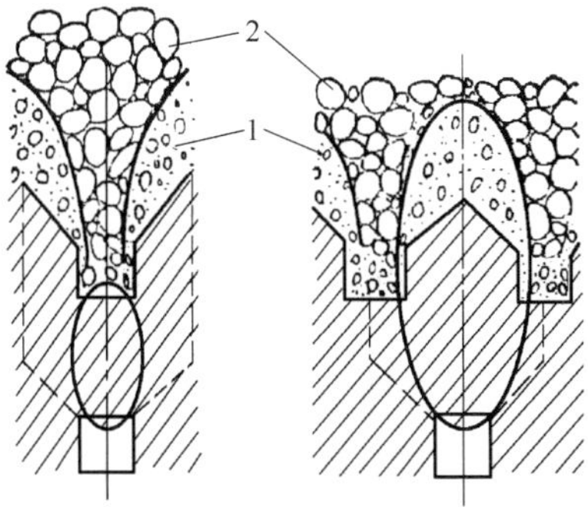

图 10-37　回采巷道布置方式与矿石回收关系
(a)正对布置;(b)交错布置
1—矿石;2—岩石

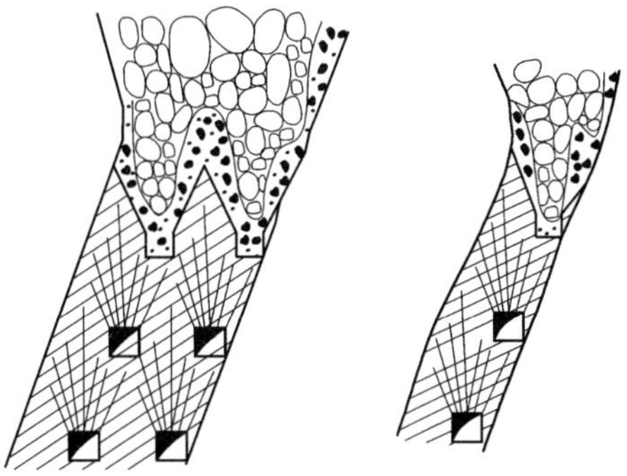

图 10-38　回采巷道沿脉布置
(a)双巷;(b)单巷

围的崩落矿石在本分段不能放出而形成脊部残留。当回采巷道沿走向布置时,下盘残留矿石在下分段无法回收,成为永久损失。为减少下盘矿石损失,可适当降低分段高度,或者使回采巷道紧靠下盘,有时甚至可以直接布置在下盘围岩中。

在矿体厚度较大、垂直走向布置进路时,也要防止因矿体倾角不足而产生大量的下盘矿石损失。

10.4.2.5　分段运输联络道的布置

分段联络道用来联络回采巷道、溜井、通风天井和设备井,以形成该分段的运输、行人和通风系统。其断面形状和规格与回采巷道大体相同,但与风井和设备井连接部分可根据需要确定断面规格。一般设备井联络道断面规格为 3.0m×2.8m,风井联络道断面规格为 2m×2m。

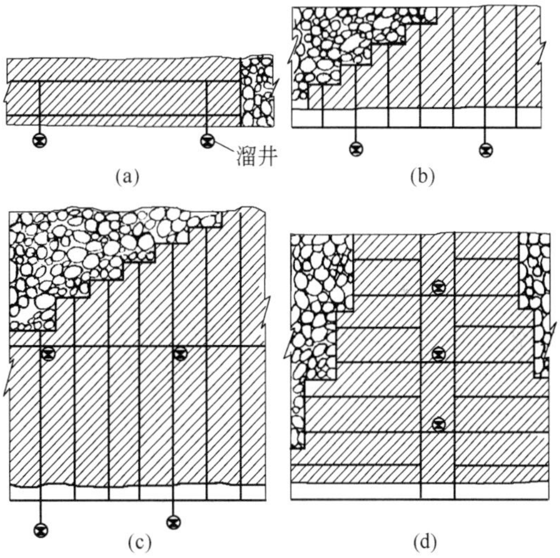

图 10-39　分段运输联络道分布形式

当矿体厚度较大,回采巷道垂直走向布置时(图 10-39a),分段运输联络道可布置在矿体内,也可布置在围岩中。布置在矿体内的优点是掘进时有矿石产出、减少回采巷道长度,以及在没有岩石溜井的情况下可以减少岩石混入量。缺点是各回采巷道回采到分段运输联络道附近时,为了保护联络道,常留有 2~3 排炮孔距离的矿石层作为矿柱暂时不采。此矿柱留到最后,以运输联络道作为回采巷道再加以回采。采至回采巷道与运输联络道交叉处,由于暴露面积大,稳固性变差,易出现冒落。为了保证安全,难以按正常落矿步距爆破,只能以大步距进行落矿(一次爆破一条回采巷道所控制的宽度),故矿石损失很大。其次,运输联络道一般也是通过主风流的风道,分段回采后期,运输联络道因回采崩落,风路被堵死,使通风条件更加恶化。

因此,分段运输联络道一般采用脉外布置(图 10-39b);又由于溜井和设备井多布置在下盘围岩中,故多采用下盘脉外布置。

矿体倾角不够陡时,如条件允许,可将运输联络道布置在上盘脉内,采用自下盘向上盘的回采顺序。靠下盘开掘切割立槽，可减少下盘矿石损失，而且上盘脉内运输联络巷道与回采巷道交叉口处损失的矿石还可在下分段回收。

当开采极厚矿体时，由于受巷道通风与运输效率的限制，沿矿体厚度方向每隔 50 ~ 70m 布置一条联络道（图 10-39c），从上盘侧开始，以向联络道逐条推进的顺序回采。为了增加同时工作面数目，条件合适时，亦可在上、下盘两侧分别布置脉外联络道和溜井，从矿体中间开始，同时退向上、下盘两侧回采。

在有自燃和泥水下灌危害的矿山，可将厚矿体划分成具有独立系统的分区（图 10-39d）进行回采，以减小事故的影响范围。此外，当矿体水平面积很大（如梅山铁矿）时，为了增加回采工作地点，增大矿石产量，也可划分成分区进行回采。

10.4.3 切割工作

在回采前必须在回采巷道的末端形成切割槽，作为最初的崩矿自由面及补偿空间。

回采巷道沿走向布置时，爆破往往受上、下盘围岩的夹制作用。为了保证爆破效果，常用增大切割槽面积或每隔一定距离重开切割槽的办法来解决。切割槽开掘方法有三种。

10.4.3.1 切割平巷与切割天井联合拉槽

该种拉槽法如图 10-40 所示。沿回采边界掘进一条切割平巷贯通各回采巷道端部，然后根据爆破需要，在适当的位置掘进切割天井；在切割天井两侧，自切割平巷钻凿若干排平行或扇形炮孔，每排 4 ~ 6 个炮孔；以切割天井为自由面，一侧或两侧逐排爆破形成切割槽。这种拉槽法比较简单，切割槽质量容易保证，在实际中应用广泛。

10.4.3.2 切割天井拉槽

这种拉槽法如图 10-41 所示。不便于掘进切割平巷时，只在回采巷道端部掘进切割天井，断面一般为 1.5m × 2.5m 的矩形。天井矩形断面的里边距回采巷道端部留有 1 ~ 2m 距离，以利于凿岩；天井的长边平行于回采巷道中心线；在切割天井两侧各打三排炮孔，微差爆破，一次成槽。

该法灵活性较大、适应性强，且不受相邻回采巷道切割槽质量的影响。沿矿体走向布置

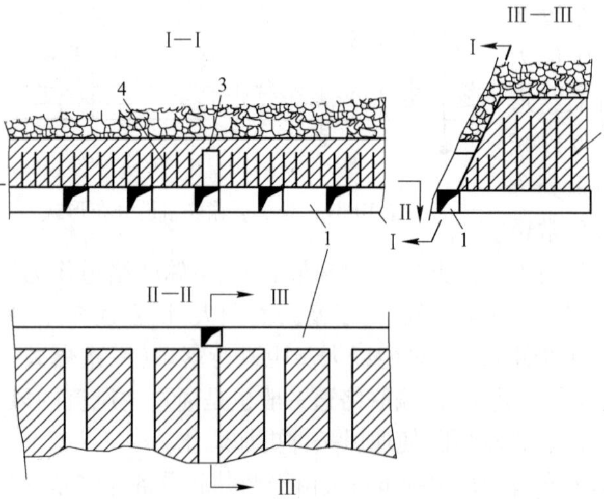

图 10-40 切割平巷与切割天井联合拉槽

1—切割平巷；2—回采炮孔；3—切割天井；4—切割炮孔

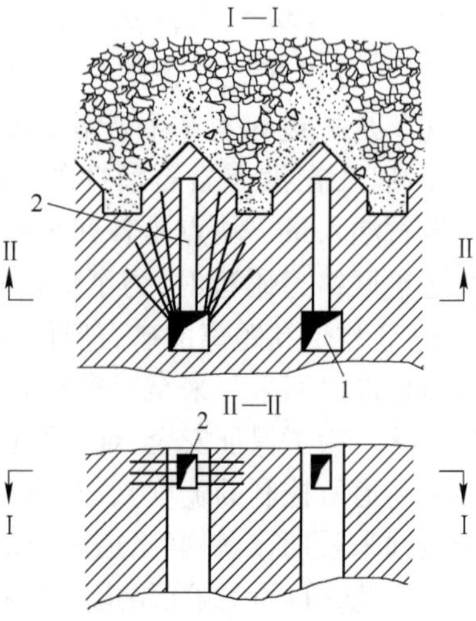

图 10-41 切割天井拉槽

1—回采巷道；2—切割天井

回采巷道时,多用该法开掘切割槽。垂直矿体走向布置回采巷道时,由于开掘天井太多,应用不如前者广泛。

10.4.3.3 炮孔爆破拉槽

该种拉槽法的特点是不开掘切割天井,故有“无切割井拉槽法”之称。不便于掘进切割天井时,在回采巷道或切割平巷中钻凿若干排角度不同的扇形炮孔,一次或分次爆破形成切割槽。

楔形掏槽一次爆破拉槽法如图 10-42a 所示。这种方法是在切割平巷中钻凿 4 排角度逐渐增大的扇形炮孔,然后用微差爆破一次形成切割槽,这种拉槽法在矿石不稳固或不便于掘进切割天井的地方使用最合适。

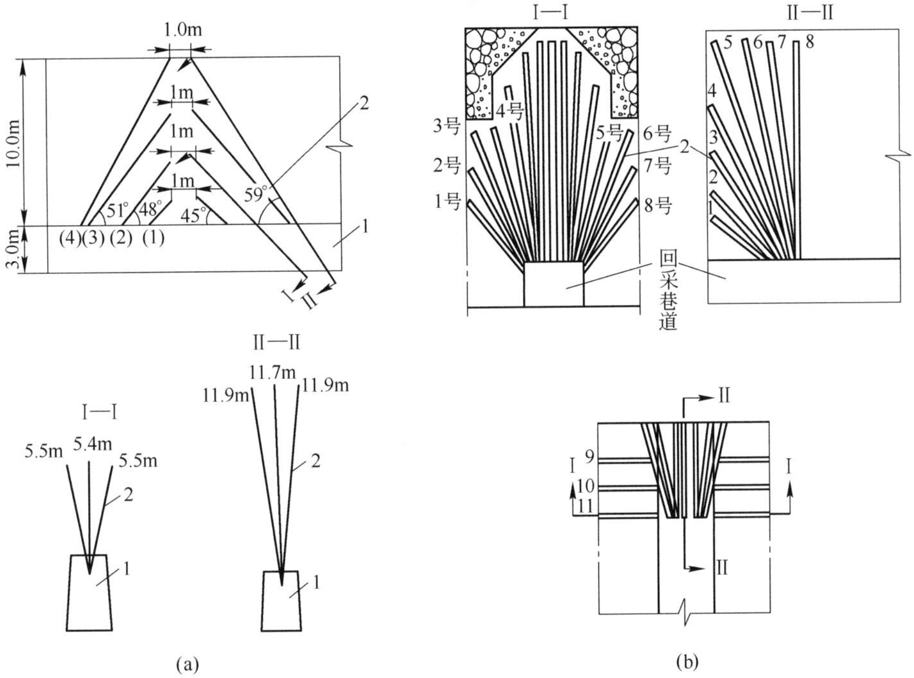

图 10-42 炮孔爆破拉槽法

(a)楔形掏槽一次爆破拉槽法;(b)分次爆破拉槽法

1—切割巷道;2—炮孔

分次爆破拉槽法如图 10-42b 所示。在回采巷道端部 4 ~ 5m 处钻凿 8 排扇形炮孔,每排 8 个孔,按排分次爆破,这相当于形成切割天井。此外,为了保证切割槽的面积和形状,还布置 9、10、11 三排切割孔,其布置方式相当于切割天井拉槽法。该拉槽法也是用于矿石比较破碎的情况,在实际中应用不多。

10.4.4 回采工作

回采由落矿、出矿和通风等项工作组成。

10.4.4.1 落矿

落矿包括落矿参数的确定、凿岩和爆破等。

A 落矿参数

落矿参数包括炮孔扇面倾角、扇形炮孔边孔角、崩矿步距、孔径、最小抵抗线和孔底距等。

(1) 炮孔扇面倾角(端壁倾角)。炮孔扇面倾角指的是扇形炮孔排面与水平面的夹角,它可分为前倾和垂直两种。前倾布置时,倾角通常为70°~85°,这种布置方式可以延迟上部废石细块提前渗入,装药较方便,且当矿石不稳固时,有利于防止放矿口处被爆破破坏。炮孔扇面角垂直时,炮孔方向易于掌握,但垂直孔装药条件较差。当矿石稳固、围岩块度较大时,大多采用垂直布置形式。

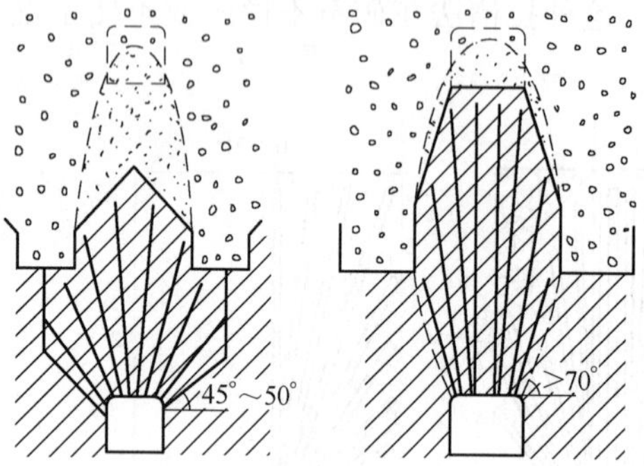

图10-43 扇形炮孔布置图

(2) 边孔角。扇形炮孔的边孔角如图10-43所示。边孔角决定着分间的具体形状,边孔角越小分间越接近方形,因而可以减小炮孔长度。但边孔角过小,会使很多靠边界的矿石处于放矿移动带之外,在爆破时这里容易产生过分挤压而使边孔爆破效果差。此外,45°以下的边孔孔口容易被矿堆埋住,爆破前清理矿堆的工作量大且不安全。相反,增大边孔角使炮孔长度增大,对凿岩工作不利,但可以避免产生上述问题。根据放矿时矿岩移动规律,边孔角最大值以放出漏斗边壁角为限。

我国根据目前凿岩设备多用50°~55°边孔角,有的更大些。国外有的矿山采用70°以上的边孔角,与此同时增大进路宽度(达5~7m),形成所谓放矿槽,在放矿槽的边壁上可不残留矿石。如能施以良好的控制放矿,这将有利于降低矿石损失贫化。

(3) 崩矿步距。崩矿步距是指一次爆破崩落矿石层的厚度,一般每次爆破1~2排炮孔。崩矿步距(L)与分段高度(H)和回采巷道间距(B)是无底柱分段崩落法三个重要的结构参数,它们对放矿时的矿石损失贫化有较大的影响。

放矿时,矿石层是由上分段的残留体和本分段崩落的矿石两部分构成的。由图10-44可以看出,矿石层形状与数量主要取决于H、B与L值。改变H、B和L值,可使崩落矿石层形状与放出体形状相适应,以期求得最好矿石回收指标。所谓最好的回收指标,是指依据此时的矿石回采率与贫化率计算出来的经济效益最大。符合经济效益最大要求的结构参数,就是一般所说的最佳结构参数。

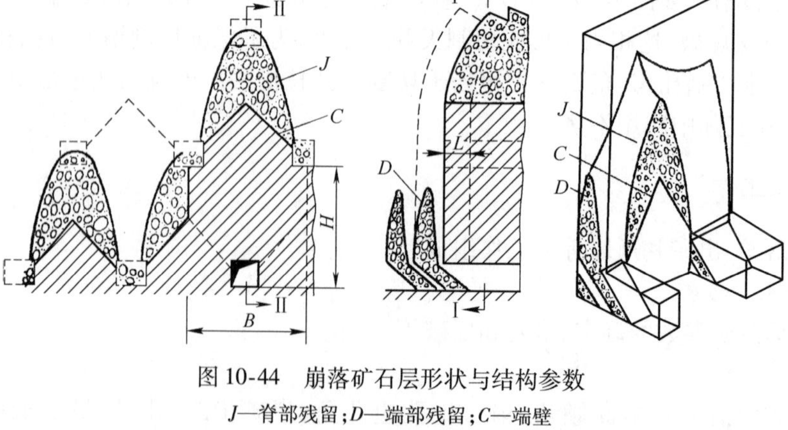

图10-44 崩落矿石层形状与结构参数

J—脊部残留;*D*—端部残留;*C*—端壁

根据无底柱分段崩落法放矿时矿石移动规律，最佳结构参数实质上是指 H、B 与 L 三者最佳的配合。也就是说三个参数是相互联系和制约的，其中任何一个参数不能离开另外两个参数独立存在最佳值。例如，最优崩矿步距是指在 H 与 B 既定条件下，三者的最佳配合确定的 L 值。

无底柱分段崩落法放矿的矿石损失贫化，除与结构参数有关之外，还与矿块边界条件有关，有时后者还可能是矿石损失贫化的主要影响因素。因此，在分析矿石损失贫化时，必须注意到边界条件问题。

在既定 H 与 B 的条件下，崩矿步距过大时，岩石仅从顶面混入，截止放矿时的端部残留较大；反之，步距过小时，端(正)面岩石先混入，阻截上部矿石的正常放出。无论崩矿步距过大还是过小，都使纯矿石放出量减少。尽管从总体考虑，无底柱分段崩落法的采场结构中，上分段残留矿量可在下分段部分回收，前个步距残留矿量有可能在后个步距部分回收，但步距过大或过小都会使矿石损失贫化指标变坏。

(4) 孔径、最小抵抗线和孔底距。无底柱分段崩落法采用接杆深孔凿岩，常用的钻头直径为 51 ~ 75mm。根据矿石性质不同，最小抵抗线取 1.5 ~ 2.0m；一般可按 $W/d = 30$ 左右计算最小抵抗线(W 为最小抵抗线，d 为炮孔直径)。但这种布置的缺点是孔口处炮孔过于密集。为了使矿石破碎均匀，有的矿山采用减小最小抵抗线，加大孔底距(a)，使 $a \times W$ 不变(即增多炮孔排数)的办法，获得良好爆破效果。

如某矿将原来最小抵抗线为 1.8m 的扇形炮孔改为两排交错布置的扇形炮孔，最小抵抗线减小二分之一，孔底距增大一倍，结果大块率显著降低，爆破效果良好。从理论上讲，这种布置可使爆破能均匀分布，爆破作用时间延长，从而改善了爆破效果。

在矿石松软、节理发育、炮孔容易变形的条件下，采用大直径深孔对装药有利。

B 凿岩

凿岩设备目前主要为 FJY-24 型圆盘台架配以 YGZ-90 型凿岩机，凿岩效率 18000 ~ 20000m/a；有的矿山用 CTC/400-2 型双臂凿岩台车配有 YGZ-90 型凿岩机，凿岩效率 27000 ~ 30000m/a。此外，近年大中型矿山大量应用进口液压凿岩设备，如 ATLAS 生产的 SimbaH 系列液压凿岩机，凿岩效率可达 70000 ~ 100000m/a。

C 爆破

无底柱分段崩落法的爆破只有很小的补偿空间，属于挤压爆破。爆破后的矿石块度关系到装运设备的效率和二次破碎工作量。

为了避免扇形炮孔孔口装药过于密集，装药时，除边孔与中心孔装药较满外，其余各孔的装药长短如图 10-45 所示。

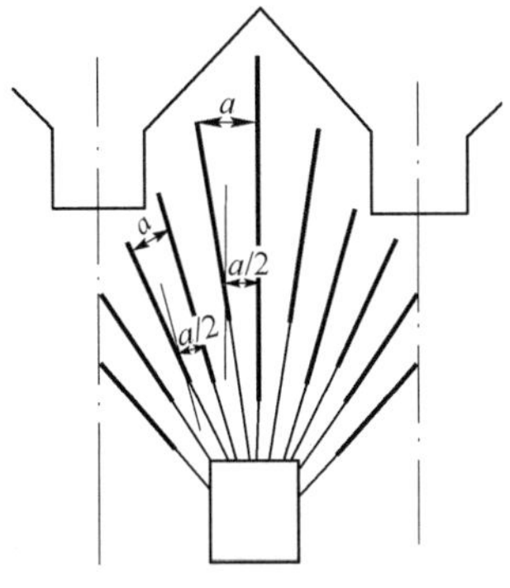

图 10-45 扇形炮孔装药示意图

提高炮孔的装药密度是提高爆破效果的重要措施。它不仅可以增大炸药的爆破威力，充分利用炮孔，而且可以改善爆破质量。

使用装药器装粉状炸药是提高装药密度的有效措施。国内目前使用最多的装药器有 FZY-10 型与 AYZ-150 型两种。

使用装药器装药时的返粉现象不仅浪费炸药，而且药粉污染空气，刺激人的呼吸器官，有损身体健康。装药返粉是目前还没有彻底解决的问题。如果输药管的直径、工作风压、炸药的粒度和湿度选取适当,操作配合协调,返粉率可控制在5%以下。

10.4.4.2 出矿

出矿就是用出矿设备将回采巷道端部的矿石运到矿石溜井。主要出矿设备有铲运机、装运机与装矿机等。铲运机出矿的优点是:运距大,行走速度快,出矿效率较高,近年被广泛应用。目前国内主要用电动铲运机出矿,铲斗容积为0.75m^3、1.5m^3、2.0m^3 和4.0m^3 的电动铲运机使用较多。一些出矿点比较分散的矿山,用柴油驱动的铲运机出矿。柴油驱动铲运机比电动铲运机灵活,但需解决空气净化问题,必须加强通风,有大量的风流来冲淡有害气体。目前少数矿山还保留ZYQ-14型气动装运机出矿,它的优点是设备费用较低、最小工作断面较小(2.8m×3.0m),但拖有风管,运距较短(一般不超过50m)。此外,中小型矿山常用装矿机出矿,即用装矿机将矿石装入矿车,用电机车牵引矿车至矿石溜井卸矿,实现采场运搬。还有一些矿山采用蟹爪式装载机配自行汽车出矿。

出矿在同一分段水平内,装矿顺序是逆风流方向,即先装风流下方的回采巷道,这样可减少二次破碎的炮烟对出矿工作面的污染。出矿时,用铲斗从右向左循环装矿,这样不仅可以保证矿流均匀、矿流面积大,而且操作者易于观察矿堆情况。

无底柱分段崩落法的矿岩接触面积较大,加强出矿管理意义重大。出矿管理主要包括下列几项内容:

(1) 确定合理的放矿控制点,对其下有回收条件的出矿步距,按低贫化放矿方式控制放矿,即放到见覆盖层废石为止;对其下不具备回收条件的出矿步距,放矿到截止品位。

(2) 统计正常出矿条件下的放出矿石量和品位变化的关系,绘出曲线图。图中应同时画出对应的矿石损失、贫化曲线,以便从矿石数量和矿石品位两个方面实施放矿控制,正确判定放矿的进展情况。

(3) 在分段采矿的平面图上,标出每个步距的放出矿石量和矿石品位以及矿石损失贫化数值。依据上两个分段的图纸,参照上面矿石损失的数量和部位,结合本分段的回采计划图,编制出本分段放矿计划图,图中标明各个步距的计划放出矿量和矿石品位。

(4) 放出矿石的品位,特别是每次放矿后期的矿石品位,要实施快速分析。目前有不少矿山接到矿石试样后需要2~3班才能送回分析结果,分析时间太长,不利于放矿控制。

国内已生产出适于在井下进行快速测定品位的X射线荧光分析仪,有的矿山已应用于井下,实现品位的快速测定。

10.4.4.3 通风

无底柱分段崩落法回采工作面为独头巷道,无法形成贯穿风流;工作地点多,巷道纵横交错很容易形成复杂的角联网路,风量调节困难;溜井多而且溜井与各分段联通,卸矿时扬出大量粉尘,严重污染风源。如果管理不善,容易造成井下粉尘浓度高,污风串联,损害工人的身体健康。因此,加强通风管理是无底柱分段崩落法的一项极为重要的工作。

在考虑通风系统和风量时,应尽量使每个矿块都有独立的新鲜风流,并要求每条回采巷道的最小风速在有设备工作时不低于0.3m/s,其他情况下不低于0.25m/s。条件允许时,尽可能采用分区通风方式。

回采工作面只能用局扇通风。如图 10-46 所示，局扇安装在上部回风水平，新鲜风流由本阶段的脉外运输平巷经通风井进入分段运输联络道和回采巷道。清洗工作面后，污风由铺设在回采巷道及回风天井的风筒引至上部水平回风巷道，并利用安装在上水平回风巷道内的两台局扇并联抽风。

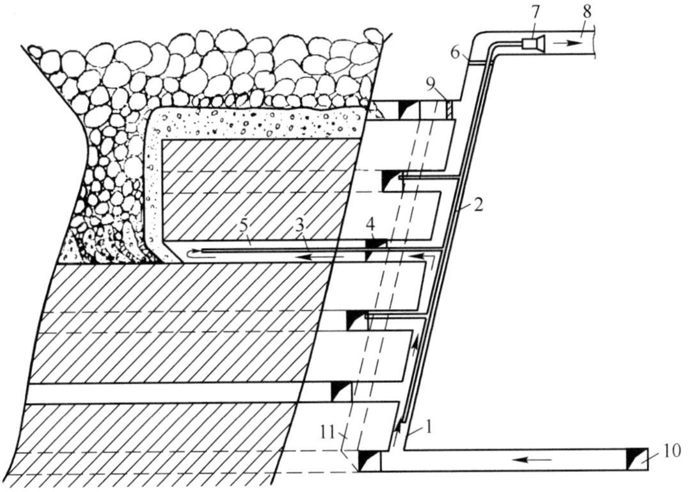

图 10-46 回采工作面局部通风系统图

1—通风天井；2—主风筒；3—分支风筒；4—分段联络巷道；5—回采巷道；6—隔风板；7—局扇；8—回风巷道；9—密闭墙；10—运输巷道；11—溜矿井

这种通风方式的缺点是风筒的安装拆卸和维修工作量大，对装运工作也有一定的影响，因此，有的矿山不能坚持使用。但是靠全矿主风流的扩散通风，解决不了工作面的通风问题。

为了避免在天井内设风筒，应利用局扇将矿块内的污风抽至密闭墙内，如图 10-47 所示，污风再由回风天井的主风流带至上部回风水平。

在无底柱分段崩落法中，工作面通风是一个重大技术课题，彻底解决有待进一步研究。

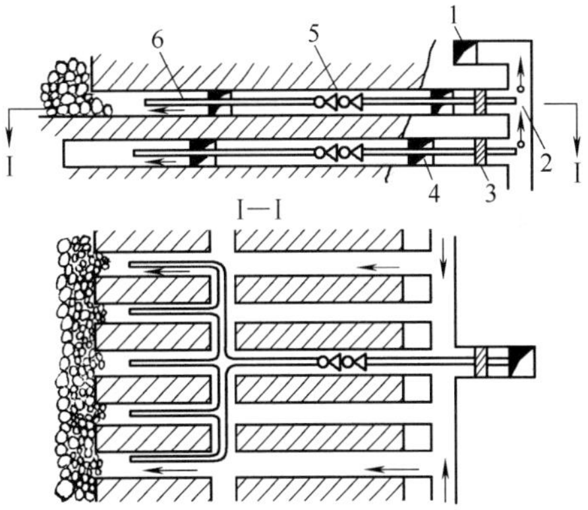

图 10-47 带密闭墙的局部通风系统

1—回风巷道；2—回风天井；3—密闭墙；4—运输联络道；5—局扇；6—风筒

10.4.5 回采顺序

无底柱分段崩落法上下分段之间和同一分段内的回采顺序是否合理，对于矿石的损失贫化、回采强度和工作面地压等均有很大影响。

同一分段在沿走向方向可以采用从中央向两翼回采或从两翼向中央回采，也可以从一翼向另一翼回采。走向长度很大时也可沿走向划分成若干回采区段，多翼回采。分区越多，翼数也越多，同时回采工作面就越多，有利于提高开采强度，但通风、上下分段的衔接和生产管理复杂。

当回采巷道垂直走向布置和运输联络道在脉外时，回采方向应向设备井后退。

当地压大或矿石不够稳固时，应尽量避免采用由两翼向中央的回采顺序，以防止出现如

图 10-48 所示的现象,即使最后回采的 1 ~2 条回采巷道承受较大的压力。

在垂直走向上,回采顺序主要取决于运输联络道、设备井和溜井的位置。当只有一条运输联络道时,各回采巷道必须向联络道后退。当开采极厚矿体时,可能有几条运输联络道,这时应根据设备井的位置,确定回采顺序,原则上必须向设备井后退。

分段之间的回采顺序是自上而下,上分段的回采必定超前于下分段,超前距离的大小,应保证下分段回采出矿时,矿岩的移动范围不影响上分段的回采工作;同时要求上面覆岩落实后再回采下分段。

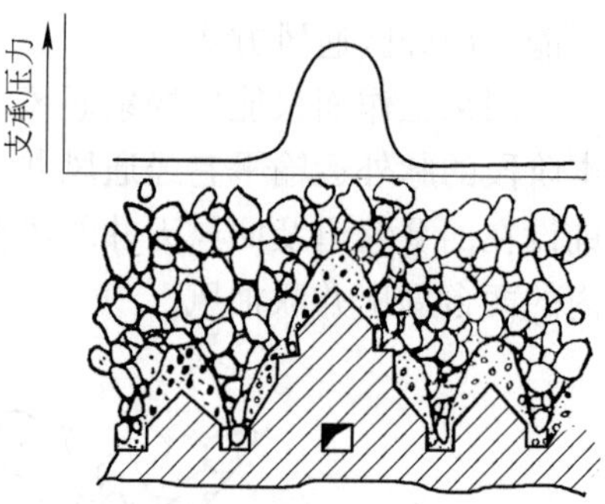

图 10-48　最后的回采巷道压力增高示意图

10.4.6　覆盖岩层的形成

为了形成崩落法正常回采条件和防止围岩大量崩落发生安全事故,一般在崩落矿石层上面覆以岩石层。岩石层厚度要满足两点要求:第一,放矿后岩石能够埋没分段矿石,否则形不成挤压爆破条件,使崩下的矿石将有一部分落在岩石层之上,增大矿石损失贫化;第二,一旦大量围岩突然冒落时,确实能起到缓冲的作用,以保证安全。据此,一般覆岩厚度约为两个分段高度。

根据矿体赋存条件和岩石性质的不同,覆岩有以下几种形成方法:

(1) 如矿体上部已用空场采矿法回采(如分段矿房法、阶段矿房法、留矿法等),下部改为无底柱分段崩落法时,可在采空区上、下盘围岩中布置深孔或药室,在回采矿柱的同时,崩落采空区围岩,形成覆盖层。

(2) 由露天开采转为地下开采的矿山,可用药室或深孔爆破边坡岩石,形成覆盖岩层。

(3) 围岩不稳固或水平面积足够大的盲矿体,随着矿石的连续回采,围岩自然崩落,形成覆盖岩层。

(4) 新建矿山开采围岩稳固的盲矿体,常需要人工强制放顶。按形成覆盖岩层和矿石回采工作先后不同,可分为集中放顶、边回采边放顶和先放顶后回采三种放顶方式:

1) 集中放顶形成覆盖岩层。如图 10-49 所示,这种方法是利用第一分段的采空区作补

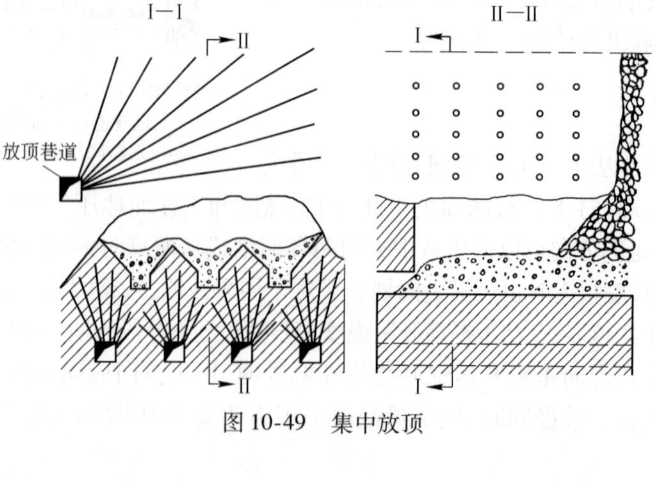

图 10-49　集中放顶

偿空间，在放顶区侧部布置凿岩巷道，在其中钻凿扇形深孔，当几条回采巷道回采完毕后，爆破放顶深孔形成覆盖岩层。这种方法的放顶工作集中，放顶工艺简单，不需要运出部分废石，也不需要切割。但由于需要暴露大面积岩层之后始能放顶，故放顶工作的可靠性与安全性较差。

2）边回采边放顶形成覆盖岩层。如图 10-50 所示，在第一分段上部掘进放顶巷道，在其中钻凿与回采炮孔排面大体相一致的扇形深孔，并与回采一样形成切割槽。以矿块作为放顶单元，边回采边放顶，逐步形成覆盖岩层。这种放顶方法，工作安全可靠，但放顶工艺复杂，回采与放顶必须严格配合。

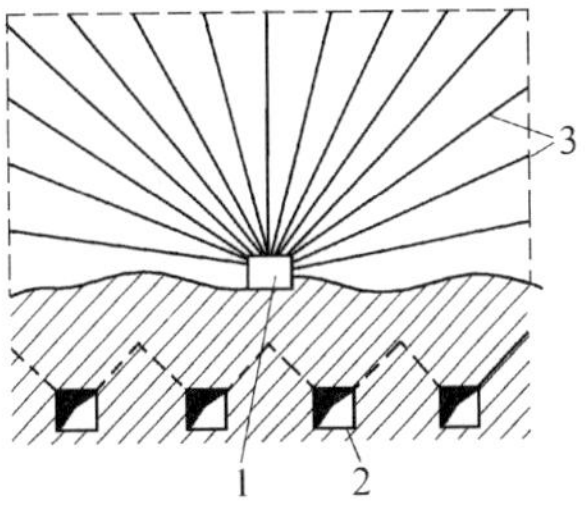

图 10-50　边回采边放顶

1—放顶凿岩巷道；2—回采巷道；3—放顶炮孔

另一种将放顶与回采合为一道工序的方案如图 10-51 所示，在回采巷道中钻凿相间排列的深孔和中深孔，用深孔控制放顶高度（可达 20m），用中深孔控制崩矿的块度和高度。

3）先放顶后回采形成覆盖岩层。回采之前，在矿体顶板围岩中，掘进一层或两层放顶凿岩巷道，并在其中钻凿扇形炮孔（最小抵抗线可比回采时大些），用崩落矿石的方法崩落围岩，形成覆盖岩层，如图 10-52 所示。

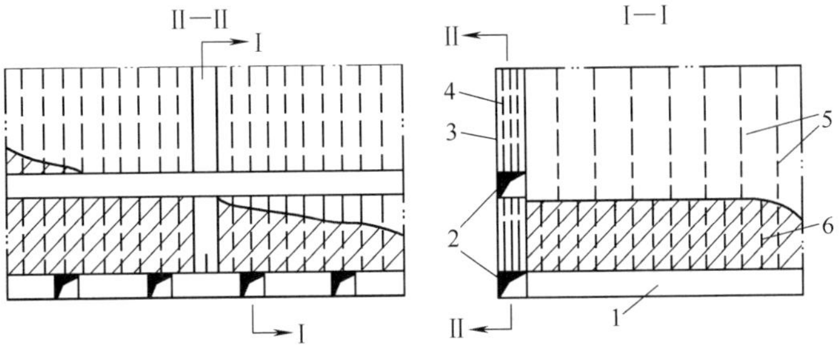

图 10-51　放顶和回采共用一条巷道

1—回采巷道；2—切割平巷；3—切割天井；4—切割炮孔；5—深孔；6—中深孔

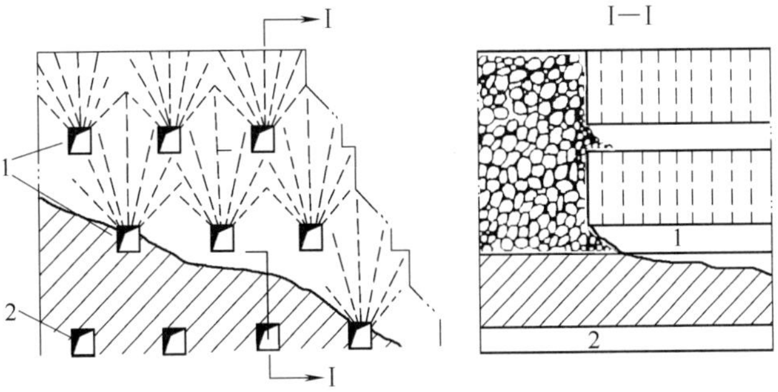

图 10-52　先放顶后回采

1—放顶巷道；2—回采巷道

这种放顶方法第一分段的回采就在覆盖岩层下进行，回采工作安全可靠，但放顶工程量大，而且要运出部分废石。

上述三种放顶方法中，先放顶后回采工作可靠，但放顶工程量大，并需运出部分废石，经济效益差，目前矿山很少使用；集中放顶工作简单不需运出崩落废石，但放顶可靠性差；边回采边放顶兼有前两者的优点，相比之下是较好的放顶方式。

（5）采用矿石垫层。将矿体上部2～3个分段的矿石崩落，实施松动出矿，放出崩矿量的30%左右，余者暂留空区作为垫层。随着回采工作的推进，围岩暴露面积逐渐增大，围岩暴露时间也在增长，待达到一定数量之后，围岩将开始自然崩落，并逐渐增加崩落高度，形成足够厚度的岩石垫层。岩石垫层形成后放出暂留的矿石垫层，进入正常回采。

目前采用这种方法形成覆盖层的矿山较多，其显著优点是放顶费用最低，但要实施严格放矿管理。此外，对采空区岩石崩落情况要进行可靠的观测。

我国镜铁山铁矿成功地使用了矿石垫层。该矿一号矿体上部出露地表，用无底柱分段崩落法回采上面2～3个分段，留有矿石垫层，随着回采工作向下推进，上盘暴露面积增大，最后发生自然崩落，形成了岩石垫层。

10.4.7 评价

无底柱分段崩落法在我国金属矿山广泛应用，铁矿山采用的最多。

10.4.7.1 适用条件

由于无底柱分段崩落法结构简单，适用范围大。实践证明，该法适用于如下条件：

（1）地表与围岩允许崩落。

（2）矿石稳固性在中等以上，回采巷道不需要大量支护。随着支护技术的发展，近年来广泛应用喷锚支护后，对矿石稳固性要求有所降低，但必须保证回采巷道的稳固性，否则，由于回采巷道破坏，将造成大量矿石损失。

下盘围岩应在中等稳固以上，以利于在其中开掘各种采准巷道；上盘侧岩石稳固性不限，当上盘岩石不稳固时，与其他大量崩落法方案比较，使用该法更为有利。

（3）急倾斜或缓倾斜的厚矿体，也可用于规模较大的中厚矿体。

（4）需要剔除矿石中夹石或分级出矿时，采用该法有利。

10.4.7.2 主要优缺点

无底柱分段崩落法的优点主要有：

（1）安全性好。各项回采作业都在回采巷道中进行；在回采巷道端部出矿，一般大块都可流进回采巷道中，二次破碎工作比较安全。

（2）采场结构简单，回采工艺简单，容易标准化，适于采用高效率的大型无轨设备。

（3）机械化程度高。

（4）由于崩矿与出矿以每个步距为最小回采单元，当地质条件合适时，有可能剔除夹石和进行分级出矿。

无底柱分段崩落法的缺点主要有：

（1）回采巷道通风困难。这是由于回采巷道独头作业，无法形成贯穿风流造成的。这个问题从采矿方法本身不改变结构是无法解决的，必须建立良好的通风系统，同时采用局部通风和消尘设施。

（2）采场结构与放矿方式不当时，矿石损失贫化较大。这是因为回采巷道之间脊部残留体较大，该残留矿量不能充分回收时，造成较大的矿石损失。此外，每次崩矿量小，岩石混入机会多，因此容易造成较高的岩石混入率。

10.4.7.3 技术指标

无底柱分段崩落法的主要技术指标列于表10-3中。

表 10-3 部分矿山无底柱分段崩落法的技术指标

矿山名称	采用的设备及效率				技术经济指标			
	凿岩设备		出矿设备		采掘比 /m·kt⁻¹	采矿工效 /t·工班⁻¹	回收率 /%	贫化率 /%
	型号	效率 /m·台班⁻¹	型号	效率 /t·台班⁻¹				
梅山铁矿	Simba H1354	80	Toro 400E Toro 1400E	550 830	2.1	57.4	82	18
镜铁山铁矿	Simba H1354	70	Toro 400E	390	2	41.9	80	20
程潮铁矿	Simba H252	60	Toro 400E	390	5.1	49.1	82	24.87
弓长岭铁矿	YGZ-90	38	WJ-2	150	3.9	37.8	80	25
北洺河铁矿	QZG80A	40	Toro 400E	420	5.3	94.3	80.01	18.68
小官庄铁矿	YGZ-90	40	922E	135	12.4	29.4	70.62	30.15

10.4.7.4 改进途径

为了提高开采强度、减小采掘比和有效控制采场地压，近年来无底柱分段崩落法逐渐向增大分段高度与回采巷道间距方向发展。如镜铁山铁矿与西石门铁矿都加大了分段高度与回采巷道间距，前者分段高度 20m，回采巷道间距 20m，试验结果矿石回采率 85.23%，矿石贫化率 11.15%；后者分段高度 24m，回采巷道间距 12m，矿石回采率 84.31%，矿石贫化率 20.74%。梅山铁矿深部开采中分段高度与回采巷道间距均取为 15～20m。瑞典基鲁纳铁矿分段高度 30m，回采巷道平均间距为 25m。

加大分段高度和回采巷道间距，增大了一次崩矿量和纯矿石放出量，并有利于提高出矿设备的生产能力。但由于炮孔深度较大，对凿岩设备要求严格。目前凿岩工作多用进口液压凿岩设备，装药设备尚不配套，成为影响参数增大的主要因素。

研究表明，放矿过程中矿石与废石的混杂主要发生在放矿口附近。为此，可适当限制废石的放出数量，将本分段必须混杂废石才能放出的矿石，暂时残留于采场内，转移到下一分段以纯矿石形式回收。仅当不具备转移条件时，才放到截止品位。采用这种低贫化放矿方式，当矿体赋存条件好时，可在回采率不降低的条件下，大幅度降低矿石贫化率。镜铁山铁矿实施低贫化放矿方式的试验采场，回采到第三分段时，矿石贫化率降为 6.8%，取得了良好的技术经济效果。

10.5 阶段崩落法

阶段崩落法的基本特征是回采高度等于阶段全高。根据落矿方式，该法分为阶段强制崩落法和阶段自然崩落法两种。

10.5.1 阶段强制崩落法

10.5.1.1 阶段强制崩落法一般方案

阶段强制崩落法可分为两种方案：一种是设有补偿空间的阶段强制崩落法，另一种为连续回采的阶段强制崩落法。

设有补偿空间的阶段强制崩落法如图 10-53 所示。该方案采用水平深孔爆破,补偿空间设在崩落矿块的下面。当采用垂直扇形深孔(或中深孔)爆破时,可将补偿空间开掘成立槽形式。

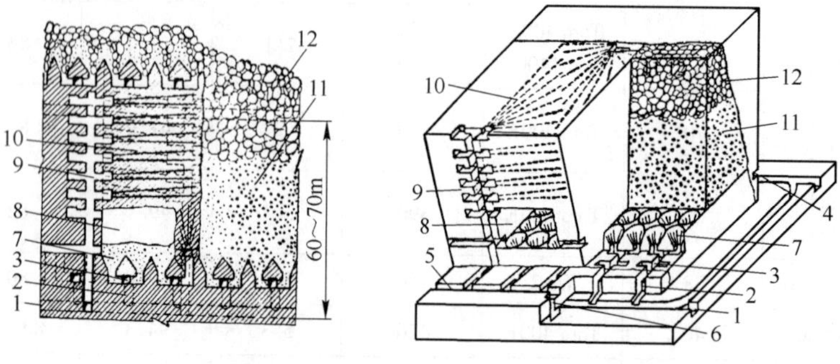

图 10-53 设有补偿空间的阶段强制崩落法

1—阶段运输巷道;2—矿石溜井;3—耙矿巷道;4—回风巷道;5—联络道;6—行人通风小井;7—漏斗;8—补偿空间;9—天井和凿岩硐室;10—深孔;11—矿石;12—岩石

设有补偿空间方案为自由空间爆破,补偿空间体积约为同时爆破矿石体积的 20% ~30%。该种方案多以矿块为单元进行回采,出矿时采用平面放矿方案,力求矿岩界面匀缓下降。

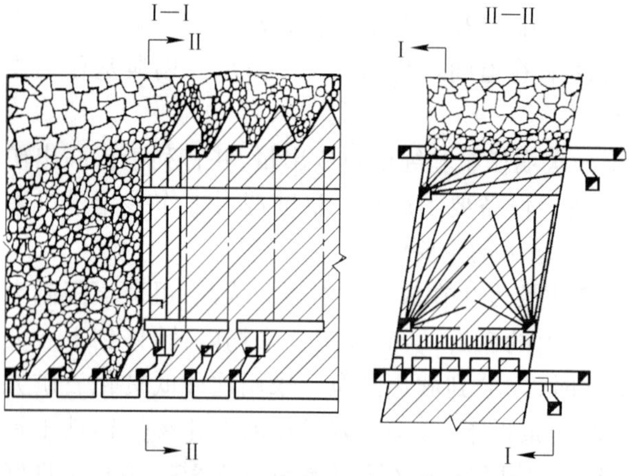

图 10-54 连续回采的阶段强制崩落法

连续回采的阶段强制崩落法如图 10-54所示。该方案可以沿阶段或分区连续进行回采,常常没有明显的矿块结构。一般都采用垂直深孔挤压爆破,采场下部一般都设有底部结构,在俄罗斯还有端部出矿的方案。在阶段强制崩落法的使用中,连续回采阶段强制崩落法使用范围逐渐扩大。

阶段强制崩落法的采准、切割、回采以及确定矿块尺寸的原则,基本上与有底柱分段崩落法相同。下面简述我国矿山使用阶段强制崩落法情况。

10.5.1.2 矿块结构参数

根据矿体的厚度不同,矿块布置方式有两种。第一种是矿体厚度小于或等于 30m 时,矿块沿走向布置,矿块长度为 30 ~45m,矿块宽度等于矿体厚度;第二种是矿体厚度为 40m 以上时,矿块垂直走向布置,矿块长度与宽度均取 30 ~50m。阶段高度当矿体倾角较缓时为 40 ~50m,矿体倾角较陡时为 60 ~70m,一般为 50 ~60m。底柱高度一般为 12 ~14m,在矿体稳固性较差时 ,应再大些。

开采厚矿体多采用脉外运输,极厚矿体多采用脉内、脉外环形运输系统。

10.5.1.3 采准工作

采准工作除了掘进运输巷道和电耙巷道以外,还需掘进放矿溜井、行人通风天井、凿岩天井和硐室等。

10.5.1.4 切割工作

切割工作包括开凿补偿空间和辟漏。当采用自由空间爆破时，补偿空间为崩落矿石体积的20% ~30%；当采用挤压爆破且矿石不稳固时，为15% ~20%。补偿空间形成的方法有浅孔和深孔两种。采用水平深孔落矿方案时，拉底高度不大，可用浅孔挑顶的方法形成补偿空间。采用垂直深孔挤压爆破方案时，用切割槽形成小补偿空间。此时首先在切割槽位置开掘切割横巷，从切割横巷中上掘切割天井，并在切割横巷中布置垂直平行中深孔；切割中深孔爆破后放出矿石，即可形成切割槽。切割中深孔也可以与回采崩矿同次分段爆破。

补偿空间的水平暴露面积大于矿石允许暴露面积时，则沿矿体走向或垂直走向留临时矿柱，如图10-55所示。临时矿柱宽3 ~5m，其下面的漏斗颈可事先开好，并在临时矿柱中钻凿中深孔或深孔。临时矿柱的炮孔和其下面的扩斗孔，一般与回采落矿深孔同次不同段超前爆破。

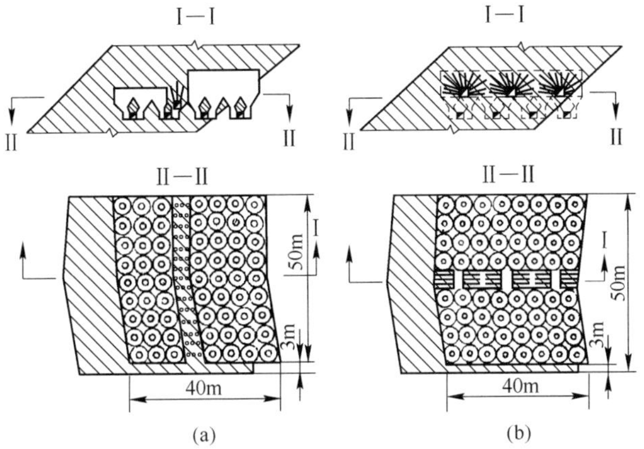

图10-55 补偿空间中的临时矿柱

(a)沿走向布置临时矿柱；(b)垂直走向布置临时矿柱

平行电耙道布置临时矿柱比垂直电耙道布置要好，因为临时矿柱里的凿岩巷道不与补偿空间相通。此时在临时矿柱里掘进凿岩巷道和进行中深孔（或深孔）凿岩，与开掘补偿空间及其下部辟漏互不干扰，且作业安全。

如果相邻几个矿块同时开掘补偿空间，在矿块间应留不小于2m宽的临时矿柱，以防止矿块崩落时矿石挤进相邻矿块，或爆破冲击波破坏相邻矿块。这个临时矿柱与相邻矿块回采落矿时一起崩落。

10.5.1.5 回采工作

崩矿方案有深孔（中深孔）爆破和药室爆破。深孔（中深孔）又分为水平深孔和垂直深孔。我国目前多采用垂直深孔（中深孔）崩矿。少数矿山采用药室崩矿。矿石爆破后，上部覆盖的岩层一般情况下可自然崩落，并随矿石的放出逐渐下降充填采空区。但当围岩稳固不能自然崩落时，必须在回采落矿的同时，有计划地崩落围岩。为保证回采工作安全，根据矿体厚度与空区条件等因素，在回采阶段上部应有20 ~40m厚的崩落岩石垫层。

10.5.1.6 适用条件和优缺点

阶段强制崩落法适用于以下条件：

（1）矿体厚度大时，使用阶段强制崩落法较为合适。矿体倾角大时，厚度一般不小于15～20m为宜；倾斜与缓倾斜矿体的厚度应更大些，此时放矿漏斗多设在下盘岩石中。

由于放矿的矿石层高度大，下盘倾角小于70°时，就应该考虑设置间隔式下盘漏斗；当下盘倾角小于50°时，应设密集式下盘漏斗，否则下盘矿石损失过大。

（2）开采急倾斜矿体时，上盘岩石稳固性最好能保持矿石没有放完之前不崩落，以免放矿时产生较大的损失贫化。这一点有时是使用阶段崩落法与分段崩落法的分界线。

倾斜、缓倾斜矿体的上盘最好能随放矿自然崩落，否则需人工强制崩落。

下盘稳固性根据脉外采准工程要求确定，一般中等稳固即可；如果稳固性稍差时，采准工程需要支护。

（3）设有补偿空间方案对矿石稳固性要求高些，矿石须中等稳固；连续回采方案由于采用挤压爆破，可用于不够稳固的矿石中。

（4）矿石价值不高，也不需要分采，不含较大的岩石夹层。

（5）矿石没有结块、氧化和自燃等性质。

（6）地表允许崩落。

总之，矿体厚大、形状规整、倾角陡、围岩不够稳固、矿石价值不高、围岩含有品位，是采用阶段强制崩落法的最优条件。

阶段强制崩落法的优缺点主要有：同分段崩落法相比较，阶段强制崩落法具有采准工程量小、劳动生产率高、采矿成本低与作业安全等优点；但也具有生产技术与放矿管理要求严格、大块产出率高以及矿石损失较大等缺点。此外，使用条件远不如分段崩落法灵活。

10.5.2 阶段自然崩落法

10.5.2.1 概述

阶段自然崩落法的基本特征是，整个阶段上的矿石在大面积拉底后借自重与地压作用逐渐自然崩落，并能碎成碎块。自然崩落法的矿石经底部出矿巷道放出，在阶段运输巷道装车运走。自然崩落法结构如图10-56所示。

崩落过程中，仅放出已崩落矿石的碎胀部分（约三分之一），并保持矿体下面的自由空间高度不超过5m，以防止大规模冒落和形成空气冲击。待整个阶段高度上崩落完毕之后，再进行大量放矿。

大量放矿开始后，上面覆盖岩层随着崩落矿石的下移也自然崩落下来，并充填采空区。崩落矿石在放出过程中由于挤压碰撞还可进一步破碎。

为了控制崩落范围和进程，可在崩落界限上开掘切帮巷道（图10-56），以削弱同周边矿岩的联系。若是仅用切帮巷道不能控制崩落边界时，还可以在切帮巷道中钻凿炮孔，爆破炮孔切割边界。

矿石自然崩落过程，以矿块回采的阶段自然崩落法为例加以说明。如图10-57所示，在矿块下部拉底后，矿石失去了支撑，矿石暴露面在重力和地压的作用下，首先在中间部分出现裂隙产生破坏，而后自然崩落下来。当矿石崩落到形成平衡拱时，便出现暂时稳定，矿石停止崩落。为了控制矿石崩落进程，需要破坏拱的稳定性，使矿石继续自然崩落。在实际中经常采用沿垂直方向移动平衡拱支撑点 A、B 的办法。为此，开掘切帮巷道，并使该部分首先破坏崩落下来，从而使平衡拱随之向上移动，同时不超过设计边界。

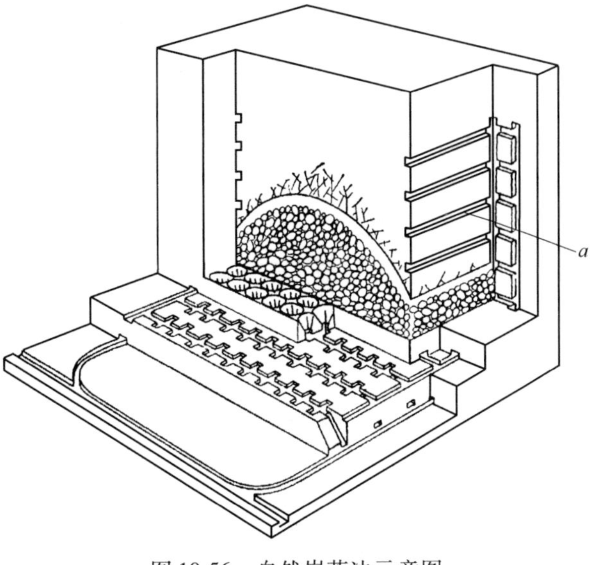

图 10-56　自然崩落法示意图

a—切帮巷道

在使用和设计自然崩落法时，矿石自然崩落的难易程度简称为可崩性；可崩性迄今尚没有一个比较完善的指标和确定方法。早年根据工程地质调查所得的矿石节理裂隙以及矿石物理力学性质等，运用类比推理方法，将矿石可崩性分为三级和四级。后来又在岩芯采取率指标的基础上提出岩性指标（RQD）。所谓岩性指标，就是不小于 4in 长的岩芯段累加总长度与钻孔长度的比值。岩性指标越大说明岩石越完整，可崩性越差；反之，可崩性越好。美国有的矿山根据岩性指标把可崩性分为 10 级（图 10-58），称之为可崩性指数。可崩性指数等于 10 时，可崩性最差。还有的根据 RQD 数值对岩性分为五级描述（图 10-58）。

用 RQD 表示岩性有很大的局限性，用以确定矿石可崩性不是一种可靠方法。在实际中常常

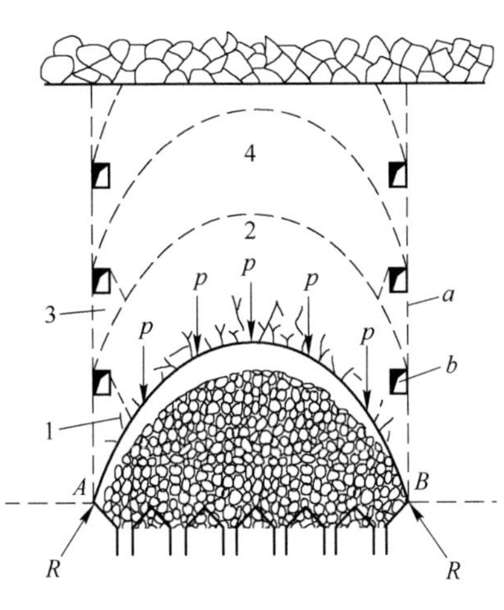

图 10-57　矿块自然崩落进程示意图

a—控制崩落边界；b—切帮巷道；1～4—崩落顺序

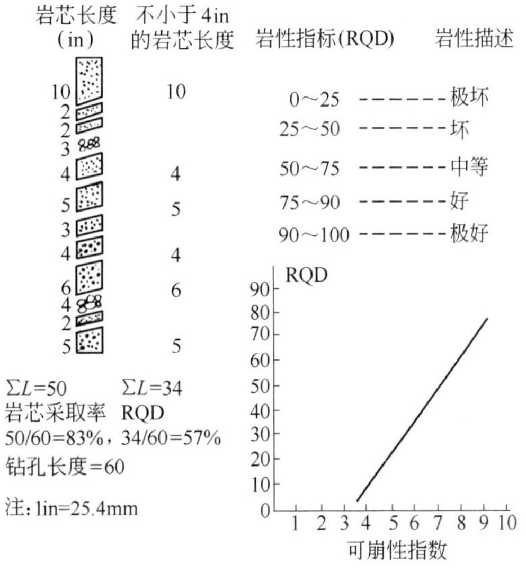

图 10-58　RQD 指标与矿石可崩性

同时运用多种方法综合分析判定矿石的可崩性，实地调查和类比方法仍占有重要地位。

近年来美国应用地震能吸收法确定矿石可崩性，取得了较好的结果。其原理是，根据矿石对人工地震波传播中振幅衰减的变化情况，判定矿石的可崩性质。

自然崩落法方案可分为两种：一为矿块回采方案，另一为连续回采方案。

10.5.2.2 矿块回采自然崩落法简述

矿块回采自然崩落法如图10-59所示。阶段高度一般为60～80m，个别矿山达100～150m。矿块平面尺寸取决于矿石性质与地压，当矿石很破碎和地压大时取30～40m，其他条件下取50～60m。

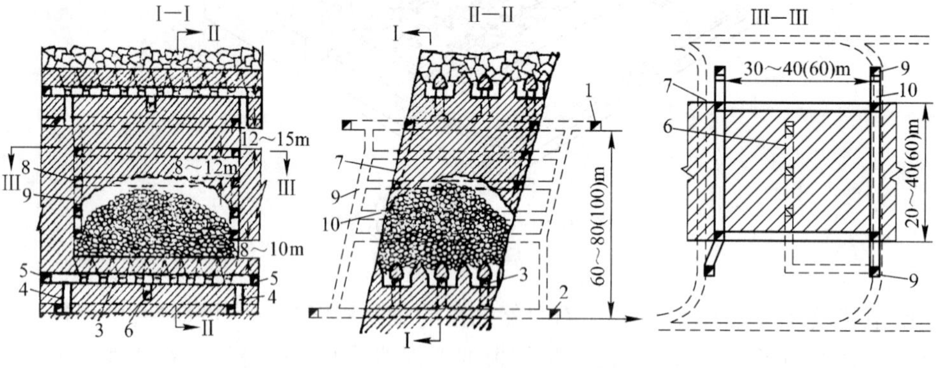

图10-59 矿块回采阶段自然崩落法

1,2—上、下阶段运输巷道；3—耙矿巷道；4—矿石溜井；5—联络道；6—回风巷道；7—切帮天井；8—切帮平巷；9—观察天井；10—观察人道

在矿块四个边角处掘进四条切帮天井，自切帮天井底部起每隔8～10m高度（阶段上、下部分可加大到12～15m）沿矿块的周边掘进切帮平巷。当边角处不易自然崩落时，还可以辅以炮孔强制崩落。

在距矿块四角8～12m的地方掘进观察天井。再从观察天井掘进观察人行道，用于观察矿石崩落进程。

矿块拉底时，如果矿块沿矿体走向方向布置，从矿块中央向两端拉底；如果矿块垂直走向方向布置，由下盘向上盘拉底。用炮孔分块爆破，以免上盘过早崩落。

10.5.2.3 连续回采自然崩落法

为了增大同时回采的采场数目，可将阶段划分为尺寸较大的分区，按分区进行回采。在分区的一端沿宽度方向掘进切割巷道，再沿长度方向拉底，拉底到一定面积后矿石便开始自然冒落。随着拉底不断向前扩展，矿石自然崩落范围也随之向前推进，矿石顶板面逐渐形成一个斜面（图10-60），并以斜面形式推进。如果切割巷道尚不能有效地切割、控制崩落边界，还可以采用炮孔爆破方法进行切帮。

图10-60是美国一个大型矿山使用的方案，阶段高度100m，出矿巷道用混凝土支护，漏孔负担面积11m×11m，放矿口尺寸为3m×3m。用电耙出矿，矿石被直接耙进矿车中，电耙绞车功率为110kW。

10.5.2.4 阶段自然崩落法的评价

A 适用条件

（1）矿石稳固性。最理想的条件是具有密集的节理和裂隙的中等坚硬的矿石，当拉底

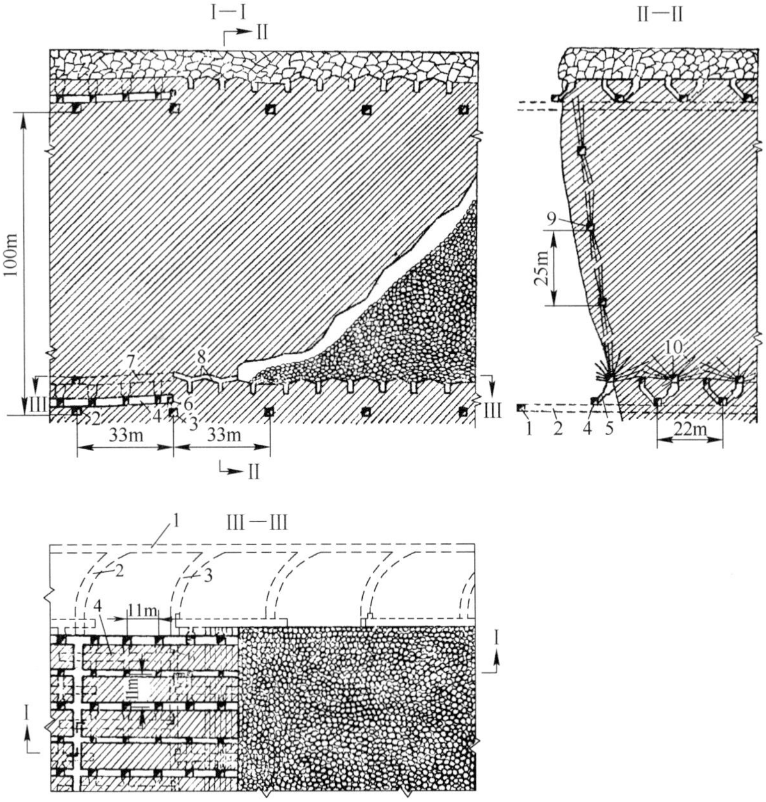

图 10-60 连续回采阶段自然崩落法

1—阶段沿脉运输巷道;2—穿脉运输巷道;3—通风巷道;4—耙矿巷道;5—漏斗颈;6—通风小井;7—拉底巷道;8—联络巷道(形成漏斗用);9—凿岩巷道;10—拉底深孔

到一定面积之后能够自然崩落成大小合乎放矿要求的矿石块。

(2) 矿体厚度。矿体厚度一般不小于 20~30m,倾斜与缓倾斜矿体的厚度应更大些,此时出矿口多设在下盘岩石中。由于放矿的矿石层高度大,下盘倾角小于 70°时,就应该考虑设置间隔式下盘漏斗;当下盘倾角小于 50°时,应设密集式下盘漏斗,否则下盘矿石损失过大。

(3) 围岩稳固性。开采急倾斜矿体时,上盘岩石稳固性最好能保持矿石没有放完之前不崩落,以免放矿时产生较大的损失贫化;开采倾斜、缓倾斜矿体时,上盘最好能随放矿自然崩落下来,否则需人工强制崩落;下盘岩石稳固性根据脉外采准工程要求确定,一般中等稳固即可,如果稳固性差时,采准工程需要支护。

(4) 矿石价值。矿石的价值不高,也不需要分采,且不含有较大的岩石夹层。

(5) 矿石没有结块、氧化和自燃等性质。

(6) 地表允许崩落。

国外有的矿山在崩落界限的周边布置一些凿岩巷道,自凿岩巷道中钻凿炮孔,除用炮孔控制崩落外,还对难于自然崩落部分用爆破强制崩落,这样便扩大了自然崩落法的使用范围。

B 优缺点

自然崩落法具有采准工程量小、劳动生产率高、采矿成本低与作业安全等优点;但也具有生产技术与放矿管理要求严格、大块产出率高以及矿石损失较大等缺点。

自然崩落法在我国使用很少，铜矿峪矿是我国唯一大规模成功应用自然崩落法的矿山。除矿床地质条件因素外，主要由于我国缺少这方面的经验。自然崩落法若应用得当，则是生产能力大和生产成本最低的方法，其中连续回采自然崩落法是厚大矿体最有发展前景的高效采矿方法之一，在矿石价值不高、矿石节理裂隙发育的厚大矿体的开采中，应积极推广使用。

10.6 崩落法的地压显现规律

10.6.1 单层崩落法地压控制

应用单层崩落法开采水平和缓倾斜矿体时，随回采工作面的向前推进，周期性切断直接顶板，以崩落的岩石充填采空区，保证工作面附近矿岩的稳定。

作用在顶板岩层中的压力，呈波状分布（图10-61）。随回采工作面向前推进，顶板岩层中的压力波也向前移动，在回采工作空间上方形成应力降低区，前后方形成应力升高区，远处又恢复为原岩应力。应力升高区的应力值和范围，取决于顶板岩石的力学性质、顶板管理方法与开采深度等。实验及现场观测表明，顶板岩石强度越大，开采深度越深，则应力峰值也越高，应力升高范围也越广。据现场测定，工作面附近应力集中系数（实际应力与由重力计算的应力之比）在3~11之间变化，应力升高区范围为20~30m。

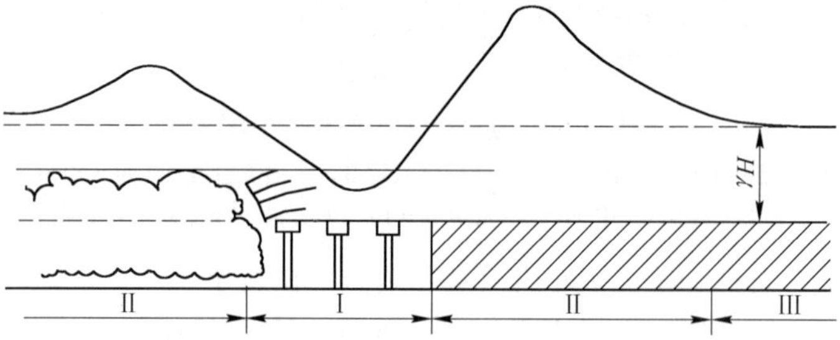

图10-61 单层崩落法顶板岩层中应力分布示意图
Ⅰ—应力降低区；Ⅱ—应力升高区；Ⅲ—原岩应力区

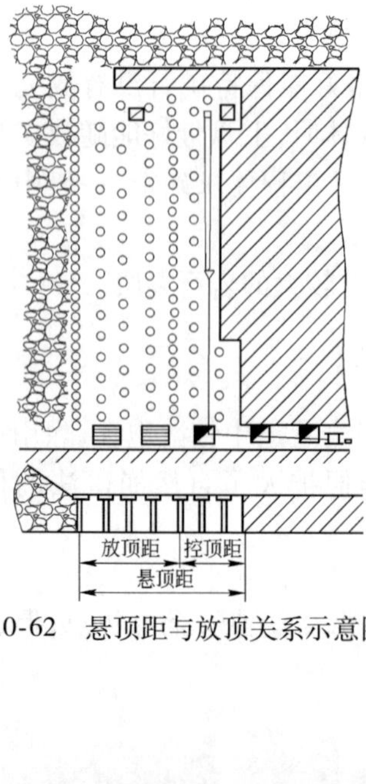

图10-62 悬顶距与放顶关系示意图

应用这种采矿方法时，应正确选择最大悬顶距，这是控制地压的重要参数。工作面推进到最大悬顶距时，就应按确定的放顶距立刻放顶，将放顶距内直接顶板崩落下来（图10-62）。放顶工作不及时或放顶质量不好，会出现激烈的地压现象，如工作面压裂，支柱劈裂或弯曲折断，顶板出现裂缝、局部冒落、垮落等。

放顶后，顶板悬臂长度缩短，工作面上方压力下降，使回采工作处于安全状态。当老顶长度达到极限值时，老顶将大面积垮落。此时，工作面上方岩层压力急剧增加，出现二次来压（图10-63）。应根据具体的地质条件，掌握二次来压的活动规律，及时采取相应的技术措施，以保证回采工作的安全。

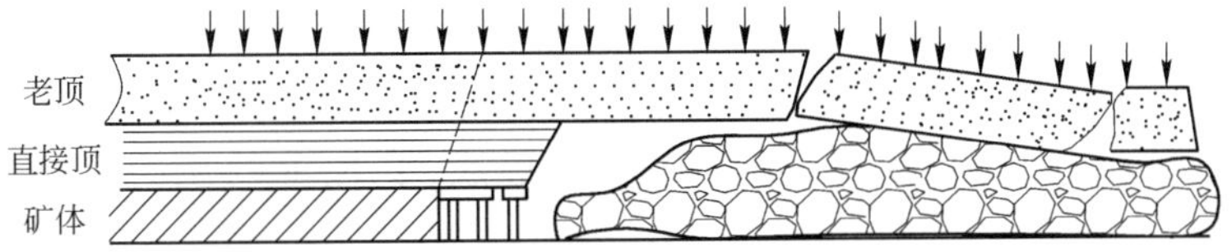

图 10-63 老顶二次来压示意图

地质构造(如断层、裂隙、节理等)对顶板管理也有很大影响。由于构造弱面的存在,往往改变顶板冒落的一般规律,造成突然来压或冒顶。此时,正确选择回采方向,是很重要的问题。当工作面由结构面的上盘向下盘推进时,工作面压力较小,相反,则压力较大(图 10-64)。

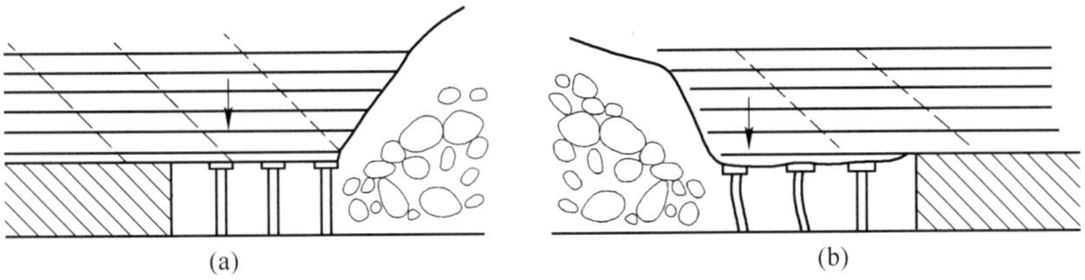

图 10-64 结构面产状与工作面推进方向关系

(a)压力小;(b)压力大

10.6.2 有底柱崩落法地压控制

应用有底柱崩落法时,随崩落矿石的放出,上部覆岩和上下盘围岩亦不断崩落,充填采空区。在崩落的矿石和上部覆岩的重力作用下,将造成矿块底柱破坏,首先是使底柱中的出矿巷道变形和破坏。当开采深度较大的矿体,且走向和厚度均较大时,由于矿体下盘岩石受支撑压力作用,也会造成下盘采准巷道破坏。此外,合理确定开采顺序,也是应用该种采矿法地压控制的重要问题。

10.6.2.1 采场底部出矿巷道所承受的压力

在回采的不同阶段,采场底柱所承受的压力是不同的。

第一阶段:采准工作结束后,出矿巷道上部仍是实体,作用在底柱上的压力为上部实体矿岩传递下来的采动压力,其值大小与采场所在部位及是否受集中应力的作用有关,但此时出矿巷道的承载能力一般较强,地压显现较小。

第二阶段:在大量落矿之后,在底柱上部充满了崩落的矿石和覆岩。松散矿岩对底柱的压力是不均匀的,采场四周压力较小,中央部分压力最大(图 10-65)。这是由于松散矿岩与周围岩壁之间存在摩擦阻力以及成拱作用的结果。此时作用在底柱上的压力值,一般比第一阶段减小,但经过落矿过程中的爆破损伤,底柱稳定性降低,承载力减小。

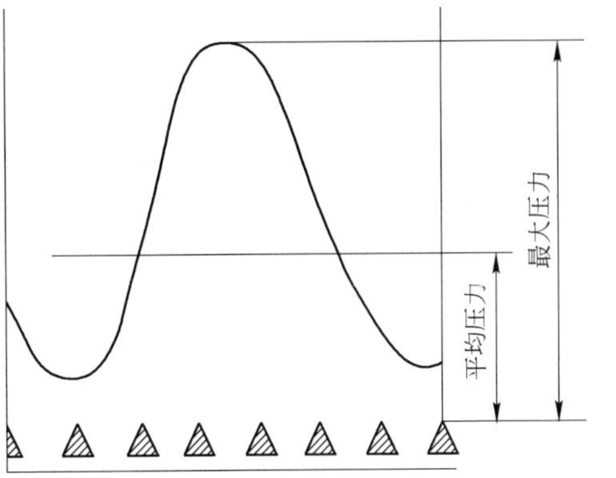

图 10-65 松散矿岩作用在底柱上压力分布

第三阶段:在采场放矿以后,底柱上所受压力将发生变化。由于放矿漏斗上部矿岩发生二次松散,松动体上部形成免压拱,将荷载传递到附近漏斗上部而使压力升高,在松动体范围内的压力则降低,出现降压带(图10-66)。如果几个漏斗同时放矿,则由各个漏斗松动体共同组成一个免压拱,拱上部的压力向四周传递。当放矿面积增加到一定值后,免压拱不易形成,底柱上的压力又恢复到图10-65所示。

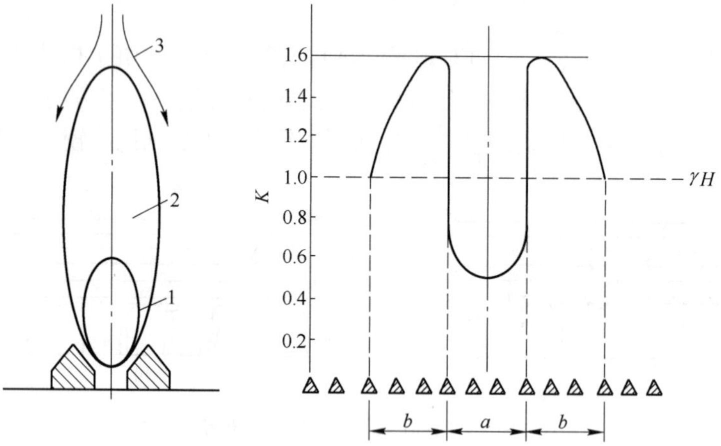

图10-66 放矿过程底柱压力变化

a—应力降低带;b—应力升高带;K—应力集中系数

1—松动体;2—放出体;3—应力转移方向

易门铜矿生产实践表明,提高放矿强度,可使底柱上的压力降低,同时可以缩短出矿巷道存在时间,保证底柱的稳定性。

前苏联高山矿为矽卡岩型铁矿床,矿体平均厚度为25~40m,倾角40°~48°,矿石密度为4t/m^3,抗压强度为130MPa。上盘为矽卡岩,抗压强度为86MPa,下盘为闪长岩,抗压强度为120MPa。

该矿采用阶段强制崩落法,开采深度为140m。在采准时于底柱中埋设了测压元件,测得回采各阶段的压力为:崩矿后,底柱承受压力为3.5~3.8MPa;放矿开始阶段,底柱承受压力为2.6MPa,压力下降了35%(放矿强度为2~2.5t/(m^2·d));放矿45天后,底柱承受压力为2.75MPa。按崩矿层高度计算压力为4MPa,和测定值近似。

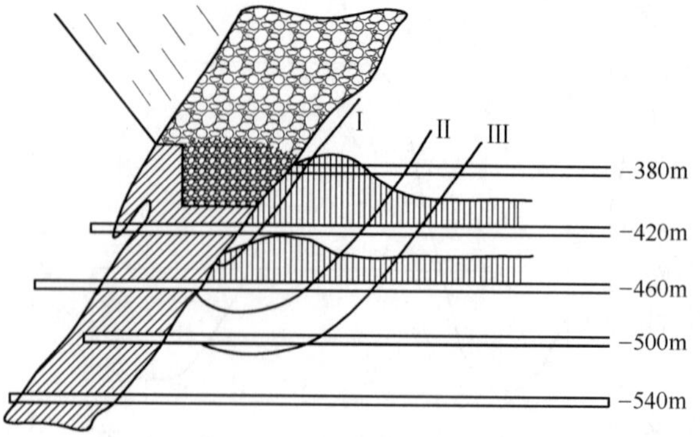

图10-67 下盘岩体应力集中

Ⅰ—应力升高区;Ⅱ—接近正常应力区;Ⅲ—正常应力区

10.6.2.2 *矿体下盘岩石中的压力*

应用有底柱崩落法的矿山实践表明,当开采深度大于300~400m时,在回采工作影响范围内,位于下盘岩石中近矿体的沿脉运输巷道遭到破坏。这是因为下盘岩石不仅受崩落的矿岩重力作用,而且还承受上盘滑动棱柱体经崩落矿岩传递到下盘的重力,发生应力集中(图10-67)。在这种情况下,应将沿脉运输巷道布置在集中应力区以外,具体位置可根据经验和实测确定。

10.6.2.3　确定合理的开采顺序

合理的开采顺序，对于应用有底柱崩落法的矿山控制地压具有重要作用。

当矿体走向长度很大，按一般规律矿体走向中央部位的压力最大。在这种情况下，如果采用从矿体两端向中央后退式回采顺序，则每个阶段的回采初期，地压显现不明显，但当回采接近中央部分，地压逐渐增大。采至最后几个矿块，必然承受较大的支承压力，给回采工作造成很大困难。相反，如果采取从中央向两端的前进式回采顺序，则受力情况将得到很大的改善，就是在回采接近矿体两端时，由于和围岩相连接，也不会产生较大的支承压力。

当矿体走向不长，但地质条件复杂时，应从压力最大部位先采，然后向两侧后退，这是较为合理的开采顺序。杨家杖子岭前矿的Ⅳ号矿体，东部走向东西，向南倾，倾角35°，向西逐渐转为走向北西，倾向南西，倾角45°，以后走向近南北，倾向西，倾角42°。矿体走向长450m，厚度10～30m，上下盘围岩节理发育，均不稳定（图10-68）。该矿多年生产实践表明，采用从一端向另一端或从两端向中央的回采顺序，当回采接近矿体轴部（13号勘探线）时，即出现激烈的地压活动，如电耙道被压垮，炮孔变形和错位等，造成大量矿石损失。在这种复杂的地质条件下，如果从矿体轴部向两端回采，会收到良好的地压控制效果。

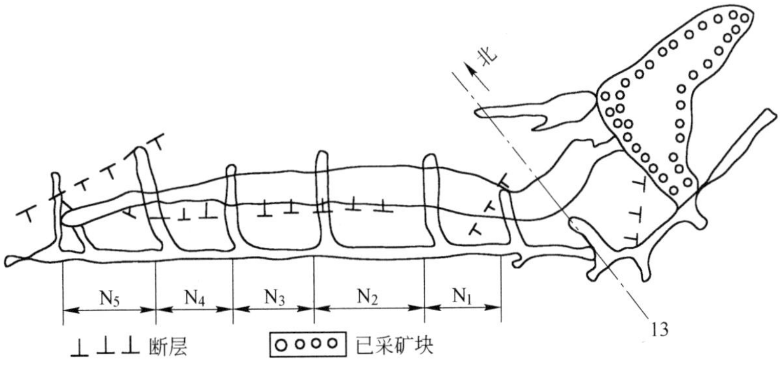

图10-68　岭前矿Ⅳ号矿体平面图

$N_1 \sim N_5$—北部矿体矿块编号；13—13号勘探线

当矿体厚度很大，采取垂直走向的回采顺序，对地压控制有很大的影响。在上盘滑动棱柱体压力作用下，从矿体上盘向下盘方向回采，压力随回采增大，下盘三角矿柱常受破坏，回采异常困难。采取相反的回采顺序，则上盘三角柱压力不明显，回采比较顺利。

当开采几条平行矿体时，由于下盘矿体承受较大的支承压力，位于下盘的矿体应按上盘崩落角关系（图10-69），超前回采，以避免受集中压力区的影响。

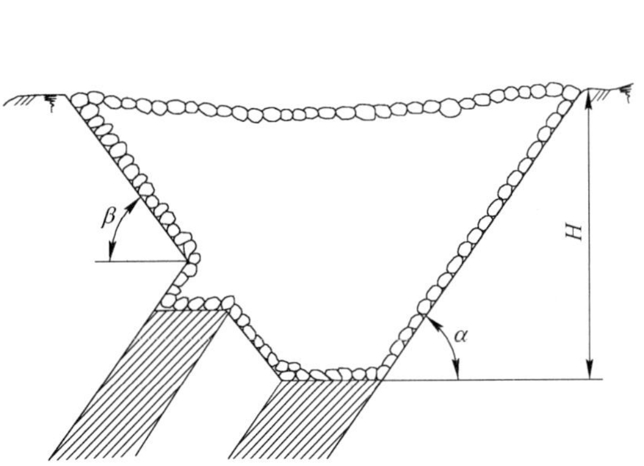

图10-69　开采平行矿体关系图

α—矿体倾角；β—岩石崩落角

10.6.3 无底柱分段崩落法地压控制

这种采矿法的全部回采过程都是在回采进路中完成,因此,保持回采巷道(进路、联络巷道等)处于良好的稳定状态,对安全生产、提高矿石回采率具有重要意义。

10.6.3.1 无底柱崩落法采场地压显现特点

A 巷道破坏的典型形式

巷道破坏的典型形式主要有:顶板冒落、顶板剥皮与开裂、片帮与鼓裂、溜井片帮与冒堵。

顶板冒落有拱形冒落、人字形滑移冒落、楔形块体滑移冒落和筒状冒落等。顶板剥皮与开裂是在顶板上出现一层或几层与顶板暴露面近似平行的裂隙面。剥皮裂隙面多在各自层内形成,剥落岩片多为长条岩片,其厚度为上、下两层裂隙面之间距,故通常为薄片剥落。顶板开裂是指巷道顶板上出现张开裂缝,越往深部越窄,逐渐消失。

片帮与鼓裂是两帮在集中应力作用下发生侧帮片落、鼓折、劈裂和沿结构面开裂滑移。两帮靠拢及底鼓一般发生在具有塑性变形的软岩中,表现为进路底板隆起、同时顶板也下沉,两帮内鼓,地压严重时经过塑性变形后剩下的高度很低,两侧的窄缝进人都困难。

溜井片帮与冒堵是溜井壁先发生变形、鼓帮,致使混凝土脱落、片帮而造成垮冒和堵塞。

B 中深孔及支护破坏的典型形式

中深孔破坏的典型形式有错孔、塌孔、缩孔和挤孔。由于各矿的矿岩性质和回采条件不同,破坏形式所占比例也不同。错孔一般是由于炮孔穿过的岩层产生剪切变形和位移,使炮孔在轴线方向发生移动错位。塌孔是炮孔孔壁破坏塌落或碎块将炮孔堵塞,主要发生在软弱破碎矿体中,有时也发生在坚硬破碎矿体中。如有的矿石为坚硬破碎矿体,使用无底柱分段崩落法回采工艺中,最大的困难是中深孔凿岩夹钎,拔出钎具后,孔壁掉下坚硬小碎块将炮孔堵死,有的中深孔不能装药爆破,以致报废。缩孔一般发生在黏塑性矿岩中,孔壁膨胀使孔径缩小,严重者将炮孔封死。挤孔是在矿石松软地段,炮孔断面变形,将圆形炮孔挤压成椭圆形。

支护结构的破坏一方面是由于巷道围岩位移挤压或者有限范围内脱落岩块自重压坏,另一方面又与支护的特性有关。因此支护结构的破坏形式既取决于巷道破坏形式,又决定于支护本身的结构形式。井下常见的支护结构的几种破坏形式有:钢棚子支护主要是钢梁压弯,甚至断裂,钢棚腿倾斜压弯,整个钢棚变形扭曲;钢筋混凝土支护时,混凝土墙内鼓折断;喷锚网支护时喷层开裂剥落,喷网黏结岩块垂帘悬挂和锚杆裸露等。

10.6.3.2 无底柱分段崩落法巷道围岩的应力分布

为了使回采巷道具有良好的稳定性,必须了解进路周围岩体中的应力分布,以及进路间的回采方式对其应力分布的影响,以便采取相应的维护措施。

A 回采进路周围岩体中的应力分布

有限元数值模拟结果表明,在进路两侧矿柱中形成应力升高区,进路顶板呈应力降低区,如图10-70a所示。采用从左到右的回采顺序时,左侧矿柱垂直应力集中系数为2.33,右侧为1.5。这是由于左侧进路超前回采造成应力分布不均,而进路周边的垂直应力分布,以拱脚和立壁脚处为大,立壁中点处较小(图10-70b)。

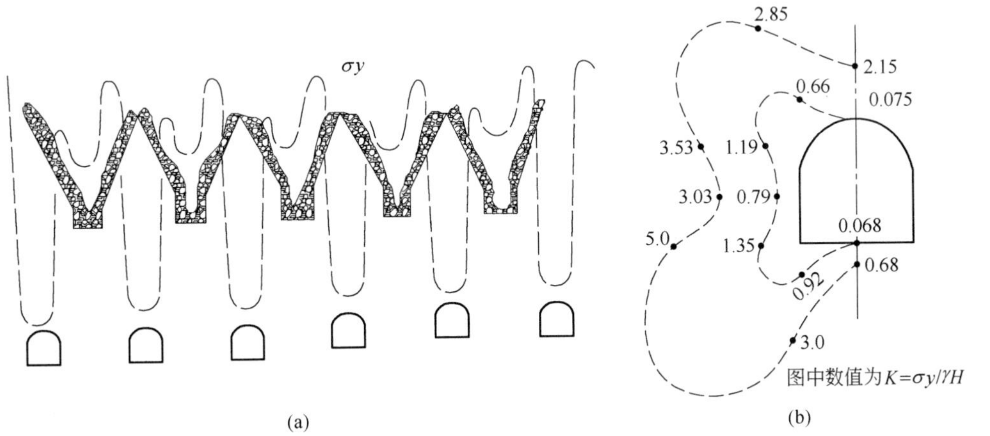

图10-70　无底柱分段崩落法采场应力分布

(a)相邻回采进路之间的岩体中的应力分布;(b)回采进路周边的应力分布

从玉石洼铁矿250m分段的2号、3号、5号、6号进路观测,进路靠近采空区一侧破坏严重。矿柱在较大的垂直应力作用下,产生劈裂破坏,并由此造成向进路方向的水平推力,使混凝土立壁折断或张裂。

根据现场观测资料,沿回采进路长轴方向,垂直应力分布亦不均衡,在工作面附近形成应力降低区,距工作面一定距离形成应力升高区(图10-71)。程潮铁矿应力升高区距工作面7~18m,符山铁矿为10~25m,玉石洼铁矿为10~15m。

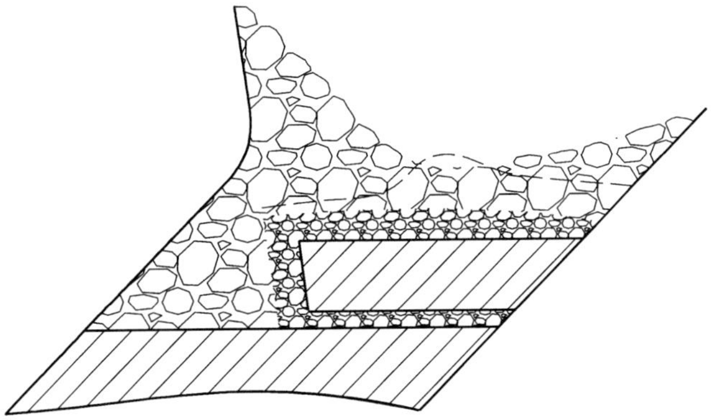

图10-71　沿进路长轴顶板应力分布(图中虚线)

上分段回采程度,对相邻下分段进路的稳定性有很大影响。当上分段存在未爆的矿石实体时,在下分段进路围岩中造成应力集中,并于进路顶板产生水平拉应力。玉石洼铁矿、符山铁矿进路喷层发生开裂、片帮和冒顶,就是由于上分段有未爆实体造成的。

B　相邻进路间的回采方式对应力分布的影响

应用有限元法计算下列五种回采方式的应力分布:进路平行回采、单进路单侧回采、单进路双侧回采、双进路单侧回采、双进路双侧回采,计算结果列于表10-4。

表10-4 不同回采方式进路周边应力分布 (MPa)

进路围岩部位		进路平行回采		单进路单侧回采		单进路双侧回采		双进路双侧回采		双进路单侧回采	
		σ_y	σ_x	σ_y	σ_x	σ_y	σ_x	σ_y	σ_x	σ_y	σ_x
顶板中点		0.294	0.206	4.37	6.79	8.46	16.56	2.94	2.32	4.91	16.73
上角	左	4.67	1.12	10.87	11.5	13.85	23.14	5.92	9.06	18.13	20.51
	右	4.67	1.12	10.51	9.91	13.85	23.14	8.74	15.43	11.96	20.53
帮中	左	3.09	0.37	8.30	4.41	11.87	8.49	2.54	3.36	10.99	5.86
	右	3.09	0.37	6.40	3.22	11.87	8.49	2.63	3.67	7.97	3.81
下角	左	5.20	1.24	13.40	8.36	19.61	10.10	9.48	11.03	19.47	11.49
	右	5.20	1.24	6.40	4.64	19.61	10.10	5.40	8.56	10.89	5.41
底部中点		0.26	0.35	0.99	0.75	2.64	16.22	0.50	2.47	0.49	0.93

可以看出，各进路平行回采时，进路周边应力最低，但这种回采方式回采到靠近联络巷道部位时，将发生相互影响，产生应力集中。因此，符山铁矿和玉石洼铁矿均采用相邻进路超前一定距离，各进路回采工作面形成斜线阶梯状。根据玉石洼铁矿250m分段实测结果，相邻进路工作面超前距离不小于5m时，不会形成应力叠加，有利于维护岩体稳定。

11 空场采矿法

11.1 概 述

如图 11-1 所示，空场采矿法在回采过程中，将矿块划分为矿房和矿柱，先回采矿房，再回采矿柱。在回采矿房时，采场以敞空形式存在，依靠矿柱和围岩本身的强度来维护采场的稳定性。矿房采完后，及时回采矿柱和处理采空区。在一般情况下，回采矿柱和处理采空区同时进行；有时为了改善矿柱的回采条件，用充填料将矿房充填后，再用其他采矿法回采矿柱。

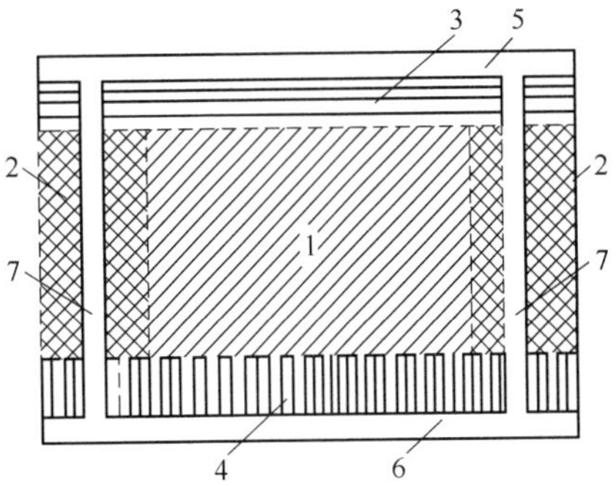

图 11-1 矿房和矿柱划分
1—矿房；2—间柱；3—顶柱；4—底柱；5—回风巷道；6—运输巷道；7—天井

应用空场采矿法的基本条件是，矿石和围岩均稳固，采空区在一定时间内允许有较大的暴露面积。这类采矿方法在我国应用最早，在技术上也最成熟。

根据国内外矿山实践，空场采矿法中应用较广泛的采矿方法有：全面采矿法、房柱采矿法、留矿采矿法、分段矿房法和阶段矿房法。本章分别介绍这些采矿方法，同时介绍一些矿柱回采方法和空区处理措施。

11.2 全面采矿法

全面采矿法是最古老的采矿方法，但一直沿用至今，主要适用于薄和中厚（小于 5 ~ 7m）、缓倾斜（倾角一般小于 30°）、矿体和围岩均稳固、顶板允许暴露面积不小于 200 ~ 300m^2 的矿床。它的特点是，工作面沿矿体走向或沿倾斜方向全面推进，在回采过程中将矿体中的夹石或部分矿石留下，呈不规则的矿柱，以维护采空区。这些矿柱一般不回采，作为永久损失。个别情况下，如回采贵重矿石时，也可不留矿柱，而用人工支柱（混凝土支柱、木垛及木支柱等）支撑顶板。

11.2.1 结构和参数

一般沿矿体走向布置矿块，长 50 ~ 60m，矿块间留 2 ~ 3m 间柱（有的矿山不留间柱），留 2 ~ 3m 顶柱和 3 ~ 7m 底柱（有的矿山不留顶、底柱，如东江铜矿，綦江铁矿大罗坝矿区）。矿块内留不规则矿柱，其断面规格大体为（2m × 2m） ~ （3m × 3m）的近似矩形或直径为 3m 左右的近似圆形，每个矿柱负担的面积约 80～300m^2。

开采水平和微倾斜矿体（倾角小于5°）时，将矿田划分为盘区，工作面沿盘区的全宽向其长轴方向推进。用自行设备运搬时，盘区的宽度取 200～300m；用电耙运搬时，取 80～150m。盘区间留矿柱，其宽度为 10～15m 或 30～40m。

开采缓倾斜矿体时，将井田划分为阶段。阶段高度为 20～30m，阶段斜长为 40～60m，阶段间每 2～3m 留一个矿柱。

11.2.2 采准与切割工作

如图 11-2 所示，全面采矿法的采准与切割工作比较简单，主要有开掘阶段运输巷道、上山、漏口和电耙绞车硐室。

掘进阶段运输巷道，在阶段中掘 1～2 个上山，作为开切自由面；在底柱中每隔 5～7m 开一个漏口；在运输巷道另一侧，每隔 20m 布置一个电耙绞车硐室。

当采用前进式回采顺序时，阶段运输巷道应超前于回采工作面 30～50m。

当矿体走向长度大、出矿点多时，沿脉运输巷道可布置在脉外。脉外运输巷道距矿体底板不小于 6～8m，使溜井容积大于一列车的容积。溜井间距与出矿设备有关，采用固定点布置电耙绞车时为 50～60m，采用移动布置电耙绞车时为 10～12m。綦江铁矿全面采矿法的采准与切割工程布置如图 11-3 所示。

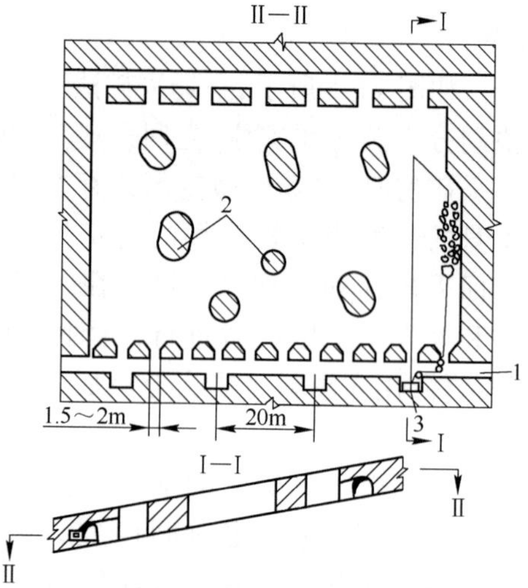

图 11-2 全面采矿法

1—运输巷道；2—支撑矿柱；3—电耙绞车

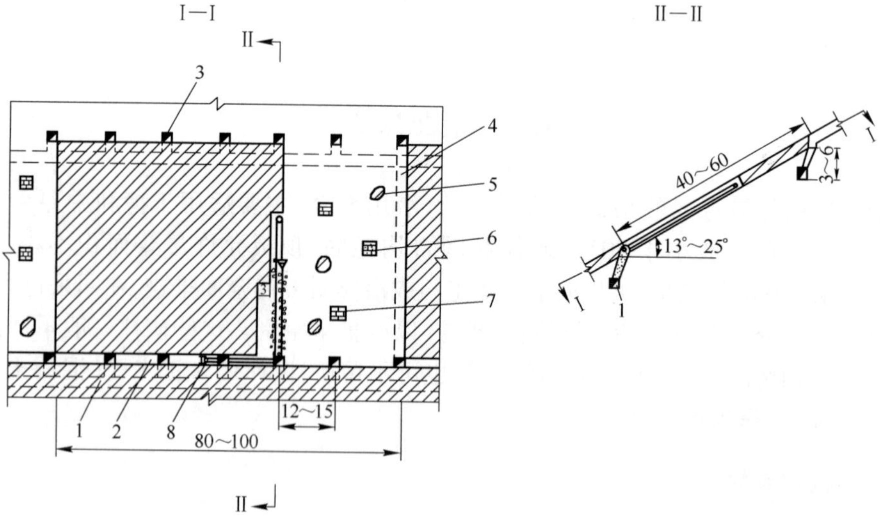

图 11-3 綦江铁矿全面采矿法采准与切割结构

1—阶段运输巷道（2.0m×2.7m）；2—拉底坑道（2m×2m）；3—漏斗（1.5m×1.5m）；4—切割上山（2m×2m）；5—矿柱；6—预制块垛；7—废石垛；8—电耙绞车

11.2.3 回采工作

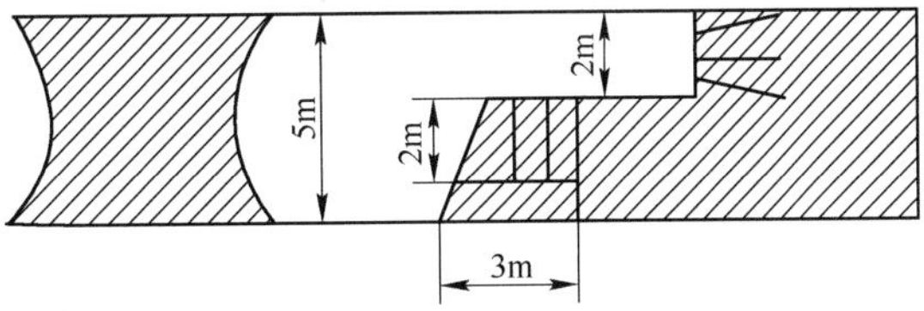

图 11-4 下向梯段工作面回采

回采工作自切割上山开始，沿矿体走向一侧或两侧推进。当矿体厚度小于3m时，全厚一次回采；当矿体厚度大于3m时，则以梯段工作面回采（图11-4）。以梯段工作面回采时，一般在顶板下开出2～2.5m高的超前工作面，用下向炮孔回采下部矿体。

回采工作通常采用浅孔落矿，气腿式凿岩机凿岩，孔径36～44mm，孔深1.2～2.0m，孔距0.6～1.2m，排距0.5～1.0m。

当矿体厚度较小时，一般采用电耙运搬。矿体厚度较大且倾角又很小时，也可采用无轨自行设备运搬矿石。运距小于200～300m时，采用载重量为20t或更大的铲运机；运距更大时，宜用装矿机和载重量20～60t的自卸汽车。

根据顶板稳固情况，留不规则矿柱支撑顶板。有时也安装锚杆维护顶板。锚杆长度为1.5～2m，网度为0.8m×0.8m～1.5m×1.5m。

因采空区面积较大，应加强通风管理。例如封闭离工作面较远的联络道，使新鲜风流较集中地进入工作面，污风从上部回风巷道排出。

11.2.4 评价

（1）优缺点。该法的优点是采准工程量小，回采工艺简单，通风条件好；木材消耗量低，采矿直接成本低，对矿体形态和倾角变化适应性强。

缺点是顶板暴露面积大，当矿体厚度大时，检查和处理顶板困难，作业安全性差；如留矿柱支护顶板，矿石损失率在10%～15%以上。对于贵重矿石，应寻求机械化施工的人工矿柱方法，以代替自然矿柱。

（2）主要技术经济指标。一些应用全面采矿法矿山的主要技术经济指标列于表11-1。

表 11-1 全面采矿法的主要技术经济指标

矿山名称	矿块生产能力 /t·d^{-1}	采掘比/m·kt^{-1}	工作面工效 /t·工班$^{-1}$	损失率/%	贫化率/%
松树脚锡矿	50～90	8～18	3.5～7.0	14～20	8～17
车江铜矿	60～80	13	9～10	4～6	18～20
湘西金矿	40～80	25～30	5.0～6.5	3～5	4～6
巴厘锡矿	50～80	30	10～13	8～13	<15
大罗坝铁矿	70	12.4～14.0	12	16	6～9

11.3 房柱采矿法

房柱采矿法用于开采水平到缓倾斜的矿体，在矿块或采区内矿房和矿柱交替布置，回采矿房时留连续的或间断的规则矿柱，以维护顶板岩石。因此，它比全面采矿法适用范围广，不仅能回采薄矿体（厚度小于2.5～3m），而且可以回采厚和极厚矿体。矿石和围岩均稳固的水平到缓倾斜矿体，是这种采矿法应用的基本条件。

11.3.1 结构和参数

矿房的长轴可沿矿体的走向、倾斜或伪倾斜方向布置，主要取决于所采用的运搬设备和矿体的倾角。我国大多数金属地下矿山采用电耙运搬矿石，矿房一般沿倾斜布置。矿房的长度取决于运搬设备的有效运距。应用电耙运搬时，一般为40～60m。矿房的宽度根据矿体的厚度和顶板的稳固性确定，一般为8～20m。矿柱直径为3～7m，间距为5～8m。

分区的宽度根据分区隔离矿柱的安全跨度和分区的生产能力确定，变化于80～150m到400～600m之间。分区矿柱一般为连续的，承受上覆岩层的载荷，其宽度与开采深度和矿体厚度有关，和全面采矿法相同。

11.3.2 采准与切割工作

阶段运输巷道可布置在脉内或底板岩石中。后者有许多优点：可在放矿溜井中贮存部分矿石提供缓冲，减少电耙运搬和运输之间的相互影响；有利于通风管理；当矿体底板不平整时，可保持运输巷道平直，有利于提高运输能力。其缺点是增加了岩石的掘进工程量。目前，我国金属矿山多采用这种布置形式，如图11-5所示。

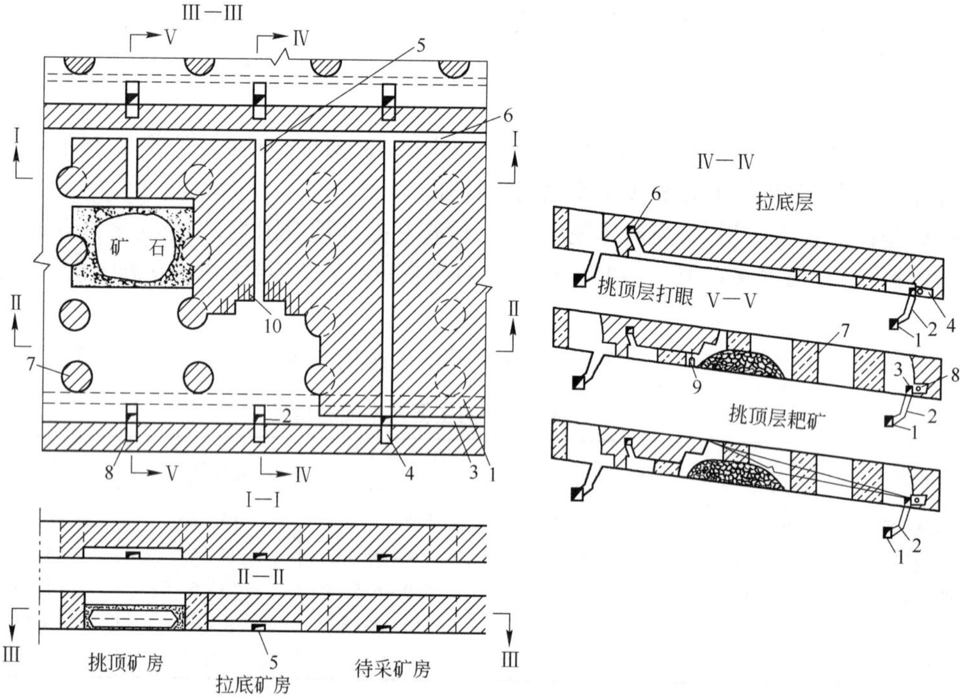

图11-5 房柱采矿法

1—运输巷道；2—放矿溜井；3—切割平巷；4—电耙硐室；5—上山；
6—联络平巷；7—矿柱；8—电耙绞车；9—凿岩机；10—炮孔

从图11-5可以看出，房柱采矿法的采准工程包括：自底板运输巷道1向每个矿房的中心线位置掘进放矿溜井2；在矿房下部的矿柱（顶底柱）中掘进电耙硐室4；沿矿房中心线并紧贴底板掘进上山5，用以行人、通风和运搬设备或材料，并作为回采时的自由面；各矿房间掘进联络平巷6；在矿房下部边界处掘进切割平巷3，既作为起始回采时的自由面，又可作为去相邻矿块的通道。

11.3.3 回采工作

矿房的回采方法根据矿体厚度不同而异：矿体厚度小于2.5～3m时，一次采全厚；矿体厚度大于2.5～3m时，则分层开采。

当矿体厚度小于8～10m并采用电耙运搬时，一般使用浅孔先在矿房下部拉底，然后用上向炮孔挑顶。拉底是从切割平巷与上山交口处开始，用柱式凿岩机或气腿式凿岩机打水平炮孔，自下而上逆倾斜掘进。拉底高度为2.5～3m，炮孔排距0.6～0.8m，间距1.2m，孔深2.4～3m。随拉底工作面的推进，在矿房两侧按规定的尺寸和间距，将矿柱切开。

整个矿房拉底结束后，用YSP-45型凿岩机挑顶，回采上部矿石。炮孔排距0.8～1m，间距1.2～1.4m，孔深2m。当矿体厚度小于5m时，挑顶一次完成；矿体厚度为5～10m时，则以2.5m高的上向梯段工作面分层挑顶，并局部留矿，以便站在矿堆上进行凿岩爆破工作。

用上述落矿方式采下的矿石，采用14kW或30kW的电耙绞车，将矿石耙至放矿溜井中，放至运输巷道装车。双滚筒电耙绞车只能直线耙矿，三滚筒绞车可在较大范围内耙矿（图11-6）。

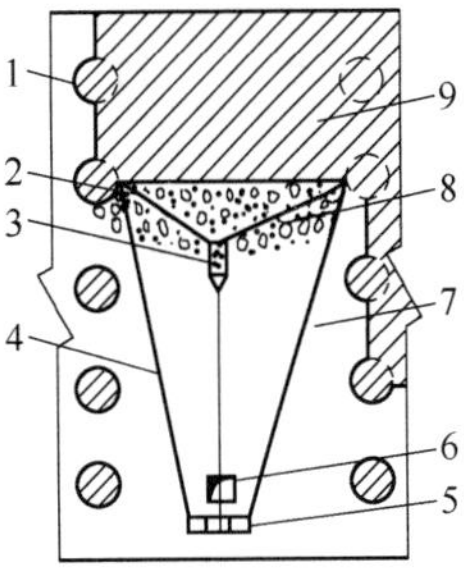

图11-6 三滚筒电耙绞车运搬矿石

1—矿柱；2—滑轮；3—耙斗；4—钢绳；5—电耙绞车；6—放矿溜井；7—矿房已采部分；8—采下矿石；9—待采矿房矿石

当矿体厚度大于8～10m时，应采用深孔落矿方式回采矿石。先在顶板下面切顶，然后在矿房的一端开掘切割槽，以形成下向正台阶的工作面（图11-7）。切顶的高度根据所采用的落矿方法和出矿设备确定，一般为2.5～5m。切顶空间下部的矿石，采用下向平行深孔落矿。

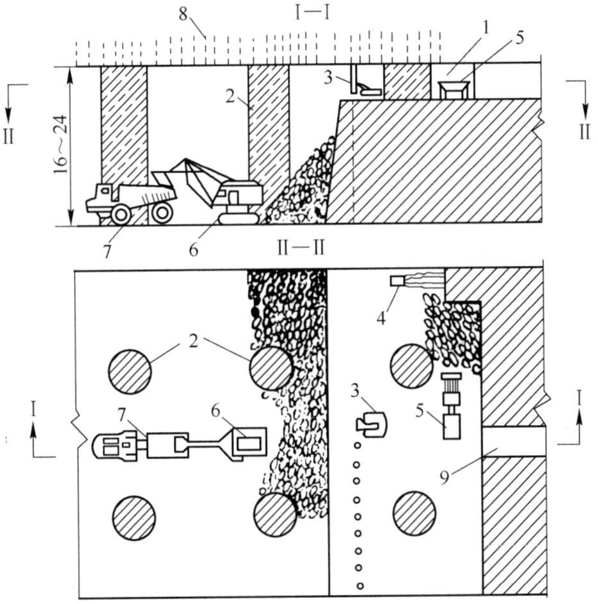

图11-7 厚矿体无轨自行设备开采方案

1—切顶工作面；2—矿柱；3—履带式凿岩台车；4—轮胎式凿岩台车；5—2.7m³前端式装载机；6—1m³短臂电铲；7—20～25t卡车；8—护顶杆柱；9—顶板切割

随着无轨自行设备的迅速发展,在国外应用房柱采矿法时,广泛采用履带式或轮胎式凿岩、装载和运搬设备。履带式无轨设备由于机动性较差和速度较慢,只宜用于凿岩台车和较固定的装载设备。

顶板局部不稳固时,可留矿柱。顶板整体不稳固时,应采用锚杆进行支护。此时房柱采矿法的应用范围得到扩大。我国湖南锡矿山锑矿就是应用楔缝式锚杆维护顶板的典型例子(图11-8)。

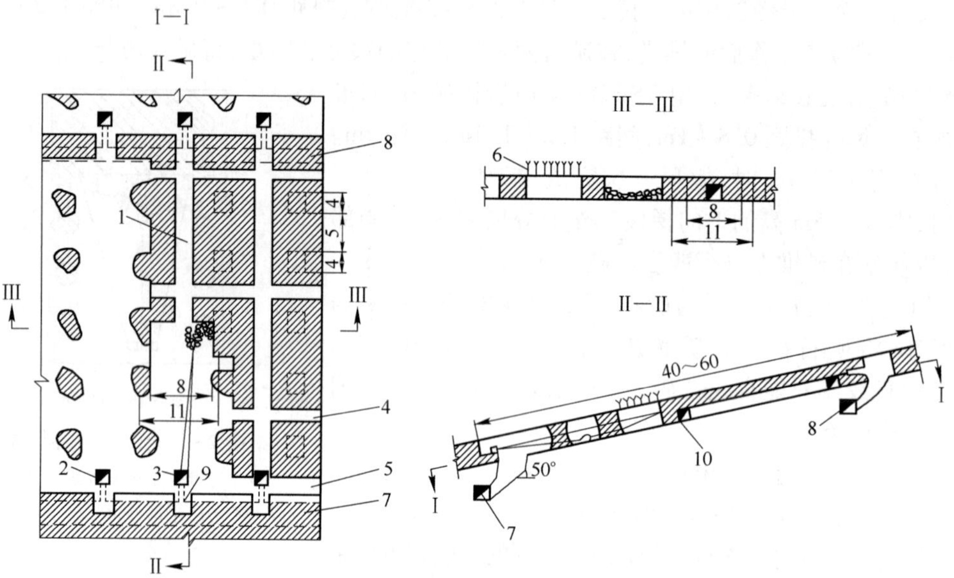

图11-8 锚杆维护顶板的房柱采矿法

1—上山;2,3—放矿溜井;4—切割平巷;5—切割槽;6—锚杆;7—运输巷道;8—回风巷道;9—电耙绞车硐室;10—联络巷道

11.3.4 评价

房柱采矿法是开采水平到缓倾斜矿体最有效的采矿方法。它的采准切割工程量不大,工作组织简单,坑木消耗少,通风良好,矿房生产能力高。但矿柱矿量所占比重较大(间断矿柱占15%~20%,连续矿柱达40%),且一般不进行回采。因此,矿石损失较大。用房柱采矿法开采贵重矿石时,可以采用人工混凝土矿柱代替自然矿柱,以减少矿柱矿量损失。

不少矿山的实践表明,应用锚杆或锚杆加金属网维护不稳固顶板,可扩大房柱采矿法在开采水平或缓倾斜厚和极厚矿体方面的应用。如果广泛使用无轨自行设备,则可使这种采矿方法的生产能力和劳动生产率达到较高的指标(采矿工效30~50t/工班),成为高效率的采矿方法。

11.4 留矿采矿法

留矿采矿法的特点是,工人直接在矿房暴露面下的留矿堆上作业,自下而上分层回采,每次采下的矿石靠自重放出三分之一左右(有时达35%~40%),其余暂留在矿房中作为继续上采的工作台。矿房全部回采完毕后,暂留在矿房中的矿石再行大量放出,叫做最终放矿或大量放矿。

在回采矿房过程中，暂留的矿石经常移动，不能作为地压管理的主要手段。当围岩不稳固时，大量放矿期间，围岩因暴露面积增加，容易大量片落而增大矿石贫化。崩落的大块岩石常常堵塞漏斗造成放矿困难，并增大矿石损失。

根据以上特点，留矿法适用于开采矿石和围岩稳固、矿石无自燃性、破碎后不易再行结块的急倾斜矿床，在薄和中厚以下的脉状矿床中使用广泛。

11.4.1　结构和参数

留矿法矿块结构如图 11-9 所示，其主要参数包括阶段高度、矿块长度、矿柱尺寸及底部结构等。

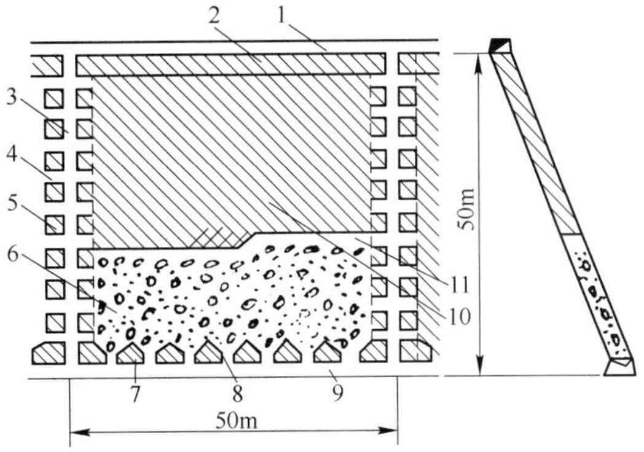

图 11-9　留间柱和顶底柱的留矿法
1—回风巷道；2—顶柱；3—天井；4—联络道；5—间柱；6—存留矿石；7—底柱；8—漏斗；9—阶段运输巷道；10—未采矿石；11—回采空间

阶段高度应根据矿床的勘探程度、围岩稳固情况、矿体倾角等确定。我国应用留矿法的经验是，开采薄矿脉或中厚矿体并属于第四勘探类型的矿床，段高宜采用 30～50m，围岩稳固时取大值，矿体倾角不陡、矿体产状不稳定时取小值。

矿块长度主要考虑围岩稳固程度、电耙的合理耙距和采场的通风条件，一般为 40～60m，围岩稳固时可达 80～100m。

开采薄矿脉时，间柱宽 2～6m，顶柱厚 2～3m，底柱高 4～6m；中厚及以上矿体，间柱宽 8～12m，顶柱厚 3～6m，底柱高 8～10m。

开采极薄矿脉时，由于矿房宽度很小，一般不留间柱，只留顶柱和底柱，矿块之间靠天井的横撑支柱隔开。横撑对围岩还起支护作用。图 11-10 所示是在矿块一侧掘先进天井、另一侧设顺路天井的留矿法结构。图 11-11 所示是在矿块中央掘先进天井、两侧设顺路天井的留矿法结构。

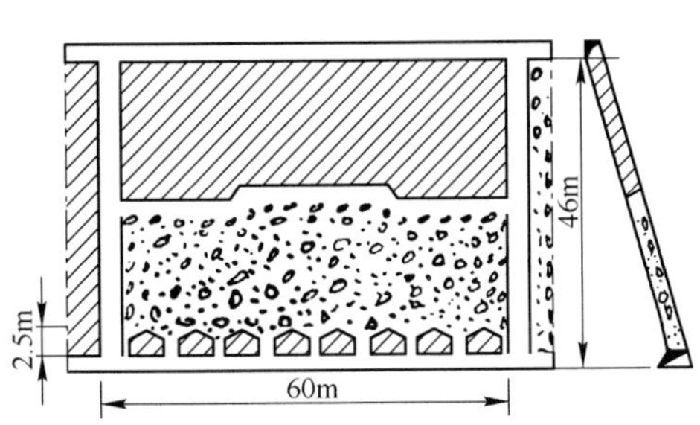

图 11-10　在矿块一侧掘先进天井，另一侧设顺路天井的留矿法

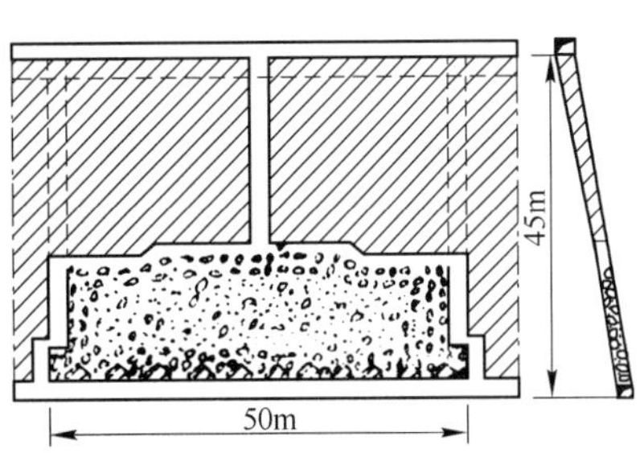

图 11-11　在矿块中央掘先进天井，两侧设顺路天井的留矿法

11.4.2　采准工作

采准工作主要是掘进阶段运输巷道、先进天井（作为行人、通风之用）、联络道、拉底巷道和漏斗颈等。如图 11-9 所示，先进天井布置在间柱中，在垂直方向上每隔 4～5m 掘联络道，

与两侧矿房贯通。

在矿房中每隔5~7m设一个漏斗。为了减少平场工作量，漏斗应尽量靠近下盘。由于采用浅孔落矿，一般不设二次破碎水平，少量大块直接在采场工作面进行二次破碎。

11.4.3 切割工作

切割工作比较简单，以拉底巷道为自由面，形成拉底空间并完成辟漏。它的作用是为回采工作开辟自由面，并为爆破创造有利条件。

拉底高度一般为2~2.5m；拉底宽度等于矿体厚度，但在薄和极薄矿脉中，为保证放矿顺利，其宽度不应小于1.2m。

拉底和辟漏的施工，按矿体厚度不同，有三种方法。

11.4.3.1 不留底柱的切割方法

在薄和极薄矿脉中用人工假底（不留底柱）的底部结构时，其拉底步骤如图11-12所示。

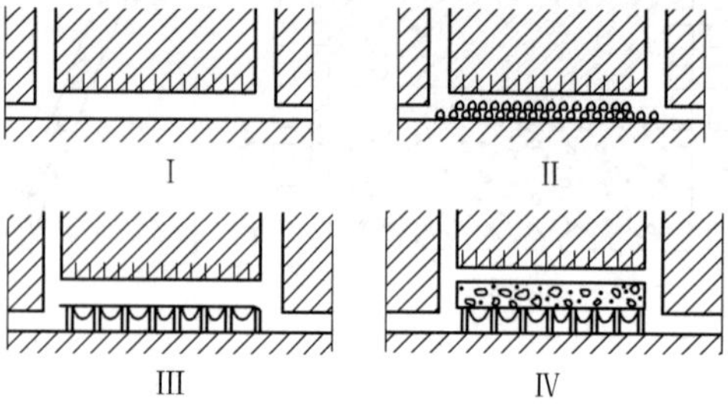

图11-12 无底柱留矿法拉底步骤

（1）在阶段运输巷道中打上向垂直炮孔，孔深1.8~2.2m，所有炮孔一次爆破（图11-12中Ⅰ）。

（2）站在第一分层崩下的矿堆上，打第二层炮孔，孔深1.5~1.6m（图11-12中Ⅱ）。然后将第一分层崩下的矿石装运出去，同时架设人工假底，包括假巷和木质漏斗（图11-12中Ⅲ）。

（3）在假底上铺设一层茅草之类弹性物质后，爆破第二分层炮孔；崩下的矿石从漏斗中放出一部分，平整和清理工作面，拉底工作即告完成（图11-12中Ⅳ）。

11.4.3.2 有底柱拉底和辟漏同时进行的切割方法

这种切割方法适用于矿脉厚度大于2.5~3m的条件（图11-13），步骤如下：

（1）在运输巷道一侧以40°~50°倾角打第一次上向孔，其下部炮孔高度距巷道底板1.2m，上部炮孔在巷道顶角线上与漏斗侧的钢轨在同一垂直面上（图11-13中Ⅰ）。

（2）爆破后站在矿堆上，一侧以70°倾角打第二次上向孔（图11-13中Ⅱ）。第二次爆破后将矿石运出，架设工作台再打第三次上向孔，安装好漏斗后爆破（图11-13中Ⅲ），并将矿石放出。继续打第四次上向孔（图11-13中Ⅳ），爆破后漏斗颈高可达4~4.5m。

（3）在漏斗颈上部以45°倾角向四周打炮孔，扩大斗颈，最终使相邻斗颈连通，同时完成辟漏和拉底工作（图11-13中Ⅴ、Ⅵ、Ⅶ）。

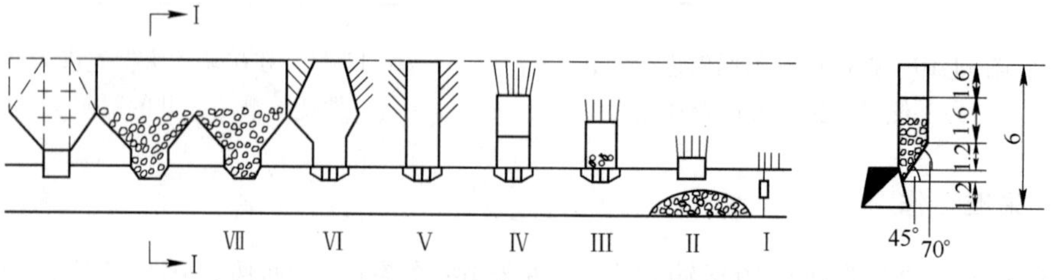

图11-13 有底柱拉底和辟漏同时进行的切割方法

11.4.3.3 有底柱掘进拉底巷道的切割方法

这种方法适用于中厚矿体。从运输巷道的一侧向上掘进漏斗颈，从斗颈上部向两侧掘进高2m左右、宽1.2~2m的拉底巷道，直至矿房边界。同时从拉底水平向下或从斗颈中向上打倾斜炮孔，将上部斗颈扩大成喇叭状的放矿漏斗（图11-14）。

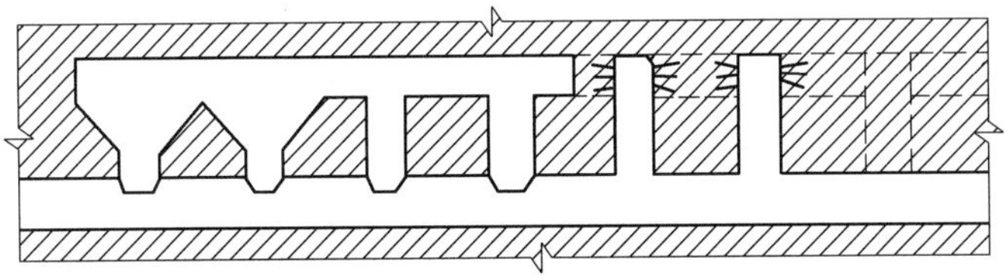

图11-14 有底柱掘进拉底平巷的切割方法

按上述切割方法形成的漏斗斜面倾角一般为45°~55°，每个漏斗负担的放矿面积为30~40m^2，最大不应超过50m^2。

11.4.4 回采工作

留矿法的回采工作包括：凿岩爆破、通风、局部放矿、撬顶平场、大量放矿等。

回采工作自下而上分层进行，分层高度一般为2~3m。在开采极薄矿脉时，为了作业方便和取得较好的经济效果，采场的最小工作宽度应为0.9~1.0m。

11.4.4.1 凿岩爆破

当矿石较稳固时，采用上向炮孔；矿石稳固性较差时，可采用水平炮孔。打上向炮孔时，可采用梯段工作面或不分梯段整层一次打完。梯段工作面长度为10~15m。长梯段或不分梯段的工作面，可减少撬顶和平场的时间，并便于回采工作组织，目前使用比较广泛。打水平炮孔时，梯段工作面长度为2~4m，高度为1.5~2.0m。水平炮孔一般上倾5°~8°，每个阶梯打两层孔，炮孔间距0.8~1.0m，最小抵抗线0.6~0.7m（中厚矿体为0.8~1.2m）。

炮孔排列形式根据矿脉厚度和矿岩分离的难易程度确定。如图11-15所示，常用的排列形式有下列几种：

（1）一字形排列。这种排列方式适用于矿石爆破性较好，矿石与围岩容易分离，矿脉厚度不大于0.7m的情况（图11-15a）。

（2）之字形排列。适用于矿石爆破性较好，矿脉厚度为0.7~1.2m的情况。这种炮孔布置，能较好地控制采幅的宽度（图11-15b）。

（3）平行排列。适用于矿石坚硬、矿体与围岩接触界线不明显或难于分离的厚度较大的矿脉（图11-15c）。

（4）交错布置。用于矿石坚硬、厚度大的矿体。用这种布置方法崩下的矿石块度均匀，在生产中使用广泛（图11-15d）。

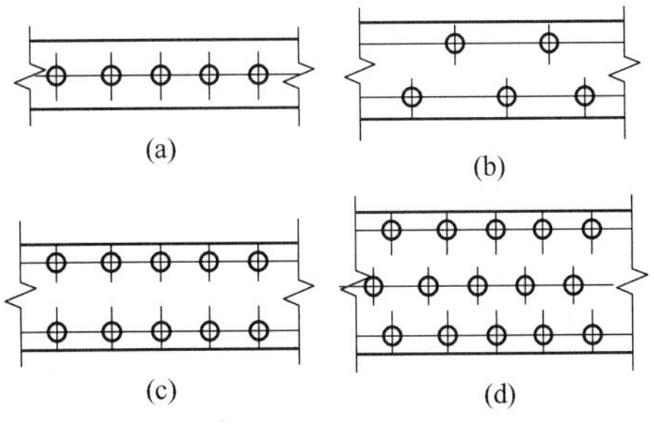

图11-15 炮孔排列形式
(a)一字形；(b)之字形；
(c)平行排列；(d)交错排列

一般采用铵油炸药爆破，用导火线点燃火雷管起爆。近年限制火雷管使用后，多用电雷管或非电导爆管起爆。

11.4.4.2 通风

由于我国常用留矿法开采充填型或矽卡岩型矿床，凿岩爆破作业产生的粉尘中游离二氧化硅粒子含量很高，对工人的健康危害很大。因此，工作面通风的风量应保证满足排尘和排除炮烟的需要。在采掘工作面上，空气的含氧量不得小于20%，风速不得低于0.15m/s。矿房的通风系统一般是从上风流方向的天井进入新鲜空气，通过矿房工作面后，由下风流方向的天井排到上部回风巷道。电耙巷道的通风应形成独立的系统，防止污风窜入矿房或运输巷道中。

11.4.4.3 局部放矿

局部放矿方式有：重力放矿、电耙出矿、装岩机出矿、铲运机出矿、振动放矿机出矿等。

A 重力放矿

局部放矿时，一般采用重力放矿。放矿工应与平场工密切联系，按规定的漏斗放出所要求的矿量，以减少平场工作量和防止在留矿堆中形成空洞。如果发现已形成空洞，应及时采取措施处理。其处理方法有：

(1) 爆破振动消除法。在空洞的上部，用较大的药包爆破，将悬空的矿石振落；

(2) 高压水冲洗法。在漏斗中向上或在空洞上部矿堆面向下，用高压水冲刷，此法对于处理粉矿结块形成的空洞，效果良好；

(3) 采用土火箭爆破法消除空洞；

(4) 从空洞两侧漏斗放矿，使悬空的矿石垮落。

B 电耙出矿

如图11-16所示，在矿房下部阶段运输巷道1之上3~4m处，沿矿房长轴方向掘进电耙巷道2；在厚度小于7m的矿体中沿电耙道一侧，在厚度大于7m的矿体中沿电耙道两侧，掘进斗穿和漏斗3通达矿房底部。电耙道与阶段运输巷道之间掘放矿溜井4联通。放矿时，矿石从漏斗进入电耙道，用电耙耙入放矿溜井，经漏口闸门溜放到阶段运输巷道中的矿车。

当开采极薄矿脉时，使用电耙出矿的无底柱结构如图11-17所示。将沿脉运输巷道上盘扩帮加宽，然后由沿脉巷道一侧直接向上回采。在沿脉巷道出矿一侧架设栅栏，以控制矿流。在沿脉巷道内安设电耙，将流放到巷道中的矿石耙入转运天井（即下阶段的采准天井），

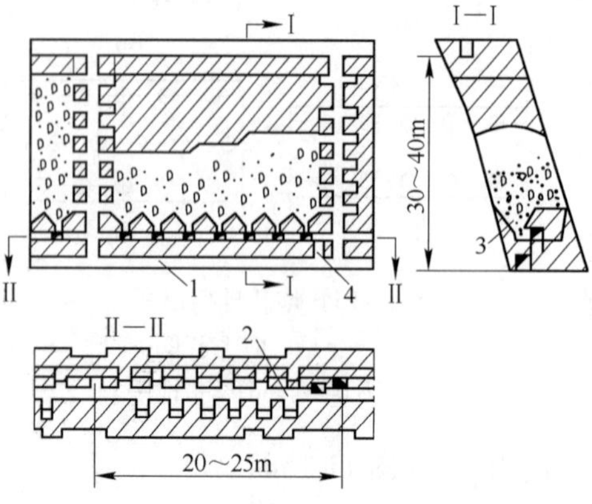

图11-16 留矿法底部电耙出矿

1—阶段运输巷道；2—电耙道；3—漏斗；4—出矿小井

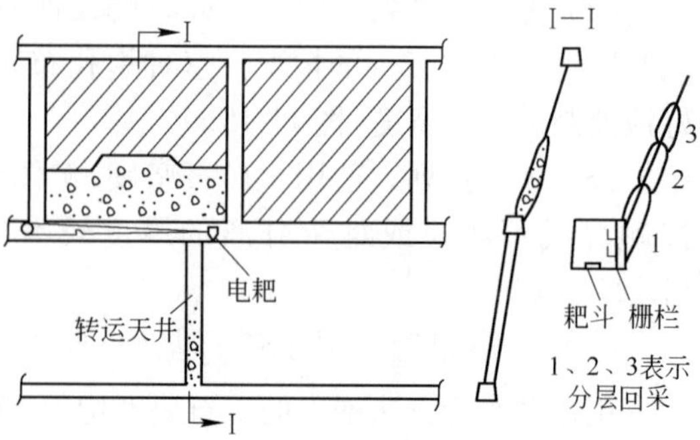

图11-17 留矿法底部电耙出矿耙入转运天井

溜放到下一阶段装车运出。此时矿房底部沿脉运输巷道用做电耙巷道，不再通行电机车，故在阶段上只能采用后退式开采。这种底部结构不留底柱，不设漏斗，采准切割工作量很小。

当矿体倾角小于45°~55°时，矿石不能自重溜放，一些矿山在矿房内使用电耙耙运出矿，如图11-18所示。采用上向倾斜工作面(倾角约10°~25°)分层崩矿，每次崩下的矿石，由安装在矿房的电耙耙至矿房底柱中预先掘好的短溜井，然后经阶段运输巷道装车运走。由于矿房为倾斜工作面且使用电耙耙运出矿，故平场工作量很小。

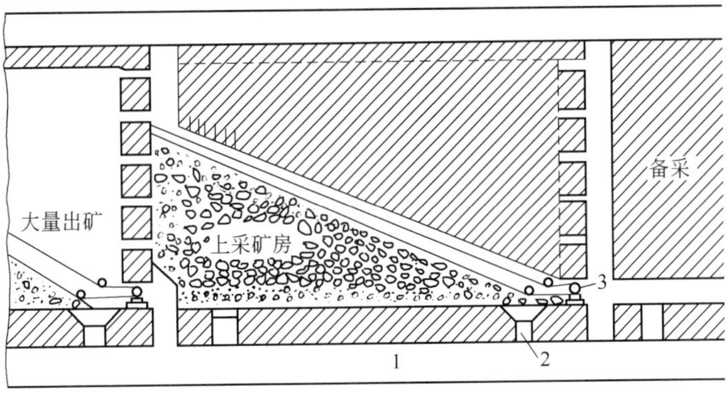

图11-18 留矿法矿房用电耙耙运矿石

1—阶段运输巷道；2—放矿短溜井；3—电耙绞车

大量出矿时，电耙在空区耙运，矿房暴露空间逐渐增大，应及时检查上盘围岩的稳定情况。如有浮石应及时处理，必要时可对局部不够稳固的地段采用锚杆支护。

C 装岩机出矿

如图11-19所示，距脉内沿脉巷道侧帮5~6m掘下盘沿脉巷道，沿此巷道每隔5~6m掘装载巷道横穿脉内沿脉巷道。脉内沿脉巷道作为拉底层，可直接向上回采。采下的矿石靠自重溜放到装车巷道内，用装岩机装入下盘沿脉平巷的列车内。随着装岩机不断装载，矿房内留存的矿石随之藉自重溜放。这种底部结构不留底柱，放矿口断面大，不易堵塞，底部结构简单。

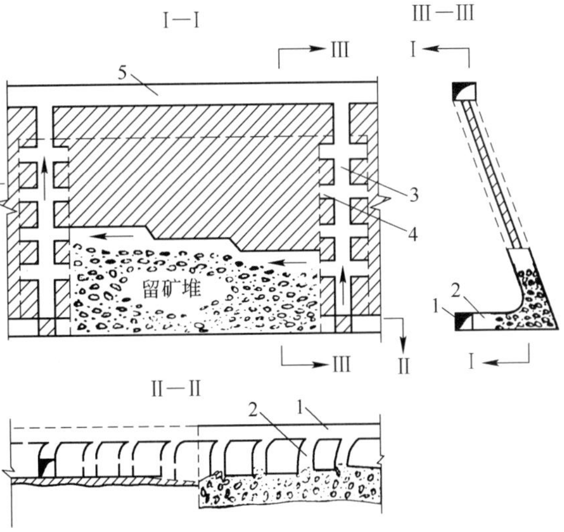

图11-19 留矿法底部装岩机出矿

1—下盘沿脉巷道；2—装载巷道；3—先进天井；4—联络道；5—上阶段脉内回风巷道

D 铲运机出矿

国外使用留矿法的矿山，广泛采用铲运机出矿。图11-20所示是加拿大克利格律矿采用铲运机出矿的留矿法实例。下盘沿脉运输巷道距矿体11.5m，由此掘进装运巷道通达矿体，其间距为11.5m。巷道断面按使用的铲运机型号确定：用ST-4型铲运机时为4.6m×4.1m，用ST-2型铲运机时为3.8m×3.6m。该断面有足够的空间安装通风管。如果装运巷道内不安装通风管,巷道断面可小些,用ST-4型铲运机时为3.9m×2.9m,用ST-2型铲运机时为3.8m×2.9m。

穿脉巷道布置在间柱中,它是由沿脉运输巷道向矿体掘进的。由穿脉巷道侧面向上掘矿房先进天井。

E 振动放矿机出矿

急倾斜薄和极薄矿脉使用留矿法时,多在矿房底部漏斗内安装振动放矿机取代木漏斗,由重力自溜放矿变为振动强制放矿,从而改善了矿石的流动性,取得了良好的经济效益。在矿房底部漏斗内安装振动放矿机的结构如图11-21所示。

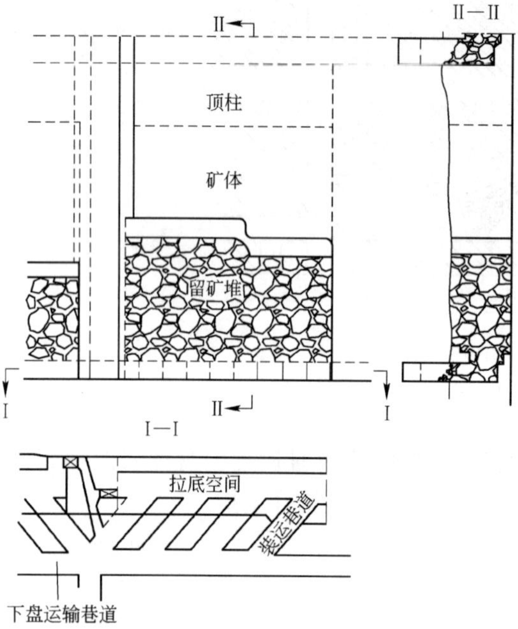

图11-20 留矿法用铲运机出矿

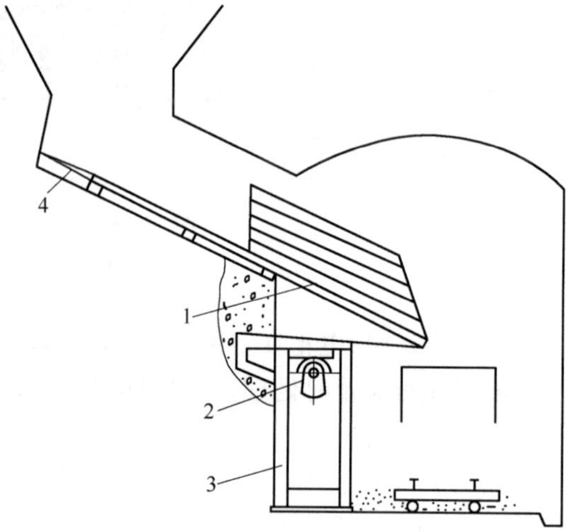

图11-21 振动放矿机(矩形机架)

1—振动台面;2—振动器;3—机架;4—固定用钢绳

我国多采用ZDJ-1.5-4型振动放矿机,振源为1.5kW电动机,激振力为4903.33～9806.65N,振动频率为1400次/min。为了降低振动放矿机的成本,便于安装和拆迁,已研制出轻型振动放矿机。

由于振动放矿机的部分台面埋设在漏斗口内的碎矿堆中,并由振动台面产生简谐运动,故矿石在振激力和重力的共同作用下,可形成连续的强制矿流,并且振动波可在松散矿石中一定范围内传播,有利于改善矿石的流动性,使之不易形成平衡拱。此外,由于振动作用,出矿口可获得比重力放矿大的有效流通高度,并可使大块矿石改变流动方向,因而可提高大块通过能力和减少平场工作量。

生产实践证明,当极薄矿脉倾角小于55°～60°时,单靠重力放矿会造成放矿堵塞。如用振动放矿机配合重力放矿,则矿房存留矿石可全部放出。

11.4.4.4 平场、撬顶和二次破碎

为了便于工人在留矿堆上进行凿岩爆破作业,局部放矿后应将留矿堆表面整平,这一工作称为平场。平场时,应将顶板和两帮已松动而未落下的矿石或岩石撬落,以保证后续作业的安全,这一工作称为撬顶。崩矿和撬顶落下的大块,应在平场时破碎,以免卡塞漏斗,这一工作称为二次破碎。

11.4.4.5　*最终放矿及矿房残留矿石的回收*

矿房采完后,应及时组织最终放矿(也叫大量放矿),即放出存留在矿房内的全部矿石。

放矿时,应避免存留矿石中产生空洞或悬拱现象。在放矿时如漏斗堵塞,应及时处理,以提高放矿强度,防止围岩片落,减少二次贫化。

由于矿房底板粗糙不平,特别是底板倾角变缓之处,常积存一部分散体矿石不能放净。采用水力冲洗法可把残留在矿房底板的散体矿石和粉矿冲洗下来。水力冲洗的工艺系统如图11-22所示。利用水泵产生的高压水通过水管输送,供给高压水枪,产生高压射流,并借散体矿石和粉矿自重,使之从矿房冲运出来。水力冲洗顺序是先从矿房两侧天井用水枪由下而上分层向下冲洗,最后在矿房顶柱中预先掘好的冲洗小井向矿房强力冲洗。

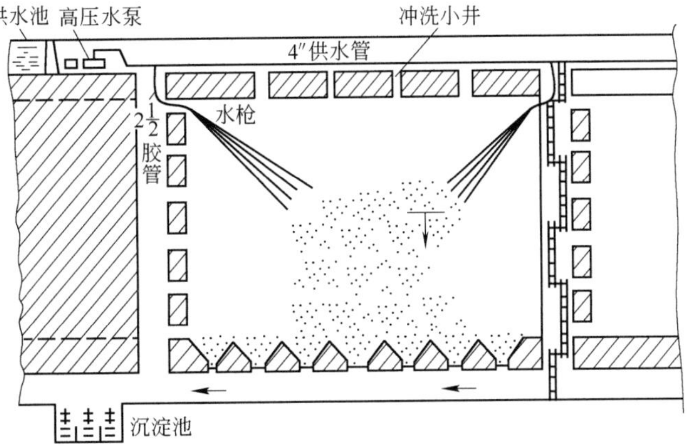

图11-22　水力冲洗工艺系统示意图

采用高压水冲洗之前,应在矿房底部出矿口或受矿结构设置脱水设施,以免粉矿流失。此外,在阶段巷道的适当位置设沉淀池,以回收矿泥,净化水质。

采用高压水冲洗矿房时,应高度重视安全工作。首先应检查天井中的支护情况,必要时予以加固,并采取安全技术措施,保证操作工人的安全。

11.4.5　评价

(1)适用条件。留矿法适用于开采以下条件的矿床:

1)围岩和矿石均稳固。即要求围岩无大的断层破碎带,在放矿过程中,围岩不会自行崩落。围岩不稳固或有断层破碎带时,在回采和放矿过程中将发生片帮,不但造成矿石贫化,而且片落的大块常造成矿房或漏口堵塞,造成放矿困难。同时,顶板矿石必须足够稳固,保证在回采过程中不会自行冒落,这样才能确保人身安全和顺利地进行回采工作。

2)矿体厚度以薄和极薄矿脉为宜。中厚以上的矿体,若采用留矿法,因顶板暴露面积大,回采安全性较差,撬顶、平场及二次破碎等工作量增大,因而效果不好。

3)矿脉倾角以急倾斜为宜。用留矿法开采极薄矿脉,矿脉倾角应在65°以上,倾角60°~65°的矿脉,采高超过25~30m时,放矿困难。倾角小于60°的矿脉,一般应采取辅助放矿措施,如在矿房底部安装振动放矿机进行放矿。对倾角为55°~60°的矿脉,采下的矿石基本能全部放出。当倾角为45°~55°时,可用电耙在采场内运搬矿石。

4)矿石无结块和自燃性。由于矿石在矿房中停留时间较长,矿石中不应含有胶结性强的泥质,含硫量也不能太高,以防止矿石结块和自燃。

(2)优缺点。留矿法具有结构及生产工艺简单,管理方便,可利用矿石自重放矿,采准工程量小等优点。但是若用留矿法开采中厚以上矿体,矿柱矿量损失贫化大;工人在较大暴露面下作业,安全性差;平场工作繁重,难以实现机械化;积压大量矿石,影响资金周转。因此在中厚以上矿体中,多不采用留矿法。

(3)主要技术经济指标。一些矿山使用留矿法的主要技术经济指标列于表11-2中。

表11-2 留矿法主要技术经济指标

指标	矿山				参考指标
	西华山	华铜	五龙	铁山	
采场生产能力/$t \cdot d^{-1}$	108	150	—	60	100~150
工作面效率/t·工班$^{-1}$	12	38~42	8	6	12~25
矿石损失率/%	10	5~8	15	6	12~25
矿石贫化率/%	18	6~8	22	8.7	8~10
炸药消耗/$kg \cdot t^{-1}$	0.73	0.45~0.5	0.6	0.58	—
坑木消耗/$m^3 \cdot kt^{-1}$	5.9	0.17~0.30	1.86	4.1	—

(4)发展方向。在我国留矿法被广泛应用于中小型矿山开采薄和极薄矿脉,但下列问题有待解决:

1)研制轻型液压凿岩机,寻求合理的凿岩爆破参数,研究控制采幅的有效技术措施,降低废石混入率。

2)对于矿脉厚度小于6.5m,应改进底部出矿结构,推广电耙出矿,或研制小型轮胎式铲运机出矿,可不留底柱,简化底部结构,提高出矿效率。

3)对于极薄矿脉,应研究混采和分采(选别回采)的合理界线,以提高采、选的综合经济效果。

4)研究采场地压管理。我国采用留矿法的矿山,开采深度已达200~300m至500~700m。由于用留矿法回采所形成的采空区未作处理,剧烈的地压活动已先后在许多矿山出现。急需研究采空区的地压活动规律;对于已形成的采空区,应采用经济而有效的办法进行处理;新设计矿山或开采深部矿床时,对划分阶段、矿块及其结构参数、回采顺序和未来采空区的处理方法等,应进行全面系统的研究。

11.5 分段矿房法

分段矿房法是在矿块的垂直方向,再划分为若干分段;在每个分段水平上布置矿房和矿柱,各分段采下的矿石分别从各分段的出矿巷道运出。分段矿房回采结束后,可立即回采本分段的矿柱,并同时处理采空区。

这种采矿方法以分段为独立的回采单元,因而灵活性大,适用于倾斜和极倾斜的中厚到厚矿体。由于围岩暴露较小,回采时间较短,相应地可适当降低对围岩稳固性的要求。

11.5.1 结构和参数

阶段高度一般为 40 ~60m,分段高度为 15 ~25m。每个分段划分为矿房和间柱。矿房沿走向长度为 35 ~40m,间柱宽度为 6 ~8m。分段间留斜顶柱,其真厚度一般为 5 ~6m。

11.5.2 采准与切割工作

如图 11-23 所示,从阶段运输巷道掘进斜坡道联通各个下盘分段运输平巷 1,以便行驶无轨设备、无轨车辆(运送人员、设备和材料);沿矿体走向每隔 100m 左右,掘进一条放矿溜井,通往各分段运输平巷。

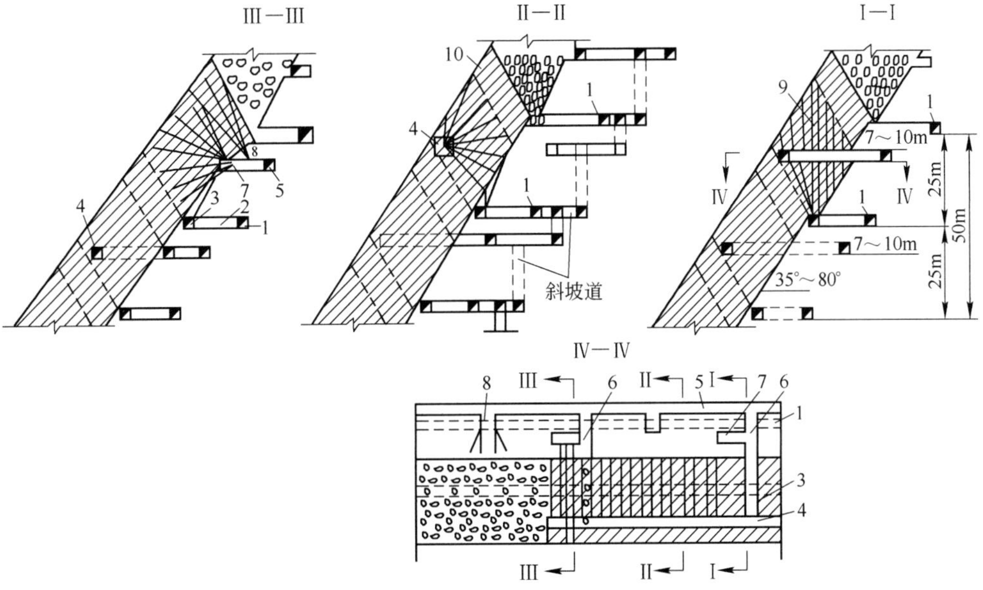

图 11-23 分段矿房法典型方案

1—分段运输平巷;2—装运横巷;3—堑沟平巷;4—凿岩平巷;5—矿柱回采平巷;
6—切割横巷;7—间柱凿岩硐室;8—斜顶柱凿岩硐室;9—切割天井;10—斜顶柱

在每个分段水平上,掘下盘分段运输平巷 1,在此巷道沿走向每隔 10 ~12m 掘装运巷道 2,通到靠近矿体下盘的堑沟平巷 3,靠上盘接触面掘进凿岩平巷 4。

切割工作包括:在矿房的一侧掘进切割横巷 6,联通凿岩平巷 4 与矿柱回采平巷 5,从堑沟平巷 3 到分段矿房的最高处,掘切割天井 9。在切割巷道钻环形深孔,以切割天井为自由面,爆破后便形成切割槽(图 11-23 中Ⅰ—Ⅰ)。

11.5.3 回采工作

从切割槽向矿房另一侧进行回采。在凿岩平巷中钻环形深孔,崩下的矿石从装运巷道用铲运机运到分段运输平巷最近的溜井;溜到阶段运输巷道装车运出(图 11-23 中Ⅱ—Ⅱ)。

当一个矿房回采结束后,立即回采一侧的间柱和斜顶柱。回采间柱的深孔凿岩硐室布置在切割巷道靠近下盘的侧部(图 11-23 中 7);回采斜顶柱的深孔凿岩硐室开在矿柱回采平巷的一侧(图 11-23 中 8),对应于矿房的中央部位。间柱和斜顶柱的深孔布置如图 11-23 的Ⅲ-Ⅲ剖面所示。回采矿柱的顺序是:先爆破间柱并将崩下矿石放出,然后再爆破顶柱;因受爆力抛掷作用,顶柱崩落的大部分矿石溜到堑沟内放出。

分段矿房法的矿石总回采率在 80% 以上,贫化率不大。

11.5.4 评价

分段矿房法适用于矿石和围岩中等稳固以上的倾斜和急倾斜厚矿体。由于分段回采,可使用高效率的无轨装运设备,应用灵活性大,回采强度高。同时,分段矿房采完后,允许立即回采矿柱和处理采空区,既提高了矿柱的矿石回采率,又处理了采空区,从而为下分段的回采创造了良好的条件。

分段矿房法的主要缺点是采准工作量大,每个分段都要掘分段运输平巷、切割巷道、凿岩平巷等。随着无轨设备的推广应用,分段矿房法对于开采中厚和厚的倾斜矿体,是一种有效的采矿方法。

11.6 阶段矿房法

阶段矿房法是用深孔落矿(或中深孔分段落矿)的空场采矿法,崩落的矿石藉自重可全部溜到矿块底部放出。我国一般采用垂直炮孔落矿,根据落矿方式不同,阶段矿房法可分为分段凿岩阶段矿房法、深孔落矿阶段矿房法以及深孔球状药包落矿的阶段矿房法。

11.6.1 分段凿岩阶段矿房法

国内地下金属矿山多使用分段凿岩阶段矿房法,其特点是:回采工作面是垂直的,回采工作开始之前,除在矿房底部拉底、辟漏外,必须开凿垂直切割槽,并以此为自由面进行落矿,崩落的矿石藉自重落到矿房底部放出。随着工作面的推进,采空区不断扩大。矿房回采结束后,再用其他方法回采矿柱。

11.6.1.1 矿块布置和结构参数

根据矿体厚度,矿房长轴可沿走向或垂直走向布置。一般当矿体厚度小于 15m 时,矿房沿走向布置;在矿石和围岩极稳固的条件下,这个界线可增大至 20m。

阶段高度取决于围岩的允许暴露面积,因为这种采矿方法回采矿房的采空区是逐渐暴露出来的,因此阶段高度可取较大的数值,一般为 50 ~ 70m。国外一些矿山应用本法的阶段高度有增加的趋势。增加阶段高度,可增加矿房矿量比重和减少采准工程量。分段高度决定于凿岩设备能力,用 YGZ - 90 型中深孔凿岩机时多为 8 ~ 15m。

矿房长度根据围岩的稳固性和矿石允许暴露面积确定,一般为 40 ~ 60m。矿房宽度沿走向布置时,即为矿体的水平厚度;垂直走向布置时,应根据矿岩的稳固性确定,一般为15 ~ 20m。

间柱宽度沿走向布置时为 8 ~ 12m,垂直走向布置时为 10 ~ 14m。顶柱厚度根据矿石稳固性确定,一般为 6 ~ 10m;底柱高度(采用电耙底部结构时)为 7 ~ 13m。

11.6.1.2 采准工作

如图 11-24 所示,采准巷道有:阶段运输巷道、通风人行天井、分段凿岩巷道、电耙巷道、溜井、漏斗颈和拉底巷道等。

阶段运输巷道一般沿矿体下盘接触线布置，通风人行天井多布置在间柱中，从此天井掘进分段凿岩巷道和电耙巷道。对于倾斜矿体，分段凿岩巷道靠近下盘，以使炮孔深度相差不大，从而提高凿岩效率。对于急倾斜矿体，分段凿岩巷道则布置在矿体中间。

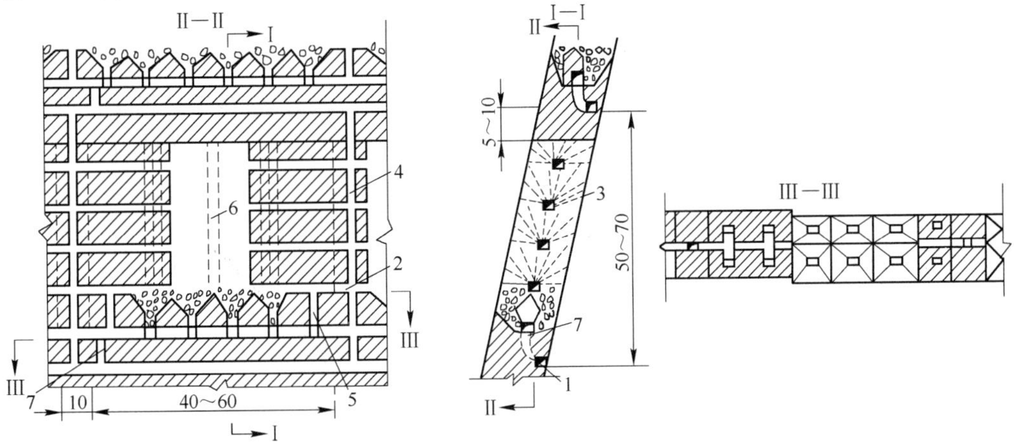

图 11-24 沿走向布置的分段凿岩阶段矿房法

1—阶段运输巷道；2—拉底巷道；3—分段凿岩巷道；4—通风人行天井；5—漏斗颈；6—切割天井；7—溜井

11.6.1.3 切割工作

切割工作包括拉底、辟漏及开切割槽等。切割槽可布置在矿房中央或一侧。

由于回采工作是垂直的，矿房下部的拉底和辟漏工程不需在回采之前全部完成，可随工作面推进逐次进行。一般拉底和辟漏超前工作面 1 ~ 2 排漏斗的距离。拉底一般用浅孔从拉底巷道向两侧扩帮。辟漏可从拉底空间向下或从斗颈中向上开掘。

切割槽的质量直接影响矿房的落矿效果和矿石损失、贫化的大小。开掘切割槽的方法如下：

（1）浅孔拉槽法。在拉槽部位用留矿法上采，切割天井作为通风行人天井，采下矿石从漏斗溜到电耙巷道，大量放矿后便形成切割槽。切割槽宽度为 2.5 ~ 3m。此法易于保证切割槽的规格，但效率低，劳动强度大。

（2）垂直深孔拉槽法。如图 11-25 所示，拉槽时先掘切割巷道，在切割巷道中打上向平

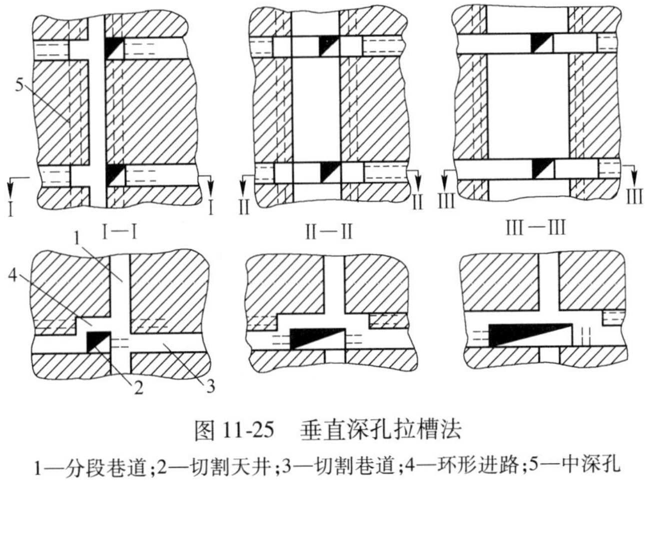

图 11-25 垂直深孔拉槽法

1—分段巷道；2—切割天井；3—切割巷道；4—环形进路；5—中深孔

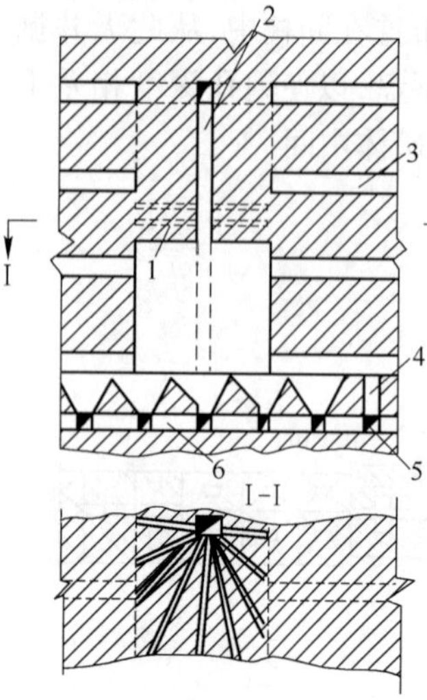

图 11-26 水平深孔拉槽法
1—中深孔(或深孔);2—切割天井;
3—分段凿岩巷道;4—漏斗颈;
5—斗穿;6—电耙巷道

行中深孔,以切割天井为自由面,爆破后形成立槽。切割槽炮孔可以逐排爆破、多排同次爆破或全部炮孔一次爆破。为简化拉槽工序,目前多采用多排同次爆破。

(3) 水平深孔拉槽法。如图 11-26 所示,拉底后在切割天井中打水平扇形中深孔(或深孔),分层爆破后形成切割槽,其宽度为 8 ~ 10m。这种拉槽方法,由于拉槽宽度较大,爆破夹制性较小,容易保证拉槽质量。此外,用深孔落矿效率较高,作业条件较好。

11.6.1.4 回采工作

在分段巷道中打上向中深孔(最小抵抗线为 1.5 ~ 1.8m)或深孔(最小抵抗线为 3m)。全部炮孔打完后,每次爆破 3 ~ 5 排孔,用秒差或微差雷管或导爆管分段爆破,上下分段保持垂直工作面或上分段超前一排炮孔,以保证上分段爆破作业的安全。

崩落的矿石借重力落到矿房底部,经斗穿流到电耙道。电耙绞车能力为 30kW 或 55kW,耙斗容积为 $0.3m^3$ 或 $0.5m^3$。

矿房回采时的通风必须保证分段凿岩巷道和电耙巷道风流畅通。当切割槽位于矿房一侧时,矿房通风系统如图 11-27a所示;当工作面从矿房中央向两翼推进时,通风系统如图 11-27b 所示。为了避免上下风流混淆,多采用分段集中凿岩(打完全部炮孔),分次爆破,使出矿时的污风不至于影响凿岩工作。

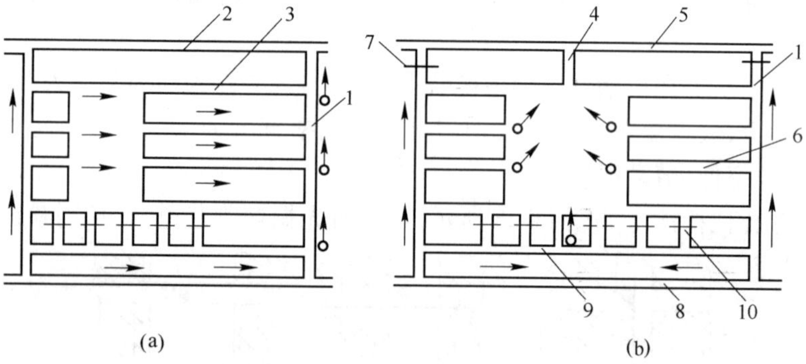

图 11-27 分段凿岩阶段矿房法的通风系统
(a)切割槽在矿房一侧;(b)切割槽在矿房中央
1—天井;2,5—回风巷道;3—检查巷道;4—回风小井;6—分段凿岩巷道;
7—风门;8—阶段运输巷道;9—电耙巷道;10—漏斗颈

当开采厚和极厚急倾斜矿体时,矿房长轴垂直走向布置,如图 11-28 所示。此时的矿房长度即为矿体水平厚度,矿房宽度根据矿石和围岩稳固程度而定,一般为 8 ~ 20m。

采准和切割工作与沿走向布置的方案类似。切割槽沿上盘接触面布置,向上盘方向崩矿。

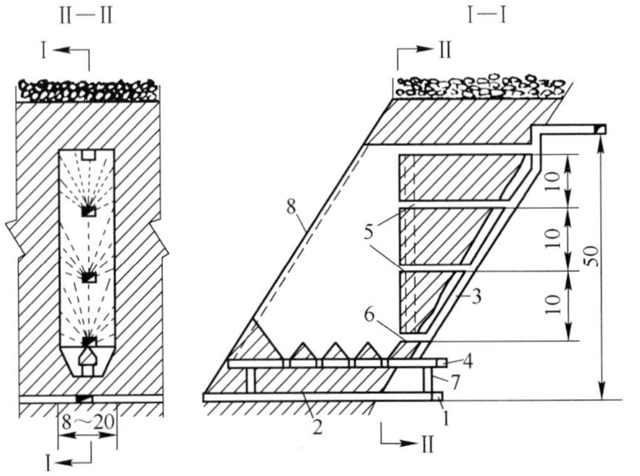

图 11-28　矿房垂直走向布置的分段凿岩阶段矿房法
1—阶段运输巷道;2—穿脉运输巷道;3—通风行人天井;
4—电耙巷道;5—分段凿岩巷道;6—拉底巷道;
7—放矿溜井;8—切割天井

11.6.2　垂直深孔球状药包落矿阶段矿房法

垂直深孔球状药包落矿阶段矿房法(简称 VCR 法)的特点是:在矿房上部水平开掘凿岩硐室或凿岩巷道,采用大直径潜孔钻机(或牙轮钻机)钻凿下向深孔,直至矿块的拉底水平,然后从炮孔的下端开始,自下而上用球状药包逐层向矿房下部预先开掘好的拉底空间崩矿,崩落的矿石由矿房底部装运巷道运出。

11.6.2.1　*矿块布置和结构参数*

当开采中厚矿体时,矿房沿走向布置;开采厚矿体时,矿房垂直走向布置。一般可先采间柱,采完间柱放矿之后进行胶结充填,再采矿房,矿房采完放矿之后,可用水砂或尾砂充填。

阶段高度取决于围岩和矿石的稳固性及钻孔深度,生产实践表明,阶段高度一般以 40 ~ 80m 为宜。

矿房长度根据围岩的稳定性和矿石允许的暴露面积确定,一般为 40 ~ 100m。矿房宽度,沿走向布置时,即为矿体的水平厚度;垂直走向布置时,应根据矿岩的稳固性确定,一般为 8 ~ 14m。

间柱宽度,沿走向布置时为 8 ~ 12m;垂直走向布置且先采间柱时,其宽度一般为 8m。

顶柱厚度根据矿石稳固性确定,一般为 6 ~ 8m。底柱高度按出矿设备及其规格确定,采用铲运机出矿时,一般为 6 ~ 7.5m。也可不留底柱,即先将底柱采完形成拉底空间,然后分层向下崩矿。在整个采场回采完毕且铲运机在装运巷道出矿结束之后,可采用遥控技术,使铲运机进入采场内,将残留在采场底部平底上的矿石铲运出来。

11.6.2.2　*采准工作*

当采用垂直平行深孔落矿时,在顶柱下面掘凿岩硐室(图 11-29),硐室长度比矿房长度大 2m,硐室宽度比矿房宽 1m,以便钻凿矿房边孔时留有便于安置钻机的空间,并使周边孔与上、下盘围岩和间柱垂面间有一定的距离,以控制矿石贫化和保持间柱垂面的平直稳定。钻机工作高度一般为 3.8m。为充分利用硐室自身的稳固性,一般硐室为墙高 4m、拱顶处高

4.5m的拱形断面。

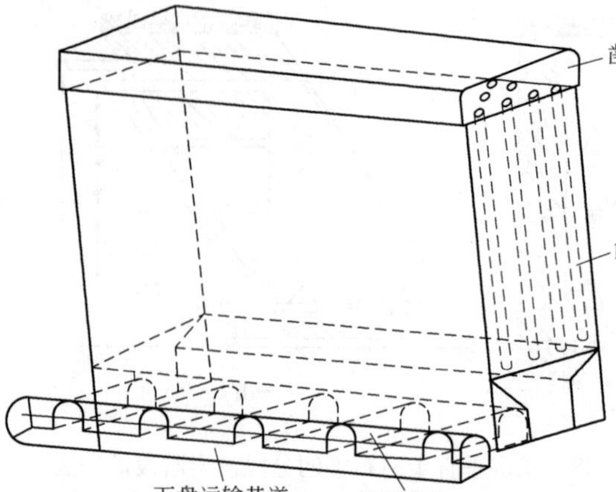

图11-29 垂直平行深孔球状药包落矿阶段矿房法

为了增强硐室的安全性,可采用管缝式全摩擦锚杆加金属网护顶。锚杆网度为1.3m×1.3m,呈梅花形,锚杆长1.8~2m,锚固力为68670~78480N。

当采用垂直扇形深孔落矿时,在顶柱下面掘凿岩平巷,便可向下钻垂直扇形深孔(图11-30)。

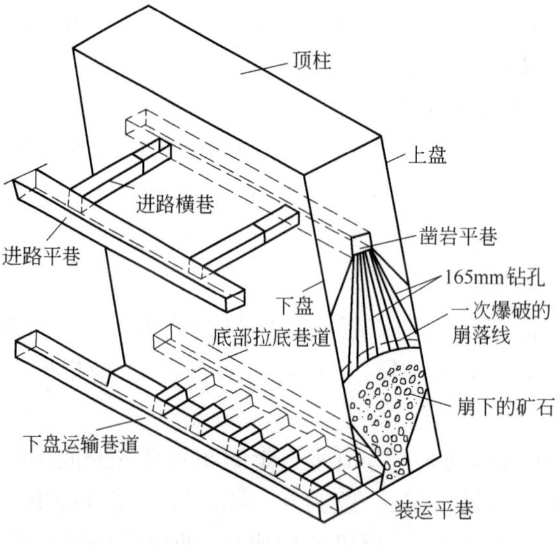

图11-30 垂直扇形深孔球状药包落矿阶段矿房法

当采用铲运机出矿时,由下盘运输巷道掘进装运巷道通达矿房底部的拉底层,与拉底巷道贯通。装运巷道间距一般为8m,断面为2.8m×2.8m,曲率半径为6~8m。为保证铲运机在直道状态下铲装,装运巷道长度应不小于8m。

11.6.2.3 切割工作

拉底高度一般为6m。可留底柱、混凝土假底柱或平底结构。留底柱时,在拉底巷道矿房中央上掘高6m、宽约2~2.5m的上向扇形切割槽,然后自拉底巷道向上打扇形中深孔,沿切割槽逐排爆破，矿石运出后，形成堑沟式拉底空间（图 11-29、图 11-30）。

采用混凝土假底柱时，则自拉底巷道向两侧扩帮至上、下盘矿岩接触面（矿房沿走向布置时），然后再打上向平行孔，将底柱采出，再用混凝土造成堑沟式人工假底柱（图 11-31）。若不设人工假底柱，则成为平底结构。

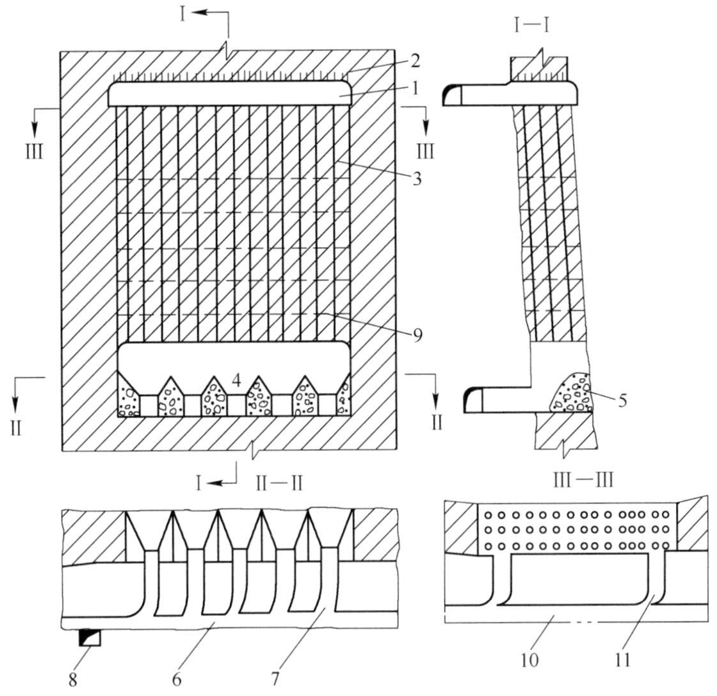

图 11-31 垂直平行深孔球状药包落矿阶段矿房法结构示意图

1—凿岩硐室；2—锚杆；3—钻孔；4—拉底空间；5—人工假底柱；6—下盘运输巷道；7—装运巷道；8—溜井；9—分层崩矿线；10—进路平巷；11—进路横巷

11.6.2.4 回采工作

回采工作包括钻孔、爆破和出矿。

A 钻孔

炮孔直径多为 165mm，少数矿山用 150mm，炮孔排列方式有垂直平行深孔和扇形孔两种。在矿房中采用垂直平行深孔有下列优点：能使两侧间柱表面垂直平整，为下一步回采间柱创造良好条件；容易控制钻孔的偏斜率；炮孔利用率高，矿石破碎较均匀。但凿岩硐室工程量大。而扇形孔所需的凿岩巷道工程量显著减少，通常在回采间柱时使用。

垂直平行深孔的孔网规格按矿石的可爆性确定，一般为 3m×3m。各排平行深孔交错布置或呈梅花形布置，周边孔的孔距适当加密。

钻孔设备采用深孔大直径钻机。为提高钻孔速度，防止钻孔偏斜，供风网路的风压需达到 981～1471.5kPa，高风压可迫使钻头高速穿过非均质矿石而使炮孔不易偏斜。为此，多在靠近钻孔地点的供风网路上联设增压机，与潜孔钻机配套使用。

B 爆破

(1) 球形药包炸药。球状药包必须采用高密度（1.35～1.55g/cm^3）、高爆速（4500～

5000m/s)、高威力(以铵油炸药为100时,应为150~200)的炸药。国外上世纪70年代主要采用高含量TNT的浆状炸药,后已发展为乳化油炸药。我国生产的乳化油炸药为CLH系列。乳化油炸药的配方见表11-3,其主要性能列于表11-4。

表11-3 CLH系列乳化炸药配方 (%)

牌号	硝酸铵	硝酸钠	尿素	水	十二烷基硫酸钠	乳化剂	复合蜡	地蜡	柴油或机油	添加剂Ⅰ	添加剂Ⅱ
CLH-1	55~65	15~20	0~5	6~12	0~0.5	1~2	1~4	0~0.5	0.5~3	0~5	5~10
CLH-2	55~65	15~20	0~5	6~12	0~0.5	1~2	1~4	0~0.5	0.5~3	0~5	5~10
CLH-3	50~60	15~25	0~5	6~10	0~0.5	1~2	1~4	0~0.5	0.5~3	0~5	5~15
CLH-4	50~60	15~25	0~5	6~10	0~0.5	1~2	1~4	0~0.5	0.5~3	0~5	5~15

表11-4 CLH系列乳化炸药的主要性能

性能参数	CLH-1	CLH-2	CLH-3	CLH-4
密度/$g \cdot cm^{-3}$	1.35~1.40	1.40~1.45	1.45~1.50	1.48~1.55
爆速/$m \cdot s^{-1}$	4500~5500	4500~5500	4500~5500	4500~5500
临界直径/mm	60	60	60	60
传爆长度/m	≥3.5	≥3.5	≥3.5	≥3.5
岩石爆破漏斗体积/m^3	2.48	4.29	3.67	—

(2)球形药包分层爆破参数。大直径深孔条件下的球形药包漏斗爆破是以美国利文斯顿的漏斗爆破理论为基础的。其理论要点是:把长度与直径之比不大于6的短柱状药包视为当量球形药包。在一定矿岩和炸药条件下,不形成爆破漏斗时的最小药包埋深称为临界埋深,在此深度上埋置药包刚好未爆成漏斗,只在自由面出现碎裂现象,通常用目测确定此值。临界埋深和装药量之间存在下列关系:

$$d = EQ^{\frac{1}{3}} \qquad (11\text{-}1)$$

式中 d——药包临界埋置深度;

E——与炸药介质的性质有关的应变能系数,在炸药和矿石条件一定时,是一个常数;

Q——药包重量。

药包最优埋置深度指药包中心距自由面的最佳距离。设药包的最佳埋置深度以 d_0 表示,令 d_0 与 d 的比值为最佳埋深比,以 Δ_0 表示,即 $\Delta_0 = \frac{d_0}{d}$,则最佳埋置深度为:

$$d_0 = \Delta_0 EQ^{\frac{1}{3}} \qquad (11\text{-}2)$$

在生产爆破设计中,除按爆破漏斗试验所得资料算出药包最佳埋置深度外,还应确定孔距,一般可用下式分别求出药包最佳埋置深度和漏斗半径,然后再按漏斗半径选定孔距。

$$\frac{D_0}{d_0} = \frac{Q^{\frac{1}{3}}}{q^{\frac{1}{3}}} \quad 和 \quad \frac{R_0}{r_0} = \frac{Q^{\frac{1}{3}}}{q^{\frac{1}{3}}} \qquad (11\text{-}3)$$

式中 d_0, r_0, q——爆破漏斗试验中的最佳埋置深度、漏斗半径和药包重量;

D_0, R_0, Q——生产爆破中可用的最佳埋置深度、漏斗半径和药包重量。

根据球状药包的概念，药包长度不应大于药包直径的 6 倍。如采用耦合装药，则药包直径应与孔径相同，故当药包直径为 165mm 时，长为 990mm，经计算每个药包重为 30kg。当采用不耦合装药时，钻孔直径 165mm 时，药包直径小于钻孔直径，取药包直径为 150mm，长为 990mm，每个药包重为 25kg。

根据漏斗试验的应变能系数 E 和最佳埋深比 Δ_0，按公式（11-2）可计算出最优埋置深度 d_0。

例如，在凡口矿做的小型漏斗试验，一个 $Q=4.5$kg 的球状药包，其最佳埋置深度为 $d_0=1.4$m，临界埋置深度为 $d=2.98$m，则应变能系数为

$$E = \frac{d}{Q^{\frac{1}{3}}} = \frac{2.98}{\sqrt[3]{4.5}} = 1.805$$

$$\Delta_0 = \frac{d_0}{d} = \frac{1.4}{2.98} = 0.47$$

当 $Q=30$kg 时，$d_0=\Delta_0 E Q^{\frac{1}{3}}=0.47\times1.805\times\sqrt[3]{30}=2.64$m；

当 $Q=25$kg 时，$d_0=0.47\times1.805\times\sqrt[3]{25}=2.48$m。

合理的炮孔间距应考虑矿石的可爆性，并使爆破后形成的顶板平整。炮孔间距除按公式（11-3）计算出漏斗半径 R_0 并依其选取外，国外还采用下列公式计算：

$$a = md_0 \tag{11-4}$$

式中 a——孔间距；

m——邻近系数，按矿石的可爆性选取，为 1.1 ~ 1.8。

（3）装药结构及施工顺序。单分层装药结构及施工顺序如下：

1）测孔。在进行爆破设计前要测定孔深，测出矿房下部补偿空间高度。全部孔深测完后，即可绘出分层崩落线并据此进行爆破设计。常用的测孔方法有二：一是用一根长 0.5m、直径 25mm 的金属杆，在杆的中部和一端各钻一个 ϕ12mm 的孔，将有读数标记的测绳穿过杆端孔并系牢。测孔时将测绳弯转至杆中部孔处，刚好在测绳"零"读数位置用一易断的细线绑着，将杆放入孔内先降落到下部矿石爆堆面再往上提使金属杆横担在孔底口，可测出炮孔深度和补偿空间高度。测完后用力拉断细线，使金属杆直立，便可收回。另一种方法是用一根长 0.6m 的一英寸胶管代替金属杆，测绳绑在胶管中部进行测孔（图 11-32），此法简便省时。

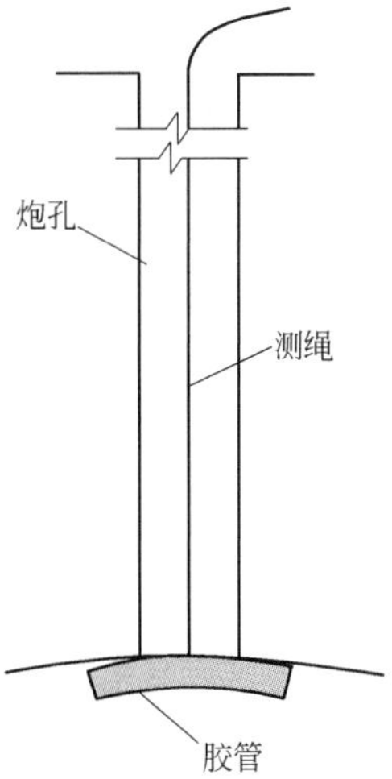

图 11-32 胶管测孔深

2）堵孔底。将系吊在尼龙绳尾端的预制圆锥形水泥塞下放至孔内预定位置，再下放未装满河沙的塑料包堵住水泥塞与孔壁间隙，然后再向孔内堵装散沙至预定高度为止。

另一堵孔方法是采用碗形胶皮堵孔塞。如图 11-33 所示，用一根 6 ~ 8mm 的塑料绳将堵孔塞吊放入孔内，直至下落到顶板孔口之外，然后上提堵孔塞拉入孔内 30 ~ 50cm，此时由于胶皮圈向下翻转呈倒置碗形，紧贴于孔壁，有一定承载能力。堵孔后，按设计要求填入适量

河沙。

3）装药。图11-34所示是单分层爆破装药结构，孔径165mm，耦合装药，球状药包重30kg。装药时采用系结在尼龙绳尾端的铁钩钩住预先系在塑料药袋口的绑结铁环，借助药袋自重下落。先向孔内投入一个10kg药袋，然后将装有起爆弹的5kg药袋用导爆线直接投入孔内，再投入一个5kg药袋，上部再投入一个10kg药袋。

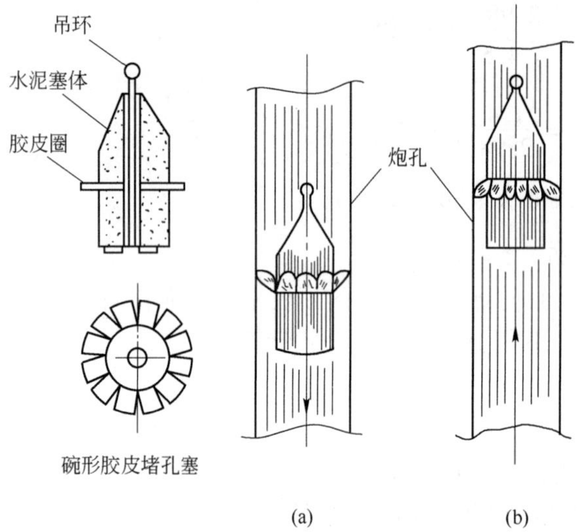

图11-33 碗形胶皮堵孔塞堵孔方法
(a)下放孔塞；(b)上提堵孔

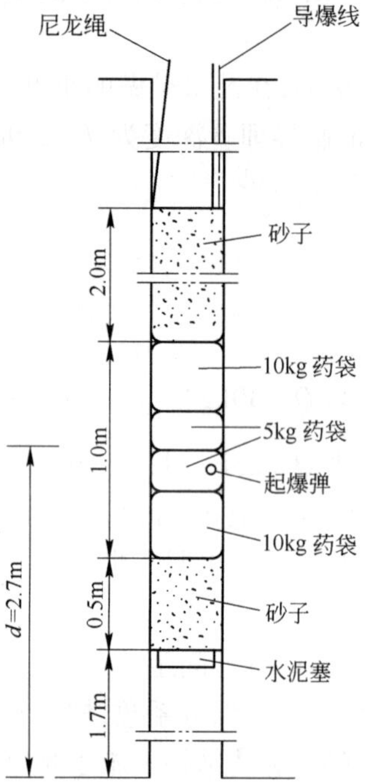

图11-34 单分层爆破装药结构

4）填塞。药包上面填入河沙，填塞高度以2～2.5m为宜。

（4）起爆网路。如图11-35所示，采用起爆弹-导爆线-导爆管-导爆线起爆网路。球状药包采用250g50/50TNT-黑索金铸装起爆弹，中心起爆。

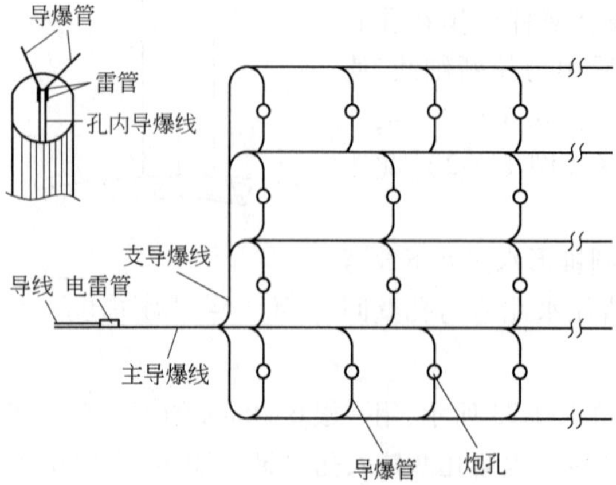

图11-35 起爆网路示意图

孔内导爆线与外部网路的导爆线之间采用导爆管联接，这样可以减少拒爆的可能性，同时便于选取孔段。

（5）爆破实施。采用单分层爆破时，分层爆破推进线如前面图11-31所示，每分层推进高度约为3～4m。爆破后顶板平整，一般无浮石和孔间脊部。也可用多层同次爆破，一般一次可崩落3～5层，可根据矿石的可爆性、矿房顶板暴露面积和总崩矿量、底部补偿空间及安全技术要求等因素确定。

C　出矿

（1）出矿设备。多采用铲运机出矿，铲运机在装运巷道铲装，再转运至溜井，运输距离一般为30～50m（前面图11-31）。凡口铅锌矿使用西德GHH公司生产的LF－4.1型铲运机出矿，斗容$2m^3$，平均生产能力为247t/台班，最高为587t/台班，平均日生产能力为740t，最高为1500t/d。

（2）出矿方式。一般每爆破一分层，出矿约40%，其余暂留矿房内，待全部崩矿结束后，再行大量出矿。若矿石含硫较高，产生二氧化硫，易于结块。为减少崩下矿石在矿房的存留时间，使矿石经常处于流动状态，减少矿石结块机会，当矿岩稳固允许暴露较大的空间和较长的时间时，可采取强采、强出、不限量出矿。

11.6.2.5　安全措施

为确保生产安全，需采取一些观测和预防措施。

A　观测

（1）爆破效应观测。采用大直径球状药包爆破，炸药集中，一次爆破的药量较大。为防止矿房及地下工程设施遭受地震波的破坏，必须测定其震动速度，研究其传播规律，以确定一段延时的允许药量、合理的炮孔填塞高度和起爆方案。

（2）顶板安全厚度检测。随着爆破分层向上推进，凿岩硐室下面的矿层厚度也逐渐减小，最后留下的顶层呈板梁状态，在经受多次爆破后，顶层受爆破冲击、两侧挤压与矿层自重等交错应力作用，易于冒落。因此顶层应保留一定的安全厚度，使其能承受上述载荷而不致自行冒落。按国内外矿山经验，顶层的安全厚度约为10m。

B　爆燃预防措施

使用大直径球状药包崩矿，存在两个潜在的安全问题：一是孔爆后气体的爆燃，二是二次硫尘爆炸。

所谓爆后气体的爆燃，是在30m以上的深孔，若爆破后孔底堵死，孔内存有氢和氧化碳的爆炸性气体混合物，遇明火或岩石碎块掉入孔内而摩擦发火等，均可引起气体爆炸。

预防爆后气体爆燃的主要措施是：尽量使用零氧平衡、不含铝粉或低爆温炸药，保证填塞质量，使炸药反应产物在膨胀时充分做机械功；爆破后防止碎岩块掉入孔内；检查炮孔是否穿透，切忌用香烟或明火来判断孔内空气是否流动；如炮孔不穿透，应小心插入无接头的注水管向孔内注水；只能使用不产生火花的器具来测得孔深等。

所谓二次硫尘爆炸，即指爆破诱发的硫化物粉尘爆炸。产生二次硫尘爆炸的基本条件是矿石为硫化矿石。爆破后空气中的硫化物粉尘达到了可燃浓度，一遇引爆源即行爆炸。

为了防止二次硫尘爆炸，国内外高硫矿山大都采取了下列技术措施：班末在地表控制地下爆破，保证爆破时无人在地下作业；起爆时的总延续时间保持在200μs以下；用石灰粉填塞炮孔或爆破前向矿房空间吹进石灰粉，爆破时石灰粉同高温次生硫尘接触，吸收热量发生分解与转化（$CaCO_3 \xrightarrow{加热} CaO + CO_2$），使硫尘温度降低，从而抑制二次硫尘的爆炸，同时也有利于抑制矿堆自热氧化的速度；经常清洗井巷帮壁，消除硫尘的积聚，出矿时勤洒水。

11.6.2.6　适用条件和优缺点

A　适用条件

VCR采矿法适用于开采矿石和围岩中等稳固以上的厚和极厚水平矿体以及中厚以上的

急倾斜规整矿体。随着工艺技术的改进，VCR法也用于回采软弱矿体（如加拿大的白马铜矿、美国卡福克矿采用拱形顶板向上回采松软矿体）。国内外应用这种采矿法矿山的地质条件列于表11-5。

表11-5 国内外应用VCR法矿山的地质条件

矿山	矿体				围岩		地质特点	原来采矿方法	VCR法应用比重/%
	形状	长/m	厚/m	倾角/(°)	上盘	下盘			
加拿大桦树镍矿83号矿体	块状	335.3	3.05～12.2	70	黑云母片麻岩(稳固)	石英岩(稳固)	矿石稳固	充填法，阶段矿房法	13.9
加拿大白马铜矿		670.6	24.4	70	闪长岩(不稳固)	石灰岩(不稳固)	矿石不稳固		78
加拿大百周年钼矿	窄脉	120～180	3～18	75～80	火成碎屑岩(稳固)	英安碎屑岩(较稳固)	矿石稳固	深孔阶段矿房法VCR切割	100
加拿大福克斯钼矿	透镜状	457.2	4.6～30.5	70～90	石灰岩，角页岩(中稳)	石英岩(不稳固)	矿石不稳固	充填法	
加拿大斯特拉康纳镍矿	透镜状	914.4		30～60	花岗角砾岩	花岗片麻岩		深孔阶段矿房法	12
美国卡尔福克钼矿	透镜状	400多	40	70～90	石灰岩，角页岩(中稳)	石英岩(不稳固)	矿石不稳固	水平分层充填法，阶段矿房法	100
美国霍姆斯太克金矿	脉状	121.9						充填法	33～50
美国埃斯卡兰帝银矿		1100	1.5～14	70～75	火山碎屑岩(稳固)	流纹岩(稳固)	矿石稳固		
西班牙鲁尔比尔斯铅锌矿			30	90			矿石中稳		
西班牙阿尔马登汞矿			4.5～5	90	石英岩(稳固)	石英岩(稳固)	矿石稳固		
瑞典奴荫瓦拉铁矿		200(试验区)	5～35	60	斑岩(接触带不稳固)	正长岩(稳固)	矿石稳固		
凡口铅锌矿		200～600	20～50	60～70	灰岩(中稳)	灰岩(中稳)	矿石中稳		
金川二矿区		50(试验区)	30～50	70～75	混合岩(中稳)	绿泥片岩(不稳固)	矿石不稳固		
金厂峪金矿		40(试验区)	12～28	65～75	斜长角闪岩(中稳)	斜长角闪岩(中稳)	矿石中稳		

B 优缺点

实践表明，VCR法的优点有：矿块结构简单，不用掘进切割天井和形成切割槽，切割工程量小；应用球状药包爆破，充分利用能量，爆破效果好，大块率低；在采准巷道中作业，工作安全；采用高效率凿岩和出矿设备，生产能力大。

这种采矿法的主要缺点是：要求高密度（$1.3 \sim 1.5 g/cm^3$）、高爆速（3800～5500m/s）和低感度炸药，炸药成本较高；对凿岩精度（偏差<1%）要求高，且孔深限制在50～60m以内；装药爆破工序复杂，难于实现机械化，劳动强度大；爆破易堵孔，难于处理；有潜在的硫尘爆炸和气体爆燃等安全问题。

我国凡口铅锌矿、狮子山铜矿、安庆铜矿等，把VCR法和垂直深孔落矿方式相结合，即仅用球状药包爆破方式形成切割槽，其余部分用垂直深孔柱状药包侧向爆破落矿，这样既增大了落矿效率，又可使用廉价的铵油炸药，降低了采矿成本。

11.6.3　阶段矿房法评价

（1）适用条件。分段凿岩阶段矿房法，是我国开采矿岩稳固的极倾斜中厚至厚矿体中应用比较广泛的采矿方法；急倾斜平行极薄矿脉组成的细矿带，也采用这种方法开采。垂直深孔球状药包落矿阶段矿房法在矿岩接触面规整的急倾斜厚大矿体或中厚矿体比较适用。两种方法都要求围岩稳固，矿石中等稳固以上。

（2）优缺点。阶段矿房法具有回采强度大、劳动生产率高、采矿成本低、坑木消耗少、回采作业安全等优点。但也存在一些严重缺点，如矿柱矿量比重较大（达35%～60%），回采矿柱的损失贫化大（用大爆破回采矿柱，其损失率达40%～60%）等，此外分段凿岩阶段矿房法的采准工程量大、采准时间长。

（3）技术经济指标。国内外某些采用阶段矿房法的矿山的主要技术经济指标见表11-6与表11-7。

表11-6　分段凿岩阶段矿房法主要技术经济指标

指　　标	矿　　山			参考指标
	金岭铁矿	大庙铁矿	河北铜矿	
矿块生产能力/$t \cdot d^{-1}$	140～180	105～130	150～200	140～180
工作面工效/$t \cdot$工班$^{-1}$	15～18	21.6	31～44	20～30
矿石损失率/%	25	20.7	18.5	10～15
矿石贫化率/%	15～20	14.5	12.3	7～15
炸药消耗量/$kg \cdot t^{-1}$	0.3～0.4	0.29～0.31	0.32～0.47	—
坑木消耗量/$m^3 \cdot kt^{-1}$	1.0	0.9	0.2～0.5	—

表11-7　垂直深孔球状药包落矿阶段矿房法主要技术经济指标

指　　标	单　　位	矿　　山		
		加拿大桦树矿	加拿大白马铜矿	我国凡口铅锌矿
矿块生产能力	t/d	630		482
深孔凿岩工效	m/工班			3.32
深孔凿岩台效	m/台班			24.1
矿块爆破工效	t/工班			181.7
矿块出矿运输工效	t/工班			32.16
矿块回采工作工效	t/工班	75		19.23
矿石损失率	%	4	22	3
矿石贫化率	%	23	19	8.4
每米炮孔崩矿量	t/m		32	20
炸药消耗量	kg/t	0.14	0.27	0.4
大块产出率	%			0.98
采矿作业成本	元/t		1.18美元	6.97

11.7 矿柱回采和采空区处理

应用空场法采矿时,矿块划分为矿房和矿柱两步骤回采,矿房回采结束后,要及时回采矿柱,处理采空区。

11.7.1 矿柱回采

矿柱回采方法主要取决于已采矿房的存在状态。当采完矿房后进行充填时,广泛采用分段崩落法或充填法回采矿柱;采完的矿房为敞空时,一般采用空场法或崩落法回采矿柱。空场法回采矿柱用于水平和缓倾斜薄到中厚矿体、规模不大的倾斜和急倾斜盲矿体。

用房柱法开采缓倾斜薄和中厚矿体时,应根据具体条件决定回采矿柱。对于连续性矿柱,可局部回采成间断矿柱;对于间断矿柱,可进行缩采成小断面矿柱或部分选择性回采成间距大的矿柱。矿柱回采顺序采用后退式,运完崩落矿石后,再行处理采空区。

规模不大的急倾斜盲矿体,用空场法回采矿柱后,崩落矿石基本可以全部回收。此时采空区的体积不大,而且又孤立存在,一般采用封闭法处理。

崩落法用于回采倾斜和急倾斜规模较大的连续矿体,在回采矿柱的同时崩落围岩(第一阶段)。用崩落法回采矿柱时,应力求空场法的矿房占较大的比重,而矿柱的尺寸应尽可能小。崩落矿柱的过程中,崩落的矿石和上覆岩石可能相混,特别是崩落矿石层高度较小且分散,大块较多,放矿的损失贫化较大。

图 11-36 为用留矿法回采矿房后所留下矿柱的情况。为了保证矿柱回采工作安全,在矿房大放矿前,打好间柱和顶底柱中的炮孔。放出矿房中全部矿石后,再爆破矿柱。一般先爆间柱,再爆顶底柱。

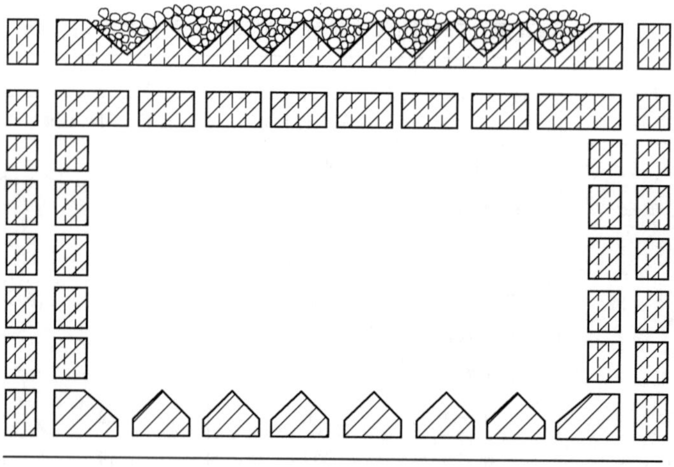

图 11-36　留矿法的矿柱回采方法

矿房用分段凿岩的阶段矿房法回采时,底柱用束状中深孔,顶柱用水平深孔,间柱用垂直上向扇形中深孔落矿(图 11-37)。同次分段爆破,先爆间柱,后爆顶底柱。爆破后在转放的崩落岩石下面放矿,矿石的损失率高达 40% ~60%。这是由于爆破质量差、大块多,部分崩落矿石留在底板上面放不出来，崩落矿石分布不均（间柱附近矿石层较高），放矿管理困难等原因造成的。

为降低矿柱的损失率，可采取以下措施：

（1）同次爆破相邻的几个矿柱时，先爆中间的间柱，再爆与废石接触的间柱和阶段间矿柱，以减少废石混入；

（2）及时回采矿柱，以防矿柱变形或破坏，或不能全部装药；

（3）增加矿房矿量，减少矿柱矿量。例如矿体较大或开采深度增加，矿房矿量降低到40%以下时，则应改为一个步骤回采的崩落采矿法。

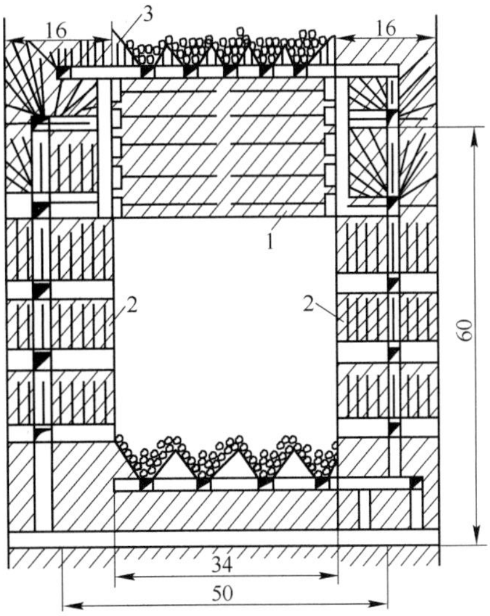

图 11-37 阶段矿房法矿柱回采
1—水平深孔；2—垂直扇形中深孔；3—束状中深孔

11.7.2 采空区处理

采空区处理的目的是缓和岩体应力集中程度，转移应力集中的部位，或使围岩中的应变能得到释放，改善其应力分布状态，控制地压，保证矿山安全生产。采空区处理方法有崩落围岩、充填和封闭空区三种。

11.7.2.1 崩落围岩处理采空区

崩落围岩处理采空区的目的是使围岩中的应变能得到释放，减小应力集中程度。用崩落岩石充填采空区后，在生产地区上部形成岩石保护垫层，以防上部围岩突然大量冒落时，冲击气浪和机械冲击对采准巷道、采掘设备和人员造成危害。

崩落围岩又分自然崩落和强制崩落两种。矿房采完后，矿柱是应力集中的部位。按设计回采矿柱后，围岩中应力重新分布，某部位的应力超过其极限强度时，即发生自然崩落。从理论上讲，任何一种岩石，当它达到极限暴露面积时，均能自然崩落。但由于岩体并非理想的弹性体，往往在远未达到极限暴露面积以前，因为地质构造原因，围岩某部位就可能发生破坏。

当矿柱崩落后，围岩跟随崩落或逐渐崩落，并能形成所需要的岩层厚度，这是最理想的条件。如果围岩不能很快自然崩落，或者需要将其暴露面积逐渐扩大才能崩落，为保证回采工作安全，则必须在矿房中暂时保留一定厚度的崩落矿石。当暴露面积扩大后，围岩长时间仍不能自然崩落，则需改用强制崩落围岩。

一般地，若围岩无构造破坏、整体性好、非常稳固，需在其中布置工程，进行强制崩落，处理采空区。爆破的部位根据矿体的厚度和倾角确定：缓倾斜和中厚以下的急倾斜矿体，一般崩落上盘岩石；急倾斜厚矿体，崩落覆岩；倾斜的厚矿体，崩落覆岩和上盘；急倾斜矿脉群，崩落夹壁岩层；露天坑下部空区，可崩落露天坑边坡。

崩落岩石的厚度，一般应满足缓冲保护垫层的需要，以15～20m以上为宜。对于缓倾斜薄和中厚矿体，可以间隔一个阶段放顶，形成崩落岩石的隔离带，以减少放顶工程量。

崩落围岩一般采用深孔爆破或药室爆破（用于崩落极坚硬岩石、露天坑边坡等）。崩落围岩的工程包括巷道、天井、硐室及钻孔等，要在矿房回采的同时完成，以保证工作安全。

在崩落围岩时，为减弱冲击气浪的危害，对于离地表较近的空区或已与地表相通的相邻空区，应提前与地表或上述空区崩透，形成“天窗”。强制放顶工作一般与矿柱回采同段进行，且要求矿柱超前爆破。如不回采矿柱，则必须崩塌所有支撑矿（岩）柱，以保证较好的强制崩落围岩的效果。

11.7.2.2 充填采空区

在矿房回采之后，可用充填材料（废石、尾矿等）将矿房充满，再回采矿柱。这种方法不但处理了空场法回采的空区，也为回采矿柱创造了良好的条件，且提高了矿石回采率。

用充填材料支撑围岩，因为充填材料可对矿柱施以侧向力，有助于提高其强度，可以减缓或阻止围岩的变形，保持其相对稳定。

充填法处理采空区适用于下列条件：

（1）上覆岩层或地表不允许崩落；

（2）开采贵重矿石或高品位的富矿，要求提高矿柱的回采率；

（3）已有充填系统、充填设备或现成的充填材料可资利用；

（4）深部开采，地压较大，有足够强度的充填体可以缓和相邻未采矿柱的应力集中程度。

充填采空区是在矿房采完后一次充填，要求对一切通向空区的巷道或出口进行坚固的密闭；此外，用水砂充填时，应设滤水构筑物或溢流脱水。

11.7.2.3 封闭采空区

在通往采空区的巷道中，砌筑一定厚度的隔墙，使空区中围岩崩落所产生的冲击气浪遇到隔墙时得到缓冲。

这种方法适用于空区体积不大，且离主要生产区较远，空区下部不再进行回采工作的条件。对于较大的空区，封闭法只是一种辅助的方法，如密闭与运输巷道相通的矿石溜井和人行天井等。封闭法处理采空区，必须是上部覆岩允许崩落，否则不能采用。

11.8 小　　结

空场采矿法的基本特征，是将矿块划分为矿房和矿柱两步骤回采，在回采矿房时用矿柱和矿岩本身的强度进行地压管理。矿房回采后，有的不回采矿柱处理采空区，有的在回采矿柱的同时处理采空区。回采矿房效率高，技术经济指标也好；回采矿柱条件差，工作也困难，矿石损失贫化很大。采空区处理是应用本类采矿法时必须完成的一项作业。

空场采矿法种类很多，因而适用范围也广。不同的采矿方法，适用于不同的矿体厚度和倾角，但矿石和围岩均应稳固则是应用本类采矿方法的基本条件。

全面采矿法适用于水平和缓倾斜薄和中厚矿体，回采时留下规则矿柱全面推进。房柱采矿法也适用于水平和缓倾斜矿体，但矿体厚度不限，在回采矿房时留下连续的或间断的矿柱，必要时可后退式回采部分矿柱。当围岩不够稳固时，可采用锚杆进行加固。

留矿法是我国目前开采急倾斜薄和中厚矿体的最有效的采矿方法。倾角较小时，可采用分段留矿电耙出矿的变形方案。在矿房中暂留的矿石不能作为支撑上盘围岩的主要手段。

分段矿房法和阶段矿房法用于倾斜和急倾斜的中厚以上矿体。垂直深孔球状药包落矿方案属阶段矿房法的一种，由此改进的球状药包与柱状药包联合落矿方案，已在有色矿山得到推广应用，随着大直径深孔凿岩设备的国产化与深孔凿岩质量的提高，这种采矿法在矿岩稳固的厚大矿体将得到大量应用。

无轨自行设备的应用和发展，将促使各种采矿方法的无轨开采方案逐渐推广，为提高采矿效率和劳动生产率以及进一步简化采矿方法结构，提供了物质基础。

应用本类各种采矿方法回采矿房后，应及时回采矿柱(不需要回采矿柱者除外)，同时处理采空区。否则，将遗留严重的安全隐患，一旦发生大规模的地压活动，将造成资源的巨大损失。

12 充填采矿法

随着回采工作面的推进,逐步用充填料充填采空区的采矿方法称为充填采矿法。按矿块结构和回采工作面推进方向,充填采矿法可分为:单层充填采矿法、上向分层充填采矿法、下向分层充填采矿法、进路充填采矿法、分采充填采矿法和空场嗣后充填法。

根据所采用的充填料和输送方法不同,又可分为:干式充填采矿法,用矿车、风力或其他机械输送干充填料(如废石、砂石等)充填采空区;水力充填采矿法,用水力沿管路输送选厂尾砂、冶炼厂炉渣、碎石等充填采空区;胶结充填采矿法,用水泥或水泥代用品与脱泥尾砂或砂石配制而成的胶结性物料充填采空区。

充填采空区的目的,主要是利用所形成的充填体进行地压管理,以控制围岩崩落和地表下沉,并为回采工作创造安全和方便条件。有时还用来预防有自燃性矿石的内燃火灾。

12.1 单层充填采矿法

单层充填采矿法的矿块结构如图12-1所示。这种采矿方法用于开采缓倾斜薄矿体,用矿块倾斜全长的壁式回采面沿走向方向、依次按矿体全厚回采,随着工作面的推进,有计划地用水力或胶结充填采空区,以控制顶板崩落。由于采用壁式工作面回采,也称为壁式充填法。

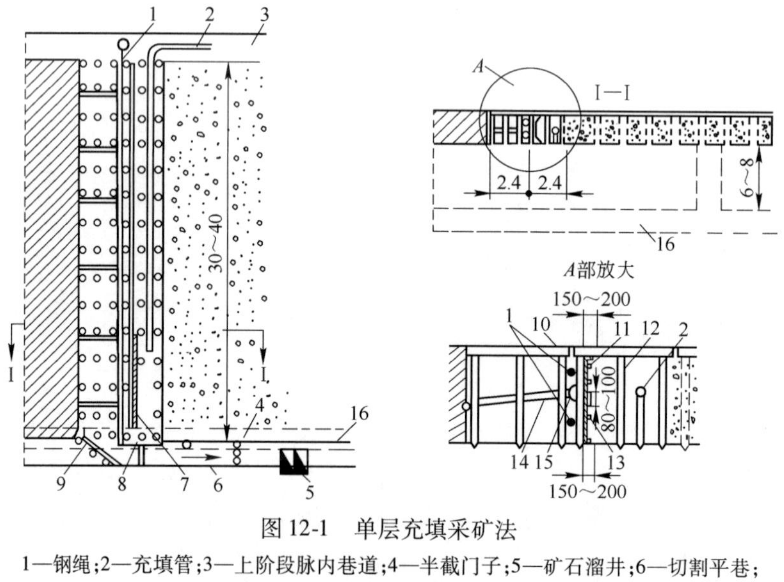

图12-1 单层充填采矿法

1—钢绳;2—充填管;3—上阶段脉内巷道;4—半截门子;5—矿石溜井;6—切割平巷;7—帮门子;8—堵头门子;9—半截门子;10—木梁;11—木条;12—立柱;13—砂门子;14—横梁;15—半圆木;16—脉外巷道

我国湖南湘潭锰矿是采用这种采矿法回采的一个典型例子。该矿床为缓倾斜为主的似层状薄矿体。走向长2500m,倾斜延深200～600m,倾角30°～70°,厚度0.8～3m;矿石稳固,有少量夹石层;顶板为黑色页岩,厚3～70m,不透水,含黄铁矿,易氧化自燃,且不稳固;其上部为富含水的砂页岩,厚70～200m,不允许崩落;底板为砂岩,坚硬稳固。

12.1.1 结构和参数

矿块斜长30～40m,沿走向长60～80m。控顶距2.4m,充填距2.4m,悬顶距4.8m,矿块间不留矿柱,一个步骤回采。

12.1.2 采准与切割

由于底板起伏较大,顶板岩石有自燃性,阶段运输巷道掘在底板岩石中,距底板8～10m。在矿体内布置切割平巷,作为崩矿的自由面,同时可用于行人、通风和排水等。上山多布置在矿块边界处。沿走向每隔15～20m掘矿石溜井,联通切割平巷与脉外运输巷道。不放矿时,矿石溜井可作为通风与行人的通道。

12.1.3 回采工作

长壁工作面沿走向一次推进2.4m,沿倾斜每次的崩矿量根据顶板的允许暴露面积决定,一般为2m左右。用浅孔凿岩,孔深1m左右。崩下的矿石用电耙运搬;先将矿石运至切割平巷,再倒运至矿石溜井。台班效率约25～30t。

由于顶板易冒落,要求边出矿边架木棚,其上铺背板和竹帘。当工作面沿走向推进4.8m时,应充填2.4m。充填前应做好准备工作,包括清理场地,架设充填管道,打砂门子和挂砂帘子等。砂门子分帮门子、堵头门子和半截门子等,其主要作用是滤水和拦截充填料,使充填料堆积在预定的充填地点。

水力充填是逆倾斜由下而上间断进行,即由下向上分段拆除支柱和进行充填。每一分段的长度和拆除支柱的数量根据顶板稳固情况而定。也可以不分段一次完成充填,但支柱回收率很低。

采用胶结充填时,一般用采矿巷道回采矿石,其矿壁起模板的作用。

12.1.4 评价

当开采水平或缓倾斜薄矿体时,在顶板岩层不允许崩落的复杂条件下,单层充填法是唯一可用的采矿方法。这种采矿法矿石回采率较高(94%左右),贫化率较低(7%左右),但采矿工效较低(4t/工班),坑木消耗量大(19.2m^3/kt)。

12.2 上向分层充填采矿法

这种方法一般将矿块划分为矿房和矿柱,第一步回采矿房,第二步回采矿柱。回采矿房时,自下向上水平分层进行,随工作面向上推进,逐步充填采空区,并留出继续上采的工作空间。充填体维护两帮围岩,并作为上采的工作平台。崩落的矿石落在充填体的表面上,用机械方法将矿石运至溜井中。矿房回采到最上面分层时,进行接顶充填。矿柱则在采完若干矿房或全阶段采完后，再进行回采。回采矿房时，可用干式充填、水力充填或胶结充填。干式充填方法应用很少。

一般矿体厚度不超过 10 ~ 15m 时，沿走向布置矿房；超过 10 ~ 15m 时，垂直走向布置矿房。采场结构与参数，随回采矿房的凿岩与出矿设备变化很大。

12.2.1 上向水平分层充填采矿法典型方案

12.2.1.1 水力充填

A 矿块结构和参数

矿房沿走向布置的长度，一般为 30 ~ 60m，有时达 100m 或更大。垂直走向布置矿房的长度，一般控制在 50m 以内，此时矿房宽度为 8 ~ 10m。

阶段高度一般为 30 ~ 60m。如果矿体倾角大，倾角和厚度变化较小，矿体形态规整，则可采用较大的阶段高度。

间柱的宽度取决于矿石和围岩的稳固性以及间柱的回采方法。用充填法回采间柱时，其宽度为 6 ~ 8m，矿岩稳固性较差时取大值。阶段运输巷道布置在脉内时，一般需留顶柱和底柱。顶柱厚 4 ~ 5m，底柱高 5m。为减少矿石损失和贫化，也可用混凝土假巷代替矿石矿柱。

B 采准与切割工作

在薄和中厚矿体中，掘进脉内运输巷道；在厚矿体中，掘进脉外沿脉巷道和穿脉巷道，或上、下盘沿脉巷道和穿脉巷道，如图 12-2 所示。

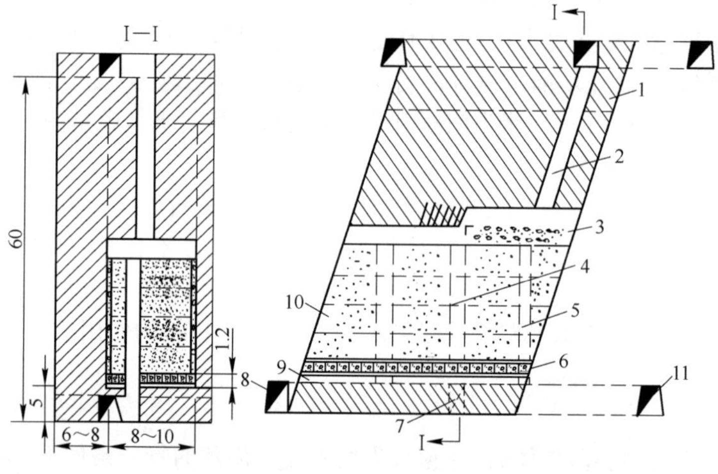

图 12-2 上向水平分层水力充填采矿法

1—顶柱；2—充填天井；3—矿石堆；4—人行-滤水井；5—放矿溜井；6—主副钢筋；7—人行-滤水井通道；8—上盘运输巷道；9—穿脉巷道；10—充填体；11—下盘运输巷道

在每个矿房中至少布置两个溜矿井、一个顺路人行天井（兼作滤水井）和一个充填天井。溜矿井用混凝土浇灌，壁厚 300mm，圆形内径为 1.5m。人行-滤水井用预制钢筋混凝土构件砌筑（图 12-3），或浇灌混凝土（预留泄水小孔）。充填天井断面为 2m × 2.4m，内设充填管路和人行梯子等，是矿房的安全出口，其倾角为 80° ~ 90°。

在底柱上面掘进拉底巷道，并以此为自由面扩大至矿房边界，形成拉底空间，再向上挑顶 2.5 ~ 3m，并将崩下的矿石经溜矿井放出，形成 4.5 ~ 5m 高的拉底空间后，即可浇灌钢筋混凝土底板。底板厚 0.8 ~1.2m,铺设双层钢筋,间距 700mm。其结构如图 12-4 所示。

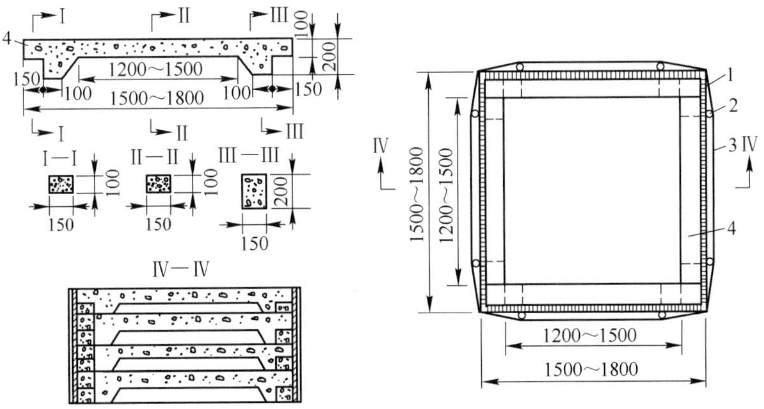

图 12-3 钢筋混凝土预制件结构的人行-滤水井

1—草袋;2—固定木条;3—箍紧铁丝;4—混凝土预制件

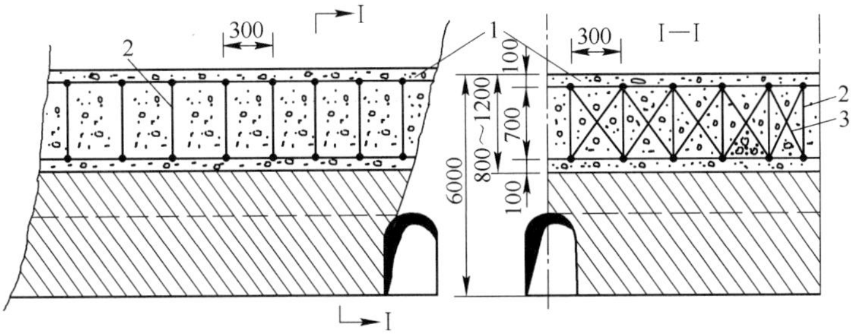

图 12-4 钢筋混凝土底板结构图

1—主钢筋(ϕ12mm);2,3—副钢筋(ϕ8mm)

C 回采工作

用浅孔落矿,回采分层高为 2 ~3m。当矿石和围岩很稳固时,可以增加分层高度到 4.5 ~5m,用上向孔和水平孔两次崩矿,或者打上向中深孔一次崩矿,形成的采空区可高达 7 ~8m。

一般用电耙出矿,或使用装运机或铲运机装运矿石。矿石出完后,清理底板上的矿粉,然后进行充填。充填前要进行浇灌溜矿井、砌筑(或浇灌)人行 - 滤水井和浇灌混凝土隔墙等工作。先用预制的混凝土砖(规格为 300mm × 200mm × 500mm)砌筑隔墙的外层,然后浇灌 0.5m 厚的混凝土,形成隔墙的内层,其总厚度为 0.8m。混凝土隔墙的作用,主要是为第二步骤回采间柱创造良好的条件,以保证作业安全和减少矿石损失与贫化。

目前广泛使用选矿厂脱泥尾砂或冶炼厂的炉渣,沿直径 100mm 的管道水力输送到工作面,充填采空区。充填料中的水渗透后经滤水井流出采场,充填料沉积在采场内,形成较密实的充填体。

为防止崩落的矿粉渗入充填料以及为出矿创造良好的条件,在每层充填体的表面铺设 0.15 ~0.2m厚的混凝土底板。1 天后即可在其上凿岩,2 ~3 天后即可进行落矿或行走自行设备。

12.2.1.2 胶结充填

由于水力充填需砌筑溜矿井和人行-滤水井、构筑混凝土隔墙、铺设混凝土底板等,回采工艺较为复杂;从采场排除的泥水污染巷道,水沟和水仓清理工作量大,以及回采矿柱的安全问题和充填体的压缩沉降问题等,均未得到很好解决,因而不能从根本上防止岩石移动。为了简化回采工艺,防止井下污染和减少清理工作量,较好地保护地表及上覆岩层,可采用胶结充填采矿法,如图 12-5 所示。

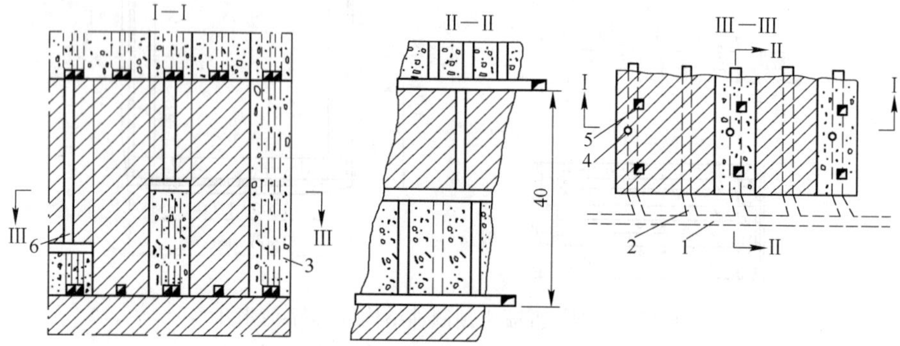

图 12-5 胶结充填法的典型方案

1—运输巷道;2—穿脉巷道;3—胶结充填体;4—溜矿井;5—人行天井;6—充填天井

胶结充填方案的矿块采准、切割和回采等与水力充填方案基本相同,区别仅在于顺路人行天井不需要按滤水条件构筑,溜矿井和人行天井在充填时只需立模板就可形成,因为胶结充填不必构筑隔墙、铺设分层底板和砌筑人工底柱。

由于胶结充填成本高,一般第一步采用胶结充填回采,第二步采用水力充填回采。为尽量降低成本,第一步回采应取较小尺寸,但所形成的人工矿柱必须保证第二步回采的安全;第二步的水力充填回采可选取较大的尺寸。

为了较好地保护地表和上覆岩层不移动,必须很好解决胶结充填接顶问题。常用的接顶方法有人工接顶和砂浆加压接顶。人工接顶就是将最上部一个充填分层分为 1.5m 宽的分条,逐条浇注。浇注前先立 1m 多高的模板,随充填体的加高逐渐加高模板。当充填体距顶板 0.5m 时,用石块或混凝土砖加砂浆砌筑接顶,使残余空间完全充满。这种方法接顶可靠,但劳动强度大,效率低,木材消耗也大。

砂浆加压接顶是用液压泵将砂浆沿管路压入接顶空间,使接顶空间填满。在充填前必须做好接顶空间的封闭,包括堵塞顶板和围岩中的裂缝,以防砂浆流失。体积较大的空间(大于 30~100m^3),如有打垂直钻孔的条件,可采用垂直管道加压接顶;反之,则采用水平管道加压接顶。

此外,我国还做过混凝土泵和混凝土浇筑机风力接顶的试验,接顶效果良好。在日本采用喷射式接顶充填,将充填管道铺设在接顶空间的底板上,适当加大管道中砂浆流的残余压力,使排出的砂浆具有一定的压力和速度,以形成向上的砂浆流,使充填料填满接顶空间。

12.2.2 机械化上向水平分层充填法

随着凿岩台车、铲运机等无轨自行设备的广泛使用,上向分层充填法的采场结构与参数发生了较大的变化。主要表现为:沿走向布置采场时,采场的长度增大很多;垂直走向布置采场时,采用盘区回采单元,即将若干采场组合成一个大的回采单元。此外,要求开掘采场斜坡道，以便自行设备进入各个分层。

12.2.2.1　沿走向布置采场的机械化上向水平分层充填法

采场结构如图 12-6 所示。采场长度一般为 100 ~ 300m，最长可达 800m，采场宽度为矿体厚度，阶段高 60 ~ 80m，底柱高 6m。

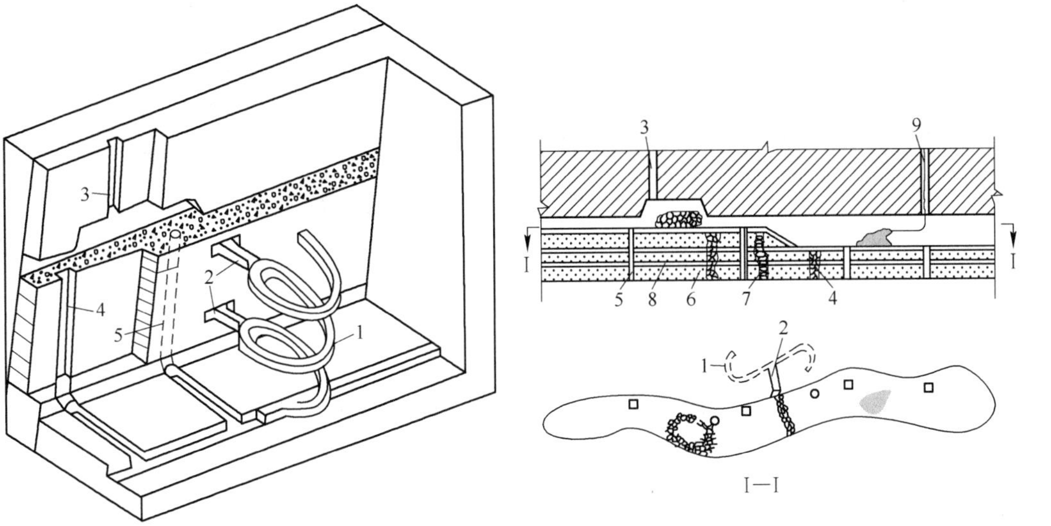

图 12-6　沿走向布置采场的机械化上向分层充填法

1—采场斜坡道；2—分层联络道；3—充填天井；4—溜矿井；5—滤水井；6—尾砂；7—尾砂草袋隔墙；8—混凝土垫层；9—充填管

在下盘或上盘围岩中开掘螺旋式或折返式斜坡道，斜坡道在垂直高度方向上间隔 3 ~ 4 个分层高度开一个出口，采用指状分层联络道进入各分层采场（图 12-7），或由斜坡道出口处只掘一分段联络道进入本分段最低分层采场，用废石堆垫采场临时斜坡，供自行设备转入上一分层。

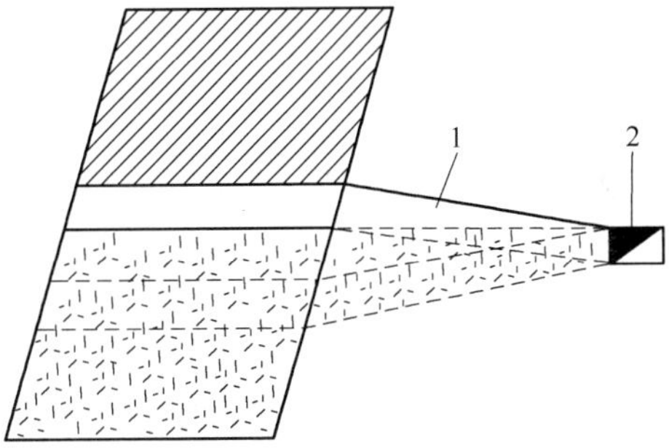

图 12-7　回采转层示意图

1—指状分层联络道；2—斜坡道

每一个采场布置一个充填井、两个顺路滤水井。矿石溜井可布置在采场内（顺路溜矿），也可布置在采场下盘。

分层高度 3 ~ 4m，采用凿岩台车钻凿上向炮孔或水平炮孔落矿，铲运机将崩落矿石转运至溜矿井。整个分层采完后进行水砂充填，当充填到距顶板 2.6 ~ 3.0m 时，改用尾砂胶结铺面，其厚度为 0.3 ~ 0.5m。要求胶结充填体单轴抗压强度达到 1.1 ~ 5.0MPa，以利于铲运机和凿岩台车的运行，提高出矿、凿岩效率，而且减少采下矿石的损失贫化。

12.2.2.2　盘区式机械化上向水平分层充填法

当矿体厚度大于 10 ~ 15m 时，采场垂直于矿体走向布置，用联络道将若干采场连通成为一个大的回采单元，即盘区，以便同一台自行设备能同时服务于盘区内的各个采场。盘区式开采方案一般采用脉外采准，如图 12-8 所示，在矿体下盘围岩中开掘折返式斜坡道，斜坡道通过分段巷道和分段联络道与采场连通，作为人员、设备、材料和通风的主要通道。

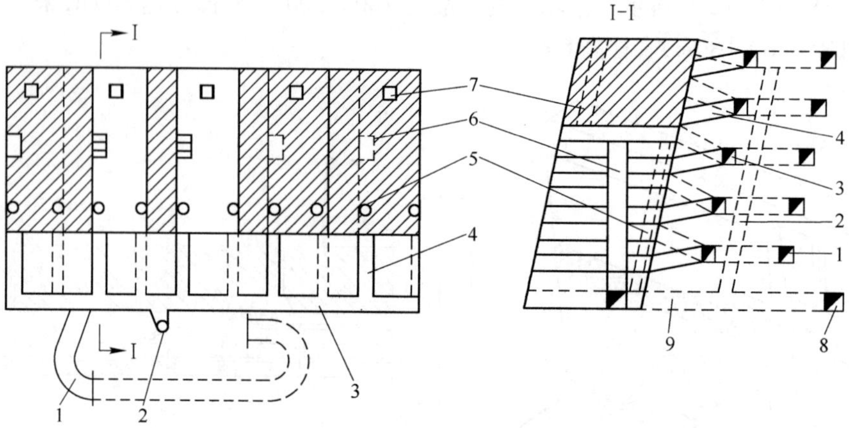

图 12-8 盘区式上向分层充填法

1—斜坡道；2—脉外溜矿井；3—分段巷道；4—分段联络道；5—脉内溜矿井；6—顺路人行-滤水井；7—充填通风井；8—阶段运输平巷；9—阶段运输横巷

主要结构参数为：阶段高 80m、分段高 8m 或 12m，分层高度 4m，底柱高 6 ~ 8m，不留顶柱。一般盘区内有 5 个采场，矿房宽 10 ~ 12m，间柱宽 8m。

12.2.3 上向倾斜分层充填采矿法

此法与上向水平分层充填采矿法的区别是，用倾斜分层（倾角近 40°）回采，在采场内矿石和充填料的运输主要靠重力。这种采矿方法只能用干式充填。

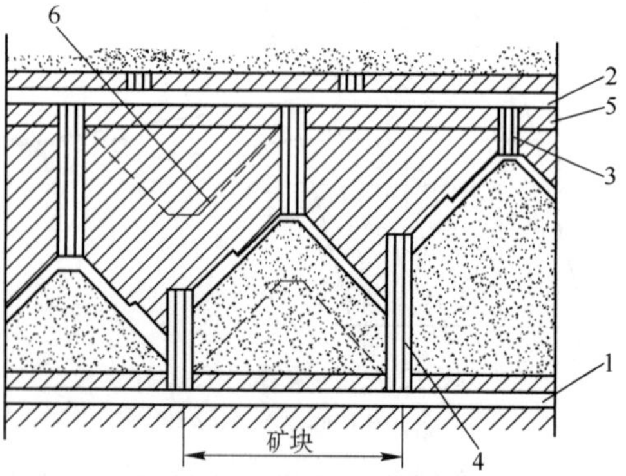

图 12-9 矿块回采倾斜分层充填法

1—运输巷道；2—回风巷道；3—充填天井；4—人行-溜矿井；5—顶柱；6—倾斜回采工作面上部边界

过去，这种采矿方法以矿块回采（图 12-9）。充填料自充填井溜至倾斜工作面，自重铺撒。铺设垫板后进行落矿，崩落的矿石靠自重溜入溜矿井，经漏口闸门装入矿车。在矿块内，回采分为三个阶段，首先回采三角形底部，以形成斜工作面，然后进行正常倾斜工作面的回采，最后采出三角形顶部矿石。

应用自行设备后，倾斜分层充填采矿法改为沿全阶段连续回采（图 12-10）。最初只需掘进一个切割天井，形成倾斜工作面后，沿走向连续推进。崩下的矿石沿倾斜面自重溜下，用自行装运设备运出。充填料从回风水平用自行设备运至倾斜面靠自重溜下。

随着上向水平分层充填采矿法的机械化程度的提高，利用重力运搬矿石和充填料的优越性越来越不突出。倾斜分层回采的使用条件较严格（如，要求矿体形态规整；中厚以下矿体，倾角应大于 60° ~70°等），铺设垫板很不方便，以及不能使用水力和胶结充填等，矿块回采的倾斜分层充填采矿法，逐步被上向水平分层充填采矿法所代替。连续回采倾斜分层方案，可能还会延续。

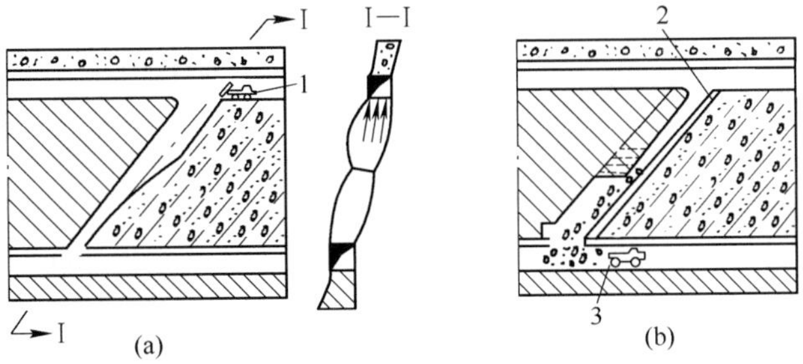

图 12-10 连续回采倾斜分层充填采矿法

(a) 充填阶段;(b) 落矿阶段

1—自行矿车;2—垫板;3—自行装运设备

12.2.4 评价

上向分层充填法适用于围岩中等稳固或稳固性稍差、矿石中等稳固或中等稳固以上的急倾斜中厚至极厚矿体以及多层矿体。

充填采矿法最突出的优点是矿石损失贫化小,而且应用水力充填和胶结充填技术,以及回采工作使用大功率无轨自行设备后,机械化上向分层充填法已进入高效率采矿方法行列,其适用范围不断扩大,已由矿石品位高、价值高的贵金属和稀有金属矿体扩大到品位较高、价值较大的普通金属矿体,而且有进一步扩展的趋势。

上向分层充填法的主要问题是:

(1) 充填成本高。据统计,水力充填费用占采矿直接成本的15% ~25%,而胶结充填则占35% ~50%。成本高的原因是采用价格较贵的水泥和采用压气输送胶结充填料。因此,应寻求廉价的水泥代用品或采用较小灰砂比(1:25 ~1:32),以及采用胶结材料输送新方法。

(2) 充填系统复杂。我国一般先用胶结充填回采矿房,然后用水力充填回采间柱,这就使充填系统和生产管理复杂化。如果两个步骤都用胶结充填,成本就要增高。应进行技术经济分析和研究,求得合理的技术经济效果。

(3) 阶段间矿柱回采困难。水力或胶结充填都为间柱回采创造了安全和方便条件,但顶底柱回采仍很困难。我国使用充填法的矿山都积压了大量的顶底柱未采。提高人工底柱建造速度,以人工底柱代替矿石底柱,是解决这个问题的有效途径。

上向分层充填法主要技术经济指标见表 12-1 。

表 12-1 上向分层充填采矿法主要技术经济指标

矿名	采矿方法	采场生产能力 /t·d⁻¹	工班效率 /t·(工班)⁻¹	采切比 /m·kt⁻¹	损失率 /%	贫化率 /%	主要材料消耗				采矿成本		
							炸药 /kg·t⁻¹	雷管 /个·t⁻¹	导火线 /m·t⁻¹	钢钎 /kg·t⁻¹	车间 /元·t⁻¹	直接 /元·t⁻¹	充填 /元·m⁻³
焦家金矿	上向分层充填法	30	4.78	17 ~18	15.2	17.8						7.14	14
大茶园矿	上向分层干式充填法	110	10.9	9.5	2.8	11.4					32.4	12	
夹皮沟金矿	上向分层干式充填	58.5	4.5	10.92	1.6	14.5					21.42		2.5 元/t

续表 12-1

矿名	采矿方法	采场生产能力 /t·d^{-1}	工班效率 /t·(工班)$^{-1}$	采切比 /m·kt^{-1}	损失率 /%	贫化率 /%	主要材料消耗				采矿成本		
							炸药 /kg·t^{-1}	雷管 /个·t^{-1}	导火线 /m·t^{-1}	钢钎 /kg·t^{-1}	车间 /元·t^{-1}	直接 /元·t^{-1}	充填 /元·m^{-3}
墨江金矿	上向分层干式充填	31.35	1.05	70.6	3.07	1.32	1.01	1.33	0.1	0.03	26.36		
红花沟金矿	机械化上向分层充填	87 ~ 114	10.91 ~ 14.61	5.9	0.23 ~ 0.34	20.65 ~ 38.4							
云锡老石锡矿	上向分层胶结充填	120 ~ 140	7 ~ 9	28 ~ 36	35	5 ~ 8	0.23 ~ 0.35	0.23 ~ 0.28	0.46 ~ 0.56	0.031 ~ 0.036	110 ~ 120		74
红透山铜矿	机械化上向分层充填	200 ~ 250	24 ~ 31	6.5 ~ 7.5	<5	18 ~ 27	0.35	0.315	0.556	0.045	45		16.05
河东金矿	机械化上向分层充填	83		4.68	5.9 ~ 18.8	9.7						11.5	2.81
岭南金矿	机械化上向分层充填	160.4	11.02	5.42	9.3	10.4					88.47	6.8	
凤凰山铜矿	上向分层点柱式充填	150	35	2.8	12.3	6.8	0.25		0.05	0.019	4.86	3.22	
新城金矿	上向分层点柱式充填	20 ~ 50	3.3 ~ 7.3	1.74	37.4	17	0.45	0.062	0.12	0.015	6.33		
金川二矿区	上向分层进路充填	1039（盘区）	23.2	3.573	4.6	2.8	0.6					5.47	62.02
会泽铅锌矿	上向分层进路充填	150	4.77		4.59	13	0.566	0.047	0.77	0.049	93.71		26.03 元/t

12.3 下向分层充填采矿法

下向分层充填采矿法用于开采矿石很不稳固或矿石和围岩均很不稳固、矿石品位很高或价值很高的有色金属或稀有金属矿体。这种采矿方法的实质是：从上往下分层回采和逐层充填，每一分层的回采工作是在上一分层人工假顶的保护下进行。回采分层为水平的或与水平成4°~10°（胶结充填）或10°~15°（水力充填）倾斜。倾斜分层主要是为了充填接顶，同时也有利于矿石运搬，但凿岩与支护作业不如水平分层方便。

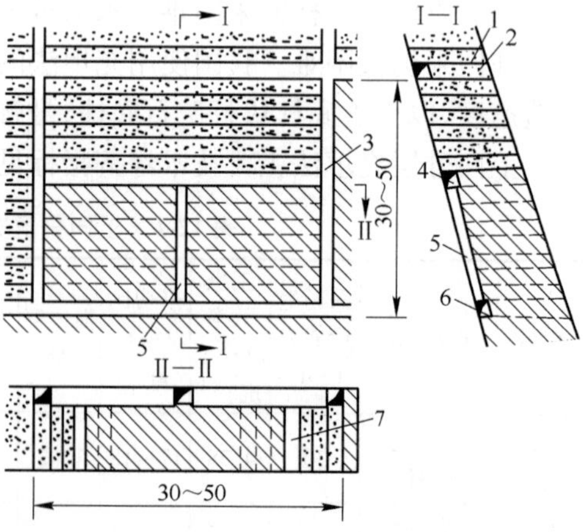

图 12-11 下向分层水力充填采矿法图
1—人工假顶；2—尾砂充填体；3—天井；4—分层切割平巷；5—溜矿井；6—运输巷道；7—分层采矿巷道

下向分层充填法按充填材料可划分为水力充填和胶结充填两种方案，但不能用干式充填。两种方案均以矿块形式一个步骤回采。

12.3.1 水力充填下向分层充填法

12.3.1.1 结构和参数

矿块结构如图12-11所示，阶段高度为30~50m，矿块长度为30~50m，宽度等于矿体的水平厚度,不留顶柱、底柱和间柱,一步骤回采。

12.3.1.2 采准与切割

运输巷道布置在下盘接触线处或下盘岩石中。天井布置在矿块两侧的下盘接触带,矿块中间布置一个溜矿井。随回采分层的下降,人行天井逐渐变为建筑在充填料中的混凝土天井,而溜矿井从上往下逐层消失。

回采每一分层前,先沿下盘接触带掘进切割巷道。当矿体形状不规则或厚度较大时,切割巷道也可布置在矿体的中间。

12.3.1.3 回采工作

回采方式分为巷道回采和分区壁式回采两种。巷道回采当矿体厚度小于6m时,采矿巷道垂直或斜交切割巷道,且采取间隔回采。

分区壁式回采是将每一分层按回采顺序划分为区段,以壁式工作面沿区段全长推进。回采工作面以溜井为中心按扇形布置,每一分区的面积控制在 $100m^2$ 以内(图12-12)。

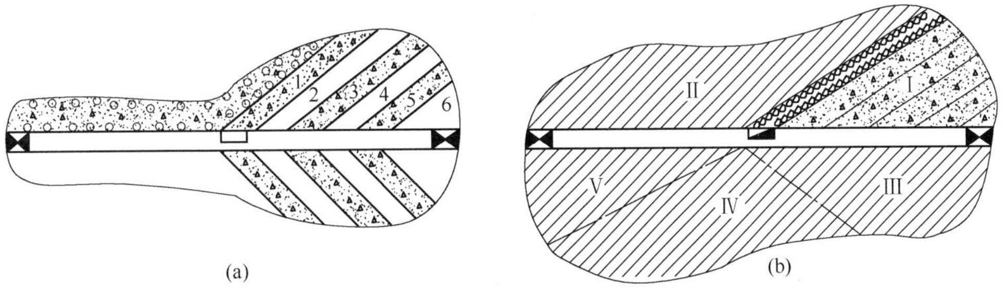

图12-12 黄砂坪5号矿体下向尾砂充填法

(a) 巷道回采(1~6为回采顺序);(b) 扇形壁式工作面回采(Ⅰ~Ⅴ为分区回采顺序)

如果上下分层矿体长度和厚度相同,用壁式工作面回采较为合理;反之,则用巷道回采较好。

回采分层高度一般为2~3m,回采巷道的宽度为2~3m。用浅孔落矿,孔深1.6~2m。我国多用7kW或14kW电耙出矿。巷道多用木棚支护,间距0.8~1.2m。壁式工作面则用带长梁的成排立柱支护,排距2m、间距0.8m。

充填前要做好下列工作:清理底板,铺设钢筋混凝土底板,钉隔离层及构筑脱水砂门等。铺设钢筋混凝土底板一般采用直径10~12mm的主筋和直径6mm的副筋,网度为(200mm×200mm)~(250mm×250mm)。巷道回采时,主筋应垂直巷道布置,其端部做成弯钩,以便和相邻巷道的主筋连成整体。采用水泥:砂:石为1:17:19的混凝土体积配比,水泥达到100~150标号就足以保证下分层回采作业的安全。

钉隔离层是将准备充填的巷道或分区与未采部分隔开,预防充填体的坍陷。每隔0.7m架一根立柱,柱上钉一层网度为(20mm×20mm)~(25mm×25mm)的铁丝网,再钉一层草垫或粗麻布,在底板处留出200mm长的余量并弯向充填区,用水泥砂浆密封以防漏砂。其结构如图12-13所示。

脱水砂门是一种设在切割巷道中靠待充填巷道或分区边界上,用混凝土砖或红砖砌筑的墙,墙中埋设若干短竹筒或钢管,一般每隔0.5m高设一排,每排2~3根(图12-14)。脱水砂门开始只砌1.2~1.5m高,随充填料的加高逐步加砌直到接顶。若回采巷道长度大于50m,应设两道脱水砂门,以利于提高充填质量。

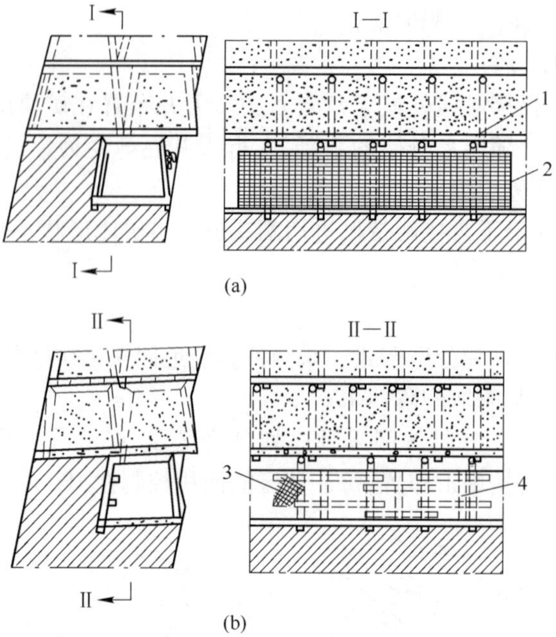

图 12-13　隔离层构筑结构

（a）金属网隔离层；（b）竹席隔离层

1—钢筋混凝土底板；2—铁丝网；3—竹席；4—板条

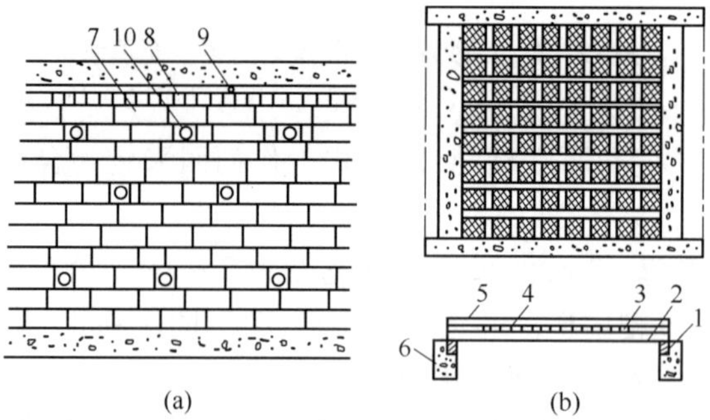

图 12-14　脱水砂门结构

（a）砖砌的脱水砂门；（b）预制混凝土构件的脱水砂门

1—50mm×50mm 的条木；2—50mm×20mm 的条木；3—30mm×15mm 的条木；4—旧麻布袋；5—30mm×15mm 的条木；6—混凝土墙；7—混凝土预制砖；8—红砖；9—充填管；10—泄水管

上述工作完成后，即可进行充填。充填工作面的布置如图 12-15 所示。充填管紧贴顶梁，于巷道中央并向上仰斜 5°架设，以利充填接顶，其出口距充填地点不宜大于 5m。如巷道很长或分区很大，应分段进行充填。若下砂方向与泄水方向相反，可采用由远而近的后退式充填。整个分层巷道或分区充填结束后，再在切割巷道底板上铺设钢筋混凝土底板和构筑脱水砂门，然后充填。切割巷道充填完毕，再做好闭层工作，即可进行下一层的切割、回采工作。

12.3.2　胶结充填下向分层充填法

胶结充填与水力充填采矿法的区别仅在于充填料的不同，从而取消了钢筋混凝土底板

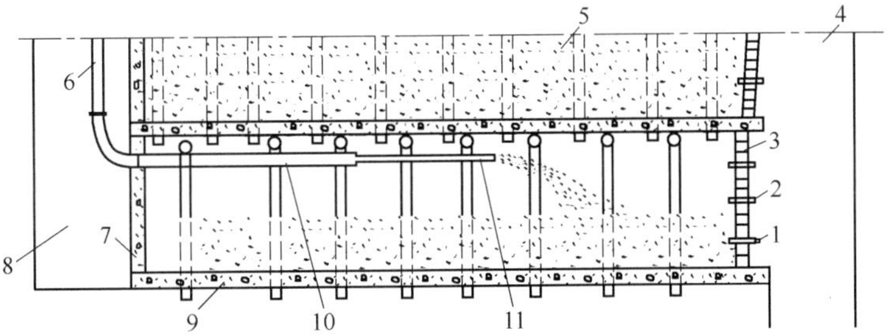

图 12-15　充填工作面布置示意图

1—木塞;2—竹筒;3—脱水砂门;4—矿块天井;5—尾砂充填体;6—充填管;
7—混凝土墙;8—人行-材料天井;9—钢筋混凝土底板;10—软胶管;11—楠竹

和隔离层,只需在回采巷道两端构筑混凝土模板,这样就大大简化了回采工艺。其矿块结构、采准及回采工艺,与上述水力充填采矿法基本相同。

一般采用巷道回采,巷道高度为 3 ~4m,宽度为 3. 5 ~4m(甚至可达 7m),主要取决于充填体的强度。巷道的倾斜度(4° ~10°)应略大于充填混合物的漫流角。回采巷道间隔开采(图 12-16),逆倾斜掘进,便于运搬矿石;顺倾斜充填,利于接顶。上下相邻分层的回采巷道应相互交错布置,防止下部采空时上部胶结充填体脱落。

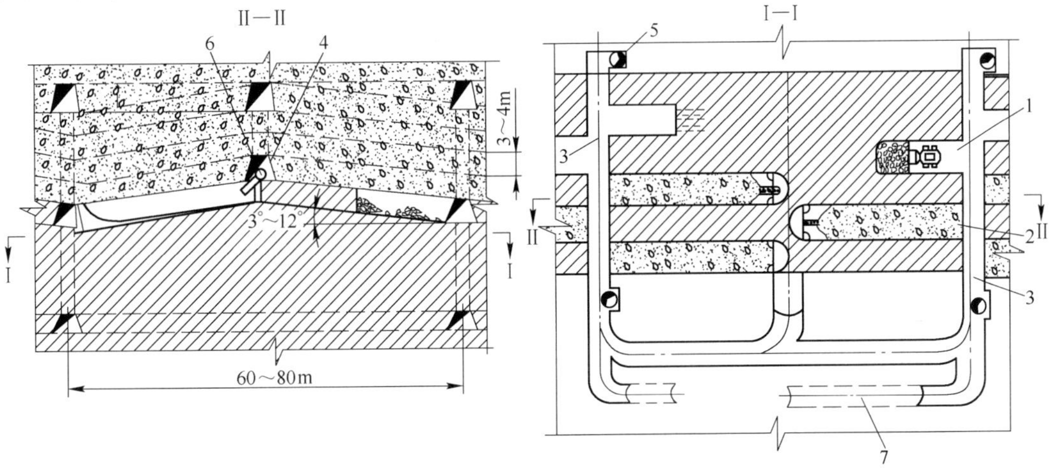

图 12-16　下向分层胶结充填采矿法

1—巷道回采;2—进行充填的巷道;3—分层运输巷道;4—分层充填巷道
5—矿石溜井;6—充填管路;7—斜坡道

回采使用浅孔落矿,轻型自行凿岩台车凿岩,自行装运设备运搬矿石。自行设备可沿斜坡道进入矿体各分层。

从上分层充填巷道,沿管路将充填混合物送入充填巷道,将其充填至接顶为止。充填尽可能连续进行,有利于形成整体的充填体。在充填体的侧部(相邻回采巷道)经 5 ~6 昼夜便可开始回采作业,而其下部(下一分层)至少要经过两周才能回采。

对于深部矿体(埋深 500 ~1000m 甚至更大)或地压较大的矿体,充填前应在巷道底板上铺设钢轨或圆木,在其上面铺设金属网,并用钢绳把底梁固定在上一分层的底梁上,充填后形成钢筋混凝土结构,以增加充填体的强度。

选择合理的回采巷道断面形状对控制地压意义重大。在我国金川龙首矿,矿岩极为破碎,地压大,采用六角形回采巷道,取得良好效果。六角形巷道的布置形式是,相邻巷道在垂直高度上交错半层布置。回采时,隔一采一(图 12-17)。据分析,六角形断面与正方形断面相比,应力集中系数大大降低,巷道周边的受力状态得以改善,从而稳定性大为提高。

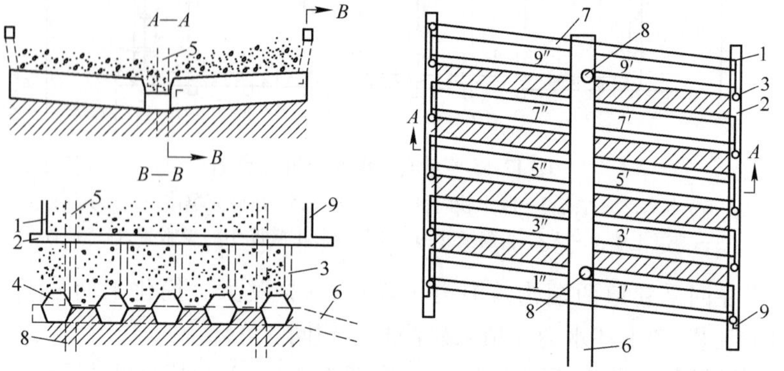

图 12-17 龙首矿六角形巷道下向倾斜分层胶结充填采矿法

1—充填井;2—充填巷道;3—回采巷道充填小井;4—已采空的回采巷道;5—回风井;6—分层联络巷道;7—分层巷道;8—溜井;9—充填巷道人行天井

12.3.3 评价

下向分层充填采矿法适用于复杂的矿山开采条件,如围岩很不稳固、围岩与矿石均很不稳固以及地表和上覆岩层需要保护等。此法应用虽不广泛,但实践表明,在合适条件下用它代替分层崩落法,可取得良好的技术经济效果。

下向分层水力充填法结构和工艺较复杂,保护围岩和地表的可靠性不如下向胶结充填方案。在特殊复杂的条件下,矿石价值又很贵重,采用下向胶结充填法是合理的。它突出的优点是矿石损失很小(3% ~5%);一个步骤开采,简化了采场结构;采用自行设备进行凿岩和装运时,矿块的技术经济指标可以达到较高的水平。但是,这种采矿法目前的生产能力还较低(60 ~80t/d),采矿工作面工人的劳动生产率不高(5 ~6 t/工班)。生产实践表明,采用自行设备进行凿岩和装运,生产效率可以得到很大提高。

随着矿床开采深度的增加和地压加大,下向分层胶结充填采矿法具有广阔的应用前景。

12.4 进路充填采矿法

进路充填法适用于矿岩极不稳固、矿石品位高、经济价值大的矿体。矿体厚度从薄到极厚、倾角从缓倾斜到急倾斜均可采用。进路充填法开采的顶板跨度小,回采作业安全性高。

12.4.1 工艺技术特点

进路充填和分层充填法的工艺基本相同,实际上就是将分层划分成多条进路进行回采。矿体厚度小于 20m 左右,进路沿走向布置;矿体厚度大于 20m,进路垂直走向布置;当矿体厚度较小,小于 5m 时,即为单一进路回采。

回采进路断面取决于凿岩、出矿设备,采用浅孔气腿凿岩机和电耙出矿时,进路断面一般为 2m ×2m ~ 3m ×3m;采用浅孔凿岩台车和铲运机出矿时,进路断面一般为 4m ×4m ~

5m×5m。进路既可以采用间隔回采,也可以采用连续顺序回采。同时回采进路数根据矿体厚度而定,一般有2~5条进路可以同时回采,每条进路回采结束后立即进行充填。

进路充填采矿法矿石回收率高、贫化率低,但回采充填作业强度大、劳动生产率较低,并要求进路充填接顶。采用高效的凿岩台车和铲运机出矿,可以有效提高采场综合生产能力。

进路充填法分为上向进路充填法和下向进路充填法。

12.4.2　上向进路充填法

上向进路充填采矿法的特点是,自下而上分层回采,每一分层均掘进分层联络道,以分层全高沿走向或垂直走向划分进路,这些进路顺序或间隔回采。整个分层回采和充填作业结束后,进行上一分层的回采。

12.4.2.1　进路断面形状与回采方法

回采进路形成向下倾斜的帮壁,以便于非胶结充填或减少水泥的使用量。分层内进路可以连续回采,如图12-18a所示;也可以间隔回采,如图12-18b所示。如果精心作业,第二步回采可以使贫化很小或者几乎没有贫化,这种回采方式称为(连续)倾斜进路回采。通常采用矩形进路间隔回采,如图12-18 c、d所示,为避免相邻进路回采时造成严重的贫化损失,第一步回采后需进行胶结充填;也可以在第一步回采时采用较窄的进路,第二步回采时采用较宽的进路,以降低水泥的用量,如图12-18d所示。当进路两侧均为充填体时,进路下层可以用低灰砂比1:20~1:30胶结充填。

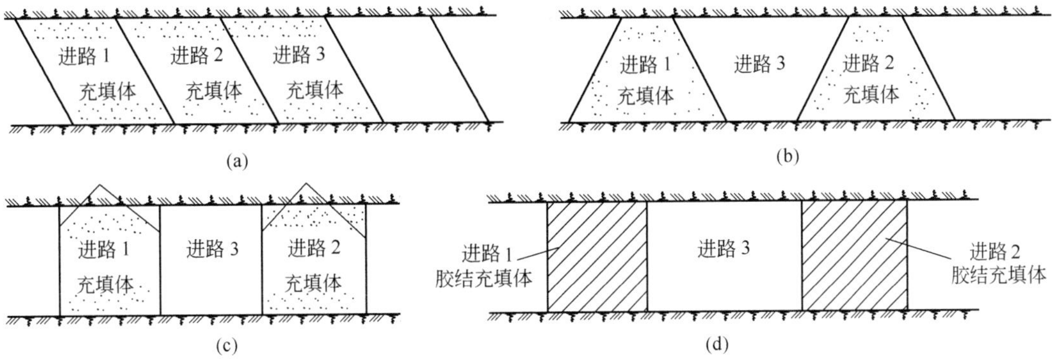

图12-18　进路断面形状与回采顺序

12.4.2.2　小铁山铅锌矿上向进路充填法

小铁山矿床为一含铜、铅、锌多金属的黄铁矿型矿床,矿床产出于底盘碳钠长斑岩、顶盘绿泥石化岩石之间的强蚀变凝灰岩中,为一隐伏矿体,大部分矿体均赋存于侵蚀基准面以下。矿床除含有铜、铅、锌多种金属外,还有多种可利用的贵重金属及稀有元素,如金、银、镉、镓等,特别是金、银含量较高,具有单独开采的价值。矿体走向长度约1100m,倾向南西,倾角60°~80°(平均75°)。矿体呈上部矿量小、中部矿量大、深部变小尖灭的分布特点,矿体厚度1~45m(平均厚度5.5m)。矿体和下盘围岩中等稳固,上盘不稳固。矿石密度3.6t/m^3,抗压强度100~120MPa,松散系数1.73。矿床水文地质条件简单,地表允许陷落。

采场回采进路沿走向布置,长度100m,宽度为矿体厚度,高度为阶段高度60m。为满足无轨设备运行,矿体下盘布置分段巷道,分段高度12m。采矿方法如图12-19所示。

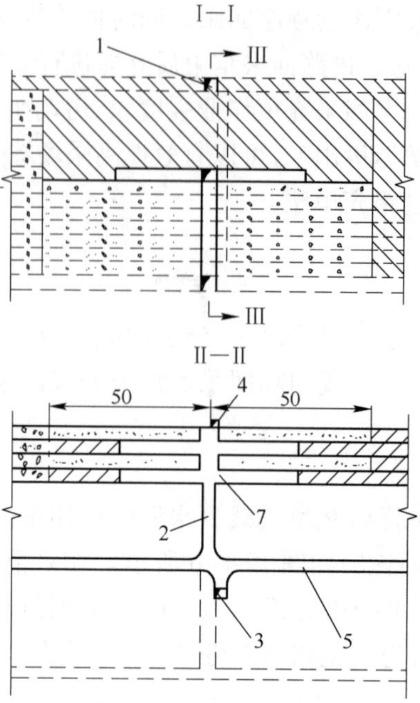

图 12-19 小铁山铅锌矿上向进路充填法

1—回风巷道(4m×4m);2—分层联络道(4m×4m);3—溜矿井(ϕ3m);4—回风充填井(2m×4m);5—分段巷道(4m×4m);6—阶段运输巷道(4m×4m);7—切割横巷(4m×4m)

采准切割工作主要包括采准斜坡道、分段巷道、分层联络道、溜矿井和充填回风井以及切割横巷等。从采准斜坡道向矿体开掘联络道与分段巷道连通,每条分段巷道负担下、中、上3个分层的回采,分层采高为4m。采准斜坡道和分段联络道的坡度最大为16.7%,断面3.6 m×3.6m。在采场中部矿体的上、下盘脉外分别掘进充填回风井和溜矿井。

从切割巷道沿矿体走向,向采场两端掘进断面为4 m×4m的回采进路,先单进路后双进路间隔回采。采用水星14型单臂凿岩台车,光面爆破布置炮孔,炮孔直径38~41mm,孔深2.9m。2号岩石炸药,PT61装药车装药,装药系数0.8,非电导爆管起爆。在进路内用法国CT-1500型柴油铲运机或瓦格纳EHST-1A型电动铲运机(斗容0.75m^3)将矿石运到脉外溜井出矿。

采场单(或双)进路的回采结束后,在进路口用木柱、木板建筑隔墙,内侧衬以塑料编织袋或草袋作滤水层。水隔墙、立柱间的空隙要用水泥砂浆或环氧树脂封堵,防止漏浆、跑浆。然后,沿进路顶部铺设充填管道向进路内进行尾砂胶结充填。底柱和每一分层一步骤回采的进路采用灰砂比为1:4的料浆充填,二步骤用灰砂比为1:8~1:10料浆浇面。

采场通风,在采场分层联络道安装1~2台局扇将新鲜风压入工作面,在上盘充填回风井上部安1台局扇,将污风抽至回风巷道。

主要技术经济指标:采场综合生产能力250~300t/d,凿岩设备效率260m/台班,出矿设备效率130t/台班,掌子面工效10.5 t/工班,损失率4.24%,贫化率9.45%,每米炮孔崩矿量1.2t,采切比32.7m^3/kt。

12.4.3 下向进路充填法

12.4.3.1 概述

当开采矿岩极不稳固但价值又很高的矿体时,适合采用下向进路充填采矿法开采。其特点是回采顺序为由上而下进路回采，除第一层中的进路外，每一层的进路都是在胶结充填料形成的人工顶板下进行回采作业。

在采用下向进路胶结充填法的矿山中，进路分为倾斜进路和水平进路，倾斜进路角度一般为5°～12°，以达到更好的充填接顶。在布置进路时，一般下一分层的进路和上一分层的进路错开布置，以有利于安全。

进路充填时，为保证下分层进路回采和相邻进路回采时的作业安全，每一进路均需要胶结充填。进路上层充填体强度较下层充填体强度低，一般用灰砂比1:8～1:10料浆胶结充填。下层充填体强度要求要高，要保证下分层进路回采时对充填体强度的要求，可用灰砂比1:4～1:5胶结充填，充填体强度要达到4～5MPa。采矿方法示意图如图12-20所示。

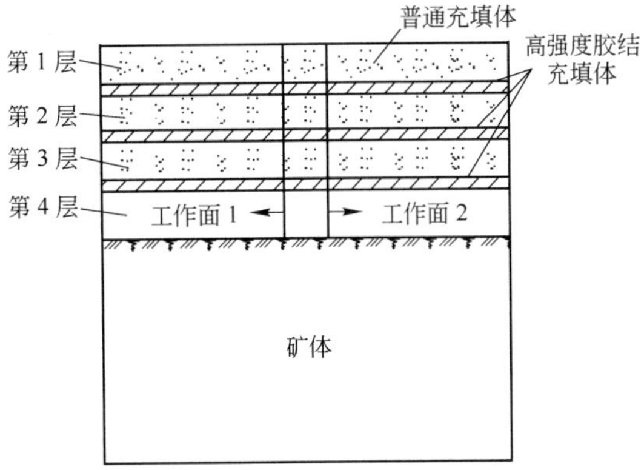

图12-20　下向分层进路充填法

12.4.3.2　金川二矿区机械化下向进路充填法

金川二矿区矿床属超基性硫化铜镍矿床，赋存于海西期含矿超基性岩体中，按成因类型可分为超基性岩型、接触交代型和贯入型三种，以超基性岩型为主，占全区储量的99.31%。矿体全长1600m，平均厚度98m，其中富矿长1300m，厚度69m。矿体呈似层状，产状与岩体下部产状基本一致，走向N50°W，倾角65°～75°，矿体形态比较规则，矿体顶底盘围岩均以二辉橄榄岩为主，矿岩均不稳固。

由于矿体厚大，回采划分成盘区开采，以便于充分发挥无轨设备的灵活性。盘区垂直矿体走向布置，长度为矿体厚度，宽度为100m，盘区间不留间柱，连续回采，阶段高度为100m和150m。

盘区采用上盘脉外采准系统，在矿体上盘布置采准斜坡道，采准分斜坡道与通地表的主斜坡道、阶段主运输道相连接。在距离矿体上盘100m左右处布置分段巷道，分段巷道与采准斜坡道通过分段联络道相连接。每分段高度20m，服务5个分层，分层高4m。分段巷道与矿体通过分层联络道相接，在分段巷道上盘布置盘区溜井，原则上每个盘区1条溜井，每个阶段布置一条废石井，溜井直径2.5～3m，溜井均为钢模板厚壁混凝土支护。充填回风系统布置在采场上部及矿体下盘，采场上部为穿脉巷道，矿体下盘为沿脉巷道，穿脉巷道通过预留的充填-回风井与采场相通，沿脉巷道通过联络道与主回风井及下料钻孔相连接。

无轨设备采准斜坡道坡度不大于1:7，分层联络道重车上坡坡度不大于1:10，重车下坡坡度不大于1:7。采准巷道净断面（宽×高）为：分层联络道4.6m×4.1m，分段巷道4.3m×4.2m，采准斜坡道4m×4m，溜井联络道4.3m×4.1m，充填回风道2.6m×2.8m，预留井ϕ2m。

盘区上、下分层进路垂直交错布置，回采进路断面规格（宽×高）为5m×4m，原则上进路长度不超过50m。回采顺序为先上盘、后下盘，先两翼后中间，后退式回采。回采方式为“隔一采一”。采矿方法如图12-21所示。

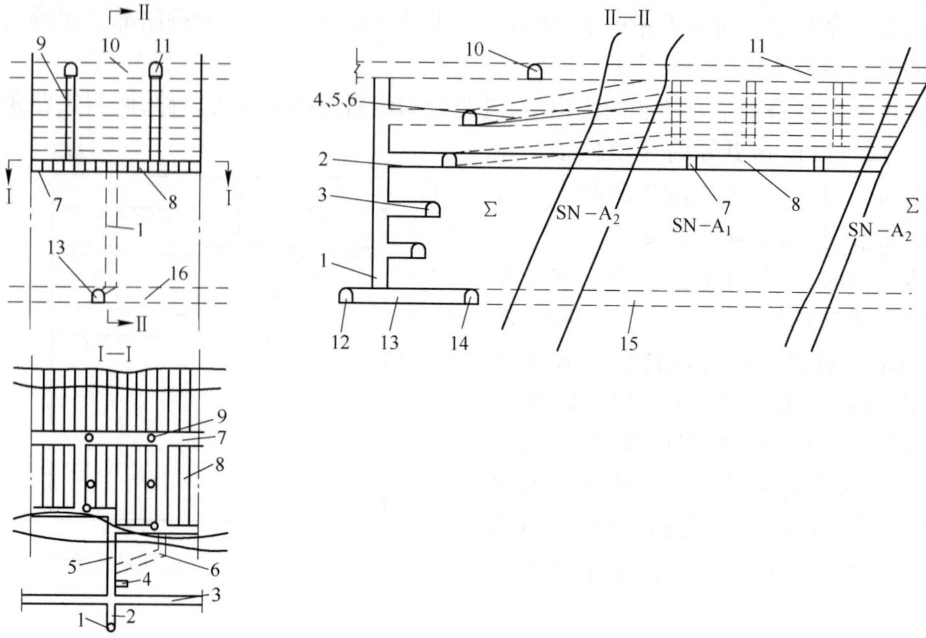

图 12-21　金川二矿区机械化盘区下向进路胶结充填采矿法

1—溜井；2—溜井联络道；3—分段巷道；4—排污硐室；5—分层联络道；6—下分层联络道；7—分层巷道；8—回采进路；9—充填回风井；10—沿脉回风巷；11—穿脉回风巷；12—1150 沿脉运输道；13—穿脉运输道；14—下盘运输道；15—穿脉充填-回风道；16—沿脉充填-回风道

$SN\text{-}A_2$—贫矿；$SN\text{-}A_1$—富矿；Σ—超基性岩

凿岩采用瑞典阿特拉斯·科普柯公司制造的 H126 双臂液压凿岩台车，钎杆长 4.3m，钎头直径 ϕ38mm（柱齿形），炮孔深度不小于 2.5m。根据进路顶板和两帮介质的不同，通常布置 40～50 个炮孔，采用楔形掏槽。

爆破采用 ϕ32mm 卷状 2 号岩石乳化炸药，进行连续装药，半秒差非电塑料导爆管起爆，8 号工业火雷管引爆。

出矿采用美国埃姆科公司制造的 EIMCO928 铲运机，斗容 6m^3，额定载重量 13.6t，盘区平均运距 200m，出矿能力 60～120t/h，矿石由铲运机运至脉外盘区矿石溜井。

盘区通风采用压、抽混合式通风，新鲜风流经分段巷道两端的进风井进入分段巷道，再经分层联络道、分层巷道进入回采进路。污风经采场内预留的充填－回风井排至主充填-回风系统。

为使盘区回采工作连续进行，以及有效控制盘区内回采过程的地压活动，采取“强采强充”。正常情况下盘区内只留 2～3 条进路同时回采，进路回采结束后，立即准备充填。充填前先清理干净进路内的残留矿石，用 ϕ6.5mm 的钢筋网敷设底筋，网度 400mm×400 mm，顶底板间吊挂 ϕ6.5mm 竖筋，网度 1200mm × 1200mm，顶板打锚杆固定充填管路（每节 ϕ100mm 塑料管长 4m）。在进路口用粉煤灰空心砖封口，并喷射 30～50mm 厚的混凝土。进路充填采用 3mm 的棒磨砂胶结充填，进路分两步骤充填，先充填进路底部，灰砂比 1∶4，后充填进路上部，灰砂比 1∶8，充填料浆浓度为 77%～79%。

主要技术经济指标为：盘区生产能力 600～700t/d，凿岩台车效率 139～278m/台班，铲运机效率 250～300t/台班，损失率 5%，贫化率 7%。

12.5 分采充填采矿法

当矿脉厚度小于0.3~0.4m时，若只采矿石，工人无法在其中工作，必须分别回采矿石和围岩，使其采空区达到允许工作的最小厚度(0.8~0.9m)。采下的矿石运出采场，而采掘的围岩充填采空区，为继续上采创造条件。这种采矿法称为分采充填法，也叫削壁充填法。

矿块尺寸一般为高度30~50m、长度50~60m；顶柱高度2~4m，底柱高2~4m，品位高及价值高的矿石，可以用钢筋混凝土作底柱而不留矿石底柱；分层高度1~2m，溜井间距用铲运机出矿为20~30m，用电耙出矿为20~25m。

采准工程主要是阶段运输平巷、人行天井和溜井，切割工程是拉底平巷。天井布置有两种方式：一为中央先行天井与一侧(或两侧)顺路天井(图12-22)，一为采场一侧先行一井，另一侧顺路天井(图12-23)。

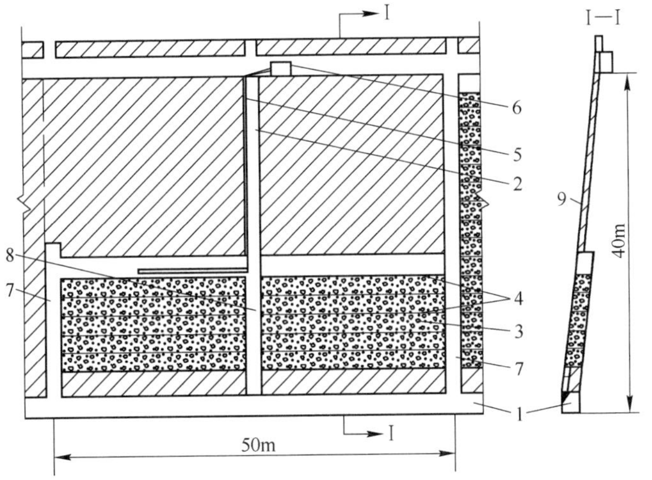

图12-22 分采上向分层充填法

1—阶段运输平巷；2—先行天井；3—充填体；4—混凝土垫层；5—混凝土输送管；6—混凝土喷射机；7—顺路天井；8—溜井；9—矿脉

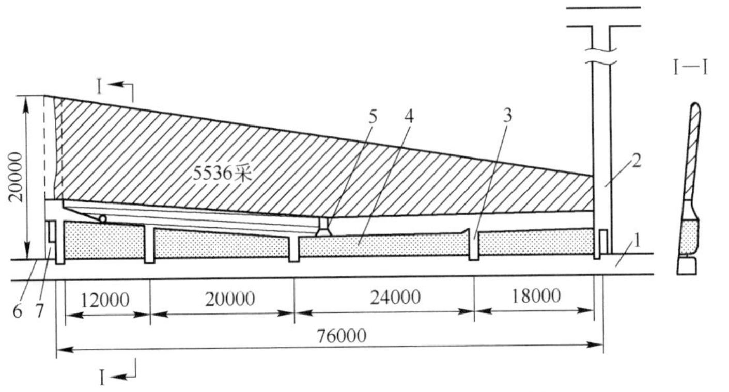

图12-23 电耙出矿分采上向分层充填法

1—阶段运输平巷；2—先行天井；3—溜井；4—充填体；5—电耙绞车；6—钢筋混凝土底柱；7—顺路天井

这种采矿法常用来开掘急倾斜极薄矿脉，矿块尺寸不大（段高30~50m，天井间距50~60m），掘进采准巷道便于更好地探清矿脉。阶段运输巷道一般切下盘岩石掘进。为了缩短运搬距离，常在矿块中间设顺路天井（图12-24）。

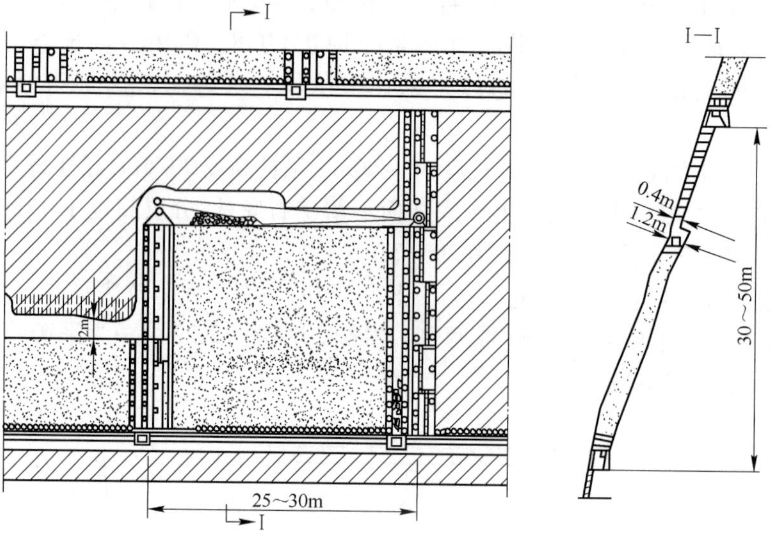

图12-24 分采上向分层充填采矿法

自下向上水平分层回采时，可根据具体条件决定先采矿石或先采围岩。当矿石易于采掘，有用矿物又易被震落，则先采矿石；反之，先采围岩。

先崩矿石时，由于矿脉薄，夹制性大，宜采用小直径钻机钻凿深度不超过1~1.5m的浅孔，孔距0.4~0.6m，矿脉厚度小于0.6m时，采用一字形布孔；大于0.6m时，采用之字形布孔。为了减少崩矿对围岩的破坏、降低矿石贫化，采用小直径药卷或间隔装药等进行爆破。在落矿之前，应铺设垫板（木板、铁板、废运输带等），以防粉矿落入充填料中。为了提高崩矿质量，在一个回采分层内可采取分次崩矿措施。

一般采掘下盘岩石，并按分层高度一次凿岩爆破，爆破参数值比崩矿的要大些。要使崩落下的围岩刚好充满采空区，则必须符合下列条件：

$$M_y K_y = (M_a + M_y)k$$

即

$$M_y = \frac{M_a k}{K_y - k} \tag{12-1}$$

式中 M_y——采掘围岩的厚度，m；

M_a——矿脉厚度，m；

K_y——围岩崩落后的松散系数，$K_y = 1.4 \sim 1.5$；

k——采空区需要充填的系数，$k = 0.75 \sim 0.8$。

由于矿脉很薄，开掘的围岩往往多于采空区所需充填的废石，此时应设废石溜井将多余废石运出采场。

当采幅宽度较大（1.0~1.3m）时，可采用斗容为$0.15m^3$的小型电耙运搬矿石和耙平充填料。为了给回采工作面创造机械化作业条件，可增大采幅宽度（1.2~1.3m）。

用分采充填法开采缓倾斜极薄矿脉时，一般逆倾斜作业。回采工艺和急倾斜极薄矿脉相似,但充填采空区常用人工堆砌,体力劳动繁重,效率低。可用电耙和板式输送机在采场内运搬矿石,采幅宽度一般比急倾斜矿脉要大。

这种采矿法在铺垫板质量达不到要求时,矿石损失较大(7% ~15%);矿脉很薄落矿时,不可避免地带下废石混入矿石中,贫化率较高(15% ~50%)。因此,铺设垫板的质量好坏是决定分采充填法成败的关键。

尽管这种方法存在工艺复杂、效率低、劳动强度大等缺点,但对开采极薄的贵重金属矿脉,在经济上仍比混采的留矿法优越。提高技术经济指标需要适合于窄工作面条件下作业的小型机械设备和有效的铺垫材料和工艺。

12.6 空场嗣后充填法

12.6.1 工艺技术特点

空场嗣后充填法属于空场法与充填法联合开采的方法,采场结构参数、采切工程布置以及回采工艺与空场法相同,只是增加了充填工序。根据空场法回采工艺的不同,采空区处理可以采用胶结和非胶结充填。由于空场法开采的矿岩条件一般都要求比较稳固,所以应尽可能采用非胶结充填,以降低充填作业成本。一般来说,当矿柱不需要回收而作为永久损失时,采空区可采用非胶结充填。

空场嗣后充填法的类别主要有分段空场嗣后充填法、大直径深孔空场嗣后充填法(含VCR法)。此外,还有房柱法、阶段矿房法、留矿嗣后充填法等。

分段空场嗣后充填法和大直径深孔空场嗣后充填法的采矿效率较高,应用范围较大。一般矿体厚度小于15 ~20m时,沿走向布置矿块;矿体厚度大于15 ~20m时,垂直走向布置矿块。如矿体厚度特别厚大,超过50 ~60m时,可划分为盘区开采(如100m×100m、150m×150m的盘区)。

垂直走向布置矿块时,一般采用"隔三采一"或"隔一采一"。矿块宽度根据矿体和围岩的稳固性来确定,以8 ~15m为宜,当有一侧是矿体时,矿块需要胶结充填,当侧边矿块均已用胶结充填后,矿块可采用非胶结充填。当一个矿块的充填体需要为相邻的矿块提供出矿通道时,其底部约10m需采用较高灰砂比的胶结充填料充填。

空场嗣后一次充填量大,有条件采用高效率的充填方式,但充填体必须具有足够的强度和站立高度,以保证回采过程中不因充填体的塌落造成过大的矿石损失和贫化。

空场嗣后充填法的出矿一般采用铲运机,铲斗容积一般为3 ~10m^3。铲运机越大,采场的综合生产能力越高。采场的底部结构主要有两种方式,即平底结构或堑沟式结构。采用平底结构时,在大量出矿后,为了清除采场的剩余矿石,必须采用遥控铲运机进行清底。采用堑沟式结构时,原则上不需要遥控铲运机,但留下底柱不易回收。

加强出矿速度,采用强采、强出、强充,对于减少采场贫化是有益的,对于以后相邻采场的回采也是有利的。该方法中遥控铲运机的使用较为普遍。加拿大Brunswick矿采用遥控铲运机出矿量占80%以上。

采场出矿完毕即进行充填准备和充填作业。充填准备工作包括打隔墙,在采场内布置泄水管。分段空场嗣后充填法充填时隔墙较多,按安庆铜矿的经验,采场内的泄水管可采用波纹管，其上钻许多泄水孔，用漏水布缠绕，然后沿采场壁悬吊，并引至隔墙外。为了解决采场脱水的问题，最好的方法是采用膏体充填，使采场内不需脱水，并且可以较好地接顶。

当采用水力充填时，应当特别重视充填挡墙的构筑，充填挡墙承受的压力和采场的脱水是否良好有很大关系。为了安全起见，水力充填采场一般要分几次充填，以避免充填挡墙承受过高的饱和水压力。当采用膏体充填时，一般先采用含水泥比例较高的充填料，充填至出矿点眉线以上的高度，然后再以水泥含量较低的充填料，充填采场的其余部分。

国外部分矿山分段或阶段空场嗣后充填采矿法的基本尺寸如表12-2所示。

表12-2　国外部分矿山分段或阶段空场嗣后充填采矿法的基本尺寸

矿山名称	矿石类型	采场尺寸/ft					运输道间隔/ft
		宽度	长度	高度	分段高度	矿柱	
Kidd Creek(Belford,1981)	大型硫化矿	79	98	299	98	70～98	397
Torman(Matikainen,1981)	大型石灰石	148～164	328～492	328	49～164	148～164	—
Rio Tinto(Botin and Singh,1981)	大型硫化矿	66	66～164	131～236	131～236	41	174～276
Mt. Isa(Goddard,1981)	层状硫化矿	82～164	98	410～820	66	82	574～984
Luanshya(Mabson and Russel,1981)	层状硫化矿	39	39	115	36	16～32	164～230

注：1ft＝0.3048m。

12.6.2　冬瓜山铜矿大直径深孔空场嗣后充填法

12.6.2.1　地质概况

冬瓜山矿体位于青山背斜的轴部，赋存于石炭系黄龙组和船山组层位中，呈似层状产出。矿体产状与围岩一致，与背斜形态相吻合。矿体走向NE35°～40°，矿体两翼分别向北西、南东倾斜，中部倾角较缓，而西北及东南边部较陡，最大倾角达30°～40°。矿体沿走向向北东侧伏，侧伏角一般10°左右。矿体赋存于－690m～－1007m标高之间，地表标高＋50m～＋145m，埋藏深。1号矿体为主矿体，其储量占总储量的98.8%，矿体水平投影走向长1810m，最大宽度882m，最小宽度204m，矿体平均厚度34m，最小厚度1.13m，最大厚度100.67m。矿体直接顶板主要为大理岩，矿体底板主要为粉砂岩和石英闪长岩。矿体主要为含铜磁铁矿、含铜蛇纹石和含铜矽卡岩。矿石平均含硫17.6%，硫铁矿中局部有少量胶状黄铁矿。

地表有大量的工业设施、民用建筑、道路和大面积高产农田，需要保护，地表不允许冒落。

12.6.2.2　采矿方法

矿体厚大部分采用大直径深孔嗣后充填采矿法。将矿体划分为盘区，盘区尺寸为100m×180m，每个盘区内布置20个采场，采场长50m、宽18m，矿房、矿柱按“田”字形布置，采场高度为矿体厚度。采场沿矿体走向布置，使采场长轴方向与最大主应力方向呈小角度相交，让采场处于较好的受力状态，以利于控制岩爆。采场回采顺序采用间隔回采，从矿体中部开始，垂直矿体走向按“隔三采一”方式向两翼推进。

采场结构如图12-25所示。沿矿体走向每隔200m分别在顶底板各布置一条采准斜坡道，每条采准斜坡道服务其两侧的盘区。从采准斜坡道掘进联络斜坡道通向盘区出矿穿脉，出矿穿脉布置在盘区中间，回风穿脉设在盘区两侧，在每个盘区设1～2条矿石溜井。从采准斜坡道掘联络斜坡道通向盘区凿岩穿脉，凿岩穿脉和凿岩硐室布置在盘区中间矿体顶板围岩中，回风穿脉布置在盘区两侧。

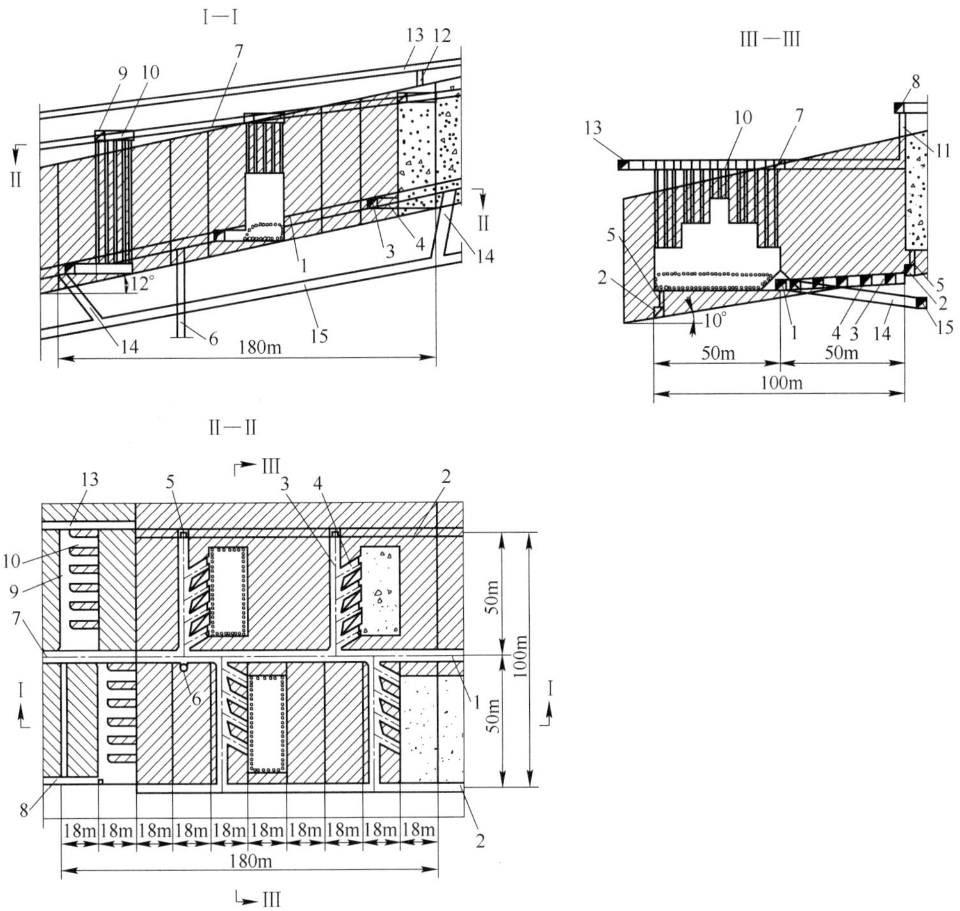

图 12-25 冬瓜山铜矿大直径深孔空场嗣后充填法图

1—出矿水平出矿穿脉;2—出矿水平回风穿脉;3—出矿巷道;4—出矿进路;5—出矿回风天井;
6—溜井;7—凿岩水平凿岩穿脉;8—凿岩水平回风穿脉;9—凿岩巷道;10—凿岩硐室;
11—凿岩回风天井;12—充填天井;13—凿岩充填水平采准斜坡道;
14—出矿水平联络斜坡道;15—出矿水平采准斜坡道

回采凿岩选用 Simba261 高风压潜孔钻机钻凿下向垂直深孔,炮孔直径 ϕ165mm,炮孔间距和排距为 3.0～3.5m。一次钻完一个采场的全部炮孔,分次装药爆破,爆破采用普通乳化炸药。以采场端部的切割天井和拉底层为自由面倒段侧向崩矿形成切割槽,以切割槽和拉底层为自由面倒梯段侧向崩矿。崩落下的矿石用 EST-8B 电动铲运机装运,卸入矿石溜井,铲运机斗容 5.4～6.5m^3,采场残留矿石采用遥控铲运机回收。

采场通风的新鲜风流由采准斜坡道经联络斜坡道进入工作面,污风经回风穿脉排到回风巷道。每个工作面均形成贯穿风流通风。

采场出矿完毕后,进行嗣后充填。从采场凿岩巷道吊挂外包滤布的塑料波纹泄水管,在出矿进路中构筑充填泄水挡墙,充填泄水挡墙采用钢筋柔性挡墙。充填料浆用充填管输送到采场凿岩巷道,从充填天井或残留炮孔进入采场。掘进废石通过坑内卡车运到充填巷道,从充填天井与尾砂同时卸入充填采场。

该矿的技术经济指标为:盘区综合生产能力 2400t/d, 凿岩设备效率 40m/台班,铲运机出矿效率800t/台班，损失、贫化率8%，采切比80m³/kt。

12.6.3 评价

分段空场和大直径深孔空场嗣后充填法的优点是：适合用机械化开采，采矿效率高，可以达到100t/工班以上；采场生产能力可以是中等到很高，有些矿山采场能力可以达到1000t/d以上；安全，通风条件好；矿石回收率高，可以达到90%；贫化率较低，一般在10%～15%，大部分矿山能控制在20%以内。达产快，一旦采场爆破开始，可以立即形成出矿能力。

缺点是在采场形成出矿能力之前，需要大量的采切工程，尤其是分段空场法；不能选择性开采，对顶、底板边界变化的适应性较差；当矿体倾角较缓的时候，效率降低，贫化增加。

空场嗣后充填法的实质，是用空场法采矿和对采空区进行嗣后充填处理，利用充填体的支撑作用，最大限度地保证矿山生产安全，同时便于回收矿柱和减少贫化损失。另一方面，将矿山生产中的废石、尾矿等回填到采空区中，可减少对地面环境的影响。由于可以满足矿石回采率和保护地表环境的两方面要求，应用空场嗣后充填法的矿山在增多，并有不断扩大的趋势。

12.7 矿柱回采

用两步骤回采的采矿方法中，必须统一考虑矿房和矿柱的回采方法及回采顺序。一般情况下，采完矿房后应当及时回采矿柱，否则矿山后期的产量将会急剧下降，而且矿柱回采的条件也将变坏（矿柱变形或破坏、巷道需要维修等），增加矿石损失。

矿柱回采方法的选择除了考虑矿岩地质条件外，主要根据矿房充填状态及围岩或地表是否允许崩落而定。

12.7.1 胶结充填矿房的间柱回采

胶结充填矿房时，矿房内的充填料形成一定强度的整体。此时，间柱的回采方法有：上向水平分层充填法、下向分层充填法、留矿法和房柱法。

当矿岩较稳固时，用上向水平分层充填法（图12-26）或留矿法随后充填回采间柱（图12-27）。为减少下阶段回采顶底柱的矿石损失和贫化，间柱底部5～6m高，需用胶结充填，

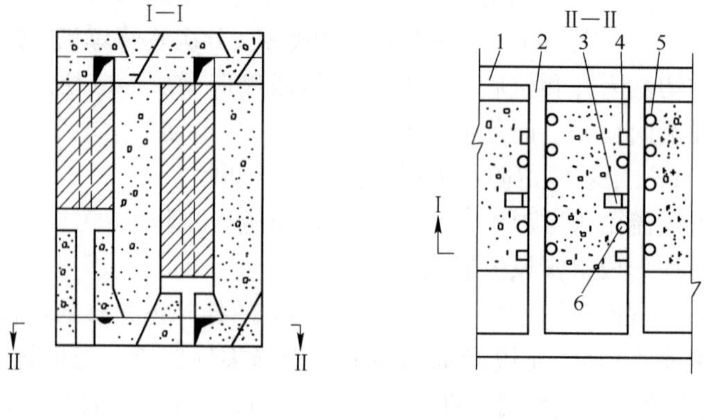

图12-26 上向水平分层充填法回采间柱

1—运输巷道；2—穿脉巷道；3—充填天井；4—人行泄水井；5—放矿漏斗；6—溜矿井

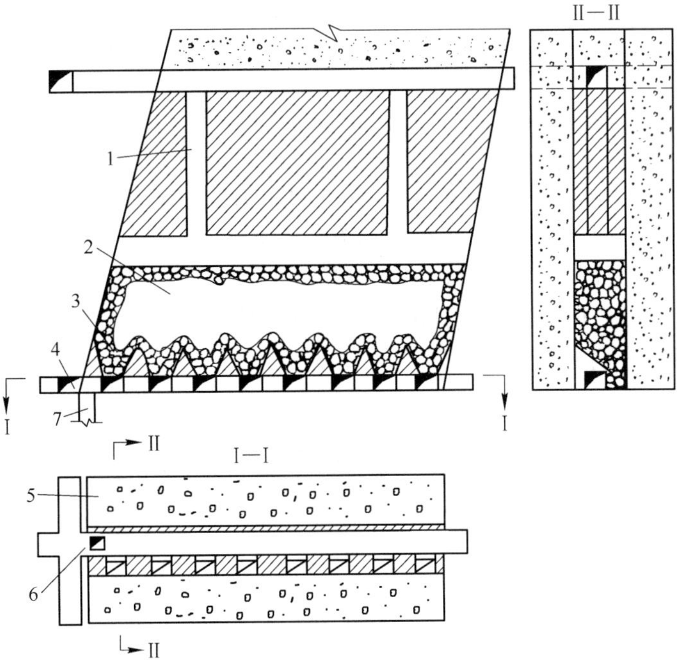

图 12-27 用留矿法回采间柱

1—天井;2—采下矿石;3—漏斗;4—运输巷道;5—充填体;6—电耙巷道;7—溜矿井

其上部用水砂充填。当必须保护地表时,间柱回采用胶结充填;否则,可用水砂充填。

留矿法随后充填采空区回采矿柱,可用于具备适合留矿法的开采条件之处。由于做人工漏斗费工费时,一般都在矿石底柱中开掘漏斗。充填采空区前,在漏斗上存留一层矿石,将漏斗填满后,在其上部进行胶结充填,然后再用水砂或废石充填。

在顶板稳固的缓倾斜或倾斜矿体中,当矿房胶结充填体形成后,可用房柱法回采矿柱(图 12-28)。在矿房充填时,应架设模板,将回采矿柱用的上山、切割巷道和回风巷道等预留出来,为回采矿柱提供完整的采准系统。

当矿石和围岩不稳固或胶结充填体强度不高(294.3 ~ 588.6kPa)时,应采用下向分层充填法回采间柱(图 12-29)。

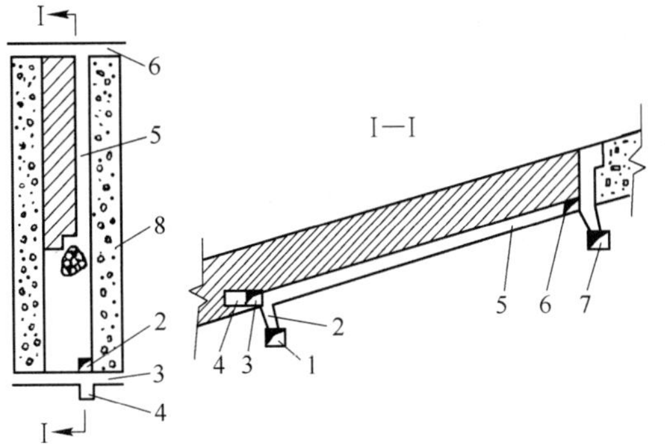

图 12-28 房柱法回采间柱

1—运输巷道;2—溜矿井;3—切割巷道;4—电耙硐室;5—切割上山;6—回风巷道;7—阶段回风巷道;8—胶结充填体

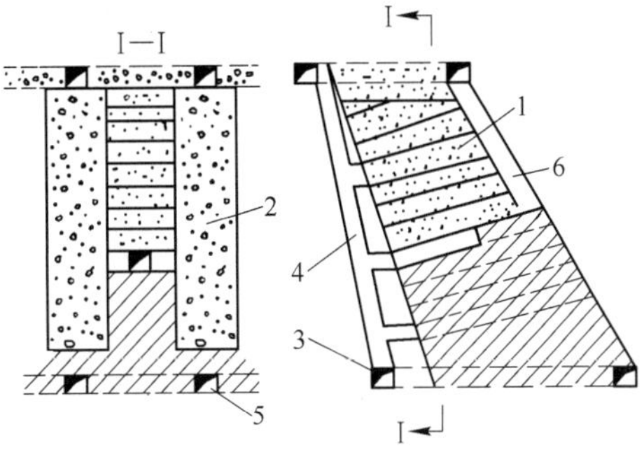

图 12-29 下向分层充填法回采间柱

1—间柱的充填体;2—矿房的充填体;3—运输巷道;4—脉外天井;5—穿脉巷道;6—充填天井

胶结充填矿房的间柱回采劳动生产率高,与用同类采矿方法回采矿房基本相同。由于部分充填体可能破坏,矿石贫化率为5% ~10%。

12.7.2 松散充填矿房的间柱回采

在矿房用水砂充填或干式充填法回采,或者用空场法回采随后充填(干式或水砂充填)的条件下,如用充填法回采间柱,须在其两侧留1~2m矿石,以防矿房中的松散充填料流入间柱工作面。如地表允许崩落,矿石价值又不高,可用分段崩落法回采间柱。间柱回采的第一分段,应能控制两侧矿房上部顶底柱的一半,这样,顶底柱和间柱可同时回采(图12-30);否则,顶底柱与间柱分别回采。

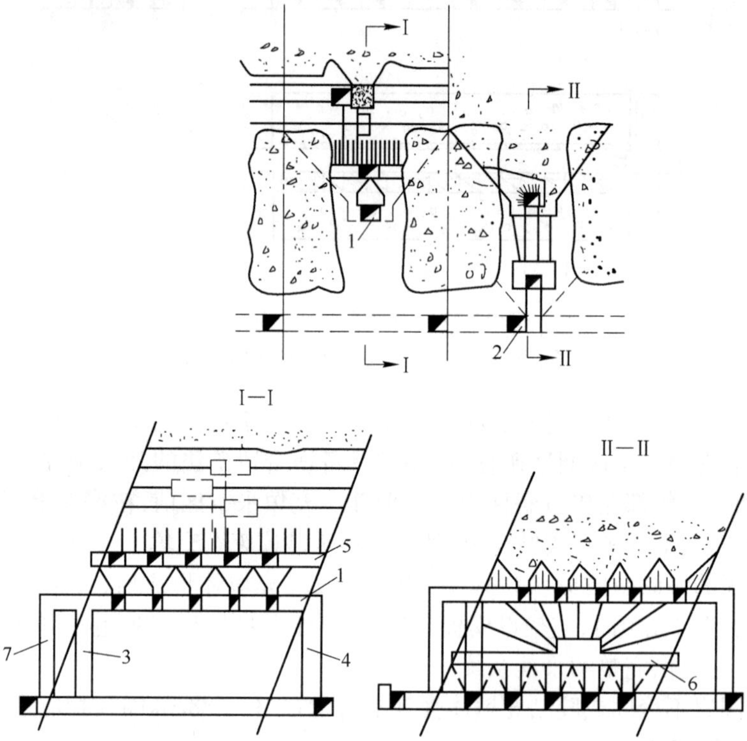

图12-30 有底柱分段崩落法回采间柱

1—第一分段电耙巷道;2—第二分段电耙巷道;3—溜矿井;4—回风天井;
5—第一分段拉底巷道;6—第二分段拉底巷道;7—行人天井

回采前将第一分段漏斗控制范围内的充填料放出。间柱用上向中深孔、顶底柱用水平深孔落矿。第一分段回采结束后,第二分段用上向垂直中深孔挤压爆破回采。

这种采矿方法回采间柱的劳动生产率和回采效率均较高,但矿石损失和贫化较大。因此,在实际中应用较少。

12.7.3 顶底柱回采

如果回采上阶段矿房和间柱时构筑了人工假底,则在其下部回采顶底柱时,只需控制好顶板暴露面积,用上向水平分层充填法就可顺利地完成回采工作。

当上覆岩层不允许崩落时,应力求接顶密实,以减少围岩下沉。如上覆岩层允许崩落时，用上向水平分层充填法上采到上阶段水平后，再用无底柱分段崩落法回采上阶段底柱（图12-31）。

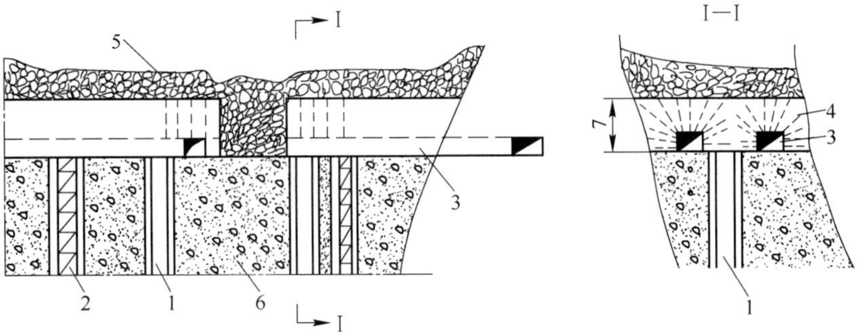

图12-31　无底柱分段崩落法回采底柱

1—溜矿井；2—行人天井；3—回采巷；4—炮孔；5—崩落岩石；6—充填体

由于采准工程量小且回采工作简单，无底柱分段崩落法回采底柱的优越性更为突出，但单分层回采不能形成菱形布置采矿巷道，其一侧或两侧的三角矿柱无法回收。因此，矿石损失贫化较大。

第3篇 露天开采

露天开采适用于矿体(或矿体的上部)埋藏较浅的矿床。所谓露天开采就是通过剥离矿体之上及其周围的岩石,把矿体揭露、采出。与地下开采相比,露天开采的作业空间大,作业安全,可以应用大型机械设备,能够达到很高的生产能力。但露天开采的采场和排土场挖损和压占大量土地,破坏大面积植被,其生态成本较地下开采要高。

本篇系统介绍露天开采的相关概念、参数、境界设计、开采程序和开采工艺等。由于露天开采的作业空间大,为设计和开采方案的优化提供了用武之地。国外的实践证明,优化的应用能够为露天矿山带来巨大的效益。因此,本篇以较大的篇幅介绍一些优化原理和方法。

13 露天开采基本概念

图 13-1 所示为某露天铁矿采场标高模型的三维透视显示。图 13-2a 所示是在实际生产中使用的线型平面投影图,图 13-2b 所示为该采场的一个剖面。采场要素包括:台阶、运输坡道及其缓冲平台、安全平台、工作平盘、工作帮、非工作帮(也称为最终帮)等。本章介绍露天开采的基本概念。

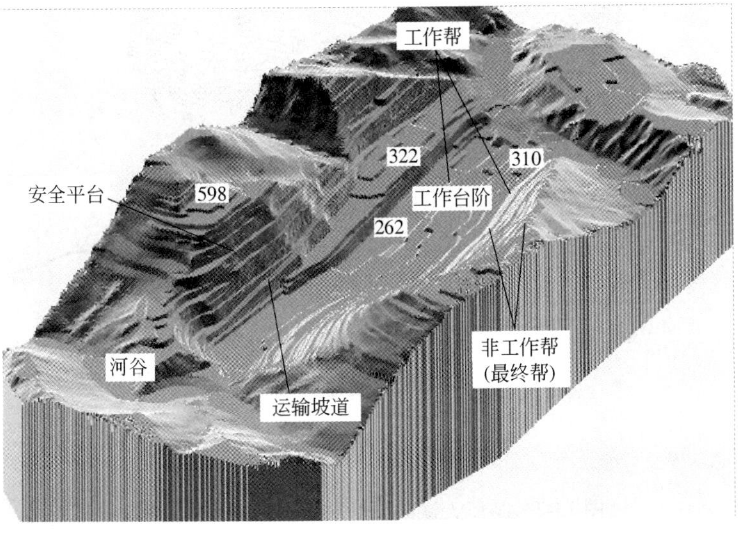

图 13-1 某露天铁矿采场标高模型的三维透视显示

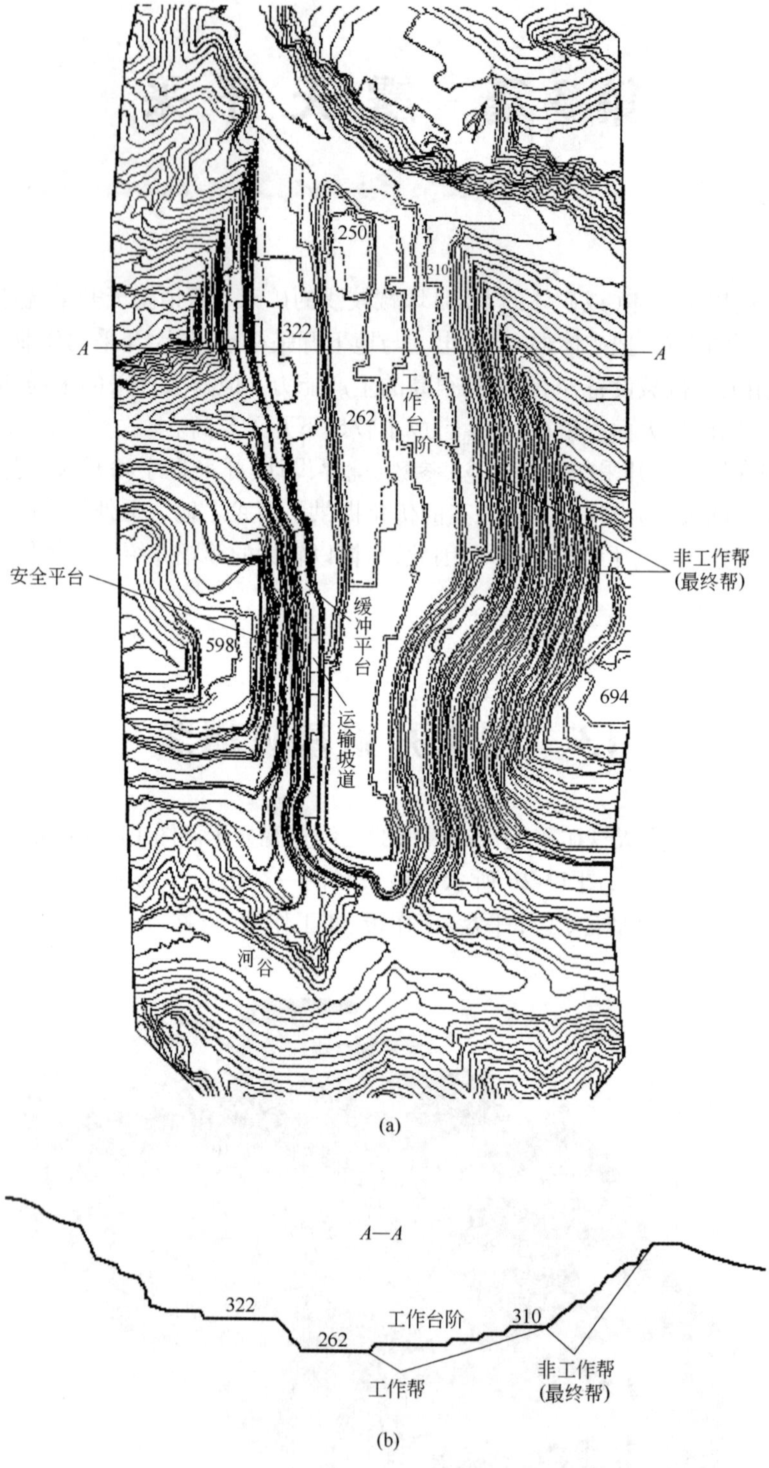

图 13-2 某露天铁矿采场平面投影图与剖面图

(a) 平面投影图;(b) 剖面图

13.1 台阶要素

13.1.1 基本概念

露天矿在垂直方向上是以台阶为单元进行开采的。图 13-3 所示为台阶的组成要素。一个台阶的上部平面称为坡顶面;下部平面称为坡底面;两者之间的斜面称为台阶坡面。台阶坡顶面与台阶坡面的交线称为坡顶线(也称为上沿线);台阶坡底面与台阶坡面的交线称为坡底线(也称为下沿线);台阶坡面与水平面的夹角 α 称为台阶坡面角。台阶的坡顶面与其坡底面之间的垂直高度 H 称为台阶高度。图 13-2a 中的实线即为各台阶的坡顶线,虚线为坡底线。

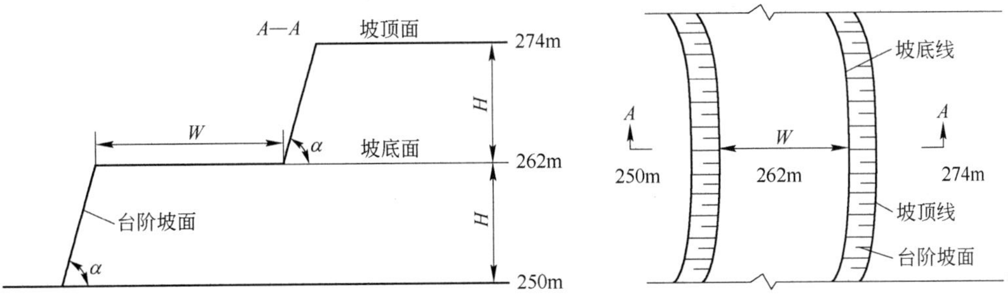

图 13-3　台阶的组成要素

台阶一般用其坡顶面和坡底面所在标高水平命名,如图 13-3 所示,剖面图中的上部台阶称为 262 ~ 274m 台阶、下部台阶称为 250 ~ 262m 台阶。一个台阶的坡顶面同时是它上部相邻台阶的坡底面,其坡底面同时是它下部相邻台阶的坡顶面。

13.1.2 台阶高度

除非有特殊原因,所有台阶设计为相同的台阶高度。

台阶高度是露天开采中最重要的几何要素之一。影响台阶高度的因素有生产规模、采装设备的作业技术规格以及对开采的选别性要求等。为保证挖掘机挖掘时能获得较高的满斗系数(铲斗的装满程度),台阶高度应不小于挖掘机推压轴高度的 2/3。另一方面,为避免挖掘过程中在台阶的顶部形成悬崖,台阶高度应小于挖掘机的最大挖掘高度。图 13-4 所示

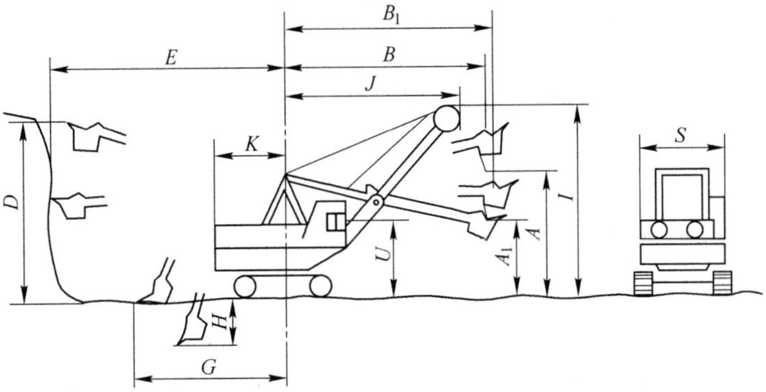

图 13-4　斗容为 6.88m^3 的电铲的作业技术规格图解

为斗容为6.88m^{3}的电铲的作业技术规格图解，其各种作业技术规格见表13-1。从表13-1中可知，该挖掘机的最大挖掘高度是13.26m。若选用这样的电铲，台阶高度定为12m较为合适。

表13-1 图13-4中电铲的作业技术规格

规格参数	参数值	规格参数	参数值
斗容/m^3	6.88	最大挖掘高度 D/m	13.26
起重臂长度/m	12.65	最大挖掘半径 E/m	16.62
起重臂倾角/(°)	45	站立水平挖掘半径 G/m	10.75
有效斗杆长度/m	7.77	下挖深度 H/m	2.59
斗杆全长/m	9.38	天轮顶距地面的高度 I/m	12.88
最大卸载高度 A/m	8.54	天轮外缘回转半径 J/m	12.20
最大卸载半径 B_1/m	14.48	机体尾部回转半径 K/m	6.02
最大卸载半径处的卸载高度 A_1/m	6.25	机体(包括驾驶室)宽度 S/m	6.86
最大卸载高度处的卸载半径 B/m	13.87	司机视线水平高度 U/m	5.49

在品位变化大、矿物价值高的矿山(如金矿)，开采选别性是制约台阶高度的重要因素。开采选别性是指在开采过程中能够将不同品位和类型的矿石及废石进行区分开采的程度。以金矿为例，往往需要对于一个区域内的高品位矿、低品位矿、硫化矿、氧化矿及废石进行区分开采，运往各自的目的地。如将低品位矿送往堆浸场；高品位氧化矿送往选矿厂；硫化矿送往焙烧炉；废石送往排土场等。由于一个台阶在垂直方向上是不可分采的，即使在台阶高度内矿石的品位、矿种或矿岩界线变化很大(如某处台阶的上半部分是矿石，下半部分是岩石)，也不可能在开采过程中将同一台阶高度上不同种类的矿石及岩石分离出来，由此所造成的贫化和不同矿种的混杂是不可避免的。可见，台阶高度越大，开采选别性越差。因此，开采对选别性要求较高的矿床时，应选取较小的台阶高度。一般说来，黑色金属矿床的品位变化较小、矿体形态较为规则、矿物价值低，对选别性要求较低，台阶高度一般大于10m，以12～15m最为常见。大多数贵重金属矿床的特征恰恰相反，所以台阶高度一般要小一些。

另一方面，台阶高度也制约着铲装设备的选择，当选用汽车运输时，铲装设备的斗容和装卸参数又进一步制约着汽车的选型。台阶高度较高时，可以选用大型铲装和运输设备，矿山的生产能力也高。在一定范围内，增加台阶高度会降低穿孔、爆破和铲装成本。台阶高度同时也影响着最终帮的几何特征。由此可以看出，台阶高度的选取对整个露天矿的开采经济效益和生产效率有着重要的影响。因此，确定最佳的台阶高度应综合考虑各种相关因素。

13.1.3 台阶坡面角

台阶坡面角主要是由岩体稳定性决定的，其取值随岩体稳定性的增强而增大。确定台阶坡面角时，需要进行岩石稳定性分析，或参照岩体稳定性相类似的矿山选取。另外，岩体层理面的倾向对台阶坡面角有直接的影响。当台阶坡面与岩体层理面的倾向相同或相近，而且层理面倾角较陡时，台阶坡面角等于层理面的倾角。均质岩体中台阶坡面角与岩石硬度的大体关系见表13-2。国内部分金属露天矿的台阶坡面角取值见表13-3。

表 13-2　均质岩体中台阶坡面角与岩石硬度的大体关系

岩石硬度系数	台阶坡面角/(°)
>8	70~75
3~8	60~70
1~3	50~60

表 13-3　国内部分金属露天矿的台阶坡面角取值

矿 山 名 称	台阶坡面角/(°)
大孤山铁矿	70
东鞍山铁矿	75
南芬铁矿	48~50
大石河铁矿	65
白云鄂博铁矿	70
白银厂铜矿	70

13.1.4　工作平盘与安全平台

仍然处于被开采状态的台阶称为工作平盘，也称为工作台阶或工作平台。如图 13-1 和图 13-2中所标示。

图 13-5 所示为一个工作平盘的局部示意图。工作台阶上进行爆破、采掘的部分称为爆破带，其宽度 W_c 为爆破带宽度（或采区宽度），台阶的采掘方向是挖掘机沿采掘带前进的方向，台阶的推进方向是台阶向外扩展的方向。

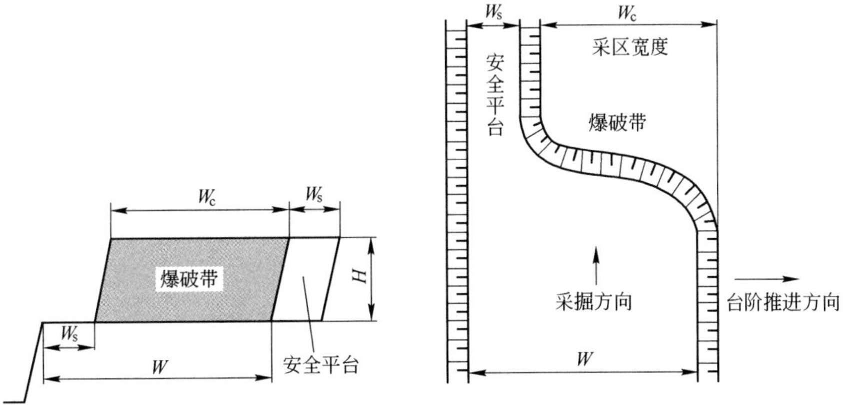

图 13-5　工作平盘的局部示意图

在开采过程中，工作台阶不能一直推进到上个工作台阶的坡底线位置，而是应留有一定的宽度 W_s，留下的这部分称为安全平台。安全平台的作用是收集从上部台阶滑落的碎石和阻止大块岩石滚落。安全平台的宽度一般为 2/3~1 个台阶高度。在矿山开采寿命期末，有时将安全平台的宽度减小到台阶高度的 1/3 左右。工作平盘的宽度 W 等于采区宽度与安全平台宽度之和。最小工作平盘宽度是刚刚满足采运安全作业所需要的空间的宽度，其计算详见第 15 章第 15.2 节。

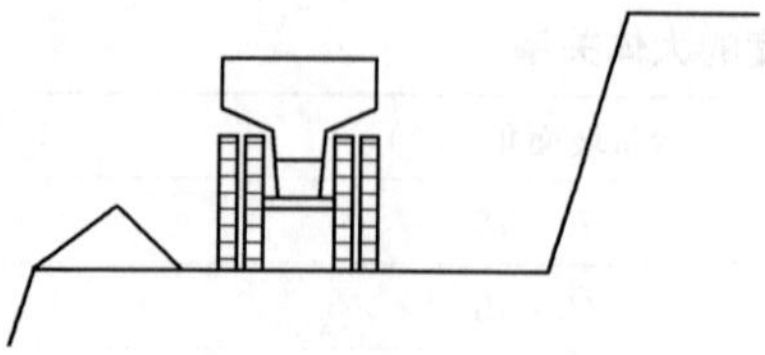

图 13-6 安全挡墙

沿工作平盘的外缘常用碎石堆筑一道安全挡墙(见图 13-6),用于阻止石块滚落到下面的台阶和防止汽车或其他设备驶落台阶。安全挡墙的高度一般等于汽车轮胎的半径,其坡面角等于碎石的安息角(一般为 35°左右)。

13.2 帮坡与帮坡角

露天采场的帮坡就是由各台阶组成的空间曲面。在采场的扩延过程中会形成各式各样的帮坡。

13.2.1 工作帮及其帮坡角

由一组相邻工作台阶组成的帮坡称为工作帮,如图 13-1 和图 13-2 中所标示。工作帮上的台阶要素如图 13-7 所示。工作帮坡角在西方国家一般定义为最上一个工作台阶的坡顶线与最下一个工作台阶的坡底线连成的假想斜面与水平面的夹角。若工作帮由 n 个相邻的工作台阶组成,工作帮坡角 θ 可由下式计算:

$$\theta = \arctan \frac{nH}{\sum_{i=1}^{n-1} W_i + \frac{nH}{\tan\alpha}} \tag{13-1}$$

式中 H——台阶高度;

W_i——从最下部工作台阶算起第 i 个工作平盘的宽度,最上部工作平盘宽度不参与运算;

α——台阶坡面角。

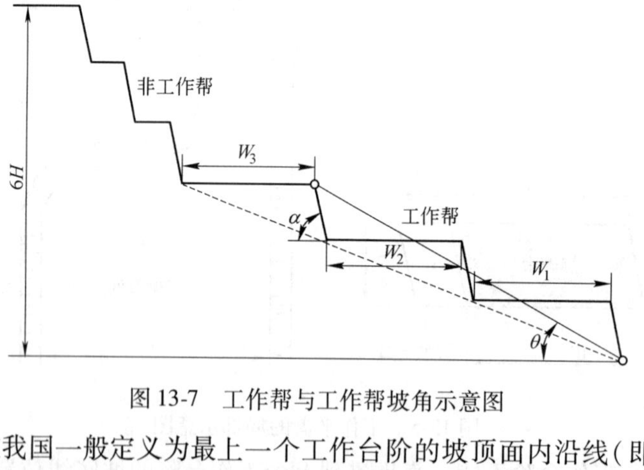

图 13-7 工作帮与工作帮坡角示意图

工作帮坡角在我国一般定义为最上一个工作台阶的坡顶面内沿线(即其上部台阶的坡底线)与最下一个工作台阶的坡底线连成的假想斜面与水平面的夹角(见图 13-7 中的虚线)。在这一定义下,最上部工作平盘宽度也参与运算,式(13-1)就变为式(13-2)。为叙述方便,以下均采用第一种定义。

$$\theta = \arctan \frac{nH}{\sum_{i=1}^{n} W_i + \frac{nH}{\tan\alpha}} \tag{13-2}$$

我国露天矿的工作帮坡角一般为15°~20°。

13.2.2　非工作帮及其帮坡角

由一组已经推进到各自的最终位置、不再开采的台阶组成的帮坡称为非工作帮或最终帮，如图13-1和图13-2中所标示。工作帮随台阶的推进向最终帮靠近，已经推进到最终帮位置的台阶称为已靠帮台阶。一段非工作帮的帮坡角称为非工作帮坡角或最终帮坡角，一般定义为最上一个已靠帮台阶的坡顶线与最下一个已靠帮台阶的坡底线连成的假想斜面与水平面的夹角。

在一些情况下，非工作帮上每个台阶都留有安全平台，如图13-8所示。这时，最终帮坡角为：

$$\theta = \arctan \frac{nH}{\sum_{i=1}^{n-1} W_{si} + \frac{nH}{\tan\alpha}} \tag{13-3}$$

式中　W_{si}——从最下部算起第i个已靠帮台阶的安全平台宽度。

在另外一些情况下，非工作帮上并不是每个台阶都留有安全平台，而是每隔几个（一般为2~4个）台阶留一个安全平台，如图13-9所示，这种情形称为并段。并段是在台阶靠帮过程中，台阶的坡顶线一直推进到其上部相邻台阶的坡底线位置实现的。由于并段后各并段台阶的坡面形成一个高陡斜面，石块滚落到安全平台上的滚落速度加大，所以实行并段后的安全平台宽度应适当加宽，一般是每“并入”一个台阶，安全平台的宽度增加1/3左右。并段可使最终帮坡角θ明显增大。

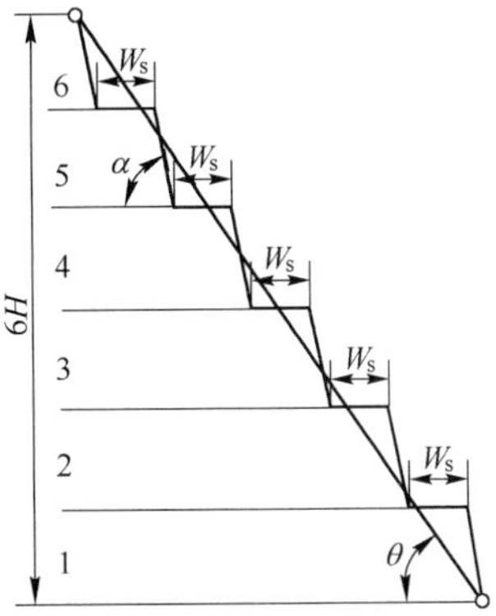

图13-8　一段非工作帮

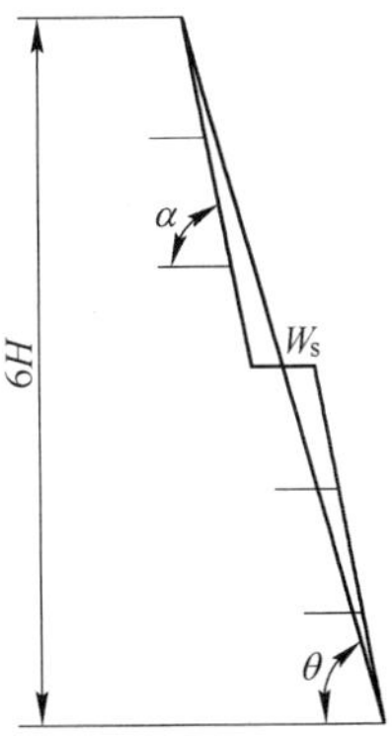

图13-9　实行并段的一段非工作帮

13.2.3　运输坡道及其对最终帮坡角的影响

如图13-1和图13-2所示，运输坡道是连通台阶与台阶之间的通道，也是采场到地表的通道。矿石和废石通过运输坡道从采掘面运往地表。运输坡道的宽度根据运输设备的规格及其两侧的安全距离确定，坡度一般为8%，长度等于台阶高度除以坡度。

在最终帮上，相邻台阶的坡道首尾相接，可能形成很长的连续坡道。为了减少陡坡的持续长度，以免重车在陡坡上连续行驶时间过长引起引擎过热和加速机械磨损，同时也避免下坡连续刹车时间过长使汽车制动鼓发热，造成可能的车速失控而发生事故，每隔一定距离设

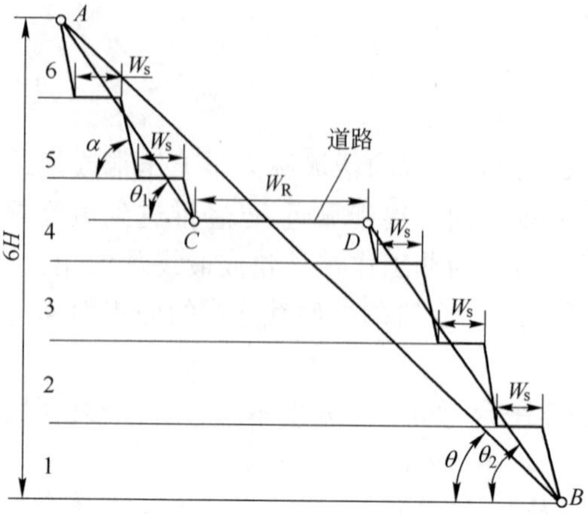

图 13-10 具有坡道的一段最终帮的剖面

一段水平（或坡度很缓的）道路（参见图 13-2），称为缓冲平台。缓冲平台的坡度一般不大于3%，长度在 80m 左右。当坡道坡度为 8% 左右时，连续陡坡的坡长应限制在约 350m 以内。

最终帮上的运输坡道对最终帮坡角有很大影响。图 13-10 所示为运输坡道通过的一段最终帮的剖面，坡道的宽度为 W_R，坡道在该剖面上位于下数第 4 个台阶的中腰。图中的 θ 为该段边帮的总帮坡角。道路将整段边帮分为 AC 和 DB 两段，图中 θ_1 和 θ_2 分别为这两段的帮坡角，有时称为路间帮坡角。若坡道宽度 $W_R=30$m，安全平台宽度 $W_s=10$m，台阶高度 $H=12$m，坡面角 $\alpha=70°$，则 $\theta=34.13°$，$\theta_1=44.14°$，$\theta_2=42.84°$；如果没有坡道，这段边帮的总帮坡角为 43.37°。可见，在边帮上加入运输道路会使总帮坡角变缓许多（本例中变缓了约 9°）。这一简单的例子说明，在设计最终境界时，最终帮坡角的选取应考虑到运输道路的布置情况。

13.3 露天开采一般过程

假设一露天矿最终境界内的地表地形较为平坦，地表标高为 200m，台阶高度为 12m。图 13-11 所示为该露天矿开采的一般过程示意图。首先在地表境界线的一端沿矿体走向掘沟到 188m 水平（见图 13-11a）；出入沟掘完后在沟底以扇形工作面推进（见图 13-11b）；当 188m 水平被揭露出足够面积时，向 176m 水平掘沟，掘沟位置仍在右侧最终帮（见图 13-11c）；之后，形成了 188～200m 台阶和 176～188m 台阶同时推进的局面（见图 13-11d）；随着开采的进行，新的工作台阶不断投入生产，上部一些台阶推进到最终帮（即已靠帮）；若干年后，采场现状变为如图 13-11e 所示；当整个矿山开采完毕时，每个台阶都推进到了其设计的最终位置，形成了如图 13-11f 所示的最终境界。

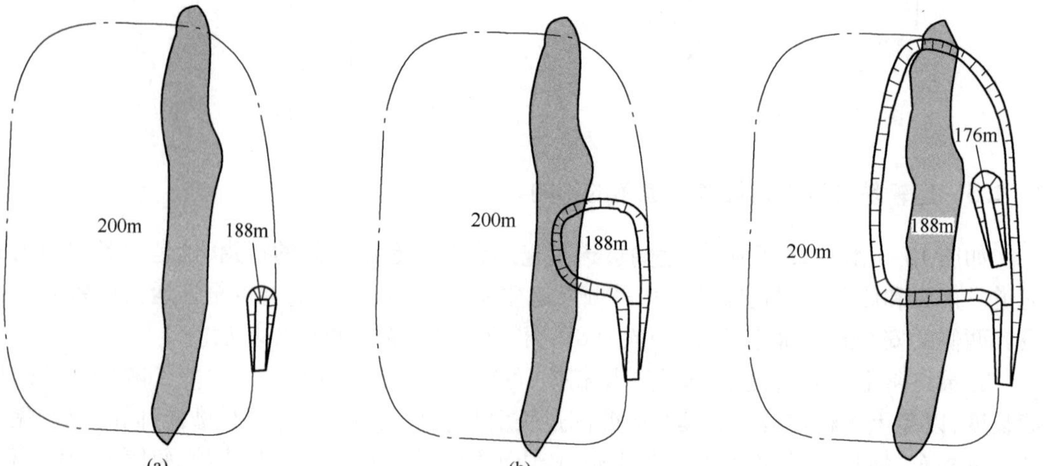

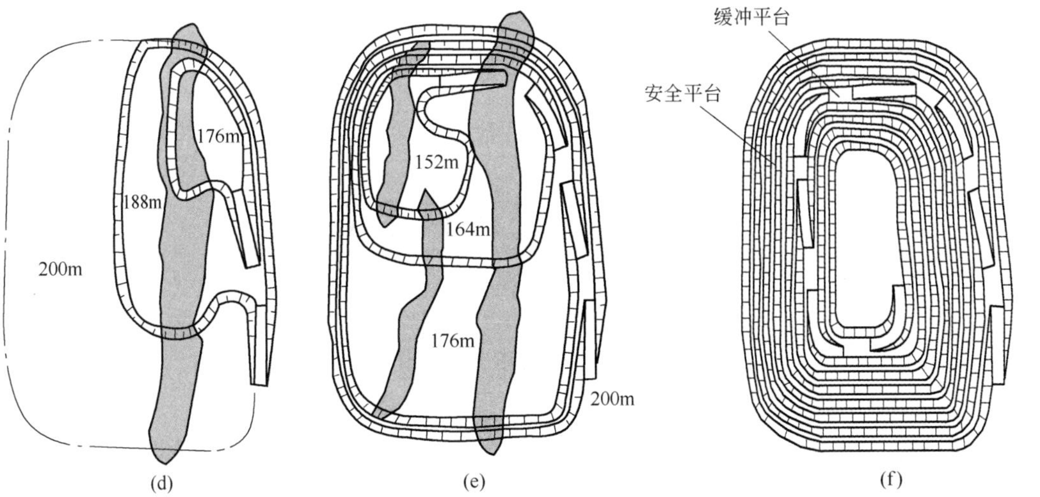

图 13-11　露天开采一般过程示意图

上述露天开采过程通过凿岩(钻孔)、爆破、铲装、运输、排岩等工序具体实现,各工序环节相互衔接、相互影响、相互制约,共同构成了露天开采的最基本生产工艺。

14 最终开采境界

14.1 概 述

应用第1章中讲述的方法得到的矿物储量是地质储量,地质储量并不都将被开采利用。由于受到技术条件的制约和出于经济上的考虑,一般只有一部分地质储量的开采是技术上可行和经济上合理的,这部分储量称为开采储量。圈定开采储量的三维几何体称为最终开采境界,用它预计在矿山开采结束时的采场大小和形状,第13章提到的非工作帮(最终帮)就是最终开采境界的边帮。图14-1所示为某矿山最终开采境界的平面投影图。

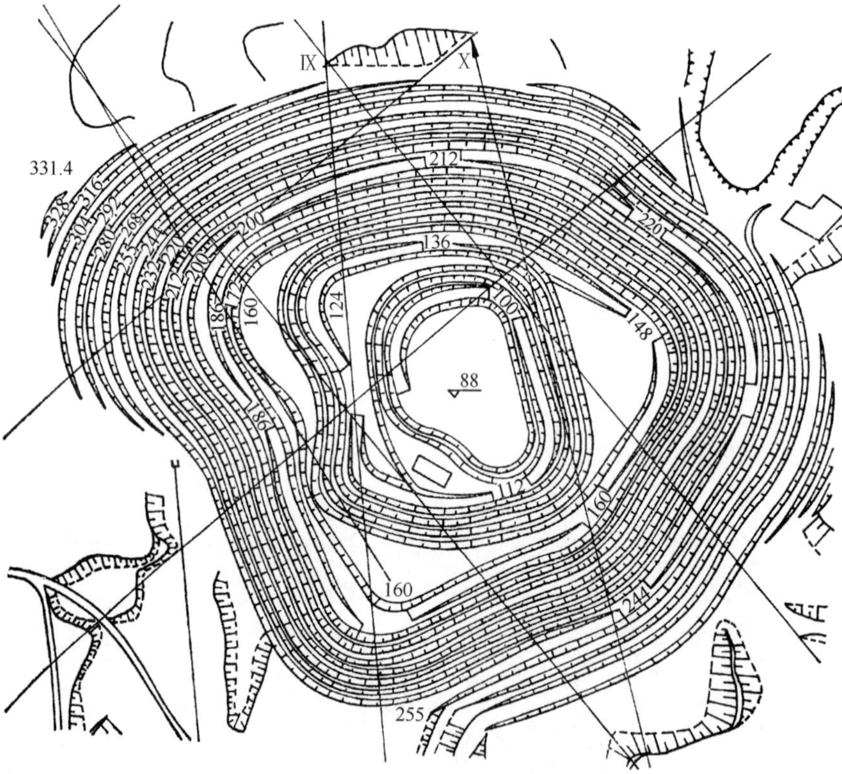

图14-1 某矿山最终开采境界的平面投影图

如第13章第13.3节所描述,露天开采过程是一个使矿区内原始地貌连续发生变形的过程。在开采过程中,或是山包消失,或是形成深度和广度不断增加的坑体(即采场)。采场的边坡必须能够在较长的时期内保持稳定,不发生滑坡。为满足边坡稳定性要求,最终帮坡角不能超过某一最大值(一般在35°~55°之间,具体值需根据岩体的稳定性确定)。最终帮坡角对最终境界形态的约束是确定最终境界时需要考虑的几何约束。

从充分利用矿物的角度来看,最终开采境界应包括尽可能多的地质储量。然而,由于几何约束的存在,开采某部分的矿石必须在剥离该部分矿石上面一定范围内的岩石后才能实现(见图14-2)。剥离岩石本身只能带来资金的消耗,不会带来经济收入。因此,从经济角度来看,存在一个使矿山企业的总经济效益最大的最终开采境界。在具有竞争性的市场经济条件下,矿山企业与其他行业的企业一样,需要盈利才能维持和扩大再生产,追求最大的经济效益是市场经济条件下矿山企业的主要经营目标之一。因此,最终开采境界的确定是露天矿设计与规划中的一项十分重要的工作,既是技术决策,又是经济决策。然而,最佳开采境界的确定并非易事,它要求设计者具有较强的理论基础和较丰富的实践经验。

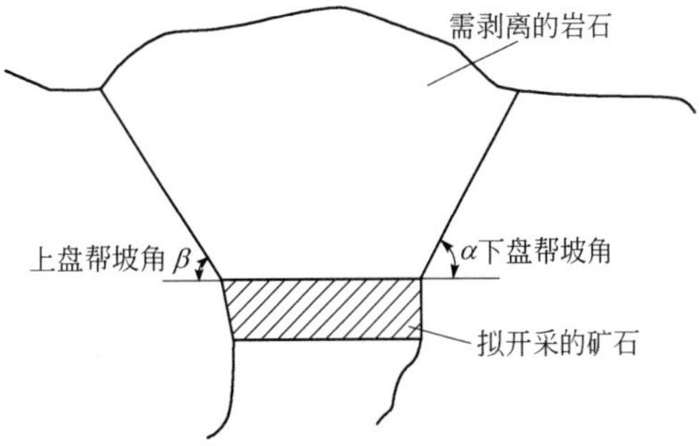

图14-2　采矿与剥离关系示意图

最终开采境界的设计在方法与手段上经历了3个阶段:

(1) 手工设计阶段。这一阶段的设计以经济合理剥采比为基本准则,在垂直剖面图和分层平面图上进行手工设计和计算,用求积仪量取图形的面积。手工方法在西方国家已成为历史,在我国一些矿山和设计院仍在使用。

(2) 计算机辅助设计阶段。这一阶段在方法上与手工阶段基本相同,以计算机为平台,计算机屏幕代替了纸质图纸,设计过程在计算机屏幕上进行,图形的面积由软件计算,设计结果在屏幕上显示并用绘图仪绘成图纸。所用软件通常是AutoCAD。计算机辅助境界设计在我国始于20世纪80年代,现已得到较广泛的应用。

(3) 优化设计阶段。最终境界优化设计的研究在国际上始于20世纪60年代初,但在实践中得到较广泛的应用则是在计算机的存储容量和速度达到一定的水平以后,在时间上大体上始于20世纪80年代中期。有许多优化方法问世,如三维图论法(Lerchs and Grossmann,1965;Zhao and Kim,1991)、浮锥法(Korobov,1974; Lemieux,1979;Dowd and Onur,1993)、动态规划法(Koenigsberg,1982; Wright,1987)、网络最大流法(Johnson,1969; Yelgulalp et al.,1993)、锥体排除法(Wang and Sevim,1995)等。应用最广泛的优化方法是图论法与浮锥法。最终境界优化方法在我国的实践中应用甚少。

本章重点介绍最终开采境界设计的手工法与优化方法中的浮锥法、锥体排除法和图论法。

14.2　最终境界设计的传统方法

14.2.1　基本原理

图14-3所示为理想矿体的横剖面示意图。由图14-3可知,矿体与围岩之间有清晰的界线,矿体厚度为t,倾角为45°,矿体延深到很深。假设上、下盘最终帮坡角为45°,那么在该断面上最终开采境界应该多大为好呢?由于矿体倾角与最终帮坡角相等,矿岩下盘界线显

然是剖面上最终境界的一个帮。若矿体的水平厚度 b 满足布置铲运设备所要求的最小宽度，最终境界底宽应该是 b。在深度为 H 的水平上作一水平线，与矿体上、下盘界线分别相交于 A、B 点，从 A 点向上以45°角（最终帮坡角）作直线与地表相交于 C 点，如图14-4所示，$CABD$ 组成一个最终开采境界。该境界内废石总量为 W，矿石总量为 O，W 与 O 之比称为该境界的平均剥采比，用 R_a 表示，即：

$$R_a = \frac{W}{O} \tag{14-1}$$

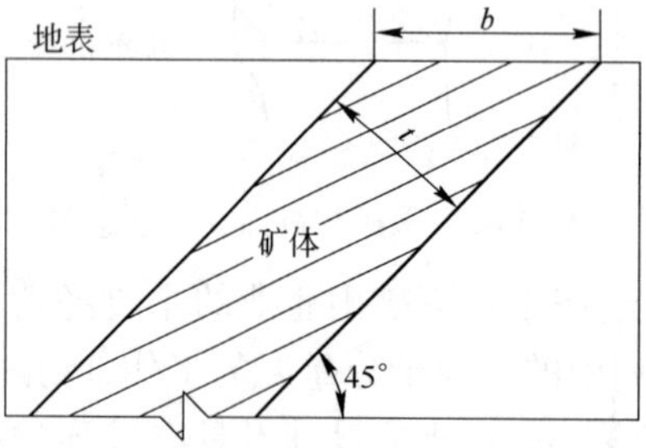

图14-3　理想矿体的横剖面示意图

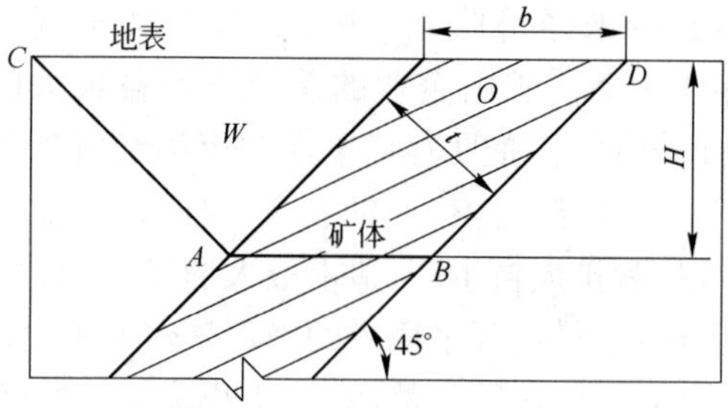

图14-4　深度为 H 的境界剖面示意图

如果境界深度增加 dH，境界变为 $C'A'B'D$（见图14-5），境界内废石量增加 dW（即 $C'A'AC$ 部分），矿石量增加 dO（即 $ABB'A'$ 部分）。dW 与 dO 之比在国外称为瞬间剥采比，在国内称为境界剥采比，用 R_i 表示，即：

$$R_i = \frac{dW}{dO} \tag{14-2}$$

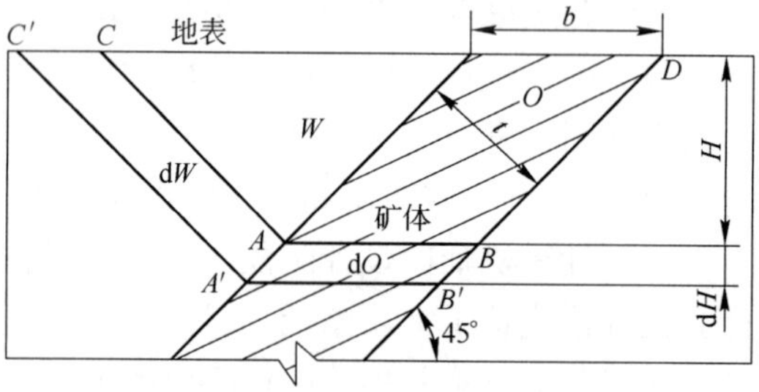

图14-5　境界剥采比示意图

当 dH 趋于无穷小时，dW 与 dO 之比趋于线段 CA 与线段 AB 的长度之比，即：

$$R_i(dH \to 0) = \frac{CA}{AB} \tag{14-3}$$

设矿山企业的最终产品为精矿，矿体的地质品位为 g_o，精矿品位为 g_p，其售价为 q；单位剥岩成本为 C_w，单位采矿成本为 C_m，单位选矿成本为 C_p，采选综合回收率为 r。那么，不考虑矿石的损失贫化时，采出增量 dW 和 dO 带来的利润增值 dP 的简单计算为：

$$dP = \frac{dO g_o r q}{g_p} - C_w dW - C_m dO - C_p dO \tag{14-4}$$

或

$$\frac{dP}{dO} = \frac{g_o r q}{g_p} - C_w R_i - (C_m + C_p) \tag{14-5}$$

从式(14-4)和式(14-5)可以看出，利润增量随境界剥采比的增加而减小（因为需要花费更多的剥岩费用）。从图14-5可知，对于给定的 dH，dO 不变（因为矿体厚度不变），dW 随着深度 H 的增加而增加。也就是说，境界剥采比随境界深度而增加。因此，利润增量 dP/dO 随境界深度的增加而减小。只要利润增量大于零，那么，就应开采 dW 和 dO，因为这样会使总利润 P 增加。当利润增量为零时，总利润达到最大值，这时的境界为最佳境界。利润增量为零时的境界剥采比称为盈亏平衡剥采比或经济合理剥采比，用 R_b 表示：

$$R_b = \frac{\frac{g_o r q}{g_p} - (C_m + C_p)}{C_w} \qquad (14\text{-}6)$$

因此,确定最终境界的准则是境界剥采比等于经济合理剥采比。

将境界位置上下移动,根据式(14-3)计算每次移动后的境界剥采比,直到它等于经济合理剥采比为止,就找到了最终境界。这就是手工法境界设计的基本原理。

从式(14-6)可知,经济合理剥采比不依赖于境界的大小和几何形状,只依赖于回收率与成本、价格等技术经济参数,其值可以通过市场与成本分析得出。式(14-6)不是计算经济合理剥采比的通用公式,而是简化了的示意性公式。最终产品和成本构成不同,计算经济合理剥采比的公式也不同,必须根据矿山的具体情况进行计算。总的原则是在计算中应包括从开采到最终产品加工整个过程与产量有关的成本和损失、贫化等参数。

下面是手工法基本原理在不同情况下的应用。

14.2.2　线段比法和面积比法确定最终开采境界

对于走向较长且厚度较小的矿体,设计方法通常为:在地质横剖面图上运用线段比法或面积比法依次确定出各剖面位置上的最佳开采深度,然后在矿体的纵剖面图上对各剖面最佳开采深度进行综合均衡,确定出最终开采境界。

14.2.2.1　横剖面上面积比法确定长矿体的合理开采深度

参照图14-6,面积比法的设计步骤如下:

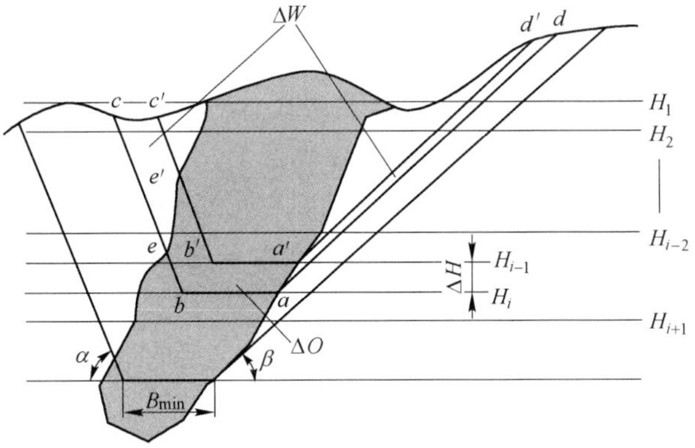

图14-6　横剖面面积比法确定合理开采深度示意图

第一步:根据开采与运输设备的规格、作业形式、设备两侧的安全距离等,选定最终开采境界的最小底宽 B_{min},并根据边帮岩体的稳定性确定上、下盘最终帮坡角 α、β。

第二步:在每一地质横剖面图上确定出若干深度方案,当矿体形态简单时,可少取一些深度方案;否则,应在境界剥采比变化大的地方多增加一些深度方案。

第三步:对于某一剖面上的深度方案 H_i,在 H_i 水平处以选定的最小底宽确定出该开采深度的境界底线位置 ab,从 b、a 两点分别以上、下盘境界帮坡角 α、β 画上、下盘边坡线 bc、ad,c、d 分别为上盘边坡线和下盘边坡线与地表的交点。假设 bc 线交矿体上盘界线于 e 点。

第四步:从 H_i 水平开始向上减少 ΔH 高度(ΔH 通常取一个开采台阶的高度),在 H_{i-1} 水平处以同样的方法作出开采境界线 $c'b'a'd'$,$c'b'$交矿体上盘界线于 e'点。

第五步：利用求积仪求出自 H_{i-1} 水平降深到 H_i 水平后所需开采的废石面积 ΔW 与可能采出的矿石面积 ΔO，其中，ΔW 为废石多边形 $cc'e'e$ 与 $dd'a'a$ 的面积之和，ΔO 为矿石多边形 $e'b'a'abe$ 的面积。

第六步：求算开采深度 H_i 的境界剥采比 R_i，$R_i = \Delta W/\Delta O$。

第七步：若 $R_i \approx R_b$，则 H_i 水平即为该地质横剖面图上最佳的开采境界深度；否则，重复第三步至第六步，试算其他深度方案，直至 $R_i \approx R_b$ 成立。

14.2.2.2 横剖面上线段比法确定长矿体的合理开采深度

地质横剖面上的线段比是面积比的一种简化形式，当矿体走向较长，且矿体形态变化不大时，可运用线段比来代替面积比，这样既可保证设计工作具有一定的精度，又免除了求算面积的工作。参照图14-7，具体的设计步骤如下：

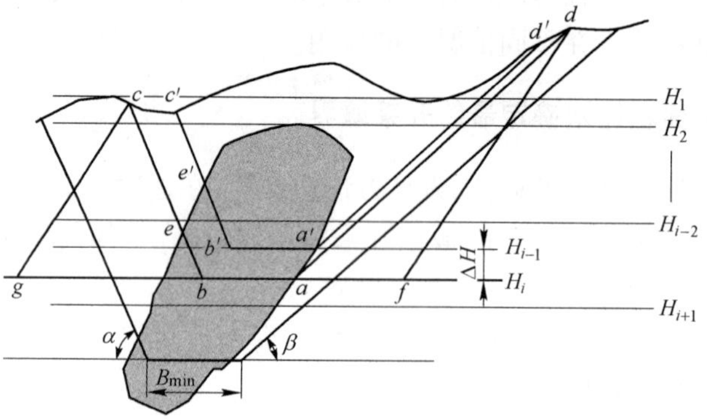

图14-7 横剖面线段比法确定合理开采深度示意图

第一步：根据开采与运输设备的规格、作业形式、设备两侧的安全距离等，选定最终开采境界的最小底宽 B_{min}，并根据边帮岩体的稳定性确定上、下盘最终帮坡角 α、β。

第二步：在每一地质横剖面图上结合矿体的赋存形态确定出若干个开采深度方案。

第三步：对于某一剖面上的深度方案 H_i，在 H_i 水平处以选定的最小底宽 B_{min} 和上、下盘最终帮坡角 α、β 作出该水平的开采境界线 $cbad$。

第四步：从 H_i 水平向上升高 ΔH，在 H_{i-1} 水平处以选定的最小底宽 B_{min} 和上、下盘最终帮坡角 α、β，作境界 $c'b'a'd'$。

第五步：从 c 点和 d 点分别作 aa' 的平行线交 H_i 标高处的水平线于 g 和 f 两点。

第六步：计算 H_i 水平的境界剥采比 R_i：

$$R_i = \frac{gb + af}{eb + ba}$$

第七步：若 $R_i \approx R_b$，则 H_i 为该剖面上最佳开采水平；否则，按相同步骤试算其他的深度方案。

14.2.2.3 水平剖面上面积比法确定短矿体的合理开采深度

对于走向短的矿体，其端部的岩石量对境界剥采比影响很大，此时水平剖面图能较好地反映矿体的赋存特点和形态，所以宜采用水平剖面面积法确定短露天矿的最佳开采深度。参照图14-8，具体的确定步骤如下：

第一步：选择几个深度方案，基于地质勘探线剖面图绘制出每一深度方案所在水平处的平面图。

第二步:在各开采深度的平面图上,依据矿体形态、运输设备的要求确定出该水平的境界底部周界,再根据境界底部周界与境界帮坡角确定出各地质勘探线剖面图上的相应开采境界(见图 14-9)。

第三步:将各地质勘探线剖面图上的地面境界点投影到带有底部周界的平面图上,依次连接地面境界点,圈定出矿体上下盘两侧的地表境界线(见图 14-8)。

第四步:为了确定矿体端部的开采境界线,需要切割出若干个端部辅助剖面,如图 14-10 所示。在各辅助剖面上,依据端部境界帮坡角确定出地表境界点(图 14-10 中的 m 点),将该点投影到平面图上,依次连接各辅助剖面的地表境界点,即形成了端部开采境界(见图 14-8)。

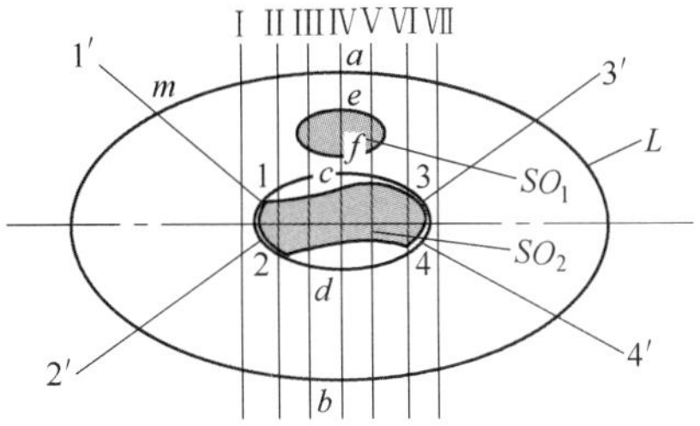

图 14-8 短露天矿水平剖面示意图

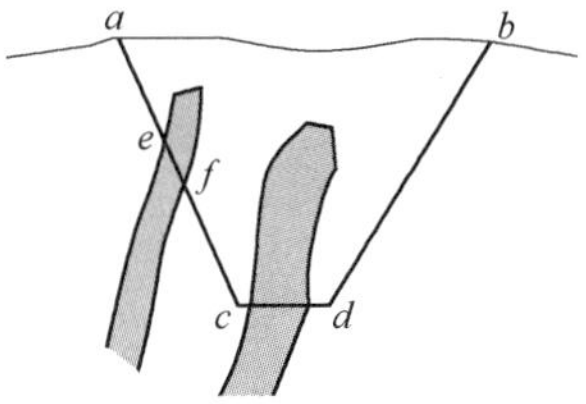

图 14-9 勘探线Ⅳ剖面图

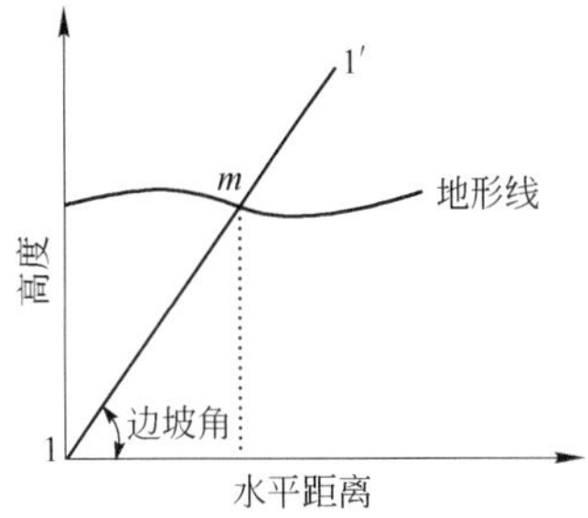

图 14-10 1—1′端部辅助剖面图

第五步:在水平平面图上,根据确定出的地表境界内(见图 14-8 中 L)所包含的矿石面积与岩石面积,运用面积比法计算出境界剥采比 R_i:

$$R_i = \frac{L - SO_1 - SO_2}{SO_1 + SO_2}$$

第六步:若 $R_i \approx R_b$,则该开采深度为最佳开采深度;否则,按相同步骤试算其他的深度方案。

14.2.2.4 最终开采境界的审核

基于上述方法确定出各剖面上的开采深度或底部周界后,即可进一步圈定出最终开采境界。

A 调整最终开采底平面标高

采用平面面积法确定出的短矿体的开采底平面标高,一般不需另行调整。但对采用横剖面法确定出的长矿体的开采深度,需要进行纵向底平面标高的调整,一般步骤如下:

第一步:将在各横剖面上确定出的最佳开采深度投影到纵剖面图上(见图 14-11),连接

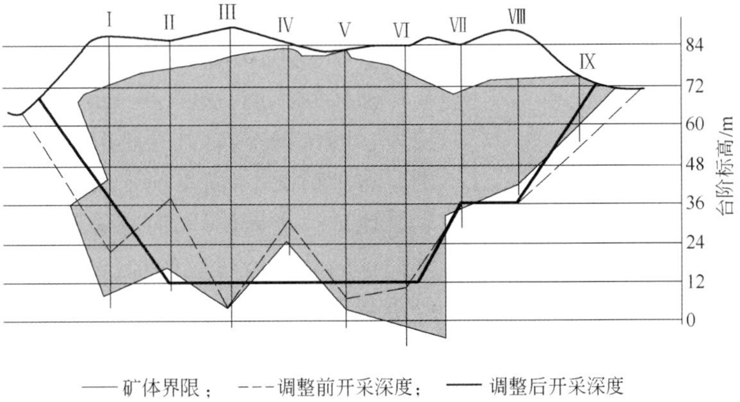

图 14-11 在地质纵剖面图上调整露天矿底平面标高

各开采深度点，得到境界在纵剖断图上的理论开采深度。

第二步：调整纵剖面上的开采深度。调整时依据的原则是：当纵剖面上的各理论开采深度点相差不大时，境界底可设计为同一标高；当矿体埋藏深度沿矿体走向变化较大时，境界底可调整成阶梯形。调整时，应使纵剖面图上调整后底平面标高线以上增加的总面积与其下减少的总面积近似相等。调整后，最终境界内的平均剥采比应小于经济合理剥采比，最终境界底平面的纵向长度应满足最短运输线路的长度要求。

B 圈定最终开采境界的底部周界

参照图14-12，境界底部周界圈定的一般步骤如下：

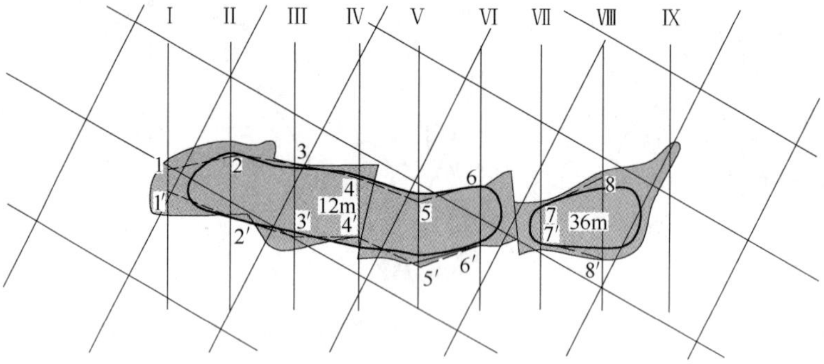

Ⅰ～Ⅸ剖面线；－－－理论周界；—— 最终设计周界

图14-12 底部周界的圈定

第一步：按调整后的开采境界底平面水平绘制分层平面图。

第二步：按调整后的境界底平面标高修正各横剖面图上的境界，并将修正后的各开采底平面界线点投影到分层平面图上，分别连接各界线点，得到理论底部周界。

第三步：修正底部周界，修正原则是：底部周界要尽量平直，弯曲部分要满足运输设备最小转弯半径的要求，底部周界的纵向长度要满足设置运输线路的要求。

14.2.3 基于品位—经济合理剥采比关系设计最终境界

线段投影法与面积投影法适用于矿体产状较为规则、品位变化较小且矿岩界线较为清晰的矿床，在我国的铁矿设计中最为常用。因为经济合理剥采比是地质品位的函数，当矿床的地质品位变化较大时（如贵重金属与有色金属矿床），境界线的位置不同，其穿越的矿体品位有较大的差别。这种情况下，就不应采用一成不变的经济合理剥采比进行境界设计，而应采用与境界线穿越的矿体部位的品位所对应的经济合理剥采比。品位和经济合理剥采比的关系可由式（14-6）（或与之类似的公式）求出。在实践中为方便起见，常常将这一关系式绘成直线（见图14-13）。从经济意义上讲，这一直线表明了具有某一品位的矿石可以“支

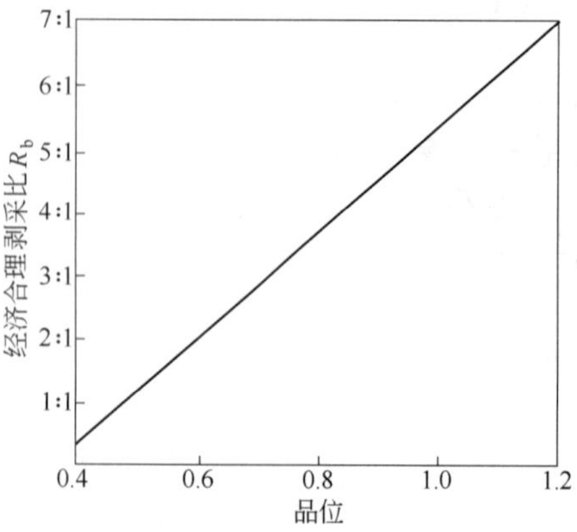

图14-13 品位—经济合理剥采比关系示意图

持”的剥岩量。下面介绍不同情况下利用品位—经济合理剥采比关系在剖面上设计最终境界的方法。

14.2.3.1　横剖面和纵剖面上的最终境界设计

横剖面和纵剖面分别指垂直于矿体走向和平行于矿体走向的剖面。图 14-14 中，aa'、bb'、cc'、dd'和 ee'是横剖面线，AA'是纵剖面线。这两种剖面上的最终境界设计方法相同。

A　境界底位于岩石中

图 14-15 所示为一矿床模型剖面示意图，图中矿体被分为一定尺寸的模块，每块的品位已应用第 2 章中讲的方法求出，并标于每一模块中。矿体下面为废石，并已知最终境界的深度为矿体下端与岩石的交界线所在的深度，即境界底位于岩石中。这时，剖面上境界的确定就是确定上、下盘境界线的位置。以上盘（左）境界线为例，具体设计步骤如下：

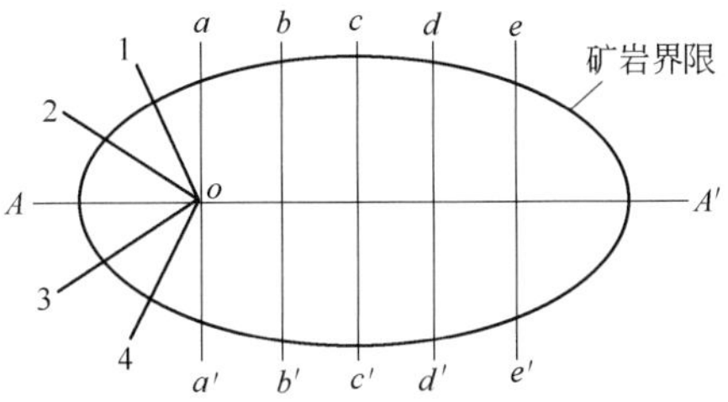

图 14-14　各种剖面线示意图

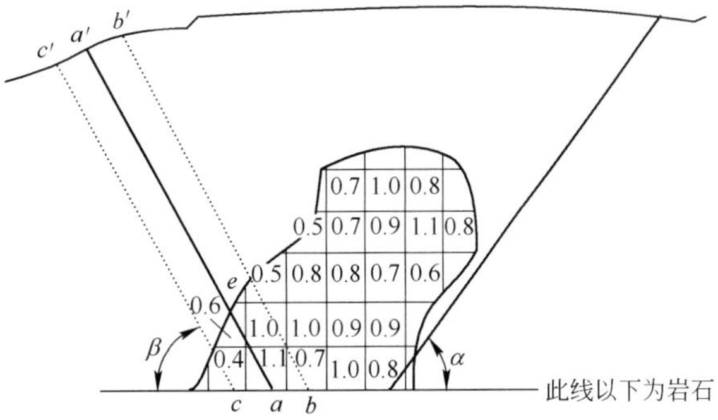

图 14-15　境界底位于岩石中时最终境界设计示意图

第一步：在上盘估计位置根据上盘帮坡角 β 画一直线 aa'，在图上量取岩石段 $a'e$ 的长度 l_w 和矿石段 ea 的长度 l_o，根据下式计算境界所在位置的境界剥采比 R_i：

$$R_i = \frac{l_w \gamma_w}{l_o \gamma_o} \tag{14-7}$$

式中　γ_w，γ_o——分别为岩石和矿石的容量。

第二步：量取矿石段 ea 穿过每一矿石块的线段长度 l_{oi}（$\sum l_{oi} = l_o$），并根据下式计算矿石段的平均品位：

$$g_a = \frac{\sum l_{oi} g_{oi}}{l_o} \tag{14-8}$$

式中　g_{oi}——矿石段穿过的第 i 块矿石的品位。

第三步：从品位—经济合理剥采比关系图（见图 14-13）上根据 g_a 读取经济合理剥采比 R_b。如果 $R_i \approx R_b$，aa'即为左帮境界线；否则，进行下一步。

第四步：将境界线移至另一位置（bb'，cc'，…），重复以上各步骤，直到 $R_i \approx R_b$ 为止。

利用同样的方法，可以确定右帮境界线的位置。最后应检查最终境界的底宽，如底宽小于最小底宽，应作适当调整，使之等于最小底宽。

B　境界底位于矿石中

图 14-16 所示为最终境界底位于矿石中的情形。这种情况下，境界的深度也需要确定。

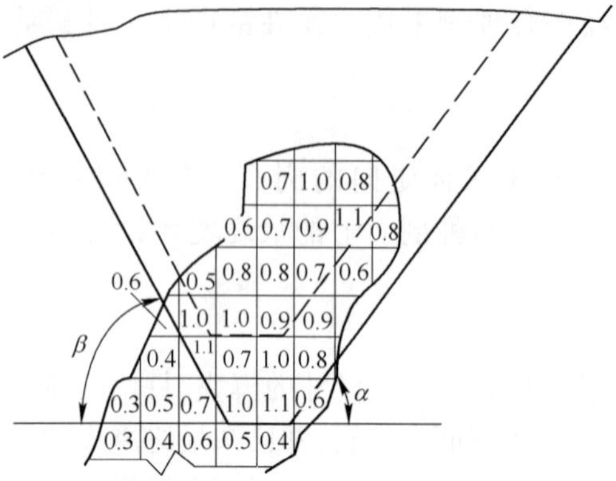

图 14-16 境界底位于矿石中时最终境界设计示意图

境界线上的岩石剥离费用不仅得到两帮上的矿石带来的收入的支持，而且也得到境界底上矿石收入的支持。所以，在计算境界剥采比和平均品位时，应考虑境界底线穿过的矿石段。具体步骤如下：

第一步：在一透明纸上，根据上、下盘帮坡角 β、α 和最小底宽 B_{min}，画出与矿床模型剖面图等比例的境界剖面，将之覆于模型剖面图的一个估计位置。

第二步：量取境界左边帮线穿过的岩石段长度 l_w 和矿石段长度 l_o，l_o 包括境界底线的一半。同理，量取境界右边帮线穿过的矿、岩线段长度，右边帮的矿石段长度包括境界底线的另一半。应用式(14-7)分别计算左、右帮的境界剥采比。

第三步：量取境界左帮线与底线左半段穿越的各个矿石块的线段长度；再量取境界右帮线与底线右半段穿越的各个矿石块的线段长度。应用式(14-8)分别计算左、右帮矿石段的平均品位。

第四步：依据平均品位，从品位—经济合理剥采比关系图上分别读取左、右帮的经济合理剥采比。

第五步：移动境界位置，重复上述步骤，直到左、右帮上的境界剥采比足够接近左、右帮的经济合理剥采比为止。

C 境界底与一个帮位于矿体中

图 14-17 所示为最终境界底与下盘边帮位于矿体中的情形。由于矿体下盘倾角小于或等于下盘帮坡角，境界下盘边帮与下盘矿岩交界线重合。因此，下盘境界帮线的位置已定，只需要确定上盘境界线与底线的位置。这种情况下的境界确定步骤与上述“境界底位于矿石中”相同，只是在计算上盘帮线穿越的矿石段的长度和平均品位时，应包括境界底线长度及其穿越的矿块的品位；境界的下盘帮线不参与计算。

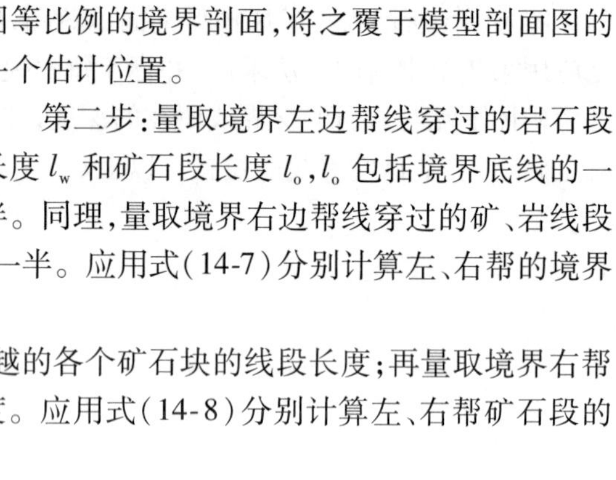

图 14-17 境界底与一个帮位于矿体中时最终境界设计示意图

14.2.3.2 径向剖面上的境界设计

最终境界是三维的，纵向和横向剖面上的境界线还不足以构成三维境界。要想控制最终境界在三维空间的形态，还需要在矿体两端的径向剖面上确定境界的位置与形态。图 14-14 中，o—1、o—2、o—3 和 o—4 为径向剖面线。

在径向剖面上确定最终境界的基本原理与在纵、横剖面图上确定最终境界的基本原理相同，只是在计算境界剥采比时，应考虑径向剖面的特点。在平面投影图上，每一横（或纵）

剖面的影响范围是以剖面线为中线向两侧各延伸 1/2 剖面间距的范围（基本上是长方体）。径向剖面的影响范围是以剖面线为中线的扇形棱体。图 14-18a 所示为矿体及最终境界与地表的交线的平面投影图。将径向剖面 o—2 影响扇区抽出并放大，其立体图如图 14-18b 所示。境界在 o—2 剖面影响扇区内的真实境界剥采比是该区境界坡面与岩石及矿石的相交面积之比 B/A。但在径向剖面上进行设计时，像在纵、横剖面上一样，只能量取剖面上的境界线穿越矿石与岩石的线段长度，即剖面图 14-18c 上的 l_w 和 l_o。l_w/l_o 称为径向剖面上的表观境界剥采比，记为 R_{ai}。通过简单的三角函数推导，可以得到真实境界剥采比 R_i 与表观境界剥采比 R_{ai}之间的关系：

$$R_i = (R_{ai} + 1)^2 - 1 \tag{14-9}$$

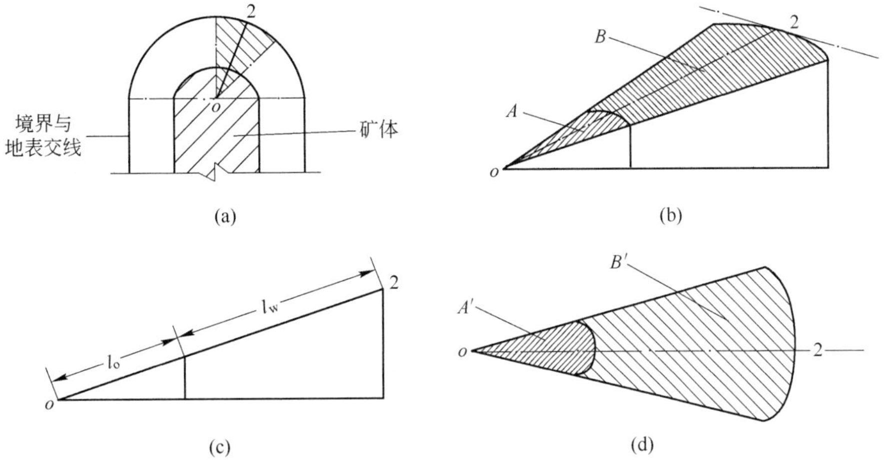

图 14-18　径向剖面境界剥采比计算示意图
（a）境界边帮平面投影；（b）o—2 剖面线影响区域立体图；
（c）o—2 剖面；（d）o—2 剖面线影响区域平面投影

因此，在径向剖面上确定最终境界时，与在横剖面上一样，首先选一估计位置，然后量取境界穿越的矿石段与岩石段长度，计算平均品位与表观境界剥采比，根据式（14-9）将表观境界剥采比换算为真实境界剥采比，然后将真实境界剥采比与依据平均品位从品位—经济合理剥采比关系图上读取的经济合理剥采比进行比较，若两者不等，移动境界线位置，重复计算，直到两者基本相等为止。

14.2.3.3　最终境界核定

确定了各种剖面上的境界线后，就可以将它们连接起来求得完整的最终开采境界。然而，在大多数的情况下，各剖面上的境界有一定程度的差异（有时差异很大）：有的剖面上的境界较宽，而有的剖面上的境界较窄；一些剖面上的境界较浅，而另一些剖面上的境界较深。因此，在连接时需要视情况做某些调整，这种调整称为光滑处理。这一过程很难以较为通用的步骤给出，实践经验起着重要作用。读者可参照第 14.2.2.4 节中介绍的线段和面积投影法中最终境界的核定步骤。

最终境界内的开采矿量为各剖面影响体的矿量之和，开采矿量的平均品位等于各剖面上矿石平均品位的加权平均值。这里不详细介绍。

14.2.4 特例

以境界剥采比和经济合理剥采比相等为准则的手工法设计最终境界时,可能出现这样的情况:在一定的矿体形态和品位分布情况下,在某一剖面上可能出现两个以上满足设计准则的境界线位置,如图14-19所示。矿体上部和下部较肥大,中间出现细腰,在位置1和位置2上的境界剥采比都约等于经济合理剥采比,而在两位置之间境界剥采比大于经济合理剥采比。这种情况出现时该采用哪个境界呢?这一问题作为思考题留给读者。

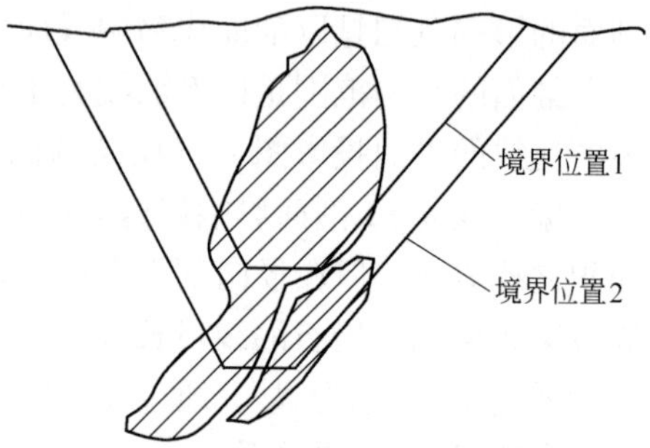

图14-19 剖面上存在多个境界的示意图

设计最终境界的传统方法实质上是一种试错法。在矿体形态复杂、品位变化大的矿床中,确定一个剖面上的境界就常常需要重复多次,工作量大,耗时费力。而且由于在不同矿床类型的地质条件下,往往需要在具体方法和步骤上做具体处理,很难编制一套较为通用的设计步骤。因此,这一方法的全部计算机化较为困难,即使针对具体情况编写出计算机程序,使用起来也并不减少多少工作量。该法的优点是它对使用者的知识结构和水平要求低,容易被现场工程技术人员理解和接受。

14.3 最终境界优化的浮锥法

应用第2章所述的方法建立了矿床价值块状模型后,矿床中每一模块的净价值变为已知。那么,确定最终开采境界就变成一个在满足几何约束(即允许的最大最终帮坡角)条件下,找出使总开采价值达到最大的模块集合的问题。本节介绍求解这一问题的浮锥法。

14.3.1 浮锥法一般算法

图14-20a所示为一个二维价值模型的示意图,图中每一模块中的数值为模块的净价值。除地表的模块外,由于几何约束条件的存在,要开采某一模块,就必须采出以该模块为顶点、以最大允许帮坡角为锥面倾角的倒锥(顶向下)内的所有模块。以图14-20a中第二行第四列上的模块(记为$B_{2,4}$)为例,如果左右帮最终帮坡角均为45°,且模块为正方形,那么$B_{2,4}$的开采只有当$B_{1,3}$、$B_{1,4}$和$B_{1,5}$全被采出后才能实现。因此,在确定是否开采某一模块时,首先要看该块的净价值是否是正值,若该块的净价值为负,那么最好不予开采,因为它的开采会减少境界的总值。但有时为了开采负块下面的正块,不得不将负块开采。另一方面,开采一个正块不一定能使境界的总价值增加,因为以该正块为顶点的倒锥中的负块很可能抵消正块的开采价值。因此,在考察是否开采某一块时,必须将倒锥的顶点置于该块的中心,以锥体的净价值(即落在锥体内包括顶点块的所有块的净价值之和)作为根据。这就是浮锥法的基本原理。以图14-20a为初始价值模型,浮锥法的算法步骤如下:

第一步:将位于地表的正模块$B_{1,6}$采出。由于地表模块没有其他模块覆盖,不需使用倒锥。开采$B_{1,6}$后,价值模型变为图14-20b。

第二步:将倒锥的顶点从左至右依次置于第二层的正块上,找出落在锥体内的模块并计算锥体价值。若锥体价值大于或等于零,则将锥体内的所有模块采出;否则,将倒锥的顶点

“浮动”到下一正块。以 $B_{2,4}$ 为顶点的锥体价值为 +1，将锥体内的模块采去后，价值模型变为图 14-20c。以 $B_{2,5}$ 为顶点的锥体只包含 $B_{2,5}$ 一块，将其采去后，模型如图 14-20d 所示。

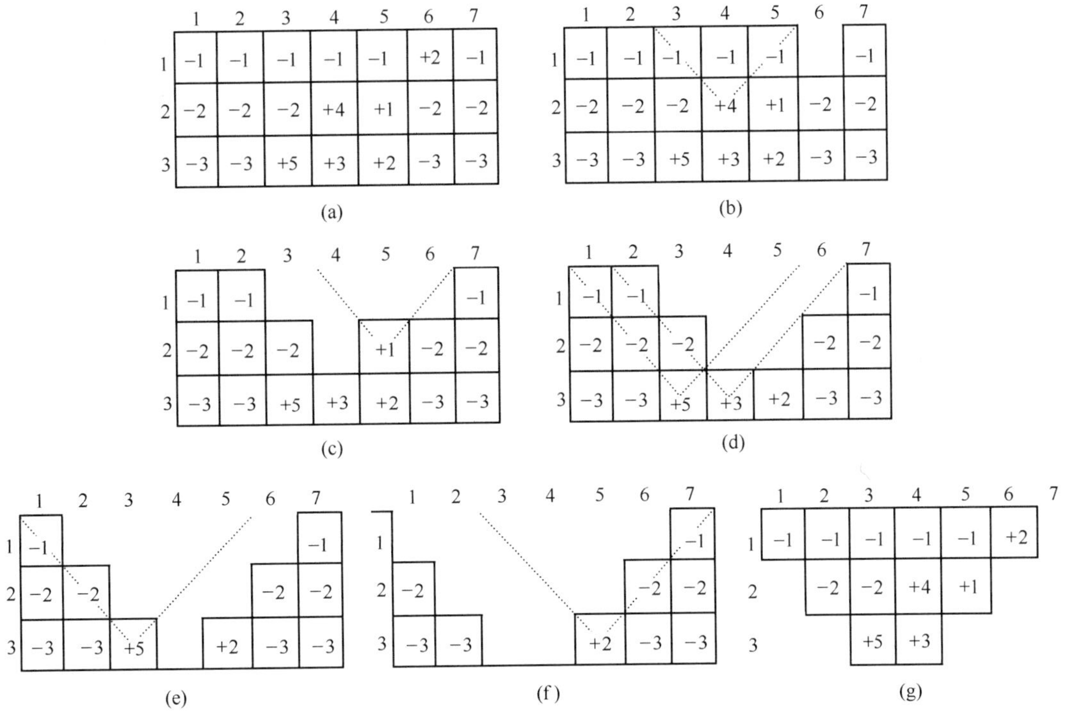

图 14-20　浮锥法境界优化步骤

第三步：逐层向下重复第二步，直至所有价值大于（或等于）零的锥体全部被采出。从图 14-20d 可以看出，以 $B_{3,3}$ 为顶点的锥体价值为 -1，所以不予采出。以 $B_{3,4}$ 为顶点的锥体价值为 0，采去后得图 14-20e。这时以 $B_{3,3}$ 为顶点的锥体价值变为 +2，开采后得图 14-20f。虽然 $B_{3,5}$ 为正块，但其锥体价值为 -1，所以不予采出。模型中不再存在正的锥体，计算结束。

将浮锥法用于图 14-20a 所示的价值模型得到的最终开采境界，由上述过程中所有被采出的块组成（见图 14-20g），境界总价值为 +6。若按照此境界进行开采，开采终了的采场现状如图 14-20f 所示。若岩石与矿石密度相等，境界平均剥采比为 7∶5 = 1.4。

虽然在这一简单算例中，应用浮锥法确实得到了总价值为最大的最终开采境界，但该方法是“准优化”算法，在某些情况下不能求出总价值为最大的境界，下面是两个反例。

反例一　遗漏盈利模块集合。当倒锥的顶点位于某一正块时，锥体价值若为正数，是由于锥体中正块的价值足以抵消锥体中负块的价值的结果。换言之，负块得以开采是由于正块的“支持”。当顶点位于两个正块的锥体有重叠部分时，单独考察任一锥体时，锥体的价值可能为负；但当考察两个锥体的联合体时，联合体的总价值为正。结果，浮锥法遗漏了本可带来盈利的模块集合。

图 14-21 所示即为这种情形。根据前面的浮锥法，结论是最终境界只包括 $B_{1,2}$ 一个模块，因为以 $B_{3,3}$、$B_{3,4}$ 和 $B_{3,5}$ 为顶点的锥体价值均为负数。但当考察三个锥体的联合体或以 $B_{3,4}$ 和 $B_{3,5}$ 为顶点的两个锥体的联合体时，联合体的价值为正。所以，最佳开采境界应为粗黑线所圈定的模块的集合，总开采价值为 +6。

反例二 开采非盈利模块集合。顶点位于某一正块的锥体值为正，可能是由于锥体内其他未被开采的正块的作用。如图 14-22 所示，在考察 $B_{2,2}$和 $B_{2,4}$时，两锥体均为负值，所以不予开采。当倒锥顶点移到 $B_{3,3}$时，锥体值为 +2。结果浮锥法给出的境界为图 14-22b 所示的模块集合，境界总值为 +2。因此，浮锥法使境界包容了本不应该采的、具有负值的模块集合（即 $B_{2,3}$ 和 $B_{3,3}$）。本例中的最优境界应是图 14-22c，其总价值为 +3。

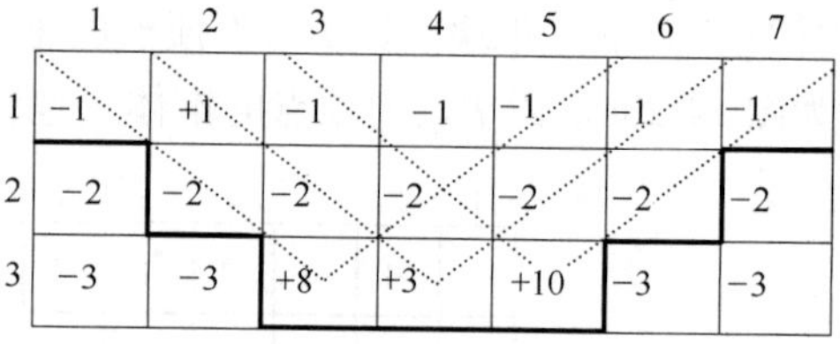

图 14-21 浮锥法反例一

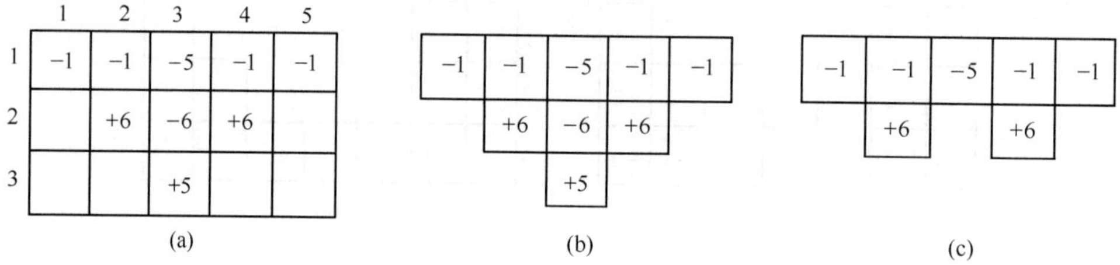

图 14-22 浮锥法反例二

一些研究者对浮锥法进行了改进，试图克服上述问题。如 Lemieux 浮锥法和 Dowd 浮锥法。改进浮锥法的基本思路是对锥体重叠部分进行某种处理，这里不予详细介绍，有兴趣的读者请参阅书后所列的有关参考文献。

14.3.2 锥壳模板

以上对于浮锥法的讨论是在二维空间进行的。在三维空间，浮锥法的基本方法和步骤与在二维空间相同，只是锥体变为三维锥体，确定落入锥体之内的模块较为复杂、费时。图 14-23a 所示为一个三维倒锥体示意图，将这样一个倒锥体的顶点置于价值模型中的一个正块时，找出落入其内的所有模块在算法上较为困难。而且，在实际应用中，由于不同部位的岩体稳定性不同以及运输坡道的影响，最终帮坡角一般都不是一个常数，而是不同方位或区域有不同的帮坡角，这就更增加了算法上的难度。

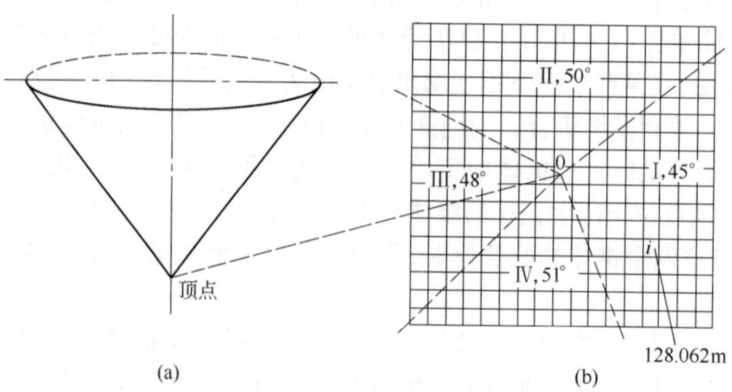

图 14-23 三维倒锥体及其锥壳模板

（a）三维倒锥体；（b）锥壳模板

一个便于计算机编程且能够处理变化帮坡角的方法，是“预制”一个足够大的“锥壳模板”。如图 14-23b 所示，三维锥壳在 X-Y 面上的投影被离散化为与价值模型中模块的 X、Y 方向上尺寸相等的二维模块，每一模块的属性是锥壳在该模块中心的 X、Y 坐标处相对于锥体顶点的垂直高度，顶点的标高为 0。由于顶点是最低点，所以每一模块的相对标高均为正值。每一模块的相对标高根据其所在方位的最终帮坡角计算。如图 14-23b 所示，假设帮坡角分为 4 个方位范围，范围Ⅰ、Ⅱ、Ⅲ、Ⅳ上的帮坡角分别为 45°、50°、48°、51°。如果模块的边长为 20m，那么，简单的三角计算可知，在标有 i 的那个模块的中心处，锥壳的相对标高为 128.062m。这样，可以计算出模板上每一模块处锥壳的相对标高。一个锥壳模板可以存在一个二维数组中。

有了预制的锥壳模板，在应用浮锥法时，将模板的顶点模块置于品位模型中的正块 B_0 处，如果该模块上方某一模块 B_i 的中心标高大于或等于 B_0 模块的中心标高加上 B_i 对应的锥壳模板上模块的相对标高，则模块 B_i 落在以 B_0 为顶点的倒锥体内；否则，落在倒锥体外。

14.4 最终境界优化的 LG 图论法

该方法是 Lerchs 和 Grossmann 于 1965 年提出的，简称为 LG 图论法，它是具有严格数学逻辑的最终境界优化方法，只要给定价值模型，在任何情况下都可以求出总价值最大的最终开采境界。

14.4.1 基本概念

在图论法中，价值模型中的每一模块用一节点表示，露天开采的几何约束用一组弧表示。弧是从一个节点指向另一节点的有向线。例如，图 14-24 表明要想开采 i 水平上的那一节点所代表的模块，就必须先采出 $i+1$ 水平上那 5 个节点代表的 5 个模块。为便于理解，以下叙述在二维空间进行。

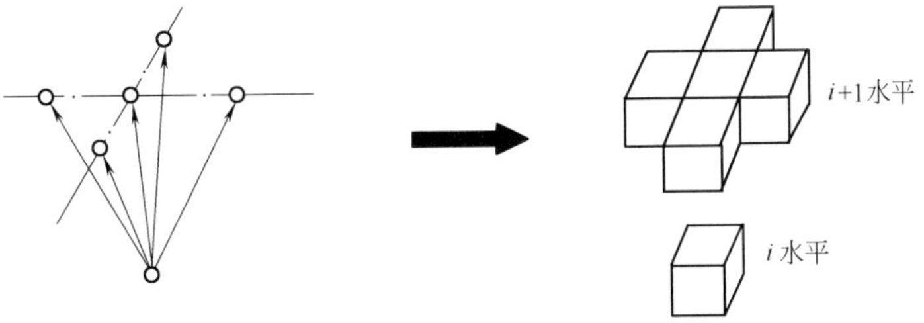

图 14-24 露天开采几何约束的图论表示

图论中的有向图是由一组弧连接起来的一组节点组成，图用 G 表示。图中节点 i 用 x_i 表示。所有节点组成的集合称为节点集，记为 X，即 $X=\{x_i\}$；图中从 x_k 到 x_l 的弧用 a_{kl} 或 (x_k, x_l) 表示，所有弧的集合称为弧集，记为 A，即 $A=\{a_{kl}\}$；由节点集 X 和弧集 A 形成的图记为 $G(X,A)$。如果一个图 $G(Y,A_Y)$ 中的节点集 Y 和连接 Y 中节点的弧集 A_Y 分别是另一个图 $G(X,A)$ 中 X 和 A 的子集，那么，$G(Y,A_Y)$ 称为图 $G(X,A)$ 的一个子图。子图可能进一步分为更多的子图。

图 14-25a 所示为由 6 个模块组成的价值模型，$x_i(i=1,2,\cdots,6)$ 表示第 i 块的位置，模块

中的数字为模块的净价值。若模块为大小相等的正方体，最终帮坡角为45°，那么该模型的图论表示如图14-25b所示。图14-25c和图14-25d都是图14-25b的子图。模型中模块的净价值在图中称为节点的权值。

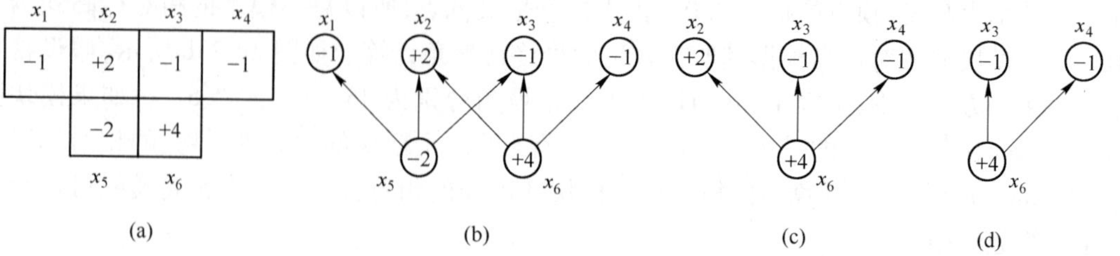

图14-25 方块模型与图和子图

从露天开采的角度，图14-25c构成一个可行的开采境界，因为它满足几何约束条件，即从被开采节点出发引出的弧的末端的所有节点也属于被开采之列。子图14-25d不能形成可行开采境界，因为它不满足几何约束条件。形成可行的开采境界的子图称为可行子图，也称为闭包。以闭包内的任一节点为始点的所有弧的终点节点也在闭包内。图14-25b中，x_1、x_2、x_3和x_5形成一个闭包；而x_1、x_2、x_5不能形成闭包，因为以x_5为始点的弧(x_5, x_3)的终点节点x_3不在闭包内。闭包内诸节点的权值之和称为闭包的权值。G中权值最大的闭包称为G的最大闭包。

树是一个没有闭合圈的图。图中存在闭合圈是指图中存在至少一个这样的节点，从该节点出发经过一系列的弧（不计弧的方向）能够回到出发点。图14-25b不是树，因为从x_6出发，经过弧(x_6, x_2)、(x_5, x_2)、(x_5, x_3)和(x_6, x_3)可回到x_6，形成一个闭合圈。图14-25c和图14-25d都是树。根是树中的特殊节点，一棵树中只能有一个根。

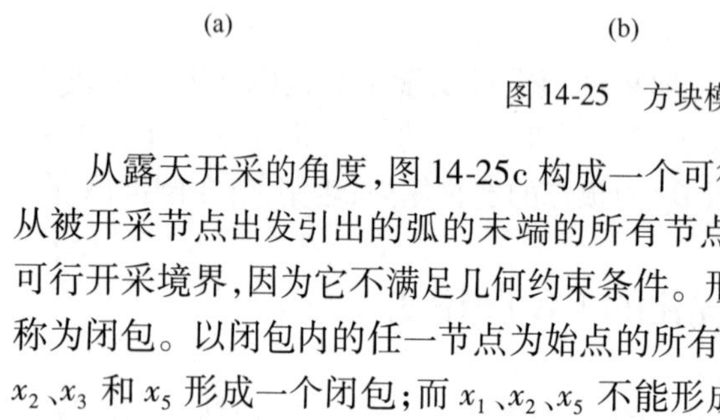

图14-26 具有各种弧的树

如图14-26所示，树中方向指向根的弧，即从弧的终端沿弧的指向可以经过其他弧（与其方向无关）追溯到树根的弧，称为M弧；树中方向背离根的弧，即从弧的终端追溯不到根的弧，称为P弧。将树中的一个弧(x_i, x_j)删去，树变为两部分，不包含根的那部分称为树的一个分支。在原树中假想删去弧(x_i, x_j)得到的分支是由弧(x_i, x_j)支撑着，由弧(x_i, x_j)支撑的分支上诸节点的权值之和称为弧(x_i, x_j)的权值。在图14-26所示的树中，由弧(x_3, x_1)支撑的分支节点只有x_1，所以该弧的权值为-1。由(x_8, x_5)支撑的分支节点有x_2、x_5、x_6和x_9，该弧的权值为+5。权值大于0的P弧称为强P弧，记为SP；权值小于或等于零的P弧称为弱P弧，记为WP；权值小于或等于零的M弧称为强M弧，记为SM；权值大于零的M弧称为弱M弧，记为WM。图14-26所示为一个具有全部四种弧的树。

强P弧和强M弧总称为强弧，弱P弧和弱M弧总称为弱弧。强弧支撑的分支称为强分支，强分支上的节点称为强节点。从采矿的角度来看，强P弧支撑的分支（简称强P分支）上的节点符合开采顺序关系，而且总价值大于零，所以是开采的目标。虽然弱M分支的总价值大于零，但由于 M 弧指向树根，不符合开采顺序关系，所以不能开采。由于弱 P 分支和强 M 分支的价值不为正，所以不是开采目标。

14.4.2　树的正则化

正则树是一个没有不与根直接相连的强弧的树。把一个树变为正则树称为树的正则化，其步骤如下：

第一步：在树中找到一条不与根直接相连的强弧 (x_i, x_j)，若 (x_i, x_j) 是强 P 弧，则将其删除，代之以 (x_0, x_j)；若 (x_i, x_j) 是强 M 弧，则将其删除，代之以 (x_0, x_i)。x_0 是树根，以下相同。

第二步：重新计算第一步得到的新树中弧的权值，标注弧的种类。以新树为基础，重复第一步。这一过程一直进行下去，直到找不到不与根直接相连的强弧为止。

图 14-26 中树的正则化过程如图 14-27 所示。

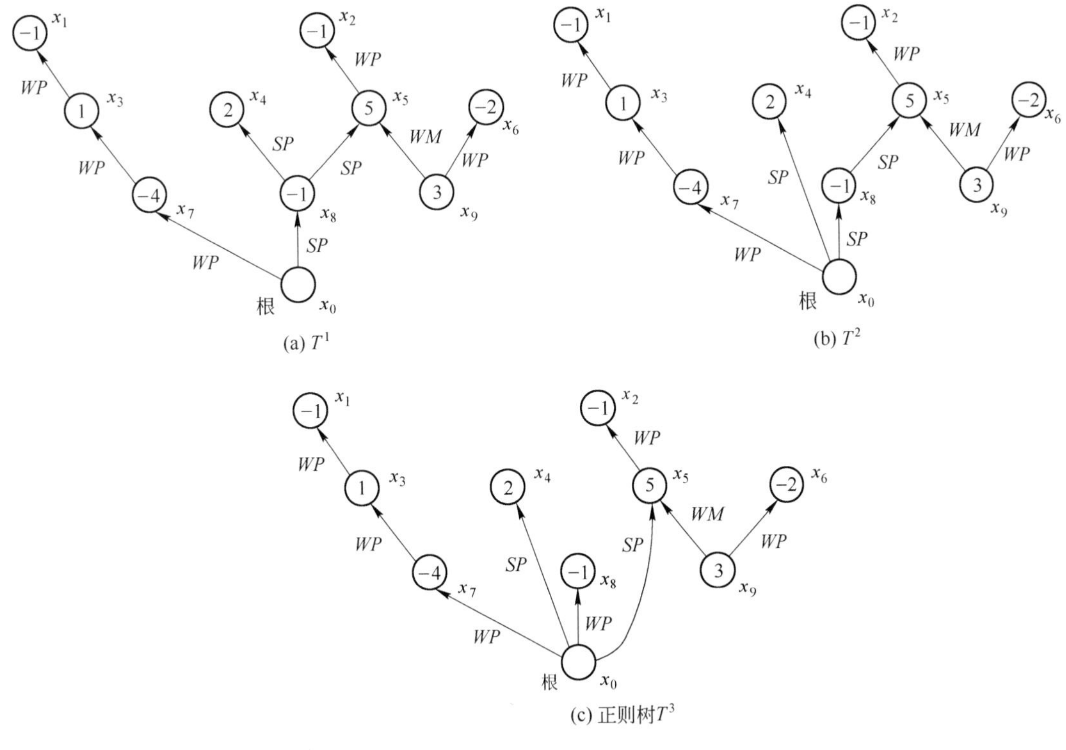

图 14-27　树的正则化举例

(a) 去掉图 14-26 中的弧 (x_7, x_4)，代之以弧 (x_0, x_7)，得树 T^1；(b) 去掉 T^1 中的弧 (x_8, x_4)，代之以弧 (x_0, x_4)，得树 T^2；(c) 去掉 T^2 中的弧 (x_8, x_5)，代之以弧 (x_0, x_5)，得树 T^3，T^3 为正则树

14.4.3　境界优化定理及算法

从前面的定义可知，最大闭包是权值最大的可行子图。从采矿角度来看，最大闭包是具有最大开采价值的开采境界。因此，求最佳开采境界实质上就是在价值模型所对应的图中求最大闭包。

定理 14-1　若有向图 G 的正则树的强节点集合 Y 是 G 的闭包，则 Y 为最大闭包。

依据上述定理，求最终境界的图论算法如下：

第一步:依据最终帮坡角的几何约束,将价值模型转化为有向图 G(见图 14-28)。

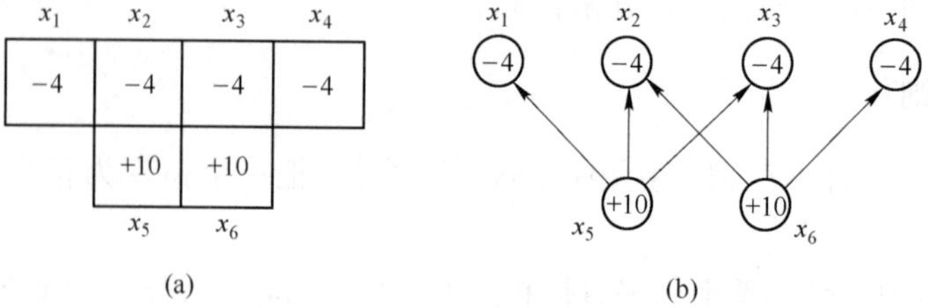

图 14-28 价值模型及其图 G

第二步:构筑图 G 的初始正则树 T^0(最简单的正则树是在图 G 下方加一虚根 x_0,并将 x_0 与 G 中的所有节点用 P 弧相连得到的树)。根据弧的权值标明每一条弧的种类(见图 14-29a)。

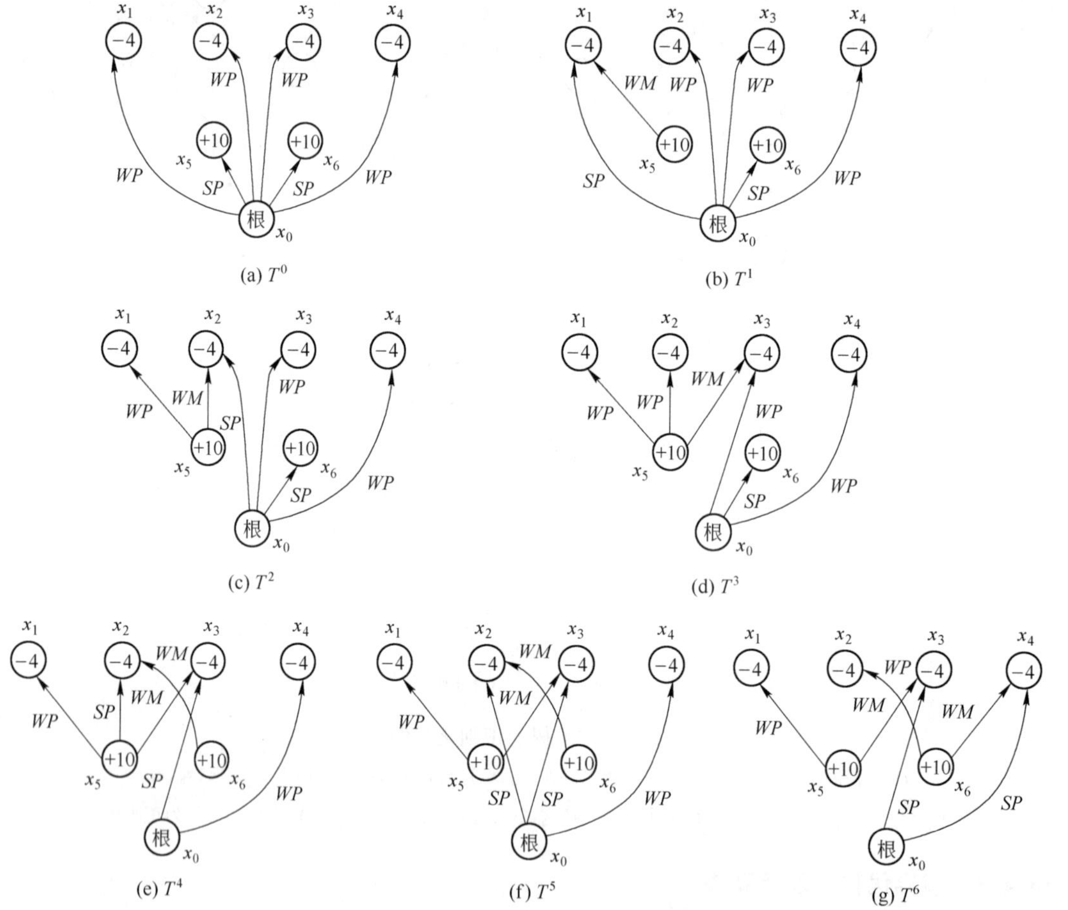

图 14-29 LG 图论法境界优化举例

第三步:找出正则树的强节点集合 Y(图 14-29a 中所示 T^0 的强节点集合为 $Y=\{x_5, x_6\}$),若 Y 是 G 的闭包,则 Y 为最大闭包,Y 中诸节点对应的块的集合构成最佳开采境界,算法终止;否则,执行下一步。

第四步：从 G 中找出这样的一条弧 (x_i, x_j)，即 x_i 在 Y 内、x_j 在 Y 外的弧，并找出树中包含 x_i 的强 P 分支的根点 x_r，x_r 是支撑强 P 分支的那条弧上属于分支的那个端点（由于是正则树，该弧的另一端点为树根 x_0）。然后将弧 (x_0, x_r) 删除，代之以弧 (x_i, x_j)，得一新树。重新标定新树中诸弧的种类。

第五步：如果经过第四步得到的树不是正则树（即存在不直接与根相连的强弧），应用前面所述的正则化步骤，将树转变为正则树。

第六步：如果新的正则树的强节点集合 Y 是图 G 的闭包，Y 即为最大闭包，算法终止；否则，重复第四步和第五步，直到 Y 是 G 的闭包为止。

例 14-1　二维价值模型如图 14-28a 所示，利用图论法求最佳境界。

解：上述算法的第一步、第二步完成后，初始正则树如图 14-29a 所示。强节点集 $Y=\{x_5, x_6\}$ 不是 G 的闭包。从原图 G（见图 14-28b）中可以看出，Y 内的 x_5 与 Y 外的 x_1 相连，树中包含 x_5 的分支只有一个节点，即 x_5 本身，所以这一分支的根点也是 x_5。应用算法第四步的规则，将 (x_0, x_5) 删除，代之以 (x_5, x_1)，初始树 T^0 变为 T^1（见图 14-29b）。T^1 为正则树，所以不需执行算法第五步。

T^1 的强节点集 $Y=\{x_1, x_5, x_6\}$ 仍不是 G 的闭包。从原图 G 可以看出，Y 内的 x_5 与 Y 外的 x_2 相连。T^1 中包含 x_5 的强 P 分支的根点为 x_1。所以将 (x_0, x_1) 删除，代之以 (x_5, x_2)，T^1 变为 T^2（见图 14-29c）。T^2 仍为正则树。

T^2 的强节点集 $Y=\{x_1, x_2, x_5, x_6\}$ 仍不是 G 的闭包。从 G 可以看出，Y 内的 x_5 与 Y 外的 x_3 相连。T^2 中包含 x_5 的强 P 分支的根点为 x_2。所以，将 (x_0, x_2) 删除，代之以 (x_5, x_3)，得树 T^3（见图 14-29d）。T^3 仍为正则树。

T^3 的强节点集合 $Y=\{x_6\}$ 仍不是 G 的闭包。从 G 可以看出，Y 内的 x_6 与 Y 外的 x_2 相连，x_6 本身为其所在强 P 分支的根点。将 (x_0, x_6) 删除，代之以 (x_6, x_2)，得树 T^4（见图 14-29e）。因为 (x_5, x_2) 变为强弧，T^4 不是正则树 。将 T^4 正则化得 T^5（见图 14-29f）。

T^5 的强节点集合 $Y=\{x_1, x_5, x_3, x_2, x_6\}$ 仍不是 G 的闭包。从 G 可以看出，Y 内的 x_6 与 Y 外的 x_4 相连。T^5 中包含 x_6 的强 P 分支的根点是 x_2。将 (x_0, x_2) 删除，代之以 (x_6, x_4) 得 T^6（见图 14-29g）。T^6 为正则树。

T^6 的强节点集合 $Y=\{x_1, x_5, x_3, x_2, x_6, x_4\}$ 是 G 的闭包，因此 Y 也是 G 的最大闭包，闭包权值为 +4。最佳开采境界由原模型中的全部 6 个块组成。如果应用浮锥法，本例的结果会是零境界，即境界不包含任何块。

14.5　最终境界优化的锥体排除法

上述浮锥法和 LG 图论法都是以价值模型为基础的。在我国，经济合理剥采比仍然是露天矿开采境界设计中广泛应用的准则。从本章第 14.2.1 节对这一准则的推导中可知，应用经济合理剥采比设计境界的目标与浮锥法和 LG 图论法一样，即境界的总开采价值最大，所以这两类方法在本质上是相同的。

然而，如前所述，基于经济合理剥采比准则的面积比法和线段比法，一是在应用中很繁琐，难以实现计算机化；二是计算粗略，精度低，矿体形态复杂时尤其如此。如果能克服这些缺点，把基于经济合理剥采比准则的境界设计计算机化，将为设计者提供一个易于掌握和应用的高效设计手段。本节介绍的锥体排除法就是这样一种方法。

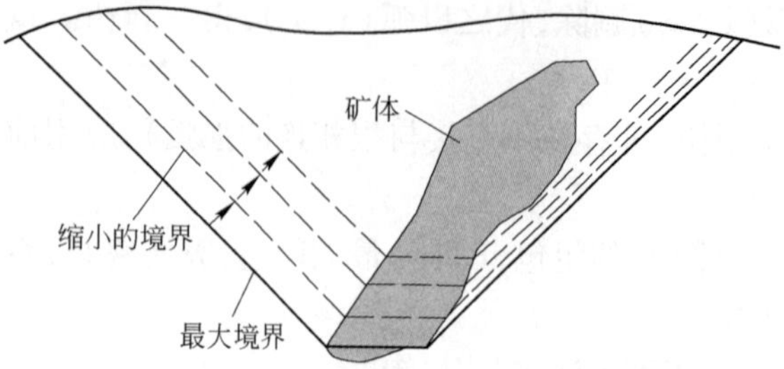

图 14-30 境界逐步缩减示意图

如图 14-30 所示，以"境界剥采比等于经济合理剥采比"准则设计最终境界的过程，可以看做是一个从最深(最大)境界(该境界处的境界剥采比肯定大于经济合理剥采比)开始逐步缩小的过程；每缩小一次，计算缩小后的境界处的境界剥采比，与经济合理剥采比相比较，直到境界剥采比足够接近经济合理剥采比，就找到了最佳境界。这一过程也可看做一个排除过程，即从最深(最大)境界开始，逐步排除(剥去)那些境界剥采比大于经济合理剥采比的部分(被缩减的那些部分)，直到排除后剩余的境界处的境界剥采比足够接近经济合理剥采比。锥体排除法就是基于这一思路设计的。排除中用的锥体是顶点朝上的锥体，这里称之为"正锥"以便与前述浮锥法中顶点朝下的倒锥区别。

正锥排除法的基本数据是品位块状模型和不同方位的最终帮坡角。因为该方法是从一个最大境界开始的，所以首先介绍如何得到最大境界。

14.5.1 最大境界的圈定——几何定界

根据矿体的最深埋藏深度(或当矿体延深到很深时，由露天开采的可能最大深度)和最终帮坡角，可以在地表圈定一个最大范围界线，即最终境界的地表界线不可能超出这一范围。这一范围的圈定不需要准确，足够大就行。然后从这一地表范围线上按各方位的最终帮坡角向下投影得到各方位的帮坡，各方位的帮坡在某一深度相交，形成的几何体就是几何上的最大境界。

在二维空间，如图 14-31 所示，长方格表示模块。从上盘的地表界线点 A 按上盘帮坡角 α 投影，从下盘的地表界线点 B 按下盘帮坡角 β 投影，上、下盘帮坡线在标高 L 处相交于 C 点，ACB 即为根据地表最大范围确定的最大几何境界。

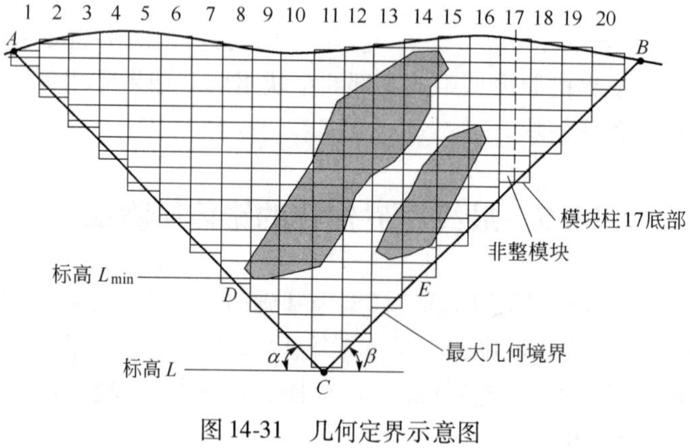

图 14-31 几何定界示意图

一个境界用块状模型表示，就是把每一个与境界帮坡相交的模块柱的底部标高设置为该模块柱中心处境界帮坡的标高，如图中第 17 模块柱处的标示；同理，每一个模块柱的顶部标高设置为该模块柱中心处的地表标高。这样，所有模块柱的底部与顶部之间的模块就组成了境界。显然，在模块柱的底部和顶部会出现“非整块”的模块（一个模块的一部分）。在模块柱顶、底端使用非整模块，可以使以块状模型表述的境界的帮坡和地表地形与实际帮坡和地表地形达到最大限度的一致。

在最大几何境界内的下部的若干个台阶有可能没有矿，图 14-31 中标高 L_{min} 以下根本没有矿体，可以把境界的这部分（DEC）去掉。最后得到的最大境界如图 14-32 所示。这个境界对该矿床来说是可能的最大境界，比它大的境界没有任何考虑价值。

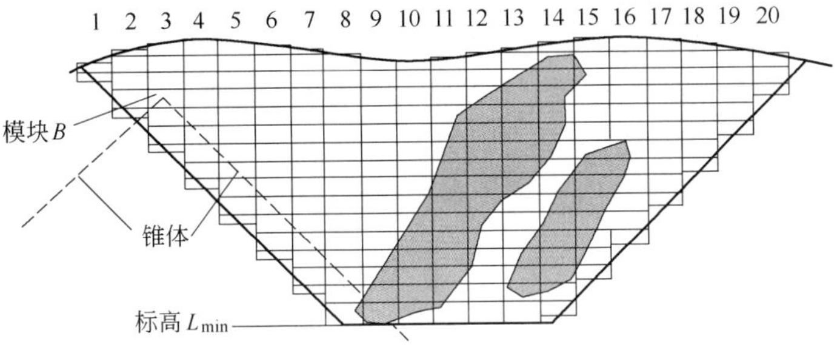

图 14-32 几何定界得到的最大境界

14.5.2 锥体排除算法

如前所述，该法的基本思路是从一个最大境界开始，逐步排除那些境界剥采比大于经济合理剥采比的部分。在排除过程中，必须保证不违反帮坡角的几何约束，即每次从一个境界里排除一部分后，剩余境界的帮坡角不大于给定的最终帮坡角，这就需要用一个正锥体来排除。

14.5.2.1 锥体排除的模型表达

如图 14-32 所示，要把模块柱 3 上的模块 B 从最大境界中排除，就必须同时排除境界内落入以该模块为顶点的锥体的那一部分（即境界与锥体的共有部分），因为这部分被模块 B“压着”，不采模块 B，这一部分也无法开采。因此，必须以正锥体为单元进行排除。

从一个境界排除一个正锥体，以块状模型表达，就是把境界中受锥体影响的所有模块柱的底部标高提升到锥壳标高，就得到排除锥体后的一个新的（更小的）境界。例如，把图 14-32 中的锥体排除后，境界变为图 14-33。

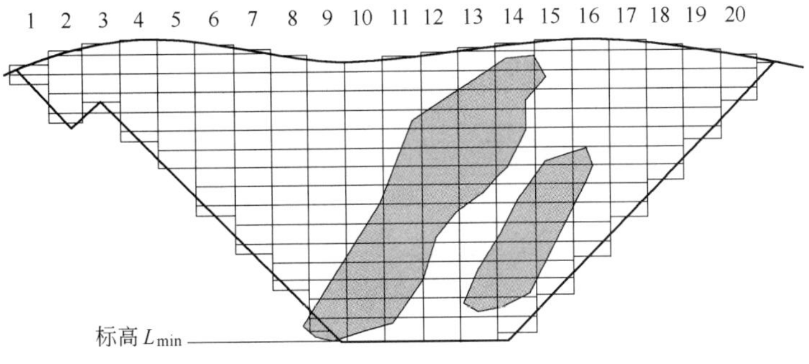

图 14-33 排除图 14-32 中正锥后的境界

通过预制一个足够大的正锥锥壳模板，来确定落在锥体内的模块。正锥的锥壳模板与第 14.3.2 节所述的倒锥锥壳模板类似，唯一不同的是模板上模块相对于锥体顶点的标高为负值，因为正锥锥壳上所有点的标高都低于锥体顶点。

确定落在锥顶位于模块 B 的中心的锥体内的模块时，将模板的顶点模块置于品位模型中的模块 B 上，如果该模块下方某一模块 B_j 的顶面标高小于或等于模块 B 的中心标高加上 B_j 对应的锥壳模板上模块的相对标高，则模块 B_j 完全落在以 B 为顶点的正锥体内，即：

$$B_j(z) + \frac{1}{2}h \leqslant B(z) + B_j(z_d) \tag{14-10}$$

式中 $B_j(z)$——品位模型中模块 B_j 的中心标高；

h——模块高度（等于台阶高度）；

$B(z)$——品位模型中锥顶处模块 B 的中心标高；

$B_j(z_d)$——B_j 对应的锥壳模板上模块的相对标高（负值）。

如果模块 B_j 的底面标高大于或等于模块 B 的中心标高加上 B_j 对应的锥壳模板上模块的相对标高，则模块 B_j 完全落在以 B 为顶点的正锥体外，即：

$$B_j(z) - \frac{1}{2}h \geqslant B(z) + B_j(z_d) \tag{14-11}$$

如果满足以下不等式，则模块 B_j 的一部分落在以 B 为顶点的正锥体内。

$$B_j(z) - \frac{1}{2}h < B(z) + B_j(z_d) < B_j(z) + \frac{1}{2}h \tag{14-12}$$

这时，模块 B_j 落在正锥体内的体积比例 r_j 可以用落入的高度比例近似：

$$r_j = \frac{B(z) + B_j(z_d) - \left(B_j(z) - \frac{1}{2}h\right)}{h} \tag{14-13}$$

通过对落入锥体内的整模块和非整模块的统计，就可计算出该锥体含有的矿石量和废石量以及剥采比。

14.5.2.2 锥体排除算法步骤

从上述几何定界得到的最大境界开始，锥体排除算法的步骤如下：

第一步：依据给定的各个方位的帮坡角，建立足够覆盖 X—Y 水平面上品位模型范围的正锥锥壳模板。

第二步：把锥壳模板的锥顶模块置于品位模型的模块柱1落入境界的最低模块上，如图14-34所示。模块柱落入境界的最低模块是该柱上下数第一个中心标高高于该处境界标高的模块。

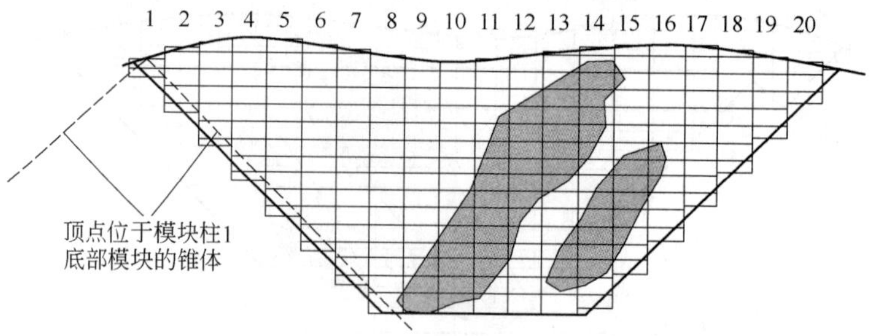

图14-34 锥体排除法示意图（Ⅰ）

第三步：依据式（14-10）～式（14-13）确定当前境界中落入正锥体的整模块和非整模块，计算锥体的矿石量和废石量，废石量与矿石量之比为锥体剥采比，记为 R_j。

第四步：如果 $R_j > R_b$，R_b 为给定的经济合理剥采比，把锥体从当前境界中排除，即把境界中受锥体影响的所有模块柱的底部标高提升到锥壳标高；否则，什么也不做。

从图 14-34 可以看出，该锥体不包含任何矿石（锥体剥采比无穷大），排除后境界缩小为图 14-35，此境界变为当前境界。

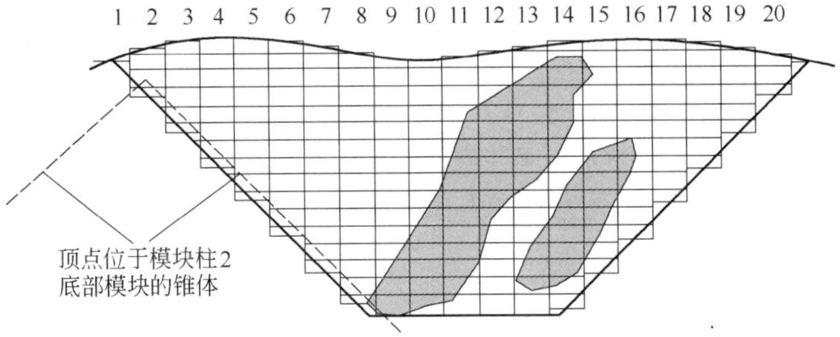

图 14-35　锥体排除法示意图（Ⅱ）

第五步：把锥壳模板的锥顶模块置于品位模型的下一个模块柱落入当前境界的最低模块上，重复第三步和第四步。

如图 14-35 所示，置于模块柱 2 落入境界的最低模块上的锥体也不含有矿石模块，将它排除后，当前境界变为图 14-36。

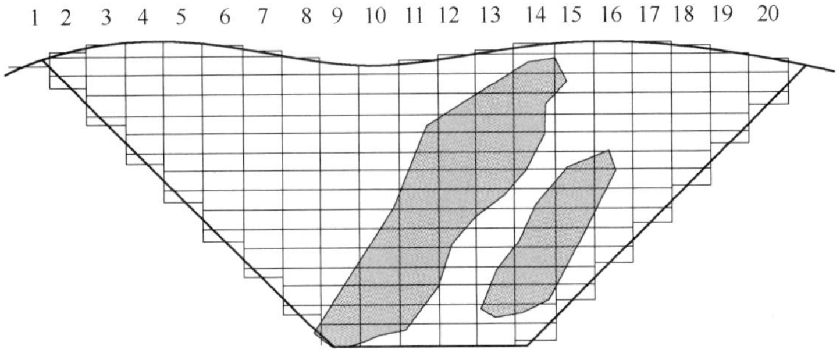

图 14-36　锥体排除法示意图（Ⅲ）

第六步：如此移动锥壳模板，每移动一次，计算锥体剥采比，排除锥体剥采比大于经济合理剥采比的锥体，直到遍历所有模块柱，完成了一次扫描。

第七步：从模块柱 1 开始，进行下一次扫描，直到在一次扫描中没有发现任何锥体剥采比大于经济合理剥采比的锥体。算法终止。这时的境界就是最佳境界。本例的最佳境界有可能如图 14-37 所示。

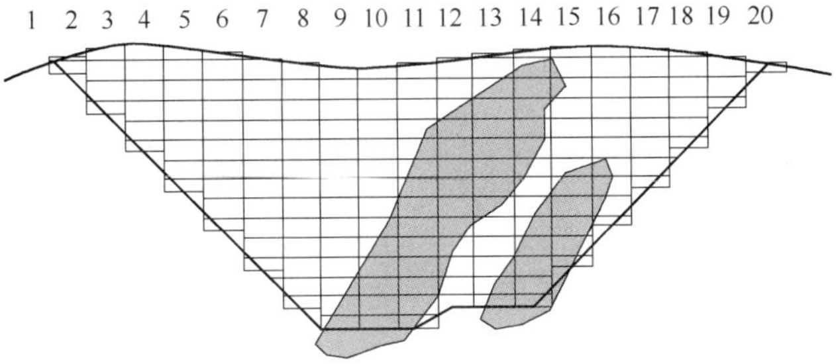

图 14-37　最终境界示意图

14.5.3 应用实例

以上算法被编入 Metal Miner 软件，下面介绍应用该软件进行境界优化的一个实例。

14.5.3.1 矿体及地表地形

矿床属中小型铁矿床，由3条矿体组成，分别命名为 Fe6、Fe7 和 Fe8，矿体品位稳定，平均品位25%。依据探矿钻孔数据，矿体从180m 延深到最深约 -260m。计划浅部用露天开采，深部用地下开采，并决定露天开采部分最深采到0m 水平。因此，本例用0~180m 矿体分层平面图作为基本数据进行优化。矿体在75m 水平的分层平面图如图14-38 所示，图中加剖面线的部分为矿体，其他界线为不同岩性的岩石。

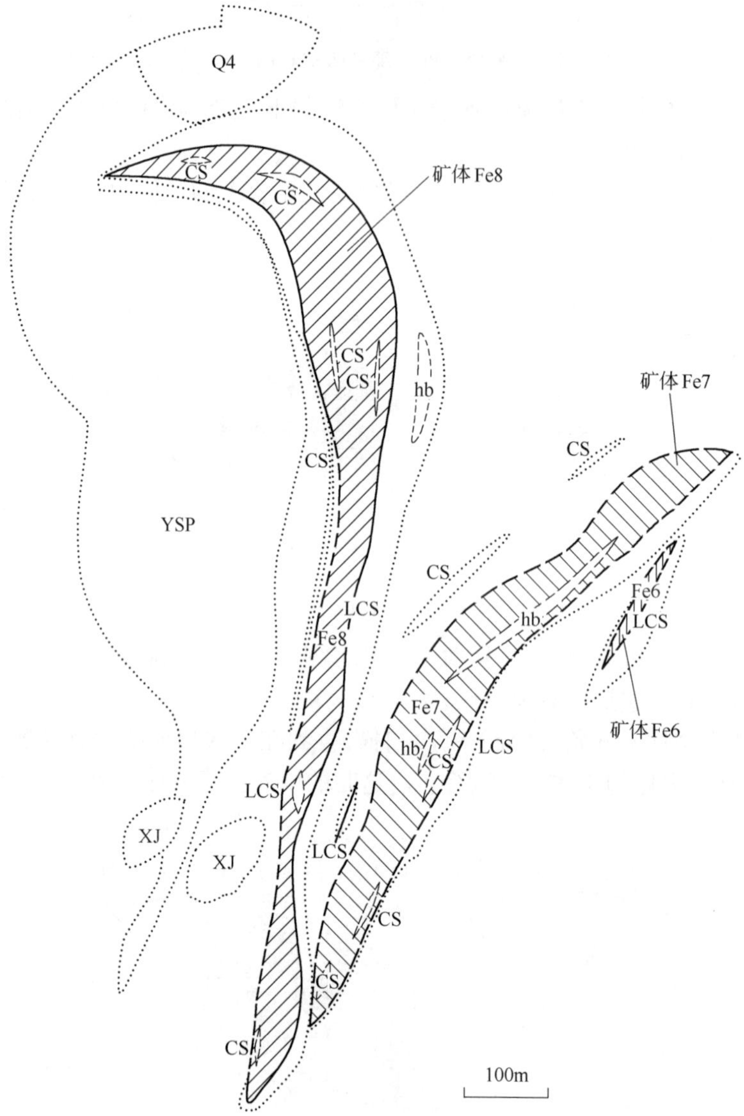

图14-38 矿体在75m 水平的分层平面图

境界优化的另一基础数据是地表地形，该矿区的地表地形等高线如图 14-39 所示。应用第 2 章第 2.5 节所述方法建立了地表标高模型，其三维透视显示如图 14-40 所示。

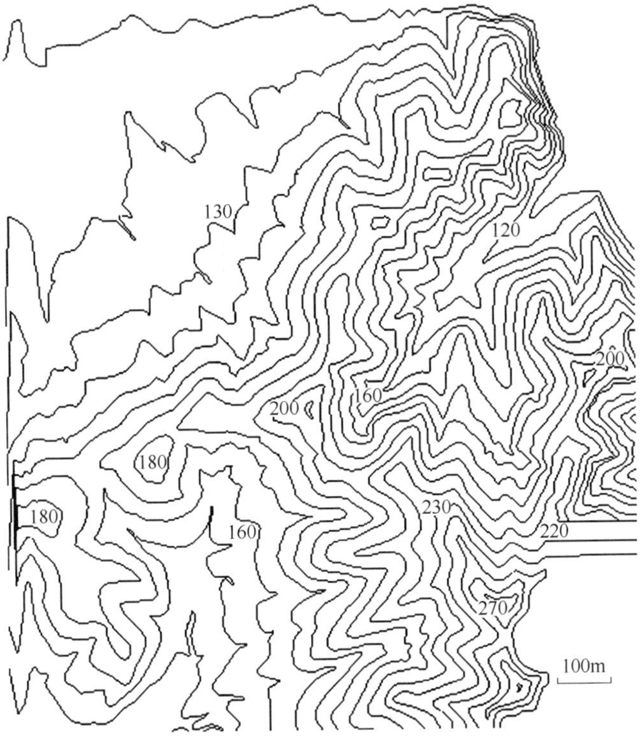

图 14-39 矿区地表地形等高线

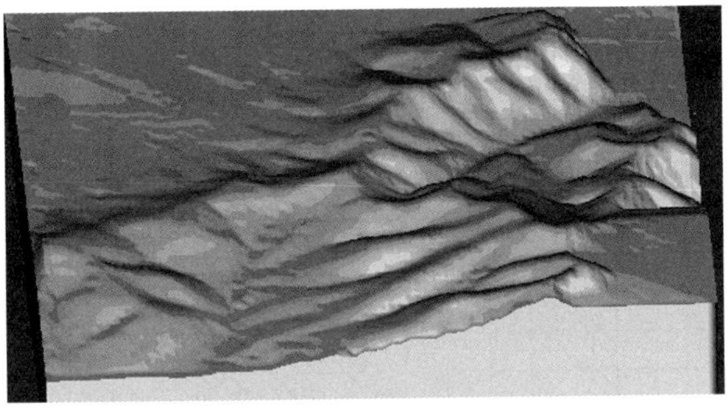

图 14-40 矿区地表标高模型的三维透视显示

14.5.3.2 品位模型

块状品位模型的模块在水平方向尺寸为 16m × 16m，垂直方向高度等于拟采用的台阶高度，为 15m。一般情况下，模块的品位应该依据钻孔取样进行估值。由于设计院的设计是基于矿体剖面图和分层平面图，为了与设计院所用数据一致，与设计院一起完善设计方案，本例中品位模型的模块品位不是由估值求得，而是把分层平面图上的矿体离散为模块，模块品位取分层平面图上矿体的品位。75m 水平的品位模型如图 14-41 所示，每一小方格为一模块，斜线充填的模块为矿石模块，其他模块为废石模块。按图中所示剖面线 *A—A* 切割的模型剖面如图14-42所示。

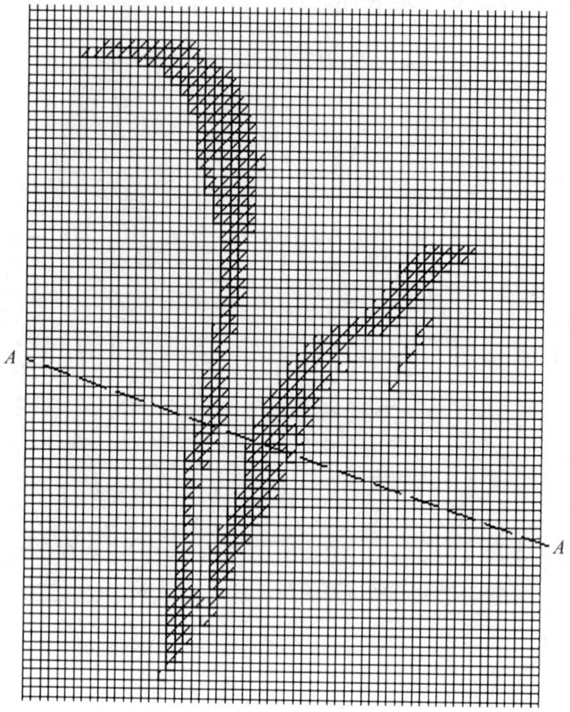

图14-41 75m水平的品位模型

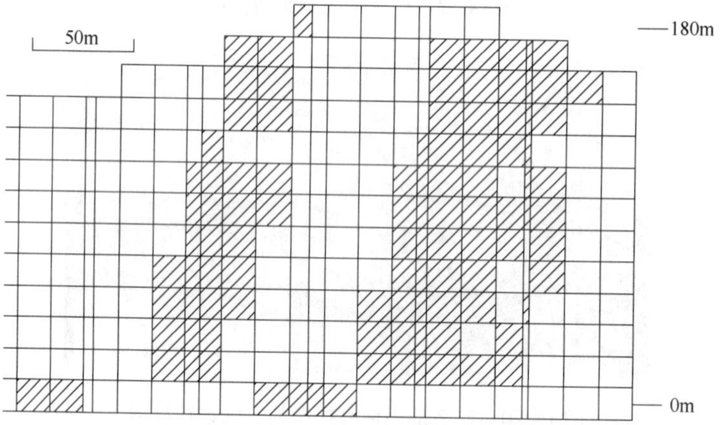

图14-42 品位模型 A—A 剖面

14.5.3.3 其他输入数据

境界优化所需的输入数据除品位模型与地表标高模型外，还需要矿岩容重、经济合理剥采比和最终帮坡角。根据矿床地质报告，不同岩性的矿、岩的容重见表14-1，其中，“其他”是指在分层平面图（见图14-38）上没有圈定矿、岩界线处的岩石。相关技术经济参数见表14-2，其中，选矿成本是每吨入选矿石的选矿费用。依据技术经济参数算得经济合理剥采比为2.19。所有方位的帮坡角均为53°。

表 14-1 不同岩性的矿、岩的容重 (t/m³)

名称	Fe6	Fe7	Fe8	CS	LCS	rπ	hb	YSP	XJ	Sm	Q4	其他
矿/岩	矿	矿	矿	岩	岩	岩	岩	岩	岩	岩	岩	岩
容重	3.40	3.41	3.40	3.33	3.33	2.69	2.87	2.87	2.85	2.69	1.60	2.63

表 14-2 技术经济参数

项目	矿石开采成本 /元·t^{-1}	岩石剥离成本/元·t^{-1}	选矿成本/元·t^{-1}	精矿售价/元·t^{-1}
取值	24	15	135	650
项目	采矿回收率 /%	选矿回收率/%	地质平均品位/%	精矿品位/%
取值	95	82	25	66

14.5.3.4 优化结果

基于上述模型和数据，应用 MetalMiner 得出最优境界标高模型，其三维透视图如图 14-43所示，其等高线如图 14-44 所示。可以看出，得出的最佳境界在一些地方（尤其是境界底部）不规则。应用 MetalMiner 的图形编辑功能，依据最小坑底宽度、最小工作线长度等，并参照各水平矿岩界线进行后处理。初步处理后的最终境界等高线如图 14-45所示。

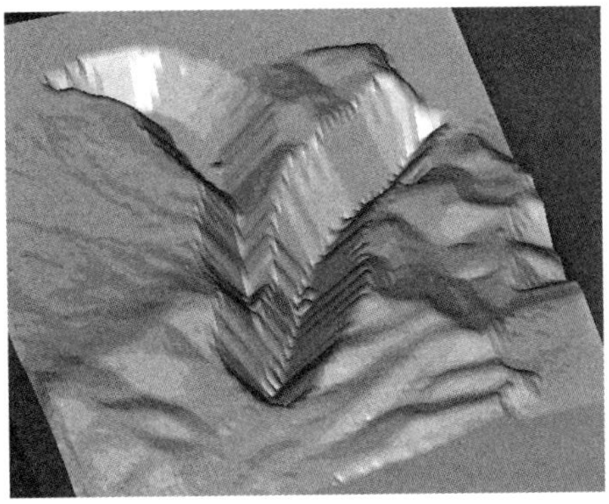

图 14-43 最终境界三维透视图（精矿价格:650 元/t）

图 14-44 最终境界等高线（精矿价格:650 元/t）

当然，图 14-45 还不是最终设计，还需要加入运输坡道、形成每一台阶的坡顶和坡底线，这一工作可用 MetalMiner 的画图和图形编辑功能完成。这一后处理过程（尤其是加入运输坡道）会进一步改变境界形态，处理中应尽量靠近最优解，即境界形态改变越小越好。如果处理后形成的方案与优化解之间相差较大，如运输坡道所在帮坡的平均帮坡角有较大的变缓，应该依据处理后的方案重新设置各方位的最终帮坡角，重新进行优化和后处理。

图 14-45 初步处理后的最终境界等高线（精矿价格：650 元/t）

给定地表地形、矿体形态和帮坡角，最终境界的形态和大小是经济合理剥采比的函数，而经济合理剥采比是技术经济参数的函数。当技术、经济条件发生较大的变化时，最终境界也会改变。应用 MetalMiner 的这一功能，可以快速分析相关技术经济参数对开采境界的影响。

以市场条件的变化为例，假如铁精粉的价格从上述每吨 650 元上升为每吨 700 元或下降为每吨 600 元，其他条件不变，最优境界会如何变化呢？按每吨 700 元和 600 元计算的经济合理剥采比分别为 3. 17 和 1. 20。按这两个经济合理剥采比分别优化，所得境界等高线图（已进行了初步后处理）分别如图 14-46 和图 14-47 所示。

在图 14-47 所示的剖面线 *A—A* 处，对精矿价格为每吨 600 元、650 元和 700 元的境界等高线切剖面，结果如图 14-48 所示。三个境界的境界内矿石量和岩石量见表 14-3。可以看出，精矿价格从每吨 650 元降到每吨 600 元（降低 7. 69%），境界内矿石量从 4545 万吨降到 3376 万吨，降低了 25. 72%；精矿价格从每吨 650 元升到每吨 700 元（升高 7. 69%），境界内矿石量从 4545 万吨增加到 5070 万吨，增加了 11. 55%。境界内矿岩总量分别降低了 37. 27% 和升高了 23. 88%。可见，对于该矿床而言，境界对精矿市场价格的灵敏度较高。

图 14-46 最终境界等高线(精矿价格:700 元/t)

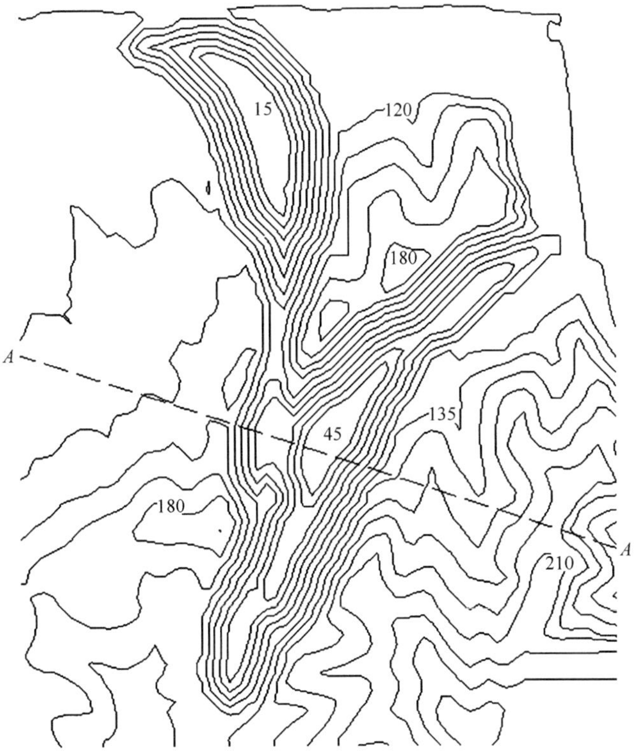

图 14-47 最优境界等高线(精矿价格:600 元/t)

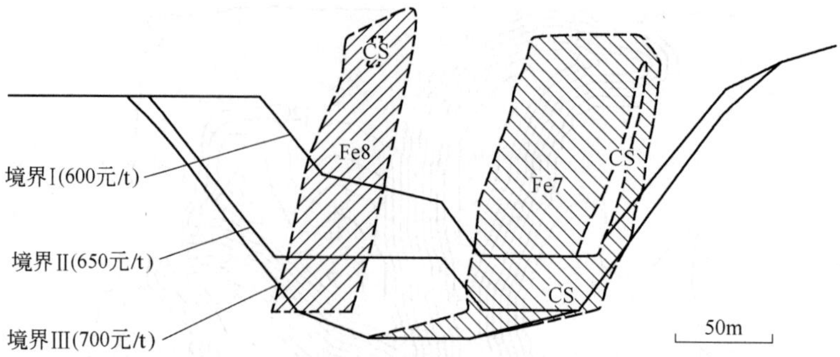

图 14-48 三个境界及矿体的 A—A 剖面

表 14-3 不同精矿售价对应境界的矿石量和岩石量

境 界	Ⅰ	Ⅱ	Ⅲ
精矿售价 /元 · t^{-1}	600	650	700
经济合理剥采比/t · t^{-1}	1. 20	2. 19	3. 17
矿石量/万吨	3376	4545	5070
岩石量/万吨	2184	4319	5911
平均剥采比	0. 647	0. 950	1. 166

从以上分析可以看出,采用一个一成不变的境界具有较高的经济风险。降低这种风险最有效的途径是采用分期开采,这是发达国家大中型露天矿广泛采用的开采方式。对本例而言,由于所规定的露天开采部分(0m 以上)储量较小,以确定的年采矿量 400 万吨计算,露采服务年限较短(十年左右),因此决定不采用分期开采。

15 露天开采程序

最终开采境界是在当前的技术经济条件下对可采储量的圈定，也是对开采终了时采场几何形态的预估。那么，如何从地表开始逐台阶扩展延深到最终境界，则是露天开采程序问题。本章系统介绍露天开采中的掘沟、台阶推进方式、布线方式、分期开采等，以及相关的参数计算。

布线方式在以往的国内教材中均划归露天矿开拓。然而，线路不仅是到达矿体和运出矿岩的通道，其布置方式对开采时空的发展程序有直接影响，是确定开采顺序必须考虑的因素，故编者认为将其归入本章更为合适。

15.1 掘　　沟

每一个台阶的开采以掘沟开始。掘沟就是在台阶顶面的某一位置掘一道斜沟到达坡底面水平，以使采运设备能够到达这一水平，以沟端为初始工作面向前、向外推进。

按运输方式的不同，掘沟方法可分为不同的类型，如汽车运输掘沟、铁路运输掘沟、无运输掘沟等。由于现代露天矿大都采用汽车运输，因此本节只介绍汽车运输掘沟，稍加扩展即可处理铁路运输及其他方式的掘沟问题。有关各种掘沟方法的更全面的介绍可在其他参考书目和设计手册中查到。

深凹露天矿与山坡露天矿的掘沟方式有所不同，下面分别给予简要的介绍。

15.1.1 深凹露天矿掘沟

如图 15-1 所示，假设 152m 水平已被揭露出足够的面积，根据采掘计划，现需要在被揭露区域的一侧掘沟到 140m 水平，以便开采 140 ~ 152m 台阶。掘沟工作一般分为两个阶段进行：首先挖掘出入沟（即运输坡道），以建立起上、下两个台阶水平的运输联系；然后开掘段沟，为新台阶的开采推进提供初始作业空间。

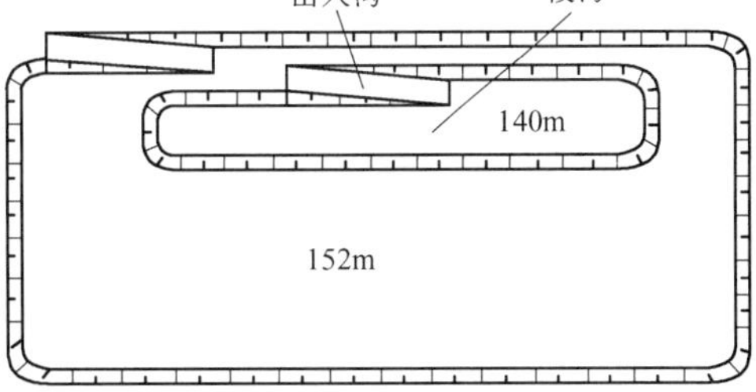

图 15-1 出入沟与段沟示意图

出入沟的坡度取决于汽车的爬坡能力和运输安全要求。现代露天矿的出入沟坡度一般在 8% ~10% 左右。出入沟的长度等于台阶高度除以出入沟的坡度。例如，当台阶高度为 12m、出入沟的坡度为 8% 时，出入沟的长度为 150m。

掘沟时的穿孔与爆破方式没有统一的模式，不同的矿山由于岩性不同，掘沟时的爆破设计也不同。总的可分为两种：全沟等深孔爆破与沿坡面的不等深孔爆破。

当采用全沟等深孔爆破时，出入沟的斜坡路面修在爆破后的松散碎石上。这种掘沟方法的优点是穿孔、爆破作业简单，而且当出入沟位置需要移动时，可避免在斜坡上穿孔、装药;其缺点是路面质量差,影响汽车的运行效率,加重了汽车轮胎的磨损。

当采用沿坡面的不等深孔爆破时,需要沿出入沟的坡面从上至下穿凿不同深度的炮孔进行分段爆破。图 15-2 所示为这种掘沟方式的一个爆破设计的纵剖面示意图。台阶高度为 12m,坡度为 8%,穿孔设备选用 250mm 牙轮钻机。图中将出入沟沿纵向全长分为 3 个爆破区段,依次进行爆破和采运。从沟口起 25m 范围内的炮孔深度为 4.5m,此后各区段的炮孔与拟形成的出入沟坡面保持 2m 的超深(如图中虚线所示)。炮孔在平面上采用间距等于行距的交错布置,各个区段上采用不同的间距(如图中括号内的数字所示)。

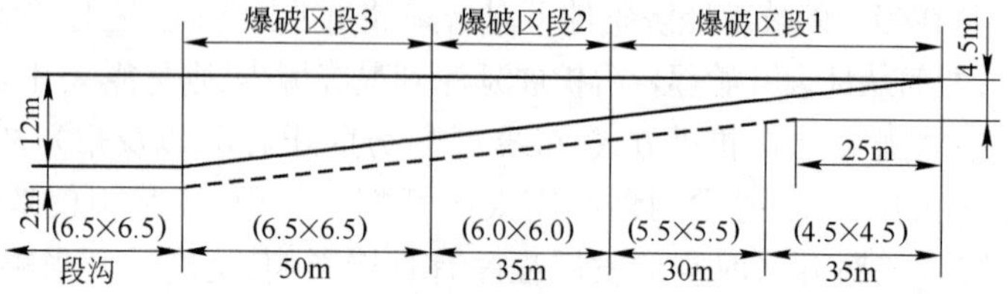

图 15-2 出入沟爆破设计实例

出入沟掘完后继续掘段沟。掘段沟时是否需要分区段爆破,要看段沟的长度而定。由于段沟为等深度,没有必要采用不同的爆破设计。在图 15-2 所示的情形中,段沟的爆破设计除采用等深孔外,与最后一段出入沟的爆破设计相同。

沟底宽度是掘沟的重要参数。一般来说,为了尽快到达新水平,在新的工作台阶形成生产能力,应尽量减少掘沟工作量。因此,沟底宽度应尽量小一些。最小沟底宽度是满足采运设备的作业空间所要求的宽度,其值取决于电铲的作业技术规格、采装方式与汽车的调车方式。

最节省空间的调车方式是汽车在沟外调头,而后倒退到沟内装车(见图 15-3 和图 15-4)。这种调车方式下的沟底宽度只取决于电铲的采装方式。最常用的采装方式是中线采装,即电铲沿沟的中线移动,向左、右、前三方挖掘(见图 15-3)。这种采装方式下的最小沟底宽度是电铲在左、右两侧采掘时清底所需要的空间,即:

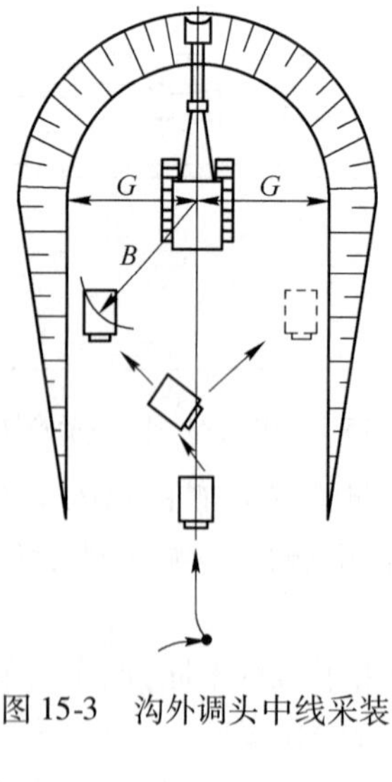

图 15-3 沟外调头中线采装

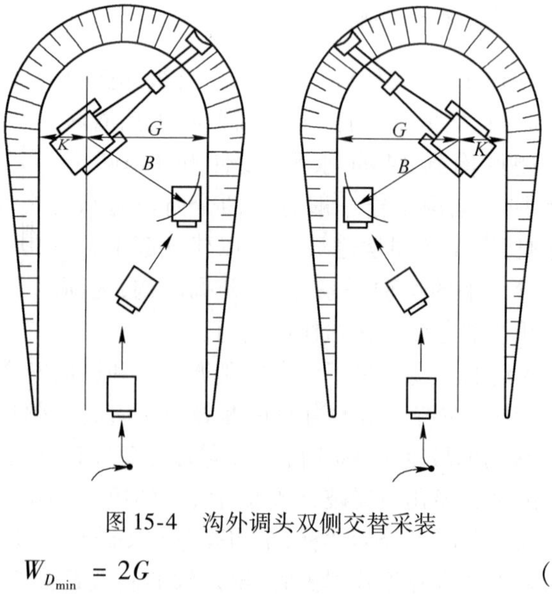

图 15-4 沟外调头双侧交替采装

$$W_{D_{\min}} = 2G \tag{15-1}$$

式中 $W_{D_{\min}}$——最小沟底宽度;

G——电铲站立水平挖掘半径。

若 G 为 10.75m，则最小沟底宽度 $W_{D_{\min}}$ 为 21.5m。

另一种更节省空间的采装方式是双侧交替采装（见图 15-4）。电铲沿左、右两条线前进，当电铲位于左侧时，采掘右前方的岩石，装入停在右侧的汽车；而后电铲移到右侧，采装左前方的岩石，装入停在左侧的汽车。这种采装方式下的最小沟底宽度 $W_{D_{\min}}$ 为：

$$W_{D_{\min}} = G + K \tag{15-2}$$

式中 K——电铲尾部回转半径。

若选用第 13 章图 13-4 所示的 6.88m³ 电铲，$G = 10.75$m，$K = 6.02$m，最小沟底宽度 $W_{D_{\min}}$ 为 16.77m≈17m。双侧交替采装所需的作业空间虽然小，但电铲移动频繁，作业效率低，一般用于境界底部作业空间有限的几个台阶上的掘沟。

实际采用的沟底宽度应适当大于最小沟底宽度，以保证作业的安全和正常的作业效率。

采用沟外调头、倒车入沟的调车方式虽然节省空间，但影响行车的速度与安全，因此，有的矿山采用沟内调车的方式，包括沟内折返和环形调车（见图 15-5 和图 15-6）。由于汽车在沟内调车所需的空间一般要比电铲作业所需的空间大，因此，沟内调车方式下的最小沟底宽度是由汽车的作业技术参数决定的，可用下面的公式计算：

折返调车：
$$W_{D_{\min}} = R + L + \frac{d}{2} + 2e \tag{15-3}$$

环形调车：
$$W_{D_{\min}} = 2R + d + 2e \tag{15-4}$$

式中 R——汽车最小转弯半径；

L——汽车车身长度；

d——汽车车身宽度；

e——汽车距沟壁的安全距离。

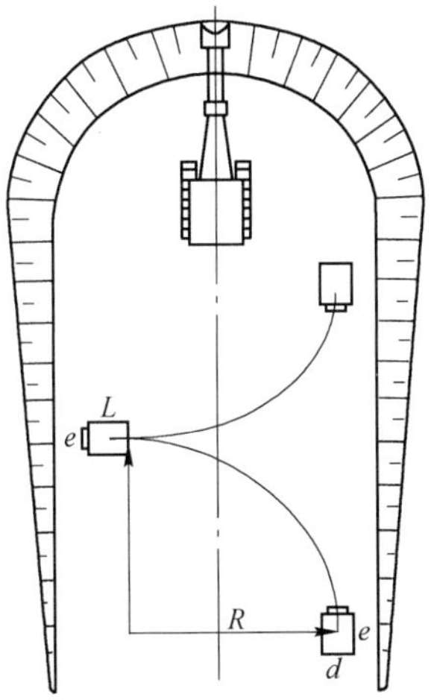

图 15-5 沟内折返调车

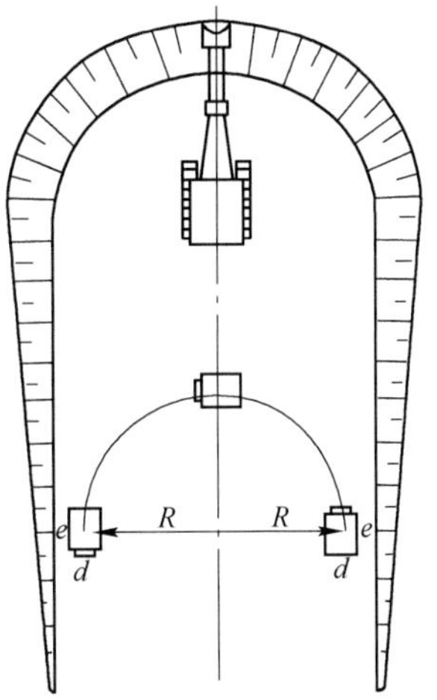

图 15-6 沟内环形调车

若采用 Webco-120c（109t）汽车，$R = 12.4$m，$L = 11.37$m，$d = 6.197$m，并设 $e = 1.5$m。则沟内折返和环形调车时的最小沟底宽度分别约为 30m 和 34m。

15.1.2 山坡露天矿掘沟

在许多矿山，最终开采境界范围内的地表是山坡或山包（见图 15-7），随着开采的进行，矿山由上部的山坡露天矿逐步转为深凹露天矿。采场由山坡转为深凹的水平称为封闭水平，即在该水平上采场形成闭合圈。从图15-7所示的剖面上看，闭合圈位于箭头所指的水平。

山坡开采与深凹开采不同的是，不需要在平地向下掘沟以到达下一水平，只需要在山坡适当位置拉开初始工作面就可进行新台阶的推进。不过，在习惯上将“初始工作面的拉开”也称为掘沟。山坡上掘出的“沟”是仅在指向山坡的一面有沟壁的单壁沟。

如果山坡为较松散的表土或风化的岩石覆盖层，可直接用推土机在选定的水平推出开采所需的工作平台（见图15-8）。如果山坡为硬岩或坡度较陡，则需要先进行穿孔爆破，然后再进行推平。

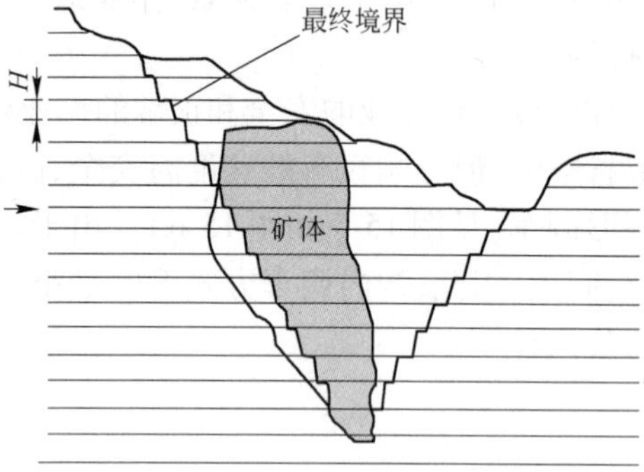

图15-7 山坡露天矿剖面示意图

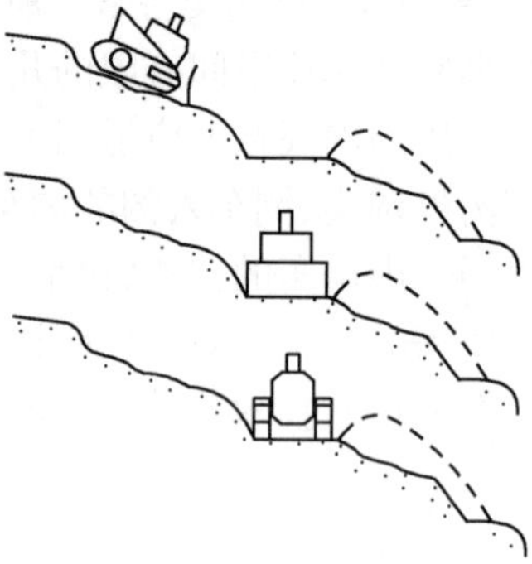

图15-8 推土机开掘单壁沟示意图

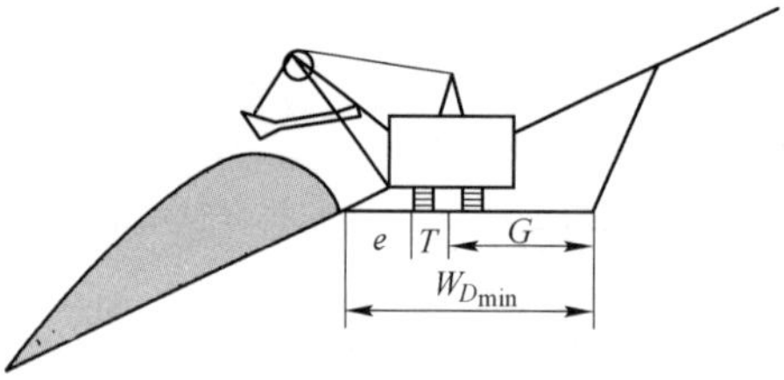

图15-9 电铲开掘单壁沟

山坡单壁沟也可用电铲掘出（见图15-9）。电铲将沟内的岩石直接倒在沟外的山坡堆置，不再装车运走。最小沟底宽度应与电铲作业技术规格相适应。从图15-9可以看出：

$$W_{D_{\min}} = G + T + e \tag{15-5}$$

式中 G——电铲站立水平挖掘半径；

T——电铲回转中心到履带外缘距离；

e——电铲履带外缘到单壁沟外缘的安全距离。

15.2 台阶的推进方式

掘沟为一个新台阶的开采提供了运输通道和初始作业空间，完成掘沟后即可开始台阶的侧向推进。由于汽车运输的灵活性，有时在掘完出入沟后不开段沟，立即以扇形工作面形式向外推进。如图15-10所示，刚完成掘沟时，沟内的作业空间非常有限，汽车需在沟口外进行调车，倒入沟内装车（见图15-10a）；当在沟底采出足够的空间时，汽车可直接开到工作面进行调车（见图15-10b）；随着工作面的不断推进，作业空间不断扩大，如果需要加大开采强度，可在一定时候布置两台采掘设备同时作业（见图15-10c）。划

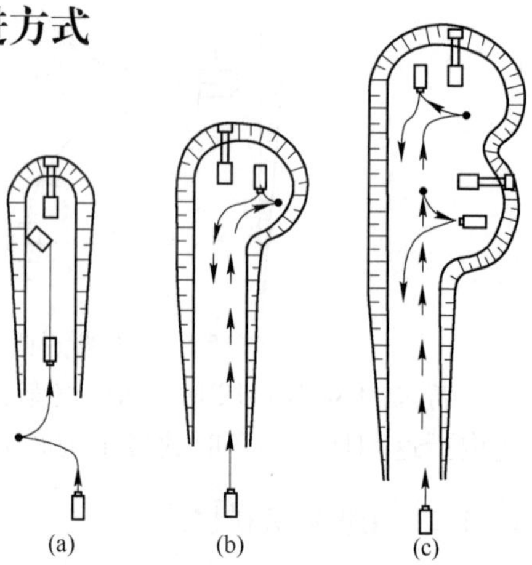

图15-10 台阶推进示意图

归一台采掘设备开采的工作线长度称为采区长度。采区长度影响一个台阶可布置的采掘设备台数，从而影响台阶的开采强度。采区长度随采运设备的作业技术规格而变。根据有关资料，美国矿山的采区长度一般为60～150m，国内矿山一般大于200m。从新水平掘沟开始到新工作台阶形成预定的生产能力的过程，称为新水平准备。

台阶推进方式主要包括采掘方式和工作线布置方式。

15.2.1 采掘方式及工作平盘参数

根据采掘方向和工作线方向之间的关系，有两种基本的采掘方式，即垂直采掘和平行采掘。

15.2.1.1 垂直采掘

垂直采掘时，电铲的采掘方向垂直于台阶工作线走向（即采区走向），与台阶的推进方向平行（见图15-11）。开始时，在台阶坡面掘出一个小缺口，而后向前、左、右三个方向采掘。图15-11所示为双点装车的情形。电铲先采掘其左前侧的爆堆，装入位于其左后侧的汽车；装满后，电铲转向其右前侧采掘，装入位于其右后侧的汽车。这种采装方式的优点是电铲装载回转角度小（10°～110°之间，平均为60°左右），装载效率高；缺点是汽车在电铲周围调车对位需要较大的空间，要求较宽的工作平盘。当采掘到电铲的回转中心位于采掘前的台阶坡底线时，电铲沿工作线移动到下一个位置，开始下一轮采掘。

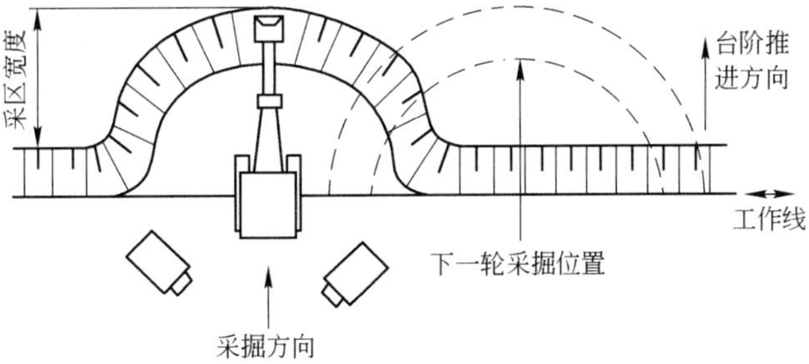

图15-11 垂直采掘示意图

垂直采掘时，一次采掘深度（即采掘带宽度A）为电铲站立水平挖掘半径G，沿工作线一次采掘长度为$2G$。当然，电铲在同一轮采掘中可以采掘更大的范围，但超过上述范围时，电铲需要做频繁的小距离的移动，影响采装效率。

15.2.1.2 平行采掘

平行采掘时，电铲的采掘方向与台阶工作线的方向平行，与台阶推进方向垂直。根据汽车的调头与行驶方式（统称为供车方式），平行采掘可进一步细分为许多不同的类型。单向行车不调头和双向行车折返调车是两种有代表性的供车方式。

A 单向行车不调头平行采掘

如图15-12所示，汽车沿工作面直接驶到装车位置，装满后沿同一方向驶离工作面。这种供车方式的优点是调车简单，工作平盘只需设单车道。缺点是电铲回转角度大，在工作平盘的两端都需出口（即

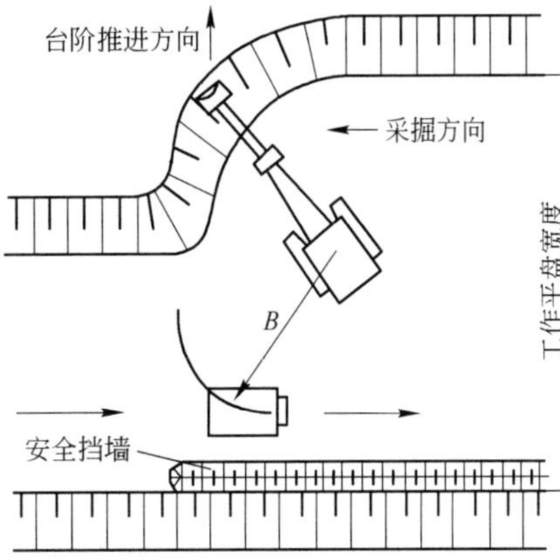

图15-12 单向行车不调头平行采掘

双出入沟)，因而增加了掘沟工作量。

B 双向行车折返调车平行采掘

如图 15-13 所示，空载汽车从电铲尾部接近电铲，在电铲附近停车、调头，倒退到装车位置，装载后重车沿原路驶离工作面。这种供车方式只需在工作平盘一端设有出入沟，但需要双车道。

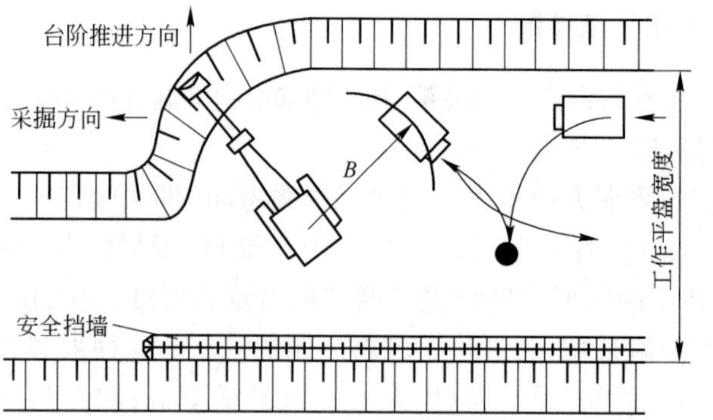

图 15-13 双向行车折返调车平行采掘(单点装车)

图 15-13 所示为单点装车的情形。空车到来时，常常需等待上一辆车装满驶离后才能开始调头对位；而在汽车调车时，电铲处于等待状态。为减少等待时间，可采用双点装车。如图 15-14 所示，汽车 1 正在电铲右侧装车。汽车 2 驶入工作面时，不需等待即可调头、对位，停在电铲左侧的装车位置。装满汽车 1 后，电铲可立即为汽车 2 装载。当下一辆汽车(汽车 3)驶入时，汽车 1 已驶离工作面，汽车 3 可立即调车到电铲右侧的装车位置。这样左右交替供车、装车，大大减少了车、铲的等待时间，提高了作业效率。在理想状态下，汽车 2 调车完毕，汽车 1 恰好装满；汽车 2 装载完毕，汽车 3 也刚好调车完毕，车和铲的等待时间均为零，作业效率达到最大值。但实际生产中，这种理想状态是几乎不存在的。可以看出，双点装车比单点装车需要更宽的工作平盘。

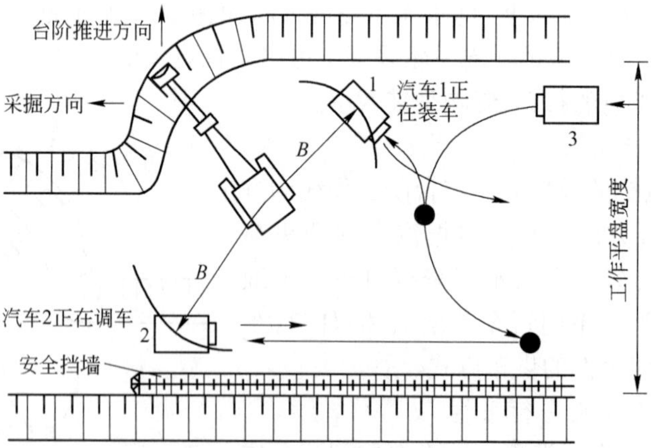

图 15-14 双向行车折返调车平行采掘(双点装车)

其他两种供车方式如图 15-15 所示。图 15-15a 所示为单向行车-折返调车-双点装车，图 15-15b 所示为双向行车－迂回调车－单点装车。由于汽车运输的灵活性，有许多可行的供车方式,这里不一一列举。

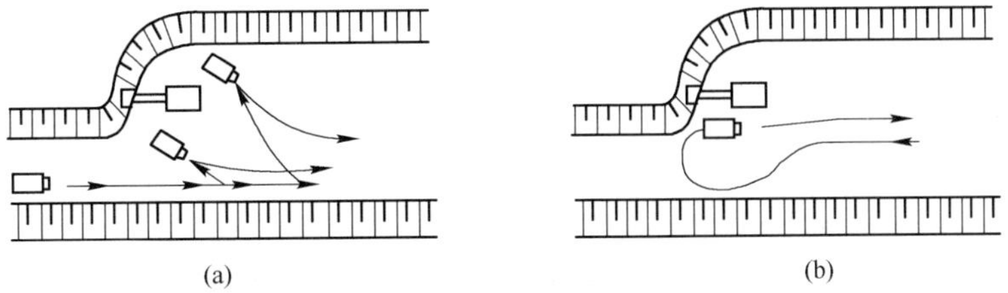

图 15-15 两种不同供车方式示意图

15.2.1.3 采区宽度与采掘带宽度

采区宽度是爆破带的实体宽度,采掘带宽度是挖掘机一次采掘的宽度。当矿岩松软无需爆破时,采区宽度等于采掘带宽度。绝大多数金属矿山都需要爆破,所以采掘带宽度一般指一次采掘的爆堆宽度。两者关系如图 15-16 所示,图 15-16a 所示为一次穿爆两次采掘,图 15-16b 所示为一次穿爆一次采掘。

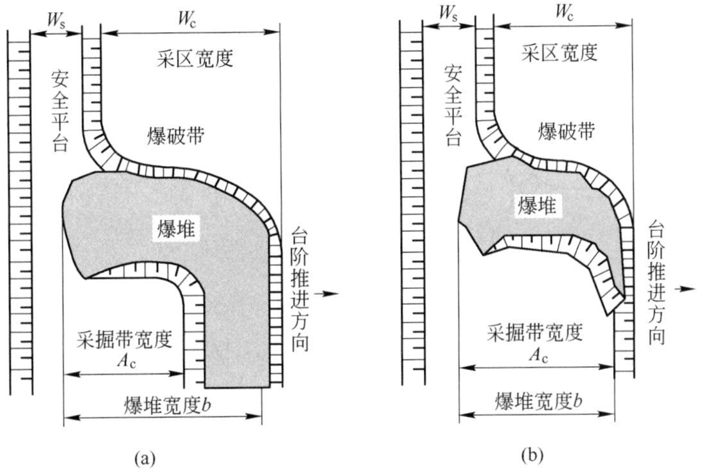

图 15-16 采区与采掘带示意图

从图 15-16 中可以看出,采区宽度应与采掘带宽度相适应,即实体(采区)爆破后的爆堆宽度应与挖掘机的采掘带宽度和采掘次数相适应。采掘带宽度过宽或过窄都会影响挖掘机的生产效率:过宽时,挖掘机回转角度大,且爆堆外缘残留矿岩多,清理工作量大;过窄时,则挖掘机移动频繁,行走时间长。采掘带宽度一般应保持挖掘机向里侧回转角不大于 90°,向外侧不大于 30°。采掘带宽度 A_c 一般为:

$$A_c = (1 \sim 1.8)G \tag{15-6}$$

式中 G——挖掘机站立水平挖掘半径。

国内矿山采掘带宽度一般为(1 ~ 1.5)G,国外矿山的采掘带宽度可达 1.8G。国内采用汽车运输和 4 ~ 5m^3 挖掘机的矿山,其采掘带宽度一般为 9 ~ 15m。采用一次穿爆两次采掘时,第一采掘带 (外采掘带)一般要比第二采掘带宽一些。

采区宽度与爆堆宽度的关系可根据矿山实际爆破的统计资料进行估计,也可用下式做粗略估算:

$$b = 2k_s W_c \frac{H}{H_b} - \varepsilon W_c \tag{15-7}$$

式中 b——爆堆宽度；

k_s——矿岩爆破后的松散系数；

W_c——采区宽度；

H——台阶高度；

H_b——爆堆高度；

ε——爆堆形态系数。

坚硬岩石爆堆横断面近似三角形，$\varepsilon=0$；不坚硬岩石爆堆横断面近似梯形，$\varepsilon=1$；中等坚硬岩石，$0<\varepsilon<1$。采用一爆一采时，爆堆宽度即为采掘带宽度（即 $b=A_c$）。式（15-7）可用来根据采掘带宽度反算采区宽度。

有的矿山采用大区微差爆破，采区宽度很大。这时可将爆破方向转90°，使之与工作线平行，并采用横向采掘，如图15-17所示。

15.2.1.4 最小工作平盘宽度

最小工作平盘宽度是刚好满足采运设备正常作业要求的工作平盘宽度，其取值需依据采运设备的作业技术规格、采掘方式和供车方式确定。采用单向行车、不调头供车的平行采掘方式时，最小工作平盘宽度可根据铲装条件计算（见图15-18）。这时，最小工作平盘宽度 W_{min} 为：

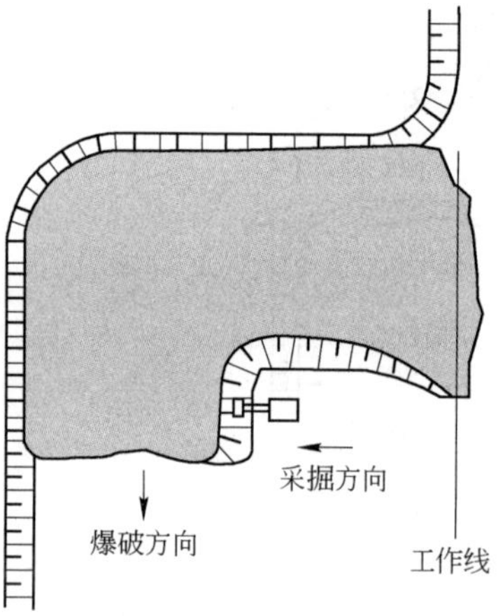

图15-17 沿工作线方向爆破、横向采掘

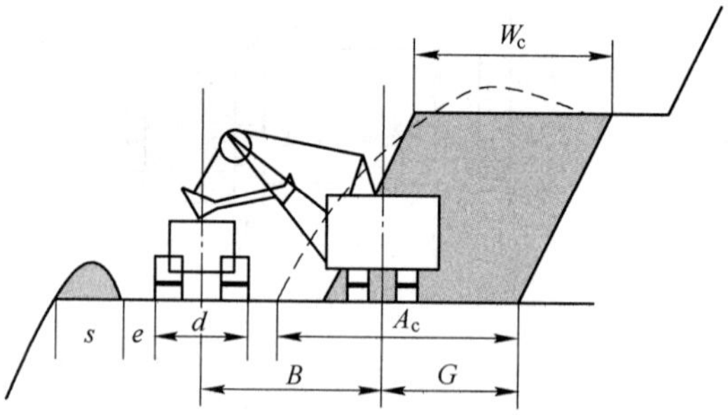

图15-18 按铲装条件确定最小工作平盘宽度

$$W_{min}=G+B+\frac{d}{2}+e+s \tag{15-8}$$

式中 G——挖掘机站立水平挖掘半径；

B——最大卸载高度时的卸载半径；

d——汽车车体宽度；

e——汽车到安全挡墙的距离；

s——安全挡墙宽度。

例15-1 已知台阶高度 $H=12$m，坡面角 $\alpha=70°$；选用第13章图13-4所示的6.88m^{3}电铲，其站立水平挖掘半径 $G=10.75$m，最大卸载高度时的卸载半径 $B=13.87$m，最大挖掘高度 $D=13.26$m，最大挖掘半径 $E=16.62$m；汽车为Webco－120c，其车体宽度 $d=6.2$m；假设 $e=1.5$m，$s=3.5$m；采用平行采掘，一爆一采。根据采装条件计算最小工作平盘宽度、采掘带宽度和采区宽度。

解:(1) 最小工作平盘宽度直接应用式(15-8),得 $W_{min}=32.72\text{m}\approx 33\text{m}$;

(2) 采掘带宽度 $A_c=1.5G=16.125\text{m}\approx 16\text{m}$;

(3) 采区宽度。设爆堆高度 $H_b=1.2H$,松散系数 $k_s=1.3$,岩石为中等硬度,取 $\varepsilon=0.5$。一爆一采时,$b=A_c$。由式(15-7)解得:$W_c=9.6\text{m}\approx 10\text{m}$;

(4) 必要的检验:

1) 爆堆外缘与汽车距离为:

$$B+G-\frac{d}{2}=21.52\text{m}>A_c$$

这说明爆堆外缘与汽车轮胎间有一定的距离,检验通过。

2) 挖掘高度与坡面角。电铲最大挖掘高度为 13.26m,大于台阶高度 12m,所以电铲可以挖到坡顶。电铲可以铲成的最缓坡面角为:

$$\arctan\left(\frac{H}{E-G}\right)=\arctan\left(\frac{12}{16.62-10.75}\right)\approx 64^\circ$$

小于台阶坡面角,因此,铲斗可以铲到坡面上的任何地方。检验通过。

当采用折返调车、单点装车时,装车位置一般在电铲的右后侧,远离工作面外缘,最小工作平盘宽度主要取决于调车所需空间的大小。参照图 15-19,有:

$$W_{min}=R+\frac{d}{2}+L+2e+s \tag{15-9}$$

式中 R——汽车最小转弯半径;

L——汽车车体长度;

d——车体宽度;

e——汽车距挡墙和台阶坡底线的安全距离;

s——安全挡墙宽度。

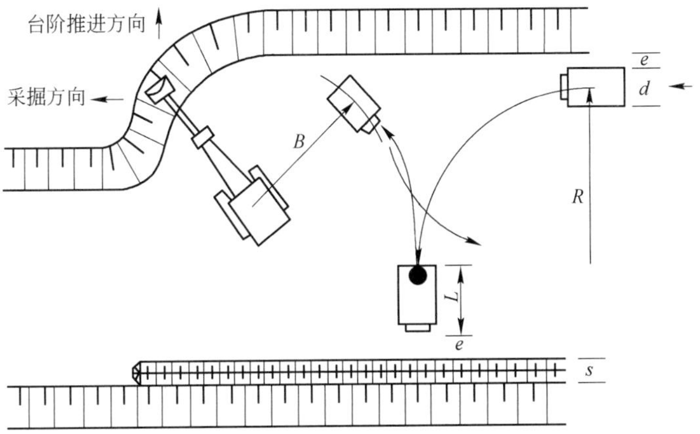

图 15-19 折返调车单点装车时最小工作平盘宽度

对于 Webco-120c 汽车:$R=12.4\text{m}$,$d=6.2\text{m}$,$L=11.37\text{m}$;设 $e=1.5\text{m}$,$s=3.5\text{m}$。最小工作平盘宽度 $W_{min}=33.4\text{m}$。

若采用双点装车,当汽车位于电铲右后侧时,所需的最小工作平盘宽度与上述单点装车相同。但当汽车向电铲左侧(靠近工作平盘外缘)的装车位置调车对位时,为节省调车时间,汽车一般回转近180°后退到装车位置(见图15-20)。这时的最小工作平盘宽度为：

$$W_{min} = 2R + d + 2e + s \tag{15-10}$$

应用Webco-120c型汽车的作业技术参数,计算得 $W_{min} = 37.5m$。

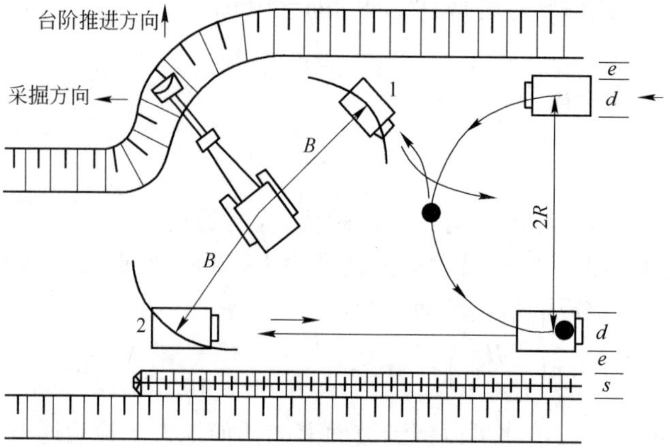

图15-20 折返调车双点装车时最小工作平盘宽度

实际上,由于汽车的灵活性,即使最小工作平盘宽度比式(15-9)和式(15-10)的计算结果小一些,也可实现调车,但调车的时间会增长,影响作业效率。

其他供车方式下的最小工作平盘宽度可以仿照上述做法,通过简单的几何分析计算求得。实际生产中的工作平盘宽度一般应大于理论计算值。当采用一次穿爆两次采掘(或如前面图15-17所示的横向采掘)时,由于采区宽度 W_c 大大增加,工作平盘宽度也将大大增加。

15.2.2 工作线布置方式

依据工作线的方向与矿体走向的关系,工作线的布置方式可分为纵向、横向和扇形三种。

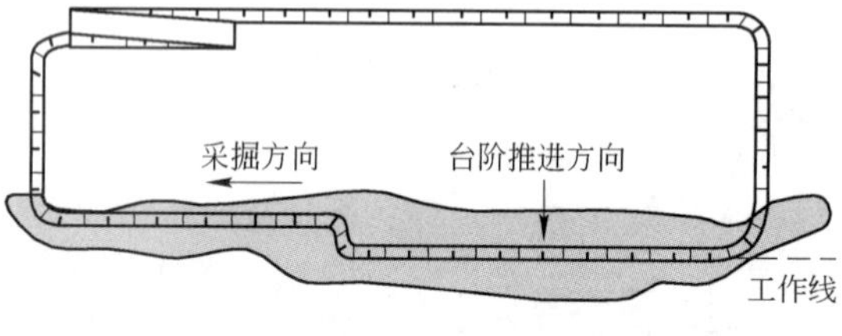

图15-21 纵向工作面布置示意图

纵向布置时,工作线的方向与矿体走向平行(见图15-21)。这种方式一般是沿矿体走向掘沟,并按采场全长开段沟形成初始工作面,之后依据沟的位置(上盘最终边帮、下盘最终边帮或中间开沟),自上盘向下盘、自下盘向上盘或从中间向上、下盘推进。

横向布置时,工作线与矿体走向垂直(见图15-22)。这种方式一般是沿矿体走向掘沟,垂直于矿体掘短段沟形成初始工作面,或不掘段沟直接在出入沟底端向四周扩展,逐步扩成垂直矿体的工作面,沿矿体走向向一端或两端推进。由于横向布置时爆破方向与矿体的走向平行,因此对于顺矿层节理和层理较发育的岩体,会显著降低大块与根底,提高爆破质量。由于汽车运输的灵活性,工作线也可视具体条件与矿体

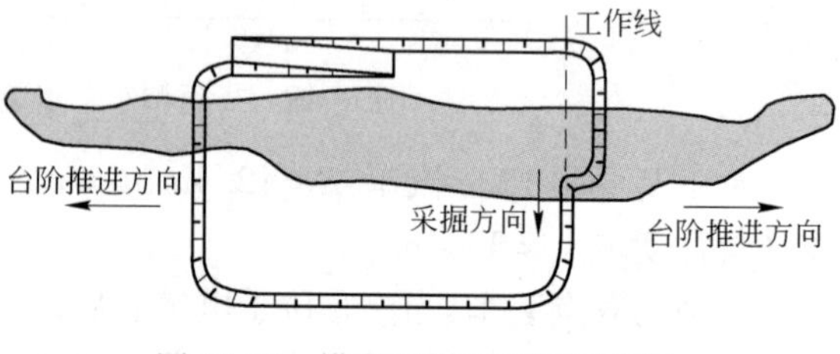

图15-22 横向工作面布置示意图

斜交布置。

扇形布置时,工作线与矿体走向不存在固定的相交关系,而是呈扇形向四周推进(见图15-23)。这种布置方式灵活机动,充分利用了汽车运输的灵活性,可使开采工作面尽快到达矿体。

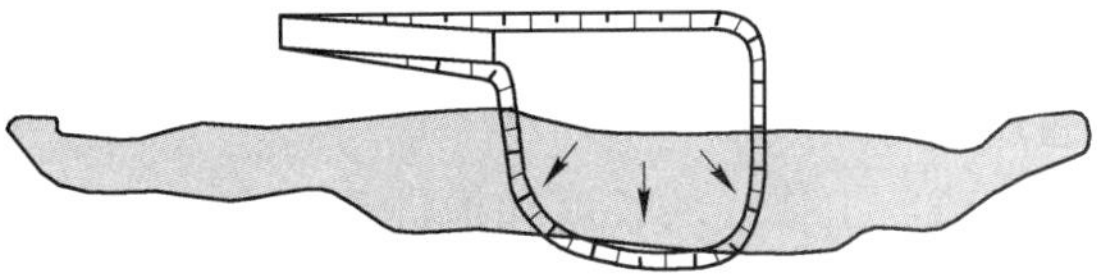

图 15-23 扇形工作面布置示意图

15.3 采场布线方式

一个台阶的水平推进使其所在水平的采场不断扩大,并为其下面台阶的开采创造条件;新台阶工作面的拉开使采场得以延深。台阶的水平推进和新水平的拉开,构成了露天采场的扩展与延深。在采场的扩展与延深过程中,运输坡道(也称为出入沟或坑线)的布置方式称为采场的布线方式。

15.3.1 螺旋与迂回式布线

图15-24所示采场的一个特点是,台阶的出入沟沿最终边帮成螺旋状布置,所以称为螺

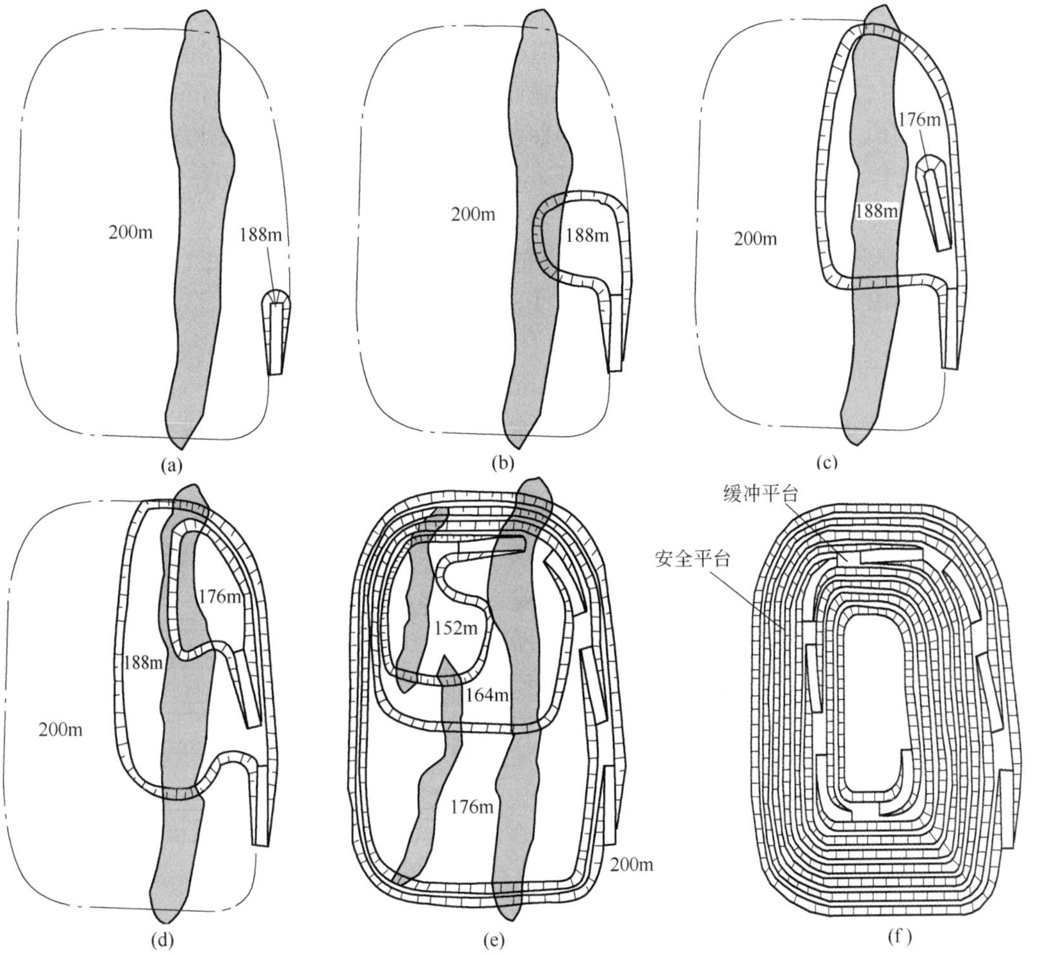

图 15-24 固定-螺旋式布线示意图

旋布线。这种布线方式的特点主要有：

（1）螺旋线弯道半径大，线路通视条件好，汽车直进行驶，不需经常改变运行速度，道路通过能力强。

（2）工作线的长度和推进方向会因采场条件的变化而发生变化，生产组织较为复杂。

（3）各开采水平之间有一定的影响，新水平准备和采剥作业程序较为复杂。

（4）要求采场四周边帮的岩体均较为稳固。

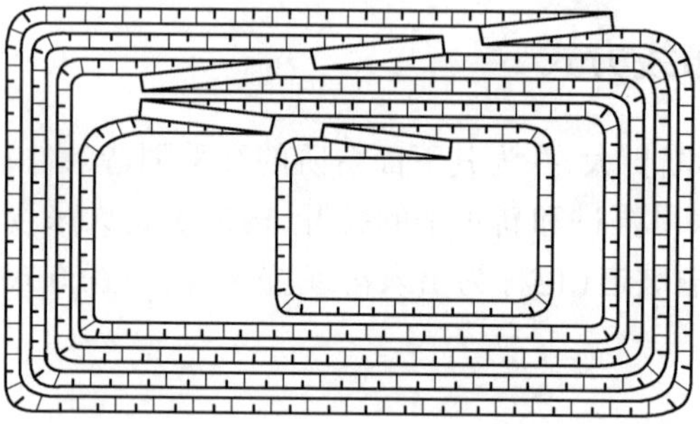

图 15-25　固定-迂回式布线示意图

有的矿山将出入沟以迂回形式布置在采场一侧的非工作帮上，称为迂回布线或折返式布线（见图 15-25）。迂回布线要求布线边帮的岩石较为稳固，地质条件允许时，一般将迂回线路布置在矿体下盘的非工作帮上，这样可以使工作线较快接近矿体，减少初期剥岩量。迂回线路布置在矿体上盘非工作帮时，虽然工作线到达矿体的时间长，但可减少矿石的损失和贫化。当然，视具体条件也可将迂回线路布置在采场的端帮。

线路迂回曲线的半径必须大于汽车运行的最小转弯半径，所以在迂回区段需留较大的台阶宽度。在生产规模大、服务年限长的矿山，其选厂和废石场不在采场的同一方向或分散设置废石场时，为了分散矿岩运量，缩短运输距离，减少运输干扰，可同时布置两套或更多迂回线路，增加出入沟数目。但线路增多会减缓最终帮坡角。与螺旋布线相比，采用迂回布线时，开采工作线长度和方向较为固定，各开采水平间相互影响小，因此生产组织管理简单，但行车条件不如螺旋布线。

有些矿山采用上部迂回布线、下部螺旋布线的所谓“联合布线”形式。采用联合布线的矿山，往往是由于采场下部尺寸小，迂回布线发生困难。

15.3.2　固定与移动式布线

图 15-24 所示采场的另一特点是，每一新水平的掘沟位置选在最终边帮上，运输坡道固定在最终边帮上不再改变位置，这种布线方式称为固定式布线。由于矿体一般位于采场中部（缓倾斜矿体除外），固定布线时的掘沟位置离矿体远，开采工作线需较长时间才能到达矿体。

为尽快采出矿石，可将掘沟位置选在采场中间（一般为上盘或下盘矿岩接触带），在台阶推进过程中，出入沟始终保留在工作帮上，随工作帮的推进而移动，直至到达最终帮位置才固定下来。这种方式称为移动式布线。采用移动式布线时，台阶向两侧推进或呈扇形推进，向两侧推进如图 15-26 所示。

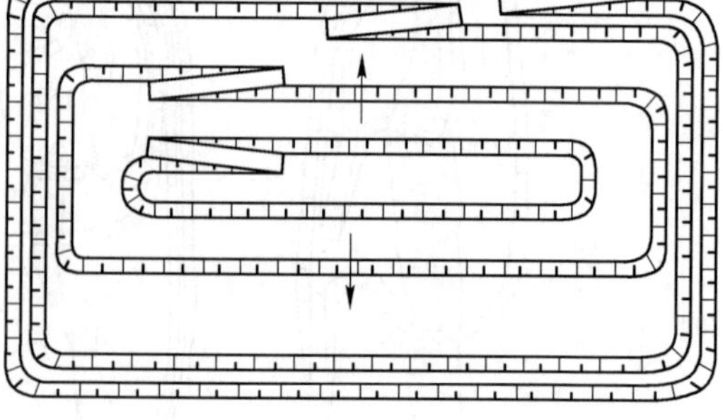

图 15-26　移动-迂回式布线示意图

更为灵活、能更快到达矿体的一种移动布线方式是掘进临时出入沟。临时出入沟一般布置在既有足够的空间又急需开采的区段（见图 15-27a），临时出入沟到达新水平标高后，以短段沟或无段沟扇形扩展（见图 15-27b）。临时出入沟一般不随工作线的推进而移动。当固定出入沟掘进到新水平并与工作面贯通后,汽车改用固定出入沟,临时出入沟随工作线的推进而被采掉(见图15-27c)。

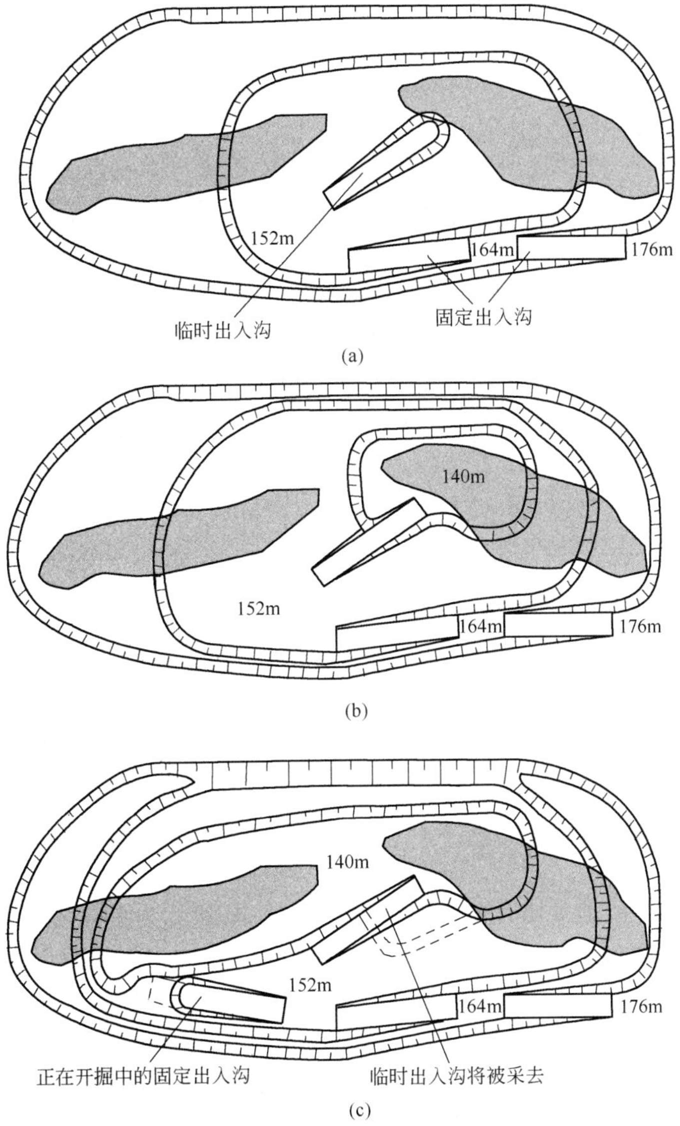

图15-27 临时出入沟示意图

15.4 生产剥采比

15.4.1 生产剥采比概念

露天生产过程中某一时段(或某一开采区域)内的废石量与矿石量之比称为生产剥采比。常用的生产剥采比的单位有 t(废石)/t(矿石)、m^3(废石)/m^3(矿石)、m^3(废石)/t(矿石)。

如图15-28所示，生产剥采比一般是按工作帮坡计算的、采场下降一个台阶采出的废石量与矿石量之比，即 V_H/T_H。为了与下面将要提到的其他生产剥采比相区别，这里将图15-28所示的生产剥采比称为几何生产剥采比，记为 SR_H。从图15-28中可以看出，一般情况下，几何生产剥采比先随采场的降深而增加，在某一深度达到最大值，然后随深度的增加而减小。在矿体形态较复杂的矿山，几何生产剥采比随采场深度变化的曲线可能出现几个峰值。

从开采开始到某一深度（或时间）累计采出的废石量与矿石量之比称为累计生产剥采比，记为 SR_c。如图15-29所示，采场下降到深度 D 时的累计生产剥采比为 $SR_c = V_D/T_D$。

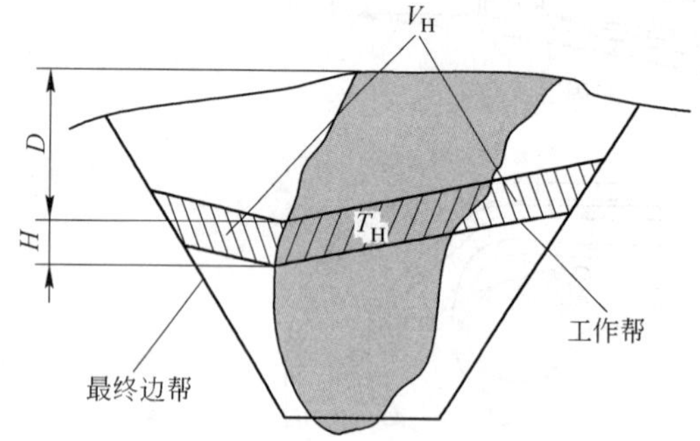

图15-28 几何生产剥采比

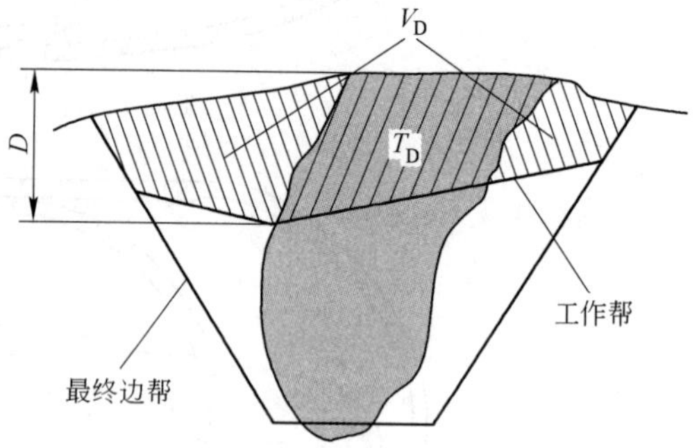

图15-29 累计生产剥采比

在编制采掘计划时，往往需考虑生产剥采比的逐年变化情况，并采取措施（如改变台阶的推进方向、调整工作线的布置方式、调整工作平盘宽度等），尽量避免生产剥采比的大幅度波动。因此，年生产剥采比是编制采掘进度计划时最常用的生产剥采比。顾名思义，年生产剥采比（记为 SR_y）是某一年内采出的废石量 V_y 与矿石量 T_y 之比，即：$SR_y = V_y/T_y$。

15.4.2 生产剥采比与工作帮坡角

工作帮坡角对生产剥采比有很大的影响。图15-30所示为矿体规整、在上盘矿岩接触带掘沟、向两侧推进时的采剥关系示意图。图中将台阶式的工作帮简化为一条直线。可以看出，当采到第三条带时，要想采出矿量 ΔT，必须剥离废石量 ΔV。在开采过程中，由于矿体规整，每一条带的矿量基本保持不变，而所需的剥岩量先是随着采场的延深而增加，生产剥采比也随着采深增加；采到第五条带（深度 H_1）时，生产剥采比达到最大值，而后逐年下降。倾角较陡的矿体的生产剥采比随采深的变化一般都符合这一规律。

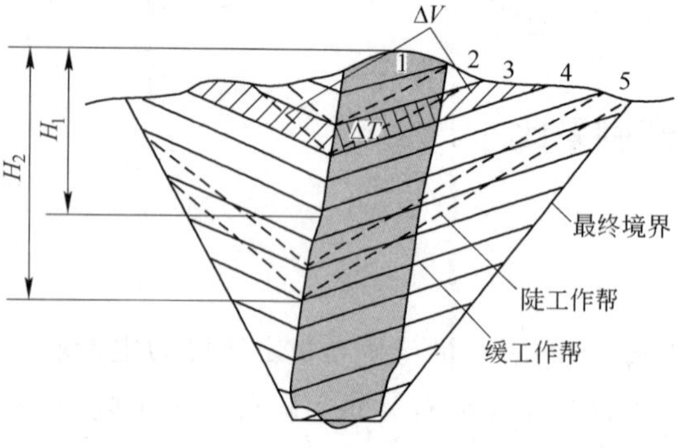

图15-30 生产剥采比-工作帮坡角关系示意图

如果采用如图15-30中虚线所示的陡工作帮，则前期的生产剥采比大大降低，剥离峰值的到来将大大推迟（推迟到深度 H_2）。因此，工作帮坡角越小，剥离高峰来得越早，前期生产剥采比越大，基建投资越高，基建周期越长。由于资金的时间价值，前期生产剥采比的增加会降低整个矿山的经济效益。所以，从动态经济观点出发，工作帮坡角应尽量大一些。

增加台阶高度或减小工作平盘宽度可以使工作帮坡角变大。然而,台阶高度受到设备规格和开采选别性的制约,没有多大的变化余地;工作平盘的宽度又必须满足采运设备所需的作业空间的要求,并保持较高的设备作业效率,可减小的幅度也非常有限(即使采用前面所述的最小工作平盘宽度,工作帮坡角仍较小)。采用组合台阶开采是提高工作帮坡角的有效方法。

组合台阶是将若干个(一般 4 个左右)台阶组成一组,划归一台采掘设备开采。这组台阶称为一个组合单元。图 15-31 所示为 4 个台阶组成的一个单元。在一个组合单元中,任一时间只有一个台阶处于工作状态,保持正常的工作平盘宽度,其他台阶处于待采状态,只保持安全平台的宽度,因此可以大大提高工作帮坡角。

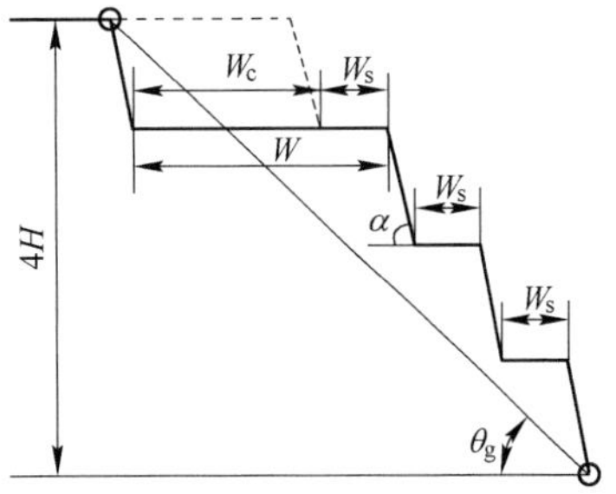

图 15-31 一个组合台阶单元示意图

假设 4 个台阶组成一个单元,台阶高度为 12m,安全平台宽度为 10m,工作平盘宽度为 40m,台阶坡面角为 70°,参照图 15-31,该单元的工作帮坡角 $\theta_g=31.78°$。如果不采用组合台阶开采,这 4 个台阶的平盘宽度均为 40m,那么该段工作帮的帮坡角为 19.2°。

组合台阶开采只有当采场下降到一定的深度后才能实现。如果采场空间允许,可以在不同区段布置多台采掘设备,同时进行组合台阶开采;也可视工作帮的高度,在同一区段垂直方向上布置多个组合单元。组合台阶开采常用于分期开采的扩帮工作。

15.4.3 生产剥采比均衡

从设备管理(包括备品备件)和生产组织的角度,生产剥采比在生产过程中的波动越小越好。这样可以保持较稳定的设备数量、备品备件的库存量、机修设施的能力以及设备操作和维护人员队伍。因此,在生产计划中常进行所谓的剥采比均衡,以得到较稳定的生产剥采比。然而,对于一定的矿体形态、最终境界和开采方式,剥采比均衡的结果往往是将剥离高峰处的岩石提前剥离。

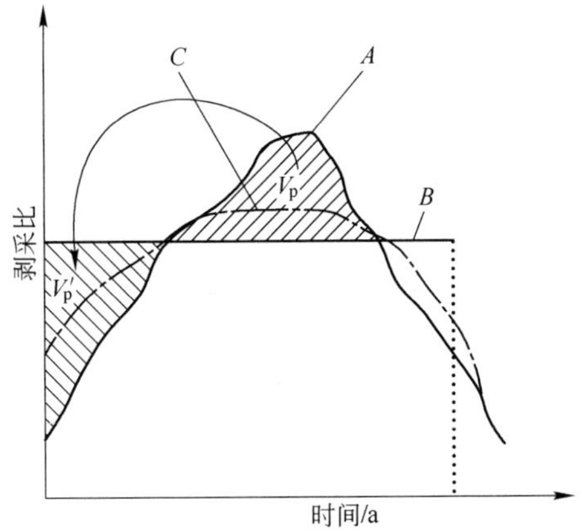

图 15-32 剥采比均衡示意图
A—未均衡剥采比曲线;*B*—极限均衡剥采比曲线;*C*—优化剥采比曲线

图 15-32 中曲线 *A* 是不进行剥采比均衡的生产剥采比随时间变化的曲线。在“极限均衡状态”,即均衡后的生产剥采比是一常数时(图中的直线 *B*),需要将高峰期的剥岩量 V_p 提前到 V_p'剥离。由于资金的时间价值,大量提前剥离会降低总体经济效益。因此,需要提前剥离所带来的经济效益损失与剥采比均衡所能带来的好处之间应进行成本 - 效益分析,以确定每年的最佳生产剥采比。这是一个生产剥采比的优化问题。优化后的生产剥采比曲线一般位于 *A* 与 *B* 之间(见图 15-32 中曲线 *C*)。

在生产实践中,常常将矿山生产寿命分为几个均衡期,在每个均衡期内将生产剥采比均衡为常数。*PV* 曲线可用于均衡生产剥采比。*PV* 曲线是矿

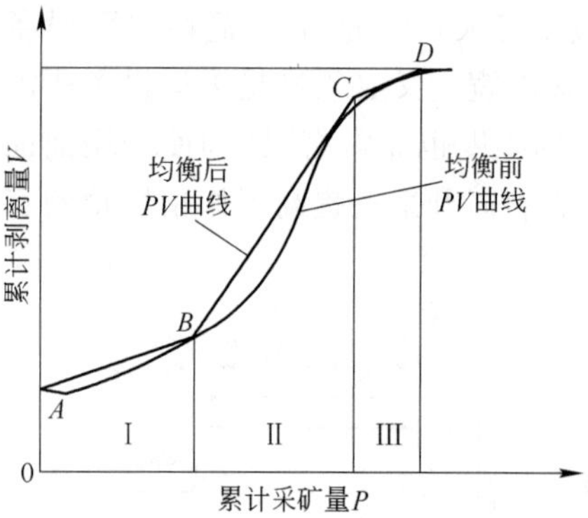

图 15-33 PV 曲线均衡剥采比示意图

山开采过程中累计采矿量和累计剥离量的关系曲线，如图 15-33 所示。PV 曲线上某点处的斜率即为开采至该点时的生产剥采比，PV 曲线斜率的变化反映了生产剥采比的变化。PV 曲线法均衡生产剥采比的一般步骤如下：

第一步：在矿山开采程序确定后，基于最大工作帮坡角（即工作平盘仅保持最小工作平盘宽度）计算出采场延深至各水平的采矿量与剥离量。

第二步：以累计矿石量为横坐标、累计剥离量为纵坐标，绘出 PV 曲线。

第三步：依据 PV 曲线变化趋势并综合考虑其他有关因素，或依据剥采比优化结果，确定均衡期。

第四步：在 PV 图上进行生产剥采比均衡。由于在生产实践中工作平盘宽度不能小于最小工作平盘宽度，实际的累计剥离量在任何时候都不能小于 PV 曲线上对应点的累计剥离量。所以，均衡后的 PV 曲线必须位于原 PV 曲线的上方。图 15-33 中折线 ABCD 是分三个均衡期的一个均衡方案，三个均衡期内的均衡生产剥采比分别为线段 AB、BC 和 CD 的斜率。往往需要比较若干个均衡方案才能得到满意的均衡结果。

利用 PV 曲线法进行生产剥采比均衡，需要在各台阶分层平面图上标出按最大工作帮坡角发展的推进线，计算采矿量与剥离量，绘图和计算很繁琐。所以，在实践中常以最大的相邻几个台阶的平均剥采比作为均衡生产剥采比进行均衡。

15.5 分期开采

工作帮沿水平方向一直推进到最终开采境界的开采方法称为全境界开采。由于工作帮坡角一般比最终境界帮坡角缓得多，所以全境界开采的初期生产剥采比高，大型深凹露天矿尤为如此。全境界开采法的缺点是基建时间长、初期投资多，因此适用于埋藏较浅、初期剥采比低、开采规模较小的矿山。

与全境界开采相对应的是分期开采。分期开采就是将最终开采境界划分成几个小的中间境界（称为分期境界），台阶在每一分期内只推进到相应的分期境界。当某一分期境界内的矿岩将近采完时，开始下一分期境界上部台阶的采剥，即开始分期扩帮或扩帮过渡，逐步过渡到下一分期境界内的正常开采。如此逐期开采、逐期过渡，直至推进到最后一个分期境界，即最终开采境界。

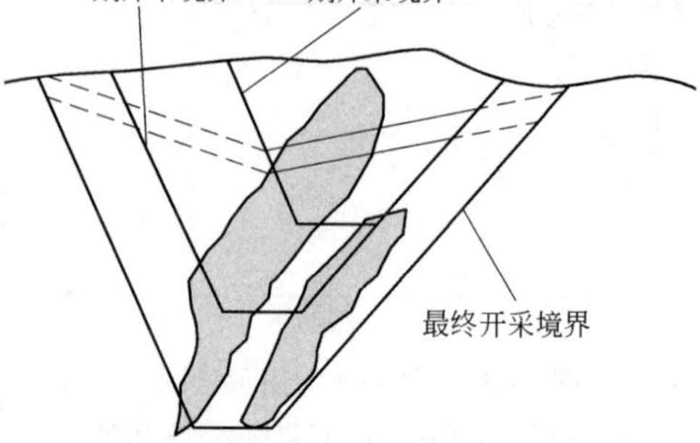

图 15-34 分期开采示意图

图 15-34 所示为分期开采示意图。从图 15-34 中可以看出，由于第一分期境界比最终境界小得多，所以初期生产剥采比大大降低，从而减小了初期投资，提高了开采的整体经济效益。

分期开采的另一个重要优点是可以降低由最终境界的不确定性所带来的投资风险。一个大型露天矿一般具有几十年的开采寿命，在进行可行性研究（或初步设计）时确定的最终境界在几十年以后才能形成。在科学技术飞速发展、经济环境不断变化的今天，几十年后的开采技术和经济环境与开采初期相比将有很大的差别，这意味着在优化开采境界时采用的技术、经济参数在一个时期后将不再适用，最初设计的最终开采境界也不再是最优境界，甚至是一个很糟糕的境界。因此，最终开采境界的设计应当是一个动态的过程，而不应是一成不变的；一开始就将台阶推进到最终境界是高风险和不明智的。

若采用分期开采，最初设计的各分期境界除第一分期境界之外都是参考性质的。在一个分期将要开采完毕向下一分期过渡时，可充分利用在开采过程中已获得的矿床地质资料和当时的技术、经济参数，对矿床未开采部分建立新的矿床模型，对未来的分期境界（尤其是下一分期境界）做更适合当时技术经济条件的优化设计。依此类推，直至开采结束。这样，大大降低了最终境界随时间的不确定性可能带来的经济损失。

分期开采对生产技术手段和管理水平要求较高，这主要体现在从一个分期向下一个分期的过渡上。分期间的过渡时间尤为重要，若过渡得太早，则会增加前期剥岩量，与分期开采的目的相悖；若过渡得太晚，因下一分期境界上部台阶没有矿石或矿石量很少，而其下部台阶还未被揭露，当前分期的开采却已经结束，从而造成一段时间内减产，甚至是停产剥离的被动局面，这是重大的生产技术事故。所以，在编制采剥计划时，必须对各分期间的过渡时间以及过渡期内的生产进行全面、周密的计划，并在实施中实行严格的生产组织管理。

分期之间的过渡时间应根据相邻分期境界的大小及形态、矿体的赋存条件与形态、矿石的品位分布、矿山的采剥生产能力、开采强度等因素综合确定。总的原则是既要确保矿山生产的连续性、满足选厂对矿石产量与质量的要求，又要避免无为的提前过渡。这一准则可用图 15-35 加以说明。

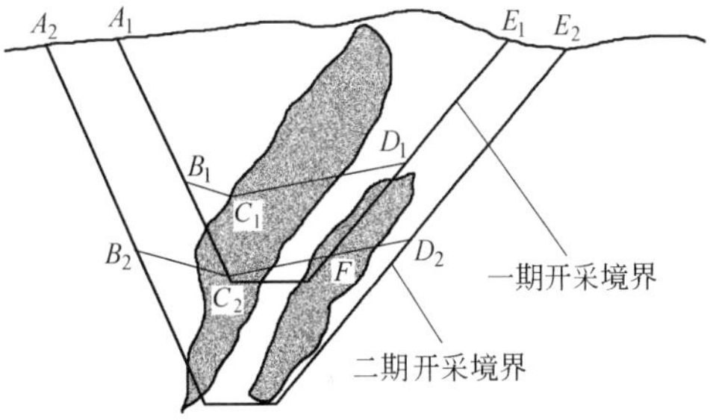

图 15-35　分期过渡示意图

当第一分期工作帮推进到 $B_1C_1D_1$ 时，开始在第二分期境界的上部（A_1A_2 和 E_1E_2）区段进行扩帮过渡。第一分期的正常开采与第二分期的扩帮过渡分别在不同水平独立作业，两者间留有较陡的工作帮。如果过渡开始时间选择得当，过渡时期的生产组织得力，第一期正常开采结束时（即工作帮推进到 C_2F 时），在区段 $A_2A_1C_2B_2$ 和 $E_1E_2D_2F$ 的扩帮工作也恰好结束，从而顺利地过渡到第二分期。这是最理想的过渡。

从理论上讲，可以利用最终帮坡角、工作帮坡角、分期境界边帮间的水平距离、开采下降速度、扩帮能力、采选生产能力等参数，通过几何推导得出扩帮开始时间。但由于大部分矿山的矿体赋存条件较为复杂、境界形态不规则等原因，纯几何计算公式的应用价值很小。实践中需要在图纸或计算机上进行扩帮过渡模拟，反复调整过渡方案，来编制扩帮计划。

分期过渡中的扩帮通常采用组合台阶开采。在不同的扩帮区段，可以根据扩帮强度、分期境界边帮间的水平距离和采场形态，灵活安排扩帮工作面，并保持较陡的工作帮坡角。图 15-36所示为在扩帮区段分两个组合单元、以组合台阶形式进行扩帮的示意图。

在某些矿山，相邻两个分期境界边帮间的水平距离较小，不能像图 15-36 所示的那样划分多个组合单元，在一个扩帮区段只能安排一个工作面自上而下进行扩帮。如果扩帮强度不够,可以在一个扩帮区段采用“尾随式”布置两个工作面,如图 15-37 所示。当然,若对扩帮强度要求低,即使可以在两分期境界边帮之间布置一个以上的组合单元,也可以只用一台电铲在一个扩帮区实施自上而下扩帮。这时,若在两个分期境界的边帮之间实行一次推进的工作面太宽,或一次推进下降的速度太慢,可以沿境界边帮段逐条带进行扩帮,即自上而下扩完一个条带后,再扩另一个条带。

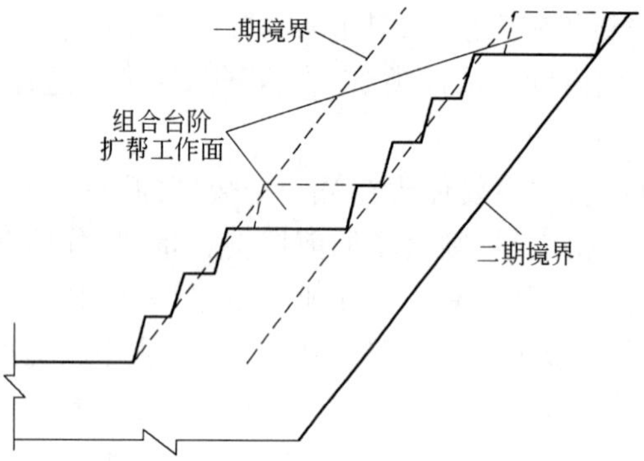

图 15-36 分期开采组合台阶扩帮示意图

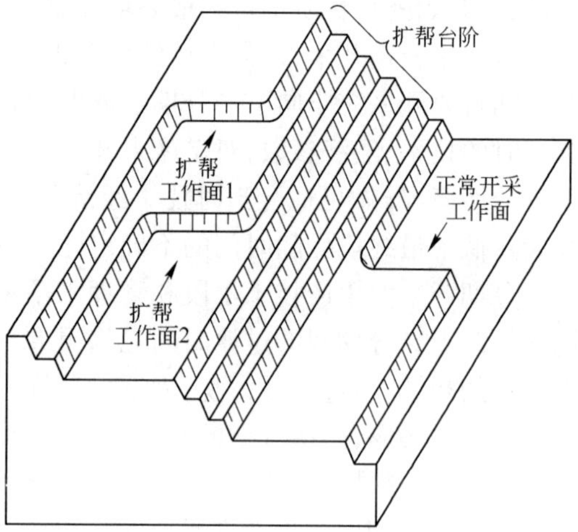

图 15-37 尾随工作面自上而下扩帮示意图

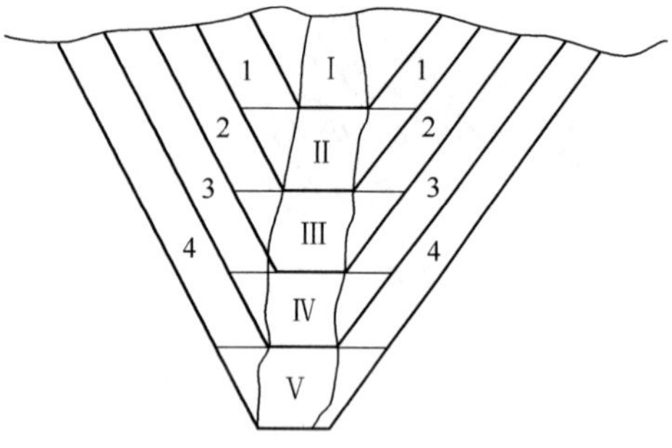

图 15-38 扩帮开采示意图

在一些矿山,由于矿体赋存条件和地形等因素,设计的分期数目多,每一分期开采时间短,扩帮是连续进行的,即在当前分期正常开采的一开始,向下一分期的扩帮工作就已经开始。这样,正常开采与扩帮始终同时进行。如图 15-38 所示,正常开采Ⅰ的同时在 1 处扩帮;正常开采Ⅱ的同时,在 2 处扩帮;依此类推。这种开采方式称为扩帮开采。

分期开采较全境界开采更符合露天矿建设与生产发展规律,在国外得到十分广泛的应用。我国一些露天矿也采用了分期开采。对分期开采的整体经济效益影响最大的 4 个要素是:最佳分期数;各分期境界的最佳位置、大小和形状;相邻分期间的最佳过渡时间;分期内和分期间的最佳开采顺序。这 4 大要素的优化是采矿优化界的一个重要研究课题。

16　露天矿生产计划

露天矿生产计划就是确定何时采什么地方和开采多少,前者即采剥计划,后者即生产能力。本章介绍生产能力的确定和采剥计划编制的一般方法,以及采剥计划和分期开采优化方法。

16.1　露天矿生产能力

露天矿生产能力指每年采出的矿石量和剥离的废石量,生产能力的确定直接影响到矿山设备的选型、设备数量、劳动力及材料需求等。从经济角度来讲,它直接影响到矿山的投资与生产经营成本。因此,生产能力是露天开采的一个重要参数。

影响露天矿生产能力的主要因素有:

(1) 矿体自然条件,即矿物在矿床中的分布、品位和储量。

(2) 开采技术条件,即开采程序、装备水平、生产组织与管理水平等。

(3) 市场,即矿产品的市场需求及其价格。

(4) 经济效益,即投资者期望的盈利能力或回报率。

16.1.1　根据储量估算生产能力

矿床自然条件是不可更改的,是确定生产能力(实际上也是确定所有其他开采参数)的基础。矿床中可采矿石储量及其品位是确定生产能力的主要影响因素。定性地讲,储量大的矿床为大规模开采提供了用武之地,因此生产能力也高。另一方面,低品位矿床只有达到足够的规模才能实现可接受的投资回报率,即所谓的规模效益。在粗略估算露天矿生产能力时,常采用经验公式——泰勒公式计算:

$$t = 6.5\sqrt[4]{R} \tag{16-1}$$

$$P_a = \frac{R}{t} \tag{16-2}$$

式中　t——矿山服务年限,a;

R——矿床可采矿石储量,Mt;

P_a——矿石年产量,Mt/a。

国内外一些矿山的设计生产能力与泰勒公式计算值结果的对比见表16-1,应用公式计算时,矿山服务年限取整数。

16.1.2　根据开采技术条件验证生产能力

开采技术条件是可变的,开采程序设计、设备选型以及组织与管理均是由人来完成的。

表 16-1 一些矿山当年的设计生产能力与泰勒公式计算值结果的对比

矿山名称	可采储量/Mt	设计能力/$Mt \cdot a^{-1}$	泰勒公式计算值/$Mt \cdot a^{-1}$
美国双峰铜矿	447	13.7	14.90
加拿大卡罗尔铁矿	2000	49.0	46.51
加拿大赖特山铁矿	1800	44.5	42.85
澳大利亚纽曼山铁矿	1400	40.0	35.00
前苏联南部采选公司	1445	30.5	36.12
前苏联朱哈依洛夫矿	233.7	10.0	9.35
中国南芬铁矿	340	10.0	12.14
中国大孤山铁矿	180	6.0	7.50
中国白云鄂博东矿	172.2	6.0	7.18

由于人为因素的影响，在相同的自然条件下，矿山可能达到的生产能力会有较大的差别。一些矿山达不到设计生产能力，其主要原因是开采程序不合理或生产组织与管理不善，未能发挥出生产潜能。在给定的自然条件下，开采技术条件决定了露天矿可能达到的生产能力。

开采技术条件对生产能力的作用体现在矿山工程延深速度和台阶水平推进速度。露天矿可能达到的生产能力与垂直延深速度的关系为：

$$P_a = \frac{v_h}{H} T_b \eta (1 + \rho) \tag{16-3}$$

式中 v_h——矿山延深速度，m/a；

H——台阶高度，m；

T_b——有代表性的台阶矿量，Mt；

η——矿石回采率；

ρ——废石混入率。

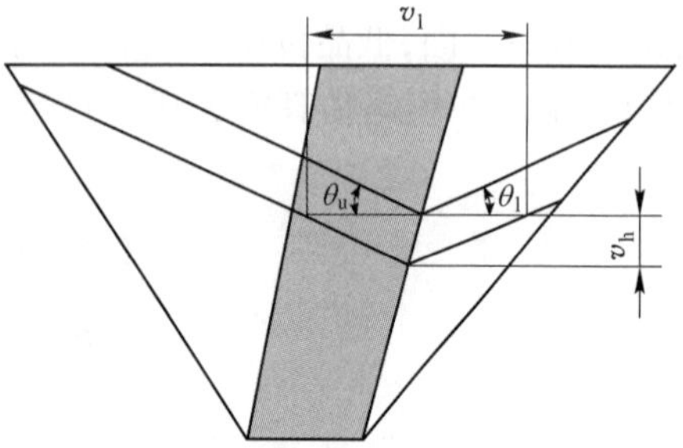

图 16-1 采场延深速度与台阶水平推进速度关系

露天采场的垂直延深速度需要相应的台阶水平推进速度来保证，当采用位于矿体下盘矿岩接触带的移动坑线布置时，如图 16-1 所示，延深速度与水平推进速度之间的关系为：

$$v_l = v_h (\cot\theta_u + \cot\theta_l) \tag{16-4}$$

式中 v_l——台阶水平推进速度；

θ_u, θ_l——上、下盘工作帮坡角。

从第 15 章内容可知，采场延深速度还取决于掘沟速度。

露天矿可能达到的延深速度和水平推进速度最终取决于可能布置的挖掘机数量及挖掘机的台班工作效率。可能布置的挖掘机总数决定了矿岩总生产能力，其中，可能布置的采矿挖掘机数量决定了矿石生产能力。一个台阶可能布置的挖掘机数量 N_s 为：

$$N_s = \frac{L_b}{L_c} \tag{16-5}$$

式中　L_b——一个台阶的工作线长度；

L_c——一台挖掘机正常作业所需的工作线长度(即采区长度)。

若 L_b 为一个台阶的采矿工作线长度,则 N_s 为一个台阶上可能布置的采矿挖掘机数量。

对于产状较为规整且较厚的倾斜矿体,可参照图 16-2 用下式估算可能同时采矿的台阶数 N_b:

$$N_b = \frac{B}{1 \pm \tan\theta\cot\gamma} \cdot \frac{1}{W + H\cot\alpha} \tag{16-6}$$

式中　B——矿体水平厚度；

W——工作平盘宽度；

H——台阶高度；

θ——工作帮坡角；

γ——矿体倾角；

α——台阶坡面角。

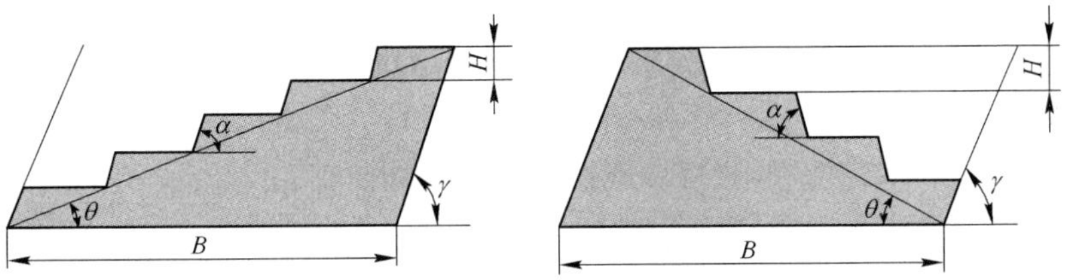

图 16-2　同时采矿台阶数示意图

由下盘向上盘推进时,第一项分母为“+”,由上盘向下盘推进时,第一项分母为“-”。

露天矿可能达到的生产能力为:

$$P_a = N_s N_b q \tag{16-7}$$

式中　N_s——一个台阶可能布置的采矿挖掘机数；

q——挖掘机台年生产能力。

值得指出的是,矿石生产能力必须由与之相适应的废石剥离能力来保证,因此,有必要依据可能布置的总挖掘机台数和生产剥采比验证矿岩总生产能力;依据上述开采技术条件对生产能力的检验只是初步验证,生产过程中是否能够达到所确定的生产能力,要靠详细的采掘计划做最后验证。

16.1.3　市场与经济效益对生产能力的影响

在较发育的市场经济环境中,矿山企业的产品(原矿、精矿或金属)也像其他工业产品一样,要在市场上出售。在确定一个矿山的生产能力时,必须考虑其产品的市场价格和市场对矿产品的需求。对于绝大多数矿产品来说,其产品是具有竞争性的,即市场对矿产品的总需求量远远高于任何一个矿山企业的产量,单个矿山产量的大小不会影响其产品的市场价格。因此,矿产品的市场价格通常被看做已知数,价格对矿山生产能力的影响是通过经济效益间接起作用的。

市场对一个给定矿山的生产能力的直接约束,体现在其对该矿山所生产产品的需求(即产品销路)上。大部分矿山企业有自己较为稳定的长期客户、短期客户和潜在客户。在确定生产能力时,应对矿产品的近、远期销路做深入的分析评价,以使矿山产品能以正常的市场价格全部出售。我国现时许多金属矿山企业还未以独立竞争者的身份进入市场,而是作为冶金公司的下属企业为本公司提供矿石。因此,我国大部分矿山的生产能力现时主要考虑上级公司对矿石的需求。

一个在市场上独立竞争的矿山企业,其生产经营的主要目标是获得最大经济效益。从动态经济角度评价矿山企业经济效益的常用指标,是矿山寿命期内能实现的总净现值 NPV。

$$NPV = -PV_{out} + PV_{in} \tag{16-8}$$

式中 PV_{out}——矿山投资产生的负现值;

PV_{in}——矿山经营获得的正现值。

$$PV_{out} = \sum_{i=0}^{n-1} \frac{C_i}{(1+d)^i} \tag{16-9}$$

$$PV_{in} = \sum_{j=m}^{N} \frac{F_j}{(1+d)^j} \tag{16-10}$$

式中 n——基建期,a;

C_i——第 i 年的基建投资(投资一般按发生在年初计算);

d——折现率;

N——包括基建期在内的矿山寿命;

m——开始有销售收入的年份;

F_j——第 j 年的净现金流量,即第 j 年的销售收益减去生产经营成本和税收的余额(收益一般按发生在年末计算)。

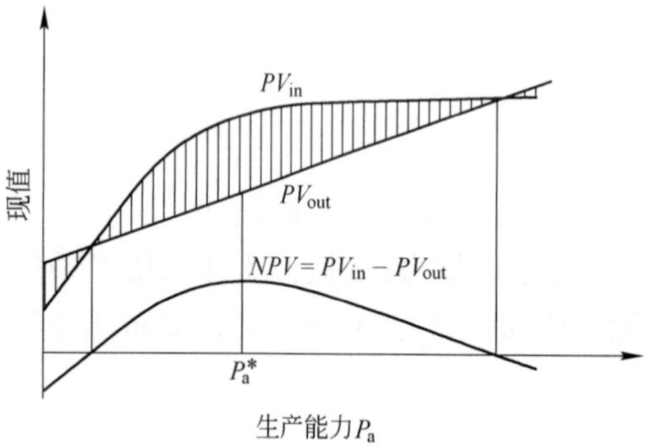

图 16-3 NPV 与生产能力关系示意图

随着生产能力的增加,基建投资增加,PV_{out}随之增加;然而,生产能力的增加会提高年销售收入,并在一定的生产能力范围内使单位生产成本降低,所以各年的现金流量 F_j 也随生产能力增加而增加,导致 PV_{in} 的增加。PV_{out}、PV_{in}和 NPV 与生产能力的关系如图 16-3 所示。

从图 16-3 中可以看出,生产能力太低时,由于正现值 PV_{in} 太小,不足以抵消负现值 PV_{out},NPV 为负。如果生产能力太高,由于投资太大而导致负现值 PV_{out}大于正现值 PV_{in},NPV 也为负。因此,对于给定的可采储量及其品位,存在一个使矿山总经济效益 NPV 最大的矿山生产能力 P_a^*,即最优生产能力。

需要指出的是,采场的矿石生产能力一般被设计为不变的常数。由于受市场及矿物品位在矿床中的分布特点的影响,恒定不变的矿石生产能力不一定是使矿床总开采效益 NPV 最大的最佳选择。从纯经济角度来讲,生产能力的确定应是找出使总 NPV 最大的每一生产时期的生产能力。

16.2 全境界开采的采掘进度计划编制

采掘进度计划编制是露天矿设计中一项十分重要的工作。采掘进度计划是指导露天矿正常生产和获得尽可能高的经济效益的关键。本节只对采用全境界开采时采掘进度计划编制的一般方法与步骤做简要介绍。

16.2.1 采掘进度计划的编制目标与分类

编制采掘进度计划的总目标是确定一个技术上可行的、能够使矿床开采的总体经济效益达到最大的、贯穿于整个矿山开采寿命期的矿岩采剥顺序。矿床开采的总体经济效益最大,从动态经济观点出发,即是使矿床开采中实现的总净现值 *NPV* 最大。技术上可行是指采掘进度计划必须满足一系列技术上的约束条件,主要包括:

(1) 在每一个计划期内为选厂提供较为稳定的矿石量和入选品位。

(2) 每一计划期的矿岩采剥量应与可利用的采剥设备的生产能力相适应。

(3) 各台阶水平的推进必须满足正常生产要求的时空发展关系,即最小工作平盘宽度、安全平台宽度、工作台阶的超前关系、采场延深与台阶水平推进的速度关系等。

依据每一计划期的时间长度和计划总时间跨度,露天矿采掘计划可分为长远计划、短期计划和日常作业计划。

长远计划的每一计划期一般为 1 年,计划总时间跨度为矿山整个开采寿命。长远计划是确定矿山基建规模、不同时期的设备、人力和物资需求、财务收支和设备添置与更新等的基本依据,也是对矿山项目进行可行性评价的重要资料。长远计划基本上确定了矿山的整体生产目标与开采顺序,并且为制定短期计划提供指导。没有长远计划的指导,短期计划就会没有“远见”,出现所谓的“短期行为”,造成采剥失调,损害矿山的总体经济效益。

短期计划的一个计划期一般为 1 个季度,其时间跨度一般为 1 年。短期计划除考虑前述的技术约束外,还必须考虑诸如设备位置与移动、短期配矿、运输通道等更为具体的约束条件。短期计划既是长远计划的实现,又是对长远计划的可行性的检验。有时,短期计划会与长远计划有一定程度的出入。例如,在做某年的季度采掘计划时,为了满足每一季度选厂对矿石产量与品位的要求,4 个季度的总采剥区域与长远计划中确定的同一年的采剥区域不能完全重合。为了保证矿山的长远生产目标的实现,短期计划与长远计划之间的偏差应尽可能地小。若偏差较大,说明长远计划难以实现,应对之进行适当调整。

日常作业计划一般指月、周、日采掘计划,它是短期计划的具体实现,为矿山的日常生产提供具体作业指令。

我国矿山设计院为新(或扩建)矿山做的采掘进度计划属于上述的长远计划。生产矿山编制的计划一般分为 5 年(或 3 年)规划、年计划、季计划和月计划。本节只介绍矿山设计中长远计划的编制。

16.2.2 编制长远采掘进度计划的一般方法

编制采掘进度计划的基础资料主要有:

（1）地表地形图。图上绘有矿区地形等高线和主要地貌特征。图纸比例一般为1:1000或1:2000。

（2）台阶分层平面图。图上绘有每一台阶水平的地质界线（包括矿岩界线）和最终境界线。图纸比例一般为1:1000或1:2000。

（3）分层矿岩量表。表中列出每一台阶水平在最终境界线内的矿石量和废石量。表16-2是一矿岩量表的示例。

（4）开采要素。包括台阶高度、采掘带宽度、采区长度和最小工作平盘宽度、运输道路要素（宽度、坡度、转弯半径）等。

（5）台阶推进方式、采场延深方式、掘沟几何要素及新水平准备时间。

（6）挖掘机数量及其生产能力。

（7）选厂生产能力、入选品位及其他。

表16-2　矿岩量表

台阶/m	矿石量						废石量		矿岩量合计	
	富矿		贫矿		合计					
	Mm^3	Mt	Mm^3	Mt	Mm^3	Mt	Mm^3	Mt	Mm^3	Mt
地表~140							0.415	1.079	0.415	1.079
140~125	0.980	3.332	0.463	1.297	1.443	4.629	2.044	5.314	3.487	9.943
125~110	0.867	2.948	0.905	2.549	1.772	5.497	3.043	7.911	4.815	13.407
110~95	0.885	3.006	1.266	3.559	2.151	6.565	3.983	10.356	6.134	16.921
95~80	0.922	3.134	1.688	4.746	2.609	7.880	4.766	12.392	7.375	20.273
80~65	0.711	2.417	2.109	5.887	2.820	8.304	5.210	13.545	8.030	21.849
65~50	0.468	1.592	2.191	6.019	2.660	7.651	4.962	12.901	7.622	20.552
50~35	0.584	1.985	2.328	6.414	2.912	8.399	4.471	11.625	7.383	20.023

编制采掘进度计划从第一年开始，逐年进行。主要工作是确定各台阶在各年末的工作线位置、各年的矿岩采剥量和相应的挖掘机配置，可归纳为以下几个步骤：

第一步：在分层平面图上逐水平确定年末工作线位置。根据挖掘机的年生产能力，从露天矿上部第一个台阶分层平面图开始，逐台阶在图纸上画出年末工作线的位置，求出挖掘机在所涉及的台阶上的采掘量，并计算本年度的矿岩采剥量及矿石平均品位。然后检验所涉及各台阶水平的推进线位置与矿岩产量及矿石品位是否满足前述的各种约束条件；若不满足，则需要对年末推进线的位置做相应调整，重新计算，直到找到一个满足所有约束条件的可行方案。可以看出，这是一个试错过程，某一年的年末工作线的最终位置往往需要多次调整才能得以确定。借助于计算机辅助设计软件可以加速这一过程。

第二步：确定新水平投入生产的时间。露天矿在开采过程中上下两个相邻台阶应保持足够的超前关系，只有当上台阶推进到一定宽度，使下一个台阶水平暴露出足够的作业面积后，才能开始向下个水平掘沟。在上台阶采出这一面积所需的时间即为下台阶滞后开采的时间。多台阶同时开采时，应注意各工作台阶上推进速度的互相协调。在生产过程中，有时在上台阶水平的局部地段，因运输条件或其他因素的制约，会影响下台阶水平工作线的推进。一旦条件允许，应迅速将下台阶工作线推进到正常位置，以免影响整个矿山的发展程序。

第三步：编制采掘进度计划表。从以上两步的结果可以得出各台阶水平的采剥量、挖掘机配置及挖掘机在各水平的起止作业时间。将这些数据绘制成采掘进度计划表。表 16-3 是基于表 16-2 中矿岩量的采掘进度计划表的局部，表中三个数字相加代表：富矿 + 贫矿 + 岩石（万 m^3）。

表 16-3 采掘进度计划表（局部）

工作水平	工作内容	铲号	1965	1966	1967
地表～140	剥岩	N_1	0+0+18=18	0+0+23.5=23.5	
140～125	路堑 采剥	N_2 N_3 N_2	3.2+0.7+29=32.9 1.3+1.7+16.3=19.3	25+10.5+44.5=80	38.8+14.5+52.5=105.8
125～110	路堑 采剥	N_4 N_4 N_5		0.2+2+28.3=30.5 0+2.1+11.4=13.5	0+0+4.5=4.5 24.3+19.8+37.1=81.2
110～95	路堑 采剥	N_1 N_1 N_6			0+0+40=40 0+5.4+19.5=24.9

		1965		1966		1967	
单位		万m^3	万吨	万m^3	万吨	万m^3	万吨
矿石	富矿	4.5	15.3	25.2	85.7	63.1	214.5
	贫矿	2.4	6.7	14.6	40.9	39.7	111.2
	小计	6.9	22.0	39.8	126.6	102.8	325.7
岩石		63.3	164.6	107.7	280.0	153.6	399.4
矿岩合计		70.2	186.6	147.5	406.6	256.4	725.1
剥采比	体积比	9.2		2.7		1.50	
	重量比	7.5		2.2		1.23	
电铲台数		3		5		6	

第四步：绘制露天矿采场年末综合平面图。采场年末综合平面图是以地表地形图和分层平面图为基础，将各水平年末推进线、运输线路等加入图中绘制而成的。图上有坐标网、勘探线、采场以外的地形和矿岩运输线路、已揭露的矿岩界线、年末各台阶的推进位置、采场内运输线路等。该图一般每年绘制一张。从某一年末的采场综合平面图上可以清楚地看到该年末的采场现状。图 16-4 所示为一个年末的采场综合平面图示例。

采掘进度计划表和采场年末综合平面图组成了露天矿采掘进度计划的编制成果，是露天矿生产的指导性文件。在实际生产中，由于品位储量估算和矿体圈定的误差、技术经济条件的变化以及不可预料情况的发生，常常需要定期或不定期地对原采掘进度计划加以修改。

图 16-4 年末采场综合平面图示例

16.3 分期开采的采掘进度计划编制

假设某矿分 6 个分期开采,各分期境界的一个剖面如图 16-5 所示。编制长远采掘计划的一般步骤如下：

第一步：依据分期境界，计算每个分期在各台阶水平的矿石量和废石量。前三个分期的矿石量和废石量见表 16-4。

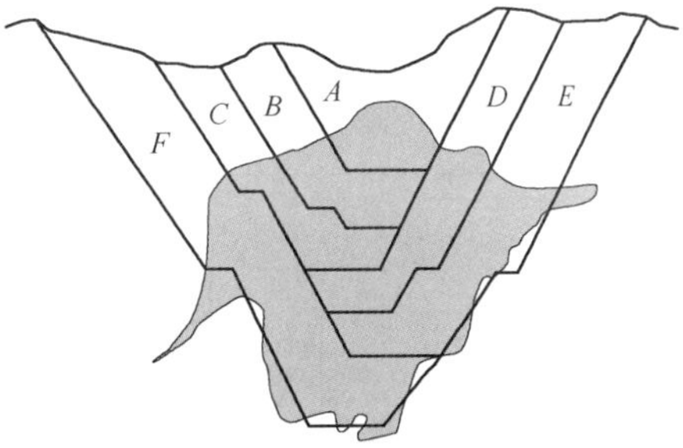

图 16-5 分期境界剖面示意图

第二步：绘制开拓矿量与累计剥岩量曲线。为简单起见，假设对每一分期境界内的矿石进行依次开采，即一个分期的矿石全部采完后开始采下一个分期的矿石。从表 16-4 可以看出，当分期境界 *A* 上部五个台阶的覆岩（共 1500 万吨）被剥离后，即可开采下边三个台阶上的矿石（共 270 万吨），此时称这 270 万吨矿量为已开拓矿量。设开始采矿的时间为矿山项目的时间零点，矿石生产能力为 250 万吨/a，那么分期 *A* 境界内矿石将在约 1.1 年后被采完，三个矿石台阶上的废石（共 90 万吨）同时被剥去。这一时期内开拓矿量由 270 万吨降至 0（见图 16-6a 中第一个锯齿），累计剥岩量为 1590 万吨（见图 16-6b 中标有 *A* 的部分）。为了保持选厂生产的连续性，在分期 *A* 的矿石采完时，必须将分期 *B* 内的矿量开拓出来（即剥去其上部四个台阶上 550 万吨的废石）。因此，在分期 *B* 开始采矿时，开拓矿量为 310 万吨，累计剥岩量为 2140 万吨（1590 + 550）。在分期 *B* 开采过程中，开拓矿量以 250 万吨/a 的速率被采出，同时采出矿石台阶上的废石（100 万吨）。分期 *B* 的开拓矿量变化如图 16-6a 中第二个锯齿所示，分期 *B* 内的剥岩量如图 16-6b 中标有 *B* 的部分所示。从时间 0 到分期 *B* 末的累计剥岩量为 2240 万吨。依此类推，可以得出全部 6 个分期的开拓矿量变化曲线和保持 250 万吨矿石年产量所要求的最小累计剥岩量曲线。

表 16-4 分期矿岩量表示例 （Mt）

台阶/m	分期 *A*		分期 *B*		分期 *C*	
	废石量	矿石量	废石量	矿石量	废石量	矿石量
1165	1.5					
1150	3.2					
1135	5.0		0.2		0.4	
1120	3.8		1.8		1.5	
1105	1.5		2.0		1.8	
1090	0.4	1.0	1.5		2.2	
1075	0.3	0.9	0.4	0.9	1.6	
1060	0.2	0.8	0.3	0.9	0.3	1.0
1045			0.2	0.7	0.5	2.0
1030			0.1	0.6	0.8	2.2
1015					0.3	1.7
1000					0.1	0.7
合 计	15.9	2.7	6.5	3.1	9.5	7.6

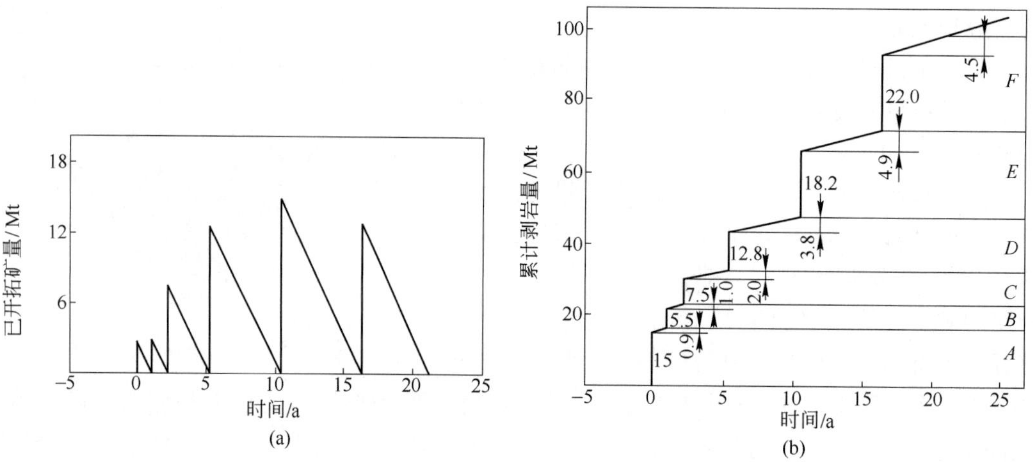

图 16-6 已开拓矿量和累计剥岩量曲线

(a) 已开拓矿量随时间的变化曲线;(b) 最小累计剥岩量随时间的变化曲线

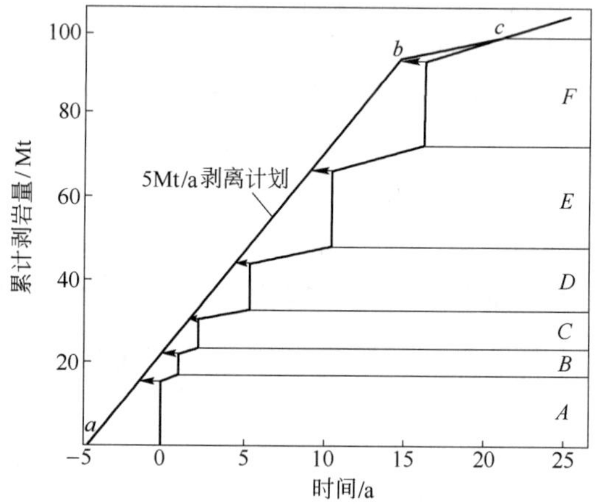

图 16-7 5Mt/a 剥离计划与最小累计剥岩量

第三步:试拟一个剥岩计划。最简单的剥岩计划是在满足图 16-6b 中所示的最小累计剥岩量要求的条件下,每年剥离相同的岩石量。这样一个计划可用位于最小累计剥岩量曲线上方的一条直线表示(见图 16-7 中 *abc*)。直线 *abc* 代表的剥岩计划包括 4 年(-4~0 年)基建剥岩(即开始采矿前的剥岩),-4~15 年间(*ab* 段)的年剥岩量为 500 万吨。第 15 年后,只剩下最后一个分期境界内与矿石位于相同台阶上的岩石,这部分岩石将随矿石台阶的推进被剥离(*bc* 段)。根据这一计划,第一分期的 1500 万吨覆岩在开始采矿一年前(-1 年)被剥完,即第一分期的矿石被提前一年开拓出来。此后各分期的矿石均被提前一定时间开拓出来,提前的时间长度如图 16-7 中水平箭头所示。在实际生产中,有时会遇到矿量不足(即模型或分层平面图圈定的矿量大于实际矿量)、意外事故及生产组织欠佳等不可预见情况,可能造成矿石生产满足不了选厂要求,甚至出现选厂停产。为了保证矿石供应,在计划时适当地提前剥离是必要的。但提前剥离意味着资金的提前投入,会降低矿山项目的总 *NPV*,因此提前剥离的时间不宜太长。

第四步:绘制采剥计划年末推进线。依据试拟计划中每年的剥岩量与采矿量,在分层平面图上确定满足计划采剥量的开采区域,绘出年末台阶推进线。在这一过程中,需要考虑台阶超前关系、运输道路布置等约束条件。有时由于某些条件的制约,某年(或某几年)的矿石产量难以在图纸上实现,需要对试拟计划进行适当调整。因此,年末推进线的绘制过程是对上一步试拟的采剥计划的检验与实现。

通过上述步骤得到的仅仅是一个可行的采掘计划。为了找到较好的采掘计划,需要拟定多个计划方案(如在不同时期采用不同的剥岩速度、不同的超前时间等),进行经济比较后从中选出最佳者。

16.4 全境界开采的采剥计划与生产能力同时优化

如上所述，编制采剥进度计划就是针对选定的矿石年生产能力和生产剥采比，确定每年末工作帮的推进位置。然而，矿石、废石生产能力和推进位置对矿山的生产效益均有重要影响，都是需要优化的参数。因此，本节中“采剥计划优化”指对这些参数的同时优化，回答的问题是每年开采多少矿石、剥离多少岩石、采剥什么区段最好，而“最好”的标准是总净现值最大。本节介绍能够达到这一优化目的的动态排序法优化原理和模型，该方法的基础数据是品位块状模型、地表标高块状模型以及经济评价需要的相关技术经济参数。

16.4.1 优化定理

确定了最终开采境界后，露天开采就是从现状地表地形开始，按工作帮坡角逐台阶推进和延深，最后到达开采境界的过程。因此，采剥计划优化的本质可以归结到在最终开采境界内确定每年末工作帮应该推进到的位置，以使总净现值最大。因为一旦确定了每年末工作帮的最佳位置，每年剥离的废石量、开采的矿石量、所采剥的区段也就随之而定。

对于给定的最终开采境界，其内每年都有多个位置、形状、大小不同的区段可供开采，使工作帮推进到不同的位置，形成不同的年末采场形态，问题是采哪个区段最好。以第一年为例，假如考查该年可能的采剥总量为 200 万吨、250 万吨和 300 万吨。对于 200 万吨的采剥量，在该境界内接近地表处有无数个区段具有 200 万吨的采剥量，那么，究竟开采哪个区段呢？既然考虑 200 万吨的采剥量，即使不进行经济核算，也自然会想到：最好是开采所有采剥量为 200 万吨的区段中含有用矿物量最大者。对 250 万吨和 300 万吨也是如此。以后各年也类似。因此，优化的基本思想是：首先对于一系列的采剥量找出对每一采剥量而言含有用矿物量最大的区段，作为候选开采区段；然后对这些候选区段进行动态经济评价，确定每年开采的最佳区段。

定义 在最终境界内，如果一个采剥量为 P、以工作帮坡角 β 开采的区段，所含有的有用矿物量是所有采剥量和工作帮坡角相同的区段中的最大者，该区段称为对于 P 和 β 的地质最优开采体，用 P^* 表示。

如图 16-8 所示，假设在最终境界 V 内以一定的采剥量增量找出 5 个地质最优开采体，前 4 个记为 $P_1^* \sim P_4^*$，最后一个就是最终境界 V。在最终境界内编制采剥进度计划时，这些地质最优开采体就是每年考虑推进到的不同候选位置。例如：第一年可能推进到 P_1^* 或 P_2^*；如果选择了 P_1^*，第二年推进的候选位置可能是 P_2^* 或 P_3^*，如果第一年选择了 P_2^*，第二年推进的候选位置可能是 P_3^* 或 P_4^*；当然，无论用几年采完，最后一年只能推进到最终境界 V。

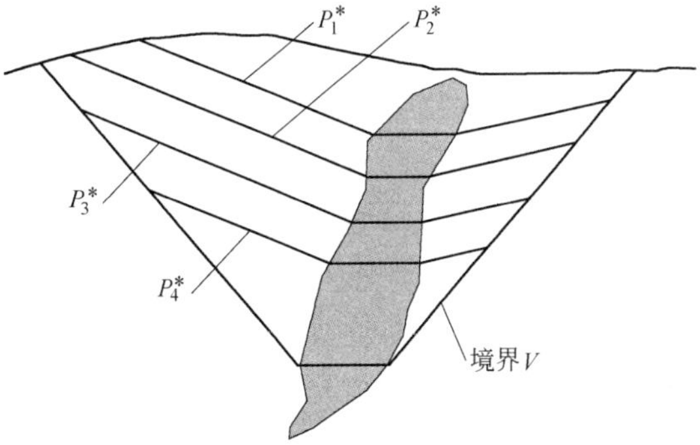

图 16-8 最终境界及其内的地质最优开采体序列示意图

这样,在一个最终境界内编制采剥进度计划,就转换成为一个“确定每一年推进到哪个地质最优开采体”的问题了。由于开采过程是采场逐年扩大、延深的过程,所以,作为采剥进度计划候选推进位置的地质最优开采体必须是“嵌套”关系,即小的被嵌套在大的里面。

那么,以境界中的地质最优开采体序列作为采剥进度计划的候选推进位置,是否就能保证不遗漏总净现值最大的计划方案呢?以下定理给出了肯定的答案。

假设1:对所开采的矿产品来说,市场具有完全竞争性,即一个矿山生产的矿产品量不会影响该矿产品的市场价格。

假设2:在矿床范围内,采剥的位置对现金流的影响相对于采、剥量对现金流的影响来说很小,可以忽略不计。

假设3:所开采的矿产品市场是相对稳定市场,真实价格上升率(除去通货膨胀的上升率)不高于可比价格条件下的最小可接受的投资收益率,后者是净现值计算中的折现率。

定理16-1 令$\{P^*\}_N$为开采境界V内按大小升序排列的地质最优开采体序列,序列中的开采体数为N,P_1^*为最小开采体,P_N^*为最大开采体(即开采境界V)。如果相邻开采体之间的矿岩量增量足够小,且$\{P^*\}_N$是完全嵌套序列。那么在满足假设1、假设2和假设3的条件下,在境界V内使总净现值最大的最优采剥进度计划必然是$\{P^*\}_N$的一个子序列。

定理中的“完全嵌套序列”是指序列中的每个开采体都被比它大的开采体完全包含。

定理中$\{P^*\}_N$的“子序列”是指这样一个序列$\{P^*\}_M$,$\{P^*\}_M$中的每一个开采体P_i^*($i=1,2,\cdots,M$)都存在于母序列$\{P^*\}_N$中,显然,$M \leqslant N$。该定理说明,一个境界内任意一年的最佳推进位置必然是该境界内的地质最优开采体序列中的某一个。

16.4.2 地质最优开采体序列的产生

依据以上优化思路和定理,采剥进度计划的优化首先需要在最终境界内产生一系列嵌套的地质最优开采体。产生多少个、相邻开采体之间的矿岩量的增量多大,可以根据境界内的矿石储量、废石量和要求的分辨率预先确定。例如,对于某个矿山,所设计的境界内有3000万吨的矿石和6000万吨的废石,矿岩总量为9000万吨,平均剥采比为2。根据对各种条件的分析,要考虑的年矿岩生产能力最小不会小于400万吨,最大不超过1000万吨,两者之间以50万吨为增量就可满足生产能力的分辨率要求。那么,需要产生的地质最优开采体序列中,最小开采体的矿岩量为400万吨、最大者为境界本身(即9000万吨),相邻两个开采体之间的矿岩量增量为50万吨,共需产生172个开采体(不计境界本身)。

产生地质最优开采体序列的基本思路是从境界V(即最大开采体P_N^*)开始,从境界所包含的模块中剔除总量等于设定的矿岩量增量且平均品位最低的模块集,就得到序列中倒数第二个地质最优开采体P_{N-1}^*。由于剔除的是品位最低(含矿物量最少)的部分,得到的P_{N-1}^*肯定是在所有相同大小的开采体中含矿物量最大者,即它是一个地质最优开采体。然后从新得到的开采体P_{N-1}^*中剔除总量等于设定的矿岩量增量且平均品位最低的模块集,就得到开采体P_{N-2}^*。依此类推,直到境界中剩余的矿岩量小于或等于设定的最小开采体P_1^*的采剥量。

在剔除过程中必须保持开采体的帮坡角不大于给定的最大允许工作帮坡角。因此,不能按单个模块来考查剔除对象,必须考查以最大工作帮坡角为锥面与水平面的夹角的正锥体。以二维模型为例,假设开采境界如图 16-9 所示,模块为长方形,其高度等于台阶高度,共有 20 个模块柱。如在第 14 章第 14.5 节所述,用块状模型表示境界,就是把每一个与境界帮坡相交的模块柱的底部标高设置为该模块柱中心处境界帮坡的标高,把每一个模块柱的顶部标高设置为该模块柱中心处的地表标高。在模块柱的底部和顶部会出现"非整块"的模块(一个模块的一部分)。这样,可以使以块状模型表述的境界的帮坡角和地表地形与实际帮坡角和地表地形达到最大限度的一致。

设最大允许工作帮坡角为 β。如果要剔除某一模块 B,就必须把顶点位于该模块中心的锥体(如图 16-9 中虚线所示)内的所有模块也剔除,否则就会形成陡于工作帮坡角的工作帮。

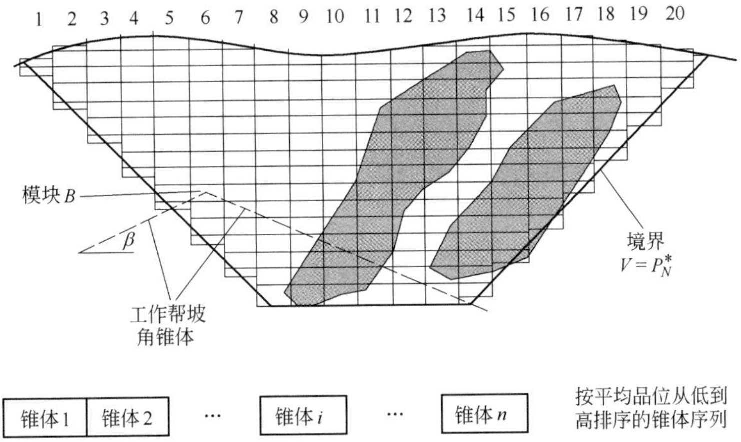

图 16-9 产生地质最优开采体的动锥删除过程示意图

参照图 16-9,产生地质最优开采体序列的算法如下:

第一步:构造一个锥壳与水平面的夹角为 β 的、足够覆盖 X-Y 水平面上境界范围的正锥锥壳模板(关于锥壳模板,参见第 14 章第 14.3.2 节)。

第二步:确定要考虑的最小和最大年采剥总量及其增量(步长),年采剥总量的增量即为相邻开采体之间的矿岩增量,简称开采体增量,记为 ΔP。

第三步:当前开采体为最终境界,即 $P_N^* = V$。

第四步:取当前开采体范围内的第 1 模块柱,即 $i = 1$。

第五步:考虑当前模块柱 i 在当前开采体内最低的模块(即从下数第一个中心标高高于该处当前开采体标高的模块)。

第六步:把锥体顶点置于该模块的中心,找出落入锥体内的所有模块(整块和非整块),计算锥体的平均品位和矿岩量(如何计算参见第 14 章第 14.5.2.1 节)。如果锥体的矿岩总量不大于开采体增量 ΔP,把锥体按平均品位置于锥体序列中;否则,该锥体弃之不用。

第七步:如果当前模块柱不是当前开采体范围内的最后一个模块柱,取下一个模块柱,即令:$i = i + 1$,回到第五步;否则,转入下一步。

第八步:至此,当前开采体范围内的所有模块柱被"扫描"了一遍,得到了 n 个按平均品位从低到高排序的锥体序列。从序列中找出前 m $(m \leqslant n)$ 个锥体的"联合体"(联合体中不包括任何重复模块)，使联合体的矿岩总量约等于开采体增量 ΔP。

第九步：把联合体中的模块从当前开采体中删除，就得到了一个新的开采体。删除联合体中一个锥体就是把受其影响的模块柱的底部标高提升到该模块柱处锥壳的标高。以这一新开采体为当前开采体，如果其矿岩总量大于最小年采剥总量，回到第四步，产生下一个更小的开采体；否则，算法结束。

在以上算法中，由于从当前开采体中删除的是平均品位最低(含矿物量最少)的锥体联合体，所以剩余部分最有可能是具有相同矿岩量的开采体中含矿物量最多的开采体，即地质最优开采体。又由于每一个新的(更小的)开采体是从当前开采体中去除一部分得到的，所以所产生的开采体序列一定是完全嵌套序列。

上述算法的核心是找出平均品位最低的、矿岩总量约等于开采体增量的锥体联合体。一个实际矿山的境界范围内可能有上万个模块柱，如果把每个锥体都保存在锥体序列中，所需计算机内存会很大。事实上，并不需要把每一个锥体都保存在锥体序列中，只保存足够的平均品位最低的那些就可以了。假设开采体增量是 50 万吨，一个模块的重量为 2 万吨。在每个锥体只包含一个其他锥体未包含的模块的极端情况下，只需要 25 个平均品位最低的锥体就足可以形成一个总量为 50 万吨的联合体。如果考虑有的锥体完全被另一个锥体包含的情形，适当扩大这一数字也就够用了。这样，一般 PC 机的内存量就可以满足需要。

16.4.3 采剥计划优化模型——地质最优开采体的动态排序

得到了一个地质最优开采体序列 $\{P^*\}_N$ 后，依据上述优化定理，采剥进度计划的优化问题就变成了一个在最优开采体序列 $\{P^*\}_N$ 中寻求最优子序列 $\{P^*\}_M(M \leqslant N)$ 的问题。在地质最优开采体序列 $\{P^*\}_N$ 中寻求最优子序列 $\{P^*\}_M$，就是为采剥进度计划的每一年 $i(i=1,2,\cdots,M)$ 找到一个最佳的地质最优开采体作为该年末形成的采场形态，以使总净现值最大。找到了这样一个最优子序列，子序列中的开采体个数 M 即为矿山的最佳开采寿命，子序列中的第 $i(i=1,2,\cdots,M)$ 个开采体就是第 i 年末的最佳采场推进位置和形态，第 i 个和第 $i-1$ 个开采体之间的矿岩量即为第 i 年的最佳采剥生产能力。

为叙述方便，假设对一个二维小境界求得一个地质最优开采体序列 $\{P^*\}_N$，如前面图 16-8 所示，$\{P^*\}_N$ 包含 5 个技术最优开采体(即 $N=5$)：P_1^*、P_2^*、P_3^*、P_4^* 和 V，第 1 个 P_1^* 为最小者，第 5 个为最大者(即 $P_5^*=$境界 V)。

为了在 $\{P^*\}_5$ 中寻求最优子序列 $\{P^*\}_M(M \leqslant 5)$，把 5 个地质最优开采体置于图 16-10 所示的动态排序网络图中。图的横轴表示阶段(年)，竖轴表示每个阶段的可能采场状态，即地质最优开采体；每个开采体为一个圆圈，圆圈的相对大小代表开采体的相对大小。第 1 年的两个开采体表示：第 1 年末可能开采到 P_1^*，也可能开采到 P_2^*。第 2 年的三个开采体表示：到第 2 年末可能开采到 P_2^*，也可能开采到 P_3^* 或 P_4^*。第 2 年末可能到达哪几个开采体，取决于第 1 年末到达的开采体：如果第 1 年末开采到 P_1^*，第 2 年末可能到达 P_2^*、P_3^* 或 P_4^*；如果第 1 年末开采到 P_2^*，第 2 年末可能到达的开采体为 P_3^* 或 P_4^*，不可能到达 P_2^*，因为这样意味着第 2 年什么也没采。其他各年也一样。

图 16-10 中每一条箭线表示相邻两年间一个可能的采场状态转移(即上面所说的"到达")。由于采场是逐年扩大的，所以采场状态只能从某一年的一个开采体转移到下一年更

大的一个开采体。这就是为什么每年的最小开采体(最下面的那个)随着时间的推移而增大,状态转移箭线都指向右上方。

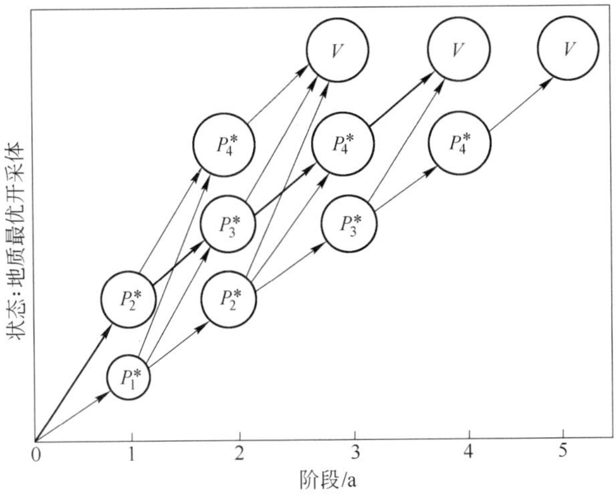

图 16-10 采剥计划优化的动态排序网络图

图 16-10 中的每一条从 0 开始沿着一定的箭线到达最终境界 V 的路径,都是一个可能的采剥计划方案,该路径上的开采体组成 $\{P^*\}_5$ 的一个子序列。例如,图中粗黑箭线所示的路径 $0 \to P_2^* \to P_3^* \to P_4^* \to V$ 上的开采体组成的子序列为 $\{P^*\}_4 = \{P_2^*, P_3^*, P_4^*, V\}$。假设序列 $\{P^*\}_5$ 中每个开采体 P_i^* 含有的矿石量为 Q_i^*、废石量为 W_i^* ($i = 1, 2, \cdots, 5$),其中,Q_5^* 和 W_5^* 是最终境界 V 含有的矿石量和废石量。那么,路径 $0 \to P_2^* \to P_3^* \to P_4^* \to V$ 或子序列 $\{P_2^*, P_3^*, P_4^*, V\}$ 所代表的采剥进度计划方案是:

(1) 开采寿命为 4 年;

(2) 每年推进到的位置:第 1、第 2 、第 3、第 4 年末采场依次推进到 P_2^*、P_3^*、P_4^*,V 位置(如图 16-8 所示),第 4 年末的采场即为最终境界;

(3) 各年采剥量:第 1 年的采矿量为 Q_2^*、剥岩量为 W_2^*,第 2 年的采矿量为 $Q_3^* - Q_2^*$、剥岩量为 $W_3^* - W_2^*$,第 3 年的采矿量为 $Q_4^* - Q_3^*$、剥岩量为 $W_4^* - W_3^*$,最后一年的采矿量为 $Q_5^* - Q_4^*$、剥岩量为 $W_5^* - W_4^*$。

这样的一个采剥计划方案同时给出了矿床开采寿命、各年推进位置和每年的采剥量三大要素,并没有把某个要素作为优化其他要素的前提。总净现值最大的那条路径(即最优开采体子序列)就给出了最佳采剥计划方案。因此,这一动态排序优化法实现了采剥计划的“整体优化”。下面是求最优子序列的一般动态排序模型。

令 $\{P^*\}_N$ 为境界 V 中的地质最优开采体序列,其中最大的开采体 $P_N^* = V$。依上所述,把 $\{P^*\}_N$ 置于如图 16-11 所示的一般动态排序网络之中。图中每一年的开采体都一直画到最大者(境界 V)。显然,头几年就采到最终境界是不合理等,这些不合理的方案在经济评价中会自动被排除。在图中包括不合理的方案是为了不失一般性。

图 16-11 中的任意一条路径记为 L,是从 0 点到某年 n 的最高位置开采体(即境界 V)的一个开采体子序列。路径 L 的时间跨度为 0 到 n 年($n \leqslant N$),令 i_t 表示该路径上第 t 年的开采体在序列 $\{P^*\}_N$ 中的序号($t \leqslant i_t \leqslant N, t = 1, 2, \cdots, n; i_n = N$),也就是说,该路径上第 1 年的

开采体为 $P_{i_1}^*$,第2年的开采体为 $P_{i_2}^*$,…,最后一年 n 的开采体为 $P_{i_n}^*$($P_{i_n}^* = P_N^*$ 境界 V)。

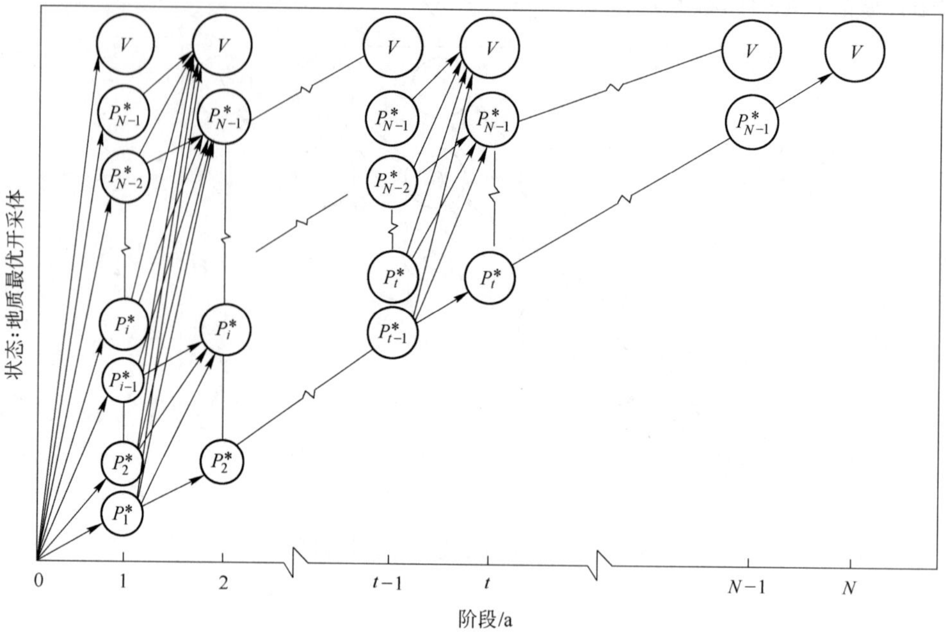

图16-11 采剥计划优化的一般动态排序网络图

假设所研究矿山为金属矿,最终产品为精矿。为叙述方便,定义以下符号:

$Q_i^* = \{P^*\}_N$ 中第 i 个开采体 P_i^* 含有的矿石量,$i = 1,2,\cdots,N$;

$G_i^* = \{P^*\}_N$ 中第 i 个开采体 P_i^* 含有的矿石的平均地质品位,$i = 1,2,\cdots,N$;

$W_i^* = \{P^*\}_N$ 中第 i 个开采体 P_i^* 含有的废石量,$i = 1,2,\cdots,N$;

q_t = 某一路径 L 上第 t 年开采的矿石量,$t = 1,2,\cdots,n$;

w_t = 某一路径 L 上第 t 年剥离的废石量,$t = 1,2,\cdots,n$;

T_t = 某一路径 L 上第 t 年的采剥总量,$t = 1,2,\cdots,n$;

$c_m(t, T)$ = 单位采矿成本,可以是时间 t 和生产能力 T 的函数,也可以是常数;

$c_w(t, T)$ = 单位剥岩成本,可以是时间 t 和生产能力 T 的函数,也可以是常数;

$c_p(t, u)$ = 单位选矿成本,可以是时间 t 和年入选原矿量 u 的函数,也可以是常数;

$I(T)$ = 基建期各年投资折现到0点的现值;

P_t = 某一路径 L 上第 t 年实现的净利润(净现金流),$t = 1,2,\cdots,n$;

NPV_L = 从0点沿某一条路径 L 到达路径终点(n 年)实现的总净现值;

d = 折现率;

r_m = 矿石回采率;

r_p = 选矿金属回收率;

g_p = 精矿品位;

p_t = 第 t 年的精矿售价,可以是时间的函数,也可以是常数。

设基建投资的现值是路径 L 上最大年采剥量的函数,即基建投资的现值 $= I(T_{max})$,在时间0点($t = 0$)的边界条件为:$Q_0^* = 0, W_0^* = 0, NPV_0 = -I(T_{max})$。

在第 t 年,路径 L 上的开采体为 $P_{i_t}^*$,其中的矿石量为 $Q_{i_t}^*$、废石量为 $W_{i_t}^*$;在前一年($t-1$),路径 L 上的开采体为 $P_{i_{t-1}}^*$,其中的矿石量为 $Q_{i_{t-1}}^*$、废石量为 $W_{i_{t-1}}^*$。那么,路径 L 上第 t 年开采的矿石量为:

$$q_t = Q_{i_t}^* - Q_{i_{t-1}}^* \tag{16-11}$$

矿石量 q_t 的平均地质品位为:

$$\bar{g}_t = \frac{Q_{i_t}^* G_{i_t}^* - Q_{i_{t-1}}^* G_{i_{t-1}}^*}{Q_{i_t}^* - Q_{i_{t-1}}^*} \tag{16-12}$$

剥离的废石量为:

$$w_t = W_{i_t}^* - W_{i_{t-1}}^* \tag{16-13}$$

采剥总量为:

$$T_t = q_t + w_t \tag{16-14}$$

路径 L 上最大年采剥量为:

$$T_{\max} = \max_{t \in n}\{q_t + w_t\} \tag{16-15}$$

若不计废石混入,选矿厂的入选原矿量为:

$$u_t = q_t r_{\mathrm{m}} \tag{16-16}$$

路径 L 上第 t 年实现的利润为:

$$P_t = \frac{q_t \bar{g}_t r_m r_{\mathrm{p}}}{g_{\mathrm{p}}} p_t - [q_t r_{\mathrm{m}} c_{\mathrm{m}}(t, T_t) + w_t c_{\mathrm{w}}(t, T_t) + u_t c_{\mathrm{p}}(t, u_t)] \tag{16-17}$$

从 0 点沿路径 L 到达路径的终点(n 年的最终境界)实现的总净现值为:

$$NPV_L = \sum_{t=1}^{n}\left[\frac{P_t}{(1+d)^t}\right] - I(T_{\max}) \tag{16-18}$$

应用上述公式,对全部从 0 点到某年的最高位置开采体(即境界 V)的路径计算其总 NPV,总 NPV 最大的那条路径上的开采体组成了 $\{P^*\}_N$ 中的最佳开采体子序列。这样就得到了最优采剥计划:每年最佳的推进位置、最佳的采矿量和剥岩量、最佳矿山开采寿命。

在上述模型中可以加入预设约束条件,如最小和最大年矿石开采量、最大年采剥总量等。在计算过程中,如果一个路径 L 上某一年的矿石开采量或采剥总量超出了预设范围,该路径被视为不可行方案,不予考虑。但是,如果设置的年采矿量和采剥总量的范围太窄,可能出现无可行解。

这一算法是"穷尽搜索法"。如果设置的年采矿量和采剥总量的范围不是很大,单位采矿成本、剥岩成本、选矿成本和基建投资在设置的范围内可以认为不随生产能力变化,这样就满足了动态规划的"无后效应"条件,可以用动态规划算法求解。动态规划算法的求解速度比穷尽搜索法快得多。动态规划模型及其算法在这里不作介绍,可参阅《运筹学》教材或参照第 16.5 节的分期境界优化动态规划模型。

16.4.4 应用实例

以上算法和优化模型被编入软件 MetalMiner,下面介绍应用该软件进行采剥计划优化的一个实例。本例中的品位模型和地表地形同第 14 章第 14.5.3 节。

优化所用的开采境界是第 14 章第 14.5.3 节中对应于精矿售价为 700 元/t 的境界(境

界Ⅲ)，技术经济数据同第14.5.3节中境界优化中所用数据(参见表14-1和表14-2)，工作帮坡角取18°。根据表14-3，境界Ⅲ的矿石量约5000万吨，考虑较为合理的服务年限应在10~20年之间，所以，优化考虑的年矿石生产能力范围为250~500万吨，开采体矿石增量(年矿石生产能力分辨率)取10万吨；境界Ⅲ的平均剥采比为1.17，依据境界Ⅲ优化中采用的技术经济参数，该境界的经济合理剥采比为3.17，所以最大年生产剥采比控制在2，即考虑的最大年采剥总量为1000万吨。由于采剥计划优化是以*NPV*最大为目标函数，所以需要确定折现率，这里取设计院提供的数据，为7.83%。

基于上述输入数据，不计基建投资，用MetalMiner优化的结果见表16-5。可以看出，矿石年开采量在254~493万吨之间，大部分年份在400万吨以上。虽然矿石年开采量变化较大，年采剥总量却较为稳定：前9年的年采剥总量稳定在968~997万吨之间，后3年较低。

表16-5 采剥进度计划优化结果

年	开采矿石量/万吨	岩石剥离量/万吨	生产剥采比/$t \cdot t^{-1}$	当年利润/万元	利润现值/万元
1	347.09	635.03	1.830	9322.659	8645.700
2	420.47	562.71	1.338	14392.148	12377.884
3	462.98	532.07	1.149	17160.029	13686.714
4	487.97	500.87	1.026	18985.264	14042.946
5	444.96	552.45	1.242	15876.105	10890.453
6	492.73	498.86	1.012	19273.916	12261.182
7	490.72	477.68	0.973	19482.379	11493.830
8	456.14	525.80	1.153	16882.682	9236.865
9	460.81	531.05	1.152	17057.630	8654.904
10	311.20	377.51	1.213	11236.767	5287.438
11	253.88	353.62	1.393	8482.043	3701.390
12	441.42	363.42	0.823	18519.276	7494.605
合计	5070.38	5911.06	1.166	186670.899	117773.911

单从采剥量看，年采剥总量较为稳定有利于穿孔、爆破、运输等工艺的设备能力和设备数量保持稳定，这是合理的。如果该矿配置了“专有选厂”，即选厂只处理该矿的矿石且矿石不允许外卖，那么矿石年开采量变化较大就不太合理，造成低产年份选厂不能满负荷运行；如果该矿与其他矿合用一个选厂，其处理能力足够，或矿石可以调配到别的选厂或外卖，就可以允许矿石年开采量有一定幅度的变化，合理的变化幅度要综合考虑选厂能力及其他矿山的矿石产量或市场情况确定。

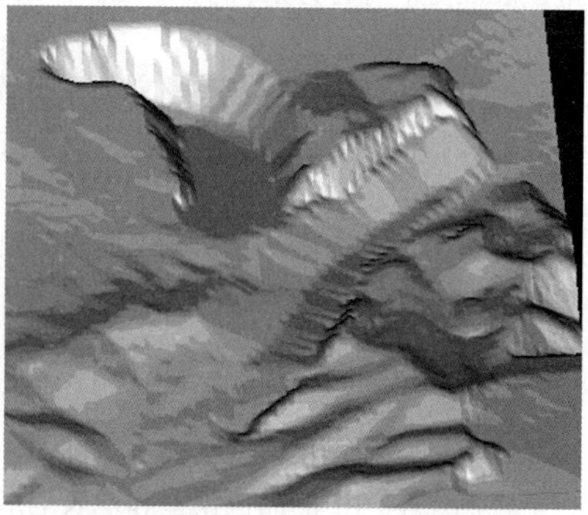

图16-12 第4年末采场三维透视图

优化结果给出了每年末的采场形态。图16-12和图16-13所示分别为第4和第8年末采场标高模型的三维透视图，其等高线图分别如图16-14和图16-15所示(未作后处理)。

从这两年的年末采场形态可以看出开采顺

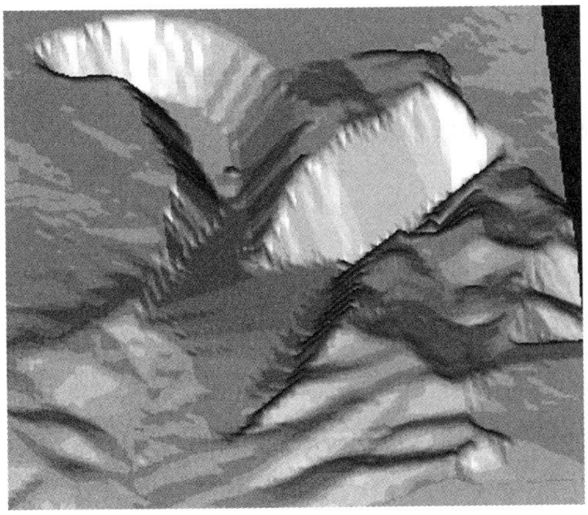

图 16-13　第 8 年末采场三维透视图

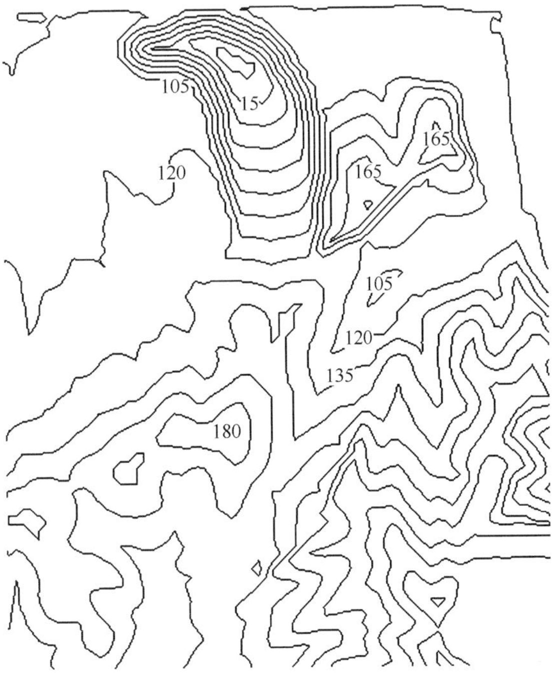

图 16-14　第 4 年末采场等高线图

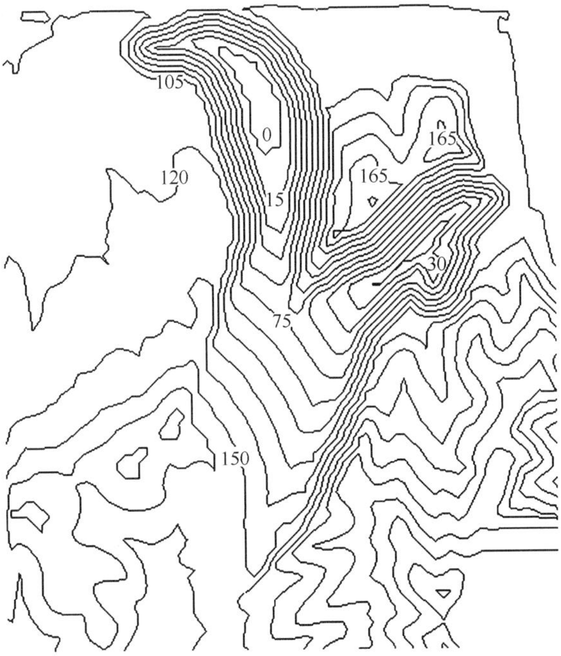

图 16-15　第 8 年末采场等高线图

序：首先开采左上角部分，然后开采右上角部分，最后向南推进。这一开采顺序是否可行，首先需要考虑是否有足够的空间布置工作线。例如，依据优化结果，左上角部分的工作线需横向布置，这一部分在中部台阶的宽度为 160m 左右，横向工作线布置比较困难；上部台阶还可以，底部台阶完全不可行。需要考虑的另外一个因素是采场下降速度，从图 16-14 可以看出,前4年要下采6个台阶(90m),在空间较小的条件下,这一开采强度难以实现。

由于在优化数学模型和算法中难以考虑可行性所要求的所有约束条件,优化解往往与可行方案有较大的差距。但这并不是说优化没有作用,优化结果对确定合理的开采顺序和采剥生产能力具有重要的参考价值。

16.5 分期境界优化

采用分期开采时,一个需要首先解决的重要问题是确定分期数和各分期境界。本节介绍以总净现值最大为目标函数的同时确定这两个要素的动态规划模型。

16.5.1 优化定理

对于每一个分期,都有多个位置、形状、大小不同的境界可供开采。以第一分期为例,假如考虑的年采剥能力为1500万吨、分期开采时间为10年,那么该分期境界的矿岩总量为1.5亿吨。不难想象,矿床中存在无数个具有1.5亿吨矿岩量的境界,那么,究竟开采哪个境界呢?既然考虑1.5亿吨的采剥量,即使不进行经济核算,也自然会想到:最好是开采所有采剥量为1.5亿吨的境界中含有用矿物量最大者。一旦确定了第一分期境界,第二分期境界也是如此,以此类推。

因此,分期境界优化的基本思想是:首先对于一系列的采剥量,找出对每一采剥量而言含有用矿物量最大的境界,作为候选境界序列;然后对这些候选境界进行动态经济评价,确定最佳分期数和各个分期境界(最后一个分期境界即为最终境界)。

定义 如果一个采剥量为 P、最终帮坡角为 $\{\beta\}$ 的境界所含有的有用矿物量是所有采剥量和帮坡角相同的境界中的最大者,该境界称为对于 P 和 $\{\beta\}$ 的地质最优境界,用 P^* 表示。$\{\beta\}$ 表示由不同方位上的最终帮坡角组成的数组。

如图16-16所示,假设在矿床中找出了4个地质最优境界,记为 $P_1^* \sim P_4^*$。根据上述讨论,这些地质最优境界就是每个分期考虑的最佳候选境界。例如:第一分期境界可能采用 P_1^* 或 P_2^*;如果选择了 P_1^*,第二分期境界可能是 P_2^* 或 P_3^*,如果第一分期境界选择了 P_2^*,第二分期境界可能是 P_3^* 或 P_4^*;以后分期依此类推。

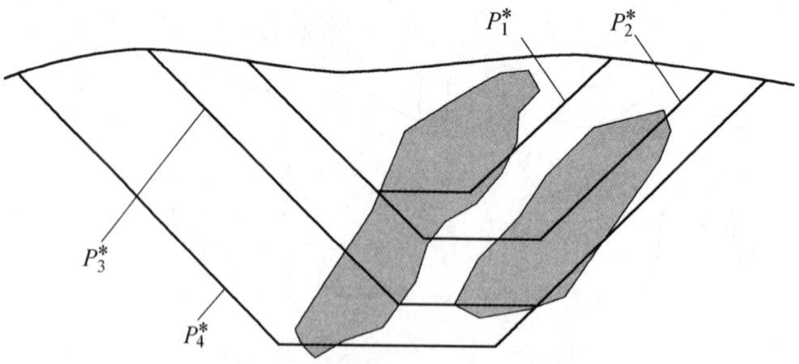

图16-16 地质最优境界示意图

这样,确定分期境界就转换成为一个"确定每一分期选择哪个地质最优境界"的问题了。由于开采过程是境界逐分期扩大、延深的过程,所以,作为候选的地质最优境界必须是"嵌套"关系,即小的被嵌套在大的里面。

那么，以地质最优境界序列作为候选分期境界，是否就能得到总净现值最大的分期方案呢？以下定理给出了肯定的答案。

定理 16-2 令$\{P^*\}_N$为一个按大小升序排列的地质最优境界序列，N为序列中的境界数，最小者记为P_1^*，最大者记为P_N^*。如果相邻境界之间的矿岩量增量足够小，且$\{P^*\}_N$是完全嵌套序列，那么在满足第16.4.1节中假设1、假设2和假设3的条件下，使总净现值最大的各分期境界必然是$\{P^*\}_N$的一个子序列。

定理中的“完全嵌套序列”是指序列中的每个地质最优境界都被比它大的境界完全包含。

定理中$\{P^*\}_N$的“子序列”是指这样一个序列$\{P^*\}_M$，$\{P^*\}_M$中的每一个境界P_i^*（$i=1,2,\cdots,M$）都存在于母序列$\{P^*\}_N$中，显然，$M \leqslant N$。该定理说明，任一分期的分期境界必然是地质最优境界序列中的某一个。

16.5.2 地质最优境界序列的产生

依据以上优化思路和定理，确定最佳分期境界首先需要产生一系列嵌套的地质最优境界。产生多少个、相邻境界之间矿岩量的增量多大，可以根据矿床的矿石储量、废石量和要求的分辨率预先确定。例如，对于某个矿山，可能的最大境界的矿石总量为5亿吨、矿岩总量为25亿吨，考虑的年矿石生产能力为1500万吨，考虑一个分期的开采年限最短8年、最长15年。那么最小分期境界的含矿量和相邻分期境界之间的最小矿石增量为12000万吨。如果分期境界的平均剥采比为1~4，最小分期境界的矿岩量和相邻分期境界之间的最小矿岩增量为24000万吨。这样，序列中相邻地质最优境界之间的矿岩量增量取2400万吨就有足够的分辨率。依此计算，共需要产生约95个地质最优境界（矿岩量从2.4亿吨到25亿吨）。

产生地质最优境界序列的基本思路是：从可能的最大境界P_N^*开始，采用锥体排除法，逐步排除总量等于设定的矿岩量增量且平均品位最低的模块集，每排除这样一个模块集就得到一个更小的境界。可能的最大境界P_N^*用第14章第14.5.1节中的几何定界确定。从这一最大境界开始，产生一个地质最优境界序列的算法与第16.4.2节中产生地质最优开采体序列的算法相同，只是在第一步建立的锥壳模板是基于各个方位最终帮坡角$\{\beta\}$的锥壳模板。

16.5.3 动态规划模型

得到一个由N个境界组成的地质最优境界序列$\{P^*\}_N=\{P_1^*,P_2^*,\cdots,P_N^*\}$并从最小到最大排序后，这些境界就是拟设计的每个分期境界的最佳候选境界。把这N个地质最优境界置于一个如图16-17所示的动态规划网络中，图中横轴代表阶段，竖轴代表状态。一个阶段上的不同状态就是这些地质最优境界，从最小到最大排列。阶段数等于地质最优境界的数量N。每一条箭线代表从一个阶段的一个状态向下一个阶段的一个状态的转移。为

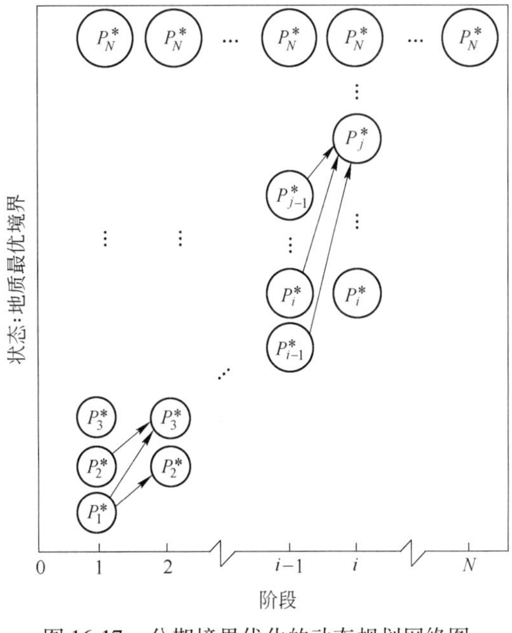

图16-17 分期境界优化的动态规划网络图

清晰起见,图16-17中没有画出全部转移。由于阶段 i 上的任一境界是由前一个阶段 $i-1$ 上的某个比它小的境界(通过开采)扩展而来,状态转移只能向上发展,从前一阶段上的那些较小境界转移到当前阶段的一个境界。这也是为什么阶段 i 的起始状态(底部的那个状态)对应于境界 P_i^* $(i=1, 2, \cdots, N)$。

一般地,考虑阶段 i 上的状态 j,设该状态对应的境界为 P_j^*,它可以从前一阶段 $i-1$ 上对应于比 P_j^* 小的境界的那些状态转移而来,如图16-17所示。当阶段 i 上的境界 P_j^* 是从阶段 $i-1$ 上的境界 P_k^* $(i-1 \leqslant k \leqslant j-1)$ 转移而来时,这一转移开采的矿石的金属量 $m_{i,j}(i-1, k)$、矿石量 $q_{i,j}(i-1, k)$ 和废石量 $w_{i,j}(i-1, k)$ 分别为:

$$m_{i,j}(i-1, k) = M_j - M_k \tag{16-19}$$

$$q_{i,j}(i-1, k) = Q_j - Q_k \tag{16-20}$$

$$w_{i,j}(i-1, k) = W_j - W_k \tag{16-21}$$

式中 M_j, M_k——境界 P_j^* 和 P_k^* 的矿石金属量;

Q_j, Q_k——境界 P_j^* 和 P_k^* 的矿石量;

W_j, W_k——境界 P_j^* 和 P_k^* 的废石量。

设所研究的矿山企业的最终产品为精矿,若假设废石的品位为0,下式给出这一状态转移获得的利润 $P_{i,j}(i-1, k)$ 的简单计算:

$$P_{i,j}(i-1,k) = \frac{m_{i,j}(i-1,k)r_m r_p}{g_p}p_i - q_{i,j}(i-1,k)r_m(1+y)(c_m+c_p) - w_{i,j}(i-1,k)c_w \tag{16-22}$$

式中 r_m——矿石回采率;

r_p——选矿金属回收率;

g_p——精矿品位;

p_i——阶段 i 的精矿售价,可以是常数;

y——废石混入率;

c_m, c_p, c_w——采矿、选矿和剥岩的单位成本。

假设矿石开采能力、剥岩能力和选矿能力完全匹配,那么这一状态转移需要的时间长度 $t_{i,j}(i-1, k)$ 为:

$$t_{i,j}(i-1,k) = \frac{q_{i,j}(i-1,k)r_m(1+y)}{A} \tag{16-23}$$

式中 A——矿石年生产能力。

如果上述能力不匹配,应该用采矿、剥岩和选矿时间中的最长者。

$t_{i,j}(i-1, k)$ 可能不是整数年,用 $L_{i,j}(i-1, k)$ 表示 $t_{i,j}(i-1, k)$ 的整数部分,$\delta_{i,j}(i-1, k)$ 表示其小数部分。那么,$L_{i,j}(i-1, k)$ 中每一年的平均利润用 $a_{i,j}(i-1, k)$ 表示,则:

$$a_{i,j}(i-1,k) = \frac{P_{i,j}(i-1,k)}{t_{i,j}(i-1,k)} \tag{16-24}$$

小数部分 $\delta_{i,j}(i-1, k)$ 的利润 $r_{i,j}(i-1, k)$ 为:

$$r_{i,j}(i-1,k) = P_{i,j}(i-1,k) - a_{i,j}(i-1,k)L_{i,j}(i-1,k) \tag{16-25}$$

从阶段 $i-1$ 上的境界 P_k^* 转移到阶段 i 上的境界 P_j^* 时,到达阶段 i 上境界 P_j^* 的累计

时间长度 $T_{i,j}(i-1,\ k)$ 为：

$$T_{i,j}(i-1,\ k) = T_{i-1,k} + t_{i,j}(i-1,\ k) \tag{16-26}$$

式中 $T_{i-1,\ k}$——沿着图 16-17 所示网络中最佳路径（策略）到达阶段 $i-1$ 上的境界 P_k^* 的累计时间长度。

这样，当从阶段 $i-1$ 上的境界 P_k^* 转移到阶段 i 上的境界 P_j^* 时，实现的累计净现值 $NPV_{i,j}(i-1,\ k)$ 为：

$$NPV_{i,j}(i-1,k) = NPV_{i-1,k} + \frac{a_{i,j}(i-1,k)\dfrac{(1+d)^{L_{i,j}(i-1,k)}-1}{d(1+d)^{L_{i,j}(i-1,k)}} + \dfrac{r_{i,j}(i-1,k)}{(1+d)^{t_{i,j}(i-1,k)}}}{(1+d)^{T_{i-1,k}}} \tag{16-27}$$

式中 $NPV_{i-1,\ k}$——沿最佳路径到达阶段 $i-1$ 上的境界 P_k^* 的累计净现值；

d——折现率。

从图 16-17 可知，可以从前一阶段 $i-1$ 上的多个境界转移到阶段 i 上的境界 P_j^*。显然，当从阶段 $i-1$ 上的不同境界转移到阶段 i 上的境界 P_j^* 时，所开采的金属量、矿量和废石量（式（16-19）~式（16-21））不同，时间长度和利润也不同。因此，阶段 i 上境界 P_j^* 处的累计 NPV 随不同的状态转移（决策）而变化。具有最大累计 NPV 的那个转移是最佳转移（最优决策），从而有如下递归目标函数：

$$NPV_{i,j} = \max_{k\in[i-1,j-1]}\{NPV_{i,j}(i-1,k)\} \tag{16-28}$$

若不考虑初始投资，时间 0 处的初始条件为：

$$\left.\begin{aligned} M_0 &= 0 \\ Q_0 &= 0 \\ W_0 &= 0 \\ T_{0,0} &= 0 \\ NPV_{0,0} &= 0 \end{aligned}\right\} \tag{16-29}$$

运用上述各式，从第一阶段开始，逐阶段评价各境界（状态），直到图 16-17 中所有阶段上的所有境界被评价完毕，就得到了所有阶段上的所有境界处的最佳转移和累计 NPV。然后，在所有阶段上的所有境界中找出累计 NPV 最大者，这一境界即为最佳的最终境界，该境界所在的阶段即为最佳分期数。从这一最终境界开始，逆向追踪最佳转移，直到第一阶段，就可找出最佳路径，在动态规划中称为最优策略。这一最优路径上的境界是序列 $\{P^*\}_N$ 的一个子序列，它同时给出：分期数、每个分期境界（包括最终境界）的形态和位置、每一分期的采矿和剥岩量。

例如，假设地质最优境界序列如前面图 16-16 所示，境界数为 4，它们的矿石量和废石量分别为 Q_i 和 $W_i(i=1,\ 2,\ 3,\ 4)$。把这 4 个境界置于上述动态规划模型中求解，假设得到的最佳子序列为 $\{P_1^*, P_2^*, P_3^*\}$，它所代表的分期方案是：

（1）最佳分期数为 3 期；

（2）每个分期的最佳境界：P_1^*, P_2^*, P_3^*，最终境界为 P_3^*；

（3）各分期的采剥量：第 1 分期的采矿量为 Q_1、剥岩量为 W_1，第 2 分期的采矿量为 Q_2-Q_1、剥岩量为 W_2-W_1，第 3 分期的采矿量为 Q_3-Q_2、剥岩量为 W_3-W_2。

16.5.4 应用实例

以上优化模型被编入软件 MetalMiner,下面介绍应用该软件进行分期优化的一个实例。

该例中的露天矿是一大型铁矿,该矿已开采多年,尚未开采的储量很大。矿山采场现状的地表形态如图 16-18 所示。矿床的品位模型含有 2044224 个模块,模块在水平面上的尺寸为 25m×25m,其高度等于台阶高度,238m 水平以上的台阶高度为 12m,以下为 15m。矿床模型的一个剖面如图 16-19 所示,图中斜线充填的模块为矿石模块。最终帮坡角分 7 个扇区,见表 16-6。优化中使用的技术经济参数见表 16-7。由于品位模型很大,产生地质最优境界序列中,最小境界的矿量控制在 12000 万吨(8 年产量)以内,相邻境界间的矿量增量控制在 4500 万吨(3 年产量)左右。

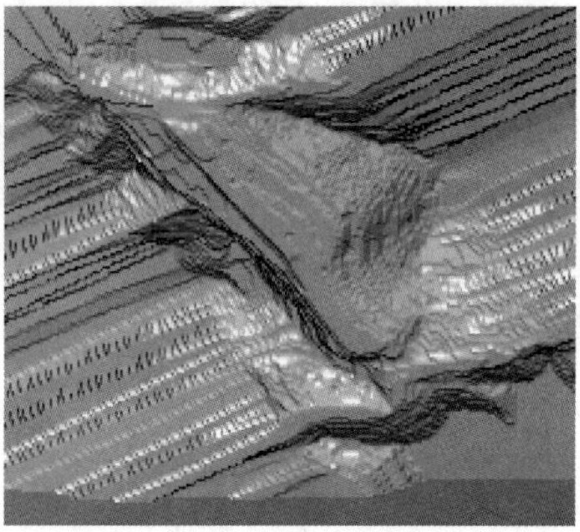

图 16-18 采场现状的地表形态

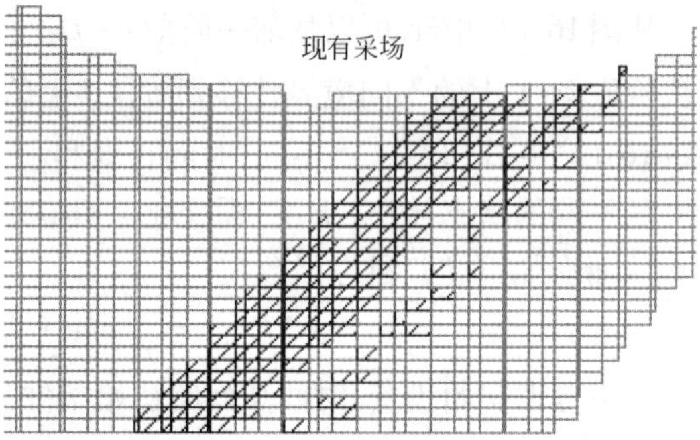

图 16-19 矿床模型剖面

表 16-6 最终帮坡角

区 号	Ⅰ	Ⅱ	Ⅲ	Ⅳ	Ⅴ	Ⅵ	Ⅶ
扇区中线方位角①/(°)	21.0	41.5	119.0	200.5	224.5	291.0	352.5
最终帮坡角/(°)	34.8	34.5	51.0	42.0	48.1	47.5	34.8

① 方位角是以正东为0°逆时针旋转的角度。

表 16-7 技术经济参数

矿石开采成本/元·t^{-1}	岩石剥离成本/元·t^{-1}	选矿成本/元·t^{-1}	精矿价格/元·t^{-1}	折现率/%
24	15	135	900	10
矿石回采率/%	选矿金属回收率/%	精矿品位/%	边界品位/%	矿石生产能力/Mt·a^{-1}
95	82	66	25	15

基于上述数据对该矿今后的分期方案进行了优化。最优解给出的最佳分期数为 4,图 16-20所示为 4 个分期境界的标高模型的三维显示。

图 16-21 所示为这 4 个分期境界与矿床模型的一个叠加剖面图。各分期开采的矿石量和剥离的岩石量见表 16-8。

可以看出,以 1500 万吨的年矿石生产能力,分期的开采时间跨度在 8.2~12.7 年之间,总的开采寿命约41 年。由于露天开采使用的大部分重型设备(如电铲、钻机、卡车)的经济服役年限在分期时间跨度范围,各分期的时间跨度是合理的。

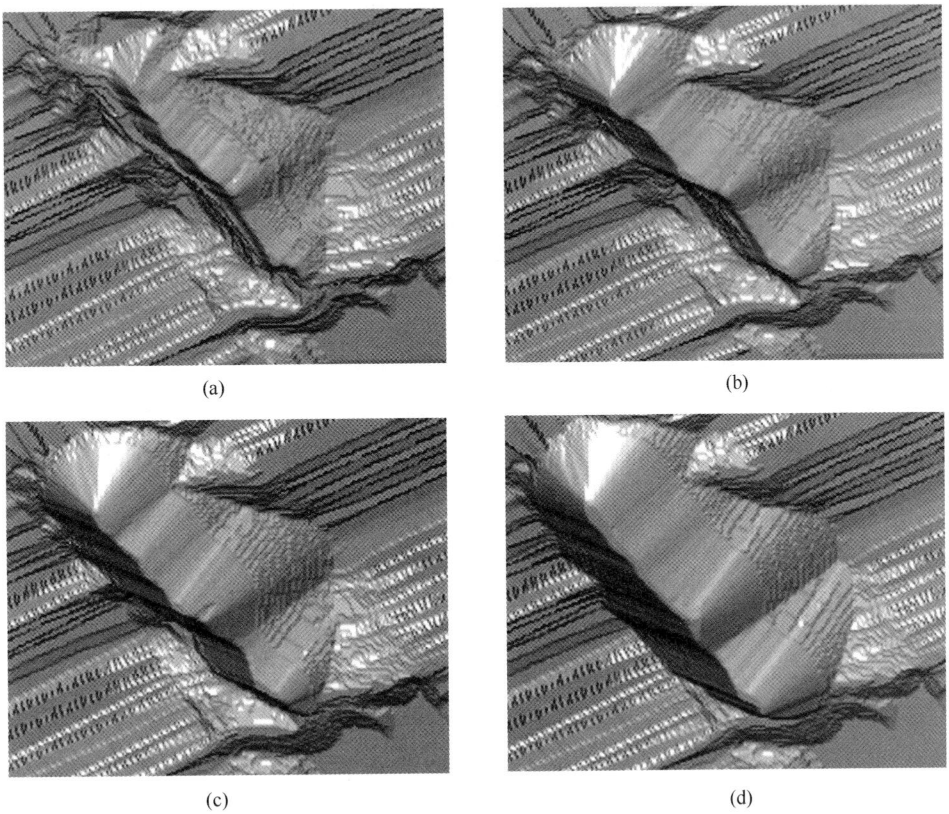

图 16-20 最佳分期境界的标高模型的三维显示
(a) 分期Ⅰ;(b) 分期Ⅱ;(c) 分期Ⅲ;(d) 分期Ⅳ

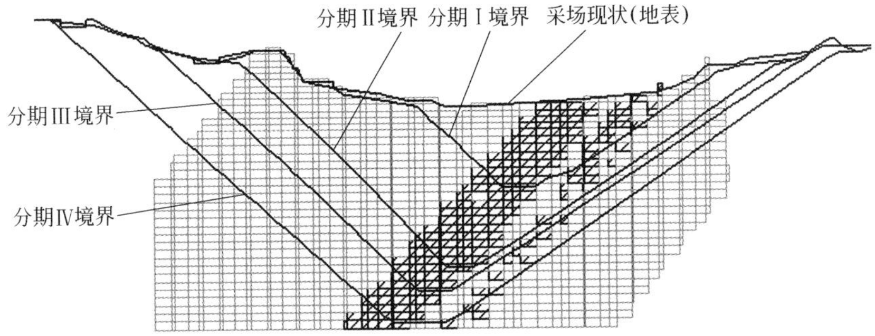

图 16-21 最佳分期境界的一个叠加剖面

表 16-8 各分期开采的矿岩量及品位

分期	矿石开采量/万吨	岩石剥离量/万吨	重量平均剥采比	矿石平均品位/%	分期时间跨度/a
Ⅰ	19023	14268	0.750	31.02	12.68
Ⅱ	12253	38006	3.102	30.90	8.17
Ⅲ	12971	66053	5.092	30.93	8.65
Ⅳ	17621	129697	7.360	30.85	11.75
合计	61868	248024	4.009	30.93	41.25

由于在数学模型中不可能加入所有实际约束条件,最优解可能在一些地方从实践的角度是不可行的。例如,在图16-21中,分期Ⅱ境界和分期Ⅲ境界在该剖面右侧帮的水平间距不到30m,对于大型设备,这样的工作平盘宽度偏窄,扩帮有困难。出现这种情况时,需要对分期境界进行局部调整,使之变为可行。当然,把优化解转变为最终方案还需加入坡顶、坡底线和运输坡道。

对于一个给定矿床,分期开采的最优解取决于上述表16-7中的参数。应用MetalMiner可以方便地针对这些参数中的任何参数进行灵敏度分析,这种分析对最终决策有重要价值。

17 露天矿床开拓

露天矿床开拓是针对所选定的运输设备及运输形式,确定整个矿床开采过程中运输坑线的布置,以建立起开发矿床所必需的运输线路。矿床开拓设计是露天开采设计中带有全局性的重要问题,对矿山的基建工程量、基建投资和基建时间有重要影响;开拓系统一旦形成,若再想改造,会严重地影响生产,造成很大的经济损失。

采场内坑线布局的位置和形式,即固定坑线与移动坑线、迂回式布线与螺旋式布线等,已在第15章中讲述,本章不再重复。

开拓方案设计的主要依据是矿床赋存条件、地表地形和运输设备。开拓方法一般依据运输设备分类,有以下几种:

(1)公路运输开拓;

(2)铁路运输开拓;

(3)联合运输开拓,包括:

1)公路-铁路联合开拓;

2)公路(铁路)-破碎站-胶带输送机联合开拓(简称胶带运输开拓);

3)公路(铁路)-箕斗联合开拓(简称箕斗运输开拓);

4)公路(铁路)-平硐溜井联合开拓(简称平硐溜井开拓)。

本章对这几种开拓方法作简要介绍。

17.1 公路运输开拓

公路运输开拓中运输设备是自卸汽车,所以也称为汽车运输开拓。与铁路运输开拓相比,汽车运输开拓坑线形式简单,开拓坑线展线较短,对地形的适应能力强;需要时,公路运输便于设多个出入口,实现分散运输和分散排土;公路运输的灵活性适合于采用移动布线,使开采工作线快速到达矿体,实现强化开采。

公路运输开拓的坑线布置形式,除依据露天矿的地形条件、采场平面尺寸和开采深度,适宜地选择迂回式、螺旋式或折返与螺旋式联合布线形式外,还可以采用地下斜坡道形式。

地下斜坡道开拓形式是在露天采场境界外设置地下斜坡道,并在相应的标高处设置出入口通往各开采水平,汽车经出入口和斜坡道在采场与地面之间运行。出入口处底板应朝向采矿场倾斜1°~3°,以防止雨水进入运输通道。地下斜坡道中的运输坑线可采用螺旋式或折返式。螺旋式斜坡道就是在露天采场境界外围绕四周边帮呈螺旋式向下延深,折返式斜坡道设在露天矿场边帮的一侧外迂回延深。

由于地下斜坡道不设在露天采场的边帮上,避免了因设置运输坡道引起最终帮坡角变缓而增加剥岩量,以及由于边坡稳定性差给运输工作造成不良影响。同时,由于斜坡道隐匿于地下,避免了气候条件的变化给运输工作带来的影响。但地下斜坡道单位体积掘进与支护费用高,掘进速度慢;斜坡道断面尺寸受限制,生产能力有限。

露天开采中,运输费用一般占可变成本的最大份额(比例可高达40% ~60%)。随着矿床开采深度的增加,矿岩的运距显著增大,汽车的台班运输能力逐渐降低,单位矿岩运输费用随着采深的增加而上升。因此,虽然公路运输开拓具有上述诸多优点,但其运距存在一个适合范围,即合理运距。

合理运距是一个经济概念,随技术经济条件的变化而变化。一般情况下公路运输的合理运距为3 ~5km,汽车载重量越大,其合理运距一般来说也越长。考虑到凹陷露天矿重载汽车上坡运行和至卸载点的地面距离,在合理运距范围内可折算出汽车运输开拓的合理开采深度。当采用载重量为100t以上的汽车时,就运输而言,合理开采深度一般为300 ~500m。

17.2 铁路运输开拓

铁路运输的运输能力大,运输设备坚固耐用,吨公里运输费用比汽车运输低,约为汽车运输的1/4 ~1/3。但铁路运输开拓线路较为复杂,开拓展线比汽车运输长,转弯半径大(准轨铁路运输转弯半径不小于100 ~200m),灵活性低;由于牵引机车的爬坡能力小,从一个水平至另一个水平的坡道较长,因而掘沟工程量大,新水平准备时间较长,境界边帮的附加剥岩量增加。

铁路运输开拓在采场内多采用固定式坑线。若采用移动坑线,则存在线路移设工作量大、线路质量差、开采三角台阶的设备效率低等缺点。

采用折返式布线时,需要设立折返站供列车换向和会让之用,因而增大了铁路运输线路的长度。同时,列车在折返站一般需要停车、换向、会让等操作,降低了运输效率,增加了运行周期。所以应尽量减少坑线的折返次数。折返站的形式主要取决于矿山的开采规模及线路的设计通过能力。折返站的平面尺寸和线路数目又直接与机车车辆的类型、有效牵引系数及工作平盘配线数有关。生产实际中采用的折返站形式有单干线和双干线折返站两种,分别如图17-1和图17-2所示。

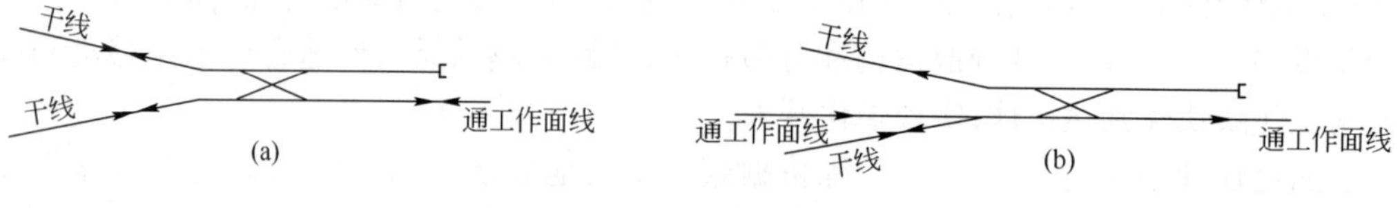

图17-1 单干线折返站
(a) 尽头式运输;(b) 环形式运输

图17-1a所示为单干线尽头式运输的折返站,站中仅设一条线路通往采掘工作面,线路的通过能力较低。图17-1b所示为单干线环形式运输的折返站,这种布置形式相对增加了边帮的附加剥岩量,但线路的通过能力较强。图17-2a所示为双干线燕尾式运输折返站,当空重车同时进入折返站时,需要会让,对线路的通过能力有一定的影响,但站场的长度和宽度较小。图17-2b所示为双干线套袖式运输折返站,空重车在站场不需会让,因而可提高线路的通过能力,但站场的长度和宽度均比燕尾式大,适用于平面尺寸较大的露天矿。

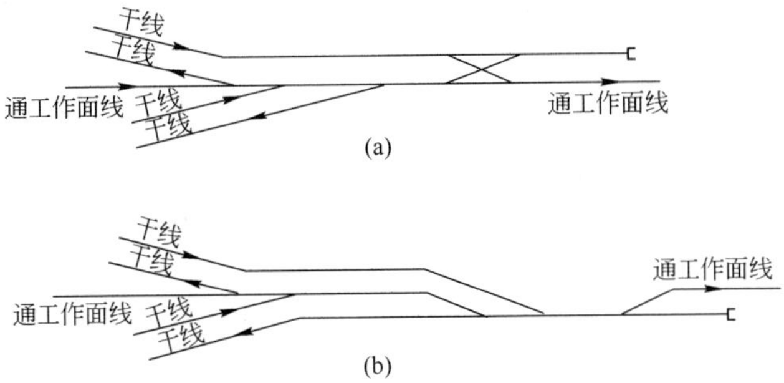

图 17-2　双干线折返站
(a) 燕尾式运输;(b) 套袖式运输

随着矿床开采深度的下降,列车运行的空间越来越小,铁路运输效率越来越低。在矿床埋藏较浅、平面尺寸较大的凹陷露天矿,或者在深度较大的凹陷露天矿的上部,以及矿床走向长、高差相差较小的山坡露天矿,采用铁路运输开拓可取得良好的技术经济效果。对于凹陷露天矿,单一铁路运输开拓的经济合理开采深度一般在200m以内。当采用牵引机组牵引列车时,运输线路的坡度可提高到6%,使开采深度增加(可达300m以上);对山坡露天矿,在运输高差不超过150～200m的条件下,可取得理想的经济效果。因此,单一铁路运输开拓的合理使用范围在地表上下的合计深度一般可达300～400m。在采场外,铁路运输的合理运距比公路运输长得多。

国外金属露天矿一般不采用铁路运输,我国新设计的金属露天矿也很少采用单一铁路运输。

17.3　铁路-公路联合开拓

在规模大、生产能力高、运距长、采深大的露天矿,可采用铁路-公路联合开拓,采场外和采场上部用铁路运输,采场下部用公路运输。这样既利用了铁路运输生产能力大、单位运费低、合理运距长的优点,也利用了公路运输灵活机动的优点。采用铁路-公路联合开拓的经济效益一般比单一铁路运输开拓可提高约10%以上,挖掘机效率可提高约20%以上。

采用铁路-公路联合开拓需设置矿岩转载站。转载站一般是采用转载平台、矿仓和中间堆场3种方式。选取转载方式应遵循的主要原则是:工艺简单,生产可靠,充分发挥运输设备的效率,符合安全环保要求。对于设在露天矿深部的转载站,布局形式要求:装载工作平台宽度尽量小,布局紧凑,同时尽量缩短受矿、装载和转载车辆的入换时间。

17.4　胶带运输开拓

胶带运输开拓是一种高效率的半连续运输开拓方式。该开拓方式是借助设在露天采场内或者露天开采境界外的带式输送机,把矿岩从露天采场运出,一般为公路-破碎站-胶带运输机组合方式。工作面的矿岩由汽车运送到破碎站,破碎为适合胶带运输的块度后,由胶带运输机运出采场。对于原为铁路运输开拓的露天矿,也可以用铁路运输送到破碎站,并逐步向公路-破碎站-胶带运输机过渡。

露天矿破碎站结构示意图如图17-3所示,其形式可根据需要设置为固定式、半固定式或移动式。破碎机的选型应根据露天矿的生产能力、矿岩破碎的难易程度以及破碎费用等确定。目前,国内露天矿常用的破碎设备有旋回式破碎机和颚式破碎机。

旋回式破碎机破碎系统示意图如图17-4所示,它具有生产能力大、耗电量和运营费低、使用周期长等优点,但设备初期投资大、机体高大、移设和安装工作较为复杂。相对来说,颚式破碎机机体小、移设和安装工作较为简单,但运营费高。当要求的破碎能力较强(超过1000t/h左右)时,宜采用回旋式破碎机;否则,宜采用颚式破碎机。

胶带运输机通道可采用堑沟式或斜井(溜井)式。

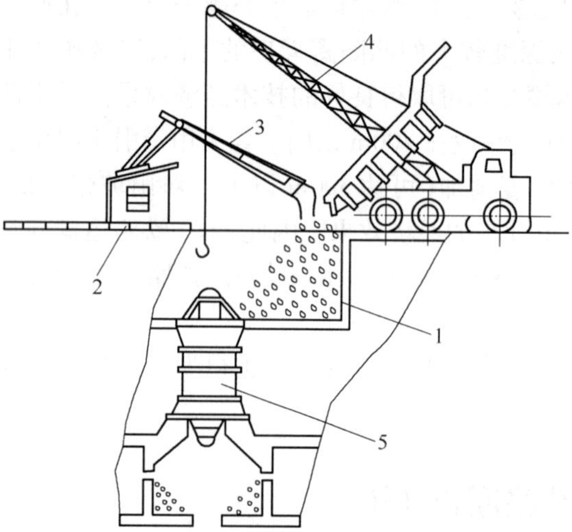

图17-3 露天矿破碎站结构示意图
1—矿(岩)缓冲垫层;2—操纵台;3—液压操纵台;
4—吊车;5—旋回破碎机

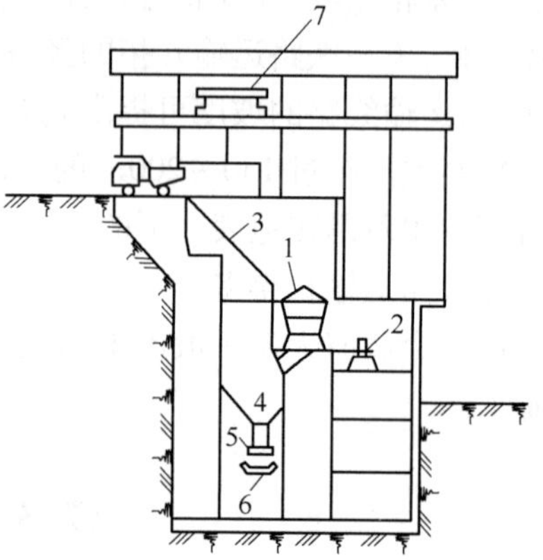

图17-4 旋回式破碎机破碎系统示意图
1—旋回破碎机;2—电动机;3—格筛;4—漏斗;
5—板式给矿机;6—胶带运输机;7—吊车

图17-5所示为某矿所采用的胶带运输机堑沟开拓系统示意图。根据露天矿采场的平面尺寸和边坡角的大小,以直交或斜交的方式将胶带运输机的堑沟坑线布置在边帮上。如果帮坡角小于或等于胶带运输机的允许坡度,则堑沟坑线可以以直交方式布置在最终边帮上,这种布置的堑沟基建工程量最小。当帮坡角超过胶带运输机的允许坡度时,采用斜交方式布置。

胶带运输机堑沟的坑线布置位置应使汽车到破碎站的运距最短、开拓线路基建工程量最小;破碎站一般多以半固定形式布置在采场端帮上,为尽量缩短汽车运输距离,也可

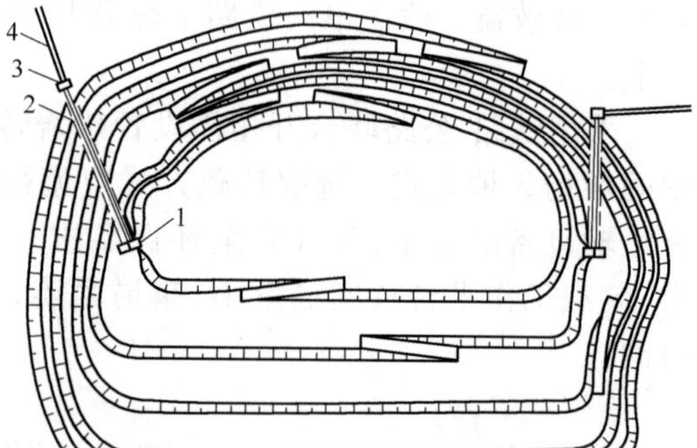

图17-5 胶带运输机堑沟开拓系统示意图
1—破碎站;2—边帮胶带运输机;
3—胶带运输机转载点;4—地面胶带运输机

用移动破碎站。此种开拓方式下矿岩的运输流程是:矿岩由汽车运至破碎站,破碎后经板式给矿机转载到胶带运输机运至地面,再由地面胶带运输机或其他运输设备转运至卸载地点。

当露天矿最终边帮岩石不够稳固,而采场境界外岩石稳固时,胶带运输机通道可采用斜井方式。作为运输坑线的斜井布置在最终开采境界的外部,胶带运输机安装在斜井内,破碎站设置在斜井的底部。这种开拓方式的基建工程量不受矿山工程发展的影响,避免了胶带运输机的沟道与采场内运输道路的交叉。确定斜井位置时,要同时考虑破碎站的设置位置,应当使其距离卸载点近,斜井穿过的岩层稳定。

图 17-6 所示为我国某矿山所采用的胶带运输机斜井开拓系统示意图。此开拓系统中,废石与矿石胶带运输斜井分别布置在两端帮的境界外,破碎站布置在两端帮上。在采矿场内,用自卸汽车将矿石和废石运至各自的破碎站,破碎后经由斜井胶带运输机运至地面。此外,也可以在破碎站下部设置一溜井作为储矿仓,以在间断汽车运输与连续胶带运输之间提供缓冲,这种情况下,矿石首先经破碎机破碎后进入储矿溜井,再通过溜井板式给矿机转载到斜井胶带上。

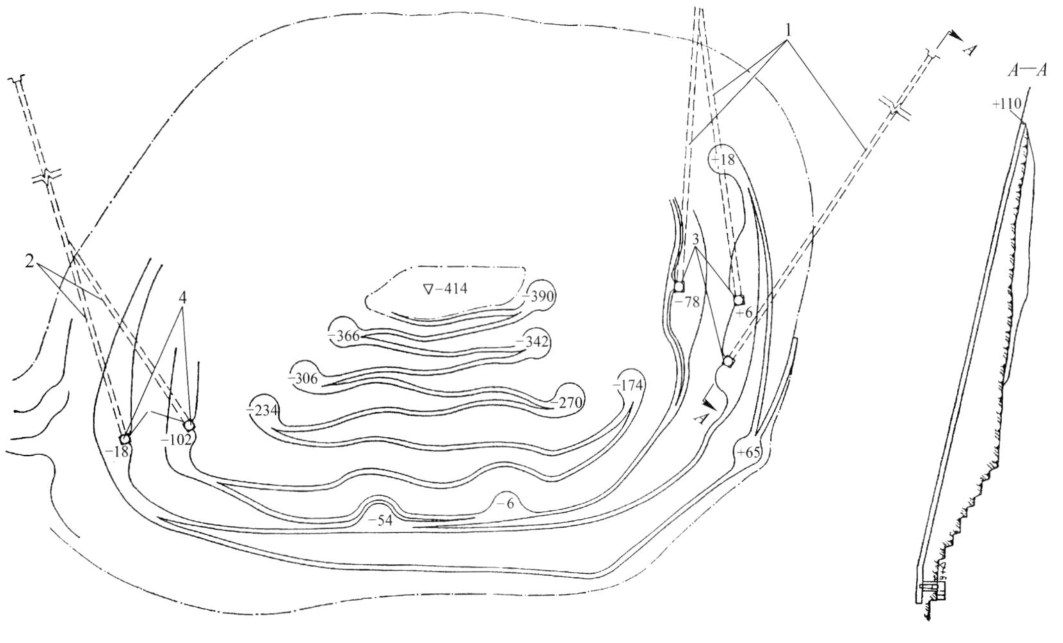

图 17-6　胶带运输机斜井开拓系统示意图

1—废石胶带运输斜井;2—矿石胶带运输斜井;3—废石破碎站;4—矿石破碎站

胶带运输机斜井开拓中,破碎站一般为半固定形式,也可以固定形式在最终开采境界底部建地下破碎站,采矿场内的矿岩经各自的溜矿井下放到地下破碎站破碎,然后经由板式给矿机转载到斜井胶带运输机运往地面。固定式破碎站不需移设,生产环节简单,减少了因在边帮上移设破碎站而引起的附加扩帮量;但初期基建工程量较大,基建投资较高,基建时间较长,溜井容易发生堵塞和跑矿事故,井下粉尘大。

在胶带运输机开拓方式中,还可把移动式破碎机安置在工作台阶上,随着采掘工作面的移动,破碎机也随着移动;挖掘机将矿石或废石直接卸入设在工作面上的破碎机内,也可用前装机或汽车在搭设的卸载平台上向破碎机卸载;破碎后的矿岩再转载到胶带输送机,从工作面直接运出采场。这种方式如图17-7所示。

移动式破碎机-胶带运输机开拓中,随着破碎站的不断移设,工作面上的胶带运输机也需要不断加长和移设。当台阶采掘工作线较长时,胶带运输机可平行于台阶布置,如图17-8a所示,破碎机和胶带运输机之间敷设一条桥式胶带运输机;当台阶采掘工作线较短时,可采用回旋胶带运输机,如图17-8b所示。

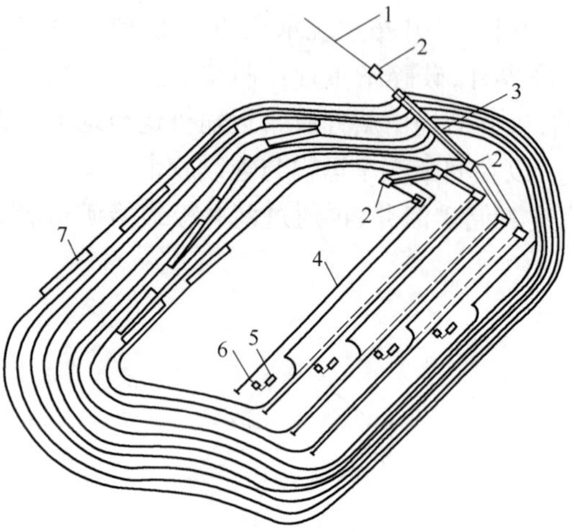

图17-7 移动式破碎机-胶带运输开拓方式

1—地面胶带运输机;2—转载点;3—边帮胶带运输机;4—工作面胶带运输机;5—移动式破碎机;6—桥式胶带运输机;7—出入沟

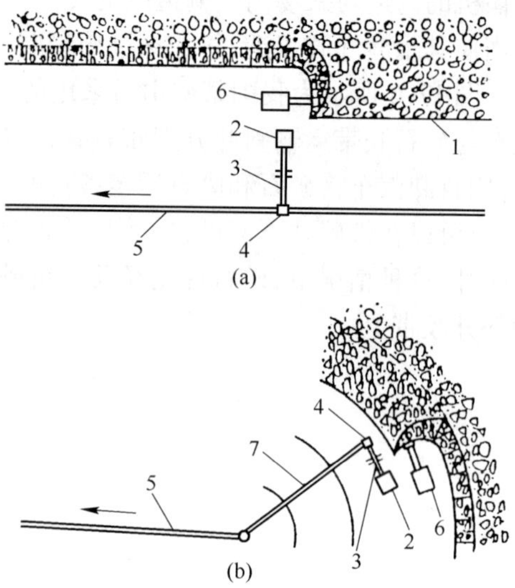

图17-8 胶带运输机在工作面的布置方式

(a)工作线较长时;(b)工作线较短时

1—爆堆;2—移动式破碎机;3—桥式胶带运输机;4—转载点;5—工作面胶带运输机;6—挖掘机;7—可回转胶带运输机

采用移动式破碎机时破碎站的建设费用约为半固定式破碎站的70% ~75%,运营费约为后者的80% ~85%,挖掘机效率与劳动生产率均比后者高。

胶带运输开拓的优点有:运输能力大,升坡能力大(可达到16°~18°);采场内运输距离短(约为汽车运距的1/5~1/4,铁路运距的1/10~1/5)。因此,其开拓坑线基建工程量小,运输成本低,运输的自动化程度高,劳动生产率高。

胶带运输开拓的缺点有:破碎站的建设费用较高;采用移动式破碎站时,破碎站的移设工作复杂;当运送硬度大的矿岩时,胶带的磨损大;敞露式的胶带运输机易受到恶劣气候条件的影响。

17.5 箕斗运输开拓

箕斗运输开拓以箕斗为主要的运输工具,整个开拓系统包括矿岩转载站、箕斗斜坡道、地面卸载站和提升机装置等。采场内部需用汽车或铁路与斜坡箕斗建立起运输联系。矿岩用汽车或其他运输设备运至转载站装入箕斗,提升(对于深凹露天矿)或下放(对于山坡露天矿)至地面卸载点卸载,再装入地面运输设备运至选厂或废石场。图17-9所示为某一凹陷露天矿的斜坡箕斗开拓系统示意图。

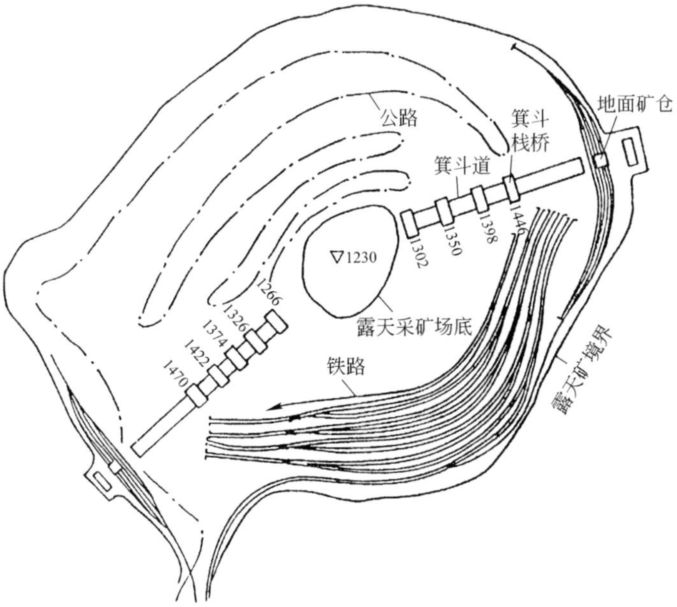

图 17-9 凹陷露天矿的斜坡箕斗开拓系统示意图

箕斗斜坡道开拓时,斜坡沟道的倾角与其所处的位置有关,对于凹陷露天矿,箕斗斜坡道设置在最终边帮上,斜坡道的倾角为最终帮坡角;而山坡露天矿的箕斗设在最终境界外的端部,斜坡道的倾角与山坡自然地形有关,多为 20° ~40°。影响斜坡沟道倾角的另一因素是箕斗的结构参数。箕斗在坡度较大的轨道上运行,为保证箕斗提升和下放时不脱轨,要求敷设在斜坡沟道中的轨道稳定、不下滑,斜坡道坡度一致、不起伏。

箕斗斜坡沟道位置的选择直接关系到开拓系统的合理性,设计时应遵循以下原则:

(1) 必须保证斜坡沟道所在位置的岩石稳定,深凹露天矿一般设在工作帮或境界的端帮上,山坡露天矿宜设在境界之外。

(2) 应尽量减少斜坡沟道与采场内其他运输线路的交叉。深凹露天矿中,箕斗沟道穿过非工作帮上的所有台阶,切断了各台阶水平的联系,为建立运输联系和向箕斗装载,需设转载栈桥。

(3) 选择地面卸载时,应尽量缩短地面卸载站与选矿厂或废石场之间的距离。

斜坡箕斗开拓方式的主要优点是能以最短的距离克服较大的高差,使运输周期大大缩短;投资少,建设快,经营费低;箕斗系统设备简单,便于制造和维修。其主要缺点是转载站的结构庞大,移设复杂;矿岩需经几次装载,管理工作也比较复杂;大型矿山的矿岩块度往往较大,使箕斗受到的冲击严重,常因维修频繁而影响生产,这是斜坡箕斗开拓在大型露天矿山中应用不多的根本原因。

17.6 平硐溜井开拓

平硐溜井开拓是通过溜井与平硐来建立露天采场与地面之间的运输联系,适用于地形复杂、地面高差大的山坡露天矿。图 17-10 所示为某山坡露天矿平硐溜井开拓系统示意图。

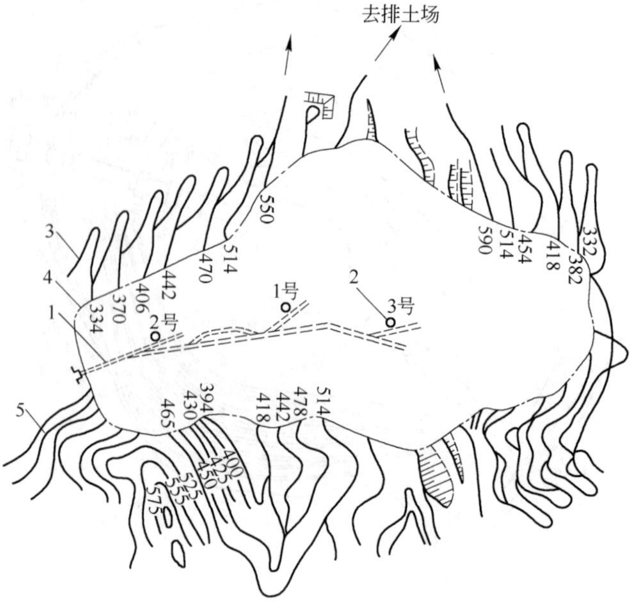

图 17-10 平硐溜井开拓系统示意图

1—平硐；2—溜井；3—公路；4—露天开采境界；5—地形等高线

这种开拓方式以溜井与平硐为矿石主要运输通道（见图 17-11），矿石由汽车或其他运输设备运至采场内的卸矿平台向溜井中翻卸，在溜井的下部通过漏斗装车，经平硐运至卸载地点。

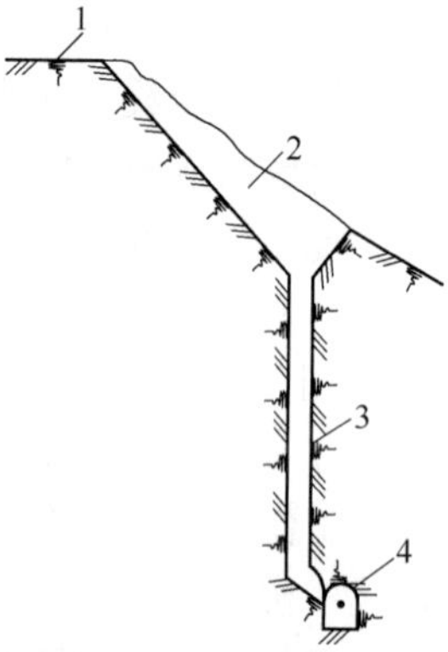

图 17-11 平硐溜井示意图

1—卸矿平台；2—溜槽；3—溜井；4—平硐

在平硐内的运输方式一般为准轨或窄轨铁路。对于废石，通常需在采场附近的山坡选择废石场，开拓通达废石场的公路（或铁路）运输坑线，利用汽车（或机车）运至废石场排弃。

平硐溜井开拓系统中，溜井承担着受矿和放矿的任务，它是系统的关键组成部分。合理地确定溜井位置和结构要素，对于防止溜井堵塞和跑矿，保证矿山正常生产，具有重要意义。溜井位置的选择应根据矿床的赋存特点，以采场和平硐的运输功最小、平硐长度小以及平硐口至选矿厂、废石场的距离最短为原则。溜井应布置在稳定性好的岩层中，避开断层和破碎带。平硐的顶板至采场的最终底部开采标高应保持最小安全距离，一般不能小于 20m。需开拓的溜井数目应根据矿山的矿岩年生产能力和溜井的年生产能力来确定。

平硐溜井开拓方式利用地形高差自重放矿，系统的运营费低；缩短了运输距离，减少了运输设备的数量，提高了运输设备的周转率；溜井还具有一定的储矿能力，发挥生产调节的作用。其缺点是：放矿管理工作要求严格，否则易发生溜井堵塞或跑矿事故；溜井放矿过程中，空气中的粉尘影响作业人员的健康。

18 穿孔与爆破作业

穿孔作业是露天开采的第一道生产工序,其作业内容是采用某种穿孔设备在计划开采的台阶区域穿凿炮孔,为其后的爆破工作提供装药空间。穿孔工作质量的好坏直接影响到爆破工序的生产效率与爆破质量。在整个露天开采过程中,穿孔作业的成本约占开采成本的10%~15%。

爆破工作是露天开采中的第二道重要工序,通过爆破作业将整体矿岩进行破碎及松动,形成一定形状的爆堆,为后续的采装作业提供工作条件。爆破工作质量、爆破效果的好坏直接影响着后续采装作业的生产效率与采装作业成本。在露天开采的总生产费用中,爆破作业费用大约占15%~20%。

18.1 穿孔方法与穿孔设备概述

截至目前,露天矿生产中曾广泛使用过的穿孔方法有两大类:热力破碎法与机械破碎法。穿孔设备有火钻、钢绳式冲击钻、潜孔钻、牙轮钻与凿岩台车等,其中,以牙轮钻的使用最为广泛,潜孔钻次之,火钻与凿岩台车仅在某些特定条件下使用,钢绳式冲击钻已被淘汰。近年来,国内外一些专家还在探索新的穿孔方法,如频爆凿岩、激光凿岩、超声波凿岩、化学凿岩及高压水射流凿岩等,但目前尚未在实际生产中广泛使用。

露天矿生产中曾广泛使用过的各种类型钻机的穿孔原理、可穿孔直径、生产能力及适用条件见表18-1。

表18-1 各类钻机及其相应特性

钻机种类	钻孔直径/mm			用　途	钻孔方法
	一　般	最　大	最　小		
火　钻	200~250	380~580	100~150	含石英高的极硬岩石	热力破碎
手持式凿岩台车	38~42		23~25	浅孔凿岩和二次破碎等辅助作业	冲击式机械破碎
凿岩台车	56~76	100~140	38~42	小型矿山的主要穿孔作业或大型矿山辅助作业	冲击式机械破碎
钢绳冲击钻	200~250	300	150	大中型露天矿山各种硬度的岩石	冲击式机械破碎
潜孔钻	150~250	508~762	65~80	主要用于中小型矿山中硬以上的岩石	冲击式机械破碎
旋转式钻机	45~160			软至中硬矿岩	切削式机械破碎
牙轮钻机	250~310	380~445	90~100	大中型矿山中硬至坚硬的岩石	滚压式机械破碎

18.2 牙轮钻机

牙轮钻机于20世纪50年代开始在美国露天矿山使用,70年代引进我国。目前,美国、加拿大、俄罗斯的金属露天矿山中牙轮钻机的比重已占80%以上，我国大型露天矿也大量使用牙轮钻机。牙轮钻机具有穿孔效率高、作业成本低、机械化程度高、适用于在各种硬度的矿岩中穿孔的优点，已成为当今世界金属露天矿最先进的穿孔设备。

18.2.1 工作原理

牙轮钻机的主要结构如图18-1所示，其穿孔原理主要是通过钻机的回转和推压机构使钻杆带动钻头连续转动，同时对钻头施加轴向压力，以回转动压和强大的静压形式使与钻头接触的岩石粉碎，在钻进的同时，通过钻杆与钻头中的风孔向孔底吹入压缩空气，将孔底的粉碎岩碴吹出孔外，从而形成炮孔。

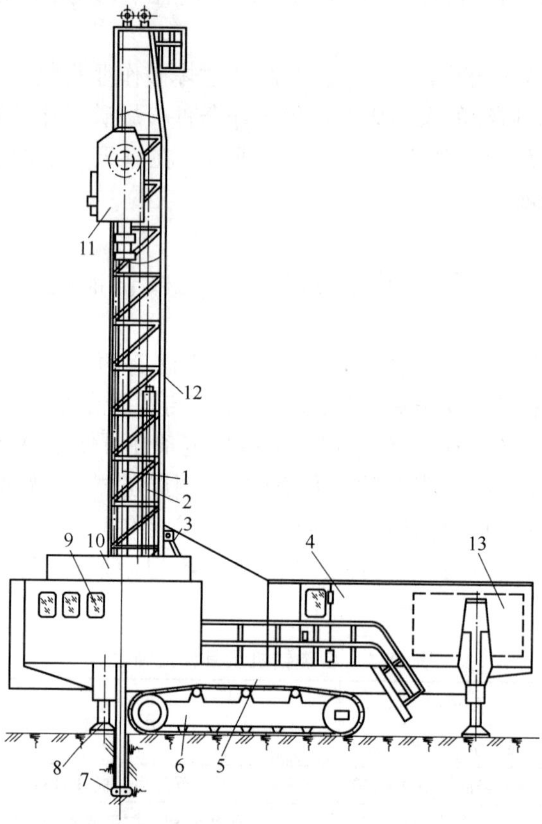

图18-1 牙轮钻机主要结构

1—钻杆；2—钻杆架；3—起落立架油缸；4—机棚；5—平台；6—行走机构；7—钻头；8—千斤顶；9—司机室；10—净化除尘装置；11—回转加压装置；12—钻架；13—动力装置

按牙轮钻机回转和推压方式的不同，目前的牙轮钻机可归纳为3种类型：底部回转连续加压式钻机、底部回转间断加压式钻机、顶部回转连续加压式钻机。大多数牙轮钻机均采用顶部回转连续加压方式。

按传动方式的不同，牙轮钻机可分为以下两种基本类型：

（1）滑架式封闭链-链条式牙轮钻机，此类钻机如国产的HZY-250型、KY-250c型、KY-310型钻机。

（2）液压马达-封闭链-齿条式牙轮钻机，如美国 BE 公司生产的 45-R 型、60-R 型和 61-R 型钻机，美国加登纳-丹佛公司生产的 GD-120 型、GD-130 型钻机。

18.2.2 钻具构成

牙轮钻机的钻具包括钻杆、稳杆器、减震器和牙轮钻头四部分，如图 18-2 所示。

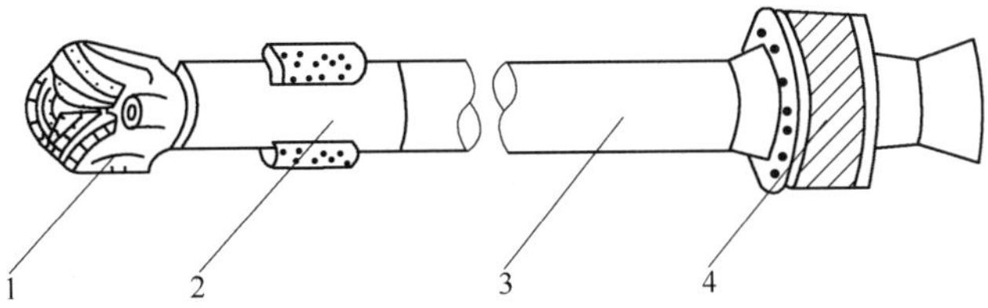

图 18-2 牙轮钻机钻具示意图

1—牙轮钻头；2—稳杆器；3—钻杆；4—减震器

钻杆的作用是把钻压和扭矩传递给钻头。钻杆的长度有不同的规格，采用普通钻架时，每根钻杆的长度为 9.2m、9.9m；采用高顶钻架时，考虑到底部磨损较快，仍用短钻杆，钻孔过程中上下两钻杆交替与钻头连接，以达到两根钻杆均匀磨损。

稳杆器的作用是减轻钻杆和钻头在钻进时的摆动，防止炮孔偏斜，延长钻头的使用寿命。

钻头是破碎岩石的主要工作部件，在推进和回转机构的作用下，以压碎及部分削剪方式破碎岩石。牙轮钻头由牙爪、牙轮、轴承等部件组成。典型的三牙轮钻头的外形及结构分别如图 18-3 和图 18-4 所示。

图 18-3 典型的三牙轮钻头外形

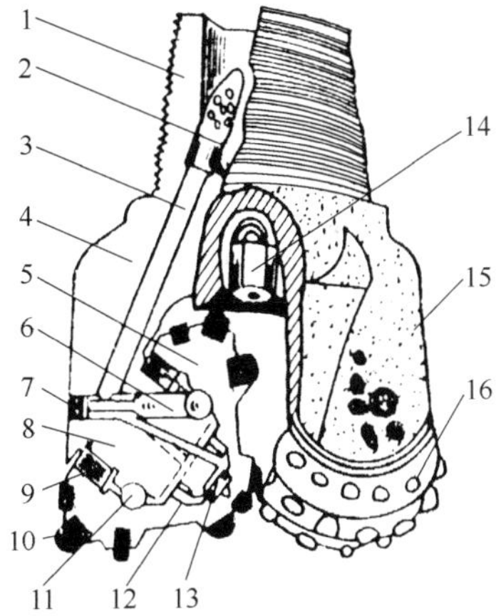

图 18-4 三牙轮钻头结构

1—钻头丝扣；2—挡渣管；3—风道；4—牙爪；5—牙轮；6—塞销；7—填焊；8—爪轴颈；9—滚柱；10—牙齿；11—滚珠；12—衬套；13—止推块；14—喷嘴；15—爪背合金；16—轮背合金

根据岩石的不同性质，牙轮上装有不同形状、不同齿高、齿距以及布齿方式的钢齿或硬质合金齿。牙轮可绕牙爪轴颈自转并同时随着钻杆的回转而绕钻杆轴线公转。牙轮在旋转过程中依靠钻压压入和冲击破碎岩石，同时又由于牙轮体的复锥形状、超顶和移轴等因素作用，牙轮在孔底工作时会产生一定量的滑动，牙轮齿的滑动对岩石产生剪切破坏。因此，牙轮钻头破碎岩石的机理实际上是冲击、压入和剪切的复合作用。在牙轮钻进的同时，压风将破碎的岩屑由钻孔壁与钻杆间的环形空间排至地表;部分风流通过挡渣管和牙爪风道进入轴承的各部分,用以驱散轴承内的热量,清洗和防止污物进入轴承内腔。

18.2.3 主要工作参数

牙轮钻机的工作参数主要有钻压、钻具转速、排渣风量与风压。对不同性质的矿岩,通过参数的合理配合可提高穿孔效率和延长钻头寿命。

18.2.3.1 钻压

钻压是通过钻杆施加的垂直压力,其大小应根据穿凿矿岩的物理机械性质、钻头的承载能力和钻机的技术性能来确定。钻压不足时,岩石由于牙轮齿摩擦、刮削作用而发生疲劳破碎,此时钻孔速度较低,钻头寿命也较短;钻压达到或超过岩石的破碎强度时,岩石被压碎或剪碎,此时钻孔速度快,钻头寿命长。根据国内外的实践经验,可参照表18-2选取钻压值。

表 18-2 不同岩石硬度系数与不同直径钻头的合理钻压

岩石硬度系数 f	不同直径钻头的合理钻压 /kN				
	ϕ190mm	ϕ214mm	ϕ243mm	ϕ269mm	ϕ310mm
8	98	110	123	138	159
10	122	137	155	172	199
12	146	165	190	207	238
14	176	192	216	241	278
16	195	220	249	276	318
18	220	247	280	310	357
20	243	274	312	345	397

18.2.3.2 钻速与转速

钻速是单位时间钻进的钻孔长度,转速是钻具的旋转速度。图18-5所示为钻速与转速 n 之间的关系示意图。当轴压较小时,孔底岩石以"表面磨蚀"的方式破坏,随转速 n 的增加,钻速 v 也相应加大,两者近似于线性关系(图中直线1所示);轴压较大时,岩石呈体积破碎,开始时钻速 v 随转速 n 的增大而提高,但当转速超过极限转速 m 后,钻速却随转速 n 的增加而降低(图中曲线2和3所示),这是由于转速 n 太大时,钻头齿轮与孔底岩石之间的作用时间太短(小于0.02~0.03s),未能充分发挥轮齿对岩石的破碎作用,并且,由于钻速过大,也加速了钻杆的震动和钻头的磨损,从而影响了钻进的速度。

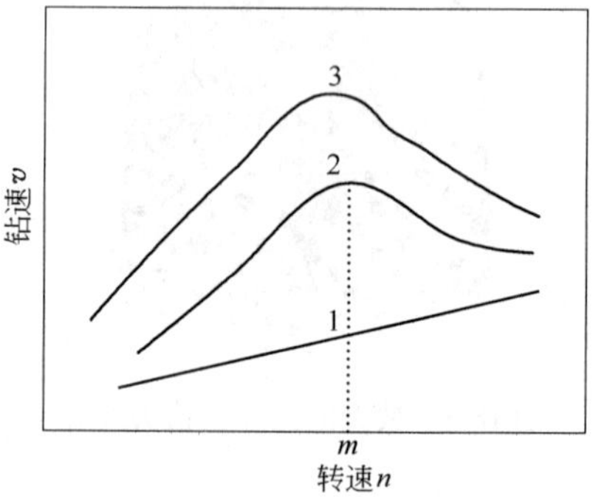

图18-5 转速 n 对钻速 v 的影响

此外,岩石的硬度系数对转速也有一定的影响。一般地,在软岩中可以采用较高的转速,而在硬岩中应采用较低的转速。

根据钻机类型和岩石硬度系数,钻头转速的合理范围见表18-3。

表 18-3　牙轮钻头合理转速范围

钻机类型	轻型钻机	中型钻机	重型钻机
岩石硬度系数 f	<8	10 ~ 14	15 ~ 20
转速/$r \cdot min^{-1}$	80 ~ 120	60 ~ 100	50 ~ 80

18.2.3.3　排渣风速和风量

牙轮钻机广泛使用压缩空气将孔底的岩碴经炮孔壁与钻杆间的空隙排出孔外,并冷却钻头的轴承。排渣风量不足时,岩碴在孔底被反复破碎,会显著降低钻速和钻头的寿命;另一方面,排渣风速过大时,从孔底吹起的岩碴对钻头的磨损作用会显著增大。当已知钻杆和炮孔的直径及要求的排渣风速时,可按图 18-6 查取所需的风量。例如,当炮孔直径为 $12\frac{1}{2}$ in(见图 18-6 中 a),钻杆直径为 $10\frac{5}{8}$in(见图 18-6 中 b) 时,要求的排渣风速为 4000ft/min(见图 18-6 中 c),所需的风量为 810ft^3/min(见图 18-6 中 d)。目前,国内外都趋于加大排渣风量,借以提高钻头的寿命和钻孔速度。

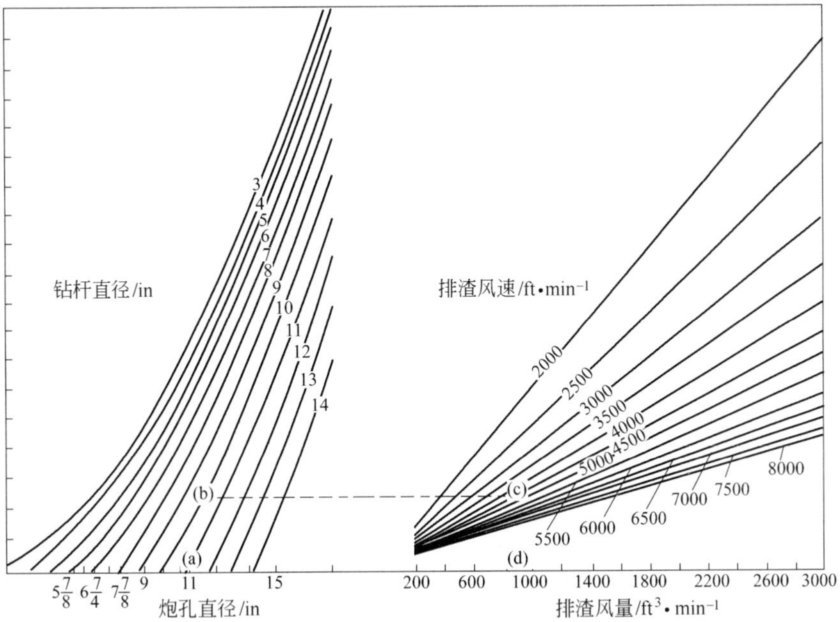

图 18-6　牙轮钻机排渣风量诺模图
(1in = 25.4mm;1ft = 0.3048m)

18.2.4　生产能力

衡量牙轮钻机生产能力的主要指标是牙轮钻机的台班生产能力与台年综合生产效率。

牙轮钻机的台班生产能力是每台牙轮钻机每一班工时内钻进的米数,台班生产能力可按下式计算:

$$V_b = 0.6 v T_b \eta \tag{18-1}$$

式中　V_b——台班生产能力,m/(台·班);

v——机械钻进速度,cm/min;

T_b——班工作时间,h;

η——班工作时间利用系数,一般情况下 η 为0.4~0.5。

牙轮钻机的机械钻进速度是牙轮钻机的重要技术性能指标,它与钻机的性能、钻头的形式、钻孔的直径、穿凿矿岩的硬度等因素有关,可按下面的经验公式估算:

$$v = 3.75 \times \frac{pn}{9.8 \times 10^3 Df} \tag{18-2}$$

式中 p——轴压,N;

n——钻具的转速,r/min;

D——钻头的直径,cm;

f——岩石的硬度系数。

牙轮钻机的台年综合效率是其台班生产能力与年工作时间利用率的函数。影响钻机工作时间利用率的主要因素有两个方面:一方面是因组织管理不科学造成的外因停钻时间;另一方面是钻机本身故障所引起的内因停钻时间。

国内部分露天矿山2006~2008年牙轮钻机的平均台年综合效率见表18-4。

表18-4 国内部分露天矿山2006~2008年牙轮钻机的平均台年综合效率

矿山名称	钻机型号	孔径/mm	平均台年综合效率/m·a⁻¹		
			2006年	2007年	2008年
南芬铁矿	45R	250	33033	39687	42095
	60R	310	35599	45958	39076
	YZ-35	250	30001	38575	63288
	YZ-55	310	41856	38924	36710
齐大山铁矿	45R	250	57319	52445	43527
	YZ-55	310	52828	62874	59133
鞍千铁矿	YZ-35	250		43583	44563
	YZ-55	310		44112	46251

18.2.5 钻机需求数量

露天矿所需牙轮钻机的数量取决于矿山的设计年采剥总量、所选定钻机的年穿孔效率与每米炮孔的爆破量,可按下式计算:

$$N = \frac{Q}{Lq(1-e)} \tag{18-3}$$

式中 N——所需钻机数量,台;

Q——矿山设计年采剥总量,t/a;

L——钻机台年综合效率,m/a;

q——每米炮孔的爆破量,t/m;

e——废孔率。

理论上,每米炮孔的爆破量一般应按设计的爆破孔网参数进行计算,实际设计时也可参照类似矿山的经验数据选取。国内部分矿山每米牙轮钻炮孔爆破量的实际指标见表18-5。

表 18-5 国内部分矿山每米牙轮钻炮孔爆破量的实际指标

矿山名称	台阶高度/m	孔径/mm	年 份	每米孔爆破矿(岩)量/t·m^{-1}	
				矿 石	岩 石
鞍千铁矿	12	250 310	2007~2009	87~101	89~108
齐大山铁矿	12	250 310	2006~2008	119~130	111~118
南芬露天矿	12	250 310	2006~2008	81~110 112~123	89~102 101~123

18.2.6 提高牙轮钻机穿孔效率的途径

牙轮钻机目前仍是一种发展中的新设备,为了提高牙轮钻机的穿孔效率,一方面应继续改进牙轮钻机本身的技术性能,提高钻头的工作强度与使用寿命;另一方面,在牙轮钻机穿孔作业时应合理配置好各种工作参数,协调好生产中的组织管理,提高钻机的工作时间利用率。

在国内外的牙轮钻机钻孔作业中存在着两种工作制度:一种是强制钻进,即采用高轴压(30~60t)、低转速(150r/min 以内);另一种是高速钻进 ,即采用低轴压(10~20t)、高转速(300r/min)。显然,无论从合理利用能量还是从提高钻头与钻机的使用寿命来衡量,高速钻进有许多缺点,特别是在中硬岩中穿孔时更是如此。我国的牙轮钻机正沿着强制钻进的途径发展,如 HY-250c 型及 KY-310 型钻机,其轴压分别为 32t 和 45t,而转速控制在 100r/min 以内。

18.3 潜孔钻机

潜孔钻机的主机置于孔外,只担负钻具的进退和回转,而产生冲击动作的冲击器紧随钻头潜入孔底,因此得名潜孔钻机。潜孔钻机的主要机构有冲击机构、回转供风机构、推进机构、排粉机构、行走机构等。

潜孔凿岩于 1932 年始于国外,首先用于地下矿钻凿深孔,后来用于露天矿。20 世纪 70 年代,我国冶金露天矿使用潜孔钻机数量占全部钻孔设备的 60% 左右,目前只在一些中小露天矿山使用。常见的产品有美国 Ingersoll - Rand 公司生产的 CM341 型中气压钻机、CM351 型高气压钻机、MZ200 液压钻机等,Atlas Copco 公司生产的 ROC400 系列钻机、ROC460 系列钻机、ROCD7 型全液压钻机等。

当前,国外有几家公司推出了不同品牌和系列的潜孔钻机,如瑞典阿特拉斯·科普柯(Atlas Copco)公司、芬兰汤姆洛克(Tamrock)公司、美国英格索兰(Ingersoll-Rand)公司、日本古河(Furukawa)等。这些公司的产品经过几十年甚至近百年的积累、改进与发展,无论是设计、选材还是制造都已达到很高的技术水平。在潜孔钻具方面,瑞典 Atlas Copco 公司和美国 Ingersoll-Rand 公司仍然在质量、品种上保持着世界领先水平,可钻凿孔径 68~305mm(共计 18 个品种)。

18.3.1 分类与适用范围

18.3.1.1 分类

潜孔钻机有多种类型和分类方法。

按使用地点不同,潜孔钻机可分为露天潜孔钻机和地下潜孔钻机。

按有无行走机构,潜孔钻机可分为自行式和非自行式。自行式又分为轮胎式和履带式,非自行式又分为支柱(架)式和简易式。

按使用气压不同,潜孔钻机可分为普通气压潜孔钻机(0.5~0.7MPa)、中气压潜孔钻机(1.0~1.4MPa)和高气压潜孔钻机(1.7~2.5MPa)。有的将中、高气压潜孔钻机统称为高气压潜孔钻机。

按钻机钻孔直径及质量不同,潜孔钻机可分为:轻型潜孔钻机,其孔径为80~100mm,整机质量为3~5t;中型潜孔钻机,其孔径为130~180mm,整机质量为10~15t;重型潜孔钻机,其孔径为180~250mm,整机质量为28~30t;特重型潜孔钻机,其孔径大于250mm,整机质量为40t及以上。

按驱动动力不同,潜孔钻机可分为电动式潜孔钻机和柴油机式潜孔钻机。电动式潜孔钻机维修简单,运行成本低,适用于有电网的矿山;柴油机式潜孔钻机移动方便,机动灵活,适用于没有电源的作业点。

按结构形式不同,潜孔钻机可分为分体式潜孔钻机和一体式潜孔钻机。分体式潜孔钻机结构简单、轻便,但需要另配置空压机;一体式潜孔钻机移动方便,压力损失小,钻孔效率高。

18.3.1.2 特点及适用范围

潜孔钻机具有结构简单、重量轻、价格低、机动灵活、使用和行走方便、制造和维护较容易、钻孔倾角可调等特点。与接杆凿岩钻车相比较,具有如下优势:

(1) 冲击力直接作用于钎头,冲击能量不因在钎杆中传递而损失,所以凿岩速度受孔深影响小。

(2) 以高压气体排出孔底的岩碴,很少有重复破碎现象。

(3) 孔壁光滑,孔径上下相等,一般不会出现弯孔。

(4) 工作面的噪声低。

采用高气压潜孔钻机,钻孔速度可提高数倍。如工作气压分别提高到原来的2倍、3倍和4倍时,冲击功功率可分别提高2.8倍、5.2倍和8倍,而钻孔速度一般同冲击功成正比。而且,在高气压下作业,每米钻孔的钎具消耗减小,并适宜采用结构简单、效率高的无阀冲击器,节省压气,降低能源消耗。

在金属露天矿山,牙轮钻机占主导地位,但在中等硬度矿岩的中、小型露天矿山,潜孔钻机仍广为使用。

潜孔钻机除作为露天矿钻凿主爆破孔外,还用于钻凿矿山的预裂孔、锚索孔、边坡处理孔及地下水疏干孔,也可钻凿通风孔、充填孔、管缆孔等。

18.3.2 主要工作参数

潜孔钻机的主要工作参数有钻具转速、扭矩和轴推力,这些参数的大小及其相互匹配直接影响钻孔速度及穿孔成本。

18.3.2.1 转速

钻具转速的合理选择对于减少机器振动、提高钻头寿命和加快钻进速度都有很大作用。转速的大小应能保证钻头在两次相邻冲击之间的转角最优,此时钻头单次冲击破碎的岩石量最大,钻速最高。最优转角的大小主要取决于钻孔直径、钻头结构以及岩石性质。根据国内外的生产经验,钻具转速推荐值见表18-6。

表 18-6 转速与钻头直径的关系

钻头直径 D/mm	100	150	200	250
转速 n/r · min^{-1}	30 ~ 40	15 ~ 25	10 ~ 20	8 ~ 15

由表 18-6 可见，钻孔直径越大，回转速度越慢。同时，确定回转速度还必须考虑岩石性质和冲击器的频率，硬岩、低频选表 18-6 中的下限，软岩、高频则取上限。

在钻进操作中，必须正确选择钻具的回转速度。回转速度过高，单次冲击岩石的破碎量将会减小，不仅导致钻进速度降低，还会加速钻头的磨损；回转速度过低，则浪费冲击功，加大破碎功消耗，同样会降低钻进速度。

18.3.2.2 扭矩

在正常钻进过程中，钻具的回转扭矩主要用来克服钻头与孔底的摩擦阻力和剪切力以及钻具与孔壁的摩擦阻力。钻具阻力矩与钻孔直径、孔深均成正比。在整体性比较好的岩石中，钻进阻力矩并不大，孔径在 150mm 以下的钻进阻力矩为 1000N · m 左右。钻机的扭矩比钻进阻力矩大许多，主要是为了卸杆和防止卡钻，扭矩越大，卸钻杆越容易，防止卡钻的能力就越强，钻孔的深度也越深。

在节理比较发育的破碎带中钻进，要选择扭矩比较大的钻机；大孔径深孔凿岩作业的扭矩也要选择高一些。

18.3.2.3 轴推力

轴推力是潜孔凿岩的一个非常重要的参数，直接影响钻孔速度和钻头寿命。轴推力过大，不仅会导致回转不连续而产生回转冲击，还会导致孔底钻屑过度破碎，造成能量浪费，影响钻孔速度，并会加速钻头的磨损；轴推力过小，钻具反跳加剧，钻头不能紧贴孔底，使冲击能量不能有效作用到孔底岩石上，影响凿岩效率，也会加速钻机及钻具的损坏。

轴推力不等同钻机的推进力，它是推进力与钻具质量的矢量和。最优的轴推力不仅与钻孔直径有关，还与岩石性质有关。表 18-7 为不同钻头直径下的轴推力推荐值。钻头直径越大，最优轴推力也越大；岩石坚硬时取上限，反之取下限。

表 18-7 轴推力与钻头直径的关系

钻头直径 D/mm	100	150	200	250
轴推力 F/N	4000 ~ 6000	6000 ~ 10000	10000 ~ 14000	14000 ~ 18000

18.3.3 生产能力及需求数量

潜孔钻机的台班生产能力可用下式计算或参考类似生产矿山的指标选取：

$$V_b = 0.6vT_b\eta \tag{18-4}$$

式中 V_b——台班生产能力，m/(台 · 班)；

v——机械钻进速度，cm/min；

T_b——班工作时间，h；

η——台班时间利用系数，一般取 0.4 ~ 0.6。

机械钻进速度可用下式计算：

$$v = \frac{4En_zK}{\pi D^2 a} \tag{18-5}$$

式中 E——冲击功,J;

n_z——冲击频率,min^{-1};

K——冲击能利用系数,取0.6~0.8;

D——钻孔直径,cm;

a——矿岩的凿碎比功,J/cm^3。

E、n_z 可以从钻机性能表查得,凿碎比功 a 可按表18-8选取。

部分潜孔钻机的台班生产能力见表18-9。潜孔钻机的台年综合效率可依据其台班生产能力与钻机年工作时间利用率计算。

表18-8 不同硬度岩石的凿碎比功

矿岩硬度系数 f	硬度级别	软硬程度	凿碎比功 $a/J \cdot cm^{-3}$
<3	Ⅰ	极软	<196
3~6	Ⅱ	软	196~294
6~8	Ⅲ	中等	294~392
8~10	Ⅳ	中硬	392~490
10~15	Ⅴ	硬	490~588
15~20	Ⅵ	很硬	588~686
>20	Ⅶ	极硬	>686

表18-9 部分潜孔钻机的台班生产能力 (m)

矿岩硬度系数 f	金-80	KQ-150	KQ-170	KQ-200	KQ-250
4~8	27	32	32	35	37
8~12	20	25	25	30	30
12~16	12	20	20	22	24
16~18	—	15	15	18	20

钻机需求数量计算公式与式(18-3)相同,取潜孔钻机的相关参数即可。部分潜孔钻机的爆破参数与每米炮孔爆破量可参照表18-10选取。

表18-10 部分潜孔钻机的每米炮孔爆破量

钻机型号	爆破参数	台阶高度10m				台阶高度12m				台阶高度15m			
		岩石硬度系数 f											
		4~6	8~10	12~14	15~20	4~6	8~10	12~14	15~20	4~6	8~10	12~14	15~20
KQ-150	底盘抵抗线/m	5.5	5.0	4.5		5.5	5.0	4.5					
	孔距/m	5.5	5.0	4.5		5.5	5.0	4.5					
	排距/m	4.8	4.4	4.0		4.8	4.4	4.0					
	孔深/m	12.64	12.64	12.64		14.77	14.77	14.77					
	爆破量/$m^3 \cdot m^{-1}$	20.86	17.33	14.13		21.42	17.80	14.51					
KQ-200	底盘抵抗线/m	6.5	6.0	5.5	5.0	7.0	6.5	6.0	5.5	7.0	6.5	6.0	5.5
	孔距/m	6.5	6.0	5.5	5.0	7.0	6.5	6.0	5.5	7.0	6.5	6.0	5.5
	排距/m	5.5	5.0	4.5	4.0	6.0	5.5	5.0	4.5	6.0	5.5	5.0	4.5
	孔深/m	12.64	12.64	12.64	12.64	14.77	14.77	14.77	14.77	17.96	17.96	17.96	17.96
	爆破量/$m^3 \cdot m^{-1}$	28.56	24.14	20.03	16.33	34.30	29.32	24.76	20.57	35.26	30.16	25.45	21.14

续表 18-10

钻机型号	爆破参数	台阶高度 10m				台阶高度 12m				台阶高度 15m			
		岩石硬度系数 f											
		4～6	8～10	12～14	15～20	4～6	8～10	12～14	15～20	4～6	8～10	12～14	15～20
KQ-250	底盘抵抗线/m		8.5	8.0	7.5		9.0	8.5	8.0		9.5	9.0	8.5
	孔距/m		6.5	6.0	5.5		7.0	6.5	6.0		7.5	7.0	6.5
	排距/m		5.5	5.0	4.5		6.0	5.5	5.0		6.5	6.0	5.5
	孔深/m		11.3	11.6	12.0		13.56	13.92	14.40		16.95	17.40	18.0
	爆破量 /$m^3 \cdot m^{-1}$		35.61	29.56	24.01		41.30	34.69	28.57		47.41	40.23	33.55

18.4 爆破作业基本要求

露天开采对爆破工作的基本要求是：

(1) 合理的爆破储备量(称为贮爆量)。一次爆破的矿岩量至少是挖掘机 5～10 昼夜的采装量,以满足挖掘机连续作业的要求。

(2) 合理的矿石块度。爆破后的矿岩块度应小于挖掘设备铲斗所允许的最大块度和粗碎机入口所允许的最大块度,以提高后续铲装、粗碎工序的作业效率。

(3) 较好的爆堆堆积形态。前冲量小,无上翻和根底,爆堆集中且有一定的松散度,以利于提高铲装设备的效率。

(4) 爆破危害最小化。爆破所产生的地震、飞石、噪声等均应控制在允许的范围内,同时,应尽量控制爆破带来的后冲、后裂和侧裂现象。

(5) 经济效益最大化。使整个开采过程中的穿孔、爆破、铲装、破碎等工序的综合成本最低。

在矿床的整个开采过程中,需要根据各生产时期不同的生产要求和爆破规模采用最合适的爆破方式。露天开采过程中的爆破作业可分为三种:基建期的剥离大爆破、生产期台阶正常采掘爆破与各台阶水平生产终了期的台阶靠帮(或并段)控制爆破。下面分别予以介绍。

18.5 基建剥离硐室大爆破

在山坡露天矿的基建期,为了剥离矿体上部(或侧向)较厚的覆盖岩层,平整工业场地、开挖公路或铁路运输通道,通常要进行大爆破。大爆破是指将大量炸药集中装填于按设计开挖的药室中,一次起爆完成大量土石方开挖、抛填任务,又称为硐室大爆破。

18.5.1 硐室大爆破的分类与要求

按爆破后岩石的破碎程度和堆积状态,硐室大爆破的方式有以下几种：

(1) 破碎松动爆破。其特点是岩体充分破碎,疏松膨胀,在地面隆起,绝大部分破碎岩石仅有少量的位移,抛掷作用微弱。按其破碎疏松程度的不同,可分为标准松动爆破、弱松动爆破与强松动爆破。

(2) 抛掷爆破。其特点是药包周围岩体充分破碎并获得较大的运动速度,破碎后的岩石发生较大的位移,并在装药硐室处形成爆破漏斗。按其抛掷作用的强弱程度,可分为标准抛掷爆破、弱抛掷爆破和强抛掷爆破。

(3)内部爆破。其特点是药包的相对埋深很大,药包爆炸仅对周围介质有压缩、破碎作用,地面上无破坏现象。炸药能大部分转化为破碎能、变形能和振动能。

大爆破的设计原则及要求是:

(1) 经济合理性原则。在保证良好的爆破效果的前提下,尽可能减少基建投资与爆破工程量,加快基建工程的建设速度,降低爆破成本。

(2) 爆破设计要求。根据矿山基建期与生产期的整体要求,结合矿床的地形地质条件,科学合理地确定大爆破的各项参数及爆破范围,应尽量方便施工,不给后续工程留下隐患。

(3) 爆破质量要求。爆堆的形态及分布应符合要求,降低大块率,减少边缘欠挖量,爆破后形成的场地尽可能平整。

(4) 爆破安全要求。在工业场地、重要建筑物或重要设施附近进行大爆破时,必须保证周围环境的安全,在采场边帮附近进行大爆破时,必须保证采场边帮的稳定。

18.5.2 爆破参数

硐室大爆破的爆破效果主要取决于炸药的单耗、爆破岩体的节理特征和地形条件等,其爆破参数主要有:爆破作用指数、最小抵抗线、药包间距、排距及其层距等。

18.5.2.1 爆破作用指数

爆破作用指数是工程爆破中经常用到的一个重要参数,它决定着爆破作用的性质、爆破漏斗的尺寸、岩石的破碎程度、抛掷方量的比率以及爆破的技术经济效果。爆破作用指数通常定义为爆破漏斗半径和最小抵抗线的比值,记为 n。

对于松动爆破,爆破作用指数主要受地形的影响,其取值可根据不同的地形条件和药包装置方式选择相应的经验公式进行计算,具体计算方法请参阅相关的设计手册。一般地,标准松动爆破时,$n=0.75$;弱松动爆破时,$n<0.75$;强松动爆破时,n 取 0.75~1.0。

对于抛掷爆破,爆破作用指数主要根据地形坡角和预计爆破方量的抛掷率选取。通常可参考表18-11中的经验值选取。

表18-11 抛掷爆破的爆破作用指数参考值

抛掷率 /%	47.5	50	55	60	64	68	72	76
爆破作用指数 n	0.75	0.8	0.9	1.0	1.1	1.2	1.3	1.4

18.5.2.2 药包布置方式与最小抵抗线

自各药包中心指向其相邻地表的有向线段的长度即为该药包的最小抵抗线,记为 W。最小抵抗线的大小取决于爆破工程的要求、地形条件和药包的布置方式。表18-12与图18-7给出了各种地形条件下较合理的药包布置方式,图18-7中的箭线指向为药包的爆破作用方向,箭线长度为药包的抵抗线。

表 18-12　硐室大爆破药包布置形式及其适用条件

爆破作用方向	药包布置形式	适用条件
单侧作用	单层单排布置	缓坡地形,高差小
	单层双排布置	缓坡地形,高差小,要求爆破后形成宽平台
	双层单排布置	陡坡地形,高差大
双侧作用	单排布置	山脊地形
	多排布置(主药包双侧作用,辅助药包单侧作用)	坡度平缓的山包
	并列单侧作用	顶部较宽的山脊或山包
	单排布置(一侧松动作用,另一侧抛掷)	两侧地形坡度不同的山脊或山包
	并列不等量药包(单侧作用)	两侧地形坡度不同的山脊或山包
多向作用	单一药包	孤立山头,多面临空,地形坡度较陡
	单一主药包多向作用,辅助药包群多向作用	孤立山头,多面临空,地形坡度较缓,爆破山头高差较大
多重作用	复合布置	各种复杂的地形地质条件

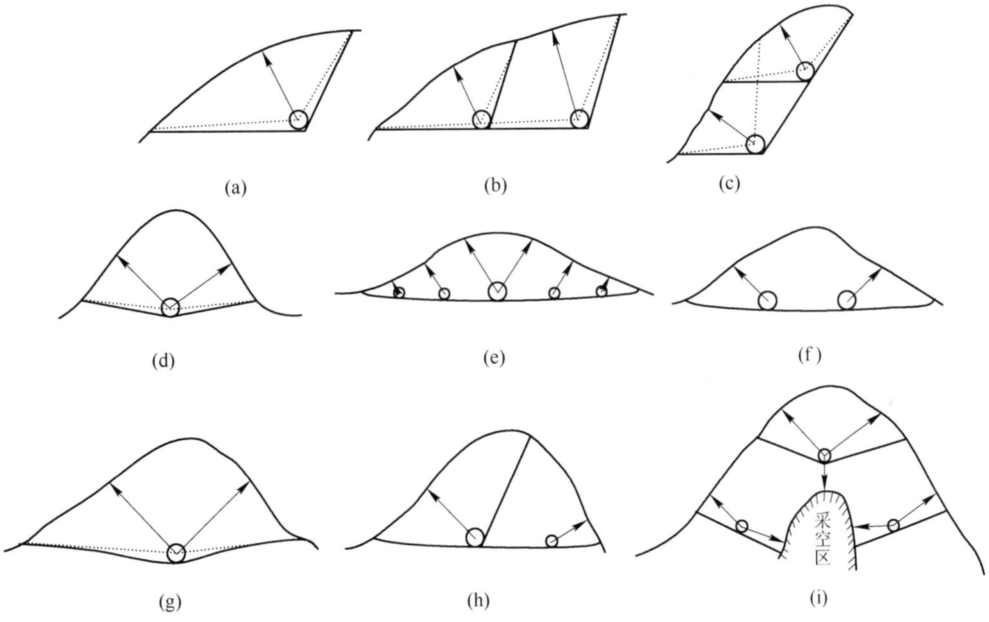

图 18-7　药包布置形式及其抵抗线示意图

(a) 单层单排单侧作用药包;(b) 单层双排单侧作用药包;(c) 双层单排单侧作用药包;
(d) 单层单排双侧作用药包;(e) 单层多排主药包双向作用,辅助药包单向作用;
(f) 单层双排双侧单向作用药包;(g) 单层单排双侧不对称作用药包;
(h) 单层双排双侧单向作用的不等量药包;(i) 多重作用的复合药包

在相同的地形条件和工程要求下,改变药包的布置方式能使爆破药包的最小抵抗线在很大范围内变化。因此,在进行最小抵抗线设计时,必须综合药包的布置原则与爆破作用机理和爆破技术经济效果择优而定。无论在什么情况下,都应避免选用过大的抵抗线。只要硐室掘进工作量、施工期限等条件允许,应利用多分层、多排、分集药包来代替单一或个别的大药包,以减少药包的最小抵抗线,这一点对于在硐室爆破后需要清方的松动爆破尤为重要。

18.5.2.3 药包间距

硐室爆破的药包间距通常根据最小抵抗线和爆破作用指数来定。在其他条件一定时，岩石越软，药包的间距应越大；岩石越硬，药包的间距应越小。在不同的地形地质条件下，各种硐室爆破的药包间距的经验计算公式见表18-13。

表18-13 药包间距的经验计算公式

爆破类型	地形条件	岩性	间距公式
松动爆破	平坦 斜坡、台阶	土、岩	$(0.8\sim1.0)W$ $(1.0\sim1.2)W$
抛掷爆破	平坦	岩石 土、软岩	$0.5W(1+n)$ $W\sqrt[3]{f(n)}$①
	斜坡	硬岩 软岩	$W\sqrt[3]{f(n)}$① $W\sqrt{1+n^2}$
	多面临空斜坡或陡壁	岩	$(0.8\sim0.9)W\sqrt{1+n^2}$
定向抛掷爆破	斜坡	土、岩	水平：$0.5W(1+n)\sim nW$ 上下：$nW\sim0.9W\sqrt{1+n}$

① $f(n)$是爆破作用指数的函数，$f(n)=[(1+n^2)/2]^2$。

18.5.2.4 装药量

装药量Q是标准炸药单耗q与爆破作用指数n和最小抵抗线W的函数，通常依据以下的经验公式计算。

松动爆破的装药量：

斜坡地形 $$Q=0.36qW^3 \tag{18-6}$$

平坦地形 $$Q=0.44qW^3 \tag{18-7}$$

抛掷爆破和加强松动爆破的装药量：

$$Q = qW^3f(n) \tag{18-8}$$

此计算方法在$0.7\leqslant n\leqslant3$和$W\leqslant25$m时，计算结果较符合实际。如果$W>25$m，计算出的药量偏小，应再将计算结果乘以系数k：

$$k = \sqrt{\frac{W}{25}} \tag{18-9}$$

从式18-9中可以看出，W值越大，k值就越大，Q值也相应增大。但当W值很大时，则需对药量进行特别校验。

计算装药量时，单位炸药消耗量q值一般情况下可参考类似条件爆破工程的实际q值选取，但对于重要的大规模硐室爆破，有时需通过进行实地的爆破漏斗试验来确定。

18.6 生产台阶正常采掘爆破

露天矿台阶正常采掘爆破是在每一生产台阶分区依次进行的，爆破区域的大小即为一个爆破带。每一爆破区域的穿孔作业完成后，爆破工序即可开始。首先，由爆破设计人员依据穿孔工序所生成的实测布孔图进行爆破设计与计算，设计的内容主要是选取炸药类型及单耗(或装药密度),设计炮孔装药结构,计算每孔装药量与总炸药消耗量,设计起爆网络及起爆方式。然后,爆破人员依据爆破方案进行炮孔装药和实施爆破。

18.6.1　爆破方法

露天矿台阶正常采掘爆破中常用的爆破方法有以下几种:浅孔爆破法、深孔爆破法、药壶爆破法与外敷爆破法。其中,外敷爆破法主要用于台阶正常生产爆破后的大块二次破碎及“根底”处理,该爆破方法不需穿凿炮孔,而是直接将炸药敷于大块上进行爆破。

药壶爆破法可以克服较大的底盘抵抗线以减少钻孔工作量,常在工作环境困难的情况下使用。该方法首先在已穿凿的深孔孔底用药壶法进行扩孔,通常需经几次扩壶才能达到设计体积,然后再装药爆破。

浅孔爆破法通常用于小型矿山的台阶生产爆破,在大中型矿山中常用于辅助性爆破,如开掘出入沟、修路、处理根底及不合格大块等。浅孔通常指炮孔直径在50mm以下、孔深不超过5m的炮孔。

深孔爆破法是露天矿台阶正常采掘爆破最常用的方法。该方法依据起爆顺序的不同分为齐发爆破和微差爆破,其中,以微差爆破的使用最为广泛。依据欲爆台阶前是否留有部分渣堆,台阶采掘爆破分为清渣爆破与压渣爆破。

18.6.2　爆破参数与结构

露天矿台阶爆破通常采用多排孔齐发或多排孔间隔起爆方式,图18-8所示为一个工作面炮孔布置示意图。炮孔的底盘抵抗线、炮孔规格(即孔径与孔深)、布孔方式、起爆顺序及装药量和装药结构等,都是决定爆破效果与爆破质量的主要参数,也是爆破设计需要确定的重要参数。

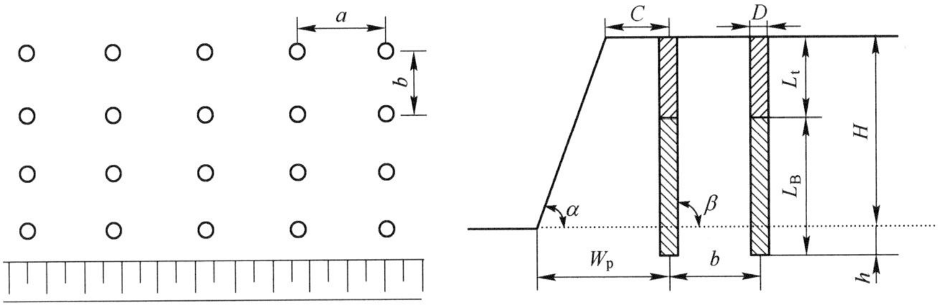

图18-8　工作面炮孔布置示意图

a—孔距;b—排距;α—台阶坡面角;β—炮孔倾角;h—炮孔超深;C—沿边距;D—孔径;H—台阶高度;W_p—底盘抵抗线;L_t—填塞长度;L_B—装药长度

18.6.2.1　炮孔底盘抵抗线

炮孔的底盘抵抗线即炮孔中心至台阶坡底线的距离(见图18-8中的W_p)。底盘抵抗线是影响台阶爆破质量的一个重要因素,取值过小会造成被爆破的岩体过于粉碎,同时产生的爆堆前冲也大;取值过大,爆破后容易形成根底与大块。在台阶爆破的优化设计中,存在一个最佳底盘抵抗线。最佳底盘抵抗线是对于具体的爆破条件能取得最大爆破量与最佳爆破块度时的底盘抵抗线。预爆岩体的力学性质、岩体中节理与裂隙的发育状况对最佳底盘抵抗线都有一定的影响。在爆破设计中,炮孔的底盘抵抗线通常是根据经验选取的。

清渣爆破时,底盘抵抗线的经验计算公式为:

$$W_p = (25 \sim 45)D \tag{18-10}$$

为了保证钻机穿孔作业的安全,第一排炮孔的孔位距台阶边沿应留有一定的距离,称其为沿边距。因此,第一排孔的底盘抵抗线取值应满足以下的约束条件:

$$W_p \geqslant H(\cot\alpha - \cot\beta) + C \tag{18-11}$$

式中　H——台阶高度,m;

α——台阶坡面角,(°);

β——炮孔的倾角,(°),垂直孔时 $\beta = 90°$;

C——沿边距,一般为 2 ~ 3m。

当实施压渣爆破时,为了克服渣堆所增加的爆破压力,需根据渣体厚度及爆破后爆堆松散度的要求,适当减小底盘抵抗线,减小值的经验计算公式为:

$$W_n = 0.4\frac{\delta}{K} \tag{18-12}$$

式中　W_n——以渣体厚度折算的抵抗线值,m;

δ——压渣体的平均厚度,m;

K——爆破后的渣体松散系数,一般为 1.3 ~ 1.5。

18.6.2.2　布孔方式与布孔参数

A　布孔方式

当前露天开采中广泛采用的布孔方式有两种,即排间直列布孔和排间错列布孔。

排间直列布孔方式的特点是排间相邻炮孔纵向对齐,即整个孔网中四个相邻炮孔的孔位呈正方形或长方形布局,如图 18-9a 所示,又称为方形布孔。

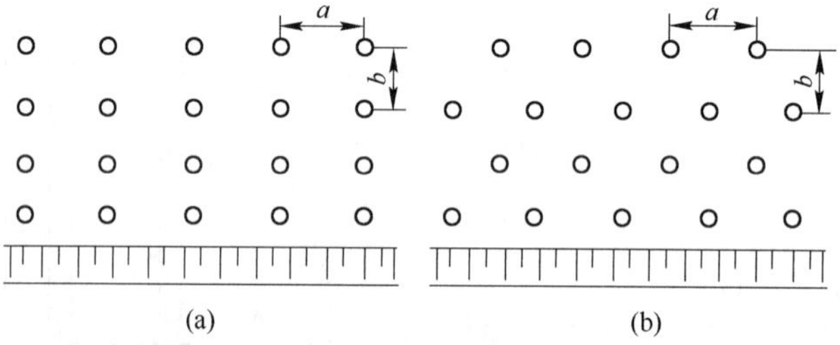

图 18-9　布孔方式示意图

(a) 排间直列布孔;(b) 排间错列布孔

排间错列布孔方式的特点是每两相邻排间相邻炮孔横向错动一定距离,即整个孔网中两相邻排间的四个相邻炮孔的孔位呈平行四边形布局,如图 18-9b 所示,又称为三角形布孔。

B　布孔参数

布孔设计的参数有孔间距、排间距与炮孔邻近系数。

孔间距 a 是同一排中相邻炮孔中心之间的间距,也称为孔距。在爆破设计中,孔间距 a 的大小取决于炮孔的底盘抵抗线、设计的孔装药量与炸药单耗。其计算公式为:

$$a = \frac{Q}{HW_p q} \tag{18-13}$$

式中 Q——炮孔装药量,kg;

W_p——炮孔底盘抵抗线,m,后排孔按排间距计算;

q——炸药单耗,即爆破每立方米矿(岩)的炸药消耗量,kg/m^3。

排间距 b 是平行于台阶坡顶线方向上相邻两排炮孔之间的距离,也称为排距。在实施排间微差爆破时,排距 b 即为后排孔的最小抵抗线。由于后排孔起爆时是处于前排孔爆破后所形成的渣堆的挤压状态下,为了保证后排孔的爆破质量,应减少后排孔的底盘抵抗线,即后排孔的排间距应小于前排孔的最小底盘抵抗线,其经验取值为:

$$b = (0.8 \sim 0.9) W_p \tag{18-14}$$

炮孔邻近系数 m 是孔间距与排间距的比值,又称为炮孔密集系数。

$$\left.\begin{aligned} &\text{前排孔:} \quad m = \frac{a}{W_p} \\ &\text{后排孔:} \quad m = \frac{a}{b} \end{aligned}\right\} \tag{18-15}$$

炮孔邻近系数的大小在一定程度上表征了群药包在岩体中爆炸时的相互作用程度。若 m 值过小,即孔间距过小而排间距过大,爆破后经常会出现“留墙”现象。在布孔设计时,要求 m 值不小于1。露天矿深孔爆破中广泛采用大孔距、小抵抗线的爆破方法,即在保持每一炮孔爆破负担面积 ab 不变的前提下,减少排间距、增大孔间距,使 m 值达到3~8,能够改善爆破质量。

18.6.2.3 炮孔直径与超深

炮孔直径取决于所选定的钻机类型,国内露天矿采用的深孔爆破孔径有80mm、100mm、150mm、170mm、200mm、250mm、310mm等。大型矿山一般采用大孔径爆破、大型装载与破碎设备,以提高矿山的开采强度与生产效率,降低生产成本。

炮孔超深(又称为超钻)是指炮孔超过台阶坡底面(底盘)的垂直深度。其作用是降低装药中心的高度以克服台阶底盘的阻力。设计中超深的取值存在一个合理范围,当超深设置过小或不超深时,爆破后容易产生“根底”;若超深过大,则不仅降低了延米爆破量指标,还增加了爆破震动强度,破坏爆后台阶底盘的平整。

在爆破设计中,一般是参照底盘抵抗线或孔距的大小来选取超深值,经验计算公式为:

$$h = (0.15 \sim 0.35) W_p \tag{18-16}$$

或

$$h = (8 \sim 12) D \tag{18-17}$$

18.6.2.4 装药量与装药结构

A 装药量

露天矿台阶爆破中,每一炮孔的装药量大小与岩石的坚固性、岩体中节理及裂隙的发育状况、爆破条件、自由面状态、爆破作用指数、炮孔所负担崩落的矿石(或岩石)量以及所选用的炸药单耗有关。

炸药单耗指爆破1m^{3}或1t矿(岩)平均所用的炸药量。炸药单耗的大小取决于岩石的可爆性、炸药的威力与爆破后的块度要求等。实际设计台阶深孔爆破时,炸药单耗可参考表18-14选取。

表18-14 炸药单耗参考值

岩石硬度系数 f	<8	8~10	10~14	14~20
炸药单耗/kg·m^{-3}	0.45	0.45~0.5	0.5~0.65	0.65~1.0

炸药单耗是露天爆破作业的一项重要技术经济指标。炸药单耗过小会减少炮孔的装药量，虽然降低了爆破作业的成本，但却使爆破质量降低，从而导致后续采装、运输、粗破碎等成本的增加。

单个炮孔的装药量是所选用的炸药单耗与孔网参数及爆破方式的函数，计算公式为：

$$Q = qW_p aH \tag{18-18}$$

式中 Q——炮孔装药量，kg；

q——设计选用的炸药单耗，kg/m^3；

W_p——炮孔底盘抵抗线（后排孔为排距 b），m；

a——孔间距，m；

H——台阶高度，m。

当采用多排孔微差爆破时，为了改善爆破质量，后排炮孔的装药量应适当加大，即：

$$Q = qabHt \tag{18-19}$$

式中 b——炮孔排距，m；

t——后排炮孔的装药量增加系数。

应当注意，运用上述公式计算每孔装药量时，还需要用每孔最大可能的装药量进行验算。检验公式为：

$$Q_{max} = \frac{1}{4000}\pi D^2(L - L_t)\rho \tag{18-20}$$

式中 Q_{max}——每孔最大可能的装药量，kg；

D——炮孔直径，mm；

L——炮孔孔深，m；

L_t——炮孔填塞长度，m；

ρ——装药密度，g/cm^3。

炮孔设计装药量不能超过炮孔的最大可能装药量，即 $Q \leqslant Q_{max}$；否则，应缩小布孔的孔网参数。

B 装药结构

在露天矿台阶爆破中，较常见的炮孔装药结构有连续柱状装药和分段柱状装药，如图18-10所示。

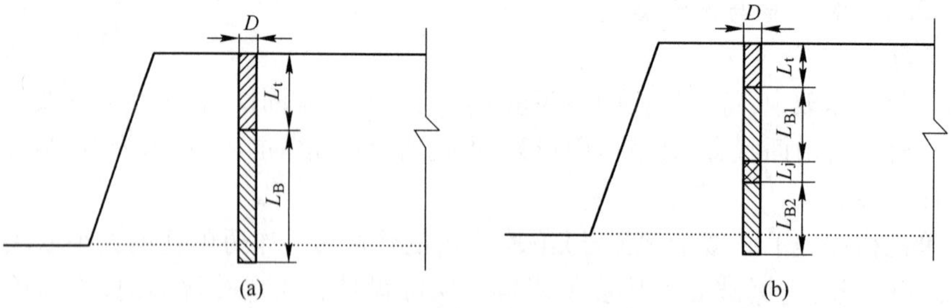

图18-10 炮孔装药结构示意图

（a）连续柱状装药；（b）分段柱状装药

装药长度 L_B 是充填药粉或药卷的实体长度。有时，为了提高药柱的中心，以减少爆破对下一台阶平台的破坏，可以在孔底加入一气垫，然后装入炸药。当采用连续装药时，装药

长度 L_B 可根据装药量计算：

$$L_B = \frac{4000Q}{\pi D^2 \rho} \tag{18-21}$$

填塞长度 L_t 是炮孔内药柱顶面至孔口的距离。实际爆破中，为了防止"冲炮"发生，需要在药柱与孔口之间利用炮泥或其他介质进行填塞。填塞的长度对爆破效果有很大的影响。填塞过短，容易造成破碎岩块的飞散，甚至发生"冲炮"或出现根底；填塞过长，则易在孔口位置形成大块或"伞岩"。当采用连续装药时，填塞的长度可根据下面的经验公式选取：

$$L_t = (16 \sim 32)D \tag{18-22}$$

采用分段装药结构（见图 18-10b）时，孔内的装药被间隔介质（如炮泥、水、岩屑或空气）分隔成两段或更多段药柱。分段装药结构一般运用于下列情况：

（1）当设计计算出的炮孔装药量较小，远小于炮孔最大可能的装药量时，为了使炸药在孔内较均匀分布，通常采用分段装药结构，以取得较好的爆破效果。

（2）当采用大孔径深孔爆破时，计算出的填塞长度超过 6m，通常采用分段装药结构。

（3）当生产台阶推进到最终开采境界，需进行靠帮并段时，也多采用分段装药结构。

18.6.3 起爆方案与起爆网路

露天矿台阶爆破中，多采用一次多排孔爆破。根据孔、排间引爆时间上的异同，起爆方案可分为齐发爆破和微差爆破。国内外的露天矿山多采用微差爆破。在微差爆破中，由于炮孔间的起爆时间与起爆顺序的不同，可形成各种各样的起爆网络，不同起爆网路的爆破效果不同。几种最常用的起爆网路形式如图 18-11 所示。

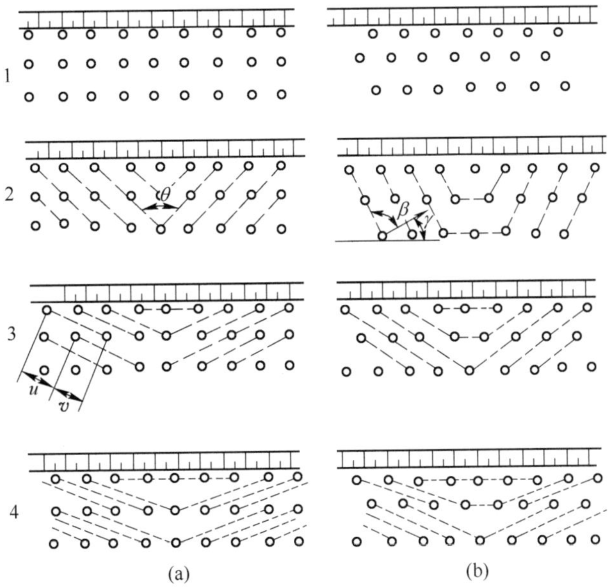

图 18-11　常用的起爆网路形式

（a）直列布孔；（b）错列布孔

常见的起爆方案有：排间微差起爆、斜线起爆、直线掏槽起爆、间隔孔起爆、逐孔起爆等。

18.6.3.1 排间微差起爆

该起爆方案是将平行于台阶坡顶线布置的炮孔逐排顺序起爆。该方案的优点是：爆破时前推力大，能克服较大的底盘抵抗线，爆破崩落线明显。缺点是：后冲及爆破地震效应较大，爆破过程中岩块碰撞挤压较少，爆堆平坦。

为了减轻震动效应，可将同排起爆炮孔分成数段起爆。为了减小后冲，可将前一排的两侧边孔与后一排的炮孔同段起爆。

18.6.3.2 斜线起爆

每一分段起爆炮孔中心的连线与台阶坡顶线斜交的爆破统称为斜线起爆。斜线起爆有下列优点：

（1）采用方形布孔，便于钻孔、装药与填塞机械的作业，同时提高了炮孔的邻近系数，有利于改善爆破质量。

（2）由于起爆的分段多，每分段的装药量小而分散，可大大降低爆破的地震效应。

（3）降低了爆破的后冲与侧冲，且爆堆集中，提高了铲装作业的效率。

斜线起爆的缺点是：

（1）后排孔爆破时的夹制性较大，崩落线不明显。

（2）分段施工操作与检查较为繁杂，且由于爆破段数多，爆破材料消耗量较大。

18.6.3.3 直线掏槽起爆

该方案是利用沿一直线布置的密集炮孔首先起爆，为后续孔爆破开创新的自由面，其基本布置形式如图18-12所示。

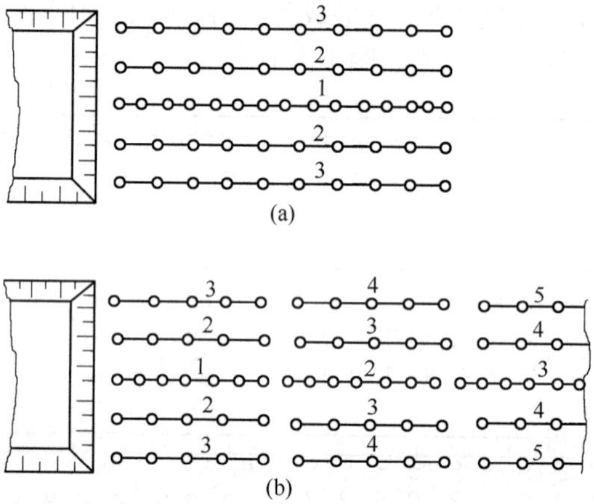

图18-12 直线掏槽起爆基本布置形式（1～5为起爆顺序）
（a）一般起爆形式；（b）分区多段起爆形式

直线掏槽爆破一般在掘沟中使用。该方案的爆破效果具有如下优点：破碎块度适当、均匀，爆堆沿堑沟的轴线集中，无碎石后翻现象。其缺点是：穿孔工作量大，延米爆破量低，爆破后沟两边的侧冲大，地震效应较强。

18.6.3.4 间隔孔起爆

该起爆方案中，同排炮孔按奇偶数分组顺序起爆，其基本形式如图18-13所示。

波浪起爆与排间顺序起爆相比，因前段爆破为后排炮孔创造了较大的自由面，因而改善了爆破质量，同时塌落宽度与后冲都较小。

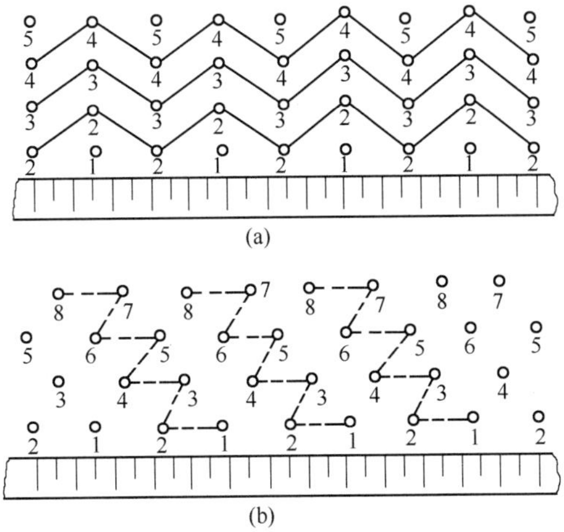

图 18-13 间隔孔起爆基本形式（1 ~ 8 为起爆顺序）
（a）波浪式；（b）阶梯式

梯形起爆由于来自多方面的爆破作用，可改善爆破质量，且爆堆集中，后冲、侧冲较小，但该方案不适用于掘沟爆破。

18.6.3.5 逐孔起爆

逐孔起爆就是爆区中每个炮孔在空间上都是按照一定的起爆顺序单独起爆。逐孔起爆可以改善爆破质量，降低爆破地震效应。

逐孔起爆的核心是单孔延时起爆，利用高强度、高精度的导爆管雷管控制地表、孔内延时，使前一个炮孔的起爆为后一个炮孔创造新的自由面。如果一个爆区内两个或多个炮孔在互不影响且爆破炮孔得到充足自由面的情况下同时起爆，也为逐孔起爆。图 18-14 和图 18-15 所示分别为利用爆破设计软件设计的逐孔起爆时的矿岩移动方向和等时线。每个炮孔内使用 400ms 的延时导爆管雷管，图中孔间的数字表示两孔间的延时时间间隔，孔口边上的数字表示起爆后传爆到该孔口所用的时间，单位为 ms。孔口标有“0”的炮孔是第一个起爆孔。等时线上的时间是地表延时与孔内延时之和。

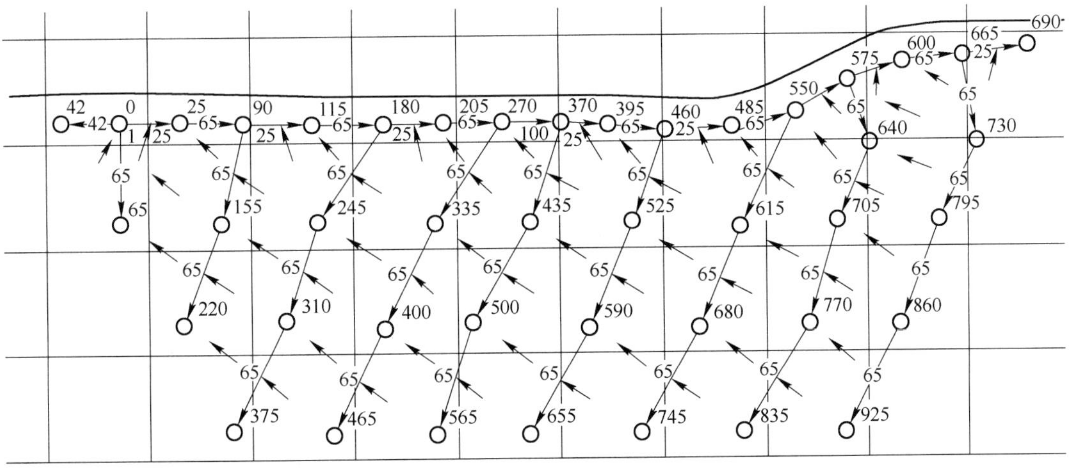

图 18-14 逐孔起爆的矿岩移动方向

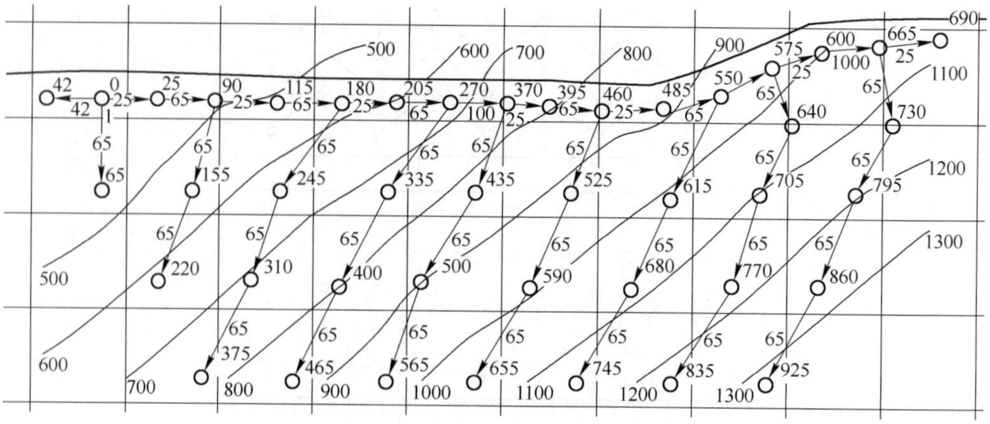

图 18-15 逐孔起爆的等时线

由于逐孔起爆时，每个炮孔都严格地按照设计好的时间次序起爆，先起爆的炮孔为相邻炮孔的起爆创造了新的自由面，后续炮孔的起爆条件得到改善，炸药单耗降低，爆破质量提高。同时，由于同段孔之间距离较大，爆破地震效应大大降低。

18.7 靠帮并段台阶的控制爆破

随着采场水平方向的不断推进与垂直方向上的不断延伸，每一台阶最后都要推进到设计的最终边帮位置，通过靠帮过渡为采场的固定帮。台阶靠帮时常常采用并段以提高露天采场的最终边帮角，使之达到稳定边坡所允许的最大值。靠帮时，由于爆破地点与最终边帮相邻，若采用正常生产爆破的组织与设计方式，其爆破的地震效应将严重影响最终边帮的稳定性。因此，在实际生产中，通常采用预裂爆破、缓冲爆破与光面爆破等控制爆破手段来避免或减少台阶靠帮或并段爆破对最终边帮稳定性的危害。

18.7.1 预裂爆破

图 18-16 所示为一个台阶靠帮时采用的预裂控制爆破方案示意图。图中紧临边帮最后一排孔为预裂孔，它们是在靠帮或并段台阶欲形成固定边帮台阶坡顶线的位置钻凿的倾斜炮孔，其倾角即为最终边帮处台阶的坡面角。为了保证边帮平台的平整，预裂孔不设置超深，

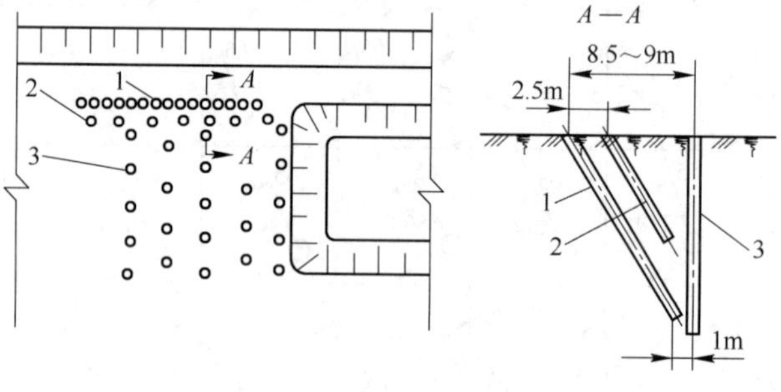

图 18-16 预裂爆破的钻孔布置

1—预裂孔；2—缓冲孔；3—主爆孔

其炮孔直径也比正常生产爆破的炮孔小,以减少单孔装药量。国内露天矿多采用 $\phi100 \sim 200$mm 的潜孔钻机或 $\phi60 \sim 80$mm 的凿岩台车穿凿预裂炮孔。

预裂孔孔内采用分段式装药,并且所装置的药柱直径小于炮孔直径,以便在炮孔壁与装药柱之间形成一环形孔隙,以降低爆轰波的初始压力,防止其周围的岩石过度粉碎。

预裂炮孔在正常生产炮孔起爆之前先行一次性起爆,爆破后在最终边帮与靠帮或并段台阶正常生产爆破区之间,沿预裂孔中心连线形成一条较平整的预裂缝,以减弱其后生产爆破对最终边帮的损害:一是防止主爆区的破裂缝伸向最终边帮;二是减小主爆区对保留区的震动影响。

预裂爆破的实质是使炸药的爆炸气体产物作用在孔壁上的压力不超过孔壁岩石的动载抗压强度,依靠相邻预裂炮孔内的压力同时作用,在预裂炮孔沿线上的岩石内产生应力叠加和集中,从而导致岩石在该方向上断裂。爆炸高压气体紧接着应力波作用到孔壁上,它的作用时间比应力波要长得多,孔周围便形成准静态的应力场。在孔的连线方向产生很大的拉应力,孔壁两侧产生拉应力集中。如果孔的间距很近,则炮孔之间连线两侧全部是拉应力区,拉应力可达到岩石抗拉强度的数倍。因此,即使应力波没有造成裂缝,单靠高压气体的作用也能使岩石断裂。如果应力波产生了初始裂缝,高压气体渗入使裂缝尖端产生气刃效应。所以,气体的作用不仅能形成贯通裂缝,还可以使裂缝扩展到一定的宽度。因此,爆炸气体作用是预裂缝形成的基本条件,起着主导作用。

预裂爆破的爆破质量要求是:

(1) 预裂缝必须贯通,壁面上不应残留未爆落岩体。

(2) 预裂面比较平整,其不平整度一般应小于 15cm。

(3) 为使壁面达到平整,钻孔角度偏差应小于 1°。

(4) 壁面应残留有炮孔孔壁痕迹,且其宽度不小于原炮孔壁宽度的 1/3 ~ 1/2。

(5) 残留的半孔率,对于节理裂隙不发育的岩体应达到 85% 以上;对于节理裂隙较发育和发育的岩体应达到 50% ~85%;对于节理裂隙极发育的岩体应达到 10% ~50%。

影响预裂爆破效果的主要参数为:

(1) 预裂孔的孔间距。设计时,孔间距的取值应考虑预裂孔径、边帮岩石的特征阻抗和岩石的抗压强度。预裂孔的孔间距一般比正常生产爆破的孔间距小,其经验取值为预裂孔径的 7 ~16 倍。当边帮岩体的特征阻抗和岩石强度较大、岩体的完整性较好时,应选取较小值;反之,取较大值。

(2) 不耦合系数。不耦合系数是钻孔直径与药包直径之比。影响不耦合系数取值的主要因素是岩体的抗压强度、预裂孔径和炸药品种。若岩石的抗压强度小,不耦合系数要取大些;反之,应取小些。

(3) 线炸药密度。即每米炮孔的装药量,也称为每米药量或炸药集中度,等于炮孔装药量除以装药长度。岩石的抗压强度与孔径是影响线装药密度取值的重要因素。当岩石的抗压强度较大或预裂孔孔径较大时,线装药密度应大些。

18.7.2 缓冲爆破

图 18-16 中位于预裂孔和主生产炮孔之间的炮孔称为缓冲孔。缓冲孔的特点是孔网参数(即孔间距与排间距)略小于生产炮孔,且孔底不设置超深或减少超深量,缓冲炮孔中的装

药量低于生产炮孔。为了不使孔内装药过分集中,孔中应采用填塞物介质或空气间隔的分段装药结构。台阶靠帮或并段时,缓冲孔与预裂孔同时起爆,或略迟于预裂孔起爆,以降低爆破震动强度。

18.7.3 光面爆破

光面控制爆破是在欲爆破区域的边缘线或边界线上(如靠帮或并段台阶的靠帮及并段位置线)或出入沟的两侧边界线上,穿凿一排较密集的炮孔,通过控制该排炮孔的抵抗线与孔装药量,达到爆破后沿炮孔中心连线形成破裂带而形成较平整的破裂面的目的。

为了达到光面爆破的效果,光面孔的孔间距应小于其抵抗线,孔间距通常取抵抗线的0.8倍;装药不耦合系数应与预裂爆破相同或略小些;线装药密度应与预裂爆破相同或略大些。选择适宜的装药量以控制炸药爆轰对孔壁的压力,达到不破坏炮孔周围岩石的目的。一般光面炮孔是在主炮孔爆破后或清渣后一次起爆。

19 采装与运输作业

采装与运输作业是密不可分的，两者相互影响、相互制约。如何选择采运设备，采运设备的规格与数量匹配是否合理，采装工作与运输工作的衔接是否流畅，都对矿山企业的投资规模、生产效率与生产成本有很大影响。

19.1 采装作业与设备

采装作业就是利用装载机械将矿岩从较软弱的矿岩实体或经爆破破碎后的爆堆中挖取，装入运输工具或直接卸至某一卸载点。采装工作是露天矿整个生产过程的中心环节，其工艺过程和生产能力在很大程度上决定着露天矿的开采方式、技术面貌、开采强度与矿山开采的总体经济效益。

19.1.1 采装设备发展概况

挖掘机用于露天矿山已有百年的历史，其基本工作原理并无重大改变。挖掘机不同发展阶段的重要标志是工作机构和动力装置的不断变革。由于单斗挖掘机具有挖掘能力大、适应性较强、作业稳定可靠、操作和维护比较方便、运营费用低等优点，所以在国内外金属露天矿的采装作业中，至今仍占主要地位。单斗挖掘机的技术进步在一定程度上体现了整个露天矿山的装备水平。

19.1.1.1 采装设备国内概况

1955年6月，抚顺重型机械厂试制成功我国第一台W100型（仿苏）$1m^3$单斗挖掘机，1957年7月试制成功第一台$3m^3$单斗挖掘机，1959年6月自主设计试制成功WD400型$4m^3$单斗挖掘机。20世纪60年代中期，太原重型机器厂自行设计试制成功WK-4型单斗挖掘机。

20世纪70年代以后，我国的矿用挖掘机制造技术发展较快，抚顺挖掘机厂在测绘国外挖掘机的基础上，研制成功WD-1200型$12m^3$挖掘机，1983年该厂与衡阳冶金机械厂联合引进美国B-E公司的195-B型和295-B型挖掘机制造技术，陆续试制成功$7.6m^3$和$16m^3$挖掘机。同时，太原重型机器厂研制成功$8 \sim 12m^3$的WK-10型齿条推压矿用挖掘机，并于1983年引进了美国P&H公司的2300XP型$17 \sim 20.6m^3$和2800XP型$23 \sim 27.5m^3$齿条推压大型挖掘机的制造技术，基本能满足露天矿山汽车开拓运输的需要。进入21世纪以来，该厂又陆续自主研发了WK-20型$16 \sim 34m^3$、WK-27型$23 \sim 46m^3$和WK-35型$25 \sim 54m^3$型齿条推压大型挖掘机。

随着液压驱动技术的飞速发展，液压挖掘机在露天矿山得以推广使用，而且规格、数量越来越多。我国自主研制矿用液压挖掘机起步较晚，规格较小。于20世纪70年代起步，到20世纪90年代中期，太原重型机器厂试制成功H121型$7.5m^3$液压正铲。目前，正在研发

10m³ 液压铲。

19.1.1.2 采装设备国外概况

国外制造挖掘机的公司主要有P&H、O&K、B-E、Demag、Marion、Krupp和Hitachi等，它们制造大型挖掘机的历史都在40年以上。P&H5700型齿条推压式挖掘机的斗容达40m³、承载量90t，495-B型钢丝绳推压式挖掘机的斗容达40m³、承载量85t，这两种型号的挖掘机都可配用230～250t级的矿用汽车。O&K公司制造的RH400型液压挖掘机，斗容为40～45m³，配用300t级的矿用汽车，平均生产能力可达5500～6000t/h。Hitachi公司制造的EX7500型液压挖掘机，其斗容为40～45m³，采用Cummins-KAT70型发动机，功率达2500kW；该机的动臂装有自动适应坡度挖掘控制系统，以遥控监视系统实现挖掘机定位，并由激光读数控制代替司机操作。

19.1.1.3 采装设备的发展趋势

国外挖掘机制造行业的发展趋势和采用的先进技术主要有以下几个方面：

（1）设备大型化。增大铲斗容量，提高设备生产率，并降低能耗。

（2）结构优化。通过结构优化设计，提高设备的适应能力，使设备满足湿热或严寒地区的工作要求，作业率达到80%～90%。

（3）改革动力和传动系统。用"交-直"变流拖动装置代替发电机组；工作装置及其过载保护机构采用液压传动；行走机构采用液压传动或用电动机配以大型减速箱的独立行走方案。

（4）改进挖掘特性。采用脉冲调节交流变频系统和全功率调节变量系统，使其可承受宽幅电压波动（+10%～-30%），获得较理想的挖掘特性，提高功率因数，降低耗电量；同时减小维护工作量，提高设备利用率。

（5）计算机优化设计。应用计算机精确计算关键构件的疲劳应力分布，采用CAD和CAM等现代方法不断改进力学性能，提高设备可靠性；改进铲斗设计，增大斗容和满斗系数。

（6）新技术、新工艺、新材料的应用。如应用密封胶、特殊碳钢和高强度钢、耐磨合金钢、轻金属和工程塑料等。工艺方面采用程序控制、自动装配流水线、模块制造和光电跟踪自动切割及自动焊接等，并重视制造质量、实验室检测和用户服务等工作。

19.1.2 挖掘机种类与单斗挖掘机技术参数

采装作业所使用的机械设备有单斗挖掘机、索斗铲、前装机、轮斗挖掘机、链斗挖掘机等。由于金属矿山的矿岩一般都比较坚硬，世界上绝大多数金属露天矿的采装工作以单斗挖掘机为主。随着爆破技术和挖掘机制造技术的进步，大型轮斗式挖掘机在金属矿山有很好的应用前景。常见单斗挖掘机主要型号与技术参数见表19-1和表19-2。

表19-1 常见进口机械式单斗挖掘机主要型号与技术参数

生产厂家	型号	斗容/m³	最大挖掘高度/m	最大挖掘半径/m	最大卸载高度/m	最大卸载半径/m	爬坡能力/(°)	整机重量/t
美国比赛路斯-伊利公司	195B	6～12.9	12.7	17	8	14.8	16	334
	280B	6.1～16.8	13.34	19	8.3	16.5	14	440
	295B	10～19.1	15.1	19.4	9.6	16.8	19	545
	395B	26	17.7	23.3	11.6	19.9	19	839

续表 19-1

生产厂家	型　号	斗容/m^3	最大挖掘高度/m	最大挖掘半径/m	最大卸载高度/m	最大卸载半径/m	爬坡能力/(°)	整机重量/t
美国马里昂铲机公司	191M	9.2～15.3	16.7	21.6	10.8	18.4	16	438
	192M	11.5～19.4	16	21.5	10	18.7	19	526
	201M	13.8	8.7	20.6	10.2	17.5	19	578
	251M	15.3～26.8	21	24.3	11	21.7	17	670
	291M	19.0	21.03	23.98	14.78	23.2	17	947
美国哈尼斯弗格公司	P&H1900	7.7	13.3	17.6	8.5	15.4	16.7	270
	P&H2100	11.5	13.3	18.3	8.5	16.0	16.7	476
	P&H2300	12.2～15.2	15.5	20.7	10.3	18.0	16.7	621
	P&H2800	19	16	23.6	10.2	21.0	16.7	851
俄罗斯乌拉尔重型机械厂	ЭКГ-6.3	6.3	17.8	19.8	11.4	17.9	12	357
	ЭКГ-8	6～8	9.5	17.4	8.4	15.5	12	370
	ЭКГ-12.5	12～16	16.9	22.5	11.7	19.9	12	660
	ЭКГ-20	20～25	18.0	24.0	12.0	21.0	12	1059

表 19-2　常见国产机械式单斗挖掘机主要型号与技术参数

生产厂家①	型　号	斗容/m^3	最大挖掘高度/m	最大挖掘半径/m	最大卸载高度/m	最大卸载半径/m	爬坡能力/(°)	整机重量/t
太　重	WK-10	10	13.6	18.9	8.6	16.4	13	440
	WK-12	12	13.5	19.1	8.3	17.0	13	485
	WK-20	20	14.4	21.2	9.1	18.7	13	731
	WK-27	27	16.3	23.4	9.9	21.0	12	915
	WK-35	35	16.2	24.0	9.4	20.9	12	1035
太重、抚挖	WP-3(长)	3	15.1	17.9	11.4	16.42	10	250
	WP-4(长)	4	22.1	24.9	18.3	23.35	10	560
	WP-6(长)	6	23.1	24.3	17.7	21.2	12	750
太重、抚挖	WK-4	4	10.1	14.4	6.3	12.7	12	190
抚　挖	WD1200	12	13.5	19.1	8.3	17.0	20	465
太重、一重	P&H2300XP	16	15.5	20.7	10.3	18.0	16	621
	P&H2800XP	23	18.2	23.7	11.3	20.6	16	851
杭重、抚挖	WK-2	2	9.5	11.6	6.0	10.1	15	84
杭重、江矿	WD200A	2	9.0	11.5	6.0	10.0	17	79
衡冶、江矿	195B	12.9	12.7	16.9	8.0	14.8	16	334

① 太重：太原重工股份有限公司；抚挖：抚顺挖掘机制造有限公司；一重：第一重型机械厂；杭重：杭州重型机械有限公司；江矿：江西采矿机械厂；衡冶：衡阳冶金机械厂。

19.1.3 单斗挖掘机基本结构

单斗挖掘机一般由工作部分、回转盘部分、行走部分和电气部分组成。其基本结构如图19-1所示。

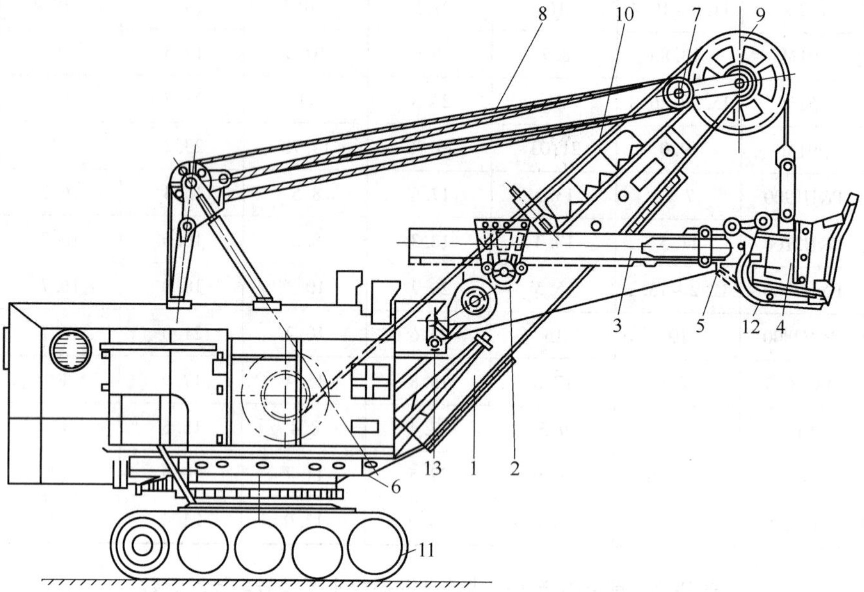

图19-1 机械单斗挖掘机基本结构

1—动臂;2—推压机构;3—斗柄;4—铲斗;5—开斗机构;6—回转平台;7—绷绳滑轮;8—绷绳;9—天轮;10—提升钢绳;11—履带行走装置;12—斗底门;13—开斗电机

挖掘机的工作部件包括铲斗、开斗机构、斗柄 、推压机构、起重臂等。铲斗的提升是利用车体内的提升卷筒和提升钢绳实现的。

推压机构是挖掘机最重要的工作部件。目前,国内外机械挖掘机的推压方式有两种:齿条推压和钢绳推压。这两种推压方式各有优缺点:齿条推压机构具有使用寿命长,铲斗下铲准确,动作灵敏,能可靠地铲取矿岩等优点,但其工作时的噪声大;钢绳推压机构具有电机负载平稳,推压时冲击振动小,维护检修方便等优点,但其钢绳的使用寿命较短。

挖掘机的回转盘部分是挖掘机上部设备和工作装置的机座。上面装有提升绞车、回转机构、中心轴、双足支架、电气部分及压气设备,前部为司机室和操纵机构,后部为平衡配重箱。

挖掘机的行走部分是整个设备的支撑基座,用以承受回转盘上面所有机构的重量,并装有行走机构,可以前后行走和左右转弯。

挖掘机的电气部分包括高压配电设备、变压器、低压配电设备、整流设备、电动机、照明及辅助电气设备等。

现代的大中型挖掘机为改善劳动条件和保护设备安全运转,装有一系列辅助设施,如司机室内的空调装置,以保护室内气温适宜;鼓风机用于鼓入过滤后的清洁空气;挖掘机各部件的集中润滑系统等。

单斗挖掘机按其驱动动力不同可分为电力挖掘机和柴油挖掘机;按其传动方式不同可

分为液压传动挖掘机和机械传动挖掘机；按挖掘机的行走方式不同可分为履带式挖掘机与轮胎式挖掘机。我国大多数金属露天矿采用电力驱动-机械传动-履带式挖掘机。液压挖掘机具有工作平稳、轻便灵活、自动化程度高等优点；但其部件的精度要求高、易损坏，在严寒地区作业困难。

依据铲斗形式不同，单斗挖掘机有正铲和反铲两种，我国金属露天矿山正常生产采装都使用正铲。反铲仅在一些特殊情况下使用或作为辅助设备，如台阶表面不规整时，用反铲铲刮和清扫表面岩土；矿体底板不平整、不适于车辆行走时，用反铲进行下挖平装采掘。

19.2　挖掘机生产能力

露天开采中，挖掘机的生产能力有技术生产能力和实际生产能力。

19.2.1　技术生产能力

挖掘机的技术生产能力是假设其在某一具体工作环境下（某一工作面尺寸、某种矿岩性质、某种装载条件等）进行 1h 不间断作业所能达到的生产能力，即挖掘机从工作面挖掘并装入运输容器中的矿岩实方体积或重量。它是考虑了采装作业中的铲斗满斗系数、矿岩松散系数和工作循环时间后，挖掘机连续工作的生产能力，也是经过采取一定措施后，挖掘机在给定条件下可能达到的最大的生产能力。这一指标可由下式计算：

$$V_j = \frac{3600}{t}EK_W \tag{19-1}$$

式中　V_j——挖掘机技术生产能力，m^3/h；

t——铲装一斗的工作循环时间，s，其值一般经实地测试确定；

E——铲斗容积，m^3；

K_W——挖掘系数，又称为实方满斗系数。

挖掘系数与虚方满斗系数之间的关系为：

$$K_W = \frac{k_m}{K_s} \tag{19-2}$$

式中　k_m——虚方满斗系数（通常称为满斗系数）；

K_s——矿岩在铲斗内的松散系数。

由于 k_m 和 K_s 值不易准确测定，所以实际设计中通常用以下方法计算挖掘系数 K_W：

$$K_W = \frac{V}{NE} \tag{19-3}$$

式中　V——单位时间内（1h）挖掘机所采出的实方矿（岩）体积；

N——挖掘该体积矿（岩）的总斗数。

19.2.2　实际生产能力

挖掘机的实际生产能力是考虑了挖掘机工作时间利用率后的生产能力。在实际采装作业中，挖掘机因进行辅助作业（如剔除爆堆中的不合格大块、整理爆堆）和等车、设备故障、铁路运输时的移道工作以及司机交接班等原因，不可能在工作时间内连续进行采装作业。因此，挖掘机的实际生产能力才是选型和编制采掘进度计划的基础。

挖掘机的台班实际生产能力通常用下式计算：

$$V_B = V_j T \eta \tag{19-4}$$

式中 V_B——挖掘机台班实际生产能力，m^3/台班；

V_j——挖掘机技术生产能力，m^3/h；

T——班工作时间，h；

η——班工作时间利用系数，即铲装时间占班工作时间的比例。

近几年国内部分矿山挖掘机的实际生产能力见表19-3。国外部分挖掘机的实际生产能力见表19-4。

表19-3 国内部分矿山挖掘机的实际生产能力

矿山名称	挖掘机型号	斗容/m^3	平均生产能力/Mt·(台·a)$^{-1}$		
			2006年	2007年	2008年
南芬铁矿	WK-10	10	3.93	4.22	3.24
	295B	16.8	6.04	4.87	5.86
齐大山铁矿	WK-10	10		2.35	1.64
	295B	16.8	5.75	5.81	4.70
鞍千铁矿	WK-4	4		1.46	1.34
	WK-10B	10		2.00	2.36

表19-4 国外部分挖掘机的实际生产能力

挖掘机型号	斗容/m^3	汽车载重量/t	最高生产能力/Mt·(台·a)$^{-1}$
120B	3.4	85	2
150B	4.6	85	3
190B	6.1	100	4.7
ЭКГ-4	4.6	75	4
ЭКГ-8	8.0	75	10
280B	9.2	160	10.32
P&H2100BL	11.5	116	16.79
P&H2100BL	11.5	162	16.79
P&H2300	16.8	120	20.11
P&H2300	16.8	150	20.11

注：矿岩硬度系数f为8~14；运距为0.5~1.0km。

在设计新建矿山时，挖掘机实际生产能力通常是对比其他类似条件的矿山指标来确定，并据此计算挖掘机需求数量，编制矿山的中长期采掘计划。

19.2.3 提高挖掘机生产能力的途径

从某种意义上说，矿山挖掘机全年实际生产能力的总和即为该矿的年采剥总量。因此，最大限度地提高挖掘机的生产效率对确保矿山采剥计划的完成具有重要意义。

挖掘机生产能力的高低一方面取决于挖掘机自身的设备规格与技术性能;另一方面也受到挖掘机作业条件的制约。所以在实际生产中,应从以下几方面入手提高挖掘机的生产能力:

(1) 结合矿山的设计生产能力,合理地选择挖掘机的类型与技术规格。显然,采用大型的挖掘机可以提高采装工作的生产能力,但大型采装设备需与大型运输设备配套使用才能充分发挥其生产潜能;而且大型采运设备的购置费用高,这样就不可避免地增加了矿山的初期投资。

(2) 优化爆破设计,改善爆破质量,以提高挖掘机采装效率与满斗系数。爆破质量对采装作业有很大的影响。从采装作业角度出发,它要求爆破作业的质量是:矿岩爆破后的块度均匀适中、不合格大块少,爆堆不过高或过散,没有根底和伞岩。若爆破后的矿岩块度大、根底多,将增加挖掘机的铲取难度与铲取时间,要把一个不合格大块从爆堆中挑出来送到挖掘机后侧,几乎需花费2倍的采装循环时间。同时,爆破后的块度过大、根底多时,将影响挖掘机的满斗系数,并增加设备零件的磨损和设备的故障率。另一方面,应保证爆堆有足够的矿岩储量,以减少挖掘机的频繁移动,进而增加挖掘机的有效铲装时间。

(3) 加强技术培训,提高挖掘机操纵人员的操作熟练程度,以提高挖掘机的工作效率。

(4) 合理选择挖掘机的采装方式与运输设备的供车方式,以缩短挖掘机工作循环时间。挖掘机的一个工作循环时间是由从挖掘点开始挖掘、重斗转向卸载点、铲斗对位卸载、空斗转回工作面,至下一挖掘点四个连续的操作环节构成。挖掘机工作循环时间的长短一方面受到司机的操作熟练程度与爆破质量的影响,另一方面也受到供车方式的影响。采用汽车运输时,供车方式应注意汽车的停靠位置,尽量减少挖掘机装车时的回转角,并缩短汽车在工作面的入换时间,有条件时可施行双点装车,提高挖掘机作业的连续性。配备足够数量的汽车,尽量降低挖掘机等车时间。

采用铁路运输时,为了及时向工作面供应空车,提高挖掘机的工作时间利用系数,除保证足够数量的运输设备外,在工作平盘上还应合理地配设线路,提高线路质量和列车运行速度,以缩短列车入换时间。

19.3 运输作业与运输方式

露天矿运输作业是采装作业的后续工序,其基本任务是将已装载到运输设备中的矿石运送到储矿场、破碎站或选矿厂,将废石运往废石场。

在露天开采过程中,运输作业占有重要地位。据统计,矿山运输系统的基建投资占总基建投资的60%左右,运输的作业成本约占矿石开采成本的30%~40%,运输作业的劳动量约占矿石开采总劳动量的一半以上。因此,运输作业的方式与运输系统的合理性对露天矿生产的总体经济效益有重大影响。

露天矿可采用的运输方式有汽车运输、铁路运输、胶带运输机运输、斜坡箕斗提升运输,以及由各种方式组合成的联合运输,如汽车-铁路联合运输、汽车-胶带运输机联合运输、汽车(或铁路)-斜坡箕斗联合运输等。

目前,国内露天矿山采用的运输形式主要是汽车运输与铁路运输。实践证明,铁路运输由于爬坡能力低、运输线路的工程量大、线路通过的平面尺寸大,比较适用于深度较小且平面尺寸大的露天矿山。国内有些原先采用单一铁路运输的矿山,随着开采深度的增加,效率明显降低，甚至出现采场下部无法再继续布置铁路开拓坑线的局面，因而改为上部铁路运输、下部汽车运输的联合运输方式，如鞍钢大孤山铁矿、抚顺西露天煤矿。

由于汽车具有爬坡能力大、运输线路通过的平面尺寸小、运输机动灵活、运输线路的修筑与养护简单、适用于强化开采等特点，在露天矿山得到广泛应用。但与铁路运输相比，汽车运输的吨公里运费高，设备维修较为复杂，需要的熟练工人数量多，能耗高，运行中产生废气和扬尘。为了克服这些缺点，未来的露天矿汽车运输正沿着下列方向发展：

(1) 增大汽车的载重量。矿用汽车的吨位由原来的3.5t、8t、10t、15t、20t级已发展到32t、68t、100t、150t、170t、200t、300t级以上。在国外大型的露天矿山，早在20世纪70~80年代矿用汽车的最大吨位就已达到318t，现在使用300t级的自卸汽车已很常见。采用大型运输设备提高了设备的运输生产能力，增大了合理运距，降低了运输生产成本。

(2) 多动力形式 。近年来，国外研制内燃、架线两用车和燃气涡轮发动机汽车，并考虑用液化天然气作为燃料。内燃架线两用车能爬行较陡的坡度，运输效率高，运输成本低；使用液化天然气燃料可大幅降低有害废气的排放。

(3) 不断提高自动化水平，无人驾驶汽车进入实用阶段。微电子技术的发展使微电子机械系统(MEMS)把信息获取、处理和执行集成在一起形成系统；信息化技术已走向多媒体、网络化和智能化。这些都为汽车运输系统的自动化和无人驾驶创造了条件。日本小松公司从20世纪90年代以来开始了无人驾驶汽车技术的研究工作，1992年对第一台载重为77t的汽车进行了无人驾驶试验；1995年无人驾驶汽车在昆士兰矿投入使用；1996年在澳大利亚有5辆无人驾驶汽车投入使用。使用表明：一人可控制3台汽车，避免了司机驾驶的人工失误，并可大幅降低人工费用，载重量85t的汽车每吨运费可降低15%~18%。卡特皮勒公司在20世纪90年代用CAT785型汽车研发无人驾驶技术，1993年将GPS应用于无人驾驶汽车，并用扫描雷达系统检测100m以内道路上的障碍物，有足够的时间使汽车减速和停车，汽车后部和侧面装有短距离雷达，使汽车驶入装载设备附近时能够安全平稳停靠，目前已在美国矿山试用。无人驾驶汽车不仅大幅度降低汽车运营费用，而且再也不用担心司机的安全问题。

(4) 改善道路质量，以减轻轮胎磨损和机件的耗损。

(5) 强化汽车的维护与检修。

(6) 改善汽车的组织调度，以提高汽车的有效作业率。

(7) 在深凹露天矿，为了使汽车运输保持在合理的运距范围内，充分发挥汽车运输的效率，通常采用汽车与其他运输设备联合的运输方式，如汽车与胶带运输机相联合。

胶带运输机在露天矿的应用方兴未艾，国内的大孤山铁矿即采用了汽车-半固定式破碎站-斜井胶带运输系统。由于胶带运输机的爬坡能力大，能够实现连续或半连续作业，自动化水平高，运输能力大，运输费用低，所以在国内外深凹露天矿中的应用有增加趋势。

19.4 矿用汽车性能指标

用以评价矿用汽车性能的指标主要有：

(1) 重量利用系数。重量利用系数是汽车的载重与自重的比值。矿用汽车的重量利用系数一般为1.00~1.73。该值越大，表明汽车设计得越成功，运行的经济性越好。

（2）比功率和比扭矩。比功率是汽车发动机所能发出的最大功率与汽车的总重之比。矿用汽车的比功率大约为4.63～6.03kW/t。该值越大，车辆的动力性能越好，但燃油的经济性越低。比扭矩是发动机（一般是柴油机）的最大扭矩与汽车自重之比。该值的大小对车辆的技术性能及经济性的影响与比功率类似。

（3）最大动力因数。最大动力因数是当不计空气阻力时，汽车的主动轮轮缘所产生的牵引力与汽车质量之比，该值是以发动机在最低挡、以最大扭矩工作的状态下计算的，因此称其为最大动力因数。矿用汽车的最大动力因数约为0.3～0.46。发动机确定之后，该值取决于传动系统的设计和车轮参数。该值越大，车辆爬坡能力越强，加速性能越好。

（4）动力特性曲线。汽车的动力特性曲线也称为牵引特性曲线，即汽车的牵引力随速度的变化曲线，如图19-2所示。该指标反映了汽车的整车运动及制动和道路之间相互作用的技术特性。利用牵引特性曲线可以确定车辆的极限性能参数，如最大牵引力、不同道路条件下的最大车速等。将车辆不同载重时的爬坡阻力与特性曲线对照，可求得爬某一坡度时应选取的挡位与车速。

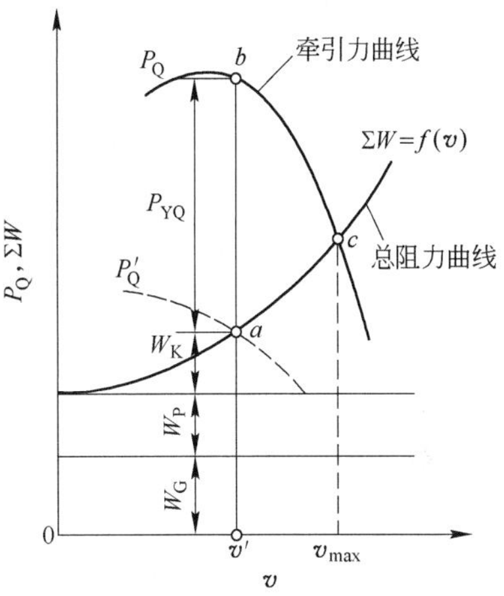

图19-2　汽车牵引平衡示意图

（5）性能限制因数。性能限制因数是道路纵断面、路面条件和车辆质量对汽车性能的影响。汽车在不同路面条件下运行时，所受到的滚动阻力不同；坡道阻力是汽车在斜坡上运行时必须克服的由于重力所产生的阻力。在计算克服滚动阻力和坡道阻力所需的力中，汽车的质量是一个决定因素。汽车的牵引力在扣除了总阻力后即为用于汽车加速的剩余牵引力。汽车轮缘牵引力等于黏着系数乘以驱动轮轴的承重。汽车的制动性能体现了其下坡运行时的性能，在长坡道重车下坡运行时，特别要求要有良好的制动性能。

19.5　汽车运输能力与需求量

19.5.1　运输能力

汽车运输能力一般以汽车台班生产能力来表征，影响汽车台班生产能力的主要因素是自卸汽车的载重量、运输周期、班工作时间及其利用系数等。

汽车的台班生产能力为：

$$Q_B = \frac{60qT}{t}k_1\eta \tag{19-5}$$

式中　Q_B——汽车的台班生产能力，t/台班；

q——载重量，t；

T——班工作时间，h；

t——运输周期，min；

k_1——载重系数；

η——班工作时间利用系数。

国内部分矿山汽车台年平均运输效率见表19-5。

表19-5 国内部分矿山汽车台年平均运输效率

矿山名称	汽车型号	载重量/t	平均运输效率 /Mt · km ·(台 · a)$^{-1}$		
			2006年	2007年	2008年
南芬铁矿	3311E	85	1.94	1.82	2.22
	325M	85	2.12	1.99	2.14
	TR-100	100	2.98	2.95	2.57
	MK-36	154	3.38	3.39	3.06
	MT3600B	172	6.34	5.57	6.55
	MT3700B	186			6.27
齐大山铁矿	MT-3600	154	3.23	4.09	2.80
	R-170	154	2.59	2.98	2.42
	H190	172	5.61	6.10	

19.5.2 需求量

一个矿山的汽车需求量主要取决于矿山的设计生产能力和汽车运输能力,并考虑汽车的利用率以及汽车运输的不均衡系数,可依据下式计算:

$$N = \frac{k_2 Q}{Q_B k_3} \tag{19-6}$$

式中 N——全矿汽车的在册数量,台;

k_2——汽车运输不均衡系数,为1.1~1.15;

Q——全矿的设计班产量,t/班;

Q_B——汽车的台班生产能力,t/台班;

k_3——汽车的出车率。

汽车的出车率是矿山出车台班数与总在册台班数之比,该指标反映了矿山在册车辆的利用程度。

汽车的需求量也可基于露天矿设计的年运输量来计算,即:

$$N = \frac{Q_y k_2}{m N_b Q_B k_3} \tag{19-7}$$

式中 N——汽车需求台数,台;

Q_y——露天矿年运输量,t/a;

m——矿山年工作日总数,d;

N_b——每日工作班数。

19.5.3 道路通过能力

道路通过能力是指在单位时间内通过某一区段的车辆数。其值大小主要取决于行车道的数目、路面状态、平均行车速度和安全行车间距(又称为安全行车视距)。一般应选择车流

最集中的区段进行计算,如总出入沟口、车流密度大的道路交叉点等。计算公式为:

$$N_{\mathrm{d}} = \frac{1000vn}{s}k \tag{19-8}$$

式中 N_{d}——道路通过能力,辆/h;

v——汽车在计算区段的平均行车速度,km/h;

n——线路数目系数,单车道时 $n=0.5$,双车道时 $n=1$;

k——车辆行驶的不均衡系数,一般 k 为 0.5~0.7;

s——安全行车间距,即两辆车追踪行驶时的最小安全距离,m。

道路的通过能力还可用关键行车路段每班所能通过的最大运输量来表示:

$$M_{\mathrm{D}} = N_{\mathrm{d}}Tq\eta \tag{19-9}$$

式中 M_{D}——道路通过能力,t/班;

N_{d}——以车辆数表示的线路通过能力,辆/h;

T——班工作时间,h;

q——汽车的载重量,t;

η——班工作时间利用系数。

19.6 采运设备配比

采装与运输设备的选型是露天开采设计中的重要决策问题,直接关系到露天开采所能实现的生产规模、生产效率、开采强度以及矿石的生产成本。

19.6.1 挖掘机选型

单斗挖掘机的选型要根据矿岩年采剥总量、开采工艺、矿岩的物理力学性质、设备的供应情况等因素来决定。国内矿山的实践表明,特大型露天矿一般应选择斗容为 $10\mathrm{m}^3$ 以上的挖掘机;大型矿山一般应选用斗容为 $4\sim10\mathrm{m}^3$ 的挖掘机;中型矿山一般应选用斗容为 $2\sim4\mathrm{m}^3$ 的挖掘机;而小型矿山宜选择斗容为 $1\sim2\mathrm{m}^3$ 的挖掘机。

19.6.2 汽车选型

矿用自卸汽车的选型与矿岩运量、装载设备的作业规格、矿岩运距及道路的技术条件等因素有关。在矿山设计时,一般是从车厢容积、汽车的比功率及车厢强度三方面来考虑。车厢容积应与铲斗容积、矿岩密度及矿岩块度相适应,以尽可能提高采运作业的综合生产效率;汽车比功率的大小反映了汽车的动力特性,生产实践证明,比功率过小的车型,在深凹露天矿重车上坡时表现为车速低,达不到额定载荷,因此,大型车的比功率宜在 4.5kW/t 以上;车厢的强度应能承受装载大块矿岩时所产生的冲砸。

车厢容积有以下两种计算方法:

(1) 根据汽车运距及运输作业各环节(主要分为装车与行车)的时间比例,以电铲与汽车利用率最高时的车铲容积比计算车厢容积:

$$R = \sqrt{\frac{t - t_{\mathrm{r}}}{t_{\mathrm{s}}}} \tag{19-10}$$

式中 R——车铲容积比；

t_r——汽车入换时间，min；

t_s——铲斗作业一次循环时间，min；

t——汽车运行周转时间，min。

汽车运行周转时间为：

$$t = \frac{2L}{v}60 + t_x + t_d \tag{19-11}$$

式中 L——汽车运距，km；

v——汽车的平均运行速度，km/h；

t_x——卸车时间，min；

t_d——平均等待与装车时间，min。

从式（19-10）、式（19-11）中可以看出，理论车铲容积比随运距的增加而增加，随速度的加大而降低。当运距为 1 ~2km 时，车铲的容积比约为 3 ~6；当运距为 3 ~5km 时，车铲的容积比约为 6 ~8。结合我国矿山情况和生产实践经验，对于中小型矿山，当矿岩运距较短时，可依据车铲比 3 ~5 来选择车厢容积；对于大型露天矿山，当运距较长时，可根据车铲比 4 ~6 来选择车厢容积。汽车载重等级与挖掘机斗容配比参考值见表 19-6。

表 19-6 汽车载重等级与挖掘机斗容配比

汽车载重吨级 /t		15	20	32	45	60	100	150
挖掘机斗容 /m^3		2.5	2.5	4	6	6	10	16
装车斗数 /斗	矿岩松散密度为 2.2t/m^3	3	4	4	4	5	5	5
	矿岩松散密度为 1.8t/m^3	4	5	5	5	6	6	6

（2）依据矿岩密度和汽车的有效载重计算车厢容积：

$$V = \frac{qk}{\gamma} \tag{19-12}$$

式中 V——车厢容积，m^3；

q——汽车额定载重，t；

γ——矿岩密度，t/m^3；

k——矿岩松散系数，一般为 1.3 ~1.5。

可见，当矿、岩的密度相差较大时，计算出的运矿与运岩的车厢容积就会相差较大。为了便于生产管理和运输设备的维修，在同一矿山应当尽可能选用同一型号的汽车，但对于大型露天矿也可以考虑分别选用不同型号的汽车。

国内露天矿山开采的矿石密度大都在 3.3t/m^3 左右，而废石密度一般在 2.6 ~2.8t/m^3，实际生产剥采比大多在 2 ~4，因此，开采过程中所发生的废石运量远远大于矿石运量。所以，一般应依据废石的密度确定车厢容积。

19.6.3 采运设备的合理配比

采装与运输作业相互衔接，互相制约，为了充分发挥采运系统的综合生产能力，必须做到采运设备的合理配套。一方面，采装设备的规格要适应露天矿的生产能力要求；另一方面,采装与运输作业之间要相互协调,铲与车的数量配比要合理。采运设备合理配套的经济准则是矿山开采中折算到每吨矿岩中的采装与运输费用最低。

车铲比是平均配备给每台挖掘机的汽车数量。为了使装载与运输设备的生产能力相平衡,以最大限度地发挥车、铲双方的生产潜力,在理论上,车铲比应等于运输设备的运输周期与装载设备的平均装车间隔时间之比,称为理论车铲比:

$$n_o = \frac{t}{t_z + t_r} \tag{19-13}$$

式中 n_o——理论车铲比;

t——汽车的平均运行周期,min;

t_z——挖掘机装载一车的平均装载时间,min;

t_r——汽车的平均入换时间,min。

在实际生产中,由于各种随机因素的影响,采运设备常常不能连续作业,如汽车因在挖掘机工作面或卸载点排队等待装卸,使运输周期延长;挖掘机则会因等待空车的到来出现空闲。所以,实际的车铲比应按实际发生的作业循环时间来确定,即:

$$n = \frac{t_z + t_y + t_x + t_p}{t_z + t_d} \tag{19-14}$$

式中 n——实际车铲比;

t_z——挖掘机平均装车时间,min;

t_y——一个运输周期内的汽车往返运输时间,min;

t_x——汽车平均卸载时间,min;

t_p——汽车等待装车的平均排队时间,min;

t_d——挖掘机平均待车时间(包括汽车的入换时间),min。

在实际采装运输作业中,上述各时间都具有一定的随机性,可看做随机数。实际测量和统计分析表明,装车时间一般服从正态分布,运行和卸载时间一般服从正态分布或负指数分布。

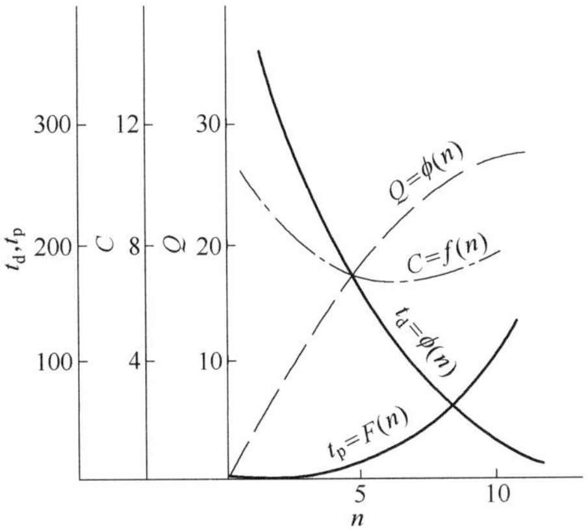

图 19-3 11.5m³ 挖掘机和 108t 汽车配套时车铲比对设备效率的影响

t_p—班内汽车排队待装的总时间,min;

t_d—班内挖掘机等汽车的总时间,min;

Q—班产量,kt;C—采矿成本,¢/t;n—汽车数

我国大多数矿山采用固定配车方法,即把指定数量的汽车固定地配给某台挖掘机。此时,对于配给某台挖掘机的汽车来说,由于装卸地点是固定的,运输周期中的 t_z、t_y、t_x 三个时间参数波动不大,而 t_p、t_d 则随固定配车数的不同而变化。一台铲配的汽车越多,汽车等待装车的平均排队时间越长,挖掘机平均待车时间越短;反之亦反。图 19-3 所示为固定配车采运系统车铲比对系统的设备效率、采矿成本以及等车和待铲时间的影响程度。可见,存在一个使采矿成本最小的车铲比,也存在一个使采装系统生产能力最大的车铲比。固定配车的采运系统是一个典型的单服务台 - 有限客源的循环排队系统,在一定条件下,可以用 M/M/1 排队模型进行车铲比计算。

固定配车的铲装运输系统的工作组织简单、易行，但系统中采装或运输设备不能充分利用。采装设备间相互制约性大，采装或运输设备任一方出现故障时，其他设备的利用率明显降低。为了克服固定配车在设备能力方面的浪费，最佳方法是实现全矿范围内生产汽车的统一调度。

19.7 自动化调度系统

如上所述，露天矿采运系统的设备配置和运行调度对整个矿山的生产效率和成本有重大影响。研究结果表明，采运设备台班生产作业时间只占约70%，非生产时间约占30%。因此，对露天矿运输系统实施优化、实时调度，是提高生产效率、降低采矿成本的有效途径。

19.7.1 调度系统发展概述

1973年，南非的柏拉博拉铜矿首次研制成功一套露天矿汽车统一调度实时控制系统并投入运行。20世纪70年代末期，美国Cyprus Pima铜矿使用模拟调度盘的方法调度汽车，系统投入使用后，生产效率明显提高。进入20世纪80年代，美国Tyrone露天铜矿率先成功地安装了卡车自动化调度系统，生产效率提高了11%。露天矿运输自动化调度系统的发展紧跟相关技术的发展步伐，大致经历了计算机辅助调度系统、有线计算机调度系统、路标定位式调度系统、数字通信调度系统、全球卫星定位（GPS）式调度系统等几个发展阶段。目前，国外已有200多个大型露天矿使用汽车自动化调度系统。实践表明，自动化调度的应用可提高生产效率6%～32%。该系统的生产厂家主要有美国的Modular公司和加拿大的Webco公司，其中，应用最普遍的是Modular公司的Dispatch系统，该系统前期采用路标定位方式，进入20世纪90年代中后期开始采用全球卫星定位方式。

20世纪80年代中期开始，国内一些学者在车流优化、实时调度准则以及系统模拟等方面做了大量研究工作，取得了不少研究成果，但在应用方面进展却十分缓慢。1990～1992年，南芬露天矿、马鞍山矿山研究院、鞍山冶金设计研究院、东北大学等单位联合研发了南芬露天矿计算机辅助生产调度系统，但由于种种原因，应用流产；1990～1995年，煤炭科学研究总院西安分院和中国矿业大学合作开发了霍林河南露天矿路标定位式卡车自动化调度系统，并进行了工业性试验，但由于通信问题没有有效解决，系统未能投入使用。

国内第一套成功应用的汽车自动化调度系统是由煤炭科学研究总院抚顺分院联合中国运载火箭研究院开发的科通达系统。该系统于1997年底在华能伊敏露天矿投入运行，生产效率提高8%。该系统的成功运行标志着我国在露天矿汽车自动化调度方面迈出了重要的一步，开始由研究试验阶段进入实际应用阶段。国内第一套引进的汽车调度系统是江西德兴铜矿于1998年全套引进美国Modular公司的Dispatch调度系统，1999年初投入运行，提高生产效率9.3%。国内目前使用汽车自动化调度系统的矿山有伊敏煤矿、德兴铜矿、齐大山铁矿等。

19.7.2 系统组成

露天矿卡车自动化调度系统由移动车载终端、通信差分系统、调度中心系统三部分组成。

19.7.2.1 移动车载终端

移动车载终端由主机、显控终端、卫星定位天线、通信天线、外部传感器等几部分组成。移动车载终端组成如图 19-4 所示。

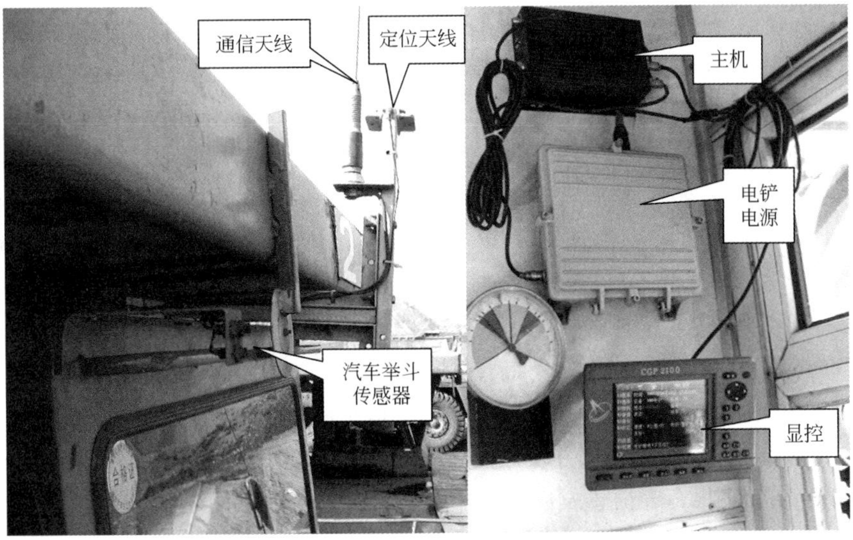

图 19-4 露天矿汽车调度系统移动车载终端组成部件安装图

移动车载终端的主要功能有两个:一是采集设备的位置、状态等信息并发送给调度中心;二是接收调度中心发送的指令信息并提示给司机。

19.7.2.2 通信差分系统

通信差分系统的主要功能有两个:一是实现调度中心与移动车载终端的通信联系;二是通过 GPS 差分数据解算以提高定位精度。

通信方式可以有多种方案:利用中国移动 GPRS 和中国联通 CDMA 的公网,采用自建的无线高速数传网,采用 IE8022.11 协议的无线宽带网等。考虑到系统的实时可靠性、维护方便性等,大部分露天矿通常采用无线高速数传网,通常传输速率为 9600bit/s。

差分可以采用前向差分和后向差分两种方法,为了使移动车载终端精确显示运行轨迹,通常采用前向差分法。

19.7.2.3 调度中心系统

调度中心系统的功能包括:实现设备运行实时动态跟踪显示、优化调度指令产生与发送、生产计划制作与调整、查询统计与报表制作、设备运行回放等。其特点是信息量大、处理复杂,既有实时优化算法,又有大量的后台数据处理,还有复杂的图形显示界面及人机交互界面等。国外同类系统大都采用中小型机。

考虑到中小型机不仅投资大,运行环境要求高,维护、维修较困难,且采用的软件平台及支持软件不丰富,国内矿山技术人员不甚了解,对系统开发、使用、扩充不利等因素,国内多选用微机网方案,即由网络服务器、实时运行终端、后台服务终端、显示终端、打印机、不间断电源等组成的计算机网络系统,如图 19-5 所示。

网络服务器为文件服务器,调度中心和外围系统主要经过该服务器进行数据交换。

实时运行终端2台,一台用于信息采集和状态分析,另一台用于调度处理和指令发送,如处理量小,也可合并为1台。

后台服务终端1台,用于档案管理、道路网管理、班计划制作、查询统计等。

显示终端若干台。由于露天矿范围大、设备数量较多,在调度室可以多设几个显示终端,既可分台阶、分岩种、分设备类型进行显示,也可根据需要(如观察车流)进行集中显示,还可设置专门的维修处理终端,用于对故障检修设备进行监视等。

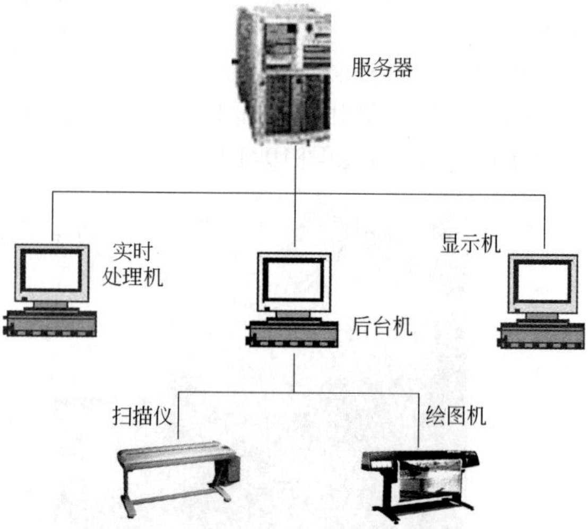

图19-5 调度中心系统组成示意图

19.7.3 系统工作方式

调度中心根据需要以轮询或竞争方式采集每台车载终端的信息。

移动车载终端接收GPS信息并实时解算自己的坐标位置。当车载终端收到轮询指令后将自己的车号、位置、状态等信息发向调度中心;当设备需要向调度中心报告情况时(如设备故障等),终端以竞争方式向调度中心发送这些信息,并同时报告自己的位置、状态等。

调度中心实时分析接收到的每台设备的位置、状态信息,并将结果以二维或三维图形方式显示出来。同时,根据需要自动产生调度指令,并发送给车载终端;车载终端收到命令后在显示屏上显示并进行相应的语音提示,从而指导司机正确运行。

通过本系统与管理信息系统连接,可以将显示和查询统计应用范围扩展到露天矿决策者以及相关管理部门,决策和管理人员在自己的办公室即可随时了解露天矿的生产动态,并将相应决策信息实时传递给本系统,提高矿山决策质量。

露天矿汽车调度系统信息流程如图19-6所示。

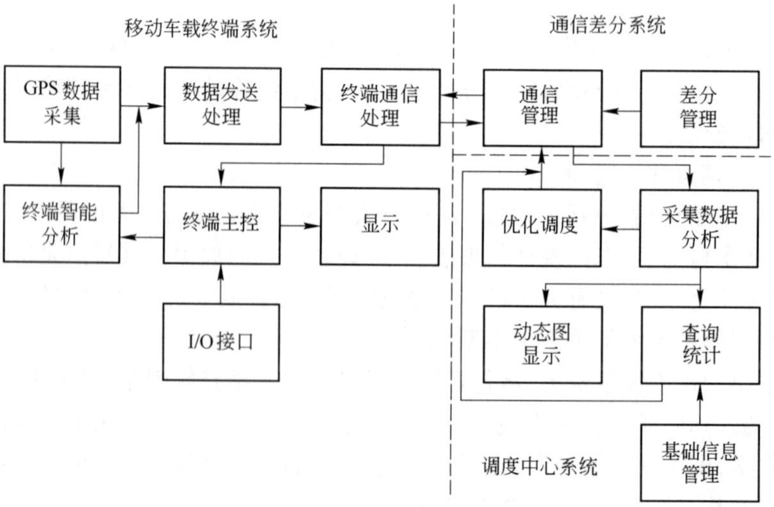

图19-6 露天矿汽车调度系统信息流程

19.7.4 系统主要功能

该系统的主要功能就是通过采集采运设备信息,实现对设备位置及工作状态的实时跟踪、显示、优化调度,及时准确地查询统计当前生产情况,起到优化车队运行、准确执行生产计划等作用,以此达到提高采运系统生产效率、降低成本的目的。具体功能为:

(1) 设备跟踪与实时显示。系统自动采集设备的位置、状态等信息并以二维图或三维图方式显示出来,使调度员实时掌握现场设备运行情况。

(2) 班作业计划制作与动态调整。根据产量计划、设备出动计划、矿石质量计划等,辅助计划人员合理指定当班作业计划,提供合理的货流分配方案、汽车调配方案、路径选择方案等,并可根据生产的变化(如电铲、破碎站、汽车等故障)实现动态调整。

(3) 优化调度。优化调度主要实现以下几部分功能:

1) 优化行车路径。根据道路网数据库自动生成最佳行车路径。

2) 车流规划。根据班计划及生产进行情况随时对车铲设备进行合理配置,在设备比例失衡时,为调度员调整、关停部分设备提出建议。

3) 自动调度。正常情况下,系统根据设备配置结果自动合理地处理全部汽车调度,不需人工干预。

4) 人工干预。如果需要,调度员利用系统可随时将指定汽车调往任何位置及用途,或随时进行固定配车调度。

5) 汽车重新调配。在电铲、破碎站、排卸点等发生故障或关闭时,系统自动将调往这些地点的途中汽车全部调走;在这些点的故障解除或恢复使用时自动向这些地点派车。

(4) 交接班及班中餐处理。根据作业时间要求,自动安排设备上下班、班中餐及其他规定的司机休息等。

(5) 自动计量。自动记录每台车的装车地点、卸车地点及运行路线,从而可自动计算出各装载点产量、排卸点产量、各车产量及运行吨公里等,避免人工计量产生的误差。

(6) 业绩评价。通过对设备跟踪记录的统计分析,对司机工作业绩给予评价,并可根据计酬方案实现自动计酬,提高管理质量和水平。

(7) 故障报告。在设备出现事故或故障时,可按故障分类向调度中心报告、示警,调度中心和维修部知道哪台设备何时何地发生了何种故障,以便维修部及时组织维修。

(8) 设备维修建议。通过对设备运行时间、里程的统计,结合检修保养规程,对设备检修保养提出建议。

(9) 设备状态跟踪。通过对发动机、轮胎等大型配件的投入、故障、维修、保养等历史数据的详细记录和对其运行过程的实时跟踪,结合设备运行时间、运行里程、产量的统计,为单车成本核算提供依据,为选择最佳购货厂家提供依据。

(10) 超速报警。车载终端通过 GPS 自动采集设备运行速度,当运行超速时,车载终端将向司机报警并向调度中心报告超速次数,促进安全行驶。

(11) 自动导航。当汽车到达装卸点等目标位置时给司机以提示,指导司机准确作业。

(12) 加油管理。根据矿山生产管理要求,结合汽车运行吨公里数统计及加油站汽车排队情况,辅助调度员安排汽车加油,或向申请加油的汽车提示加油站情况信息。提供加油输入功能或自动加油量信息采集接口,形成加油数据库,可进行吨公里油耗分析等。

(13) 班中查询。可随时对当班的设备、装卸点等的运行状态、时间、产量等进行组合式查询。

(14) 系统数据库建立与查询统计处理。根据矿山要求,建立详细的系统数据库(通常分为基础数据库、实时运行数据库、汇总数据库、专用数据库等4种),在此基础上进行相关统计图表的制作及统计分析处理。

(15) 运行回放。可对任意时间段内的全部设备或部分设备进行生产过程运行回放显示,可人为控制回放速度。对分析矿山生产过程、优化矿山生产计划、挖掘生产潜力、追查事故原因、统计查询历史数据等起到重要作用。

(16) 质量管理。根据矿石质量管理要求,协助质量管理人员进行质量管理,配合调度人员制作质量管理方案及配车比例方案,实现矿石质量的实时精确控制和批量控制。

(17) 图形管理 。输入矿山采剥工程平面图和运输道路图,形成图形库和道路网库。图形库包括:采剥工程位置和地形地质,并在此基础上建立三维图形库。道路网库包括:工程点、路段、路径等。

(18) 基础信息管理 。包括设备档案、司机档案、调度人员档案、值班人员档案等。

(19) 与其他系统的连接功能。调度系统应与其他系统相连接,如选矿管理、维修管理、采矿设计、材料管理、油料管理、成本核算等系统,实现信息交换和共享。

19.7.5 系统关键技术

调度系统的关键技术可以概括为“一个核心、一个前提、一个保证”三个方面,即优化调度是系统的核心,准确掌握设备的位置和状态是实现优化调度的前提,实时可靠的通信是系统稳定运行的保证。

19.7.5.1 优化调度

优化调度追求的目标主要有两个:一是在设备数量一定的情况下使产量最大;二是在产量一定的情况下使出动的设备数量最少。国内外学者在优化调度方面做了大量研究工作,提出了最早装车法、最早装完车法、最大汽车法、最大电铲法、最小饱和度法、两阶段模型法等多种方法。实际应用中,根据矿山的具体条件综合使用不同的方法。如何能够准确预测和获取汽车装车时间、道路运行时间、卸车时间等,并在此基础上实现自反馈-自适应优化调度,仍然是一个重要研究课题。

19.7.5.2 设备位置和状态

采用卫星定位技术可以较精确地获得设备的位置(在当前技术条件下,误差一般为3～5m)。如何自动、准确获得设备的状态十分重要,如装车、卸车、故障类型等。如果完全靠司机输入,既增加司机的工作负担,又容易出现疏漏。目前,国内外称重系统、故障诊断系统等方面的研究取得一定的进展,但在实用可靠性方面还有待改进。这方面的实用研发及其与汽车调度系统的接口是一个重要研究课题。

19.7.5.3 实时通信

露天矿的特点是电磁干扰大,地形地貌复杂,存在通信盲区和死角。汽车调度的通信系统必须保证轮询周期短,竞争速度快,抗干扰能力强,不存在通信盲区和死角,还要保证数字、语音、图像等兼容。高速调扩频、自组织自适应的通信网络以及3G等高新技术的应用是发展方向。

19.7.6 应用实效

调度系统的应用实效受多方面因素的影响。

首先,系统的可靠运行是取得实效的前提。露天矿运行环境差,为保证系统可靠运行,调度系统,特别是移动终端,必须具有较高的技术性能和完备的功能,如:

(1) 抗干扰、抗震动能力强,防尘防雨性能好,适用于露天矿生产环境,满足全天候不间断工作需求。

(2) 通用性强,每台终端都可用于电铲、前装机、汽车、推土机等设备,每种设备的功能独立,使用时只用一种功能,由专门技术人员或设备用密钥开启不同软件即可。

(3) 安装简单,维护方便,不需对车体进行改造。

(4) 功能完善,界面友好,操作简便。

(5) 具有必要的智能判断功能,如超速、停开车、电铲断电、汽车举斗、位置变化等判断。

(6) 预留必要的软硬件接口,便于与称重、油位传感、胎压测量、故障诊断等系统连接,相应软件能够在线升级。

其次,及时、全面、准确的信息采集和有效的信息利用是调度系统取得较高应用实效的关键。调度系统自身可以记录许多关于铲运系统的运行数据,与各种传感、测量系统结合,可以采集到更多的信息。如何有效利用和发挥这些数据资源,对提高生产效率、挖掘生产潜力、降低生产成本十分重要。如:

(1) 根据系统对车、铲等待时间的统计数据以及设备价格等,及时调整铲运设备数量,达到最优配置。

(2) 根据实际运行情况,不断改进调度优化方法与调度规则。

(3) 根据设备的能耗、备品备件消耗、维修量等的统计数据和设备价格,优化出设备更新最佳策略(即最佳服役年限)。

(4) 把车铲调度与品位控制结合,实现配矿优化。

(5) 基于故障和事故统计,对设备操作和维修人员实施有针对性的培训。

如果不对系统的统计数据进行深入分析研究并有效利用,仅仅利用调度系统的定位和指令传输功能,其应用实效是很有限的。

另外,自动化调度系统的有效应用对矿山管理层和工程技术人员的科技素质提出了更高的要求。如上述的数据分析与利用,就要求相关人员熟悉各种统计、分析方法和优化方法。

20 排土作业

露天开采中,必须剥离矿体上覆的废石(包括表土)才能开采矿石。因此,废石排弃工作是露天开采中必不可少的生产环节。由于金属露天矿的剥采比一般都大于1,废石的剥离量通常比矿石的采掘量大,所以废石的排弃工作量与排土场的占地都相当大。据统计,我国金属露天矿山排土场的平均占地面积约为矿山总占地面积的39% ~55%,排土工作人员约占全矿总人数的10% ~15%,排土成本约占剥离单位成本的60%。因此,提高排土工作的劳动生产率是提高露天开采经济效益的重要手段。

将剥离的废石运输到排土场进行排弃称为排土作业。排土作业的成本主要取决于排土场的位置、排土方法和排土工艺的选择。排土工程涉及废石的排弃工艺选择、排土场的建立与发展规划、排土场的稳固性监测与维护、排土场污染防治等方面。

20.1 排土场选址

合理的排土场地选择必须综合考虑地形、环境、容量需求、矿床的远景储量分布、废石排弃运距、排土场对环境的影响、废石回收利用的可能性及排土场复垦等因素。

按与采场的相对位置,排土场可分为内部排土场与外部排土场。内部排土场是把剥离下的废石直接排弃到露天采场内的采空区。这显然是一种最经济、最节省占地的废石排弃方案。但内部排土场的应用受到条件的限制,只有开采水平或缓倾斜的矿体且采场面积大,或在一个矿床实行分区开采时才有可能实现。绝大多数金属露天矿山都不具备设置内部排土场的条件,而需在采场附近设置一个或多个排土场,根据采场和剥离废石的分布情况,实行分散或集中排土。

排土场地选择应遵循下列原则:

(1) 不占良田,少占耕地,尽量利用山坡、山谷的荒地,避免村庄的迁移。

(2) 尽可能靠近采场布置排土场,以缩短废石运距。

(3) 排土场应设置在居民区或工业场地的下风侧或最小风侧以及生活水源的下游,以免对居民、工厂或水源造成危害。

(4) 排土场不应截断泄洪道和河流,避免设置在水文地质复杂的地段,以保证排土场的稳定,避免排土场发生滑坡和泥石流事故。

(5) 废石中可利用的部分要单独堆置,以便日后二次回收利用。

(6) 有条件的地区,靠近采场的排土场宜分散布置,以利于多出口运输,减轻排土线和道路的压力,提高排土效率。

(7) 有利于土地复垦。

排土场选址和规划的一般准则是:排弃、治理与复垦成本最低,占地面积最小,占用土地价值最低。

20.2 排土场要素

排土场的要素包括：阶段高度、堆置高度、平盘宽度和容积。

20.2.1 阶段要素

大中型露天矿的排土场一般都分阶段堆置。排土场的阶段高度是指排土台阶坡顶线至坡底线间的垂直距离，各阶段的高度总和称为排土场的堆置高度。排土场的阶段高度与堆置高度主要取决于排土场的地形与水文地质条件、气候条件、废石的物理力学性质（成分、粒度等）以及排土设备和废石运输方式等因素。

在确定靠近地面第一层阶段高度时，应避免在地质条件差时堆置过高，以免造成严重的基础凸起，使局部排土场下沉，造成台阶边坡滑落而引起上层阶段的不稳定现象。多阶段同时堆置时，上下阶段之间要留有一定的超前距离，既保证下一阶段的安全生产，也为上一阶段的稳定创造条件。

排土场的平盘宽度是水平面上本阶段坡顶外缘到上阶段坡底线之间的距离。工作平盘宽度主要取决于上一阶段的高度、大块废石的滚动距离、采用的排弃设备、运输方式、运输线路的条数及移道步距等因素，其取值应满足运输和排土设备对作业空间的需要，上、下相邻阶段同时作业时互不影响。

20.2.2 排土场容积

排土场的设计容积可用下式计算：

$$V = \frac{V_s K_s}{1 + K_c} K_1 \tag{20-1}$$

式中 V——排土场的设计容积，m^3；

V_s——剥离岩土的实方数，m^3；

K_s——岩土的松散系数，其取值可参考表 20-1；

K_c——岩土的下沉率，其取值可参考表 20-2；

K_1——容积富余系数，一般取 1.02 ~ 1.05。

表 20-1 岩土松散系数参考值

岩土种类	砂	砂质黏土	黏 土	带夹石的黏土岩	块度不大的岩石	大块岩石
初始松散系数	1.1 ~ 1.2	1.2 ~ 1.3	1.24 ~ 1.3	1.35 ~ 1.45	1.4 ~ 1.6	1.45 ~ 1.8
终止松散系数	1.01 ~ 1.03	1.03 ~ 1.04	1.04 ~ 1.07	1.1 ~ 1.2	1.2 ~ 1.3	1.25 ~ 1.35

表 20-2 岩土下沉率参考值

岩 土 种 类	下沉率 /%	岩 土 种 类	下沉率 /%
砂质岩土	7 ~ 9	硬黏土	24 ~ 28
砂质黏土	11 ~ 15	泥夹石	21 ~ 25
黏土质	13 ~ 15	亚黏土	18 ~ 21
黏土夹石	16 ~ 19	砂和砾石	9 ~ 13
小块度岩石	17 ~ 18	软岩	10 ~ 12
大块度岩石	10 ~ 20	硬岩	5 ~ 7

20.3 排土工艺类型

废石的排弃工艺因矿床的开采工艺、排土场的地形、水文地质特征及所排弃废石的物理力学特征而异。对于内部排土场,当所开采的矿体厚度与所剥离的岩层厚度不大时,剥离下的废石可使用大型机械铲和索斗铲直接倒入采空区内;当矿体较厚、剥离量大且排移距离较大时,必须通过某种运输方式把废石运到采空区,进行内部排土。

根据废石的运输与排弃方式及所使用的设备不同,外部排土的排弃工艺可分为如下几种:

(1) 公路运输排土。利用汽车将废石直接运到排土场排卸,然后由推土机推排残留的废石及整理排卸平台。

(2) 铁路运输排土。根据排土场排土设备的不同,又分为挖掘机排土、排土犁排土、铲运机排土。

(3) 胶带运输排土。利用胶带机将废石直接从采场运到排土场进行排卸。

20.4 公路运输排土

采用汽车运输的露天矿大多采用汽车-推土机排土工艺。其排土作业的程序是:汽车运输废石到排土场后进行排卸,推土机推排残留废石、平整排土工作平台、修筑防止汽车翻卸时滚崖的安全车挡及整修排土场公路。

汽车-推土机排土工艺具有以下优点:汽车运输机动灵活,爬坡能力大,可在复杂的排土场地作业;排土高度比铁路运输大;排土场内运输距离较短,排土运输线路建设快,费用低,易于维护。由于国内外露天矿广泛采用汽车运输,汽车-推土机排土工艺应用最为广泛,并且随着汽车的大型化,与之配合的推土机也不断向大型化发展。

20.5 铁路运输排土

铁路运输的排土工艺主要是由铁路机车将废石运至排土场,翻卸到指定地点,再应用其他的移动设备进行废石的转排。可选用的转排设备有排土犁、挖掘机、推土机、前装机、索斗铲等。目前,在国内采用铁路运输排土工艺的矿山主要以挖掘机为主,排土犁次之,而其他设备应用很少。铁路运输排土的辅助设备有移道机、吊车等。

20.5.1 挖掘机排土

如图 20-1 所示,列车进入排土线后,依次将废石卸入临时废石坑,再由挖掘机转排。该工艺要求临时废石坑的长度不小于一辆翻斗车的长度,坑底标高比挖掘机作业平台低 1 ~ 1.5m,容积一般为 200 ~ 300m^3。排土分为上下两个台阶,电铲在下部台阶顶面从临时废石坑里铲取废石,向前方、侧方、后方堆置。其中,向前方、侧方堆置形成下部台阶,向后方堆置形成上部台阶的新排土线路基,如此作业直至排满规定的阶段总高度。

挖掘机排土工艺具有如下优点：

（1）受气候的影响小。

（2）移道步距大，线路质量好。

（3）每米线路的废石容量大，因而减少了排土线在籍长度及相应的移设和维修工程量。

（4）排土平台具有较高的稳定性，可设置较高的排土台阶，并能及时处理台阶沉陷、滑坡。

（5）场地的适应性强，可适用各种废石硬度。

（6）可在排土过程中进行运输线路的涨道，在新建的排土场可直接用挖掘机修筑路基，加快建设速度，节省劳动力。

挖掘机排土工艺的缺点有：

（1）挖掘机设备投资较高、耗电量大，因而排土成本较排土犁高。

（2）运输机车需定位翻卸废石和等待挖掘机转排，因而降低了运输设备的利用率。

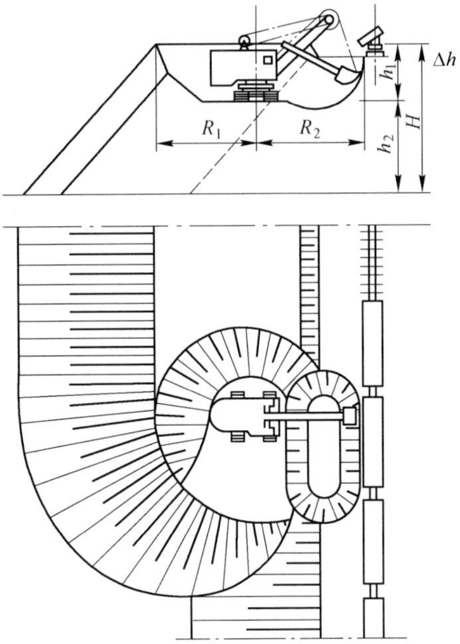

图 20-1　单斗挖掘机排土

20.5.2　排土犁排土

排土犁是一种行走在轨道上的排土设备，如图 20-2 所示。它自身没有行走动力，由机车牵引，工作时利用汽缸将犁板张开一定的角度，在行走中将堆置在排土线外侧的岩土向下推排。

如图 20-3 所示，排土犁排土的工艺过程是：列车进入排土线排卸岩土后，排土犁进行推刮，将部分岩土推落坡下，上部形成新的受土容积。然后列车再翻卸新的岩土，直到线路外侧形成的平盘宽度超过或等于排土犁板的最大允许排土宽度时，用移道机进行移道。一般排土线每卸 2 ~ 6 列车由排土犁推刮一次，每经过 6 ~ 8 次推排后需移设线路一次。排土犁排土的阶段高度为 10 ~ 25m。

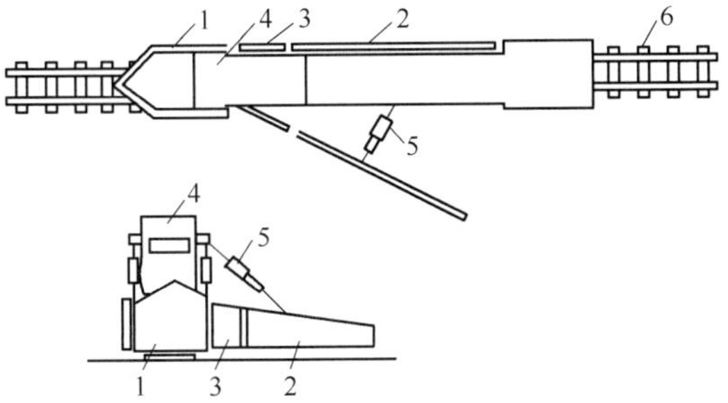

图 20-2　排土犁示意图

1—前部保护板；2—大犁板；3—小犁板；4—司机室；5—汽缸；6—轨道

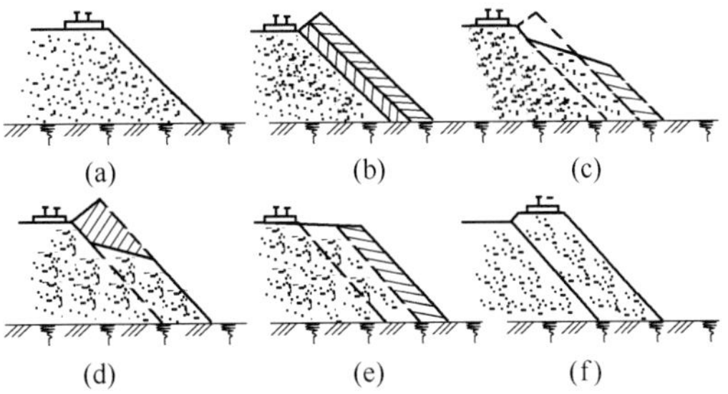

图 20-3　排土犁排土工艺过程示意图

排土犁排土具有如下优点：

（1）价格低，排土效率高。每台排土犁的价格仅为挖掘机价格的 1/3 左右，而排土效率约为挖掘机的2倍。

（2）设备结构简单，便于维修。

（3）排土犁适用性强，适用于准轨运输的各种地质条件、各种岩石硬度。

（4）排土后的路基不需要加工便可直接铺设线路。

排土犁排土具有如下缺点：

（1）排土阶段高度受到限制，一般为10～12m。

（2）移道步距较小，两次移道间的容土量少，因而需设较多的排土线。

20.5.3 推土机排土

推土机排土的工艺程序是：列车将废石运至排土场翻卸，推土机将废石推排至排土工作台阶以下，并平整场地及运输线路。国内采用推土机排土工艺的不多。当排弃湿度较大的岩石时，由于推土机履带的来回碾压，加强了路基的稳定性，使排土场的堆置高度增大，但排弃成本高于其他方式。

20.5.4 前装机排土

前装机排土如图20-4所示。它具有机动灵活、排土宽度大、运距长、安全可靠等优点。这种排土方式的排土台阶有较长的稳定期。但当运距大时，排土效率较低。当排土平台较宽时，前装机可就地做180°转向运行；当排土平台较窄时，可就地做90°转向运行，以进行加长排土工作平台的作业。

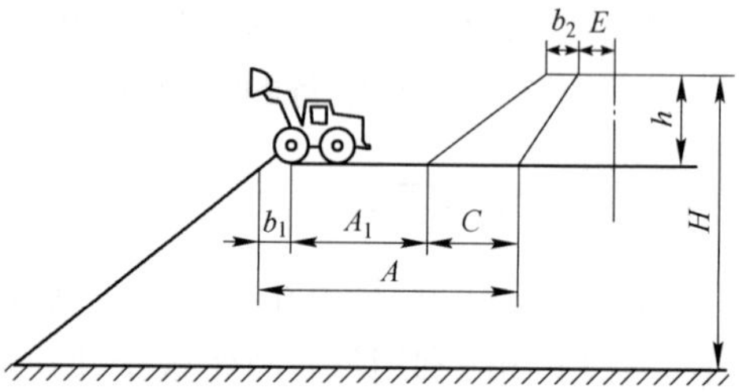

图20-4 前装机排土示意图

20.6 胶带运输排土

我国露天矿采用胶带运输机－胶带排土机排土是近20年来发展起来的一种连续排土工艺。这一工艺系统一般的工艺流程是：用汽车将废石运至设置在采场最终边帮上的固定或移动式破碎站进行废石的粗破碎，破碎后的废石被转装到胶带运输机运至排土场，再转入胶带排土机进行排卸。当排到一个阶段高度后，用推土机平整场地，移动胶带排土机。

如图20-5所示，胶带排土机是一种设有胶带运输机的可行走的排土设备，它由受料臂、卸料臂、回转台和行走部分组成。受料臂可以直接接受运输胶带的转载，也可通过加载装置加载。

选用排土机时应考虑下列条件：

（1）排土机在气温－25～＋35℃和风速20m/s以下进行工作较适宜。气温过低时，岩粉易在排土机的胶带上冻结积存，造成过负荷；气温过高时，易产生过热而引起机械故障；风速过大时，排土机的机架容易摆动，会威胁工作人员和设备的安全。

（2）排土机行走时坡度一般不超过1:20(5%)，个别的地方也有达1:10～1:14的。排土机工作坡度为1:20～1:33。

（3）排土机工作时对纵、横坡的要求一般不大于下列值：纵向倾斜 1:20、横向倾斜 1:33 或纵向倾斜 1:33、横向倾斜 1:20。

（4）排土机对地面压力应小于排土场的地耐压力。

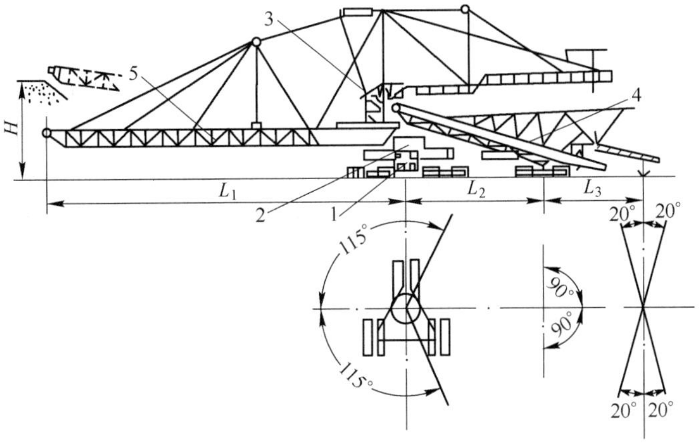

图 20-5 胶带排土机结构示意图

1—排土机底座；2—回转盘；3—铁塔；4—受料臂（装有接收运输机）；
5—卸料臂（装有卸载运输机）

胶带排土机的主要工艺参数是最大排土高度和排土带宽度，它们都取决于排土机的结构尺寸。排土机向站立水平以上排土时，应尽量利用悬臂长度形成边坡压脚，以保证排土边坡的稳定；向下排土也要尽量利用卸载悬臂长度，使排土带宽度达到结构允许的最大值，为排土机创造稳定的基底。

胶带运输机-胶带排土机的排土工艺充分发挥了连续运输的优越性，运输成本低，自动化程度高。与汽车运输相比，具有能源消耗小、维修费低、生产效率高等优点。胶带排土机增大了排土场排土段高，在很大程度上缓解了排土场容量不足和占用土地面积大的问题。但这种排土工艺初期投资大，生产管理技术要求严格，胶带易磨损，工艺灵活性差。

20.7 排土场危害防治

排土场不但占用了大量的土地，而且对生态景观与环境也造成了相当大的破坏和危害。概括来说，排土场的潜在危害主要来自两个方面：排土场失稳引发的排土场变形、滑坡及排土场泥石流；排土场所造成的环境污染。

排土场发生变形破坏、产生滑坡或泥石流的主要诱发因素，是排土场基底软弱岩层、排弃物料中含有的大量表土和风化岩石，以及地表汇水和天然降雨的作用。因此，其治理措施应着眼于以下几个方面：

（1）改进排土工艺，选择合理的排土设备及工艺参数，合理控制排土顺序，避免形成软弱夹层（即潜在滑动面），同时，将大块岩石堆置在排土场底层以稳定基底，或用大块岩石堆置在最底一个台阶反压坡脚，以稳定排土场。

（2）积极处理软岩基底。对于基底表土或较薄的软岩层，可在排土之前挖去；若软岩基底较厚，则预先开挖处理是不经济的，此时要控制排土阶段的堆置高度，以使基底得到压实和逐渐分散基底的承载压力。也可用爆破法将基底岩石预先破碎,这样不仅可增大抗风化能力,还可在底部形成排水层。

(3) 采取必要措施进行排土场的疏干排水。首先,应对排土场上方山坡汇水进行截流,将水疏排至外围的低洼处;其次,为分散平台本身的汇水,使其不致侵蚀或冲刷边坡,应将废石堆置平台修成3°左右的反坡,使水流向坡根处的排水沟而排出界外;最后,在排土坡下游沟谷的收口部位修筑不同形式的拦挡坎,起到拦挡泥石流、防止污染农田的作用。

(4)采用不同形式的护坡挡墙,稳定坡角,防止排土场滑坡。这种护坡挡墙通常是坚硬石块堆置成的石块重力坝,透水性好,施工简单,造价便宜,能阻挡滑坡和泥石流。

(5) 形成排土场植被。在已结束排土的排土场平台和斜坡上形成全面植被,可以防止雨水对排土场表面的侵蚀和冲刷,同时,植被的根系可以加固排土场表面的岩土,以阻止雨水向内部渗透,并且植被本身也可吸收大量的水分。

排土场产生的污染物有粉尘、毒气和酸水三类。

粉尘污染主要来自废石排弃过程的运输与卸载,其污染程度主要取决于岩石的脆性、硬度和外部因素(如季节、风向、风速、大气温度与降雨量等)。岩石的脆性越大、硬度越小,则形成粉尘的趋势越大。飞扬的粉尘悬浮于大气中,使大气的透明度降低,吸入人体可造成尘肺病。粉尘(特别是含有毒性或辐射性的粉尘)还污染土壤、植物、水,不但危害现场作业人员,也危害着家畜和其他生物。

露天矿传统的粉尘污染控制方法是在采矿场运输沿线及排土场进行喷雾洒水,以达到降尘的目的。国外也有用黏性聚合物代替水进行喷雾降尘,取得了良好的效果。

为了防止排土场的粉尘危害人畜,排土场附近的居民区应力求布置在排土场的主导风向的上风侧。在已堆置好的排土场台阶或坡面上积极种草植树,既可加固排土场,又可改变排土场的小气候,降低风速,起到固沙降尘的作用。

当排土场中堆置含有硫化物的废石时,硫化物在空气、水以及细菌作用下生成硫酸和氧化物。硫酸流入地表水系造成酸水污染,氧化物逸入大气造成空气污染。

酸水污染通常表现为显性与隐性两种形式。酸水污染较轻时,酸性水中溶解有重金属离子,在生态系统的食物链中被吸收蓄积,最终高度蓄积于人类的食物,而导致人的中毒,这是隐性污染。酸水污染严重时,酸水所及可使植物枯死,水生动物灭绝,呈现显性污染。

排土场酸水的控制广泛应用中和法,有的矿山为降低处理费用还采用截流稀释法。但酸水一经形成,以中和法处理需花费大量的人力、物力,且中和产物——中和泥的处理仍是一个难题。因此,控制酸水污染应当采取标本兼治、预防为主的方法。从酸水形成机理中各个环节入手,采取积极措施抑制酸水的形成。其措施的要点有:

(1) 尽量在气候干燥的季节剥离含有硫化物的岩石,控制岩石的破碎程度,采取集中堆放和及时掩埋等措施,缩短硫化物废石在大气中的暴露时间。

(2) 使废石堆和地下水、地表水隔绝。

(3) 截流排土场中产生的酸水,使其不漫溢,集中加以中和处理。

第4篇　矿山生态经济与复垦

工业革命以来，以技术进步为先导的工业文明使人类攫取、加工、利用自然资源的能力迅速提高，加上人口的不断增长，致使社会经济系统与自然生态系统之间的物质代谢规模迅速扩张。人类社会与自然之间巨大的物质、能量交换所伴随的种种生态环境问题，使人类越来越清醒地认识到资源短缺、环境恶化和生态退化对人类自身发展的日益显化的制约，并开始重新审视人类社会走过的发展道路，寻求新的发展模式——可持续发展。进入21世纪，可持续发展已经成为全球发展的一个重要主题。

采矿业为现代工业文明做出了不可替代的贡献，也对生态环境造成严重损害。在可持续发展的大背景下，采矿业必须注重与自然的和谐，在为社会经济发展提供必需的矿产资源的同时，尽可能降低对生态环境的冲击。降低采矿对生态环境的冲击有两条基本途径：一是末端治理，通过土地复垦，重建被破坏的生态系统是采矿业末端治理的主要手段；二是源头减量，即在矿产开发项目的规划设计中就考虑矿山生产对生态环境的冲击问题，把“为环境设计”的新理念贯穿于技术经济决策之中。本篇的目的就是为采矿工程技术人员，尤其是管理者和决策者，提供矿山复垦的基本工程技术措施和生态经济的相关知识与方法。

21　矿山土地复垦

矿产开采破坏大量土地，对矿区及其周边环境造成污染，使矿区生态系统的功能丧失或降低。矿山土地复垦就是恢复或重建矿山生产中破坏的土地的功能，使之重新具有有益的用途；恢复或重建矿区生态系统的生态生产和生命支持能力。

土地复垦与生态重建首先产生于发达国家。许多发达国家在20世纪50~60年代就制定了矿山复垦法规并付诸实践；20世纪70年代后，矿区生态环境修复已逐步发展成为一个集采矿、地质、农学、林学、生态学等多学科，涉及多行业、多部门的重要工程科学领域；20世纪80年代以后，步入蓬勃、正常的发展轨道。土地复垦与生态重建工作开展较好的国家都有以下的特点：

（1）有健全的法规。

（2）设有专门的管理机构。

（3）有明确的资金渠道，如建立恢复基金和保证金制度。

（4）将土地复垦与生态重建纳入开采许可制度之中。

(5) 建立严格的土地复垦与生态重建标准。

(6) 重视科学研究和多学科专家的参与和合作。

(7) 设立专门的研究机构。

土地复垦与生态重建在我国得到重视是在20世纪80年代。1985年在安徽省淮北市召开了第一次全国土地复垦学术研讨会,成立了复垦学术团体;1987年在山西省大同市召开的第二次全国土地复垦学术交流会上成立了中国土地复垦研究会;1988年11月8日国务院颁布《土地复垦规定》,并于1989年1月1日正式实施,这标志着我国土地复垦工作开始走上了法制的轨道。在此之后,全国各省、市、行业依据《土地复垦规定》制定实施细则加以落实,我国土地复垦工作从此进入了一个有组织、有领导的法制时期。1990年前后在全国设立了12个土地复垦试验示范点,开始了大面积的土地复垦试验推广工作。我国土地复垦工作从无到有,复垦率不断提高,取得了明显的经济、社会和生态效益。近年来,国家对矿山土地复垦倍加重视,出台了一系列相关政策和技术规范。例如,《关于加强生产建设项目土地复垦管理工作的通知》(2006年)、《关于组织土地复垦方案编报和审查有关问题的通知》(2007年),要求所有矿山编制土地复垦方案,由土地行政主管部门组织审查(评审),并把土地复垦方案作为新建(扩建)矿山项目的许可前置条件。

矿山土地复垦与生态重建技术包括方方面面。如处理和复垦矿山固体废弃物的微生物技术和多层覆盖技术、提高复垦土壤生产力的土壤培肥技术、再造植被与牧草和农作物的生产技术、水污染治理技术、土壤污染治理技术、沉陷区复垦技术、复垦设备及产品的制备等。本章针对采矿工程专业对相关复垦知识的需要,简要介绍矿山土地复垦的一般过程和技术、酸性水与土壤中金属污染治理常用方法、植物种类选择、复垦适宜性评价和复垦方案编制等内容。

21.1 采矿对土地和生态环境的冲击

采矿活动对土地和生态环境的冲击主要包括:土地的挖损与占压、地表沉陷、地下水与地表水位变化及污染、空气污染、土壤污染,以及引发山体滑坡和泥石流等,这些都不同程度地造成植被的破坏或损害,造成生物数量和多样性下降,打破矿区甚至周边地区的生态平衡。破坏与冲击的范围与程度主要取决于矿山生产规模、开采方式和采矿方法、矿体赋存条件等。

21.1.1 对土地的破坏

露天矿在生产中形成巨大的采坑,破坏大面积土地;剥离的大量废石的堆弃形成巨大的排土场,占压大量土地。露天采场的大小取决于依据矿产资源赋存条件和技术经济条件设计的最终境界,一般而言,矿产资源埋藏越深,开采境界也越深,其地表范围和剥离量越大,采场挖损和排土场占压的土地面积越大。绝大多数的金属露天矿的境界平均剥采比大于1,而且排土场平均堆置高度小于采场深度,这意味着排土场的占地面积比采场大许多。

因此,从生态或环境角度来讲,露天开采境界的设计不仅需要考虑经济效益,而且需要考虑生态效益:设计准则和目标函数不应仅仅是经济效益(总利润或总净现值)最大,而应该是经济和生态总效益最大,或者说应该在目标函数里包括露天开采的生态成本。

地下开采对土地的破坏主要体现在地表沉陷。未经采动的岩体,在地壳内受到各个方向的力的约束,处于自然应力平衡状态。当局部矿体采出后,在岩体内部形成采空区,导致周围岩体应力状态发生变化，从而引起应力重新分布，使岩体产生移动变形和破坏，直至达到新的平衡。随着采矿工作的进行，受采动影响的岩层范围不断扩大，岩层移动可能发展到地表，引起地表下沉或塌陷。

依据沉陷地破坏的物理特征，可以将地下开采沉陷对地表的破坏形式归纳为以下三种：

（1）地表下沉盆地。在开采影响波及地表以后，受采动影响的地表向下沉降，从而在采空区上方地表形成一个比采空区面积大得多的沉陷区域，这种地表沉陷区域称为地表下沉盆地。在地表下沉盆地形成的过程中，改变了地表原有的形态，引起了高低、坡度及水平位置的变化。因此，对位于影响范围内的道路、管路、河渠、建筑物、生态环境等造成不同程度的破坏或损害。在地下水位高的地区，地表下沉 1m 左右，下沉盆地内便可积水，严重影响土地的使用。

（2）裂隙与台阶。在地表下沉盆地的外边缘区，地表可能产生裂缝。这主要是由地表下沉的拉伸变形所致。地表裂缝一般平行于采空区边界发展，其深度和宽度与有无第四纪松散层及其厚度、性质和变形值大小密切相关。地表裂缝容易造成水土流失和养分损失。当裂缝大到一定程度时还会出现堑沟或台阶，对地表破坏更大。

（3）塌陷坑。塌陷坑多出现在急倾斜矿体开采的地区，在浅部缓倾斜或倾斜矿体开采，地表有非连续性破坏时，也可能出现漏斗状塌陷坑。塌陷坑往往造成农田绝产、建筑物或道路被毁，危害极大。

矿山生产对土地破坏的另一来源是尾矿库。在我国，绝大多数金属矿的矿石需要经过选矿提升品位后才能进入下游生产链（如冶炼），选矿中产生大量的尾矿，需要修建尾矿库存放，破坏大片土地。

另外，矿山办公区、临时生活区以及生产基础设施和专用运输系统等都占用土地。

21.1.2 对生态环境的冲击

采矿对水、空气和土壤环境造成冲击，破坏或损害生态系统和自然景观。

21.1.2.1 对水环境的冲击

露天开采中，地下水会汇集到采坑，为了保证生产的正常进行，一般都需要通过排水来疏干采场。大量的地下水被抽排，会改变采场及其周围的地下水位，造成附近泉水干涸、水井干枯、土地缺水，影响周边的农业生产甚至居民生活。近几年来，由于采矿对地下水的影响，矿业公司与当地农民之间的矛盾频繁发生。

据国外资料，露天开采可对采场以外相当范围的水文地质条件产生影响，如前苏联某露天矿区开采引起水文地质条件发生变化的面积超过了开采面积的 9 倍；波兰一面积为 $2100hm^2$ 的露天采场，引起 $120000hm^2$ 的水文变化。另外，因排放的露天矿坑水未进行净化处理，还可能造成对地表、地下水的污染，如水质酸化、重金属超标等。

露天开采对矿区水文地质条件的影响程度取决于矿山规模、开采深度、地下水位、岩层透水特性等。

排土场的废石经受风吹、日晒和雨淋，发生物理风化剥蚀和化学风化，其中的有毒重金属元素（如铅、镉、汞、铜、钴、镍、砷、铬等）、溶解的盐类以及悬浮未溶解的颗粒状污染物通过雨水的淋溶作用，流入地表水体后使水质发生变化，也可能进入地下水系造成地下水的污染。

地下开采中，也需要抽排大量地下水，这会影响水文地质条件；地表下沉和塌陷形成的裂缝会引起地表水流失，在干旱地区影响植物生长；地下矿坑水的排弃也可能对水系造成污染。

尾矿库设计与施工不当时，也会使含有有毒元素和选矿药剂的水渗入地下，污染地下水系。

酸性废水是矿山产生的另一重要污染源。酸性废水是尾矿库、废石堆或暴露的硫化物矿石氧化形成的水体。酸性废水不但溶解大量可溶性的Fe、Mn、Ca、Mg、Al、SO_4^{2-}，而且溶解重金属Pb、Cu、Zn、Ni、Co、As和Cd等。酸性废水使供水变色、浑浊，污染地表、地下水，导致水的生态环境严重恶化。

21.1.2.2 对土壤环境的冲击

矿山的采场、排土场、建筑物、道路等直接对土壤层造成破坏。

排土场废石中的有毒重金属元素通过风化和雨水的淋溶作用渗入周围土地，导致土壤污染，影响农业生产，有些金属污染还能沿着食物链传递，最终进入人体，危害人的健康。

在平原矿区，由于开采沉陷，地势变低，潜水位抬高，一方面使地面、地下径流不畅，在雨季容易出现洪涝，使土地沼泽化；另一方面，在旱季潜水蒸发变得强烈，地下水易携带盐分上升到地表，使土地盐碱化。在较干旱的地区，地表沉陷形成的裂缝引起地表水流失，使土壤微气候变得更为干燥，土壤更容易被风、水侵蚀。

尾矿库、废石堆或暴露的硫化物矿石氧化形成的酸性废水诱发土壤酸化：H^+荷载增大，强酸阴离子驱动盐基阳离子大量淋溶，导致土壤盐基饱和度降低、土壤酸化和结构破坏，使土壤肥力和生产力下降。

21.1.2.3 对空气环境的冲击

露天矿的凿岩爆破、运输和排土作业都产生大量扬尘，影响矿区和下风区的空气质量。排土场的废石经风化后，其中的有毒重金属元素（如汞、铬、锡、铜、砷等）通过扬尘进入空气，漂浮在空气中的微细粉尘颗粒会进入肺部，导致气管炎、肺气肿、尘肺等疾病，严重的还能导致癌症的发生；较大的粉尘颗粒会进入眼、鼻，引起感染。

废弃不用的尾矿库如果不及时复垦，风干后会产生大量粉尘，由于尾矿颗粒微细，稍有风力就能产生扬尘，严重污染空气，影响人身健康和植物生长。

21.1.2.4 对景观的破坏

露天采场、废石堆、尾矿库、塌陷坑等彻底破坏了矿区的自然景观，自然地貌被改变，植被被毁，一座座秀丽的青山变成裸露的采坑、山坡和乱石堆。有的地区的一个镇境内就有数十个大大小小的采场和废石堆，可谓"山河破碎，满目疮痍"。

采矿不仅破坏本地景观，而且严重影响区域大景观。沿交通道路附近、民航航线上的采场、废石堆、尾矿库等直接影响来往人流对该区域的直观印象，严重影响其对旅游者、投资者及居民的吸引力，制约了森林资源、水资源、旅游资源的保护和开发，最终影响了区域的投资环境和总体规划。

21.1.2.5 对生物质的冲击

露天采场、废石堆和尾矿库彻底破坏了其所在场所的土壤和植被，使动物无法生存，基本可以看作无生命区。地下开采沉陷区的沼泽化、盐碱化或地表水流失等都严重影响植物生长。

上述采矿活动对土地的破坏，对水环境、土壤环境和空气环境的冲击，以及由此引起的对植被的破坏和植物生长的影响，改变了动物的栖息环境，使一些野生动物由于不适应环境变化而迁移，或因缺少食物或食用有毒食物而死亡，导致矿区原有野生动物的种群和数量大幅下降。其综合结果是使矿区及其周边区域的生态系统遭受破坏和损害，生态平衡被打破。

如20世纪90年代中期，东北某金矿由于选矿用剧毒氰化物的污染，使矿区鸟类基本绝迹，飞蛾由于失去天敌而数量猛增，晚上亮灯房间的窗户上密密麻麻爬满飞蛾。这就是打破生态平衡导致的恶果。

21.1.3 引发地质灾害

大型露天矿在开采过程中形成高达数百米、帮坡角为40°～55°的高陡边坡，其本身就不很稳固，爆破使岩体的稳定性进一步降低，容易发生滑坡。这种滑坡在生产过程中和废弃采场都可能发生。如果是山坡露天矿，露天采场的滑坡在雨季会引发泥石流。

大型排土场的排弃高度大，松散体本身的稳固性差，如果地基有松软层，在巨大的重力作用下，基层滑动引发排土场坍塌性滑坡。如果排土场坐落在天然坡度较大的山坡，在雨季发生这种滑坡会演变为泥石流。

在山区，开采形成的塌陷裂缝破坏了山坡岩体的连续性，天然坡度较大时，在雨水的作用下也能诱发滑坡，并可能发生泥石流。

尾矿库遭遇暴雨时可能由于泄洪不力发生洪水漫顶，或是在坝顶、坝肩、坝基处由于侵蚀、渗漏等引起溃坝，或是在地震作用下尾矿发生液化造成坝体严重变形甚至溃坝。由于尾矿颗粒微细（约85%以上小于0.125mm），尾矿泥流的流动性大，其危害性极大，事后清理难度也非常大。

滑坡和泥石流是危害性很高的地质灾害，常因此淹（埋）没农田，摧毁建筑物和植被，造成生命财产的巨大损失。

21.2 矿山土地复垦的一般要求

矿山土地复垦的总体目标可表述为：把矿山生产破坏的土地恢复到期望的可利用状态，恢复或重建矿区的生态功能。矿山土地复垦的一般要求可归纳为：

（1）《关于加强生产建设项目土地复垦管理工作的通知》（国土资发[2006]225号）和《关于组织土地复垦方案编报和审查有关问题的通知》（国土资发[2007]81号）要求所有新建、扩建和生产矿山企业必须编制土地复垦方案，经土地行政管理部门审查（评审）批准，否则不予批复建设用地申请和采矿权证，不予通过年检。新建或扩建矿山应在制定矿产开发利用方案的同时制定土地复垦方案，矿产开发利用方案在开采、排弃工艺上应充分考虑土地复垦的要求，如：预先剥离和妥善存放表土，含有害成分废石的隔离排弃等。

（2）土地复垦方向（即复垦后土地的用途和类型）应尽可能与破坏前相一致；如果土地行政管理部门已对矿区或其一部分土地的利用进行了新的规划，改变了土地利用性质，相应范围的土地复垦方向应与新规划一致；在没有新的规划改变土地利用性质的情况下，复垦后的耕地面积，应不小于破坏前的耕地面积，条件允许时，尽可能增加耕地面积。

（3）复垦后土地的生产能力应不低于破坏前土地的原有生产能力，并尽可能实现其生产能力的提高。

（4）复垦后的地貌应尽可能与破坏前一致，与周边地貌相协调。

（5）复垦应充分利用本矿的废石、尾砂等废弃物充填露天采场、地下采空区、塌陷区等，但要防止充填物造成新的污染。

(6) 复垦的同时对矿区污染进行综合治理,复垦不得形成新的污染源。

(7) 合理计划,及时复垦。要结合矿产开发利用计划,合理编制和实施复垦计划,尽可能提前复垦时间。一个单元上的生产活动一结束(如某一排土场达到了设计排弃高度、尾矿库达到设计容量、多个露天采场开采中的某采场开采完毕等),就应立即开始复垦作业。

(8) 企业对矿区内历史形成的已破坏土地也应实施复垦。

21.3 矿山土地复垦一般工程与技术

不同的破坏单元需要的复垦工程和技术有差异。本节针对露天采场、排土场(废石堆)、尾矿库、沉陷区以及其他矿山用地,简要介绍复垦这些单元的一般工程与技术。

21.3.1 表土剥离与储存

土壤是珍贵资源,是矿山复垦中恢复植被的必备资源。因此,应把拟开采和占压区的表土预先剥离并妥善储存,以备复垦之用。表土一般分表层壤土(植物生长层)和亚表层土,不同地区和自然条件下的表土层厚度不同,一般表层土壤层为30cm左右,亚表层土为30~60cm左右。混合剥离会降低土壤的肥力,一般应把表层壤土和亚表层土分别剥离,分别储存。剥离表土前,应先清除树根、碎石及其他杂物。剥离土壤的设备和剥离厚度应符合土层的赋存条件,以防止土壤的损失和贫化。采土作业应尽量避免在雨季和结冻状态下进行。

多数情况下,表土剥离与复垦之间有相当长的一段时间,需要设置临时堆场储存表土。临时表土场应设置在地势平坦、不易受洪水冲刷并具有较好稳定性的地方。在表土场坡脚采用编织袋筑围堰、品字形紧密排列的堆砌护坡,起到挡护作用,并在土面进行覆网养护,防止土壤流失。为了防止堆存土壤的质量恶化,表层土壤的堆存高度不宜太大,一般为5~10m;亚表层土的堆置高度不宜超过30m。储存期长的土堆还应栽种一年生或多年生草类,以防止风、水侵蚀。表土场外围设置临时排水沟,以导流雨水,使表土堆不受冲刷。排水沟断面依据当地的降雨量设计,北方地区排水沟断面一般为底宽0.5m、深0.5m、上宽1.0m。

21.3.2 露天采场复垦

大中型露天矿采场都有陡高边坡,边坡帮坡角一般为40°~55°左右,边坡垂直高度从数十米到数百米。高陡边坡的稳定性较低,容易发生滑坡。因此,在复垦前应对其边坡进行全面或局部改缓或加固,以防止滑坡。深凹露天矿的边坡改缓难度大,可根据实际情况,采用锚杆、钢筋护网、喷射混凝土等护坡措施。

小型露天采坑的复垦一般应利用生产中剥离的废石进行充填,平整为与周边地形协调的地形,然后进行覆土和种植,根据土地破坏前的利用方式和适宜性评价结果,复垦为林地、耕地或草地等。

大中型露天采场的复垦方向一般为恢复植被或建成水体。进行植被恢复复垦时,应利用生产中剥离的废石把露天采场的深凹部分充填至自然排水标高,并设置导流区,以使复垦后的采场具有防洪排水能力。然后对充填后的采场底部进行平整、覆土和种植。由于金属露天矿一般地处山区,又有高陡边坡,存在交通不便等不利因素,采场底部一般不复垦为耕地,多复垦为林地。

大中型金属露天矿的边坡陡、边帮上的平台窄,未被充填的台阶一般不具备复垦为梯田型耕地的条件(也不值得),通常是把平台平整后复垦为林地。平整时要注意形成一定的反向(向帮坡倾斜的)坡度,以防止水土流失。台阶坡面为坚硬岩石,倾角一般为45°~70°,很难复垦。

进行植被恢复的露天采场,应视情况在采场外围周边修筑拦截排水沟,以防止边坡侵蚀、水土流失,保护植被。

将露天矿采坑建成水体也有很多益处,如拦蓄降雨和洪水,补给当地的地下水,有条件时还可配套水利设施用于灌溉、养鱼等。这种复垦方式需要平整露天矿坑的底部,用泥质土壤覆盖有毒的岩石,采取措施防止边坡和相邻地域被侵蚀,使采场保持预计水位并保证水的交换,建造为露天矿坑灌水所需的水文工程设施,以及为利用蓄水所必需的其他设施等。

大中型露天采场采坑面积较大、垂直高差大、边帮陡,为了安全,防止人畜进入造成不必要的伤亡和财产损失,一般应在采坑周围外部边缘10m左右每隔一定距离(30m左右)和通往采坑的道口设立警示牌。对复垦为水体的露天采场,警示牌尤为必要,在危险地段还应安装护栏。

21.3.3 排土场复垦

这里,排土场包括露天开采中排弃剥离岩石形成的堆场和地下矿开采中从井下提升到地表的废石排弃形成的堆场(即废石堆)。

21.3.3.1 排土场整形

当废石堆弃达到排土场的设计堆置高度后,首先对其顶部平台进行平整,对大块岩石,可先采用液压镐敲碎,碎石填洼垫低,用推土机进行平整、压实。在平台外沿修筑挡水埂,内侧修建排水系统。一般应在废石面上铺一层黏土,碾压密实,形成防渗层。有毒物质(如酸性土岩、重金属等)出现在排土场表面时,必须实施移除或用专门的方法进行改良,否则铺敷的土壤会受到有毒物质的污染。改良方法一般有石灰处理、去除有毒物质并妥善处置,或用其他无毒物质封盖隔离。在排土场坡脚修筑一定规格的挡土墙,在排土场外围依据地形条件设置必要的截洪沟。

为防止排土场边坡发生坍塌和雨水冲蚀,排土场边坡要缓一些,高排土场要修成阶梯形。排土场的高度与其边坡度的关系大致为:高度在40m以内时,其边坡角不大于12°;高度在40~80m时,其边坡角不大于8°为宜。边坡需要修成阶梯形时,一般情况下台阶高度为8~10m,平台宽度为4~10m,边坡角控制在15°~20°以内。为了防止阶梯受雨水冲刷,应有1.5°~2°的横向坡度朝向较高一级的台阶。用大块废石封闭台阶底部,以拦截坡面下移泥沙,保护边坡稳定。大型排土场在排土作业中一般分阶段排弃,阶段高度和平盘宽度的确定除考虑排土工艺、设备等因素外,还应充分考虑复垦的需要,以便使排土作业与堆整边坡和修筑阶梯的工作结合进行,减少复垦工程量。

覆土的排土场表层应整平并稍有坡度,以利于地表积水流出。实践证明,大面积的排土场一次整平是不够的,排土场岩石的不均匀下沉可能使整平后的表面再次出现高低不平。为了使排土场的岩石自然均匀下沉,排土工作结束后可进行第一次整平,相隔一段时间待岩石下沉之后可再进行最后整平。

21.3.3.2 土壤重构与改良

金属矿的排土场本身不适于植物生长,需要采取适当措施进行土壤重构与改良。土壤重构与改良途径一般有客土法、生活垃圾法、保水剂法、菌根法等。根据复垦条件和方向,这些方法可以单独使用,也可以综合使用。

(1) 客土法。客土法是通过施用外来表土(剥离储存表土或来自取土场的表土)使排土场适合植物生长。上述的覆土就是土壤重构方法之一。大型排土场面积大,采用覆土复垦对表土需求量大,工程量大,费用高,可根据植物种类和排土场岩石性质,采用将表土与排弃岩土按一定比例混合的方式,表土比例以保证植物的成活率和正常生长为原则。这种方式比较适用于露天煤矿,如霍林河矿采用1:1 的混合比取得了良好效果。

(2) 生活垃圾法。将城镇居民所产生的生活垃圾和排弃岩土按一定比例混合,既可以解决生活垃圾的堆放与处理的问题,同时又起到改良土壤的作用。如果要把排土场复垦为耕地或果园,应对生活垃圾的有害成分及其含量进行测定、分析,保证果实中这些物质含量不超标。

(3) 保水剂法。在气候干燥地区,土壤的含水量不能满足植物正常生长的需要,靠人工长期浇水来维持会大幅增加复垦和养护成本。使用保水剂可大大减少灌溉量。在保水剂使用前,先用清水浸泡(400 倍水为宜),让保水剂充分吸水,使其形成黏稠的絮状物质,然后将其拌入靠近植物根系的土壤中或直接浸泡土壤根系,栽植后浇 1 次透水,然后覆土踩实。每株保水剂的用量在一定范围内越多越好,但考虑复垦成本,每株的施用量一般为 2.4g 左右。

(4) 菌根法。菌根是真菌与植物根系所形成的共生体,能促进植物的生长,增强植物对不良环境的抵抗力和防止苗木根部病虫害等,特别是能够促进植物对磷元素和氮元素的吸收。通过形成根瘤菌增加土壤的氮含量,不仅有助于植物吸收水分以增强抵抗旱灾的能力,提高幼苗的成活率,促进植物的生长,还能提高土壤质量。菌种可在市场上或培育单位购买,施用量一般为每株 50 g(含培养基质),施于植物的根部。

21.3.3.3 植物种植

金属矿的排土场表面为散体岩石,铺敷肥沃土壤前最好先铺垫一层底土。铺敷土壤的厚度依据植物种类和土壤的质量确定。谷物和多年生草类对土壤质量要求较高,其肥沃土壤层不宜低于 30cm,而植树造林则不一定要求铺敷肥沃土壤。

由于排土场生长条件差,应选择能忍受苛酷自然条件、成活率高的植物,适当搭配不同群落和品种。种植的方法一般有两种:一种是直接将种子播入土壤;另一种是将植株、树苗、根茎等移栽土中。

21.3.4 尾矿库复垦

影响尾矿库复垦利用方式的主要因素是尾矿的理化特性、当地气候、地形地貌、土壤性质及水文地质条件等。

尾矿库坝体的稳定性是实施复垦的重要前提。应通过钻孔、取样以及孔水位跟踪监测、样品测试等,查明坝体剖面形状及材料组成和潜在的稳定性影响因素,评价坝体在正常、洪水、地震等条件下的稳定性,包括地震作用下尾矿产生液化的可能性。采取措施对不稳定坝体段进行加固,保证尾矿库长期稳定。

充分了解尾砂及土壤的性状和理化特性,对尾矿库复垦至关重要。应通过取样测定、分析尾矿库不同深度尾砂的主要理化指标及重金属全态、有效态浓度等。尾砂的一般特性是:沙质结构,持水力差;缺乏黏土和有机质,阳离子代换量低;缺乏有效氮和磷,营养力低;颗粒凝聚力差,对作物苗期生长不利;含有重金属。

如果尾矿坝坝坡是由底部料石护坡和上部尾矿砂堆积坡面组成,必须对尾矿堆积坡面进行整形和植被恢复。一种整形方法是首先削平斜坡，而后沿斜坡的横面挖随坡就势的水平沟，沟距 2m 左右，深 1m 左右、宽 0.8m 左右，在沟内充填岩石风化土或表土，然后在其上种植木本植物，以防坡面的风雨侵蚀和地表径流，达到防风、固沙、护坡的目的。

尾矿库库面一般采用客土法恢复为耕地、林地或草地。覆土厚度主要取决于植物品种和土壤质量。复垦为耕地时，以满足作物绝大部分根系生长的深度范围为基本标准。据有关研究资料：冬小麦 0 ~ 40cm 的土层根量占 82%、0 ~ 80cm 的土层根量占 90% 以上；玉米根 0 ~ 20cm 的土层根量占 60% 左右、0 ~ 50cm 的土层根量占 90% 左右；大豆 0 ~ 40cm 的土层根量占 90% 左右；一般蔬菜 0 ~ 50cm 的土层根量占 90% 左右。因此，覆土厚度以 50 ~ 80cm 为宜。复垦为林地时，覆土厚度一般为 40 ~ 50cm。用于尾矿库复垦的客土应含有足够的黏土成分。

在尾砂和客土的性状和理化特性合适时，可采用客土与尾砂混合的方式，这样可大大减少覆土量。如在山西中条山公司胡家峪铜矿毛家湾尾矿库的复垦中，采用覆 15cm 的黄土与尾砂混合（土壤与尾砂比例 2:1）方式，进行小区田间试验，种植花生、高粱和玉米，取得良好效果。

将垃圾肥与覆土结合起来，即先施垃圾肥，再在上面覆盖一层土壤，也可减少覆土量，取得良好的土壤改良效果。

在复垦的尾矿库种植粮食等可食性作物，应十分注意防止食物链污染，必须采取措施进行土壤污染治理，并对收获的粮食、果实进行污染物检验。

多层覆盖技术可有效防止尾矿酸化和污染物迁移。在尾矿上加三个覆盖层：上层是约 0.6m 厚的土壤，供植被生长；中层为约 1.2m 厚且渗透较好的石块，增加透气性，促进水的水平流动；下层为有机材料，用以耗气和与 S^{2-} 和 HCO_3^- 发生反应。

21.3.5 沉陷区复垦

地下开采造成的地表沉陷主要表现为下沉盆地、裂隙与台阶、塌陷坑等，因此，如果复垦方向是植物种植，首先应针对沉陷区的这些土地破坏特征进行土地整形，主要包括消除附加坡度、充填裂缝、平整波浪状地形等。

在中低潜水位区，地表沉陷深度不大的条件下，可采用非充填复垦。

在地势较平坦的高潜水位区，沉陷区复垦面临的一个主要问题是积水。一是采用废石充填，提高沉陷区地表到不积水标高，然后覆土、种植。二是采用合理的排水措施（如修建排水沟、泵排设施等），形成疏浚系统，通过自排或强排把沉陷地积水排出，恢复土地利用。疏排复垦需对配套的水利设施实行长期有效的管理，保证沉陷地的持续利用。值得一提的是，对此类沉陷区，应在沉陷积水前把表土剥离并妥善储存，否则会导致土壤大量损失，并增加复垦成本。

在丘陵地区的中低潜水位条件下，也可根据受损后地貌的特征和土壤条件，因地制宜，将沉陷地整理为梯田。

在沉陷深度较大的高潜水位沉陷区，可以借助积水修建鱼塘和人工水库。在岩石移动之前预先清除存在的植被层和有毒的岩石，在有毒岩石露出的地段建造屏蔽层，如用混凝土或其他材料制成屏蔽支撑墙，用于防止水从有毒岩石内渗透到水体。

根据沉陷区的地貌、水文和土壤特点，可实施“水陆”双重复垦，如在低洼的积水地段修建鱼塘，在鱼塘周围的非积水区种植植物，利用水陆交换互补的物质循环，因势利导，进行生态农业开发或营造经济林、生态林等。

总之，沉陷区的地貌特征、自然条件等千差万别，应本着因地制宜的原则，选择环境和谐、生态和经济价值高的复垦方式。

21.3.6 其他破坏单元的复垦

除上述露天采场、排土场(地下矿废石堆)、尾矿库和沉陷区外,受矿山生产破坏或影响的土地还有:井巷地表出口、运输道路、办公和各类地表建筑设施的占地、取土场地等。

对不再使用的井巷地表出口应进行封堵,以防矿坑水外流造成污染和人畜掉入;拆除并运走井巷出口的地表设施(如井架等);去除井巷出口周边及附近场地的硬覆盖,平整土地;覆土种植。

没有再利用价值的矿区废弃道路也应进行复垦。矿山临时道路一般没有硬覆盖,只需翻松表土,进行必要的土壤改良,即可种植。如有硬覆盖,需去除硬覆盖并覆土。

对办公和各类地表建筑设施的占地,拆除建筑物和配套设施后,清除建筑垃圾,去除硬覆盖;平整土地;覆土种植。一些设施所在地可能存在污染,应注意对污染物进行去除或隔离处理。

一些矿山需要选择表土层厚的地方取土,以满足复垦对土壤的需求。取土场也必须复垦。取土时就有计划地留一定厚度的底土,复垦时进行必要的平整后,覆表层壤土,将取土场复垦为原有用途。

21.4 矿山酸性废水与土壤重金属污染治理

21.4.1 矿山酸性废水治理

如前所述,矿山酸性废水不仅 pH 值低,而且一般溶解有多种重金属,如 Pb、Cu、Zn、Ni、Co、As、Cd 等。矿山酸性废水治理一是中和其酸性,二是去除或降低溶解物(主要是重金属)含量。

自然界的许多矿物具有中和能力,不同的矿物在不同的 pH 值范围的中和能力和反应活性不同。碳酸盐如方解石、白云石是最具活性的中和矿物,硅酸盐矿物由于其大量分布也是重要的中和剂,其活动性有强(如富钙长石)有弱(如钾长石)。在低 pH 值矿山废水中,黏土矿物(如高岭土)也具有较强的中和能力。因此,自然系统本身就具有一定的酸性废水中和能力。但由于自然系统整治效果的局限性和脆弱性,必须施行人工治理。

传统的酸水整治措施是在酸性废水中加入碱性中和剂,通过充气、絮凝和沉淀来整治酸性废水。在氧化条件下,整治硫化物酸性废水的碱性中和剂通常是氢氧化钙。对于溶解物整治,氢氧化钙在氧化条件下使重金属以微溶或不溶性的氢氧化物沉淀析出。在非氧化条件下,一些整治措施也很成功,如向矿山废水导入 H_2S 溶液,能使铅以 PbS 形式沉淀析出、铜以硫化物形式沉淀析出。另一些去除重金属方法包括在溶液中加入废铁,通过离子交换、电化学还原而析出铜。

上述传统整治措施对于金属离子浓度及酸度高的废水的整治是有效的。但矿山废水的金属离子浓度及酸度一般不高,湿地技术可发挥作用。在美国 Colorado 州的一些地区,金、银等金属矿开采近 2 个世纪,矿山废水曾造成大量河流污染。有关部门评价了多种治理方案,最后确定采用湿地处理系统。整治设施是 3m×20m×1.3m 水泥槽,槽体分成三个部分,包括一层河床石块、一层复合材料和一层基底,后来为增加与底层的接触,安装了折流板和氧气"摩擦"箱。在最佳条件下,该设施能够去除污水中 99% 的 Cu、98% 的 Zn、94% 的 Pb 和

86%的 Fe,pH 值从 3.0 提高到 6.5。

21.4.2 土壤重金属污染治理

治理土壤重金属污染就是清除污染土壤中的重金属或降低土壤中重金属的活性和有效态组分,以期恢复土壤生态系统的正常功能,减少土壤重金属向食物链和地下水的转移。

国内外治理土壤重金属污染的途径归纳起来主要有三种:一是改变重金属在土壤中的存在形态,使其固定或稳定;二是从土壤中去除重金属;三是将污染地区与未污染地区隔离。这三种治理途径可视情况单独使用或联合使用。

(1) 固定/稳定修复法。用各种物理、化学和生物的方法将土壤中的污染物稳定或固定在土壤中,以改变污染物在土壤中的存在状态,使其固定,降低其在环境中的迁移性和生物利用性。如用工业矿物或生物措施使污染物稳定或固定在土壤中。

(2) 去除法。用物理、化学或生物的方法将污染物从土壤中去除。物理方法主要是将污染土壤挖出、搬运走,达到去除本地污染的目的。该方法能迅速去除污染物,但成本高,而且仅是将污染土壤从本地搬运到另一地,不是从根本上去除,要求妥善处理挖出的污染土壤,以防止二次污染。用超累积植物修复污染土壤是一种成本低的去除污染物的方法,但超累积植物生长缓慢且周期长,见效慢。采用选矿的方法利用化学试剂进行土壤清洗以去除污染物是一种有效的方法,但成本高。

(3) 隔离法。用各种防渗材料,如水泥、黏土、石板、塑料板等,把污染土壤就地与未污染土壤或水分开,以减少或阻止污染物扩散。常用的方法有振动束泥浆墙、平板墙、薄墙、化学泥浆幕、地下冷冻、喷射泥浆等。该法适用于污染严重、易于扩散且污染物可在一段时间内分解的情况。

根据修复原理,重金属污染治理方法大致可分为物理、化学和生物三大类方法。实际上,这三类方法很难截然分开,因为土壤中所发生的反应十分复杂,每一种反应基本上都包含了物理、化学和生物过程。

(1) 物理修复是指以物理手段进行移除、覆盖、稀释、热挥发等污染治理。常见的有:固化与稳定化、玻璃化、土壤冲洗、原地土壤淋滤、电动力处理、非毒性改良剂、深耕、排土法和客土法等。多数物理修复方法可在短时间内达到较好的污染物处理效果,但成本较高,其中的大多数适用于面积较小、污染较重的土壤的治理。

(2) 化学修复是利用外来的或土壤自身物质之间的、或环境条件变化引起的化学反应来进行污染治理。化学修复多数通过氧化还原反应和中和反应来完成。存在化学试剂的非专一性、反应产物的稳定性以及中间过渡产物可能存在的二次污染等问题。

(3) 生物修复是利用各种天然生物过程处理污染,具有处理费用低、对环境影响小等优点。生物修复一般可分为植物修复和微生物修复。植物修复是利用某些植物忍耐和超量积累某种或某些污染物的特性,用植物及其共存微生物体系清除土壤中的污染物。利用重金属超积累植物的提取作用清除土壤重金属污染被认为是最理想的修复技术。微生物修复则是利用微生物促进有毒、有害物质的降解。植物修复技术主要由植物萃取、根际过滤和植物固化三部分组成,较其他物理、化学或微生物方法具有更多的优点。然而,重金属超积累植物通常都矮小、生物量低、生长缓慢且周期长,不宜治理重污染土壤,因为高耐重金属植物不易寻找且被植物摄取的重金属因大多集中在根部而易重返土壤。

21.5 植物种类选择

在矿山废弃地植被恢复与重建中，植物种类的选择至关重要。植物选择的原则应该包括：生长快，适应性强，抗逆性好，主要包括抗旱、耐湿、抗污染、抗风沙、耐瘠薄、抗病虫害等；优先选择固氮树种；尽量选择当地优良的乡土植物。

在许多情况下，矿山废弃地的植被恢复需要分阶段进行。初始阶段的植被往往以基质改良为主要目的，利用绿肥、固氮先锋植物解决土壤熟化和培肥问题。绿肥植物（多为豆科植物）具有耐碱性和生命力旺盛的特性，含有丰富的有机质和氮素，根系发达，能够吸收和聚集深层土壤的养分，为后茬植物提供各种有效养分。绿肥植物腐烂后还有胶结团聚土粒的作用，改善土壤的理化特性。固氮植物（如豆科植物、桤木、红三叶草等）具有较高的吸收氮元素的能力，据有关研究，在豆科植物所需的氮总量中，估计只有 1/3 取自土壤，其余 2/3 靠共生固氮菌固定空气中的氮素。固氮植物体腐败后把氮元素释放到土壤中，增加土壤的氮含量，可替代化肥和有机肥或大幅减少肥料施用量。

云南会泽铅锌矿废弃地的复垦研究表明，禾本科与茄科植物对铅锌矿渣这种恶劣生长环境具有较强的忍耐能力，许多一年生和两年生植物如白茅、辣蓼、白草、铁线草等可以作为先锋植物选用。据对广西刁江流域的野外调查，纤细木贼、五节芒、狗牙根、土荆芥、营草、假俭草、白茅、类芦、斑茅、芦竹、密蒙花等能在 As、Sb、Zn、Cd 复合污染的废弃地上生长良好，它们可作为这一地区矿山废弃地植被恢复的先锋植物。

在干燥、寒冷条件下，选择植物时主要考虑以耐旱、耐寒、根系发达的树种为主，例如丁香、刺梅、榆叶梅、沙棘、小叶锦鸡儿、榆树、小叶杨、华北落叶松、红柳、樟子松、胡枝子、草木樨、地肤、猪毛菜、紫苜蓿、沙打旺等。

与乔木和草本植物相比，灌木树种在植被的防护功能和土壤改良功能上具有优越性：与乔木相比，具有抗逆性强、根系发达、枯枝落叶丰富、郁闭时间短、覆盖地面迅速、土壤改良作用强等优点；与草本植物相比，具有生长快、植物量大、根系发达、固持和网络土壤能力强、生态效益多样、防护功能强等优点。因此，选择优良的灌木树种可以加快绿化和生态恢复。

根据很多学者的研究，已有将近 200 种植物在不同类型的尾砂库上自然定居生长。

总之，要结合复垦方向、不同复垦单元上土地（物料）的理化性质、气候等条件，为每一复垦单元选择最合适的植物种类。应对当地的植物群落进行调查，必要时进行小区土壤重构、改良和种植试验，以保证植被恢复与重建的成功。

21.6 土地复垦的适宜性评价

土地复垦的适宜性评价就是对受破坏的土地针对待定复垦方向作出适宜程度的判断。评价的依据主要包括：土地破坏程度、表面覆盖物特性、地貌、气候、水文、破坏前土地利用状况、所在区域的土地利用规划等。

21.6.1 评价原则

土地复垦的适宜性评价应遵循的原则主要包括：

（1）因地制宜，耕地优先。根据各个待复垦单元的具体条件确定其复垦利用方向，不能强求一致；原有耕地仍应优先考虑复垦为耕地，原有耕地由于破坏严重或其他原因无法复垦为耕地时，应尽量在其他地块补复耕地。

（2）主导因素与综合分析相结合。应对影响土地复垦利用的诸多因素如土壤、气候、地貌、原来利用状况、破坏程度等进行分析，从中找出影响复垦利用的主导因素，并综合考虑资金投入、种植习惯、土地利用结构、社会需求等因素，确定适宜的复垦方向。

（3）与地区土地利用总体规划相协调。应考虑所在地区土地利用总体规划中对拟复垦地块的利用规划，使复垦后的土地利用与规划一致。

（4）生态环境效益与经济效益兼顾。当被破坏的土地可以复垦为多种用途（具有多适宜性）时，应综合评价各复垦方向的生态效益和经济效益，力求做到两者兼佳。由于金属矿山一般地处山区，复垦的主要目的是恢复植被（包括农业生产）和景观，生态恢复与重建和环境保护在大多数情况下应该是第一位的，不应单独追求经济效益而大幅降低复垦的生态环境效益。

21.6.2 评价单元划分

土地复垦的适宜性评价前，要根据土地的破坏形式、破坏程度、形态、对复垦工程的要求等，科学划分评价单元。

露天矿的复垦单元一般可划分为：采场坑底、台阶平台、台阶坡面、排土场顶面平台、排土场边坡、尾矿库库面平台、尾矿坝边坡、存土场、取土场、建筑设施及其附属场地、道路等。

地下矿的复垦单元一般可划分为：沉陷区、井（巷）口及其附属场地、废石堆顶面平台、废石堆坡面、尾矿库库面平台、尾矿坝边坡、存土场、取土场、建筑设施及其附属场地、道路等。

21.6.3 适宜性评价的分类系统

适宜性评价分类系统是指复垦后土地利用方向及适宜等级构成的评价系统。这种分类系统不同于土地利用现状调查规程规定的分类系统，一般根据待复垦土地本身的属性和复垦目标灵活确定。

一般情况下，按“纲—类—级”建立分类系统，把所有待复垦土地分为适宜和不适宜两个大纲；适宜纲下按可能的土地利用类型分数个类，如宜农（包括粮食与蔬菜种植）、宜果、宜林（乔木和灌木）、宜草、宜渔（包括水产养殖和其他用途的水塘）和宜建等；在类下按破坏程度和复垦的难易程度分为若干级（一般为 3 ~ 4 级），如对于宜农，1 级为适宜垦种，2 级为可垦种，3 级为基本可垦种。

21.6.4 评价方法与步骤

土地适宜性评价方法有极限条件法、指数法和模糊数学法等。极限条件法就是根据限制性最大（适宜性等级最低）的因素评价一个单元的适宜类级。该方法不需要复杂的数学计算，易于考虑定性因素，是目前制定复垦方案中使用较广泛的方法。应用该方法进行土地复垦的适宜性评价的一般步骤为：

（1）划分评价单元，建立适宜性评价分类系统。

（2）确定各个评价单元的适宜纲类，即可能的土地复垦方向。

（3）选择影响因子。影响因子即主导影响因素，应满足：可测性，即因素是可以测得并可用数值或序号表示；关联性，即选择的因子指标的增长或减少标志着评价土地单元质量的提高或降低，或对某一或某些适宜类的适宜级别有影响；独立性，即参评因子之间界限清楚，没有重叠。对于不同地区、不同的开采方式和可能的复垦方向，影响因子可能有较大的差异，对于耕地、林地、草地等以植被恢复为目的的复垦方向，影响因子一般包括：坡度、表层物质组成、覆土厚度、灌溉条件、排水条件、污染物（如重金属）含量等。

（4）建立影响因子指标或分级与分类系统之间的适宜性评价标准关系。即就每一因子的给定指标值或分级，确定每一待选复垦方向的适宜性等级，见表21-1。表21-1中的适宜纲的级别分3级：1为适宜、2为较适宜、3为基本适宜；“不”表示不适宜。例如，表21-1中第二行表示：就地形坡度而言，坡度为4°～7°时，耕地的适宜级别为2（较适宜），林地、果园和草地的适宜级别都为1（适宜）。这种关系的确定因地而异，必须综合考虑当地的气候、土壤、可选植物种的特性等因素，例如，就灌溉条件而言，在半干旱地区和雨水较丰富地区，同一复垦方向对同样的灌溉条件的适宜等级不同。

表21-1 影响因子指标与待选复垦方向适宜性之间的关系示例

因 素	因子指标或分级	耕 地	林 地	果 园	草 地
坡度/(°)	≤3	1	1	1	1
	4～7	2	1	1	1
	8～15	3或不	1	1	1
	16～25	不	2	2	2
	26～35	不	3	3	3或不
	>35	不	不或3	不	不
表层物质组成	壤土	1	1	1	1
	岩土混合物	3	2或3	2或3	2或3
	砾质	不	3或不	不	3或不
	石质	不	不	不	不
土质层厚度/cm	≥80	1	1	1	1
	50～79	1或2	1	1	1
	30～49	2或3	1或2	1或2	1
	10～29	3或不	2或3	2或3	2
	<10	不	3或不	3或不	3
排水条件	不淹或偶尔淹没，排水好	1	1	1	1
	季节性短期淹没，排水较好	2	2	2	2
	季节性较长淹没，排水较差	3	3	3	3或不
	长期淹没，排水差	不	不	不	不
灌溉条件	有稳定灌溉条件	1	1	1	1
	灌溉水源保证差	2	2	2	1或2
	无灌溉水源	3	2或3	3	2或3

（5）列出所有评价单元的土地性质。通过对已破坏土地的实地调查或对拟破坏单元的分析预测，得出在每个评价单元相关影响因子的指标值范围或分级，一个假设露天矿各评价单元的土地性质见表21-2。

（6）把每个评价单元的土地性质与各影响因子指标（分级）下复垦方向的适宜性相对

照，即对照表21-2和表21-1，并考虑能够采取的措施，确定每个评价单元对每个复垦方向的适宜性。一个假设矿山排土场顶面平台的复垦适宜性见表21-3。对每一评价单元都应列出类似的适宜性评价表。

表21-2 各评价单元的土地性质示例

评价单元	影响因子				
	坡度/(°)	表层物质组成	土质层厚度/cm	排水条件	灌溉条件
采场坑底	<5	石质、砾质	0	淹　没	有灌溉水源
台阶平台	<5	石质、砾质	0	封闭圈以下淹没	有灌溉水源
台阶坡面	45~60	基　岩	0	封闭圈以下淹没	有灌溉水源
排土场顶面	<5	砾　质	0	排水较好	无灌溉水源
排土场坡面	25~35	砾　质	0	排水较好	无灌溉水源
尾矿库库面	<5	砂　质	0	排水较好	无灌溉水源
尾矿坝堆积坡面	25~35	砂　质	0	排水较好	无灌溉水源
办公区	<5	硬覆盖	0	排水较好	无灌溉水源
工业设施及场地	<5	硬覆盖	0	排水较好	无灌溉水源
道　路	<15	砂壤土、壤土	10~40	排水较好	无灌溉水源
存土场	5~10	壤　土	30	排水较好	有灌溉水源

表21-3 排土场顶面平台的复垦适宜性评价示例

复垦方向	主要限制因子	复垦措施	适宜性等级
耕地	地表物质组成、土质层厚度、灌溉条件	通过平整、覆客土和土壤改良，可以耕种；但气候较干旱，无灌溉水源	3或不
林地	地表物质组成、土质层厚度、灌溉条件	通过平整、覆客土，可以种植抗旱性较强的树种	2
果园	地表物质组成、土质层厚度、灌溉条件	通过平整、覆客土，基本可以种植抗旱性较强的果树	3
草地	地表物质组成、土质层厚度、灌溉条件	通过平整、覆客土，可以种植抗旱性较强的草种	3

(7) 依据上述适宜性评价，综合考虑破坏前土地的利用、周边植被种类、复垦后期管理、市场等条件，确定每一评价单元的最佳复垦方向。如果对于一个评价单元，某一复垦方向的适宜性明显高于其他复垦方向，又符合其他条件，该复垦方向就是该单元的最佳复垦方向；如果对于一个评价单元，多个复垦方向的适宜性等级相同或很接近，首先考虑其他条件进行排除（比如，林地和果园均适宜，但不具备果园管理条件或适种的水果品种没有市场，可排除果园）；若先考虑其他条件后仍有多个适宜复垦方向，应通过成本、效益比较确定最佳者。表21-4为最后评价结果示例。

表21-4 土地复垦适宜性评价结果示例

评价单元	复垦方向	面积/hm^2	复垦面积/hm^2	备　注
采场坑底	林　地	10.3411	10.3411	废石充填到封闭圈标高
台阶平台	林　地	3.2134	3.2134	封闭圈标高以上的台阶
台阶坡面		5.2530	0	坡度大、基岩，不复垦
排土场顶面	林　地	45.2876	45.2876	
排土场坡面	林　地	20.3760	20.3760	

续表 21-4

评价单元	复垦方向	面积/hm^2	复垦面积/hm^2	备注
尾矿库库面	林地	12.3784	12.3784	
尾矿坝堆积坡面	林地	6.0725	6.0725	
办公区	林地	0.4628	0.4628	
工业设施及场地	林地	2.6726	2.6726	
道路	林地	3.4782	1.7424	部分留作农村道路
存土场	耕地	1.3743	1.3743	

21.7 土地复垦方案的编制

如前所述，所有新建、扩建和生产矿山企业必须编制土地复垦方案，报土地行政管理部门审批。土地复垦方案的内容和结构主要与所开采的矿产类型、开采方式等有关。我国目前矿山土地复垦方案的一般内容为：

（1）前言（或总则）。包括：

1）编制任务来源。

2）编制依据。国家有关法律法规；部委规章；规范性文件；地方政府规章和有关法规的实施细则；相关规程、规范；所在地区土地利用规划；矿山的矿产资源开发利用方案及其他有关技术文件和资料；矿山项目环境影响评估报告等。

3）复垦范围与项目的服务年限（包括复垦时间）。

4）矿山项目区土地权属。

5）需要说明的其他问题。

（2）矿区及其所在地区概况。包括：

1）自然环境概况。地理位置；气象气候；地表水系；地形地貌；土壤；植被等。

2）社会经济概况。行政区划；产业分布；人口；收入；交通等。

3）项目区内土地利用现状。

4）矿山地质概况。地层与岩性特征；主要地质构造；水文地质；矿产赋存条件；矿体产状与组分；矿石储量和品位等。

5）开采方式与方法简介。露天或地下开采；采矿方法；主要工艺过程。

（3）土地破坏状况。通过实地调查、测量和分析测算，确定：

1）已破坏土地状况。所有已破坏单元的面积、位置分布和破坏形式（挖损、占压、沉陷等）。

2）拟破坏土地预测。所有拟破坏单元的面积、位置分布和破坏形式（挖损、占压、沉陷等）。

（4）土地复垦的可行性评价。包括：

1）矿山生产对土地及生态环境的影响分析。对土地的破坏和影响；对水环境的影响；对大气环境的影响；对生物的影响等。

2）土地复垦的适宜性评价。应用适当的方法，确定各评价单元的复垦适宜性，确定其复垦可行性和复垦方向。

（5）预防控制与复垦措施。包括：

1）预防控制措施。土源保护措施（拟破坏区表土剥离、存土场选址、存土场侵蚀防护等）；采场边坡稳定保障措施；排土场稳定保障与侵蚀、污染防治措施；尾矿库稳定与污染防治措施；地表沉陷监测措施等。

2）复垦措施。针对每个复垦单元的特性、条件和确定的复垦方向，依据有关规范和标准，详细说明复垦措施。如：废石充填；土地平整；削减坡度；覆土和土壤改良；酸性废水与土壤重金属污染治理；树种（作物）选择；种植等。

3）复垦土地管护措施。保证植物达到要求成活率或产量的各种相关措施，如浇水、施肥、病虫害防治等。

（6）复垦工程设计与工程量计算。基于预防控制与复垦措施，依据有关规范和标准，合理设计有关工程并计算工程量。如：土地平整；废石充填；削坡；挡土墙；截洪沟；排水系统；客土与土壤改良；种植；灌溉等。

（7）复垦计划安排。结合矿山生产计划，本着尽早复垦的原则，合理安排各个复垦单元的复垦时间和相关工程的施工时间。

（8）复垦投资概算：

1）概算编制依据。国家、部门有关土地项目的预算编制办法、定额标准；地方相关项目建设投资标准、造价信息等。

2）复垦投资计算。按照定额指导价和市场价相结合的原则，合理确定各项取费标准；按工程项目或复垦单元计算静态复垦投资，一般应包括：直接施工费、间接费、设备费、利润、税金、不可预见费、其他费用等。依据复垦计划安排与相应资金的投入额和投入时间、价差预备费率，计算土地复垦的动态投资。目前的价差预备费率一般为5%～7%。

（9）复垦效益分析。包括：

1）生态环境效益。

2）社会效益。

3）经济效益。

（10）保障措施。包括：

1）组织与管理保障。

2）技术保障。

3）资金保障。

22 矿山生产的生态压力

如第21章所述,矿山生产对土地、水系、大气和生物质等会造成破坏和损害。由于土地、水系、大气和生物质是构成自然生态系统的基本要素,所以这里把这种破坏和损害统称为**生态冲击**或**生态压力**。实质上,对于一个给定矿山,其生态压力不仅包括发生在该矿矿区的对生态系统的直接破坏和损害,还包括间接破坏和损害,如能源和材料消耗。能源消耗一方面排放CO_2等废气,产生温室效应和空气污染,另一方面,开采能源矿物同样产生生态压力;各种材料几乎都来自矿物质和生物质,其开采和加工也都伴随着生态压力的产生。

生态压力的测度方法可以分为两大类:多指标法和综合指标法。多指标法就是通过多个指标表征生态压力,每个指标测度生态压力的一个重要侧面。例如,矿山生产的生态压力指标可能包括:土地破坏面积、废水量及其主要污染物含量、大气污染物排放量、植被破坏面积或植物减产量、能耗等。多指标法的优点是能够反映不同类型的生态冲击的性质和危害性;其缺点是不便在不同的研究对象(不同矿山、不同开采方式、不同采矿方法)间进行比较,如一个矿山的土地破坏面积比另一个矿山大,但能耗较低,两者的总生态压力谁高谁低就很难判别。综合指标法就是用一个综合性指标测度生态压力。该指标把生态压力的不同侧面通过某种方法统一到同一量纲,其最大的优点是便于在不同的研究对象间比较;缺点是统一到同一量纲后难以表征不同类型的生态冲击的性质和危害性的差异。

为环境设计(或称**生态化设计**)是在可持续发展背景下产生的产品、工程的设计新理念,即在设计阶段就考虑尽可能减小产品在其整个生命周期(或工程在其整个服务期)的生态冲击,达到从源头降低生态压力的目的。施行生态化设计就需要对不同的方案进行生态压力比较。就矿山设计而言,就是比较不同开采方式(如露天与地下)、不同采矿方法及工艺的生态压力。因此,本章介绍一种定量测度生态压力的综合指标法——生态足迹,为在矿山设计中进行生态压力比较提供一种途径。

22.1 生态足迹基本概念

人类维持一定的生活水平需要消费各种资源,其中,最根本的资源是生物性物质、能源物质和非能源矿产。保障这些资源的供给是人类社会生存与发展的根本条件。土地是为人类提供资源和各种生态服务、支撑人类社会发展的最根本资源,一方面,几乎所有生物性物质和能源及非能源矿产都来源于土地;另一方面,生活和生产中所产生的废弃物也靠土地来容纳和生长在其上的生物质来降解和吸收。因此,人类的几乎每一项物质消费都可以追溯到提供该消费所需的原始物质与能量的土地,并能够估算出给定消费量所需要的土地面积。例如,谷物类消费品可追溯到农耕地,牛羊肉和奶类消费品可追溯到牧草地,木制品可追溯到林地等;生产这些消费物质所需要的土地构成对土地的直接占用。能源消费对土地的需求只有一小部分是直接占用,即开采和加工能源矿物直接占用的土地;大部分是间接占用。现在和今后相当长的一个时期,人类的能源主要来源于化石能源矿物,化石能源消费中排放大量以 CO_2 为主的温室气体,它会对生态环境造成损害,如果要抵消能源消费的这种生态冲击,就需要有足够面积的森林来吸收温室气体。因此,能源消费的间接土地占用是从生态补偿的角度所需要的吸收温室气体的林地。

生态足迹是某一给定人类群体(或区域内)的各种人类活动在给定年份及当时的技术和资源管理水平条件下,对生态系统的服务需求。在数量上,生态足迹用支持特定人口或经济体的资源消费和废弃物吸收所需要的具有生态生产力的土地的面积表示,它是人类对生态资源的占用和对生态系统的压力(即生态压力)的一种量化。生态足迹把这一压力形象地比喻为"一只负载着人类与人类所创造的城市、工厂……的巨脚踏在地球上留下的脚印"。生态足迹的方法和指标由 William E. Rees 于 1992 年提出后,以其形象、综合、简明和易于计算的特点,受到生态经济学界的广泛关注,被广泛应用于全球、国家、地区、城市、村镇、校园、交通、企业、产品以及家庭、个人等各个层面的生态压力和承载力研究。

生态足迹的概念和计算主要基于以下假设:

(1) 人类消耗的大多数资源和产生的废弃物是可计量和追踪的。

(2) 大多数所消耗的资源和产生的废弃物可以换算为提供这些资源和吸纳这些废弃物所需要的生态生产性土地的面积。

(3) 通过对每一项面积以其生物生产力加权,可以把不同类型土地的面积转化为具有同一度量单位——全球公顷(global hectare)的面积,即具有世界平均生物生产力的面积。

(4) 土地的用途是单一的,且在任一给定年份每一全球公顷的土地的生物生产力是相同的,以全球公顷为单位的不同类型的土地面积可以相加得到生态足迹或生态容量的总量指标。

(5) 以生态足迹表示的人类需求量与自然系统提供的生态容量之间,当都以全球公顷为度量单位时,可以直接比较。

(6) 如果对生态系统的需求超出生态系统的再生能力,需求面积可以超过供给面积。

22.2 生态生产性土地分类

地球上不同区域的土地由于在气候条件、土壤理化性质等方面的差异,具有不同的生物生产力,适合于不同类型生物质的生长。在生态足迹计算中,根据生物生产力和适合于生长的生物质种类,把生态生产性土地分为 6 大类:

(1) 农耕地(cropland)。农耕地是所有土地中生态生产力最高的一类,它能够集聚的生物量最多,主要用于种植粮食作物。根据联合国粮农组织(Food and Agriculture Organization, FAO)数据,2007 年全球有 $15.5\times10^8 hm^2$ 农耕地。

(2) 林地(forest land)。林地指可产出木材的人造林或天然林地。当然,森林还具有其他许多功能,如防风固沙、涵养水源、改善气候、保护物种多样性等。根据 FAO 数据,2007 年全球有 39.4 × 10^8hm^2 林地。

(3) 牧草地(pasture/grazing land)。牧草地用于生长牲畜需要的牧草。根据 FAO 数据,2007 年全球有 33.8 × 10^8hm^2 牧草地。

(4) 水产地(marine and inland water areas)。海洋覆盖了地球上约 362 × 10^8hm^2 的面积,但是可供人类使用的生态生产性水域面积并不大,海洋渔业捕获量的绝大部分来自沿大陆架的近海域。根据 World Resources Institute(WRI)和 FAO 数据,2007 年全球有 24 × 10^8hm^2 大陆架近海面积和 4.33 × 10^8hm^2 内陆水域。

(5) 建用地(built-up land)。建用地包括各类人居设施、道路、工业设施等所占用的土地。根据 Global Footprint Network 数据,2007 年全球的建用地面积为 1.6959 × 10^8 hm^2。

(6) 固碳地(carbon uptake land)。人类活动向大气排放大量 CO_2 和其他气体,导致温室效应,要抵消这些气体的生态冲击就需要有足够面积的植物通过光合作用来吸收温室气体,这一需求对应的土地称为**固碳地**。由于化石能源消费是温室气体的最大产生源,所以也曾把它称为**化石能源地**。生态足迹计算中一般是以森林的 CO_2 吸收能力为标准计算吸收 CO_2 所需要的土地面积,所以固碳地一般视为林地。由于这类土地专门用于吸收温室气体,不以生产林产品为目的,所以在生态足迹方法中将其独立列出。地球上具有 CO_2 吸收能力的天然森林面积迅速减少,而能源消费总量不断上升。因此,此类土地的供给远远低于其需求量。因此,发展低碳经济,应对全球变暖已经成为全人类面临的一大挑战,挑战的严峻性从哥本哈根气候大会可见一斑。

22.3 等量因子与产量系数

22.3.1 等量因子

上述 6 类土地的生态生产力不同,需要将其面积转换为具有相同生态生产力的等量面积后,才能进行求和运算得到总量面积。用于这一转换的系数称为**等量因子**(equivalent factor),“相同生态生产力”定义为全球所有类型土地的平均生产力。第 k(k = 1, 2, …, 6)类土地的等量因子用 γ_k 表示,其含义是:研究对象的 1 公顷第 k 类土地在生态生产力上相当于具有全球平均生态生产力的土地的 γ_k 公顷。具有全球平均生态生产力的 1 公顷称为 **1 全球公顷**(global hectare, gha)。

根据国际组织 Global Footprint Network(GFN)的生态足迹计算方法,农耕地、林地和牧草地的等量因子是根据全球农业生态区划(Global Agro-Ecological Zones, GAEZ)模型中土地的适宜性指数计算的,适宜性指数基于土地的农作物(crop)生产潜力确定。计算中假定:一个国家的土地中,适宜性指数最高的土地用于农耕地,适宜性指数次高的土地用于林地,适宜性指数最低的土地用于草地。农耕地、林地或牧草地的等量因子等于该类土地的适宜性指数的全球平均值与所有类型土地的适宜性指数的全球平均值之比。

对于国家或更大的研究对象,建用地的等量因子一般取农耕地的等量因子;固碳地的等量因子一般取林地的等量因子;水产地的等量因子是根据“1 全球公顷的水产地能够生产的鲑鱼的热量等于 1 全球公顷的牧草地生产的牛肉的热量”换算的。

根据 GFN 的计算,40 多年来等量因子只发生了微弱变化,见表 22-1。

表 22-1 不同时期各类型土地的等量因子 γ_k

土地类型	1961 年	1971 年	1981 年	1991 年	2001 年	2003 年	2007 年
农耕地	2.23	2.23	2.23	2.22	2.19	2.21	2.51
林 地	1.31	1.32	1.32	1.32	1.38	1.34	1.26
牧草地	0.50	0.49	0.48	0.47	0.48	0.49	0.46
水产地	0.35	0.35	0.35	0.36	0.36	0.36	0.37

22.3.2 产量系数

由于不同区域的资源状况不同,不仅耕地、牧草地、林地、水产地等不同类型土地的生态生产力存在差异,而且同类型土地的生态生产力在不同区域间也存在差异。因此,为了在区域间具有可比性和可累加性,需要把研究对象的每类土地的面积换算为具有相应类土地全球平均生产力的等量面积,换算系数即为**产量系数**(yield factor)。某个区域第 $k(k=1,2,\cdots,6)$类土地的产量系数 λ_k 是该类土地在这个区域的平均生产力与同类土地的全球平均生产力之比。如果某类土地 k 只生产一种初级产品(林地和草地一般如此),产量系数的计算公式为:

$$\lambda_k = \frac{\bar{y}_k}{\bar{Y}_k} \tag{22-1}$$

式中 $\bar{y}_k$——研究对象的第 k 类土地的平均生产力;

$\bar{Y}_k$——第 k 类土地的全球平均生产力。

如果某类土地 k 生产一种以上初级产品(如农耕地),产量系数的计算公式为:

$$\lambda_k = \frac{\sum_{i=1}^{K} \frac{P_i}{\bar{Y}_{ki}}}{\sum_{i=1}^{K} \frac{P_i}{\bar{y}_{ki}}} \tag{22-2}$$

式中 K——第 k 类土地生产的初级产品种类数;

P_i——研究对象的第 k 类土地生产的第 i 种初级产品的年产量;

$\bar{Y}_{ki}$,$\bar{y}_{ki}$——分别为全球和研究对象的第 k 类土地对于产品 i 的平均生产力。

对于国家或更大的研究对象,建用地的产量系数一般取农耕地的数值。固碳地的产量系数与林地相同。

对于某一给定区域,其第 k 类土地的实有物理面积乘以 λ_k 就变为具有该类土地全球平均生产力的面积,再乘以 γ_k 就变为具有全球平均生产力的等量面积,即全球公顷。

22.4 综合法计算模型

综合法是以各类物质的宏观统计量为基础,计算一个区域或人类群体对各类物质的整体消费量及其对应的生态足迹,适合于全球、国家和区域层次的生态足迹研究。综合法一般只计算生物质消费、能源消耗和净进口工业品携带能源的生态足迹。

生物质消费的占地类型是农耕地、林地、牧草地和水产地,消费量根据本地产量、出口量和进口量的统计数据计算，即表观消费量。支持研究对象的生物质消费所需的这4类土地的任一类的生态足迹 EF_k 为：

$$EF_k = \gamma_k \sum_{i=1}^{n} \left(\frac{P_{ki} - E_{ki}}{\overline{y}_{ki}} \lambda_k + \frac{I_{ki}}{\overline{y}_{ki}^{p}} \lambda_k^{p} \right), k = 1,2,3,4 \tag{22-3}$$

式中 n——由第 k 类土地生产的生物质种类数量；

P_{ki}——研究对象的第 k 类土地生产的第 i 种生物质的年产量，t/a；

E_{ki}——研究对象的第 k 类土地生产的第 i 种生物质的年出口量，t/a；

I_{ki}——研究对象进口的由第 k 类土地生产的第 i 种生物质的年进口量，t/a；

$\overline{y}_{ki}, \overline{y}_{ki}^{p}$——分别为研究对象和进口来源地的第 k 类土地对于第 i 种生物质的平均生产力，t/(hm^2 · a)；

λ_k, λ_k^{p}——研究对象和进口来源地的第 k 类土地的产量系数；

γ_k——第 k 类土地的等量因子；

k——k 为1,2,3,4 分别表示农耕地、林地、牧草地和水产地。

如果进口来源地较多且缺乏各进口来源地的数据时，可近似用研究对象的平均生产力和产量系数代替进口来源地的平均生产力和产量系数。

令建用地的实际用地面积为 B，则该类土地的生态足迹 EF_5 为：

$$EF_5 = B\lambda_5\gamma_5 \tag{22-4}$$

式中，λ_5, γ_5——研究对象的建用地的产量系数和等量因子，对于区域性的大研究对象，一般取农耕地的数值。

能源消耗的"占地"类型为固碳地，即吸收能源消耗的二氧化碳排放所需要的林地，其生态足迹 EF_6 为：

$$EF_6 = \gamma_6 \sum_{j=1}^{m} \frac{G_j}{\overline{C}_j} \tag{22-5}$$

式中 m——消耗的一次能源种类数，一般按煤炭、石油、天然气、水电4大类计算；

G_j——第 j 种能源以能量计算的年消耗量，GJ/a，

$\overline{C}_j$——全球平均固碳能力，即具有全球平均生产力的单位面积的森林能够吸收的大气中的二氧化碳量所对应的第 j 种能源的能量值，GJ/(hm^2 · a)。根据有关研究，对于煤炭、石油、天然气和水电，$\overline{C}_j$ 值分别取56GJ/(hm^2 · a)、73GJ/(hm^2 · a)、96GJ/(hm^2 · a)和1000GJ/(hm^2 · a)；

γ_6——固碳地的等量因子，取林地的等量因子。

净进口商品的携带能是这些商品在生产和运输中消耗的能量，通过商品的能源密度(即单位质量的能量值)计算。GFN 计算了625种商品的能源密度。携带能的生态足迹的土地类型为固碳地，其计算与上述能源消耗相同，固碳能力的取值一般介于煤炭和石油的固碳能力之间。

上述各项生态足迹计算中，土地面积已转换为具有全球平均生产力的面积单位——全球公顷，总生态足迹 EF 为：

$$EF = \sum_{k=1}^{6} EF_k \tag{22-6}$$

实际应用中，通常是计算人均生态足迹，以便于不同研究对象间的比较。

22.5 成分法计算模型

成分法是从研究对象的生产和生活的各项活动出发,通过收集、实测相关消费与排放成分的量来计算生态足迹。成分法更适用于较小的研究对象,如村庄、企业、学校、家庭、个人等。成分的划分根据相关数据的可获取或可测性确定,一般分为生物质、能源(煤炭、焦炭、原油、燃料油、汽油、柴油、煤油、煤气、天然气、液化气、电力等)、固态废弃物、大气污染物(工农业排放、交通排放)、建用地等几大类。

以下计算公式中,已经考虑了基于土地生产力的面积等量换算,各项生态足迹的单位都是全球公顷,可以直接相加求得总生态足迹。

22.5.1 生物质消费的生态足迹

生物质的生态足迹是为提供研究对象所消费的各种生物质需要的土地面积,记为 EF_{B}。对于较小的研究对象,一般没有进、出研究对象的物质量的统计数据,所以不详细考虑进口来源地的生产力情况,直接依据调查或估算的生物质消费量和研究对象的生产力计算:

$$EF_{\mathrm{B}} = \sum_{k=1}^{4}\left(\gamma_k \lambda_k \sum_{i=1}^{n} \frac{C_{ki}}{\overline{y}_{ki}}\right) \tag{22-7}$$

式中 C_{ki}——研究对象对第 k 类土地生产的第 i 种生物质的年消费量,t/a;

$\overline{y}_{ki}$——研究对象的第 k 类土地对于第 i 种生物质的平均生产力,t/(hm^2 · a);

λ_k——研究对象的第 k 类土地的产量系数;

γ_k——第 k 类土地的等量因子;

k——k 为 1,2,3,4 分别表示农耕地、林地、牧草地和水产地。

22.5.2 能源消耗的生态足迹

能源消耗的生态足迹是为吸收化石能源燃烧中排放的二氧化碳需要的固碳地的面积,一次化石能源消耗的生态足迹记为 EF_{E},计算公式为:

$$EF_{\mathrm{E}} = \gamma_{\mathrm{e}} \frac{\alpha}{Y_{\mathrm{C}}} \sum_{i=1}^{m} Q_i h_i \eta_i \tag{22-8}$$

式中 m——消费的一次化石能源种类数;

Q_i——第 i 种一次化石能源年消耗量,kg/a 或 m^3/a;

h_i——第 i 种一次化石能源的单位质量或体积的热值,kJ/kg 或 kJ/m^3;

η_i——第 i 种一次化石能源的单位热值的碳排放量(即碳排放系数),t/kJ;

α——碳到二氧化碳的转换系数,为 3.6667;

Y_{C}——具有全球平均生产力的森林对大气中 CO_2 的年吸收能力,t/(hm^2 · a),根据相关文献,一般为 5.2t/(hm^2 · a);

γ_{e}——固碳地的等量因子,一般取林地的等量因子。

根据有关研究,一些化石能源的热值和碳排放系数见表 22-2。应用表 22-2 中数据套用式(22-8)计算时,应特别注意热值和碳排放系数的单位,进行必要的单位换算。

表 22-2 化石能源的热值和碳排放系数

能源项		热量换算		碳排放系数	
		热值	单位	系数	单位
煤炭	原煤	5000	kcal/kg	1.065	$t-C/10^7$kcal
	洗精煤	6300	kcal/kg	1.065	$t-C/10^7$kcal
焦炭	焦炭	6800	kcal/kg	0.868	t-C/t
	焦炉煤气	4200	kcal/m^3	0.460	$t-C/10^7$kcal
石油	原油	10000	kcal/kg	0.863	t-C/t
	燃料油	10000	kcal/kg	0.878	t-C/t
	汽油	10300	kcal/kg	0.854	t-C/t
	煤油	10300	kcal/kg	0.863	t-C/t
	柴油	10200	kcal/kg	0.869	t-C/t
	液化石油气	12000	kcal/kg	0.823	t-C/t
	炼厂干气	11000	kcal/kg	0.800	t-C/t
其他煤气		4050	kcal/ m^3	0.637	$t-C/10^7$kcal
天然气		9310	kcal/ m^3	0.631	$t-C/10^7$kcal

注：1kcal = 4.1868kJ。

对于整个国家或用电完全来自自有电厂的研究对象，电力消耗产生的温室气体排放量等于用于发电的一次化石能源消耗的排放量，电力消耗的生态足迹已经包含在一次化石能源消耗的生态足迹之中，不需要另算。对于小的研究对象，一般没有自有电厂，用电完全来自于国家电网，需要单独计算电力消耗的生态足迹。对于既有发电厂又需要外部供电的研究对象，计算时应注意一次化石能源消耗和电力消耗的生态足迹不重复、不遗漏。对于任何研究对象，一次化石能源消耗应包括其自有发电厂的一次化石能源消耗，而电力消耗只计算对外部电力的消耗。

电力消耗的生态足迹可以按照全国发电总量中以各类化石能源为燃料的发电量比例、单位发电量的平均化石能源消耗量，把电力消耗量换算为一次化石能源消耗量，然后按式(22-8)计算生态足迹。当前我国发电量约80%为火力发电、16%为水力发电、4%为其他，因此可以依据全国火力发电量和电煤消耗量估算单位发电量的 CO_2 排放量，进而计算电力消耗的生态足迹。如果有单位发电量的 CO_2 排放量数据，电力消耗的生态足迹可直接用下式计算：

$$EF_e = \frac{\gamma_e}{Y_C} Q_e E_{CO_2} \tag{22-9}$$

式中 Q_e——电力的年消耗量，GW·h/a；

E_{CO_2}——单位发电量的 CO_2 排放量，t/(GW·h)。

22.5.3 固态垃圾排放的生态足迹

固态垃圾的生态足迹主要由三部分组成：

(1) 垃圾降解产生的温室气体的生态足迹。垃圾降解产生二氧化碳、甲烷等温室气体，吸收这些气体需要的植被面积即为该部分生态足迹，占地类型为固碳地。

(2) 垃圾处置过程的生态足迹。由于绝大部分垃圾是填埋或堆置处理,这部分足迹主要是垃圾清运过程中运输工具的各种排放对应的生态足迹,占地类型为固碳地。

(3) 垃圾处置设施生态足迹。即垃圾填埋场及辅助设施占用的土地面积,占地类型为建用地。

前两部分是吸纳垃圾及其处置所产生的各种废气需要的林地面积,属于间接用地;后一部分属于直接用地。

一般而言,固态垃圾中的有机废弃物经细菌作用所产生的垃圾瓦斯中,按体积来说,大约 CO_2 和 CH_4 各占一半。CH_4 量可折算成等量温室效应的 CO_2 量。计算垃圾的间接用地要根据垃圾的构成成分分别计算,一般计算公式为:

$$EF_W = \frac{\gamma_e}{Y_C}\sum_{i=1}^{n_W} W_i\,(q_i^{CO_2} + q_i^{CH_4}\chi) \tag{22-10}$$

式中 EF_W——垃圾排放温室气体的生态足迹,hm^2;

n_W——产生温室气体的垃圾种类数;

W_i——第 i 种垃圾的年排放量,t/a;

$q_i^{CO_2}$——第 i 种垃圾的 CO_2 产生率;

$q_i^{CH_4}$——第 i 种垃圾的 CH_4 产生率;

χ——CH_4 的 CO_2 当量系数(即温室效应潜能),研究表明,$\chi = 23$。

垃圾清运过程中运输工具的各种排放对应的生态足迹按照下文的交通生态足迹计算;垃圾处置设施生态足迹按实测面积和占用土地类型的等量因子、产量系数计算,也可以包括在建用地的生态足迹中。

22.5.4 大气污染物排放的生态足迹

大气污染物除上述 CO_2 外,主要有 SO_2、NO_x 和粉尘。其排放主要来自工业、发电和交通。要使空气质量不下降,即空气中这些污染物的浓度不升高,就得有足够的树木吸收排放的污染物。因此,大气污染物排放的生态足迹等于吸收所排放的污染物需要的林地面积,其土地性质与功能与固碳地类似,所以可归入固碳地。

SO_2、NO_x 和粉尘排放的生态足迹分别记为 EF_S、EF_N 和 EF_D,如果有其排放量数据,可直接用以下公式计算:

$$EF_S = \gamma_e \frac{S}{Y_S} \tag{22-11}$$

$$EF_N = \gamma_e \frac{N}{Y_N} \tag{22-12}$$

$$EF_D = \gamma_e \frac{D}{Y_D} \tag{22-13}$$

式中 S——SO_2 的年排放量,t/a;

N——NO_x 的年排放量,t/a;

D——粉尘的年排放量,t/a;

Y_S, Y_N, Y_D——具有全球平均生产力的森林对大气中 SO_2 的年吸收能力、NO_x 的年吸收能力和粉尘的年滞尘能力,$t/(hm^2 \cdot a)$;

γ_e——固碳林地的等量因子。

交通的废气排放量一般没有现成的统计数据,可根据不同交通工具的废气排放系数(单位里程的废气排放量)计算。这里只考虑公路交通车辆的 SO_2 和 NO_x 排放,把公路车辆分为轻型车、重型车和摩托车。计算公式为:

$$EF_{TS} = \frac{\gamma_e}{Y_S}\sum_{i=1}^{J} L_i\zeta_i \tag{22-14}$$

$$EF_{TN} = \frac{\gamma_e}{Y_N}\sum_{i=1}^{J} L_i\rho_i \tag{22-15}$$

式中 EF_{TS}——交通 SO_2 排放的生态足迹,hm^2;
EF_{TN}——交通 NO_x 排放的生态足迹,hm^2;
J——交通车辆分类数;
L_i——第 i 类交通车辆的年行驶总里程,Gm/a;
ζ_i——第 i 类交通车辆的 SO_2 排放系数,g/km;
ρ_i——第 i 类交通车辆的 NO_x 排放系数,g/km。

22.5.5 建用地的生态足迹

建用地包括研究对象的各种建(构)筑物的占地,土地类型为占用前的土地类型,计算公式为:

$$EF_C = \sum_{k=1}^{4} B_k\lambda_k\gamma_k \tag{22-16}$$

式中 EF_C——建用地的生态足迹,hm^2;
B_k——建用地所占用的第 k 类土地的面积,hm^2;
k——k 为1,2,3,4分别表示农耕地、林地、牧草地和水域;
λ_k——建用地所占用的第 k 类土地的产量系数;
γ_k——第 k 类土地的等量因子。

22.6 生态承载力

在生态足迹方法中,**生态承载力**定义为研究对象所拥有的生态生产性土地面积,也称为**生态容量**,记为EC。为了与生态足迹对比,也为了便于在不同研究对象间的对比,需要把生态承载力转化为全球公顷。

$$EC = \sum_{k=1}^{6} A_k\lambda_k\gamma_k \tag{22-17}$$

式中 A_k——研究对象拥有的6类土地中第k类土地的实际面积,hm^2;
λ_k——研究对象第k类土地的产量系数;
γ_k——第k类土地的等量因子。

22.7 生态赤字与生态效率

研究对象的生态赤字ED是其生态足迹与生态承载力之差:

$$ED = EF - EC \tag{22-18}$$

生态赤字为正,表明研究对象的消费和废弃物排放所产生的生态压力超过了其生态承载力,较大的生态赤字可能造成两方面的后果:一是如果没有外来资源的输入,研究对象的消费(生活)水平无法持续;二是其生态功能会退化、环境会恶化。所以,一般认为,出现较高的生态赤字表明研究对象的发展不具有可持续性。生态赤字为负时,称为生态盈余,表明研究对象的生态承载力足可以承受其生态压力,发展具有可持续性。以生态足迹与生态承载力的对比来评价可持续发展状况,一般较适用于大的研究对象,如全球、国家、区域。

生态效率 EE 一般定义为产生单位生态足迹的经济产出,而经济产出一般采用国内生产总值(GDP)。生态效率的计算式为:

$$EE = \frac{GDP}{EF} \tag{22-19}$$

22.8 矿山生产的生态足迹

矿山生产的生态足迹可定义为:提供矿石生产过程中所消耗和破坏的资源和吸收所排放的废弃物需要的生态生产性土地的面积。它是为生产矿石而产生的生态压力的一个综合度量方法和指标。这一生态足迹的计算范畴应该是因矿石生产而发生的资源消耗、破坏和废弃物排放。例如,虽然矿山职工是为矿石生产服务的,但其生活消费(食物等)不应该计算在内,因为这种消费不是由于矿石生产而发生的——即使他们为别的企业工作,这种消费也存在;矿山的专用办公楼和机修设施的占地应该计算在内,因为如果不开采矿石它们就不会存在。

矿山生产的生态足迹可分为土地直接占用足迹、能耗足迹、污染足迹和携带足迹四部分。

22.8.1 土地直接占用足迹

该项足迹包括矿山生产中直接占压和破坏的土地面积,包括:

(1) 露天采场(最终境界);

(2) 排土场或废石堆场;

(3) 尾矿库;

(4) 表土堆放场;

(5) 塌陷区;

(6) 专用道路;

(7) 选矿厂;

(8) 办公区;

(9) 专用设施及场地。

这些直接占压(破坏)的土地面积可以从矿山设计方案、总图布置的图纸上直接量取。各种土地直接占用足迹的土地类型应取上述各种场地所占压(破坏)的原土地类型。该项足迹的计算公式同式(22-16)。

22.8.2 能耗足迹

能耗足迹是为吸收矿山生产中能源消耗的 CO_2 排放所需要的林地面积，这部分土地并没有被直接占压(破坏)，而是从生态补偿的角度把大气污染的生态压力转化为土地面积，所以是对土地的间接占用。能耗足迹可以参照式(22-8)和式(22-9)计算。

对于设计矿山，能耗量一般可参照类似条件下相同采矿方法的生产矿山的统计数据估算，也可通过各工艺过程的设备耗能指标和生产能力计算耗能量。能耗足迹的占地类型为固碳地。

22.8.3 污染足迹

污染足迹是为吸收矿山生产中除能耗产生的 CO_2 排放之外的其他空气污染物排放以及水和土壤污染物排放需要的土地面积。

空气污染物排放的生态足迹可参照式(22-11)~式(22-15)计算，除矿山运输车辆的废气排放足迹可根据行驶里程和排放系数估算外，其他废气源的排放量数据一般不好获取。空气污染的生态足迹的土地类型归类为固碳地。

水和土壤污染物排放的生态足迹还没有合适的计算方法。一种思路是将污染物排放量换算为使当地水体或土壤的相应污染物含量升高一个标准等级或使之超标的水体或土壤面积，这种换算需要知道相应污染物在当地水体和土壤中的背景值、水体的深度、污染物在土壤剖面的分布特征、相关国家标准等，估算比较困难。更直接的估计方法是收集、测算类似矿山的水体和土壤的污染面积。水污染足迹的占地类型可归为水产地；土壤污染足迹的土地类型可视为林地，因为金属矿山大都地处山区，其植被多为林地。另外，被污染的土壤的生物生产力大幅降低或完全被破坏，所以土壤污染相当于直接破坏。

22.8.4 携带足迹

携带足迹是矿山生产中消耗的辅助材料(钢材、水泥、木材等)和设备在其生产制造过程中的各种消耗和排放的足迹。例如，对于矿山消耗的钢材，其携带足迹应包括铁矿石开采与加工、钢铁冶炼、钢材加工等各个工序中的直接土地占用、能耗、废弃物排放等的生态足迹。这类足迹虽然发生在矿山以外，但确实是由矿山生产引起的生态压力，是由矿山所消耗材料或设备“携带而来”，所以称为携带足迹。携带足迹的计算需要从辅助材料和产品一直追踪到原料开采，需要大量的相关数据。

22.8.5 几点说明

从理论上讲，应计算矿山生产的每一项土地占压和破坏、能耗、材料和设备消耗以及各种废弃物排放的生态足迹，以全面揭示矿山生产的生态压力。但在实际计算中往往受到相关数据的可获得性的限制，一些足迹项目无法计算。有关研究表明，土地直接占用足迹和能耗足迹是矿山生态压力的主导部分，而且其计算所需要的数据易于获得，所以一般只计算这两部分足迹。

为了比较不同矿山或开采方案的生态压力，一般把矿山生产的各项生态足迹换算为生产单位产品量的生态足迹。对于没有选矿厂的矿山，产品为原矿，生态足迹不包含选矿流程的生态足迹；对于有选矿厂的矿山，产品为精矿，生态足迹应包含选矿流程的生态足迹。为了消除矿石品位的影响，也可把生态足迹换算为单位金属含量的生态足迹。当在不同矿山间进行比较时，应注意参与比较的矿山的生态足迹都计算到同一产品（原矿或精矿）。

在不同矿山间（尤其是不同区域的矿山间）进行生态压力比较时，各项生态足迹应根据其占用的土地类型，正确应用等量因子和产量系数换算为全球公顷，以便使计算结果具有可比性。

如果计算生态足迹的目的是为了把它作为生态成本的估算依据，就不一定把计算结果换算为全球公顷。不进行换算时（相当于计算公式中的产量系数和等量因子全为1），生态足迹中各类土地都具有当地生产能力，即土地直接占用足迹是占压和破坏的当地土地的实际面积，能耗足迹与空气污染物足迹是吸收 CO_2 等废气需要的当地林地面积（计算公式中采用本地林木的 CO_2 吸收能力）。这样，生态足迹中各类土地具有当地的价值和复垦条件，也许更便于生态成本的估算。

23 矿山生产的生态成本

经济收益是市场经济环境中矿山企业追求的主要目标,也一直是矿山项目投资和设计评价中的重要决策依据之一。在矿山项目评价和设计方案比较中,通常以净现值(NPV)或内部收益率(IRR)为衡量经济收益的指标。在NPV或IRR的计算中,到目前为止只考虑内生成本,即矿山建设与生产中发生的、在企业财务账目中体现的各项投资和经营费用的支出;而矿山生产对生态系统的破坏与损害所造成的生态功能的损失,被看做“外生成本”不予考虑。

在可持续发展的时代背景下,如何在获取人类社会发展所需要的矿产资源的同时,尽可能降低对生态系统的损害,是当代和今后的采矿工程技术人员与矿产开发决策者必须考虑的问题。在矿山项目评价和矿山设计中就把生态成本作为一个重要的决策因子,践行“为环境设计”的理念,实现矿产开采生态压力的源头减量,将是矿业在可持续发展的道路上迈出的重要一步。

因此,把生态压力转化为生态成本,以成本的形式纳入到矿山项目的评价和设计优化之中,使外生成本内生化,是实现矿山项目和设计方案的“经济-生态一体化”评价的基础。本章介绍生态成本计量的一些思路和方法。

23.1 矿山生态成本的构成

概括来讲,矿山生产的生态成本包括矿山生产对生态系统的破坏和损害所造成的生态功能的价值损失,以及矿山企业为恢复生态功能而支出的各种费用。对生态功能的价值损失的计量,首先需要找到对生态系统的性质的表征和对生态功能损失的计量基础。这里,以生态足迹中对生态生产性土地的分类作为对生态系统的性质的表征,以生态足迹指标中各类土地的需求面积(即对应于各土地类型的足迹分量)作为生态系统的功能损失的计量。为了体现不同类型土地的当地经济价值和生态价值,各类土地的面积均为生态足迹中同类土地的当地面积,即不换算为全球公顷。

本着界限清晰和易于计算的原则,把某类土地的生态成本划分为直接经济价值损失、复垦成本、环境治理成本、外生生态价值损失四部分。

对于以生物质生产为目的的土地,其直接经济价值是能够提供的生物产品(粮食、肉类、奶类、林产品等)在特定市场条件下的价值,除市场价格外,这一经济价值取决于土地的生物质生产力(生态系统的主要功能之一)。矿山对土地的占用造成了土地直接经济价值的损失,因此把它纳入生态成本是完全合理与必要的。地价是土地能够为拥有者或使用者带来的直接经济价值在当时当地市场条件下的体现,所以用征地成本作为土地的直接经济价值损失的计量。

复垦成本是把矿山生产所破坏的土地恢复到破坏前或期望的生态状态需要的费用。由于这部分费用是为恢复或重建生态功能的支出,自然是生态成本的组成部分。

环境治理成本是矿山生产过程中复垦以外的与环境治理有关的费用,环境治理的目的是防止对生态系统造成污染和对人体健康造成损害,因此也是生态成本的一部分。环境治理成本主要是污染治理、检测、监测等费用。

外生生态价值是土地可提供的除了带来直接经济价值的生态服务之外的其他生态服务的价值,这些生态服务没有直接进入经济系统或矿山企业的财务核算体系,所以称为外生生态价值。不同类型土地的生态服务功能不同,其外生生态价值也不同。土地及其上的植被被破坏后,可以认为生态系统失去了提供生态服务的功能,也就失去了这部分价值,所以它是生态成本的重要组成部分。

由于金属矿山一般地处山区(包括丘陵),本章对生态成本的估算只考虑生态足迹土地分类中的林地、草地、农耕地和固碳地四种土地类型。

23.2 复垦成本

复垦成本是把矿山生产所破坏的各类土地,按复垦方案中确定的复垦方向恢复到具有破坏前或期望的生态生产力所需要的费用,包括复垦工程结束后一个时期的养护费用。

矿山某一年的复垦成本按照复垦作业单元及其复垦和养护的单位成本计算:

$$C_{rt} = \sum_{i=1}^{m} a_i c_{ri} \tag{23-1}$$

式中 C_{rt}——计算年 t 的复垦和养护总成本,元;

m——该年复垦的复垦单元数;

a_i——复垦单元 i 的面积,hm^2;

c_{ri}——该年花费在复垦单元 i 上与复垦或养护相关的单位面积的费用,元/hm^2。

各年的复垦单元及其面积可从《矿山复垦方案》查得,单位面积费用可根据方案中的复垦概算数据计算。

23.3 环境治理成本

矿山生产中发生的环境治理成本主要是污染治理(如水处理)和检测、监测(如水质检测、尾矿坝变形监测等)费用。复垦过程中为复垦目的进行的污染物治理费用可归到复垦成本之中。

对于生产矿山,该项成本可从企业的财务账目中查得,对新建矿山可参照类似矿山的相应成本估算。某年 t 的环境治理总成本记为 C_{vt}。

23.4 征地成本

征地成本是矿山企业从土地所有权(或使用权)人征得土地使用权的费用,它是被占用土地的直接经济价值损失的体现。不同地区、不同类型的土地的征地成本不同,在同一地区，同一类型、不同植物种类（如不同林种的林地、不同作物的农耕地）或不同生态条件的土地的征地成本也不同。征地价格可视具体情况，根据当地同类土地和类似生态条件的土地价格、与土地所有权（或使用权）人的协商价格、政府的征地补偿费指导价格等确定，也可用收益法计算。不需要征地的，按土地的最佳收益计算，这时的土地收益即所谓的机会成本。对于任意一个征地单元（独立计价的地块），用收益法计算时，地价等于净收益的资本化，即：

$$z = \frac{V - C}{r} \tag{23-2}$$

式中 z——地价，元/hm^2；

V——单位面积的年总收益，元/(hm^2 · a)；

C——单位面积的年总费用，元/(hm^2 · a)；

r——还原年利率。

年总收益和总费用可以通过实地调查获得，也可根据土地产品和副产品的生产能力、价格及其生产成本计算。

23.5 外生生态价值损失

如上所述，外生生态价值损失是由于土地被破坏而失去的土地可提供的除了带来直接经济价值的生态服务之外的其他生态服务的价值。

人类活动对生态系统服务功能的影响机制、在不同干扰方式与干扰程度下生态系统的结构与生态过程的变化、生态系统服务功能对干扰的响应特征、生态系统在不同的空间单元具有的不同生态功能、生态调节功能与空间单元的自然环境条件和生态系统结构过程之间的关系等都尚不明了，生态服务功能评价中的评价方法和相关参数的选取是一个需要长期研究的重要课题。

由于生态系统功能的上述复杂性以及人们对生态资产在价值认识上的局限性和不统一，到目前为止还没有成形的计算外生生态价值的方法和数学模型，且不同的方法和模型的估算结果存在较大的差异。而且，量化生态价值目前在很大程度上还受到相关数据的可获得性的限制。本节综合相关研究成果中作者认为较合理和实用的方法，建立估算外生生态价值的数学模型。在众多的相关文献中，赵同谦等的研究成果在估算林地和草地生态价值的方法上有较高的实用性、合理性和一致性，因此本节较多地引用和借鉴了这一研究成果。这里的目的不是提供生态价值的一般估值方法和估算模型，而是提供一种思路；所列数据是有关文献中数据的直接引用或根据文献中的数据整理所得，仅供读者参考，应用时应特别注意数据的动态性、时效性以及原文献中数据的来源和整理计算方法。

另外，下面在外生生态价值的估算中所考虑的生态功能没有包括许多人类已经认识到的但不易量化的功能（如景观、旅游、文化等），更没有涵盖人类尚未意识到的功能。在这一意义上，按照本节的方法和模型估算的结果在很大程度上低估了其实际价值。

23.5.1 林地的外生生态价值

林地的外生生态价值是林地可提供的除了生产具有直接经济价值的林产品及林副产品的生态服务之外的其他生态服务的价值。根据人类到目前为止对森林系统的生态服务功能的了解，其外生生态价值主要体现在：涵养水源、防风固沙、净化环境、气候调节、光合固碳、释放氧气、土壤保持、养分循环、维持生物多样性等。

在矿山生态成本计算中，参与该项价值计算的林地是矿山生产直接占压、挖损、塌陷的林地以及土壤被污染的林地，即矿山生态足迹构成中的直接林地足迹，不包括固碳林地。

23.5.1.1 固碳价值

森林通过光合和呼吸作用与大气进行 CO_2 和 O_2 交换，固定大气中的 CO_2，释放 O_2。森林的年固碳价值可用下式估算：

$$V_{fC} = \sum_{i=1}^{F} \frac{A_{fi} Q_{fi} \varphi_{CO_2}}{\alpha} c_C \tag{23-3}$$

式中 V_{fC}——林地的年固碳价值，元/a；

F——占用的林地的林种数；

A_{fi}——占用的第 i 林种的林地面积，hm^2；

Q_{fi}——第 i 林种的净初级生产力（Net Primary Productivity，NPP），$t/(hm^2 \cdot a)$；

φ_{CO_2}——CO_2 固定系数，即单位净初级生产量能够固定的 CO_2 量，根据光合作用反应式，$\varphi_{CO_2} = 1.62$；

α——碳到二氧化碳的转换系数，为 3.6667；

c_C——碳成本，即固定每吨碳的成本，元/t。

根据赵同谦等的研究，我国主要类型森林生态系统的年净初级生产力总量见表 23-1，据此可计算出所列森林类型的 NPP（式(23-3)中的 Q_{fi}）。关于碳成本，有的研究者取固定每吨碳的造林成本（如在赵同谦等的森林固碳价值计算中取 260.90 元/t(C)），有的取碳税；Hauger 和 Pearce（1994 年）研究了温室气体释放的社会成本，也可作为碳成本的取值依据。

表 23-1 我国主要类型森林生态系统的年净初级生产力总量

森林类型	寒温带落叶松林	温带常绿针叶林	温带、亚热带落叶阔叶林	温带落叶小叶疏林	亚热带常绿落叶阔叶混交林
面积 /hm^2	0.125×10^8	0.043×10^8	0.295×10^8	0.117×10^8	0.238×10^8
净生产量/$t \cdot a^{-1}$	1.04×10^8	0.318×10^8	1.691×10^8	0.901×10^8	0.884×10^8
森林类型	亚热带常绿阔叶林	亚热带、热带常绿针叶林	亚热带竹林	热带雨林、季雨林	红树林
面积/hm^2	0.108×10^8	0.537×10^8	0.009×10^8	0.09×10^8	0.001×10^8
净生产量/$t \cdot a^{-1}$	1.865×10^8	5.309×10^8	0.255×10^8	1.765×10^8	0.026×10^8

需要指出，林木枝叶在腐烂过程中会释放 CO_2、CH_4 等温室气体，其释放量难以估计。但在总体上林地发挥着不可替代的碳汇和减缓温室效应的作用。

23.5.1.2 释氧价值

森林的释氧价值的估算与固碳价值类似，以净初级生产力及其释氧系数计算释氧量，再用氧气成本计算价值。估算式为：

$$V_{fO_2} = \sum_{i=1}^{F} A_{fi} Q_{fi} \varphi_{O_2} c_{O_2} \tag{23-4}$$

式中 V_{fO_2}——林地的年释氧价值，元/a；

φ_{O_2}——释氧系数，即单位净初级生产量能够释放的 O_2 量，根据光合作用反应式，

$\varphi_{O_2}=1.20$；

c_{O_2}——氧气成本，元/t，可以取氧气的工业成本（如在赵同谦等的森林释氧价值计算中取400.00元/t(O_2)）。

23.5.1.3 涵养水源价值

用森林生态系统的蓄水效应来衡量其涵养水分的功能，其价值用其降水储存量的价值估算：

$$V_{fH_2O}=\sum_{i=1}^{F}10A_{fi}JKR_{fi}c_{H_2O} \tag{23-5}$$

式中 V_{fH_2O}——林地的涵养水源价值，元/a；

J——计算区多年平均降雨量，mm；

K——计算区产流降雨量占降雨总量的比例（根据赵同谦等的数据，北方约0.4、南方约0.6）；

R_{fi}——第i林种的林地与裸地（或皆伐迹地）比较，减少径流的系数（见表23-2）；

c_{H_2O}——水源单价，元/m^3，可采用替代工程法估价，如取水库蓄水成本。

表23-2 我国主要类型森林生态系统的径流减少系数

森林类型	寒温带落叶松林	温带常绿针叶林	温带、亚热带落叶阔叶林	温带落叶小叶疏林	亚热带常绿落叶阔叶混交林
径流减少系数 R_f	0.21	0.24	0.28	0.16	0.34
森林类型	亚热带常绿阔叶林	亚热带、热带常绿针叶林	亚热带竹林	热带雨林、季雨林	
径流减少系数 R_f	0.39	0.36	0.22	0.55	

23.5.1.4 土壤保持价值

我国自然因素土壤侵蚀类型主要包括水力侵蚀、风力侵蚀、冻融侵蚀和重力侵蚀，其中，水力和风力侵蚀所占比例最大。森林生态系统的土壤保持功能主要体现在抵御风力和水力侵蚀。因此，林地的土壤保持量可取其抵御风力与水力侵蚀的土壤保持量之和。林地抵御风力（水力）侵蚀的土壤保持量等于潜在的风力（水力）土壤侵蚀量与林地的现实风力（水力）土壤侵蚀量之差。潜在的土壤侵蚀量取土壤侵蚀等级分类中的相应强度等级对应的风蚀模数和水蚀模数，现实土壤侵蚀量可参照全国土壤侵蚀普查数据。根据赵同谦等的研究成果，整理得出我国主要类型森林生态系统的土壤保持能力（单位面积土壤保持量）见表23-3。

表23-3 我国主要类型森林生态系统的土壤保持能力 (t/(hm^2·a))

森林类型	寒温带落叶松林	温带常绿针叶林	温带、亚热带落叶阔叶林	亚热带常绿落叶阔叶混交林
抵御水蚀土壤保持能力	25.021	51.982	56.158	61.226
抵御风蚀土壤保持能力	0.127	7.186	5.257	0.013
土壤保持能力合计 S_f	25.147	59.168	61.415	61.238
森林类型	亚热带常绿阔叶林	亚热带、热带常绿针叶林	亚热带竹林	热带雨林、季雨林
抵御水蚀土壤保持能力	76.594	61.221	73.913	66.480
抵御风蚀土壤保持能力	0.284	0.191	0.000	0.035
土壤保持能力合计 S_f	76.879	61.412	73.913	66.514

土壤保持的经济价值可用机会成本法,即因控制土壤侵蚀而减少土地废弃所产生的经济效益,如把土壤保持量换算为农田面积,再根据农田收益计算其价值。因此,林地的土壤保持价值可用下式估算:

$$V_{fSOIL} = \sum_{i=1}^{F} \frac{A_{fi}S_{fi}}{10000\rho h}v \tag{23-6}$$

式中 V_{fSOIL}——林地的土壤保持价值,元/a;

S_{fi}——占用的第 i 林种的土壤保持能力,t/(hm^2 · a);

ρ——土壤密度,t/m^3,农田的土壤密度一般为 1.1 ~ 1.4t/m^3;

h——与机会成本计算中虚拟土地用途对应的土壤厚度,m,农田的土壤厚度一般取 0.5m;

v——假设把保持的土壤转换为某种用地(如农田)的年收益,元/hm^2。

土壤保持的价值还体现在减少泥沙在河流、湖泊、水库等地表水体的淤积,以及随土壤侵蚀而流失的养分。前者的价值可通过估算减少的泥沙淤积量、水库的蓄水成本或清淤成本来量化;后者可通过估算减少的主要养分(N、P、K)的流失量和化肥价格量化。

23.5.1.5 SO_2 净化价值

森林净化 SO_2 的价值可根据净化量和 SO_2 处理成本估算:

$$V_{fSO_2} = \sum_{i=1}^{F} A_{fi}Y_{SO_2i}c_{SO_2} \tag{23-7}$$

式中 V_{fSO_2}——林地的 SO_2 净化价值,元/a;

Y_{SO_2i}——占用的第 i 林种的 SO_2 吸收能力,t/(hm^2 · a);

c_{SO_2}——SO_2 的处理成本,元/t。

据测定,阔叶林的 SO_2 吸收能力为 0.08865t/(hm^2 · a);柏类林为 0.4116t/(hm^2 · a),杉类林和松林为 0.1176t/(hm^2 · a),针叶林(柏、杉、松)平均为 0.2156t/(hm^2 · a)。在赵同谦等的计算中,处理 SO_2 的成本取 600 元/t。

23.5.1.6 NO_x 净化价值

NO_x 是温室效应很强的大气污染物,研究表明,NO_x 的温室效应潜能(Global Warming Potential, GWP)为 296,即 1t NO_x 的温室效应潜力是 CO_2 的 296 倍。森林具有一定的 NO_x 净化能力。由于缺乏处理 NO_x 的成本或其他关于净化 NO_x 的数据,这里用森林净化的 NO_x 价值相当于吸收同等温室效应的 CO_2 的价值估算:

$$V_{fNO_x} = \sum_{i=1}^{F} \frac{A_{fi}Y_{NO_xi}\chi_{CN}}{\alpha}c_C \tag{23-8}$$

式中 V_{fNO_x}——林地的 NO_x 净化价值,元/a;

Y_{NO_xi}——占用的第 i 林种的 NO_x 吸收能力,t/(hm^2 · a);

χ_{CN}——NO_x 的温室效应潜能,取 296;

α——碳到二氧化碳的转换系数,为 3.6667;

c_C——碳成本,元/t。

23.5.1.7 滞尘价值

森林滞尘价值与上述 SO_2 净化价值的估算类似,估算公式为:

$$V_{fD} = \sum_{i=1}^{F} A_{fi} Y_{Di} c_D \tag{23-9}$$

式中 V_{fD}——林地的滞尘价值,元/a;

Y_{Di}——占用的第 i 林种的滞尘能力,t/(hm² · a);

c_D——除尘成本,元/t。

研究表明,松林的滞尘能力 36t/(hm² · a),杉林为 30t/(hm² · a),栎类林为 67.5t/(hm² · a);一般来说,针叶林的滞尘能力为 33.2t/(hm² · a),阔叶林为 10.11t/(hm² · a)。在赵同谦等的计算中,除尘成本取 170 元/t。

23.5.1.8 养分循环价值

森林的养分循环价值可依据其参与循环的营养元素量及其价格估算。根据森林养分循环功能的服务机制,可以认为构成森林净初级生产力的营养元素量即为参与循环的养分量。氮、磷、钾是森林植物体含量较大的营养元素,所以只估算这三种营养元素量,其价值可用化肥价格计算。据此,林地的养分循环价值的估算式为:

$$V_{fNPK} = \sum_{i=1}^{F} A_{fi} Q_{fi} (k_{Ni} p_N + k_{Pi} \beta p_P + k_{Ki} p_K) \tag{23-10}$$

式中 V_{fNPK}——林地的养分循环价值,元/a;

Q_{fi}——第 i 林种的净初级生产力(NPP),t/(hm² · a);

k_{Ni}, k_{Pi}, k_{Ki}——第 i 林种净初级生产量中的氮、磷、钾元素含量比例(见表 23-4);

β——P 到 P_2O_5 的转换系数,为 2.2903;

p_N, p_P, p_K——氮肥、磷肥(P_2O_5)、钾肥的价格,元/t。

我国主要类型森林生态系统的年净初级生产力总量参见表 23-1,氮、磷、钾元素含量比例见表 23-4。

表 23-4 我国主要类型森林生态系统植物体的氮、磷、钾元素含量比例

森林类型	寒温带落叶松林	温带常绿针叶林	温带、亚热带落叶阔叶林	亚热带常绿落叶阔叶混交林	亚热带常绿阔叶林
N 含量/%	0.400	0.330	0.531	0.456	0.826
P 含量/%	0.085	0.036	0.042	0.032	0.035
K 含量/%	0.227	0.231	0.201	0.221	0.633
森林类型	亚热带、热带常绿针叶林	亚热带竹林	热带雨林、季雨林	红树林	
N 含量/%	0.420	0.651	1.020	0.750	
P 含量/%	0.075	0.079	0.108	0.450	
K 含量/%	0.213	0.550	0.538	0.410	

23.5.1.9 维持生物多样性价值

森林维持生物多样性的价值,记为 V_{fWL},由使用价值和非使用价值两部分构成。前者包括直接和间接使用价值;后者包括选择价值、遗传价值和存在价值等。非使用价值很难量化,且着眼点不同,估算方法也不同。这里介绍两种估算生物多样性价值的思路。

一种是以森林的机会成本、政府为维持生物多样性的投入、公众支付意愿之和作为森林生态系统维持生物多样性功能的价值的估计。

机会成本是森林生态系统因维持生物多样性而丧失的林业开发的机会成本，可按林业用地的产值计算；政府为维持生物多样性的投入可按政府对森林自然保护区的投入计算；公众支付意愿可以通过调查获得，根据《中国生物多样性国情研究报告》中的调查，全民平均每人每年捐赠支付金额为10元。

另一种思路是用野生动物的个体司法价格作为其价值，称为“司法价格法”。该方法只考虑国家重点保护野生动物和国家保护的有益野生动物两大类，前者包括列入《国家重点保护野生动物名录》和《濒危野生动植物种国际贸易公约》（简称CITES）附录Ⅰ、附录Ⅱ的种类，后者指列入《国家保护的有益的或者有重要经济、科学研究价值的陆生野生动物名录》的种类。

对于国家重点保护野生动物，野生动物的个体司法价格为：

$$v_{fWL} = c_{WL}\chi_p\chi_1\chi_m \tag{23-11}$$

式中　v_{fWL}——某种野生动物1个个体的经济价值，元/个；

c_{WL}——该种野生动物的资源保护管理费，可按《陆生野生动物资源保护管理收费办法》的通知中的《捕捉、猎捕国家重点保护野生动物资源保护管理费收费标准》确定，元/个；

χ_p——该种野生动物的违法处罚系数，可取《中华人民共和国陆生野生动物保护实施条例》中规定的猎物价值的最高倍数；

χ_1——该种野生动物的司法价值系数，可依据《关于在野生动物案件中如何确定国家重点保护野生动物及其产品价值标准的通知》的有关标准确定，是c_{WL}的倍数；

χ_m——该种野生动物的季节性迁移系数，根据野生动物季节迁徙特征分为：四季定居型、繁殖迁移型、非繁殖迁移型、旅游或迷途型，其季节性迁移系数分别为2、1、0.5和0.25。

对于国家保护的有益野生动物，式(23-11)中的c_{WL}为该种野生动物的市场价格，若某种野生动物没有市场价格，参照相近分类阶层的野生动物的市场价格；违法处罚系数χ_p比国家重点保护野生动物低一些，如国家重点保护野生动物取10，国家保护的有益野生动物可取6.5；司法价值系数χ_1为1。

可见，用司法价格法计算林地的维持生物多样性价值V_{fWL}需要知道研究区域的野生动物种类及其数量。

人类已经认识到保护生物多样性的重要性，而且为此正在付出巨大的努力。但对生物多样性在人类整个生存环境中所扮演的角色，其价值究竟体现在哪些具体方面，还远远没有比较全面和清晰的认识。可以肯定，依据上述思路估计的维持生物多样性价值在很大程度上低于其实际价值。

23.5.1.10　外生生态总价值

综合以上各项，得出矿山直接占用林地的年外生生态总价值V_{fEE}：

$$V_{fEE} = V_{fC} + V_{fO_2} + V_{fH_2O} + V_{fSOIL} + V_{fSO_2} + V_{fNO_X} + V_{fD} + V_{fNPK} + V_{fWL} \tag{23-12}$$

需要说明的是，面积为A_{fi}的林地一旦被破坏，从破坏到其生态功能完全恢复的时间段里，每年都损失以上所估算的外生生态价值。在矿山，一些土地的占压和挖损的面积是随着生产的进行逐步扩大的，如排土场、尾矿库和露天采场等。但较准确地统计或计算每一年新增面积比较困难。因此，可以假设设计方案中需要破坏的土地是在矿山达产时就发生，在上述生态价值计算中，某种土地的面积A_{fi}是按照矿山设计方案测得的该种土地的总面积。这样做虽然高估了矿山生产前期年份的土地破坏面积，但不会高估外生生态价值，因为在上述估算中，许多生态功能价值，如景观价值、动植物的存在价值、人类尚未理解的生态功能价值等，没有计算在内。所以，外生生态价值计算中取每种土地的设计破坏总面积有其合理性。

23.5.2 草地的外生生态价值

与林地类似，草地也具有多种生态服务功能，如：固碳、释氧、气候调节、涵养水源、侵蚀控制和沉积物保存、土壤形成、营养循环、废物处理、空气污染物吸收和滞尘、授粉、维持生物多样性等。

依据农业部草地资源调查采用的分类方法，草地生态系统被划分为：温性草甸草原、温性草原、温性荒漠草原、温性草原化荒漠、温性荒漠、高寒草甸、高寒草甸草原、高寒草原、高寒荒漠草原、高寒荒漠、暖性灌草丛、暖性草丛、热性草丛、热性灌草丛、干热稀树灌草丛、山地草甸、低地草甸、沼泽等共18类，外加未划分的零星草地。不同类型的草地其生态价值不同。

如果一个矿山需要占用草地，其面积也不太可能跨越不同种类的草地。所以在计算中可假设所占用的是某一类草地。

23.5.2.1 固碳价值

草地生态系统的碳素平衡是一个动态过程。在每年的10月到第二年的4月，是植物枯死阶段，草地生态系统在碳素循环中只起到碳源的作用；在5月～9月生长季内，由于光合作用固定二氧化碳，草地主要表现为碳汇作用。在总体上，就年变化的总体结果而言，草地具有碳汇功能。

草地生态系统中的碳蓄积主要分布在土壤碳库中，其次是在草地的植物群落中，这是草地生态系统与森林生态系统的一个不同之处。草地一旦受到破坏，草地中存储的大量的碳将重新回到大气中。

因此，这里的固碳量只估算土壤的碳积累量，估算思路是根据土壤单位质量的有机质含量计算土壤的有机质总量，再根据有机质的含碳比例，算出碳积累总量。单位固碳价值取碳成本。土壤的碳积累不是一年的固碳增量，而是积累的总量，所以其价值相当于现值，可以根据折现率和从破坏到复垦恢复其生态功能的时间跨度，估算等价的年价值。

基于以上讨论，草地的年固碳价值为：

$$V_{gC} = \chi_C(10000A_g h\rho\varphi_O)c_C \frac{d(1+d)^N}{(1+d)^N - 1} \tag{23-13}$$

式中 V_{gC}——草地的年固碳价值，元/a；

χ_C——有机质的含碳比例，取0.58；

A_g——占用的草地面积，hm^2；

h——草地的平均土壤深度，m；

ρ——草地的平均土壤密度，t/m^3；

φ_O——土壤单位质量的有机质含量比例，可以测定或参照土壤调查的有机质分布资料确定；

c_C——碳成本，元/t；

d——折现率；

N——从破坏到复垦恢复其生态功能的时间长度，a。

23.5.2.2 释氧价值

草地通过光合和呼吸作用与大气进行 CO_2 和 O_2 交换，释放 O_2。草地的年释氧价值记为 V_{gO_2}，其估算可以采用与林地的释氧价值相同的方法，只是在计算中用草地的破坏面积和草地的净初级生产力(NPP)。根据赵同谦等的研究，草地的净初级生产力见表 23-5。

表 23-5 我国各类草地生态系统的净初级生产力

草地生态系统类型	单位面积干草产量(地上 NPP) /kg·$(hm^2 \cdot a)^{-1}$	地下 NPP 与地上 NPP 比值
温性草甸草原	1293	2.46
温性草原	831	2.46
温性荒漠草原	482	2.47
温性草原化荒漠	404	2.48
温性荒漠	318	2.46
高寒草甸	1342	2.31
高寒草甸草原	427	2.31
高寒草原	301	2.31
高寒荒漠草原	187	2.31
高寒荒漠	128	2.31
暖性灌草丛	1554	2.46
暖性草丛	1991	2.46
热性草丛	2824	2.46
热性灌草丛	2088	2.46
干热稀树灌草丛	2283	2.52
山地草甸	1643	2.46
低地草甸	2066	2.46
沼　泽	2170	2.47
未划分的零星草地	2793	2.45

23.5.2.3 涵养水源价值

完好的天然草地不仅具有截留降水的功能，而且比裸地有较高的渗透性和保水能力，在调控径流方面发挥着重要作用。据测定，相同的气候条件下，草地土壤含水量较裸地高出 90% 以上。

草地的年涵养水源价值记为 V_{gH_2O}，其估算可以采用与林地的涵养水源价值相同的方法，只是在计算中用草地的破坏面积和草地的径流减少系数。根据相关研究成果，我国主要类型草地生态系统的径流减少系数见表 23-6。

表 23-6 我国主要类型草地生态系统的径流减少系数

草地类型	温性草原	温性草甸草原	暖性草丛	暖性灌草丛	热性草丛
径流减少系数 R_g	0.15	0.18	0.20	0.20	0.35
草地类型	热性灌草丛	山地草甸	低地草甸	沼　泽	
径流减少系数 R_g	0.35	0.25	0.20	0.40	

23.5.2.4 土壤保持价值

与森林生态系统类似,草地生态系统的土壤保持功能主要表现在抵御风力和水力侵蚀方面。草地的年土壤保持价值记为 V_{gSOIL},其估算可以采用与林地的土壤保持价值相同的方法,在计算中用草地的潜在和现实的风蚀和水蚀模数估算草地的土壤保持能力。根据赵同谦等的研究成果整理出我国各类草地的土壤保持能力见表23-7。

表23-7 我国各类草地生态系统的土壤保持能力 (t/(hm^2·a))

草地生态系统类型	抵御风蚀土壤保持能力	抵御水蚀土壤保持能力	土壤保持能力合计
温性草甸草原	16.654	47.226	63.880
温性草原	40.647	22.547	63.194
温性荒漠草原	42.224	18.586	60.810
温性草原化荒漠	9.095	39.673	48.768
温性荒漠	3.159	22.917	26.076
高寒草甸	1.283	25.443	26.726
高寒草甸草原	0.769	3.251	4.020
高寒草原	3.612	4.901	8.513
高寒荒漠草原	8.749	2.617	11.366
高寒荒漠	0.610	3.819	4.428
暖性灌草丛	0.010	51.765	51.775
暖性草丛	0.027	32.847	32.874
热性草丛	0.016	71.239	71.256
热性灌草丛	0.011	54.270	54.280
干热稀树灌草丛	0.060	2.404	2.464
山地草甸	2.562	53.333	55.894
低地草甸	36.380	39.030	75.410
沼 泽	16.231	35.879	52.110

23.5.2.5 养分循环价值

草地植被在土壤表层下面具有稠密的根系,残遗大量的有机质。这些物质在土壤微生物的作用下,促进土壤团粒结构的形成,改良土壤结构,增加土壤肥力。参与生态系统维持养分循环的物质种类很多,其中含量较大的营养元素有氮、磷、钾。

根据营养物质循环功能的服务机制,可以认为构成草地净初级生产量的营养元素量即为参与循环的养分量。草地生态系统净初级生产力包括地上、地下两部分:地上部分为干草的生产力;地下部分为根系的干物质生产力。根据赵同谦等的研究成果整理出我国各类草地的净初级生产力,见表23-5。如果有草地净初级生产量的营养成分含量比例数据,其养分循环价值可参照林地的养分循环价值的估算方法(见式(23-10))进行估算。草地的年养分循环价值记为 V_{gNPK}。

赵同谦等根据不同草地生态系统的植物体的磷、粗蛋白质含量估算磷、氮含量,其中,氮含量根据粗蛋白质中氮元素比例计算。据其研究成果整理得到我国各类草地的净初级生产量中单位面积的P、N含量和含P、N比例,见表23-8。

表 23-8 我国各类草地生态系统净初级生产量的 P、N 含量

草地生态系统类型	单位面积 P、N 含量 /kg · hm^{-2}		净初级生产量的含 P、N 比例/%	
	P	N	P	N
温性草甸草原	6.713	65.343	0.150	1.461
温性草原	8.329	50.045	0.290	1.742
温性荒漠草原	4.180	31.874	0.250	1.907
温性草原化荒漠	3.382	29.456	0.240	2.093
温性荒漠	1.651	19.691	0.150	1.789
高寒草甸	9.772	90.831	0.220	2.045
高寒草甸草原	4.093	26.916	0.290	1.904
高寒草原	1.792	20.325	0.180	2.040
高寒荒漠草原	0.930	15.210	0.150	2.457
高寒荒漠	0.717	10.614	0.169	2.505
暖性灌草丛	10.219	70.455	0.190	1.310
暖性草丛	8.958	67.396	0.130	0.978
热性草丛	11.709	92.911	0.120	0.952
热性灌草丛	8.660	38.681	0.120	0.536
干热稀树灌草丛	2.433	65.344	0.030	0.813
山地草甸	8.523	96.340	0.150	1.696
低地草甸	9.279	121.519	0.130	1.702
沼　泽	15.067	134.492	0.200	1.784
未划分的零星草地	16.398	159.283	0.170	1.651

23.5.2.6 空气净化价值

草地也具有吸收 SO_2 和滞尘等空气净化功能。据有关测定，每千克干草叶的产量每天可吸收 1g 的 SO_2，牧草生长期若以每年 150d 计，每千克干草叶产量每年可吸收约 150g 的 SO_2；草地每年的滞尘量约为 1.2kg/ hm^2。其价值估算可参照前述林地的相应估算方法和公式。草地的年空气净化总价值记为 V_{gAP}。

23.5.2.7 废弃物降解及养分归还价值

草地生态系统通过其淋滤、生物碎裂和微生物分解等作用，能够降解有机废弃物（如牲畜的排泄物），把废弃物中的养分归还给草原生态系统，同时净化水源。草地的该项价值记为 V_{gWD}。

有的研究者通过估算草地的载畜量、牲畜个体的粪便排泄量、粪便中的营养物质（主要为 N 和 P_2O_5）量、粪便归田率等，估算散落在草地部分的营养成分总量，然后以化肥价格估算草地废弃物降解及养分归还的价值。这种估算方法对大面积的草地生态系统有其合理性。

对于矿山开采破坏的小范围草地，草地的破坏并不意味着原来所承载的牲畜的排泄物就全部转移到了不具有降解功能的土地，造成环境污染和养分流失；也许被破坏的草地上原

来的牧畜转移到了其他草地(排泄物被其他草地降解);也许变为圈养(排泄物用于有机肥或丢弃);也许受影响的农(牧)户干脆放弃牲畜养殖(不再产生牲畜排泄物)。究竟草地被矿山的占用对该项功能如何影响,只有通过实地调查才能弄清楚。因此,这里不给出任何估算公式。

23.5.2.8 维持生物多样性价值

草地生态系统也是大量动物和微生物的重要栖息地,保存了大量的有价值的物种,是生物多样性的重要载体之一。草地生态系统在生物多样性方面为人类提供的功能主要表现为:为人类提供一个储存大量基因物质的基因库,而且是作物和牲畜的主要起源地。草地的该项价值记为 V_{gWL}。

估算草地维持生物多样性的价值十分困难。有的研究者通过估算草地自然保护区的机会成本、经费投入和全民支付意愿,作为草地生态系统维持生物多样性功能的生态经济价值。这种估计方法显然低估了这一价值。

23.5.2.9 外生生态总价值

综合以上各项,得出矿山直接占用的草地的年外生生态总价值,记为 V_{gEE}。在实际估算中,基于上述关于林地破坏面积的同样讨论,可以不考虑草地各部分的破坏时间的差异,以拟破坏的草地的总面积进行计算。

23.5.3 农耕地的外生生态价值

农耕地是一种特殊的人工生态系统,这一系统的首要功能是为人类提供生活必需的食物和其他生物产品。破坏这一产品生产功能的生态成本是其作物生产的经济价值,由其地价体现在征地成本之中。

这一生态系统在供给人类稳定的粮食和其他生物产品的同时,提供了一种新的生物生存环境,形成耕地生态系统特有的生物种群结构和食物链。耕地与林地或草地生态系统相比有一个明显的区别,即人类通过耕作不断作用于这一系统。就植被(包括根系)的生态功能而言,耕地与林地和草地生态系统是类似的,具有固定 CO_2、释放 O_2、土壤蓄水、减少土壤流失量、养分循环等功能。但人的不断干预对这一系统的生态功能也有负面影响,一方面,为了粮食生产,对草地或林地的开垦本身会降低生态系统的外生服务能力,例如把森林开垦为耕地会引起大量的碳重新回到大气,并增加土壤侵蚀和养分流失;开垦草地也会使草地中存储的大量的碳释放到大气,并引起 N_2O 的显著增加,使 CH_4 被土壤的吸收量大约减半。这可能是在 Costanza 等人估算的世界生态系统的生态价值中耕地的生态价值低的缘故。另一方面,不良的耕作方式和过度耕种会导致土壤退化和水污染。我国实行的退耕还林、退耕还草政策,就是为了降低耕作对生态功能的影响,提高整个生态系统的功能。因此,耕地的外生生态价值的估算方法以及估算中参数的选取或测定需要考虑耕作的各种"生态副作用"。

对矿山破坏的耕地而言,植被和土壤的破坏确实损失了其固定 CO_2、释放 O_2、养分循环等功能,也降低了其蓄水能力,使土壤流失加剧,应该把这些功能的价值损失作为农耕地的外生生态价值。可参照上述林地或草地的相应生态功能的价值估算方法估算农耕地的生态价值,在估算中,相应数据的选取应尽量考虑上述的耕地特殊性。

23.6 固碳地生态成本

矿山生态足迹中的固碳地是吸收能源消耗等排放的 CO_2、SO_2、NO_x 和粉尘等大气污染物需要的林地。矿山生产中并没有直接破坏此类土地，是生态压力中的间接土地需求。既然该类土地不是被破坏的林地，那么就没有造成上述林地的各项外生生态价值的损失，不应把这些外生生态价值记入固碳地的生态成本。虽然大气污染肯定会直接或间接地影响生物的生长（如温室效应引发的气候变化对生物的影响），但这种影响很难直接计量。另外，由于该类土地并没有被破坏，也就不发生复垦成本。

因此，固碳地的生态成本可从生态补偿的角度，以用于吸收大气污染物所需要的林地的成本（即虚拟征地和造林成本）估算。如果在某一年 i，矿山生产的固碳地生态足迹为 EF_{ci}，这并不意味着每一年都需要造面积为 EF_{ci} 的林地来吸收该年的大气污染物排放，因为已经成林的林地在以后许多年都将发挥空气净化功能。因此，依据各年的固碳地足迹总量计算一个年平均足迹 EF_{ca}，在矿山项目的基建期虚拟征用这一面积的土地并造林，其成本可认为发生在矿山项目的开始时间（时间零点）。因此，假设林木的寿命不小于矿山开采寿命，固碳地的生态成本的现值为：

$$C_c = (z + c_f)\frac{\sum_{i=1}^{L} EF_{ci}}{L} \tag{23-14}$$

式中 C_c——固碳地生态成本，元；

EF_{ci}——矿山第 i 年的固碳地面积，即能源消耗等排放的大气污染物的生态足迹，hm^2；

z——征地地价，元/hm^2；

c_f——造林成本，元/hm^2；

L——矿山开采寿命，a。

23.7 生态成本的综合

矿山生态总成本可以用各项生态成本的现值之和表示。

对于矿山生产直接破坏的林地、草地和农耕地，生态成本由征地成本、环境治理成本、复垦成本和外生生态价值的损失四大部分构成。

矿山征地成本的总现值 C_z 为：

$$C_z = \sum_{i=1}^{n} \frac{A_i z_i}{(1+d)^t} \tag{23-15}$$

式中 n——征地单元数；

A_i——第 i 征地单元的面积，hm^2；

z_i——第 i 征地单元的当时地价（应考虑地价的升值率），元/hm^2；

t——从项目时间 0 点算起第 i 征地单元的征地时间，a；

d——折现率。

矿山环境治理成本的现值 C_v 为：

$$C_v = \sum_{t=1}^{L} \frac{C_{vt}}{(1+d)^{t-1}} \tag{23-16}$$

式中 L——矿山生产寿命,a;

C_{vt}——第 t 年的环境治理当时成本(假设发生在年初),元。

矿山的复垦与养护成本的现值 C_r 为:

$$C_r = \sum_{t=t_r}^{L+L_r} \frac{C_{rt}}{(1+d)^{t-1}} \tag{23-17}$$

式中 L_r——矿山生产结束后需要的复垦和养护年数,a;

t_r——从项目时间0点算起开始有复垦作业的年份;

C_{rt}——第 t 年的复垦与养护的当时成本(假设发生在年初),元。

矿山破坏的林地、草地和农耕地的外生生态价值损失的现值 C_E 为:

$$C_E = (V_{fEE} + V_{gEE} + V_{cEE}) \frac{(1+d)^N - 1}{d(1+d)^N} \tag{23-18}$$

式中 $V_{fEE}, V_{gEE}, V_{cEE}$——矿山破坏的林地、草地和农耕地的年外生生态价值;

N——从时间0点到全部恢复被破坏土地的生态功能的时间长度,a。

式(23-18)中,把年外生生态价值(V_{fEE}、V_{gEE}、V_{cEE})作为年金处理。在前述每一项外生生态价值的计算中,价值指标的取值一般是评价时的指标值,为了体现其动态性,应按照一定的升值率进行换算。

矿山生态成本的总现值为:

$$C = C_z + C_v + C_r + C_E + C_c \tag{23-19}$$

比较不同矿山或不同开采方式的生态成本时,如果生产规模不同,比较总生态成本没有意义,应比较单位最终产品(原矿或精矿)的生态成本。如果比较对象之间的产品的品位有较大差异,应比较单位回收金属量的生态成本。

参考文献

[1] 解世俊. 金属矿床地下开采[M]. 北京:冶金工业出版社,1986.
[2] 采矿手册编辑委员会. 采矿手册[M]. 北京:冶金工业出版社,1990.
[3] 解世俊. 矿床地下开采理论与实践[M]. 北京:冶金工业出版社,1990.
[4] 何正忠. 我国地下金属矿山采场装运设备的应用现状及发展建议[C]//采矿技术进展评述论文集 1986 ~1990.
[5] 张永惠,等. 国内外金属矿山自动化现状及其发展[C]//采矿技术进展评述论文集 1986 ~ 1990.
[6] 徐基磐. 露天矿穿孔设备述评[C]//采矿技术进展评述论文集 1986 ~ 1990.
[7] 戴克俭. 有色金属矿山采矿技术发展水平[C]//采矿技术进展评述论文集 1986 ~ 1990.
[8] 李运堤. 露天矿开采设备[C]//采矿技术进展评述论文集 1986 ~ 1990.
[9] Woof M. 矿山自动化的发展现状[J]. 马驰德,李显靖译. 国外金属矿山,1999(5):41 ~ 44.
[10] 张雷. 中国矿产资源开发与区域发展[M]. 北京:海洋出版社,1997.
[11] 赵瑞荣. 中国铁矿石需求预测与资源配置优化研究[D]. 沈阳:东北大学,1999.
[12] 黄勇. 信息技术在露天采矿业中的应用[J]. 黄金科学技术,1999,7(4):74 ~ 77,81.
[13] 丁喆,刘廷安译. 卡特彼勒公司推出 327t 797 型最大型矿用自卸汽车[J]. 国外金属矿山,1999(5).
[14] Hendrickson D W 等. 克利夫兰——克利夫斯铁矿公司工艺过程自动化的改进[J]. 马驰德,李显靖译. 国外金属矿山,1999,24(4):21 ~ 26.
[15] Kholman P. 提高采矿工业生产效率的趋势[J]. 周叔良译. 国外金属矿山,1996,21(11):11 ~ 14.
[16] 王青,马沂夫. 计算机应用与优化开采——矿业可持续发展的微观技术支柱[J]. 世界采矿快报,1997,13(8):3 ~ 4.
[17] Mineral Commodity Summary,1998, 1997, 1996, U. S. Geological Survey and Bureau of Mines.
[18] Hustrulid,ed. Underground mining methods handbook, Society of Mining Engineers of the American Institute of Mining, Metallurgy and Petroleum Engineers, Inc. (SME-AIME) New York, 1982.
[19] 周昌达. 井巷工程[M]. 北京:冶金工业出版社,1979.
[20] 陶颂霖. 爆破工程[M]. 北京:冶金工业出版社,1979.
[21] 陶颂霖. 凿岩爆破[M]. 北京:冶金工业出版社,1986.
[22] 林德余. 矿山爆破工程[M]. 北京:冶金工业出版社,1993.
[23] 李文全. 爆破原理及应用[M]. 大连:大连出版社,1997.
[24] 张守中. 爆炸基本原理[M]. 北京:国防工业出版社,1988.
[25] 钮强. 岩石爆破机理[M]. 沈阳:东北大学出版社,1990.
[26] 王文龙. 钻眼爆破[M]. 北京:煤炭工业出版社,1984.
[27] 秦明武. 控制爆破[M]. 北京:冶金工业出版社,1993.
[28] 王明林. 凿岩爆破[M]. 沈阳:东北大学出版社,1990.
[29] 刘同有,金铭良. 中国镍钴矿山现代化开采技术[M]. 北京:冶金工业出版社,1995.
[30] 任凤玉. 随机介质放矿理论及其应用[M]. 北京:冶金工业出版社,1994.
[31] 刘兴国. 放矿理论基础[M]. 北京:冶金工业出版社,1986.
[32] 王家齐,施永禄. 空场采矿法[M]. 北京:冶金工业出版社,1988.
[33] 辛洪波. 冶金矿山准采矿体采矿技术[M]. 北京:冶金工业出版社,1994.
[34] 焦玉书. 金属矿山露天开采[M]. 北京:冶金工业出版社,1989.
[35] 中国矿业学院. 露天采矿手册[M]. 北京:煤矿工业出版社,1985.
[36] 李宝祥,等. 金属矿床露天开采[M]. 北京:冶金工业出版社,1992.
[37] 牛成俊. 现代露天开采理论与实践[M]. 北京:科学出版社,1990.

[38] 钟良俊,王荣群.露天矿设备选型配套计算[M].北京:冶金工业出版社,1988.
[39] 张玉清.矿山技术经济学[M].北京:冶金工业出版社,1987.
[40] Hustrulid W, Kuchta M. Open pit mine planning and design[M]. Balkem, Rotterdam,1995.
[41] Hughes W E, Davey R K. Drill hole interpolation: mineralized interpolation techniques[M]. In: Open pit planning and design (Crawford and Hustrulid ed.), 1979.
[42] Rendu J M. An Introduction to geostatistical method of mineral evaluation[M]. South African Institute of Mining and Metallurgy, Johannesburg,1981.
[43] Journel A G. Arik A. Dealing with outlier high grade data in precious metal deposit [M]. computer application in the mineral industry, Fytas, et. al (ed.),1988.
[44] Royle A G. Estimating small blocks of ore, how to do it with confidence[J]. World Mining, 1979(4).
[45] Armstrong M. Champigny N. A study on kriging small blocks[J]. CIM Bulletin, 1989(82).
[46] David M. Grade-tonnage curve: use and misuse in ore-reserve estimation[J]. Transactions of the institution of mining and metallurgy(IMM), London, 1972(7).
[47] Lerchs H, Grossmann I F. Optimum design of open pit mines[J]. CIM Bulletin, 1965(1).
[48] Korobov S. Method for determining optimum open pit limits[J]. Report Technique ED 74-R-4, 1974.
[49] Lemieux M. Moving cone optimization algorithm[J]. Computer methods for the 80's in the mineral industry, 1979.
[50] Dowd P A, Onur A H. Open-pit optimization-part1:optimal open-pit design[J]. Transactions of the Institution of Mining and Metallurgy, 1993(102).
[51] Koenigsberg,E. The optimum contours of an open pit mine: An application of dynamic programming[J]. Proceedings, APCOM,1982.
[52] Wright E A. The use of dynamic programming for open pit mine design: Some practical implication[J]. Mining Science and Technology, 1987(4).
[53] Johnson T B. Optimum open pit mine production scheduling, A decade of digital computing in the mining industry, SME-AIME,1969.
[54] Yegulalp T M, et al. New development in ultimate pit limit problem solution methods[J]. Transactions, SME, 1993(294).
[55] Zhao Y, Kim Y C. A new graph theory algorithm for optimal pit design[J]. Transactions, SME, 1991(290).
[56] Wang Q, Sevim H. Alternative to parameterization in fining a series of maximum-metal pits for production planning[J]. Mining Engineering, 1995(2).
[57] Wang Q, Sevim H. Open pit production planning through pit-generation and pit-sequencing[J]. Transaction, SME, 1993(294).
[58] Collier C A, Ledbetter W B. Engineering economics and cost analysis, 2nd ed[M]. Harper & Row, Publishers, New York,1988.
[59] Vogely W A, ed. Economics of the mineral industries, 4th ed[M]. AIME ,New York,1985.
[60] Lane K F. Choosing the optimum cutoff grade[J]. Quarterly of the Colorado School Mines, 1964(59).
[61] Lane K F. Commercial aspects of choosing cutoff grades[C]// Proceedings, 16th International Symposium on Application of Computers and Operations Research in the Mineral Industry (APCOM),1979.
[62] Koskiniemi B C. Hand methods, In:. Open pit mine planning and design (Crawford and Hustrulid ed.), SME-AIME, 1979.
[63] Crawford J T. Open pit limit analyses —— some observations on its use, 16th APCOM, 1979 .
[64] Kennedy B A, et al. Surface mining, 2th ed[M]. AIME, Littleton Colorado,1990.
[65] 孙庆业,蓝崇钰,廖文波. 尾矿植被法治理初探[J]. 国土与自然资源研究,1999(3):58~60.

[66] 王宏镔,文传浩,谭晓勇,等. 云南会泽铅锌矿矿渣废弃地植被重建初探[J]. 云南环境科学,1998,17(2):43~46.
[67] 马彦卿. 矿山土地复垦与生态恢复[J]. 有色金属,1999,51(3):24~29.
[68] 马彦卿. 微生物复垦技术在矿区生态重建中的应用[J]. 采矿技术,2001,1(2):66~68.
[69] 张军英,席荣. 金川镍尾矿库复垦的限制因子及植物适应性[J]. 甘肃冶金,2007,29(4):92~95.
[70] 许乃政,陶于祥,高南华. 金属矿山环境污染及整治对策[J]. 火山地质与矿产,2001,22(1):63~69.
[71] 胡振琪,凌海明. 金属矿山污染土地修复技术及实例研究[J]. 金属矿山,2003(6):53~56.
[72] 张发旺,韩占涛,侯新伟. 矿区地表破坏的土地资源利用研究[J]. 地理学与国土研究,2002,18(4):51~53.
[73] 马立宏. 潞安矿区土地破坏预测及复垦适宜性评价[D]. 北京:中国农业大学,2004.
[74] 李小虎. 大型金属矿山环境污染及防治研究——以甘肃金川和白银为例[D]. 兰州:兰州大学,2007.
[75] 宋书巧. 矿山开发的环境响应与资源环境一体化研究——以广西刁江流域为例[D]. 广州:中山大学,2004.
[76] 李国强,蒋雷,李荣,等. 露天矿复垦技术措施[J]. 内蒙古水利,2007(1):55~57.
[77] 杨才敏,卫元太,曲继宗. 篦子沟矿尾矿库复垦的经济效益研究[J]. 山西水土保持科技,2000(1):10~13.
[78] 周连碧,代宏文,吴亚君,等. 胡家峪铜矿尾矿库复垦农作物种植研究[J]. 采矿技术,2002,2(2):54~56.
[79] 王中生. 吉林镍业公司尾矿库复垦治理技术初探[J]. 有色矿冶,2001,17(2):37~40.
[80] 饶绮麟,张立诚,代宏文. 可持续发展的矿业生态技术范例——尾矿库复垦与污染防治技术[J]. 中国土地科学,2000,14(4):13~14.
[81] 李杰颖,韩放,梁成华,等. 浅谈矿区土地的生态复垦[J]. 采矿技术,2009,9(3):75~76.
[82] 靳东升,张强,聂督. 山西省工矿区土地破坏调查研究[J]. 山西农业科学,2008, 36(11):18~22.
[83] 颜世强,姚华军,胡小平. 我国矿业破坏土地复垦问题及对策[J]. 中国矿业,2008,17(3):35~37.
[84] 谭辉,钟铁,何孝磊,等. 冶金矿山废弃地生物恢复植物优选试验研究[J]. 金属矿山,2010(3):145~147.
[85] 胡振琪,等. 土地复垦与生态重建[M]. 徐州:中国矿业大学出版社,2008.
[86] Ewing B, Reed A, Galli A, et al. 2010. Calculation Methodology for the National Footprint Accounts, 2010 Edition. Oakland: Global Footprint Network.
[87] 赵同谦,欧阳志云,郑华,等. 中国森林生态系统服务功能及其价值评价[J]. 自然资源学报, 2004,19(4):480~491.
[88] 葛继稳,蔡庆华,刘建康. 水域生态系统中生物多样性经济价值评估的一个新方法[J]. 水生生物学报. 2006,30(1):126~128.
[89] 张颖. 中国林地价值评价研究综述[J]. 林业经济,1997(1):69~74.
[90] 蔡细平,郑四渭,姬亚岚,等. 生态公益林项目评价中的林地资源经济价值核算[J]. 北京林业大学学报,2004,26(4):76~80.
[91] 谢高地, 张钇锂, 鲁春霞, 等. 中国自然草地生态系统服务价值[J]. 自然资源学报,2001,16(1):47~53.
[92] 于格,鲁春霞,谢高地. 草地生态系统服务功能的研究进展[J]. 资源科学, 2005,27(6):172~179.
[93] 赵同谦, 欧阳志云, 贾良清, 等. 中国草地生态系统服务功能间接价值评价[J]. 生态学报, 2004 , 24 (6) : 1101~1110.
[94] 柳碧晗,郭继勋. 吉林省西部草地生态系统服务价值评估[J]. 中国草地,2005,27(1):12~16.
[95] 刘起. 中国草地资源生态经济价值的探讨[J]. 四川草原,1999(4):1~4.
[96] 闵庆文, 刘寿东, 杨霞. 内蒙古典型草原生态系统服务功能价值评估研究[J]. 草地学报, 2004,12(3):165~169.
[97] Stephen C Farber, Robert Costanza , Matthew A Wilson. Economic and ecological concepts for valuing ecosystem services [J]. Ecological Economics, 2002, 41: 375~392.
[98] 张宏武. 我国的能源消费和二氧化碳排出[J]. 山西师范大学学报(自然科学版),2001,15(4):64~69.